BKI Baukosten 2025 Neubau
Teil 2

Statistische Kostenkennwerte
für Bauelemente

AF818509

BKI Baukosten 2025 Neubau
Statistische Kostenkennwerte für Bauelemente

BKI Baukosteninformationszentrum (Hrsg.)
Stuttgart: BKI, 2025

Mitarbeit:
Hannes Spielbauer (Geschäftsführer)
Brigitte Lechler (Prokuristin)
Dokumentation: Catrin Baumeister, Anna Bertling, Heike Elsäßer, Sabine Egenberger,
Foroogh Hemmati, Irmgard Schauer, Sibylle Vogelmann
Produktmanagement: Patrick Jeske, Virginia Lammet, Wolfgang Mandl, Thomas Schmid, Sibylle Vogelmann, Tabea Wessel
Jeannette Sturm

Fachautoren:
Dr. Ing. Frank Ritter
Univ.-Prof. Dr.-Ing. Wolfdietrich Kalusche und Dipl.-Ing. Anne-Kathrin Kalusche
bauforumstahl e.V.
Patrick Jeske
Wolfgang Mandl
Thomas Schmid

Layout, Satz:
Marvin Bisceglie
Hans-Peter Freund
Thomas Fütterer

Fachliche Begleitung:
Beirat Baukosteninformationszentrum
Stephan Weber (Vorsitzender)
Markus Lehrmann (stellv. Vorsitzender)
Prof. Dr. Bert Bielefeld
Markus Fehrs
Andrea Geister-Herbolzheimer
Prof. Dr. Wolfdietrich Kalusche
David Meuer
Martin Müller
Markus Weise

Alle Rechte vorbehalten. Zahlenangaben ohne Gewähr.
© Baukosteninformationszentrum Deutscher Architektenkammern GmbH

Anschrift:
Seelbergstraße 4, 70372 Stuttgart
Kundenbetreuung: (0711) 954 854-0
Baukosten-Hotline: (0711) 954 854-41
Telefax: (0711) 954 854-54
info@bki.de
www.bki.de

Für etwaige Fehler, Irrtümer usw. kann der Herausgeber keine Verantwortung übernehmen.

Vorwort

Die Planung der Baukosten bildet einen wesentlichen Bestandteil der Leistung der Architektenschaft. Kompetente Kostenermittlungen beruhen auf qualifizierten Vergleichsdaten und Methoden. Daher gehört die Bereitstellung aktueller Daten zur Baukostenermittlung zu den wichtigsten Aufgaben des BKI seit seiner Gründung im Jahr 1996.

Die DIN 276:2018-12, die wichtigste Norm für die Kostenplanung im Bauwesen, fordert als Entscheidung über die Entwurfsplanung die Ermittlung der Gesamtkosten nach Kostengruppen in der dritten Ebene der Kostengliederung. Der Band „BKI Baukosten 2025 Bauelemente" bietet hierfür die Kostenkennwerte. Für die mit der aktuellen DIN 276 neuen Kostenermittlungsstufe „Kostenvoranschlag" sind die BKI Elementarten des vorliegenden Bandes besonders geeignet. Die Elementarten werden in aktualisierter Form den Anwender*innen zur Verfügung gestellt.

Die Fachbuchreihe „Baukosten Neubau" erscheint jährlich. Dabei werden alle Kostenkennwerte auf Basis neu dokumentierter Objekte und neuer statistischer Auswertungen aktualisiert. Die Kosten, Kostenkennwerte und Positionen dieser neuen Objekte tragen in allen drei Bänden zur Aktualisierung bei. Mit den integrierten „BKI Regionalfaktoren 2025" kann der Nutzer eine Anpassung der Bundesdurchschnittswerte an den jeweiligen Stadt- bzw. Landkreis seines Bauorts vornehmen.

Die Fachbuchreihe Baukosten Neubau 2025 (Statistische Kostenkennwerte) besteht aus den drei Teilen:
Baukosten Gebäude 2025 (Teil 1)
Baukosten Bauelemente 2025 (Teil 2)
Baukosten Positionen 2025 (Teil 3)

Die Bände sind aufeinander abgestimmt und unterstützen bei der Anwendung in allen Planungsphasen. Je Band sind ausführliche Erläuterungen zur fachgerechten Anwendung enthalten. Weitere Praxistipps und Hinweise zum Verfahren werden in den BKI-Workshops und im "BKI Handbuch Kostenplanung im Hochbau" vermittelt. Bei der einfachen Zuordnung der Baukosten nach Kostengruppen unterstützt der "BKI Bildkommentar DIN 276 / DIN 277".

Der Dank des BKI gilt allen Architektinnen und Architekten, die Daten und Unterlagen zur Verfügung stellen. Sie profitieren von der Dokumentationsarbeit des BKI und unterstützen nebenbei den eigenen Berufsstand. Die in Buchform veröffentlichten Architekt*innen-Projekte bilden eine fundierte und anschauliche Dokumentation gebauter Architektur.

Zur Pflege der Baukostendatenbanken sucht BKI weitere Objekte aus allen Bundesländern. Bewerbungsbögen zur Objekt-Veröffentlichung von Hochbauten und Freianlagen werden im Internet unter www.bki.de/projekt-einreichen zur Verfügung gestellt. Auch die Bereitstellung von Leistungsverzeichnissen mit Positionen und Vergabepreisen ist möglich, mehr Info dazu finden Sie unter www.bki.de/lv-daten.

Besonderer Dank gilt abschließend auch dem BKI-Beirat, der mit seiner Expertise aus der Praxis der Architektenschaft, den Architekten- und Ingenieurkammern, Normausschüssen und Universitäten zum Gelingen der BKI-Fachinformationen beiträgt.

Wir wünschen allen Anwender*innen der neuen Fachbuchreihe 2025 viel Erfolg in allen Phasen der Kostenplanung und vor allem eine große Übereinstimmung zwischen geplanten und realisierten Baukosten im Sinne zufriedener Bauherr*innen. Anregungen und Kritik zur Verbesserung der BKI-Fachbücher sind uns jederzeit willkommen.

Hannes Spielbauer - Geschäftsführer
Brigitte Lechler - Prokuristin

Baukosteninformationszentrum
Deutscher Architektenkammern GmbH
Stuttgart, im Mai 2025

Inhalt	Seite

Vorbemerkungen und Erläuterungen

Lebensdauer von Bauteilen und Bauelementen

Grobelementarten

Kosten im Stahlbau

Kostenkennwerte für Bauelemente (3. Ebene DIN 276)

Sortiert nach Gebäudearten

Kostenkennwerte für Bauelemente (3. Ebene DIN 276) (Fortsetzung)

Kostenkennwerte für Elementarten

Anhang

Einführung

Dieses Fachbuch wendet sich an Architekt*innen, Ingenieure*innen, Sachverständige und sonstige Fachleute, die mit Kostenermittlungen von Hochbaumaßnahmen befasst sind.

Es enthält Kostenkennwerte für „Bauelemente", worunter die Kostengruppen der 3. Ebene DIN 276 verstanden werden, gekennzeichnet durch dreistellige Ordnungszahlen. Diese Kostenkennwerte werden für 85 Gebäudearten angegeben. Es enthält ferner Kostenkennwerte für Elementarten von einzelnen Bauelementen. Diese Kostenkennwerte werden ohne Zuordnung zu bestimmten Gebäudearten angegeben. Damit bietet dieses Fachbuch aktuelle Orientierungswerte, die für differenzierte Kostenberechnungen sowie für Kostenanschläge im Sinne der DIN 276 benötigt werden.

Alle Kennwerte sind objektorientiert ermittelt worden und basieren auf der Analyse realer, abgerechneter Vergleichsobjekte, die derzeit in den BKI-Baukostendatenbanken verfügbar sind.

Dieses Fachbuch erscheint jährlich neu, so dass der Benutzer stets aktuelle Kostenkennwerte zur Hand hat. Das Baukosteninformationszentrum ist bemüht, durch kontinuierliche Datenerhebungen in allen Bundesländern die in dieser Ausgabe noch nicht aufgeführten Kostenkennwerte für einzelne Kostengruppen oder Gebäudearten in den Folgeausgaben zu berücksichtigen.

Mit dem Ausbau der Datenbanken werden auch weitere Kennwerte für jetzt noch nicht enthaltene Elementarten verfügbar sein. Der vorliegende Teil 2 baut auf Teil 1 „Statistische Kostenkennwerte für Gebäude" auf, der die für Kostenrahmen und Kostenschätzung benötigten Kostenkennwerte zu den Kostengruppen der 1. und 2. Ebene DIN 276 enthält.

Benutzerhinweise

1. Definitionen
Als **Grobelemente** werden in dieser Veröffentlichung Kennwerte für Bauteile für die jeweilige Gebäudeart der 3. Ebene DIN 276 bezeichnet, die zur Kostengruppe 300 „Bauwerk - Baukonstruktionen" bzw. Kostengruppe 400 „Bauwerk - Technische Anlagen" gehören und mit dreistelligen Ordnungszahlen gekennzeichnet sind.

Elementarten (EA) sind bestimmte, nach Konstruktion, Material, Abmessungen und sonstigen Eigenschaften unterschiedliche Ausführungen von Bauelementen. Sie sind durch eine 5-stellige Ordnungszahl gekennzeichnet, bestehend aus:
- Kostengruppe DIN 276 (KG): 3-stellig
- OZ Ordnungstruktur (2-stellig) und Ordnungszahl (2-stellig)

Kostenkennwerte sind Werte, die das Verhältnis von Kosten bestimmter Kostengruppen nach DIN 276:2018-12 zu bestimmten Bezugseinheiten darstellen.

Die Kostenkennwerte für die Kostengruppen der 3. Ebene DIN 276 sind auf Einheiten bezogen, die in der DIN 276:2018-12, Kapitel 6 (Mengen und Bezugseinheiten) definiert sind.

Die Kostenkennwerte für Elementarten sind auf nicht genormte, aber kostenplanerisch sinnvolle Einheiten bezogen, die in den betreffenden Tabellen jeweils angegeben sind.

2. Kostenstand und Mehrwertsteuer
Kostenstand aller Kennwerte ist das 1. Quartal 2025. Alle Kostenkennwerte enthalten die Mehrwertsteuer. Die Angabe aller Kostenkennwerte dieser Veröffentlichung erfolgt in Euro. Die vorliegenden Kostenkennwerte sind Orientierungswerte, Sie können nicht als Richtwerte im Sinne einer verpflichtenden Obergrenze angewendet werden.

3. Datengrundlage - Haftung
Grundlage der Tabellen sind statistische Analysen abgerechneter Bauvorhaben. Die Daten wurden mit größtmöglicher Sorgfalt vom BKI bzw. seinen Dokumentationsstellen erhoben

und zusammengestellt. Für die Richtigkeit, Aktualität und Vollständigkeit dieser Daten, Analysen und Tabellen übernehmen jedoch weder die Herausgebenden noch BKI eine Haftung, ebenso nicht für Druckfehler und fehlerhafte Angaben. Die Benutzung dieses Fachbuchs und die Umsetzung der darin erhaltenen Informationen erfolgen auf eigenes Risiko.

Angesichts der vielfältigen Kosteneinflussfaktoren müssen Anwender*innen die genannten Orientierungswerte eigenverantwortlich prüfen und entsprechend dem jeweiligen Verwendungszweck anpassen.

4. Betrachtung der Kostenauswirkungen aktueller Energiestandards
Gerade im Hinblick auf die wiederholte Verschärfung gesetzgeberischer Anforderungen an die energetische Qualität, insbesondere von Neubauten, wird von Kundenseite die Frage nach dem Energiestandard der statistischen Fachbuchreihe BKI Baukosten gestellt.
BKI hat Untersuchungen zu den kostenmäßigen Auswirkungen der erhöhten energetischen Qualität von Neubauten vorgenommen. Die Untersuchungen zeigen, dass energetisch bedingte Kostensteigerungen durch Rationalisierungseffekte größtenteils kompensiert werden.

BKI dokumentiert derzeit ca. 200 neue Objekte pro Jahr, die zur Erneuerung der statistischen Auswertungen verwendet werden. Etwa im gleichen Maße werden ältere Objekte aus den Auswertungen entfernt. Mit den hohen Dokumentationszahlen der letzten Jahre wurden die BKI-Datenbanken damit noch aktueller.

In nahezu allen energetisch relevanten Gebäudearten sind zudem Objekte enthalten, die über den gesetzlich geforderten energetischen Standard hinausgehen. Diese Objekte kompensieren einzelne Objekte, die den aktuellen energetischen Standard nicht erreichen. Insgesamt wird daher ein ausgeglichenes Objektgefüge pro Gebäudeart erreicht.

Obwohl BKI fertiggestellte und schlussabgerechnete Objekte dokumentiert, können durch die Dokumentation von Objekten, die über das gesetzgeberisch geforderte Maß energetischer Qualität hinausgehen, Kostenkennwerte für aktuell geforderte energetische Standards ausgewiesen werden. Die Kostenkennwerte der Fachbuchreihe BKI Baukosten 2024 entsprechen somit dem aktuell gesetzlich geforderten energetischem Niveau.

5. Anwendungsbereiche
Die Kostenkennwerte sind als Orientierungswerte konzipiert. Sie können bei Kostenermittlungen angewendet werden. Die formalen Mindestanforderungen hinsichtlich der Darstellung der Ergebnisse einer Kostenermittlung sind in DIN 276:2018-12, Kapitel 4 festgelegt. Die Anwendung des Bauelement-Verfahrens bei Kostenermittlungen setzt voraus, dass genügend Planungsinformationen vorhanden sind, um Qualitäten und Mengen von Bauelementen und Elementarten ermitteln zu können.

a. Gebäudearten-bezogene Kostenkennwerte für die Kostengruppen der 3. Ebene DIN 276 dienen primär als Orientierungswerte für die Plausibilitätsprüfung von Kostenberechnungen, die mit Kostenkennwerten für einzelne Elementarten differenziert aufgestellt worden sind. Kostenberechnungen auf der 3. Ebene DIN 276 ermöglichen differenziertere Bauelementbeschreibungen und eine genauere Ermittlung der entwurfsspezifischen Elementmengen und deren Kosten. Die in den Tabellen genannten Prozentsätze geben den durchschnittlichen Anteil der jeweiligen Kostengruppe an der Kostengruppe 300 „Bauwerk - Baukonstruktionen" (KG 300 = 100%) bzw. Kostengruppe 400 „Bauwerk-Technische Anlagen" (KG 400 = 100%) an.

Diese von Gebäudeart zu Gebäudeart oft unterschiedlichen Prozentanteile machen die kostenplanerisch relevanten Kostengruppen erkennbar, bei denen z. B. die Entwicklung von kostensparenden Alternativlösungen primär Erfolg verspricht unter dem Aspekt der Kostensteuerung bei vorgegebenem Gesamtbudget.

b. Elementarten-bezogene Kostenkennwerte dienen als Orientierungswerte für differenzierte Ermittlungen zur Aufstellung von Kostenvoranschlägen im Sinne der DIN 276.

Um die Kostenkennwerte besser beurteilen und die Elementarten untereinander abgrenzen zu können, wird der jeweilige technische Standard nach den Kriterien „Konstruktion", „Material", „Abmessungen" und „Besondere Eigenschaften" näher beschrieben. Diese Beschreibung

versucht, diejenigen Eigenschaften und Bauleistungen aufzuzeigen, die im Wesentlichen die Kosten der Ausführungsart eines Bauelementes bestimmen.
Über die Elementarten von Bauelementen können Ansätze für die Vergabe von Bauleistungen und die Kostenkontrolle während der Bauausführung ermittelt werden. Die Elementarten lassen sich den Leistungsbereichen des Standardleistungsbuches (STLB) zuordnen und damit in eine vergabeorientierte Gliederung überführen. Zu diesem Zweck sind die Kostenanteile der Leistungsbereiche in Prozent der jeweiligen Ausführungsart angegeben.

6. Geltungsbereiche
Die genannten Kostenkennwerte spiegeln in etwa das durchschnittliche Baukostenniveau in Deutschland wider. Die Geltungsbereiche der Tabellenwerte sind fließend. Die „von-/bis-Werte" markieren weder nach oben noch nach unten absolute Grenzwerte.

In den Tabellen „Gebäudearten-bezogene Kostenkennwerte für die Kostengruppen der 3. Ebene DIN 276" wurden der Vollständigkeit halber nicht alle Kostengruppen aufgeführt, auch dann, wenn die statistische Basis häufig noch zu gering ist, um für Kostenermittlungszwecke Kostenkennwerte angeben zu können. Dies trifft besonders für Kostengruppen zu, die im Regelfall ganz entfallen oder von untergeordneter Bedeutung sind, bei einzelnen Baumaßnahmen aber durchaus auch kostenrelevant sein können, z. B. die Kostengruppen 313 Wasserhaltung, 393 Sicherungsmaßnahmen, 394 Abbruchmaßnahmen, 395 Instandsetzungen, 396 Materialentsorgung, 397 Zusätzliche Maßnahmen, 398 Provisorische Baukonstruktionen, sowie alle Kostengruppen beginnend mit „Sonstiges zur KG...". Auch bei breiterer Datenbasis würden sich bei diesen Kostengruppen aufgrund der objektspezifischen Besonderheiten immer sehr große Streubereiche für die Kostenkennwerte ergeben. Liegen hierfür weder Erfahrungswerte aufgrund früherer Ausschreibungen im Büro vor, noch können diese durch Anfrage bei den ausführenden Firmen erfragt werden, so empfiehlt es sich, beim BKI die Kostendokumentationen einzelner Objekte zu beschaffen, bei denen die betreffenden Kostengruppen angefallen und qualitativ beschrieben sind.
Bei den zuvor genannten Kostengruppen können die Tabellenwerte dieses Buches jedoch einen Eindruck vermitteln, welche Größenordnung die Kostenkennwerte im Einzelfall bei einer Betrachtung über alle Gebäudearten hinweg annehmen können.

7. Kosteneinflüsse
In den Streubereichen (von-/bis-Werte) der Kostenkennwerte spiegeln sich die vielfältigen Kosteneinflüsse aus Nutzung, Markt, Gebäudegeometrie, Ausführungsstandard, Projektgröße etc. wider.
Die Orientierungswerte können daher nicht schematisch übernommen werden, sondern müssen entsprechend den spezifischen Planungsbedingungen überprüft und ggf. angepasst werden. Mögliche Einflüsse, die eine Anpassung der Orientierungswerte erforderlich machen, können sein:

- besondere Nutzungsanforderungen,
- Standortbedingungen (Erschließung, Immission, Topographie, Bodenbeschaffenheit),
- Bauwerksgeometrie (Grundrissform, Geschosszahlen, Geschosshöhen, Dachform, Dachaufbauten),
- Bauwerksqualität (gestalterische, funktionale und konstruktive Besonderheiten),
- Quantität (Bauelement- und Ausführungsartenmengen),
- Baumarkt (Zeit, regionaler Baumarkt, Vergabeart).

8. Regionalisierung der Daten
Grundlage der BKI Regionalfaktoren sind Daten aus der amtlichen Bautätigkeitsstatistik der statistischen Landesämter, eigene Berechnungen auch unter Verwendung von Schwerpunktpositionen und regionale Umfragen. Zusätzlich wurden von BKI Verfahren entwickelt, um die Eingangsdaten auf Plausibilität prüfen und ggf. anpassen zu können. Auf der Grundlage dieser Berechnungen hat BKI einen bundesdeutschen Mittelwert gebildet. Anhand des Mittelwertes lassen sich die einzelnen Land- und Stadtkreise prozentual einordnen. Diese Prozentwerte wurden die Grundlage der BKI Deutschlandkarte mit „Regionalfaktoren für Deutschland".

Für die größeren Inseln Deutschlands wurden separate Regionalfaktoren ermittelt. Dazu wurde der zugehörige Landkreis in Festland und Inseln unterteilt. Alle Inseln eines Landkreises erhalten durch dieses Verfahren den gleichen Regionalfaktor.

Der Regionalfaktor des Festlandes enthält keine Inseln mehr und ist daher gegenüber früheren Ausgaben verringert.

Die Kosten der Objekte der BKI Datenbanken wurden auf den Bundesdurchschnitt umgerechnet. Für den Anwender bedeutet die Umrechnung der Daten auf den Bundesdurchschnitt, dass einzelne Kostenkennwerte oder das Ergebnis einer Kostenermittlung mit dem Regionalfaktor des Standorts des geplanten Objekts multipliziert werden können. Die BKI Stadt-/Landkreisregionalfaktoren befinden sich im Anhang des Buchs.

9. Urheberrechte

Alle Objektinformationen sind urheberrechtlich geschützt. Dies gilt auch für die daraus abgeleiteten Auswertungen (Statistiken). Die Urheberrechte liegen bei den jeweiligen Büros, Personen bzw. beim BKI. Es ist ausschließlich eine Anwendung der Daten im Rahmen der praktischen Kostenplanung im Hochbau zugelassen. Die Nutzung der Objektinformationen für einen anderen als den Vertragszweck ist nicht zulässig. Dies gilt auch für die daraus abgeleiteten Auswertungen (Statistiken). Eine Vervielfältigung des Werks oder von Teilen daraus außer für den Vertragszweck ist nur mit ausdrücklicher Genehmigung des Herausgebers gestattet. Auch eine Übersetzung oder Bearbeitung, insbesondere eine Übertragung des Werks oder Teilen daraus in elektronische Systeme, ist nur mit ausdrücklicher Genehmigung des Herausgebers gestattet.

Neue BKI Neubau-Dokumentationen 2024-2025

Fotopräsentation der Objekte

1300-0313 Verwaltungsgebäude, Archiv (134 AP)
Büro- und Verwaltungsgebäude, mittlerer Standard
JSP ARCHITEKTEN Gesell. für Gesamtplanung mbH
Dresden

1300-0314 Bürogebäude (31 AP)
Büro- und Verwaltungsgebäude, mittlerer Standard
Björnsen Beratende Ingenieure GmbH
Koblenz

1300-0315 Bürogebäude (45 AP)
Büro- und Verwaltungsgebäude, mittlerer Standard
STUDIO SOZIA Calavetta Häberle Architekten BDA PartGmbB

1300-0316 Verwaltungsgebäude (191 AP)
Büro- und Verwaltungsgebäude, hoher Standard
RSE+ Architekten Ingenieure GmbH
Kassel

1300-0317 Bürogebäude (29 AP)
Büro- und Verwaltungsgebäude, mittlerer Standard
Architektur & Planung Plum & Schlemmer
Mainz

1300-0318 Bürogebäude (29 AP), Forschung (5 AP)
Büro- und Verwaltungsgebäude, Holzbauweise
pwpMAS Architekten PartG mbB
Darmstadt

© Planungsring Mumm + Partner

1300-0319 Amtsverwaltung (36 AP)
Büro- und Verwaltungsgebäude, mittlerer Standard
⌂ Planungsring Mumm + Partner GbR
Treia

© Architekturbüro Habbig

1300-0321 Bürogebäude (30 AP)
Büro- und Verwaltungsgebäude, mittlerer Standard
⌂ Architekturbüro Christoph Habbig
Neuss

© NEXT Bielefeld GmbH

1300-0325 Verwaltungsgebäude (90 AP)
Büro- und Verwaltungsgebäude, mittlerer Standard
⌂ NEXT Bielefeld GmbH
Bielefeld

© Schmidt Thüner Architekten

1300-0326 Bürogebäude (43 AP)
Büro- und Verwaltungsgebäude, mittlerer Standard
⌂ Schmidt Thüner Architekten PartG mbB
Schnallenberg

© Matthias Wittig

1300-0327 Bürogebäude (260 AP), TG (115 STP)
Büro- und Verwaltungsgebäude, mittlerer Standard
⌂ ruby^3 architekten BDA
Darmstadt

© STANTIEN Film + Fotostudio

2200-0066 Fakultätsgebäude (45 AP, 580 Studierende)
Berufliche Schulen
⌂ springmeier architekten gbr
Braunschweig

Fotopräsentation der Objekte

2200-0067 Seminargebäude
Schulen, Holzbauweise
meuer - planen beraten Architekten GmbH
München

4100-0239 Grundschule (10 Klassen, 200 Schüler)
Allgemeinbildende Schulen
Kleine + Potthoff Architekten
Korbach

4100-0241 Schule (9 Klassen, 235 Schüler)
Allgemeinbildende Schulen
NPC Naumann Petersen Conrad Joesten Architekten und beratende Ingenieure mbB, Bremen

4100-0242 Schule (31 Klassen, 650 Schüler)
Allgemeinbildende Schulen
weicken architekten partmbB
Unna

4100-0245 Gymnasium, Lernzentrum (150 Schüler)
Allgemeinbildende Schulen
jup.arc weinert jegenhorst juraschek architekten partmbb, Winsen (Luhe)

4100-0248 Grundschule (8 Klassen, 200 Schüler)
Allgemeinbildende Schulen
Architektur.SCHÖN
Wiesbaden

Fotopräsentation der Objekte

4100-0251 Grundschule (18 Klassen, 450 Schüler)
Allgemeinbildende Schulen
⌂ Heidacker Architekten PartG mbB, Bischofsheim & Sinopoli Architekten, Alzey

4100-0252 Grundschule (16 Klassen, 260 Schüler)
Allgemeinbildende Schulen
⌂ AG5 Architekten + Stadtplaner PartGmbB Darmstadt

4100-0257 Ganztagsschule (4 Kl), Mensa (135 Sitzplätze)
Schulen, Holzbauweise
⌂ Goergens Miklautz Partner GmbB & dreier + lauterbach architekten und ingenieure gmbh, München

4200-0042 Akademiegebäude (160 Auszubildende)
Schulen, Holzbauweise
⌂ Numrich Albrecht Klumpp Gesell. von Architekten mbH, Berlin

4200-0043 Pflegeschule (14 Klassen, 285 Schüler)
Berufliche Schulen
⌂ Architekten BDA Naujack.Rind.Hof GmbH, Koblenz & Arch. brüchner-hüttemann pasch GmbH, Bielefeld

4300-0027 Schule für Kinder mit Sehbehinderung
Förder- und Sonderschulen
⌂ Georg Scheel Wetzel Architekten GmbH, Berlin & Seitz Architektur, Aschaffenburg

4400-0333 Kindertagesstätte (3 Gruppen, 35 Kinder)
Kindergärten, Holzbauweise, nicht unterkellert
Wolfgang Helmle Freier Architekt
Ellwangen

4400-0367 Kindergarten (7 Gruppen, 130 Kinder)
Kindergärten, Holzbauweise, nicht unterkellert
K9 Architekten Borgards Lösch Pichl Piribauer
BDA DWB, Freiburg

4400-0389 Kindertagesstätte (6 Gruppen, 100 Kinder)
Kindergärten, Holzbauweise, nicht unterkellert
Hochbauamt Heidelberg und AAg Architekten GmbH
Heidelberg

4400-0392 Kindertagesstätte (4 Gruppen, 70 Kinder)
Kindergärten, Holzbauweise, nicht unterkellert
ZIEBELL + PARTNER Architektur- und Planungs GmbH
Lübeck

4400-0393 Kindertagesstätte (7 Gruppen, 136 Kinder)
Kindergärten, Holzbauweise, nicht unterkellert
Schmitt Vogels Architekten GmbH
Bamberg

4400-0394 Kindertagesstätte (6 Gruppen, 77 Kinder)
Kindergärten, nicht unterkellert, mittlerer Standard
Planungsring Mumm + Partner GbR
Treia

Fotopräsentation der Objekte

© 9 sekunden, Patrick Voigt

4400-0395 Kindertagesstätte (6 Gruppen, 130 Kinder)
Kindergärten, nicht unterkellert, hoher Standard
⌂ OKF Architekten GmbH
Osnabrück

© Klaus Friedel

4400-0397 Kindertagesstätte (6 Gruppen, 111 Kinder)
Kindergärten, Holzbauweise, nicht unterkellert
⌂ lucas architekten GmbH
Hainburg

© Steffen Niendorf

4400-0398 Kindertagesstätte (6 Gruppen, 60 Kinder)
Kindergärten, nicht unterkellert, mittlerer Standard
⌂ cubus plan gmbh
Berlin

© Thomas Ott, www.o2t.de

4400-0399 Kindertagesstätte (4 Gruppen, 100 Kinder)
Kindergärten, nicht unterkellert, mittlerer Standard
⌂ raum-z architekten gmbh
Frankfurt a.M.

© Thomas Ott, www.o2t.de

4400-0400 Kindertagesstätte (4 Gr), Wohnungen (10 WE)
Kindergärten, unterkellert
⌂ HY Architekten Birli Fritsch Part GmbB
Griesheim

© Peter Ziegner

4400-0401 Kindertagesstätte (7 Gr), Familienzentrum
Kindergärten, unterkellert
⌂ Fischer Rüdenauer Architekten PartmbB
Stuttgart

4400-0402 Kindertagesstätte (5 Gruppen, 90 Kinder)
Kindergärten, nicht unterkellert, mittlerer Standard
MICHAEL KOPPETSCH ARCHITEKT
Burscheid

4400-0403 Kindertagesstätte (4 Gruppen, 75 Kinder)
Kindergärten, Holzbauweise, nicht unterkellert
abdelkader architekten bda Partnerschaft mbB
Münster

4400-0407 Kindertagesstätte (4 Gruppen, 90 Kinder)
Kindergärten, Holzbauweise, nicht unterkellert
ra plus | mevißen hillmann harder hille architekten-partnerschaft mbB, Hannover

4400-0408 Kinderhaus (6 Gruppen, 174 Kinder)
Kindergärten, Holzbauweise, nicht unterkellert
HILGARTH Architekten-Stadtplaner
Marktredwitz

4400-0411 Kinderhaus (3 Gruppen)
Kindergärten, nicht unterkellert, mittlerer Standard
Schnabel Architekten GmbH
Bad Kötzting

4400-0412 Kindergarten (3 Gruppen, 40 Kinder)
Kindergärten, nicht unterkellert, mittlerer Standard
JANIAK + LIPPERT Architekten und Ingenieure GmbH
Fockbek

4400-0413 Kindertagesstätte (6 Gruppen, 130 Kinder)
Kindergärten, nicht unterkellert, hoher Standard
Hüdepohl . Ferner Architektur- und Ingenieurgesellschaft mbH, Osnabrück

4400-0414 Kindertagesstätte (4 Gruppen, 77 Kinder)
Kindergärten, nicht unterkellert, einfacher Standard
Böll Architekten GmbH
Essen

4400-0415 Kindergarten (2 Gruppen, 20 Kinder)
Kindergärten, nicht unterkellert, hoher Standard
Architekturbüro Silke Zanter, Heide &
FB-Architekten, Gettorf

4400-0416 Kindertagesstätte (4 Gruppen, 74 Kinder)
Kindergärten, nicht unterkellert, mittlerer Standard
HAAS + HAAS Architekten I Stadtplaner I Beratender Ingenieur PartGmbB, Eibelstadt

4400-0417 Kindergarten (4 Gruppen, 100 Kinder)
Kindergärten, Holzbauweise, nicht unterkellert
köhler architekten + beratende Ingenieure GmbH
Gauting

4400-0418 Kindertagesstätte (8 Gruppen, 120 Kinder)
Kindergärten, nicht unterkellert, hoher Standard
Dipl.-Ing. (FH) Christian Gerhardy, Stadtverwaltung
Wittlich

Fotopräsentation der Objekte

4400-0419 Kinderhaus (2 Gruppen, 40 Kinder)
Kindergärten, Holzbauweise, nicht unterkellert
⌂ Goergens Miklautz Partner GmbB & dreier + lauterbach architekten und ingenieure gmbh, München

4500-0021 Bildungsgebäude, Sportcampus
Weiterbildungseinrichtungen
⌂ prosa Architektur + Stadtplanung BDA Darmstadt

4500-0022 Seminarhaus (60 Sitzplätze)
Weiterbildungseinrichtungen
⌂ KRAMPITZ Architekten GbR Soltau

5300-0024 Umkleide-, Personalgebäude Freizeitbad (10 AP)
Gebäude für Erholungszwecke
⌂ ams architekten gbr Hamburg

6100-1593 Mehrfamilienhaus (3 WE)
Mehrfamilienhäuser, Holzbauweise
⌂ bonfanti ARCHITEKTEN Anke und Ralph Bonfanti Wiehl-Weiershagen

6100-1668 Wohnanlage (3 Gebäude, 24 WE)
Mehrfamilienhäuser, mit 20 oder mehr WE, mittl. Standard
⌂ mayerwittig Architektur und Stadtplanung Cottbus

Fotopräsentation der Objekte

6100-1671 Einfamilienhaus
Ein- u. Zweifamilienhäuser, Holzbauweise, nicht unterkellert
BUCHER | HÜTTINGER - ARCHITEKTUR INNEN ARCHITEKTUR, Betzenstein

6100-1683 Ferienhaus
Ein- u. Zweifamilienhäuser, nicht unterkell., hoher Standard
sw I a sternberg werner architekten PartG mbB
Ahrensburg

6100-1684 Mehrfamilienhäuser (3 Gebäude, 34 WE), TG
Mehrfamilienhäuser, mit 20 oder mehr WE, mittl. Standard
Architekturbüro pk nord Blencke und Knoll BDA
Hannover

6100-1685 Mehrfamilienhäuser, Kita (9 WE, 120 Kinder)
Wohnhäuser, mit mehr als 15% Mischnutzung
ZRS Architekten GvA mbH
Berlin

6100-1687 Wohnheim (27 WE, 31 Betten)
Wohnheime und Internate
Fountis Jeschonnek Gesellschaft von Architekten mbH
Berlin

6100-1688 Mehrgenerationenhaus (2 WE, 1 GE)
Wohnhäuser, mit bis zu 15% Mischnutzung, hoh. Standard
MZ Architektur Meier + Zeug
Rostock

Fotopräsentation der Objekte

6100-1689 Wohn- und Geschäftshaus (9 WE, 1 GE)
Wohnhäuser, mit mehr als 15% Mischnutzung
kmg Architekten und Ingenieure Kablitz-Meinel-Guderian PartG mbB, Wittenberg

6100-1690 Einfamilienhaus
Ein- und Zweifamilienhäuser unterkellert, hoher Standard
wening.architekten
Groß Glienicke

6100-1691 Mehrfamilienhaus (17 WE, 2 GE)
Mehrfamilienhäuser, mit 6 bis 19 WE, mittlerer Standard
Praeger Richter Architekten BDA
Berlin

6100-1692 Mehrfamilienhaus (10 WE), TG (10 STP)
Mehrfamilienhäuser, mit 6 bis 19 WE, mittlerer Standard
BERGHAUS ARCHITEKTEN
Hamm

6100-1695 Mehrfamilienhaus (21 WE)
Mehrfamilienhäuser, mit 20 oder mehr WE, mittl. Standard
a hoch i netzwerk Lisa Groß
Dillingen

6100-1696 Zweifamilienhaus
Ein- und Zweifamilienhäuser, Holzbauweise, unterkellert
grotheer architektur
Wyk auf Föhr

Fotopräsentation der Objekte

6100-1698 Zweifamilienhaus (2 WE)
Ein- u. Zweifamilienhäuser, Holzbauweise, nicht unterkellert
sunder plaßmann . noll plan + bau gmbh
Kassel

6100-1699 Mehrfamilienhaus (13 WE)
Mehrfamilienhäuser, mit 6 bis 19 WE, mittlerer Standard
nentwig.notbohm ARCHITEKTEN
Hamburg

6100-1701 Mehrfamilienhaus (18 WE), TG (22 STP)
Mehrfamilienhäuser, mit 6 bis 19 WE, mittlerer Standard
P4_ARCHITEKTEN BDA
Frankenthal

6100-1702 Mini-Wohnhaus
Ein- u. Zweifamilienhäuser, Holzbauweise, nicht unterkellert
Peter Gröbmayr GmbH & Co.KG
Glonn

6100-1703 Mehrfamilienhaus (6 WE), Carport
Mehrfamilienhäuser, mit 6 bis 19 WE, mittlerer Standard
vorndran design Andrè Vorndran
Hollstadt

6100-1705 Wohnanlage (40 WE), Kita (77 Kinder), TG
Wohnhäuser, mit bis zu 15% Mischnutzung, hoh. Standard
Wohnbau Mainz GmbH
Mainz

6100-1706 Wohnanlage (10 Gebäude, 148 WE), TG
Mehrfamilienhäuser, mit 20 oder mehr WE, mittl. Standard
Architekten PETER + PASCHEN GmbH
Hamburg

6100-1707 Mehrfamilienhäuser (7 Gebäude, 96 WE), TG
Mehrfamilienhäuser, mit 20 oder mehr WE, mittl. Standard
happarchitecture JJh Architektengesellschaft mbH
Frankfurt am Main

6100-1708 Einfamilienhaus
Ein- u. Zweifamilienhäuser, unterkellert, mittlerer Standard
+studio moeve Planungsbüro bda GmbH & Co. KG
Darmstadt

6100-1709 Einfamilienhaus, Doppelgarage
Ein- u. Zweifamilienhäuser, unterkellert, mittlerer Standard
+studio moeve Planungsbüro bda GmbH & Co. KG
Darmstadt

6100-1710 Einfamilienhaus
Ein- und Zweifamilienhäuser, Holzbauweise, unterkellert
Martin Wäsler Architekturbüro
Glonn

6100-1714 Einfamilienhaus, Sportraum, Doppelgarage
Ein- u. Zweifamilienhäuser, Holzbauweise, nicht unterkellert
Studio Hofmann Architektur und Umgebung
Passau

6100-1715 Einfamilienhaus, Doppelgarage
Ein- und Zweifamilienhäuser, Holzbauweise, unterkellert
pfanzelt architekten GmbH
Lechbruck am See

6100-1717 Einfamilienhaus, Einliegerwohnung
Ein- u. Zweifamilienhäuser, nicht unterkell., mittl. Standard
Schweikert Schilling Architektur und Gestaltung
PartGmbB, Karlsruhe

6100-1719 Doppelhaus
Doppel- und Reihenendhäuser, mittlerer Standard
MuG Architekten
München

6100-1722 Mehrfamilienhaus (12 WE)
Mehrfamilienhäuser, mit 6 bis 19 WE, hoher Standard
as2architektur schomers.schürmann
Bremen

6100-1723 Mehrfamilienhaus (5 WE)
Mehrfamilienhäuser, mit bis zu 6 WE, hoher Standard
Architekturbüro Ullrich Runge
Delmenhorst

6100-1724 Wohn- und Geschäftshaus (19 WE, 3 GE)
Mehrfamilienhäuser, mit 6 bis 19 WE, hoher Standard
k+a architekten partg mbb bda
Hannover

6100-1725 Mehrfamilienhaus (31 WE), TG (26 STP)
Mehrfamilienhäuser, mit 20 oder mehr WE, hoh. Standard
schüch & cassau architekten bda + beratender Ingenieur PartGmbB, Stade

6100-1727 Mehrfamilienhaus (4 WE)
Mehrfamilienhäuser, Holzbauweise
Freie Architektin Carina Zoth
Westernohe

6100-1728 Einfamilienhaus, Büro
Ein- und Zweifamilienhäuser unterkellert, hoher Standard
Eichenseher Architektur + Stadtplanung
Niederviehbach

6100-1729 Mehrfamilienhaus (29 WE)
Mehrfamilienhäuser, mit 20 oder mehr WE, mittl. Standard
Butzlaff Tewes Architekten + Ingenieure
Brande-Hörnerkirchen

6100-1730 Einfamilienhaus, Gästewohnung
Ein- und Zweifamilienhäuser, Holzbauweise, unterkellert
Architekturbüro Huber
Kempten

6100-1732 Einfamilienhaus
Ein- u. Zweifamilienhäuser, Holzbauweise, nicht unterkellert
arminschmitz architekt bda
Bad Neuenahr-Ahrweiler

6100-1734 Einfamilienhaus
Ein- u. Zweifamilienhäuser, Holzbauweise, nicht unterkellert
Wirth Architekten BDA PartgmbB
Bremen

6100-1735 Wohnanlage (104 WE), Kita (5 Gr), TG (92 STP)
Mehrfamilienhäuser, mit 20 oder mehr WE, mittl. Standard
HÜBOTTER + STÜRKEN + DIMITROVA Architektur & Stadtplanung BDA Partnerschaftsgesell. MBB, Hannover

6100-1736 Mehrfamilienhaus (10 WE), TG (9 STP)
Mehrfamilienhäuser, mit 6 bis 19 WE, mittlerer Standard
Böll Architekten GmbH
Essen

6100-1740 Einfamilienhaus
Ein- u. Zweifamilienhäuser, Holzbauweise, nicht unterkellert
Zimmerei Müller GmbH, Merle Müller, Architektin
Soest

6100-1742 Einfamilienhaus
Ein- u. Zweifamilienhäuser, Holzbauweise, nicht unterkellert
Regina Bruchhäuser Architektin
Alzenau

6100-1743 Mehrfamilienhaus (16 WE), TG (17 STP)
Mehrfamilienhäuser, mit 6 bis 19 WE, hoher Standard
LRW Architektur und Stadtplanung PartG mbB
Hamburg

6100-1744 Mehrfamilienhaus (12 WE)
Mehrfamilienhäuser, Holzbauweise
Christoph Harney Architekt
Kassel

6100-1745 Einfamilienhaus, Garage
Ein- u. Zweifamilienhäuser, nicht unterkell., mittl. Standard
Gütig Architektur
Bornheim-Hersel

6100-1749 Mehrfamilienhäuser (131 WE), Kita, TG (132 STP)
Mehrfamilienhäuser, mit 20 oder mehr WE, hoh. Standard
planungsgruppe DREI Part GmbB
Mühltal

6200-0124 Carport, Fahrradabstellraum
Carports
BRATHUHN + KÖNIG Architektur- u. Ingenieur-PartGmbB, Braunschweig

6200-0128 Seniorenwohnanlage (2 Gebäude, 36 WE)
Seniorenwohnungen, mittlerer Standard
Fountis Jeschonnek Gesellschaft von Architekten mbH
Berlin

6200-0129 Hospiz (12 Betten)
Pflegeheime
Planungsring Mumm + Partner GbR
Treia

Fotopräsentation der Objekte

© Oliver Pohl

6200-0130 Betreutes Wohnen (31 WE), Tagespflege (17 Pl)
Seniorenwohnungen, hoher Standard
soleo* GmbH
Düsseldorf

© Helen Abraham

6200-0131 Wohnanlage für Menschen mit Behinderung
Seniorenwohnungen, mittlerer Standard
consilio pro
Möhnesee-Günne

© Sigurd Steinprinz

6200-0134 Studierendenwohnheim (174 WE)
Wohnheime und Internate
ACMS Architekten GmbH
Wuppertal

© DERIX-Gruppe

6200-0135 Übergangswohnheim (48 Betten)
Wohnheime und Internate
W. u. J. Derix GmbH & Co.
Niederkrüchten

© DERIX-Gruppe

6200-0136 Übergangswohnheim (120 Betten)
Wohnheime und Internate
W. u. J. Derix GmbH & Co.
Niederkrüchten

© Tom Bauer

6400-0120 Jugendfreizeitstätte (3 Gruppen, 100 Kinder)
Kindergärten, Holzbauweise, nicht unterkellert
brück.jordan architekten ingenieure PartGmbB
Würzburg

Fotopräsentation der Objekte

6400-0126 Gemeindehaus (140 Sitzplätze)
Gemeindezentren, Holzbauweise
Bindhammer Architekten, Stadtplaner und Beratender Ingenieur Part mbB, Bayerbach

6400-0128 Gemeindehaus, Gruppenpfarramt (6 AP)
Gemeindezentren, hoher Standard
MoRe Architekten PartGmbB
Freiburg

6400-0129 Dorfgemeinschaftshaus
Gemeindezentren, Holzbauweise
HILGARTH Architekten-Stadtplaner
Marktredwitz

6400-0130 Gemeindehaus (199 Sitzplätze)
Gemeindezentren, Holzbauweise
PLAN@K Architekten Kress PartGmbB
Erlangen

6400-0132 Dorfgemeinschaftshaus (120 Sitzplätze)
Gemeindezentren, mittlerer Standard
Haas + Haas Architekt I Stadtplaner I Beratender Ingenieur PartGmbB, Eibelstadt

6500-0062 Multifunktionsgebäude, Mensa (199 Sitze)
Gemeindezentren, mittlerer Standard
Paskopulos Architekten
Lüneburg

Fotopräsentation der Objekte

6500-0063 Verwaltungsgebäude (20 AP), Betriebsrestaurant
Gaststätten, Kantinen und Mensen
atelier05 Architektur + Innenarchitektur
Jürgenshagen

6600-0038 Gästehaus, Seminarhotel (28 Betten)
Hotels
A-Z Architekten BDA
Wiesbaden

6600-0039 Boardinghouse (40 Zimmer)
Hotels
ACMS Architekten GmbH
Wuppertal

7100-0074 Produktionshalle (22 AP)
Industrielle Produktionsgebäude, überwiegend Skelettbau
K + H Architekten PartG mbB
Hildesheim

7300-0113 Gewerbehalle, Showroom
Lagergebäude, mit mehr als 25% Mischnutzung
Schmidt Thüner Architekten PartG mbB
Schmallenberg

7600-0089 Rettungswache (2 Fahrzeuge)
Feuerwehrhäuser
brack architekten
Kempten

7600-0103 Feuerwehrgerätehaus (3 Fahrzeuge)
Feuerwehrhäuser
Architekturbüro Michaeli & Jung
St. Ingbert Rohrbach

7600-0104 Feuerwehrhaus (3 Fahrzeuge)
Feuerwehrhäuser
Butzlaff Tewes Architekten + Ingenieure
Brande-Hörnerkirchen

7600-0105 Feuerwehrzentrum (36 AP, 10 Fahrzeuge)
Feuerwehrhäuser
eggersmende architekten PartG mbB
Braunschweig

7600-0106 Feuerwehrhaus (2 Fahrzeuge)
Feuerwehrhäuser
Schnabel Architekten GmbH
Bad Kötzting

7700-0095 Schüttgutlager
Lagergebäude, ohne Mischnutzung
Hallmann Architekten
Havelberg

7700-0097 Lagerhalle, Werkstattgebäude (16 AP)
Lagergebäude, ohne Mischnutzung
Acconci Architekten GmbH
Soest

Fotopräsentation der Objekte

© SCHOYERER ARCHITEKTEN_SYRA

7800-0035 Fahrradparkhaus (1.032 STP)
Fahrradparkhäuser
SCHOYERER ARCHITEKTEN_SYRA
Mainz

© Andreas Wiese

7800-0037 Parkhaus (77 STP)
Hochgaragen
kg5 architekten Küstermeier I Gentner
Düsseldorf

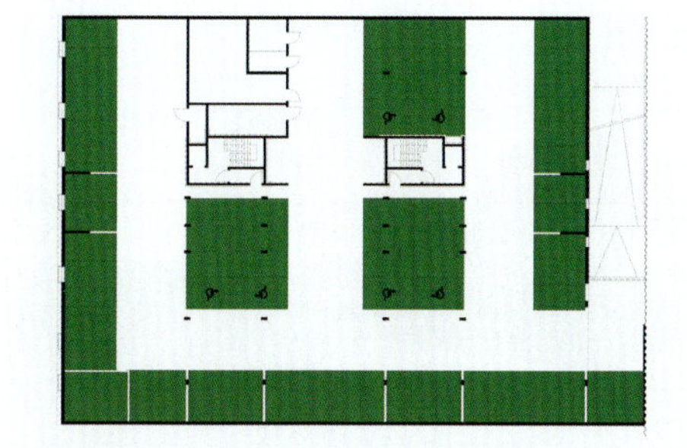

7800-0039 Tiefgarage (68 STP) für Bürogebäude
Tiefgaragen
Plan. Concept Architekten GmbH
Osnabrück

© SOKA-BAU, Urlaubs- und Lohnausgleichskasse der Bauwirtschaft

7800-0040 Tiefgarage (53 STP) für Wohnanlage
Tiefgaragen
BIWERMAU Architekten BDA
Hamburg

© SOKA-BAU, Urlaubs- und Lohnausgleichskasse der Bauwirtschaft

7800-0041 Tiefgaragen (55 STP) für Wohnanlage
Tiefgaragen
BIWERMAU Architekten BDA
Hamburg

© Rolf Sturm

7800-0042 Tiefgarage (31 STP) für Wohnanlage
Tiefgaragen
NEUMEISTER & PARINGER ARCHITEKTEN BDA

7800-0043 Tiefgarage (13 STP) für Mehrfamilienhaus
Tiefgaragen
Sommer + Sommer Architekten BDA
Berlin

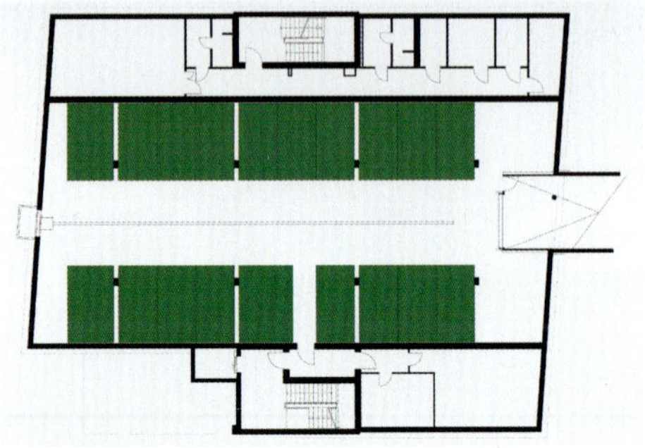

7800-0044 Tiefgarage (19 STP) für Landratsamt
Tiefgaragen
ArGe Gurland+Seher+Rapp Architekten
Biberach a.d. Riss

9100-0199 Kirchenzentrum (199 Sitzplätze)
Gemeindezentren, mittlerer Standard
ksw architekten + stadtplaner gmbh
Hannover

9100-0217 Stadtarchiv (7 AP)
Bibliotheken, Museen und Ausstellungen
CODE UNIQUE Architekten GmbH
Dresden

9100-0219 Musikschule
Schulen, Holzbauweise
SIEKER ARCHITEKTEN
Bielefeld

9100-0223 Stadtteilzentrum, Veranstaltungsraum
Gemeindezentren, mittlerer Standard
pätzold kremer architekten PartG mbB
Offenbach am Main

9100-0226 Konzertsaal (1.956 Sitzplätze)
Theater

gmp International GmbH
Berlin

Erläuterungen zur Fachbuchreihe
BKI Baukosten Neubau

Erläuterungen zur Fachbuchreihe BKI Baukosten Neubau

Die Fachbuchreihe BKI Baukosten besteht aus drei Bänden:
- Baukosten Gebäude Neubau 2025, Statistische Kostenkennwerte (Teil 1)
- Baukosten Bauelemente Neubau 2025, Statistische Kostenkennwerte (Teil 2)
- Baukosten Positionen Neubau 2025, Statistische Kostenkennwerte (Teil 3)

Die drei Fachbücher für den Neubau sind für verschiedene Stufen der Kostenermittlungen vorgesehen. Daneben gibt es noch eine vergleichbare Buchreihe für den Altbau (Bauen im Bestand), gegliedert in zwei Fachbücher. Nähere Informationen dazu erscheinen in den entsprechenden Büchern. Die nachfolgende Schnellübersicht erläutert Inhalt und Verwendungszweck:

BKI FACHBUCHREIHE Baukosten Neubau 2025		
 **BKI Baukosten Gebäude**	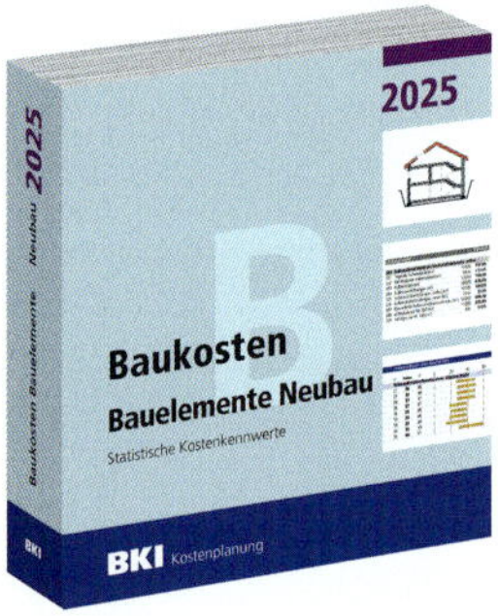 **BKI Baukosten Bauelemente**	 **BKI Baukosten Positionen**
Inhalt: Kosten des Bauwerks, 1. und 2. Ebene nach DIN 276 von 87 Gebäudearten	Inhalt: 3. Ebene DIN 276 und Elementarten nach BKI, außerdem Lebensdauern von Bauteilen, Grobelementarten und Kosten im Stahlbau	Inhalt: Positionen nach Leistungsbereichsgliederung für Rohbau, Ausbau, Technische Gebäudeausrüstung und Freianlagen
Geeignet[1] für Kostenrahmen, Kostenschätzung	Geeignet für Kostenberechnung und Kostenvoranschlag	Geeignet für bepreiste Leistungsverzeichnisse und Kostenanschlag
HOAI Phasen 1 und 2	HOAI Phasen 3 bis 6	HOAI Phasen 6 und 8
[1] BKI empfiehlt, bereits ab Vorlage erster Skizzen oder Vorentwürfe Kosten in der 2. Ebene nach DIN 276 zu ermitteln (Grobelementmethode).		

Die Buchreihe BKI Baukosten enthält für die verschiedenen Stufen der Kostenermittlung unterschiedliche Tabellen und Grafiken. Ihre Anwendung soll nachfolgend kurz dargestellt werden.

Für die Ermittlung der „ersten Zahl" werden auf der ersten Seite jeder Gebäudeart die Kosten des Bauwerks insgesamt angegeben. Je nach Informationsstand kann der Kostenkennwert (KKW) pro m³ BRI (Brutto-Rauminhalt), m² BGF (Brutto-Grundfläche) oder m² NUF (Nutzungsfläche) verwendet werden.

Diese Kennwerte sind geeignet, um bereits ohne Vorentwurf erste Kostenaussagen auf der Grundlage von Bedarfsberechnungen treffen zu können.

Für viele Gebäudearten existieren zusätzlich Kostenkennwerte pro Nutzeinheit. In allen Büchern der Reihe BKI Baukosten werden die statistischen Kostenkennwerte mit Mittelwert (Fettdruck) und Streubereich (von- und bis-Wert) angegeben (Abb. 1; BKI Baukosten Gebäude).

In der unteren Grafik der ersten Seite zu einer Gebäudeart sind die Kostenkennwerte der an der Stichprobe beteiligten Objekte zur Erläuterung der Bandbreite der Kostenkennwerte abgebildet. In allen Büchern wird in der Fußzeile der Kostenstand und die Mehrwertsteuer angegeben. (Abb. 2; BKI Baukosten Gebäude)

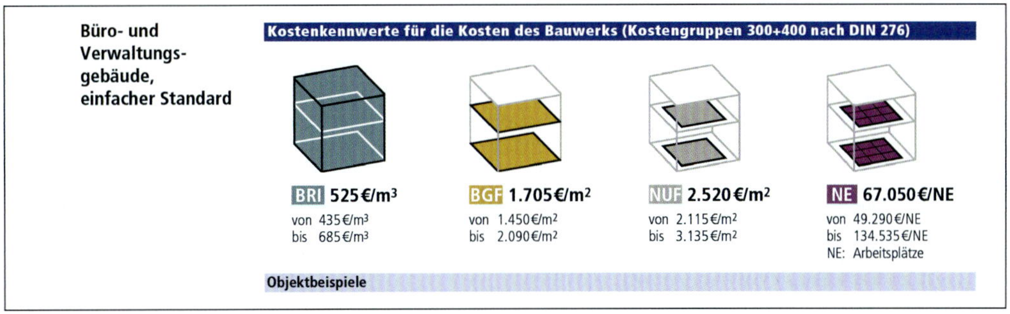

Abb. 1 aus BKI Baukosten Gebäude: Kostenkennwerte des Bauwerks

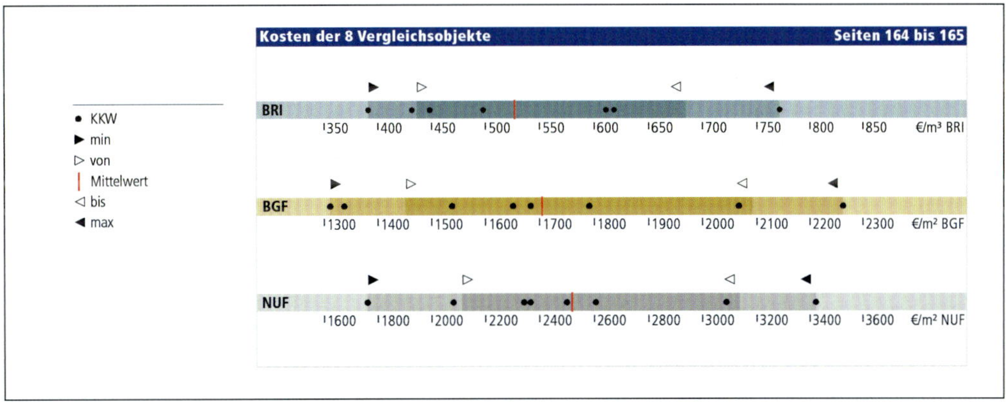

Abb. 2 aus BKI Baukosten Gebäude: Kostenkennwerte der Objekte einer Gebäudeart

Kostenrahmen, Kostenschätzung

Die obere Tabelle der zweiten Seite zu einer Gebäudeart differenziert die Kosten des Bauwerks in die Kostengruppen der 1. Ebene für den Kostenrahmen. Es werden nicht nur die Kostenkennwerte für das Bauwerk – getrennt nach Baukonstruktionen und Technische Anlagen – sondern ebenfalls für „Vorbereitende Maßnahmen“ des Grundstücks, „Außenanlagen und Freiflächen“, „Ausstattung und Kunstwerke“, „Baunebenkosten“ genannt. Für Plausibilitätsprüfungen sind zusätzlich die Prozentanteile der einzelnen Kostengruppen ausgewiesen. (Abb. 3; BKI Baukosten Gebäude)

Für die Kostenschätzung müssen nach neuer DIN 276 die Gesamtkosten nach Kostengruppen in der 2. Ebene der Kostengliederung ermittelt werden. Dazu müssen die Mengen der Kostengruppen 310 Baugrube/Erdbau bis 360 Dächer und die BGF ermittelt werden. Eine Kostenermittlung auf der 2. Ebene ist somit bereits durch Ermittlung von lediglich sieben Mengen möglich. (Abb. 4; BKI Baukosten Gebäude)

In den Benutzerhinweisen am Anfang des Fachbuchs „BKI Baukosten Gebäude, Statistische Kostenkennwerte Teil 1“ ist eine „Auswahl kostenrelevanter Baukonstruktionen und Technischer Anlagen“ aufgelistet. Sie unterstützen bei der Standardeinordnung einzelner Projekte. Weiterhin gibt die Auflistung Hinweise, welche Ausführungen in den Kostengruppen der 2. Ebene kostenmindernd bzw. kostensteigernd wirken. Dementsprechend sind Kostenkennwerte über oder unter dem Durchschnittswert auszuwählen. Eine rein systematische Verwendung des Mittelwerts reicht für eine qualifizierte Kostenermittlung nicht aus. (Abb. 5; BKI Baukosten Gebäude)

Kostenkennwerte für die Kostengruppen der 1. und 2.Ebene DIN 276

KG	Kostengruppen der 1. Ebene	Einheit	▷	€/Einheit	◁	▷	% an 300+400	◁
100	Grundstück	m^2 GF	–	–	–	–	–	–
200	Vorbereitende Maßnahmen	m^2 GF	4	**14**	23	1,0	**2,6**	7,3
300	Bauwerk – Baukonstruktionen	m^2 BGF	1.111	**1.415**	1.642	79,1	**83,0**	87,4
400	Bauwerk – Technische Anlagen	m^2 BGF	205	**290**	393	12,6	**17,0**	20,9
	Bauwerk 300+400	m^2 BGF	1.451	**1.705**	2.092	100,0	**100,0**	100,0
500	Außenanlagen und Freiflächen	m^2 AF	64	**125**	289	2,0	**6,0**	13,9
600	Ausstattung und Kunstwerke	m^2 BGF	70	**170**	229	5,2	**9,9**	12,2
700	Baunebenkosten*	m^2 BGF	402	**449**	495	23,6	**26,3**	29,1 ◁
800	Finanzierung	m^2 BGF	–	–	–	–	–	–

* Auf Grundlage der HOAI 2021 berechnete Werte nach §§ 35, 52, 56. Weitere Informationen siehe Seite 56

Abb. 3 aus BKI Baukosten Gebäude: Kostenkennwerte der 1. Ebene

KG	Kostengruppen der 2. Ebene	Einheit	▷	€/Einheit	◁	▷	% an 1. Ebene	◁
310	Baugrube / Erdbau	m^3 BGI	16	**37**	49	1,5	**1,8**	2,3
320	Gründung, Unterbau	m^2 GRF	330	**424**	609	9,0	**15,6**	19,9
330	Außenwände / vertikal außen	m^2 AWF	401	**460**	490	23,6	**25,7**	29,8
340	Innenwände / vertikal innen	m^2 IWF	190	**297**	355	16,0	**19,4**	26,0
350	Decken / horizontal	m^2 DEF	308	**393**	478	0,0	**12,3**	18,7
360	Dächer	m^2 DAF	368	**482**	674	14,3	**21,4**	33,4
370	Infrastrukturanlagen		–	–	–	–	–	–
380	Baukonstruktive Einbauten	m^2 BGF	< 1	**4**	10	< 0,1	**0,3**	0,8
390	Sonst. Maßnahmen für Baukonst.	m^2 BGF	44	**51**	64	3,0	**3,5**	3,9
300	**Bauwerk – Baukonstruktionen**	**m^2 BGF**					**100,0**	
410	Abwasser-, Wasser-, Gasanlagen	m^2 BGF	28	**48**	79	11,6	**18,6**	22,9
420	Wärmeversorgungsanlagen	m^2 BGF	57	**73**	98	21,2	**34,5**	55,6
430	Raumlufttechnische Anlagen	m^2 BGF	–	**2**	–	0,0	**0,5**	0,8
440	Elektrische Anlagen	m^2 BGF	63	**80**	107	32,4	**33,3**	33,8
450	Kommunikationstechnische Anlagen	m^2 BGF	5	**15**	29	1,9	**6,0**	13,3
460	Förderanlagen	m^2 BGF	–	**63**	–	0,0	**6,5**	19,6
470	Nutzungsspez. / verfahrenstech. Anl.	m^2 BGF	–	**5**	–	0,0	**0,6**	1,7
480	Gebäude- und Anlagenautomation	m^2 BGF	–	–	–	–	–	–
490	Sonst. Maßnahmen f. techn. Anl.	m^2 BGF	–	–	–	–	–	–
400	**Bauwerk – Technische Anlagen**	**m^2 BGF**					**100,0**	

Abb. 4 aus BKI Baukosten Gebäude: Kostenkennwerte der 2. Ebene

Auswahl kostenrelevanter Baukonstruktionen

310 Baugrube/Erdbau
- **kostenmindernd:**
Nur Oberboden abtragen, Wiederverwertung des Aushubs auf dem Grundstück, keine Deponiegebühr, kurze Transportwege, wiederverwertbares Aushubmaterial für Verfüllung
+ **kostensteigernd:**
Wasserhaltung, Grundwasserabsenkung, Baugrubenverbau, Spundwände, Baugrubensicherung mit Großbohrpfählen, Felsbohrungen, schwer lösbare Bodenarten oder Fels

320 Gründung, Unterbau
- **kostenmindernd:**
Kein Fußbodenaufbau auf der Gründungsfläche, keine Dämmmaßnahmen auf oder unter der Gründungsfläche
+ **kostensteigernd:**
Teurer Fußbodenaufbau auf der Gründungsfläche, Bodenverbesserung, Bodenkanäle, Perimeterdämmung oder sonstige, teure Dämmmaßnahmen, versetzte Ebenen, hoher Wasserandrang

330 Außenwände/Vertikale Baukonstruktionen, außen
mauerwerk, Ganzglastüren, Vollholztüren Brandschutztüren, sonstige hochwertige Türen, hohe Anforderungen an Statik, Brandschutz, Schallschutz, Raumakustik und Optik, Edelstahlgeländer, raumhohe Verfliesung

350 Decke/Horizontale Baukonstruktionen
- **kostenmindernd:**
Einfache Bodenbeläge, wenige und einfache Treppen, geringe Spannweiten
+ **kostensteigernd:**
Doppelboden, hochwertige Holz- und Natursteinbeläge, Metall- und Holzbekleidungen, Edelstahltreppen, hohe Anforderungen an Brandschutz, Schallschutz, Raumakustik und Optik, hohe Spannweiten

360 Dächer
- **kostenmindernd:**
Einfache Geometrie, wenig Durchdringungen
+ **kostensteigernd:**
Aufwändige Geometrie wie Mansarddach, Gauben, Metalldeckung, Glasdächer oder Glasoberlichter, begeh-/befahrbare Flachdächer, Begrünung, Schutzelemente wie Edelstahl-Geländer

Abb. 5 aus BKI Baukosten Gebäude: Kostenrelevante Baukonstruktionen

Die Mengen der 2. Ebene können alternativ statistisch mit den Planungskennwerten auf der vierten Seite jeder Gebäudeart näherungsweise ermittelt werden. (Abb. 6; aus BKI Baukosten Gebäude: Planungskennwerte)
Eine Tabelle zur Anwendung dieser Planungskennwerte ist unter:
www.bki.de/kostensimulationsmodell für Neubau als Excel-Tabelle erhältlich. Die Anwendung dieser Tabelle ist dort ebenfalls beschrieben.

Die Werte, die über dieses statistische Verfahren ermittelt werden, sind für die weitere Verwendung auf Plausibilität zu prüfen und anzupassen.

In BKI Baukosten Gebäude befindet sich auf der dritten Seite zu jeder Gebäudeart eine Aufschlüsselung nach Leistungsbereichen für eine überschlägige Aufteilung der Bauwerkskosten. (Abb. 7; BKI Baukosten Gebäude)

Für die Kostenaufstellung nach Leistungsbereichen existiert folgender Ansatz:
Bereits nach Kostengruppen ermittelte Kosten können prozentual, mit Hilfe der Angaben in den Prozentspalten, in die voraussichtlich anfallenden Leistungsbereiche aufgeteilt werden.

Die Ergebnisse dieser „Budgetierung" können die positionsorientierte Aufstellung der Leistungsbereichskosten nicht ersetzen. Für Plausibilitätsprüfungen bzw. grobe Kostenaussagen z. B. für Finanzierungsanfragen sind sie jedoch gut geeignet.

Planungskennwerte für Flächen und Rauminhalte nach DIN 277						
Grundflächen	▷	**Fläche/NUF (%)**	◁	▷	**Fläche/BGF (%)**	◁
NUF Nutzungsfläche	100,0	**100,0**	100,0	66,7	**68,0**	69,2
TF Technikfläche	2,3	**2,9**	4,3	1,6	**1,9**	2,8
VF Verkehrsfläche	18,5	**21,8**	23,4	12,5	**14,6**	16,3
NRF Netto-Raumfläche	122,6	**124,7**	127,6	82,2	**84,5**	85,7
KGF Konstruktions-Grundfläche	20,1	**22,9**	26,8	14,3	**15,5**	17,8
BGF Brutto-Grundfläche	145,2	**147,6**	150,6	100,0	**100,0**	100,0
Brutto-Rauminhalte	▷	**BRI/NUF (m)**	◁	▷	**BRI/BGF (m)**	◁
BRI Brutto-Rauminhalt	4,55	**4,86**	5,40	3,19	**3,30**	3,83
Flächen von Nutzeinheiten	▷	**NUF/Einheit (m²)**	◁	▷	**BGF/Einheit (m²)**	◁
Nutzeinheit: Arbeitsplätze	23,95	**26,96**	26,96	37,34	**40,14**	40,14
Lufttechnisch behandelte Flächen	▷	**Fläche/NUF (%)**	◁	▷	**Fläche/BGF (%)**	◁
Entlüftete Fläche	2,8	**2,8**	2,8	2,0	**2,0**	2,0
Be- und entlüftete Fläche	95,1	**95,1**	95,1	61,9	**61,9**	61,9
Teilklimatisierte Fläche	–	–	–	–	–	–
Klimatisierte Fläche	–	–	–	–	–	–

KG	Kostengruppen (2. Ebene)	Einheit	▷	Menge/NUF	◁	▷	Menge/BGF	◁
310	Baugrube / Erdbau	m³BGI	1,29	**1,39**	1,39	0,86	**0,93**	0,93
320	Gründung, Unterbau	m²GRF	0,82	**0,82**	0,82	0,56	**0,58**	0,58
330	Außenwände / vertikal außen	m²AWF	1,14	**1,14**	1,14	0,79	**0,79**	0,82
340	Innenwände / vertikal innen	m²IWF	1,40	**1,40**	1,57	0,82	**0,97**	0,97
350	Decken / horizontal	m²DEF	0,94	**0,94**	0,94	0,64	**0,64**	0,64
360	Dächer	m²DAF	0,93	**0,98**	0,98	0,68	**0,69**	0,69
370	Infrastrukturanlagen		–	–	–	–	–	–
380	Baukonstruktive Einbauten	m²BGF	1,45	**1,48**	1,51	1,00	**1,00**	1,00
390	Sonst. Maßnahmen für Baukonst.	m²BGF	1,45	**1,48**	1,51	1,00	**1,00**	1,00
300	**Bauwerk – Baukonstruktionen**	**m²BGF**	1,45	**1,48**	1,51	1,00	**1,00**	1,00

Abb. 6 aus BKI Baukosten Gebäude: Planungskennwerte

Büro- und Verwaltungsgebäude, einfacher Standard

Prozentanteile der Kosten für Leistungsbereiche nach STLB (Kosten Bauwerk nach DIN 276)

LB	Leistungsbereiche	7,5% 15% 22,5% 30%	▷	% an 300+400	◁
000	Baustellen-, Verkehrssich.- u. Sicherh.einr. inkl. 001		0,6	**1,9**	3,2
002	Erdarbeiten		1,5	**1,9**	2,5
006	Spezialtiefbauarbeiten inkl. 005		–	–	–
009	Entwässerungskanalarbeiten inkl. 011		0,3	**0,5**	0,9
010	Drän- und Versickerarbeiten		0,0	**0,1**	0,6
012	Mauerarbeiten		1,3	**5,0**	8,4
013	Betonarbeiten		16,0	**20,2**	23,5
014	Natur-, Betonwerksteinarbeiten		< 0,1	**0,2**	0,5
016	Zimmer- und Holzbauarbeiten		0,8	**3,3**	5,6
017	Stahlbauarbeiten		0,6	**3,7**	11,9
018	Abdichtungsarbeiten		0,4	**1,1**	2,8
020	Dachdeckungsarbeiten		2,1	**3,5**	4,6
021	Dachabdichtungsarbeiten		0,0	**0,3**	1,2
022	Klempnerarbeiten		0,8	**2,0**	3,3
	Rohbau		40,1	**43,6**	50,7
023	Putz- und Stuckarbeiten, Wärmedämmsysteme		1,6	**4,6**	7,0

Abb. 7 aus BKI Baukosten Gebäude: Kostenkennwerte für Leistungsbereiche

Kostenberechnung

In der DIN 276 wird für Kostenberechnungen festgelegt, dass die Kosten bis zur 3. Ebene der Kostengliederung ermittelt werden müssen. (Abb. 8; BKI Baukosten Bauelemente)

Für die Kostengruppen 380, 390 und 410 bis 490 ist lediglich die BGF zu ermitteln, da hier sämtliche Kostenkennwerte auf die BGF bezogen sind. Da in der Regel nicht in allen Kostengruppen Kosten anfallen und viele Mengenermittlungen mehrfach verwendet werden können, ist die Mengenermittlung der 3. Ebene ebenfalls mit relativ wenigen Mengen (ca. 15 bis 25) möglich. (Abb. 9; BKI Baukosten Bauelemente)

Eine besondere Bedeutung kann der 3. Ebene der DIN 276 beim Bauen im Bestand im Rahmen der Bewertung der mitzuverarbeitenden Bausubstanz zukommen, die auch in der aktualisierten HOAI 2021 enthalten ist. Denn erst in der 3. Ebene DIN 276 ist eine Differenzierung der Bauteile in die tragende Konstruktion und die Oberflächen (innen und außen) gegeben. Beim Bauen im Bestand sind häufig die Oberflächen zu erneuern. Wesentliche Teile der Gründung und der Tragkonstruktion bleiben faktisch unverändert, werden planerisch aber erfasst und mitverarbeitet. Deren Kostenanteile werden erst durch die Differenzierung der Kosten ab der 3. Ebene ablesbar. Daher können die Neubaukosten der 3. Ebene oft wichtige Kennwerte für die Bewertung der mitzuverarbeitenden Bausubstanz darstellen.

334
Außenwandöffnungen

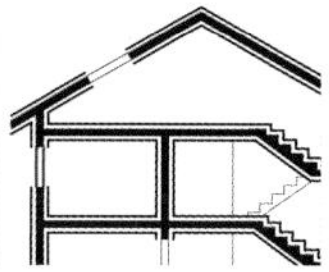

Einheit: m²
Außenwandöffnungsfläche

Gebäudeart	▷	€/Einheit	◁	KG an 300
1 Büro- und Verwaltungsgebäude				
Büro- und Verwaltungsgebäude, einfacher Standard	419,00	**491,00**	621,00	7,3%
Büro- und Verwaltungsgebäude, mittlerer Standard	785,00	**1.123,00**	2.043,00	11,7%
Büro- und Verwaltungsgebäude, hoher Standard	880,00	**1.287,00**	1.756,00	12,7%
Büro- und Verwaltungsgebäude, Holzbauweise	713,00	**874,00**	990,00	8,7%
2 Gebäude für Forschung und Lehre				
Instituts- und Laborgebäude	1.121,00	**1.514,00**	2.668,00	13,5%
3 Gebäude des Gesundheitswesens				
Medizinische Einrichtungen	481,00	**762,00**	903,00	8,9%
Pflegeheime	705,00	**956,00**	1.247,00	7,6%
Gebäude für Erholungszwecke	1.193,00	**1.442,00**	2.288,00	12,0%
4 Schulen und Kindergärten				
Allgemeinbildende Schulen	825,00	**1.186,00**	1.829,00	15,2%
Schulen, Holzbauweise	1.073,00	**1.437,00**	2.997,00	9,3%
Berufliche Schulen	876,00	**1.152,00**	1.593,00	10,9%
Förder- und Sonderschulen	924,00	**3.268,00**	12.597,00	13,0%
Weiterbildungseinrichtungen	1.315,00	**1.375,00**	1.469,00	19,0%
Kindergärten, nicht unterkellert, einfacher Standard	704,00	**911,00**	1.015,00	8,9%
Kindergärten, nicht unterkellert, mittlerer Standard	879,00	**1.048,00**	1.605,00	11,0%
Kindergärten, nicht unterkellert, hoher Standard	840,00	**1.052,00**	1.264,00	11,0%
Kindergärten, Holzbauweise, nicht unterkellert	790,00	**1.003,00**	1.224,00	8,1%
Kindergärten, unterkellert	967,00	**1.045,00**	1.240,00	10,0%

Abb. 8 aus BKI Baukosten Bauelemente: Kostenkennwerte der 3. Ebene

444
Niederspannungs-installationsanlagen

Gebäudeart	▷	€/Einheit	◁	KG an 400
1 Büro- und Verwaltungsgebäude				
Büro- und Verwaltungsgebäude, einfacher Standard	28,00	**46,00**	57,00	19,9%
Büro- und Verwaltungsgebäude, mittlerer Standard	85,00	**119,00**	175,00	18,8%
Büro- und Verwaltungsgebäude, hoher Standard	94,00	**125,00**	191,00	14,1%
Büro- und Verwaltungsgebäude, Holzbauweise	58,00	**105,00**	150,00	18,7%
2 Gebäude für Forschung und Lehre				
Instituts- und Laborgebäude	48,00	**107,00**	158,00	8,2%
3 Gebäude des Gesundheitswesens				
Medizinische Einrichtungen	97,00	**140,00**	222,00	18,1%
Pflegeheime	69,00	**104,00**	125,00	11,5%
Gebäude für Erholungszwecke	103,00	**149,00**	217,00	8,2%
4 Schulen und Kindergärten				
Allgemeinbildende Schulen	61,00	**92,00**	121,00	16,6%
Schulen, Holzbauweise	66,00	**98,00**	134,00	16,7%
Berufliche Schulen	97,00	**151,00**	197,00	17,4%
Förder- und Sonderschulen	92,00	**141,00**	306,00	22,3%
Weiterbildungseinrichtungen	91,00	**176,00**	345,00	20,0%

Abb. 9 aus BKI Baukosten Bauelemente: Kostenkennwerte der 3. Ebene für Kostengruppe 400

Kostenvoranschlag

Mit dem Begriff „Kostenvoranschlag" wird in der neuen DIN 276 gegenüber der Vorgängernorm ein neuer Begriff eingeführt. Der Kostenvoranschlag wird als die Ermittlung der Kosten auf der Grundlage der Ausführungsplanung und der Vorbereitung der Vergabe definiert. Die neue Kostenermittlungsstufe entspricht dem bisherigen „Kostenanschlag". Die DIN 276 fordert, dass die Gesamtkosten nach Kostengruppen in der 3. Ebene der Kostengliederung ermittelt und darüber hinaus nach technischen Merkmalen oder herstellungsmäßigen Gesichtspunkten weiter untergliedert werden. Anschließend sollen die Kosten in Vergabeeinheiten nach der für das jeweilige Bauprojekt vorgesehenen Vergabe- und Ausführungsstruktur geordnet werden. Diese Ordnung erleichtert es in den nachfolgenden Kostenermittlungen, dass die Angebote, Aufträge und Abrechnungen zusammengestellt, kontrolliert und verglichen werden können.

Für die geforderte Untergliederung der 3. Ebene sind die im Band „Bauelemente" enthaltenen BKI Elementarten besonders geeignet. Die darin enthaltene Aufteilung in Leistungsbereiche ermöglicht eine ausführungsorientierte Gliederung. Diese Leistungsbereiche können dann zu den geforderten projektspezifischen Vergabeeinheiten zusammengestellt werden.

334.20	**Fenstertüren**				
01	**AW Fenstertür, Holz, einflüglig, Fensterbank**	1.218,00	**1.388,00**	1.643,00	
	Einheit: St Öffnung				
	026 Fenster, Außentüren				91,1%
02	**AW Fenstertür, Holz, zweiflüglig, Fensterbank**	2.443,00	**2.690,00**	2.941,00	
	Einheit: St Öffnung				
	026 Fenster, Außentüren				92,4%

Abb. 10 aus BKI Baukosten Bauelemente: Kostenkennwerte für Elementarten

Kostenanschlag

Der Kostenanschlag ist nach Kostenrahmen, Kostenschätzung, Kostenberechnung und Kostenvoranschlag die fünfte Stufe der Kostenermittlungen nach DIN 276. Er dient den Entscheidungen über die Vergaben und die Ausführung. Die HOAI-Novelle 2013 beinhaltet in der Leistungsphase 6 „Vorbereitung der Vergabe" eine wesentliche Änderung: Als Grundleistung wird hier das „Ermitteln der Kosten auf Grundlage vom Planer bepreister Leistungsverzeichnisse" aufgeführt. Auch in der HOAI 2021 ist die Grundleistung unverändert enthalten. Nach der Begründung zur 7. HOAI-Novelle wird durch diese präzisierte Kostenermittlung und -kontrolle der Kostenanschlag entbehrlich. Dies heißt jedoch nicht, dass auf die 3. Ebene der DIN 276 verzichtet werden kann. Die 3. Ebene der DIN 276 und die BKI Elementarten sind wichtige Zwischenschritte auf dem Weg zu bepreisten Leistungsverzeichnissen.

335
Außenwand-bekleidungen, außen

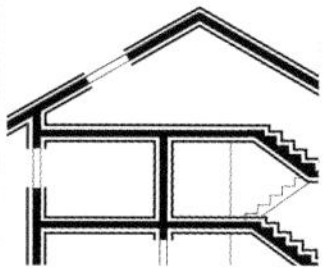

KG.OZ		▷	€/Einheit	◁	LB an EA
335.10	**Unterkonstruktion**				
01	**AW Sockelabdichtung, MDS, Sockelprofil**	59,00	**63,00**	72,00	
	Einheit: m² Sockelfläche				
	018 Abdichtungsarbeiten				66,4%
	023 Putz- und Stuckarbeiten, Wärmedämmsysteme				33,6%
02	**AW Abdichtung Bodenfeuchte, MDS**	50,00	**53,00**	61,00	
	Einheit: m² Abdichtungsfläche				
	018 Abdichtungsarbeiten				100,0%
03	**AW Abdichtung Bodenfeuchte, PMBC**	57,00	**61,00**	70,00	
	Einheit: m² Abdichtungsfläche				
	018 Abdichtungsarbeiten				100,0%
04	**AW Wärmedämmung, XPS 100, Noppenbahn**	74,00	**80,00**	91,00	
	Einheit: m² Bekleidungsfläche				
	018 Abdichtungsarbeiten				100,0%
05	**AW Wärmedämmung, XPS 120, Noppenbahn**	77,00	**83,00**	93,00	
	Einheit: m² Bekleidungsfläche				
	018 Abdichtungsarbeiten				100,0%

Abb. 11 aus BKI Baukosten Bauelemente: Kostenkennwerte für Elementarten

Positionspreise

Zum Bepreisen von Leistungsverzeichnissen, Vorbereitung der Vergabe sowie Prüfen von Preisen eignet sich der Band BKI Baukosten Positionen, Statistische Kostenkennwerte (Teil 3). In diesem Band werden Positionen aus den BKI-Positionsdatenbanken ausgewertet und tabellarisch mit Minimal-, Von-, Mittel-, Bis- sowie Maximalpreisen aufgelistet. Aufgeführt sind jeweils Brutto- und Nettopreise. (Abb. 12; BKI Baukosten Positionen)

Die Von-, Mittel-, Bis-Preise stellen dabei die übliche Bandbreite der Positionspreise dar. Minimal- und Maximalpreise bezeichnen die kleinsten und größten aufgetretenen Preise einer in den BKI-Positionsdatenbanken dokumentierten Position. Sie stellen jedoch keine absolute Unter- oder Obergrenze dar. Die Positionen sind gegliedert nach den Leistungsbereichen des Standardleistungsbuchs. Es werden Positionen für Rohbau, Ausbau, Technische Gebäudeausrüstung und Freianlagen dokumentiert.
Ergänzt werden die statistisch ausgewerteten Baupreise durch Mustertexte für die Ausschreibung von Bauleistungen. Diese werden von Fachautoren verfasst und i.d.R. von Fachverbänden geprüft. Die Verbände sind in der Fußzeile für den jeweiligen Leistungsbereich benannt.
(Abb. 13; BKI Baukosten Positionen)

LB 012
Mauerarbeiten

012

Mauerarbeiten — **Preise €**

Nr.	Positionen	Einheit	►	▷	ø brutto € / ø netto €	◁	◄
1	Querschnittsabdichtung, Mauerwerk bis 15cm	m	1	3	**4**	5	8
			1	3	**3**	4	6
2	Querschnittsabdichtung, Mauerwerk bis 17,5cm	m	2	5	**6**	7	10
			2	4	**5**	6	8
3	Querschnittsabdichtung, Mauerwerk bis 24cm	m	3	5	**6**	8	13
			3	5	**5**	7	11
4	Querschnittsabdichtung, Mauerwerk bis 36,5cm	m	5	8	**9**	11	16
			4	7	**8**	9	13
5	Dämmstein, Mauerwerk, 11,5cm	m	33	46	**52**	61	80
			27	39	**44**	51	67
6	Dämmstein, Mauerwerk, 17,5cm	m	40	58	**65**	80	117
			33	48	**55**	67	99
7	Dämmstein, Mauerwerk, 24cm	m	55	77	**86**	109	159
			46	65	**72**	92	133
8	Dämmstein, KS-Mauerwerk, 11,5cm	m	32	38	**40**	43	47
			27	32	**33**	36	40

Abb. 12 aus BKI Baukosten Positionen: Positionspreise

LB 012
Mauerarbeiten

Nr. **Kurztext** / Langtext — Kostengruppe
► ▷ **ø netto €** ◁ ◄ [Einheit] Ausf.-Dauer — Positionsnummer

A 1 **Querschnittsabdichtung, Mauerwerk** — Beschreibung für Pos. **1-4**

Querschnittsabdichtung in/unter Mauerwerkswänden aus Bitumenbahnen, gegen Bodenfeuchte und nichtdrückendes Wasser gem. DIN 18533; inkl. Abgleichen der Auflagerfläche.
Raumnutzungsklasse: RN1-E (geringe Anforderung)
Wassereinwirkungsklasse: W4-E (Bodenfeuchte am Wandsockel, sowie Kapillarwasser in und unter Wänden)
Rissklasse: R1-E (gering)
Rissüberbrückungsklasse: RÜ1-E (geringe Rissüberbrückung bis 0,2 mm)

1 **Querschnittsabdichtung, Mauerwerk bis 15cm** — KG **342**

Wie Ausführungsbeschreibung A 1
Mauerdicke: bis 15 cm
Abdichtung: Bitumendichtungsbahn G 200 DD

1€ 3€ **3€** 4€ 6€ [m] ⏱ 0,04h/m 012.000.093

Abb. 13 aus BKI Baukosten Positionen: Mustertexte

Detaillierte Kostenangaben zu einzelnen Objekten

In BKI Baukosten Gebäude existiert zu jeder Gebäudeart eine Objektübersicht mit den ausgewerteten Objekten, die zu den Stichproben beigetragen haben. (Abb. 14; BKI Baukosten Gebäude)

Diese Übersicht erlaubt den Übergang von der Kostenkennwertmethode auf der Grundlage einer statistischen Auswertung, wie sie in der Buchreihe "BKI Baukosten" gebildet wird, zur Objektvergleichsmethode auf der Grundlage einer objektorientierten Darstellung, wie sie in den "BKI Objektdaten" enthalten ist. Alle Objekte sind mit einer Objektnummer versehen, unter der eine Einzeldokumentation bei BKI geführt wird. Weiterhin ist angegeben, in welchem Fachbuch der Reihe BKI Objektdaten das betreffende Objekt veröffentlicht wurde.

Büro- und Verwaltungsgebäude, einfacher Standard

€/m² BGF

min	1.310	€/m²
von	1.450	€/m²
Mittel	**1.705**	**€/m²**
bis	2.090	€/m²
max	2.260	€/m²

Kosten:
Stand 1. Quartal 2025
Bundesdurchschnitt
inkl. 19% MwSt.

Objektübersicht zur Gebäudeart

1300-0276 Bürogebäude (41 AP) — **BRI** 3.653m³ **BGF** 1.093m² **NUF** 732m²

Bürogebäude mit 41 Arbeitsplätzen. Mauerwerk.

Land: Schleswig-Holstein
Kreis: Steinburg
Standard: einfach
Bauzeit: 56 Wochen
Kennwerte: bis 1. Ebene DIN 276

BGF **2.067 €/m²**

Planung: Architekten und Ingenieure Bley und Voß PartGmbB; Breitenburg

veröffentlicht: BKI Objektdaten N18

1300-0139 Bürogebäude — **BRI** 752m³ **BGF** 273m² **NUF** 196m²

Bürogebäude. Stb-Massivbau.

Land: Brandenburg
Kreis: Elbe-Elster
Standard: einfach
Bauzeit: 26 Wochen
Kennwerte: bis 3. Ebene DIN 276

BGF **1.683 €/m²**

Planung: Architekt (TU) Torsten Hensel; Finsterwalde

veröffentlicht: www.bki.de

1300-0106 Bürogebäude — **BRI** 1.418m³ **BGF** 309m² **NUF** 222m²

Bürogebäude genutzt von einem Planungsbüro. Mauerwerksbau mit Stahl-Dachkonstruktion.

Land: Bayern
Kreis: Bad Kissingen
Standard: einfach
Bauzeit: 22 Wochen
Kennwerte: bis 3. Ebene DIN 276

BGF **1.791 €/m²**

Planung: k.A.

veröffentlicht: www.bki.de

Abb. 14 aus BKI Baukosten Gebäude: Objektübersicht

Erläuterungen

1 2 3 4 5

350
Decken/Horizontale Baukonstruktionen

Lebensdauer von Bauteilen in Jahren	▷	mittel	◁
Deckenbeläge			
Glatte Beläge			
PVC	16	**22**	29
Kork	11	**17**	25
Kunststoff-Parkett	12	**19**	26
Linoleum	16	**23**	32
Laminat	8	**13**	19
Sporthallenbeläge	16	**19**	23
Holzparkett	29	**44**	72
Holzdielen	30	**45**	62
Holzpflaster	32	**47**	61
Teppichböden			
Baumwolle	8	**11**	17
Jute	8	**11**	16
Kokos	8	**11**	16
Naturfasergemisch	8	**11**	16
Sisal	8	**12**	17
Synthetikfaser	8	**12**	16
Wolle	8	**13**	26
Schmutzfangbeläge			
Baumwolle	5	**8**	11
Jute	6	**8**	13
Kokos	6	**8**	13
Kunststoff	6	**9**	14
Sisal	6	**8**	15
Synthetikfaser	6	**9**	14
Natursteinbeläge			
Sedimentgestein	38	**64**	97
Metamorphgestein	39	**65**	101
Magmatisches Gestein	36	**60**	85
Kunststeinbeläge			
Betonstein, Kunstharz und Terrazzoasphalt	32	**52**	79
Klinkerplatten	27	**43**	62
Asphalt	17	**21**	50
fugenlose Bodenbeläge			
Kunstharz, Quarz und Terrazzo	21	**37**	67
Keramische Fliesen und Platten			
Keramische Spaltplatten	38	**54**	71
Steingut	36	**50**	69
Steinzeug	35	**50**	69
Terracotta	40	**53**	69
Feinsteinzeug	32	**50**	66
Glasmosaik	36	**54**	71

Skala: 0 · 25 · 50 · 75 · 100 · 125 Jahre

▷ von
| Mittelwert
◁ bis

© BKI Baukosteninformationszentrum

Erläuterung nebenstehender Tabelle

Lebensdauer von Bauelementen aus Literaturrecherchen und Umfragen

(1)

Gliederung nach DIN 276 (2. Ebene)

(2)

Gliederung nach DIN 276 (3. Ebene)

(3)

Elementgruppen (freie Gliederung)

(4)

Lebensdauer von Bauelementen in Jahren. Angegeben ist jeweils der „von-, mittel- und bis"-Wert. Mittelwerte sind im Fettdruck dargestellt. Die „von- und bis"-Werte sind berechnet wie BKI Kostenkennwerte (mit modifizierter Standardabweichung). Alle Werte sind jeweils auf ganze Jahre gerundet.

Der Von-Wert der Lebensdauer bedeutet nicht automatisch eine generelle Mindestlebensdauer, sondern ist als Richtwert anzusehen, der bei durchschnittlicher Nutzung, Qualität, Umgebungsbedingungen, usw. erreicht wird. Ebenso ist der Bis-Wert der Lebensdauer nicht automatisch eine generelle Höchstlebensdauer, sondern kann bei günstigen Umgebungsbedingungen, guter Pflege, etc. überschritten werden.

(5)

Skala in Jahren (0 bis 125 Jahre) und grafische Darstellung der Lebensdauer.

Weitere Erläuterungen zu Lebensdauer allgemein, Art und Umfang der hier verwendeten Daten und zur Anwendung siehe auch den Fachartikel „Lebensdauer von Bauteilen und Bauelementen" von Dr. Frank Ritter ab Seite 76.

① ② ③ ④

Büro- und Verwaltungsgebäude, mittlerer Standard

Kosten:
Stand 1.Quartal 2025
Bundesdurchschnitt
inkl. 19% MwSt.

Kostengruppen		▷	€/Einheit	◁	KG an 300+400
310	**Baugrube / Erdbau**				
311	Herstellung [m³]	35,00	**66,00**	140,00	1,6%
312	Umschließung [m²]	89,00	**257,00**	590,00	0,4%
320	**Gründung, Unterbau**				
321	Baugrundverbesserung [m²]	11,00	**40,00**	143,00	0,2%
322	Flachgründungen und Bodenplatten [m²]	193,00	**255,00**	337,00	3,7%
323	Tiefgründungen [m²]	105,00	**369,00**	779,00	0,9%
324	Gründungsbeläge [m²]	107,00	**174,00**	240,00	2,6%
325	Abdichtungen und Bekleidungen [m²]	30,00	**60,00**	116,00	0,8%
330	**Außenwände/Vertikale Baukonstruktionen, außen**				
331	Tragende Außenwände [m²]	169,00	**286,00**	426,00	3,5%
332	Nichttragende Außenwände [m²]	183,00	**305,00**	425,00	0,5%
333	Außenstützen [m]	199,00	**290,00**	409,00	0,4%
334	Außenwandöffnungen [m²]	785,00	**1.123,00**	2.043,00	8,9%
335	Außenwandbekleidungen, außen [m²]	199,00	**318,00**	535,00	6,1%
336	Außenwandbekleidungen, innen [m²]	42,00	**74,00**	108,00	1,1%
337	Elementierte Außenwandkonstruktionen [m²]	778,00	**1.008,00**	1.451,00	2,0%
338	Lichtschutz zur KG 330 [m²]	201,00	**374,00**	781,00	2,0%
340	**Innenwände/Vertikale Baukonstruktionen, innen**				
341	Tragende Innenwände [m²]	131,00	**249,00**	383,00	3,0%
342	Nichttragende Innenwände [m²]	108,00	**125,00**	151,00	2,1%
343	Innenstützen [m]	163,00	**266,00**	380,00	0,3%
344	Innenwandöffnungen [m²]	660,00	**974,00**	1.359,00	4,4%
345	Innenwandbekleidungen [m²]	35,00	**53,00**	73,00	2,6%
346	Elementierte Innenwandkonstruktionen [m²]	269,00	**564,00**	924,00	0,9%
350	**Decken/Horizontale Baukonstruktionen**				
351	Deckenkonstruktionen [m²]	242,00	**293,00**	412,00	6,3%
353	Deckenbeläge [m²]	172,00	**196,00**	225,00	3,7%
354	Deckenbekleidungen [m²]	69,00	**96,00**	149,00	1,5%
359	Sonstiges zur KG 350 [m²]	25,00	**56,00**	163,00	1,0%
360	**Dächer**				
361	Dachkonstruktionen [m²]	187,00	**235,00**	346,00	3,3%
362	Dachöffnungen [m²]	1.959,00	**3.308,00**	7.557,00	0,5%
363	Dachbeläge [m²]	214,00	**298,00**	435,00	4,3%
364	Dachbekleidungen [m²]	30,00	**76,00**	155,00	0,8%
369	Sonstiges zur KG 360 [m²]	9,40	**37,00**	73,00	0,3%
370	**Infrastrukturanlagen**				
380	**Baukonstruktive Einbauten**				
381	Allgemeine Einbauten [m² BGF]	12,00	**37,00**	74,00	0,8%

▷ von
ø Mittel
◁ bis

© **BKI** Baukosteninformationszentrum

Kostenstand: 1.Quartal 2025, Bundesdurchschnitt, **inkl. 19% MwSt.**

Erläuterung nebenstehender Tabelle

Alle Kostenkennwerte enthalten die Mehrwertsteuer. Kostenstand: 1. Quartal 2025.
Kosten und Kostenkennwerte umgerechnet auf den Bundesdurchschnitt.

Bauelemente Neubau nach Gebäudearten für die Kostengruppen der 3. Ebene DIN 276

①

Bezeichnung der Gebäudeart

②

Ordnungszahl und Bezeichnung der Kostengruppe nach DIN 276:2018-12. In eckiger Klammer wird die Einheit der Menge nach DIN 276:2018-12 genannt. Die zugehörigen Mengenbenennung werden auf der hinteren Umschlagklappe abgebildet.

③

Kostenkennwerte für Bauelemente (3. Ebene DIN 276) inkl. MwSt. mit Kostenstand 1. Quartal 2025. Kosten und Kostenkennwerte umgerechnet auf den Bundesdurchschnitt. Angabe von Streubereich (Standardabweichung; „von-/bis"-Werte) und Mittelwert (Fettdruck).

④

Durchschnittlicher Anteil der Kosten der jeweiligen Kostengruppe an den Kosten für Baukonstruktionen (Kostengruppe 300) und Technische Anlagen (Kostengruppe 400). Angabe in Prozent.

Bei den Kostenkennwerten für Baukonstruktionen und Technische Anlagen sind nicht alle Kostengruppen einzeln aufgeführt. Die Kostenkennwerte der nicht genannten Kostengruppen werden unter „Sonstige Kostengruppen Bauwerk - Baukonstruktion" und „Sonstige Kostengruppen Bauwerk - Technische Anlagen" in der untersten Zeile zusammengefasst.

① ② ③ ④

353
Deckenbeläge

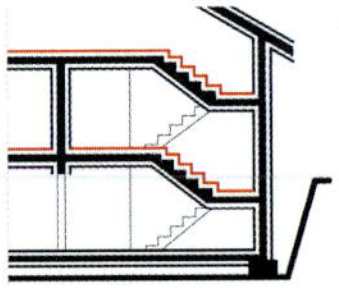

Kosten:
Stand 1.Quartal 2025
Bundesdurchschnitt
inkl. 19% MwSt.

Einheit: m²
Deckenbelagsfläche

▷ von
ø Mittel
◁ bis

Gebäudeart	▷	€/Einheit	◁	KG an 300
1 Büro- und Verwaltungsgebäude				
Büro- und Verwaltungsgebäude, einfacher Standard	148,00	**163,00**	178,00	4,4%
Büro- und Verwaltungsgebäude, mittlerer Standard	172,00	**196,00**	225,00	5,0%
Büro- und Verwaltungsgebäude, hoher Standard	185,00	**235,00**	291,00	5,4%
Büro- und Verwaltungsgebäude, Holzbauweise	100,00	**154,00**	190,00	3,4%
2 Gebäude für Forschung und Lehre				
Instituts- und Laborgebäude	63,00	**158,00**	194,00	2,9%
3 Gebäude des Gesundheitswesens				
Medizinische Einrichtungen	131,00	**177,00**	254,00	5,4%
Pflegeheime	113,00	**163,00**	212,00	4,4%
Gebäude für Erholungszwecke	–	**168,00**	–	0,3%
4 Schulen und Kindergärten				
Allgemeinbildende Schulen	150,00	**161,00**	175,00	3,0%
Schulen, Holzbauweise	162,00	**167,00**	175,00	2,2%
Berufliche Schulen	220,00	**236,00**	252,00	2,6%
Förder- und Sonderschulen	130,00	**164,00**	216,00	4,1%
Weiterbildungseinrichtungen	170,00	**208,00**	227,00	4,1%
Kindergärten, nicht unterkellert, einfacher Standard	–	**175,00**	–	0,2%
Kindergärten, nicht unterkellert, mittlerer Standard	83,00	**134,00**	180,00	1,5%
Kindergärten, nicht unterkellert, hoher Standard	60,00	**108,00**	149,00	0,8%
Kindergärten, Holzbauweise, nicht unterkellert	186,00	**245,00**	350,00	1,3%
Kindergärten, unterkellert	124,00	**150,00**	185,00	2,0%
5 Sportbauten				
Sport- und Mehrzweckhallen	163,00	**349,00**	534,00	2,2%
Sporthallen (Einfeldhallen)	153,00	**197,00**	240,00	0,7%
Sporthallen (Dreifeldhallen)	189,00	**228,00**	257,00	2,1%
6 Wohngebäude				
Ein- und Zweifamilienhäuser				
Ein- und Zweifamilienhäuser, unterkellert, einfacher Standard	170,00	**200,00**	217,00	8,4%
Ein- und Zweifamilienhäuser, unterkellert, mittlerer Standard	174,00	**208,00**	285,00	6,8%
Ein- und Zweifamilienhäuser, unterkellert, hoher Standard	183,00	**260,00**	341,00	6,9%
Ein- und Zweifamilienhäuser, nicht unterkellert, einfacher Standard	135,00	**154,00**	174,00	5,5%
Ein- und Zweifamilienhäuser, nicht unterkellert, mittlerer Standard	153,00	**200,00**	267,00	4,0%
Ein- und Zweifamilienhäuser, nicht unterkellert, hoher Standard	189,00	**254,00**	311,00	4,9%
Ein- und Zweifamilienhäuser, Passivhausstandard, Massivbauweise	156,00	**186,00**	215,00	5,1%
Ein- und Zweifamilienhäuser, Passivhausstandard, Holzbauweise	176,00	**205,00**	253,00	4,3%
Ein- und Zweifamilienhäuser, Holzbauweise, unterkellert	104,00	**157,00**	269,00	4,9%
Ein- und Zweifamilienhäuser, Holzbauweise, nicht unterkellert	103,00	**185,00**	253,00	3,2%
Doppel- und Reihenend- / Reihenhäuser				
Doppel- und Reihenendhäuser, einfacher Standard	106,00	**147,00**	168,00	7,2%
Doppel- und Reihenendhäuser, mittlerer Standard	145,00	**171,00**	224,00	5,8%
Doppel- und Reihenendhäuser, hoher Standard	164,00	**201,00**	224,00	6,6%
Doppel- und Reihenendhäuser, Holzbauweise	144,00	**189,00**	288,00	5,4%
Reihenhäuser, einfacher Standard	70,00	**147,00**	224,00	5,5%
Reihenhäuser, mittlerer Standard	124,00	**130,00**	135,00	6,3%
Reihenhäuser, hoher Standard	193,00	**242,00**	299,00	8,8%
Mehrfamilienhäuser				
Mehrfamilienhäuser, mit bis zu 6 WE, einfacher Standard	82,00	**132,00**	182,00	6,9%
Mehrfamilienhäuser, mit bis zu 6 WE, mittlerer Standard	165,00	**194,00**	235,00	6,8%
Mehrfamilienhäuser, mit bis zu 6 WE, hoher Standard	192,00	**238,00**	272,00	8,4%

© **BKI** Baukosteninformationszentrum
Kostenstand: 1.Quartal 2025, Bundesdurchschnitt, **inkl. 19% MwSt.**

Erläuterung nebenstehender Tabelle

Alle Kostenkennwerte enthalten die Mehrwertsteuer. Kostenstand: 1. Quartal 2025.
Kosten und Kostenkennwerte umgerechnet auf den Bundesdurchschnitt.

Bauelemente Neubau nach Kostengruppen der 3. Ebene DIN 276

①

Ordnungszahl und Bezeichnung der Kostengruppe nach DIN 276:2018-12. Einheit und Mengenbezeichnung der Bezugseinheit nach DIN 276:2018-12, auf die die Kostenkennwerte in der Spalte „€/Einheit" bezogen sind.

②

Bezeichnung der Gebäudearten, gegliedert nach der Bauwerksartensystematik der BKI-Baukostendatenbanken.
Hinweis:
Teil 1 der Fachbuchreihe „BKI Baukosten 2025" mit dem Titel „Kostenkennwerte für Gebäude" enthält zu den hier aufgeführten Gebäudearten die Kostenkennwerte für die Kostengruppen der 1. und 2. Ebene DIN 276.

③

Kostenkennwerte für die jeweilige Gebäudeart und die jeweilige Kostengruppe (Bauelement) mit Angabe von Mittelwert (Spalte: €/Einheit) und Streubereich (Spalten: von-/bis-Werte unter Berücksichtigung der Standardabweichung).
Bei Gebäudearten mit noch schmaler Datenbasis wird nur der Mittelwert angegeben.
Insbesondere in diesen Fällen wird empfohlen, die Kosten projektbezogen über Elementarten bzw. positionsweise zu ermitteln.

④

Durchschnittlicher Anteil der Kosten der jeweiligen Kostengruppe in Prozent der Kosten für Baukonstruktionen (Kostengruppe 300 nach DIN 276 = 100%) bzw. Technische Anlagen (Kostengruppe 400 nach DIN 276 = 100%).

① ② ③ ④ ⑤

353
Deckenbeläge

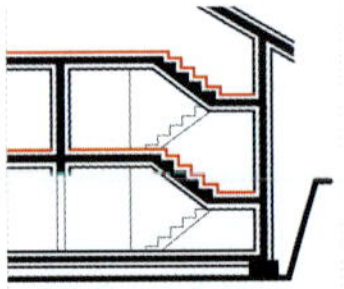

Kosten:
Stand 1.Quartal 2025
Bundesdurchschnitt
inkl. 19% MwSt.

KG.OZ		▷	€/Einheit	◁	LB an EA
353.10	**Beschichtung**				
01	**DE Bodenbeschichtung, Beton, Acryl**	23,00	**25,00**	29,00	
	Einheit: m² Beschichtungsfläche				
	034 Maler- und Lackierarbeiten - Beschichtungen				100,0%
02	**DE Bodenbeschichtung, Beton, Epoxid**	30,00	**34,00**	47,00	
	Einheit: m² Beschichtungsfläche				
	034 Maler- und Lackierarbeiten - Beschichtungen				100,0%
03	**DE Bodenbeschichtung, Beton, ölbeständig**	27,00	**34,00**	48,00	
	Einheit: m² Beschichtungsfläche				
	034 Maler- und Lackierarbeiten - Beschichtungen				100,0%
04	**DE Bodenbeschichtung, Beton, PU**	39,00	**46,00**	61,00	
	Einheit: m² Beschichtungsfläche				
	025 Estricharbeiten				95,2%
	034 Maler- und Lackierarbeiten - Beschichtungen				4,8%
353.20	**Estrich**				
01	**DE Estrich CT S45, TSD WF**	53,00	**59,00**	71,00	
	Einheit: m² Belagfläche				
	025 Estricharbeiten				100,0%
02	**DE Estrich CT S45, EPS 60, TSD MW**	53,00	**58,00**	68,00	
	Einheit: m² Belagfläche				
	025 Estricharbeiten				100,0%
03	**DE Estrich CT S70, TSD MW**	53,00	**57,00**	65,00	
	Einheit: m² Belagfläche				
	025 Estricharbeiten				100,0%
04	**DE Estrich CT S70, TSD WF**	61,00	**68,00**	80,00	
	Einheit: m² Belagfläche				
	025 Estricharbeiten				100,0%
05	**DE Estrich CT S70, EPS 60, TSD MW**	62,00	**67,00**	77,00	
	Einheit: m² Belagfläche				
	025 Estricharbeiten				100,0%
06	**DE Estrich CT S70, EPS 100, TSD MW**	67,00	**71,00**	83,00	
	Einheit: m² Belagfläche				
	025 Estricharbeiten				100,0%
07	**DE Estrich CT S70, Gitterbewehrung, EPS 60, TSD MW**	68,00	**73,00**	85,00	
	Einheit: m² Belagfläche				
	025 Estricharbeiten				100,0%
08	**DE Estrich CAF S50, TSD**	41,00	**45,00**	54,00	
	Einheit: m² Belagfläche				
	025 Estricharbeiten				100,0%
09	**DE Estrich CAF S50, EPS 60, TSD**	55,00	**60,00**	71,00	
	Einheit: m² Belagfläche				
	025 Estricharbeiten				100,0%

▷ von
ø Mittel
◁ bis

© **BKI** Baukosteninformationszentrum

Kostenstand: 1.Quartal 2025, Bundesdurchschnitt, **inkl. 19% MwSt.**

Erläuterung nebenstehender Tabelle

Alle Kostenkennwerte enthalten die Mehrwertsteuer. Kostenstand: 1. Quartal 2025.
Kosten und Kostenkennwerte umgerechnet auf den Bundesdurchschnitt.

Kostenkennwerte für Elementarten

①

Ordnungszahl und Bezeichnung der Kostengruppe nach DIN 276:2018-12

②

Ordnungszahl (5-stellig) für Elementarten (EA), darin bedeutet

KG	Kostengruppe 3. Ebene DIN 276 (Bauelement):	3-stellige Ordnungszahl
OZ	Ordnungsstruktur und Ordnungszahl:	jeweils 2-stellig

③

Angaben zu Elementarten in der Reihenfolge von oben nach unten

- Bezeichnung der Gliederungsstruktur
- Beschreibung der Elementart
- Einheit und Mengenbezeichnung der Bezugseinheit, auf die die Kostenkennwerte in der Spalte „€/Einheit" bezogen sind (je nach Ausführungsart ggf. unterschiedliche Bezugseinheiten!).
- Ordnungszahl und Bezeichnung der Leistungsbereiche (nach STLB), die im Regelfall bei der Ausführung der jeweiligen Ausführungsart beteiligt sind.

④

Kostenkennwerte für die jeweiligen Elementarten mit Angabe von Mittelwert (Spalte: €/Einheit) und Streubereich (Spalten: von-/bis-Werte unter Berücksichtigung der Standardabweichung).

⑤

Anteil der Leistungsbereiche in Prozent der Kosten für die jeweilige Ausführungsart (Kosten AA = 100%) als Orientierungswert für die Überführung in eine vergabeorientierte Kostengliederung. Je nach Einzelfall und Vergabepraxis können ggf. auch andere Leistungsbereiche beteiligt sein und die Prozentanteile von den Orientierungswerten entsprechend abweichen.

310 Baugrube/Erdbau
- **kostenmindernd:**
Nur Oberboden abtragen, Wiederverwertung des Aushubs auf dem Grundstück, keine Deponiegebühr, kurze Transportwege, wiederverwertbares Aushubmaterial für Verfüllung

+ **kostensteigernd:**
Wasserhaltung, Grundwasserabsenkung, Baugrubenverbau, Spundwände, Baugrubensicherung mit Großbohrpfählen, Felsbohrungen, schwer lösbare Bodenarten oder Fels

320 Gründung, Unterbau
- **kostenmindernd:**
Kein Fußbodenaufbau auf der Gründungsfläche, keine Dämmmaßnahmen auf oder unter der Gründungsfläche

+ **kostensteigernd:**
Teurer Fußbodenaufbau auf der Gründungsfläche, Bodenverbesserung, Bodenkanäle, Perimeterdämmung oder sonstige, teure Dämmmaßnahmen, versetzte Ebenen

330 Außenwände/Vertikale Baukonstruktionen, außen
- **kostenmindernd:**
(Monolithisches) Mauerwerk, Putzfassade, geringe Anforderungen an Statik, Brandschutz, Schallschutz und Optik

+ **kostensteigernd:**
Natursteinfassade, Pfosten-Riegel-Konstruktionen, Sichtmauerwerk, Passivhausfenster, Dreifachverglasungen, sonstige hochwertige Fenster oder Sonderverglasungen, Lärmschutzmaßnahmen, Sonnenschutzanlagen

340 Innenwände/Vertikale Baukonstruktionen, innen
- **kostenmindernd:**
Großer Anteil an Kellertrennwänden, Sanitärtrennwänden, einfachen Montagewänden, sparsame Verfliesung

+ **kostensteigernd:**
Hoher Anteil an mobilen Trennwänden, Schrankwänden, verglasten Wänden, Sichtmauerwerk, Ganzglastüren, Vollholztüren Brandschutztüren, sonstige hochwertige Türen, hohe Anforderungen an Statik, Brandschutz, Schallschutz, Raumakustik und Optik, Edelstahlgeländer, raumhohe Verfliesung

350 Decke/Horizontale Baukonstruktionen
- **kostenmindernd:**
Einfache Bodenbeläge, wenige und einfache Treppen, geringe Spannweiten

+ **kostensteigernd:**
Doppelboden, Natursteinböden, Metall- und Holzbekleidungen, Edelstahltreppen, hohe Anforderungen an Brandschutz, Schallschutz, Raumakustik und Optik, hohe Spannweiten

360 Dächer
- **kostenmindernd:**
Einfache Geometrie, wenig Durchdringungen

+ **kostensteigernd:**
Aufwändige Geometrie wie Mansarddach mit Gauben, Metalldeckung, Glasdächer oder Glasoberlichter, begeh-/befahrbare Flachdächer, Begrünung, Schutzelemente wie Edelstahl-Geländer

380 Baukonstruktive Einbauten
+ **kostensteigernd:**
Hoher Anteil Einbauschränke, -regale und andere fest eingebaute Bauteile

390 Sonstige Maßnahmen für Baukonstruktionen
+ **kostensteigernd:**
Baustraße, Baustellenbüro, Schlechtwetterbau, Notverglasungen, provisorische Beheizung, aufwändige Gerüstarbeiten, lange Vorhaltzeiten

410 Abwasser-, Wasser-, Gasanlagen
- **kostenmindernd:**
Wenige, günstige Sanitärobjekte, zentrale Anordnung von Ent- und Versorgungsleitungen
+ **kostensteigernd:**
Regenwassernutzungsanlage, Schmutzwasserhebeanlage, Benzinabscheider, Fett- und Stärkeabscheider, Druckerhöhungsanlagen, Enthärtungsanlagen

420 Wärmeversorgungsanlagen
+ **kostensteigernd:**
Solarkollektoren, Blockheizkraftwerk, Fußbodenheizung

430 Raumlufttechnische Anlagen
- **kostenmindernd:**
Einzelraumlüftung
+ **kostensteigernd:**
Klimaanlage, Wärmerückgewinnung

440 Elektrische Anlagen
- **kostenmindernd:**
Wenig Steckdosen, Schalter und Brennstellen
+ **kostensteigernd:**
Blitzschutzanlagen, Sicherheits- und Notbeleuchtungsanlage, Elektroleitungen in Leerrohren, Photovoltaikanlagen, Unterbrechungsfreie Ersatzstromanlagen, Zentralbatterieanlagen

450 Kommunikations-, sicherheits- und informationstechnische Anlagen
+ **kostensteigernd:**
Brandmeldeanlagen, Einbruchsmeldeanlagen, Video-Überwachungsanlage, Lautsprecheranlage, EDV-Verkabelung, Konferenzanlage, Personensuchanlage, Zeiterfassungsanlage

460 Förderanlagen
+ **kostensteigernd:**
Personenaufzüge (mit Glaskabinen), Lastenaufzug, Doppelparkanlagen, Fahrtreppen, Hydraulikanlagen

470 Nutzungsspezifische und verfahrenstechnische Anlagen
+ **kostensteigernd:**
Feuerlösch- und Meldeanlagen, Sprinkleranlagen, Feuerlöschgeräte, Küchentechnische Anlagen, Wasseraufbereitungsanlagen, Desinfektions- und Sterilisationseinrichtungen

480 Gebäude- und Anlagenautomation
+ **kostensteigernd:**
Überwachungs-, Steuer-, Regel- und Optimierungseinrichtungen zur automatischen Durchführung von technischen Funktionsabläufen

Häufig gestellte Fragen

Fragen zur Flächenberechnung (DIN 277):

1. Wie wird die BGF berechnet?	Die Brutto-Grundfläche ist die Summe der Grundflächen aller Grundrissebenen. Nicht dazu gehören die Grundflächen von nicht nutzbaren Dachflächen (Kriechböden) und von konstruktiv bedingten Hohlräumen (z. B. über abgehängter Decke). (DIN 277:2021-08) Bei den Gebäudearten Dachausbau und Aufstockung nur bezogen auf die Grundrissebene des Dachs.
2. Gehört der Keller bzw. eine Tiefgarage mit zur BGF?	Ja, im Gegensatz zur Geschossfläche nach § 20 Baunutzungsverordnung (BauNVo) gehört auch der Keller bzw. die Tiefgarage zur BGF.
3. Wie werden Luftgeschosse (z. B. Züblinhaus) nach DIN 277 berechnet?	Die Rauminhalte der Luftgeschosse zählen zum Regelfall der Raumumschließung (R) BRI (R). Die Grundflächen der untersten Ebene der Luftgeschosse und Stege, Treppen, Galerien etc. innerhalb der Luftgeschosse zählen zur Brutto-Grundfläche BGF (R). Vorsicht ist vor allem bei Kostenermittlungen mit Kostenkennwerten des Brutto-Rauminhalts geboten.
4. Welchen Flächen ist die Garage zuzurechnen?	Die Stellplatzflächen von Garagen werden zur Nutzungsfläche gezählt, die Fahrbahn ist Verkehrsfläche.
5. Wird die Diele oder ein Flur zur Nutzungsfläche gezählt?	Normalerweise nicht, da eine Diele oder ein Flur zur Verkehrsfläche gezählt wird. Wenn die Diele aber als Wohnraum genutzt werden kann, z. B. als Essplatz, wird sie zur Nutzungsfläche gezählt.
6. Zählt eine nicht umschlossene oder nicht überdeckte Terrasse einer Sporthalle, die als Eingang und Fluchtweg dient, zur Nutzungsfläche?	Die Terrasse ist nicht Bestandteil der Grundflächen des Bauwerks nach DIN 277. Sie bildet daher keine BGF und damit auch keine Nutzungsfläche. Die Funktion als Eingang oder Fluchtweg ändert daran nichts.

7. Zählt eine Außentreppe zum Keller zur BGF?	Wenn die Treppe allseitig umschlossen ist, z. B. mit einem Geländer, ist sie als Verkehrsfläche zu werten. Nach DIN 277:2021-08 gilt: Grundflächen und Rauminhalte sind nach ihrer Zugehörigkeit zu den folgenden Bereichen getrennt zu ermitteln: Regelfall der Raumumschließung (R): Räume und Grundflächen, die Nutzungen der Netto-Raumfläche entsprechend Tabelle 1 aufweisen und die bei allen Begrenzungsflächen des Raums (Boden, Decke, Wand) vollständig umschlossen sind. Dazu gehören nicht nur Innenräume, die von der Witterung geschützt sind, sondern auch solche allseitig umschlossenen Räume, die über Öffnungen mit dem Außenklima verbunden sind; Sonderfall der Raumumschließung (S): Räume und Grundflächen, die Nutzungen der Netto-Raumfläche entsprechend Tabelle 1 aufweisen und mit dem Bauwerk konstruktiv verbunden sind, jedoch nicht bei allen Begrenzungsflächen des Raums (Boden, Decke, Wand) vollständig umschlossen sind (z. B. Loggien, Balkone, Terrassen auf Flachdächern, unterbaute Innenhöfe, Eingangsbereiche, Außentreppen). Die Außentreppe stellt also demnach einen Sonderfall der Raumumschließung (S) dar. Wenn die Treppe allerdings über einen Tiefgarten ins UG führt, wird sie zu den Außenanlagen gezählt. Sie bildet dann keine BGF. Die Kosten für den Tiefgarten mit Treppe sind bei den Außenanlagen zu erfassen.
8. Ist eine Abstellkammer mit Heizung eine Technikfläche?	Es kommt auf die überwiegende Nutzung an. Wenn über 50% der Kammer zum Abstellen genutzt werden können, wird sie als Abstellraum gezählt. Es kann also Gebäude ohne Technikfläche geben.
9. Ist die NUF gleich der Wohnfläche?	Nein, die DIN 277 kennt den Begriff Wohnfläche nicht. Zur Nutzungsfläche gehören grundsätzlich keine Verkehrsflächen, während bei der Wohnfläche zumindest die Verkehrsflächen innerhalb der Wohnung hinzugerechnet werden. Die Abweichungen sind dadurch meistens nicht unerheblich.

Fragen zur Wohnflächenberechnung (WoFlV):

10. Wie wird die Wohnfläche (NE: Wohnfläche) bei Wohngebäuden bei BKI berechnet?	Die Berechnung der bei BKI auf der Startseite der Wohngebäude angegebenen "NE: Wohnfläche" erfolgt nach der Wohnflächenberechnung WoFlV.

11. Wird ein Hobbyraum im Keller zur Wohnfläche gezählt?	Wenn der Hobbyraum nicht innerhalb der Wohnung liegt, wird er nicht zur Wohnfläche gezählt. Beim Einfamilienhaus gilt: Das ganze Haus stellt die Wohnung dar. Der Hobbyraum liegt also innerhalb der Wohnung und wird mitgezählt, wenn er die Qualitäten eines Aufenthaltsraums nach LBO aufweist.
12. Wird eine Diele oder ein Flur zur Wohnfläche gezählt?	Wenn die Diele oder der Flur in der Wohnung liegt ja, ansonsten nicht.
13. In welchem Umfang sind Balkone oder Terrassen bei der Wohnfläche zu rechnen?	Balkone und Terrassen werden von BKI zu einem Viertel zur Wohnfläche gerechnet. Die Anrechnung zur Hälfte wird nicht verwendet, da sie in der WoFIV als Ausnahme definiert ist.
14. Zählt eine Empore/Galerie im Zimmer als eigene Wohnfläche oder Nutzungsfläche?	Wenn es sich um ein unlösbar mit dem Baukörper verbundenes Bauteil handelt, zählt die Empore mit. Anders beim nachträglich eingebauten Hochbett, das zählt zum Mobiliar. Für die verbleibende Höhe über der Empore ist die 1 bis 2m Regel nach WoFIV anzuwenden: „Die Grundflächen von Räumen und Raumteilen mit einer lichten Höhe von mindestens zwei Metern sind vollständig, von Räumen und Raumteilen mit einer lichten Höhe von mindestens einem Meter und weniger als zwei Metern sind zur Hälfte anzurechnen."

Fragen zur Kostengruppenzuordnung (DIN 276):

15. Wo werden Abbruchkosten zugeordnet?	Abbruchkosten ganzer Gebäude im Sinne von „Bebaubarkeit des Grundstücks herstellen" werden der KG 212 Abbruchmaßnahmen zugeordnet. Abbruchkosten einzelner Bauteile, insbesondere bei Sanierungen werden den jeweiligen Kostengruppen der 2. oder 3. Ebene (Wände, Decken, Dächer) zugeordnet. Wo diese Aufteilung nicht möglich ist, werden die Abbruchkosten der KG 394 Abbruchmaßnahmen zugeordnet, weil z. B. die Abbruchkosten verschiedenster Bauteile pauschal abgerechnet wurden. Analog gilt dies auch für die Kostengruppen 400 und 500.

16. Wo muss ich die Kosten des Aushubs für Abwasser- oder Wasserleitungen zuordnen?	Diese Kosten werden wie auch alle anderen Rohrgraben- und Schachtaushubskosten der KG 311 zugeordnet, sofern der Aushub unterhalb des Gebäudes anfällt. Die Kosten für Rohrgraben- und Schachtaushub zwischen Gebäudeaußenkante und Grundstücksgrenze gehören in die KG 511. Die Kosten des Rohrgraben- und Schachtaushubs innerhalb von Erschließungsflächen werden der KG 220 ff. oder KG 230 ff. zugeordnet.
17. Wie werden Eigenleistungen bewertet?	Nach DIN 276:2018-12, gilt: 4.2.11 Die Werte von unentgeltlich eingebrachten Gütern und Leistungen (z. B. Materialien, Eigenleistungen) sind den betreffenden Kostengruppen zuzurechnen, aber gesondert auszuweisen. Dafür sind die aktuellen Marktwerte dieser Güter und Leistungen zu ermitteln und einzusetzen. Nach HOAI §4 (2) gilt: Als anrechenbare Kosten nach Absatz 2 gelten ortsübliche Preise, wenn der Auftraggeber: • selbst Lieferungen oder Leistungen übernimmt • von bauausführenden Unternehmern oder von Lieferanten sonst nicht übliche Vergünstigungen erhält • Lieferungen oder Leistungen in Gegenrechnung ausführt oder • vorhandene oder vorbeschaffte Baustoffe oder Bauteile einbauen lässt.

Fragen zu Kosteneinflussfaktoren:

18. Welchen Einfluss hat die Konjunktur auf die Baukosten?	Der Einfluss der Konjunktur auf die Baukosten wird häufig überschätzt. Er ist meist geringer als der anderer Kosteneinflussfaktoren. BKI Untersuchungen haben ergeben, dass die Baukosten bei mittlerer Konjunktur manchmal höher sind als bei hoher Konjunktur.

19. Gibt es beim BKI Regionalfaktoren?

Der Anhang dieser Ausgabe enthält eine Liste der Regionalfaktoren aller deutschen Land- und Stadtkreise, sowie für die Nord- und Ostsee-Inseln. Die Faktoren wurden auf Grundlage von Daten aus den statistischen Landesämtern gebildet, die wiederum aus den Angaben der Antragsteller von Bauanträgen entstammen. Die Regionalfaktoren werden von BKI zusätzlich als farbiges Poster im DIN A1 Format angeboten.

Die Faktoren geben Aufschluss darüber, inwiefern die Baukosten in einer bestimmten Region Deutschlands teurer oder günstiger liegen als im Bundesdurchschnitt. Sie können dazu verwendet werden, die BKI Baukosten an das besondere Baupreisniveau einer Region anzupassen.

Die Angaben wurden durch Untersuchungen des BKI weitgehend verifiziert. Dennoch können Abweichungen zu den angegebenen Werten entstehen. In Grenznähe zu einem Land-Stadtkreis mit anderen Baupreisfaktoren sollte dessen Baupreisniveau mit berücksichtigt werden, da die Übergänge zwischen den Land-Stadtkreisen fließend sind. Die Besonderheiten des Einzelfalls können ebenfalls zu Abweichungen führen. Siehe auch Benutzerhinweise, 8.Regionalisierung der Daten (Seite 11).

20. Standardzuordnung

Einige Gebäudearten werden vom BKI nach ihrem Standard in „einfach", „mittel" und „hoch" unterteilt. Diese Unterteilung wurde immer dann vorgenommen, wenn der Standard als ein wesentlicher Kostenfaktor festgestellt wurde. Grundsätzlich gilt, dass immer mehrere Kosteneinflussfaktoren auf die Kosten und damit auf die Kostenkennwerte einwirken. Einige dieser vielen Faktoren seien hier aufgelistet:

- Zeitpunkt der Ausschreibung
- Art der Ausschreibung
- Regionale Konjunktur
- Gebäudegröße
- Lage der Baustelle, Erreichbarkeit

usw.

Wenn bei einem Gebäude große Mengen an Bauteilen hoher Qualität die übrigen Kosteneinflussfaktoren überlagern, dann wird von einem „hohen Standard" gesprochen.

Für Gebäudearten mit Standardunterteilung gibt es in „BKI Baukosten Gebäude, Statistische Kostenkennwerte" zu Beginn der jeweiligen Gebäudeart ein Arbeitsblatt zur Standardeinordnung.

21. Wie gehe ich mit der aktuellen Baukostenentwicklung um?	Zur Bewertung aktueller Baukostenentwicklungen führen wir zusätzlich Befragungen zu regionalen Baukosten-Niveaus nach Leistungsbereichen durch. Die Ergebnisse stellen wir den Anwender*innen der BKI-Fachbuchreihe zur Verfügung, unter: *www.bki.de/baukostenentwicklungen*. Damit können die Risiken kurzfristiger Materialpreis- und Lohnkosten-Veränderungen verbessert prognostiziert werden, wie sie die normkonforme Kostenplanung nach DIN 276 verlangt.

Fragen zur Handhabung der von BKI herausgegebenen Bücher:

22. Ist die MwSt. in den Kostenkennwerten enthalten?	Bei allen Kostenkennwerten in „BKI Baukosten" ist die gültige MwSt. enthalten (zum Zeitpunkt der Herausgabe 19%). In „BKI Baukosten Positionen Neubau, Statistische Kostenkennwerte" und „BKI Baukosten Positionen Altbau, Statistische Kostenkennwerte" werden die Kostenkennwerte, wie bei Positionspreisen üblich, zusätzlich ohne MwSt. dargestellt. Kostenstand und MwSt. wird auf jeder Seite als Fußzeile angegeben.
23. Hat das Baujahr der Objekte einen Einfluss auf die angegebenen Kosten?	Nein, alle Kosten wurden über den Baupreisindex auf einen einheitlichen zum Zeitpunkt der Herausgabe aktuellen Kostenstand umgerechnet. Der Kostenstand wird auf jeder Seite als Fußzeile angegeben. Allenfalls sind Korrekturen zwischen dem Kostenstand zum Zeitpunkt der Herausgabe und dem aktuellen Kostenstand durchzuführen.
24. Wo finde ich weitere Informationen zu den einzelnen Objekten einer Gebäudeart?	Alle Objekte einer Gebäudeart sind einzeln mit Kurzbeschreibung, Angabe der BGF und anderer wichtiger Kostenfaktoren aufgeführt. Die Objektdokumentationen sind veröffentlicht in den Fachbüchern „Objektdaten" und können als PDF-Datei unter ihrer Objektnummer bei BKI bestellt werden, Telefon: 0711 954 854-41.
25. Was mache ich, wenn ich keine passende Gebäudeart finde?	In aller Regel findet man verwandte Gebäudearten, deren Kostenkennwerte der 2. Ebene (Grobelemente) wegen ähnlicher Konstruktionsart übernommen werden können.

26. Wo findet man Kostenkennwerte für Abbruch?	Im Fachbuch „BKI Baukosten Gebäude Altbau - Statistische Kostenkennwerte" gibt es Elementarten zu Abbruch und Demontagearbeiten. Im Fachbuch „BKI Baukosten Positionen Altbau - Statistische Kostenkennwerte" gibt es Mustertexte für Teilleistungen zu „LB 384 - Abbruch und Rückbauarbeiten". Im Fachbuch „BKI Baupreise kompakt Altbau" gibt es Positionspreise und Kurztexte zu „LB 384 - Abbruch und Rückbauarbeiten". Die Mustertexte für Teilleistungen zu „LB 384 - Abbruch und Rückbauarbeiten" und deren Positionspreise sind auch auf der DVD BKI Positionen und im BKI Kostenplaner enthalten.
27. Warum ist die Summe der Kostenkennwerte in der Kostengruppen (KG) 310-390 nicht gleich dem Kostenkennwert der KG 300, aber bei der KG 400 ist eine Summenbildung möglich?	In den Kostengruppen 310-390 ändern sich die Einheiten (310 Baugrube/Erdbau gemessen in m^3, 320 Gründung, Unterbau gemessen in m^2); eine Addition der Kostenkennwerte ist nicht möglich. In den Kostengruppen 410-490 ist die Bezugsgröße immer BGF, dadurch ist eine Addition prinzipiell möglich.
28. Manchmal stimmt die Summe der Kostenkennwerte der 2. Ebene der Kostengruppe 400 trotzdem nicht mit dem Kostenkennwert der 1. Ebene überein; warum nicht?	Die Anzahl der Objekte, die auf der 1. Ebene dokumentiert werden, kann von der Anzahl der Objekte der 2. Ebene abweichen. Dann weichen auch die Kostenkennwerte voneinander ab, da es sich um unterschiedliche Stichproben handelt. Es fallen auch nicht bei allen Objekten Kosten in jeder Kostengruppe an (Beispiel KG 461 Aufzugsanlagen).
29. Nutzungskosten, Lebenszykluskosten	Seit 2010 bringt BKI in Zusammenarbeit mit dem Institut für Bauökonomie der Universität Stuttgart ein Fachbuch mit Nutzungskosten ausgewählter Objekte heraus. Die Reihe wird kontinuierlich erweitert. Das Fachbuch Nutzungskosten Gebäude 2020/2021 fasst einzelne Objekte zu statistischen Auswertungen zusammen.
30. Lohn- und Materialkosten	BKI dokumentiert Baukosten nicht getrennt nach Lohn- und Materialanteil.
31. Gibt es Angaben zu Kostenflächenarten?	Nein, BKI hält die Grobelementmethode für geeigneter. Solange Grobelementmengen nicht vorliegen, besteht die Möglichkeit der Ableitung der Grobelementmengen aus den Verhältniszahlen von Vergleichsobjekten (siehe Planungskennwerte und Baukostensimulation).

32. Sind die Inhalte von „BKI Baukosten Gebäude (Teil 1), Statistische Kostenkennwerte“ und „BKI Baukosten Bauelemente (Teil 2), Statistische Kostenkennwerte“ auch im Kostenplaner enthalten?

Ja, im BKI Kostenplaner Statistik sind alle Objekte mit den Kosten bis zur 3. Ebene nach DIN 276 enthalten.
Im BKI Kostenplaner Statistik plus sind zudem die vom BKI gebildeten Ausführungsklassen und Elementarten enthalten. Darüber hinaus ermöglicht der BKI Kostenplaner den Zugriff auf alle Einzeldokumentationen von tausenden Objekten.

33. Worin unterscheiden sich die Fachbuchreihen „BKI Baukosten“ und „BKI Objektdaten“

In der Fachbuchreihe BKI Objektdaten erscheinen abgerechnete Einzelobjekte eines bestimmten Teilbereichs des Bauens (A=Altbau, N=Neubau, E=Energieeffizientes Bauen, IR=Innenräume, F=Freianlagen). In der Fachbuchreihe BKI Baukosten erscheinen hingegen statistische Kostenkennwerte von Gebäudearten, die aus den Einzelobjekten gebildet werden.
Die Kostenplanung mit Einzelobjekten oder mit statistischen Kostenkennwerten haben spezifische Vor- und Nachteile:
Planung mit Objektdaten (BKI Objektdaten):

- Vorteil: Wenn es gelingt ein vergleichbares Einzelobjekt oder passende Bauausführungen zu finden ist die Genauigkeit besser als mit statistischen Kostenkennwerten. Die Unsicherheit, die der Streubereich (von-bis-Werte) mit sich bringt, entfällt.
- Nachteil: Passende Vergleichsobjekte oder Bauausführungen zu finden kann mühsam oder erfolglos sein.

Planung mit statistischen Kostenkennwerten (BKI Baukosten):

- Vorteil: Über die BKI Gebäudearten ist man recht schnell am Ziel, aufwändiges Suchen entfällt.
- Nachteil: Genauere Prüfung, ob die Mittelwerte übernommen werden können oder noch nach oben oder unten angepasst werden müssen, ist unerlässlich.

34. In welchen Produkten dokumentiert BKI Positionspreise?

Preise für Positionen mit statistischer Auswertung werden in „BKI Baukosten Positionen, Statistische Kostenkennwerte Neubau (Teil 3) und Altbau (Teil 5)" und „BKI Baupreise kompakt Neu- und Altbau" herausgegeben.
In Software-Form sind Preise mit den vorformulierten BKI-Mustertexten in der Software „BKI Kostenplaner - Statistik plus [Positionen]" und „BKI Positionen" enthalten.
Ausgewählte Positionspreise enthalten die Fachbücher „Konstruktionsdetails K1 bis K4", „Objektdaten Technische Gebäudeausrüstung G1 bis G7" sowie die BKI „Objektdaten Freianlagen".
Im Sonderband Objektdaten S2 - Barrierefreies Bauen erscheint eine Auswahl von besonderen Positionen zum Barrierefreien Bauen.

35. Worin unterscheiden sich die Bände N1 bis N20 (A1 bis A12)

Die Bücher unterscheiden sich lediglich durch die Auswahl der dokumentierten Einzelobjekte. Der Aufbau der Bände ist gleich. In der BKI Fachbuchreihe Objektdaten erscheinen in unregelmäßigen Abständen Folgebände mit neu dokumentierten Einzelobjekten. Speziell bei den Altbaubänden A1 bis A12 ist es nützlich, alle Bände zu besitzen, da es im Bereich Altbau notwendig ist, mit passenden Vergleichsobjekten zu planen. Je mehr Vergleichsobjekte vorhanden sind, desto höher ist die „Trefferquote". Bände der Fachbuchreihe Objektdaten sollten deshalb langfristig aufbewahrt werden.

BKI plant für zukünftige Ausgaben des vorliegenden Fachbuchs zusätzlich sogenannte Aufwandsdaten zu erfassen. Sofern ausreichend Daten akquiriert werden können, erfolgt die Publikation dieser Daten wie im Folgenden beschrieben:

36. Was ist mit Aufwandsdaten gemeint?	Aufwandsdaten stellen den Zeitaufwand für Produktivleistungen eines Architekturauftrags dar. Als Produktivleistungen gelten: • Beratung bzgl. Planung und die Ausführung des Bauvorhabens • Erstellung von Zeichnungen, Berechnungen und Beschreibungen • Koordination und Integration der Beiträge fachlich Beteiligter • Erstellung von Genehmigungsunterlagen • Vorbereitung und Mitwirken bei der Vergabe • Objektüberwachung und Mitwirken bei der Abnahme u.v.m. Produktivleistungen werden nicht nur von Mitarbeiter*innen, sondern auch von Inhaber*innen/Partner*innen und Dritten erbracht und den Personalaufwendungen zugeordnet. In den BKI-Objektdokumentationen werden – soweit vom Objektplaner angegeben – die Aufwandsdaten für Produktivleistungen der Leistungsphasen 1 bis 8 dargestellt. Die Angabe des Zeitaufwands erfolgt in Arbeitstagen (1 AT = 8 Stunden).

Diese Liste wird laufend erweitert und im Internet unter www.bki.de/faq-kostenplanung.html veröffentlicht.

Abkürzungsverzeichnis

Abkürzung	Bezeichnung
AW	Außenwand
AWF	Außenwandfläche
BGF	Brutto-Grundfläche (Summe Regelfall (R)- und Sonderfall (S)-Flächen nach DIN 277)
BGI	Baugrubeninhalt
von / bis	unterer / oberer Grenzwert des Streubereichs um einen Mittelwert
BK	Bodenklasse (nach VOB Teil C, DIN 18300)
BRI	Brutto-Rauminhalt (Summe Regelfall (R)- und Sonderfall (S)-Rauminhalte nach DIN 277)
BSH	Brettschichtholz
CG	Schaumglas
DA	Dach
DAF	Dachfläche
DE	Decke
DEF	Deckenfläche
DIN 276 / DIN 277	Kosten im Bauwesen (DIN 276:2018-12) / Grundflächen und Rauminhalte im Hochbau (DIN 277:2021-08)
EA	Elementart
EPS	expandierter Polystyrolschaum
FZ	Faserzementplatte
GF	Grundstücksfläche
GK	Gipskarton
GR	Gründung
GRF	Gründungsfläche
HLP	Hochdruckschichtstoffplatten
HAT	Hochtemperatur-Abflussrohr
IW	Innenwand
IWF	Innenwandfläche
KG	Kostengruppe
KG an 300	Kostenanteil der jeweiligen Kostengruppe in % an der Kostengruppe 300 Bauwerk-Baukonstruktionen
KG an 400	Kostenanteil der jeweiligen Kostengruppe in % an der Kostengruppe 400 Bauwerk-Technische Anlagen
KSP	kaltselbstklebende Polymerbitumenbahn
LB	Leistungsbereich
LB an AA	Kostenanteil des Leistungsbereichs in % an der Ausführungsart
MDS	mineralische Dichtschlämme
MW	Mineralwolle
n.dr. Wasser	nicht drückendes Wasser
NUF	Nutzungsfläche (Summe Regelfall (R)- und Sonderfall (S)-Flächen nach DIN 277)
OSB	Oriented Strand Board, Spanplatte
OZ	Ordnungszahl
PE / PE-HD / PP / PS / XPS	Polyethylen / Polyethylen, hohe dichte / Polypropylen / Polystyrol / extrudiertes Polystyrol
PMBC	kunststoffmodifizierte Bitumendickbeschichtungen
sb / wb	scheuerbeständig / waschbeständig
STLB	Standardleistungsbuch
TF	Technikfläche (Summe Regelfall (R)- und Sonderfall (S)-Flächen nach DIN 277)
TSD	Trittschalldämmung
UK	Unterkonstruktion
uP / aP	unter Putz / auf Putz
VF	Verkehrsfläche (Summe Regelfall (R)- und Sonderfall (S)-Flächen nach DIN 277)
VHF	vorgehängte Konstruktion
VSG	Verbund-Sicherheitsglas
WDVS	Wärmedämmverbundsystem
WRG	Wärmerückgewinnung
WU	wasserundurchlässig (Beton)

Abkürzungsverzeichnis

Einheiten

µm	Mikrometer
m	Meter
m^2	Quadratmeter
m^3	Kubikmeter
cm	Zentimeter
cm^2	Quadratzentimeter
cm^3	Kubikzentimeter
dm	Dezimeter
dm^2	Quadratdezimeter
dm^3	Kubikdezimeter
mm	Millimeter
mm^2	Quadratmillimeter
mm^3	Kubikmillimeter
kg	Kilogramm
N	Newton
kN	Kilonewton
MN	Meganewton
mbar	Millibar
kW	Kilowatt
W	Watt
kWel	elektrische Leistung in Kilowatt
kWth	thermische Leistung in Kilowatt
kWp	Kilowatt peak
t	Tonnen
l	Liter
lx	Lux
St	Stück
h	Stunde
min	Minute
s	Sekunde
psch	Pauschal
d	Tage
DPr	Proctordichte

Rechenzeichen

<	kleiner
>	größer
<=	kleiner gleich
>=	größer gleich
-	bis

Kombinierte Einheiten

h/[Einheit]	Stunde pro [Einheit] = Ausführungsdauer
mh	Meter pro Stunde
md	Meter pro Tag
mWo	Meter pro Woche
mMt	Meter pro Monat
ma	Meter pro Jahr
m^2d	Quadratmeter pro Tag
m^2Wo	Quadratmeter pro Woche
m^2Mt	Quadratmeter pro Monat
m^3d	Kubikmeter pro Tag
m^3Wo	Kubikmeter pro Woche
m^3Mt	Kubikmeter pro Monat
mWS	Meter Wassersäule
Sth	Stück pro Stunde
Std	Stück pro Tag
StWo	Stück pro Woche
StMt	Stück pro Monat
td	Tonne pro Tag
tWo	Tonne pro Woche
tMt	Tonne pro Monat

Mengenangaben

A	Fläche
V	Volumen
D	Durchmesser
d	Dicke
h	Höhe
b	Breite
l	Länge
t	Tiefe
lw	lichte Weite
k	k-Wert
U	u-Wert

Sonstige

Ø	Mittelwert
€/Einheit	Spaltenbezeichnung Mittelwerte zu den Kosten bezogen auf eine Einheit der Bezugsgröße

Gliederung in Leistungsbereiche nach STLB-Bau

Als Beispiel für eine ausführungsorientierte Ergänzung der Kostengliederung werden im Folgenden die Leistungsbereiche des Standardleistungsbuches für das Bauwesen in einer Übersicht dargestellt.

000 Baustelleneinrichtungen; Verkehrssicherungs- und Sicherheitseinrichtungen
001 Gerüstarbeiten
002 Erdarbeiten
003 Landschaftsbauarbeiten
004 Landschaftsbauarbeiten, Pflanzen
005 Brunnenbauarbeiten und Aufschlussbohrungen
006 Spezialtiefbauarbeiten
007 Untertagebauarbeiten
008 Wasserhaltungsarbeiten
009 Entwässerungskanalarbeiten
010 Drän- und Versickerungsarbeiten
011 Abscheider- und Kleinkläranlagen
012 Mauerarbeiten
013 Betonarbeiten
014 Natur-, Betonwerksteinarbeiten
016 Zimmer- und Holzbauarbeiten
017 Stahlbauarbeiten
018 Abdichtungsarbeiten
019 Kampfmittelräumarbeiten
020 Dachdeckungsarbeiten
021 Dachabdichtungsarbeiten
022 Klempnerarbeiten
023 Putz- und Stuckarbeiten, Wärmedämmsysteme
024 Fliesen- und Plattenarbeiten
025 Estricharbeiten
026 Fenster, Außentüren
027 Tischlerarbeiten
028 Parkettarbeiten, Holzpflasterarbeiten
029 Beschlagarbeiten
030 Rollladenarbeiten
031 Metallbauarbeiten
032 Verglasungsarbeiten
033 Baureinigungsarbeiten
034 Maler- und Lackierarbeiten, Beschichtungen
035 Korrosionsschutzarbeiten an Stahlbauten
036 Bodenbelagsarbeiten
037 Tapezierarbeiten
038 Vorgehängte hinterlüftete Fassaden
039 Trockenbauarbeiten
040 Wärmeversorgungsanlagen - Betriebseinrichtungen
041 Wärmeversorgungsanlagen - Leitungen, Armaturen, Heizflächen
042 Gas- und Wasseranlagen - Leitungen und Armaturen
043 Druckrohrleitungen für Gas, Wasser und Abwasser
044 Abwasseranlagen - Leitung, Abläufe, Armaturen
045 Gas-, Wasser- und Entwässerungsanlagen - Ausstattung, Elemente, Fertigbäder
046 Gas-, Wasser- und Entwässerungsanlagen - Betriebseinrichtungen
047 Dämm- und Brandschutzarbeiten an technischen Anlagen
049 Feuerlöschanlagen, Feuerlöschgeräte
050 Blitzschutz- / Erdungsanlagen, Überspannungsschutz
051 Kabelleitungstiefbauarbeiten
052 Mittelspannungsanlagen
053 Niederspannungsanlagen - Kabel/Leitungen, Verlegesysteme, Installationsgeräte
054 Niederspannungsanlagen - Verteilersysteme und Einbaugeräte
055 Sicherheits- und Ersatzstromversorgungsanlagen
057 Gebäudesystemtechnik
058 Leuchten und Lampen
059 Sicherheitsbeleuchtungsanlagen
060 Such-, Signal-, Zeitdienst-, Antennen-, elektroakustische Anlagen, Medientechnik
061 Kommunikations- und Übertragungsnetze
062 Kommunikationsanlagen
063 Gefahrenmeldeanlagen
064 Zutrittskontroll-, Zeiterfassungssysteme
069 Aufzüge
070 Gebäudeautomation
075 Raumlufttechnische Anlagen
078 Kälteanlagen für raumlufttechnische Anlagen
080 Straßen, Wege, Plätze
081 Betonerhaltungsarbeiten
082 Bekämpfender Holzschutz
084 Abbruch-, Rückbau- und Schadstoffsanierungsarbeiten
085 Rohrvortriebsarbeiten
087 Abfallentsorgung, Verwertung und Beseitigung
090 Baulogistik
091 Stundenlohnarbeiten
096 Bauarbeiten an Bahnübergängen
097 Bauarbeiten an Gleisen und Weichen
098 Witterungsschutzmaßnahmen

Lebensdauer von Bauteilen und Bauelementen

von Dr. Frank Ritter

Lebensdauer von Bauteilen und Bauelementen

Ein Beitrag von Dr. Frank Ritter

Einleitung

Die Bedeutung der Lebensdauerermittlung im Bauwesen gewinnt im Rahmen des gestiegenen Nachhaltigkeitsbewusstseins immer mehr an Bedeutung. Kenntnisse über die Lebensdauer eines Gebäudes, sowie die Dauerhaftigkeit einzelner Bauteile und Materialschichten, sind für die Beschreibung des Lebenszyklus eines Bauwerks oder auch die Planung der Instandsetzungsstrategie unabdingbar.

In der Literatur stehen zahlreiche Quellen mit Lebensdauerdaten (z. B. [3]) und Intervallkataloge für Instandhaltungsmaßnahmen (z. B. [14]) zur Verfügung. Diese Angaben beruhen zumeist auf Erfahrungswerten aus der Praxis oder vereinzelten Herstellerangaben. Aufgrund zahlreicher Faktoren, komplexer Zusammenhänge und Abhängigkeiten verschiedener Einflussgrößen gibt es große Unterschiede zwischen den einzelnen Angaben (siehe Abbildung 1-1).

Die Gründe für die großen Streubreiten und Abweichungen sind in Faktoren zu suchen, die das Alterungsverhalten der Bauteile beeinflussen. Dazu gehören z. B. die Qualität der Planung und der Ausführung, die Materialgüte und Materialauswahl, Nutzungs- und Umgebungsbedingungen oder die Instandhaltungsqualität.

Im Rahmen einer Forschungsarbeit [13] wurde eine breite Datenbasis mit praxisnahen Lebensdauern von Bauteilen und Baustoffen geschaffen, die als Grundlage in vielen Bereichen der Lebenszyklusanalyse verwendet werden kann. Anhand eines neu entwickelten Verfahrens kann die projektspezifische Prognose der Lebensdauer eines Bauteils in Abhängigkeit der wesentlichen Einflussgrößen bestimmt werden. Somit können bereits bei der Planung von Gebäuden die entsprechenden Bauprodukte und Bauteile derart aufeinander abgestimmt werden, dass Stoff- und Energieflüsse reduziert und die Lebenszykluskosten minimiert werden. Der oft eher zufällige Einsatz von Bauteilen und Baustoffen nach vordergründig wirtschaftlichen Gesichtspunkten soll zukünftig im Sinne einer lebenszyklusgerechten Planung, die mit geringeren Instandhaltungs- und Instandsetzungskosten einher geht, vermieden werden.

Auf die Darstellung des vollständigen Verfahrens muss leider im Rahmen dieser Veröffentlichung verzichtet werden, weshalb sich die Veröffentlichung auf die Darstellung der Referenzlebensdauern beschränken muss. Weiterführende Informationen sind unter [13] zu finden.

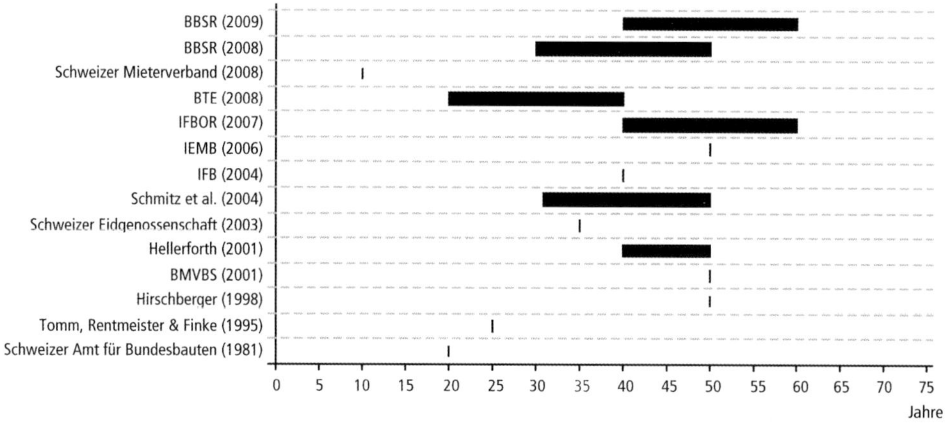

Abb. 1-1: Lebensdauerschätzungen aus der Literatur am Beispiel Kunststofffenster

2 Grundlagen der Lebensdaueranalyse

2.1 Einführung

Der Weg eines Gebäudes von der ersten Planungsidee bis zu seinem Rückbau wird durch unterschiedliche Entwicklungsphasen charakterisiert. Die Gesamtheit dieser Entwicklungsphasen wird als Lebenszyklus bezeichnet. Gemäß Abbildung 2-1 lässt er sich grob in die Phasen Bauwerkserstellung, Bauwerksnutzung und Bauwerksbeseitigung unterteilen.

Die Lebensdauer ist somit sowohl für die Beurteilung der Lebenszyklusphasen als auch für die Berechnung von Lebenszykluskosten von zentraler Bedeutung. Dabei wird zwischen der technischen und der wirtschaftlichen Lebensdauer eines Objekts unterschieden, wobei es unerheblich ist, ob damit ein einzelnes Bauelement, eine Bauteilschicht oder ein ganzer Gebäudekomplex gemeint ist.

Die wirtschaftliche Lebensdauer bezeichnet den Zeitraum, in dem es unter den gegebenen Umständen ökonomisch sinnvoll ist, ein Bauteil

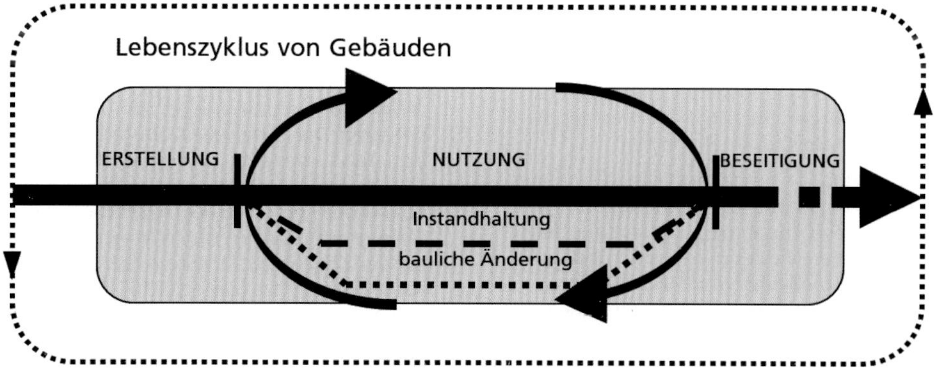

Abb. 2-1: Lebenszyklus eines Gebäudes nach [8]

bzw. das Gebäude zu nutzen oder zu betreiben. Sie unterliegt legislativen, wirtschaftlichen und gesellschaftlichen Einflüssen und ist unabhängig von der technischen Lebensdauer, kann diese jedoch nicht überschreiten. Die wirtschaftliche Lebensdauer ist ein Begriff der wirtschaftlichen Wertermittlung und ist umso größer, je anpassbarer das Gebäude und seine Teile an die geänderten Ansprüche sind. Das Ende der wirtschaftlichen Lebensdauer ist erreicht, wenn die Rentabilität nicht mehr gegeben ist, d. h. die Kosten der Gebäudenutzung die Erträge übersteigen.

Die technische Lebensdauer beschreibt die Zeitspanne zwischen Errichtung und Ausfall. Sie definiert die Lebenserwartung, in der ein Gebäude, Bauteil oder Material – unter Einbeziehung der notwendigen und üblichen Instandhaltungsmaßnahmen und unter Berücksichtigung der Abnutzung – seinen Funktionen und seinem bestimmungsgemäßen Gebrauch voll genügen kann. Sie wird von vielen verschiedenen Faktoren beeinflusst, die im weiteren Verlauf dieser Arbeit umfassend erläutert werden. Mit dem Erreichen der technischen Lebensdauer ist die Funktionsfähigkeit eines Gebäudes bzw. der Gebäudeteile nicht mehr gewährleistet, wohingegen mit dem Ende der wirtschaftlichen Lebensdauer die Qualität nicht mehr den nutzerspezifischen Ansprüchen oder dem Stand der Technik genügt. Beides resultiert schließlich im Austausch oder Abriss einzelner Bauteile oder der Gesamtkonstruktion.

Die Nutzungsdauer von Bauteilen wird in dieser Arbeit als Zeitraum der geplanten Nutzung bei gleichbleibenden Ansprüchen und Wirtschaftlichkeit definiert. Mit Hilfe von Instandhaltung, Instandsetzung und Modernisierung, die auch veränderten Ansprüchen gerecht werden, kann die Nutzungsdauer entsprechend verlängert werden und somit der technischen Lebensdauer gleichgesetzt werden.

Die Lebensdauer eines öffentlichen Gebäudes wird in der Regel mit 40 bis 80 Jahren angenommen. Diese Annahme resultiert aus der wirtschaftlichen Nutzung und ist Grundlage der Wirtschaftlichkeits- und Finanzierungsüberlegungen. Zudem ist damit der Abschreibungszeitraum formuliert. Da die Nutzungsgewohnheiten heute schnelleren Änderungen unterworfen sind, sollte von einer Referenzzeit von höchstens 50 Jahren ausgegangen werden. Dieser Wert wurde inzwischen auch in die Grundlagen der Tragwerksplanung nach DIN 1055-100 (2001) als Bemessungszeitraum aufgenommen. Eine längere Nutzungsdauer von bis zu 80 Jahren erscheint allenfalls bei Infrastrukturbauwerken angemessen.

2.2 Abnutzung und Alterungsverhalten

Jedes fachgerecht eingebaute Bauteil weist nach dem Einbau, abhängig z. B. von der Herstellung oder der Instandhaltung, eine bestimmte Gebrauchs- oder Funktionsfähigkeit auf. Dieser so genannte Abnutzungsvorrat reduziert sich im Verlauf der Nutzungsphase, kann jedoch durch Instandhaltungsmaßnahmen wiederhergestellt werden. Das in Abbildung 2-2 dargestellte Modell stellt den theoretischen Abnutzungsverlauf vereinfacht durch eine Kurve dar. Es wird davon ausgegangen, dass ein Bauteil nicht linear altert, sondern dass die Abnutzung im Laufe des Bauteilalters zunimmt. Der Abnutzungsvorrat beträgt bei Inbetriebnahme des Bauteils 100%. Dieser Vorrat wird im Laufe der Zeit durch die Nutzung sowie durch innere und äußere Einflüsse abgebaut, kann aber durch Wartungsmaßnahmen in begrenztem Umfang wiederhergestellt werden. Bei Überschreitung der Schadensgrenze ist der Abnutzungsvorrat so gering (tA1), dass ein Schaden am Bauteil eintritt. Zum endgültigen Ausfall kommt es bei einem Abnutzungsvorrat von 0%, wobei spätestens zu diesem Zeitpunkt der Abnutzungsvorrat durch Maßnahmen der Instandhaltung wiederhergestellt werden muss. Auf Grund von technischen Verbesserungen ist es möglich, den Abnutzungsvorrat über die Grenze von 100% des Ursprungsbauteils zu erweitern.

Grundsätzlich wird bei Bauteilen zwischen materieller und immaterieller Abnutzung unterschieden. Die materielle Abnutzung beschreibt den Abbau des Abnutzungsvorrats durch Verschleiß, Reibung oder sonstige direkte Einflüsse. Bei der immateriellen Alterung wird die Alterungsgrenze nicht durch Materialversagen, sondern durch veränderte Ansprüche und Anforderung der Nutzer erreicht. Dabei kann es durch technischen Fortschritt, durch wirtschaftliche oder ästhetische Gründe zu einem Austausch des Bauteils kommen. Die immaterielle Alterung hat oft zur Folge, dass Bauteile, die ihren Abnutzungsvorrat noch nicht erreicht haben, ersetzt werden, da sich Ansprüche oder Nutzungsart des Gebäudes geändert haben.

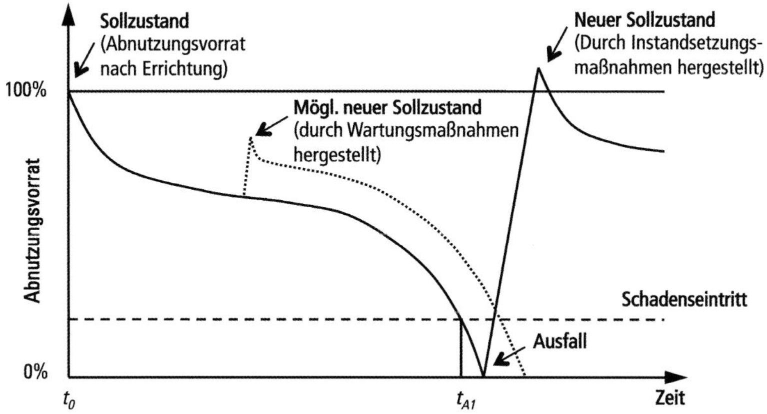

Abb. 2-2: Theoretischer Ablauf der Abnutzung eines Bauteils

3 Analyse ausgewählter Verfahren zur Lebensdauerermittlung

3.1 Einführung

Die Verfahren zur Vorhersage von Lebensdauern lassen sich grundsätzlich aufteilen in stochastische Methoden und anwendungsorientierte Näherungslösungen.

Die stochastischen Methoden sind meist sehr materialspezifisch und hoch spezialisiert. Das Ziel dieser Methoden ist die möglichst exakte Beschreibung des Alterungsprozesses mithilfe probabilistischer Ansätze, wie z. B. Karbonatisierung und Chloridpenetration bei Stahlbetonbauteilen nach [6]. Mit einem enormen Anspruch an Detaillierung und Präzision werden verschiedene Beanspruchungen und die damit verbundenen Schadensbilder analysiert. Aufgrund des beträchtlichen Zeit- und Kostenaufwands sind derartige Methoden bislang eher als Insellösungen in sehr spezifischen Bereichen anzusehen, auf die hier nicht näher eingegangen werden soll.

Die anwendungsorientierten Näherungsmethoden haben zum Ziel die Lebensdauern mithilfe von Annahmen möglichst plausibel abzuschätzen. Aufgrund der fehlenden bzw. marginalen Berücksichtigung relevanter Einflussgrößen sind diese Methoden nur als grobe Näherung zu betrachten. Für einen generellen Ansatz zur Lebensdauerermittlung scheint die DIN ISO 15686-Normenreihe als einzige für die Entwicklung eines generellen Alterungsmodells geeignet, da diese allgemeine Rahmenbedingungen zur Lebensdauerbestimmung vorgibt und so harmonisierte Lebensdauerdaten von Bauprodukten in transparenter und nachvollziehbarer Form ermittelt werden können.

3.2 Kennwertemethode

Die Kennwertemethode im Bereich der Lebensdauerermittlung basiert auf veröffentlichten Benchmarks zur Lebensdauer von Bauteilen und Bauelementen. Wie bereits angedeutet stehen in der Literatur zahlreiche Quellen mit Lebensdauerdaten zur Verfügung, deren Angaben zumeist auf Erfahrungswerten aus der Praxis oder vereinzelten Herstellerangaben beruhen. Bei den veröffentlichten Lebensdauertabellen handelt es sich fast ausschließlich um Lebensdauerwerte ohne weitere Angaben zu den Randbedingungen, unter denen die Daten gewonnen wurden oder aus welchen Quellen sie stammen. Aufgrund dieser fehlenden Angaben sind noch immer keine Vergleichs- und Beurteilungskriterien vorhanden, da kein einheitlicher Standard existiert, in welcher Form mögliche Lebensdauerdaten zu ermitteln sind.

Bei einem Vergleich der Lebensdauerangaben eines Bauteils zeigen sich aufgrund der verschiedenen Quellen und den unterschiedlichen Randbedingungen zum Teil erhebliche Streuungen der vorhandenen Lebensdauern. Die Abweichungen der Werte verschiedener Quellen wurden beispielhaft bereits in Abbildung 1-1 für das Bauteil Kunststofffenster dargestellt. Aufgrund der unterschiedlichen gebäudespezifischen Eigenschaften und der verschiedenen Einflussfaktoren, die auf ein Gebäude wirken, entspricht die Lebensdauer eines Bauteils nur selten den Kennwerten aus der Literatur. Die Kennwerte können somit nur als erste Annäherung dienen und sollten in Zukunft durch die Einbeziehung von individuellen Randbedingungen und objektspezifischen Eigenschaften des Gebäudes nachgebessert werden

3.3 Faktorenmethode nach DIN ISO 15686

Wie bereits beschrieben, gibt die DIN ISO 15686-Normenreihe generelle Rahmenbedingungen für die Lebensdauerabschätzung von Bauprodukten bzw. Bauteilen vor. Ziel der Normenreihe ist die Bereitstellung harmonisierter Lebensdauerdaten von Bauprodukten bzw. Bauteilen, um zuverlässige und vergleichbare Grundlagen für Lebenszyklusanalysen zu schaffen. Der Schwerpunkt wird dabei auf die Vergleichbarkeit unterschiedlicher Lebensdauerdaten (Erfahrungswerte, Laborkennwerte etc.) bei ähnlichen Randbedingungen (Klima, Nutzungsart etc.) gelegt.

Die in der DIN ISO 15686-4 (2014) definierte Faktorenmethode versucht, die tatsächlichen Umweltbedingungen einzelner Bauteile bei der Bestimmung der spezifischen Lebensdauer zu berücksichtigen. Sie soll nur dann zur Anwendung kommen, wenn keine Lebensdauerdaten für ähnliche Einbaubedingungen vorliegen und eine Adaption für den speziellen Einsatzbereich erforderlich wird. In der Faktorenmethode wird die Lebensdauervoraussage für ein konkretes Bauwerk, eine bauliche Anlage oder eine Komponente mithilfe von Faktoren bestimmt, die verschiedenen Kategorien zugeordnet sind. Diese ermöglichen die Anpassung der Konditionen, unter denen allgemeine Lebensdauerdaten ermittelt wurden, an die Referenzkonditionen des konkreten Bauwerks. In Tabelle 3-1 sind die sieben Einflussfaktoren (A bis G) mit Kategorien und Beispielen dargestellt.

Kategorie	Faktor	Faktorklasse	Beispiele
Bauteilqualität	A	Komponentenqualität	Herstellung, Lagerung, Transport, Material
	B	Konstruktionsqualität	Konstruktiver Schutz
	C	Ausführungsqualität	Einbau, Personal, Klimatische Bedingungen auf der Baustelle
Umgebung	D	Inneneinflüsse	Raumluft, Kondensation
	E	Außeneinflüsse	Standort, Klima, Luftverschmutzung
Gebrauchsbedingungen	F	Nutzungsintensität	Mechanische Einflüsse, Nutzungsart, Verschleiß
	G	Instandhaltungsqualität	Qualität und Häufigkeit, Zugänglichkeit

Tab. 3-1: Einflussfaktoren auf die Lebensdauer nach DIN ISO 15686-4 (2014)

Ausgangsbasis des Verfahrens ist die Referenzlebensdauer der zu bewertenden Komponente RSLC (Reference Service Life of a Component), die sich auf ein Bauteil von durchschnittlicher Qualität unter durchschnittlichen Rahmenbedingungen bezieht. Die spezifische Lebensdauer einer Gebäudekomponente ESLC (Estimated Service Life of a Component) ermittelt sich durch Multiplikation der Referenzlebensdauer mit den modifizierenden Faktoren nach der folgenden Gleichung:

$$\mathbf{ESLC = RSLC * A * B * C * D * E * F * G} \quad \mathbf{(3.1)}$$

Grundsätzlich erscheint die Vorgehensweise, die spezifischen Rahmenbedingungen mithilfe von Einflussfaktoren rechnerisch zu berücksichtigen als sehr sinnvoll. Jedoch macht die Normenreihe DIN ISO 15686 weder Angaben zu Referenzlebensdauern, noch zu spezifischen Werten der Faktoren. Daher wird vor allem die Ermittlung der einzelnen Faktorwerte A bis G immer eine gewisse Unsicherheit mit sich führen, da die Bedingungen auf denen die Lebensdauervoraussage basiert, im Allgemeinen unsicher und unvollständig sind. Ebenso kann die Basis für die Bestimmung der numerischen Werte der Faktoren unzulänglich sein und keine akkurate Lebensdauervoraussage ermöglichen. Als Alternative zu dieser mathematischen Bestimmung kann eine qualitative Bestimmung der Faktoren durchgeführt werden (z. B. durch Einordnung der Faktorwerte in Kategorien wie „schlechter", „wie der Referenzwert" oder „besser").

3.4 Erweiterte Faktorenmethode nach Ritter

Das von Ritter entwickelte Vorhersagemodell objektspezifischer Lebensdauern orientiert sich weitestgehend an dem Modell der Faktoren-Methode aus DIN ISO 15686. Ritter hat versucht, die Schwächen der Faktorenmethode auszugleichen und die Anwendung in der Praxis zu erleichtern. Fehlende Angaben zu den Referenzlebensdauern wurden durch eine Datenerhebung aktualisiert um eine ausreichende Anzahl statistisch belastbarer Datensätze zu erhalten. Es wurden Unterschiede in der Relevanz der einzelnen Einflussgrößen durch die Datenerhebung ermittelt, was bei der Faktorenmethode durch ihre gleichmäßige Wichtung aller Faktoren gerne bemängelt wird. Als entscheidende und wichtigste Neuerung wird die Begrenzung der Auswirkungen aus Einflussgrößen angesehen. Eine Begrenzung der berechneten spezifischen Lebensdauer durch die aus der Datenerhebung ermittelten minimalen und maximalen Werte der Lebensdauer führte zu einer erheblichen Verbesserung des Modells und somit zu einer höheren Akzeptanz in der Praxis.

Neben der möglichst fachgerechten Bewertung aller Einflüsse bestand die Herausforderung für die Anwendung in der Praxis hauptsächlich darin, aus der großen Menge verschiedenartiger Parameter die maßgeblichen Einflussfaktoren herauszufiltern. Hierbei ist auf ein Gleichgewicht zwischen Ermittlungsaufwand und der damit erreichbaren Genauigkeit zu achten. Vor diesem Hintergrund wurden die Einflussfaktoren A-G nach DIN ISO 15686 in bewertbare Unterkategorien unterteilt und mit jeweils einem Szenario für positive, negative und neutrale Einflüsse belegt.

Parallel zur Erstellung der Bewertungsszenarien wurden die verschiedenen Einflussgrößen in Expertenumfragen in Bezug auf ihre tatsächliche Auswirkung auf die Lebensdauer abgefragt, so dass aus der jeweiligen Bewertung des Einflusses die minimalen und maximalen Faktorwerte je Bauteil berechnet werden konnten. Es wurden spezifische Grenzfaktoren XAuspr. (Ausprägungsfaktor des jeweiligen Einflusses) über die entsprechenden Bandbreiten zwischen der maximalen Lebensdauer und der Referenzlebensdauer bzw. der Referenzlebensdauer und der minimalen Lebensdauer bestimmt. Mit den Lebensdauerwerten TLDmin, TLDref und TLDmax aus Literaturrecherche und Datenerhebung lässt sich die spezifische Lebensdauer eines Bauteils in einem konkreten Umfeld (TLDEw) über die folgende Formel bestimmen:

$$TLD_{Ew} = TLD_{ref} \cdot \prod_{i=A}^{G} X_{Auspr.,i}$$

Zum Zeitpunkt der Planung eines Gebäudes kann nur in den wenigsten Fällen abgeschätzt werden, welche Einflüsse im Laufe der Nutzungszeit auftreten und mit welchen Auswirkungen auf die einzelnen Bauteile gerechnet werden muss. Deshalb werden die bis dato unbekannten Einflussfaktoren als Zufallsgröße mit einer entsprechenden Wahrscheinlichkeitsverteilung abgebildet. Der Verlauf der Verteilungen wird mit den entsprechenden Min- und Max-Werten aus der Datenerhebung um den Wert 1,0 modelliert.

Mit dem entwickelten Verfahren kann somit bereits in der Planungsphase die voraussichtliche Lebensdauer von Bauteilen ermittelt werden. Auf Basis der Referenzlebensdauern aus Literatur und Expertenbefragungen lässt sich anhand einer qualitativen Bewertung von sieben Einflusskategorien die spezifische Lebensdauer je nach Kenntnis der Umgebungsbedingungen mit entsprechender Eintrittswahrscheinlichkeit vorhersagen.

4 Auswahl und Gruppierung der Bauteile

4.1 Einführung

Die Grundstruktur der Bauteilgliederung wurde analog zur Gliederung der DIN 276-1 (2006) gewählt. Sämtliche Elemente der dritten Gliederungsebene von Kostengruppe 300 wurden in Haupt- und Untergruppen gegliedert, die zu einer weiteren Spezifizierung des Bauteils beitragen. Die unterste Gliederungsebene ist die Objektebene bzw. die letzte Präzisierung des Bauteils. Mit diesen vier Ebenen lässt sich jedes Bauteil eindeutig beschreiben (siehe Abbildung 4-1).

1. Ebene	2. Ebene	3. Ebene	4. Ebene
Kostengruppe nach DIN 276 (3. Ebene)			
	Hauptgruppe		
		Untergruppe	
			Objekt/ Bauelement

Abb. 4-1: Gliederung der Bauteile

4.2 Sammlung von Lebensdauerdaten

Neben einer sinnvollen Gliederung der Bauteile war die Durchführung einer umfassenden Literaturrecherche Grundvoraussetzung für die Erlangung von Lebensdauerdaten. Dazu musste zunächst die Fragestellung konkretisiert und abgegrenzt werden. Datensätze zur technischen Lebensdauer von Bauteilen der Kostengruppe 300 nach DIN 276-1 (2006) standen im Vordergrund der Datenerhebung, wobei Angaben zur Nutzungsdauer von Bauelementen ebenfalls akzeptiert wurden, da in der Literatur keine Abgrenzung zur technischen Lebensdauer festgestellt werden konnte.

Im Rahmen der Recherche wurden nicht nur reine Datensammlungen zu Lebensdauern von Bauteilen in elektronischer und papiergebundener Form ausgewertet, sondern auch Normenwerke zu den einzelnen Bauteilen, Arbeiten zu Instandhaltung und Wartung sowie zusammenfassende Bücher über Facility Management und Nachhaltigkeit gesichtet. Hersteller von Bau- und Konstruktionsprodukten verfügen oftmals über interne Informationen zur Lebensdauer und Dauerhaftigkeit ihrer Produkte. Gelegentlich werden diese Daten der Öffentlichkeit z. B. in Produktdeklarationen oder auf Herstellerwebseiten zugänglich gemacht, wobei sich derartige Veröffentlichungen auf einzelne Bauteile beschränken und der Ermittlungsaufwand in keinem Verhältnis zum Mehrwert für diese Arbeit steht. Weitere mögliche Datenquellen stellen z. B. Bauordnungen, Arbeitsdokumente von Gremien, empirische Daten gleichartiger Objekte oder auch Urteile von Fachleuten dar. Grundsätzlich kann jede Informationsquelle genutzt werden, solange mögliche Fehlerquellen der verschiedenen Informationsquellen beachtet und gegebenenfalls dokumentiert werden. Bei der Bewertung der Datensätze ist das Vier-Augen-Prinzip genauso wesentlich wie das festgelegte Procedere bei eventuellen Unstimmigkeiten. Der Prozess der Datenbeschaffung ist im nachfolgenden Schema (Abbildung 4-2) als Übersicht dargestellt. So können nach DIN ISO 15686-8 (2008) auch allgemeine Datensätze gefunden werden, die erst durch eine zusätzliche Quelle ergänzt werden müssen. Diese müssen anschließend bewertet und je nach Vollständigkeit und Transparenz für akzeptabel oder nicht akzeptabel befunden werden. Nicht akzeptable Datensätze werden gelöscht bzw. nicht in den Datenbestand aufgenommen, akzeptable Datensätze werden aufbereitet und der Bauteilliste zugeführt.

Im Rahmen der durchgeführten Literaturrecherche mussten bisweilen Abstriche hinsichtlich der Datenqualität hingenommen werden, da mehrfach Wiederholungen innerhalb der Quellen festgestellt wurden und Mittelwerte aus bereits bekannten Quellen nur bedingt als neue Werte akzeptiert werden konnten. Trotzdem sind einige dieser redundanten Quellen in die Untersuchung eingeflossen, da sie aufgrund der aktuellen Entwicklungen im Bereich der Lebensdauerforschung als wichtige Datenquellen wissenschaftlich anerkannt sind. Des Weiteren lässt sich nicht bei allen Literaturangaben nachvollziehen, welche Definition der Lebensdauer bzw. welche Randbedingungen der Datensammlung zugrunde liegen, so dass einige Werte aus der Literatur bewusst aussortiert werden mussten. Ein vollständiger Lebensdauerdatensatz enthält, neben einer allgemeinen Beschreibung des Materials (oder der Komponente), konkrete Angaben zur Vorgehensweise der Datenerhebung. Weiterhin sind u. a. die Gebrauchskonditionen, die kritischen Eigenschaften eines Bauteils und dessen jeweilige Leistungsanforderungen von Interesse.

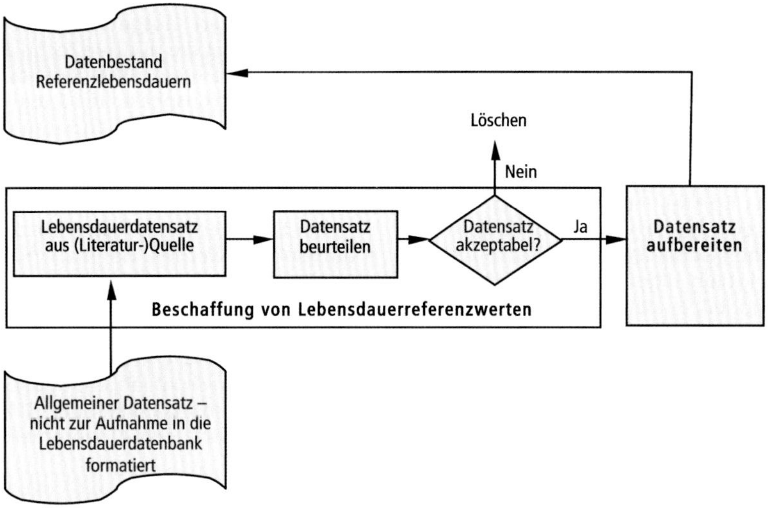

Abb. 4-2: Prozess der Umformatierung von allgemeinen Daten zu Lebensdauerdaten nach DIN ISO 15686-8 (2008)

Insgesamt wurden durch die Literaturrecherche ca. 12.500 Datensätze in die Bauteilliste aufgenommen, so dass nahezu allen Komponenten der erstellten Liste bereits aktuelle Lebensdauerwerte zugeordnet werden konnten.

4.3 Modellbildung und Detaillierung

Die Zusammensetzung von hybriden Bauteilen lässt sich in verschiedene Schichten bzw. Ebenen aufteilen. Es muss zwischen sehr langlebigen und eher kurzlebigen Ebenen unterschieden werden, die möglichst demontierbar miteinander verbunden sein müssen. Grundsätzlich können zwei verschiedene Arten von Verbindungen definiert werden (siehe Abbildung 4-3):

- Einzelverbindungen - Verbindung von einzelnen Bauteilen untereinander
- Flächenverbindungen - Verbindung von angrenzenden Bauteilschichten

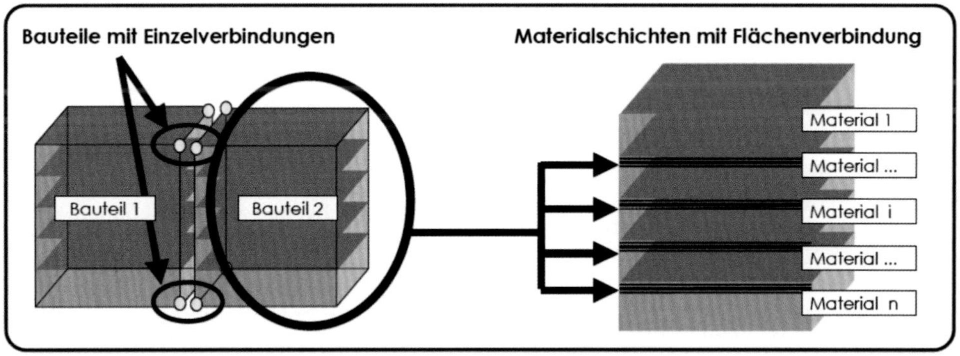

Abb. 4-3: Schichtenmodell nach [12]

Als klassische Schichtenmodelle sind beispielhaft die Wand- und Deckenaufbauten mit Flächenverbindungen zu nennen. Schichtenmodelle mit Einzelverbindungen lassen sich analog durch Hierarchiemodelle abbilden, die bislang eher aus anderen Bereichen als der Baukonstruktion bekannt sind (z. B. Gebäudetechnik, Maschinenbau). Hierarchiemodelle haben Vorteile bei der Darstellung von Abhängigkeiten und lassen ein Ablesen von Ergebnissen auf unterschiedlichen Genauigkeitsstufen zu. Abbildung 4-4 zeigt ein allgemeines hierarchisches Bauteilmodell, in welchem die verschiedenen Bauteilkomponenten durch je ein Modellelemente visualisiert werden. Die Modellelemente bestehen aus der Komponentenbezeichnung und einem Wertepaar, welches die Lebensdauer in Jahren bzw. die Dauer bis zum (Teil-) Austausch und den entsprechenden Reinvestitionsprozentsatz beinhaltet. Für Komponenten, die ohne größere Instandsetzung nur „im Ganzen" ausgetauscht werden können, steht dort die mittlere technische Lebensdauer in Jahren und 100% Reinvestition. Je nach Kalkulationsphase und Detaillierung kann auf unterschiedlichen Hierarchiestufen kalkuliert werden. Liegen z. B. in einer frühen Phase der Kalkulation noch keine genaueren Informationen vor, müssten nach x0 Jahren y0 % der Erstinvestitionskosten für das Bauteil aufgebracht werden. Hat man in einer späteren Phase bereits genauere Informationen zur Art des Bauteils und zu dessen Bestandteilen, kann auf eine der nächsten Ebenen weiter kalkuliert werden. Die Kostenanteile y1 (nach x1 Jahren), y2 (nach x2 Jahren) und y3 (nach x3 Jahren) müssen zusammen die y0 % der Erstinvestitionskosten nach x0 Jahren ergeben.

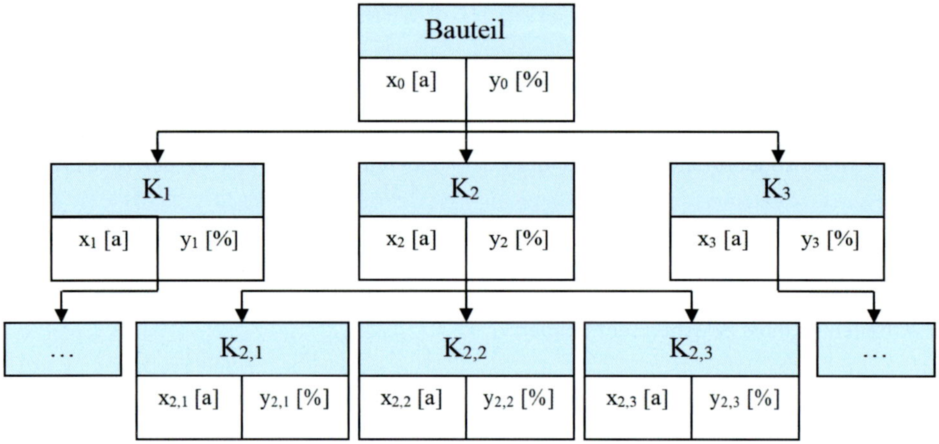

Abb. 4-4: Allgemeines hierarisches Bauteilmodell

4.4 Lösbarkeit von Schichten

Ein wichtiger Aspekt bei der Betrachtung der Lebensdauer ist der Einfluss der Lösbarkeit der im Fall von Instandsetzungsarbeiten betroffenen Bauteilschichten. Im Rahmen dieser Arbeit wird eine Bauteilschicht als „lösbar" angesehen, wenn die schadhafte Bauteilschicht ohne Beschädigung intakter Bauteilschichten austauschbar ist. Als „bedingt lösbar" gilt ein Bauteil, wenn es nur durch Zerstörung von Verbindungsmitteln zu lösen ist (z. B. nicht demontierbare Verschraubung). Kann eine schadhafte Bauteilschicht nur durch Zerstörung intakter Bauteilschichten ausgetauscht werden, wird sie als „nicht lösbar" definiert. Dabei ist zu beachten, dass besonders bei Nutzschichten mehrere Möglichkeiten zutreffen können. Falls nur der Fußbodenbelag ausgetauscht werden muss, bleibt die Lebensdauer des angrenzenden Estrichs üblicherweise gleich, d. h. der Fußbodenbelag ist lösbar. Ist jedoch eine defekte darunterliegende Bauteilschicht auszutauschen (z. B. Trittschalldämmung, Installationen), dann kann die Instandsetzung nur durch Zerstörung der darüberliegenden Schichten (z. B. Fußbodenbelag etc.) erfolgen, d. h. nicht lösbar.

Im Rahmen der Modellbildung hybrider Bauteile wird die voraussichtliche Lebensdauer unter Einbeziehung der Lösbarkeit auf verschiedene Arten bestimmt. Lösbare Schichtgruppen bekommen die berechnete voraussichtliche Lebensdauer zu 100% zugewiesen. Die voraussichtliche Lebensdauer einer nicht lösbaren Schichtgruppe wird durch die niedrigste voraussichtliche Lebensdauer der darunterliegenden Schichtgruppen begrenzt (z. B. Estrich mit einer Lebensdauer von 60 Jahren wird durch die kürzere Lebensdauer der darunterliegenden Trittschalldämmung von 50 Jahre auf diese begrenzt). Falls eine Schichtgruppe je nach Eingriffstiefe lösbar bzw. nicht lösbar sein kann oder der Wiedereinbau gebrauchter Bauteile nicht sinnvoll erscheint, wird die niedrigste Lebensdauer aus den zwei möglichen Instandsetzungsszenarien festgelegt.

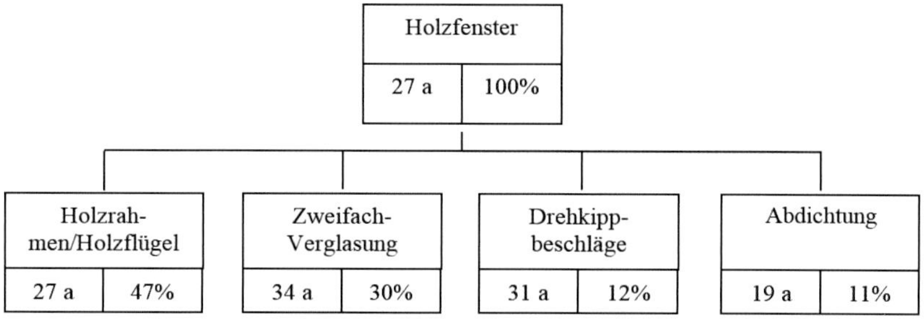

Abb. 4-5: Holzfenster im Hierarchiemodell

Im Anschauungsbeispiel Holzfenster (Abbildung 4-5) wird durch die voraussichtlich kürzere Lebensdauer der Holzrahmen bzw. Holzflügel mit 27 Jahren, die Lebensdauer der Zweifachverglasung (34 Jahre) und der Drehkippbeschläge (31 Jahre) auf 27 Jahre begrenzt. Die Lebensdauer der Abdichtung hat keinen Einfluss auf die Lebensdauer des Gesamtbauteils, da die Abdichtung unabhängig von den sonstigen Fensterkomponenten getauscht werden kann.

5 Erweiterung der Datengrundlage

5.1 Einführung

Neben einer umfangreichen Literaturrecherche konnte die Erweiterung der Datengrundlage durch praxisnahe Erfahrungswerte zu Lebensdauern auf Basis einer Datenerhebung sichergestellt werden. Unter Berücksichtigung der Zielgruppe (Hersteller, Sachverständige, Dienstleister, FM-Anbieter) und der zeitlichen Randbedingungen wurde eine zweigeteilte Erhebung aus E-Mail-Umfrage und persönlicher Interviews durchgeführt.

5.2 Ergebnisse der Datenerhebung

Die Auswahl der Experten aus verschiedenen Prozessbereichen sollte eine möglichst ausgewogene Einschätzung der Lebensdauern gewährleisten. Nach Prüfung der Ergebnisse auf Plausibilität konnten die Umfragedaten in die abschließende Lebensdauertabelle aufgenommen werden, so dass sich zusammen mit den Ergebnissen der Literaturrecherche eine Datengrundlage hinlänglicher Breite als Kalkulationsgrundlage ergab. Somit kommen zu den bereits vorhandenen Werten aus der Literaturrecherche, bis auf wenige Ausnahmen, mindestens 15 weitere Lebensdauerangaben je Bauteil hinzu. Als Zielwerte für die statistische Auswertung wurden die Anzahl der Umfragewerte mit mindestens 15 und der Variationskoeffizient mit <= 0,40 festgelegt. Diese Grenzen wurden für annähernd alle Bauteile erreicht. Als weitere Kenngrößen wurden die Standardabweichung der Lebensdauern, das 95%-Konfidenzintervall und die Abweichung zwischen Umfrage- und Literaturwerten untersucht. In der folgenden Abbildung 5-1 sind beispielhaft drei Standardbauteile im Bereich Fenster mit den Werten aus Literatur und Umfragen gegenübergestellt.

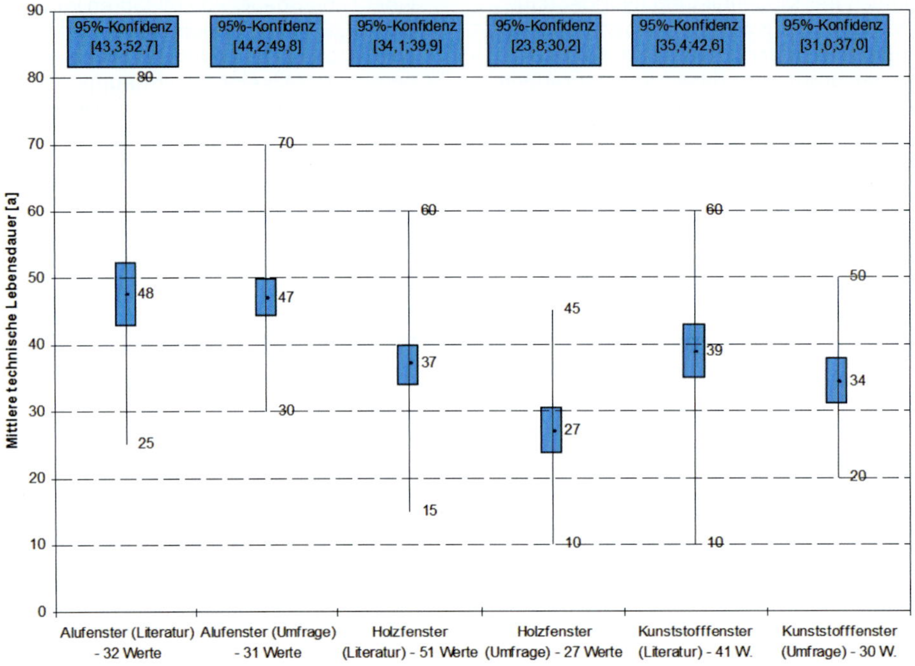

Abb 5-1: Vergleich der mittleren technischen Lebensdauer verschiedener Standardfenster

Es lässt sich festhalten, dass die Abweichungen zwischen den ermittelten Umfragewerten und den aktuellen Literaturwerten relativ gering sind. Die Tendenz liegt eher bei einer etwas vorsichtigeren Einschätzung durch die Expertengruppen. Bei ca. 80% der Bauteile liegen die Abweichungen im Bereich von ± 30% um den Mittelwert.

5.3 Datenqualität nach DIN ISO 15686-8 (2008)

Nach den bereits genannten Problemen mit der Qualität der Literaturdaten, war es auch bei den Umfragedaten nicht immer möglich, alle erforderlichen Randbedingungen zu berücksichtigen. Trotzdem, auch wenn die verfügbaren Daten z. T. große Streuungen aufweisen, können diese Werte eine wichtige Informationsquelle bilden. Speziell ist dies der Fall, wenn fundierte Daten, die auf Basis von Testverfahren gemäß Teil 2 (2001) der DIN ISO 15686 generiert wurden, nicht zur Verfügung stehen.

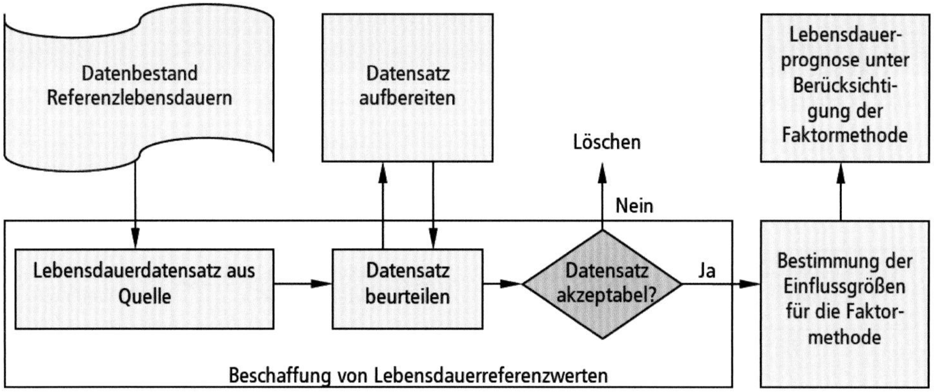

Abb. 5-2: Prozess der Lebensdauerdatenauswahl gemäß DIN ISO 15686-8 (2008)

Ein Lebensdauerdatensatz bei einer Datenerhebung sollte nach DIN ISO 15686-8 (2008) neben einer allgemeinen Beschreibung des Materials (oder der Komponente) Angaben zur Vorgehensweise der Datenerhebung enthalten. Des Weiteren sind mögliche Gebrauchskonditionen, die kritischen Eigenschaften des Bauteils sowie deren Leistungsanforderungen von Interesse. Diese Daten stehen aber nur in den seltensten Fällen vollständig zur Verfügung. Mögliche Prozesse der Datenauswahl sind in Abbildung 5-2 (Lebensdauerdaten) und Abbildung 5-3 (generelle Daten) dargestellt.

Die zur Verfügung stehenden Lebensdauerdatensätze wurden vor ihrer Verwendung auf Qualität und Konsistenz überprüft. Entsprechende Prüfkriterien sind in den Abschnitten 4.3.3.2 - 4.3.3.4 des Teils 8 der Normenreihe DIN ISO 15686 enthalten. Auf die Verwendung eines Datensatzes wurde z. B. verzichtet, wenn

- die betrachteten Schädigungsfaktoren nicht vollständig berücksichtigt wurden bzw. nicht den zu untersuchenden Bedingungen entsprechen,
- die Leistungsanforderungen nicht denen des zu untersuchenden Objekts entsprechen,
- die Referenznutzungsbedingungen nicht den objektspezifischen Nutzungskonditionen entsprechen.

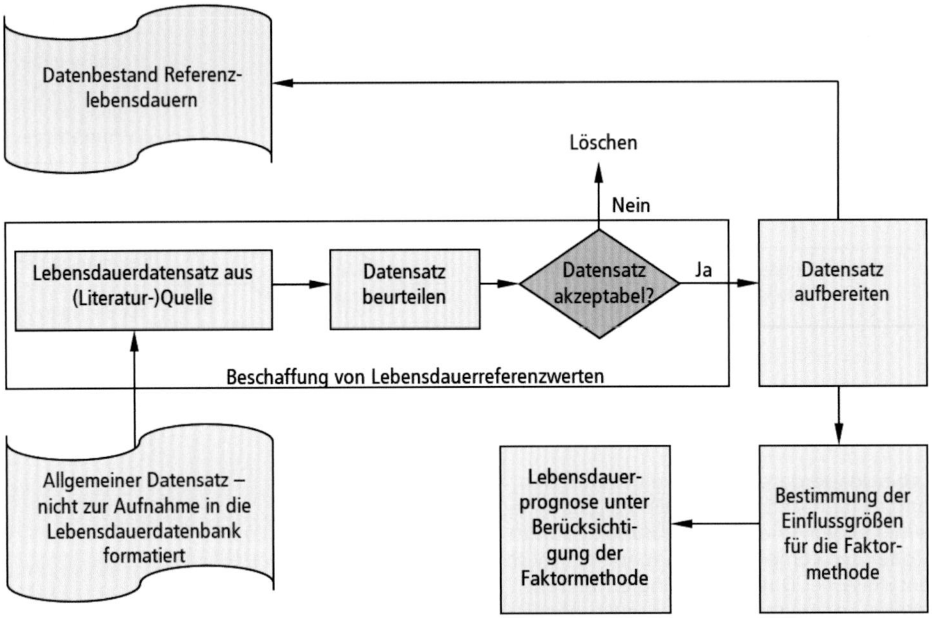

Abb. 5-3: Prozess der Auswahl allgemeiner Daten nach DIN ISO 15686-8 (2008)

Zur Anpassung von Referenznutzungsbedingungen an die objektspezifischen Nutzungskonditionen wird auf die Faktorenmethode (siehe Kapitel 3.3) verwiesen. Die Faktor-Klassen werden, soweit möglich, über Intensitäten und Auswirkungen von Schädigungsfaktoren quantifiziert. Falls eine quantitative Information für die Nutzungsbedingungen innerhalb der Faktor-Klasse fehlt, so kann auf eine qualitative Bewertung zurückgegriffen werden.

6 Resümee und Ausblick

Der vorliegende Fachaufsatz befasst sich mit der Lebensdauerermittlung im Bauwesen. Das Wissen um die Lebenserwartung einer Konstruktion bzw. ihrer Bauteile ist sowohl für die Durchführung von Lebenszyklusanalysen als auch zur Planung von Instandsetzungsstrategien erforderlich. Bisher vorliegende Kataloge zur Lebensdauer von Bauteilen sind häufig veraltet und liefern nur in den seltensten Fällen Angaben zu den Randbedingungen, unter denen die Daten gewonnen wurden. Aussagen zu Einflussgrößen, welche die Lebensdauer der einzelnen Bauteile beeinflussen können, gibt es in der Regel nicht. Anhand einer umfangreichen Datenerhebung bei verschiedenen Expertengruppen wurden Erfahrungswerte über die Lebensdauer von Bauteilen und Baustoffen sowie deren Einflussgrößen gesammelt, um unter Berücksichtigung aktueller Bauteilkataloge und Literatur zu Bauschäden, die wesentlichen Einflussgrößen auf die Lebensdauer von Bauteilen identifizieren und schließlich quantifizieren zu können. Der Einsatz von Bauteilen und Baustoffen nach vordergründig wirtschaftlichen Gesichtspunkten soll zukünftig im Sinne einer lebenszyklusgerechten Planung vermieden werden.

Darüber hinaus sollte es sich die aktuell sehr intensive Forschungstätigkeit auf dem Gebiet der Referenzlebensdauern zum Ziel machen, nicht nur die Lebensdauerkataloge aktuell und möglichst umfangreich zu gestalten, sondern auch Referenzbedingungen festlegen, die einen Abgleich der objektspezifischen Einsatzrandbedingungen mit den Referenzbedingungen erlauben. Dies wäre ein erster Schritt zur Erhöhung der Anwendungssicherheit und eine gute Basis für weitere Forschungstätigkeiten im Bereich der Einflussquantifizierung.

Der oft eher zufällige Einsatz von Bauteilen und Baustoffen nach vordergründig wirtschaftlichen Gesichtspunkten sollte zukünftig im Sinne der Nachhaltigkeit und einer langfristigen Wirtschaftlichkeit, die mit geringeren Instandhaltungs- und Instandsetzungskosten einher geht, vermieden werden.

(Die zugehörigen Lebensdauer-Daten finden Sie ab Seite 94.)

LITERATURVERZEICHNIS

Fachliteratur

[1] **Bahr, C., Lennerts, K. (2010):** Lebens- und Nutzungsdauer von Bauteilen. Endbericht aus dem Forschungsprogramm „Zukunft Bau", im Auftrag des Bundesinstituts für Bau-, Stadt- und Raumforschung sowie des Bundesamtes für Bauwesen und Raumordnung, Berlin

[2] **BBSR (2008):** Nutzungsdauerangaben von ausgewählten Bauteilen der Kostengruppen 300, 400 und 500 nach DIN 276-1, Datenbank Zwischenauswertung. Bundesamt für Bauwesen und Raumordnung, Berlin

[3] **BBSR (2009):** Nutzungsdauerangaben von ausgewählten Bauteilen der Kostengruppen 300, 400 und 500 nach DIN 276-1, Entwurf der Endfassung. Bundesamt für Bauwesen und Raumordnung, Berlin

[4] **BMVBS (2001):** Leitfaden Nachhaltiges Bauen. Bundesamt für Bauwesen und Raumordnung, Berlin

[5] **BTE (2008):** Lebensdauer von Bauteilen, Zeitwerte; Webpräsenz des Bunds technischer Experten e. V., Agethen, U., Frahm, K.-J., Renz, K., Thees, E. P., Essen

[6] **Gehlen, C. (2000):** Probabilistische Lebensdauerbemessung von Stahlbeton bauwerken – Zuverlässigkeitsbetrachtungen zur wirksamen Vermeidung von Bewehrungskorrosion, D 82, RWTH, Aachen

[7] **Hellerforth, M. (2001):** Facility Management – Immobilien optimal verwalten. Haufe Mediengruppe, Freiburg Berlin München Zürich

[8] **Herzog, K. (2005):** Lebenszykluskosten von Baukonstruktionen, Heft 10, Dissertation des Fachbereichs Bauingenieurwesen und Geodäsie, Institut für Massivbau, TUD, Darmstadt

[9] **IEMB (2006):** Lebensdauer von Bauteilen und Bauteilschichten. Info-Blatt 4.2, Hrsg.: Institut für Erhaltung und Modernisierung von Bauwerken e.V. der TU Berlin im Auftrag des Bundesamts für Bauwesen und Raumordnung, Bonn

[10] **IFB (2004):** Lebensdauer der Baustoffe und Bauteile zur Harmonisierung der wirtschaftlichen Nutzungsdauer im Wohnungsbau; Forschungsbericht F 2464, Institut für Bauforschung e.V., Hannover

[11] **IFBOR (2007):** Technische Lebensdauern - Synopse; www.ifbor.eu, Nürtingen-Geislingen University

[12] **Reiche, K. (2001):** Nachhaltigkeitsanalyse demontagegerechter Baukonstruktionen. Dissertation des Fachbereichs Bauingenieurwesen und Geodäsie, Institut für Massivbau, TUD, Darmstadt

[13] **Ritter, F. (2011):** Lebensdauer von Bauteilen und Bauelementen. Dissertation des Fachbereichs Bauingenieurwesen und Geodäsie, Institut für Massivbau, TUD, Darmstadt

[14] **Schmitz, H. Krings, E., Dahlhaus, U., Meisel, U. (2004):** Instandsetzung / Sanierung / Modernisierung / Umnutzung in Baukosten 2004, Hrsg.: Verlag für Wirtschaft und Verwaltung Hubert Wingen, Essen

[15] **Schweizer Mieterverband (2008):** Lebensdauertabelle. Webpräsenz des Schweizerischen Mieterinnen- und Mieterverbands, www.mieterverband.ch, Zürich

[16] **Tomm, A.; Rentmeister, O.; Finke, H. (1995):** Geplante Instandhaltung: Ein Verfahren zur systematischen Instandhaltung von Gebäuden, Landesinstitut für Bauwesen und angewandte Bauschadensforschung (LBB), Aachen

Technische Regelwerke

DIN 276:2018-12: Kosten im Bauwesen, DIN Deutsches Institut für Normung e.V., Beuth Verlag, Berlin

DIN 277:2021-08: Grundflächen und Rauminhalte im Hochbau, DIN Deutsches Institut für Normung e.V., Beuth Verlag, Berlin

DIN EN 1990 (2010): Grundlagen der Tragwerksplanung, DIN Deutsches Institut für Normung e.V., Beuth Verlag, Berlin

DIN EN 1990/NA (2010): Grundlagen der Tragwerksplanung, DIN Deutsches Institut für Normung e.V., Beuth Verlag, Berlin

DIN ISO 15686-1 (2011): Buildings and constructed assets – Service life planning – Part 1: General principles. ISO Copy Right Office, Geneva (CH)

DIN ISO 15686-2 (2012): Buildings and constructed assets – Service life planning – Part 2: Service life prediction procedures. ISO Copy Right Office, Geneva (CH)

DIN ISO 15686-3 (2002): Buildings and constructed assets – Service life planning – Part 3: Performance audits and reviews. ISO Copy Right Office, Geneva (CH)

DIN ISO 15686-4 (2014): Buildings and constructed assets – Service life planning – Part 4: Data requirements. ISO Copy Right Office, Geneva (CH)

DIN ISO 15686-5 (2017): Buildings and constructed assets – Service life planning – Part 5: Life cycle costing. ISO Copy Right Office, Geneva (CH)

DIN ISO 15686-6 (2004): Buildings and constructed assets – Service life planning – Part 6: Procedures for considering environmental impacts. ISO Copy Right Office, Geneva (CH)

DIN ISO 15686-7 (2017): Buildings and constructed assets – Service life planning – Part 7: Performance evaluation for feedback of service life data from practice. ISO Copy Right Office, Geneva (CH)

DIN ISO 15686-8 (2008): Buildings and constructed assets – Service life planning – Part 8: Reference service life and service-life estimation. ISO Copy Right Office, Geneva (CH)

DIN ISO 15686-9 (2008): Buildings and constructed assets – Service life planning – Part 9: Guidance on assessment of service-life data. ISO Copy Right Office, Geneva (CH)

DIN ISO 15686-10 (2010): Buildings and constructed assets – Service life planning – Part 10: Functional requirements and capability. ISO Copy Right Office, Geneva (CH)

Lebensdauer von Bauteilen und Bauelementen

320
Gründung, Unterbau

Lebensdauer von Bauteilen in Jahren		mittel	
Flachgründungen und Bodenplatten			
Fertigteilfundamente			
Beton, Stahlbeton	81	**100**	144
Einzel- und Streifenfundament			
Beton, Stahlbeton	81	**100**	144
Plattenfundamente			
Beton, Stahlbeton, Stahlfaserbeton	81	**100**	144
Tragende Bodenplatte			
Beton, Stahlbeton, Stahlfaserbeton	74	**99**	126
Fundamenterder			
Stahl, verzinkt	32	**44**	57
Tiefgründungen			
Bohrpfähle			
Beton, Stahlbeton	91	**108**	143
Rammpfähle			
Beton, Stahlbeton	91	**108**	143
Presspfähle			
Beton, Stahlbeton	91	**108**	143
Tiefenerder			
Stahl, verzinkt	30	**45**	60
Gründungsbeläge			
Estriche			
siehe Deckenbeläge			
Abdichtungen und Bekleidungen			
Abdichtung erdberührter Bauteile			
Abdichtung, gegen nichtdrückendes Wasser	34	**41**	55
Abdichtung gegen Bodenfeuchte und nichtstauendes Sickerwasser	30	**40**	50
Abdichtung gegen aufstauendes Sickerwasser	30	**39**	47
Abdichtung gegen drückendes Wasser	35	**48**	65
Konstruktionen aus wasserundurchlässigem Beton	58	**71**	86
Abichtungen mit Bentonit	32	**45**	58

Skala: 0 – 25 – 50 – 75 – 100 – 125 Jahre

von
| Mittelwert
bis

© BKI Baukosteninformationszentrum; Erläuterungen zu den Tabellen siehe Seite 52

Lebensdauer von Bauteilen in Jahren		mittel	
Abdichtungen und Bekleidungen			
Nachträgliche Abdichtungen			
Abdichtungen auf der Innenseite	17	**28**	37
Abdichtung durch Vergelung oder Schleierinjektion	16	**23**	29
Querschnittsabdichtung gegen aufsteigende Feuchtigkeit (mechan. Injektion)	33	**41**	50
Perimeterdämmung			
Extrudiertes Polystyrol	38	**52**	72
Schaumglas	46	**56**	73
Wellplatten			
Faserverstärkt auf Bitumenbasis	20	**30**	40
Faserverstärkt auf Zementbasis	22	**35**	48
Noppenbahnen			
Polyethylen, Polypropylen	30	**39**	47
Hartschaumplatten			
Polystyrol	34	**46**	63
Granulatmatten			
Gummigranulat vulkanisiert	26	**31**	38
Gummigranulat mit PU-Verklebung	25	**31**	38
Schutzmauern			
Beton	43	**52**	62
Ziegel Hartbrandklinker	43	**53**	60
Dränagen			
Dränanlagen			
Schächte	29	**39**	44

Lebensdauer
Grobelementarten
Stahlbau
Gebäudearten
Kostengruppen
Elementarten

© **BKI** Baukosteninformationszentrum; Erläuterungen zu den Tabellen siehe Seite 52

Lebensdauer von Bauteilen in Jahren		mittel		0 25 50 75 100 125 Jahre
Tragende Außenwände				
Tragschicht - bekleidet				
Stahlbeton, Beton	82	**100**	133	
Porenbeton	51	**73**	90	
Kalksandstein	75	**100**	121	
Hochlochziegel	69	**94**	126	
Naturstein	74	**101**	192	
Holz, hart	59	**85**	118	
Holz, weich	53	**76**	118	
Stahl	52	**78**	91	
Außenwandöffnungen				
Fenster				
Alufenster mit 2-fach Verglasung und Drehkipp-beschlägen	35	**47**	58	
Holzfenster mit 2-fach Verglasung und Drehkipp-beschlägen	23	**34**	45	
Kunststofffenster mit 2-fach Verglasung und Drehkipp-beschlägen	25	**37**	47	
Pfosten-Riegel-Fassade				
Grundkonstruktion	26	**34**	42	
Lichtschächte				
Kunststoff	30	**38**	45	
Stahlbeton		**40**		
Rahmen und Flügel				
Hartholz, behandelt	31	**44**	63	
Aluminium	35	**47**	58	
Weichholz, behandelt	23	**33**	45	
Stahl, verzinkt und beschichtet	32	**42**	54	
Kunststoff	25	**37**	47	
Aluminium-Holz-Komposit	35	**43**	57	
Aluminium-Kunststoff-Komposit	33	**41**	50	
Kunststoffstegplatten transparent				
Acrylglasplatten	18	**28**	37	
Polycarbonatplatten	18	**28**	37	
Beschläge inkl. Schließmechanismus				
Einfache Beschläge	25	**34**	44	
Standardbeschläge	33	**38**	40	
Drehkippbeschläge	22	**30**	39	
Hebedrehkippbeschläge	19	**26**	35	
Schwingflügelbeschläge	19	**25**	32	
Schiebebeschläge	20	**25**	35	

von
| Mittelwert
bis

© **BKI** Baukosteninformationszentrum; Erläuterungen zu den Tabellen siehe Seite 52

Lebensdauer von Bauteilen in Jahren		mittel	
Außenwandöffnungen			
Fensterbänke, innen			
Holz	36	**63**	99
Naturstein	61	**86**	121
Keramik	67	**88**	124
Kunststoff	35	**51**	72
Aluminium	43	**56**	73
Fensterbänke, außen			
Naturstein	50	**75**	100
Klinker	57	**80**	110
Beton	55	**69**	77
Betonfertigteil	48	**68**	80
Keramik	54	**66**	77
Fliesen	46	**61**	76
Kunststein	30	**58**	75
Kupferblech	47	**64**	94
Aluminium	24	**42**	59
Stahl, verzinkt	26	**35**	45
Stahl, verzinkt und beschichtet	37	**46**	56
Faserzement	33	**42**	56
Kunststoff	18	**25**	39
Zink	24	**32**	44
Verglasung			
Einfachverglasung	43	**64**	88
2-Scheiben-Wärmeschutz-Isolierglas	22	**30**	42
3-Scheiben-Wärmeschutz-Isolierglas	20	**29**	37
Angriffhemmendes Isolierglas	24	**31**	41
Brandschutz-Isolierglas	20	**29**	38
Schallschutz-Isolierglas	20	**30**	41
Sicherheits-Isolierglas	24	**31**	41
Sonnenschutz-Isolierglas	20	**30**	40
Glasbausteine	28	**40**	50
Abdichtung			
Dichtprofile	17	**22**	28
Dichtstoffe (Silikone)	11	**15**	22
Verkittung	9	**12**	18
Türen			
Vollspantür mit Standardbeschlägen und normalem Schloss	21	**29**	38
Alutür mit Standardbeschlägen, Türschließer und normalem Schloss	31	**46**	58
Vollholztür mit Standardbeschlägen und normalem Schloss	31	**42**	55
Kunststofftür mit Standardbeschlägen und Schließanlage	25	**37**	47

Lebensdauern
Grobelementarten
Stahlbau
Gebäudearten
Kostengruppen
Elementarten

© BKI Baukosteninformationszentrum; Erläuterungen zu den Tabellen siehe Seite 52

330 Außenwände/ Vertikale Baukonstruktionen, außen

Lebensdauer von Bauteilen in Jahren	von	mittel	bis
Außenwandöffnungen			
Türen			
Glasrahmentür mit Schwingflügelbeschlägen, Türschließer und Schließanlage	37	**48**	61
Standardtüren, außen	33	**44**	53
Standardtüren, außen			
Aluminiumtüren	31	**46**	58
Stahltüren, rostfrei	37	**48**	61
Aluminium-Holz-Komposit	28	**43**	56
Aluminium-Kunststoff-Komposit	31	**44**	57
Hartholz	34	**49**	64
Weichholz	26	**36**	47
Holzwerkstofftüren	21	**29**	38
Kunststofftüren	25	**37**	47
Stahltüren	30	**41**	52
Glastüren/Ganzglastüren	27	**44**	68
Automatiktüren			
Verbund	34	**47**	60
Aluminiumtüren	41	**52**	66
Stahltüren	26	**39**	47
Glastüren/Ganzglastüren	29	**45**	67
Feuchtraumtüren			
Verbund	34	**44**	53
Aluminiumtüren	36	**50**	60
Stahltüren, rostfrei	37	**47**	57
Aluminium-Holz-Komposit	28	**44**	56
Aluminium-Kunststoff-Komposit	31	**42**	56
Hartholz	35	**48**	65
Weichholz	26	**36**	48
Holzwerkstofftüren	20	**26**	32
Kunststofftüren	25	**37**	46
Stahltüren	26	**39**	47
Glastüren/Ganzglastüren	30	**44**	68
Brand-/Schallschutztüren			
Verbund	34	**45**	54
Aluminiumtüren	36	**50**	60
Stahltüren, rostfrei	37	**47**	57
Aluminium-Holz-Komposit	28	**42**	55
Aluminium-Kunststoff-Komposit	31	**42**	56
Hartholz	35	**48**	65
Weichholz	26	**36**	48
Holzwerkstofftüren	20	**26**	32
Kunststofftüren	25	**37**	46
Stahltüren	26	**39**	47
Glastüren/Ganzglastüren	29	**44**	65

Skala: 0 – 25 – 50 – 75 – 100 – 125 Jahre

von
| Mittelwert
bis

© BKI Baukosteninformationszentrum; Erläuterungen zu den Tabellen siehe Seite 52

Lebensdauer von Bauteilen in Jahren		mittel	
Außenwandöffnungen			
Rotationstüren			
Verbund	34	**45**	60
Aluminiumtüren	36	**50**	60
Stahltüren, rostfrei	37	**47**	57
Stahltüren	26	**39**	47
Glastüren/Ganzglastüren	28	**45**	63
Schiebetüren			
Verbund	32	**43**	53
Aluminiumtüren	36	**50**	60
Stahltüren, rostfrei	37	**47**	57
Aluminium-Holz-Komposit	27	**42**	55
Aluminium-Kunststoff-Komposit	31	**43**	55
Hartholz	35	**48**	65
Weichholz	26	**36**	48
Holzwerkstofftüren	20	**26**	32
Kunststofftüren	25	**37**	46
Stahltüren	26	**39**	47
Glastüren/Ganzglastüren	29	**44**	66
Toranlagen			
Metallische Materialien	35	**45**	58
Aluminiumtore	36	**50**	60
Holztore	35	**48**	65
Kunststofftore	25	**37**	46
Stahltore	26	**39**	47
Garagentüren			
Metallische Materialien	29	**32**	34
Garagentüren Stahlblech	25	**31**	38
Garagentüren Holz	25	**30**	37
Türzubehör, außen			
Einfache Beschläge	19	**34**	49
Standardbeschläge	19	**29**	44
Schiebebeschläge	18	**26**	36
Schwingflügelbeschläge	18	**25**	38
Türschließer	15	**20**	27
Türschlösser	18	**25**	36
Schließanlage	15	**23**	34
Falttürbeschläge	17	**26**	38
Panikverschlüsse	14	**22**	33
Türanschlagdämpfer	12	**19**	29
Türantriebe	11	**14**	18
Türdichtungen	16	**20**	35

© **BKI** Baukosteninformationszentrum; Erläuterungen zu den Tabellen siehe Seite 52

330 Außenwände/ Vertikale Baukonstruktionen, außen

Lebensdauer von Bauteilen in Jahren	von	mittel	bis
Außenwandbekleidungen, außen			
Konstruktionen mit Wärmedämmung			
WDVS bestehend aus Anstrich, Standardputz und Polystyroldämmplatten	27	**40**	49
WDVS bestehend aus Anstrich, Standardputz und Mineralschaumdämmung	31	**43**	61
Zweischalige hinterlüftete Konstruktion aus Mauerwerk und Polystyroldämmplatten	30	**41**	56
Zweischalige hinterlüftete Konstruktion aus Stahlbeton und Glaswolledämmplatten	29	**38**	47
Zweischalige nicht hinterlüftete Konstruktion aus Mauerwerk und Polystyroldämmplatten	31	**43**	67
Zweischalige nicht hinterlüftete Konstruktion aus Stahlbeton und Glaswolledämmplatten	31	**42**	68
Pfosten-Riegel-Fassade aus Unterkonstruktion, Stahl-Glasfassade und Abdichtung	28	**36**	49
Pfosten-Riegel-Fassade aus Unterkonstruktion, Beton-Glasfassade, Kerndämmung und Abdichtung	28	**36**	49
Wärmedämmverbundsystem; Dämmschicht			
Polystyroldämmplatten	27	**40**	49
Polyurethandämmplatten	28	**40**	51
Steinwolledämmplatten	29	**39**	48
Glaswolledämmplatten	28	**39**	49
Holzfaserdämmplatten	19	**29**	41
Holzwolleleichtbauplatten	23	**31**	47
Korkplatten	19	**30**	42
Mineralschaumdämmplatten	31	**43**	61
Hinterlüftete Fassade; Dämmschicht			
Steinwolledämmmatten	28	**40**	49
Schaumglasplatten	34	**45**	53
Mineralschaumplatte	31	**44**	62
Kerndämmung			
Polystyrol	30	**40**	52
Polyurethan	30	**40**	52
Steinwolle	28	**39**	49
Glaswolle	28	**39**	49
Holzfaserdämmplatten	19	**29**	42
Holzwolleleichtbauplatten	23	**31**	48
Holzwolle	23	**31**	48
Kork	19	**29**	42
Holzspäne	22	**30**	49
Flachs	19	**28**	39
Hanf	19	**29**	42
Schafwolle	19	**29**	42
Zellulose	19	**27**	39
Kokos	19	**29**	42

Skala: 0, 25, 50, 75, 100, 125 Jahre

von
| Mittelwert
bis

© BKI Baukosteninformationszentrum; Erläuterungen zu den Tabellen siehe Seite 52

Lebensdauer von Bauteilen in Jahren		mittel	
Außenwandbekleidungen, außen			
Kerndämmung			
Strohballen	16	**28**	43
Roggengranulat	19	**29**	42
Blähglasgranulat	30	**42**	63
Blähtongranulat	30	**43**	62
Blähschiefergranulat	30	**42**	63
Leichtlehmmischung	20	**29**	44
Vakuumdämmpaneele	13	**30**	41
Polystyroldämmplatten	28	**40**	49
Steinwolledämmplatten	29	**40**	52
Glaswolledämmplatten	29	**40**	53
Vakuumdämmpaneele	14	**29**	38
Dämmschicht			
Polystyroldämmplatten	27	**39**	48
Polyurethandämmplatten	27	**39**	48
Steinwolledämmplatten	29	**38**	46
Glaswolledämmplatten	29	**38**	47
Vakuumdämmpaneele	16	**29**	37
Polystyrol	31	**43**	67
Polyurethandämmplatten	31	**43**	67
Steinwolle	32	**42**	68
Glaswolle	31	**42**	68
Vakuumdämmpaneele	16	**29**	35
Blähglasgranulat	34	**53**	82
Blähtongranulat	35	**53**	82
Blähschiefergranulat	34	**53**	82
Diffusionsoffene druckstabile Dämmung			
Calciumsilikatplatten	29	**47**	75
Mineralschaumdämmplatten	28	**40**	54
Folien			
Dampfsperrfolien	21	**35**	46
Kleber zum Fixieren von Dampfsperrfolien	14	**22**	46
Unterdeckung (Bahnen)			
Dampfdiffusionsoffene Kunststofffolien	23	**33**	40
Dampfsperren			
Kunststofffolien	23	**33**	40
Putz auf monolitischer Tragschicht			
Luftkalkmörtel	30	**40**	54
Wasserkalkmörtel	30	**40**	54
Hydraulischer Kalkmörtel	30	**40**	54
Hochhydraulischer Kalkmörtel	30	**40**	54
Mörtel mit Putz- und Mauerbinder	30	**40**	54

© **BKI** Baukosteninformationszentrum; Erläuterungen zu den Tabellen siehe Seite 52

Lebensdauer von Bauteilen in Jahren	von	mittel	bis
Außenwandbekleidungen, außen			
Putz auf monolitischer Tragschicht			
Kalkzementmörtel	30	**40**	54
Zementmörtel mit Zusatz von Luftkalk	27	**40**	54
Zementmörtel	31	**42**	57
Silikatputze	26	**36**	49
Kunstharzputze	24	**32**	43
Silikonharzputze	24	**32**	43
Sanierputzsysteme	25	**34**	45
Mineralische Leichtputzsysteme	27	**38**	50
Putz auf Wärmedämmung			
Mineralische Putzsysteme	27	**37**	49
Silikatische Putzsysteme	28	**38**	49
Kunstharzputzsysteme	25	**33**	44
Silikonharzputzsysteme	25	**33**	44
Wärmedämmputzsysteme			
Mineralischer Binder mit expandiertem Polystyrol als Zuschlag	24	**32**	42
Keramik auf Wärmedämmung			
Fliesen	31	**40**	62
Klinkerriemchen	28	**37**	49
Faserzement-Fassade			
Grundkonstruktion	28	**37**	47
Blech-Fassade			
Grundkonstruktion	29	**40**	49
Vorgehängte hinterlüftete Fassade			
Metallische Materialien	33	**43**	67
Edelstahl	37	**59**	98
Aluminium	33	**45**	64
Holz	24	**32**	42
Holzschindeln	32	**42**	56
Weichholz, behandelt	24	**33**	51
Weichholz, unbehandelt	22	**31**	54
Hartholz, unbehandelt	24	**33**	53
Hartholz, behandelt	25	**40**	63
Holzzement	24	**36**	56
Faserzement	32	**45**	65
Stahl, verzinkt	29	**40**	52
Stahl, verzinkt und beschichtet	25	**38**	49
Stahl, kunststoffummantelt	25	**38**	49

von
| Mittelwert
bis

© **BKI** Baukosteninformationszentrum; Erläuterungen zu den Tabellen siehe Seite 52

Lebensdauer von Bauteilen in Jahren		mittel	
Außenwandbekleidungen, außen			
Vorgehängte hinterlüftete Fassade			
Korrosionsreduzierter Stahl	27	**39**	48
Stahl, nicht rostend	34	**42**	57
Kupferblech	34	**47**	68
Zink	33	**42**	61
Naturstein	41	**55**	82
Stein-Leichtelemente	36	**45**	59
HPL-Platten	25	**32**	50
Kunststoff	25	**32**	48
Faserverstärkte Harzkompositplatten	20	**29**	35
Glas	30	**46**	79
Tonziegel	45	**61**	96
Aluminium	32	**40**	57
Kunststoffstegplatten transparent			
Acrylglasplatten	31	**40**	52
Polycarbonatplatten	21	**29**	36
Sichtkonstruktion			
Kalksandstein	42	**53**	66
Tonziegel	47	**68**	108
Verfugung Sichtmauerwerk	28	**39**	48
Tonklinker	47	**70**	109
Sichtbeton	41	**60**	80
Fassadenfestverglasung	34	**44**	53
Beschichtung auf Putz			
Nachwachsende organische Materialien	9	**15**	20
Kaseinfarbe	7	**11**	17
Weißzementfarbe	12	**16**	22
Dispersionsfarbe	9	**15**	20
Dispersions-Silikatfarbe	9	**15**	20
Silikonharzfarbe	10	**14**	19
Silikatfarbe	10	**15**	23
Polymerisatharzfarben	13	**16**	25
Lasur	4	**6**	11
Beschichtung auf Beton			
Kunststoffbeschichtungen	8	**13**	21
Beschichtung	6	**9**	13
Anstrichsysteme			
Antigraffitischutz	5	**7**	10
Beschichtung auf Holz			
Holzschutzmittel	4	**7**	12
Holzlasuren	4	**5**	10
Holzfarben	4	**5**	8

Skala: 0 – 25 – 50 – 75 – 100 – 125 Jahre

© **BKI** Baukosteninformationszentrum; Erläuterungen zu den Tabellen siehe Seite 52

Lebensdauer von Bauteilen in Jahren		mittel		0 25 50 75 100 125 Jahre
Außenwandbekleidungen, außen				
Beschichtung auf Holz				
Holzlacke	4	**6**	10	
Holzöle/-wachse	5	**7**	12	
Lichtschutz zur KG 330				
Jalousien, Rollläden, außenliegend				
Holz	19	**26**	38	
Kunststoff	15	**21**	28	
Stahl	15	**24**	34	
Aluminium	19	**29**	40	
Sonstiges zur KG 330				
Geländer, Gitter				
siehe Sonstiges zur KG 350				

von
Mittelwert
bis

© **BKI** Baukosteninformationszentrum; Erläuterungen zu den Tabellen siehe Seite 52

Lebensdauer von Bauteilen in Jahren		mittel	
Tragende Innenwände			
Monolitischer Aufbau			
Stahlbeton, Beton	79	**101**	134
Porenbeton	75	**94**	109
Kalksandstein	95	**114**	137
Ziegel	79	**100**	135
Naturstein	71	**93**	120
Holz, hart	57	**88**	121
Holz, weich	47	**66**	85
Nichttragende Innenwände			
Ständersysteme			
Gipskartonplatten	36	**45**	58
Strohleichtbauplatte	32	**42**	56
Hartschaumverbundplatten	35	**44**	56
Holzwerkstoffplatten	38	**53**	75
Unterkonstruktionen			
Befestigungsmittel	36	**43**	53
Traggerüste für Sanitärobjekte	35	**40**	47
Profile für den Trockenbau (Stahl)	41	**59**	77
Profile für den Trockenbau (Holz)	35	**48**	58
Monolitischer Aufbau			
Beton	64	**81**	115
Leichtbeton	58	**76**	91
Porenbeton	55	**75**	92
Hochlochziegel	64	**81**	106
Kalksandstein	55	**79**	106
Glasbausteine	33	**47**	75
Trennwände, Glas	42	**62**	86
Gipswandbauplatten	43	**54**	70
Innenwandöffnungen			
Standardtüren			
Aluminiumtüren	49	**66**	79
Stahltüren, rostfrei	44	**65**	78
Hartholz	39	**55**	71
Weichholz	36	**55**	70
Holzwerkstofftüren	32	**52**	68
Kunststofftüren	33	**46**	58
Stahltüren	38	**56**	74
Sondertüren			
Automatiktüren	17	**26**	36

(Scale: 0 – 25 – 50 – 75 – 100 – 125 Jahre)

Lebensdauern
Grobelementarten
Stahlbau
Gebäudearten
Kostengruppen
Elementarten

© **BKI** Baukosteninformationszentrum; Erläuterungen zu den Tabellen siehe Seite 52

340 Innenwände/ Vertikale Baukonstruktionen, innen

Lebensdauer von Bauteilen in Jahren	von	mittel	bis
Innenwandöffnungen			
Sondertüren			
Feuchtraumtüren	20	**38**	45
Glastüren/Nurglastüren	44	**59**	70
Brandschutztüren	41	**57**	76
Rauchschutztüren	38	**51**	80
Schallschutztüren	37	**56**	74
Karusselltüren/Rotationstüren	24	**35**	46
Schiebetüren	19	**30**	46
Strahlenschutz, Schiebetoranlage		**40**	
Strahlenschutz, Drehflügeltür		**40**	
Strahlenschutz, sonstiges		**40**	
Türen, Zubehör			
Standardbeschläge	21	**37**	58
Schlösser	18	**28**	37
Elektromagnetische Offenhaltung (Tür innen)		**19**	
Schiebebeschläge	18	**28**	38
Falttürbeschläge	24	**32**	39
Innenwandbekleidungen			
Standard-Bekleidungen			
Gipskartonplatten	28	**42**	68
Gipskartonverbundplatten	30	**45**	54
Holz	21	**37**	57
Holzwerkstoff	24	**37**	56
Mehrschichtleichtbauplatten	23	**38**	56
Keramische Fliesen und Platten			
Mineralische Baustoffe	31	**44**	76
Keramische Spaltplatten	36	**55**	88
Natursteinbekleidungen			
Natursteine	30	**45**	75
Sedimentgestein		**50**	
Metamorphgestein	54	**78**	108
Magmatisches Gestein	54	**78**	108
Kunststeinbekleidungen			
Betonsteinplatten		**50**	
Kunstharzstein		**50**	
Tapeten			
Nachwachsende organische Materialien	9	**12**	17
Überstreichbar	6	**11**	14
Nicht überstreichbar	7	**12**	16

(Diagrammskala: 0 – 25 – 50 – 75 – 100 – 125 Jahre)

von
| Mittelwert
bis

© BKI Baukosteninformationszentrum; Erläuterungen zu den Tabellen siehe Seite 52

Lebensdauer von Bauteilen in Jahren		mittel		0 25 50 75 100 125 Jahre
Innenwandbekleidungen				
Sonderkonstruktionen				
PVC, PE, PP	14	**26**	44	
Glas	37	**58**	76	
Metallbekleidungen				
Aluminium	37	**58**	76	
Stahl, nicht rostend	37	**58**	76	
Kupfer	37	**58**	76	
Stahl	37	**58**	76	
Zink	37	**58**	76	
Spezial-Bekleidungen				
Brandschutz	15	**22**	44	
Schallschutz (Akustikputz)	16	**22**	44	
Latentwärmespeicher-Elemente	17	**21**	25	
Feuchteresistente Bekleidungen	15	**22**	43	
Prallwände Turnhallen	15	**20**	35	
Rammschutz	10	**13**	17	
Rolläden	11	**18**	24	
Rolläden in Glas	12	**17**	24	
Wandschutzprofile				
Aluminium	29	**53**	73	
Stahl, nicht rostend	35	**54**	73	
Stahl	29	**53**	73	
Stahl, verzinkt	29	**53**	73	
Holz	12	**19**	27	
Holzwerkstoff	12	**19**	27	
Kautschuk	6	**10**	13	
Kunststoff	4	**8**	13	
Standard-Innenputze				
Anhydritputz	22	**34**	54	
Celluloseputz	13	**23**	51	
Gipsputz	21	**36**	54	
Kalkputz	24	**38**	55	
Kalkgipsputz	21	**36**	55	
Kalkzementputz	28	**41**	59	
Kunstharzputz	25	**37**	58	
Lehmputz	37	**52**	69	
mineralische Deckputze				
Trasskalkputz	40	**53**	70	
Trasszementputz	24	**36**	59	
Zementputze	28	**39**	56	
Spezialputze				
Akustikputz	9	**14**	18	

© **BKI** Baukosteninformationszentrum; Erläuterungen zu den Tabellen siehe Seite 52

Lebensdauer von Bauteilen in Jahren		mittel	
Innenwandbekleidungen			
Spezialputze			
Latentwärmespeicherputz	17	**21**	25
Sanierputz/-Systeme		**20**	
Strahlenschutzputze	13	**20**	28
Putzprofile			
Stahl, Glasfaser, Kunststoff	50	**60**	80
Putzträger			
Stahldrahtnetz, Rippenstreckmetall, Kunststoffgewebe	50	**60**	80
Innenanstriche			
Kalkfarbe	7	**11**	17
Leimfarbe	8	**11**	18
Kaseinfarbe	7	**11**	18
Weißzementfarbe	8	**12**	21
Dispersionsfarbe	9	**12**	18
Dispersions-Silikatfarbe	9	**13**	21
Silikonharzfarbe	8	**12**	18
Silikatfarbe	9	**14**	20
Polymerisatharzfarben	8	**15**	23
Lasur	8	**13**	21
Öl- und Lackfarbe	8	**14**	19
Heizkörperlack	9	**13**	19
Elementierte Innenwandkonstruktionen			
Mobile Wände			
Faltschiebewand / mobile Trennwände	15	**21**	28
Trennvorhänge Turnhalle	10	**15**	20
Sanitärkabinen			
Umkleidekabinen	11	**17**	24
Sanitärtrennwände			
Duschtrennwände	9	**17**	27
Toilettentrennwände	12	**18**	28
Urinaltrennwände	12	**18**	28

von
Mittelwert
bis

© **BKI** Baukosteninformationszentrum; Erläuterungen zu den Tabellen siehe Seite 52

Lebensdauer von Bauteilen in Jahren		mittel	
Deckenkonstruktionen			
Massive Konstruktion			
Vollbetondecke (Betonstahlbewehrung)	72	**95**	123
Vollbetondecke (Spannstahlbewehrung)	74	**99**	124
Gitterträgerdecke	87	**103**	138
Hohlraumdecke (Betonstahlbewehrung)	80	**103**	142
Hohlraumdecke (Spannstahlbewehrung)	72	**99**	126
Stahlverbunddecke	72	**93**	109
Fertigteil-Rippendecke	78	**103**	142
Porenbetondecke	55	**66**	78
Massivholzdecken	57	**78**	107
Holz-Beton-Verbunddecke	61	**78**	92
Freistehende Konstruktion			
Aluminium, beschichtet		**55**	
Stahl, verzinkt	53	**65**	80
Stahl, verzinkt und beschichtet	57	**66**	80
Stahlbeton	59	**72**	86
Weichholz	36	**43**	47
Hartholz	45	**63**	74
Mauerwerk	61	**80**	98
Auskragende Konstruktion			
Stahl, verzinkt und beschichtet	50	**64**	80
Stahlbeton	59	**74**	88
Weichholz	40	**44**	47
Hartholz	40	**56**	72
Brüstung			
Mauerwerk	40	**54**	76
Stahlbeton	40	**51**	70
Stahlgitterkonstruktion, verzinkt, beschichtet	40	**58**	64
Stahlrahmen, verzinkt, beschichtet, bekleidet mit Platten	40	**58**	64
Holzkonstruktion	23	**34**	43
Tragkonstruktion, innen			
Beton und Leichtbeton	56	**82**	112
Stahl	71	**87**	105
Holz	44	**72**	98
Aluminium	71	**91**	113
Stahl / Glas	68	**90**	112
Stahl / Holz	71	**91**	113
Stahl, nicht rostend	67	**81**	107
Naturstein	49	**74**	96
Treppenstufen, innen			
Betonwerkstein	54	**74**	88
Sedimentgestein	72	**87**	120

© **BKI** Baukosteninformationszentrum; Erläuterungen zu den Tabellen siehe Seite 52

Lebensdauer von Bauteilen in Jahren	von	mittel	bis
Deckenkonstruktionen			
Treppenstufen, innen			
Metamorphgestein	78	**90**	126
Magmatisches Gestein	64	**82**	107
Hartholz	38	**53**	81
Weichholz	42	**53**	68
Tragkonstruktion, außen			
Beton	47	**66**	83
Stahl, verzinkt	50	**70**	87
Stahl, verzinkt und beschichtet	55	**73**	87
Stahl, kunststoffummantelt	56	**74**	86
Stahl, nicht rostend	58	**78**	88
Weichholz	26	**42**	71
Hartholz	39	**56**	78
Sedimentgestein	46	**67**	90
Metamorphgestein	46	**67**	90
Magmatisches Gestein	46	**66**	90
Treppenstufen, außen			
Sedimentgestein	47	**79**	107
Metamorphgestein	62	**83**	124
Magmatisches Gestein	47	**77**	98
Betonwerkstein	42	**66**	83
Hartholz, unbehandelt	33	**45**	74
Hartholz, behandelt	34	**44**	71
Deckenbeläge			
Treppenbeläge, innen			
Textile Beläge	9	**13**	17
Fliesen	27	**45**	63
Kautschuk	11	**17**	23
Kunststoffbeschichtungen	11	**17**	23
Kunststoffbeläge	16	**20**	27
Estriche			
Anhydrit	36	**52**	80
Gussasphalt	37	**53**	79
Steinholz	36	**57**	81
Magnesia	42	**64**	90
Zement	36	**53**	79
Trittschalldämmung	31	**48**	69
Trockenestriche (Systeme)			
Gipsfaserplatten	29	**46**	63
Gipskartonplatten	34	**51**	69
Holzwerkstoffplatten	28	**45**	63

Skala: 0 – 25 – 50 – 75 – 100 – 125 Jahre

von
| Mittelwert
bis

© **BKI** Baukosteninformationszentrum; Erläuterungen zu den Tabellen siehe Seite 52

Lebensdauer von Bauteilen in Jahren		mittel	
Deckenbeläge			
Doppelböden			
Aluminiumplatten	29	**41**	66
Betonplatten	46	**58**	73
Faserzementplatten	36	**53**	72
Gipsfaserplatten	28	**41**	63
Holzwerkstoffplatten	26	**41**	63
Zementgebundene Holzwerkstoffplatte	40	**58**	73
Stahlplatten	28	**42**	66
Doppelbodenstützen			
Stahl, verzinkt	28	**37**	47
Hohlraumböden			
Faserzementplatten	34	**56**	72
Gipsfaserplatten	27	**41**	63
Zementgebundene Holzwerkstoffplatte	46	**63**	76
Holzwerkstoffplatten	26	**41**	63
Hohlraumbodenstützen			
Stahl, verzinkt	32	**44**	66
Schwingböden			
Sporthallenbeläge	18	**34**	46
Holz	21	**35**	46
Kunststoff	20	**32**	44
Sockelleisten			
Aluminium	21	**49**	85
Holz	28	**39**	55
Stahl, nicht rostend	23	**50**	100
Holzwerkstoff	14	**27**	40
Kautschuk	15	**21**	29
Keramik	31	**54**	88
Klinker	33	**52**	93
Kork	8	**17**	24
Kunststein	24	**44**	100
Kunststoff	16	**29**	70
Laminat	10	**21**	32
Linoleum	18	**30**	44
Naturstein	36	**76**	103
Stahl	28	**51**	100
Teppichbodensockelleisten	12	**19**	27
Installationssockelleisten			
Kunststoff	17	**30**	79
Glatte Beläge			
Kautschuk	16	**21**	30

Lebensdauern
Grobelementarten
Stahlbau
Gebäudearten
Kostengruppen
Elementarten

Lebensdauer von Bauteilen in Jahren	von	mittel	bis
Deckenbeläge			
Glatte Beläge			
PVC	16	**22**	29
Kork	11	**17**	25
Kunststoff-Parkett	12	**19**	26
Linoleum	16	**23**	32
Laminat	8	**13**	19
Sporthallenbeläge	16	**19**	23
Holzparkett	29	**44**	72
Holzdielen	30	**45**	62
Holzpflaster	32	**47**	61
Teppichböden			
Baumwolle	8	**11**	17
Jute	8	**11**	16
Kokos	8	**11**	16
Naturfasergemisch	8	**11**	16
Sisal	8	**12**	17
Synthetikfaser	8	**12**	16
Wolle	8	**13**	26
Schmutzfangbeläge			
Baumwolle	5	**8**	11
Jute	6	**8**	13
Kokos	6	**8**	13
Kunststoff	6	**9**	14
Sisal	6	**8**	15
Synthetikfaser	6	**9**	14
Natursteinbeläge			
Sedimentgestein	38	**64**	97
Metamorphgestein	39	**65**	101
Magmatisches Gestein	36	**60**	85
Kunststeinbeläge			
Betonstein, Kunstharz und Terrazzoasphalt	32	**52**	79
Klinkerplatten	27	**43**	62
Asphalt	17	**21**	50
fugenlose Bodenbeläge			
Kunstharz, Quarz und Terrazzo	21	**37**	67
Keramische Fliesen und Platten			
Keramische Spaltplatten	38	**54**	71
Steingut	36	**50**	69
Steinzeug	35	**50**	69
Terracotta	40	**53**	69
Feinsteinzeug	32	**50**	66
Glasmosaik	36	**54**	71

Skala: 0 – 25 – 50 – 75 – 100 – 125 Jahre

von
| Mittelwert
bis

© **BKI** Baukosteninformationszentrum; Erläuterungen zu den Tabellen siehe Seite 52

Lebensdauer von Bauteilen in Jahren		mittel	
Deckenbeläge			
Keramische Fliesen und Platten			
Naturstein	35	**51**	73
Silikon	4	**6**	9
Zementmörtel	17	**29**	39
Bodenanstriche			
Allgemein	5	**8**	11
Versiegelung	5	**8**	11
Imprägnierung	3	**5**	9
Epoxidharzbeschichtung	8	**12**	16
Deckenbekleidungen			
Tapeten			
Überstreichbar	7	**10**	15
Nicht überstreichbar	8	**11**	16
Putz			
Mineralische Baustoffe	28	**41**	67
Holzbekleidungen			
Nachwachsende organische Materialien	29	**49**	69
Trockenbau			
Mineralische Baustoffe	30	**44**	58
Metallbekleidungen			
Metallische Materialien	28	**42**	66
Sonderkonstruktionen			
Lichtdecken	17	**23**	28
Kunststoffplatten	14	**24**	44
Brandschutz-Unterdecken	16	**23**	37
Schallabsorber	17	**23**	36
Akustikschaum	12	**18**	32
Akustikdecken	12	**19**	35
Akustikelemente	11	**18**	32
Glas	34	**55**	76
Mineralfaserplatten	26	**39**	52
Kunststoff	17	**32**	51
Unterkonstruktion			
Holz	40	**55**	70
Metall	45	**63**	80
Wärmedämmung	24	**37**	54

Lebensdauern
Grobelementarten
Stahlbau
Gebäudearten
Kostengruppen
Elementarten

© **BKI** Baukosteninformationszentrum; Erläuterungen zu den Tabellen siehe Seite 52

Lebensdauer von Bauteilen in Jahren		mittel		0 – 25 – 50 – 75 – 100 – 125 Jahre
Sonstiges zur KG 350				
Geländer, außen fest montiert				
Stahl, nicht rostend	52	**72**	100	
Aluminium	38	**58**	74	
Stahl, verzinkt	38	**55**	72	
Stahl, verzinkt und beschichtet	40	**60**	77	
Stahl, kunststoffummantelt	46	**62**	77	
Hartholz	28	**48**	76	
Weichholz	27	**45**	73	
Holzwerkstoff, beschichtet	29	**47**	70	
Gitter, außen fest montiert				
Stahl, nicht rostend	52	**72**	100	
Aluminium	41	**58**	72	
Stahl, verzinkt	39	**57**	72	
Stahl, verzinkt und beschichtet	46	**62**	77	
Stahl, kunststoffummantelt	46	**62**	77	
Holzwerkstoff, beschichtet	35	**53**	77	
Leitern, außen fest montiert				
Stahl, nicht rostend	59	**77**	102	
Aluminium	39	**59**	73	
Stahl, verzinkt	39	**59**	73	
Stahl, verzinkt und beschichtet	55	**66**	83	
Holzwerkstoff, beschichtet	35	**53**	77	
Roste, außen fest montiert				
Stahl, nicht rostend	59	**77**	102	
Aluminium	39	**59**	73	
Stahl, verzinkt	39	**59**	73	
Stahl, verzinkt und beschichtet	55	**66**	83	
Stahl, kunststoffummantelt	55	**66**	83	
Rollgitter, außen				
Aluminium	55	**66**	83	
Stahl, nicht rostend, verzinkt, beschichtet, kunststoffummantelt	46	**62**	77	
Scherengitter, außen				
Aluminium, Stahl	45	**58**	65	

von
| Mittelwert
bis

© **BKI** Baukosteninformationszentrum; Erläuterungen zu den Tabellen siehe Seite 52

Lebensdauer von Bauteilen in Jahren		mittel		0 – 25 – 50 – 75 – 100 – 125 Jahre
Dachkonstruktionen				
Massive Konstruktion				
Vollbetondecke (Betonstahlbewehrung)	72	**94**	127	
Vollbetondecke (Spannstahlbewehrung)	80	**106**	142	
Gitterträgerdecke	86	**109**	143	
Hohlraumdecke (Betonstahlbewehrung)	86	**109**	143	
Hohlraumdecke (Spannstahlbewehrung)	80	**106**	142	
Stahlverbunddecke	60	**79**	100	
Fertigteil-Rippendecke	80	**106**	142	
Porenbetondecke	53	**66**	76	
Massivholzdecken	66	**86**	134	
Holz-Beton-Verbunddecke	63	**79**	94	
Leichte Konstruktion				
Holz-Balkendecke	65	**81**	112	
Holz-Fertigteilelemente	59	**77**	90	
Stahlträgerdecke	58	**73**	87	
Fertigteil-Konstruktion				
Stahlbetonbauweise (Fertigteile und Ortbeton)	83	**104**	142	
Porenbetonfertigteile	62	**77**	88	
Ziegel-Fertigelemente	60	**80**	90	
Polystyrolformelemente mit Betonfüllung	75	**100**	150	
Holzkonstruktion				
Schichtholzkonstruktion	52	**65**	78	
Zimmermannsmäßige Dachstühle	74	**91**	119	
Ingenieurmäßige Holzdachkonstruktion	65	**79**	87	
Leimbinder	49	**64**	78	
Nagelbinder	34	**50**	70	
Dachöffnungen				
Dachausstiege und Luken				
Stahl, verzinkt	30	**40**	57	
Kunststoff	22	**32**	55	
Dachflächenfenster				
Stahl, verzinkt	24	**39**	57	
Holz, behandelt	20	**29**	38	
Kunststoff	26	**33**	46	
Aluminium	24	**35**	56	
Aluminium-Holz-Komposit	23	**31**	50	
Aluminium-Kunststoff-Komposit	23	**30**	45	

© **BKI** Baukosteninformationszentrum; Erläuterungen zu den Tabellen siehe Seite 52

Lebensdauer von Bauteilen in Jahren	von	mittel	bis
Dachbeläge			
Klemmverbindungen			
Schwerlastdübel/Systeme	21	**33**	49
Klebeverbindungen			
Klebebewehrungen/Systeme	19	**31**	51
Halme			
Reet	28	**47**	96
Grasdach	30	**44**	68
Dachdeckung			
Holzschindeln	21	**33**	52
Schiefer	50	**70**	88
Faserzement	27	**39**	46
Bitumenschindeln	17	**21**	28
Dachziegel	33	**42**	58
Betondachsteine	25	**35**	45
Wellplatten			
Faserzement-Wellplatten	27	**38**	47
Bitumen-Wellplatten	14	**21**	36
Aluminium	29	**46**	78
Stahl, verzinkt	20	**27**	40
Stahl, verzinkt und beschichtet	30	**42**	65
Stahl, nicht rostend	34	**56**	81
Stahl, Trapezblech	27	**38**	55
Kupferblech	47	**66**	86
Zink	25	**38**	52
Metallbanddeckungen			
Aluminiumblech	27	**42**	69
Verzinktes Stahlblech	20	**28**	39
Verzinktes und beschichtetes Stahlblech	29	**39**	51
Stahl, nicht rostend	33	**53**	77
Kupfer	47	**69**	89
Zink	26	**38**	53
Blei	19	**39**	66
Dachrinnen/Regenfallrohre			
Aluminium	34	**53**	85
Verzinkter Stahl	14	**22**	30
Verzinkter und beschichteter Stahl	26	**43**	74
Stahl, nicht rostend	30	**45**	67
Kupfer	42	**61**	93
Zink	24	**32**	48
Kunststoff	12	**18**	26
Dachabläufe			
Aluminium	24	**39**	64
Stahl, verzinkt	20	**29**	38

von
| Mittelwert
bis

© **BKI** Baukosteninformationszentrum; Erläuterungen zu den Tabellen siehe Seite 52

Lebensdauer von Bauteilen in Jahren		mittel	
Dachbeläge			
Dachabläufe			
Stahl, nicht rostend	24	**33**	47
Kupfer	31	**47**	74
Zink	23	**30**	47
Kunststoff	16	**23**	28
Anstrich Spenglerarbeiten	7	**9**	13
Abdichtungen			
Asphaltmastix unterhalb der Dämmung	15	**30**	47
Asphaltmastix oberhalb Dämmung mit schwerer Schutzschicht	15	**27**	34
Asphaltmastix oberhalb Dämmung mit leichter Schutzschicht	14	**23**	30
Flüssigabdichtung unterhalb der Dämmung	22	**32**	45
Flüssigabdichtung oberhalb Dämmung mit schwerer Schutzschicht	18	**30**	40
Flüssigabdichtung oberhalb Dämmung mit leichter Schutzschicht	17	**27**	39
Gussasphalt unterhalb der Dämmung	16	**33**	54
Gussasphalt oberhalb Dämmung mit schwerer Schutzschicht	20	**30**	50
Gussasphalt oberhalb Dämmung mit leichter Schutzschicht	17	**26**	47
Abdichtungsbahnen			
Bitumenbahnen unterhalb der Dämmung	22	**28**	37
Bitumenbahnen oberhalb Dämmung mit schwerer Schutzschicht	17	**25**	36
Bitumenbahnen oberhalb Dämmung mit leichter Schutzschicht	14	**23**	31
Kunststoffbahnen unterhalb der Dämmung	24	**32**	44
Kunststoffbahnen oberhalb Dämmung mit schwerer Schutzschicht	20	**27**	38
Kunststoffbahnen oberhalb Dämmung mit leichter Schutzschicht	19	**25**	37
Elastomerbahnen unterhalb der Dämmung	25	**34**	44
Elastomerbahnen oberhalb Dämmung mit schwerer Schutzschicht	23	**31**	47
Elastomerbahnen oberhalb Dämmung mit leichter Schutzschicht	20	**28**	44
Auf Dämmung ohne Kies	18	**22**	27
Auf Dämmung mit Kies	26	**31**	43
Doppelte Pappdächer	14	**22**	37
3x Bitumenbahnen, Kies	22	**31**	52
2x Polymerbahnen, Kies	19	**30**	47
Anstrichmassen		**15**	
Dachabdichtung (Bitumen, Trapezblech)		**18**	
Aluminiumdach	26	**33**	58

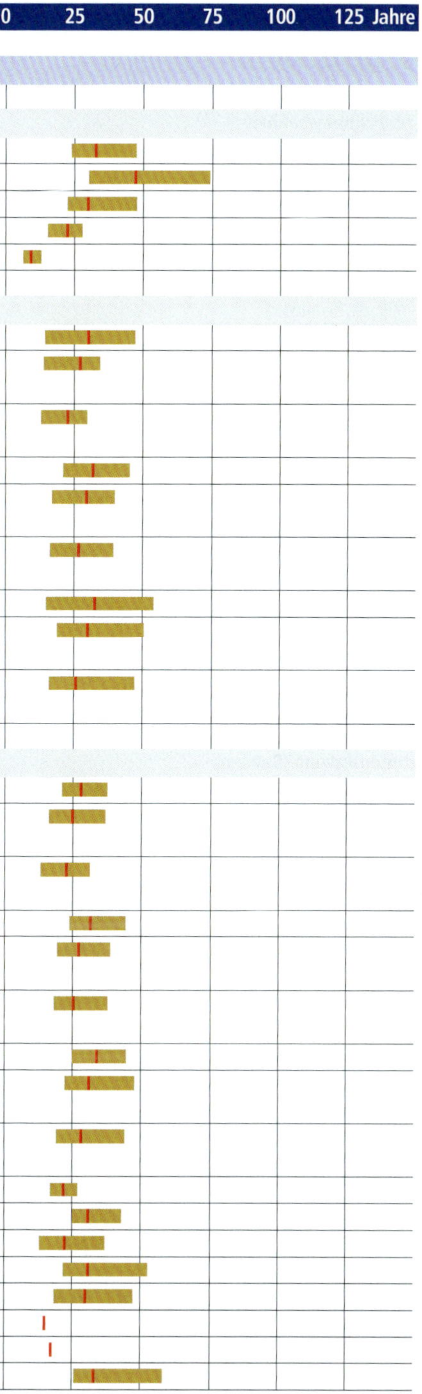

© **BKI** Baukosteninformationszentrum; Erläuterungen zu den Tabellen siehe Seite 52

Lebensdauer von Bauteilen in Jahren		mittel	
Dachbeläge			
Abdichtungsbahnen			
Stehfalzdach	27	**35**	48
Foliendach	14	**23**	34
Synthetische Kuppeln	17	**24**	39
Schwere Schutzschicht			
Kies	22	**31**	42
Intensive Begrünung	18	**28**	39
Extensive Begrünung	18	**30**	41
Verlegeplatten	23	**33**	40
Leichte Schutzschicht			
Besplitterung vor Ort	12	**16**	20
Werkseitige Bestreuung	12	**16**	20
Dachbekleidungen			
Dampfdichte Innendämmung			
Dampfsperrfolien	23	**37**	60
Dampfbremse	21	**35**	57
Spezialpapier	18	**33**	42
Kleber zum Fixieren von Dampfsperrfolien	12	**18**	29
Unterdeckung (Bahnen)			
Dampfdiffusionsoffene Kunststofffolien	20	**32**	53
Dampfsperren			
Kunststofffolien	33	**47**	71
Winddichtung			
Synthetische organische Materialien	22	**36**	49
PVC-Folie	22	**39**	61
Unterdeckung (Platten)			
Bitumen-Holzfaserplatten	34	**45**	56
Imprägnierte Faserplatten aus Holz, Hanf, Zellulose		**30**	
Zwischensparrendämmung			
Polystyrol	26	**39**	52
Polyurethan	26	**39**	52
Steinwolle	26	**39**	49
Glaswolle	26	**39**	49
Holzfaserdämmplatten	30	**41**	53
Holzwolleleichtbauplatten	30	**40**	52
Holzwolle	25	**38**	49
Kork	26	**38**	49
Holzspäne	25	**38**	49

von
| Mittelwert
bis

© BKI Baukosteninformationszentrum; Erläuterungen zu den Tabellen siehe Seite 52

Lebensdauer von Bauteilen in Jahren		mittel	
Dachbekleidungen			
Zwischensparrendämmung			
Seegras	25	**38**	49
Wiesengras	25	**38**	49
Flachs	26	**38**	49
Hanf	26	**38**	49
Schafwolle	27	**39**	49
Zellulose	28	**40**	49
Kokos	26	**38**	49
Strohballen	24	**38**	49
Roggengranulat	26	**39**	49
Blähglasgranulat	32	**44**	62
Blähtongranulat	32	**44**	62
Blähschiefergranulat	32	**44**	62
Leichtlehmmischung	32	**46**	71
Aufdachdämmung			
Faserplatten aus Holz, Hanf, Zellulose	27	**39**	49
Glaswollplatten	28	**40**	50
Steinwollplatten	27	**39**	49
Extrudierte Polystyrolplatten	27	**39**	51
Expandierte Polystyrolplatten	27	**38**	51
Polyurethanplatten	30	**42**	57
Schaumglasplatten	32	**44**	59
Gesimsverschalung			
Holz	20	**26**	32
Sonstiges zur KG 360			
Blitzschutzanlagen			
Stahl, verzinkt	22	**33**	48
Taubenvergrämung			
Stahl, verzinkt	14	**22**	41
Absturzsicherungen			
Stahl, verzinkt	21	**30**	42
Laufflächen (Dach)			
Stahl, verzinkt	22	**29**	37
Trittstufen (Dach)			
Stahl, verzinkt	22	**29**	37
Laub- und Schneefangvorrichtungen			
Stahl, verzinkt	19	**37**	73
Zink	16	**27**	37

© **BKI** Baukosteninformationszentrum; Erläuterungen zu den Tabellen siehe Seite 52

Lebensdauer von Bauteilen in Jahren		mittel		0 25 50 75 100 125 Jahre
Sonstiges zur KG 360				
Attikaabdeckungen				
Aluminium	33	**41**	50	
Naturstein	60	**80**	100	
Klinker	60	**80**	100	
Beton	53	**66**	76	
Betonfertigteil	53	**66**	76	
Keramik	53	**66**	76	
Fliesen	50	**64**	76	
Kunststein	52	**65**	78	
Faserzement	30	**40**	50	
Kunststoffe	16	**23**	29	
Zementputze	20	**25**	30	
Stahl, verzinkt	27	**35**	45	
Stahl, nicht rostend	50	**58**	67	
Kupfer	44	**57**	76	
Zink	32	**37**	45	
Schornsteine über Dach				
Stahl	37	**59**	77	
Formsteine	26	**47**	75	
Mauerwerk	28	**49**	76	
Kaminabdeckung				
Zinkblech	15	**20**	27	
Bleiblech	15	**20**	24	

von
Mittelwert
bis

© BKI Baukosteninformationszentrum; Erläuterungen zu den Tabellen siehe Seite 52

Kostenermittlung der Baukonstruktionen nach Grobelementarten (mit Anforderungsklassen in der 2.Ebene der Kostengliederung)

von Univ.-Prof. Dr.-Ing. Wolfdietrich Kalusche
und
Dipl.-Ing. Anne-Kathrin Kalusche

Kostenermittlung der Baukonstruktionen nach Grobelementarten (mit Anforderungsklassen in der zweiten Ebene der Kostengliederung)

Ein Beitrag von
Univ.-Prof. Dr.-Ing. Wolfdietrich Kalusche
und Dipl.-Ing. Anne-Kathrin Kalusche

Vorbemerkung

Mit dem vorliegenden Fachaufsatz wird eine einfache Kostenermittlung für die KG 300 Bauwerk-Baukonstruktionen vorgestellt. Sie erlaubt auf der Grundlage skizzenhafter Lösungsversuche (Vorplanung) und der Mengenermittlung von Baukonstruktionen in der zweiten Ebene der Kostengliederung – so genannter Grobelemente – eine nach Anforderungsklassen differenzierte Kostenermittlung. Dabei sollen nicht die Kosten den Qualitäten, sondern die Qualitäten den so ermittelten Kosten folgen. Dies entspricht dem Prinzip der Zielkostenrechnung.

Allgemeine Grundlagen der Kostenplanung

Die DIN 276:2018-12, Kosten im Bauwesen, regelt den Anwendungsbereich, die Begriffe und die Grundsätze der Kostenplanung sowie die Kostengliederung. Sie enthält normative Verweisungen, insbesondere zu den Bezugseinheiten von Kostenwerten. Die DIN macht grundsätzlich keine Vorgaben zur praktischen Kostenplanung (Kostenermittlung, -kontrolle und -steuerung) und sie enthält auch keine entsprechenden Kennwerte. Die Entwicklung von Verfahren der Kostenplanung und die Erhebung, Auswertung und Erläuterung von Kostenkennwerten erfolgt in der Praxis und wird in besonderer Weise vom Baukosteninformationszentrum Deutscher Architektenkammern (BKI) geleistet. Siehe dazu: BKI Handbuch Kostenplanung im Hochbau, 4. Auflage 2021.

Grundlage von Kostenermittlungen im Bauwesen sind Kostenkennwerte oder Preise und die Mengen entsprechender Bezugseinheiten. Zu den Bezugseinheiten zählen Nutzeinheiten, Grundflächen und Rauminhalte, Bauelemente, Leistungsbereiche und Leistungspositionen sowie Kombinationen aus diesen.

Die Kostenkennwerte geben unter Berücksichtigung zahlreicher Rahmenbedingungen den erforderlichen oder zulässigen Aufwand für die Planung und Ausführung eines Bauwerks oder Bauelements an. Sie können auch Ausdruck für deren Wert sein. Die Kostenkennwerte für Bauwerke, Bauelemente und die Preise von Leistungspositionen weisen erfahrungsgemäß eine Streuung auf, die in der statistischen Auswertung mit Von-Bis-Werten und einem Mittelwert angegeben werden können. Die Auswahl und Anwendung von Kennwerten oder Preisen für eine Kostenermittlung sind in Bezug auf Kosteneinflüsse zu erläutern. Die Unterscheidung von Standards oder Anforderungsklassen soll hierbei eine praktische Hilfe sein.

Unterscheidung von Gebäuden nach Standards

Bisher werden in den BKI-Datensammlungen einzelne Gebäudearten nach drei Standards unterschieden: „einfach", „mittel" und „hoch". In der ersten Ebene der Kostengliederung können damit unterschiedliche Kennwerte für die Bezugseinheiten Brutto-Rauminhalt (BRI), Brutto-Grundfläche (BGF), Nutzungsfläche (NUF) und Nutzeinheit (NE) ausgewiesen werden. Die Unterscheidung von Standards kommt vor allem im Verhältnis Bauwerkskosten (BWK = KG 300 + KG 400 nach DIN 276) zu Brutto-Grundfläche (BGF) als Kostenkennwert €/m² BGF vor. Als Beispiel können die unterschiedlichen Standards nicht unterkellerter Kindergärten genannt werden:

Standard	Kostenkennwert
einfach	2.280 €/m² BGF
mittel	2.855 €/m² BGF
hoch	3.175 €/m² BGF

(Kostenstand 1. Quartal 2025, Bundesdurchschnitt, inkl. 19% MwSt.)

Diese Unterteilung wird vorgenommen, wenn der „Standard" als ein wesentlicher Kostenfaktor festgestellt wurde. Grundsätzlich gilt, dass immer mehrere Kosteneinflussfaktoren auf die Kosten und damit auf die Kostenkennwerte einwirken. Einige dieser vielen Faktoren seien hier aufgelistet:

- Zeitpunkt der Ausschreibung
- Art der Ausschreibung
- Regionale Konjunktur
- Gebäudegröße
- Lage der Baustelle, Erreichbarkeit
- ...

Wenn bei einem Gebäude große Mengen an Bauelemente hoher Qualität die übrigen Kosteneinflussfaktoren überlagern, dann wird von einem „hohen Standard" gesprochen."
(Vgl. BKI Baukosten Gebäude Neubau - Statistische Kostenkennwerte 2025)

Der Anwender hat damit die Möglichkeit, das von ihm geplante Objekt vorzugsweise einem der drei Standards zuzuordnen und mit dem entsprechenden Kostenkennwert eine Kostenermittlung aufzustellen. Dabei ist zu beachten, dass die Kosteneinflüsse der Kennwerte der eigenen Planung soweit wie möglich entsprechen. Die Überprüfung dieser Zusammenhänge und eventuelle Annahmen für die Kostenermittlung oder die Änderungen von Werten bedürfen der Erläuterung und Dokumentation.

Unterscheidung von Bauelementen nach Anforderungsklassen

Bauelemente in der zweiten Ebene der Kostengliederung werden auch als Grobelemente bezeichnet. Grobelemente, zum Beispiel Innenwände, können nach zahlreichen Merkmalen unterschieden werden. Dazu gehören unter anderem funktionale, technische, gestalterische, ökologische oder wirtschaftliche Gesichtspunkte. Letzte können, insbesondere auf die Bauwerkskosten bezogen, als Zielwerte (Benchmarks) vorgeben werden. Üblicherweise werden hierfür statistische Kostenkennwerte oder Kostenrichtwerte verwendet.

Für die Differenzierung von Grobelementarten (zweite Ebene der Kostengliederung) werden fünf Anforderungsklassen gebildet:

- sehr gering
- gering
- mittel
- hoch
- sehr hoch.

Die Kosten der Grobelementarten werden als Von-Bis-Werte in der Dimension des jeweiligen Bauelements, zum Beispiel €/m³ Baugrubeninhalt (BGI) oder €/m² Dachfläche (DAF), angegeben. Für die Auswahl der Von-Bis-Werte werden Kosteneinflüsse als kostenmindernde oder kostenerhöhende Eigenschaften der Bauelemente angegeben und es werden Bedingungen der Bauausführung benannt. Diese sollen auch bei der Erläuterung der Kostenermittlungen berücksichtigt werden (vgl. Abbildungen 17 bis 19).

Anwendung von Kostenkennwerten der Grobelementarten

In der DIN 276 heißt es allgemein: „Ziel und Aufgabe der Kostenplanung ist es, bei einem Bauprojekt Wirtschaftlichkeit, Kostensicherheit und Kostentransparenz herzustellen.

Die Kostenplanung ist entweder auf der Grundlage von Planungsvorgaben (Quantitäten und Qualitäten) oder auf der Grundlage von Kostenvorgaben kontinuierlich und systematisch über alle Phasen eines Bauprojekts durchzuführen.

In der Kostenplanung können entsprechend dem Grundsatz der Wirtschaftlichkeit alternativ die folgenden Ziele und Vorgehensweisen verfolgt werden:

- Durch Kostenvorgaben sollen festgelegte Kosten eingehalten werden. Dabei sollen möglichst hohe quantitative und qualitative Planungsinhalte erreicht werden („Maximalprinzip").
- Durch Planungsvorgaben sollen festgelegte Quantitäten und Qualitäten eingehalten werden. Dabei sollen möglichst geringe Kosten erreicht werden („Minimalprinzip")."

(DIN 276:2018-12)

In den frühen Leistungsphasen, vor allem in der Leistungsphase 2 (Vorplanung), liegt häufig noch keine Entscheidung über die wesentlichen Eigenschaften der Bauelemente, z. B. Baustoffe, vor. Es gibt aber in vielen Fällen bereits eine Vorgabe des Auftraggebers in Bezug auf die Kosten des Bauwerks.

Für die entsprechend DIN 276 geforderte „Anpassung von Qualitäten" kann sowohl die Vorgabe eines Standards für das Gebäude, wie auch daraus abgeleitet, von Anforderungen an die Bauelemente (Grobelemente) zielführend sein.

In der Praxis ist eine solche Herangehensweise im Hotelbau üblich. Die in der Hotellerie gebräuchlichen Sternekategorien beschreiben die Leistungen eines Hotels einschließlich der Qualität des Hotelgebäudes. Diese werden vom Deutschen Hotel- und Gaststättenverband e.V. (DEHOGA) definiert. Sie sind nicht nur Grundlage der Investitionsplanung (Baukosten) für ein Hotel. Sie stehen auch mit den Erlösen aus dem Hotelbetrieb in einem unmittelbaren Zusammenhang. Sowohl die Betriebsals auch die Gebäudeplanung werden an den genannten Vorgaben konsequent ausgerichtet. Das gilt auch für die Bauelemente und sonstige Kostenbestandteile eines Hotelgebäudes.

Als weiteres Beispiel dienen die Bauten des Bundes und der Länder. Der Öffentliche Bauherr gibt für die Objektplanung auf der Grundlage differenzierter Kostenorientierungswerte einen Kostenrahmen vor, der für die Planung des Architekten maßgeblich ist.

Die oben beschriebenen Herangehensweisen an die Planung eines Gebäudes entsprechen dem Prinzip des Target Costing, übersetzt: Zielkostenrechnung. Diese geht der Frage nach: Was darf ein Produkt kosten? Im Sinne einer Rückwärtsrechnung werden vom Zielwert ausgehend, dessen Kostenbestandteile bestimmt. Herkömmlich stellt die Ermittlung der Bauwerkskosten (und der Nutzungskosten) die schrittweise Addition von Kostenbestandteilen dar. Hierzu ein Zitat aus der Betriebswirtschaftslehre: „Die auch als Target Costing bezeichnete Zielkostenrechnung verfolgt einen zu den traditionellen Kostenrechnungssystemen entgegengesetzten Ansatz und ist dem Kostenmanagement zuzurechnen. [...] Dazu wird ausgehend vom durchsetzungsfähigen Marktpreis (sog. market-into-company-Ansatz) rückwärts gerechnet (retrograde Kalkulation). Zudem wird untersucht, welche Komponenten in welchem Umfang zum Kundennutzen beitragen (welche Eigenschaften und Komponenten des Produkts sind dem Kunden wichtig bzw. für welche ist er bereit, zu zahlen?). Durch die Betrachtung der maximal zulässigen Kosten soll bereits in der Entwicklungsphase eine Beeinflussung der Kosten (Kostenvorgaben) vorgenommen werden.

(nach http://www.welt-der-bwl.de/Zielkostenrechnung, aufgerufen am 27.03.2024)

Grobelemente unterschiedlicher Gebäudearten

Den Kostenkennwerten der Grobelementarten liegt die statistische Auswertung von rund 400 Objekten zugrunde. Diese werden in 14 Gebäudearten unterschieden:

- Büro- und Verwaltungsgebäude
- Gebäude für Forschung und Lehre
- Pflegeheime
- Schulen und Kindergärten

- Sport- und Mehrzweckhallen
- Ein- und Zweifamilienhäuser
- Mehrfamilienhäuser
- Seniorenwohnungen
- Gaststätten und Kantinen
- Gebäude für Produktion
- Gebäude für Handel und Lager
- Garagen
- Gebäude für kulturelle Zwecke
- Gebäude für religiöse Zwecke.

Grobelementarten der Baukonstruktionen in der zweiten Ebene der Kostengliederung nach DIN 276 mit Angabe der jeweiligen Bezugseinheit und Dimension sind folgende:

KG	Bezeichnung	Bezugseinheit (Abk.)	Dimension
310	Baugrube / Erdbau	Baugrubeninhalt (BGI)	m^3
320	Gründung, Unterbau	Gründungsfläche (GRF)	m^2
330	Außenwände / vertikal außen	Außenwandfläche (AWF)	m^2
340	Innenwände / vertikal innen	Innenwandfläche (IWF)	m^2
350	Decken / horizontal	Deckenfläche (DEF)	m^2
360	Dächer	Dachfläche (DAF)	m^2

Abb. 1: Grobelemente der Baukonstruktionen, zweite Ebene der Kostengliederung

Abb. 2: Grobelemente der Baukonstruktionen, dreidimensional

(Zeichnung: Walter H. A. Weiss. In: Baukosten-Handbuch, Hrsg.: Baukostenberatungsdienst der Architektenkammer Baden-Württemberg – AKBW, Stuttgart 1981, S. 28)

Anwendung der Kostenkennwerte der Grobelementarten

Für welche Stufe der Kostenermittlung können die hier zusammengestellten Kostenkennwerte angewendet werden? Hierzu ein Zitat aus der DIN 276: „In der Kostenschätzung müssen die Gesamtkosten nach Kostengruppen in der zweiten Ebene der Kostengliederung ermittelt werden." (DIN 276:2018-12)

Kostenkennwerte zu Bauelementen, z. B. Außenwandflächen (AWF) müssen in vielen Fällen differenzierter betrachtet werden. Hierzu gehören unter anderem folgende Fragen:

Wie groß ist der Anteil von Bauelementen im Erdreich (Kelleraußenwände) an der gesamten Außenwandfläche?

Wie groß ist der Anteil der Baukonstruktion über dem Erdreich (Fassade) an der gesamten Außenwandfläche?

Welche Funktionen hat die Fassade hinsichtlich der verkehrlichen Erschließung (Türen und Tore), der Belichtung (Fenster und Sonnenschutz), Energieeinsparung und Schall- sowie Brandschutz (Eigenschaften von Materialien) zu erfüllen?

Welche gestalterischen Besonderheiten sind von Bedeutung (Materialien, Details, Geometrie)?

Die Auswahl eines Kostenkennwertes für zum Beispiel die Außenwand eines Büro- oder Verwaltungsgebäudes mit zum Beispiel ca. 764 €/m^2 AWF (Anforderungen gering) wird häufig nicht angemessen sein oder nur eine mindere Qualität hinsichtlich der Funktion oder der Gestaltung erlauben. Deswegen ist die Entscheidung für eine Anforderungsklasse und einen entsprechenden Kostenkennwert unter Berücksichtigung der Wünsche des Auftraggebers, der Rahmenbedingungen und Kostenrisiken des Projekts bewusst zu treffen und nachvollziehbar zu erläutern.

Die Abbildungen 3 bis 16 zeigen die Kostenkennwerte der Grobelementarten im Bereich der Baukonstruktionen für 14 Gebäudearten in fünf Anforderungsklassen jeweils mit Von-Bis-Werten.

Die in den Abbildungen 17 bis 19 aufgeführten kostenmindernden und kostenerhöhenden Eigenschaften der Grobelementarten berücksichtigen den Zusammenhang mit Grundstück, Baugrund, Funktion, Gestaltung und weiteren Eigenschaften des Gebäudes. Hierbei wird kein Anspruch auf Vollständigkeit erhoben. Die Kosteneinflüsse sind als Hilfe zur Bestimmung einer Anforderungsklasse der Grobelementarten zu verstehen.

Bei der praktischen Anwendung der Grobelementarten mit den jeweils unterschiedlichen Von-Bis-Werten der Kostenkennwerte soll überlegt werden, wie im Rahmen der Anforderungen an ein Grobelement eine kostentransparente und kostensichere Objektplanung geleistet werden kann. So werden je nach Anforderungsklasse

- kostenmindernde Eigenschaften eines Grobelements zu bevorzugen und
- kostenerhöhende Eigenschaften einzuschränken sein.

Büro- und Verwaltungsgebäude

Dazu zählen Büro- und Verwaltungsgebäude einfachen, mittleren und hohen Standards.
Es wurden über 30 Objekte ausgewertet.

310	**Baugrube / Erdbau**	Anforderungen	von	bis	Kosten/Einheit
		sehr gering	24	37	€/m³ BGI
		gering	37	51	€/m³ BGI
		mittel	51	64	€/m³ BGI
		hoch	64	77	€/m³ BGI
		sehr hoch	77	91	€/m³ BGI
320	**Gründung, Unterbau**	Anforderungen	von	bis	Kosten/Einheit
		sehr gering	405	493	€/m² GRF
		gering	493	582	€/m² GRF
		mittel	582	671	€/m² GRF
		hoch	671	759	€/m² GRF
		sehr hoch	759	848	€/m² GRF
330	**Außenwände / vertikal außen**	Anforderungen	von	bis	Kosten/Einheit
		sehr gering	581	709	€/m² AWF
		gering	709	837	€/m² AWF
		mittel	837	965	€/m² AWF
		hoch	965	1.093	€/m² AWF
		sehr hoch	1.093	1.221	€/m² AWF
340	**Innenwände / vertikal innen**	Anforderungen	von	bis	Kosten/Einheit
		sehr gering	317	385	€/m² IWF
		gering	385	453	€/m² IWF
		mittel	453	521	€/m² IWF
		hoch	521	589	€/m² IWF
		sehr hoch	589	657	€/m² IWF
350	**Decken / horizontal**	Anforderungen	von	bis	Kosten/Einheit
		sehr gering	424	503	€/m² DEF
		gering	503	581	€/m² DEF
		mittel	581	659	€/m² DEF
		hoch	659	738	€/m² DEF
		sehr hoch	738	816	€/m² DEF
360	**Dächer**	Anforderungen	von	bis	Kosten/Einheit
		sehr gering	428	537	€/m² DAF
		gering	537	645	€/m² DAF
		mittel	645	753	€/m² DAF
		hoch	753	862	€/m² DAF
		sehr hoch	862	970	€/m² DAF

Abb. 3: Kostenkennwerte für Baukonstruktionen, zweite Ebene der Kostengliederung (Grobelemente), hier: Büro- und Verwaltungsgebäude

Gebäude für Forschung und Lehre					
Dazu zählen Instituts- und Laborgebäude. Es wurden bis zu 5 Objekte ausgewertet.					
310	**Baugrube / Erdbau**	Anforderungen	von	bis	Kosten/Einheit
		sehr gering	24	51	€/m³ BGI
		gering	51	77	€/m³ BGI
		mittel	77	104	€/m³ BGI
		hoch	104	131	€/m³ BGI
		sehr hoch	131	158	€/m³ BGI
320	**Gründung, Unterbau**	Anforderungen	von	bis	Kosten/Einheit
		sehr gering	396	402	€/m² GRF
		gering	402	409	€/m² GRF
		mittel	409	415	€/m² GRF
		hoch	415	421	€/m² GRF
		sehr hoch	421	427	€/m² GRF
330	**Außenwände / vertikal außen**	Anforderungen	von	bis	Kosten/Einheit
		sehr gering	656	765	€/m² AWF
		gering	765	873	€/m² AWF
		mittel	873	981	€/m² AWF
		hoch	981	1.090	€/m² AWF
		sehr hoch	1.090	1.198	€/m² AWF
340	**Innenwände / vertikal innen**	Anforderungen	von	bis	Kosten/Einheit
		sehr gering	440	463	€/m² IWF
		gering	463	487	€/m² IWF
		mittel	487	511	€/m² IWF
		hoch	511	535	€/m² IWF
		sehr hoch	535	558	€/m² IWF
350	**Decken / horizontal**	Anforderungen	von	bis	Kosten/Einheit
		sehr gering	616	661	€/m² DEF
		gering	661	707	€/m² DEF
		mittel	707	752	€/m² DEF
		hoch	752	798	€/m² DEF
		sehr hoch	798	843	€/m² DEF
360	**Dächer**	Anforderungen	von	bis	Kosten/Einheit
		sehr gering	351	384	€/m² DAF
		gering	384	417	€/m² DAF
		mittel	417	450	€/m² DAF
		hoch	450	483	€/m² DAF
		sehr hoch	483	516	€/m² DAF

Abb. 4: Kostenkennwerte für Baukonstruktionen, zweite Ebene der Kostengliederung (Grobelemente), hier: Gebäude für Forschung und Lehre

Pflegeheime					
Dazu zählen Medizinische Einrichtungen. Es wurden über 5 Objekte ausgewertet.					
310	**Baugrube / Erdbau**	Anforderungen	von	bis	Kosten/Einheit
		sehr gering	13	22	€/m³ BGI
		gering	22	30	€/m³ BGI
		mittel	30	38	€/m³ BGI
		hoch	38	46	€/m³ BGI
		sehr hoch	46	55	€/m³ BGI
320	**Gründung, Unterbau**	Anforderungen	von	bis	Kosten/Einheit
		sehr gering	312	375	€/m² GRF
		gering	375	438	€/m² GRF
		mittel	438	500	€/m² GRF
		hoch	500	563	€/m² GRF
		sehr hoch	563	626	€/m² GRF
330	**Außenwände / vertikal außen**	Anforderungen	von	bis	Kosten/Einheit
		sehr gering	561	646	€/m² AWF
		gering	646	731	€/m² AWF
		mittel	731	815	€/m² AWF
		hoch	815	900	€/m² AWF
		sehr hoch	900	984	€/m² AWF
340	**Innenwände / vertikal innen**	Anforderungen	von	bis	Kosten/Einheit
		sehr gering	291	299	€/m² IWF
		gering	299	308	€/m² IWF
		mittel	308	316	€/m² IWF
		hoch	316	324	€/m² IWF
		sehr hoch	324	332	€/m² IWF
350	**Decken / horizontal**	Anforderungen	von	bis	Kosten/Einheit
		sehr gering	366	393	€/m² DEF
		gering	393	420	€/m² DEF
		mittel	420	447	€/m² DEF
		hoch	447	474	€/m² DEF
		sehr hoch	474	500	€/m² DEF
360	**Dächer**	Anforderungen	von	bis	Kosten/Einheit
		sehr gering	345	368	€/m² DAF
		gering	368	392	€/m² DAF
		mittel	392	416	€/m² DAF
		hoch	416	440	€/m² DAF
		sehr hoch	440	463	€/m² DAF

Abb. 5: Kostenkennwerte für Baukonstruktionen, zweite Ebene der Kostengliederung (Grobelemente), hier: Pflegeheime

Schulen und Kindergärten					
Dazu zählen Allgemeinbildende und Berufliche Schulen, Förder- und Sonderschulen, Weiterbildungseinrichtungen, Kindergärten nicht unterkellert einfachen, mittleren und hohen Standards sowie Kindergärten unterkellert. Es wurden über 40 Objekte ausgewertet.					
310	**Baugrube / Erdbau**	Anforderungen	von	bis	Kosten/Einheit
		sehr gering	22	33	€/m³ BGI
		gering	33	44	€/m³ BGI
		mittel	44	56	€/m³ BGI
		hoch	56	67	€/m³ BGI
		sehr hoch	67	78	€/m³ BGI
320	**Gründung, Unterbau**	Anforderungen	von	bis	Kosten/Einheit
		sehr gering	356	418	€/m² GRF
		gering	418	480	€/m² GRF
		mittel	480	542	€/m² GRF
		hoch	542	604	€/m² GRF
		sehr hoch	604	666	€/m² GRF
330	**Außenwände / vertikal außen**	Anforderungen	von	bis	Kosten/Einheit
		sehr gering	687	788	€/m² AWF
		gering	788	890	€/m² AWF
		mittel	890	991	€/m² AWF
		hoch	991	1.092	€/m² AWF
		sehr hoch	1.092	1.193	€/m² AWF
340	**Innenwände / vertikal innen**	Anforderungen	von	bis	Kosten/Einheit
		sehr gering	320	375	€/m² IWF
		gering	375	429	€/m² IWF
		mittel	429	484	€/m² IWF
		hoch	484	539	€/m² IWF
		sehr hoch	539	593	€/m² IWF
350	**Decken / horizontal**	Anforderungen	von	bis	Kosten/Einheit
		sehr gering	485	602	€/m² DEF
		gering	602	718	€/m² DEF
		mittel	718	835	€/m² DEF
		hoch	835	951	€/m² DEF
		sehr hoch	951	1.068	€/m² DEF
360	**Dächer**	Anforderungen	von	bis	Kosten/Einheit
		sehr gering	428	490	€/m² DAF
		gering	490	552	€/m² DAF
		mittel	552	614	€/m² DAF
		hoch	614	676	€/m² DAF
		sehr hoch	676	738	€/m² DAF

Abb. 6: Kostenkennwerte für Baukonstruktionen, zweite Ebene der Kostengliederung (Grobelemente), hier: Schulen und Kindergärten

Sport- und Mehrzweckhallen

Dazu zählen Sport- und Mehrzweckhallen, sowie Sporthallen (Einfeld- und Dreifeldhallen).
Es wurden bis zu 5 Objekte ausgewertet.

310	**Baugrube / Erdbau**	Anforderungen	von	bis	Kosten/Einheit
		sehr gering	13	20	€/m³ BGI
		gering	20	26	€/m³ BGI
		mittel	26	32	€/m³ BGI
		hoch	32	38	€/m³ BGI
		sehr hoch	38	44	€/m³ BGI
320	**Gründung, Unterbau**	Anforderungen	von	bis	Kosten/Einheit
		sehr gering	366	394	€/m² GRF
		gering	394	422	€/m² GRF
		mittel	422	450	€/m² GRF
		hoch	450	478	€/m² GRF
		sehr hoch	478	506	€/m² GRF
330	**Außenwände / vertikal außen**	Anforderungen	von	bis	Kosten/Einheit
		sehr gering	633	696	€/m² AWF
		gering	696	758	€/m² AWF
		mittel	758	821	€/m² AWF
		hoch	821	884	€/m² AWF
		sehr hoch	884	947	€/m² AWF
340	**Innenwände / vertikal innen**	Anforderungen	von	bis	Kosten/Einheit
		sehr gering	317	368	€/m² IWF
		gering	368	420	€/m² IWF
		mittel	420	472	€/m² IWF
		hoch	472	523	€/m² IWF
		sehr hoch	523	575	€/m² IWF
350	**Decken / horizontal**	Anforderungen	von	bis	Kosten/Einheit
		sehr gering	416	503	€/m² DEF
		gering	503	589	€/m² DEF
		mittel	589	676	€/m² DEF
		hoch	676	763	€/m² DEF
		sehr hoch	763	849	€/m² DEF
360	**Dächer**	Anforderungen	von	bis	Kosten/Einheit
		sehr gering	505	583	€/m² DAF
		gering	583	661	€/m² DAF
		mittel	661	740	€/m² DAF
		hoch	740	818	€/m² DAF
		sehr hoch	818	897	€/m² DAF

Abb. 7: Kostenkennwerte für Baukonstruktionen, zweite Ebene der Kostengliederung (Grobelemente), hier: Sport- und Mehrzweckhallen

Ein- und Zweifamilienhäuser					
Dazu zählen Ein- und Zweifamilienhäuser (unterkellert, nicht unterkellert, Passivhausstandard, Holzbauweise unterkellert und nicht unterkellert), Doppel- und Reihenendhäuser sowie Reihenhäuser. Es wurden über 130 Objekte ausgewertet.					
310	**Baugrube / Erdbau**	Anforderungen	von	bis	Kosten/Einheit
		sehr gering	24	34	€/m³ BGI
		gering	34	44	€/m³ BGI
		mittel	44	55	€/m³ BGI
		hoch	55	65	€/m³ BGI
		sehr hoch	65	75	€/m³ BGI
320	**Gründung, Unterbau**	Anforderungen	von	bis	Kosten/Einheit
		sehr gering	282	333	€/m² GRF
		gering	333	385	€/m² GRF
		mittel	385	436	€/m² GRF
		hoch	436	488	€/m² GRF
		sehr hoch	488	540	€/m² GRF
330	**Außenwände / vertikal außen**	Anforderungen	von	bis	Kosten/Einheit
		sehr gering	478	548	€/m² AWF
		gering	548	618	€/m² AWF
		mittel	618	688	€/m² AWF
		hoch	688	758	€/m² AWF
		sehr hoch	758	829	€/m² AWF
340	**Innenwände / vertikal innen**	Anforderungen	von	bis	Kosten/Einheit
		sehr gering	218	250	€/m² IWF
		gering	250	282	€/m² IWF
		mittel	282	314	€/m² IWF
		hoch	314	346	€/m² IWF
		sehr hoch	346	378	€/m² IWF
350	**Decken / horizontal**	Anforderungen	von	bis	Kosten/Einheit
		sehr gering	369	418	€/m² DEF
		gering	418	466	€/m² DEF
		mittel	466	515	€/m² DEF
		hoch	515	563	€/m² DEF
		sehr hoch	563	612	€/m² DEF
360	**Dächer**	Anforderungen	von	bis	Kosten/Einheit
		sehr gering	348	401	€/m² DAF
		gering	401	455	€/m² DAF
		mittel	455	509	€/m² DAF
		hoch	509	562	€/m² DAF
		sehr hoch	562	616	€/m² DAF

Abb. 8: Kostenkennwerte für Baukonstruktionen, zweite Ebene der Kostengliederung (Grobelemente), hier: Ein- und Zweifamilienhäuser

Mehrfamilienhäuser

Dazu zählen Mehrfamilienhäuser mit bis zu 6 WE, mit 6 bis 19 WE, mit 20 und mehr WE, Mehrfamilienhäuser-Passivhäuser, Wohnhäuser mit bis zu 15% Mischnutzung sowie Wohnhäuser mit mehr als 15% Mischnutzung.
Es wurden über 60 Objekte ausgewertet.

310	**Baugrube / Erdbau**	Anforderungen	von	bis	Kosten/Einheit
		sehr gering	30	46	€/m³ BGI
		gering	46	63	€/m³ BGI
		mittel	63	79	€/m³ BGI
		hoch	79	96	€/m³ BGI
		sehr hoch	96	112	€/m³ BGI
320	**Gründung, Unterbau**	Anforderungen	von	bis	Kosten/Einheit
		sehr gering	253	321	€/m² GRF
		gering	321	389	€/m² GRF
		mittel	389	457	€/m² GRF
		hoch	457	525	€/m² GRF
		sehr hoch	525	593	€/m² GRF
330	**Außenwände / vertikal außen**	Anforderungen	von	bis	Kosten/Einheit
		sehr gering	464	536	€/m² AWF
		gering	536	607	€/m² AWF
		mittel	607	678	€/m² AWF
		hoch	678	749	€/m² AWF
		sehr hoch	749	820	€/m² AWF
340	**Innenwände / vertikal innen**	Anforderungen	von	bis	Kosten/Einheit
		sehr gering	215	238	€/m² IWF
		gering	238	262	€/m² IWF
		mittel	262	286	€/m² IWF
		hoch	286	310	€/m² IWF
		sehr hoch	310	333	€/m² IWF
350	**Decken / horizontal**	Anforderungen	von	bis	Kosten/Einheit
		sehr gering	353	390	€/m² DEF
		gering	390	427	€/m² DEF
		mittel	427	464	€/m² DEF
		hoch	464	502	€/m² DEF
		sehr hoch	502	539	€/m² DEF
360	**Dächer**	Anforderungen	von	bis	Kosten/Einheit
		sehr gering	368	445	€/m² DAF
		gering	445	521	€/m² DAF
		mittel	521	597	€/m² DAF
		hoch	597	674	€/m² DAF
		sehr hoch	674	750	€/m² DAF

Abb. 9: Kostenkennwerte für Baukonstruktionen, zweite Ebene der Kostengliederung (Grobelemente), hier: Mehrfamilienhäuser

Seniorenwohnungen

Dazu zählen Seniorenwohnungen mittleren und hohen Standards sowie Gebäude der Beherbergung (Wohnheime und Internate). Es wurden bis zu 10 Objekte ausgewertet.

310	**Baugrube / Erdbau**	Anforderungen	von	bis	Kosten/Einheit
		sehr gering	25	46	€/m³ BGI
		gering	46	68	€/m³ BGI
		mittel	68	90	€/m³ BGI
		hoch	90	111	€/m³ BGI
		sehr hoch	111	133	€/m³ BGI
320	**Gründung, Unterbau**	Anforderungen	von	bis	Kosten/Einheit
		sehr gering	248	278	€/m² GRF
		gering	278	308	€/m² GRF
		mittel	308	337	€/m² GRF
		hoch	337	367	€/m² GRF
		sehr hoch	367	397	€/m² GRF
330	**Außenwände / vertikal außen**	Anforderungen	von	bis	Kosten/Einheit
		sehr gering	423	483	€/m² AWF
		gering	483	543	€/m² AWF
		mittel	543	603	€/m² AWF
		hoch	603	662	€/m² AWF
		sehr hoch	662	722	€/m² AWF
340	**Innenwände / vertikal innen**	Anforderungen	von	bis	Kosten/Einheit
		sehr gering	208	230	€/m² IWF
		gering	230	252	€/m² IWF
		mittel	252	273	€/m² IWF
		hoch	273	295	€/m² IWF
		sehr hoch	295	317	€/m² IWF
350	**Decken / horizontal**	Anforderungen	von	bis	Kosten/Einheit
		sehr gering	338	370	€/m² DEF
		gering	370	402	€/m² DEF
		mittel	402	434	€/m² DEF
		hoch	434	466	€/m² DEF
		sehr hoch	466	498	€/m² DEF
360	**Dächer**	Anforderungen	von	bis	Kosten/Einheit
		sehr gering	330	384	€/m² DAF
		gering	384	438	€/m² DAF
		mittel	438	491	€/m² DAF
		hoch	491	545	€/m² DAF
		sehr hoch	545	599	€/m² DAF

Abb. 10: Kostenkennwerte für Baukonstruktionen, zweite Ebene der Kostengliederung (Grobelemente), hier: Seniorenwohnungen

Gaststätten und Kantinen					
Dazu zählen Gaststätten, Kantinen und Mensen. Es wurden bis zu 5 Objekte ausgewertet.					
310	**Baugrube / Erdbau**	Anforderungen	von	bis	Kosten/Einheit
		sehr gering	46	55	€/m³ BGI
		gering	55	63	€/m³ BGI
		mittel	63	71	€/m³ BGI
		hoch	71	79	€/m³ BGI
		sehr hoch	79	88	€/m³ BGI
320	**Gründung, Unterbau**	Anforderungen	von	bis	Kosten/Einheit
		sehr gering	434	472	€/m² GRF
		gering	472	509	€/m² GRF
		mittel	509	546	€/m² GRF
		hoch	546	583	€/m² GRF
		sehr hoch	583	620	€/m² GRF
330	**Außenwände / vertikal außen**	Anforderungen	von	bis	Kosten/Einheit
		sehr gering	722	790	€/m² AWF
		gering	790	859	€/m² AWF
		mittel	859	927	€/m² AWF
		hoch	927	995	€/m² AWF
		sehr hoch	995	1.063	€/m² AWF
340	**Innenwände / vertikal innen**	Anforderungen	von	bis	Kosten/Einheit
		sehr gering	291	351	€/m² IWF
		gering	351	411	€/m² IWF
		mittel	411	471	€/m² IWF
		hoch	471	530	€/m² IWF
		sehr hoch	530	590	€/m² IWF
350	**Decken / horizontal**	Anforderungen	von	bis	Kosten/Einheit
		sehr gering	594	622	€/m² DEF
		gering	622	650	€/m² DEF
		mittel	650	678	€/m² DEF
		hoch	678	706	€/m² DEF
		sehr hoch	706	734	€/m² DEF
360	**Dächer**	Anforderungen	von	bis	Kosten/Einheit
		sehr gering	391	483	€/m² DAF
		gering	483	575	€/m² DAF
		mittel	575	667	€/m² DAF
		hoch	667	758	€/m² DAF
		sehr hoch	758	850	€/m² DAF

Abb. 11: Kostenkennwerte für Baukonstruktionen, zweite Ebene der Kostengliederung (Grobelemente), hier: Gaststätten und Kantinen

Gebäude für Produktion

Dazu zählen Industrielle Produktionsgebäude Massivbauweise und überwiegend Skelettbauweise, Betriebs- und Werkstätten eingeschossig, mehrgeschossig mit geringem Hallenanteil sowie mehrgeschossig mit hohen Hallenanteil.
Es wurden über 20 Objekte ausgewertet.

310	**Baugrube / Erdbau**	Anforderungen	von	bis	Kosten/Einheit
		sehr gering	17	25	€/m³ BGI
		gering	25	33	€/m³ BGI
		mittel	33	41	€/m³ BGI
		hoch	41	50	€/m³ BGI
		sehr hoch	50	58	€/m³ BGI
320	**Gründung, Unterbau**	Anforderungen	von	bis	Kosten/Einheit
		sehr gering	228	266	€/m² GRF
		gering	266	304	€/m² GRF
		mittel	304	343	€/m² GRF
		hoch	343	381	€/m² GRF
		sehr hoch	381	419	€/m² GRF
330	**Außenwände / vertikal außen**	Anforderungen	von	bis	Kosten/Einheit
		sehr gering	382	445	€/m² AWF
		gering	445	508	€/m² AWF
		mittel	508	571	€/m² AWF
		hoch	571	634	€/m² AWF
		sehr hoch	634	697	€/m² AWF
340	**Innenwände / vertikal innen**	Anforderungen	von	bis	Kosten/Einheit
		sehr gering	214	262	€/m² IWF
		gering	262	311	€/m² IWF
		mittel	311	359	€/m² IWF
		hoch	359	408	€/m² IWF
		sehr hoch	408	456	€/m² IWF
350	**Decken / horizontal**	Anforderungen	von	bis	Kosten/Einheit
		sehr gering	309	374	€/m² DEF
		gering	374	439	€/m² DEF
		mittel	439	504	€/m² DEF
		hoch	504	569	€/m² DEF
		sehr hoch	569	634	€/m² DEF
360	**Dächer**	Anforderungen	von	bis	Kosten/Einheit
		sehr gering	285	323	€/m² DAF
		gering	323	361	€/m² DAF
		mittel	361	399	€/m² DAF
		hoch	399	438	€/m² DAF
		sehr hoch	438	476	€/m² DAF

Abb. 12: Kostenkennwerte für Baukonstruktionen, zweite Ebene der Kostengliederung (Grobelemente), hier: Gebäude für Produktion

Gebäude für Handel und Lager

Dazu zählen Geschäftshäuser mit und ohne Wohnungen, Verbrauchermärkte, Autohäuser, Lagergebäude ohne Mischnutzung, Lagergebäude mit bis zu 25% Mischnutzung sowie mit mehr als 25% Mischnutzung.
Es wurden bis zu 25 Objekte ausgewertet.

310	Baugrube / Erdbau	Anforderungen	von	bis	Kosten/Einheit
		sehr gering	19	32	€/m³ BGI
		gering	32	45	€/m³ BGI
		mittel	45	59	€/m³ BGI
		hoch	59	72	€/m³ BGI
		sehr hoch	72	86	€/m³ BGI

320	Gründung, Unterbau	Anforderungen	von	bis	Kosten/Einheit
		sehr gering	185	241	€/m² GRF
		gering	241	298	€/m² GRF
		mittel	298	355	€/m² GRF
		hoch	355	412	€/m² GRF
		sehr hoch	412	468	€/m² GRF

330	Außenwände / vertikal außen	Anforderungen	von	bis	Kosten/Einheit
		sehr gering	315	415	€/m² AWF
		gering	415	515	€/m² AWF
		mittel	515	615	€/m² AWF
		hoch	615	715	€/m² AWF
		sehr hoch	715	815	€/m² AWF

340	Innenwände / vertikal innen	Anforderungen	von	bis	Kosten/Einheit
		sehr gering	274	323	€/m² IWF
		gering	323	371	€/m² IWF
		mittel	371	420	€/m² IWF
		hoch	420	468	€/m² IWF
		sehr hoch	468	517	€/m² IWF

350	Decken / horizontal	Anforderungen	von	bis	Kosten/Einheit
		sehr gering	277	339	€/m² DEF
		gering	339	402	€/m² DEF
		mittel	402	465	€/m² DEF
		hoch	465	528	€/m² DEF
		sehr hoch	528	591	€/m² DEF

360	Dächer	Anforderungen	von	bis	Kosten/Einheit
		sehr gering	222	276	€/m² DAF
		gering	276	329	€/m² DAF
		mittel	329	383	€/m² DAF
		hoch	383	436	€/m² DAF
		sehr hoch	436	490	€/m² DAF

Abb. 13: Kostenkennwerte für Baukonstruktionen, zweite Ebene der Kostengliederung (Grobelemente), hier: Gebäude für Handel und Lager

Garagen

Dazu zählen Einzel-, Mehrfach- und Hochgaragen, Tiefgaragen, Bereitschaftsdienste (Feuerwehrhäuser und Öffentliche Bereitschaftsdienste). Es wurden über 10 Objekte ausgewertet.

310	**Baugrube / Erdbau**	Anforderungen	von	bis	Kosten/Einheit
		sehr gering	6	12	€/m³ BGI
		gering	12	19	€/m³ BGI
		mittel	19	25	€/m³ BGI
		hoch	25	31	€/m³ BGI
		sehr hoch	31	37	€/m³ BGI

320	**Gründung, Unterbau**	Anforderungen	von	bis	Kosten/Einheit
		sehr gering	125	170	€/m² GRF
		gering	170	216	€/m² GRF
		mittel	216	261	€/m² GRF
		hoch	261	306	€/m² GRF
		sehr hoch	306	352	€/m² GRF

330	**Außenwände / vertikal außen**	Anforderungen	von	bis	Kosten/Einheit
		sehr gering	252	267	€/m² AWF
		gering	267	283	€/m² AWF
		mittel	283	298	€/m² AWF
		hoch	298	314	€/m² AWF
		sehr hoch	314	329	€/m² AWF

340	**Innenwände / vertikal innen**	Anforderungen	von	bis	Kosten/Einheit
		sehr gering	278	315	€/m² IWF
		gering	315	352	€/m² IWF
		mittel	352	389	€/m² IWF
		hoch	389	426	€/m² IWF
		sehr hoch	426	463	€/m² IWF

350	**Decken / horizontal**	Anforderungen	von	bis	Kosten/Einheit
		sehr gering	382	447	€/m² DEF
		gering	447	512	€/m² DEF
		mittel	512	577	€/m² DEF
		hoch	577	642	€/m² DEF
		sehr hoch	642	707	€/m² DEF

360	**Dächer**	Anforderungen	von	bis	Kosten/Einheit
		sehr gering	241	285	€/m² DAF
		gering	285	328	€/m² DAF
		mittel	328	371	€/m² DAF
		hoch	371	415	€/m² DAF
		sehr hoch	415	458	€/m² DAF

Abb. 14: Kostenkennwerte für Baukonstruktionen, zweite Ebene der Kostengliederung (Grobelemente), hier: Garagen

Gebäude für kulturelle Zwecke					
Dazu zählen Bibliotheken, Museen, Ausstellungen, Theater und Gemeindezentren einfachen, mittleren und hohen Standards. Es wurden über 20 Objekte ausgewertet.					
310	**Baugrube / Erdbau**	Anforderungen	von	bis	Kosten/Einheit
		sehr gering	25	36	€/m³ BGI
		gering	36	47	€/m³ BGI
		mittel	47	59	€/m³ BGI
		hoch	59	70	€/m³ BGI
		sehr hoch	70	82	€/m³ BGI
320	**Gründung, Unterbau**	Anforderungen	von	bis	Kosten/Einheit
		sehr gering	321	389	€/m² GRF
		gering	389	457	€/m² GRF
		mittel	457	525	€/m² GRF
		hoch	525	593	€/m² GRF
		sehr hoch	593	661	€/m² GRF
330	**Außenwände / vertikal außen**	Anforderungen	von	bis	Kosten/Einheit
		sehr gering	635	740	€/m² AWF
		gering	740	845	€/m² AWF
		mittel	845	950	€/m² AWF
		hoch	950	1.056	€/m² AWF
		sehr hoch	1.056	1.161	€/m² AWF
340	**Innenwände / vertikal innen**	Anforderungen	von	bis	Kosten/Einheit
		sehr gering	358	413	€/m² IWF
		gering	413	467	€/m² IWF
		mittel	467	522	€/m² IWF
		hoch	522	577	€/m² IWF
		sehr hoch	577	632	€/m² IWF
350	**Decken / horizontal**	Anforderungen	von	bis	Kosten/Einheit
		sehr gering	366	433	€/m² DEF
		gering	433	500	€/m² DEF
		mittel	500	568	€/m² DEF
		hoch	568	635	€/m² DEF
		sehr hoch	635	702	€/m² DEF
360	**Dächer**	Anforderungen	von	bis	Kosten/Einheit
		sehr gering	470	562	€/m² DAF
		gering	562	655	€/m² DAF
		mittel	655	748	€/m² DAF
		hoch	748	841	€/m² DAF
		sehr hoch	841	934	€/m² DAF

Abb. 15: Kostenkennwerte für Baukonstruktionen, zweite Ebene der Kostengliederung (Grobelemente), hier: Gebäude für kulturelle Zwecke

Gebäude für religiöse Zwecke

Dazu zählen Sakralbauten und Friedhofsgebäude.
Es wurden über 5 Objekte ausgewertet.

310	Baugrube / Erdbau	Anforderungen	von	bis	Kosten/Einheit
		sehr gering	37	45	€/m³ BGI
		gering	45	54	€/m³ BGI
		mittel	54	62	€/m³ BGI
		hoch	62	70	€/m³ BGI
		sehr hoch	70	78	€/m³ BGI
320	**Gründung, Unterbau**	Anforderungen	von	bis	Kosten/Einheit
		sehr gering	442	466	€/m² GRF
		gering	466	491	€/m² GRF
		mittel	491	516	€/m² GRF
		hoch	516	541	€/m² GRF
		sehr hoch	541	565	€/m² GRF
330	**Außenwände / vertikal außen**	Anforderungen	von	bis	Kosten/Einheit
		sehr gering	694	778	€/m² AWF
		gering	778	862	€/m² AWF
		mittel	862	945	€/m² AWF
		hoch	945	1.029	€/m² AWF
		sehr hoch	1.029	1.112	€/m² AWF
340	**Innenwände / vertikal innen**	Anforderungen	von	bis	Kosten/Einheit
		sehr gering	597	641	€/m² IWF
		gering	641	684	€/m² IWF
		mittel	684	727	€/m² IWF
		hoch	727	771	€/m² IWF
		sehr hoch	771	814	€/m² IWF
350	**Decken / horizontal**	Anforderungen	von		Kosten/Einheit
		sehr gering	436	547	€/m² DEF
		gering	547	657	€/m² DEF
		mittel	657	768	€/m² DEF
		hoch	768	878	€/m² DEF
		sehr hoch	878	989	€/m² DEF
360	**Dächer**	Anforderungen	von	bis	Kosten/Einheit
		sehr gering	570	643	€/m² DAF
		gering	643	716	€/m² DAF
		mittel	716	789	€/m² DAF
		hoch	789	863	€/m² DAF
		sehr hoch	863	936	€/m² DAF

Abb. 16: Kostenkennwerte für Baukonstruktionen, zweite Ebene der Kostengliederung (Grobelemente), hier: Gebäude für religiöse Zwecke

Bestimmung der Anforderungsklasse von Grobelementarten
Kostenmindernde Eigenschaften:

KG Bezeichnung - Eigenschaften der Grobelemente
310 Baugrube / Erdbau – kein Keller- oder Tiefgeschoss – kein / wenig Aushub – leicht lösbare Bodenarten – kurze Wege für den Transport von Aushub – Verwendung von Aushubmaterial auf dem Grundstück – kein schadstoffbelasteter Aushub
320 Gründung, Unterbau – Flachgründung: Fundamentplatte, Einzel- oder Streifenfundamente – Grundwasserstand unterhalb der Gründung – kein oder nur wenig Oberflächenwasser auf Grundstück – weitgehend ebenes Grundstück – einfache Geometrie der Fundamente – keine oder einfache Bodenbeläge
330 Außenwände / Vertikale Baukonstruktionen, außen – erdberührte Bauteile ohne besondere Maßnahmen – einfache Geometrie der Fassade – geringer Anteil an Verglasungen, Außenfenstern, -türen und -toren – einschichtige Außenwandkonstruktionen, Fertigteile – geringe Anforderungen an Schallschutz und Energieeinsparung – ein oder wenige Obergeschosse, geringe Gebäudehöhe
340 Innenwände / Vertikale Baukonstruktionen, innen – geringer Anteil an Verglasungen, Innenfenstern, -türen und -toren – einschalige Innenwandkonstruktionen – keine oder wenige Installationsvormauerungen, Installationswände oder Wandkanäle – keine oder einfache Innenwandbekleidungen – geringe Anforderungen an Schallschutz und Brandschutz – keine oder wenige Nassräume mit Fliesen und Abdichtungen
350 Decken / Horizontale Baukonstruktionen – geringe Deckenspannweiten, keine oder geringe Auskragungen – geringe Verkehrslasten – keine oder wenige Treppen oder Rampen – keine oder einfache Deckenbekleidungen – keine abgehängten Decken oder Doppelböden – einfache Deckenbeläge
360 Dächer – geringe bis mittlere Spannweiten der Dachkonstruktionen oder Auskragungen – einfache Geometrie des Daches ohne Verschneidungen der Dachflächen – kein oder geringer Anteil von Dachgauben oder Lichtkuppeln – einfache Dachbeläge – keine oder einfache Dachbekleidungen – geringe Anforderungen an Schallschutz und Energieeinsparung

Abb. 17: Kostenmindernde Eigenschaften der Grobelemente - Baukonstruktionen

Kostenerhöhende Eigenschaften:

KG Bezeichnung - Eigenschaften der Grobelemente
310 Baugrube / Erdbau + ein oder mehrere Keller- oder Tiefgeschosse + Baugrubenumschließung + Baugrubenverbau mit Trägerbohlwand + Spundwände, Anker, Absteifungen + Böschungssicherung durch Spritzbeton + Wasserhaltung + weite Wege für den Transport von Aushub + schadstoffbelasteter Aushub, Deponiegebühren + schwer lösbare Bodenarten oder Fels
320 Gründung, Unterbau + Baugrundverbesserung + Bodenplatte mit WU-Beton + Tiefgründung: Pfahlgründung + versetzte Ebenen im unteren Geschoss, Bauen am Hang + Bauwerksabdichtung + Dränagen + Kanäle oder Pumpensumpf in Bodenplatte + Wärme- und Trittschalldämmung + hochwertige Bodenbeläge + mehrere bis viele Obergeschosse
330 Außenwände / Vertikale Baukonstruktionen, außen + aufwändige Lichtschächte bei Untergeschossen + Außenwände von Untergeschossen mit WU-Beton + Geometrie der Fassade mit Erkern, Auskragungen + hoher Anteil an Verglasungen, Außenfenstern, -türen und -toren + mehrschichtige Außenwandkonstruktionen + hohe oder sehr hohe Anforderungen an Schallschutz und Energieeinsparung + hochwertige Außenwandbekleidungen + Sonnenschutzanlagen + Fassadenbefahranlage + mehrere bis viele Obergeschosse, hohes Gebäude, Hochhaus

Abb. 18: Kostenerhöhende Eigenschaften der Grobelemente – Baukonstruktionen – Teil 1

Koste<u>nerhöhende</u> Eigenschaften:

KG Bezeichnung - Eigenschaften der Grobelemente
340 Innenwände / Vertikale Baukonstruktionen, innen
+ hoher Anteil an Verglasungen, Innenfenstern, -türen und -toren
+ Sichtmauerwerk
+ mehrschalige Innenwandkonstruktionen
+ Installationsvormauerungen, Installationswände oder Wandkanäle
+ hochwertige Innenwandbekleidungen
+ versetzbare Trennwände, Schiebewände, Faltwände
+ Innenstützen
+ hohe Anforderungen an Schallschutz und Brandschutz
+ hoher Anteil von Handläufen, Rammschutz
+ zahlreiche Nassräume mit Fliesen und Abdichtungen
350 Decken / Horizontale Baukonstruktionen
+ große Deckenspannweiten oder Auskragungen
+ hohe Verkehrslasten
+ versetzte Geschossebenen
+ Unterzüge
+ hoher Anteil an Treppen, Falltüren
+ Rampen
+ abgehängte Decken
+ Doppelböden
+ hochwertige Deckenbekleidungen
+ hochwertige Deckenbeläge
360 Dächer
+ große Spannweiten der Dachkonstruktionen
+ große Auskragungen der Dachkonstruktionen
+ aufwändige Geometrie des Daches mit Verschneidungen der Dachflächen
+ hoher Anteil von Dachgauben oder Lichtkuppeln
+ Dachbegrünung
+ begeh- oder befahrbares Dach, Dachterrassen
+ hochwertige Dachbeläge
+ hochwertige Dachbekleidungen
+ hohe Anforderungen an Schallschutz und Energieeinsparung
+ Absturzsicherungen, Schneefanggitter oder Dachleitern

Abb. 19: Kostenerhöhende Eigenschaften der Grobelemente – Baukonstruktionen – Teil 2

Literatur

Baukosten-Handbuch, Hrsg.: Baukostenberatungsdienst der Architektenkammer Baden-Württemberg – AKBW, Stuttgart 1981

DIN 276:2018-12, Kosten im Bauwesen

DIN 277:2021-08, Grundflächen und Rauminhalte im Hochbau

http://www.welt-der-bwl.de/Zielkostenrechnung, aufgerufen am 27.03.2024

Kosten im Stahlbau

von bauforumstahl e.V.

Kosten im Stahlbau

Ein Beitrag von bauforumstahl e.V.

Datenquelle und Verfasser

Die Preisindikationen für Stahllösungen im Bauwesen basieren auf dem zweijährig erscheinenden Leitfaden „Kosten im Stahlbau" herausgegeben von bauforumstahl.

bauforumstahl e.V. ist der Spitzenverband für das Bauen mit Stahl in Deutschland. Gemeinsam mit dem Deutschen Stahlbau-Verband DStV vertritt er die Anliegen seiner Mitglieder gegenüber Politik, Fachwelt, Medien und Öffentlichkeit, bietet Wissenstransfer und engagiert sich in Forschung und Normung. Übergeordnetes Ziel ist es, die Stahlbauweise unter Berücksichtigung ganzheitlicher Aspekte wie Wirtschaftlichkeit, Sicherheit, Flexibilität und Nachhaltigkeit zu fördern. Zu den rund 350 Mitgliedern zählen alle namhaften deutschen Stahlbauunternehmen, Vorlieferanten und Folgegewerke, Architektur- und Ingenieurbüros sowie Hochschulen und Universitäten. www.bauforumstahl.de

Die in den folgenden Kapiteln gelisteten Preisdaten stammen aus dem Leitfaden „Kosten im Stahlbau 2024" und wurden im 4. Quartal 2023 durch das Institut für Bauökonomie der Universität Stuttgart erhoben. Zahlreiche Fachfirmen haben an der Erhebung unterstützend mitgewirkt. Die Kosten wurden für die Veröffentlichung in diesem Buch durch das BKI bezüglich des Baupreisindex für gewerbliche Betriebsgebäude aktualisiert und entsprechend dem 1.Quartal 2025, Bundesdurchschnitt, inkl. 19% MwSt. angepasst. Ziel aller Beteiligten war es, eine aktuelle Preisindikation der Komplettleistungen für Stahlbau-Gewerke in €/kg sowie Kostenspannen für verschiedene Gebäudefunktionen in €/m² auf Basis der aktuellen DIN 277:2021-08 bzw. DIN 276:2018-12 anzugeben.

Ansatz über Gebäudefunktionen

Als Arbeitshilfe zum täglichen Gebrauch ermöglichen die hier aufgeführten Daten eine zügige Kostenermittlung auf Grundlage der Gebäudefunktionen, ähnlich wie der Ansatz in der DIN 276:2018-12 bzw. der DIN 277:2021-08, welchen auch die Arbeitshilfen des BKI zu Grunde liegen. Es können sich auf Grund der Konstruktionsmethodik des Stahlbaus teilweise Änderungen zu den bekannten Normen und Publikationen ergeben, die jeweils nachvollziehbar dokumentiert sind. Um dem Konstruieren mit Stahl auch in der Kostenplanung gerecht zu werden, gliedern sich die Angaben in die Hauptfunktionen Tragwerk, Einbauten, Oberflächenbehandlung und Brandschutz.

Randbedingungen und Anwendungsgrenzen

Die Angaben sind gewichtete Mittelwerte, die aus einer Befragung von Fachfirmen resultieren. Sie enthalten alle Material- und Lohnkosten sowie Aufwendungen für eventuelle Geräteeinsätze. Die üblichen Baunebenkosten im Sinne der DIN 276:2018-12 sind nicht berücksichtigt.

Im Rahmen der Befragung wurden folgende Annahmen und Vereinfachungen getroffen, die bei der Arbeit mit den Kennwerten zu berücksichtigen sind:

- Die Kosten werden auf Basis „einfacher" Gebäude mit einer durchschnittlichen Gebäudefläche von 800-1.400m² Brutto-Grundfläche und mit einer gängigen architektonischen Gestaltung ermittelt. Es wird von einem normalen Baugrund und einfacher Zugänglichkeit der Baustelle ausgegangen.
- Die Werte beziehen sich auf Bezugsgrößen wie beispielsweise Brutto-Grundfläche (DIN 277) oder Deckenfläche (DIN 276).
- Es werden die Schneelastzone 2, die Windzone 2 (Binnenland), ein kompaktes Gebäude sowie eine Höhenlage von max. 500m üNN angenommen.

Weitere spezifische Annahmen werden in den einzelnen Kapiteln näher erläutert. Mit Hilfe von weiteren Baukostenindizes oder Regionalfaktoren können die auf den bundesdeutschen Durchschnitt bezogenen Daten auf einzelne Regionen übertragen sowie zeitlich weiter aktualisiert werden.

Tragwerk: Rahmenkonstruktion

Rahmenbedingungen:

- Durchschnittswerte für Gebäudefläche von 800-1.400m² BGF[a].
- Schneelastzone 2, Geländehöhe max. 500m üNN, Windlastzone 2 (Binnenland), kompaktes Gebäude.

Hinweise:

- Das Gewicht der Rahmenkonstruktion umfasst Stützen, Träger und alle Verbindungsmittel. Fundamentarbeiten sind nicht enthalten.
- Die Angaben setzen einfache Aussteifungsarten und keine speziellen, kostenintensiven Alternativen voraus.
- Die Angaben beinhalten einen üblichen Korrosionsschutz (genauere Differenzierung siehe Kapitel „Oberflächenbehandlung").
- Die angegebenen Werte sind Richtwerte; im Einzelfall kann durch Variation des Systemabstandes und detaillierte Optimierung des Tragwerks das Stahlgewicht pro m² BGF[a] reduziert werden.
- Die Verbundbauweise beinhaltet die für die Verbundwirkung benötigten Kopfbolzendübel ohne Deckenplatte (siehe Kapitel „Decken").
- Dachpfetten und Fassadenriegel sind nicht enthalten.
- Die leichte Stahlbauweise ermöglicht je nach Gründungssituation eine Einsparung bei den Fundamentkosten von bis zu 25%.

[a] BGF: Brutto-Grundfläche (DIN 277:2021-08): Gesamtfläche aller Grundrissebenen eines Bauwerks.

Kosten pro Tonnage der Rahmenkonstruktion					
Art des Tragsystems	Asymmetrische Deckenträger[a]	Walzträger	Lochstegträger [c]	Fachwerkträger	Schweissträger
Preisindikation in €/kg [d]	3,11 - 4,48	2,86 - 4,23	3,11 - 4,85	3,36 - 5,10	3,23 - 4,48

Eingeschossige Gebäude (Industrie- oder Geschäftsgebäude, Lager), Achsabstand der Rahmen von ca. 5,5 m - 6,5 m.	**Tonnage in kg/m² BGF[b]**				
Spannweite	8 - 18 m		10 - 35 m	15 - 45 m	15 - 45 m
Ohne Hallenkran • bis 6,0 m lichte Höhe • von 6,0 m - 12,0 m lichte Höhe	 – –	 25 - 35 35 - 55	 25 - 40 30 - 50	 20 - 35 22 - 40	 22 - 33 32 - 53
Mit Hallenkran (ca. 5,0 t Nutzlast) • bis 6,0 m lichte Höhe • von 6,0 m - 12,0 m lichte Höhe	 – –	 55 - 80 85 - 110	 50 - 80 80 - 110	 75 - 110 85 - 130	 50 - 80 80 - 110
Kultur-, Sport- und ähnliche Gebäude	–	40 - 50	35 - 45	35 - 45	35 - 50
Landwirtschaftliche Gebäude	–	25 - 30	–	20 - 30	20 - 30

Mehrgeschossige Gebäude (Verbundbauweise)	**Tonnage in kg/m² BGF[b]**				
Spannweite	5 m - 8 m	6 m - 14 m	10 m - 18 m		
Büros, Verwaltungs- und Wohngebäude mit max. Nutzlast bis 3,5 kN/m² mit max. Nutzlast von 3,5 - 7,0 kN/m²	 25 - 30 30 - 35	 35 - 45 45 - 65	 37 - 50 42 - 60	 – –	 – –

Parkhäuser, offen, frei belüftet	**Tonnage in kg/m² BGF[b]**				
		20 - 30	18 - 28		

[a] Der Achsabstand der Hauptträger beträgt ca. 12 m.
[b] BGF: Brutto-Grundfläche (DIN 277:2021-08): Gesamtfläche aller grundrissebenen eine Bauwerks.
[c] Voraussetzung: biegesteife Einspannung der Rahmenstützen. Das Gewicht von Konstruktionen kann weiter reduziert werden, wenn man die Trägerhöhe weiter erhöht.
[d] Die Angaben beinhalten im Wesentlichen Material-, Anarbeitungs-, und Montagekosten.

Tragwerk: Decken

Rahmenbedingungen:

- Durchschnittswerte für Gebäudefläche von 800-1.400m² BGF[a].
- Schneelastzone 2, Geländehöhe max. 500m üNN, Windlastzone 2 (Binnenland), kompaktes Gebäude.

Hinweise:

- Die angegebenen Preise beinhalten Montage, Verschalung, ggf. temporäre Unterstützung, Bewehrung (Stahlmatte oder Fasern) und Beton.
- Die Preise basieren auf einer Ausführung mit einem Feuerwiderstand von REI-90. Preisminderung für geringeren Feuerwiderstand möglich.
- Die Nutzlasten (Verkehrs- und Ausbaulasten) umfassen abgehängte Decken, Bodenbeläge, Trennwände, etc.
- Die Blechstärke der Verbunddecken-Profile werden meist entsprechend den Montagespannweiten gewählt und können von 0,75mm - 1,25mm variieren.
- Die Preise werden in €/m² Deckenfläche DEF[b] angegeben.

[a] BGF: Brutto-Grundfläche (DIN 277:2021-08): Gesamtfläche aller Grundrissebenen eines Bauwerks.

[b] DEF: Deckenfläche: Summe aller Brutto-Grundflächen ohne Gründungsfläche (DIN 276:2018-12).

Deckensysteme	Preisindikation in €/m² DEF[a]			
Nutzlasten:	< 3,50 kN/m²	< 5,00 kN/m²	< 7,50 kN/m²	< 10,00 kN/m²
Verbunddecke • Spannweiten von 2,5 m - 3,5 m (ohne temporäre Stützung) • Spannweiten von 3,5 m - 5,0 m (mit temporärer Stützung)	95 - 127 100 - 146	103 - 149 107 - 173	112 - 148 121 - 178	121 - 175 138 - 223
Mittragende Profilbleche (additive Tragwirkung) [b] • Spannweiten von 4,5 m - 6,2 m	90 - 133	112 - 158	–	–
Vorgefertigte Verbundelementdecke • Spannweiten von 5,0 m - 7,0 m (mit temporärer Stützung)	101 - 154	107 - 187	–	–
Ortbetondecke • Spannweiten von 5,0 m - 8,0 m (mit Schalung und Rüstung)	103 - 154	119 - 173	136 - 187	149 - 216
Mehrpreis für beschichtete Profilbleche[c]	+2 bis +7			

[a] DEF: Deckenfläche: Summe aller Brutto-Grundflächen ohne Gründungsfläche (DIN 276:2018-12).
[b] Vorwiegend im Parkhausbau eingesetzt.
[c] Beispielsweise Polyesterbeschichtung von 12 bzw. 25 µm

Lebensdauern | Grobelementarten | Stahlbau | Gebäudearten | Kostengruppen | Elementarten

Einbauten: Treppen

Rahmenbedingungen:

- Durchschnittswerte für Gebäudefläche von 800-1.400m^2 BGF[a)].
- Schneelastzone 2, Geländehöhe max. 500 m üNN, Windlastzone 2 (Binnenland), kompaktes Gebäude.

Hinweise:

- Preisangaben in €/m vertikale Höhe bei einer angenommenen Stufenhöhe von 17-20cm.
- Alle Treppen mit Stufen aus Tränen-, Riffelblech oder Gitterrost; ohne Setzstufe bzw. Treppenstoß.
- inklusive notwendiger Podeste bei durchschnittlicher Geschosshöhe.
- inklusive einfacher Geländer und Handläufe.

a) BGF: Brutto-Grundfläche (DIN 277:2021-08): Gesamtfläche aller Grundrissebenen eines Bauwerks.

Treppen	Treppen Preisindikation	
	in €/m vertikale Höhe	in €/Stufe
Standardtreppen (inkl. Geländer und Handlauf) Spindeltreppen mit Stufen aus Tränenblech oder Gitterrost, einfacher Austritt		
• ab 0,8 m Laufbreite	2.505 - 2.985	445 - 550
• ab 1,0 m Laufbreite	2.705 - 3.270	470 - 590
Gerade Industrietreppen mit Stufen aus Tränenblech oder Gitterrost, ohne Setzstufe – Standard-Höhen und -Neigungen gemäß Herstellerangaben		
• ab 0,8 m Laufbreite	2.585 - 3.270	470 - 630
• ab 1,0 m Laufbreite	2.745 - 3.635	510 - 660
• ab 1,4 m Laufbreite	3.230 - 3.955	590 - 790
Gerade Industrietreppen mit Stufen aus Tränenblech oder Gitterrost, ohne Setzstufe – projektspezifische Anpassung der Höhen und Neigungen im Rahmen der Herstellerangaben		
• ab 0,8 m Laufbreite	4.280 - 5.330	775 - 970
• ab 1,0 m Laufbreite	4.520 - 5.650	805 - 1.080
• ab 1,4 m Laufbreite	5.170 - 6.460	935 - 1.210

Oberflächenbehandlung: Korrosionsschutz

Rahmenbedingungen:

- Durchschnittswerte für Gebäudefläche von 800-1.400m² BGF[a]
- Schneelastzone 2, Geländehöhe max. 500m üNN, Windlastzone 2 (Binnenland), kompaktes Gebäude.

Hinweise:

- Preisangaben inklusive aller Vorbehandlungen, ohne Transportkosten.
- Korrosivitätskategorie C3 nach DIN EN ISO 12944; Stadt- und Industrieregion mit mäßig aggressiver Atmosphäre.
- Verzinken: Art des Verzinkguts: Sebisty-Stahl; Silizium/Phosphor 0,13-0,28%.
- Berechnung in m² mit Übermessen von Hohlräumen.
- Zink unterliegt Preisschwankungen, die von Verzinkerei-Betrieben in der Kalkulation berücksichtigt werden müssen. Resultierende Preiskorrekturen werden i.d.R. über einen gleitenden Metallteuerungszuschlag (bzw. -abschlag) berücksichtigt (Zinkpreisausgleich).
- Abhängig von der Komplexität der Werkstücke, der Zugänglichkeit, der gewünschten Schichtdicke und Struktur sowie der Farbe können konkrete Angebotspreise von den gemachten Angaben abweichen. Für projektspezifische Kalkulationen wird empfohlen, sich mit entsprechenden Fachunternehmen in Verbindung zu setzen.
- Die Preise für Duplex-Beschichtungssysteme setzen sich annährend aus den Preise für das Verzinken und das anschließende organische Beschichten zusammen.

[a] BGF: Brutto-Grundfläche (DIN 277:2021-08): Gesamtfläche aller Grundrissebenen eines Bauwerks.

Systeme		werkseitig		baustellenseitig	
	Spezifische Oberfläche	Preisindikation		Preisindikation	
	in m²/t	in €/t	in €/m²	in €/t	in €/m²
Nass-Beschichtungen (Rostschutzgrundierung und 2 Deckschichten inklusive vorheriges Strahlen)					
Konstruktionsart:					
• Schwere Profile (HEB 600)	10 - 15	345 - 710	27,4 - 57,2	655 - 1.365	52,0 - 109,5
• Mittelschwere Profile (< IPE 750 / HEB300)	15 - 20	405 - 855	23,6 - 48,5	865 - 1.855	49,8 - 108,2
• Mittlere Profile (< IPE450)	20 - 25	475 - 1.035	21,1 - 46,0	1.100 - 2.405	48,5 - 107,0
• Mittelleichte Profile (< IPE 330)	25 - 30	555 - 1.275	19,9 - 44,8	1.340 - 2.985	48,5 - 104,5
• Leichte Profile (< IPE 240)	30 - 40	655 - 1.580	18,7 - 44,8	1.615 - 3.730	46,0 - 104,5
• Leichte Profile mit geringer Massivität (< IPE 160)[a]	40 - 50	840 - 2.020	18,7 - 43,5	2.070 - 4.765	44,8 - 104,5
Verzinken / Feuerverzinken (inklusive Entfetten, Beizen und Fluxen ggf. vorheriges Strahlen)	**in m²/t**	**in €/t**	**in €/m²**		
Konstruktionsart:					
• Schwere Profile (HEB 600)	10 - 15	325 - 485	26,1 - 38,6		
• Mittelschwere Profile (< IPE 750 / HEB300)	15 - 20	365 - 515	21,1 - 29,9		
• Mittlere Profile (< IPE450)	20 - 25	405 - 550	17,4 - 24,9		
• Mittelleichte Profile (< IPE 330)	25 - 30	485 - 630	17,4 - 22,4		
• Leichte Profile (< IPE 240)	30 - 40	565 - 805	16,2 - 22,4		
• Leichte Profile mit geringer Massivität (< IPE 160)[a]	40 - 50	725 - 970	16,2 - 21,1		
Einbrennlackierung von Metallbauelementen aus Stahl	**in m²/t**	**in €/t**	**in €/m²**		
Pulverbeschichtung	40 - 50	1.185 - 1.645	26,1 - 36,1		
Pulverbeschichtung + Zinkgrundierung	40 - 50	1.485 - 2.180	32,3 - 48,5		

Angenommener Zinkpreis[b]	€/t
	3.110

[a] Preise für den Korrosionsschutz von sogenannter Schlosserware (z.B. Geländer, Zäune) sind in der Übersicht nicht dargestellt

[b] aktueller Zinkpreis unter www.feuerverzinken.com

Brandschutz

Ziel bauaufsichtlicher Bestimmungen in Bezug auf den Brandschutz ist die Abwehr von Gefahren für Menschen, Tiere und Sachwerte. Die Anforderungen in den Bauordnungen unterscheiden sich im Wesentlichen nach der Gebäudehöhe, Zahl und Größe der Nutzungseinheiten sowie der Art der Nutzung. Sie verfolgen damit folgende Zielsetzungen:

- **Gewährleistung von Evakuierungs- und wirksamen Löschmaßnahmen**
  Damit Rettungs- und Löscharbeiten effektiv durchgeführt werden können, müssen eine ausreichende Anzahl und eine geeignete Ausbildung von Rettungswegen sowie eine entsprechende Zugänglichkeit sichergestellt sein.
- **Gewährleistung der Standsicherheit der Konstruktion**
  Gebäude müssen entsprechend ihrer Nutzung den erhöhten Temperaturen im Brandfall ausreichend Widerstand bieten, so dass es nicht zum plötzlichen Versagen des Tragwerks kommt.
- **Vermeidung der Brandausbreitung**
  Raumabschließende Bauteile müssen ihre Funktion unter Brandeinwirkung speziell in Hinblick auf die Dichtheit gegenüber Rauchgasen und der Standfestigkeit gewährleisten. Zudem werden Anforderungen an die Wärmedurchleitung von Bauteilen gestellt, die einen Brandabschnitt begrenzen. Brandwände müssen zudem einer genormten Stoßbeanspruchung standhalten.
- **Brandverhalten von Baustoffen**
  Um einer Brandentstehung und einer Brandausbreitung vorzubeugen, werden Anforderungen an die Brennbarkeit von Baustoffen gestellt.

Stahl ist diesbezüglich ein geeigneter Baustoff, da er nicht brennbar ist und keine giftigen Gase unter Brandeinwirkung freisetzt (Brandklasse A1). In Abhängigkeit der Stahlsorte reduziert sich jedoch die Festigkeit des Werkstoffs Stahl mit zunehmender Temperatur (siehe EN 1993-1-2). Im Allgemeinen kann bei Stahltemperaturen von über 550°C ein Festigkeitsverlust festgestellt werden. In kritischen Fällen ist daher zu prüfen, ob Stahlbauteile im Brandfall durch geeignete Maßnahmen vor

Kürzel	Bedeutung	Beschriebene Anforderung
R	„Résistance" (frz.)	Tragfähigkeit
E	„Etanchéité" (frz.)	Raumabschluss, Dichtigkeit im Brandfall
I	„Isolation" (frz./engl.)	begrenzte Wärmedurchleitung im Brandfall
M	„Mechanical" (engl.)	Dynamische Einwirkung, Stoßbeanspruchung

Bauaufsichtliche Bezeichnung	Brandklasse nach DIN EN 13501 Teil 1	Bemerkung
Nicht brennbar	A1	
	A2 - s1 d0	Kein Rauch / kein Abtropfen
Schwer entflammbar	B, C - s1 d0	Kein Rauch / kein Abtropfen
	B, C - s3 d0	kein Abtropfen
	B, C - s1 d2	Kein Rauch
	B, C - s3 d2	
Normal entflammbar	D - s3 d0	kein Abtropfen
	D - s3 d2	
	E - d2	
Leicht entflammbar	F	

einer übermäßigen Durchwärmung geschützt werden müssen. Alternativ können aktive Maßnahmen zur Eindämmung des Brandes bzw. zur Kühlung z.B. durch Sprinklersysteme installiert werden.

In Abhängigkeit der Gebäudeklassen, die in den Bauordnungen definiert werden, und der Funktion der Bauteile werden Anforderungen an die Feuerwiderstandsklassen gestellt (siehe Landesbauordnungen). Deren Bezeichnungen beinhalten zum einen die Feuerwiderstandsdauer in Minuten unter Normbedingungen. Zum anderen wird das altbekannte „F" für „Feuerwiderstand" auf Grund europäischer Regelungen durch aussagekräftigere Kürzel ersetzt, die die Anforderungen genauer beschreiben. Konstruktive Systeme und Bauteile (Bauprodukte, Bauarten und Bausätze), die diese Anforderungen erfüllen, besitzen ein allgemeines bauaufsichtliches Prüfzeugnis (ABP) oder entsprechen technischen Regelwerken (Normen, Richtlinien) auf Grundlage der Bauproduktrichtlinie (BPR – maßgebend für CE-Kennzeichnung) bzw. des Bauproduktgesetzes (BauPG). Diesbezügliche Zusammenhänge und weitere Informationen (Übereinstimmungs- und Verwendbarkeitsnachweis) sind in der Muster-Verwaltungsvorschrift Technische Baubestimmungen (MVV TB) festgehalten. Zudem kann eine Zustimmung im Einzelfall (ZiE) bei der obersten Bauaufsichtsbehörde beantragt werden, deren Gültigkeit sich auf ein konkretes Bauvorhaben beschränkt. Eine frühzeitige Abstimmung mit den örtlichen Genehmigungsbehörden ist in Sonderfällen zu empfehlen.

Neben den Landesbauordnungen gibt es Richtlinien und Verordnungen für diverse Gebäudetypen, die entsprechend der Nutzung und des Gefahrenrisikos die Anforderungen abmindern bzw. erhöhen. Im Bereich des Industrie- und Gewerbebaus bietet die Industriebau-Richtlinie den rechtlichen Rahmen für effektive und kostengünstige Brandschutzkonzepte mit hohem Sicherheitsniveau.

Weitere Bauvorschriften für bestimmte Gebäudearten:

- Industriebaurichtlinie
- Hochhausrichtlinie
- Verkaufsstätten-Verordnung
- Versammlungsstätten-Verordnung
- Garagen-Verordnung
- Krankenhausbau-Verordnung
- Beherbergungsstätten-Verordnung

Die europäische Normung ermöglicht neben diesen herkömmlichen Betrachtungsweisen die Berücksichtigung des Brandschutzes auf Grundlage des Naturbrandkonzeptes. Ausgehend von Brandlasten, der Geometrie und den resultierenden Belüftungsverhältnissen im Gebäude werden mit Hilfe von Computerprogrammen realistische Temperatur-Zeit-Kurven ermittelt, die über die resultierende Stahltemperatur zu konkreten Aussagen über die Versagenswahrscheinlichkeit führen. Dieser Ansatz entspricht dem Sicherheitskonzept des gesamten Europäischen Normenwerks und bietet die Möglichkeit, aktive Maßnahmen wie Sprinkler- und Entrauchungsanlagen zu berücksichtigen.

Letztlich bieten die Gesamtheit der Verordnungen sowie die europäischen Regelungen eine Vielzahl von Möglichkeiten, Stahlbauten mit einem hohen Niveau der Brandschutzsicherheit zu planen, ohne aufwändige Maßnahmen zu ergreifen. In den Fällen, in denen dennoch Stahlbauteile geschützt werden müssen, kann man aus folgenden Maßnahmen auswählen, um zu einem optimierten und angepassten baulichen Brandschutz zu gelangen.

Passive Maßnahmen

Alle Brandschutzmaßnahmen sind von der Massivität der Stahlprofile abhängig, die durch das Verhältnis von Umfang zu Querschnittsfläche ausgedrückt wird. Bei einer Profilauswahl kann durch Berücksichtigung einer entsprechenden Massivität und einer angepassten Dimensionierung schon die ungeschützte Konstruktion einen Feuerwiderstand von 30 Minuten erreichen. Darüber hinaus stehen folgende Maßnahmen zur Verfügung, um die Erwärmung des Stahls über die kritische Temperatur zu verhindern:

- **Verkleidung der Stahlkonstruktion mit Platten aus Gipskarton, aus Fiber- oder Kalziumsilikaten oder Vermiculite**
  Durch die Bekleidung mit porenwasserhaltigen oder kristallwasserhaltigen Baustoffen wird die Durchwärmung der Stahlbauteile verzögert. In Abhängigkeit des Baustoffes ist daher die Bekleidungsdicke vorwiegend für die entsprechende Widerstandsdauer maßgebend.
  Zum Teil existieren vorgefertigte Verkleidungselemente oder spezielle Befestigungssysteme, die die Applikation solcher Systeme erheblich vereinfachen.
- **Spritzputzbekleidung mit und ohne Putzträger**
  Ähnlich wie die Verkleidung mit Platten verzögern Putzsysteme die Durchwärmung der Stahlbauteile. Neben der Wirkung des eingelagerten Wassers wird die dämmende Wirkung der Spritzputzverkleidung durch die Porosität des Werkstoffs genutzt (Beflocken). Da die Spritzputze meist baustellenseitig aufgebracht werden, sind entsprechende Vorkehrungen zu treffen.
- **Dämmschichtbildender Anstrich**
  Diese Brandschutzanstriche bestehen meist aus drei Schichten: Grundierung inklusive Korrosionsschutz, Dämmschichtbildner und Deckschicht, die eine uneingeschränkte Farbgebung ermöglicht. Moderne Produktsysteme erreichen eine Widerstandsdauer bis zu 90 Minuten und können werkseitig aufgebracht werden. Dies führt zu Kostenvorteilen und zur Vereinfachung des Bauablaufs.

- **Verbundbau**
  Bei Verbundkonstruktionen werden Stahlprofile entweder vollständig einbetoniert oder nur die Kammern von offenen Profilen bzw. Stahlhohlprofilen ausbetoniert und mit Zusatzbewehrung versehen. Unter Berücksichtigung des Ausnutzungsgrads und der Mindestquerschnittswerte kann eine Widerstandsdauer von bis zu 180 Minuten erreicht werden.
- **Feuerverzinken**
  Feuerverzinken verbessert die Feuerwiderstandsdauer von Stahl. Der verbesserte Feuerwiderstand basiert auf einer niedrigeren Emissivität von feuerverzinkten Stählen, die bis 500°C um 50% geringer ist. R30 ist vielfach durch Feuerverzinken möglich. Der Brandschutz durch Feuerverzinken ist in der DASt-Richtlinie 027 geregelt. Mehr unter: feuerverzinken.com/brandschutz (Kosten siehe Kapitel „Oberflächenbehandlung").

Stahlsorte	εm (≤ 500°C)	εm (≥ 500°C)
Baustahl	0,7	
Feuerverzinkter Baustahl[1]	0,35	0,70

1) Die Emissivität von feuerverzinktem Baustahl (gemäß DIN EN ISO 1461 und einer Stahlzusammensetzung gemäß Kategorie A und B nach DIN EN ISO 14713-2) ist bei Temperaturen bis 500 °C um 50% geringer.

Aktive Maßnahmen

Der Einfachheit halber werden hier nur die Maßnahmen angesprochen, die einen Effekt auf die Berechnung der anzusetzenden Brandlast nach Eurocode haben. Andere Maßnahmen, die u.U. nach Absprachen mit den lokalen Behörden zu einem optimierten Brandschutz führen können, bleiben zunächst unberücksichtigt.

- **Sprinklersystem**
  Wasserführendes Leitungssystem, welches bei Brandeinwirkung automatisch Wasser im Bereich des Brandherdes versprüht, um eine Ausbreitung zu vermeiden und das Feuer einzudämmen.
- **Automatische Brandmeldeanlage – Branderkennung durch Hitze oder Rauch**
  Anlagen, die auf Grund der Hitze oder Rauchentwicklung eines Feuers dieses automatisch erkennen und meist einen internen Hausalarm auslösen, der eine Evakuierung des Gebäudes zur Folge hat.
- **Brandmeldezentrale mit automatischer Alarmierung der Feuerwehr**
  Erweiterte Brandmeldeanlage mit automatischer Branderkennung, die zusätzlich die zuständige Feuerwehr alarmiert und weitere Informationen bereitstellt.
- **Rauchabzug**
  Unter Rauchabzügen versteht man Dachöffnungen, die sich durch manuelle oder automatische Betätigung im Brandfall öffnen und so heißen Brandrauch abführen. Sie werden häufig in Industriebauten verwendet oder bei mehrgeschossigen Gebäuden im Treppenraum angebracht, um den „ersten" Rettungsweg rauchfrei zu halten.
- **Werks- oder Betriebsfeuerwehr**
  Ist eine solche Einrichtung im Bereich des zu errichtenden Gebäudes vorhanden, kann dies bei der Planung berücksichtigt werden.
- **Eingebaute Löschgeräte und Klein-Löschmittel (Feuerlöscher/ Wandhydranten)**
  Gerätschaften, um lokale Brände durch anwesende Personen schon in der Entstehungsphase zu löschen.

Die im Folgenden angegebenen Kosten sind Anhaltswerte unter Berücksichtigung der jeweiligen Rahmenbedingungen. Genauere Angaben sind im Einzelfall durch einen Fachplaner zu bestimmen.

Rahmenbedingungen:

- Durchschnittswerte für Gebäudefläche von 800-1.400m² BGF.
- Schneelastzone 2, Geländehöhe max. 500m üNN, Windlastzone 2 (Binnenland), kompaktes Gebäude.

Hinweise:

- Passive Brandschutzmaßnahmen werden in €/m² zu applizierender Fläche bzw. €/kg Rahmenkonstruktion angegeben.
- Bei der Verwendung der Angaben in €/kg ist zu beachten, dass meist nur ein Teil der Konstruktion geschützt werden muss.
- Annahme eines Massivitätsfaktors von 140-180; entspricht IPE 300 - IPE 450 und der gesamten HEB-Reihe.
- Aktive Brandschutzmaßnahmen werden in €/m² BGF angegeben.

- Aktive Brandschutzmaßnahmen haben Einfluss auf die Bestimmung der Brandlast gemäß Eurocode 3 (EN 1993).
- Mittlere Brandlast für mehrgeschossige Gebäude ca. 500 MJ/m² (Büro), eingeschossige Gebäude ca. 750 MJ/m².
- Bei den Angaben zur werkseitigen Applikation sind Transportkosten sowie Reparaturen von bis zu 5% enthalten.
- Es wird empfohlen, für alle Preisindikationen von Brandschutzmaßnahmen zusätzlich fachkundige Firmen zu konsultieren.

Passiver Brandschutz €/m²		**Preisindikation in €/m² zu applizierende Fläche**		
Feuerwiderstand [c] in min		**30 min**	**60 min**	**90 min[a]**
Dämmschichtbildender Anstrich	• Ausführung auf der Baustelle • Ausführung in der Werkstatt	29 - 45 24 - 40	68 - 97 61 - 88	113 - 162 104 - 153
Spritzputzbekleidung	• Standardprodukte (normal) • Hochleistungsprodukte/-systeme	29 - 39 34 - 45	32 - 45 40 - 56	40 - 56 49 - 65
Ummantelung/Beplankung (Hauptstützen und Hauptträger)	• Gipskartonplatten (normal) • spezielle Brandschutzplatten/-systeme	32 - 45 45 - 65	49 - 81 56 - 88	65 - 97 72 - 104

Passiver Brandschutz €/kg		**Preisindikation in €/kg zu schützende Konstruktion [d]**		
Feuerwiderstand [c] in min		**30 min**	**60 min**	**90 min[b]**
Dämmschichtbildender Anstrich	• Ausführung auf der Baustelle • Ausführung in der Werkstatt	0,55- 1,05 0,50 - 0,95	1,30 - 2,35 1,05 - 2,10	2,00 - 3,95 1,95 - 3,70
Spritzputzbekleidung	• Standardprodukte (normal) • Hochleistungsprodukte/-systeme	0,40 - 0,90 0,50 - 0,90	0,55 - 0,90 0,70 - 1,05	0,55 - 1,05 0,70 - 1,20
Ummantelung/Beplankung (Hauptstützen und Hauptträger)	• Gipskartonplatten (normal) • spezielle Brandschutzplatten/-systeme	0,50 - 0,90 0,70 - 1,20	0,80 - 1,35 0,90 - 1,60	1,05 - 1,95 1,05 - 2,00
Feuerverzinken als Brandschutz	Information siehe Seite 154	0,30 - 0,95	Detaillierte Kosten siehe Tabelle Seite 151	

Aktiver Brandschutz	**Preisindikation in €/m² BGF[a]**
Sprinklersystem [e]	49 - 72
Entrauchungsanlage [f]	16 - 24
Feuermeldeeinrichtung, lokal, über Wärmedetektion	20 - 40
Feuermeldeeinrichtung, lokal, über Rauchdetektion	20 - 40
Brandmeldeanlage mit Branderkennung und autom. Alarmübermittlung	24 - 45

a) BGF: Brutto-Grundfläche (DIN 277:2021-08): Gesamtfläche aller grundrissebenen eine Bauwerks.
b) Eine „Bauaufsichtliche Zulassung" ist jeweils zu prüfen; zum Teil bedarf es einer „Zustimmung im Einzelfall", die meist vom Hersteller unterstützt wird.
c) DIN EN 13501-1 und 13501-2: Klassifizierung von Bauprodukten und Bauarten zu ihrem Brandverhalten.
d) Diese Werte sollten nur mit einem brandzuschützenden Teil der Gesamttonnage aus Kapitel 1 multipliziert werden. Eine entsprechende Annahme (bspw. 30 % oder 60 %) sollte getroffen werden.
e) Eine ausreichende Wasserversorgung über das öffentliche Leitungsnetz wird vorausgesetzt. Ansonsten entstehen Zusatzkosten durch eine komplexere Sprinklerzentrale, Vorratsbehälter etc.
f) Entrauchungsanlagen, die auf dem Prinzip der freien Entrauchung ohne mechanisch induzierte Luftströmung (Ventilatoren, Turbinen) basieren.

Gesamtkostenverteilung

Die Gesamtkosten für ein Tragwerk können berechnet werden, indem auf jede der verschiedenen Teilkomponenten ein Kostenkennwert (z.B. .../kg oder .../t) angewendet wird und die Teilergebnisse dann summiert werden. Das Ergebnis beinhaltet dann alle Kosten für Material, Fertigung, Korrosionsschutz, Brandschutz, Technische Bearbeitung, Lieferung und Montage.

Die folgenden Grafiken zeigen typische Verteilungen der Gesamtkosten, wobei vier unterschiedliche Szenarien dargestellt sind, je nachdem ob im Projekt Brandschutz und / oder Korrosionsschutz benötigt werden. Oft wird angenommen, dass ein Tragwerk mit der geringen Tonnage am kostengünstigsten ist, aber die Gesamtkosten hängen eben nicht allein davon ab. Wie aus den Grafiken hervorgeht, macht der Baustahl selbst zwar ca. 23-32% der gesamten Tragwerkskosten aus, aber die Fertigungskosten liegen mit fast dem gleichen Anteil unmittelbar darunter.

Neben dem Gesamtgewicht des Tragwerks ist es auch wichtig, die weiteren Komponenten dieses Tragwerks zu kennen. Der Kostenkennwert pro Tonne für komplexere Konstruktionen ist in der Regel höher als für ein Standardtragwerk, da für nicht standardisierte Profile, komplexe Verbindungen oder Spezialsysteme höhere Anforderungen an die Fertigung gestellt werden. Zudem kann sich dadurch die Oberfläche des Tragwerks erhöhen, welche mit Brandschutz und / oder Korrosionsschutz zu versehen ist. Es ist anzumerken, dass es sich auf den folgenden Seiten um rein beispielhafte Verteilungen handelt. Je nach Komplexität der Konstruktion könne einzelne Kostenkomponenten durch den Nutzer dieses Leitfadens angepasst werden. Fehlende Kostendaten können aus den prozentualen Verhältnissen überschlägig errechnet werden.

Es ist daher empfehlenswert, das Tragwerk in Alternativen zu denken und jeweils deren Gesamtkosten zu ermitteln, um am Ende eine Lösung zu erhalten, welche den funktionalen, ästhetischen und wirtschaftlichen Projektzielen entspricht.

Beispielhafte Verteilungen der Gesamtkosten bei unterschiedlichen Szenarien

1
mit Brandschutz
mit Korrosionsschutz

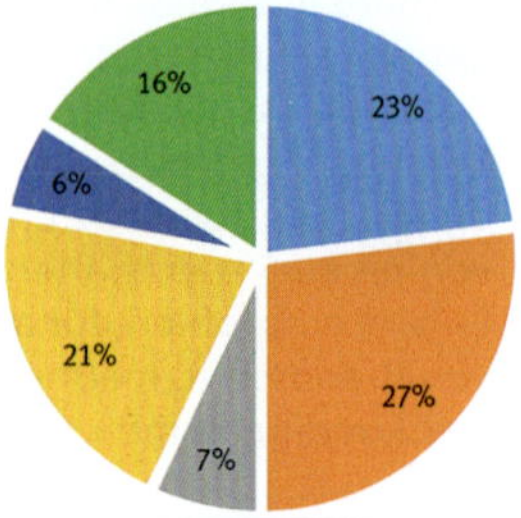

2
mit Brandschutz
ohne Korrosionsschutz

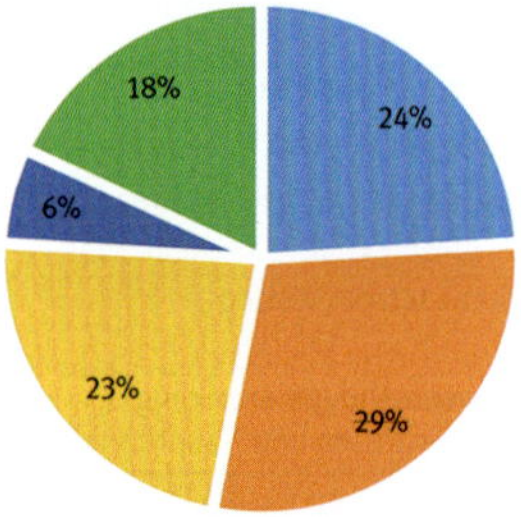

3
ohne Brandschutz
mit Korrosionsschutz

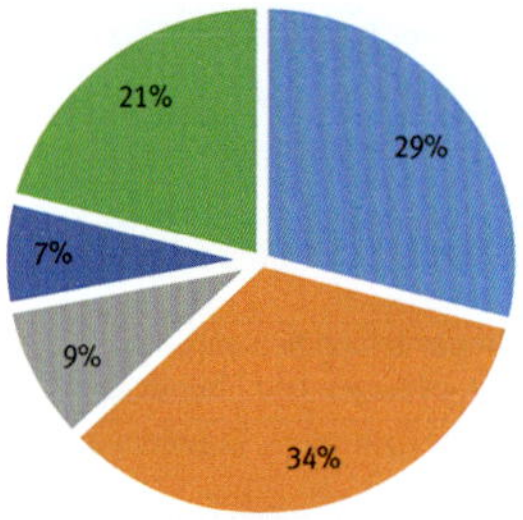

4
ohne Brandschutz
ohne Korrosionsschutz

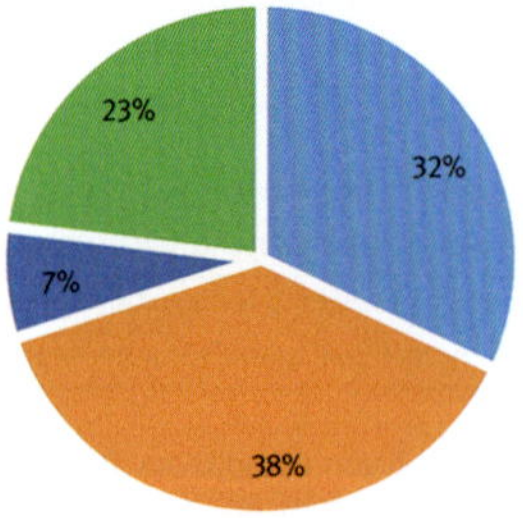

Material
Fertigung
Korrosionsschutz
Brandschutz F30
Technische Bearbeitung
Lieferung / Montage

Normen (Auszug)

Korrosion

DIN EN ISO 12944 Teile 1-8
Beschichtungsstoffe - Korrosionsschutz von Stahlbauten durch Beschichtungssysteme
- Teil 1: Allgemeine Einleitung
- Teil 2: Einteilung der Umgebungsbedingungen
- Teil 3: Grundregeln zur Gestaltung
- Teil 4: Arten von Oberflächen und Oberflächenvorbereitung
- Teil 5: Beschichtungssysteme
- Teil 6: Laborprüfungen zur Bewertung von Beschichtungssystemen
- Teil 7: Ausführung und Überwachung der Beschichtungsarbeiten
- Teil 8: Erarbeiten von Spezifikationen für Erstschutz und Instandsetzung

(Teile 3-5 haben keine Anwendung für dünnwandige Stahlblechbauteile)

DIN EN ISO 1461
Durch Feuerverzinken auf Stahl aufgebrachte Zinküberzüge (Stückverzinken)

DIN EN ISO 8501-1
Vorbereitung von Stahloberflächen vor dem Auftragen von Beschichtungsstoffen
- Visuelle Beurteilung der Oberflächenreinheit
- Teil 1: Rostgrade und Oberflächenvorbereitungsgrade von unbeschichteten Stahloberflächen und Stahloberflächen nach ganzflächigem Entfernen vorhandener Beschichtungen

DIN EN ISO 8501-2
Vorbereitung von Stahloberflächen vor dem Auftragen von Beschichtungsstoffen
Visuelle Beurteilung der Oberflächenreinheit
- Teil 2: Oberflächenvorbereitungsgrade von beschichteten Oberflächen nach örtlichem Entfernen der vorhandenen Beschichtungen

DIN EN ISO 8501-3
Vorbereitung von Stahloberflächen vor dem Auftragen von Beschichtungsstoffen
Visuelle Beurteilung der Oberflächenreinheit
- Teil 3: Vorbereitungsgrade von Schweißnähten, Kanten und anderen Flächen mit Oberflächenunregelmäßigkeiten

DIN EN ISO 14713-2
Zinküberzüge - Leitfäden und Empfehlungen zum Schutz von Eisen- und Stahlkonstruktionen vor Korrosion
- Teil 2: Feuerverzinken

DASt 022 Anwendung der DASt-Richtlinie 022: „Feuerverzinken von tragenden Stahlbauteilen"

DIN EN ISO 8503-1
Vorbereitung von Stahloberflächen vor dem Auftragen von Beschichtungsstoffen
Rauheitskenngrößen von gestrahlten Stahloberflächen
- Teil 1: Anforderungen und Begriffe für ISO-Rauheitsvergleichsmuster zur Beurteilung gestrahlter Oberflächen

DIN EN ISO 8503-2
Vorbereitung von Stahloberflächen vor dem Auftragen von Beschichtungsstoffen
- Rauheitskenngrößen von gestrahlten Stahloberflächen
Teil 2: Verfahren zur Prüfung der Rauheit von gestrahltem Stahl – Vergleichsmusterverfahren

Brandschutz

DIN EN 1364 Teile 1-4
Feuerwiderstandsprüfungen für nichttragende Bauteile
- Teil 1: Wände
- Teil 2: Unterdecken
- Teil 3: Vorhangfassaden – Gesamtausführung
- Teil 4: Vorhangfassaden - Teilausführung

DIN EN 13501 Teile 1-6
Klassifizierung von Bauprodukten und Bauarten zu ihrem Brandverhalten
- Teil 1: Klassifizierung mit den Ergebnissen aus den Prüfungen zum Brandverhalten von Bauprodukten
- Teil 2: Klassifizierung mit den Ergebnissen aus den Feuerwiderstandsprüfungen, mit Ausnahme von Lüftungsanlagen
- Teil 3: Klassifizierung mit den Ergebnissen aus den Feuerwiderstandsprüfungen an Bauteilen von haustechnischen Anlagen: Feuerwiderstandsfähige Leitungen und Brandschutzklappen

- Teil 4: Klassifizierung mit den Ergebnissen aus den Feuerwiderstandsprüfungen von Anlagen zur Rauchfreihaltung
- Teil 5: Klassifizierung mit den Ergebnissen aus Prüfungen von Bedachungen bei Beanspruchung durch Feuer von außen
- Teil 6: Klassifizierung mit den Ergebnissen aus den Prüfungen zum Brandverhalten von elektrischen Kabeln

DIN 4102 Teil 4
Brandverhalten von Baustoffen und Bauteilen
- Teil 4: Zusammenstellung und Anwendung klassifizierter Baustoffe, Bauteile und Sonderbauteile; Änderung A1

Bauelemente Neubau nach Gebäudearten

Kostenkennwerte für die Kostengruppen der 3. Ebene DIN 276

Büro- und Verwaltungsgebäude, einfacher Standard

Kosten:
Stand 1. Quartal 2025
Bundesdurchschnitt
inkl. 19% MwSt.

Kostengruppen		▷	€/Einheit	◁	KG an 300+400
310	**Baugrube / Erdbau**				
311	Herstellung [m³]	16,00	**37,00**	49,00	1,5%
320	**Gründung, Unterbau**				
321	Baugrundverbesserung [m²]	–	**23,00**	–	0,2%
322	Flachgründungen und Bodenplatten [m²]	163,00	**236,00**	378,00	7,3%
324	Gründungsbeläge [m²]	137,00	**167,00**	228,00	4,7%
325	Abdichtungen und Bekleidungen [m²]	23,00	**27,00**	29,00	1,0%
326	Dränagen [m²]	–	**10,00**	–	0,2%
329	Sonstiges zur KG 320 [m²]	–	**12,00**	–	< 0,1%
330	**Außenwände/Vertikale Baukonstruktionen, außen**				
331	Tragende Außenwände [m²]	170,00	**193,00**	238,00	7,2%
333	Außenstützen [m]	301,00	**362,00**	423,00	0,6%
334	Außenwandöffnungen [m²]	419,00	**491,00**	621,00	6,2%
335	Außenwandbekleidungen, außen [m²]	102,00	**115,00**	122,00	4,5%
336	Außenwandbekleidungen, innen [m²]	18,00	**49,00**	65,00	1,5%
338	Lichtschutz zur KG 330 [m²]	217,00	**343,00**	422,00	1,9%
339	Sonstiges zur KG 330 [m²]	–	**1,50**	–	< 0,1%
340	**Innenwände/Vertikale Baukonstruktionen, innen**				
341	Tragende Innenwände [m²]	134,00	**183,00**	232,00	2,3%
342	Nichttragende Innenwände [m²]	98,00	**111,00**	136,00	3,9%
343	Innenstützen [m]	228,00	**255,00**	282,00	0,3%
344	Innenwandöffnungen [m²]	667,00	**737,00**	852,00	5,0%
345	Innenwandbekleidungen [m²]	24,00	**36,00**	60,00	3,6%
346	Elementierte Innenwandkonstruktionen [m²]	–	**795,00**	–	1,2%
350	**Decken/Horizontale Baukonstruktionen**				
351	Deckenkonstruktionen [m²]	135,00	**208,00**	280,00	5,4%
353	Deckenbeläge [m²]	148,00	**163,00**	178,00	3,6%
354	Deckenbekleidungen [m²]	16,00	**24,00**	32,00	0,6%
359	Sonstiges zur KG 350 [m²]	9,60	**27,00**	45,00	0,7%
360	**Dächer**				
361	Dachkonstruktionen [m²]	106,00	**151,00**	232,00	5,5%
362	Dachöffnungen [m²]	–	**1.636,00**	–	3,1%
363	Dachbeläge [m²]	124,00	**210,00**	368,00	6,5%
364	Dachbekleidungen [m²]	96,00	**116,00**	144,00	3,6%
369	Sonstiges zur KG 360 [m²]	–	**0,80**	–	< 0,1%
370	**Infrastrukturanlagen**				
380	**Baukonstruktive Einbauten**				
381	Allgemeine Einbauten [m² BGF]	0,80	**3,90**	10,00	0,2%
390	**Sonstige Maßnahmen für Baukonstruktionen**				
391	Baustelleneinrichtung [m² BGF]	27,00	**37,00**	56,00	2,2%
392	Gerüste [m² BGF]	8,40	**12,00**	15,00	0,7%
397	Zusätzliche Maßnahmen [m² BGF]	–	**4,90**	–	0,1%

▷ von
ø Mittel
◁ bis

© **BKI** Baukosteninformationszentrum; Erläuterungen zu den Tabellen siehe Seite 54

Kostengruppen		▷	€/Einheit	◁	KG an 300+400
410	**Abwasser-, Wasser-, Gasanlagen**				
411	Abwasseranlagen [m² BGF]	7,50	**19,00**	43,00	1,2%
412	Wasseranlagen [m² BGF]	15,00	**26,00**	32,00	1,6%
419	Sonstiges zur KG 410 [m² BGF]	–	**7,50**	–	0,2%
420	**Wärmeversorgungsanlagen**				
421	Wärmeerzeugungsanlagen [m² BGF]	11,00	**22,00**	28,00	1,3%
422	Wärmeverteilnetze [m² BGF]	8,30	**10,00**	14,00	0,6%
423	Raumheizflächen [m² BGF]	26,00	**38,00**	55,00	2,2%
429	Sonstiges zur KG 420 [m² BGF]	4,00	**4,80**	5,50	0,2%
430	**Raumlufttechnische Anlagen**				
431	Lüftungsanlagen [m² BGF]	1,90	**2,00**	2,10	< 0,1%
440	**Elektrische Anlagen**				
444	Niederspannungsinstallationsanlagen [m² BGF]	28,00	**46,00**	57,00	2,8%
445	Beleuchtungsanlagen [m² BGF]	3,60	**29,00**	42,00	1,8%
446	Blitzschutz- und Erdungsanlagen [m² BGF]	2,00	**4,30**	5,70	0,3%
450	**Kommunikations-, sicherheits- und informationstechnische Anlagen**				
452	Such- und Signalanlagen [m² BGF]	0,90	**3,50**	8,60	0,2%
455	Audiovisuelle Medien- und Antennenanlagen [m² BGF]	–	**6,60**	–	0,1%
457	Datenübertragungsnetze [m² BGF]	13,00	**14,00**	14,00	0,6%
460	**Förderanlagen**				
461	Aufzugsanlagen [m² BGF]	–	**63,00**	–	1,4%
470	**Nutzungsspezifische und verfahrenstechnische Anlagen**				
474	Feuerlöschanlagen [m² BGF]	–	**5,40**	–	0,1%
480	**Gebäude- und Anlagenautomation**				
490	**Sonstige Maßnahmen für technische Anlagen**				

Büro- und Verwaltungsgebäude, mittlerer Standard

Kosten:
Stand 1. Quartal 2025
Bundesdurchschnitt
inkl. 19% MwSt.

Kostengruppen		▷	€/Einheit	◁	KG an 300+400
310	**Baugrube / Erdbau**				
311	Herstellung [m3]	35,00	**66,00**	140,00	1,6%
312	Umschließung [m2]	89,00	**257,00**	590,00	0,4%
320	**Gründung, Unterbau**				
321	Baugrundverbesserung [m2]	11,00	**40,00**	143,00	0,2%
322	Flachgründungen und Bodenplatten [m2]	193,00	**255,00**	337,00	3,7%
323	Tiefgründungen [m2]	105,00	**369,00**	779,00	0,9%
324	Gründungsbeläge [m2]	107,00	**174,00**	240,00	2,6%
325	Abdichtungen und Bekleidungen [m2]	30,00	**60,00**	116,00	0,8%
330	**Außenwände/Vertikale Baukonstruktionen, außen**				
331	Tragende Außenwände [m2]	169,00	**286,00**	426,00	3,5%
332	Nichttragende Außenwände [m2]	183,00	**305,00**	425,00	0,5%
333	Außenstützen [m]	199,00	**290,00**	409,00	0,4%
334	Außenwandöffnungen [m2]	785,00	**1.123,00**	2.043,00	8,9%
335	Außenwandbekleidungen, außen [m2]	199,00	**318,00**	535,00	6,1%
336	Außenwandbekleidungen, innen [m2]	42,00	**74,00**	108,00	1,1%
337	Elementierte Außenwandkonstruktionen [m2]	778,00	**1.008,00**	1.451,00	2,0%
338	Lichtschutz zur KG 330 [m2]	201,00	**374,00**	781,00	2,0%
340	**Innenwände/Vertikale Baukonstruktionen, innen**				
341	Tragende Innenwände [m2]	131,00	**249,00**	383,00	3,0%
342	Nichttragende Innenwände [m2]	108,00	**125,00**	151,00	2,1%
343	Innenstützen [m]	163,00	**266,00**	380,00	0,3%
344	Innenwandöffnungen [m2]	660,00	**974,00**	1.359,00	4,4%
345	Innenwandbekleidungen [m2]	35,00	**53,00**	73,00	2,6%
346	Elementierte Innenwandkonstruktionen [m2]	269,00	**564,00**	924,00	0,9%
350	**Decken/Horizontale Baukonstruktionen**				
351	Deckenkonstruktionen [m2]	242,00	**293,00**	412,00	6,3%
353	Deckenbeläge [m2]	172,00	**196,00**	225,00	3,7%
354	Deckenbekleidungen [m2]	69,00	**96,00**	149,00	1,5%
359	Sonstiges zur KG 350 [m2]	25,00	**56,00**	163,00	1,0%
360	**Dächer**				
361	Dachkonstruktionen [m2]	187,00	**235,00**	346,00	3,3%
362	Dachöffnungen [m2]	1.959,00	**3.308,00**	7.557,00	0,5%
363	Dachbeläge [m2]	214,00	**298,00**	435,00	4,3%
364	Dachbekleidungen [m2]	30,00	**76,00**	155,00	0,8%
369	Sonstiges zur KG 360 [m2]	9,40	**37,00**	73,00	0,3%
370	**Infrastrukturanlagen**				
380	**Baukonstruktive Einbauten**				
381	Allgemeine Einbauten [m2 BGF]	12,00	**37,00**	74,00	0,8%

▷ von
ø Mittel
◁ bis

© **BKI** Baukosteninformationszentrum; Erläuterungen zu den Tabellen siehe Seite 54

Kostengruppen		▷	€/Einheit	◁	KG an 300+400
390	**Sonstige Maßnahmen für Baukonstruktionen**				
391	Baustelleneinrichtung [m² BGF]	29,00	**59,00**	92,00	2,2%
392	Gerüste [m² BGF]	17,00	**28,00**	41,00	1,1%
397	Zusätzliche Maßnahmen [m² BGF]	5,30	**19,00**	34,00	0,6%
	Sonstige Kostengruppen Bauwerk – Baukonstruktionen				
	313, 326, 329, 339, 349, 355, 382, 383, 386, 387, 389, 393, 394, 395, 396, 398, 399				0,9%
410	**Abwasser-, Wasser-, Gasanlagen**				
411	Abwasseranlagen [m² BGF]	17,00	**32,00**	49,00	1,2%
412	Wasseranlagen [m² BGF]	28,00	**36,00**	72,00	1,3%
420	**Wärmeversorgungsanlagen**				
421	Wärmeerzeugungsanlagen [m² BGF]	15,00	**32,00**	64,00	1,1%
422	Wärmeverteilnetze [m² BGF]	31,00	**53,00**	90,00	1,9%
423	Raumheizflächen [m² BGF]	31,00	**53,00**	88,00	1,9%
430	**Raumlufttechnische Anlagen**				
431	Lüftungsanlagen [m² BGF]	16,00	**74,00**	163,00	2,1%
433	Klimaanlagen [m² BGF]	11,00	**59,00**	119,00	0,5%
434	Kälteanlagen [m² BGF]	26,00	**61,00**	148,00	0,4%
440	**Elektrische Anlagen**				
442	Eigenstromversorgungsanlagen [m² BGF]	9,70	**53,00**	186,00	0,9%
443	Niederspannungsschaltanlagen [m² BGF]	9,30	**18,00**	33,00	0,3%
444	Niederspannungsinstallationsanlagen [m² BGF]	85,00	**119,00**	175,00	4,5%
445	Beleuchtungsanlagen [m² BGF]	31,00	**59,00**	77,00	2,2%
446	Blitzschutz- und Erdungsanlagen [m² BGF]	3,90	**7,50**	12,00	0,3%
450	**Kommunikations-, sicherheits- und informationstechnische Anlagen**				
456	Gefahrenmelde- und Alarmanlagen [m² BGF]	7,90	**22,00**	41,00	0,8%
457	Datenübertragungsnetze [m² BGF]	32,00	**40,00**	51,00	1,6%
460	**Förderanlagen**				
461	Aufzugsanlagen [m² BGF]	29,00	**43,00**	83,00	0,9%
470	**Nutzungsspezifische und verfahrenstechnische Anlagen**				
480	**Gebäude- und Anlagenautomation**				
481	Automationseinrichtungen [m² BGF]	24,00	**40,00**	74,00	0,7%
482	Schaltschränke, Automationsschwerpunkte [m² BGF]	6,60	**12,00**	21,00	0,2%
490	**Sonstige Maßnahmen für technische Anlagen**				
	Sonstige Kostengruppen Bauwerk – Technische Anlagen				
	419, 429, 432, 439, 441, 451, 452, 453, 454, 455, 458, 463, 466, 471, 473, 474, 476, 483, 484, 485, 491, 492, 494, 495, 497, 498				1,6%

Büro- und Verwaltungsgebäude, hoher Standard

Kosten:
Stand 1. Quartal 2025
Bundesdurchschnitt
inkl. 19% MwSt.

Kostengruppen		▷	€/Einheit	◁	KG an 300+400
310	**Baugrube / Erdbau**				
311	Herstellung [m³]	40,00	**77,00**	140,00	2,0%
312	Umschließung [m²]	100,00	**336,00**	522,00	0,5%
313	Wasserhaltung [m³]	7,00	**31,00**	95,00	0,4%
320	**Gründung, Unterbau**				
322	Flachgründungen und Bodenplatten [m²]	197,00	**276,00**	350,00	2,6%
323	Tiefgründungen [m²]	315,00	**481,00**	639,00	0,6%
324	Gründungsbeläge [m²]	151,00	**242,00**	389,00	2,1%
325	Abdichtungen und Bekleidungen [m²]	36,00	**78,00**	143,00	0,9%
330	**Außenwände/Vertikale Baukonstruktionen, außen**				
331	Tragende Außenwände [m²]	212,00	**282,00**	419,00	3,7%
332	Nichttragende Außenwände [m²]	206,00	**292,00**	514,00	0,5%
333	Außenstützen [m]	170,00	**208,00**	268,00	0,2%
334	Außenwandöffnungen [m²]	880,00	**1.287,00**	1.756,00	9,3%
335	Außenwandbekleidungen, außen [m²]	259,00	**482,00**	1.105,00	6,5%
336	Außenwandbekleidungen, innen [m²]	48,00	**80,00**	135,00	0,9%
337	Elementierte Außenwandkonstruktionen [m²]	994,00	**1.070,00**	1.219,00	2,0%
338	Lichtschutz zur KG 330 [m²]	324,00	**520,00**	1.009,00	2,5%
339	Sonstiges zur KG 330 [m²]	12,00	**27,00**	78,00	0,5%
340	**Innenwände/Vertikale Baukonstruktionen, innen**				
341	Tragende Innenwände [m²]	201,00	**267,00**	439,00	1,9%
342	Nichttragende Innenwände [m²]	112,00	**143,00**	186,00	1,3%
343	Innenstützen [m]	171,00	**274,00**	419,00	0,4%
344	Innenwandöffnungen [m²]	1.146,00	**1.452,00**	1.730,00	4,0%
345	Innenwandbekleidungen [m²]	47,00	**67,00**	117,00	1,9%
346	Elementierte Innenwandkonstruktionen [m²]	595,00	**1.055,00**	1.777,00	2,9%
350	**Decken/Horizontale Baukonstruktionen**				
351	Deckenkonstruktionen [m²]	218,00	**290,00**	440,00	5,3%
353	Deckenbeläge [m²]	185,00	**235,00**	291,00	4,0%
354	Deckenbekleidungen [m²]	76,00	**114,00**	210,00	1,7%
359	Sonstiges zur KG 350 [m²]	17,00	**43,00**	70,00	0,8%
360	**Dächer**				
361	Dachkonstruktionen [m²]	174,00	**268,00**	362,00	3,0%
362	Dachöffnungen [m²]	2.367,00	**3.305,00**	5.134,00	0,4%
363	Dachbeläge [m²]	220,00	**380,00**	621,00	3,7%
364	Dachbekleidungen [m²]	104,00	**149,00**	231,00	1,2%
369	Sonstiges zur KG 360 [m²]	11,00	**39,00**	92,00	0,3%
370	**Infrastrukturanlagen**				
380	**Baukonstruktive Einbauten**				
381	Allgemeine Einbauten [m² BGF]	10,00	**41,00**	156,00	0,7%

▷ von
ø Mittel
◁ bis

© **BKI** Baukosteninformationszentrum; Erläuterungen zu den Tabellen siehe Seite 54

Kostengruppen	▷	€/Einheit	◁	KG an 300+400
390 Sonstige Maßnahmen für Baukonstruktionen				
391 Baustelleneinrichtung [m² BGF]	47,00	**100,00**	170,00	2,8%
392 Gerüste [m² BGF]	17,00	**30,00**	54,00	0,9%
397 Zusätzliche Maßnahmen [m² BGF]	19,00	**44,00**	117,00	1,0%
Sonstige Kostengruppen Bauwerk – Baukonstruktionen				
321, 326, 329, 349, 352, 355, 366, 382, 386, 387, 394, 395, 396, 398, 399				0,7%
410 Abwasser-, Wasser-, Gasanlagen				
411 Abwasseranlagen [m² BGF]	21,00	**32,00**	50,00	1,0%
412 Wasseranlagen [m² BGF]	35,00	**53,00**	73,00	1,6%
420 Wärmeversorgungsanlagen				
421 Wärmeerzeugungsanlagen [m² BGF]	18,00	**54,00**	81,00	1,7%
422 Wärmeverteilnetze [m² BGF]	48,00	**77,00**	126,00	2,2%
423 Raumheizflächen [m² BGF]	23,00	**56,00**	91,00	1,6%
430 Raumlufttechnische Anlagen				
431 Lüftungsanlagen [m² BGF]	22,00	**86,00**	161,00	1,9%
432 Teilklimaanlagen [m² BGF]	34,00	**68,00**	108,00	0,7%
433 Klimaanlagen [m² BGF]	54,00	**109,00**	170,00	1,1%
434 Kälteanlagen [m² BGF]	33,00	**72,00**	102,00	0,6%
439 Sonstiges zur KG 430 [m² BGF]	–	**127,00**	–	0,3%
440 Elektrische Anlagen				
442 Eigenstromversorgungsanlagen [m² BGF]	18,00	**49,00**	118,00	0,8%
443 Niederspannungsschaltanlagen [m² BGF]	15,00	**23,00**	31,00	0,2%
444 Niederspannungsinstallationsanlagen [m² BGF]	94,00	**125,00**	191,00	3,6%
445 Beleuchtungsanlagen [m² BGF]	49,00	**96,00**	145,00	2,6%
446 Blitzschutz- und Erdungsanlagen [m² BGF]	5,90	**9,40**	19,00	0,3%
450 Kommunikations-, sicherheits- und informationstechnische Anlagen				
456 Gefahrenmelde- und Alarmanlagen [m² BGF]	22,00	**46,00**	89,00	1,2%
457 Datenübertragungsnetze [m² BGF]	20,00	**48,00**	109,00	1,2%
460 Förderanlagen				
461 Aufzugsanlagen [m² BGF]	22,00	**45,00**	70,00	0,8%
470 Nutzungsspezifische und verfahrenstechnische Anlagen				
480 Gebäude- und Anlagenautomation				
481 Automationseinrichtungen [m² BGF]	25,00	**55,00**	117,00	1,1%
482 Schaltschränke, Automationsschwerpunkte [m² BGF]	9,80	**18,00**	32,00	0,2%
490 Sonstige Maßnahmen für technische Anlagen				
Sonstige Kostengruppen Bauwerk – Technische Anlagen				
413, 419, 429, 441, 451, 452, 455, 471, 474, 476, 483, 484, 485, 489, 491, 492, 497, 498				1,3%

Büro- und Verwaltungsgebäude, Holzbauweise

Kosten:
Stand 1. Quartal 2025
Bundesdurchschnitt
inkl. 19% MwSt.

▷ von
ø Mittel
◁ bis

Kostengruppen		▷	€/Einheit	◁	KG an 300+400
310	**Baugrube / Erdbau**				
311	Herstellung [m³]	34,00	**65,00**	101,00	0,5%
320	**Gründung, Unterbau**				
321	Baugrundverbesserung [m²]	–	**24,00**	–	0,5%
322	Flachgründungen und Bodenplatten [m²]	131,00	**220,00**	306,00	4,5%
323	Tiefgründungen [m²]	98,00	**141,00**	184,00	1,2%
324	Gründungsbeläge [m²]	144,00	**181,00**	216,00	3,9%
325	Abdichtungen und Bekleidungen [m²]	20,00	**48,00**	77,00	1,0%
326	Dränagen [m²]	–	**32,00**	–	0,2%
330	**Außenwände/Vertikale Baukonstruktionen, außen**				
331	Tragende Außenwände [m²]	205,00	**244,00**	346,00	6,2%
332	Nichttragende Außenwände [m²]	123,00	**180,00**	237,00	0,5%
333	Außenstützen [m]	158,00	**257,00**	357,00	0,2%
334	Außenwandöffnungen [m²]	713,00	**874,00**	990,00	6,6%
335	Außenwandbekleidungen, außen [m²]	153,00	**264,00**	542,00	5,1%
336	Außenwandbekleidungen, innen [m²]	46,00	**55,00**	66,00	1,1%
337	Elementierte Außenwandkonstruktionen [m²]	764,00	**943,00**	1.122,00	3,8%
338	Lichtschutz zur KG 330 [m²]	146,00	**196,00**	222,00	1,1%
339	Sonstiges zur KG 330 [m²]	5,60	**6,40**	7,20	0,1%
340	**Innenwände/Vertikale Baukonstruktionen, innen**				
341	Tragende Innenwände [m²]	104,00	**220,00**	354,00	3,0%
342	Nichttragende Innenwände [m²]	95,00	**128,00**	150,00	1,2%
343	Innenstützen [m]	105,00	**165,00**	315,00	0,4%
344	Innenwandöffnungen [m²]	653,00	**853,00**	1.398,00	2,4%
345	Innenwandbekleidungen [m²]	35,00	**49,00**	62,00	2,0%
346	Elementierte Innenwandkonstruktionen [m²]	386,00	**466,00**	514,00	1,1%
349	Sonstiges zur KG 340 [m²]	2,40	**5,00**	7,50	< 0,1%
350	**Decken/Horizontale Baukonstruktionen**				
351	Deckenkonstruktionen [m²]	220,00	**288,00**	420,00	5,2%
353	Deckenbeläge [m²]	100,00	**154,00**	190,00	2,5%
354	Deckenbekleidungen [m²]	71,00	**87,00**	96,00	1,3%
359	Sonstiges zur KG 350 [m²]	25,00	**41,00**	58,00	0,5%
360	**Dächer**				
361	Dachkonstruktionen [m²]	172,00	**260,00**	383,00	5,6%
362	Dachöffnungen [m²]	2.950,00	**4.541,00**	7.720,00	0,5%
363	Dachbeläge [m²]	226,00	**257,00**	332,00	6,5%
364	Dachbekleidungen [m²]	12,00	**87,00**	119,00	2,2%
369	Sonstiges zur KG 360 [m²]	–	**33,00**	–	< 0,1%
370	**Infrastrukturanlagen**				
380	**Baukonstruktive Einbauten**				
381	Allgemeine Einbauten [m² BGF]	29,00	**38,00**	46,00	0,8%
382	Besondere Einbauten [m² BGF]	–	**33,00**	–	0,3%
386	Orientierungs- und Informationssysteme [m² BGF]	–	**7,90**	–	< 0,1%

© **BKI** Baukosteninformationszentrum; Erläuterungen zu den Tabellen siehe Seite 54

Kostengruppen		▷	€/Einheit	◁	KG an 300+400
390	**Sonstige Maßnahmen für Baukonstruktionen**				
391	Baustelleneinrichtung [m² BGF]	34,00	**51,00**	101,00	2,0%
392	Gerüste [m² BGF]	14,00	**29,00**	36,00	1,2%
397	Zusätzliche Maßnahmen [m² BGF]	4,90	**13,00**	32,00	0,5%
	Sonstige Kostengruppen Bauwerk – Baukonstruktionen				
	313, 329, 394, 396, 398				< 0,1%
410	**Abwasser-, Wasser-, Gasanlagen**				
411	Abwasseranlagen [m² BGF]	13,00	**30,00**	47,00	1,3%
412	Wasseranlagen [m² BGF]	27,00	**33,00**	38,00	1,4%
419	Sonstiges zur KG 410 [m² BGF]	2,30	**4,30**	9,70	0,2%
420	**Wärmeversorgungsanlagen**				
421	Wärmeerzeugungsanlagen [m² BGF]	15,00	**39,00**	54,00	1,1%
422	Wärmeverteilnetze [m² BGF]	25,00	**45,00**	58,00	1,3%
423	Raumheizflächen [m² BGF]	5,70	**46,00**	70,00	1,5%
430	**Raumlufttechnische Anlagen**				
431	Lüftungsanlagen [m² BGF]	5,70	**68,00**	141,00	3,2%
432	Teilklimaanlagen [m² BGF]	–	**135,00**	–	1,0%
434	Kälteanlagen [m² BGF]	–	**36,00**	–	0,3%
439	Sonstiges zur KG 430 [m² BGF]	–	**73,00**	–	0,6%
440	**Elektrische Anlagen**				
441	Hoch- und Mittelspannungsanlagen [m² BGF]	–	**23,00**	–	0,2%
442	Eigenstromversorgungsanlagen [m² BGF]	56,00	**91,00**	160,00	3,1%
444	Niederspannungsinstallationsanlagen [m² BGF]	58,00	**105,00**	150,00	4,1%
445	Beleuchtungsanlagen [m² BGF]	26,00	**48,00**	91,00	1,4%
446	Blitzschutz- und Erdungsanlagen [m² BGF]	3,30	**6,50**	8,10	0,3%
450	**Kommunikations-, sicherheits- und informationstechnische Anlagen**				
452	Such- und Signalanlagen [m² BGF]	1,00	**2,90**	4,90	< 0,1%
456	Gefahrenmelde- und Alarmanlagen [m² BGF]	–	**82,00**	–	0,6%
457	Datenübertragungsnetze [m² BGF]	12,00	**21,00**	30,00	0,8%
460	**Förderanlagen**				
461	Aufzugsanlagen [m² BGF]	–	**20,00**	–	0,2%
470	**Nutzungsspezifische und verfahrenstechnische Anlagen**				
480	**Gebäude- und Anlagenautomation**				
481	Automationseinrichtungen [m² BGF]	43,00	**58,00**	74,00	1,1%
482	Schaltschränke, Automationsschwerpunkte [m² BGF]	–	**13,00**	–	< 0,1%
484	Kabel, Leitungen und Verlegesysteme [m² BGF]	–	**23,00**	–	0,2%
490	**Sonstige Maßnahmen für technische Anlagen**				
	Sonstige Kostengruppen Bauwerk – Technische Anlagen				
	429, 443, 451, 453, 454, 455, 474, 485, 491, 492, 497, 499				0,2%

Kosten:
Stand 1. Quartal 2025
Bundesdurchschnitt
inkl. 19% MwSt.

Kostengruppen		▷	€/Einheit	◁	KG an 300+400
310	**Baugrube / Erdbau**				
311	Herstellung [m³]	44,00	**48,00**	60,00	0,3%
320	**Gründung, Unterbau**				
321	Baugrundverbesserung [m²]	–	**49,00**	–	0,3%
322	Flachgründungen und Bodenplatten [m²]	193,00	**228,00**	264,00	4,1%
324	Gründungsbeläge [m²]	88,00	**158,00**	190,00	2,4%
325	Abdichtungen und Bekleidungen [m²]	40,00	**65,00**	88,00	1,4%
330	**Außenwände/Vertikale Baukonstruktionen, außen**				
331	Tragende Außenwände [m²]	79,00	**157,00**	231,00	2,9%
334	Außenwandöffnungen [m²]	1.121,00	**1.514,00**	2.668,00	7,6%
335	Außenwandbekleidungen, außen [m²]	318,00	**417,00**	458,00	7,8%
336	Außenwandbekleidungen, innen [m²]	25,00	**64,00**	80,00	0,6%
337	Elementierte Außenwandkonstruktionen [m²]	–	**184,00**	–	0,5%
338	Lichtschutz zur KG 330 [m²]	274,00	**393,00**	618,00	0,6%
339	Sonstiges zur KG 330 [m²]	1,60	**8,20**	11,00	0,2%
340	**Innenwände/Vertikale Baukonstruktionen, innen**				
341	Tragende Innenwände [m²]	165,00	**188,00**	218,00	1,1%
342	Nichttragende Innenwände [m²]	101,00	**133,00**	211,00	1,7%
343	Innenstützen [m]	151,00	**279,00**	328,00	0,3%
344	Innenwandöffnungen [m²]	1.122,00	**1.346,00**	1.469,00	4,2%
345	Innenwandbekleidungen [m²]	53,00	**74,00**	99,00	1,8%
346	Elementierte Innenwandkonstruktionen [m²]	183,00	**640,00**	884,00	0,6%
350	**Decken/Horizontale Baukonstruktionen**				
351	Deckenkonstruktionen [m²]	221,00	**305,00**	391,00	3,3%
353	Deckenbeläge [m²]	63,00	**158,00**	194,00	1,8%
354	Deckenbekleidungen [m²]	115,00	**255,00**	673,00	1,1%
355	Elementierte Deckenkonstruktionen [m²]	1.345,00	**4.742,00**	11.448,00	0,7%
359	Sonstiges zur KG 350 [m²]	49,00	**83,00**	169,00	0,7%
360	**Dächer**				
361	Dachkonstruktionen [m²]	137,00	**155,00**	199,00	2,8%
362	Dachöffnungen [m²]	1.472,00	**2.355,00**	4.048,00	0,4%
363	Dachbeläge [m²]	197,00	**232,00**	268,00	4,0%
364	Dachbekleidungen [m²]	30,00	**65,00**	91,00	0,8%
370	**Infrastrukturanlagen**				
380	**Baukonstruktive Einbauten**				
382	Besondere Einbauten [m² BGF]	–	**33,00**	–	0,2%
390	**Sonstige Maßnahmen für Baukonstruktionen**				
391	Baustelleneinrichtung [m² BGF]	35,00	**55,00**	72,00	1,6%
392	Gerüste [m² BGF]	17,00	**33,00**	81,00	1,0%
397	Zusätzliche Maßnahmen [m² BGF]	7,00	**13,00**	20,00	0,3%
	Sonstige Kostengruppen Bauwerk – Baukonstruktionen				
	313, 326, 329, 332, 333, 369, 381, 393, 394, 399				0,7%

▷ von
ø Mittel
◁ bis

© **BKI** Baukosteninformationszentrum; Erläuterungen zu den Tabellen siehe Seite 54

Kostengruppen		▷	€/Einheit	◁	KG an 300+400
410	**Abwasser-, Wasser-, Gasanlagen**				
411	Abwasseranlagen [m² BGF]	29,00	**49,00**	100,00	1,3%
412	Wasseranlagen [m² BGF]	35,00	**65,00**	153,00	1,6%
420	**Wärmeversorgungsanlagen**				
421	Wärmeerzeugungsanlagen [m² BGF]	15,00	**87,00**	230,00	1,5%
422	Wärmeverteilnetze [m² BGF]	29,00	**90,00**	153,00	2,4%
423	Raumheizflächen [m² BGF]	25,00	**33,00**	52,00	0,9%
429	Sonstiges zur KG 420 [m² BGF]	1,40	**15,00**	42,00	0,2%
430	**Raumlufttechnische Anlagen**				
431	Lüftungsanlagen [m² BGF]	151,00	**302,00**	389,00	7,4%
433	Klimaanlagen [m² BGF]	–	**548,00**	–	2,8%
434	Kälteanlagen [m² BGF]	192,00	**347,00**	651,00	6,2%
440	**Elektrische Anlagen**				
441	Hoch- und Mittelspannungsanlagen [m² BGF]	–	**90,00**	–	0,5%
443	Niederspannungsschaltanlagen [m² BGF]	22,00	**91,00**	161,00	1,3%
444	Niederspannungsinstallationsanlagen [m² BGF]	48,00	**107,00**	158,00	3,3%
445	Beleuchtungsanlagen [m² BGF]	43,00	**60,00**	93,00	1,5%
446	Blitzschutz- und Erdungsanlagen [m² BGF]	3,90	**10,00**	16,00	0,3%
450	**Kommunikations-, sicherheits- und informationstechnische Anlagen**				
456	Gefahrenmelde- und Alarmanlagen [m² BGF]	7,20	**34,00**	60,00	1,0%
457	Datenübertragungsnetze [m² BGF]	29,00	**47,00**	94,00	1,2%
460	**Förderanlagen**				
461	Aufzugsanlagen [m² BGF]	–	**26,00**	–	0,2%
470	**Nutzungsspezifische und verfahrenstechnische Anlagen**				
473	Medienversorgungsanlagen, Medizin- und labortechnische An-	138,00	**244,00**	441,00	5,4%
475	Prozesswärme-, kälte- und -luftanlagen [m² BGF]	–	**94,00**	–	0,5%
480	**Gebäude- und Anlagenautomation**				
481	Automationseinrichtungen [m² BGF]	9,90	**96,00**	182,00	1,3%
482	Schaltschränke, Automationsschwerpunkte [m² BGF]	10,00	**19,00**	27,00	0,3%
485	Datenübertragungsnetze [m² BGF]	–	**25,00**	–	0,2%
490	**Sonstige Maßnahmen für technische Anlagen**				
493	Sicherungsmaßnahmen [m² BGF]	–	**41,00**	–	0,2%
	Sonstige Kostengruppen Bauwerk – Technische Anlagen				
	419, 442, 451, 452, 453, 474, 483, 491				0,6%

Kosten:
Stand 1. Quartal 2025
Bundesdurchschnitt
inkl. 19% MwSt.

Kostengruppen		▷	€/Einheit	◁	KG an 300+400
310	**Baugrube / Erdbau**				
311	Herstellung [m³]	32,00	**54,00**	91,00	1,4%
312	Umschließung [m²]	–	**360,00**	–	0,5%
313	Wasserhaltung [m³]	–	**61,00**	–	0,2%
320	**Gründung, Unterbau**				
321	Baugrundverbesserung [m²]	7,40	**15,00**	29,00	0,4%
322	Flachgründungen und Bodenplatten [m²]	192,00	**304,00**	524,00	3,7%
324	Gründungsbeläge [m²]	125,00	**160,00**	228,00	2,2%
325	Abdichtungen und Bekleidungen [m²]	20,00	**47,00**	62,00	0,6%
330	**Außenwände/Vertikale Baukonstruktionen, außen**				
331	Tragende Außenwände [m²]	150,00	**211,00**	307,00	3,1%
332	Nichttragende Außenwände [m²]	274,00	**535,00**	796,00	0,2%
333	Außenstützen [m]	245,00	**555,00**	1.150,00	0,2%
334	Außenwandöffnungen [m²]	481,00	**762,00**	903,00	6,1%
335	Außenwandbekleidungen, außen [m²]	397,00	**411,00**	433,00	8,1%
336	Außenwandbekleidungen, innen [m²]	51,00	**58,00**	69,00	0,8%
338	Lichtschutz zur KG 330 [m²]	187,00	**243,00**	299,00	0,6%
339	Sonstiges zur KG 330 [m²]	10,00	**13,00**	15,00	0,2%
340	**Innenwände/Vertikale Baukonstruktionen, innen**				
341	Tragende Innenwände [m²]	134,00	**151,00**	160,00	2,0%
342	Nichttragende Innenwände [m²]	89,00	**124,00**	147,00	4,0%
343	Innenstützen [m]	144,00	**176,00**	240,00	0,4%
344	Innenwandöffnungen [m²]	576,00	**1.101,00**	1.384,00	5,6%
345	Innenwandbekleidungen [m²]	37,00	**42,00**	44,00	3,1%
346	Elementierte Innenwandkonstruktionen [m²]	2.179,00	**2.450,00**	2.720,00	0,3%
350	**Decken/Horizontale Baukonstruktionen**				
351	Deckenkonstruktionen [m²]	203,00	**229,00**	272,00	6,3%
353	Deckenbeläge [m²]	131,00	**177,00**	254,00	3,7%
354	Deckenbekleidungen [m²]	61,00	**107,00**	129,00	2,2%
359	Sonstiges zur KG 350 [m²]	14,00	**18,00**	20,00	0,5%
360	**Dächer**				
361	Dachkonstruktionen [m²]	104,00	**149,00**	220,00	1,9%
362	Dachöffnungen [m²]	7.200,00	**13.418,00**	24.398,00	0,2%
363	Dachbeläge [m²]	149,00	**278,00**	346,00	4,1%
364	Dachbekleidungen [m²]	102,00	**114,00**	138,00	1,4%
369	Sonstiges zur KG 360 [m²]	7,30	**24,00**	33,00	0,3%
370	**Infrastrukturanlagen**				
380	**Baukonstruktive Einbauten**				
381	Allgemeine Einbauten [m² BGF]	28,00	**42,00**	56,00	1,0%

▷ von
ø Mittel
◁ bis

© **BKI** Baukosteninformationszentrum; Erläuterungen zu den Tabellen siehe Seite 54

Kostengruppen	▷	€/Einheit	◁	KG an 300+400
390 Sonstige Maßnahmen für Baukonstruktionen				
391 Baustelleneinrichtung [m² BGF]	37,00	**47,00**	69,00	2,0%
392 Gerüste [m² BGF]	22,00	**24,00**	28,00	1,0%
395 Instandsetzungen [m² BGF]	–	**21,00**	–	0,3%
397 Zusätzliche Maßnahmen [m² BGF]	5,90	**15,00**	28,00	0,5%
Sonstige Kostengruppen Bauwerk – Baukonstruktionen				
326, 329, 349, 382, 389, 394, 396, 398				0,3%
410 Abwasser-, Wasser-, Gasanlagen				
411 Abwasseranlagen [m² BGF]	43,00	**49,00**	59,00	2,1%
412 Wasseranlagen [m² BGF]	57,00	**65,00**	77,00	2,7%
420 Wärmeversorgungsanlagen				
421 Wärmeerzeugungsanlagen [m² BGF]	13,00	**22,00**	38,00	0,9%
422 Wärmeverteilnetze [m² BGF]	18,00	**23,00**	26,00	1,0%
423 Raumheizflächen [m² BGF]	13,00	**17,00**	24,00	0,8%
430 Raumlufttechnische Anlagen				
431 Lüftungsanlagen [m² BGF]	–	**12,00**	–	0,2%
432 Teilklimaanlagen [m² BGF]	1,10	**108,00**	162,00	3,9%
434 Kälteanlagen [m² BGF]	–	**65,00**	–	0,8%
440 Elektrische Anlagen				
442 Eigenstromversorgungsanlagen [m² BGF]	19,00	**32,00**	44,00	0,8%
444 Niederspannungsinstallationsanlagen [m² BGF]	97,00	**140,00**	222,00	5,8%
445 Beleuchtungsanlagen [m² BGF]	78,00	**96,00**	126,00	4,3%
446 Blitzschutz- und Erdungsanlagen [m² BGF]	7,40	**11,00**	13,00	0,5%
450 Kommunikations-, sicherheits- und informationstechnische Anlagen				
452 Such- und Signalanlagen [m² BGF]	5,20	**16,00**	37,00	0,6%
454 Elektroakustische Anlagen [m² BGF]	0,20	**5,00**	7,70	0,2%
456 Gefahrenmelde- und Alarmanlagen [m² BGF]	15,00	**28,00**	49,00	1,1%
457 Datenübertragungsnetze [m² BGF]	17,00	**28,00**	33,00	1,2%
460 Förderanlagen				
461 Aufzugsanlagen [m² BGF]	27,00	**45,00**	55,00	2,0%
470 Nutzungsspezifische und verfahrenstechnische Anlagen				
473 Medienversorgungsanlagen, Medizin- und labortechnische An-	–	**48,00**	–	0,6%
480 Gebäude- und Anlagenautomation				
481 Automationseinrichtungen [m² BGF]	15,00	**19,00**	23,00	0,5%
484 Kabel, Leitungen und Verlegesysteme [m² BGF]	–	**18,00**	–	0,2%
490 Sonstige Maßnahmen für technische Anlagen				
Sonstige Kostengruppen Bauwerk – Technische Anlagen				
419, 429, 439, 451, 455, 471, 474, 485, 491, 492, 495				0,7%

Kostengruppen		▷	€/Einheit	◁	KG an 300+400
310	**Baugrube / Erdbau**				
311	Herstellung [m3]	32,00	**57,00**	137,00	1,3%
320	**Gründung, Unterbau**				
321	Baugrundverbesserung [m2]	1,70	**23,00**	35,00	0,3%
322	Flachgründungen und Bodenplatten [m2]	131,00	**234,00**	386,00	3,6%
323	Tiefgründungen [m2]	–	**112,00**	–	0,4%
324	Gründungsbeläge [m2]	147,00	**176,00**	199,00	2,9%
325	Abdichtungen und Bekleidungen [m2]	12,00	**52,00**	84,00	0,8%
330	**Außenwände/Vertikale Baukonstruktionen, außen**				
331	Tragende Außenwände [m2]	184,00	**223,00**	257,00	3,1%
332	Nichttragende Außenwände [m2]	283,00	**598,00**	1.216,00	0,6%
334	Außenwandöffnungen [m2]	705,00	**956,00**	1.247,00	4,7%
335	Außenwandbekleidungen, außen [m2]	207,00	**335,00**	504,00	4,6%
336	Außenwandbekleidungen, innen [m2]	49,00	**120,00**	232,00	0,7%
337	Elementierte Außenwandkonstruktionen [m2]	118,00	**849,00**	1.579,00	1,9%
338	Lichtschutz zur KG 330 [m2]	250,00	**337,00**	458,00	1,2%
340	**Innenwände/Vertikale Baukonstruktionen, innen**				
341	Tragende Innenwände [m2]	177,00	**250,00**	486,00	2,5%
342	Nichttragende Innenwände [m2]	84,00	**123,00**	149,00	3,8%
343	Innenstützen [m]	50,00	**151,00**	222,00	0,3%
344	Innenwandöffnungen [m2]	738,00	**917,00**	1.258,00	4,8%
345	Innenwandbekleidungen [m2]	48,00	**64,00**	120,00	3,9%
346	Elementierte Innenwandkonstruktionen [m2]	412,00	**584,00**	1.072,00	0,3%
349	Sonstiges zur KG 340 [m2]	4,60	**7,00**	8,90	0,3%
350	**Decken/Horizontale Baukonstruktionen**				
351	Deckenkonstruktionen [m2]	174,00	**230,00**	384,00	4,2%
353	Deckenbeläge [m2]	113,00	**163,00**	212,00	2,7%
354	Deckenbekleidungen [m2]	54,00	**106,00**	133,00	1,8%
359	Sonstiges zur KG 350 [m2]	7,20	**14,00**	18,00	0,3%
360	**Dächer**				
361	Dachkonstruktionen [m2]	100,00	**155,00**	193,00	2,7%
363	Dachbeläge [m2]	139,00	**204,00**	305,00	3,8%
364	Dachbekleidungen [m2]	45,00	**89,00**	149,00	2,0%
369	Sonstiges zur KG 360 [m2]	3,60	**31,00**	70,00	0,5%
370	**Infrastrukturanlagen**				
380	**Baukonstruktive Einbauten**				
381	Allgemeine Einbauten [m2 BGF]	3,10	**19,00**	76,00	0,5%
390	**Sonstige Maßnahmen für Baukonstruktionen**				
391	Baustelleneinrichtung [m2 BGF]	16,00	**43,00**	147,00	1,4%
392	Gerüste [m2 BGF]	9,60	**22,00**	37,00	0,8%
397	Zusätzliche Maßnahmen [m2 BGF]	5,50	**15,00**	42,00	0,4%

Kosten:
Stand 1. Quartal 2025
Bundesdurchschnitt
inkl. 19% MwSt.

▷ von
ø Mittel
◁ bis

© **BKI** Baukosteninformationszentrum; Erläuterungen zu den Tabellen siehe Seite 54

Kostengruppen		▷	€/Einheit	◁	KG an 300+400
	Sonstige Kostengruppen Bauwerk – Baukonstruktionen				
	312, 313, 326, 333, 339, 355, 362, 382, 396, 398, 399				1,0%
410	**Abwasser-, Wasser-, Gasanlagen**				
411	Abwasseranlagen [m² BGF]	46,00	**57,00**	74,00	2,3%
412	Wasseranlagen [m² BGF]	68,00	**109,00**	137,00	4,1%
419	Sonstiges zur KG 410 [m² BGF]	21,00	**85,00**	168,00	3,2%
420	**Wärmeversorgungsanlagen**				
421	Wärmeerzeugungsanlagen [m² BGF]	12,00	**28,00**	55,00	1,0%
422	Wärmeverteilnetze [m² BGF]	34,00	**40,00**	60,00	1,5%
423	Raumheizflächen [m² BGF]	21,00	**25,00**	41,00	0,9%
430	**Raumlufttechnische Anlagen**				
431	Lüftungsanlagen [m² BGF]	60,00	**121,00**	170,00	4,0%
432	Teilklimaanlagen [m² BGF]	1,40	**58,00**	114,00	0,6%
439	Sonstiges zur KG 430 [m² BGF]	–	**119,00**	–	0,6%
440	**Elektrische Anlagen**				
442	Eigenstromversorgungsanlagen [m² BGF]	4,90	**9,60**	14,00	0,3%
443	Niederspannungsschaltanlagen [m² BGF]	6,80	**11,00**	13,00	0,3%
444	Niederspannungsinstallationsanlagen [m² BGF]	69,00	**104,00**	125,00	4,0%
445	Beleuchtungsanlagen [m² BGF]	65,00	**76,00**	93,00	3,0%
446	Blitzschutz- und Erdungsanlagen [m² BGF]	5,10	**12,00**	36,00	0,4%
450	**Kommunikations-, sicherheits- und informationstechnische Anlagen**				
452	Such- und Signalanlagen [m² BGF]	26,00	**30,00**	38,00	1,2%
456	Gefahrenmelde- und Alarmanlagen [m² BGF]	24,00	**44,00**	57,00	1,7%
457	Datenübertragungsnetze [m² BGF]	7,30	**20,00**	27,00	0,8%
460	**Förderanlagen**				
461	Aufzugsanlagen [m² BGF]	43,00	**52,00**	61,00	1,6%
470	**Nutzungsspezifische und verfahrenstechnische Anlagen**				
471	Küchentechnische Anlagen [m² BGF]	52,00	**85,00**	168,00	3,0%
472	Wäscherei-, Reinigungs- und badetechnische Anlagen [m² BGF]	9,90	**14,00**	18,00	0,3%
473	Medienversorgungsanlagen, Medizin- und labortechnische An-	–	**29,00**	–	0,3%
480	**Gebäude- und Anlagenautomation**				
490	**Sonstige Maßnahmen für technische Anlagen**				
	Sonstige Kostengruppen Bauwerk – Technische Anlagen				
	429, 434, 451, 454, 455, 474, 481, 482, 491, 494, 497, 498				0,9%

Kosten:
Stand 1. Quartal 2025
Bundesdurchschnitt
inkl. 19% MwSt.

Kostengruppen		▷	€/Einheit	◁	KG an 300+400
310	**Baugrube / Erdbau**				
311	Herstellung [m³]	34,00	**55,00**	87,00	1,0%
320	**Gründung, Unterbau**				
321	Baugrundverbesserung [m²]	24,00	**38,00**	64,00	0,7%
322	Flachgründungen und Bodenplatten [m²]	130,00	**179,00**	241,00	4,5%
324	Gründungsbeläge [m²]	248,00	**310,00**	360,00	6,4%
325	Abdichtungen und Bekleidungen [m²]	19,00	**44,00**	64,00	1,1%
326	Dränagen [m²]	2,90	**7,40**	9,80	< 0,1%
330	**Außenwände/Vertikale Baukonstruktionen, außen**				
331	Tragende Außenwände [m²]	197,00	**282,00**	361,00	10,2%
332	Nichttragende Außenwände [m²]	–	**163,00**	–	0,4%
333	Außenstützen [m]	–	**246,00**	–	0,1%
334	Außenwandöffnungen [m²]	1.193,00	**1.442,00**	2.288,00	9,9%
335	Außenwandbekleidungen, außen [m²]	173,00	**316,00**	589,00	10,3%
336	Außenwandbekleidungen, innen [m²]	90,00	**116,00**	138,00	2,0%
337	Elementierte Außenwandkonstruktionen [m²]	–	**1.131,00**	–	1,0%
339	Sonstiges zur KG 330 [m²]	–	**6,00**	–	< 0,1%
340	**Innenwände/Vertikale Baukonstruktionen, innen**				
341	Tragende Innenwände [m²]	166,00	**174,00**	190,00	1,6%
342	Nichttragende Innenwände [m²]	137,00	**199,00**	400,00	3,1%
343	Innenstützen [m]	–	**376,00**	–	0,1%
344	Innenwandöffnungen [m²]	575,00	**665,00**	769,00	0,8%
345	Innenwandbekleidungen [m²]	96,00	**111,00**	156,00	2,8%
346	Elementierte Innenwandkonstruktionen [m²]	292,00	**497,00**	846,00	0,4%
350	**Decken/Horizontale Baukonstruktionen**				
351	Deckenkonstruktionen [m²]	–	**198,00**	–	0,3%
353	Deckenbeläge [m²]	–	**168,00**	–	0,2%
354	Deckenbekleidungen [m²]	–	**10,00**	–	< 0,1%
355	Elementierte Deckenkonstruktionen [m²]	–	**1.858,00**	–	0,6%
359	Sonstiges zur KG 350 [m²]	–	**56,00**	–	0,1%
360	**Dächer**				
361	Dachkonstruktionen [m²]	124,00	**174,00**	249,00	5,2%
363	Dachbeläge [m²]	231,00	**341,00**	416,00	11,5%
364	Dachbekleidungen [m²]	116,00	**136,00**	192,00	2,5%
369	Sonstiges zur KG 360 [m²]	4,20	**6,00**	7,70	0,1%
370	**Infrastrukturanlagen**				
380	**Baukonstruktive Einbauten**				
381	Allgemeine Einbauten [m² BGF]	–	**165,00**	–	0,7%
386	Orientierungs- und Informationssysteme [m² BGF]	0,60	**1,20**	1,90	< 0,1%

▷ von
ø Mittel
◁ bis

© **BKI** Baukosteninformationszentrum; Erläuterungen zu den Tabellen siehe Seite 54

Kostengruppen		▷	€/Einheit	◁	KG an 300+400
390	**Sonstige Maßnahmen für Baukonstruktionen**				
391	Baustelleneinrichtung [m² BGF]	24,00	**51,00**	157,00	1,4%
392	Gerüste [m² BGF]	39,00	**51,00**	83,00	1,4%
394	Abbruchmaßnahmen [m² BGF]	–	**23,00**	–	< 0,1%
396	Materialentsorgung [m² BGF]	–	**11,00**	–	< 0,1%
397	Zusätzliche Maßnahmen [m² BGF]	6,10	**13,00**	25,00	0,2%
410	**Abwasser-, Wasser-, Gasanlagen**				
411	Abwasseranlagen [m² BGF]	33,00	**87,00**	162,00	2,1%
412	Wasseranlagen [m² BGF]	177,00	**266,00**	322,00	3,8%
413	Gasanlagen [m² BGF]	5,00	**14,00**	23,00	0,1%
419	Sonstiges zur KG 410 [m² BGF]	15,00	**20,00**	23,00	0,3%
420	**Wärmeversorgungsanlagen**				
421	Wärmeerzeugungsanlagen [m² BGF]	110,00	**137,00**	179,00	1,9%
422	Wärmeverteilnetze [m² BGF]	59,00	**88,00**	141,00	1,3%
423	Raumheizflächen [m² BGF]	46,00	**60,00**	86,00	0,9%
429	Sonstiges zur KG 420 [m² BGF]	14,00	**55,00**	134,00	1,0%
430	**Raumlufttechnische Anlagen**				
431	Lüftungsanlagen [m² BGF]	20,00	**73,00**	169,00	0,9%
434	Kälteanlagen [m² BGF]	–	**57,00**	–	0,2%
440	**Elektrische Anlagen**				
444	Niederspannungsinstallationsanlagen [m² BGF]	103,00	**149,00**	217,00	2,3%
445	Beleuchtungsanlagen [m² BGF]	71,00	**102,00**	162,00	1,4%
446	Blitzschutz- und Erdungsanlagen [m² BGF]	8,70	**19,00**	58,00	0,5%
450	**Kommunikations-, sicherheits- und informationstechnische Anlagen**				
451	Telekommunikationsanlagen [m² BGF]	2,10	**6,50**	11,00	< 0,1%
452	Such- und Signalanlagen [m² BGF]	1,70	**1,90**	2,00	< 0,1%
455	Audiovisuelle Medien- und Antennenanlagen [m² BGF]	–	**0,40**	–	< 0,1%
456	Gefahrenmelde- und Alarmanlagen [m² BGF]	22,00	**66,00**	110,00	0,6%
457	Datenübertragungsnetze [m² BGF]	3,00	**5,20**	9,00	< 0,1%
460	**Förderanlagen**				
470	**Nutzungsspezifische und verfahrenstechnische Anlagen**				
471	Küchentechnische Anlagen [m² BGF]	–	**362,00**	–	1,4%
472	Wäscherei-, Reinigungs- und badetechnische Anlagen [m² BGF]	–	**53,00**	–	0,2%
480	**Gebäude- und Anlagenautomation**				
490	**Sonstige Maßnahmen für technische Anlagen**				
491	Baustelleneinrichtung [m² BGF]	–	**9,20**	–	< 0,1%
492	Gerüste [m² BGF]	–	**1,60**	–	< 0,1%

Kostengruppen		▷	€/Einheit	◁	KG an 300+400
310	**Baugrube / Erdbau**				
311	Herstellung [m³]	23,00	**50,00**	80,00	2,4%
320	**Gründung, Unterbau**				
321	Baugrundverbesserung [m²]	12,00	**26,00**	61,00	0,5%
322	Flachgründungen und Bodenplatten [m²]	160,00	**235,00**	312,00	5,0%
323	Tiefgründungen [m²]	80,00	**129,00**	277,00	0,8%
324	Gründungsbeläge [m²]	187,00	**215,00**	259,00	3,7%
325	Abdichtungen und Bekleidungen [m²]	25,00	**62,00**	120,00	1,3%
326	Dränagen [m²]	8,60	**52,00**	182,00	0,4%
330	**Außenwände/Vertikale Baukonstruktionen, außen**				
331	Tragende Außenwände [m²]	261,00	**335,00**	554,00	2,7%
332	Nichttragende Außenwände [m²]	216,00	**258,00**	383,00	0,3%
333	Außenstützen [m]	248,00	**353,00**	509,00	0,4%
334	Außenwandöffnungen [m²]	825,00	**1.186,00**	1.829,00	11,8%
335	Außenwandbekleidungen, außen [m²]	177,00	**290,00**	413,00	3,5%
336	Außenwandbekleidungen, innen [m²]	36,00	**79,00**	169,00	0,7%
337	Elementierte Außenwandkonstruktionen [m²]	391,00	**753,00**	1.115,00	2,3%
338	Lichtschutz zur KG 330 [m²]	273,00	**401,00**	633,00	1,4%
339	Sonstiges zur KG 330 [m²]	7,10	**23,00**	65,00	0,3%
340	**Innenwände/Vertikale Baukonstruktionen, innen**				
341	Tragende Innenwände [m²]	213,00	**262,00**	384,00	3,0%
342	Nichttragende Innenwände [m²]	135,00	**162,00**	231,00	1,3%
343	Innenstützen [m]	163,00	**254,00**	386,00	0,4%
344	Innenwandöffnungen [m²]	1.312,00	**1.506,00**	1.815,00	4,0%
345	Innenwandbekleidungen [m²]	55,00	**88,00**	110,00	2,4%
346	Elementierte Innenwandkonstruktionen [m²]	473,00	**855,00**	1.641,00	0,7%
350	**Decken/Horizontale Baukonstruktionen**				
351	Deckenkonstruktionen [m²]	224,00	**275,00**	322,00	4,8%
353	Deckenbeläge [m²]	150,00	**161,00**	175,00	2,3%
354	Deckenbekleidungen [m²]	110,00	**139,00**	160,00	1,9%
359	Sonstiges zur KG 350 [m²]	37,00	**52,00**	75,00	0,9%
360	**Dächer**				
361	Dachkonstruktionen [m²]	161,00	**221,00**	281,00	5,2%
362	Dachöffnungen [m²]	2.613,00	**3.482,00**	5.162,00	0,9%
363	Dachbeläge [m²]	211,00	**236,00**	282,00	5,4%
364	Dachbekleidungen [m²]	68,00	**114,00**	145,00	2,0%
369	Sonstiges zur KG 360 [m²]	4,00	**16,00**	28,00	0,2%
370	**Infrastrukturanlagen**				
380	**Baukonstruktive Einbauten**				
381	Allgemeine Einbauten [m² BGF]	4,40	**16,00**	44,00	0,5%
382	Besondere Einbauten [m² BGF]	7,50	**19,00**	30,00	0,2%

Kosten:
Stand 1. Quartal 2025
Bundesdurchschnitt
inkl. 19% MwSt.

▷ von
ø Mittel
◁ bis

© **BKI** Baukosteninformationszentrum; Erläuterungen zu den Tabellen siehe Seite 54

Kostengruppen		▷	€/Einheit	◁	KG an 300+400
390	**Sonstige Maßnahmen für Baukonstruktionen**				
391	Baustelleneinrichtung [m² BGF]	36,00	**71,00**	107,00	2,6%
392	Gerüste [m² BGF]	14,00	**32,00**	46,00	1,2%
397	Zusätzliche Maßnahmen [m² BGF]	14,00	**22,00**	38,00	0,7%
	Sonstige Kostengruppen Bauwerk – Baukonstruktionen				
	312, 313, 347, 349, 366, 386, 389, 394, 395, 396, 398, 399				0,5%
410	**Abwasser-, Wasser-, Gasanlagen**				
411	Abwasseranlagen [m² BGF]	23,00	**35,00**	51,00	1,1%
412	Wasseranlagen [m² BGF]	31,00	**42,00**	51,00	1,6%
420	**Wärmeversorgungsanlagen**				
421	Wärmeerzeugungsanlagen [m² BGF]	12,00	**37,00**	105,00	1,3%
422	Wärmeverteilnetze [m² BGF]	24,00	**39,00**	55,00	1,6%
423	Raumheizflächen [m² BGF]	17,00	**31,00**	64,00	1,3%
430	**Raumlufttechnische Anlagen**				
431	Lüftungsanlagen [m² BGF]	23,00	**93,00**	182,00	2,8%
440	**Elektrische Anlagen**				
442	Eigenstromversorgungsanlagen [m² BGF]	7,30	**15,00**	53,00	0,4%
443	Niederspannungsschaltanlagen [m² BGF]	24,00	**27,00**	31,00	0,3%
444	Niederspannungsinstallationsanlagen [m² BGF]	61,00	**92,00**	121,00	3,5%
445	Beleuchtungsanlagen [m² BGF]	37,00	**56,00**	73,00	2,0%
446	Blitzschutz- und Erdungsanlagen [m² BGF]	2,90	**5,00**	7,50	0,2%
450	**Kommunikations-, sicherheits- und informationstechnische Anlagen**				
454	Elektroakustische Anlagen [m² BGF]	2,70	**8,40**	12,00	0,2%
456	Gefahrenmelde- und Alarmanlagen [m² BGF]	4,50	**14,00**	25,00	0,4%
457	Datenübertragungsnetze [m² BGF]	8,10	**19,00**	29,00	0,6%
460	**Förderanlagen**				
461	Aufzugsanlagen [m² BGF]	17,00	**27,00**	34,00	0,9%
470	**Nutzungsspezifische und verfahrenstechnische Anlagen**				
471	Küchentechnische Anlagen [m² BGF]	14,00	**78,00**	144,00	1,3%
473	Medienversorgungsanlagen, Medizin- und labortechnische An-	24,00	**43,00**	62,00	0,5%
480	**Gebäude- und Anlagenautomation**				
481	Automationseinrichtungen [m² BGF]	18,00	**35,00**	47,00	0,6%
482	Schaltschränke, Automationsschwerpunkte [m² BGF]	12,00	**14,00**	15,00	0,2%
490	**Sonstige Maßnahmen für technische Anlagen**				
494	Abbruchmaßnahmen [m² BGF]	–	**32,00**	–	0,2%
	Sonstige Kostengruppen Bauwerk – Technische Anlagen				
	413, 419, 424, 429, 432, 451, 452, 453, 455, 459, 474, 476, 483, 484, 485, 491, 492, 495, 496, 497				0,5%

Schulen, Holzbauweise

Kosten:
Stand 1. Quartal 2025
Bundesdurchschnitt
inkl. 19% MwSt.

Kostengruppen		▷	€/Einheit	◁	KG an 300+400
310	**Baugrube / Erdbau**				
311	Herstellung [m³]	28,00	**92,00**	166,00	1,5%
320	**Gründung, Unterbau**				
322	Flachgründungen und Bodenplatten [m²]	217,00	**259,00**	328,00	6,8%
323	Tiefgründungen [m²]	–	**132,00**	–	0,3%
324	Gründungsbeläge [m²]	116,00	**191,00**	222,00	3,8%
325	Abdichtungen und Bekleidungen [m²]	52,00	**76,00**	106,00	1,5%
330	**Außenwände/Vertikale Baukonstruktionen, außen**				
331	Tragende Außenwände [m²]	210,00	**258,00**	325,00	4,6%
332	Nichttragende Außenwände [m²]	210,00	**253,00**	272,00	1,2%
333	Außenstützen [m]	80,00	**196,00**	296,00	0,5%
334	Außenwandöffnungen [m²]	1.073,00	**1.437,00**	2.997,00	7,3%
335	Außenwandbekleidungen, außen [m²]	211,00	**342,00**	587,00	8,3%
336	Außenwandbekleidungen, innen [m²]	34,00	**56,00**	83,00	1,1%
337	Elementierte Außenwandkonstruktionen [m²]	825,00	**963,00**	1.056,00	1,6%
338	Lichtschutz zur KG 330 [m²]	123,00	**268,00**	453,00	0,8%
339	Sonstiges zur KG 330 [m²]	2,80	**23,00**	47,00	0,4%
340	**Innenwände/Vertikale Baukonstruktionen, innen**				
341	Tragende Innenwände [m²]	198,00	**245,00**	314,00	3,2%
342	Nichttragende Innenwände [m²]	117,00	**147,00**	176,00	2,0%
344	Innenwandöffnungen [m²]	941,00	**1.145,00**	1.520,00	3,0%
345	Innenwandbekleidungen [m²]	43,00	**56,00**	71,00	2,3%
346	Elementierte Innenwandkonstruktionen [m²]	340,00	**572,00**	1.426,00	0,7%
350	**Decken/Horizontale Baukonstruktionen**				
351	Deckenkonstruktionen [m²]	237,00	**324,00**	504,00	3,7%
353	Deckenbeläge [m²]	162,00	**167,00**	175,00	1,6%
354	Deckenbekleidungen [m²]	118,00	**143,00**	167,00	1,1%
355	Elementierte Deckenkonstruktionen [m²]	–	**2.155,00**	–	0,3%
359	Sonstiges zur KG 350 [m²]	10,00	**36,00**	52,00	0,3%
360	**Dächer**				
361	Dachkonstruktionen [m²]	198,00	**274,00**	393,00	6,6%
362	Dachöffnungen [m²]	1.464,00	**3.572,00**	7.651,00	0,2%
363	Dachbeläge [m²]	163,00	**233,00**	522,00	6,0%
364	Dachbekleidungen [m²]	33,00	**103,00**	151,00	1,9%
369	Sonstiges zur KG 360 [m²]	4,40	**11,00**	19,00	0,2%
370	**Infrastrukturanlagen**				
380	**Baukonstruktive Einbauten**				
381	Allgemeine Einbauten [m² BGF]	5,90	**15,00**	24,00	0,2%
390	**Sonstige Maßnahmen für Baukonstruktionen**				
391	Baustelleneinrichtung [m² BGF]	29,00	**53,00**	100,00	1,9%
392	Gerüste [m² BGF]	20,00	**34,00**	59,00	1,0%
397	Zusätzliche Maßnahmen [m² BGF]	6,60	**12,00**	19,00	0,5%

▷ von
ø Mittel
◁ bis

© **BKI** Baukosteninformationszentrum; Erläuterungen zu den Tabellen siehe Seite 54

Kostengruppen		▷	€/Einheit	◁	KG an 300+400
	Sonstige Kostengruppen Bauwerk – Baukonstruktionen				
	313, 321, 326, 329, 343, 347, 349, 352, 366, 382, 386, 387, 393, 394, 398, 399				0,7%
410	**Abwasser-, Wasser-, Gasanlagen**				
411	Abwasseranlagen [m² BGF]	12,00	**29,00**	48,00	1,1%
412	Wasseranlagen [m² BGF]	40,00	**60,00**	98,00	2,2%
419	Sonstiges zur KG 410 [m² BGF]	4,10	**12,00**	17,00	0,4%
420	**Wärmeversorgungsanlagen**				
421	Wärmeerzeugungsanlagen [m² BGF]	7,40	**20,00**	41,00	0,7%
422	Wärmeverteilnetze [m² BGF]	22,00	**28,00**	44,00	1,1%
423	Raumheizflächen [m² BGF]	24,00	**39,00**	51,00	1,5%
430	**Raumlufttechnische Anlagen**				
431	Lüftungsanlagen [m² BGF]	11,00	**77,00**	152,00	2,8%
440	**Elektrische Anlagen**				
442	Eigenstromversorgungsanlagen [m² BGF]	15,00	**25,00**	35,00	0,3%
443	Niederspannungsschaltanlagen [m² BGF]	7,40	**21,00**	35,00	0,2%
444	Niederspannungsinstallationsanlagen [m² BGF]	66,00	**98,00**	134,00	3,6%
445	Beleuchtungsanlagen [m² BGF]	48,00	**83,00**	161,00	3,1%
446	Blitzschutz- und Erdungsanlagen [m² BGF]	11,00	**17,00**	26,00	0,6%
450	**Kommunikations-, sicherheits- und informationstechnische Anlagen**				
451	Telekommunikationsanlagen [m² BGF]	5,60	**8,60**	10,00	0,2%
456	Gefahrenmelde- und Alarmanlagen [m² BGF]	18,00	**37,00**	65,00	1,2%
457	Datenübertragungsnetze [m² BGF]	11,00	**15,00**	22,00	0,6%
460	**Förderanlagen**				
461	Aufzugsanlagen [m² BGF]	29,00	**41,00**	47,00	0,8%
465	Krananlagen [m² BGF]	–	**64,00**	–	0,3%
470	**Nutzungsspezifische und verfahrenstechnische Anlagen**				
476	Weitere nutzungsspezifische Anlagen [m² BGF]	–	**59,00**	–	0,3%
480	**Gebäude- und Anlagenautomation**				
481	Automationseinrichtungen [m² BGF]	11,00	**41,00**	55,00	0,8%
482	Schaltschränke, Automationsschwerpunkte [m² BGF]	18,00	**24,00**	29,00	0,3%
483	Automationsmanagement [m² BGF]	9,90	**25,00**	40,00	0,3%
485	Datenübertragungsnetze [m² BGF]	–	**31,00**	–	0,2%
490	**Sonstige Maßnahmen für technische Anlagen**				
	Sonstige Kostengruppen Bauwerk – Technische Anlagen				
	413, 434, 452, 453, 454, 455, 459, 471, 474, 484, 491, 494, 495, 498				0,5%

Berufliche Schulen

Kostengruppen		▷	€/Einheit	◁	KG an 300+400
310	**Baugrube / Erdbau**				
311	Herstellung [m³]	25,00	**43,00**	57,00	1,3%
312	Umschließung [m²]	2,00	**273,00**	545,00	< 0,1%
313	Wasserhaltung [m³]	1,40	**4,50**	7,50	< 0,1%
320	**Gründung, Unterbau**				
321	Baugrundverbesserung [m²]	–	**43,00**	–	0,5%
322	Flachgründungen und Bodenplatten [m²]	133,00	**175,00**	252,00	4,6%
324	Gründungsbeläge [m²]	109,00	**144,00**	193,00	4,0%
325	Abdichtungen und Bekleidungen [m²]	35,00	**57,00**	93,00	1,8%
330	**Außenwände/Vertikale Baukonstruktionen, außen**				
331	Tragende Außenwände [m²]	190,00	**298,00**	695,00	1,9%
332	Nichttragende Außenwände [m²]	173,00	**218,00**	305,00	1,1%
333	Außenstützen [m]	187,00	**1.174,00**	5.100,00	0,6%
334	Außenwandöffnungen [m²]	876,00	**1.152,00**	1.593,00	7,7%
335	Außenwandbekleidungen, außen [m²]	248,00	**310,00**	474,00	4,0%
336	Außenwandbekleidungen, innen [m²]	95,00	**163,00**	340,00	1,1%
337	Elementierte Außenwandkonstruktionen [m²]	138,00	**518,00**	898,00	2,5%
338	Lichtschutz zur KG 330 [m²]	226,00	**319,00**	411,00	1,1%
339	Sonstiges zur KG 330 [m²]	–	**59,00**	–	0,2%
340	**Innenwände/Vertikale Baukonstruktionen, innen**				
341	Tragende Innenwände [m²]	165,00	**248,00**	362,00	1,8%
342	Nichttragende Innenwände [m²]	145,00	**219,00**	436,00	1,1%
343	Innenstützen [m]	119,00	**219,00**	314,00	0,4%
344	Innenwandöffnungen [m²]	812,00	**1.066,00**	1.250,00	2,7%
345	Innenwandbekleidungen [m²]	55,00	**102,00**	132,00	2,1%
346	Elementierte Innenwandkonstruktionen [m²]	284,00	**340,00**	417,00	1,3%
350	**Decken/Horizontale Baukonstruktionen**				
351	Deckenkonstruktionen [m²]	192,00	**272,00**	322,00	2,2%
353	Deckenbeläge [m²]	220,00	**236,00**	252,00	1,8%
354	Deckenbekleidungen [m²]	219,00	**236,00**	253,00	1,4%
359	Sonstiges zur KG 350 [m²]	33,00	**37,00**	41,00	0,3%
360	**Dächer**				
361	Dachkonstruktionen [m²]	130,00	**196,00**	284,00	6,7%
362	Dachöffnungen [m²]	903,00	**1.690,00**	3.120,00	1,9%
363	Dachbeläge [m²]	183,00	**257,00**	479,00	7,4%
364	Dachbekleidungen [m²]	59,00	**179,00**	270,00	2,7%
366	Lichtschutz zur KG 360 [m²]	99,00	**457,00**	815,00	0,2%
369	Sonstiges zur KG 360 [m²]	5,90	**15,00**	26,00	0,3%
370	**Infrastrukturanlagen**				
380	**Baukonstruktive Einbauten**				
382	Besondere Einbauten [m² BGF]	13,00	**61,00**	151,00	1,1%

Kosten:
Stand 1. Quartal 2025
Bundesdurchschnitt
inkl. 19% MwSt.

▷ von
ø Mittel
◁ bis

© **BKI** Baukosteninformationszentrum; Erläuterungen zu den Tabellen siehe Seite 54

Kostengruppen		▷	€/Einheit	◁	KG an 300+400
390	**Sonstige Maßnahmen für Baukonstruktionen**				
391	Baustelleneinrichtung [m² BGF]	15,00	**64,00**	139,00	2,5%
392	Gerüste [m² BGF]	10,00	**24,00**	45,00	0,8%
397	Zusätzliche Maßnahmen [m² BGF]	12,00	**21,00**	46,00	0,6%
	Sonstige Kostengruppen Bauwerk – Baukonstruktionen				
	326, 347, 349, 355, 381, 386, 394, 395, 396, 399				0,2%
410	**Abwasser-, Wasser-, Gasanlagen**				
411	Abwasseranlagen [m² BGF]	33,00	**50,00**	113,00	1,7%
412	Wasseranlagen [m² BGF]	36,00	**65,00**	166,00	2,1%
419	Sonstiges zur KG 410 [m² BGF]	2,30	**4,20**	6,10	< 0,1%
420	**Wärmeversorgungsanlagen**				
421	Wärmeerzeugungsanlagen [m² BGF]	10,00	**23,00**	36,00	0,4%
422	Wärmeverteilnetze [m² BGF]	17,00	**40,00**	77,00	0,8%
423	Raumheizflächen [m² BGF]	12,00	**24,00**	47,00	0,6%
430	**Raumlufttechnische Anlagen**				
431	Lüftungsanlagen [m² BGF]	51,00	**71,00**	90,00	1,3%
440	**Elektrische Anlagen**				
442	Eigenstromversorgungsanlagen [m² BGF]	–	**9,10**	–	< 0,1%
443	Niederspannungsschaltanlagen [m² BGF]	–	**21,00**	–	0,2%
444	Niederspannungsinstallationsanlagen [m² BGF]	97,00	**151,00**	197,00	4,8%
445	Beleuchtungsanlagen [m² BGF]	47,00	**66,00**	85,00	1,9%
446	Blitzschutz- und Erdungsanlagen [m² BGF]	6,70	**25,00**	35,00	0,7%
450	**Kommunikations-, sicherheits- und informationstechnische Anlagen**				
451	Telekommunikationsanlagen [m² BGF]	6,80	**9,90**	13,00	0,2%
454	Elektroakustische Anlagen [m² BGF]	10,00	**14,00**	17,00	0,2%
456	Gefahrenmelde- und Alarmanlagen [m² BGF]	18,00	**31,00**	64,00	0,9%
457	Datenübertragungsnetze [m² BGF]	4,70	**21,00**	53,00	0,4%
460	**Förderanlagen**				
461	Aufzugsanlagen [m² BGF]	22,00	**59,00**	129,00	1,0%
470	**Nutzungsspezifische und verfahrenstechnische Anlagen**				
471	Küchentechnische Anlagen [m² BGF]	–	**149,00**	–	0,7%
475	Prozesswärme-, kälte- und -luftanlagen [m² BGF]	–	**267,00**	–	1,6%
476	Weitere nutzungsspezifische Anlagen [m² BGF]	0,60	**11,00**	16,00	0,2%
480	**Gebäude- und Anlagenautomation**				
481	Automationseinrichtungen [m² BGF]	57,00	**94,00**	131,00	1,3%
490	**Sonstige Maßnahmen für technische Anlagen**				
	Sonstige Kostengruppen Bauwerk – Technische Anlagen				
	413, 429, 439, 452, 453, 455, 474, 494				0,2%

Kosten:
Stand 1. Quartal 2025
Bundesdurchschnitt
inkl. 19% MwSt.

Kostengruppen		▷	€/Einheit	◁	KG an 300+400
310	**Baugrube / Erdbau**				
311	Herstellung [m³]	17,00	**40,00**	76,00	1,0%
320	**Gründung, Unterbau**				
321	Baugrundverbesserung [m²]	13,00	**61,00**	86,00	0,7%
322	Flachgründungen und Bodenplatten [m²]	168,00	**192,00**	230,00	3,1%
323	Tiefgründungen [m²]	–	**479,00**	–	1,0%
324	Gründungsbeläge [m²]	161,00	**178,00**	210,00	2,4%
325	Abdichtungen und Bekleidungen [m²]	26,00	**115,00**	208,00	1,1%
326	Dränagen [m²]	9,80	**21,00**	39,00	0,2%
330	**Außenwände/Vertikale Baukonstruktionen, außen**				
331	Tragende Außenwände [m²]	159,00	**260,00**	324,00	3,2%
332	Nichttragende Außenwände [m²]	130,00	**218,00**	306,00	0,1%
333	Außenstützen [m]	176,00	**215,00**	255,00	0,3%
334	Außenwandöffnungen [m²]	924,00	**3.268,00**	12.597,00	10,0%
335	Außenwandbekleidungen, außen [m²]	152,00	**286,00**	405,00	5,2%
336	Außenwandbekleidungen, innen [m²]	52,00	**62,00**	91,00	0,6%
338	Lichtschutz zur KG 330 [m²]	190,00	**265,00**	375,00	1,1%
340	**Innenwände/Vertikale Baukonstruktionen, innen**				
341	Tragende Innenwände [m²]	153,00	**255,00**	324,00	5,2%
342	Nichttragende Innenwände [m²]	140,00	**154,00**	164,00	1,8%
343	Innenstützen [m]	219,00	**276,00**	383,00	0,2%
344	Innenwandöffnungen [m²]	1.024,00	**1.148,00**	1.228,00	4,1%
345	Innenwandbekleidungen [m²]	39,00	**59,00**	90,00	2,5%
346	Elementierte Innenwandkonstruktionen [m²]	356,00	**733,00**	1.024,00	0,6%
349	Sonstiges zur KG 340 [m²]	5,40	**9,10**	13,00	0,1%
350	**Decken/Horizontale Baukonstruktionen**				
351	Deckenkonstruktionen [m²]	228,00	**274,00**	305,00	5,9%
353	Deckenbeläge [m²]	130,00	**164,00**	216,00	3,1%
354	Deckenbekleidungen [m²]	141,00	**172,00**	226,00	3,0%
355	Elementierte Deckenkonstruktionen [m²]	–	**4.269,00**	–	0,1%
359	Sonstiges zur KG 350 [m²]	32,00	**63,00**	150,00	1,3%
360	**Dächer**				
361	Dachkonstruktionen [m²]	157,00	**212,00**	297,00	4,0%
362	Dachöffnungen [m²]	2.029,00	**2.996,00**	6.309,00	0,7%
363	Dachbeläge [m²]	194,00	**226,00**	267,00	4,4%
364	Dachbekleidungen [m²]	101,00	**161,00**	220,00	2,6%
369	Sonstiges zur KG 360 [m²]	6,00	**11,00**	14,00	0,2%
370	**Infrastrukturanlagen**				
380	**Baukonstruktive Einbauten**				
381	Allgemeine Einbauten [m² BGF]	25,00	**59,00**	163,00	2,1%
382	Besondere Einbauten [m² BGF]	0,60	**10,00**	16,00	0,2%

▷ von
ø Mittel
◁ bis

© **BKI** Baukosteninformationszentrum; Erläuterungen zu den Tabellen siehe Seite 54

Kostengruppen		▷	€/Einheit	◁	KG an 300+400
390	**Sonstige Maßnahmen für Baukonstruktionen**				
391	Baustelleneinrichtung [m² BGF]	45,00	**65,00**	95,00	2,5%
392	Gerüste [m² BGF]	17,00	**42,00**	64,00	1,5%
394	Abbruchmaßnahmen [m² BGF]	–	**18,00**	–	0,1%
395	Instandsetzungen [m² BGF]	–	**43,00**	–	0,3%
397	Zusätzliche Maßnahmen [m² BGF]	2,70	**8,50**	12,00	0,3%
	Sonstige Kostengruppen Bauwerk – Baukonstruktionen				
	312, 313, 339, 347, 393, 396, 398, 399				0,2%
410	**Abwasser-, Wasser-, Gasanlagen**				
411	Abwasseranlagen [m² BGF]	19,00	**32,00**	56,00	1,4%
412	Wasseranlagen [m² BGF]	39,00	**54,00**	103,00	2,0%
420	**Wärmeversorgungsanlagen**				
421	Wärmeerzeugungsanlagen [m² BGF]	14,00	**46,00**	101,00	2,1%
422	Wärmeverteilnetze [m² BGF]	21,00	**40,00**	65,00	1,5%
423	Raumheizflächen [m² BGF]	33,00	**53,00**	82,00	2,1%
430	**Raumlufttechnische Anlagen**				
431	Lüftungsanlagen [m² BGF]	16,00	**25,00**	38,00	1,0%
440	**Elektrische Anlagen**				
442	Eigenstromversorgungsanlagen [m² BGF]	8,50	**23,00**	61,00	0,7%
443	Niederspannungsschaltanlagen [m² BGF]	–	**19,00**	–	0,1%
444	Niederspannungsinstallationsanlagen [m² BGF]	92,00	**141,00**	306,00	5,2%
445	Beleuchtungsanlagen [m² BGF]	36,00	**59,00**	90,00	2,1%
446	Blitzschutz- und Erdungsanlagen [m² BGF]	3,80	**7,10**	13,00	0,3%
450	**Kommunikations-, sicherheits- und informationstechnische Anlagen**				
451	Telekommunikationsanlagen [m² BGF]	3,10	**8,10**	27,00	0,3%
454	Elektroakustische Anlagen [m² BGF]	3,70	**8,70**	19,00	0,2%
456	Gefahrenmelde- und Alarmanlagen [m² BGF]	4,30	**15,00**	21,00	0,6%
457	Datenübertragungsnetze [m² BGF]	6,80	**15,00**	18,00	0,5%
460	**Förderanlagen**				
461	Aufzugsanlagen [m² BGF]	20,00	**42,00**	58,00	1,6%
470	**Nutzungsspezifische und verfahrenstechnische Anlagen**				
471	Küchentechnische Anlagen [m² BGF]	8,30	**12,00**	16,00	0,2%
480	**Gebäude- und Anlagenautomation**				
481	Automationseinrichtungen [m² BGF]	8,70	**23,00**	41,00	0,7%
482	Schaltschränke, Automationsschwerpunkte [m² BGF]	8,90	**13,00**	17,00	0,2%
490	**Sonstige Maßnahmen für technische Anlagen**				
	Sonstige Kostengruppen Bauwerk – Technische Anlagen				
	413, 419, 429, 432, 452, 453, 455, 459, 474, 484, 485, 489, 491, 492, 494, 497				0,4%

Kostengruppen		▷	€/Einheit	◁	KG an 300+400
310	**Baugrube / Erdbau**				
311	Herstellung [m³]	30,00	**33,00**	35,00	1,6%
312	Umschließung [m²]	7,30	**37,00**	66,00	< 0,1%
320	**Gründung, Unterbau**				
322	Flachgründungen und Bodenplatten [m²]	109,00	**292,00**	401,00	4,5%
323	Tiefgründungen [m²]	–	**633,00**	–	0,6%
324	Gründungsbeläge [m²]	87,00	**184,00**	238,00	1,9%
325	Abdichtungen und Bekleidungen [m²]	75,00	**101,00**	152,00	1,7%
326	Dränagen [m²]	30,00	**47,00**	64,00	0,4%
329	Sonstiges zur KG 320 [m²]	26,00	**33,00**	39,00	0,3%
330	**Außenwände/Vertikale Baukonstruktionen, außen**				
331	Tragende Außenwände [m²]	242,00	**314,00**	355,00	3,7%
333	Außenstützen [m]	192,00	**215,00**	262,00	0,5%
334	Außenwandöffnungen [m²]	1.315,00	**1.375,00**	1.469,00	14,1%
335	Außenwandbekleidungen, außen [m²]	295,00	**367,00**	499,00	4,1%
336	Außenwandbekleidungen, innen [m²]	22,00	**57,00**	128,00	0,3%
337	Elementierte Außenwandkonstruktionen [m²]	–	**181,00**	–	0,1%
338	Lichtschutz zur KG 330 [m²]	162,00	**199,00**	273,00	0,9%
339	Sonstiges zur KG 330 [m²]	3,80	**15,00**	38,00	0,3%
340	**Innenwände/Vertikale Baukonstruktionen, innen**				
341	Tragende Innenwände [m²]	275,00	**323,00**	350,00	2,8%
342	Nichttragende Innenwände [m²]	163,00	**247,00**	405,00	2,0%
343	Innenstützen [m]	220,00	**405,00**	505,00	0,8%
344	Innenwandöffnungen [m²]	1.296,00	**1.781,00**	2.694,00	4,1%
345	Innenwandbekleidungen [m²]	38,00	**64,00**	113,00	1,2%
346	Elementierte Innenwandkonstruktionen [m²]	870,00	**1.223,00**	1.450,00	1,0%
347	Lichtschutz zur KG 340 [m²]	–	**1.199,00**	–	0,1%
350	**Decken/Horizontale Baukonstruktionen**				
351	Deckenkonstruktionen [m²]	318,00	**390,00**	525,00	6,7%
353	Deckenbeläge [m²]	170,00	**208,00**	227,00	3,0%
354	Deckenbekleidungen [m²]	47,00	**67,00**	95,00	0,8%
359	Sonstiges zur KG 350 [m²]	23,00	**95,00**	235,00	1,5%
360	**Dächer**				
361	Dachkonstruktionen [m²]	190,00	**282,00**	448,00	5,2%
362	Dachöffnungen [m²]	996,00	**1.978,00**	2.555,00	< 0,1%
363	Dachbeläge [m²]	231,00	**249,00**	261,00	4,1%
364	Dachbekleidungen [m²]	36,00	**72,00**	130,00	0,4%
369	Sonstiges zur KG 360 [m²]	2,30	**15,00**	27,00	0,2%
370	**Infrastrukturanlagen**				
380	**Baukonstruktive Einbauten**				
381	Allgemeine Einbauten [m² BGF]	54,00	**56,00**	58,00	1,3%
382	Besondere Einbauten [m² BGF]	0,70	**2,00**	3,30	< 0,1%
383	Landschaftsgestalterische Einbauten [m² BGF]	–	**12,00**	–	0,1%

Kosten:
Stand 1. Quartal 2025
Bundesdurchschnitt
inkl. 19% MwSt.

▷ von
ø Mittel
◁ bis

© **BKI** Baukosteninformationszentrum; Erläuterungen zu den Tabellen siehe Seite 54

Kostengruppen		▷	€/Einheit	◁	KG an 300+400
390	**Sonstige Maßnahmen für Baukonstruktionen**				
391	Baustelleneinrichtung [m² BGF]	14,00	**58,00**	81,00	2,0%
392	Gerüste [m² BGF]	2,90	**39,00**	62,00	1,1%
397	Zusätzliche Maßnahmen [m² BGF]	3,90	**7,50**	11,00	0,2%
	Sonstige Kostengruppen Bauwerk – Baukonstruktionen				
	332, 349, 394, 395, 398, 399				0,1%
410	**Abwasser-, Wasser-, Gasanlagen**				
411	Abwasseranlagen [m² BGF]	52,00	**68,00**	84,00	1,6%
412	Wasseranlagen [m² BGF]	32,00	**32,00**	33,00	0,8%
419	Sonstiges zur KG 410 [m² BGF]	–	**12,00**	–	0,1%
420	**Wärmeversorgungsanlagen**				
421	Wärmeerzeugungsanlagen [m² BGF]	7,70	**16,00**	25,00	0,4%
422	Wärmeverteilnetze [m² BGF]	16,00	**30,00**	44,00	0,8%
423	Raumheizflächen [m² BGF]	21,00	**33,00**	46,00	0,9%
430	**Raumlufttechnische Anlagen**				
431	Lüftungsanlagen [m² BGF]	75,00	**96,00**	117,00	2,4%
440	**Elektrische Anlagen**				
441	Hoch- und Mittelspannungsanlagen [m² BGF]	–	**9,30**	–	0,1%
442	Eigenstromversorgungsanlagen [m² BGF]	–	**9,60**	–	< 0,1%
443	Niederspannungsschaltanlagen [m² BGF]	–	**29,00**	–	0,3%
444	Niederspannungsinstallationsanlagen [m² BGF]	91,00	**176,00**	345,00	5,3%
445	Beleuchtungsanlagen [m² BGF]	30,00	**71,00**	92,00	2,1%
446	Blitzschutz- und Erdungsanlagen [m² BGF]	1,70	**5,80**	7,80	0,2%
450	**Kommunikations-, sicherheits- und informationstechnische Anlagen**				
451	Telekommunikationsanlagen [m² BGF]	2,80	**8,30**	14,00	0,2%
456	Gefahrenmelde- und Alarmanlagen [m² BGF]	< 0,10	**12,00**	24,00	0,2%
457	Datenübertragungsnetze [m² BGF]	–	**21,00**	–	0,3%
460	**Förderanlagen**				
461	Aufzugsanlagen [m² BGF]	24,00	**48,00**	91,00	1,4%
470	**Nutzungsspezifische und verfahrenstechnische Anlagen**				
471	Küchentechnische Anlagen [m² BGF]	7,00	**111,00**	215,00	2,2%
473	Medienversorgungsanlagen, Medizin- und labortechnische An-	–	**17,00**	–	0,2%
480	**Gebäude- und Anlagenautomation**				
481	Automationseinrichtungen [m² BGF]	18,00	**76,00**	134,00	1,6%
482	Schaltschränke, Automationsschwerpunkte [m² BGF]	–	**19,00**	–	0,3%
484	Kabel, Leitungen und Verlegesysteme [m² BGF]	–	**9,10**	–	< 0,1%
490	**Sonstige Maßnahmen für technische Anlagen**				
	Sonstige Kostengruppen Bauwerk – Technische Anlagen				
	413, 429, 452, 455, 474, 476, 492				0,2%

Kindergärten, nicht unterkellert, einfacher Standard

Kosten:
Stand 1. Quartal 2025
Bundesdurchschnitt
inkl. 19% MwSt.

Kostengruppen		▷	€/Einheit	◁	KG an 300+400
310	**Baugrube / Erdbau**				
311	Herstellung [m³]	21,00	**39,00**	48,00	1,0%
319	Sonstiges zur KG 310 [m³]	–	**3,10**	–	< 0,1%
320	**Gründung, Unterbau**				
321	Baugrundverbesserung [m²]	20,00	**46,00**	73,00	1,5%
322	Flachgründungen und Bodenplatten [m²]	76,00	**140,00**	173,00	6,5%
323	Tiefgründungen [m²]	–	**76,00**	–	1,0%
324	Gründungsbeläge [m²]	160,00	**166,00**	177,00	6,9%
325	Abdichtungen und Bekleidungen [m²]	17,00	**33,00**	62,00	1,6%
330	**Außenwände/Vertikale Baukonstruktionen, außen**				
331	Tragende Außenwände [m²]	160,00	**201,00**	230,00	4,8%
332	Nichttragende Außenwände [m²]	–	**191,00**	–	0,3%
333	Außenstützen [m]	–	**190,00**	–	< 0,1%
334	Außenwandöffnungen [m²]	704,00	**911,00**	1.015,00	7,1%
335	Außenwandbekleidungen, außen [m²]	145,00	**226,00**	268,00	5,9%
336	Außenwandbekleidungen, innen [m²]	69,00	**83,00**	91,00	1,8%
338	Lichtschutz zur KG 330 [m²]	245,00	**397,00**	494,00	1,3%
339	Sonstiges zur KG 330 [m²]	–	**29,00**	–	0,3%
340	**Innenwände/Vertikale Baukonstruktionen, innen**				
341	Tragende Innenwände [m²]	128,00	**153,00**	190,00	4,7%
342	Nichttragende Innenwände [m²]	68,00	**93,00**	119,00	0,6%
343	Innenstützen [m]	8,70	**116,00**	223,00	< 0,1%
344	Innenwandöffnungen [m²]	645,00	**924,00**	1.064,00	3,8%
345	Innenwandbekleidungen [m²]	62,00	**81,00**	91,00	5,0%
346	Elementierte Innenwandkonstruktionen [m²]	417,00	**556,00**	644,00	1,4%
349	Sonstiges zur KG 340 [m²]	–	**19,00**	–	0,3%
350	**Decken/Horizontale Baukonstruktionen**				
351	Deckenkonstruktionen [m²]	–	**582,00**	–	0,8%
353	Deckenbeläge [m²]	–	**175,00**	–	0,2%
359	Sonstiges zur KG 350 [m²]	–	**239,00**	–	0,2%
360	**Dächer**				
361	Dachkonstruktionen [m²]	95,00	**116,00**	152,00	5,6%
362	Dachöffnungen [m²]	–	**1.250,00**	–	0,1%
363	Dachbeläge [m²]	129,00	**162,00**	226,00	8,0%
364	Dachbekleidungen [m²]	80,00	**104,00**	116,00	4,7%
369	Sonstiges zur KG 360 [m²]	5,30	**7,20**	9,20	0,2%
370	**Infrastrukturanlagen**				
380	**Baukonstruktive Einbauten**				
381	Allgemeine Einbauten [m² BGF]	50,00	**52,00**	54,00	1,6%
389	Sonstiges zur KG 380 [m² BGF]	–	**12,00**	–	0,2%

▷ von
ø Mittel
◁ bis

© **BKI** Baukosteninformationszentrum; Erläuterungen zu den Tabellen siehe Seite 54

Kostengruppen		▷	€/Einheit	◁	KG an 300+400
390	**Sonstige Maßnahmen für Baukonstruktionen**				
391	Baustelleneinrichtung [m² BGF]	7,10	**22,00**	49,00	1,0%
392	Gerüste [m² BGF]	8,80	**16,00**	20,00	0,8%
394	Abbruchmaßnahmen [m² BGF]	–	**9,80**	–	0,1%
396	Materialentsorgung [m² BGF]	–	**1,70**	–	< 0,1%
397	Zusätzliche Maßnahmen [m² BGF]	0,40	**3,90**	7,30	0,1%
410	**Abwasser-, Wasser-, Gasanlagen**				
411	Abwasseranlagen [m² BGF]	28,00	**38,00**	57,00	1,7%
412	Wasseranlagen [m² BGF]	60,00	**69,00**	87,00	3,3%
419	Sonstiges zur KG 410 [m² BGF]	4,80	**6,90**	8,90	0,2%
420	**Wärmeversorgungsanlagen**				
421	Wärmeerzeugungsanlagen [m² BGF]	19,00	**27,00**	38,00	1,2%
422	Wärmeverteilnetze [m² BGF]	25,00	**28,00**	33,00	1,3%
423	Raumheizflächen [m² BGF]	30,00	**38,00**	55,00	1,9%
429	Sonstiges zur KG 420 [m² BGF]	–	**7,40**	–	0,1%
430	**Raumlufttechnische Anlagen**				
431	Lüftungsanlagen [m² BGF]	14,00	**49,00**	69,00	2,2%
440	**Elektrische Anlagen**				
444	Niederspannungsinstallationsanlagen [m² BGF]	51,00	**68,00**	93,00	3,2%
445	Beleuchtungsanlagen [m² BGF]	55,00	**65,00**	85,00	3,1%
446	Blitzschutz- und Erdungsanlagen [m² BGF]	10,00	**19,00**	34,00	0,9%
450	**Kommunikations-, sicherheits- und informationstechnische Anlagen**				
451	Telekommunikationsanlagen [m² BGF]	–	**2,80**	–	< 0,1%
452	Such- und Signalanlagen [m² BGF]	1,50	**3,80**	8,10	0,2%
456	Gefahrenmelde- und Alarmanlagen [m² BGF]	7,20	**11,00**	19,00	0,5%
457	Datenübertragungsnetze [m² BGF]	4,40	**12,00**	19,00	0,4%
460	**Förderanlagen**				
470	**Nutzungsspezifische und verfahrenstechnische Anlagen**				
480	**Gebäude- und Anlagenautomation**				
490	**Sonstige Maßnahmen für technische Anlagen**				

Kindergärten, nicht unterkellert, mittlerer Standard

Kosten:
Stand 1. Quartal 2025
Bundesdurchschnitt
inkl. 19% MwSt.

Kostengruppen		▷	€/Einheit	◁	KG an 300+400
310	**Baugrube / Erdbau**				
311	Herstellung [m³]	28,00	**41,00**	56,00	1,1%
320	**Gründung, Unterbau**				
322	Flachgründungen und Bodenplatten [m²]	110,00	**158,00**	195,00	4,9%
323	Tiefgründungen [m²]	–	**34,00**	–	0,1%
324	Gründungsbeläge [m²]	175,00	**220,00**	276,00	6,1%
325	Abdichtungen und Bekleidungen [m²]	28,00	**54,00**	78,00	1,6%
330	**Außenwände/Vertikale Baukonstruktionen, außen**				
331	Tragende Außenwände [m²]	163,00	**193,00**	230,00	4,6%
332	Nichttragende Außenwände [m²]	206,00	**293,00**	373,00	0,3%
333	Außenstützen [m]	189,00	**236,00**	425,00	0,2%
334	Außenwandöffnungen [m²]	879,00	**1.048,00**	1.605,00	8,7%
335	Außenwandbekleidungen, außen [m²]	197,00	**252,00**	314,00	7,2%
336	Außenwandbekleidungen, innen [m²]	48,00	**77,00**	123,00	1,2%
338	Lichtschutz zur KG 330 [m²]	230,00	**378,00**	768,00	1,4%
339	Sonstiges zur KG 330 [m²]	5,10	**28,00**	72,00	0,3%
340	**Innenwände/Vertikale Baukonstruktionen, innen**				
341	Tragende Innenwände [m²]	128,00	**144,00**	170,00	3,8%
342	Nichttragende Innenwände [m²]	96,00	**112,00**	145,00	1,1%
344	Innenwandöffnungen [m²]	737,00	**1.034,00**	1.597,00	4,0%
345	Innenwandbekleidungen [m²]	59,00	**93,00**	201,00	3,5%
346	Elementierte Innenwandkonstruktionen [m²]	413,00	**647,00**	1.577,00	0,9%
350	**Decken/Horizontale Baukonstruktionen**				
351	Deckenkonstruktionen [m²]	146,00	**233,00**	269,00	2,1%
353	Deckenbeläge [m²]	83,00	**134,00**	180,00	1,2%
354	Deckenbekleidungen [m²]	71,00	**87,00**	103,00	0,7%
359	Sonstiges zur KG 350 [m²]	28,00	**72,00**	137,00	0,6%
360	**Dächer**				
361	Dachkonstruktionen [m²]	123,00	**187,00**	235,00	6,7%
362	Dachöffnungen [m²]	1.604,00	**2.283,00**	3.025,00	0,9%
363	Dachbeläge [m²]	163,00	**187,00**	197,00	6,6%
364	Dachbekleidungen [m²]	93,00	**118,00**	155,00	3,3%
366	Lichtschutz zur KG 360 [m²]	736,00	**1.018,00**	1.567,00	< 0,1%
369	Sonstiges zur KG 360 [m²]	6,20	**7,60**	10,00	0,1%
370	**Infrastrukturanlagen**				
380	**Baukonstruktive Einbauten**				
381	Allgemeine Einbauten [m² BGF]	19,00	**80,00**	154,00	1,6%
390	**Sonstige Maßnahmen für Baukonstruktionen**				
391	Baustelleneinrichtung [m² BGF]	28,00	**46,00**	66,00	1,6%
392	Gerüste [m² BGF]	8,40	**22,00**	34,00	0,9%
397	Zusätzliche Maßnahmen [m² BGF]	11,00	**23,00**	35,00	0,5%
399	Sonstiges zur KG 390 [m² BGF]	4,70	**7,60**	13,00	0,1%

▷ von
ø Mittel
◁ bis

© **BKI** Baukosteninformationszentrum; Erläuterungen zu den Tabellen siehe Seite 54

Kostengruppen		▷	€/Einheit	◁	KG an 300+400
	Sonstige Kostengruppen Bauwerk – Baukonstruktionen				
	312, 321, 326, 343, 349, 382, 386, 394, 395, 396, 398				0,2%
410	**Abwasser-, Wasser-, Gasanlagen**				
411	Abwasseranlagen [m² BGF]	17,00	**32,00**	53,00	1,3%
412	Wasseranlagen [m² BGF]	54,00	**85,00**	108,00	3,4%
419	Sonstiges zur KG 410 [m² BGF]	7,10	**11,00**	14,00	0,3%
420	**Wärmeversorgungsanlagen**				
421	Wärmeerzeugungsanlagen [m² BGF]	28,00	**62,00**	137,00	2,4%
422	Wärmeverteilnetze [m² BGF]	15,00	**23,00**	32,00	0,6%
423	Raumheizflächen [m² BGF]	24,00	**30,00**	32,00	0,8%
430	**Raumlufttechnische Anlagen**				
431	Lüftungsanlagen [m² BGF]	17,00	**86,00**	204,00	2,3%
440	**Elektrische Anlagen**				
442	Eigenstromversorgungsanlagen [m² BGF]	6,20	**9,20**	12,00	0,1%
443	Niederspannungsschaltanlagen [m² BGF]	–	**13,00**	–	< 0,1%
444	Niederspannungsinstallationsanlagen [m² BGF]	65,00	**92,00**	156,00	3,6%
445	Beleuchtungsanlagen [m² BGF]	36,00	**74,00**	170,00	2,4%
446	Blitzschutz- und Erdungsanlagen [m² BGF]	9,20	**16,00**	45,00	0,6%
450	**Kommunikations-, sicherheits- und informationstechnische Anlagen**				
451	Telekommunikationsanlagen [m² BGF]	1,30	**7,70**	20,00	0,1%
452	Such- und Signalanlagen [m² BGF]	1,60	**2,70**	3,70	< 0,1%
454	Elektroakustische Anlagen [m² BGF]	–	**21,00**	–	0,1%
456	Gefahrenmelde- und Alarmanlagen [m² BGF]	10,00	**23,00**	43,00	0,6%
457	Datenübertragungsnetze [m² BGF]	6,00	**9,60**	14,00	0,3%
460	**Förderanlagen**				
461	Aufzugsanlagen [m² BGF]	–	**52,00**	–	0,3%
470	**Nutzungsspezifische und verfahrenstechnische Anlagen**				
471	Küchentechnische Anlagen [m² BGF]	–	**83,00**	–	0,5%
480	**Gebäude- und Anlagenautomation**				
481	Automationseinrichtungen [m² BGF]	12,00	**33,00**	53,00	0,3%
482	Schaltschränke, Automationsschwerpunkte [m² BGF]	–	**24,00**	–	0,1%
483	Automationsmanagement [m² BGF]	–	**19,00**	–	< 0,1%
490	**Sonstige Maßnahmen für technische Anlagen**				
497	Zusätzliche Maßnahmen [m² BGF]	0,70	**4,10**	6,10	< 0,1%
	Sonstige Kostengruppen Bauwerk – Technische Anlagen				
	413, 429, 449, 455, 474, 484, 491, 492, 495				0,2%

Kindergärten, nicht unterkellert, hoher Standard

Kosten:
Stand 1.Quartal 2025
Bundesdurchschnitt
inkl. 19% MwSt.

Kostengruppen		▷	€/Einheit	◁	KG an 300+400
310	**Baugrube / Erdbau**				
311	Herstellung [m³]	8,10	**39,00**	50,00	1,4%
320	**Gründung, Unterbau**				
321	Baugrundverbesserung [m²]	32,00	**94,00**	127,00	2,4%
322	Flachgründungen und Bodenplatten [m²]	115,00	**127,00**	139,00	3,7%
324	Gründungsbeläge [m²]	178,00	**190,00**	202,00	5,0%
325	Abdichtungen und Bekleidungen [m²]	50,00	**62,00**	72,00	1,8%
329	Sonstiges zur KG 320 [m²]	–	**14,00**	–	0,1%
330	**Außenwände/Vertikale Baukonstruktionen, außen**				
331	Tragende Außenwände [m²]	146,00	**229,00**	333,00	3,8%
333	Außenstützen [m]	148,00	**237,00**	282,00	0,2%
334	Außenwandöffnungen [m²]	840,00	**1.052,00**	1.264,00	8,9%
335	Außenwandbekleidungen, außen [m²]	162,00	**205,00**	249,00	4,0%
336	Außenwandbekleidungen, innen [m²]	42,00	**53,00**	64,00	0,9%
337	Elementierte Außenwandkonstruktionen [m²]	–	**1.172,00**	–	1,2%
338	Lichtschutz zur KG 330 [m²]	418,00	**526,00**	739,00	1,4%
339	Sonstiges zur KG 330 [m²]	8,70	**8,90**	9,10	0,1%
340	**Innenwände/Vertikale Baukonstruktionen, innen**				
341	Tragende Innenwände [m²]	123,00	**164,00**	271,00	3,7%
342	Nichttragende Innenwände [m²]	86,00	**125,00**	159,00	0,8%
344	Innenwandöffnungen [m²]	779,00	**966,00**	1.142,00	3,2%
345	Innenwandbekleidungen [m²]	50,00	**56,00**	61,00	3,0%
346	Elementierte Innenwandkonstruktionen [m²]	350,00	**794,00**	1.122,00	1,6%
350	**Decken/Horizontale Baukonstruktionen**				
351	Deckenkonstruktionen [m²]	244,00	**300,00**	460,00	2,0%
352	Deckenöffnungen [m²]	990,00	**1.280,00**	1.569,00	0,1%
353	Deckenbeläge [m²]	60,00	**108,00**	149,00	0,7%
354	Deckenbekleidungen [m²]	80,00	**125,00**	247,00	0,8%
355	Elementierte Deckenkonstruktionen [m²]	–	**3.139,00**	–	0,2%
359	Sonstiges zur KG 350 [m²]	42,00	**100,00**	236,00	0,6%
360	**Dächer**				
361	Dachkonstruktionen [m²]	164,00	**192,00**	215,00	6,9%
362	Dachöffnungen [m²]	2.180,00	**3.075,00**	3.760,00	1,6%
363	Dachbeläge [m²]	159,00	**211,00**	349,00	7,5%
364	Dachbekleidungen [m²]	124,00	**169,00**	213,00	5,2%
366	Lichtschutz zur KG 360 [m²]	–	**434,00**	–	0,1%
369	Sonstiges zur KG 360 [m²]	13,00	**26,00**	30,00	1,0%
370	**Infrastrukturanlagen**				
380	**Baukonstruktive Einbauten**				
381	Allgemeine Einbauten [m² BGF]	52,00	**89,00**	108,00	2,6%
382	Besondere Einbauten [m² BGF]	–	**38,00**	–	0,4%

▷ von
ø Mittel
◁ bis

© **BKI** Baukosteninformationszentrum; Erläuterungen zu den Tabellen siehe Seite 54

Kostengruppen		▷	€/Einheit	◁	KG an 300+400
390	**Sonstige Maßnahmen für Baukonstruktionen**				
391	Baustelleneinrichtung [m² BGF]	22,00	**40,00**	55,00	1,6%
392	Gerüste [m² BGF]	14,00	**27,00**	34,00	0,8%
397	Zusätzliche Maßnahmen [m² BGF]	2,00	**6,00**	14,00	0,2%
	Sonstige Kostengruppen Bauwerk – Baukonstruktionen				
	326, 332, 343, 349, 386, 395, 398				0,3%
410	**Abwasser-, Wasser-, Gasanlagen**				
411	Abwasseranlagen [m² BGF]	15,00	**24,00**	51,00	0,9%
412	Wasseranlagen [m² BGF]	59,00	**68,00**	91,00	2,7%
419	Sonstiges zur KG 410 [m² BGF]	4,40	**6,10**	7,80	0,1%
420	**Wärmeversorgungsanlagen**				
421	Wärmeerzeugungsanlagen [m² BGF]	8,10	**27,00**	40,00	0,8%
422	Wärmeverteilnetze [m² BGF]	15,00	**38,00**	47,00	1,5%
423	Raumheizflächen [m² BGF]	14,00	**40,00**	68,00	1,6%
429	Sonstiges zur KG 420 [m² BGF]	–	**18,00**	–	0,2%
430	**Raumlufttechnische Anlagen**				
431	Lüftungsanlagen [m² BGF]	24,00	**82,00**	131,00	3,2%
440	**Elektrische Anlagen**				
443	Niederspannungsschaltanlagen [m² BGF]	–	**10,00**	–	0,1%
444	Niederspannungsinstallationsanlagen [m² BGF]	41,00	**66,00**	93,00	2,6%
445	Beleuchtungsanlagen [m² BGF]	36,00	**72,00**	102,00	2,9%
446	Blitzschutz- und Erdungsanlagen [m² BGF]	4,80	**9,70**	14,00	0,4%
450	**Kommunikations-, sicherheits- und informationstechnische Anlagen**				
456	Gefahrenmelde- und Alarmanlagen [m² BGF]	12,00	**19,00**	22,00	0,5%
460	**Förderanlagen**				
461	Aufzugsanlagen [m² BGF]	–	**51,00**	–	0,5%
469	Sonstiges zur KG 460 [m² BGF]	–	**26,00**	–	0,3%
470	**Nutzungsspezifische und verfahrenstechnische Anlagen**				
471	Küchentechnische Anlagen [m² BGF]	32,00	**38,00**	42,00	1,1%
480	**Gebäude- und Anlagenautomation**				
482	Schaltschränke, Automationsschwerpunkte [m² BGF]	–	**16,00**	–	0,1%
483	Automationsmanagement [m² BGF]	–	**17,00**	–	0,2%
484	Kabel, Leitungen und Verlegesysteme [m² BGF]	–	**13,00**	–	0,1%
490	**Sonstige Maßnahmen für technische Anlagen**				
	Sonstige Kostengruppen Bauwerk – Technische Anlagen				
	451, 452, 454, 455, 457, 474, 481, 492, 494, 495				0,4%

Kindergärten, Holzbauweise, nicht unterkellert

Kosten:
Stand 1. Quartal 2025
Bundesdurchschnitt
inkl. 19% MwSt.

Kostengruppen		▷	€/Einheit	◁	KG an 300+400
310	**Baugrube / Erdbau**				
311	Herstellung [m³]	34,00	**59,00**	109,00	1,5%
320	**Gründung, Unterbau**				
321	Baugrundverbesserung [m²]	21,00	**126,00**	432,00	0,9%
322	Flachgründungen und Bodenplatten [m²]	119,00	**163,00**	257,00	5,2%
323	Tiefgründungen [m²]	–	**110,00**	–	0,3%
324	Gründungsbeläge [m²]	150,00	**221,00**	542,00	5,4%
325	Abdichtungen und Bekleidungen [m²]	41,00	**67,00**	88,00	1,7%
330	**Außenwände/Vertikale Baukonstruktionen, außen**				
331	Tragende Außenwände [m²]	209,00	**256,00**	369,00	3,0%
332	Nichttragende Außenwände [m²]	131,00	**206,00**	320,00	0,2%
334	Außenwandöffnungen [m²]	790,00	**1.003,00**	1.224,00	6,6%
335	Außenwandbekleidungen, außen [m²]	189,00	**257,00**	340,00	5,9%
336	Außenwandbekleidungen, innen [m²]	64,00	**97,00**	159,00	1,6%
337	Elementierte Außenwandkonstruktionen [m²]	244,00	**660,00**	1.491,00	2,4%
338	Lichtschutz zur KG 330 [m²]	250,00	**340,00**	549,00	1,1%
339	Sonstiges zur KG 330 [m²]	7,40	**14,00**	25,00	0,2%
340	**Innenwände/Vertikale Baukonstruktionen, innen**				
341	Tragende Innenwände [m²]	161,00	**206,00**	291,00	2,9%
342	Nichttragende Innenwände [m²]	113,00	**149,00**	249,00	1,2%
344	Innenwandöffnungen [m²]	808,00	**1.103,00**	1.344,00	3,4%
345	Innenwandbekleidungen [m²]	38,00	**69,00**	110,00	2,8%
346	Elementierte Innenwandkonstruktionen [m²]	288,00	**625,00**	1.121,00	1,7%
350	**Decken/Horizontale Baukonstruktionen**				
351	Deckenkonstruktionen [m²]	343,00	**606,00**	1.089,00	2,6%
353	Deckenbeläge [m²]	186,00	**245,00**	350,00	1,0%
354	Deckenbekleidungen [m²]	113,00	**170,00**	237,00	0,5%
355	Elementierte Deckenkonstruktionen [m²]	847,00	**2.012,00**	3.176,00	0,2%
359	Sonstiges zur KG 350 [m²]	12,00	**62,00**	108,00	0,3%
360	**Dächer**				
361	Dachkonstruktionen [m²]	159,00	**226,00**	310,00	4,9%
362	Dachöffnungen [m²]	1.176,00	**1.886,00**	2.846,00	0,5%
363	Dachbeläge [m²]	150,00	**224,00**	282,00	6,6%
364	Dachbekleidungen [m²]	41,00	**132,00**	173,00	2,5%
365	Elementierte Dachkonstruktionen [m²]	198,00	**202,00**	207,00	1,6%
369	Sonstiges zur KG 360 [m²]	5,20	**12,00**	22,00	0,3%
370	**Infrastrukturanlagen**				
380	**Baukonstruktive Einbauten**				
381	Allgemeine Einbauten [m² BGF]	76,00	**102,00**	132,00	3,0%

▷ von
ø Mittel
◁ bis

© **BKI** Baukosteninformationszentrum; Erläuterungen zu den Tabellen siehe Seite 54

Kostengruppen		▷	€/Einheit	◁	KG an 300+400
390	**Sonstige Maßnahmen für Baukonstruktionen**				
391	Baustelleneinrichtung [m2 BGF]	34,00	**56,00**	83,00	1,8%
392	Gerüste [m2 BGF]	18,00	**27,00**	44,00	0,7%
397	Zusätzliche Maßnahmen [m2 BGF]	7,80	**16,00**	38,00	0,4%
	Sonstige Kostengruppen Bauwerk – Baukonstruktionen				
	312, 326, 329, 333, 343, 349, 366, 382, 386, 389, 395, 396, 398, 399				0,3%
410	**Abwasser-, Wasser-, Gasanlagen**				
411	Abwasseranlagen [m2 BGF]	21,00	**38,00**	59,00	1,2%
412	Wasseranlagen [m2 BGF]	56,00	**75,00**	90,00	2,5%
419	Sonstiges zur KG 410 [m2 BGF]	8,10	**11,00**	15,00	0,4%
420	**Wärmeversorgungsanlagen**				
421	Wärmeerzeugungsanlagen [m2 BGF]	24,00	**54,00**	101,00	1,8%
422	Wärmeverteilnetze [m2 BGF]	22,00	**33,00**	61,00	1,1%
423	Raumheizflächen [m2 BGF]	25,00	**36,00**	55,00	1,2%
430	**Raumlufttechnische Anlagen**				
431	Lüftungsanlagen [m2 BGF]	34,00	**79,00**	137,00	1,9%
440	**Elektrische Anlagen**				
442	Eigenstromversorgungsanlagen [m2 BGF]	24,00	**42,00**	52,00	0,3%
444	Niederspannungsinstallationsanlagen [m2 BGF]	61,00	**100,00**	145,00	3,2%
445	Beleuchtungsanlagen [m2 BGF]	28,00	**60,00**	78,00	1,9%
446	Blitzschutz- und Erdungsanlagen [m2 BGF]	10,00	**18,00**	25,00	0,6%
450	**Kommunikations-, sicherheits- und informationstechnische Anlagen**				
452	Such- und Signalanlagen [m2 BGF]	2,80	**4,70**	8,40	0,1%
456	Gefahrenmelde- und Alarmanlagen [m2 BGF]	13,00	**24,00**	41,00	0,7%
457	Datenübertragungsnetze [m2 BGF]	4,20	**9,70**	19,00	0,3%
460	**Förderanlagen**				
461	Aufzugsanlagen [m2 BGF]	31,00	**43,00**	55,00	0,3%
470	**Nutzungsspezifische und verfahrenstechnische Anlagen**				
471	Küchentechnische Anlagen [m2 BGF]	–	**55,00**	–	0,1%
480	**Gebäude- und Anlagenautomation**				
481	Automationseinrichtungen [m2 BGF]	14,00	**30,00**	51,00	0,3%
490	**Sonstige Maßnahmen für technische Anlagen**				
	Sonstige Kostengruppen Bauwerk – Technische Anlagen				
	429, 451, 453, 454, 455, 474, 482, 483, 484, 485, 491, 492, 497, 498				0,3%

Kostengruppen		▷	€/Einheit	◁	KG an 300+400
310	**Baugrube / Erdbau**				
311	Herstellung [m³]	21,00	**33,00**	46,00	2,1%
320	**Gründung, Unterbau**				
321	Baugrundverbesserung [m²]	–	**38,00**	–	< 0,1%
322	Flachgründungen und Bodenplatten [m²]	159,00	**205,00**	249,00	4,6%
324	Gründungsbeläge [m²]	177,00	**192,00**	208,00	3,8%
325	Abdichtungen und Bekleidungen [m²]	47,00	**77,00**	114,00	2,0%
330	**Außenwände/Vertikale Baukonstruktionen, außen**				
331	Tragende Außenwände [m²]	216,00	**240,00**	311,00	5,2%
332	Nichttragende Außenwände [m²]	–	**163,00**	–	0,2%
333	Außenstützen [m]	88,00	**205,00**	323,00	0,2%
334	Außenwandöffnungen [m²]	967,00	**1.045,00**	1.240,00	8,1%
335	Außenwandbekleidungen, außen [m²]	174,00	**252,00**	348,00	6,1%
336	Außenwandbekleidungen, innen [m²]	56,00	**68,00**	106,00	1,2%
338	Lichtschutz zur KG 330 [m²]	290,00	**333,00**	362,00	1,0%
339	Sonstiges zur KG 330 [m²]	8,50	**18,00**	47,00	0,5%
340	**Innenwände/Vertikale Baukonstruktionen, innen**				
341	Tragende Innenwände [m²]	157,00	**200,00**	293,00	4,9%
342	Nichttragende Innenwände [m²]	94,00	**158,00**	242,00	0,9%
344	Innenwandöffnungen [m²]	914,00	**1.112,00**	1.484,00	3,6%
345	Innenwandbekleidungen [m²]	45,00	**71,00**	97,00	3,4%
346	Elementierte Innenwandkonstruktionen [m²]	280,00	**408,00**	496,00	0,3%
350	**Decken/Horizontale Baukonstruktionen**				
351	Deckenkonstruktionen [m²]	199,00	**289,00**	376,00	3,5%
353	Deckenbeläge [m²]	124,00	**150,00**	185,00	1,6%
354	Deckenbekleidungen [m²]	42,00	**144,00**	246,00	1,0%
355	Elementierte Deckenkonstruktionen [m²]	–	**2.505,00**	–	0,2%
359	Sonstiges zur KG 350 [m²]	55,00	**133,00**	288,00	0,7%
360	**Dächer**				
361	Dachkonstruktionen [m²]	136,00	**208,00**	297,00	4,8%
362	Dachöffnungen [m²]	1.067,00	**5.955,00**	8.535,00	0,3%
363	Dachbeläge [m²]	186,00	**329,00**	468,00	7,3%
364	Dachbekleidungen [m²]	131,00	**143,00**	175,00	3,2%
369	Sonstiges zur KG 360 [m²]	9,10	**15,00**	27,00	0,2%
370	**Infrastrukturanlagen**				
380	**Baukonstruktive Einbauten**				
381	Allgemeine Einbauten [m² BGF]	58,00	**138,00**	215,00	5,0%
382	Besondere Einbauten [m² BGF]	4,20	**6,50**	8,80	0,1%
386	Orientierungs- und Informationssysteme [m² BGF]	4,10	**9,80**	15,00	0,2%

Kosten:
Stand 1. Quartal 2025
Bundesdurchschnitt
inkl. 19% MwSt.

▷ von
ø Mittel
◁ bis

© **BKI** Baukosteninformationszentrum; Erläuterungen zu den Tabellen siehe Seite 54

Kostengruppen		▷	€/Einheit	◁	KG an 300+400
390	**Sonstige Maßnahmen für Baukonstruktionen**				
391	Baustelleneinrichtung [m² BGF]	50,00	**74,00**	97,00	2,8%
392	Gerüste [m² BGF]	20,00	**26,00**	40,00	0,9%
395	Instandsetzungen [m² BGF]	2,30	**6,70**	11,00	0,1%
397	Zusätzliche Maßnahmen [m² BGF]	8,00	**13,00**	18,00	0,5%
	Sonstige Kostengruppen Bauwerk – Baukonstruktionen				
	312, 349, 394, 396				0,1%
410	**Abwasser-, Wasser-, Gasanlagen**				
411	Abwasseranlagen [m² BGF]	30,00	**39,00**	42,00	1,4%
412	Wasseranlagen [m² BGF]	50,00	**73,00**	104,00	2,6%
419	Sonstiges zur KG 410 [m² BGF]	4,90	**6,40**	8,80	0,2%
420	**Wärmeversorgungsanlagen**				
421	Wärmeerzeugungsanlagen [m² BGF]	18,00	**35,00**	78,00	1,3%
422	Wärmeverteilnetze [m² BGF]	25,00	**31,00**	38,00	1,2%
423	Raumheizflächen [m² BGF]	28,00	**41,00**	51,00	1,5%
429	Sonstiges zur KG 420 [m² BGF]	2,70	**5,30**	9,00	0,1%
430	**Raumlufttechnische Anlagen**				
431	Lüftungsanlagen [m² BGF]	4,70	**77,00**	149,00	2,5%
440	**Elektrische Anlagen**				
444	Niederspannungsinstallationsanlagen [m² BGF]	48,00	**108,00**	169,00	3,7%
445	Beleuchtungsanlagen [m² BGF]	49,00	**66,00**	106,00	2,4%
446	Blitzschutz- und Erdungsanlagen [m² BGF]	3,60	**11,00**	17,00	0,4%
450	**Kommunikations-, sicherheits- und informationstechnische Anlagen**				
451	Telekommunikationsanlagen [m² BGF]	4,20	**6,00**	7,70	0,1%
452	Such- und Signalanlagen [m² BGF]	2,10	**4,70**	11,00	0,2%
456	Gefahrenmelde- und Alarmanlagen [m² BGF]	3,50	**10,00**	17,00	0,4%
457	Datenübertragungsnetze [m² BGF]	1,90	**5,20**	7,80	0,2%
460	**Förderanlagen**				
461	Aufzugsanlagen [m² BGF]	–	**62,00**	–	0,5%
470	**Nutzungsspezifische und verfahrenstechnische Anlagen**				
480	**Gebäude- und Anlagenautomation**				
481	Automationseinrichtungen [m² BGF]	–	**12,00**	–	0,1%
482	Schaltschränke, Automationsschwerpunkte [m² BGF]	–	**28,00**	–	0,2%
485	Datenübertragungsnetze [m² BGF]	–	**9,30**	–	< 0,1%
490	**Sonstige Maßnahmen für technische Anlagen**				
495	Instandsetzungen [m² BGF]	1,40	**4,70**	7,90	< 0,1%
	Sonstige Kostengruppen Bauwerk – Technische Anlagen				
	453, 455, 474, 491, 492, 497				< 0,1%

Kosten:
Stand 1. Quartal 2025
Bundesdurchschnitt
inkl. 19% MwSt.

Kostengruppen		▷	€/Einheit	◁	KG an 300+400
310	**Baugrube / Erdbau**				
311	Herstellung [m³]	18,00	**53,00**	71,00	2,2%
312	Umschließung [m²]	–	**3,70**	–	< 0,1%
320	**Gründung, Unterbau**				
321	Baugrundverbesserung [m²]	–	**37,00**	–	0,4%
322	Flachgründungen und Bodenplatten [m²]	179,00	**216,00**	286,00	6,5%
324	Gründungsbeläge [m²]	170,00	**222,00**	254,00	5,8%
325	Abdichtungen und Bekleidungen [m²]	12,00	**20,00**	24,00	0,6%
326	Dränagen [m²]	5,30	**9,10**	13,00	0,2%
329	Sonstiges zur KG 320 [m²]	–	**6,20**	–	< 0,1%
330	**Außenwände/Vertikale Baukonstruktionen, außen**				
331	Tragende Außenwände [m²]	236,00	**247,00**	264,00	4,7%
333	Außenstützen [m]	–	**478,00**	–	0,2%
334	Außenwandöffnungen [m²]	902,00	**1.052,00**	1.129,00	15,3%
335	Außenwandbekleidungen, außen [m²]	100,00	**136,00**	207,00	2,9%
336	Außenwandbekleidungen, innen [m²]	10,00	**61,00**	96,00	1,1%
338	Lichtschutz zur KG 330 [m²]	–	**239,00**	–	0,3%
340	**Innenwände/Vertikale Baukonstruktionen, innen**				
341	Tragende Innenwände [m²]	114,00	**141,00**	190,00	1,2%
342	Nichttragende Innenwände [m²]	95,00	**129,00**	192,00	0,6%
343	Innenstützen [m]	148,00	**276,00**	404,00	0,1%
344	Innenwandöffnungen [m²]	190,00	**653,00**	899,00	1,6%
345	Innenwandbekleidungen [m²]	30,00	**93,00**	209,00	2,4%
346	Elementierte Innenwandkonstruktionen [m²]	196,00	**254,00**	312,00	0,2%
347	Lichtschutz zur KG 340 [m²]	–	**419,00**	–	< 0,1%
349	Sonstiges zur KG 340 [m²]	19,00	**28,00**	36,00	0,3%
350	**Decken/Horizontale Baukonstruktionen**				
351	Deckenkonstruktionen [m²]	185,00	**260,00**	335,00	1,5%
353	Deckenbeläge [m²]	163,00	**349,00**	534,00	1,6%
354	Deckenbekleidungen [m²]	111,00	**127,00**	143,00	0,6%
355	Elementierte Deckenkonstruktionen [m²]	–	**295,00**	–	0,1%
359	Sonstiges zur KG 350 [m²]	22,00	**34,00**	46,00	0,2%
360	**Dächer**				
361	Dachkonstruktionen [m²]	213,00	**325,00**	530,00	11,5%
362	Dachöffnungen [m²]	697,00	**2.830,00**	4.963,00	1,0%
363	Dachbeläge [m²]	172,00	**320,00**	615,00	10,5%
364	Dachbekleidungen [m²]	8,50	**80,00**	115,00	3,1%
369	Sonstiges zur KG 360 [m²]	–	**1,70**	–	< 0,1%
370	**Infrastrukturanlagen**				
380	**Baukonstruktive Einbauten**				
381	Allgemeine Einbauten [m² BGF]	–	**32,00**	–	0,4%
382	Besondere Einbauten [m² BGF]	–	**13,00**	–	0,2%

▷ von
ø Mittel
◁ bis

© **BKI** Baukosteninformationszentrum; Erläuterungen zu den Tabellen siehe Seite 54

Kostengruppen		▷	€/Einheit	◁	KG an 300+400
390	**Sonstige Maßnahmen für Baukonstruktionen**				
391	Baustelleneinrichtung [m² BGF]	10,00	**38,00**	87,00	1,4%
392	Gerüste [m² BGF]	41,00	**47,00**	53,00	1,1%
395	Instandsetzungen [m² BGF]	–	**19,00**	–	0,2%
397	Zusätzliche Maßnahmen [m² BGF]	2,70	**5,00**	8,20	0,2%
399	Sonstiges zur KG 390 [m² BGF]	2,10	**2,70**	3,30	< 0,1%
410	**Abwasser-, Wasser-, Gasanlagen**				
411	Abwasseranlagen [m² BGF]	35,00	**44,00**	56,00	1,6%
412	Wasseranlagen [m² BGF]	58,00	**69,00**	90,00	2,5%
420	**Wärmeversorgungsanlagen**				
421	Wärmeerzeugungsanlagen [m² BGF]	11,00	**34,00**	48,00	1,3%
422	Wärmeverteilnetze [m² BGF]	7,60	**32,00**	45,00	1,1%
423	Raumheizflächen [m² BGF]	16,00	**33,00**	66,00	1,2%
429	Sonstiges zur KG 420 [m² BGF]	–	**16,00**	–	0,2%
430	**Raumlufttechnische Anlagen**				
431	Lüftungsanlagen [m² BGF]	15,00	**82,00**	115,00	3,0%
440	**Elektrische Anlagen**				
442	Eigenstromversorgungsanlagen [m² BGF]	15,00	**24,00**	34,00	0,6%
443	Niederspannungsschaltanlagen [m² BGF]	–	**14,00**	–	0,2%
444	Niederspannungsinstallationsanlagen [m² BGF]	46,00	**119,00**	262,00	4,2%
445	Beleuchtungsanlagen [m² BGF]	23,00	**56,00**	113,00	2,0%
446	Blitzschutz- und Erdungsanlagen [m² BGF]	5,70	**9,40**	16,00	0,3%
450	**Kommunikations-, sicherheits- und informationstechnische Anlagen**				
451	Telekommunikationsanlagen [m² BGF]	–	**0,80**	–	< 0,1%
452	Such- und Signalanlagen [m² BGF]	–	**0,90**	–	< 0,1%
453	Zeitdienstanlagen [m² BGF]	–	**0,40**	–	< 0,1%
454	Elektroakustische Anlagen [m² BGF]	4,40	**6,30**	8,20	0,2%
455	Audiovisuelle Medien- und Antennenanlagen [m² BGF]	1,10	**1,30**	1,60	< 0,1%
456	Gefahrenmelde- und Alarmanlagen [m² BGF]	–	**25,00**	–	0,3%
457	Datenübertragungsnetze [m² BGF]	–	**28,00**	–	0,3%
460	**Förderanlagen**				
470	**Nutzungsspezifische und verfahrenstechnische Anlagen**				
471	Küchentechnische Anlagen [m² BGF]	–	**1,30**	–	< 0,1%
474	Feuerlöschanlagen [m² BGF]	–	**0,60**	–	< 0,1%
480	**Gebäude- und Anlagenautomation**				
481	Automationseinrichtungen [m² BGF]	–	**24,00**	–	0,3%
482	Schaltschränke, Automationsschwerpunkte [m² BGF]	–	**11,00**	–	0,1%
490	**Sonstige Maßnahmen für technische Anlagen**				
494	Abbruchmaßnahmen [m² BGF]	–	**0,70**	–	< 0,1%

Kosten:
Stand 1. Quartal 2025
Bundesdurchschnitt
inkl. 19% MwSt.

▷ von
ø Mittel
◁ bis

Kostengruppen		▷	€/Einheit	◁	KG an 300+400
310	**Baugrube / Erdbau**				
311	Herstellung [m³]	28,00	**38,00**	48,00	2,5%
313	Wasserhaltung [m³]	–	**–**	–	< 0,1%
320	**Gründung, Unterbau**				
321	Baugrundverbesserung [m²]	11,00	**36,00**	52,00	1,2%
322	Flachgründungen und Bodenplatten [m²]	117,00	**159,00**	204,00	5,3%
324	Gründungsbeläge [m²]	165,00	**197,00**	226,00	6,2%
325	Abdichtungen und Bekleidungen [m²]	22,00	**34,00**	51,00	1,2%
326	Dränagen [m²]	10,00	**11,00**	13,00	0,2%
330	**Außenwände/Vertikale Baukonstruktionen, außen**				
331	Tragende Außenwände [m²]	202,00	**264,00**	412,00	6,3%
332	Nichttragende Außenwände [m²]	155,00	**247,00**	338,00	0,2%
333	Außenstützen [m]	74,00	**258,00**	360,00	0,6%
334	Außenwandöffnungen [m²]	879,00	**1.283,00**	1.709,00	4,9%
335	Außenwandbekleidungen, außen [m²]	175,00	**227,00**	269,00	7,2%
336	Außenwandbekleidungen, innen [m²]	81,00	**106,00**	126,00	2,6%
337	Elementierte Außenwandkonstruktionen [m²]	–	**785,00**	–	0,8%
339	Sonstiges zur KG 330 [m²]	5,40	**5,70**	6,10	< 0,1%
340	**Innenwände/Vertikale Baukonstruktionen, innen**				
341	Tragende Innenwände [m²]	128,00	**159,00**	187,00	2,2%
342	Nichttragende Innenwände [m²]	100,00	**107,00**	124,00	0,7%
343	Innenstützen [m]	101,00	**209,00**	409,00	0,3%
344	Innenwandöffnungen [m²]	888,00	**1.045,00**	1.172,00	3,3%
345	Innenwandbekleidungen [m²]	64,00	**90,00**	117,00	3,5%
346	Elementierte Innenwandkonstruktionen [m²]	224,00	**348,00**	471,00	0,2%
349	Sonstiges zur KG 340 [m²]	1,40	**2,40**	4,00	< 0,1%
350	**Decken/Horizontale Baukonstruktionen**				
351	Deckenkonstruktionen [m²]	104,00	**265,00**	370,00	1,3%
353	Deckenbeläge [m²]	153,00	**197,00**	240,00	0,6%
354	Deckenbekleidungen [m²]	37,00	**60,00**	94,00	0,2%
359	Sonstiges zur KG 350 [m²]	103,00	**183,00**	262,00	0,6%
360	**Dächer**				
361	Dachkonstruktionen [m²]	198,00	**273,00**	445,00	11,1%
362	Dachöffnungen [m²]	606,00	**1.606,00**	2.135,00	0,8%
363	Dachbeläge [m²]	158,00	**193,00**	206,00	7,8%
364	Dachbekleidungen [m²]	36,00	**74,00**	104,00	2,4%
369	Sonstiges zur KG 360 [m²]	–	**10,00**	–	< 0,1%
370	**Infrastrukturanlagen**				
380	**Baukonstruktive Einbauten**				
382	Besondere Einbauten [m² BGF]	14,00	**32,00**	43,00	1,0%
386	Orientierungs- und Informationssysteme [m² BGF]	–	**0,30**	–	< 0,1%
387	Schutzeinbauten [m² BGF]	7,40	**14,00**	20,00	0,3%

© **BKI** Baukosteninformationszentrum; Erläuterungen zu den Tabellen siehe Seite 54

Kostengruppen		▷	€/Einheit	◁	KG an 300+400
390	**Sonstige Maßnahmen für Baukonstruktionen**				
391	Baustelleneinrichtung [m² BGF]	38,00	**67,00**	153,00	2,6%
392	Gerüste [m² BGF]	34,00	**51,00**	69,00	2,0%
395	Instandsetzungen [m² BGF]	–	**0,50**	–	< 0,1%
397	Zusätzliche Maßnahmen [m² BGF]	0,30	**4,90**	9,50	0,1%
398	Provisorische Baukonstruktionen [m² BGF]	–	**1,20**	–	< 0,1%
410	**Abwasser-, Wasser-, Gasanlagen**				
411	Abwasseranlagen [m² BGF]	12,00	**24,00**	35,00	0,9%
412	Wasseranlagen [m² BGF]	67,00	**80,00**	109,00	3,2%
419	Sonstiges zur KG 410 [m² BGF]	7,20	**14,00**	20,00	0,3%
420	**Wärmeversorgungsanlagen**				
421	Wärmeerzeugungsanlagen [m² BGF]	14,00	**26,00**	57,00	1,0%
422	Wärmeverteilnetze [m² BGF]	21,00	**48,00**	70,00	1,8%
423	Raumheizflächen [m² BGF]	27,00	**55,00**	78,00	2,1%
429	Sonstiges zur KG 420 [m² BGF]	–	**1,30**	–	< 0,1%
430	**Raumlufttechnische Anlagen**				
431	Lüftungsanlagen [m² BGF]	10,00	**46,00**	85,00	1,8%
440	**Elektrische Anlagen**				
442	Eigenstromversorgungsanlagen [m² BGF]	12,00	**14,00**	17,00	0,3%
444	Niederspannungsinstallationsanlagen [m² BGF]	35,00	**59,00**	87,00	2,3%
445	Beleuchtungsanlagen [m² BGF]	63,00	**97,00**	191,00	4,1%
446	Blitzschutz- und Erdungsanlagen [m² BGF]	9,20	**15,00**	21,00	0,6%
450	**Kommunikations-, sicherheits- und informationstechnische Anlagen**				
451	Telekommunikationsanlagen [m² BGF]	–	**0,20**	–	< 0,1%
452	Such- und Signalanlagen [m² BGF]	1,10	**2,00**	2,90	< 0,1%
454	Elektroakustische Anlagen [m² BGF]	1,00	**5,40**	9,70	0,1%
456	Gefahrenmelde- und Alarmanlagen [m² BGF]	9,20	**16,00**	23,00	0,7%
457	Datenübertragungsnetze [m² BGF]	0,60	**2,90**	7,50	< 0,1%
460	**Förderanlagen**				
470	**Nutzungsspezifische und verfahrenstechnische Anlagen**				
480	**Gebäude- und Anlagenautomation**				
481	Automationseinrichtungen [m² BGF]	–	**22,00**	–	0,2%
484	Kabel, Leitungen und Verlegesysteme [m² BGF]	–	**0,70**	–	< 0,1%
490	**Sonstige Maßnahmen für technische Anlagen**				
491	Baustelleneinrichtung [m² BGF]	0,80	**3,10**	5,30	< 0,1%
492	Gerüste [m² BGF]	–	**5,10**	–	< 0,1%

Kostengruppen		▷	€/Einheit	◁	KG an 300+400
310	**Baugrube / Erdbau**				
311	Herstellung [m³]	28,00	**35,00**	45,00	1,9%
320	**Gründung, Unterbau**				
321	Baugrundverbesserung [m²]	6,30	**35,00**	91,00	0,1%
322	Flachgründungen und Bodenplatten [m²]	128,00	**162,00**	212,00	4,3%
323	Tiefgründungen [m²]	–	**737,00**	–	0,7%
324	Gründungsbeläge [m²]	168,00	**189,00**	228,00	4,7%
325	Abdichtungen und Bekleidungen [m²]	8,20	**35,00**	54,00	0,9%
326	Dränagen [m²]	20,00	**30,00**	57,00	0,7%
330	**Außenwände/Vertikale Baukonstruktionen, außen**				
331	Tragende Außenwände [m²]	150,00	**254,00**	313,00	3,1%
333	Außenstützen [m]	257,00	**336,00**	422,00	0,6%
334	Außenwandöffnungen [m²]	754,00	**917,00**	1.043,00	7,7%
335	Außenwandbekleidungen, außen [m²]	84,00	**156,00**	279,00	2,0%
336	Außenwandbekleidungen, innen [m²]	55,00	**120,00**	164,00	1,0%
337	Elementierte Außenwandkonstruktionen [m²]	–	**871,00**	–	0,3%
338	Lichtschutz zur KG 330 [m²]	197,00	**237,00**	312,00	0,8%
339	Sonstiges zur KG 330 [m²]	17,00	**38,00**	64,00	0,6%
340	**Innenwände/Vertikale Baukonstruktionen, innen**				
341	Tragende Innenwände [m²]	170,00	**191,00**	217,00	2,0%
342	Nichttragende Innenwände [m²]	107,00	**121,00**	146,00	0,8%
343	Innenstützen [m]	190,00	**348,00**	561,00	0,3%
344	Innenwandöffnungen [m²]	771,00	**1.466,00**	2.062,00	2,9%
345	Innenwandbekleidungen [m²]	101,00	**124,00**	158,00	2,9%
346	Elementierte Innenwandkonstruktionen [m²]	198,00	**270,00**	324,00	0,8%
349	Sonstiges zur KG 340 [m²]	3,40	**8,30**	16,00	0,1%
350	**Decken/Horizontale Baukonstruktionen**				
351	Deckenkonstruktionen [m²]	262,00	**296,00**	419,00	2,9%
353	Deckenbeläge [m²]	189,00	**228,00**	257,00	1,6%
354	Deckenbekleidungen [m²]	71,00	**97,00**	191,00	0,7%
359	Sonstiges zur KG 350 [m²]	92,00	**106,00**	127,00	0,9%
360	**Dächer**				
361	Dachkonstruktionen [m²]	181,00	**241,00**	328,00	7,8%
362	Dachöffnungen [m²]	661,00	**984,00**	1.569,00	3,3%
363	Dachbeläge [m²]	149,00	**193,00**	249,00	6,8%
364	Dachbekleidungen [m²]	107,00	**212,00**	318,00	2,1%
369	Sonstiges zur KG 360 [m²]	1,50	**3,80**	6,10	0,1%
370	**Infrastrukturanlagen**				
380	**Baukonstruktive Einbauten**				
381	Allgemeine Einbauten [m² BGF]	14,00	**24,00**	47,00	0,7%
382	Besondere Einbauten [m² BGF]	125,00	**142,00**	186,00	5,3%

Kosten:
Stand 1. Quartal 2025
Bundesdurchschnitt
inkl. 19% MwSt.

▷ von
ø Mittel
◁ bis

© **BKI** Baukosteninformationszentrum; Erläuterungen zu den Tabellen siehe Seite 54

Kostengruppen		▷	€/Einheit	◁	KG an 300+400
390	**Sonstige Maßnahmen für Baukonstruktionen**				
391	Baustelleneinrichtung [m² BGF]	47,00	**90,00**	147,00	3,2%
392	Gerüste [m² BGF]	14,00	**43,00**	67,00	1,6%
397	Zusätzliche Maßnahmen [m² BGF]	12,00	**36,00**	132,00	1,2%
	Sonstige Kostengruppen Bauwerk – Baukonstruktionen				
	312, 313, 319, 329, 332, 386, 387, 396, 399				0,4%
410	**Abwasser-, Wasser-, Gasanlagen**				
411	Abwasseranlagen [m² BGF]	19,00	**45,00**	57,00	1,3%
412	Wasseranlagen [m² BGF]	57,00	**70,00**	87,00	2,1%
420	**Wärmeversorgungsanlagen**				
421	Wärmeerzeugungsanlagen [m² BGF]	16,00	**50,00**	84,00	0,7%
422	Wärmeverteilnetze [m² BGF]	31,00	**37,00**	42,00	0,5%
423	Raumheizflächen [m² BGF]	49,00	**53,00**	58,00	0,8%
430	**Raumlufttechnische Anlagen**				
431	Lüftungsanlagen [m² BGF]	27,00	**59,00**	91,00	0,8%
432	Teilklimaanlagen [m² BGF]	–	**126,00**	–	1,1%
440	**Elektrische Anlagen**				
442	Eigenstromversorgungsanlagen [m² BGF]	6,60	**17,00**	26,00	0,2%
444	Niederspannungsinstallationsanlagen [m² BGF]	50,00	**55,00**	65,00	1,3%
445	Beleuchtungsanlagen [m² BGF]	52,00	**58,00**	72,00	1,4%
446	Blitzschutz- und Erdungsanlagen [m² BGF]	3,60	**5,50**	9,00	0,1%
450	**Kommunikations-, sicherheits- und informationstechnische Anlagen**				
454	Elektroakustische Anlagen [m² BGF]	13,00	**16,00**	21,00	0,4%
456	Gefahrenmelde- und Alarmanlagen [m² BGF]	9,00	**27,00**	45,00	0,4%
460	**Förderanlagen**				
461	Aufzugsanlagen [m² BGF]	–	**17,00**	–	0,1%
470	**Nutzungsspezifische und verfahrenstechnische Anlagen**				
480	**Gebäude- und Anlagenautomation**				
481	Automationseinrichtungen [m² BGF]	17,00	**18,00**	19,00	0,3%
482	Schaltschränke, Automationsschwerpunkte [m² BGF]	5,20	**6,80**	8,40	0,1%
490	**Sonstige Maßnahmen für technische Anlagen**				
	Sonstige Kostengruppen Bauwerk – Technische Anlagen				
	413, 419, 429, 441, 443, 451, 452, 453, 455, 457, 474, 476, 483, 484, 494, 496, 499				0,6%

Ein- und Zweifamilienhäuser, unterkellert, einfacher Standard

Kosten:
Stand 1. Quartal 2025
Bundesdurchschnitt
inkl. 19% MwSt.

Kostengruppen		▷	€/Einheit	◁	KG an 300+400
310	**Baugrube / Erdbau**				
311	Herstellung [m³]	27,00	**38,00**	58,00	3,8%
313	Wasserhaltung [m³]	0,10	**2,40**	4,70	0,1%
320	**Gründung, Unterbau**				
321	Baugrundverbesserung [m²]	–	**272,00**	–	< 0,1%
322	Flachgründungen und Bodenplatten [m²]	111,00	**121,00**	137,00	3,3%
324	Gründungsbeläge [m²]	32,00	**85,00**	122,00	1,9%
325	Abdichtungen und Bekleidungen [m²]	20,00	**36,00**	47,00	0,9%
326	Dränagen [m²]	16,00	**58,00**	100,00	0,9%
330	**Außenwände/Vertikale Baukonstruktionen, außen**				
331	Tragende Außenwände [m²]	183,00	**201,00**	228,00	12,0%
332	Nichttragende Außenwände [m²]	91,00	**187,00**	284,00	0,2%
333	Außenstützen [m]	–	**124,00**	–	0,2%
334	Außenwandöffnungen [m²]	741,00	**822,00**	944,00	6,2%
335	Außenwandbekleidungen, außen [m²]	55,00	**69,00**	77,00	4,6%
336	Außenwandbekleidungen, innen [m²]	28,00	**35,00**	40,00	2,2%
338	Lichtschutz zur KG 330 [m²]	115,00	**387,00**	542,00	1,8%
339	Sonstiges zur KG 330 [m²]	2,30	**11,00**	16,00	0,7%
340	**Innenwände/Vertikale Baukonstruktionen, innen**				
341	Tragende Innenwände [m²]	108,00	**142,00**	159,00	2,4%
342	Nichttragende Innenwände [m²]	72,00	**100,00**	118,00	2,4%
343	Innenstützen [m]	–	**52,00**	–	< 0,1%
344	Innenwandöffnungen [m²]	309,00	**355,00**	422,00	2,4%
345	Innenwandbekleidungen [m²]	51,00	**59,00**	71,00	4,6%
349	Sonstiges zur KG 340 [m²]	–	**12,00**	–	0,2%
350	**Decken/Horizontale Baukonstruktionen**				
351	Deckenkonstruktionen [m²]	178,00	**204,00**	255,00	8,6%
352	Deckenöffnungen [m²]	852,00	**1.001,00**	1.150,00	< 0,1%
353	Deckenbeläge [m²]	170,00	**200,00**	217,00	7,1%
354	Deckenbekleidungen [m²]	14,00	**26,00**	44,00	0,9%
355	Elementierte Deckenkonstruktionen [m²]	–	**1.071,00**	–	0,6%
359	Sonstiges zur KG 350 [m²]	–	**16,00**	–	0,2%
360	**Dächer**				
361	Dachkonstruktionen [m²]	88,00	**97,00**	113,00	3,9%
362	Dachöffnungen [m²]	872,00	**1.476,00**	1.844,00	1,1%
363	Dachbeläge [m²]	132,00	**176,00**	240,00	7,1%
364	Dachbekleidungen [m²]	41,00	**72,00**	131,00	2,3%
369	Sonstiges zur KG 360 [m²]	–	**15,00**	–	0,2%
370	**Infrastrukturanlagen**				
380	**Baukonstruktive Einbauten**				
390	**Sonstige Maßnahmen für Baukonstruktionen**				
391	Baustelleneinrichtung [m² BGF]	11,00	**19,00**	27,00	0,9%
392	Gerüste [m² BGF]	7,70	**10,00**	15,00	0,7%

▷ von
ø Mittel
◁ bis

© **BKI** Baukosteninformationszentrum; Erläuterungen zu den Tabellen siehe Seite 54

Kostengruppen		▷	€/Einheit	◁	KG an 300+400
410	**Abwasser-, Wasser-, Gasanlagen**				
411	Abwasseranlagen [m² BGF]	12,00	**24,00**	43,00	1,6%
412	Wasseranlagen [m² BGF]	43,00	**48,00**	52,00	3,6%
419	Sonstiges zur KG 410 [m² BGF]	–	**1,60**	–	< 0,1%
420	**Wärmeversorgungsanlagen**				
421	Wärmeerzeugungsanlagen [m² BGF]	35,00	**38,00**	44,00	2,8%
422	Wärmeverteilnetze [m² BGF]	9,20	**13,00**	21,00	1,0%
423	Raumheizflächen [m² BGF]	16,00	**24,00**	28,00	1,7%
429	Sonstiges zur KG 420 [m² BGF]	18,00	**20,00**	21,00	1,0%
430	**Raumlufttechnische Anlagen**				
440	**Elektrische Anlagen**				
444	Niederspannungsinstallationsanlagen [m² BGF]	28,00	**37,00**	55,00	2,6%
445	Beleuchtungsanlagen [m² BGF]	0,10	**0,80**	1,40	< 0,1%
446	Blitzschutz- und Erdungsanlagen [m² BGF]	1,10	**2,10**	4,20	0,1%
450	**Kommunikations-, sicherheits- und informationstechnische Anlagen**				
451	Telekommunikationsanlagen [m² BGF]	0,90	**1,60**	3,10	0,1%
452	Such- und Signalanlagen [m² BGF]	1,30	**2,00**	3,20	0,2%
455	Audiovisuelle Medien- und Antennenanlagen [m² BGF]	1,70	**4,40**	8,90	0,3%
460	**Förderanlagen**				
470	**Nutzungsspezifische und verfahrenstechnische Anlagen**				
480	**Gebäude- und Anlagenautomation**				
490	**Sonstige Maßnahmen für technische Anlagen**				

Ein- und Zweifamilienhäuser, unterkellert, mittlerer Standard

Kosten:
Stand 1. Quartal 2025
Bundesdurchschnitt
inkl. 19% MwSt.

Kostengruppen		▷	€/Einheit	◁	KG an 300+400
310	**Baugrube / Erdbau**				
311	Herstellung [m³]	32,00	**40,00**	49,00	3,3%
313	Wasserhaltung [m³]	6,80	**19,00**	41,00	0,3%
320	**Gründung, Unterbau**				
322	Flachgründungen und Bodenplatten [m²]	134,00	**164,00**	197,00	3,0%
324	Gründungsbeläge [m²]	93,00	**141,00**	182,00	1,7%
325	Abdichtungen und Bekleidungen [m²]	28,00	**50,00**	79,00	0,9%
326	Dränagen [m²]	15,00	**24,00**	37,00	0,3%
330	**Außenwände/Vertikale Baukonstruktionen, außen**				
331	Tragende Außenwände [m²]	144,00	**195,00**	285,00	9,4%
332	Nichttragende Außenwände [m²]	–	**171,00**	–	< 0,1%
333	Außenstützen [m]	24,00	**129,00**	180,00	< 0,1%
334	Außenwandöffnungen [m²]	661,00	**791,00**	1.000,00	8,2%
335	Außenwandbekleidungen, außen [m²]	114,00	**173,00**	220,00	9,2%
336	Außenwandbekleidungen, innen [m²]	51,00	**70,00**	117,00	2,1%
338	Lichtschutz zur KG 330 [m²]	296,00	**416,00**	816,00	1,6%
339	Sonstiges zur KG 330 [m²]	5,30	**16,00**	46,00	0,9%
340	**Innenwände/Vertikale Baukonstruktionen, innen**				
341	Tragende Innenwände [m²]	101,00	**128,00**	188,00	2,6%
342	Nichttragende Innenwände [m²]	98,00	**137,00**	319,00	1,6%
343	Innenstützen [m]	124,00	**155,00**	209,00	< 0,1%
344	Innenwandöffnungen [m²]	416,00	**529,00**	621,00	2,2%
345	Innenwandbekleidungen [m²]	55,00	**70,00**	114,00	3,1%
349	Sonstiges zur KG 340 [m²]	2,60	**10,00**	14,00	< 0,1%
350	**Decken/Horizontale Baukonstruktionen**				
351	Deckenkonstruktionen [m²]	189,00	**232,00**	280,00	7,7%
352	Deckenöffnungen [m²]	–	**1.001,00**	–	< 0,1%
353	Deckenbeläge [m²]	174,00	**208,00**	285,00	5,5%
354	Deckenbekleidungen [m²]	24,00	**41,00**	75,00	0,8%
355	Elementierte Deckenkonstruktionen [m²]	–	**1.950,00**	–	0,2%
359	Sonstiges zur KG 350 [m²]	13,00	**37,00**	79,00	0,8%
360	**Dächer**				
361	Dachkonstruktionen [m²]	95,00	**138,00**	220,00	3,1%
362	Dachöffnungen [m²]	1.142,00	**1.763,00**	2.749,00	1,1%
363	Dachbeläge [m²]	162,00	**193,00**	221,00	4,4%
364	Dachbekleidungen [m²]	81,00	**118,00**	169,00	1,7%
366	Lichtschutz zur KG 360 [m²]	774,00	**926,00**	1.078,00	< 0,1%
369	Sonstiges zur KG 360 [m²]	3,70	**29,00**	62,00	0,2%
370	**Infrastrukturanlagen**				
380	**Baukonstruktive Einbauten**				
381	Allgemeine Einbauten [m² BGF]	8,40	**20,00**	63,00	0,3%
382	Besondere Einbauten [m² BGF]	–	**9,10**	–	< 0,1%
389	Sonstiges zur KG 380 [m² BGF]	–	**4,30**	–	< 0,1%

▷ von
ø Mittel
◁ bis

© **BKI** Baukosteninformationszentrum; Erläuterungen zu den Tabellen siehe Seite 54

Kostengruppen		▷	€/Einheit	◁	KG an 300+400
390	**Sonstige Maßnahmen für Baukonstruktionen**				
391	Baustelleneinrichtung [m² BGF]	18,00	**37,00**	65,00	1,9%
392	Gerüste [m² BGF]	13,00	**21,00**	33,00	1,1%
396	Materialentsorgung [m² BGF]	–	**0,20**	–	< 0,1%
397	Zusätzliche Maßnahmen [m² BGF]	2,80	**9,00**	25,00	0,2%
410	**Abwasser-, Wasser-, Gasanlagen**				
411	Abwasseranlagen [m² BGF]	16,00	**27,00**	42,00	1,4%
412	Wasseranlagen [m² BGF]	48,00	**67,00**	108,00	3,2%
419	Sonstiges zur KG 410 [m² BGF]	2,70	**5,80**	18,00	0,2%
420	**Wärmeversorgungsanlagen**				
421	Wärmeerzeugungsanlagen [m² BGF]	40,00	**87,00**	122,00	4,2%
422	Wärmeverteilnetze [m² BGF]	11,00	**16,00**	25,00	0,7%
423	Raumheizflächen [m² BGF]	34,00	**43,00**	54,00	2,1%
429	Sonstiges zur KG 420 [m² BGF]	13,00	**27,00**	50,00	0,8%
430	**Raumlufttechnische Anlagen**				
431	Lüftungsanlagen [m² BGF]	2,20	**36,00**	48,00	0,7%
440	**Elektrische Anlagen**				
442	Eigenstromversorgungsanlagen [m² BGF]	71,00	**101,00**	119,00	1,1%
444	Niederspannungsinstallationsanlagen [m² BGF]	40,00	**64,00**	94,00	3,2%
445	Beleuchtungsanlagen [m² BGF]	2,40	**4,40**	15,00	0,1%
446	Blitzschutz- und Erdungsanlagen [m² BGF]	2,00	**4,20**	9,50	0,2%
450	**Kommunikations-, sicherheits- und informationstechnische Anlagen**				
451	Telekommunikationsanlagen [m² BGF]	0,90	**2,00**	4,30	< 0,1%
452	Such- und Signalanlagen [m² BGF]	1,20	**3,10**	5,90	0,1%
454	Elektroakustische Anlagen [m² BGF]	1,70	**2,50**	4,10	< 0,1%
455	Audiovisuelle Medien- und Antennenanlagen [m² BGF]	3,90	**5,70**	7,70	0,2%
456	Gefahrenmelde- und Alarmanlagen [m² BGF]	1,60	**2,60**	6,10	< 0,1%
457	Datenübertragungsnetze [m² BGF]	3,30	**6,70**	10,00	0,2%
460	**Förderanlagen**				
470	**Nutzungsspezifische und verfahrenstechnische Anlagen**				
480	**Gebäude- und Anlagenautomation**				
481	Automationseinrichtungen [m² BGF]	22,00	**37,00**	52,00	0,2%
485	Datenübertragungsnetze [m² BGF]	–	**1,20**	–	< 0,1%
490	**Sonstige Maßnahmen für technische Anlagen**				

Ein- und Zweifamilienhäuser, unterkellert, hoher Standard

Kosten:
Stand 1. Quartal 2025
Bundesdurchschnitt
inkl. 19% MwSt.

Kostengruppen		▷	€/Einheit	◁	KG an 300+400
310	**Baugrube / Erdbau**				
311	Herstellung [m³]	7,60	**31,00**	44,00	2,4%
312	Umschließung [m²]	–	**4,30**	–	< 0,1%
320	**Gründung, Unterbau**				
321	Baugrundverbesserung [m²]	14,00	**16,00**	17,00	< 0,1%
322	Flachgründungen und Bodenplatten [m²]	166,00	**214,00**	272,00	3,6%
323	Tiefgründungen [m²]	–	**–**	–	< 0,1%
324	Gründungsbeläge [m²]	86,00	**187,00**	282,00	2,0%
325	Abdichtungen und Bekleidungen [m²]	29,00	**55,00**	70,00	0,9%
326	Dränagen [m²]	13,00	**23,00**	47,00	0,2%
330	**Außenwände/Vertikale Baukonstruktionen, außen**				
331	Tragende Außenwände [m²]	176,00	**214,00**	262,00	8,3%
332	Nichttragende Außenwände [m²]	116,00	**183,00**	313,00	0,2%
333	Außenstützen [m]	125,00	**188,00**	303,00	0,3%
334	Außenwandöffnungen [m²]	843,00	**1.083,00**	1.306,00	11,1%
335	Außenwandbekleidungen, außen [m²]	129,00	**174,00**	237,00	7,5%
336	Außenwandbekleidungen, innen [m²]	43,00	**60,00**	87,00	1,9%
338	Lichtschutz zur KG 330 [m²]	315,00	**480,00**	982,00	2,3%
339	Sonstiges zur KG 330 [m²]	9,00	**22,00**	43,00	0,9%
340	**Innenwände/Vertikale Baukonstruktionen, innen**				
341	Tragende Innenwände [m²]	125,00	**150,00**	203,00	1,9%
342	Nichttragende Innenwände [m²]	100,00	**127,00**	176,00	1,8%
343	Innenstützen [m]	164,00	**217,00**	245,00	0,2%
344	Innenwandöffnungen [m²]	548,00	**811,00**	1.142,00	2,9%
345	Innenwandbekleidungen [m²]	44,00	**64,00**	82,00	2,9%
349	Sonstiges zur KG 340 [m²]	5,20	**7,40**	12,00	< 0,1%
350	**Decken/Horizontale Baukonstruktionen**				
351	Deckenkonstruktionen [m²]	218,00	**288,00**	406,00	7,4%
353	Deckenbeläge [m²]	183,00	**260,00**	341,00	5,5%
354	Deckenbekleidungen [m²]	28,00	**65,00**	112,00	1,3%
359	Sonstiges zur KG 350 [m²]	32,00	**68,00**	213,00	1,0%
360	**Dächer**				
361	Dachkonstruktionen [m²]	96,00	**157,00**	249,00	2,7%
362	Dachöffnungen [m²]	1.247,00	**1.890,00**	3.019,00	0,5%
363	Dachbeläge [m²]	175,00	**273,00**	388,00	4,8%
364	Dachbekleidungen [m²]	54,00	**116,00**	191,00	1,6%
366	Lichtschutz zur KG 360 [m²]	–	**1.603,00**	–	< 0,1%
369	Sonstiges zur KG 360 [m²]	11,00	**19,00**	29,00	0,2%
370	**Infrastrukturanlagen**				
380	**Baukonstruktive Einbauten**				
381	Allgemeine Einbauten [m² BGF]	20,00	**57,00**	154,00	1,2%
382	Besondere Einbauten [m² BGF]	15,00	**25,00**	42,00	0,2%
389	Sonstiges zur KG 380 [m² BGF]	7,50	**8,70**	9,90	< 0,1%

▷ von
ø Mittel
◁ bis

© **BKI** Baukosteninformationszentrum; Erläuterungen zu den Tabellen siehe Seite 54

Kostengruppen		▷	€/Einheit	◁	KG an 300+400
390	**Sonstige Maßnahmen für Baukonstruktionen**				
391	Baustelleneinrichtung [m² BGF]	19,00	**37,00**	70,00	1,5%
392	Gerüste [m² BGF]	11,00	**19,00**	32,00	0,8%
393	Sicherungsmaßnahmen [m² BGF]	3,20	**11,00**	19,00	< 0,1%
394	Abbruchmaßnahmen [m² BGF]	5,40	**6,80**	8,10	< 0,1%
395	Instandsetzungen [m² BGF]	–	**26,00**	–	< 0,1%
397	Zusätzliche Maßnahmen [m² BGF]	1,70	**7,00**	20,00	0,1%
398	Provisorische Baukonstruktionen [m² BGF]	–	**1,00**	–	< 0,1%
410	**Abwasser-, Wasser-, Gasanlagen**				
411	Abwasseranlagen [m² BGF]	26,00	**35,00**	48,00	1,5%
412	Wasseranlagen [m² BGF]	48,00	**75,00**	99,00	3,1%
413	Gasanlagen [m² BGF]	–	**3,50**	–	< 0,1%
419	Sonstiges zur KG 410 [m² BGF]	2,60	**5,10**	13,00	0,1%
420	**Wärmeversorgungsanlagen**				
421	Wärmeerzeugungsanlagen [m² BGF]	53,00	**98,00**	148,00	4,2%
422	Wärmeverteilnetze [m² BGF]	12,00	**24,00**	38,00	0,9%
423	Raumheizflächen [m² BGF]	33,00	**47,00**	61,00	2,0%
429	Sonstiges zur KG 420 [m² BGF]	11,00	**25,00**	61,00	1,0%
430	**Raumlufttechnische Anlagen**				
431	Lüftungsanlagen [m² BGF]	2,20	**33,00**	56,00	0,9%
433	Klimaanlagen [m² BGF]	–	**102,00**	–	0,3%
440	**Elektrische Anlagen**				
444	Niederspannungsinstallationsanlagen [m² BGF]	45,00	**83,00**	140,00	3,3%
445	Beleuchtungsanlagen [m² BGF]	6,00	**19,00**	48,00	0,6%
446	Blitzschutz- und Erdungsanlagen [m² BGF]	2,50	**5,50**	10,00	0,2%
450	**Kommunikations-, sicherheits- und informationstechnische Anlagen**				
451	Telekommunikationsanlagen [m² BGF]	< 0,10	**2,50**	5,00	< 0,1%
452	Such- und Signalanlagen [m² BGF]	2,80	**6,30**	16,00	0,2%
454	Elektroakustische Anlagen [m² BGF]	1,30	**3,50**	16,00	< 0,1%
455	Audiovisuelle Medien- und Antennenanlagen [m² BGF]	4,50	**6,30**	8,60	0,2%
456	Gefahrenmelde- und Alarmanlagen [m² BGF]	3,60	**7,80**	15,00	0,1%
457	Datenübertragungsnetze [m² BGF]	5,20	**9,40**	18,00	0,3%
460	**Förderanlagen**				
470	**Nutzungsspezifische und verfahrenstechnische Anlagen**				
480	**Gebäude- und Anlagenautomation**				
481	Automationseinrichtungen [m² BGF]	53,00	**54,00**	55,00	0,5%
483	Automationsmanagement [m² BGF]	–	**11,00**	–	< 0,1%
485	Datenübertragungsnetze [m² BGF]	1,50	**2,40**	3,30	< 0,1%
490	**Sonstige Maßnahmen für technische Anlagen**				
491	Baustelleneinrichtung [m² BGF]	–	**3,50**	–	< 0,1%

Ein- und Zweifamilienhäuser, nicht unterkellert, einfacher Standard

Kosten:
Stand 1. Quartal 2025
Bundesdurchschnitt
inkl. 19% MwSt.

Kostengruppen		▷	€/Einheit	◁	KG an 300+400
310	**Baugrube / Erdbau**				
311	Herstellung [m³]	28,00	**60,00**	92,00	1,2%
320	**Gründung, Unterbau**				
321	Baugrundverbesserung [m²]	–	**64,00**	–	1,5%
322	Flachgründungen und Bodenplatten [m²]	210,00	**216,00**	222,00	6,5%
324	Gründungsbeläge [m²]	174,00	**179,00**	184,00	4,0%
325	Abdichtungen und Bekleidungen [m²]	16,00	**24,00**	32,00	0,7%
330	**Außenwände/Vertikale Baukonstruktionen, außen**				
331	Tragende Außenwände [m²]	115,00	**146,00**	177,00	8,8%
334	Außenwandöffnungen [m²]	593,00	**682,00**	770,00	7,5%
335	Außenwandbekleidungen, außen [m²]	90,00	**152,00**	213,00	8,9%
336	Außenwandbekleidungen, innen [m²]	63,00	**67,00**	71,00	3,0%
338	Lichtschutz zur KG 330 [m²]	459,00	**561,00**	663,00	2,6%
339	Sonstiges zur KG 330 [m²]	–	**3,00**	–	0,1%
340	**Innenwände/Vertikale Baukonstruktionen, innen**				
341	Tragende Innenwände [m²]	90,00	**93,00**	96,00	1,5%
342	Nichttragende Innenwände [m²]	87,00	**112,00**	136,00	2,5%
344	Innenwandöffnungen [m²]	388,00	**450,00**	512,00	2,4%
345	Innenwandbekleidungen [m²]	58,00	**63,00**	68,00	3,4%
350	**Decken/Horizontale Baukonstruktionen**				
351	Deckenkonstruktionen [m²]	188,00	**203,00**	217,00	8,7%
352	Deckenöffnungen [m²]	–	**1.189,00**	–	0,1%
353	Deckenbeläge [m²]	135,00	**154,00**	174,00	4,4%
354	Deckenbekleidungen [m²]	35,00	**45,00**	56,00	1,7%
359	Sonstiges zur KG 350 [m²]	–	**10,00**	–	0,2%
360	**Dächer**				
361	Dachkonstruktionen [m²]	53,00	**71,00**	88,00	2,9%
362	Dachöffnungen [m²]	–	**1.162,00**	–	< 0,1%
363	Dachbeläge [m²]	122,00	**141,00**	159,00	5,5%
364	Dachbekleidungen [m²]	–	**69,00**	–	0,3%
370	**Infrastrukturanlagen**				
380	**Baukonstruktive Einbauten**				
390	**Sonstige Maßnahmen für Baukonstruktionen**				
391	Baustelleneinrichtung [m² BGF]	21,00	**32,00**	44,00	2,5%
392	Gerüste [m² BGF]	–	**20,00**	–	1,5%

▷ von
ø Mittel
◁ bis

© **BKI** Baukosteninformationszentrum; Erläuterungen zu den Tabellen siehe Seite 54

Kostengruppen		▷	€/Einheit	◁	KG an 300+400
410	**Abwasser-, Wasser-, Gasanlagen**				
411	Abwasseranlagen [m² BGF]	11,00	**20,00**	30,00	1,5%
412	Wasseranlagen [m² BGF]	42,00	**53,00**	65,00	4,1%
419	Sonstiges zur KG 410 [m² BGF]	–	**3,70**	–	0,1%
420	**Wärmeversorgungsanlagen**				
421	Wärmeerzeugungsanlagen [m² BGF]	25,00	**47,00**	69,00	3,6%
422	Wärmeverteilnetze [m² BGF]	16,00	**20,00**	23,00	1,5%
423	Raumheizflächen [m² BGF]	13,00	**16,00**	18,00	1,2%
429	Sonstiges zur KG 420 [m² BGF]	–	**22,00**	–	0,9%
430	**Raumlufttechnische Anlagen**				
431	Lüftungsanlagen [m² BGF]	–	**34,00**	–	1,3%
440	**Elektrische Anlagen**				
444	Niederspannungsinstallationsanlagen [m² BGF]	–	**30,00**	–	2,3%
445	Beleuchtungsanlagen [m² BGF]	–	**4,70**	–	0,2%
446	Blitzschutz- und Erdungsanlagen [m² BGF]	1,70	**2,60**	3,40	0,2%
450	**Kommunikations-, sicherheits- und informationstechnische Anlagen**				
451	Telekommunikationsanlagen [m² BGF]	–	**0,40**	–	< 0,1%
452	Such- und Signalanlagen [m² BGF]	1,40	**1,70**	1,90	0,1%
455	Audiovisuelle Medien- und Antennenanlagen [m² BGF]	0,60	**3,90**	7,20	0,3%
457	Datenübertragungsnetze [m² BGF]	–	**5,40**	–	0,2%
460	**Förderanlagen**				
470	**Nutzungsspezifische und verfahrenstechnische Anlagen**				
480	**Gebäude- und Anlagenautomation**				
490	**Sonstige Maßnahmen für technische Anlagen**				

Ein- und Zweifamilienhäuser, nicht unterkellert, mittlerer Standard

Kosten:
Stand 1. Quartal 2025
Bundesdurchschnitt
inkl. 19% MwSt.

Kostengruppen		▷	€/Einheit	◁	KG an 300+400
310	**Baugrube / Erdbau**				
311	Herstellung [m³]	23,00	**40,00**	51,00	1,0%
313	Wasserhaltung [m³]	–	**1,60**	–	< 0,1%
320	**Gründung, Unterbau**				
321	Baugrundverbesserung [m²]	42,00	**67,00**	115,00	0,4%
322	Flachgründungen und Bodenplatten [m²]	146,00	**199,00**	246,00	5,0%
324	Gründungsbeläge [m²]	142,00	**214,00**	271,00	4,4%
325	Abdichtungen und Bekleidungen [m²]	24,00	**51,00**	82,00	1,4%
326	Dränagen [m²]	5,10	**13,00**	22,00	< 0,1%
329	Sonstiges zur KG 320 [m²]	–	**28,00**	–	< 0,1%
330	**Außenwände/Vertikale Baukonstruktionen, außen**				
331	Tragende Außenwände [m²]	127,00	**182,00**	232,00	7,3%
332	Nichttragende Außenwände [m²]	182,00	**247,00**	311,00	0,3%
333	Außenstützen [m]	125,00	**201,00**	289,00	0,4%
334	Außenwandöffnungen [m²]	741,00	**886,00**	1.107,00	9,6%
335	Außenwandbekleidungen, außen [m²]	119,00	**177,00**	216,00	8,4%
336	Außenwandbekleidungen, innen [m²]	46,00	**67,00**	87,00	2,1%
338	Lichtschutz zur KG 330 [m²]	132,00	**380,00**	596,00	1,0%
339	Sonstiges zur KG 330 [m²]	11,00	**28,00**	117,00	0,7%
340	**Innenwände/Vertikale Baukonstruktionen, innen**				
341	Tragende Innenwände [m²]	86,00	**114,00**	135,00	1,9%
342	Nichttragende Innenwände [m²]	88,00	**113,00**	136,00	1,9%
343	Innenstützen [m]	189,00	**241,00**	338,00	0,1%
344	Innenwandöffnungen [m²]	393,00	**583,00**	1.034,00	2,0%
345	Innenwandbekleidungen [m²]	38,00	**59,00**	76,00	3,6%
346	Elementierte Innenwandkonstruktionen [m²]	490,00	**737,00**	985,00	0,2%
349	Sonstiges zur KG 340 [m²]	3,80	**7,00**	9,00	< 0,1%
350	**Decken/Horizontale Baukonstruktionen**				
351	Deckenkonstruktionen [m²]	172,00	**232,00**	276,00	4,9%
352	Deckenöffnungen [m²]	726,00	**991,00**	1.256,00	< 0,1%
353	Deckenbeläge [m²]	153,00	**200,00**	267,00	3,2%
354	Deckenbekleidungen [m²]	18,00	**41,00**	59,00	0,7%
359	Sonstiges zur KG 350 [m²]	30,00	**49,00**	100,00	0,5%
360	**Dächer**				
361	Dachkonstruktionen [m²]	99,00	**137,00**	169,00	4,3%
362	Dachöffnungen [m²]	1.258,00	**2.082,00**	3.256,00	0,6%
363	Dachbeläge [m²]	150,00	**234,00**	334,00	7,3%
364	Dachbekleidungen [m²]	37,00	**86,00**	126,00	2,3%
366	Lichtschutz zur KG 360 [m²]	–	**3.982,00**	–	< 0,1%
369	Sonstiges zur KG 360 [m²]	9,30	**17,00**	25,00	< 0,1%
370	**Infrastrukturanlagen**				
380	**Baukonstruktive Einbauten**				
381	Allgemeine Einbauten [m² BGF]	55,00	**66,00**	86,00	0,8%

▷ von
ø Mittel
◁ bis

© **BKI** Baukosteninformationszentrum; Erläuterungen zu den Tabellen siehe Seite 54

Kostengruppen		▷	€/Einheit	◁	KG an 300+400
390	**Sonstige Maßnahmen für Baukonstruktionen**				
391	Baustelleneinrichtung [m² BGF]	14,00	**37,00**	108,00	1,6%
392	Gerüste [m² BGF]	20,00	**32,00**	73,00	1,4%
394	Abbruchmaßnahmen [m² BGF]	–	**1,50**	–	< 0,1%
396	Materialentsorgung [m² BGF]	–	**0,60**	–	< 0,1%
397	Zusätzliche Maßnahmen [m² BGF]	1,80	**4,80**	7,30	0,1%
398	Provisorische Baukonstruktionen [m² BGF]	–	**1,90**	–	< 0,1%
399	Sonstiges zur KG 390 [m² BGF]	–	**15,00**	–	< 0,1%
410	**Abwasser-, Wasser-, Gasanlagen**				
411	Abwasseranlagen [m² BGF]	22,00	**35,00**	59,00	1,7%
412	Wasseranlagen [m² BGF]	65,00	**79,00**	111,00	4,0%
419	Sonstiges zur KG 410 [m² BGF]	4,90	**9,10**	33,00	0,2%
420	**Wärmeversorgungsanlagen**				
421	Wärmeerzeugungsanlagen [m² BGF]	48,00	**81,00**	135,00	3,8%
422	Wärmeverteilnetze [m² BGF]	10,00	**15,00**	23,00	0,6%
423	Raumheizflächen [m² BGF]	27,00	**46,00**	81,00	2,4%
429	Sonstiges zur KG 420 [m² BGF]	7,80	**28,00**	65,00	0,9%
430	**Raumlufttechnische Anlagen**				
431	Lüftungsanlagen [m² BGF]	4,70	**33,00**	59,00	1,0%
440	**Elektrische Anlagen**				
442	Eigenstromversorgungsanlagen [m² BGF]	–	**62,00**	–	0,2%
444	Niederspannungsinstallationsanlagen [m² BGF]	49,00	**77,00**	121,00	3,7%
445	Beleuchtungsanlagen [m² BGF]	5,50	**17,00**	41,00	0,5%
446	Blitzschutz- und Erdungsanlagen [m² BGF]	2,20	**5,70**	12,00	0,3%
449	Sonstiges zur KG 440 [m² BGF]	–	**8,50**	–	< 0,1%
450	**Kommunikations-, sicherheits- und informationstechnische Anlagen**				
451	Telekommunikationsanlagen [m² BGF]	0,60	**1,50**	2,90	< 0,1%
452	Such- und Signalanlagen [m² BGF]	1,10	**2,50**	3,90	0,1%
454	Elektroakustische Anlagen [m² BGF]	1,00	**1,20**	1,40	< 0,1%
455	Audiovisuelle Medien- und Antennenanlagen [m² BGF]	3,20	**7,50**	16,00	0,3%
456	Gefahrenmelde- und Alarmanlagen [m² BGF]	1,60	**2,50**	3,00	< 0,1%
457	Datenübertragungsnetze [m² BGF]	4,90	**9,00**	15,00	0,3%
460	**Förderanlagen**				
470	**Nutzungsspezifische und verfahrenstechnische Anlagen**				
480	**Gebäude- und Anlagenautomation**				
490	**Sonstige Maßnahmen für technische Anlagen**				
491	Baustelleneinrichtung [m² BGF]	1,00	**2,10**	3,20	< 0,1%

Ein- und Zweifamilienhäuser, nicht unterkellert, hoher Standard

Kosten:
Stand 1. Quartal 2025
Bundesdurchschnitt
inkl. 19% MwSt.

Kostengruppen		▷	€/Einheit	◁	KG an 300+400
310	**Baugrube / Erdbau**				
311	Herstellung [m³]	41,00	**69,00**	103,00	1,8%
313	Wasserhaltung [m³]	–	**0,30**	–	< 0,1%
320	**Gründung, Unterbau**				
321	Baugrundverbesserung [m²]	35,00	**57,00**	101,00	0,4%
322	Flachgründungen und Bodenplatten [m²]	171,00	**217,00**	253,00	4,5%
324	Gründungsbeläge [m²]	178,00	**234,00**	302,00	3,7%
325	Abdichtungen und Bekleidungen [m²]	28,00	**57,00**	107,00	1,1%
326	Dränagen [m²]	15,00	**47,00**	78,00	0,2%
330	**Außenwände/Vertikale Baukonstruktionen, außen**				
331	Tragende Außenwände [m²]	167,00	**209,00**	301,00	7,4%
332	Nichttragende Außenwände [m²]	160,00	**225,00**	402,00	0,3%
333	Außenstützen [m]	231,00	**407,00**	712,00	0,2%
334	Außenwandöffnungen [m²]	800,00	**1.014,00**	1.239,00	11,9%
335	Außenwandbekleidungen, außen [m²]	121,00	**163,00**	231,00	6,5%
336	Außenwandbekleidungen, innen [m²]	43,00	**54,00**	69,00	1,7%
338	Lichtschutz zur KG 330 [m²]	317,00	**465,00**	610,00	1,0%
339	Sonstiges zur KG 330 [m²]	5,40	**10,00**	20,00	0,4%
340	**Innenwände/Vertikale Baukonstruktionen, innen**				
341	Tragende Innenwände [m²]	126,00	**150,00**	202,00	1,7%
342	Nichttragende Innenwände [m²]	105,00	**134,00**	159,00	1,9%
343	Innenstützen [m]	143,00	**311,00**	509,00	0,1%
344	Innenwandöffnungen [m²]	557,00	**752,00**	994,00	3,3%
345	Innenwandbekleidungen [m²]	37,00	**70,00**	120,00	2,9%
346	Elementierte Innenwandkonstruktionen [m²]	–	**540,00**	–	< 0,1%
349	Sonstiges zur KG 340 [m²]	4,50	**4,90**	5,20	< 0,1%
350	**Decken/Horizontale Baukonstruktionen**				
351	Deckenkonstruktionen [m²]	193,00	**272,00**	329,00	5,7%
353	Deckenbeläge [m²]	189,00	**254,00**	311,00	4,0%
354	Deckenbekleidungen [m²]	27,00	**57,00**	117,00	0,8%
355	Elementierte Deckenkonstruktionen [m²]	–	**5.600,00**	–	0,3%
359	Sonstiges zur KG 350 [m²]	14,00	**34,00**	57,00	0,6%
360	**Dächer**				
361	Dachkonstruktionen [m²]	149,00	**198,00**	260,00	4,5%
362	Dachöffnungen [m²]	947,00	**1.728,00**	2.364,00	0,8%
363	Dachbeläge [m²]	209,00	**297,00**	405,00	6,8%
364	Dachbekleidungen [m²]	19,00	**75,00**	120,00	1,6%
366	Lichtschutz zur KG 360 [m²]	–	**449,00**	–	< 0,1%
369	Sonstiges zur KG 360 [m²]	19,00	**31,00**	66,00	0,3%
370	**Infrastrukturanlagen**				
380	**Baukonstruktive Einbauten**				
381	Allgemeine Einbauten [m² BGF]	24,00	**52,00**	104,00	1,5%
386	Orientierungs- und Informationssysteme [m² BGF]	–	**4,50**	–	< 0,1%

▷ von
ø Mittel
◁ bis

© **BKI** Baukosteninformationszentrum; Erläuterungen zu den Tabellen siehe Seite 54

Kostengruppen		▷	€/Einheit	◁	KG an 300+400
390	**Sonstige Maßnahmen für Baukonstruktionen**				
391	Baustelleneinrichtung [m² BGF]	11,00	**27,00**	40,00	1,3%
392	Gerüste [m² BGF]	17,00	**25,00**	53,00	1,1%
394	Abbruchmaßnahmen [m² BGF]	–	**4,30**	–	< 0,1%
395	Instandsetzungen [m² BGF]	–	**110,00**	–	0,5%
397	Zusätzliche Maßnahmen [m² BGF]	1,90	**5,80**	8,30	< 0,1%
399	Sonstiges zur KG 390 [m² BGF]	–	**186,00**	–	0,7%
410	**Abwasser-, Wasser-, Gasanlagen**				
411	Abwasseranlagen [m² BGF]	16,00	**33,00**	46,00	1,4%
412	Wasseranlagen [m² BGF]	41,00	**74,00**	87,00	3,1%
419	Sonstiges zur KG 410 [m² BGF]	0,90	**2,00**	2,50	< 0,1%
420	**Wärmeversorgungsanlagen**				
421	Wärmeerzeugungsanlagen [m² BGF]	68,00	**125,00**	212,00	5,2%
422	Wärmeverteilnetze [m² BGF]	11,00	**19,00**	30,00	0,7%
423	Raumheizflächen [m² BGF]	45,00	**62,00**	99,00	2,6%
429	Sonstiges zur KG 420 [m² BGF]	19,00	**31,00**	48,00	1,2%
430	**Raumlufttechnische Anlagen**				
431	Lüftungsanlagen [m² BGF]	2,40	**16,00**	29,00	0,1%
440	**Elektrische Anlagen**				
444	Niederspannungsinstallationsanlagen [m² BGF]	42,00	**65,00**	93,00	2,8%
445	Beleuchtungsanlagen [m² BGF]	1,90	**6,50**	20,00	0,2%
446	Blitzschutz- und Erdungsanlagen [m² BGF]	1,70	**6,20**	14,00	0,3%
450	**Kommunikations-, sicherheits- und informationstechnische Anlagen**				
451	Telekommunikationsanlagen [m² BGF]	2,70	**5,10**	7,50	< 0,1%
452	Such- und Signalanlagen [m² BGF]	1,20	**3,00**	6,00	0,1%
454	Elektroakustische Anlagen [m² BGF]	0,50	**1,00**	2,00	< 0,1%
455	Audiovisuelle Medien- und Antennenanlagen [m² BGF]	1,40	**4,10**	9,20	0,1%
456	Gefahrenmelde- und Alarmanlagen [m² BGF]	2,60	**6,70**	26,00	0,2%
457	Datenübertragungsnetze [m² BGF]	4,10	**6,10**	11,00	0,2%
460	**Förderanlagen**				
470	**Nutzungsspezifische und verfahrenstechnische Anlagen**				
480	**Gebäude- und Anlagenautomation**				
490	**Sonstige Maßnahmen für technische Anlagen**				
491	Baustelleneinrichtung [m² BGF]	–	**7,60**	–	< 0,1%

Ein- und Zweifamilienhäuser, Passivhausstandard, Massivbauweise

Kosten:
Stand 1. Quartal 2025
Bundesdurchschnitt
inkl. 19% MwSt.

Kostengruppen		▷	€/Einheit	◁	KG an 300+400
310	**Baugrube / Erdbau**				
311	Herstellung [m³]	26,00	**46,00**	104,00	2,1%
312	Umschließung [m²]	–	**240,00**	–	0,5%
313	Wasserhaltung [m³]	–	**31,00**	–	0,2%
320	**Gründung, Unterbau**				
321	Baugrundverbesserung [m²]	19,00	**49,00**	64,00	0,3%
322	Flachgründungen und Bodenplatten [m²]	133,00	**170,00**	222,00	3,0%
324	Gründungsbeläge [m²]	103,00	**186,00**	312,00	2,5%
325	Abdichtungen und Bekleidungen [m²]	62,00	**116,00**	199,00	2,5%
326	Dränagen [m²]	7,00	**16,00**	26,00	0,2%
330	**Außenwände/Vertikale Baukonstruktionen, außen**				
331	Tragende Außenwände [m²]	147,00	**175,00**	202,00	7,6%
332	Nichttragende Außenwände [m²]	97,00	**173,00**	250,00	0,1%
333	Außenstützen [m]	159,00	**315,00**	797,00	0,2%
334	Außenwandöffnungen [m²]	825,00	**1.025,00**	1.205,00	10,1%
335	Außenwandbekleidungen, außen [m²]	151,00	**204,00**	261,00	9,7%
336	Außenwandbekleidungen, innen [m²]	53,00	**67,00**	79,00	2,4%
337	Elementierte Außenwandkonstruktionen [m²]	–	**397,00**	–	1,0%
338	Lichtschutz zur KG 330 [m²]	278,00	**462,00**	734,00	2,4%
339	Sonstiges zur KG 330 [m²]	4,30	**11,00**	21,00	0,4%
340	**Innenwände/Vertikale Baukonstruktionen, innen**				
341	Tragende Innenwände [m²]	110,00	**129,00**	167,00	1,6%
342	Nichttragende Innenwände [m²]	82,00	**102,00**	127,00	1,7%
343	Innenstützen [m]	189,00	**231,00**	339,00	< 0,1%
344	Innenwandöffnungen [m²]	379,00	**498,00**	644,00	1,9%
345	Innenwandbekleidungen [m²]	36,00	**61,00**	78,00	3,1%
346	Elementierte Innenwandkonstruktionen [m²]	–	**1.421,00**	–	< 0,1%
349	Sonstiges zur KG 340 [m²]	–	**6,90**	–	< 0,1%
350	**Decken/Horizontale Baukonstruktionen**				
351	Deckenkonstruktionen [m²]	190,00	**228,00**	317,00	6,1%
352	Deckenöffnungen [m²]	–	**1.662,00**	–	< 0,1%
353	Deckenbeläge [m²]	156,00	**186,00**	215,00	3,9%
354	Deckenbekleidungen [m²]	25,00	**41,00**	68,00	0,8%
355	Elementierte Deckenkonstruktionen [m²]	–	**1.158,00**	–	0,3%
359	Sonstiges zur KG 350 [m²]	15,00	**34,00**	41,00	0,3%
360	**Dächer**				
361	Dachkonstruktionen [m²]	113,00	**172,00**	244,00	3,5%
362	Dachöffnungen [m²]	2.086,00	**2.290,00**	2.493,00	0,1%
363	Dachbeläge [m²]	163,00	**221,00**	290,00	5,1%
364	Dachbekleidungen [m²]	66,00	**113,00**	203,00	1,8%
365	Elementierte Dachkonstruktionen [m²]	–	**258,00**	–	0,3%
369	Sonstiges zur KG 360 [m²]	3,90	**5,50**	7,00	< 0,1%
370	**Infrastrukturanlagen**				

▷ von
ø Mittel
◁ bis

© BKI Baukosteninformationszentrum; Erläuterungen zu den Tabellen siehe Seite 54

Kostengruppen	▷	€/Einheit	◁	KG an 300+400
380 Baukonstruktive Einbauten				
381 Allgemeine Einbauten [m² BGF]	7,60	**12,00**	17,00	0,1%
390 Sonstige Maßnahmen für Baukonstruktionen				
391 Baustelleneinrichtung [m² BGF]	13,00	**29,00**	57,00	1,4%
392 Gerüste [m² BGF]	13,00	**20,00**	29,00	0,9%
397 Zusätzliche Maßnahmen [m² BGF]	2,70	**5,50**	8,50	0,1%
410 Abwasser-, Wasser-, Gasanlagen				
411 Abwasseranlagen [m² BGF]	17,00	**30,00**	50,00	1,5%
412 Wasseranlagen [m² BGF]	57,00	**84,00**	125,00	4,1%
413 Gasanlagen [m² BGF]	–	**8,30**	–	< 0,1%
419 Sonstiges zur KG 410 [m² BGF]	6,20	**11,00**	13,00	0,2%
420 Wärmeversorgungsanlagen				
421 Wärmeerzeugungsanlagen [m² BGF]	38,00	**90,00**	127,00	4,5%
422 Wärmeverteilnetze [m² BGF]	8,60	**14,00**	24,00	0,5%
423 Raumheizflächen [m² BGF]	21,00	**32,00**	40,00	1,5%
429 Sonstiges zur KG 420 [m² BGF]	–	**14,00**	–	< 0,1%
430 Raumlufttechnische Anlagen				
431 Lüftungsanlagen [m² BGF]	53,00	**100,00**	170,00	3,8%
434 Kälteanlagen [m² BGF]	–	**56,00**	–	0,2%
440 Elektrische Anlagen				
442 Eigenstromversorgungsanlagen [m² BGF]	74,00	**176,00**	279,00	1,2%
444 Niederspannungsinstallationsanlagen [m² BGF]	44,00	**52,00**	64,00	2,5%
445 Beleuchtungsanlagen [m² BGF]	1,90	**5,80**	10,00	0,1%
446 Blitzschutz- und Erdungsanlagen [m² BGF]	2,00	**4,40**	9,40	0,2%
450 Kommunikations-, sicherheits- und informationstechnische Anlagen				
451 Telekommunikationsanlagen [m² BGF]	1,20	**2,30**	4,10	< 0,1%
452 Such- und Signalanlagen [m² BGF]	1,90	**4,00**	8,40	0,2%
455 Audiovisuelle Medien- und Antennenanlagen [m² BGF]	1,80	**4,30**	7,40	0,2%
456 Gefahrenmelde- und Alarmanlagen [m² BGF]	0,80	**7,80**	13,00	< 0,1%
457 Datenübertragungsnetze [m² BGF]	1,90	**5,10**	8,30	0,2%
460 Förderanlagen				
470 Nutzungsspezifische und verfahrenstechnische Anlagen				
480 Gebäude- und Anlagenautomation				
481 Automationseinrichtungen [m² BGF]	9,90	**35,00**	47,00	0,4%
484 Kabel, Leitungen und Verlegesysteme [m² BGF]	–	**7,70**	–	< 0,1%
485 Datenübertragungsnetze [m² BGF]	–	**5,00**	–	< 0,1%
490 Sonstige Maßnahmen für technische Anlagen				

Kosten:
Stand 1. Quartal 2025
Bundesdurchschnitt
inkl. 19% MwSt.

Kostengruppen		▷	€/Einheit	◁	KG an 300+400
310	**Baugrube / Erdbau**				
311	Herstellung [m³]	37,00	**57,00**	93,00	1,7%
320	**Gründung, Unterbau**				
321	Baugrundverbesserung [m²]	27,00	**53,00**	69,00	0,2%
322	Flachgründungen und Bodenplatten [m²]	151,00	**213,00**	368,00	3,8%
324	Gründungsbeläge [m²]	107,00	**203,00**	325,00	3,2%
325	Abdichtungen und Bekleidungen [m²]	27,00	**86,00**	154,00	1,5%
326	Dränagen [m²]	14,00	**24,00**	33,00	0,2%
330	**Außenwände/Vertikale Baukonstruktionen, außen**				
331	Tragende Außenwände [m²]	250,00	**299,00**	381,00	12,0%
332	Nichttragende Außenwände [m²]	–	**128,00**	–	< 0,1%
333	Außenstützen [m]	143,00	**196,00**	253,00	< 0,1%
334	Außenwandöffnungen [m²]	979,00	**1.106,00**	1.622,00	10,5%
335	Außenwandbekleidungen, außen [m²]	107,00	**161,00**	214,00	6,8%
336	Außenwandbekleidungen, innen [m²]	32,00	**60,00**	84,00	1,9%
338	Lichtschutz zur KG 330 [m²]	217,00	**336,00**	548,00	2,3%
339	Sonstiges zur KG 330 [m²]	6,20	**14,00**	28,00	0,5%
340	**Innenwände/Vertikale Baukonstruktionen, innen**				
341	Tragende Innenwände [m²]	142,00	**185,00**	220,00	1,9%
342	Nichttragende Innenwände [m²]	108,00	**156,00**	205,00	2,2%
343	Innenstützen [m]	145,00	**199,00**	319,00	< 0,1%
344	Innenwandöffnungen [m²]	361,00	**562,00**	832,00	1,8%
345	Innenwandbekleidungen [m²]	36,00	**52,00**	71,00	2,1%
346	Elementierte Innenwandkonstruktionen [m²]	–	**1.374,00**	–	< 0,1%
350	**Decken/Horizontale Baukonstruktionen**				
351	Deckenkonstruktionen [m²]	211,00	**267,00**	325,00	5,1%
352	Deckenöffnungen [m²]	–	**665,00**	–	< 0,1%
353	Deckenbeläge [m²]	176,00	**205,00**	253,00	3,3%
354	Deckenbekleidungen [m²]	26,00	**67,00**	109,00	0,9%
355	Elementierte Deckenkonstruktionen [m²]	1.200,00	**2.435,00**	7.814,00	0,9%
359	Sonstiges zur KG 350 [m²]	13,00	**21,00**	38,00	0,3%
360	**Dächer**				
361	Dachkonstruktionen [m²]	183,00	**232,00**	285,00	5,1%
362	Dachöffnungen [m²]	2.004,00	**3.174,00**	4.344,00	0,3%
363	Dachbeläge [m²]	163,00	**208,00**	284,00	4,6%
364	Dachbekleidungen [m²]	58,00	**93,00**	171,00	1,3%
366	Lichtschutz zur KG 360 [m²]	292,00	**663,00**	850,00	0,1%
369	Sonstiges zur KG 360 [m²]	4,60	**7,50**	9,00	< 0,1%
370	**Infrastrukturanlagen**				
380	**Baukonstruktive Einbauten**				
381	Allgemeine Einbauten [m² BGF]	16,00	**69,00**	106,00	1,1%

▷ von
ø Mittel
◁ bis

© **BKI** Baukosteninformationszentrum; Erläuterungen zu den Tabellen siehe Seite 54

Kostengruppen	▷	€/Einheit	◁	KG an 300+400
390 Sonstige Maßnahmen für Baukonstruktionen				
391 Baustelleneinrichtung [m² BGF]	24,00	**32,00**	44,00	1,4%
392 Gerüste [m² BGF]	14,00	**20,00**	33,00	0,8%
394 Abbruchmaßnahmen [m² BGF]	–	**58,00**	–	0,2%
397 Zusätzliche Maßnahmen [m² BGF]	2,00	**3,20**	3,90	< 0,1%
410 Abwasser-, Wasser-, Gasanlagen				
411 Abwasseranlagen [m² BGF]	21,00	**35,00**	56,00	1,5%
412 Wasseranlagen [m² BGF]	70,00	**105,00**	157,00	4,5%
419 Sonstiges zur KG 410 [m² BGF]	5,00	**8,50**	16,00	0,2%
420 Wärmeversorgungsanlagen				
421 Wärmeerzeugungsanlagen [m² BGF]	63,00	**120,00**	169,00	3,3%
422 Wärmeverteilnetze [m² BGF]	7,20	**10,00**	16,00	0,4%
423 Raumheizflächen [m² BGF]	19,00	**33,00**	61,00	1,1%
429 Sonstiges zur KG 420 [m² BGF]	16,00	**28,00**	54,00	0,5%
430 Raumlufttechnische Anlagen				
431 Lüftungsanlagen [m² BGF]	78,00	**128,00**	206,00	5,0%
440 Elektrische Anlagen				
442 Eigenstromversorgungsanlagen [m² BGF]	59,00	**125,00**	159,00	1,1%
444 Niederspannungsinstallationsanlagen [m² BGF]	56,00	**74,00**	105,00	3,2%
445 Beleuchtungsanlagen [m² BGF]	3,10	**11,00**	18,00	0,2%
446 Blitzschutz- und Erdungsanlagen [m² BGF]	1,80	**3,40**	7,80	0,1%
450 Kommunikations-, sicherheits- und informationstechnische Anlagen				
451 Telekommunikationsanlagen [m² BGF]	1,70	**3,00**	4,40	< 0,1%
452 Such- und Signalanlagen [m² BGF]	3,00	**5,20**	9,70	0,2%
455 Audiovisuelle Medien- und Antennenanlagen [m² BGF]	3,30	**6,70**	11,00	0,2%
456 Gefahrenmelde- und Alarmanlagen [m² BGF]	1,10	**2,30**	6,30	< 0,1%
457 Datenübertragungsnetze [m² BGF]	3,50	**6,80**	13,00	0,1%
460 Förderanlagen				
470 Nutzungsspezifische und verfahrenstechnische Anlagen				
476 Weitere nutzungsspezifische Anlagen [m² BGF]	–	**11,00**	–	< 0,1%
480 Gebäude- und Anlagenautomation				
490 Sonstige Maßnahmen für technische Anlagen				

Ein- und Zweifamilienhäuser, Holzbauweise, unterkellert

Kosten:
Stand 1. Quartal 2025
Bundesdurchschnitt
inkl. 19% MwSt.

Kostengruppen		▷	€/Einheit	◁	KG an 300+400
310	**Baugrube / Erdbau**				
311	Herstellung [m³]	24,00	**37,00**	55,00	2,2%
312	Umschließung [m²]	–	**3,80**	–	< 0,1%
313	Wasserhaltung [m³]	–	**4,60**	–	< 0,1%
320	**Gründung, Unterbau**				
322	Flachgründungen und Bodenplatten [m²]	150,00	**184,00**	285,00	3,5%
324	Gründungsbeläge [m²]	87,00	**150,00**	265,00	1,4%
325	Abdichtungen und Bekleidungen [m²]	30,00	**56,00**	92,00	1,2%
326	Dränagen [m²]	8,90	**25,00**	50,00	0,2%
329	Sonstiges zur KG 320 [m²]	–	**10,00**	–	< 0,1%
330	**Außenwände/Vertikale Baukonstruktionen, außen**				
331	Tragende Außenwände [m²]	172,00	**230,00**	331,00	12,2%
333	Außenstützen [m]	93,00	**168,00**	275,00	0,5%
334	Außenwandöffnungen [m²]	682,00	**787,00**	1.024,00	8,1%
335	Außenwandbekleidungen, außen [m²]	111,00	**164,00**	276,00	7,7%
336	Außenwandbekleidungen, innen [m²]	38,00	**57,00**	80,00	2,7%
337	Elementierte Außenwandkonstruktionen [m²]	359,00	**430,00**	501,00	2,1%
338	Lichtschutz zur KG 330 [m²]	197,00	**266,00**	371,00	1,3%
339	Sonstiges zur KG 330 [m²]	6,60	**17,00**	42,00	0,9%
340	**Innenwände/Vertikale Baukonstruktionen, innen**				
341	Tragende Innenwände [m²]	94,00	**133,00**	190,00	3,5%
342	Nichttragende Innenwände [m²]	90,00	**114,00**	135,00	0,8%
343	Innenstützen [m]	27,00	**171,00**	315,00	< 0,1%
344	Innenwandöffnungen [m²]	385,00	**556,00**	1.023,00	1,9%
345	Innenwandbekleidungen [m²]	37,00	**51,00**	87,00	3,0%
346	Elementierte Innenwandkonstruktionen [m²]	728,00	**807,00**	886,00	0,3%
349	Sonstiges zur KG 340 [m²]	2,10	**4,30**	6,60	< 0,1%
350	**Decken/Horizontale Baukonstruktionen**				
351	Deckenkonstruktionen [m²]	190,00	**246,00**	309,00	8,2%
352	Deckenöffnungen [m²]	–	**1.560,00**	–	< 0,1%
353	Deckenbeläge [m²]	104,00	**157,00**	269,00	3,9%
354	Deckenbekleidungen [m²]	39,00	**58,00**	122,00	0,8%
355	Elementierte Deckenkonstruktionen [m²]	–	**1.237,00**	–	< 0,1%
359	Sonstiges zur KG 350 [m²]	9,30	**24,00**	48,00	0,3%
360	**Dächer**				
361	Dachkonstruktionen [m²]	111,00	**171,00**	248,00	4,0%
362	Dachöffnungen [m²]	1.185,00	**2.031,00**	2.879,00	0,5%
363	Dachbeläge [m²]	119,00	**185,00**	261,00	4,4%
364	Dachbekleidungen [m²]	36,00	**88,00**	146,00	1,8%
369	Sonstiges zur KG 360 [m²]	2,20	**6,50**	11,00	< 0,1%
370	**Infrastrukturanlagen**				

▷ von
ø Mittel
◁ bis

© BKI Baukosteninformationszentrum; Erläuterungen zu den Tabellen siehe Seite 54

Kostengruppen		▷	€/Einheit	◁	KG an 300+400
380	**Baukonstruktive Einbauten**				
381	Allgemeine Einbauten [m2 BGF]	–	**95,00**	–	0,3%
382	Besondere Einbauten [m2 BGF]	–	**1,70**	–	< 0,1%
389	Sonstiges zur KG 380 [m2 BGF]	–	**2,30**	–	< 0,1%
390	**Sonstige Maßnahmen für Baukonstruktionen**				
391	Baustelleneinrichtung [m2 BGF]	18,00	**25,00**	41,00	1,3%
392	Gerüste [m2 BGF]	16,00	**29,00**	98,00	1,2%
393	Sicherungsmaßnahmen [m2 BGF]	–	**44,00**	–	0,1%
396	Materialentsorgung [m2 BGF]	–	**3,00**	–	< 0,1%
397	Zusätzliche Maßnahmen [m2 BGF]	1,50	**3,50**	7,40	< 0,1%
410	**Abwasser-, Wasser-, Gasanlagen**				
411	Abwasseranlagen [m2 BGF]	17,00	**30,00**	45,00	1,6%
412	Wasseranlagen [m2 BGF]	52,00	**78,00**	137,00	3,9%
413	Gasanlagen [m2 BGF]	–	**2,50**	–	< 0,1%
419	Sonstiges zur KG 410 [m2 BGF]	3,90	**6,60**	8,60	0,1%
420	**Wärmeversorgungsanlagen**				
421	Wärmeerzeugungsanlagen [m2 BGF]	45,00	**69,00**	105,00	2,8%
422	Wärmeverteilnetze [m2 BGF]	8,60	**16,00**	23,00	0,7%
423	Raumheizflächen [m2 BGF]	26,00	**41,00**	60,00	1,5%
429	Sonstiges zur KG 420 [m2 BGF]	10,00	**17,00**	28,00	0,4%
430	**Raumlufttechnische Anlagen**				
431	Lüftungsanlagen [m2 BGF]	24,00	**43,00**	71,00	1,1%
440	**Elektrische Anlagen**				
444	Niederspannungsinstallationsanlagen [m2 BGF]	43,00	**65,00**	116,00	3,3%
445	Beleuchtungsanlagen [m2 BGF]	2,20	**5,90**	16,00	< 0,1%
446	Blitzschutz- und Erdungsanlagen [m2 BGF]	2,70	**5,80**	16,00	0,3%
450	**Kommunikations-, sicherheits- und informationstechnische Anlagen**				
451	Telekommunikationsanlagen [m2 BGF]	1,00	**2,30**	4,10	< 0,1%
452	Such- und Signalanlagen [m2 BGF]	1,30	**3,00**	4,50	0,2%
454	Elektroakustische Anlagen [m2 BGF]	–	**5,30**	–	< 0,1%
455	Audiovisuelle Medien- und Antennenanlagen [m2 BGF]	1,80	**3,90**	7,00	0,2%
457	Datenübertragungsnetze [m2 BGF]	0,60	**2,40**	5,10	< 0,1%
460	**Förderanlagen**				
470	**Nutzungsspezifische und verfahrenstechnische Anlagen**				
476	Weitere nutzungsspezifische Anlagen [m2 BGF]	–	**9,80**	–	< 0,1%
480	**Gebäude- und Anlagenautomation**				
490	**Sonstige Maßnahmen für technische Anlagen**				
495	Instandsetzungen [m2 BGF]	–	**13,00**	–	< 0,1%

Ein- und Zweifamilienhäuser, Holzbauweise, nicht unterkellert

Kosten:
Stand 1. Quartal 2025
Bundesdurchschnitt
inkl. 19% MwSt.

Kostengruppen		▷	€/Einheit	◁	KG an 300+400
310	**Baugrube / Erdbau**				
311	Herstellung [m³]	23,00	**54,00**	129,00	1,3%
320	**Gründung, Unterbau**				
321	Baugrundverbesserung [m²]	30,00	**51,00**	91,00	0,6%
322	Flachgründungen und Bodenplatten [m²]	127,00	**167,00**	199,00	3,9%
324	Gründungsbeläge [m²]	124,00	**220,00**	297,00	3,8%
325	Abdichtungen und Bekleidungen [m²]	28,00	**73,00**	194,00	1,8%
326	Dränagen [m²]	1,90	**24,00**	46,00	< 0,1%
330	**Außenwände/Vertikale Baukonstruktionen, außen**				
331	Tragende Außenwände [m²]	202,00	**248,00**	297,00	9,3%
332	Nichttragende Außenwände [m²]	194,00	**299,00**	403,00	0,3%
333	Außenstützen [m]	75,00	**170,00**	311,00	< 0,1%
334	Außenwandöffnungen [m²]	673,00	**909,00**	1.141,00	9,3%
335	Außenwandbekleidungen, außen [m²]	108,00	**154,00**	240,00	7,0%
336	Außenwandbekleidungen, innen [m²]	34,00	**69,00**	109,00	1,8%
337	Elementierte Außenwandkonstruktionen [m²]	246,00	**380,00**	514,00	4,0%
338	Lichtschutz zur KG 330 [m²]	279,00	**456,00**	708,00	2,2%
339	Sonstiges zur KG 330 [m²]	4,00	**6,90**	13,00	0,2%
340	**Innenwände/Vertikale Baukonstruktionen, innen**				
341	Tragende Innenwände [m²]	160,00	**187,00**	240,00	1,5%
342	Nichttragende Innenwände [m²]	62,00	**120,00**	196,00	2,6%
343	Innenstützen [m]	41,00	**50,00**	66,00	< 0,1%
344	Innenwandöffnungen [m²]	391,00	**559,00**	954,00	1,8%
345	Innenwandbekleidungen [m²]	47,00	**77,00**	122,00	2,5%
346	Elementierte Innenwandkonstruktionen [m²]	–	**533,00**	–	0,2%
350	**Decken/Horizontale Baukonstruktionen**				
351	Deckenkonstruktionen [m²]	168,00	**218,00**	306,00	4,6%
353	Deckenbeläge [m²]	103,00	**185,00**	253,00	2,6%
354	Deckenbekleidungen [m²]	37,00	**83,00**	152,00	1,0%
355	Elementierte Deckenkonstruktionen [m²]	1.393,00	**1.445,00**	1.496,00	0,3%
359	Sonstiges zur KG 350 [m²]	6,50	**12,00**	19,00	0,2%
360	**Dächer**				
361	Dachkonstruktionen [m²]	86,00	**166,00**	217,00	4,9%
362	Dachöffnungen [m²]	1.595,00	**2.421,00**	3.606,00	1,4%
363	Dachbeläge [m²]	141,00	**249,00**	414,00	7,2%
364	Dachbekleidungen [m²]	35,00	**77,00**	126,00	1,3%
365	Elementierte Dachkonstruktionen [m²]	–	**206,00**	–	0,4%
366	Lichtschutz zur KG 360 [m²]	–	**242,00**	–	< 0,1%
369	Sonstiges zur KG 360 [m²]	1,00	**3,50**	6,10	< 0,1%
370	**Infrastrukturanlagen**				
380	**Baukonstruktive Einbauten**				
381	Allgemeine Einbauten [m² BGF]	21,00	**24,00**	27,00	0,2%
382	Besondere Einbauten [m² BGF]	–	**75,00**	–	0,3%

▷ von
ø Mittel
◁ bis

© **BKI** Baukosteninformationszentrum; Erläuterungen zu den Tabellen siehe Seite 54

Kostengruppen		▷	€/Einheit	◁	KG an 300+400
390	**Sonstige Maßnahmen für Baukonstruktionen**				
391	Baustelleneinrichtung [m² BGF]	14,00	**39,00**	72,00	1,8%
392	Gerüste [m² BGF]	13,00	**21,00**	29,00	1,0%
394	Abbruchmaßnahmen [m² BGF]	–	**68,00**	–	0,4%
397	Zusätzliche Maßnahmen [m² BGF]	–	**9,90**	–	< 0,1%
410	**Abwasser-, Wasser-, Gasanlagen**				
411	Abwasseranlagen [m² BGF]	12,00	**28,00**	61,00	1,3%
412	Wasseranlagen [m² BGF]	41,00	**63,00**	100,00	2,8%
413	Gasanlagen [m² BGF]	–	**2,20**	–	< 0,1%
419	Sonstiges zur KG 410 [m² BGF]	3,20	**4,90**	6,60	0,2%
420	**Wärmeversorgungsanlagen**				
421	Wärmeerzeugungsanlagen [m² BGF]	54,00	**93,00**	151,00	3,9%
422	Wärmeverteilnetze [m² BGF]	6,90	**12,00**	16,00	0,4%
423	Raumheizflächen [m² BGF]	28,00	**45,00**	79,00	2,0%
429	Sonstiges zur KG 420 [m² BGF]	9,10	**20,00**	26,00	0,6%
430	**Raumlufttechnische Anlagen**				
431	Lüftungsanlagen [m² BGF]	37,00	**47,00**	61,00	1,8%
440	**Elektrische Anlagen**				
442	Eigenstromversorgungsanlagen [m² BGF]	–	**156,00**	–	0,8%
444	Niederspannungsinstallationsanlagen [m² BGF]	36,00	**55,00**	80,00	2,6%
445	Beleuchtungsanlagen [m² BGF]	4,20	**14,00**	21,00	0,4%
446	Blitzschutz- und Erdungsanlagen [m² BGF]	2,50	**4,90**	14,00	0,2%
450	**Kommunikations-, sicherheits- und informationstechnische Anlagen**				
451	Telekommunikationsanlagen [m² BGF]	–	**5,50**	–	< 0,1%
452	Such- und Signalanlagen [m² BGF]	2,40	**3,90**	6,30	< 0,1%
454	Elektroakustische Anlagen [m² BGF]	0,90	**1,80**	3,30	< 0,1%
455	Audiovisuelle Medien- und Antennenanlagen [m² BGF]	1,40	**4,80**	8,70	0,2%
456	Gefahrenmelde- und Alarmanlagen [m² BGF]	1,30	**1,50**	2,10	< 0,1%
457	Datenübertragungsnetze [m² BGF]	3,70	**7,40**	16,00	0,2%
460	**Förderanlagen**				
470	**Nutzungsspezifische und verfahrenstechnische Anlagen**				
476	Weitere nutzungsspezifische Anlagen [m² BGF]	–	**12,00**	–	< 0,1%
480	**Gebäude- und Anlagenautomation**				
481	Automationseinrichtungen [m² BGF]	–	**21,00**	–	0,1%
490	**Sonstige Maßnahmen für technische Anlagen**				

Doppel- und Reihenendhäuser, einfacher Standard

Kosten:
Stand 1. Quartal 2025
Bundesdurchschnitt
inkl. 19% MwSt.

Kostengruppen		▷	€/Einheit	◁	KG an 300+400
310	**Baugrube / Erdbau**				
311	Herstellung [m³]	72,00	**79,00**	85,00	2,4%
312	Umschließung [m²]	–	**4,70**	–	< 0,1%
320	**Gründung, Unterbau**				
321	Baugrundverbesserung [m²]	–	**20,00**	–	0,1%
322	Flachgründungen und Bodenplatten [m²]	170,00	**214,00**	240,00	4,5%
324	Gründungsbeläge [m²]	75,00	**96,00**	110,00	1,7%
325	Abdichtungen und Bekleidungen [m²]	5,20	**12,00**	18,00	0,1%
326	Dränagen [m²]	–	**13,00**	–	< 0,1%
330	**Außenwände/Vertikale Baukonstruktionen, außen**				
331	Tragende Außenwände [m²]	104,00	**150,00**	177,00	9,1%
332	Nichttragende Außenwände [m²]	–	**182,00**	–	0,1%
334	Außenwandöffnungen [m²]	479,00	**809,00**	974,00	9,5%
335	Außenwandbekleidungen, außen [m²]	84,00	**130,00**	159,00	8,1%
336	Außenwandbekleidungen, innen [m²]	6,10	**31,00**	43,00	1,5%
338	Lichtschutz zur KG 330 [m²]	126,00	**311,00**	496,00	1,9%
339	Sonstiges zur KG 330 [m²]	–	**19,00**	–	0,3%
340	**Innenwände/Vertikale Baukonstruktionen, innen**				
341	Tragende Innenwände [m²]	96,00	**125,00**	182,00	3,5%
342	Nichttragende Innenwände [m²]	101,00	**110,00**	115,00	2,5%
343	Innenstützen [m]	–	**128,00**	–	< 0,1%
344	Innenwandöffnungen [m²]	266,00	**306,00**	378,00	1,7%
345	Innenwandbekleidungen [m²]	30,00	**36,00**	48,00	3,4%
349	Sonstiges zur KG 340 [m²]	–	**8,30**	–	0,1%
350	**Decken/Horizontale Baukonstruktionen**				
351	Deckenkonstruktionen [m²]	178,00	**194,00**	202,00	11,1%
352	Deckenöffnungen [m²]	–	**1.795,00**	–	0,1%
353	Deckenbeläge [m²]	106,00	**147,00**	168,00	5,8%
354	Deckenbekleidungen [m²]	6,10	**26,00**	39,00	0,9%
355	Elementierte Deckenkonstruktionen [m²]	–	**884,00**	–	1,0%
359	Sonstiges zur KG 350 [m²]	9,00	**9,70**	10,00	0,4%
360	**Dächer**				
361	Dachkonstruktionen [m²]	87,00	**137,00**	162,00	3,4%
363	Dachbeläge [m²]	169,00	**180,00**	200,00	4,5%
364	Dachbekleidungen [m²]	–	**96,00**	–	0,6%
370	**Infrastrukturanlagen**				
380	**Baukonstruktive Einbauten**				
390	**Sonstige Maßnahmen für Baukonstruktionen**				
391	Baustelleneinrichtung [m² BGF]	3,00	**13,00**	19,00	1,0%
392	Gerüste [m² BGF]	–	**16,00**	–	0,4%
395	Instandsetzungen [m² BGF]	–	**1,40**	–	< 0,1%
397	Zusätzliche Maßnahmen [m² BGF]	2,60	**3,80**	5,10	0,2%

▷ von
ø Mittel
◁ bis

© **BKI** Baukosteninformationszentrum; Erläuterungen zu den Tabellen siehe Seite 54

Kostengruppen		▷	€/Einheit	◁	KG an 300+400
410	**Abwasser-, Wasser-, Gasanlagen**				
411	Abwasseranlagen [m² BGF]	20,00	**27,00**	31,00	2,1%
412	Wasseranlagen [m² BGF]	47,00	**57,00**	73,00	4,3%
419	Sonstiges zur KG 410 [m² BGF]	4,10	**7,90**	12,00	0,4%
420	**Wärmeversorgungsanlagen**				
421	Wärmeerzeugungsanlagen [m² BGF]	48,00	**74,00**	126,00	5,5%
422	Wärmeverteilnetze [m² BGF]	15,00	**17,00**	18,00	1,3%
423	Raumheizflächen [m² BGF]	23,00	**25,00**	26,00	1,9%
429	Sonstiges zur KG 420 [m² BGF]	–	**4,20**	–	0,1%
430	**Raumlufttechnische Anlagen**				
440	**Elektrische Anlagen**				
444	Niederspannungsinstallationsanlagen [m² BGF]	42,00	**43,00**	44,00	3,3%
445	Beleuchtungsanlagen [m² BGF]	0,20	**1,10**	2,10	< 0,1%
446	Blitzschutz- und Erdungsanlagen [m² BGF]	1,10	**2,80**	4,40	0,1%
450	**Kommunikations-, sicherheits- und informationstechnische Anlagen**				
452	Such- und Signalanlagen [m² BGF]	1,50	**5,40**	9,30	0,3%
455	Audiovisuelle Medien- und Antennenanlagen [m² BGF]	2,00	**4,60**	7,10	0,2%
456	Gefahrenmelde- und Alarmanlagen [m² BGF]	–	**1,80**	–	< 0,1%
457	Datenübertragungsnetze [m² BGF]	2,80	**3,00**	3,30	0,2%
460	**Förderanlagen**				
470	**Nutzungsspezifische und verfahrenstechnische Anlagen**				
480	**Gebäude- und Anlagenautomation**				
490	**Sonstige Maßnahmen für technische Anlagen**				
491	Baustelleneinrichtung [m² BGF]	–	**1,10**	–	< 0,1%

Doppel- und Reihenendhäuser, mittlerer Standard

Kosten:
Stand 1. Quartal 2025
Bundesdurchschnitt
inkl. 19% MwSt.

▷ von
ø Mittel
◁ bis

Kostengruppen		▷	€/Einheit	◁	KG an 300+400
310	**Baugrube / Erdbau**				
311	Herstellung [m³]	22,00	**43,00**	69,00	1,9%
312	Umschließung [m²]	–	**9,10**	–	< 0,1%
313	Wasserhaltung [m³]	–	**3,30**	–	< 0,1%
319	Sonstiges zur KG 310 [m³]	–	**1,60**	–	< 0,1%
320	**Gründung, Unterbau**				
322	Flachgründungen und Bodenplatten [m²]	126,00	**162,00**	205,00	3,3%
324	Gründungsbeläge [m²]	40,00	**118,00**	189,00	2,1%
325	Abdichtungen und Bekleidungen [m²]	34,00	**68,00**	112,00	1,5%
330	**Außenwände/Vertikale Baukonstruktionen, außen**				
331	Tragende Außenwände [m²]	114,00	**158,00**	191,00	8,7%
333	Außenstützen [m]	74,00	**358,00**	642,00	0,2%
334	Außenwandöffnungen [m²]	688,00	**884,00**	1.110,00	7,0%
335	Außenwandbekleidungen, außen [m²]	108,00	**158,00**	295,00	8,6%
336	Außenwandbekleidungen, innen [m²]	31,00	**48,00**	62,00	2,2%
338	Lichtschutz zur KG 330 [m²]	237,00	**477,00**	1.509,00	1,6%
339	Sonstiges zur KG 330 [m²]	3,30	**12,00**	16,00	0,6%
340	**Innenwände/Vertikale Baukonstruktionen, innen**				
341	Tragende Innenwände [m²]	103,00	**172,00**	227,00	2,1%
342	Nichttragende Innenwände [m²]	79,00	**106,00**	122,00	2,7%
343	Innenstützen [m]	203,00	**240,00**	304,00	< 0,1%
344	Innenwandöffnungen [m²]	287,00	**422,00**	516,00	2,3%
345	Innenwandbekleidungen [m²]	44,00	**65,00**	88,00	3,9%
349	Sonstiges zur KG 340 [m²]	3,20	**4,80**	6,00	< 0,1%
350	**Decken/Horizontale Baukonstruktionen**				
351	Deckenkonstruktionen [m²]	182,00	**247,00**	325,00	8,2%
352	Deckenöffnungen [m²]	972,00	**1.176,00**	1.380,00	< 0,1%
353	Deckenbeläge [m²]	145,00	**171,00**	224,00	4,6%
354	Deckenbekleidungen [m²]	26,00	**38,00**	54,00	0,9%
355	Elementierte Deckenkonstruktionen [m²]	–	**7.218,00**	–	0,6%
359	Sonstiges zur KG 350 [m²]	22,00	**46,00**	92,00	1,4%
360	**Dächer**				
361	Dachkonstruktionen [m²]	91,00	**139,00**	169,00	3,8%
362	Dachöffnungen [m²]	615,00	**1.352,00**	1.695,00	1,0%
363	Dachbeläge [m²]	121,00	**136,00**	172,00	4,1%
364	Dachbekleidungen [m²]	49,00	**82,00**	101,00	1,8%
369	Sonstiges zur KG 360 [m²]	7,50	**9,10**	11,00	0,1%
370	**Infrastrukturanlagen**				
380	**Baukonstruktive Einbauten**				
381	Allgemeine Einbauten [m² BGF]	–	**83,00**	–	0,8%

© **BKI** Baukosteninformationszentrum; Erläuterungen zu den Tabellen siehe Seite 54

Kostengruppen		▷	€/Einheit	◁	KG an 300+400
390	**Sonstige Maßnahmen für Baukonstruktionen**				
391	Baustelleneinrichtung [m2 BGF]	7,30	**18,00**	33,00	1,0%
392	Gerüste [m2 BGF]	16,00	**23,00**	28,00	1,2%
393	Sicherungsmaßnahmen [m2 BGF]	–	**50,00**	–	0,4%
397	Zusätzliche Maßnahmen [m2 BGF]	4,40	**8,00**	17,00	0,3%
398	Provisorische Baukonstruktionen [m2 BGF]	–	**< 0,10**	–	< 0,1%
399	Sonstiges zur KG 390 [m2 BGF]	–	**16,00**	–	0,2%
410	**Abwasser-, Wasser-, Gasanlagen**				
411	Abwasseranlagen [m2 BGF]	22,00	**37,00**	75,00	2,1%
412	Wasseranlagen [m2 BGF]	38,00	**60,00**	77,00	3,3%
419	Sonstiges zur KG 410 [m2 BGF]	2,90	**6,20**	10,00	0,2%
420	**Wärmeversorgungsanlagen**				
421	Wärmeerzeugungsanlagen [m2 BGF]	32,00	**65,00**	98,00	3,5%
422	Wärmeverteilnetze [m2 BGF]	24,00	**34,00**	80,00	1,6%
423	Raumheizflächen [m2 BGF]	17,00	**33,00**	57,00	1,9%
429	Sonstiges zur KG 420 [m2 BGF]	6,60	**15,00**	31,00	0,6%
430	**Raumlufttechnische Anlagen**				
431	Lüftungsanlagen [m2 BGF]	14,00	**46,00**	58,00	2,6%
440	**Elektrische Anlagen**				
444	Niederspannungsinstallationsanlagen [m2 BGF]	51,00	**60,00**	87,00	3,4%
445	Beleuchtungsanlagen [m2 BGF]	5,10	**12,00**	26,00	0,3%
446	Blitzschutz- und Erdungsanlagen [m2 BGF]	3,30	**4,10**	6,50	0,2%
449	Sonstiges zur KG 440 [m2 BGF]	–	**9,00**	–	< 0,1%
450	**Kommunikations-, sicherheits- und informationstechnische Anlagen**				
451	Telekommunikationsanlagen [m2 BGF]	0,70	**1,00**	1,50	< 0,1%
452	Such- und Signalanlagen [m2 BGF]	2,10	**4,20**	6,80	0,2%
455	Audiovisuelle Medien- und Antennenanlagen [m2 BGF]	1,30	**5,60**	9,00	0,3%
456	Gefahrenmelde- und Alarmanlagen [m2 BGF]	–	**3,30**	–	< 0,1%
457	Datenübertragungsnetze [m2 BGF]	3,80	**6,50**	16,00	0,3%
460	**Förderanlagen**				
470	**Nutzungsspezifische und verfahrenstechnische Anlagen**				
480	**Gebäude- und Anlagenautomation**				
490	**Sonstige Maßnahmen für technische Anlagen**				

Kosten:
Stand 1. Quartal 2025
Bundesdurchschnitt
inkl. 19% MwSt.

	Kostengruppen	▷	€/Einheit	◁	KG an 300+400
310	**Baugrube / Erdbau**				
311	Herstellung [m³]	37,00	**59,00**	79,00	2,9%
312	Umschließung [m²]	–	**6,40**	–	< 0,1%
313	Wasserhaltung [m³]	–	**13,00**	–	0,1%
320	**Gründung, Unterbau**				
322	Flachgründungen und Bodenplatten [m²]	142,00	**173,00**	199,00	3,1%
324	Gründungsbeläge [m²]	97,00	**155,00**	180,00	1,9%
325	Abdichtungen und Bekleidungen [m²]	17,00	**37,00**	56,00	0,6%
326	Dränagen [m²]	11,00	**20,00**	29,00	0,1%
330	**Außenwände/Vertikale Baukonstruktionen, außen**				
331	Tragende Außenwände [m²]	153,00	**172,00**	185,00	9,9%
332	Nichttragende Außenwände [m²]	160,00	**315,00**	749,00	0,4%
333	Außenstützen [m]	169,00	**175,00**	181,00	0,3%
334	Außenwandöffnungen [m²]	652,00	**743,00**	993,00	6,8%
335	Außenwandbekleidungen, außen [m²]	116,00	**161,00**	195,00	8,7%
336	Außenwandbekleidungen, innen [m²]	42,00	**50,00**	56,00	2,6%
338	Lichtschutz zur KG 330 [m²]	207,00	**275,00**	351,00	1,5%
339	Sonstiges zur KG 330 [m²]	13,00	**21,00**	29,00	1,1%
340	**Innenwände/Vertikale Baukonstruktionen, innen**				
341	Tragende Innenwände [m²]	131,00	**142,00**	169,00	0,7%
342	Nichttragende Innenwände [m²]	93,00	**106,00**	122,00	2,7%
343	Innenstützen [m]	123,00	**195,00**	308,00	0,2%
344	Innenwandöffnungen [m²]	266,00	**439,00**	560,00	2,0%
345	Innenwandbekleidungen [m²]	42,00	**60,00**	127,00	3,0%
349	Sonstiges zur KG 340 [m²]	–	**4,40**	–	< 0,1%
350	**Decken/Horizontale Baukonstruktionen**				
351	Deckenkonstruktionen [m²]	196,00	**262,00**	307,00	8,3%
353	Deckenbeläge [m²]	164,00	**201,00**	224,00	5,2%
354	Deckenbekleidungen [m²]	30,00	**38,00**	47,00	1,0%
355	Elementierte Deckenkonstruktionen [m²]	–	**1.160,00**	–	0,4%
359	Sonstiges zur KG 350 [m²]	27,00	**57,00**	74,00	1,4%
360	**Dächer**				
361	Dachkonstruktionen [m²]	132,00	**180,00**	253,00	3,6%
362	Dachöffnungen [m²]	1.187,00	**1.979,00**	2.386,00	0,7%
363	Dachbeläge [m²]	210,00	**237,00**	282,00	5,1%
364	Dachbekleidungen [m²]	44,00	**65,00**	95,00	1,3%
369	Sonstiges zur KG 360 [m²]	6,80	**24,00**	56,00	0,3%
370	**Infrastrukturanlagen**				
380	**Baukonstruktive Einbauten**				
381	Allgemeine Einbauten [m² BGF]	10,00	**24,00**	38,00	0,4%

▷ von
ø Mittel
◁ bis

© **BKI** Baukosteninformationszentrum; Erläuterungen zu den Tabellen siehe Seite 54

Kostengruppen		▷	€/Einheit	◁	KG an 300+400
390	**Sonstige Maßnahmen für Baukonstruktionen**				
391	Baustelleneinrichtung [m2 BGF]	12,00	**27,00**	46,00	1,5%
392	Gerüste [m2 BGF]	5,10	**10,00**	15,00	0,4%
393	Sicherungsmaßnahmen [m2 BGF]	–	**3,10**	–	< 0,1%
394	Abbruchmaßnahmen [m2 BGF]	2,50	**4,50**	6,40	< 0,1%
396	Materialentsorgung [m2 BGF]	–	**1,10**	–	< 0,1%
397	Zusätzliche Maßnahmen [m2 BGF]	0,20	**6,80**	10,00	0,2%
398	Provisorische Baukonstruktionen [m2 BGF]	–	**0,60**	–	< 0,1%
410	**Abwasser-, Wasser-, Gasanlagen**				
411	Abwasseranlagen [m2 BGF]	23,00	**39,00**	99,00	2,1%
412	Wasseranlagen [m2 BGF]	73,00	**92,00**	150,00	4,6%
419	Sonstiges zur KG 410 [m2 BGF]	–	**7,20**	–	< 0,1%
420	**Wärmeversorgungsanlagen**				
421	Wärmeerzeugungsanlagen [m2 BGF]	40,00	**50,00**	56,00	1,7%
422	Wärmeverteilnetze [m2 BGF]	10,00	**20,00**	26,00	0,7%
423	Raumheizflächen [m2 BGF]	46,00	**49,00**	50,00	1,6%
429	Sonstiges zur KG 420 [m2 BGF]	27,00	**41,00**	68,00	1,4%
430	**Raumlufttechnische Anlagen**				
431	Lüftungsanlagen [m2 BGF]	4,90	**21,00**	41,00	0,9%
440	**Elektrische Anlagen**				
444	Niederspannungsinstallationsanlagen [m2 BGF]	56,00	**74,00**	131,00	3,7%
445	Beleuchtungsanlagen [m2 BGF]	5,80	**17,00**	49,00	0,8%
446	Blitzschutz- und Erdungsanlagen [m2 BGF]	3,00	**5,30**	7,50	0,2%
450	**Kommunikations-, sicherheits- und informationstechnische Anlagen**				
451	Telekommunikationsanlagen [m2 BGF]	1,70	**2,60**	3,40	< 0,1%
452	Such- und Signalanlagen [m2 BGF]	3,60	**4,00**	4,70	0,2%
454	Elektroakustische Anlagen [m2 BGF]	–	**0,30**	–	< 0,1%
455	Audiovisuelle Medien- und Antennenanlagen [m2 BGF]	1,50	**4,00**	6,80	0,2%
456	Gefahrenmelde- und Alarmanlagen [m2 BGF]	–	**0,70**	–	< 0,1%
457	Datenübertragungsnetze [m2 BGF]	–	**5,50**	–	< 0,1%
460	**Förderanlagen**				
470	**Nutzungsspezifische und verfahrenstechnische Anlagen**				
480	**Gebäude- und Anlagenautomation**				
490	**Sonstige Maßnahmen für technische Anlagen**				

Doppel- und Reihenendhäuser, Holzbauweise

Kosten:
Stand 1. Quartal 2025
Bundesdurchschnitt
inkl. 19% MwSt.

Kostengruppen		▷	€/Einheit	◁	KG an 300+400
310	**Baugrube / Erdbau**				
311	Herstellung [m³]	34,00	**52,00**	105,00	1,0%
320	**Gründung, Unterbau**				
321	Baugrundverbesserung [m²]	–	**20,00**	–	0,1%
322	Flachgründungen und Bodenplatten [m²]	137,00	**183,00**	305,00	3,7%
324	Gründungsbeläge [m²]	179,00	**204,00**	267,00	3,1%
325	Abdichtungen und Bekleidungen [m²]	30,00	**50,00**	72,00	1,2%
326	Dränagen [m²]	–	**14,00**	–	< 0,1%
330	**Außenwände/Vertikale Baukonstruktionen, außen**				
331	Tragende Außenwände [m²]	155,00	**214,00**	354,00	10,1%
333	Außenstützen [m]	107,00	**112,00**	117,00	0,2%
334	Außenwandöffnungen [m²]	695,00	**858,00**	1.029,00	8,1%
335	Außenwandbekleidungen, außen [m²]	163,00	**262,00**	521,00	10,7%
336	Außenwandbekleidungen, innen [m²]	55,00	**74,00**	96,00	2,5%
338	Lichtschutz zur KG 330 [m²]	227,00	**253,00**	298,00	1,3%
339	Sonstiges zur KG 330 [m²]	3,30	**6,30**	9,20	0,2%
340	**Innenwände/Vertikale Baukonstruktionen, innen**				
341	Tragende Innenwände [m²]	138,00	**195,00**	346,00	4,8%
342	Nichttragende Innenwände [m²]	91,00	**126,00**	210,00	1,1%
343	Innenstützen [m]	–	**29,00**	–	< 0,1%
344	Innenwandöffnungen [m²]	300,00	**465,00**	640,00	1,8%
345	Innenwandbekleidungen [m²]	15,00	**66,00**	86,00	3,2%
349	Sonstiges zur KG 340 [m²]	–	**11,00**	–	0,1%
350	**Decken/Horizontale Baukonstruktionen**				
351	Deckenkonstruktionen [m²]	206,00	**275,00**	476,00	6,6%
353	Deckenbeläge [m²]	144,00	**189,00**	288,00	4,3%
354	Deckenbekleidungen [m²]	9,40	**26,00**	43,00	0,2%
359	Sonstiges zur KG 350 [m²]	6,20	**35,00**	53,00	0,8%
360	**Dächer**				
361	Dachkonstruktionen [m²]	109,00	**205,00**	325,00	4,8%
362	Dachöffnungen [m²]	612,00	**1.644,00**	3.447,00	0,7%
363	Dachbeläge [m²]	135,00	**220,00**	427,00	5,4%
364	Dachbekleidungen [m²]	39,00	**66,00**	81,00	0,9%
370	**Infrastrukturanlagen**				
380	**Baukonstruktive Einbauten**				
390	**Sonstige Maßnahmen für Baukonstruktionen**				
391	Baustelleneinrichtung [m² BGF]	26,00	**45,00**	60,00	2,2%
392	Gerüste [m² BGF]	16,00	**28,00**	57,00	1,2%
397	Zusätzliche Maßnahmen [m² BGF]	–	**2,50**	–	< 0,1%

▷ von
ø Mittel
◁ bis

© **BKI** Baukosteninformationszentrum; Erläuterungen zu den Tabellen siehe Seite 54

Kostengruppen		▷	€/Einheit	◁	KG an 300+400
410	**Abwasser-, Wasser-, Gasanlagen**				
411	Abwasseranlagen [m2 BGF]	19,00	**28,00**	39,00	1,4%
412	Wasseranlagen [m2 BGF]	53,00	**74,00**	121,00	3,4%
413	Gasanlagen [m2 BGF]	–	**1,60**	–	< 0,1%
419	Sonstiges zur KG 410 [m2 BGF]	5,00	**16,00**	27,00	0,3%
420	**Wärmeversorgungsanlagen**				
421	Wärmeerzeugungsanlagen [m2 BGF]	70,00	**99,00**	128,00	5,3%
422	Wärmeverteilnetze [m2 BGF]	18,00	**21,00**	22,00	0,7%
423	Raumheizflächen [m2 BGF]	29,00	**38,00**	61,00	1,8%
429	Sonstiges zur KG 420 [m2 BGF]	11,00	**22,00**	33,00	0,6%
430	**Raumlufttechnische Anlagen**				
431	Lüftungsanlagen [m2 BGF]	14,00	**22,00**	37,00	0,8%
440	**Elektrische Anlagen**				
442	Eigenstromversorgungsanlagen [m2 BGF]	–	**85,00**	–	1,5%
444	Niederspannungsinstallationsanlagen [m2 BGF]	32,00	**47,00**	63,00	2,3%
445	Beleuchtungsanlagen [m2 BGF]	14,00	**16,00**	17,00	0,3%
446	Blitzschutz- und Erdungsanlagen [m2 BGF]	3,80	**7,50**	12,00	0,3%
450	**Kommunikations-, sicherheits- und informationstechnische Anlagen**				
451	Telekommunikationsanlagen [m2 BGF]	0,60	**1,10**	2,40	< 0,1%
452	Such- und Signalanlagen [m2 BGF]	1,70	**2,90**	4,00	0,2%
454	Elektroakustische Anlagen [m2 BGF]	–	**1,40**	–	< 0,1%
455	Audiovisuelle Medien- und Antennenanlagen [m2 BGF]	1,60	**4,90**	9,10	0,3%
457	Datenübertragungsnetze [m2 BGF]	–	**4,00**	–	< 0,1%
460	**Förderanlagen**				
470	**Nutzungsspezifische und verfahrenstechnische Anlagen**				
480	**Gebäude- und Anlagenautomation**				
490	**Sonstige Maßnahmen für technische Anlagen**				

Reihenhäuser, einfacher Standard

Kosten:
Stand 1. Quartal 2025
Bundesdurchschnitt
inkl. 19% MwSt.

Kostengruppen		▷	€/Einheit	◁	KG an 300+400
310	**Baugrube / Erdbau**				
311	Herstellung [m³]	54,00	**81,00**	108,00	1,2%
320	**Gründung, Unterbau**				
322	Flachgründungen und Bodenplatten [m²]	139,00	**164,00**	188,00	4,7%
324	Gründungsbeläge [m²]	88,00	**144,00**	200,00	3,5%
325	Abdichtungen und Bekleidungen [m²]	–	**64,00**	–	0,9%
330	**Außenwände/Vertikale Baukonstruktionen, außen**				
331	Tragende Außenwände [m²]	101,00	**124,00**	147,00	8,8%
332	Nichttragende Außenwände [m²]	–	**182,00**	–	0,2%
334	Außenwandöffnungen [m²]	472,00	**647,00**	822,00	7,7%
335	Außenwandbekleidungen, außen [m²]	117,00	**145,00**	173,00	5,4%
336	Außenwandbekleidungen, innen [m²]	6,10	**65,00**	124,00	2,0%
338	Lichtschutz zur KG 330 [m²]	–	**143,00**	–	0,9%
339	Sonstiges zur KG 330 [m²]	–	**11,00**	–	0,3%
340	**Innenwände/Vertikale Baukonstruktionen, innen**				
341	Tragende Innenwände [m²]	112,00	**147,00**	182,00	4,4%
342	Nichttragende Innenwände [m²]	114,00	**121,00**	129,00	3,5%
344	Innenwandöffnungen [m²]	253,00	**554,00**	856,00	2,4%
345	Innenwandbekleidungen [m²]	28,00	**40,00**	53,00	3,6%
350	**Decken/Horizontale Baukonstruktionen**				
351	Deckenkonstruktionen [m²]	186,00	**193,00**	201,00	11,7%
352	Deckenöffnungen [m²]	–	**1.252,00**	–	< 0,1%
353	Deckenbeläge [m²]	70,00	**147,00**	224,00	4,3%
354	Deckenbekleidungen [m²]	6,10	**35,00**	63,00	2,0%
359	Sonstiges zur KG 350 [m²]	5,60	**8,00**	10,00	0,5%
360	**Dächer**				
361	Dachkonstruktionen [m²]	49,00	**107,00**	166,00	3,7%
362	Dachöffnungen [m²]	–	**841,00**	–	< 0,1%
363	Dachbeläge [m²]	113,00	**131,00**	149,00	4,6%
364	Dachbekleidungen [m²]	–	**163,00**	–	< 0,1%
369	Sonstiges zur KG 360 [m²]	–	**2,90**	–	< 0,1%
370	**Infrastrukturanlagen**				
380	**Baukonstruktive Einbauten**				
381	Allgemeine Einbauten [m² BGF]	–	**1,30**	–	< 0,1%
390	**Sonstige Maßnahmen für Baukonstruktionen**				
391	Baustelleneinrichtung [m² BGF]	3,00	**3,90**	4,80	0,3%
392	Gerüste [m² BGF]	7,40	**9,20**	11,00	0,8%
394	Abbruchmaßnahmen [m² BGF]	–	**2,30**	–	< 0,1%
396	Materialentsorgung [m² BGF]	–	**< 0,10**	–	< 0,1%
397	Zusätzliche Maßnahmen [m² BGF]	–	**3,30**	–	0,1%

▷ von
ø Mittel
◁ bis

© **BKI** Baukosteninformationszentrum; Erläuterungen zu den Tabellen siehe Seite 54

Kostengruppen		▷	€/Einheit	◁	KG an 300+400
410	**Abwasser-, Wasser-, Gasanlagen**				
411	Abwasseranlagen [m² BGF]	13,00	**28,00**	44,00	2,4%
412	Wasseranlagen [m² BGF]	48,00	**58,00**	68,00	5,0%
420	**Wärmeversorgungsanlagen**				
421	Wärmeerzeugungsanlagen [m² BGF]	44,00	**57,00**	70,00	4,8%
422	Wärmeverteilnetze [m² BGF]	18,00	**21,00**	24,00	1,8%
423	Raumheizflächen [m² BGF]	23,00	**30,00**	37,00	2,6%
429	Sonstiges zur KG 420 [m² BGF]	–	**4,20**	–	0,2%
430	**Raumlufttechnische Anlagen**				
431	Lüftungsanlagen [m² BGF]	–	**6,90**	–	0,3%
433	Klimaanlagen [m² BGF]	–	**14,00**	–	0,6%
440	**Elektrische Anlagen**				
443	Niederspannungsschaltanlagen [m² BGF]	–	**19,00**	–	0,8%
444	Niederspannungsinstallationsanlagen [m² BGF]	29,00	**39,00**	48,00	3,3%
445	Beleuchtungsanlagen [m² BGF]	–	**1,10**	–	< 0,1%
446	Blitzschutz- und Erdungsanlagen [m² BGF]	–	**1,30**	–	< 0,1%
450	**Kommunikations-, sicherheits- und informationstechnische Anlagen**				
452	Such- und Signalanlagen [m² BGF]	–	**1,60**	–	< 0,1%
455	Audiovisuelle Medien- und Antennenanlagen [m² BGF]	–	**1,70**	–	< 0,1%
456	Gefahrenmelde- und Alarmanlagen [m² BGF]	–	**7,30**	–	0,3%
460	**Förderanlagen**				
470	**Nutzungsspezifische und verfahrenstechnische Anlagen**				
480	**Gebäude- und Anlagenautomation**				
490	**Sonstige Maßnahmen für technische Anlagen**				
491	Baustelleneinrichtung [m² BGF]	–	**1,10**	–	< 0,1%

Reihenhäuser, mittlerer Standard

Kosten:
Stand 1. Quartal 2025
Bundesdurchschnitt
inkl. 19% MwSt.

Kostengruppen		▷	€/Einheit	◁	KG an 300+400
310	**Baugrube / Erdbau**				
311	Herstellung [m3]	77,00	**90,00**	104,00	2,2%
320	**Gründung, Unterbau**				
322	Flachgründungen und Bodenplatten [m2]	160,00	**314,00**	468,00	3,4%
324	Gründungsbeläge [m2]	–	**180,00**	–	1,8%
325	Abdichtungen und Bekleidungen [m2]	32,00	**48,00**	65,00	1,1%
330	**Außenwände/Vertikale Baukonstruktionen, außen**				
331	Tragende Außenwände [m2]	106,00	**161,00**	215,00	12,4%
332	Nichttragende Außenwände [m2]	–	**146,00**	–	0,2%
334	Außenwandöffnungen [m2]	643,00	**751,00**	859,00	7,8%
335	Außenwandbekleidungen, außen [m2]	72,00	**88,00**	104,00	6,0%
336	Außenwandbekleidungen, innen [m2]	45,00	**69,00**	94,00	3,0%
337	Elementierte Außenwandkonstruktionen [m2]	–	**292,00**	–	1,5%
338	Lichtschutz zur KG 330 [m2]	–	**213,00**	–	0,6%
339	Sonstiges zur KG 330 [m2]	6,80	**14,00**	21,00	1,3%
340	**Innenwände/Vertikale Baukonstruktionen, innen**				
341	Tragende Innenwände [m2]	–	**148,00**	–	1,1%
342	Nichttragende Innenwände [m2]	84,00	**93,00**	103,00	3,4%
343	Innenstützen [m]	–	**363,00**	–	< 0,1%
344	Innenwandöffnungen [m2]	300,00	**362,00**	424,00	1,6%
345	Innenwandbekleidungen [m2]	13,00	**18,00**	22,00	1,5%
350	**Decken/Horizontale Baukonstruktionen**				
351	Deckenkonstruktionen [m2]	202,00	**228,00**	253,00	10,3%
353	Deckenbeläge [m2]	124,00	**130,00**	135,00	5,0%
354	Deckenbekleidungen [m2]	12,00	**14,00**	17,00	0,4%
355	Elementierte Deckenkonstruktionen [m2]	–	**787,00**	–	0,3%
359	Sonstiges zur KG 350 [m2]	9,40	**12,00**	15,00	0,6%
360	**Dächer**				
361	Dachkonstruktionen [m2]	92,00	**122,00**	153,00	3,1%
362	Dachöffnungen [m2]	–	**751,00**	–	0,2%
363	Dachbeläge [m2]	173,00	**195,00**	216,00	5,0%
364	Dachbekleidungen [m2]	85,00	**97,00**	109,00	1,9%
369	Sonstiges zur KG 360 [m2]	2,10	**12,00**	22,00	0,3%
370	**Infrastrukturanlagen**				
380	**Baukonstruktive Einbauten**				
390	**Sonstige Maßnahmen für Baukonstruktionen**				
391	Baustelleneinrichtung [m2 BGF]	13,00	**25,00**	37,00	1,8%
392	Gerüste [m2 BGF]	9,60	**9,90**	10,00	0,7%

▷ von
ø Mittel
◁ bis

© **BKI** Baukosteninformationszentrum; Erläuterungen zu den Tabellen siehe Seite 54

Kostengruppen		▷	€/Einheit	◁	KG an 300+400
410	**Abwasser-, Wasser-, Gasanlagen**				
411	Abwasseranlagen [m² BGF]	30,00	**32,00**	34,00	2,3%
412	Wasseranlagen [m² BGF]	44,00	**54,00**	64,00	3,9%
419	Sonstiges zur KG 410 [m² BGF]	–	**4,80**	–	0,2%
420	**Wärmeversorgungsanlagen**				
421	Wärmeerzeugungsanlagen [m² BGF]	48,00	**56,00**	64,00	4,0%
422	Wärmeverteilnetze [m² BGF]	4,50	**18,00**	32,00	1,3%
423	Raumheizflächen [m² BGF]	42,00	**43,00**	43,00	3,1%
429	Sonstiges zur KG 420 [m² BGF]	5,90	**7,50**	9,20	0,5%
430	**Raumlufttechnische Anlagen**				
431	Lüftungsanlagen [m² BGF]	6,50	**39,00**	71,00	2,7%
440	**Elektrische Anlagen**				
444	Niederspannungsinstallationsanlagen [m² BGF]	36,00	**42,00**	48,00	3,0%
445	Beleuchtungsanlagen [m² BGF]	–	**0,60**	–	< 0,1%
446	Blitzschutz- und Erdungsanlagen [m² BGF]	–	**2,40**	–	< 0,1%
450	**Kommunikations-, sicherheits- und informationstechnische Anlagen**				
451	Telekommunikationsanlagen [m² BGF]	–	**1,80**	–	< 0,1%
452	Such- und Signalanlagen [m² BGF]	–	**1,30**	–	< 0,1%
455	Audiovisuelle Medien- und Antennenanlagen [m² BGF]	–	**12,00**	–	0,5%
457	Datenübertragungsnetze [m² BGF]	–	**0,40**	–	< 0,1%
460	**Förderanlagen**				
470	**Nutzungsspezifische und verfahrenstechnische Anlagen**				
480	**Gebäude- und Anlagenautomation**				
490	**Sonstige Maßnahmen für technische Anlagen**				

Reihenhäuser, hoher Standard

Kosten:
Stand 1. Quartal 2025
Bundesdurchschnitt
inkl. 19% MwSt.

Kostengruppen		▷	€/Einheit	◁	KG an 300+400
310	**Baugrube / Erdbau**				
311	Herstellung [m³]	38,00	**54,00**	90,00	2,3%
312	Umschließung [m²]	–	**–**	–	0,2%
320	**Gründung, Unterbau**				
321	Baugrundverbesserung [m²]	6,90	**22,00**	36,00	0,2%
322	Flachgründungen und Bodenplatten [m²]	190,00	**398,00**	1.014,00	2,5%
323	Tiefgründungen [m²]	–	**219,00**	–	0,9%
324	Gründungsbeläge [m²]	179,00	**231,00**	315,00	2,3%
325	Abdichtungen und Bekleidungen [m²]	15,00	**33,00**	80,00	0,5%
326	Dränagen [m²]	11,00	**12,00**	13,00	0,1%
330	**Außenwände/Vertikale Baukonstruktionen, außen**				
331	Tragende Außenwände [m²]	153,00	**181,00**	208,00	7,5%
334	Außenwandöffnungen [m²]	650,00	**874,00**	1.103,00	7,3%
335	Außenwandbekleidungen, außen [m²]	90,00	**137,00**	186,00	5,6%
336	Außenwandbekleidungen, innen [m²]	15,00	**57,00**	72,00	2,4%
337	Elementierte Außenwandkonstruktionen [m²]	–	**389,00**	–	2,4%
338	Lichtschutz zur KG 330 [m²]	184,00	**187,00**	190,00	0,7%
339	Sonstiges zur KG 330 [m²]	4,80	**24,00**	61,00	0,8%
340	**Innenwände/Vertikale Baukonstruktionen, innen**				
341	Tragende Innenwände [m²]	146,00	**211,00**	380,00	2,6%
342	Nichttragende Innenwände [m²]	116,00	**133,00**	150,00	2,8%
343	Innenstützen [m]	62,00	**104,00**	146,00	0,1%
344	Innenwandöffnungen [m²]	404,00	**544,00**	662,00	1,9%
345	Innenwandbekleidungen [m²]	17,00	**53,00**	67,00	2,7%
346	Elementierte Innenwandkonstruktionen [m²]	–	**246,00**	–	0,2%
350	**Decken/Horizontale Baukonstruktionen**				
351	Deckenkonstruktionen [m²]	257,00	**310,00**	355,00	10,1%
353	Deckenbeläge [m²]	193,00	**242,00**	299,00	6,9%
354	Deckenbekleidungen [m²]	24,00	**38,00**	77,00	1,0%
355	Elementierte Deckenkonstruktionen [m²]	–	**464,00**	–	0,2%
359	Sonstiges zur KG 350 [m²]	11,00	**29,00**	41,00	0,8%
360	**Dächer**				
361	Dachkonstruktionen [m²]	121,00	**215,00**	306,00	3,8%
362	Dachöffnungen [m²]	1.331,00	**1.753,00**	2.481,00	0,9%
363	Dachbeläge [m²]	149,00	**219,00**	393,00	4,0%
364	Dachbekleidungen [m²]	38,00	**115,00**	197,00	1,9%
369	Sonstiges zur KG 360 [m²]	4,60	**20,00**	63,00	0,3%
370	**Infrastrukturanlagen**				
380	**Baukonstruktive Einbauten**				

▷ von
ø Mittel
◁ bis

© **BKI** Baukosteninformationszentrum; Erläuterungen zu den Tabellen siehe Seite 54

Kostengruppen		▷	€/Einheit	◁	KG an 300+400
390	**Sonstige Maßnahmen für Baukonstruktionen**				
391	Baustelleneinrichtung [m² BGF]	32,00	**34,00**	39,00	1,7%
392	Gerüste [m² BGF]	15,00	**18,00**	24,00	0,7%
397	Zusätzliche Maßnahmen [m² BGF]	7,10	**9,20**	11,00	0,2%
410	**Abwasser-, Wasser-, Gasanlagen**				
411	Abwasseranlagen [m² BGF]	33,00	**43,00**	52,00	2,1%
412	Wasseranlagen [m² BGF]	80,00	**97,00**	104,00	4,9%
419	Sonstiges zur KG 410 [m² BGF]	–	**6,60**	–	< 0,1%
420	**Wärmeversorgungsanlagen**				
421	Wärmeerzeugungsanlagen [m² BGF]	54,00	**77,00**	102,00	3,8%
422	Wärmeverteilnetze [m² BGF]	22,00	**33,00**	60,00	1,6%
423	Raumheizflächen [m² BGF]	26,00	**32,00**	46,00	1,6%
429	Sonstiges zur KG 420 [m² BGF]	6,00	**37,00**	68,00	0,8%
430	**Raumlufttechnische Anlagen**				
431	Lüftungsanlagen [m² BGF]	48,00	**63,00**	76,00	3,2%
440	**Elektrische Anlagen**				
444	Niederspannungsinstallationsanlagen [m² BGF]	32,00	**45,00**	62,00	2,3%
445	Beleuchtungsanlagen [m² BGF]	5,10	**8,20**	14,00	0,3%
446	Blitzschutz- und Erdungsanlagen [m² BGF]	1,20	**2,30**	3,50	0,1%
450	**Kommunikations-, sicherheits- und informationstechnische Anlagen**				
451	Telekommunikationsanlagen [m² BGF]	–	**2,50**	–	< 0,1%
452	Such- und Signalanlagen [m² BGF]	3,90	**4,40**	5,40	0,2%
454	Elektroakustische Anlagen [m² BGF]	–	**0,90**	–	< 0,1%
455	Audiovisuelle Medien- und Antennenanlagen [m² BGF]	1,90	**3,00**	5,20	0,1%
456	Gefahrenmelde- und Alarmanlagen [m² BGF]	–	**1,70**	–	< 0,1%
457	Datenübertragungsnetze [m² BGF]	5,40	**9,30**	13,00	0,2%
460	**Förderanlagen**				
470	**Nutzungsspezifische und verfahrenstechnische Anlagen**				
480	**Gebäude- und Anlagenautomation**				
490	**Sonstige Maßnahmen für technische Anlagen**				

Kosten:
Stand 1. Quartal 2025
Bundesdurchschnitt
inkl. 19% MwSt.

Kostengruppen		▷	€/Einheit	◁	KG an 300+400
310	**Baugrube / Erdbau**				
311	Herstellung [m³]	7,80	**19,00**	30,00	1,4%
320	**Gründung, Unterbau**				
322	Flachgründungen und Bodenplatten [m²]	135,00	**144,00**	152,00	3,7%
324	Gründungsbeläge [m²]	48,00	**56,00**	65,00	0,8%
325	Abdichtungen und Bekleidungen [m²]	17,00	**21,00**	26,00	0,5%
329	Sonstiges zur KG 320 [m²]	–	**3,10**	–	< 0,1%
330	**Außenwände/Vertikale Baukonstruktionen, außen**				
331	Tragende Außenwände [m²]	124,00	**160,00**	196,00	7,2%
333	Außenstützen [m]	–	**207,00**	–	< 0,1%
334	Außenwandöffnungen [m²]	458,00	**526,00**	593,00	5,3%
335	Außenwandbekleidungen, außen [m²]	81,00	**103,00**	124,00	4,4%
336	Außenwandbekleidungen, innen [m²]	45,00	**54,00**	63,00	2,2%
339	Sonstiges zur KG 330 [m²]	1,40	**2,80**	4,10	0,1%
340	**Innenwände/Vertikale Baukonstruktionen, innen**				
341	Tragende Innenwände [m²]	117,00	**135,00**	154,00	3,4%
342	Nichttragende Innenwände [m²]	93,00	**110,00**	127,00	4,1%
343	Innenstützen [m]	–	**118,00**	–	< 0,1%
344	Innenwandöffnungen [m²]	337,00	**527,00**	718,00	4,4%
345	Innenwandbekleidungen [m²]	33,00	**69,00**	106,00	7,5%
346	Elementierte Innenwandkonstruktionen [m²]	–	**118,00**	–	0,1%
350	**Decken/Horizontale Baukonstruktionen**				
351	Deckenkonstruktionen [m²]	152,00	**224,00**	295,00	11,7%
352	Deckenöffnungen [m²]	–	**2.179,00**	–	< 0,1%
353	Deckenbeläge [m²]	82,00	**132,00**	182,00	5,7%
354	Deckenbekleidungen [m²]	20,00	**26,00**	33,00	1,0%
355	Elementierte Deckenkonstruktionen [m²]	–	**1.786,00**	–	2,4%
359	Sonstiges zur KG 350 [m²]	11,00	**21,00**	30,00	1,0%
360	**Dächer**				
361	Dachkonstruktionen [m²]	85,00	**130,00**	175,00	4,9%
362	Dachöffnungen [m²]	853,00	**938,00**	1.023,00	1,0%
363	Dachbeläge [m²]	114,00	**152,00**	189,00	5,7%
364	Dachbekleidungen [m²]	–	**146,00**	–	1,4%
369	Sonstiges zur KG 360 [m²]	–	**7,90**	–	0,2%
370	**Infrastrukturanlagen**				
380	**Baukonstruktive Einbauten**				
381	Allgemeine Einbauten [m² BGF]	–	**2,60**	–	0,1%
390	**Sonstige Maßnahmen für Baukonstruktionen**				
391	Baustelleneinrichtung [m² BGF]	13,00	**13,00**	14,00	1,2%
392	Gerüste [m² BGF]	3,80	**7,00**	10,00	0,6%
394	Abbruchmaßnahmen [m² BGF]	–	**0,50**	–	< 0,1%
397	Zusätzliche Maßnahmen [m² BGF]	1,10	**6,20**	11,00	0,6%

▷ von
ø Mittel
◁ bis

© **BKI** Baukosteninformationszentrum; Erläuterungen zu den Tabellen siehe Seite 54

Kostengruppen		▷	€/Einheit	◁	KG an 300+400
410	**Abwasser-, Wasser-, Gasanlagen**				
411	Abwasseranlagen [m² BGF]	23,00	**30,00**	36,00	2,6%
412	Wasseranlagen [m² BGF]	39,00	**48,00**	58,00	4,3%
420	**Wärmeversorgungsanlagen**				
421	Wärmeerzeugungsanlagen [m² BGF]	8,80	**12,00**	14,00	1,1%
422	Wärmeverteilnetze [m² BGF]	17,00	**29,00**	41,00	2,5%
423	Raumheizflächen [m² BGF]	17,00	**22,00**	27,00	2,0%
429	Sonstiges zur KG 420 [m² BGF]	3,60	**6,70**	9,80	0,6%
430	**Raumlufttechnische Anlagen**				
431	Lüftungsanlagen [m² BGF]	–	**1,90**	–	< 0,1%
440	**Elektrische Anlagen**				
443	Niederspannungsschaltanlagen [m² BGF]	2,90	**6,30**	9,70	0,6%
444	Niederspannungsinstallationsanlagen [m² BGF]	26,00	**29,00**	32,00	2,6%
445	Beleuchtungsanlagen [m² BGF]	–	**3,30**	–	0,2%
446	Blitzschutz- und Erdungsanlagen [m² BGF]	0,40	**0,80**	1,20	< 0,1%
449	Sonstiges zur KG 440 [m² BGF]	–	**0,40**	–	< 0,1%
450	**Kommunikations-, sicherheits- und informationstechnische Anlagen**				
452	Such- und Signalanlagen [m² BGF]	–	**2,40**	–	0,1%
455	Audiovisuelle Medien- und Antennenanlagen [m² BGF]	–	**1,00**	–	< 0,1%
460	**Förderanlagen**				
470	**Nutzungsspezifische und verfahrenstechnische Anlagen**				
474	Feuerlöschanlagen [m² BGF]	–	**0,30**	–	< 0,1%
480	**Gebäude- und Anlagenautomation**				
490	**Sonstige Maßnahmen für technische Anlagen**				

Mehrfamilienhäuser, mit bis zu 6 WE, mittlerer Standard

Kosten:
Stand 1. Quartal 2025
Bundesdurchschnitt
inkl. 19% MwSt.

Kostengruppen		▷	€/Einheit	◁	KG an 300+400
310	**Baugrube / Erdbau**				
311	Herstellung [m³]	43,00	**68,00**	141,00	1,8%
312	Umschließung [m²]	–	**4,30**	–	< 0,1%
313	Wasserhaltung [m³]	–	**4,60**	–	< 0,1%
320	**Gründung, Unterbau**				
322	Flachgründungen und Bodenplatten [m²]	138,00	**192,00**	242,00	3,3%
324	Gründungsbeläge [m²]	53,00	**130,00**	242,00	2,1%
325	Abdichtungen und Bekleidungen [m²]	25,00	**46,00**	125,00	0,7%
326	Dränagen [m²]	–	**27,00**	–	< 0,1%
330	**Außenwände/Vertikale Baukonstruktionen, außen**				
331	Tragende Außenwände [m²]	158,00	**198,00**	225,00	7,2%
332	Nichttragende Außenwände [m²]	–	**215,00**	–	0,4%
333	Außenstützen [m]	–	**202,00**	–	< 0,1%
334	Außenwandöffnungen [m²]	510,00	**710,00**	813,00	7,2%
335	Außenwandbekleidungen, außen [m²]	116,00	**166,00**	241,00	6,5%
336	Außenwandbekleidungen, innen [m²]	36,00	**43,00**	50,00	1,4%
338	Lichtschutz zur KG 330 [m²]	233,00	**277,00**	320,00	1,2%
339	Sonstiges zur KG 330 [m²]	7,80	**17,00**	51,00	0,8%
340	**Innenwände/Vertikale Baukonstruktionen, innen**				
341	Tragende Innenwände [m²]	106,00	**156,00**	224,00	2,0%
342	Nichttragende Innenwände [m²]	110,00	**119,00**	132,00	3,6%
343	Innenstützen [m]	217,00	**326,00**	622,00	0,4%
344	Innenwandöffnungen [m²]	492,00	**552,00**	585,00	2,8%
345	Innenwandbekleidungen [m²]	34,00	**46,00**	70,00	3,3%
349	Sonstiges zur KG 340 [m²]	–	**5,70**	–	< 0,1%
350	**Decken/Horizontale Baukonstruktionen**				
351	Deckenkonstruktionen [m²]	212,00	**246,00**	359,00	9,8%
352	Deckenöffnungen [m²]	–	**3.635,00**	–	< 0,1%
353	Deckenbeläge [m²]	165,00	**194,00**	235,00	5,5%
354	Deckenbekleidungen [m²]	38,00	**56,00**	100,00	1,5%
355	Elementierte Deckenkonstruktionen [m²]	1.473,00	**2.214,00**	2.954,00	0,6%
359	Sonstiges zur KG 350 [m²]	11,00	**42,00**	62,00	1,8%
360	**Dächer**				
361	Dachkonstruktionen [m²]	102,00	**143,00**	172,00	3,3%
362	Dachöffnungen [m²]	1.261,00	**1.970,00**	2.975,00	0,8%
363	Dachbeläge [m²]	183,00	**252,00**	335,00	5,7%
364	Dachbekleidungen [m²]	72,00	**85,00**	129,00	1,7%
369	Sonstiges zur KG 360 [m²]	6,20	**12,00**	20,00	0,2%
370	**Infrastrukturanlagen**				
380	**Baukonstruktive Einbauten**				
381	Allgemeine Einbauten [m² BGF]	1,80	**2,70**	3,70	< 0,1%

▷ von
ø Mittel
◁ bis

© **BKI** Baukosteninformationszentrum; Erläuterungen zu den Tabellen siehe Seite 54

Kostengruppen		▷	€/Einheit	◁	KG an 300+400
390	**Sonstige Maßnahmen für Baukonstruktionen**				
391	Baustelleneinrichtung [m² BGF]	8,20	**17,00**	47,00	1,1%
392	Gerüste [m² BGF]	11,00	**16,00**	24,00	1,0%
394	Abbruchmaßnahmen [m² BGF]	–	**23,00**	–	0,3%
397	Zusätzliche Maßnahmen [m² BGF]	2,30	**4,00**	7,20	0,1%
399	Sonstiges zur KG 390 [m² BGF]	–	**168,00**	–	2,3%
410	**Abwasser-, Wasser-, Gasanlagen**				
411	Abwasseranlagen [m² BGF]	16,00	**26,00**	43,00	1,6%
412	Wasseranlagen [m² BGF]	43,00	**81,00**	115,00	5,1%
419	Sonstiges zur KG 410 [m² BGF]	1,90	**2,80**	3,60	< 0,1%
420	**Wärmeversorgungsanlagen**				
421	Wärmeerzeugungsanlagen [m² BGF]	21,00	**28,00**	34,00	1,4%
422	Wärmeverteilnetze [m² BGF]	12,00	**23,00**	31,00	1,4%
423	Raumheizflächen [m² BGF]	23,00	**42,00**	69,00	2,7%
429	Sonstiges zur KG 420 [m² BGF]	4,60	**8,70**	19,00	0,4%
430	**Raumlufttechnische Anlagen**				
431	Lüftungsanlagen [m² BGF]	5,60	**15,00**	44,00	0,8%
440	**Elektrische Anlagen**				
442	Eigenstromversorgungsanlagen [m² BGF]	–	**103,00**	–	1,4%
444	Niederspannungsinstallationsanlagen [m² BGF]	34,00	**51,00**	62,00	3,2%
445	Beleuchtungsanlagen [m² BGF]	2,40	**4,40**	7,40	0,3%
446	Blitzschutz- und Erdungsanlagen [m² BGF]	1,70	**2,70**	4,10	0,2%
450	**Kommunikations-, sicherheits- und informationstechnische Anlagen**				
451	Telekommunikationsanlagen [m² BGF]	0,50	**0,70**	1,00	< 0,1%
452	Such- und Signalanlagen [m² BGF]	1,80	**3,60**	4,60	0,2%
454	Elektroakustische Anlagen [m² BGF]	–	**0,60**	–	< 0,1%
455	Audiovisuelle Medien- und Antennenanlagen [m² BGF]	1,80	**4,30**	6,60	0,3%
456	Gefahrenmelde- und Alarmanlagen [m² BGF]	0,80	**2,10**	3,40	< 0,1%
457	Datenübertragungsnetze [m² BGF]	1,20	**1,70**	2,70	< 0,1%
460	**Förderanlagen**				
470	**Nutzungsspezifische und verfahrenstechnische Anlagen**				
480	**Gebäude- und Anlagenautomation**				
490	**Sonstige Maßnahmen für technische Anlagen**				

Kosten:
Stand 1. Quartal 2025
Bundesdurchschnitt
inkl. 19% MwSt.

▷ von
ø Mittel
◁ bis

Kostengruppen		▷	€/Einheit	◁	KG an 300+400
310	**Baugrube / Erdbau**				
311	Herstellung [m³]	27,00	**40,00**	60,00	2,1%
312	Umschließung [m²]	3,40	**30,00**	56,00	< 0,1%
320	**Gründung, Unterbau**				
321	Baugrundverbesserung [m²]	–	**105,00**	–	< 0,1%
322	Flachgründungen und Bodenplatten [m²]	186,00	**309,00**	740,00	3,9%
324	Gründungsbeläge [m²]	74,00	**137,00**	208,00	1,2%
325	Abdichtungen und Bekleidungen [m²]	31,00	**52,00**	70,00	0,8%
326	Dränagen [m²]	–	**33,00**	–	< 0,1%
330	**Außenwände/Vertikale Baukonstruktionen, außen**				
331	Tragende Außenwände [m²]	159,00	**172,00**	195,00	5,3%
332	Nichttragende Außenwände [m²]	144,00	**291,00**	436,00	0,5%
333	Außenstützen [m]	163,00	**231,00**	299,00	0,2%
334	Außenwandöffnungen [m²]	692,00	**854,00**	1.027,00	7,2%
335	Außenwandbekleidungen, außen [m²]	156,00	**226,00**	391,00	7,8%
336	Außenwandbekleidungen, innen [m²]	38,00	**48,00**	57,00	1,2%
338	Lichtschutz zur KG 330 [m²]	223,00	**333,00**	418,00	1,7%
339	Sonstiges zur KG 330 [m²]	15,00	**25,00**	40,00	0,8%
340	**Innenwände/Vertikale Baukonstruktionen, innen**				
341	Tragende Innenwände [m²]	130,00	**173,00**	200,00	3,6%
342	Nichttragende Innenwände [m²]	81,00	**101,00**	132,00	2,1%
343	Innenstützen [m]	151,00	**202,00**	290,00	< 0,1%
344	Innenwandöffnungen [m²]	563,00	**864,00**	1.776,00	3,4%
345	Innenwandbekleidungen [m²]	46,00	**57,00**	69,00	3,5%
346	Elementierte Innenwandkonstruktionen [m²]	40,00	**60,00**	98,00	< 0,1%
350	**Decken/Horizontale Baukonstruktionen**				
351	Deckenkonstruktionen [m²]	239,00	**290,00**	453,00	9,3%
352	Deckenöffnungen [m²]	2.325,00	**2.364,00**	2.403,00	< 0,1%
353	Deckenbeläge [m²]	192,00	**238,00**	272,00	6,7%
354	Deckenbekleidungen [m²]	35,00	**40,00**	48,00	1,1%
359	Sonstiges zur KG 350 [m²]	27,00	**42,00**	55,00	1,1%
360	**Dächer**				
361	Dachkonstruktionen [m²]	170,00	**210,00**	287,00	3,4%
362	Dachöffnungen [m²]	1.075,00	**2.385,00**	3.118,00	0,4%
363	Dachbeläge [m²]	292,00	**421,00**	658,00	6,4%
364	Dachbekleidungen [m²]	32,00	**71,00**	134,00	1,0%
366	Lichtschutz zur KG 360 [m²]	421,00	**730,00**	1.039,00	0,2%
369	Sonstiges zur KG 360 [m²]	9,80	**45,00**	103,00	0,5%
370	**Infrastrukturanlagen**				
380	**Baukonstruktive Einbauten**				
381	Allgemeine Einbauten [m² BGF]	0,10	**17,00**	34,00	0,2%
382	Besondere Einbauten [m² BGF]	–	**7,20**	–	< 0,1%

© **BKI** Baukosteninformationszentrum; Erläuterungen zu den Tabellen siehe Seite 54

Kostengruppen		▷	€/Einheit	◁	KG an 300+400
390	**Sonstige Maßnahmen für Baukonstruktionen**				
391	Baustelleneinrichtung [m² BGF]	25,00	**41,00**	65,00	2,0%
392	Gerüste [m² BGF]	9,50	**19,00**	29,00	1,0%
394	Abbruchmaßnahmen [m² BGF]	–	**12,00**	–	< 0,1%
397	Zusätzliche Maßnahmen [m² BGF]	1,50	**5,30**	8,70	0,2%
399	Sonstiges zur KG 390 [m² BGF]	6,40	**26,00**	95,00	0,7%
	Sonstige Kostengruppen Bauwerk – Baukonstruktionen				
	319, 349, 396, 398				< 0,1%
410	**Abwasser-, Wasser-, Gasanlagen**				
411	Abwasseranlagen [m² BGF]	26,00	**32,00**	42,00	1,7%
412	Wasseranlagen [m² BGF]	54,00	**71,00**	91,00	3,6%
419	Sonstiges zur KG 410 [m² BGF]	3,90	**6,10**	8,50	0,2%
420	**Wärmeversorgungsanlagen**				
421	Wärmeerzeugungsanlagen [m² BGF]	26,00	**44,00**	62,00	2,2%
422	Wärmeverteilnetze [m² BGF]	17,00	**27,00**	49,00	1,4%
423	Raumheizflächen [m² BGF]	29,00	**43,00**	65,00	2,1%
429	Sonstiges zur KG 420 [m² BGF]	4,10	**7,40**	11,00	0,3%
430	**Raumlufttechnische Anlagen**				
431	Lüftungsanlagen [m² BGF]	6,00	**27,00**	58,00	1,3%
440	**Elektrische Anlagen**				
443	Niederspannungsschaltanlagen [m² BGF]	–	**8,20**	–	< 0,1%
444	Niederspannungsinstallationsanlagen [m² BGF]	62,00	**76,00**	98,00	3,9%
445	Beleuchtungsanlagen [m² BGF]	6,90	**12,00**	23,00	0,5%
446	Blitzschutz- und Erdungsanlagen [m² BGF]	2,10	**4,60**	7,70	0,2%
450	**Kommunikations-, sicherheits- und informationstechnische Anlagen**				
451	Telekommunikationsanlagen [m² BGF]	0,70	**1,90**	2,70	< 0,1%
452	Such- und Signalanlagen [m² BGF]	2,80	**7,80**	12,00	0,4%
454	Elektroakustische Anlagen [m² BGF]	0,90	**2,40**	3,90	< 0,1%
455	Audiovisuelle Medien- und Antennenanlagen [m² BGF]	3,00	**4,00**	5,20	0,2%
456	Gefahrenmelde- und Alarmanlagen [m² BGF]	1,10	**2,20**	5,50	< 0,1%
457	Datenübertragungsnetze [m² BGF]	0,90	**4,40**	10,00	0,2%
460	**Förderanlagen**				
461	Aufzugsanlagen [m² BGF]	57,00	**62,00**	69,00	2,0%
470	**Nutzungsspezifische und verfahrenstechnische Anlagen**				
480	**Gebäude- und Anlagenautomation**				
490	**Sonstige Maßnahmen für technische Anlagen**				
	Sonstige Kostengruppen Bauwerk – Technische Anlagen				
	413, 497				< 0,1%

Mehrfamilienhäuser, mit 6 bis 19 WE, einfacher Standard

Kosten:
Stand 1. Quartal 2025
Bundesdurchschnitt
inkl. 19% MwSt.

Kostengruppen		▷	€/Einheit	◁	KG an 300+400
310	**Baugrube / Erdbau**				
311	Herstellung [m³]	36,00	**46,00**	52,00	2,2%
313	Wasserhaltung [m³]	–	**9,80**	–	< 0,1%
320	**Gründung, Unterbau**				
322	Flachgründungen und Bodenplatten [m²]	172,00	**195,00**	211,00	3,9%
323	Tiefgründungen [m²]	–	**300,00**	–	1,5%
324	Gründungsbeläge [m²]	39,00	**51,00**	58,00	0,4%
325	Abdichtungen und Bekleidungen [m²]	18,00	**35,00**	68,00	0,8%
326	Dränagen [m²]	11,00	**26,00**	49,00	0,4%
330	**Außenwände/Vertikale Baukonstruktionen, außen**				
331	Tragende Außenwände [m²]	133,00	**185,00**	213,00	6,3%
334	Außenwandöffnungen [m²]	685,00	**867,00**	1.206,00	5,8%
335	Außenwandbekleidungen, außen [m²]	113,00	**195,00**	241,00	7,1%
336	Außenwandbekleidungen, innen [m²]	27,00	**39,00**	46,00	1,3%
338	Lichtschutz zur KG 330 [m²]	262,00	**350,00**	438,00	1,1%
339	Sonstiges zur KG 330 [m²]	6,20	**12,00**	21,00	0,5%
340	**Innenwände/Vertikale Baukonstruktionen, innen**				
341	Tragende Innenwände [m²]	135,00	**149,00**	157,00	3,5%
342	Nichttragende Innenwände [m²]	114,00	**118,00**	119,00	2,9%
343	Innenstützen [m]	218,00	**318,00**	371,00	0,7%
344	Innenwandöffnungen [m²]	434,00	**492,00**	521,00	2,6%
345	Innenwandbekleidungen [m²]	32,00	**53,00**	93,00	3,8%
346	Elementierte Innenwandkonstruktionen [m²]	88,00	**112,00**	136,00	0,3%
349	Sonstiges zur KG 340 [m²]	–	**1,20**	–	< 0,1%
350	**Decken/Horizontale Baukonstruktionen**				
351	Deckenkonstruktionen [m²]	235,00	**247,00**	270,00	11,7%
353	Deckenbeläge [m²]	141,00	**170,00**	185,00	7,0%
354	Deckenbekleidungen [m²]	19,00	**26,00**	40,00	1,1%
355	Elementierte Deckenkonstruktionen [m²]	–	**4.078,00**	–	0,5%
359	Sonstiges zur KG 350 [m²]	26,00	**47,00**	57,00	2,1%
360	**Dächer**				
361	Dachkonstruktionen [m²]	123,00	**154,00**	172,00	3,6%
362	Dachöffnungen [m²]	929,00	**1.214,00**	1.500,00	0,8%
363	Dachbeläge [m²]	152,00	**209,00**	304,00	4,1%
364	Dachbekleidungen [m²]	45,00	**95,00**	122,00	1,5%
369	Sonstiges zur KG 360 [m²]	4,90	**26,00**	37,00	0,6%
370	**Infrastrukturanlagen**				
380	**Baukonstruktive Einbauten**				
381	Allgemeine Einbauten [m² BGF]	–	**37,00**	–	0,7%

▷ von
ø Mittel
◁ bis

© **BKI** Baukosteninformationszentrum; Erläuterungen zu den Tabellen siehe Seite 54

Kostengruppen		▷	€/Einheit	◁	KG an 300+400
390	**Sonstige Maßnahmen für Baukonstruktionen**				
391	Baustelleneinrichtung [m² BGF]	8,90	**34,00**	79,00	2,1%
392	Gerüste [m² BGF]	5,80	**15,00**	23,00	0,6%
394	Abbruchmaßnahmen [m² BGF]	–	**3,60**	–	< 0,1%
395	Instandsetzungen [m² BGF]	–	**1,30**	–	< 0,1%
397	Zusätzliche Maßnahmen [m² BGF]	1,30	**7,20**	13,00	0,3%
399	Sonstiges zur KG 390 [m² BGF]	–	**3,90**	–	< 0,1%
410	**Abwasser-, Wasser-, Gasanlagen**				
411	Abwasseranlagen [m² BGF]	19,00	**29,00**	34,00	2,0%
412	Wasseranlagen [m² BGF]	58,00	**68,00**	88,00	4,7%
419	Sonstiges zur KG 410 [m² BGF]	–	**4,70**	–	< 0,1%
420	**Wärmeversorgungsanlagen**				
421	Wärmeerzeugungsanlagen [m² BGF]	6,10	**18,00**	41,00	1,2%
422	Wärmeverteilnetze [m² BGF]	24,00	**28,00**	37,00	1,9%
423	Raumheizflächen [m² BGF]	15,00	**23,00**	27,00	1,6%
429	Sonstiges zur KG 420 [m² BGF]	1,60	**11,00**	30,00	0,8%
430	**Raumlufttechnische Anlagen**				
431	Lüftungsanlagen [m² BGF]	5,10	**21,00**	37,00	0,9%
432	Teilklimaanlagen [m² BGF]	–	**3,80**	–	< 0,1%
440	**Elektrische Anlagen**				
443	Niederspannungsschaltanlagen [m² BGF]	–	**4,80**	–	< 0,1%
444	Niederspannungsinstallationsanlagen [m² BGF]	36,00	**45,00**	62,00	3,0%
445	Beleuchtungsanlagen [m² BGF]	3,30	**9,40**	19,00	0,6%
446	Blitzschutz- und Erdungsanlagen [m² BGF]	1,60	**2,20**	3,30	0,1%
450	**Kommunikations-, sicherheits- und informationstechnische Anlagen**				
451	Telekommunikationsanlagen [m² BGF]	0,90	**1,00**	1,00	< 0,1%
452	Such- und Signalanlagen [m² BGF]	2,20	**2,60**	3,50	0,2%
455	Audiovisuelle Medien- und Antennenanlagen [m² BGF]	2,40	**4,90**	10,00	0,3%
456	Gefahrenmelde- und Alarmanlagen [m² BGF]	–	**1,40**	–	< 0,1%
457	Datenübertragungsnetze [m² BGF]	–	**2,30**	–	< 0,1%
460	**Förderanlagen**				
470	**Nutzungsspezifische und verfahrenstechnische Anlagen**				
480	**Gebäude- und Anlagenautomation**				
490	**Sonstige Maßnahmen für technische Anlagen**				
491	Baustelleneinrichtung [m² BGF]	–	**2,30**	–	< 0,1%
494	Abbruchmaßnahmen [m² BGF]	–	**0,20**	–	< 0,1%

Mehrfamilienhäuser, mit 6 bis 19 WE, mittlerer Standard

Kosten:
Stand 1. Quartal 2025
Bundesdurchschnitt
inkl. 19% MwSt.

Kostengruppen		▷	€/Einheit	◁	KG an 300+400
310	**Baugrube / Erdbau**				
311	Herstellung [m³]	29,00	**56,00**	90,00	3,4%
312	Umschließung [m²]	–	**2,50**	–	< 0,1%
313	Wasserhaltung [m³]	–	**–**	–	< 0,1%
320	**Gründung, Unterbau**				
322	Flachgründungen und Bodenplatten [m²]	178,00	**236,00**	351,00	4,3%
324	Gründungsbeläge [m²]	66,00	**101,00**	184,00	1,2%
325	Abdichtungen und Bekleidungen [m²]	16,00	**27,00**	42,00	0,5%
326	Dränagen [m²]	1,60	**7,20**	17,00	< 0,1%
330	**Außenwände/Vertikale Baukonstruktionen, außen**				
331	Tragende Außenwände [m²]	134,00	**190,00**	244,00	6,9%
332	Nichttragende Außenwände [m²]	225,00	**420,00**	1.103,00	0,2%
333	Außenstützen [m]	158,00	**219,00**	256,00	0,1%
334	Außenwandöffnungen [m²]	420,00	**569,00**	698,00	5,5%
335	Außenwandbekleidungen, außen [m²]	140,00	**175,00**	202,00	6,8%
336	Außenwandbekleidungen, innen [m²]	32,00	**43,00**	48,00	1,3%
337	Elementierte Außenwandkonstruktionen [m²]	–	**739,00**	–	< 0,1%
338	Lichtschutz zur KG 330 [m²]	94,00	**159,00**	218,00	0,7%
339	Sonstiges zur KG 330 [m²]	9,30	**21,00**	33,00	0,8%
340	**Innenwände/Vertikale Baukonstruktionen, innen**				
341	Tragende Innenwände [m²]	126,00	**149,00**	162,00	4,7%
342	Nichttragende Innenwände [m²]	87,00	**99,00**	109,00	2,8%
343	Innenstützen [m]	125,00	**224,00**	316,00	0,3%
344	Innenwandöffnungen [m²]	359,00	**414,00**	464,00	2,3%
345	Innenwandbekleidungen [m²]	32,00	**42,00**	51,00	4,2%
346	Elementierte Innenwandkonstruktionen [m²]	38,00	**67,00**	91,00	0,1%
349	Sonstiges zur KG 340 [m²]	0,90	**2,50**	5,70	0,1%
350	**Decken/Horizontale Baukonstruktionen**				
351	Deckenkonstruktionen [m²]	178,00	**219,00**	252,00	10,5%
352	Deckenöffnungen [m²]	–	**1.299,00**	–	< 0,1%
353	Deckenbeläge [m²]	130,00	**152,00**	169,00	6,2%
354	Deckenbekleidungen [m²]	20,00	**37,00**	57,00	1,6%
355	Elementierte Deckenkonstruktionen [m²]	1.773,00	**1.778,00**	1.783,00	0,6%
359	Sonstiges zur KG 350 [m²]	30,00	**43,00**	60,00	2,0%
360	**Dächer**				
361	Dachkonstruktionen [m²]	118,00	**151,00**	182,00	3,6%
362	Dachöffnungen [m²]	1.723,00	**4.423,00**	9.886,00	0,5%
363	Dachbeläge [m²]	149,00	**195,00**	260,00	4,4%
364	Dachbekleidungen [m²]	40,00	**79,00**	192,00	1,6%
369	Sonstiges zur KG 360 [m²]	4,00	**12,00**	24,00	0,2%
370	**Infrastrukturanlagen**				

▷ von
ø Mittel
◁ bis

© **BKI** Baukosteninformationszentrum; Erläuterungen zu den Tabellen siehe Seite 54

Kostengruppen		▷	€/Einheit	◁	KG an 300+400
380	**Baukonstruktive Einbauten**				
381	Allgemeine Einbauten [m² BGF]	4,50	**15,00**	62,00	0,6%
382	Besondere Einbauten [m² BGF]	–	**2,00**	–	< 0,1%
386	Orientierungs- und Informationssysteme [m² BGF]	–	**< 0,10**	–	< 0,1%
390	**Sonstige Maßnahmen für Baukonstruktionen**				
391	Baustelleneinrichtung [m² BGF]	13,00	**20,00**	43,00	1,3%
392	Gerüste [m² BGF]	11,00	**18,00**	23,00	0,9%
393	Sicherungsmaßnahmen [m² BGF]	0,30	**0,50**	0,70	< 0,1%
396	Materialentsorgung [m² BGF]	0,20	**0,60**	1,00	< 0,1%
397	Zusätzliche Maßnahmen [m² BGF]	3,90	**9,50**	17,00	0,4%
398	Provisorische Baukonstruktionen [m² BGF]	0,20	**1,50**	2,90	< 0,1%
410	**Abwasser-, Wasser-, Gasanlagen**				
411	Abwasseranlagen [m² BGF]	12,00	**22,00**	30,00	1,5%
412	Wasseranlagen [m² BGF]	33,00	**50,00**	64,00	3,4%
419	Sonstiges zur KG 410 [m² BGF]	7,10	**10,00**	23,00	0,5%
420	**Wärmeversorgungsanlagen**				
421	Wärmeerzeugungsanlagen [m² BGF]	16,00	**43,00**	86,00	2,4%
422	Wärmeverteilnetze [m² BGF]	11,00	**20,00**	29,00	1,2%
423	Raumheizflächen [m² BGF]	14,00	**24,00**	47,00	1,4%
429	Sonstiges zur KG 420 [m² BGF]	1,40	**4,10**	6,80	< 0,1%
430	**Raumlufttechnische Anlagen**				
431	Lüftungsanlagen [m² BGF]	8,10	**29,00**	73,00	2,0%
440	**Elektrische Anlagen**				
443	Niederspannungsschaltanlagen [m² BGF]	–	**18,00**	–	0,1%
444	Niederspannungsinstallationsanlagen [m² BGF]	36,00	**56,00**	68,00	3,9%
445	Beleuchtungsanlagen [m² BGF]	1,80	**4,70**	8,70	0,3%
446	Blitzschutz- und Erdungsanlagen [m² BGF]	0,60	**1,40**	2,70	< 0,1%
450	**Kommunikations-, sicherheits- und informationstechnische Anlagen**				
451	Telekommunikationsanlagen [m² BGF]	0,50	**2,50**	3,50	< 0,1%
452	Such- und Signalanlagen [m² BGF]	1,70	**2,20**	3,90	0,1%
455	Audiovisuelle Medien- und Antennenanlagen [m² BGF]	2,60	**4,10**	7,30	0,2%
456	Gefahrenmelde- und Alarmanlagen [m² BGF]	0,90	**1,30**	2,30	< 0,1%
457	Datenübertragungsnetze [m² BGF]	2,10	**4,20**	5,50	0,2%
460	**Förderanlagen**				
461	Aufzugsanlagen [m² BGF]	27,00	**30,00**	41,00	1,1%
469	Sonstiges zur KG 460 [m² BGF]	–	**11,00**	–	0,2%
470	**Nutzungsspezifische und verfahrenstechnische Anlagen**				
480	**Gebäude- und Anlagenautomation**				
490	**Sonstige Maßnahmen für technische Anlagen**				

Mehrfamilienhäuser, mit 6 bis 19 WE, hoher Standard

Kosten:
Stand 1. Quartal 2025
Bundesdurchschnitt
inkl. 19% MwSt.

Kostengruppen		▷	€/Einheit	◁	KG an 300+400
310	**Baugrube / Erdbau**				
311	Herstellung [m³]	40,00	**52,00**	72,00	3,1%
312	Umschließung [m²]	120,00	**289,00**	533,00	0,6%
313	Wasserhaltung [m³]	4,70	**8,90**	13,00	< 0,1%
320	**Gründung, Unterbau**				
321	Baugrundverbesserung [m²]	35,00	**70,00**	133,00	0,4%
322	Flachgründungen und Bodenplatten [m²]	168,00	**209,00**	270,00	4,2%
323	Tiefgründungen [m²]	–	**69,00**	–	0,3%
324	Gründungsbeläge [m²]	47,00	**73,00**	101,00	0,5%
325	Abdichtungen und Bekleidungen [m²]	19,00	**27,00**	53,00	0,6%
326	Dränagen [m²]	6,90	**14,00**	35,00	0,2%
329	Sonstiges zur KG 320 [m²]	–	**1,00**	–	< 0,1%
330	**Außenwände/Vertikale Baukonstruktionen, außen**				
331	Tragende Außenwände [m²]	166,00	**194,00**	262,00	7,3%
332	Nichttragende Außenwände [m²]	–	**237,00**	–	0,2%
333	Außenstützen [m]	–	**557,00**	–	< 0,1%
334	Außenwandöffnungen [m²]	480,00	**661,00**	831,00	6,1%
335	Außenwandbekleidungen, außen [m²]	117,00	**209,00**	453,00	8,0%
336	Außenwandbekleidungen, innen [m²]	29,00	**41,00**	53,00	1,3%
338	Lichtschutz zur KG 330 [m²]	140,00	**288,00**	365,00	0,9%
339	Sonstiges zur KG 330 [m²]	8,80	**12,00**	18,00	0,6%
340	**Innenwände/Vertikale Baukonstruktionen, innen**				
341	Tragende Innenwände [m²]	128,00	**183,00**	244,00	3,6%
342	Nichttragende Innenwände [m²]	78,00	**93,00**	117,00	2,7%
343	Innenstützen [m]	193,00	**275,00**	357,00	0,6%
344	Innenwandöffnungen [m²]	472,00	**638,00**	725,00	3,3%
345	Innenwandbekleidungen [m²]	42,00	**52,00**	77,00	3,9%
346	Elementierte Innenwandkonstruktionen [m²]	95,00	**177,00**	308,00	0,1%
349	Sonstiges zur KG 340 [m²]	–	**2,10**	–	< 0,1%
350	**Decken/Horizontale Baukonstruktionen**				
351	Deckenkonstruktionen [m²]	186,00	**226,00**	271,00	9,3%
353	Deckenbeläge [m²]	139,00	**162,00**	185,00	5,3%
354	Deckenbekleidungen [m²]	31,00	**41,00**	55,00	1,3%
355	Elementierte Deckenkonstruktionen [m²]	–	**1.325,00**	–	0,2%
359	Sonstiges zur KG 350 [m²]	25,00	**35,00**	51,00	1,5%
360	**Dächer**				
361	Dachkonstruktionen [m²]	166,00	**191,00**	241,00	4,1%
362	Dachöffnungen [m²]	447,00	**1.321,00**	2.041,00	0,5%
363	Dachbeläge [m²]	214,00	**255,00**	295,00	5,0%
364	Dachbekleidungen [m²]	25,00	**45,00**	86,00	0,7%
369	Sonstiges zur KG 360 [m²]	8,20	**34,00**	70,00	0,7%
370	**Infrastrukturanlagen**				

▷ von
ø Mittel
◁ bis

© **BKI** Baukosteninformationszentrum; Erläuterungen zu den Tabellen siehe Seite 54

Kostengruppen		▷	€/Einheit	◁	KG an 300+400
380	**Baukonstruktive Einbauten**				
381	Allgemeine Einbauten [m² BGF]	4,60	**13,00**	39,00	0,6%
390	**Sonstige Maßnahmen für Baukonstruktionen**				
391	Baustelleneinrichtung [m² BGF]	17,00	**32,00**	67,00	2,0%
392	Gerüste [m² BGF]	7,90	**14,00**	21,00	0,9%
393	Sicherungsmaßnahmen [m² BGF]	6,10	**19,00**	26,00	0,6%
394	Abbruchmaßnahmen [m² BGF]	4,90	**6,40**	7,90	0,1%
396	Materialentsorgung [m² BGF]	0,30	**1,30**	2,30	< 0,1%
397	Zusätzliche Maßnahmen [m² BGF]	1,40	**4,50**	6,40	0,2%
399	Sonstiges zur KG 390 [m² BGF]	–	**21,00**	–	0,2%
410	**Abwasser-, Wasser-, Gasanlagen**				
411	Abwasseranlagen [m² BGF]	24,00	**30,00**	38,00	1,9%
412	Wasseranlagen [m² BGF]	47,00	**61,00**	68,00	3,9%
419	Sonstiges zur KG 410 [m² BGF]	3,70	**8,00**	9,80	0,3%
420	**Wärmeversorgungsanlagen**				
421	Wärmeerzeugungsanlagen [m² BGF]	9,60	**14,00**	18,00	0,9%
422	Wärmeverteilnetze [m² BGF]	15,00	**22,00**	25,00	1,4%
423	Raumheizflächen [m² BGF]	17,00	**32,00**	49,00	2,0%
429	Sonstiges zur KG 420 [m² BGF]	–	**5,70**	–	< 0,1%
430	**Raumlufttechnische Anlagen**				
431	Lüftungsanlagen [m² BGF]	7,70	**14,00**	28,00	0,9%
440	**Elektrische Anlagen**				
444	Niederspannungsinstallationsanlagen [m² BGF]	33,00	**42,00**	50,00	2,7%
445	Beleuchtungsanlagen [m² BGF]	2,30	**4,90**	8,70	0,3%
446	Blitzschutz- und Erdungsanlagen [m² BGF]	1,20	**1,60**	2,10	0,1%
450	**Kommunikations-, sicherheits- und informationstechnische Anlagen**				
451	Telekommunikationsanlagen [m² BGF]	1,60	**2,90**	3,60	0,2%
452	Such- und Signalanlagen [m² BGF]	3,00	**5,50**	7,20	0,3%
454	Elektroakustische Anlagen [m² BGF]	–	**1,20**	–	< 0,1%
455	Audiovisuelle Medien- und Antennenanlagen [m² BGF]	2,80	**4,10**	5,10	0,2%
456	Gefahrenmelde- und Alarmanlagen [m² BGF]	2,30	**6,60**	14,00	0,2%
457	Datenübertragungsnetze [m² BGF]	–	**2,50**	–	< 0,1%
460	**Förderanlagen**				
461	Aufzugsanlagen [m² BGF]	29,00	**45,00**	53,00	2,9%
470	**Nutzungsspezifische und verfahrenstechnische Anlagen**				
474	Feuerlöschanlagen [m² BGF]	–	**0,50**	–	< 0,1%
480	**Gebäude- und Anlagenautomation**				
490	**Sonstige Maßnahmen für technische Anlagen**				
491	Baustelleneinrichtung [m² BGF]	–	**0,70**	–	< 0,1%

Mehrfamilienhäuser, mit 20 oder mehr WE, einfacher Standard

Kosten:
Stand 1. Quartal 2025
Bundesdurchschnitt
inkl. 19% MwSt.

Kostengruppen		▷	€/Einheit	◁	KG an 300+400
310	**Baugrube / Erdbau**				
311	Herstellung [m³]	20,00	**27,00**	36,00	1,5%
312	Umschließung [m²]	123,00	**201,00**	279,00	1,6%
313	Wasserhaltung [m³]	–	**8,90**	–	0,2%
320	**Gründung, Unterbau**				
322	Flachgründungen und Bodenplatten [m²]	135,00	**182,00**	272,00	3,4%
324	Gründungsbeläge [m²]	51,00	**69,00**	105,00	0,8%
325	Abdichtungen und Bekleidungen [m²]	12,00	**24,00**	30,00	0,5%
326	Dränagen [m²]	–	**18,00**	–	0,1%
330	**Außenwände/Vertikale Baukonstruktionen, außen**				
331	Tragende Außenwände [m²]	117,00	**158,00**	238,00	5,4%
332	Nichttragende Außenwände [m²]	–	**132,00**	–	0,2%
333	Außenstützen [m]	183,00	**237,00**	321,00	0,2%
334	Außenwandöffnungen [m²]	388,00	**513,00**	729,00	5,7%
335	Außenwandbekleidungen, außen [m²]	115,00	**128,00**	154,00	5,2%
336	Außenwandbekleidungen, innen [m²]	22,00	**35,00**	41,00	1,3%
337	Elementierte Außenwandkonstruktionen [m²]	–	**1.178,00**	–	2,5%
338	Lichtschutz zur KG 330 [m²]	107,00	**285,00**	407,00	1,4%
339	Sonstiges zur KG 330 [m²]	32,00	**35,00**	39,00	1,0%
340	**Innenwände/Vertikale Baukonstruktionen, innen**				
341	Tragende Innenwände [m²]	95,00	**129,00**	147,00	3,7%
342	Nichttragende Innenwände [m²]	82,00	**92,00**	110,00	3,0%
343	Innenstützen [m]	–	**427,00**	–	0,2%
344	Innenwandöffnungen [m²]	319,00	**435,00**	493,00	3,6%
345	Innenwandbekleidungen [m²]	20,00	**32,00**	51,00	3,0%
346	Elementierte Innenwandkonstruktionen [m²]	41,00	**51,00**	62,00	0,1%
350	**Decken/Horizontale Baukonstruktionen**				
351	Deckenkonstruktionen [m²]	185,00	**249,00**	366,00	13,6%
353	Deckenbeläge [m²]	100,00	**104,00**	111,00	4,7%
354	Deckenbekleidungen [m²]	17,00	**33,00**	44,00	1,4%
355	Elementierte Deckenkonstruktionen [m²]	–	**3.203,00**	–	0,3%
359	Sonstiges zur KG 350 [m²]	58,00	**71,00**	96,00	3,9%
360	**Dächer**				
361	Dachkonstruktionen [m²]	166,00	**249,00**	304,00	4,6%
362	Dachöffnungen [m²]	2.722,00	**3.192,00**	3.662,00	< 0,1%
363	Dachbeläge [m²]	150,00	**178,00**	194,00	3,5%
364	Dachbekleidungen [m²]	13,00	**25,00**	47,00	0,2%
369	Sonstiges zur KG 360 [m²]	4,20	**22,00**	56,00	0,3%
370	**Infrastrukturanlagen**				
380	**Baukonstruktive Einbauten**				
381	Allgemeine Einbauten [m² BGF]	1,70	**5,50**	9,40	0,3%

▷ von
ø Mittel
◁ bis

© **BKI** Baukosteninformationszentrum; Erläuterungen zu den Tabellen siehe Seite 54

Kostengruppen		▷	€/Einheit	◁	KG an 300+400
390	**Sonstige Maßnahmen für Baukonstruktionen**				
391	Baustelleneinrichtung [m^2 BGF]	9,60	**26,00**	36,00	1,9%
392	Gerüste [m^2 BGF]	0,70	**13,00**	20,00	1,0%
394	Abbruchmaßnahmen [m^2 BGF]	–	**3,80**	–	< 0,1%
395	Instandsetzungen [m^2 BGF]	–	**0,10**	–	< 0,1%
396	Materialentsorgung [m^2 BGF]	–	**0,20**	–	< 0,1%
397	Zusätzliche Maßnahmen [m^2 BGF]	3,60	**9,10**	20,00	0,7%
398	Provisorische Baukonstruktionen [m^2 BGF]	–	**0,20**	–	< 0,1%
410	**Abwasser-, Wasser-, Gasanlagen**				
411	Abwasseranlagen [m^2 BGF]	19,00	**25,00**	31,00	1,2%
412	Wasseranlagen [m^2 BGF]	36,00	**49,00**	61,00	2,3%
419	Sonstiges zur KG 410 [m^2 BGF]	2,40	**36,00**	70,00	1,8%
420	**Wärmeversorgungsanlagen**				
421	Wärmeerzeugungsanlagen [m^2 BGF]	7,80	**13,00**	18,00	0,6%
422	Wärmeverteilnetze [m^2 BGF]	16,00	**17,00**	18,00	0,8%
423	Raumheizflächen [m^2 BGF]	13,00	**14,00**	15,00	0,6%
429	Sonstiges zur KG 420 [m^2 BGF]	2,30	**2,60**	2,80	0,1%
430	**Raumlufttechnische Anlagen**				
431	Lüftungsanlagen [m^2 BGF]	7,40	**7,50**	7,60	0,4%
440	**Elektrische Anlagen**				
444	Niederspannungsinstallationsanlagen [m^2 BGF]	45,00	**54,00**	63,00	2,5%
445	Beleuchtungsanlagen [m^2 BGF]	9,10	**12,00**	14,00	0,5%
446	Blitzschutz- und Erdungsanlagen [m^2 BGF]	2,30	**2,50**	2,70	0,1%
450	**Kommunikations-, sicherheits- und informationstechnische Anlagen**				
451	Telekommunikationsanlagen [m^2 BGF]	–	**3,30**	–	< 0,1%
452	Such- und Signalanlagen [m^2 BGF]	1,90	**2,40**	3,00	0,1%
455	Audiovisuelle Medien- und Antennenanlagen [m^2 BGF]	1,80	**1,90**	2,10	< 0,1%
456	Gefahrenmelde- und Alarmanlagen [m^2 BGF]	1,00	**1,00**	1,10	< 0,1%
457	Datenübertragungsnetze [m^2 BGF]	–	**3,20**	–	< 0,1%
460	**Förderanlagen**				
461	Aufzugsanlagen [m^2 BGF]	–	**86,00**	–	2,1%
470	**Nutzungsspezifische und verfahrenstechnische Anlagen**				
474	Feuerlöschanlagen [m^2 BGF]	–	**3,10**	–	< 0,1%
480	**Gebäude- und Anlagenautomation**				
490	**Sonstige Maßnahmen für technische Anlagen**				
491	Baustelleneinrichtung [m^2 BGF]	–	**0,20**	–	< 0,1%

© **BKI** Baukosteninformationszentrum; Erläuterungen zu den Tabellen siehe Seite 54

Kostenstand: 1. Quartal 2025, Bundesdurchschnitt, **inkl. 19% MwSt.**

Mehrfamilienhäuser, mit 20 oder mehr WE, mittlerer Standard

Kosten:
Stand 1. Quartal 2025
Bundesdurchschnitt
inkl. 19% MwSt.

Kostengruppen		▷	€/Einheit	◁	KG an 300+400
310	**Baugrube / Erdbau**				
311	Herstellung [m³]	42,00	**72,00**	118,00	2,3%
320	**Gründung, Unterbau**				
321	Baugrundverbesserung [m²]	143,00	**181,00**	219,00	0,7%
322	Flachgründungen und Bodenplatten [m²]	190,00	**258,00**	309,00	3,5%
324	Gründungsbeläge [m²]	79,00	**152,00**	207,00	1,6%
325	Abdichtungen und Bekleidungen [m²]	32,00	**64,00**	113,00	1,0%
326	Dränagen [m²]	23,00	**31,00**	47,00	0,3%
330	**Außenwände/Vertikale Baukonstruktionen, außen**				
331	Tragende Außenwände [m²]	141,00	**164,00**	245,00	4,5%
332	Nichttragende Außenwände [m²]	178,00	**260,00**	423,00	0,3%
333	Außenstützen [m]	109,00	**267,00**	427,00	0,6%
334	Außenwandöffnungen [m²]	659,00	**777,00**	854,00	6,1%
335	Außenwandbekleidungen, außen [m²]	156,00	**246,00**	399,00	7,0%
336	Außenwandbekleidungen, innen [m²]	33,00	**57,00**	73,00	1,4%
338	Lichtschutz zur KG 330 [m²]	306,00	**518,00**	924,00	0,6%
339	Sonstiges zur KG 330 [m²]	6,50	**24,00**	43,00	0,6%
340	**Innenwände/Vertikale Baukonstruktionen, innen**				
341	Tragende Innenwände [m²]	119,00	**139,00**	156,00	3,0%
342	Nichttragende Innenwände [m²]	87,00	**111,00**	155,00	3,0%
343	Innenstützen [m]	147,00	**176,00**	207,00	0,1%
344	Innenwandöffnungen [m²]	453,00	**619,00**	710,00	3,5%
345	Innenwandbekleidungen [m²]	31,00	**38,00**	48,00	3,2%
346	Elementierte Innenwandkonstruktionen [m²]	60,00	**78,00**	97,00	0,3%
349	Sonstiges zur KG 340 [m²]	3,50	**3,50**	3,60	0,1%
350	**Decken/Horizontale Baukonstruktionen**				
351	Deckenkonstruktionen [m²]	202,00	**233,00**	273,00	10,2%
353	Deckenbeläge [m²]	139,00	**155,00**	211,00	5,5%
354	Deckenbekleidungen [m²]	20,00	**38,00**	102,00	0,7%
359	Sonstiges zur KG 350 [m²]	33,00	**38,00**	52,00	1,2%
360	**Dächer**				
361	Dachkonstruktionen [m²]	138,00	**185,00**	262,00	2,9%
362	Dachöffnungen [m²]	1.146,00	**2.328,00**	3.128,00	0,4%
363	Dachbeläge [m²]	192,00	**273,00**	399,00	4,1%
364	Dachbekleidungen [m²]	28,00	**61,00**	94,00	0,8%
369	Sonstiges zur KG 360 [m²]	6,40	**20,00**	43,00	0,3%
370	**Infrastrukturanlagen**				
380	**Baukonstruktive Einbauten**				
381	Allgemeine Einbauten [m² BGF]	2,50	**13,00**	45,00	0,6%

▷ von
ø Mittel
◁ bis

© **BKI** Baukosteninformationszentrum; Erläuterungen zu den Tabellen siehe Seite 54

Kostengruppen		▷	€/Einheit	◁	KG an 300+400
390	**Sonstige Maßnahmen für Baukonstruktionen**				
391	Baustelleneinrichtung [m² BGF]	18,00	**44,00**	63,00	2,6%
392	Gerüste [m² BGF]	8,90	**20,00**	37,00	1,1%
397	Zusätzliche Maßnahmen [m² BGF]	5,20	**8,70**	19,00	0,5%
399	Sonstiges zur KG 390 [m² BGF]	2,10	**67,00**	132,00	3,1%
	Sonstige Kostengruppen Bauwerk – Baukonstruktionen				
	312, 313, 329, 366, 382, 386, 389, 394, 395, 396, 398				0,4%
410	**Abwasser-, Wasser-, Gasanlagen**				
411	Abwasseranlagen [m² BGF]	20,00	**28,00**	40,00	1,6%
412	Wasseranlagen [m² BGF]	43,00	**56,00**	76,00	3,3%
419	Sonstiges zur KG 410 [m² BGF]	2,80	**7,30**	13,00	0,4%
420	**Wärmeversorgungsanlagen**				
421	Wärmeerzeugungsanlagen [m² BGF]	11,00	**36,00**	56,00	2,1%
422	Wärmeverteilnetze [m² BGF]	16,00	**27,00**	37,00	1,6%
423	Raumheizflächen [m² BGF]	19,00	**31,00**	49,00	1,8%
430	**Raumlufttechnische Anlagen**				
431	Lüftungsanlagen [m² BGF]	7,70	**21,00**	46,00	1,2%
434	Kälteanlagen [m² BGF]	–	**12,00**	–	0,1%
440	**Elektrische Anlagen**				
443	Niederspannungsschaltanlagen [m² BGF]	7,20	**8,10**	9,00	0,2%
444	Niederspannungsinstallationsanlagen [m² BGF]	58,00	**80,00**	155,00	4,6%
445	Beleuchtungsanlagen [m² BGF]	8,50	**15,00**	24,00	0,9%
446	Blitzschutz- und Erdungsanlagen [m² BGF]	2,30	**4,40**	8,40	0,3%
450	**Kommunikations-, sicherheits- und informationstechnische Anlagen**				
451	Telekommunikationsanlagen [m² BGF]	2,50	**5,20**	7,90	0,1%
452	Such- und Signalanlagen [m² BGF]	3,70	**7,90**	22,00	0,5%
455	Audiovisuelle Medien- und Antennenanlagen [m² BGF]	3,30	**8,00**	20,00	0,4%
456	Gefahrenmelde- und Alarmanlagen [m² BGF]	3,00	**5,10**	11,00	0,3%
457	Datenübertragungsnetze [m² BGF]	4,40	**9,90**	13,00	0,3%
460	**Förderanlagen**				
461	Aufzugsanlagen [m² BGF]	24,00	**31,00**	47,00	1,5%
470	**Nutzungsspezifische und verfahrenstechnische Anlagen**				
480	**Gebäude- und Anlagenautomation**				
490	**Sonstige Maßnahmen für technische Anlagen**				
	Sonstige Kostengruppen Bauwerk – Technische Anlagen				
	429, 442, 474, 491, 492, 495, 497, 498				0,3%

Mehrfamilienhäuser, mit 20 oder mehr WE, hoher Standard

Kosten:
Stand 1. Quartal 2025
Bundesdurchschnitt
inkl. 19% MwSt.

Kostengruppen		▷	€/Einheit	◁	KG an 300+400
310	**Baugrube / Erdbau**				
311	Herstellung [m³]	28,00	**36,00**	50,00	3,2%
312	Umschließung [m²]	4,60	**290,00**	575,00	0,4%
313	Wasserhaltung [m³]	1,30	**4,10**	6,90	0,2%
320	**Gründung, Unterbau**				
321	Baugrundverbesserung [m²]	20,00	**21,00**	23,00	0,1%
322	Flachgründungen und Bodenplatten [m²]	94,00	**244,00**	320,00	4,2%
323	Tiefgründungen [m²]	–	**163,00**	–	0,9%
324	Gründungsbeläge [m²]	77,00	**88,00**	94,00	1,3%
325	Abdichtungen und Bekleidungen [m²]	23,00	**52,00**	73,00	1,0%
326	Dränagen [m²]	19,00	**21,00**	23,00	0,2%
329	Sonstiges zur KG 320 [m²]	–	**0,40**	–	< 0,1%
330	**Außenwände/Vertikale Baukonstruktionen, außen**				
331	Tragende Außenwände [m²]	142,00	**216,00**	323,00	7,0%
332	Nichttragende Außenwände [m²]	144,00	**261,00**	379,00	0,6%
333	Außenstützen [m]	210,00	**229,00**	247,00	0,2%
334	Außenwandöffnungen [m²]	563,00	**707,00**	965,00	5,4%
335	Außenwandbekleidungen, außen [m²]	166,00	**177,00**	198,00	6,9%
336	Außenwandbekleidungen, innen [m²]	39,00	**45,00**	48,00	1,6%
338	Lichtschutz zur KG 330 [m²]	431,00	**681,00**	829,00	2,2%
339	Sonstiges zur KG 330 [m²]	3,90	**11,00**	15,00	0,5%
340	**Innenwände/Vertikale Baukonstruktionen, innen**				
341	Tragende Innenwände [m²]	122,00	**170,00**	265,00	3,7%
342	Nichttragende Innenwände [m²]	110,00	**276,00**	607,00	3,0%
343	Innenstützen [m]	183,00	**190,00**	197,00	0,2%
344	Innenwandöffnungen [m²]	509,00	**547,00**	615,00	2,5%
345	Innenwandbekleidungen [m²]	39,00	**45,00**	56,00	3,3%
346	Elementierte Innenwandkonstruktionen [m²]	57,00	**66,00**	84,00	0,2%
349	Sonstiges zur KG 340 [m²]	–	**2,70**	–	< 0,1%
350	**Decken/Horizontale Baukonstruktionen**				
351	Deckenkonstruktionen [m²]	199,00	**242,00**	328,00	8,6%
353	Deckenbeläge [m²]	170,00	**188,00**	215,00	6,0%
354	Deckenbekleidungen [m²]	24,00	**35,00**	57,00	1,0%
355	Elementierte Deckenkonstruktionen [m²]	–	**2.135,00**	–	0,2%
359	Sonstiges zur KG 350 [m²]	0,50	**48,00**	73,00	1,9%
360	**Dächer**				
361	Dachkonstruktionen [m²]	128,00	**173,00**	218,00	2,1%
362	Dachöffnungen [m²]	1.251,00	**1.346,00**	1.440,00	0,3%
363	Dachbeläge [m²]	179,00	**299,00**	418,00	3,3%
364	Dachbekleidungen [m²]	34,00	**36,00**	38,00	0,2%
366	Lichtschutz zur KG 360 [m²]	–	**809,00**	–	< 0,1%
369	Sonstiges zur KG 360 [m²]	–	**3,30**	–	< 0,1%
370	**Infrastrukturanlagen**				

▷ von
ø Mittel
◁ bis

© **BKI** Baukosteninformationszentrum; Erläuterungen zu den Tabellen siehe Seite 54

Kostengruppen		▷	€/Einheit	◁	KG an 300+400
380	**Baukonstruktive Einbauten**				
381	Allgemeine Einbauten [m² BGF]	7,20	**17,00**	26,00	0,6%
382	Besondere Einbauten [m² BGF]	–	**1,30**	–	< 0,1%
390	**Sonstige Maßnahmen für Baukonstruktionen**				
391	Baustelleneinrichtung [m² BGF]	13,00	**39,00**	90,00	2,2%
392	Gerüste [m² BGF]	9,50	**15,00**	19,00	0,8%
395	Instandsetzungen [m² BGF]	–	**1,50**	–	< 0,1%
397	Zusätzliche Maßnahmen [m² BGF]	4,40	**8,20**	12,00	0,3%
398	Provisorische Baukonstruktionen [m² BGF]	–	**1,00**	–	< 0,1%
410	**Abwasser-, Wasser-, Gasanlagen**				
411	Abwasseranlagen [m² BGF]	30,00	**35,00**	45,00	1,9%
412	Wasseranlagen [m² BGF]	48,00	**89,00**	117,00	4,7%
419	Sonstiges zur KG 410 [m² BGF]	3,00	**5,80**	7,40	0,3%
420	**Wärmeversorgungsanlagen**				
421	Wärmeerzeugungsanlagen [m² BGF]	7,30	**14,00**	21,00	0,5%
422	Wärmeverteilnetze [m² BGF]	13,00	**20,00**	33,00	1,1%
423	Raumheizflächen [m² BGF]	36,00	**63,00**	114,00	3,2%
429	Sonstiges zur KG 420 [m² BGF]	–	**0,60**	–	< 0,1%
430	**Raumlufttechnische Anlagen**				
431	Lüftungsanlagen [m² BGF]	21,00	**43,00**	87,00	2,6%
440	**Elektrische Anlagen**				
444	Niederspannungsinstallationsanlagen [m² BGF]	43,00	**58,00**	65,00	3,1%
445	Beleuchtungsanlagen [m² BGF]	0,90	**5,10**	7,80	0,3%
446	Blitzschutz- und Erdungsanlagen [m² BGF]	3,70	**5,00**	7,10	0,3%
450	**Kommunikations-, sicherheits- und informationstechnische Anlagen**				
451	Telekommunikationsanlagen [m² BGF]	1,40	**1,70**	2,10	< 0,1%
452	Such- und Signalanlagen [m² BGF]	2,20	**3,30**	5,60	0,2%
455	Audiovisuelle Medien- und Antennenanlagen [m² BGF]	3,50	**7,60**	15,00	0,4%
456	Gefahrenmelde- und Alarmanlagen [m² BGF]	–	**2,90**	–	< 0,1%
457	Datenübertragungsnetze [m² BGF]	–	**5,50**	–	< 0,1%
460	**Förderanlagen**				
461	Aufzugsanlagen [m² BGF]	26,00	**58,00**	90,00	2,1%
470	**Nutzungsspezifische und verfahrenstechnische Anlagen**				
480	**Gebäude- und Anlagenautomation**				
490	**Sonstige Maßnahmen für technische Anlagen**				
491	Baustelleneinrichtung [m² BGF]	–	**0,10**	–	< 0,1%
495	Instandsetzungen [m² BGF]	–	**0,40**	–	< 0,1%

Mehrfamilienhäuser, Passivhäuser

Kosten:
Stand 1. Quartal 2025
Bundesdurchschnitt
inkl. 19% MwSt.

Kostengruppen		▷	€/Einheit	◁	KG an 300+400
310	**Baugrube / Erdbau**				
311	Herstellung [m³]	28,00	**35,00**	39,00	2,0%
313	Wasserhaltung [m³]	2,40	**4,60**	9,00	0,2%
320	**Gründung, Unterbau**				
321	Baugrundverbesserung [m²]	–	**29,00**	–	0,1%
322	Flachgründungen und Bodenplatten [m²]	168,00	**200,00**	260,00	3,2%
324	Gründungsbeläge [m²]	74,00	**148,00**	214,00	1,8%
325	Abdichtungen und Bekleidungen [m²]	40,00	**67,00**	116,00	1,3%
326	Dränagen [m²]	4,20	**21,00**	38,00	0,2%
330	**Außenwände/Vertikale Baukonstruktionen, außen**				
331	Tragende Außenwände [m²]	137,00	**148,00**	173,00	6,0%
332	Nichttragende Außenwände [m²]	132,00	**322,00**	480,00	0,9%
333	Außenstützen [m]	142,00	**217,00**	305,00	0,4%
334	Außenwandöffnungen [m²]	714,00	**840,00**	1.063,00	8,0%
335	Außenwandbekleidungen, außen [m²]	115,00	**174,00**	209,00	7,8%
336	Außenwandbekleidungen, innen [m²]	44,00	**52,00**	88,00	1,6%
338	Lichtschutz zur KG 330 [m²]	256,00	**435,00**	802,00	2,2%
339	Sonstiges zur KG 330 [m²]	4,10	**10,00**	21,00	0,5%
340	**Innenwände/Vertikale Baukonstruktionen, innen**				
341	Tragende Innenwände [m²]	110,00	**150,00**	190,00	3,0%
342	Nichttragende Innenwände [m²]	88,00	**106,00**	124,00	2,3%
343	Innenstützen [m]	146,00	**205,00**	317,00	0,2%
344	Innenwandöffnungen [m²]	335,00	**411,00**	581,00	1,7%
345	Innenwandbekleidungen [m²]	40,00	**50,00**	63,00	3,6%
346	Elementierte Innenwandkonstruktionen [m²]	35,00	**46,00**	53,00	< 0,1%
349	Sonstiges zur KG 340 [m²]	9,00	**13,00**	17,00	0,2%
350	**Decken/Horizontale Baukonstruktionen**				
351	Deckenkonstruktionen [m²]	188,00	**225,00**	274,00	8,6%
353	Deckenbeläge [m²]	154,00	**205,00**	268,00	6,1%
354	Deckenbekleidungen [m²]	42,00	**49,00**	56,00	1,5%
355	Elementierte Deckenkonstruktionen [m²]	–	**2.001,00**	–	0,2%
359	Sonstiges zur KG 350 [m²]	34,00	**54,00**	89,00	1,8%
360	**Dächer**				
361	Dachkonstruktionen [m²]	178,00	**197,00**	258,00	3,5%
362	Dachöffnungen [m²]	2.717,00	**4.215,00**	5.713,00	< 0,1%
363	Dachbeläge [m²]	231,00	**291,00**	395,00	5,3%
364	Dachbekleidungen [m²]	30,00	**52,00**	91,00	0,8%
369	Sonstiges zur KG 360 [m²]	5,80	**20,00**	46,00	0,3%
370	**Infrastrukturanlagen**				
380	**Baukonstruktive Einbauten**				
381	Allgemeine Einbauten [m² BGF]	5,00	**14,00**	30,00	0,3%

▷ von
ø Mittel
◁ bis

© **BKI** Baukosteninformationszentrum; Erläuterungen zu den Tabellen siehe Seite 54

Kostengruppen		▷	€/Einheit	◁	KG an 300+400
390	**Sonstige Maßnahmen für Baukonstruktionen**				
391	Baustelleneinrichtung [m2 BGF]	18,00	**30,00**	54,00	1,8%
392	Gerüste [m2 BGF]	13,00	**21,00**	30,00	1,2%
393	Sicherungsmaßnahmen [m2 BGF]	–	**5,70**	–	< 0,1%
394	Abbruchmaßnahmen [m2 BGF]	–	**8,10**	–	< 0,1%
395	Instandsetzungen [m2 BGF]	–	**3,30**	–	< 0,1%
396	Materialentsorgung [m2 BGF]	–	**3,40**	–	< 0,1%
397	Zusätzliche Maßnahmen [m2 BGF]	1,60	**8,50**	17,00	0,4%
398	Provisorische Baukonstruktionen [m2 BGF]	–	**0,70**	–	< 0,1%
399	Sonstiges zur KG 390 [m2 BGF]	1,90	**2,30**	2,70	< 0,1%
410	**Abwasser-, Wasser-, Gasanlagen**				
411	Abwasseranlagen [m2 BGF]	18,00	**31,00**	45,00	1,7%
412	Wasseranlagen [m2 BGF]	50,00	**59,00**	75,00	3,4%
413	Gasanlagen [m2 BGF]	–	**2,40**	–	< 0,1%
419	Sonstiges zur KG 410 [m2 BGF]	2,30	**7,00**	14,00	0,3%
420	**Wärmeversorgungsanlagen**				
421	Wärmeerzeugungsanlagen [m2 BGF]	18,00	**49,00**	124,00	2,5%
422	Wärmeverteilnetze [m2 BGF]	11,00	**17,00**	26,00	0,8%
423	Raumheizflächen [m2 BGF]	15,00	**26,00**	38,00	1,5%
429	Sonstiges zur KG 420 [m2 BGF]	0,90	**2,00**	3,80	< 0,1%
430	**Raumlufttechnische Anlagen**				
431	Lüftungsanlagen [m2 BGF]	42,00	**72,00**	98,00	4,2%
440	**Elektrische Anlagen**				
444	Niederspannungsinstallationsanlagen [m2 BGF]	49,00	**65,00**	88,00	3,7%
445	Beleuchtungsanlagen [m2 BGF]	3,30	**5,30**	5,90	0,2%
446	Blitzschutz- und Erdungsanlagen [m2 BGF]	1,90	**2,80**	6,20	0,2%
450	**Kommunikations-, sicherheits- und informationstechnische Anlagen**				
451	Telekommunikationsanlagen [m2 BGF]	1,20	**1,90**	2,70	< 0,1%
452	Such- und Signalanlagen [m2 BGF]	2,70	**3,80**	5,10	0,2%
454	Elektroakustische Anlagen [m2 BGF]	–	**0,10**	–	< 0,1%
455	Audiovisuelle Medien- und Antennenanlagen [m2 BGF]	2,00	**6,00**	9,90	0,3%
456	Gefahrenmelde- und Alarmanlagen [m2 BGF]	–	**0,30**	–	< 0,1%
457	Datenübertragungsnetze [m2 BGF]	2,40	**4,80**	11,00	0,2%
460	**Förderanlagen**				
461	Aufzugsanlagen [m2 BGF]	20,00	**36,00**	53,00	0,8%
470	**Nutzungsspezifische und verfahrenstechnische Anlagen**				
480	**Gebäude- und Anlagenautomation**				
490	**Sonstige Maßnahmen für technische Anlagen**				

Mehrfamilienhäuser, Holzbauweise

Kosten:
Stand 1. Quartal 2025
Bundesdurchschnitt
inkl. 19% MwSt.

Kostengruppen		▷	€/Einheit	◁	KG an 300+400
310	**Baugrube / Erdbau**				
311	Herstellung [m³]	32,00	**53,00**	68,00	1,4%
312	Umschließung [m²]	–	**306,00**	–	0,1%
320	**Gründung, Unterbau**				
321	Baugrundverbesserung [m²]	8,50	**26,00**	43,00	0,3%
322	Flachgründungen und Bodenplatten [m²]	209,00	**277,00**	395,00	4,0%
323	Tiefgründungen [m²]	–	**127,00**	–	0,2%
324	Gründungsbeläge [m²]	50,00	**100,00**	124,00	1,4%
325	Abdichtungen und Bekleidungen [m²]	39,00	**65,00**	84,00	1,0%
326	Dränagen [m²]	24,00	**41,00**	71,00	0,4%
330	**Außenwände/Vertikale Baukonstruktionen, außen**				
331	Tragende Außenwände [m²]	184,00	**213,00**	238,00	6,7%
332	Nichttragende Außenwände [m²]	–	**285,00**	–	0,8%
333	Außenstützen [m]	154,00	**286,00**	364,00	0,2%
334	Außenwandöffnungen [m²]	697,00	**873,00**	1.131,00	7,2%
335	Außenwandbekleidungen, außen [m²]	157,00	**209,00**	279,00	6,9%
336	Außenwandbekleidungen, innen [m²]	48,00	**94,00**	130,00	2,4%
338	Lichtschutz zur KG 330 [m²]	228,00	**283,00**	407,00	0,9%
339	Sonstiges zur KG 330 [m²]	6,60	**8,20**	12,00	0,3%
340	**Innenwände/Vertikale Baukonstruktionen, innen**				
341	Tragende Innenwände [m²]	133,00	**185,00**	231,00	3,1%
342	Nichttragende Innenwände [m²]	90,00	**132,00**	192,00	3,1%
343	Innenstützen [m]	60,00	**141,00**	270,00	0,1%
344	Innenwandöffnungen [m²]	541,00	**675,00**	877,00	2,9%
345	Innenwandbekleidungen [m²]	34,00	**50,00**	61,00	3,7%
346	Elementierte Innenwandkonstruktionen [m²]	65,00	**93,00**	117,00	0,2%
347	Lichtschutz zur KG 340 [m²]	–	**279,00**	–	< 0,1%
349	Sonstiges zur KG 340 [m²]	–	**3,00**	–	< 0,1%
350	**Decken/Horizontale Baukonstruktionen**				
351	Deckenkonstruktionen [m²]	225,00	**234,00**	263,00	8,4%
352	Deckenöffnungen [m²]	–	**5.599,00**	–	< 0,1%
353	Deckenbeläge [m²]	173,00	**234,00**	278,00	6,7%
354	Deckenbekleidungen [m²]	47,00	**92,00**	155,00	1,6%
355	Elementierte Deckenkonstruktionen [m²]	931,00	**1.657,00**	2.382,00	0,5%
359	Sonstiges zur KG 350 [m²]	32,00	**52,00**	82,00	2,1%
360	**Dächer**				
361	Dachkonstruktionen [m²]	91,00	**156,00**	194,00	2,9%
362	Dachöffnungen [m²]	989,00	**3.152,00**	4.019,00	0,4%
363	Dachbeläge [m²]	137,00	**242,00**	384,00	3,8%
364	Dachbekleidungen [m²]	70,00	**114,00**	178,00	1,6%
369	Sonstiges zur KG 360 [m²]	87,00	**87,00**	88,00	0,4%
370	**Infrastrukturanlagen**				

▷ von
ø Mittel
◁ bis

© **BKI** Baukosteninformationszentrum; Erläuterungen zu den Tabellen siehe Seite 54

Kostengruppen		▷	€/Einheit	◁	KG an 300+400
380	**Baukonstruktive Einbauten**				
381	Allgemeine Einbauten [m² BGF]	4,90	**27,00**	50,00	0,5%
386	Orientierungs- und Informationssysteme [m² BGF]	–	**0,10**	–	< 0,1%
389	Sonstiges zur KG 380 [m² BGF]	0,40	**1,70**	2,90	< 0,1%
390	**Sonstige Maßnahmen für Baukonstruktionen**				
391	Baustelleneinrichtung [m² BGF]	17,00	**37,00**	71,00	1,8%
392	Gerüste [m² BGF]	9,50	**18,00**	25,00	0,9%
395	Instandsetzungen [m² BGF]	–	**8,00**	–	< 0,1%
397	Zusätzliche Maßnahmen [m² BGF]	4,50	**10,00**	17,00	0,5%
398	Provisorische Baukonstruktionen [m² BGF]	–	**< 0,10**	–	< 0,1%
410	**Abwasser-, Wasser-, Gasanlagen**				
411	Abwasseranlagen [m² BGF]	13,00	**22,00**	35,00	1,2%
412	Wasseranlagen [m² BGF]	44,00	**65,00**	95,00	3,5%
419	Sonstiges zur KG 410 [m² BGF]	6,80	**10,00**	20,00	0,4%
420	**Wärmeversorgungsanlagen**				
421	Wärmeerzeugungsanlagen [m² BGF]	12,00	**38,00**	82,00	1,9%
422	Wärmeverteilnetze [m² BGF]	26,00	**31,00**	46,00	1,8%
423	Raumheizflächen [m² BGF]	23,00	**38,00**	77,00	1,6%
429	Sonstiges zur KG 420 [m² BGF]	3,60	**4,30**	5,10	0,1%
430	**Raumlufttechnische Anlagen**				
431	Lüftungsanlagen [m² BGF]	11,00	**42,00**	92,00	2,0%
440	**Elektrische Anlagen**				
442	Eigenstromversorgungsanlagen [m² BGF]	37,00	**66,00**	119,00	1,8%
444	Niederspannungsinstallationsanlagen [m² BGF]	50,00	**78,00**	98,00	4,1%
445	Beleuchtungsanlagen [m² BGF]	1,50	**5,70**	8,50	0,3%
446	Blitzschutz- und Erdungsanlagen [m² BGF]	3,20	**3,90**	5,00	0,2%
450	**Kommunikations-, sicherheits- und informationstechnische Anlagen**				
451	Telekommunikationsanlagen [m² BGF]	0,80	**1,20**	1,70	< 0,1%
452	Such- und Signalanlagen [m² BGF]	1,10	**2,80**	4,30	0,2%
454	Elektroakustische Anlagen [m² BGF]	–	**0,90**	–	< 0,1%
455	Audiovisuelle Medien- und Antennenanlagen [m² BGF]	2,60	**4,00**	4,90	0,2%
456	Gefahrenmelde- und Alarmanlagen [m² BGF]	1,80	**2,20**	2,90	< 0,1%
457	Datenübertragungsnetze [m² BGF]	3,90	**7,80**	13,00	0,3%
460	**Förderanlagen**				
461	Aufzugsanlagen [m² BGF]	–	**43,00**	–	0,4%
470	**Nutzungsspezifische und verfahrenstechnische Anlagen**				
474	Feuerlöschanlagen [m² BGF]	–	**0,90**	–	< 0,1%
480	**Gebäude- und Anlagenautomation**				
490	**Sonstige Maßnahmen für technische Anlagen**				
495	Instandsetzungen [m² BGF]	–	**1,60**	–	< 0,1%

Wohnhäuser, mit bis zu 15% Mischnutzung, einfacher Standard

Kosten:
Stand 1. Quartal 2025
Bundesdurchschnitt
inkl. 19% MwSt.

Kostengruppen		▷	€/Einheit	◁	KG an 300+400
310	**Baugrube / Erdbau**				
311	Herstellung [m³]	43,00	**51,00**	68,00	2,1%
312	Umschließung [m²]	–	**503,00**	–	0,3%
313	Wasserhaltung [m³]	–	**14,00**	–	0,2%
320	**Gründung, Unterbau**				
321	Baugrundverbesserung [m²]	–	**31,00**	–	0,1%
322	Flachgründungen und Bodenplatten [m²]	206,00	**263,00**	294,00	2,8%
324	Gründungsbeläge [m²]	57,00	**105,00**	187,00	0,9%
325	Abdichtungen und Bekleidungen [m²]	12,00	**26,00**	33,00	0,3%
326	Dränagen [m²]	14,00	**15,00**	15,00	< 0,1%
330	**Außenwände/Vertikale Baukonstruktionen, außen**				
331	Tragende Außenwände [m²]	135,00	**182,00**	275,00	2,9%
332	Nichttragende Außenwände [m²]	325,00	**405,00**	563,00	3,1%
333	Außenstützen [m]	–	**228,00**	–	0,5%
334	Außenwandöffnungen [m²]	593,00	**797,00**	937,00	10,3%
335	Außenwandbekleidungen, außen [m²]	106,00	**140,00**	204,00	3,9%
336	Außenwandbekleidungen, innen [m²]	69,00	**131,00**	243,00	2,7%
338	Lichtschutz zur KG 330 [m²]	144,00	**191,00**	285,00	1,5%
339	Sonstiges zur KG 330 [m²]	2,10	**5,70**	8,20	0,2%
340	**Innenwände/Vertikale Baukonstruktionen, innen**				
341	Tragende Innenwände [m²]	140,00	**166,00**	207,00	4,5%
342	Nichttragende Innenwände [m²]	96,00	**119,00**	157,00	3,3%
343	Innenstützen [m]	192,00	**271,00**	350,00	0,3%
344	Innenwandöffnungen [m²]	322,00	**424,00**	481,00	1,9%
345	Innenwandbekleidungen [m²]	16,00	**49,00**	67,00	3,7%
346	Elementierte Innenwandkonstruktionen [m²]	54,00	**148,00**	242,00	0,1%
349	Sonstiges zur KG 340 [m²]	–	**0,10**	–	< 0,1%
350	**Decken/Horizontale Baukonstruktionen**				
351	Deckenkonstruktionen [m²]	252,00	**276,00**	320,00	14,0%
353	Deckenbeläge [m²]	64,00	**100,00**	169,00	4,0%
354	Deckenbekleidungen [m²]	29,00	**34,00**	43,00	1,2%
359	Sonstiges zur KG 350 [m²]	48,00	**51,00**	53,00	2,6%
360	**Dächer**				
361	Dachkonstruktionen [m²]	234,00	**251,00**	262,00	2,5%
362	Dachöffnungen [m²]	1.119,00	**1.528,00**	1.937,00	0,1%
363	Dachbeläge [m²]	267,00	**290,00**	324,00	2,9%
364	Dachbekleidungen [m²]	22,00	**34,00**	41,00	0,3%
369	Sonstiges zur KG 360 [m²]	2,90	**63,00**	94,00	0,6%
370	**Infrastrukturanlagen**				
380	**Baukonstruktive Einbauten**				
381	Allgemeine Einbauten [m² BGF]	2,90	**19,00**	36,00	0,8%
389	Sonstiges zur KG 380 [m² BGF]	–	**0,60**	–	< 0,1%

▷ von
ø Mittel
◁ bis

© **BKI** Baukosteninformationszentrum; Erläuterungen zu den Tabellen siehe Seite 54

Kostengruppen		▷	€/Einheit	◁	KG an 300+400
390	**Sonstige Maßnahmen für Baukonstruktionen**				
391	Baustelleneinrichtung [m² BGF]	23,00	**43,00**	83,00	2,9%
392	Gerüste [m² BGF]	11,00	**15,00**	20,00	1,0%
395	Instandsetzungen [m² BGF]	–	**0,20**	–	< 0,1%
397	Zusätzliche Maßnahmen [m² BGF]	0,50	**5,20**	7,60	0,4%
410	**Abwasser-, Wasser-, Gasanlagen**				
411	Abwasseranlagen [m² BGF]	32,00	**38,00**	42,00	2,6%
412	Wasseranlagen [m² BGF]	64,00	**70,00**	79,00	4,8%
420	**Wärmeversorgungsanlagen**				
421	Wärmeerzeugungsanlagen [m² BGF]	21,00	**48,00**	95,00	3,4%
422	Wärmeverteilnetze [m² BGF]	–	**20,00**	–	0,4%
423	Raumheizflächen [m² BGF]	20,00	**36,00**	45,00	2,4%
429	Sonstiges zur KG 420 [m² BGF]	1,40	**2,30**	3,30	0,1%
430	**Raumlufttechnische Anlagen**				
431	Lüftungsanlagen [m² BGF]	0,90	**5,20**	14,00	0,3%
440	**Elektrische Anlagen**				
444	Niederspannungsinstallationsanlagen [m² BGF]	49,00	**52,00**	56,00	3,5%
445	Beleuchtungsanlagen [m² BGF]	1,60	**5,30**	13,00	0,4%
446	Blitzschutz- und Erdungsanlagen [m² BGF]	2,80	**2,80**	2,90	0,2%
450	**Kommunikations-, sicherheits- und informationstechnische Anlagen**				
452	Such- und Signalanlagen [m² BGF]	–	**0,90**	–	< 0,1%
454	Elektroakustische Anlagen [m² BGF]	–	**1,40**	–	< 0,1%
455	Audiovisuelle Medien- und Antennenanlagen [m² BGF]	2,50	**3,80**	4,60	0,3%
457	Datenübertragungsnetze [m² BGF]	4,70	**5,50**	6,20	0,3%
460	**Förderanlagen**				
461	Aufzugsanlagen [m² BGF]	24,00	**34,00**	42,00	2,4%
470	**Nutzungsspezifische und verfahrenstechnische Anlagen**				
474	Feuerlöschanlagen [m² BGF]	–	**0,20**	–	< 0,1%
480	**Gebäude- und Anlagenautomation**				
490	**Sonstige Maßnahmen für technische Anlagen**				

Wohnhäuser, mit bis zu 15% Mischnutzung, mittlerer Standard

Kosten:
Stand 1. Quartal 2025
Bundesdurchschnitt
inkl. 19% MwSt.

Kostengruppen		▷	€/Einheit	◁	KG an 300+400
310	**Baugrube / Erdbau**				
311	Herstellung [m³]	14,00	**34,00**	44,00	1,1%
320	**Gründung, Unterbau**				
322	Flachgründungen und Bodenplatten [m²]	106,00	**230,00**	292,00	5,6%
324	Gründungsbeläge [m²]	173,00	**188,00**	213,00	4,6%
325	Abdichtungen und Bekleidungen [m²]	2,70	**36,00**	55,00	0,9%
326	Dränagen [m²]	–	**19,00**	–	< 0,1%
330	**Außenwände/Vertikale Baukonstruktionen, außen**				
331	Tragende Außenwände [m²]	160,00	**192,00**	244,00	11,0%
332	Nichttragende Außenwände [m²]	–	**161,00**	–	0,1%
333	Außenstützen [m]	–	**161,00**	–	0,1%
334	Außenwandöffnungen [m²]	669,00	**717,00**	808,00	7,8%
335	Außenwandbekleidungen, außen [m²]	147,00	**199,00**	251,00	5,9%
336	Außenwandbekleidungen, innen [m²]	20,00	**55,00**	76,00	1,9%
338	Lichtschutz zur KG 330 [m²]	217,00	**259,00**	343,00	2,3%
339	Sonstiges zur KG 330 [m²]	–	**20,00**	–	0,8%
340	**Innenwände/Vertikale Baukonstruktionen, innen**				
341	Tragende Innenwände [m²]	–	**154,00**	–	1,4%
342	Nichttragende Innenwände [m²]	116,00	**134,00**	164,00	3,9%
343	Innenstützen [m]	202,00	**210,00**	218,00	0,2%
344	Innenwandöffnungen [m²]	461,00	**675,00**	1.033,00	3,7%
345	Innenwandbekleidungen [m²]	22,00	**52,00**	72,00	3,8%
350	**Decken/Horizontale Baukonstruktionen**				
351	Deckenkonstruktionen [m²]	112,00	**160,00**	236,00	5,6%
352	Deckenöffnungen [m²]	–	**473,00**	–	< 0,1%
353	Deckenbeläge [m²]	32,00	**134,00**	186,00	3,7%
354	Deckenbekleidungen [m²]	22,00	**39,00**	66,00	1,5%
359	Sonstiges zur KG 350 [m²]	–	**29,00**	–	0,4%
360	**Dächer**				
361	Dachkonstruktionen [m²]	37,00	**128,00**	218,00	1,8%
362	Dachöffnungen [m²]	–	**6.125,00**	–	0,2%
363	Dachbeläge [m²]	109,00	**282,00**	456,00	4,2%
364	Dachbekleidungen [m²]	–	**71,00**	–	0,2%
369	Sonstiges zur KG 360 [m²]	–	**24,00**	–	< 0,1%
370	**Infrastrukturanlagen**				
380	**Baukonstruktive Einbauten**				
381	Allgemeine Einbauten [m² BGF]	15,00	**24,00**	32,00	1,0%
390	**Sonstige Maßnahmen für Baukonstruktionen**				
391	Baustelleneinrichtung [m² BGF]	21,00	**25,00**	29,00	1,0%
392	Gerüste [m² BGF]	–	**12,00**	–	0,2%
397	Zusätzliche Maßnahmen [m² BGF]	–	**12,00**	–	0,2%
399	Sonstiges zur KG 390 [m² BGF]	–	**58,00**	–	1,2%

▷ von
ø Mittel
◁ bis

© **BKI** Baukosteninformationszentrum; Erläuterungen zu den Tabellen siehe Seite 54

Kostengruppen		▷	€/Einheit	◁	KG an 300+400
410	**Abwasser-, Wasser-, Gasanlagen**				
411	Abwasseranlagen [m² BGF]	7,20	**26,00**	37,00	1,7%
412	Wasseranlagen [m² BGF]	24,00	**61,00**	85,00	4,1%
419	Sonstiges zur KG 410 [m² BGF]	–	**16,00**	–	0,3%
420	**Wärmeversorgungsanlagen**				
421	Wärmeerzeugungsanlagen [m² BGF]	35,00	**44,00**	57,00	3,4%
422	Wärmeverteilnetze [m² BGF]	8,60	**18,00**	34,00	1,1%
423	Raumheizflächen [m² BGF]	18,00	**26,00**	40,00	1,8%
429	Sonstiges zur KG 420 [m² BGF]	–	**4,10**	–	< 0,1%
430	**Raumlufttechnische Anlagen**				
431	Lüftungsanlagen [m² BGF]	22,00	**29,00**	37,00	1,2%
440	**Elektrische Anlagen**				
442	Eigenstromversorgungsanlagen [m² BGF]	–	**32,00**	–	0,6%
444	Niederspannungsinstallationsanlagen [m² BGF]	25,00	**42,00**	52,00	2,9%
445	Beleuchtungsanlagen [m² BGF]	0,60	**3,80**	10,00	0,2%
446	Blitzschutz- und Erdungsanlagen [m² BGF]	2,00	**3,00**	4,60	0,2%
450	**Kommunikations-, sicherheits- und informationstechnische Anlagen**				
451	Telekommunikationsanlagen [m² BGF]	1,80	**2,00**	2,20	0,1%
452	Such- und Signalanlagen [m² BGF]	1,30	**2,50**	3,70	< 0,1%
454	Elektroakustische Anlagen [m² BGF]	–	**1,00**	–	< 0,1%
455	Audiovisuelle Medien- und Antennenanlagen [m² BGF]	2,80	**8,50**	18,00	0,5%
456	Gefahrenmelde- und Alarmanlagen [m² BGF]	–	**2,10**	–	< 0,1%
457	Datenübertragungsnetze [m² BGF]	1,60	**2,40**	3,20	< 0,1%
460	**Förderanlagen**				
461	Aufzugsanlagen [m² BGF]	–	**43,00**	–	0,8%
470	**Nutzungsspezifische und verfahrenstechnische Anlagen**				
480	**Gebäude- und Anlagenautomation**				
490	**Sonstige Maßnahmen für technische Anlagen**				

Wohnhäuser, mit bis zu 15% Mischnutzung, hoher Standard

Kosten:
Stand 1. Quartal 2025
Bundesdurchschnitt
inkl. 19% MwSt.

Kostengruppen		▷	€/Einheit	◁	KG an 300+400
310	**Baugrube / Erdbau**				
311	Herstellung [m³]	–	**37,00**	–	0,9%
312	Umschließung [m²]	–	**863,00**	–	4,3%
313	Wasserhaltung [m³]	–	**15,00**	–	0,4%
320	**Gründung, Unterbau**				
321	Baugrundverbesserung [m²]	–	**66,00**	–	0,4%
322	Flachgründungen und Bodenplatten [m²]	–	**258,00**	–	1,6%
323	Tiefgründungen [m²]	–	**670,00**	–	3,5%
324	Gründungsbeläge [m²]	–	**58,00**	–	0,3%
325	Abdichtungen und Bekleidungen [m²]	–	**32,00**	–	0,2%
326	Dränagen [m²]	–	**81,00**	–	0,4%
330	**Außenwände/Vertikale Baukonstruktionen, außen**				
331	Tragende Außenwände [m²]	–	**371,00**	–	8,7%
333	Außenstützen [m]	–	**345,00**	–	0,4%
334	Außenwandöffnungen [m²]	–	**1.144,00**	–	9,7%
335	Außenwandbekleidungen, außen [m²]	–	**350,00**	–	6,6%
336	Außenwandbekleidungen, innen [m²]	–	**65,00**	–	1,4%
338	Lichtschutz zur KG 330 [m²]	–	**409,00**	–	1,5%
339	Sonstiges zur KG 330 [m²]	–	**31,00**	–	0,9%
340	**Innenwände/Vertikale Baukonstruktionen, innen**				
341	Tragende Innenwände [m²]	–	**199,00**	–	4,6%
342	Nichttragende Innenwände [m²]	–	**163,00**	–	3,6%
343	Innenstützen [m]	–	**279,00**	–	0,3%
344	Innenwandöffnungen [m²]	–	**749,00**	–	2,1%
345	Innenwandbekleidungen [m²]	–	**63,00**	–	3,6%
349	Sonstiges zur KG 340 [m²]	–	**1,80**	–	< 0,1%
350	**Decken/Horizontale Baukonstruktionen**				
351	Deckenkonstruktionen [m²]	–	**271,00**	–	8,9%
353	Deckenbeläge [m²]	–	**192,00**	–	5,2%
354	Deckenbekleidungen [m²]	–	**59,00**	–	1,7%
359	Sonstiges zur KG 350 [m²]	–	**42,00**	–	1,3%
360	**Dächer**				
361	Dachkonstruktionen [m²]	–	**242,00**	–	1,2%
362	Dachöffnungen [m²]	–	**2.044,00**	–	0,8%
363	Dachbeläge [m²]	–	**502,00**	–	2,6%
364	Dachbekleidungen [m²]	–	**102,00**	–	0,4%
369	Sonstiges zur KG 360 [m²]	–	**408,00**	–	1,9%
370	**Infrastrukturanlagen**				
380	**Baukonstruktive Einbauten**				

▷ von
ø Mittel
◁ bis

© **BKI** Baukosteninformationszentrum; Erläuterungen zu den Tabellen siehe Seite 54

Kostengruppen		▷	€/Einheit	◁	KG an 300+400
390	**Sonstige Maßnahmen für Baukonstruktionen**				
391	Baustelleneinrichtung [m² BGF]	–	**98,00**	–	4,1%
392	Gerüste [m² BGF]	–	**30,00**	–	1,3%
394	Abbruchmaßnahmen [m² BGF]	–	**0,60**	–	< 0,1%
397	Zusätzliche Maßnahmen [m² BGF]	–	**13,00**	–	0,5%
410	**Abwasser-, Wasser-, Gasanlagen**				
411	Abwasseranlagen [m² BGF]	–	**29,00**	–	1,2%
412	Wasseranlagen [m² BGF]	–	**78,00**	–	3,2%
420	**Wärmeversorgungsanlagen**				
421	Wärmeerzeugungsanlagen [m² BGF]	–	**4,40**	–	0,2%
422	Wärmeverteilnetze [m² BGF]	–	**45,00**	–	1,9%
423	Raumheizflächen [m² BGF]	–	**33,00**	–	1,4%
429	Sonstiges zur KG 420 [m² BGF]	–	**4,60**	–	0,2%
430	**Raumlufttechnische Anlagen**				
431	Lüftungsanlagen [m² BGF]	–	**27,00**	–	1,1%
440	**Elektrische Anlagen**				
443	Niederspannungsschaltanlagen [m² BGF]	–	**3,00**	–	0,1%
444	Niederspannungsinstallationsanlagen [m² BGF]	–	**57,00**	–	2,3%
445	Beleuchtungsanlagen [m² BGF]	–	**12,00**	–	0,5%
446	Blitzschutz- und Erdungsanlagen [m² BGF]	–	**2,30**	–	< 0,1%
450	**Kommunikations-, sicherheits- und informationstechnische Anlagen**				
451	Telekommunikationsanlagen [m² BGF]	–	**0,20**	–	< 0,1%
452	Such- und Signalanlagen [m² BGF]	–	**2,60**	–	0,1%
455	Audiovisuelle Medien- und Antennenanlagen [m² BGF]	–	**1,90**	–	< 0,1%
460	**Förderanlagen**				
461	Aufzugsanlagen [m² BGF]	–	**39,00**	–	1,6%
470	**Nutzungsspezifische und verfahrenstechnische Anlagen**				
480	**Gebäude- und Anlagenautomation**				
490	**Sonstige Maßnahmen für technische Anlagen**				

Kosten:
Stand 1. Quartal 2025
Bundesdurchschnitt
inkl. 19% MwSt.

Kostengruppen		▷	€/Einheit	◁	KG an 300+400
310	**Baugrube / Erdbau**				
311	Herstellung [m³]	32,00	**44,00**	69,00	1,6%
320	**Gründung, Unterbau**				
322	Flachgründungen und Bodenplatten [m²]	129,00	**190,00**	221,00	2,7%
324	Gründungsbeläge [m²]	32,00	**103,00**	245,00	1,7%
325	Abdichtungen und Bekleidungen [m²]	67,00	**71,00**	77,00	1,1%
326	Dränagen [m²]	–	**16,00**	–	< 0,1%
330	**Außenwände/Vertikale Baukonstruktionen, außen**				
331	Tragende Außenwände [m²]	175,00	**209,00**	274,00	4,9%
332	Nichttragende Außenwände [m²]	192,00	**276,00**	359,00	1,0%
334	Außenwandöffnungen [m²]	735,00	**835,00**	1.034,00	13,4%
335	Außenwandbekleidungen, außen [m²]	132,00	**238,00**	291,00	6,7%
336	Außenwandbekleidungen, innen [m²]	55,00	**66,00**	82,00	1,3%
339	Sonstiges zur KG 330 [m²]	–	**3,20**	–	< 0,1%
340	**Innenwände/Vertikale Baukonstruktionen, innen**				
341	Tragende Innenwände [m²]	137,00	**260,00**	462,00	3,7%
342	Nichttragende Innenwände [m²]	88,00	**97,00**	102,00	2,9%
343	Innenstützen [m]	–	**208,00**	–	< 0,1%
344	Innenwandöffnungen [m²]	500,00	**618,00**	699,00	2,9%
345	Innenwandbekleidungen [m²]	32,00	**46,00**	74,00	3,4%
346	Elementierte Innenwandkonstruktionen [m²]	–	**605,00**	–	0,2%
349	Sonstiges zur KG 340 [m²]	–	**1,30**	–	< 0,1%
350	**Decken/Horizontale Baukonstruktionen**				
351	Deckenkonstruktionen [m²]	173,00	**248,00**	397,00	7,1%
352	Deckenöffnungen [m²]	–	**1.194,00**	–	< 0,1%
353	Deckenbeläge [m²]	71,00	**156,00**	292,00	4,3%
354	Deckenbekleidungen [m²]	8,80	**30,00**	51,00	0,4%
355	Elementierte Deckenkonstruktionen [m²]	–	**853,00**	–	1,3%
359	Sonstiges zur KG 350 [m²]	13,00	**25,00**	32,00	0,8%
360	**Dächer**				
361	Dachkonstruktionen [m²]	162,00	**227,00**	349,00	3,4%
362	Dachöffnungen [m²]	1.170,00	**1.966,00**	2.387,00	1,9%
363	Dachbeläge [m²]	118,00	**248,00**	331,00	3,2%
364	Dachbekleidungen [m²]	66,00	**71,00**	77,00	0,7%
369	Sonstiges zur KG 360 [m²]	1,00	**6,60**	12,00	< 0,1%
370	**Infrastrukturanlagen**				
380	**Baukonstruktive Einbauten**				
381	Allgemeine Einbauten [m² BGF]	4,60	**12,00**	19,00	0,4%
382	Besondere Einbauten [m² BGF]	–	**26,00**	–	0,5%
390	**Sonstige Maßnahmen für Baukonstruktionen**				
391	Baustelleneinrichtung [m² BGF]	17,00	**33,00**	62,00	1,5%
392	Gerüste [m² BGF]	15,00	**24,00**	38,00	1,2%
397	Zusätzliche Maßnahmen [m² BGF]	0,30	**5,80**	11,00	0,2%
399	Sonstiges zur KG 390 [m² BGF]	–	**1,30**	–	< 0,1%

▷ von
ø Mittel
◁ bis

© **BKI** Baukosteninformationszentrum; Erläuterungen zu den Tabellen siehe Seite 54

Kostengruppen		▷	€/Einheit	◁	KG an 300+400
410	**Abwasser-, Wasser-, Gasanlagen**				
411	Abwasseranlagen [m² BGF]	39,00	**50,00**	60,00	1,6%
412	Wasseranlagen [m² BGF]	57,00	**84,00**	111,00	2,6%
420	**Wärmeversorgungsanlagen**				
421	Wärmeerzeugungsanlagen [m² BGF]	–	**17,00**	–	0,3%
422	Wärmeverteilnetze [m² BGF]	–	**36,00**	–	0,7%
423	Raumheizflächen [m² BGF]	–	**44,00**	–	0,9%
430	**Raumlufttechnische Anlagen**				
431	Lüftungsanlagen [m² BGF]	–	**5,70**	–	0,1%
440	**Elektrische Anlagen**				
444	Niederspannungsinstallationsanlagen [m² BGF]	83,00	**127,00**	171,00	4,0%
445	Beleuchtungsanlagen [m² BGF]	–	**10,00**	–	0,2%
446	Blitzschutz- und Erdungsanlagen [m² BGF]	3,40	**4,40**	5,30	0,1%
450	**Kommunikations-, sicherheits- und informationstechnische Anlagen**				
451	Telekommunikationsanlagen [m² BGF]	–	**3,70**	–	< 0,1%
452	Such- und Signalanlagen [m² BGF]	2,40	**2,50**	2,60	< 0,1%
455	Audiovisuelle Medien- und Antennenanlagen [m² BGF]	–	**4,60**	–	< 0,1%
456	Gefahrenmelde- und Alarmanlagen [m² BGF]	–	**18,00**	–	0,2%
460	**Förderanlagen**				
470	**Nutzungsspezifische und verfahrenstechnische Anlagen**				
471	Küchentechnische Anlagen [m² BGF]	–	**208,00**	–	3,7%
476	Weitere nutzungsspezifische Anlagen [m² BGF]	–	**61,00**	–	1,1%
480	**Gebäude- und Anlagenautomation**				
490	**Sonstige Maßnahmen für technische Anlagen**				

Senioren-wohnungen, mittlerer Standard

Kosten:
Stand 1. Quartal 2025
Bundesdurchschnitt
inkl. 19% MwSt.

Kostengruppen		▷	€/Einheit	◁	KG an 300+400
310	**Baugrube / Erdbau**				
311	Herstellung [m³]	32,00	**53,00**	90,00	1,6%
312	Umschließung [m²]	2,20	**3,00**	3,80	< 0,1%
313	Wasserhaltung [m³]	–	**0,80**	–	< 0,1%
320	**Gründung, Unterbau**				
321	Baugrundverbesserung [m²]	5,50	**12,00**	22,00	0,1%
322	Flachgründungen und Bodenplatten [m²]	106,00	**163,00**	202,00	2,6%
324	Gründungsbeläge [m²]	90,00	**139,00**	177,00	1,6%
325	Abdichtungen und Bekleidungen [m²]	13,00	**29,00**	83,00	0,5%
326	Dränagen [m²]	–	**26,00**	–	< 0,1%
330	**Außenwände/Vertikale Baukonstruktionen, außen**				
331	Tragende Außenwände [m²]	138,00	**147,00**	163,00	5,0%
332	Nichttragende Außenwände [m²]	96,00	**161,00**	290,00	< 0,1%
333	Außenstützen [m]	162,00	**221,00**	254,00	0,2%
334	Außenwandöffnungen [m²]	579,00	**643,00**	755,00	6,5%
335	Außenwandbekleidungen, außen [m²]	128,00	**141,00**	165,00	5,5%
336	Außenwandbekleidungen, innen [m²]	38,00	**44,00**	50,00	1,4%
338	Lichtschutz zur KG 330 [m²]	209,00	**860,00**	1.191,00	3,4%
339	Sonstiges zur KG 330 [m²]	6,90	**12,00**	16,00	0,5%
340	**Innenwände/Vertikale Baukonstruktionen, innen**				
341	Tragende Innenwände [m²]	106,00	**131,00**	147,00	4,3%
342	Nichttragende Innenwände [m²]	83,00	**98,00**	140,00	1,8%
343	Innenstützen [m]	161,00	**216,00**	244,00	< 0,1%
344	Innenwandöffnungen [m²]	391,00	**502,00**	657,00	3,2%
345	Innenwandbekleidungen [m²]	37,00	**45,00**	60,00	4,2%
346	Elementierte Innenwandkonstruktionen [m²]	48,00	**65,00**	74,00	0,2%
349	Sonstiges zur KG 340 [m²]	1,20	**2,30**	4,30	< 0,1%
350	**Decken/Horizontale Baukonstruktionen**				
351	Deckenkonstruktionen [m²]	155,00	**188,00**	229,00	8,5%
352	Deckenöffnungen [m²]	1.488,00	**1.588,00**	1.689,00	< 0,1%
353	Deckenbeläge [m²]	106,00	**155,00**	188,00	5,7%
354	Deckenbekleidungen [m²]	18,00	**24,00**	27,00	1,0%
355	Elementierte Deckenkonstruktionen [m²]	–	**1.506,00**	–	0,3%
359	Sonstiges zur KG 350 [m²]	26,00	**29,00**	40,00	1,3%
360	**Dächer**				
361	Dachkonstruktionen [m²]	93,00	**148,00**	230,00	2,7%
362	Dachöffnungen [m²]	1.053,00	**1.173,00**	1.299,00	0,4%
363	Dachbeläge [m²]	163,00	**244,00**	368,00	4,5%
364	Dachbekleidungen [m²]	17,00	**39,00**	55,00	0,6%
366	Lichtschutz zur KG 360 [m²]	–	**86,00**	–	< 0,1%
369	Sonstiges zur KG 360 [m²]	6,20	**21,00**	80,00	0,4%
370	**Infrastrukturanlagen**				

▷ von
ø Mittel
◁ bis

© **BKI** Baukosteninformationszentrum; Erläuterungen zu den Tabellen siehe Seite 54

Kostengruppen		▷	€/Einheit	◁	KG an 300+400
380	**Baukonstruktive Einbauten**				
381	Allgemeine Einbauten [m² BGF]	6,80	**40,00**	73,00	0,9%
386	Orientierungs- und Informationssysteme [m² BGF]	–	**1,30**	–	< 0,1%
389	Sonstiges zur KG 380 [m² BGF]	–	**3,70**	–	< 0,1%
390	**Sonstige Maßnahmen für Baukonstruktionen**				
391	Baustelleneinrichtung [m² BGF]	15,00	**41,00**	80,00	2,4%
392	Gerüste [m² BGF]	6,70	**14,00**	21,00	0,9%
395	Instandsetzungen [m² BGF]	–	**12,00**	–	0,1%
397	Zusätzliche Maßnahmen [m² BGF]	2,50	**7,90**	15,00	0,5%
399	Sonstiges zur KG 390 [m² BGF]	0,80	**58,00**	115,00	1,5%
410	**Abwasser-, Wasser-, Gasanlagen**				
411	Abwasseranlagen [m² BGF]	27,00	**39,00**	56,00	2,4%
412	Wasseranlagen [m² BGF]	42,00	**56,00**	68,00	3,5%
419	Sonstiges zur KG 410 [m² BGF]	10,00	**43,00**	140,00	2,0%
420	**Wärmeversorgungsanlagen**				
421	Wärmeerzeugungsanlagen [m² BGF]	5,50	**20,00**	40,00	1,2%
422	Wärmeverteilnetze [m² BGF]	20,00	**34,00**	49,00	2,1%
423	Raumheizflächen [m² BGF]	20,00	**25,00**	32,00	1,5%
429	Sonstiges zur KG 420 [m² BGF]	0,20	**0,60**	1,10	< 0,1%
430	**Raumlufttechnische Anlagen**				
431	Lüftungsanlagen [m² BGF]	12,00	**14,00**	16,00	0,8%
440	**Elektrische Anlagen**				
442	Eigenstromversorgungsanlagen [m² BGF]	–	**3,20**	–	< 0,1%
443	Niederspannungsschaltanlagen [m² BGF]	–	**5,70**	–	< 0,1%
444	Niederspannungsinstallationsanlagen [m² BGF]	59,00	**72,00**	81,00	4,4%
445	Beleuchtungsanlagen [m² BGF]	13,00	**17,00**	23,00	1,0%
446	Blitzschutz- und Erdungsanlagen [m² BGF]	3,80	**6,20**	11,00	0,4%
450	**Kommunikations-, sicherheits- und informationstechnische Anlagen**				
451	Telekommunikationsanlagen [m² BGF]	2,30	**4,20**	6,20	0,2%
452	Such- und Signalanlagen [m² BGF]	4,00	**12,00**	26,00	0,7%
455	Audiovisuelle Medien- und Antennenanlagen [m² BGF]	2,10	**4,10**	8,00	0,3%
456	Gefahrenmelde- und Alarmanlagen [m² BGF]	3,50	**4,30**	5,80	0,3%
457	Datenübertragungsnetze [m² BGF]	1,20	**3,10**	6,30	0,1%
460	**Förderanlagen**				
461	Aufzugsanlagen [m² BGF]	31,00	**63,00**	112,00	4,0%
470	**Nutzungsspezifische und verfahrenstechnische Anlagen**				
474	Feuerlöschanlagen [m² BGF]	0,50	**1,00**	2,40	< 0,1%
480	**Gebäude- und Anlagenautomation**				
490	**Sonstige Maßnahmen für technische Anlagen**				

Senioren-wohnungen, hoher Standard

Kosten:
Stand 1. Quartal 2025
Bundesdurchschnitt
inkl. 19% MwSt.

▷ von
ø Mittel
◁ bis

Kostengruppen		▷	€/Einheit	◁	KG an 300+400
310	**Baugrube / Erdbau**				
311	Herstellung [m³]	53,00	**102,00**	151,00	3,8%
320	**Gründung, Unterbau**				
321	Baugrundverbesserung [m²]	–	**68,00**	–	0,5%
322	Flachgründungen und Bodenplatten [m²]	168,00	**211,00**	254,00	2,8%
324	Gründungsbeläge [m²]	88,00	**102,00**	116,00	1,1%
325	Abdichtungen und Bekleidungen [m²]	26,00	**37,00**	48,00	0,5%
326	Dränagen [m²]	24,00	**28,00**	31,00	0,4%
330	**Außenwände/Vertikale Baukonstruktionen, außen**				
331	Tragende Außenwände [m²]	142,00	**196,00**	251,00	5,4%
332	Nichttragende Außenwände [m²]	–	**114,00**	–	< 0,1%
333	Außenstützen [m]	–	**155,00**	–	0,2%
334	Außenwandöffnungen [m²]	465,00	**626,00**	787,00	5,7%
335	Außenwandbekleidungen, außen [m²]	124,00	**175,00**	227,00	5,0%
336	Außenwandbekleidungen, innen [m²]	37,00	**50,00**	62,00	1,3%
338	Lichtschutz zur KG 330 [m²]	218,00	**453,00**	689,00	2,1%
339	Sonstiges zur KG 330 [m²]	–	**36,00**	–	0,6%
340	**Innenwände/Vertikale Baukonstruktionen, innen**				
341	Tragende Innenwände [m²]	147,00	**156,00**	165,00	2,6%
342	Nichttragende Innenwände [m²]	109,00	**124,00**	139,00	2,8%
343	Innenstützen [m]	123,00	**184,00**	246,00	0,5%
344	Innenwandöffnungen [m²]	618,00	**657,00**	695,00	3,2%
345	Innenwandbekleidungen [m²]	45,00	**47,00**	50,00	3,5%
346	Elementierte Innenwandkonstruktionen [m²]	–	**70,00**	–	0,2%
349	Sonstiges zur KG 340 [m²]	0,20	**1,20**	2,20	< 0,1%
350	**Decken/Horizontale Baukonstruktionen**				
351	Deckenkonstruktionen [m²]	186,00	**245,00**	304,00	10,5%
352	Deckenöffnungen [m²]	–	**1.117,00**	–	< 0,1%
353	Deckenbeläge [m²]	113,00	**131,00**	149,00	4,9%
354	Deckenbekleidungen [m²]	23,00	**34,00**	44,00	1,3%
359	Sonstiges zur KG 350 [m²]	–	**55,00**	–	2,4%
360	**Dächer**				
361	Dachkonstruktionen [m²]	128,00	**175,00**	221,00	3,1%
362	Dachöffnungen [m²]	1.043,00	**1.704,00**	2.366,00	0,2%
363	Dachbeläge [m²]	253,00	**254,00**	256,00	4,7%
364	Dachbekleidungen [m²]	39,00	**68,00**	98,00	1,1%
366	Lichtschutz zur KG 360 [m²]	–	**157,00**	–	< 0,1%
369	Sonstiges zur KG 360 [m²]	1,80	**4,30**	6,90	< 0,1%
370	**Infrastrukturanlagen**				
380	**Baukonstruktive Einbauten**				
381	Allgemeine Einbauten [m² BGF]	–	**7,30**	–	0,2%
389	Sonstiges zur KG 380 [m² BGF]	–	**4,70**	–	0,1%

© **BKI** Baukosteninformationszentrum; Erläuterungen zu den Tabellen siehe Seite 54

Kostengruppen		▷	€/Einheit	◁	KG an 300+400
390	**Sonstige Maßnahmen für Baukonstruktionen**				
391	Baustelleneinrichtung [m² BGF]	15,00	**19,00**	23,00	1,1%
392	Gerüste [m² BGF]	16,00	**21,00**	26,00	1,2%
397	Zusätzliche Maßnahmen [m² BGF]	3,20	**7,20**	11,00	0,4%
410	**Abwasser-, Wasser-, Gasanlagen**				
411	Abwasseranlagen [m² BGF]	22,00	**33,00**	44,00	1,9%
412	Wasseranlagen [m² BGF]	67,00	**95,00**	124,00	5,5%
420	**Wärmeversorgungsanlagen**				
421	Wärmeerzeugungsanlagen [m² BGF]	56,00	**62,00**	68,00	3,5%
422	Wärmeverteilnetze [m² BGF]	36,00	**54,00**	72,00	3,0%
423	Raumheizflächen [m² BGF]	30,00	**37,00**	43,00	2,1%
429	Sonstiges zur KG 420 [m² BGF]	6,80	**7,80**	8,70	0,4%
430	**Raumlufttechnische Anlagen**				
431	Lüftungsanlagen [m² BGF]	–	**4,60**	–	0,1%
440	**Elektrische Anlagen**				
442	Eigenstromversorgungsanlagen [m² BGF]	–	**3,00**	–	< 0,1%
444	Niederspannungsinstallationsanlagen [m² BGF]	66,00	**76,00**	85,00	4,3%
445	Beleuchtungsanlagen [m² BGF]	2,60	**4,70**	6,70	0,3%
446	Blitzschutz- und Erdungsanlagen [m² BGF]	5,70	**6,60**	7,50	0,4%
450	**Kommunikations-, sicherheits- und informationstechnische Anlagen**				
452	Such- und Signalanlagen [m² BGF]	5,40	**11,00**	16,00	0,6%
455	Audiovisuelle Medien- und Antennenanlagen [m² BGF]	3,70	**3,80**	3,80	0,2%
456	Gefahrenmelde- und Alarmanlagen [m² BGF]	–	**1,50**	–	< 0,1%
457	Datenübertragungsnetze [m² BGF]	3,00	**6,40**	9,70	0,4%
460	**Förderanlagen**				
461	Aufzugsanlagen [m² BGF]	32,00	**62,00**	93,00	3,7%
470	**Nutzungsspezifische und verfahrenstechnische Anlagen**				
474	Feuerlöschanlagen [m² BGF]	0,30	**0,90**	1,50	< 0,1%
480	**Gebäude- und Anlagenautomation**				
490	**Sonstige Maßnahmen für technische Anlagen**				

Kosten:
Stand 1. Quartal 2025
Bundesdurchschnitt
inkl. 19% MwSt.

Kostengruppen		▷	€/Einheit	◁	KG an 300+400
310	**Baugrube / Erdbau**				
311	Herstellung [m³]	33,00	**50,00**	77,00	1,6%
320	**Gründung, Unterbau**				
321	Baugrundverbesserung [m²]	65,00	**97,00**	150,00	0,3%
322	Flachgründungen und Bodenplatten [m²]	188,00	**219,00**	270,00	3,6%
323	Tiefgründungen [m²]	–	**331,00**	–	0,4%
324	Gründungsbeläge [m²]	95,00	**172,00**	290,00	2,2%
325	Abdichtungen und Bekleidungen [m²]	21,00	**37,00**	88,00	0,6%
330	**Außenwände/Vertikale Baukonstruktionen, außen**				
331	Tragende Außenwände [m²]	174,00	**197,00**	234,00	4,4%
332	Nichttragende Außenwände [m²]	152,00	**267,00**	486,00	0,9%
333	Außenstützen [m]	138,00	**224,00**	305,00	0,3%
334	Außenwandöffnungen [m²]	699,00	**864,00**	1.099,00	8,9%
335	Außenwandbekleidungen, außen [m²]	147,00	**214,00**	340,00	5,2%
336	Außenwandbekleidungen, innen [m²]	40,00	**58,00**	84,00	1,1%
337	Elementierte Außenwandkonstruktionen [m²]	697,00	**881,00**	1.166,00	1,4%
338	Lichtschutz zur KG 330 [m²]	213,00	**380,00**	579,00	0,7%
339	Sonstiges zur KG 330 [m²]	9,00	**17,00**	39,00	0,5%
340	**Innenwände/Vertikale Baukonstruktionen, innen**				
341	Tragende Innenwände [m²]	131,00	**163,00**	191,00	3,2%
342	Nichttragende Innenwände [m²]	108,00	**135,00**	203,00	2,4%
343	Innenstützen [m]	236,00	**348,00**	717,00	0,4%
344	Innenwandöffnungen [m²]	574,00	**831,00**	1.091,00	4,1%
345	Innenwandbekleidungen [m²]	40,00	**56,00**	87,00	3,7%
346	Elementierte Innenwandkonstruktionen [m²]	279,00	**549,00**	833,00	0,5%
347	Lichtschutz zur KG 340 [m²]	223,00	**679,00**	1.135,00	0,1%
350	**Decken/Horizontale Baukonstruktionen**				
351	Deckenkonstruktionen [m²]	213,00	**270,00**	339,00	7,6%
353	Deckenbeläge [m²]	125,00	**192,00**	254,00	4,5%
354	Deckenbekleidungen [m²]	33,00	**71,00**	178,00	1,3%
359	Sonstiges zur KG 350 [m²]	18,00	**42,00**	85,00	1,3%
360	**Dächer**				
361	Dachkonstruktionen [m²]	119,00	**184,00**	255,00	3,0%
362	Dachöffnungen [m²]	1.867,00	**3.574,00**	7.913,00	0,5%
363	Dachbeläge [m²]	164,00	**299,00**	373,00	4,9%
364	Dachbekleidungen [m²]	29,00	**68,00**	134,00	1,0%
369	Sonstiges zur KG 360 [m²]	13,00	**37,00**	106,00	0,5%
370	**Infrastrukturanlagen**				
380	**Baukonstruktive Einbauten**				
381	Allgemeine Einbauten [m² BGF]	12,00	**49,00**	87,00	1,7%

▷ von
ø Mittel
◁ bis

© **BKI** Baukosteninformationszentrum; Erläuterungen zu den Tabellen siehe Seite 54

Kostengruppen		▷	€/Einheit	◁	KG an 300+400
390	**Sonstige Maßnahmen für Baukonstruktionen**				
391	Baustelleneinrichtung [m2 BGF]	22,00	**59,00**	284,00	2,8%
392	Gerüste [m2 BGF]	11,00	**20,00**	30,00	0,9%
393	Sicherungsmaßnahmen [m2 BGF]	–	**45,00**	–	0,3%
394	Abbruchmaßnahmen [m2 BGF]	2,30	**13,00**	44,00	0,3%
397	Zusätzliche Maßnahmen [m2 BGF]	6,00	**14,00**	24,00	0,6%
399	Sonstiges zur KG 390 [m2 BGF]	–	**71,00**	–	0,4%
	Sonstige Kostengruppen Bauwerk – Baukonstruktionen				
	312, 313, 326, 349, 355, 382, 383, 386, 395, 396, 398				0,4%
410	**Abwasser-, Wasser-, Gasanlagen**				
411	Abwasseranlagen [m2 BGF]	21,00	**39,00**	55,00	1,7%
412	Wasseranlagen [m2 BGF]	54,00	**84,00**	137,00	3,6%
419	Sonstiges zur KG 410 [m2 BGF]	6,00	**12,00**	23,00	0,4%
420	**Wärmeversorgungsanlagen**				
421	Wärmeerzeugungsanlagen [m2 BGF]	19,00	**52,00**	87,00	2,2%
422	Wärmeverteilnetze [m2 BGF]	18,00	**28,00**	41,00	1,3%
423	Raumheizflächen [m2 BGF]	29,00	**40,00**	53,00	1,9%
430	**Raumlufttechnische Anlagen**				
431	Lüftungsanlagen [m2 BGF]	15,00	**52,00**	102,00	1,8%
440	**Elektrische Anlagen**				
442	Eigenstromversorgungsanlagen [m2 BGF]	–	**42,00**	–	0,3%
444	Niederspannungsinstallationsanlagen [m2 BGF]	65,00	**84,00**	118,00	3,8%
445	Beleuchtungsanlagen [m2 BGF]	12,00	**30,00**	89,00	1,2%
446	Blitzschutz- und Erdungsanlagen [m2 BGF]	3,00	**8,40**	30,00	0,3%
450	**Kommunikations-, sicherheits- und informationstechnische Anlagen**				
452	Such- und Signalanlagen [m2 BGF]	2,00	**3,30**	5,20	0,1%
456	Gefahrenmelde- und Alarmanlagen [m2 BGF]	8,10	**15,00**	21,00	0,6%
457	Datenübertragungsnetze [m2 BGF]	4,60	**13,00**	22,00	0,3%
460	**Förderanlagen**				
461	Aufzugsanlagen [m2 BGF]	17,00	**32,00**	46,00	0,8%
470	**Nutzungsspezifische und verfahrenstechnische Anlagen**				
471	Küchentechnische Anlagen [m2 BGF]	–	**43,00**	–	0,2%
473	Medienversorgungsanlagen, Medizin- und labortechnische An-	–	**81,00**	–	0,4%
480	**Gebäude- und Anlagenautomation**				
481	Automationseinrichtungen [m2 BGF]	8,80	**11,00**	12,00	0,2%
490	**Sonstige Maßnahmen für technische Anlagen**				
	Sonstige Kostengruppen Bauwerk – Technische Anlagen				
	413, 429, 433, 451, 454, 455, 474, 476, 482, 484, 485, 491, 494, 498				0,6%

Kostengruppen	▷	€/Einheit	◁	KG an 300+400
310 Baugrube / Erdbau				
311 Herstellung [m³]	–	**90,00**	–	0,9%
320 Gründung, Unterbau				
322 Flachgründungen und Bodenplatten [m²]	–	**411,00**	–	4,0%
324 Gründungsbeläge [m²]	–	**96,00**	–	0,7%
325 Abdichtungen und Bekleidungen [m²]	–	**42,00**	–	0,4%
330 Außenwände/Vertikale Baukonstruktionen, außen				
331 Tragende Außenwände [m²]	–	**220,00**	–	6,9%
332 Nichttragende Außenwände [m²]	–	**314,00**	–	0,3%
333 Außenstützen [m]	–	**261,00**	–	1,0%
334 Außenwandöffnungen [m²]	–	**1.052,00**	–	9,3%
335 Außenwandbekleidungen, außen [m²]	–	**490,00**	–	16,6%
336 Außenwandbekleidungen, innen [m²]	–	**79,00**	–	2,2%
339 Sonstiges zur KG 330 [m²]	–	**5,60**	–	0,2%
340 Innenwände/Vertikale Baukonstruktionen, innen				
341 Tragende Innenwände [m²]	–	**184,00**	–	2,4%
342 Nichttragende Innenwände [m²]	–	**189,00**	–	1,2%
344 Innenwandöffnungen [m²]	–	**547,00**	–	0,9%
345 Innenwandbekleidungen [m²]	–	**82,00**	–	2,8%
350 Decken/Horizontale Baukonstruktionen				
351 Deckenkonstruktionen [m²]	–	**366,00**	–	10,1%
353 Deckenbeläge [m²]	–	**326,00**	–	7,8%
354 Deckenbekleidungen [m²]	–	**32,00**	–	0,7%
359 Sonstiges zur KG 350 [m²]	–	**99,00**	–	2,7%
360 Dächer				
361 Dachkonstruktionen [m²]	–	**265,00**	–	2,5%
363 Dachbeläge [m²]	–	**625,00**	–	6,1%
364 Dachbekleidungen [m²]	–	**59,00**	–	0,5%
369 Sonstiges zur KG 360 [m²]	–	**95,00**	–	0,9%
370 Infrastrukturanlagen				
380 Baukonstruktive Einbauten				
389 Sonstiges zur KG 380 [m² BGF]	–	**14,00**	–	0,6%
390 Sonstige Maßnahmen für Baukonstruktionen				
391 Baustelleneinrichtung [m² BGF]	–	**47,00**	–	2,0%
392 Gerüste [m² BGF]	–	**48,00**	–	2,1%
395 Instandsetzungen [m² BGF]	–	**12,00**	–	0,5%
397 Zusätzliche Maßnahmen [m² BGF]	–	**1,20**	–	< 0,1%
399 Sonstiges zur KG 390 [m² BGF]	–	**4,70**	–	0,2%

Kosten:
Stand 1. Quartal 2025
Bundesdurchschnitt
inkl. 19% MwSt.

▷ von
ø Mittel
◁ bis

© **BKI** Baukosteninformationszentrum; Erläuterungen zu den Tabellen siehe Seite 54

Kostengruppen	▷	€/Einheit	◁	KG an 300+400
410 Abwasser-, Wasser-, Gasanlagen				
411 Abwasseranlagen [m² BGF]	–	**9,80**	–	0,4%
412 Wasseranlagen [m² BGF]	–	**109,00**	–	4,7%
413 Gasanlagen [m² BGF]	–	**0,90**	–	< 0,1%
419 Sonstiges zur KG 410 [m² BGF]	–	**13,00**	–	0,6%
420 Wärmeversorgungsanlagen				
421 Wärmeerzeugungsanlagen [m² BGF]	–	**61,00**	–	2,6%
422 Wärmeverteilnetze [m² BGF]	–	**7,30**	–	0,3%
423 Raumheizflächen [m² BGF]	–	**25,00**	–	1,1%
429 Sonstiges zur KG 420 [m² BGF]	–	**3,70**	–	0,2%
430 Raumlufttechnische Anlagen				
440 Elektrische Anlagen				
444 Niederspannungsinstallationsanlagen [m² BGF]	–	**51,00**	–	2,2%
445 Beleuchtungsanlagen [m² BGF]	–	**16,00**	–	0,7%
446 Blitzschutz- und Erdungsanlagen [m² BGF]	–	**3,80**	–	0,2%
450 Kommunikations-, sicherheits- und informationstechnische Anlagen				
455 Audiovisuelle Medien- und Antennenanlagen [m² BGF]	–	**4,30**	–	0,2%
457 Datenübertragungsnetze [m² BGF]	–	**4,90**	–	0,2%
460 Förderanlagen				
470 Nutzungsspezifische und verfahrenstechnische Anlagen				
480 Gebäude- und Anlagenautomation				
490 Sonstige Maßnahmen für technische Anlagen				
491 Baustelleneinrichtung [m² BGF]	–	**0,40**	–	< 0,1%
495 Instandsetzungen [m² BGF]	–	**0,50**	–	< 0,1%
497 Zusätzliche Maßnahmen [m² BGF]	–	**0,60**	–	< 0,1%

Gaststätten, Kantinen und Mensen

Kosten:
Stand 1.Quartal 2025
Bundesdurchschnitt
inkl. 19% MwSt.

Kostengruppen		▷	€/Einheit	◁	KG an 300+400
310	**Baugrube / Erdbau**				
311	Herstellung [m³]	–	**74,00**	–	3,5%
320	**Gründung, Unterbau**				
322	Flachgründungen und Bodenplatten [m²]	–	**192,00**	–	1,9%
324	Gründungsbeläge [m²]	–	**136,00**	–	0,9%
325	Abdichtungen und Bekleidungen [m²]	–	**91,00**	–	1,0%
326	Dränagen [m²]	–	**26,00**	–	0,3%
330	**Außenwände/Vertikale Baukonstruktionen, außen**				
331	Tragende Außenwände [m²]	–	**265,00**	–	2,8%
333	Außenstützen [m]	–	**810,00**	–	0,4%
334	Außenwandöffnungen [m²]	–	**1.519,00**	–	7,7%
335	Außenwandbekleidungen, außen [m²]	–	**335,00**	–	4,0%
336	Außenwandbekleidungen, innen [m²]	–	**165,00**	–	1,1%
338	Lichtschutz zur KG 330 [m²]	–	**584,00**	–	0,5%
339	Sonstiges zur KG 330 [m²]	–	**15,00**	–	0,2%
340	**Innenwände/Vertikale Baukonstruktionen, innen**				
341	Tragende Innenwände [m²]	–	**301,00**	–	3,4%
342	Nichttragende Innenwände [m²]	–	**145,00**	–	1,1%
343	Innenstützen [m]	–	**841,00**	–	0,2%
344	Innenwandöffnungen [m²]	–	**1.792,00**	–	3,7%
345	Innenwandbekleidungen [m²]	–	**150,00**	–	4,0%
346	Elementierte Innenwandkonstruktionen [m²]	–	**1.206,00**	–	0,8%
349	Sonstiges zur KG 340 [m²]	–	**4,80**	–	0,1%
350	**Decken/Horizontale Baukonstruktionen**				
351	Deckenkonstruktionen [m²]	–	**329,00**	–	6,1%
353	Deckenbeläge [m²]	–	**277,00**	–	4,6%
354	Deckenbekleidungen [m²]	–	**106,00**	–	1,8%
359	Sonstiges zur KG 350 [m²]	–	**63,00**	–	1,2%
360	**Dächer**				
361	Dachkonstruktionen [m²]	–	**323,00**	–	3,8%
362	Dachöffnungen [m²]	–	**4.757,00**	–	1,5%
363	Dachbeläge [m²]	–	**220,00**	–	2,8%
364	Dachbekleidungen [m²]	–	**329,00**	–	4,3%
370	**Infrastrukturanlagen**				
380	**Baukonstruktive Einbauten**				
381	Allgemeine Einbauten [m² BGF]	–	**1,20**	–	< 0,1%
382	Besondere Einbauten [m² BGF]	–	**1,40**	–	< 0,1%
386	Orientierungs- und Informationssysteme [m² BGF]	–	**5,90**	–	0,2%

▷ von
ø Mittel
◁ bis

© **BKI** Baukosteninformationszentrum; Erläuterungen zu den Tabellen siehe Seite 54

Kostengruppen		▷	€/Einheit	◁	KG an 300+400
390	**Sonstige Maßnahmen für Baukonstruktionen**				
391	Baustelleneinrichtung [m² BGF]	–	**65,00**	–	1,8%
392	Gerüste [m² BGF]	–	**24,00**	–	0,7%
396	Materialentsorgung [m² BGF]	–	**12,00**	–	0,3%
397	Zusätzliche Maßnahmen [m² BGF]	–	**10,00**	–	0,3%
399	Sonstiges zur KG 390 [m² BGF]	–	**47,00**	–	1,3%
410	**Abwasser-, Wasser-, Gasanlagen**				
411	Abwasseranlagen [m² BGF]	–	**108,00**	–	3,0%
412	Wasseranlagen [m² BGF]	–	**105,00**	–	2,9%
413	Gasanlagen [m² BGF]	–	**0,60**	–	< 0,1%
420	**Wärmeversorgungsanlagen**				
421	Wärmeerzeugungsanlagen [m² BGF]	–	**49,00**	–	1,4%
422	Wärmeverteilnetze [m² BGF]	–	**70,00**	–	1,9%
423	Raumheizflächen [m² BGF]	–	**35,00**	–	1,0%
429	Sonstiges zur KG 420 [m² BGF]	–	**4,90**	–	0,1%
430	**Raumlufttechnische Anlagen**				
431	Lüftungsanlagen [m² BGF]	–	**303,00**	–	8,3%
440	**Elektrische Anlagen**				
443	Niederspannungsschaltanlagen [m² BGF]	–	**44,00**	–	1,2%
444	Niederspannungsinstallationsanlagen [m² BGF]	–	**50,00**	–	1,4%
445	Beleuchtungsanlagen [m² BGF]	–	**97,00**	–	2,7%
446	Blitzschutz- und Erdungsanlagen [m² BGF]	–	**6,50**	–	0,2%
450	**Kommunikations-, sicherheits- und informationstechnische Anlagen**				
451	Telekommunikationsanlagen [m² BGF]	–	**6,90**	–	0,2%
454	Elektroakustische Anlagen [m² BGF]	–	**18,00**	–	0,5%
455	Audiovisuelle Medien- und Antennenanlagen [m² BGF]	–	**4,20**	–	0,1%
456	Gefahrenmelde- und Alarmanlagen [m² BGF]	–	**17,00**	–	0,5%
460	**Förderanlagen**				
461	Aufzugsanlagen [m² BGF]	–	**70,00**	–	1,9%
469	Sonstiges zur KG 460 [m² BGF]	–	**7,10**	–	0,2%
470	**Nutzungsspezifische und verfahrenstechnische Anlagen**				
471	Küchentechnische Anlagen [m² BGF]	–	**97,00**	–	2,7%
474	Feuerlöschanlagen [m² BGF]	–	**1,20**	–	< 0,1%
475	Prozesswärme-, kälte- und -luftanlagen [m² BGF]	–	**49,00**	–	1,3%
480	**Gebäude- und Anlagenautomation**				
490	**Sonstige Maßnahmen für technische Anlagen**				
491	Baustelleneinrichtung [m² BGF]	–	**1,20**	–	< 0,1%
497	Zusätzliche Maßnahmen [m² BGF]	–	**18,00**	–	0,5%

Industrielle Produktionsgebäude, Massivbauweise

Kosten:
Stand 1. Quartal 2025
Bundesdurchschnitt
inkl. 19% MwSt.

Kostengruppen		▷	€/Einheit	◁	KG an 300+400
310	**Baugrube / Erdbau**				
311	Herstellung [m³]	26,00	**36,00**	60,00	1,2%
320	**Gründung, Unterbau**				
321	Baugrundverbesserung [m²]	–	**18,00**	–	0,2%
322	Flachgründungen und Bodenplatten [m²]	174,00	**245,00**	312,00	8,9%
323	Tiefgründungen [m²]	–	**196,00**	–	1,6%
324	Gründungsbeläge [m²]	47,00	**86,00**	124,00	2,5%
325	Abdichtungen und Bekleidungen [m²]	23,00	**27,00**	32,00	1,0%
326	Dränagen [m²]	–	**3,70**	–	< 0,1%
330	**Außenwände/Vertikale Baukonstruktionen, außen**				
331	Tragende Außenwände [m²]	191,00	**488,00**	1.368,00	4,6%
332	Nichttragende Außenwände [m²]	81,00	**111,00**	164,00	1,2%
333	Außenstützen [m]	–	**581,00**	–	0,2%
334	Außenwandöffnungen [m²]	565,00	**918,00**	1.071,00	9,0%
335	Außenwandbekleidungen, außen [m²]	72,00	**152,00**	219,00	4,9%
336	Außenwandbekleidungen, innen [m²]	14,00	**39,00**	99,00	0,9%
338	Lichtschutz zur KG 330 [m²]	267,00	**452,00**	730,00	0,7%
339	Sonstiges zur KG 330 [m²]	–	**18,00**	–	0,2%
340	**Innenwände/Vertikale Baukonstruktionen, innen**				
341	Tragende Innenwände [m²]	112,00	**171,00**	342,00	1,4%
342	Nichttragende Innenwände [m²]	94,00	**112,00**	160,00	1,6%
343	Innenstützen [m]	142,00	**214,00**	411,00	0,5%
344	Innenwandöffnungen [m²]	676,00	**1.168,00**	1.735,00	3,1%
345	Innenwandbekleidungen [m²]	26,00	**53,00**	82,00	1,7%
346	Elementierte Innenwandkonstruktionen [m²]	272,00	**814,00**	1.356,00	0,2%
350	**Decken/Horizontale Baukonstruktionen**				
351	Deckenkonstruktionen [m²]	210,00	**297,00**	391,00	4,1%
353	Deckenbeläge [m²]	102,00	**139,00**	152,00	2,2%
354	Deckenbekleidungen [m²]	7,50	**60,00**	81,00	0,5%
359	Sonstiges zur KG 350 [m²]	36,00	**84,00**	145,00	1,0%
360	**Dächer**				
361	Dachkonstruktionen [m²]	149,00	**166,00**	189,00	6,0%
362	Dachöffnungen [m²]	162,00	**519,00**	853,00	1,1%
363	Dachbeläge [m²]	80,00	**158,00**	189,00	5,8%
364	Dachbekleidungen [m²]	32,00	**56,00**	102,00	0,3%
369	Sonstiges zur KG 360 [m²]	–	**9,60**	–	< 0,1%
370	**Infrastrukturanlagen**				
380	**Baukonstruktive Einbauten**				
381	Allgemeine Einbauten [m² BGF]	12,00	**32,00**	52,00	0,8%
386	Orientierungs- und Informationssysteme [m² BGF]	–	**0,20**	–	< 0,1%
389	Sonstiges zur KG 380 [m² BGF]	–	**0,30**	–	< 0,1%

▷ von
ø Mittel
◁ bis

© **BKI** Baukosteninformationszentrum; Erläuterungen zu den Tabellen siehe Seite 54

Kostengruppen		▷	€/Einheit	◁	KG an 300+400
390	**Sonstige Maßnahmen für Baukonstruktionen**				
391	Baustelleneinrichtung [m² BGF]	23,00	**29,00**	35,00	1,6%
392	Gerüste [m² BGF]	8,50	**11,00**	14,00	0,6%
396	Materialentsorgung [m² BGF]	–	**< 0,10**	–	< 0,1%
397	Zusätzliche Maßnahmen [m² BGF]	2,70	**3,50**	4,20	0,2%
399	Sonstiges zur KG 390 [m² BGF]	–	**3,10**	–	< 0,1%
410	**Abwasser-, Wasser-, Gasanlagen**				
411	Abwasseranlagen [m² BGF]	20,00	**23,00**	33,00	1,3%
412	Wasseranlagen [m² BGF]	34,00	**46,00**	52,00	2,4%
420	**Wärmeversorgungsanlagen**				
421	Wärmeerzeugungsanlagen [m² BGF]	16,00	**35,00**	48,00	1,8%
422	Wärmeverteilnetze [m² BGF]	21,00	**25,00**	37,00	1,3%
423	Raumheizflächen [m² BGF]	15,00	**31,00**	54,00	1,6%
429	Sonstiges zur KG 420 [m² BGF]	0,90	**4,50**	8,00	0,1%
430	**Raumlufttechnische Anlagen**				
431	Lüftungsanlagen [m² BGF]	15,00	**23,00**	31,00	0,6%
432	Teilklimaanlagen [m² BGF]	–	**64,00**	–	0,8%
440	**Elektrische Anlagen**				
441	Hoch- und Mittelspannungsanlagen [m² BGF]	–	**4,80**	–	< 0,1%
442	Eigenstromversorgungsanlagen [m² BGF]	7,60	**19,00**	30,00	0,5%
443	Niederspannungsschaltanlagen [m² BGF]	8,90	**37,00**	51,00	1,4%
444	Niederspannungsinstallationsanlagen [m² BGF]	57,00	**95,00**	130,00	5,0%
445	Beleuchtungsanlagen [m² BGF]	30,00	**39,00**	50,00	2,1%
446	Blitzschutz- und Erdungsanlagen [m² BGF]	3,80	**6,20**	13,00	0,3%
450	**Kommunikations-, sicherheits- und informationstechnische Anlagen**				
451	Telekommunikationsanlagen [m² BGF]	1,90	**2,90**	5,00	0,1%
452	Such- und Signalanlagen [m² BGF]	–	**6,40**	–	< 0,1%
455	Audiovisuelle Medien- und Antennenanlagen [m² BGF]	–	**2,40**	–	< 0,1%
456	Gefahrenmelde- und Alarmanlagen [m² BGF]	–	**24,00**	–	0,3%
457	Datenübertragungsnetze [m² BGF]	–	**5,00**	–	< 0,1%
460	**Förderanlagen**				
461	Aufzugsanlagen [m² BGF]	4,00	**22,00**	41,00	0,7%
470	**Nutzungsspezifische und verfahrenstechnische Anlagen**				
471	Küchentechnische Anlagen [m² BGF]	–	**1,60**	–	< 0,1%
473	Medienversorgungsanlagen, Medizin- und labortechnische An-	8,90	**11,00**	13,00	0,3%
474	Feuerlöschanlagen [m² BGF]	1,10	**45,00**	90,00	1,0%
476	Weitere nutzungsspezifische Anlagen [m² BGF]	–	**750,00**	–	8,3%
480	**Gebäude- und Anlagenautomation**				
490	**Sonstige Maßnahmen für technische Anlagen**				

Industrielle Produktionsgebäude, überwiegend Skelettbauweise

Kosten:
Stand 1. Quartal 2025
Bundesdurchschnitt
inkl. 19% MwSt.

Kostengruppen		▷	€/Einheit	◁	KG an 300+400
310	**Baugrube / Erdbau**				
311	Herstellung [m³]	20,00	**57,00**	105,00	1,3%
320	**Gründung, Unterbau**				
321	Baugrundverbesserung [m²]	37,00	**82,00**	160,00	0,5%
322	Flachgründungen und Bodenplatten [m²]	189,00	**280,00**	435,00	9,8%
323	Tiefgründungen [m²]	200,00	**345,00**	491,00	2,8%
324	Gründungsbeläge [m²]	67,00	**100,00**	123,00	1,1%
325	Abdichtungen und Bekleidungen [m²]	35,00	**48,00**	62,00	1,9%
330	**Außenwände/Vertikale Baukonstruktionen, außen**				
331	Tragende Außenwände [m²]	183,00	**233,00**	264,00	6,2%
332	Nichttragende Außenwände [m²]	130,00	**194,00**	259,00	2,0%
333	Außenstützen [m]	176,00	**343,00**	506,00	1,3%
334	Außenwandöffnungen [m²]	617,00	**827,00**	1.087,00	4,6%
335	Außenwandbekleidungen, außen [m²]	61,00	**155,00**	330,00	3,6%
336	Außenwandbekleidungen, innen [m²]	18,00	**35,00**	88,00	0,3%
337	Elementierte Außenwandkonstruktionen [m²]	150,00	**582,00**	1.015,00	0,8%
338	Lichtschutz zur KG 330 [m²]	398,00	**580,00**	1.103,00	1,0%
339	Sonstiges zur KG 330 [m²]	4,30	**10,00**	30,00	0,3%
340	**Innenwände/Vertikale Baukonstruktionen, innen**				
341	Tragende Innenwände [m²]	165,00	**210,00**	267,00	1,9%
342	Nichttragende Innenwände [m²]	116,00	**123,00**	151,00	1,0%
343	Innenstützen [m]	153,00	**405,00**	607,00	0,9%
344	Innenwandöffnungen [m²]	811,00	**953,00**	1.121,00	2,8%
345	Innenwandbekleidungen [m²]	28,00	**36,00**	48,00	0,9%
346	Elementierte Innenwandkonstruktionen [m²]	366,00	**496,00**	826,00	0,4%
350	**Decken/Horizontale Baukonstruktionen**				
351	Deckenkonstruktionen [m²]	212,00	**259,00**	407,00	3,0%
353	Deckenbeläge [m²]	129,00	**160,00**	201,00	1,3%
354	Deckenbekleidungen [m²]	8,90	**66,00**	106,00	0,4%
359	Sonstiges zur KG 350 [m²]	21,00	**27,00**	41,00	0,3%
360	**Dächer**				
361	Dachkonstruktionen [m²]	164,00	**215,00**	299,00	7,9%
362	Dachöffnungen [m²]	672,00	**1.035,00**	1.556,00	1,1%
363	Dachbeläge [m²]	126,00	**162,00**	234,00	5,7%
364	Dachbekleidungen [m²]	8,70	**86,00**	138,00	0,5%
370	**Infrastrukturanlagen**				
380	**Baukonstruktive Einbauten**				
390	**Sonstige Maßnahmen für Baukonstruktionen**				
391	Baustelleneinrichtung [m² BGF]	19,00	**57,00**	95,00	2,3%
392	Gerüste [m² BGF]	4,60	**9,80**	32,00	0,4%
397	Zusätzliche Maßnahmen [m² BGF]	2,30	**6,20**	13,00	0,3%
399	Sonstiges zur KG 390 [m² BGF]	8,00	**16,00**	25,00	0,3%

▷ von
ø Mittel
◁ bis

© **BKI** Baukosteninformationszentrum; Erläuterungen zu den Tabellen siehe Seite 54

Kostengruppen		▷	€/Einheit	◁	KG an 300+400
	Sonstige Kostengruppen Bauwerk – Baukonstruktionen				
	312, 313, 319, 326, 329, 349, 355, 369, 386, 394, 395, 396, 398				0,6%
410	**Abwasser-, Wasser-, Gasanlagen**				
411	Abwasseranlagen [m² BGF]	16,00	**22,00**	27,00	1,1%
412	Wasseranlagen [m² BGF]	15,00	**31,00**	59,00	1,1%
420	**Wärmeversorgungsanlagen**				
421	Wärmeerzeugungsanlagen [m² BGF]	7,20	**16,00**	38,00	0,6%
422	Wärmeverteilnetze [m² BGF]	21,00	**32,00**	47,00	1,1%
423	Raumheizflächen [m² BGF]	19,00	**32,00**	45,00	1,0%
430	**Raumlufttechnische Anlagen**				
431	Lüftungsanlagen [m² BGF]	7,20	**24,00**	38,00	0,8%
432	Teilklimaanlagen [m² BGF]	40,00	**73,00**	106,00	0,9%
433	Klimaanlagen [m² BGF]	13,00	**79,00**	210,00	1,3%
434	Kälteanlagen [m² BGF]	108,00	**170,00**	279,00	2,9%
440	**Elektrische Anlagen**				
442	Eigenstromversorgungsanlagen [m² BGF]	4,80	**14,00**	32,00	0,3%
443	Niederspannungsschaltanlagen [m² BGF]	6,20	**16,00**	33,00	0,4%
444	Niederspannungsinstallationsanlagen [m² BGF]	69,00	**148,00**	228,00	6,5%
445	Beleuchtungsanlagen [m² BGF]	19,00	**37,00**	58,00	1,6%
446	Blitzschutz- und Erdungsanlagen [m² BGF]	2,50	**9,10**	12,00	0,5%
450	**Kommunikations-, sicherheits- und informationstechnische Anlagen**				
456	Gefahrenmelde- und Alarmanlagen [m² BGF]	4,10	**26,00**	57,00	0,7%
457	Datenübertragungsnetze [m² BGF]	9,50	**22,00**	51,00	0,9%
460	**Förderanlagen**				
461	Aufzugsanlagen [m² BGF]	19,00	**24,00**	29,00	0,3%
465	Krananlagen [m² BGF]	34,00	**73,00**	173,00	1,8%
470	**Nutzungsspezifische und verfahrenstechnische Anlagen**				
473	Medienversorgungsanlagen, Medizin- und labortechnische An-	12,00	**45,00**	67,00	1,0%
476	Weitere nutzungsspezifische Anlagen [m² BGF]	35,00	**92,00**	194,00	3,4%
480	**Gebäude- und Anlagenautomation**				
481	Automationseinrichtungen [m² BGF]	19,00	**35,00**	51,00	0,9%
482	Schaltschränke, Automationsschwerpunkte [m² BGF]	11,00	**15,00**	22,00	0,3%
490	**Sonstige Maßnahmen für technische Anlagen**				
	Sonstige Kostengruppen Bauwerk – Technische Anlagen				
	413, 419, 429, 439, 441, 451, 452, 474, 475, 483, 484, 485, 491, 492, 497				1,1%

Betriebs- und Werkstätten, eingeschossig

Kosten:
Stand 1. Quartal 2025
Bundesdurchschnitt
inkl. 19% MwSt.

Kostengruppen		▷	€/Einheit	◁	KG an 300+400
310	**Baugrube / Erdbau**				
311	Herstellung [m3]	17,00	**23,00**	30,00	1,1%
320	**Gründung, Unterbau**				
321	Baugrundverbesserung [m2]	51,00	**64,00**	84,00	3,1%
322	Flachgründungen und Bodenplatten [m2]	119,00	**155,00**	207,00	6,1%
324	Gründungsbeläge [m2]	90,00	**136,00**	227,00	4,9%
325	Abdichtungen und Bekleidungen [m2]	32,00	**47,00**	78,00	2,1%
329	Sonstiges zur KG 320 [m2]	–	**7,70**	–	< 0,1%
330	**Außenwände/Vertikale Baukonstruktionen, außen**				
331	Tragende Außenwände [m2]	77,00	**149,00**	221,00	2,0%
332	Nichttragende Außenwände [m2]	–	**166,00**	–	0,2%
333	Außenstützen [m]	–	**310,00**	–	< 0,1%
334	Außenwandöffnungen [m2]	968,00	**1.233,00**	1.674,00	10,2%
335	Außenwandbekleidungen, außen [m2]	206,00	**239,00**	272,00	2,8%
336	Außenwandbekleidungen, innen [m2]	12,00	**29,00**	46,00	0,3%
337	Elementierte Außenwandkonstruktionen [m2]	217,00	**235,00**	254,00	3,6%
338	Lichtschutz zur KG 330 [m2]	219,00	**346,00**	474,00	0,9%
339	Sonstiges zur KG 330 [m2]	5,00	**12,00**	19,00	0,3%
340	**Innenwände/Vertikale Baukonstruktionen, innen**				
341	Tragende Innenwände [m2]	163,00	**193,00**	222,00	1,9%
342	Nichttragende Innenwände [m2]	108,00	**137,00**	192,00	2,3%
343	Innenstützen [m]	–	**406,00**	–	0,2%
344	Innenwandöffnungen [m2]	601,00	**728,00**	811,00	1,8%
345	Innenwandbekleidungen [m2]	25,00	**30,00**	40,00	1,5%
346	Elementierte Innenwandkonstruktionen [m2]	329,00	**417,00**	505,00	0,5%
349	Sonstiges zur KG 340 [m2]	–	**21,00**	–	0,2%
350	**Decken/Horizontale Baukonstruktionen**				
351	Deckenkonstruktionen [m2]	–	**242,00**	–	1,3%
353	Deckenbeläge [m2]	–	**150,00**	–	0,8%
354	Deckenbekleidungen [m2]	–	**39,00**	–	0,2%
360	**Dächer**				
361	Dachkonstruktionen [m2]	95,00	**205,00**	271,00	8,5%
362	Dachöffnungen [m2]	603,00	**1.298,00**	1.993,00	1,6%
363	Dachbeläge [m2]	174,00	**244,00**	314,00	5,2%
364	Dachbekleidungen [m2]	8,80	**74,00**	118,00	0,9%
365	Elementierte Dachkonstruktionen [m2]	–	**125,00**	–	2,3%
369	Sonstiges zur KG 360 [m2]	0,60	**3,10**	5,60	< 0,1%
370	**Infrastrukturanlagen**				
380	**Baukonstruktive Einbauten**				
381	Allgemeine Einbauten [m2 BGF]	–	**8,20**	–	0,1%
382	Besondere Einbauten [m2 BGF]	–	**33,00**	–	0,5%

▷ von
ø Mittel
◁ bis

© **BKI** Baukosteninformationszentrum; Erläuterungen zu den Tabellen siehe Seite 54

Kostengruppen		▷	€/Einheit	◁	KG an 300+400
390	**Sonstige Maßnahmen für Baukonstruktionen**				
391	Baustelleneinrichtung [m² BGF]	36,00	**65,00**	80,00	2,8%
392	Gerüste [m² BGF]	4,00	**15,00**	36,00	0,6%
397	Zusätzliche Maßnahmen [m² BGF]	4,00	**4,40**	4,90	0,1%
399	Sonstiges zur KG 390 [m² BGF]	–	**0,80**	–	< 0,1%
410	**Abwasser-, Wasser-, Gasanlagen**				
411	Abwasseranlagen [m² BGF]	15,00	**27,00**	46,00	1,2%
412	Wasseranlagen [m² BGF]	36,00	**54,00**	83,00	2,7%
420	**Wärmeversorgungsanlagen**				
421	Wärmeerzeugungsanlagen [m² BGF]	14,00	**44,00**	74,00	1,1%
422	Wärmeverteilnetze [m² BGF]	68,00	**70,00**	71,00	1,8%
423	Raumheizflächen [m² BGF]	19,00	**38,00**	58,00	1,0%
429	Sonstiges zur KG 420 [m² BGF]	0,70	**1,90**	3,00	< 0,1%
430	**Raumlufttechnische Anlagen**				
431	Lüftungsanlagen [m² BGF]	–	**191,00**	–	2,8%
434	Kälteanlagen [m² BGF]	–	**73,00**	–	1,1%
440	**Elektrische Anlagen**				
441	Hoch- und Mittelspannungsanlagen [m² BGF]	–	**32,00**	–	0,5%
442	Eigenstromversorgungsanlagen [m² BGF]	–	**2,20**	–	< 0,1%
443	Niederspannungsschaltanlagen [m² BGF]	–	**33,00**	–	0,5%
444	Niederspannungsinstallationsanlagen [m² BGF]	131,00	**133,00**	137,00	6,2%
445	Beleuchtungsanlagen [m² BGF]	21,00	**42,00**	62,00	1,0%
446	Blitzschutz- und Erdungsanlagen [m² BGF]	2,40	**9,10**	22,00	0,3%
450	**Kommunikations-, sicherheits- und informationstechnische Anlagen**				
451	Telekommunikationsanlagen [m² BGF]	2,90	**5,10**	7,30	0,1%
452	Such- und Signalanlagen [m² BGF]	–	**2,40**	–	< 0,1%
456	Gefahrenmelde- und Alarmanlagen [m² BGF]	43,00	**83,00**	123,00	2,1%
457	Datenübertragungsnetze [m² BGF]	–	**18,00**	–	0,3%
460	**Förderanlagen**				
461	Aufzugsanlagen [m² BGF]	–	**14,00**	–	0,2%
465	Krananlagen [m² BGF]	13,00	**52,00**	90,00	1,3%
470	**Nutzungsspezifische und verfahrenstechnische Anlagen**				
473	Medienversorgungsanlagen, Medizin- und labortechnische An-	–	**23,00**	–	0,3%
474	Feuerlöschanlagen [m² BGF]	–	**9,00**	–	0,1%
480	**Gebäude- und Anlagenautomation**				
481	Automationseinrichtungen [m² BGF]	–	**97,00**	–	1,4%
490	**Sonstige Maßnahmen für technische Anlagen**				

Betriebs- und Werkstätten, mehrgeschossig, geringer Hallenanteil

Kosten:
Stand 1. Quartal 2025
Bundesdurchschnitt
inkl. 19% MwSt.

Kostengruppen		▷	€/Einheit	◁	KG an 300+400
310	**Baugrube / Erdbau**				
311	Herstellung [m³]	40,00	**72,00**	224,00	2,2%
320	**Gründung, Unterbau**				
322	Flachgründungen und Bodenplatten [m²]	162,00	**221,00**	300,00	5,9%
324	Gründungsbeläge [m²]	80,00	**119,00**	166,00	2,9%
325	Abdichtungen und Bekleidungen [m²]	37,00	**50,00**	87,00	1,5%
326	Dränagen [m²]	2,40	**19,00**	29,00	0,2%
330	**Außenwände/Vertikale Baukonstruktionen, außen**				
331	Tragende Außenwände [m²]	204,00	**267,00**	352,00	7,3%
332	Nichttragende Außenwände [m²]	203,00	**320,00**	387,00	0,5%
333	Außenstützen [m]	268,00	**447,00**	676,00	0,9%
334	Außenwandöffnungen [m²]	599,00	**857,00**	1.308,00	7,0%
335	Außenwandbekleidungen, außen [m²]	151,00	**234,00**	276,00	6,5%
336	Außenwandbekleidungen, innen [m²]	30,00	**64,00**	149,00	0,9%
338	Lichtschutz zur KG 330 [m²]	218,00	**331,00**	454,00	1,5%
340	**Innenwände/Vertikale Baukonstruktionen, innen**				
341	Tragende Innenwände [m²]	112,00	**180,00**	283,00	2,6%
342	Nichttragende Innenwände [m²]	124,00	**160,00**	242,00	1,6%
343	Innenstützen [m]	199,00	**314,00**	445,00	0,5%
344	Innenwandöffnungen [m²]	668,00	**857,00**	1.118,00	2,4%
345	Innenwandbekleidungen [m²]	36,00	**58,00**	75,00	1,7%
346	Elementierte Innenwandkonstruktionen [m²]	271,00	**359,00**	442,00	0,6%
350	**Decken/Horizontale Baukonstruktionen**				
351	Deckenkonstruktionen [m²]	161,00	**214,00**	266,00	4,6%
353	Deckenbeläge [m²]	105,00	**150,00**	282,00	2,5%
354	Deckenbekleidungen [m²]	37,00	**90,00**	168,00	1,0%
355	Elementierte Deckenkonstruktionen [m²]	1.754,00	**1.941,00**	2.298,00	0,2%
359	Sonstiges zur KG 350 [m²]	8,20	**35,00**	66,00	0,6%
360	**Dächer**				
361	Dachkonstruktionen [m²]	150,00	**215,00**	306,00	6,4%
362	Dachöffnungen [m²]	1.002,00	**2.491,00**	4.672,00	0,8%
363	Dachbeläge [m²]	133,00	**216,00**	361,00	6,1%
364	Dachbekleidungen [m²]	76,00	**163,00**	329,00	1,3%
369	Sonstiges zur KG 360 [m²]	14,00	**32,00**	84,00	0,5%
370	**Infrastrukturanlagen**				
380	**Baukonstruktive Einbauten**				
381	Allgemeine Einbauten [m² BGF]	9,80	**69,00**	186,00	1,4%
390	**Sonstige Maßnahmen für Baukonstruktionen**				
391	Baustelleneinrichtung [m² BGF]	32,00	**86,00**	251,00	4,0%
392	Gerüste [m² BGF]	4,20	**13,00**	20,00	0,6%
397	Zusätzliche Maßnahmen [m² BGF]	5,80	**8,10**	11,00	0,3%
399	Sonstiges zur KG 390 [m² BGF]	13,00	**22,00**	32,00	0,3%

▷ von
ø Mittel
◁ bis

© **BKI** Baukosteninformationszentrum; Erläuterungen zu den Tabellen siehe Seite 54

Kostengruppen		▷	€/Einheit	◁	KG an 300+400
	Sonstige Kostengruppen Bauwerk – Baukonstruktionen				
	312, 313, 321, 329, 339, 347, 349, 386, 393, 394, 396, 398				0,4%
410	**Abwasser-, Wasser-, Gasanlagen**				
411	Abwasseranlagen [m² BGF]	8,60	**25,00**	60,00	1,1%
412	Wasseranlagen [m² BGF]	24,00	**36,00**	84,00	1,4%
419	Sonstiges zur KG 410 [m² BGF]	1,80	**3,50**	6,20	0,1%
420	**Wärmeversorgungsanlagen**				
421	Wärmeerzeugungsanlagen [m² BGF]	13,00	**36,00**	96,00	1,4%
422	Wärmeverteilnetze [m² BGF]	13,00	**25,00**	43,00	0,8%
423	Raumheizflächen [m² BGF]	20,00	**37,00**	58,00	1,7%
430	**Raumlufttechnische Anlagen**				
431	Lüftungsanlagen [m² BGF]	8,40	**41,00**	173,00	1,4%
432	Teilklimaanlagen [m² BGF]	4,80	**137,00**	403,00	1,6%
433	Klimaanlagen [m² BGF]	–	**289,00**	–	1,8%
434	Kälteanlagen [m² BGF]	–	**141,00**	–	0,5%
440	**Elektrische Anlagen**				
443	Niederspannungsschaltanlagen [m² BGF]	4,00	**30,00**	44,00	0,7%
444	Niederspannungsinstallationsanlagen [m² BGF]	31,00	**72,00**	126,00	3,3%
445	Beleuchtungsanlagen [m² BGF]	17,00	**44,00**	71,00	1,7%
446	Blitzschutz- und Erdungsanlagen [m² BGF]	3,00	**9,40**	19,00	0,4%
450	**Kommunikations-, sicherheits- und informationstechnische Anlagen**				
456	Gefahrenmelde- und Alarmanlagen [m² BGF]	6,50	**15,00**	23,00	0,3%
457	Datenübertragungsnetze [m² BGF]	8,00	**13,00**	17,00	0,4%
460	**Förderanlagen**				
461	Aufzugsanlagen [m² BGF]	13,00	**20,00**	23,00	0,5%
470	**Nutzungsspezifische und verfahrenstechnische Anlagen**				
471	Küchentechnische Anlagen [m² BGF]	–	**485,00**	–	1,8%
476	Weitere nutzungsspezifische Anlagen [m² BGF]	11,00	**33,00**	55,00	0,5%
480	**Gebäude- und Anlagenautomation**				
481	Automationseinrichtungen [m² BGF]	–	**32,00**	–	0,1%
483	Automationsmanagement [m² BGF]	8,30	**24,00**	39,00	0,3%
490	**Sonstige Maßnahmen für technische Anlagen**				
	Sonstige Kostengruppen Bauwerk – Technische Anlagen				
	413, 429, 442, 451, 452, 455, 474, 475, 482, 485, 491, 492, 497				0,5%

Betriebs- und Werkstätten, mehrgeschossig, hoher Hallenanteil

Kosten:
Stand 1. Quartal 2025
Bundesdurchschnitt
inkl. 19% MwSt.

Kostengruppen		▷	€/Einheit	◁	KG an 300+400
310	**Baugrube / Erdbau**				
311	Herstellung [m³]	32,00	**53,00**	82,00	2,1%
313	Wasserhaltung [m³]	3,80	**13,00**	22,00	0,2%
320	**Gründung, Unterbau**				
321	Baugrundverbesserung [m²]	18,00	**37,00**	63,00	1,7%
322	Flachgründungen und Bodenplatten [m²]	193,00	**246,00**	351,00	10,3%
324	Gründungsbeläge [m²]	78,00	**122,00**	174,00	3,2%
325	Abdichtungen und Bekleidungen [m²]	12,00	**27,00**	63,00	1,2%
326	Dränagen [m²]	1,00	**4,40**	8,70	0,2%
330	**Außenwände/Vertikale Baukonstruktionen, außen**				
331	Tragende Außenwände [m²]	142,00	**223,00**	345,00	5,3%
333	Außenstützen [m]	143,00	**319,00**	562,00	1,4%
334	Außenwandöffnungen [m²]	623,00	**777,00**	1.199,00	6,8%
335	Außenwandbekleidungen, außen [m²]	122,00	**200,00**	601,00	4,2%
336	Außenwandbekleidungen, innen [m²]	35,00	**64,00**	89,00	1,4%
337	Elementierte Außenwandkonstruktionen [m²]	161,00	**176,00**	202,00	2,0%
338	Lichtschutz zur KG 330 [m²]	270,00	**419,00**	579,00	1,1%
340	**Innenwände/Vertikale Baukonstruktionen, innen**				
341	Tragende Innenwände [m²]	87,00	**145,00**	236,00	2,3%
342	Nichttragende Innenwände [m²]	104,00	**131,00**	149,00	0,8%
343	Innenstützen [m]	209,00	**364,00**	746,00	0,8%
344	Innenwandöffnungen [m²]	355,00	**584,00**	848,00	1,3%
345	Innenwandbekleidungen [m²]	48,00	**66,00**	89,00	2,7%
350	**Decken/Horizontale Baukonstruktionen**				
351	Deckenkonstruktionen [m²]	132,00	**192,00**	410,00	1,9%
353	Deckenbeläge [m²]	81,00	**127,00**	168,00	1,1%
354	Deckenbekleidungen [m²]	43,00	**95,00**	128,00	0,6%
355	Elementierte Deckenkonstruktionen [m²]	1.820,00	**1.948,00**	2.076,00	0,7%
359	Sonstiges zur KG 350 [m²]	34,00	**79,00**	167,00	0,2%
360	**Dächer**				
361	Dachkonstruktionen [m²]	126,00	**158,00**	213,00	9,0%
362	Dachöffnungen [m²]	420,00	**684,00**	1.195,00	1,3%
363	Dachbeläge [m²]	97,00	**149,00**	190,00	8,3%
364	Dachbekleidungen [m²]	36,00	**69,00**	108,00	1,1%
366	Lichtschutz zur KG 360 [m²]	–	**659,00**	–	0,1%
369	Sonstiges zur KG 360 [m²]	2,00	**5,10**	10,00	0,2%
370	**Infrastrukturanlagen**				
380	**Baukonstruktive Einbauten**				

▷ von
ø Mittel
◁ bis

© **BKI** Baukosteninformationszentrum; Erläuterungen zu den Tabellen siehe Seite 54

Kostengruppen	▷	€/Einheit	◁	KG an 300+400
390 Sonstige Maßnahmen für Baukonstruktionen				
391 Baustelleneinrichtung [m² BGF]	7,40	**24,00**	45,00	1,1%
392 Gerüste [m² BGF]	12,00	**17,00**	21,00	1,1%
397 Zusätzliche Maßnahmen [m² BGF]	1,40	**3,80**	7,90	0,1%
399 Sonstiges zur KG 390 [m² BGF]	8,40	**11,00**	14,00	0,2%
Sonstige Kostengruppen Bauwerk – Baukonstruktionen				
332, 339, 346, 349, 381, 382, 386, 394, 395, 396				0,3%
410 Abwasser-, Wasser-, Gasanlagen				
411 Abwasseranlagen [m² BGF]	11,00	**31,00**	53,00	1,7%
412 Wasseranlagen [m² BGF]	24,00	**42,00**	79,00	2,0%
420 Wärmeversorgungsanlagen				
421 Wärmeerzeugungsanlagen [m² BGF]	13,00	**45,00**	73,00	2,7%
422 Wärmeverteilnetze [m² BGF]	14,00	**46,00**	98,00	1,7%
423 Raumheizflächen [m² BGF]	22,00	**33,00**	43,00	2,1%
429 Sonstiges zur KG 420 [m² BGF]	1,80	**7,90**	12,00	0,2%
430 Raumlufttechnische Anlagen				
431 Lüftungsanlagen [m² BGF]	2,80	**44,00**	84,00	1,3%
440 Elektrische Anlagen				
443 Niederspannungsschaltanlagen [m² BGF]	13,00	**25,00**	38,00	0,8%
444 Niederspannungsinstallationsanlagen [m² BGF]	38,00	**85,00**	130,00	5,1%
445 Beleuchtungsanlagen [m² BGF]	12,00	**34,00**	58,00	1,8%
446 Blitzschutz- und Erdungsanlagen [m² BGF]	2,50	**5,20**	10,00	0,3%
450 Kommunikations-, sicherheits- und informationstechnische Anlagen				
451 Telekommunikationsanlagen [m² BGF]	1,50	**4,10**	10,00	0,1%
456 Gefahrenmelde- und Alarmanlagen [m² BGF]	–	**28,00**	–	0,3%
457 Datenübertragungsnetze [m² BGF]	5,20	**9,70**	15,00	0,3%
460 Förderanlagen				
465 Krananlagen [m² BGF]	12,00	**59,00**	90,00	1,8%
470 Nutzungsspezifische und verfahrenstechnische Anlagen				
473 Medienversorgungsanlagen, Medizin- und labortechnische An-	4,30	**13,00**	31,00	0,4%
474 Feuerlöschanlagen [m² BGF]	–	**18,00**	–	0,2%
480 Gebäude- und Anlagenautomation				
481 Automationseinrichtungen [m² BGF]	–	**27,00**	–	0,2%
490 Sonstige Maßnahmen für technische Anlagen				
Sonstige Kostengruppen Bauwerk – Technische Anlagen				
413, 419, 433, 442, 452, 454, 455, 461, 472, 476, 482, 491, 497				0,5%

Kosten:
Stand 1.Quartal 2025
Bundesdurchschnitt
inkl. 19% MwSt.

Kostengruppen		▷	€/Einheit	◁	KG an 300+400
310	**Baugrube / Erdbau**				
311	Herstellung [m³]	23,00	**27,00**	34,00	1,6%
312	Umschließung [m²]	–	**864,00**	–	3,0%
320	**Gründung, Unterbau**				
321	Baugrundverbesserung [m²]	–	**10,00**	–	< 0,1%
322	Flachgründungen und Bodenplatten [m²]	221,00	**364,00**	651,00	3,5%
324	Gründungsbeläge [m²]	114,00	**122,00**	131,00	1,1%
325	Abdichtungen und Bekleidungen [m²]	19,00	**26,00**	30,00	0,3%
326	Dränagen [m²]	–	**6,50**	–	< 0,1%
330	**Außenwände/Vertikale Baukonstruktionen, außen**				
331	Tragende Außenwände [m²]	177,00	**242,00**	346,00	5,6%
333	Außenstützen [m]	181,00	**212,00**	266,00	0,1%
334	Außenwandöffnungen [m²]	848,00	**1.218,00**	1.453,00	11,6%
335	Außenwandbekleidungen, außen [m²]	192,00	**224,00**	240,00	5,1%
336	Außenwandbekleidungen, innen [m²]	64,00	**65,00**	67,00	1,7%
338	Lichtschutz zur KG 330 [m²]	175,00	**244,00**	313,00	0,8%
339	Sonstiges zur KG 330 [m²]	1,90	**40,00**	77,00	0,7%
340	**Innenwände/Vertikale Baukonstruktionen, innen**				
341	Tragende Innenwände [m²]	153,00	**240,00**	407,00	2,8%
342	Nichttragende Innenwände [m²]	95,00	**127,00**	146,00	2,6%
343	Innenstützen [m]	202,00	**311,00**	527,00	1,0%
344	Innenwandöffnungen [m²]	749,00	**798,00**	870,00	3,0%
345	Innenwandbekleidungen [m²]	36,00	**43,00**	58,00	2,3%
346	Elementierte Innenwandkonstruktionen [m²]	–	**786,00**	–	0,2%
349	Sonstiges zur KG 340 [m²]	–	**39,00**	–	0,3%
350	**Decken/Horizontale Baukonstruktionen**				
351	Deckenkonstruktionen [m²]	241,00	**274,00**	297,00	12,1%
353	Deckenbeläge [m²]	126,00	**165,00**	227,00	5,4%
354	Deckenbekleidungen [m²]	67,00	**77,00**	96,00	2,3%
355	Elementierte Deckenkonstruktionen [m²]	918,00	**1.967,00**	3.017,00	< 0,1%
359	Sonstiges zur KG 350 [m²]	20,00	**24,00**	26,00	1,1%
360	**Dächer**				
361	Dachkonstruktionen [m²]	127,00	**179,00**	206,00	2,8%
362	Dachöffnungen [m²]	761,00	**1.224,00**	1.687,00	0,5%
363	Dachbeläge [m²]	125,00	**200,00**	249,00	2,9%
364	Dachbekleidungen [m²]	23,00	**46,00**	85,00	0,6%
369	Sonstiges zur KG 360 [m²]	12,00	**17,00**	27,00	0,2%
370	**Infrastrukturanlagen**				
380	**Baukonstruktive Einbauten**				
381	Allgemeine Einbauten [m² BGF]	–	**6,80**	–	0,1%
382	Besondere Einbauten [m² BGF]	–	**0,40**	–	< 0,1%

▷ von
ø Mittel
◁ bis

© **BKI** Baukosteninformationszentrum; Erläuterungen zu den Tabellen siehe Seite 54

Kostengruppen		▷	€/Einheit	◁	KG an 300+400
390	**Sonstige Maßnahmen für Baukonstruktionen**				
391	Baustelleneinrichtung [m² BGF]	18,00	**30,00**	53,00	1,6%
392	Gerüste [m² BGF]	11,00	**13,00**	14,00	0,7%
396	Materialentsorgung [m² BGF]	–	**1,20**	–	< 0,1%
397	Zusätzliche Maßnahmen [m² BGF]	–	**1,40**	–	< 0,1%
410	**Abwasser-, Wasser-, Gasanlagen**				
411	Abwasseranlagen [m² BGF]	21,00	**23,00**	25,00	1,3%
412	Wasseranlagen [m² BGF]	15,00	**29,00**	37,00	1,6%
419	Sonstiges zur KG 410 [m² BGF]	–	**2,30**	–	< 0,1%
420	**Wärmeversorgungsanlagen**				
421	Wärmeerzeugungsanlagen [m² BGF]	18,00	**32,00**	42,00	1,8%
422	Wärmeverteilnetze [m² BGF]	18,00	**21,00**	22,00	1,2%
423	Raumheizflächen [m² BGF]	5,40	**18,00**	25,00	1,0%
429	Sonstiges zur KG 420 [m² BGF]	–	**1,60**	–	< 0,1%
430	**Raumlufttechnische Anlagen**				
431	Lüftungsanlagen [m² BGF]	3,20	**11,00**	28,00	0,6%
432	Teilklimaanlagen [m² BGF]	–	**83,00**	–	1,4%
434	Kälteanlagen [m² BGF]	–	**33,00**	–	0,5%
440	**Elektrische Anlagen**				
442	Eigenstromversorgungsanlagen [m² BGF]	–	**23,00**	–	0,4%
443	Niederspannungsschaltanlagen [m² BGF]	–	**1,90**	–	< 0,1%
444	Niederspannungsinstallationsanlagen [m² BGF]	36,00	**78,00**	103,00	4,5%
445	Beleuchtungsanlagen [m² BGF]	22,00	**33,00**	54,00	1,9%
446	Blitzschutz- und Erdungsanlagen [m² BGF]	0,80	**2,10**	2,80	0,1%
450	**Kommunikations-, sicherheits- und informationstechnische Anlagen**				
451	Telekommunikationsanlagen [m² BGF]	1,20	**2,00**	2,80	< 0,1%
452	Such- und Signalanlagen [m² BGF]	0,30	**6,00**	12,00	0,2%
455	Audiovisuelle Medien- und Antennenanlagen [m² BGF]	0,20	**0,90**	1,60	< 0,1%
456	Gefahrenmelde- und Alarmanlagen [m² BGF]	–	**12,00**	–	0,2%
457	Datenübertragungsnetze [m² BGF]	–	**17,00**	–	0,3%
460	**Förderanlagen**				
461	Aufzugsanlagen [m² BGF]	37,00	**40,00**	44,00	1,5%
462	Fahrtreppen, Fahrsteige [m² BGF]	–	**84,00**	–	1,4%
469	Sonstiges zur KG 460 [m² BGF]	21,00	**22,00**	23,00	0,8%
470	**Nutzungsspezifische und verfahrenstechnische Anlagen**				
474	Feuerlöschanlagen [m² BGF]	1,00	**33,00**	64,00	1,1%
480	**Gebäude- und Anlagenautomation**				
490	**Sonstige Maßnahmen für technische Anlagen**				

Kostengruppen		▷	€/Einheit	◁	KG an 300+400
310	**Baugrube / Erdbau**				
311	Herstellung [m3]	42,00	**52,00**	61,00	3,0%
320	**Gründung, Unterbau**				
322	Flachgründungen und Bodenplatten [m2]	125,00	**218,00**	311,00	3,0%
324	Gründungsbeläge [m2]	103,00	**106,00**	109,00	1,3%
325	Abdichtungen und Bekleidungen [m2]	37,00	**47,00**	57,00	0,9%
326	Dränagen [m2]	–	**28,00**	–	0,2%
330	**Außenwände/Vertikale Baukonstruktionen, außen**				
331	Tragende Außenwände [m2]	194,00	**200,00**	206,00	9,3%
333	Außenstützen [m]	–	**481,00**	–	0,3%
334	Außenwandöffnungen [m2]	874,00	**1.083,00**	1.293,00	9,5%
335	Außenwandbekleidungen, außen [m2]	96,00	**119,00**	142,00	5,3%
336	Außenwandbekleidungen, innen [m2]	41,00	**42,00**	42,00	1,6%
338	Lichtschutz zur KG 330 [m2]	–	**794,00**	–	1,2%
339	Sonstiges zur KG 330 [m2]	1,70	**7,70**	14,00	0,4%
340	**Innenwände/Vertikale Baukonstruktionen, innen**				
341	Tragende Innenwände [m2]	133,00	**194,00**	255,00	1,5%
342	Nichttragende Innenwände [m2]	94,00	**104,00**	114,00	2,5%
343	Innenstützen [m]	278,00	**318,00**	358,00	0,5%
344	Innenwandöffnungen [m2]	793,00	**815,00**	836,00	3,3%
345	Innenwandbekleidungen [m2]	59,00	**64,00**	70,00	3,6%
346	Elementierte Innenwandkonstruktionen [m2]	87,00	**563,00**	1.040,00	2,7%
349	Sonstiges zur KG 340 [m2]	–	**41,00**	–	0,8%
350	**Decken/Horizontale Baukonstruktionen**				
351	Deckenkonstruktionen [m2]	182,00	**199,00**	216,00	9,4%
353	Deckenbeläge [m2]	181,00	**199,00**	218,00	7,8%
354	Deckenbekleidungen [m2]	37,00	**45,00**	52,00	1,7%
359	Sonstiges zur KG 350 [m2]	–	**60,00**	–	1,3%
360	**Dächer**				
361	Dachkonstruktionen [m2]	90,00	**136,00**	182,00	2,2%
362	Dachöffnungen [m2]	–	**2.216,00**	–	< 0,1%
363	Dachbeläge [m2]	225,00	**260,00**	294,00	4,5%
364	Dachbekleidungen [m2]	41,00	**52,00**	63,00	0,5%
369	Sonstiges zur KG 360 [m2]	6,30	**6,80**	7,30	0,1%
370	**Infrastrukturanlagen**				
380	**Baukonstruktive Einbauten**				
381	Allgemeine Einbauten [m2 BGF]	–	**2,00**	–	< 0,1%
382	Besondere Einbauten [m2 BGF]	–	**1,80**	–	< 0,1%
390	**Sonstige Maßnahmen für Baukonstruktionen**				
391	Baustelleneinrichtung [m2 BGF]	7,50	**9,40**	11,00	0,6%
392	Gerüste [m2 BGF]	14,00	**15,00**	17,00	0,9%
397	Zusätzliche Maßnahmen [m2 BGF]	3,90	**5,60**	7,40	0,4%

Kosten:
Stand 1. Quartal 2025
Bundesdurchschnitt
inkl. 19% MwSt.

▷ von
ø Mittel
◁ bis

© **BKI** Baukosteninformationszentrum; Erläuterungen zu den Tabellen siehe Seite 54

Kostengruppen		▷	€/Einheit	◁	KG an 300+400
410	**Abwasser-, Wasser-, Gasanlagen**				
411	Abwasseranlagen [m² BGF]	21,00	**35,00**	49,00	2,0%
412	Wasseranlagen [m² BGF]	42,00	**49,00**	55,00	2,9%
419	Sonstiges zur KG 410 [m² BGF]	1,20	**2,50**	3,90	0,2%
420	**Wärmeversorgungsanlagen**				
421	Wärmeerzeugungsanlagen [m² BGF]	11,00	**17,00**	23,00	1,0%
422	Wärmeverteilnetze [m² BGF]	31,00	**38,00**	44,00	2,3%
423	Raumheizflächen [m² BGF]	30,00	**38,00**	46,00	2,2%
429	Sonstiges zur KG 420 [m² BGF]	4,70	**10,00**	16,00	0,7%
430	**Raumlufttechnische Anlagen**				
431	Lüftungsanlagen [m² BGF]	3,70	**4,20**	4,70	0,3%
434	Kälteanlagen [m² BGF]	–	**0,40**	–	< 0,1%
440	**Elektrische Anlagen**				
444	Niederspannungsinstallationsanlagen [m² BGF]	53,00	**60,00**	67,00	3,7%
445	Beleuchtungsanlagen [m² BGF]	4,70	**5,00**	5,20	0,3%
446	Blitzschutz- und Erdungsanlagen [m² BGF]	2,40	**3,70**	4,90	0,2%
450	**Kommunikations-, sicherheits- und informationstechnische Anlagen**				
451	Telekommunikationsanlagen [m² BGF]	1,50	**2,00**	2,50	0,1%
452	Such- und Signalanlagen [m² BGF]	2,50	**2,60**	2,70	0,2%
455	Audiovisuelle Medien- und Antennenanlagen [m² BGF]	–	**2,40**	–	< 0,1%
456	Gefahrenmelde- und Alarmanlagen [m² BGF]	–	**13,00**	–	0,4%
460	**Förderanlagen**				
461	Aufzugsanlagen [m² BGF]	–	**101,00**	–	2,7%
470	**Nutzungsspezifische und verfahrenstechnische Anlagen**				
480	**Gebäude- und Anlagenautomation**				
490	**Sonstige Maßnahmen für technische Anlagen**				

Kosten:
Stand 1. Quartal 2025
Bundesdurchschnitt
inkl. 19% MwSt.

Kostengruppen		▷	€/Einheit	◁	KG an 300+400
310	**Baugrube / Erdbau**				
311	Herstellung [m³]	38,00	**51,00**	65,00	0,7%
320	**Gründung, Unterbau**				
321	Baugrundverbesserung [m²]	–	**25,00**	–	0,7%
322	Flachgründungen und Bodenplatten [m²]	132,00	**155,00**	178,00	8,5%
324	Gründungsbeläge [m²]	146,00	**221,00**	296,00	7,0%
325	Abdichtungen und Bekleidungen [m²]	27,00	**38,00**	49,00	2,1%
330	**Außenwände/Vertikale Baukonstruktionen, außen**				
331	Tragende Außenwände [m²]	199,00	**243,00**	288,00	6,8%
334	Außenwandöffnungen [m²]	1.476,00	**1.710,00**	1.944,00	5,3%
335	Außenwandbekleidungen, außen [m²]	152,00	**250,00**	347,00	6,8%
336	Außenwandbekleidungen, innen [m²]	28,00	**57,00**	86,00	0,6%
338	Lichtschutz zur KG 330 [m²]	–	**119,00**	–	< 0,1%
339	Sonstiges zur KG 330 [m²]	–	**18,00**	–	0,6%
340	**Innenwände/Vertikale Baukonstruktionen, innen**				
341	Tragende Innenwände [m²]	129,00	**149,00**	169,00	2,1%
342	Nichttragende Innenwände [m²]	101,00	**107,00**	113,00	1,1%
343	Innenstützen [m]	142,00	**220,00**	298,00	0,2%
344	Innenwandöffnungen [m²]	901,00	**951,00**	1.000,00	3,9%
345	Innenwandbekleidungen [m²]	40,00	**60,00**	79,00	2,8%
346	Elementierte Innenwandkonstruktionen [m²]	359,00	**395,00**	431,00	0,3%
349	Sonstiges zur KG 340 [m²]	12,00	**13,00**	13,00	0,4%
350	**Decken/Horizontale Baukonstruktionen**				
360	**Dächer**				
361	Dachkonstruktionen [m²]	130,00	**137,00**	144,00	9,1%
362	Dachöffnungen [m²]	–	**2.140,00**	–	< 0,1%
363	Dachbeläge [m²]	103,00	**110,00**	118,00	7,3%
364	Dachbekleidungen [m²]	48,00	**51,00**	54,00	2,5%
369	Sonstiges zur KG 360 [m²]	3,60	**4,40**	5,20	0,3%
370	**Infrastrukturanlagen**				
380	**Baukonstruktive Einbauten**				
381	Allgemeine Einbauten [m² BGF]	–	**1,50**	–	< 0,1%
390	**Sonstige Maßnahmen für Baukonstruktionen**				
391	Baustelleneinrichtung [m² BGF]	7,00	**10,00**	14,00	0,6%
392	Gerüste [m² BGF]	11,00	**18,00**	24,00	1,0%
397	Zusätzliche Maßnahmen [m² BGF]	–	**1,10**	–	< 0,1%
399	Sonstiges zur KG 390 [m² BGF]	–	**2,40**	–	< 0,1%

▷ von
ø Mittel
◁ bis

© **BKI** Baukosteninformationszentrum; Erläuterungen zu den Tabellen siehe Seite 54

Kostengruppen		▷	€/Einheit	◁	KG an 300+400
410	**Abwasser-, Wasser-, Gasanlagen**				
411	Abwasseranlagen [m² BGF]	21,00	**27,00**	33,00	1,5%
412	Wasseranlagen [m² BGF]	34,00	**47,00**	61,00	2,7%
419	Sonstiges zur KG 410 [m² BGF]	–	**2,50**	–	< 0,1%
420	**Wärmeversorgungsanlagen**				
421	Wärmeerzeugungsanlagen [m² BGF]	–	**31,00**	–	0,8%
422	Wärmeverteilnetze [m² BGF]	–	**112,00**	–	3,0%
423	Raumheizflächen [m² BGF]	–	**36,00**	–	1,0%
429	Sonstiges zur KG 420 [m² BGF]	–	**6,90**	–	0,2%
430	**Raumlufttechnische Anlagen**				
431	Lüftungsanlagen [m² BGF]	–	**106,00**	–	2,8%
440	**Elektrische Anlagen**				
443	Niederspannungsschaltanlagen [m² BGF]	–	**5,10**	–	0,1%
444	Niederspannungsinstallationsanlagen [m² BGF]	117,00	**119,00**	122,00	6,8%
445	Beleuchtungsanlagen [m² BGF]	11,00	**25,00**	38,00	1,4%
446	Blitzschutz- und Erdungsanlagen [m² BGF]	4,10	**6,20**	8,30	0,4%
450	**Kommunikations-, sicherheits- und informationstechnische Anlagen**				
451	Telekommunikationsanlagen [m² BGF]	–	**1,00**	–	< 0,1%
452	Such- und Signalanlagen [m² BGF]	–	**2,40**	–	< 0,1%
454	Elektroakustische Anlagen [m² BGF]	–	**1,60**	–	< 0,1%
456	Gefahrenmelde- und Alarmanlagen [m² BGF]	–	**8,70**	–	0,2%
457	Datenübertragungsnetze [m² BGF]	–	**0,60**	–	< 0,1%
460	**Förderanlagen**				
470	**Nutzungsspezifische und verfahrenstechnische Anlagen**				
475	Prozesswärme-, kälte- und -luftanlagen [m² BGF]	–	**68,00**	–	1,8%
480	**Gebäude- und Anlagenautomation**				
490	**Sonstige Maßnahmen für technische Anlagen**				

Kosten:
Stand 1. Quartal 2025
Bundesdurchschnitt
inkl. 19% MwSt.

▷ von
ø Mittel
◁ bis

Kostengruppen		▷	€/Einheit	◁	KG an 300+400
310	**Baugrube / Erdbau**				
311	Herstellung [m³]	13,00	**19,00**	26,00	5,3%
312	Umschließung [m²]	–	**1.261,00**	–	17,2%
320	**Gründung, Unterbau**				
321	Baugrundverbesserung [m²]	–	**95,00**	–	1,9%
322	Flachgründungen und Bodenplatten [m²]	215,00	**266,00**	317,00	8,4%
324	Gründungsbeläge [m²]	53,00	**96,00**	138,00	3,1%
325	Abdichtungen und Bekleidungen [m²]	51,00	**57,00**	63,00	2,1%
326	Dränagen [m²]	4,80	**9,80**	15,00	0,3%
330	**Außenwände/Vertikale Baukonstruktionen, außen**				
331	Tragende Außenwände [m²]	123,00	**227,00**	330,00	4,4%
332	Nichttragende Außenwände [m²]	–	**226,00**	–	0,3%
333	Außenstützen [m]	–	**201,00**	–	0,2%
334	Außenwandöffnungen [m²]	704,00	**821,00**	939,00	9,3%
335	Außenwandbekleidungen, außen [m²]	160,00	**219,00**	278,00	2,8%
336	Außenwandbekleidungen, innen [m²]	89,00	**96,00**	103,00	0,8%
337	Elementierte Außenwandkonstruktionen [m²]	–	**163,00**	–	2,5%
338	Lichtschutz zur KG 330 [m²]	–	**1.585,00**	–	0,1%
339	Sonstiges zur KG 330 [m²]	–	**1,30**	–	< 0,1%
340	**Innenwände/Vertikale Baukonstruktionen, innen**				
341	Tragende Innenwände [m²]	217,00	**247,00**	278,00	3,1%
342	Nichttragende Innenwände [m²]	108,00	**127,00**	146,00	1,3%
343	Innenstützen [m]	148,00	**312,00**	476,00	0,7%
344	Innenwandöffnungen [m²]	707,00	**739,00**	771,00	3,0%
345	Innenwandbekleidungen [m²]	25,00	**31,00**	38,00	1,4%
346	Elementierte Innenwandkonstruktionen [m²]	213,00	**398,00**	583,00	0,2%
350	**Decken/Horizontale Baukonstruktionen**				
351	Deckenkonstruktionen [m²]	136,00	**207,00**	278,00	2,0%
353	Deckenbeläge [m²]	89,00	**138,00**	187,00	1,3%
354	Deckenbekleidungen [m²]	92,00	**115,00**	139,00	0,3%
359	Sonstiges zur KG 350 [m²]	63,00	**85,00**	108,00	0,9%
360	**Dächer**				
361	Dachkonstruktionen [m²]	115,00	**144,00**	173,00	5,3%
362	Dachöffnungen [m²]	1.877,00	**2.288,00**	2.699,00	0,9%
363	Dachbeläge [m²]	159,00	**178,00**	196,00	6,1%
364	Dachbekleidungen [m²]	–	**18,00**	–	0,4%
370	**Infrastrukturanlagen**				
380	**Baukonstruktive Einbauten**				
386	Orientierungs- und Informationssysteme [m² BGF]	–	**4,80**	–	0,1%
390	**Sonstige Maßnahmen für Baukonstruktionen**				
391	Baustelleneinrichtung [m² BGF]	14,00	**21,00**	27,00	0,9%
392	Gerüste [m² BGF]	16,00	**18,00**	21,00	0,8%
397	Zusätzliche Maßnahmen [m² BGF]	–	**9,40**	–	0,2%

© **BKI** Baukosteninformationszentrum; Erläuterungen zu den Tabellen siehe Seite 54

Kostengruppen		▷	€/Einheit	◁	KG an 300+400
410	**Abwasser-, Wasser-, Gasanlagen**				
411	Abwasseranlagen [m² BGF]	7,60	**32,00**	57,00	1,5%
412	Wasseranlagen [m² BGF]	9,10	**22,00**	34,00	1,0%
419	Sonstiges zur KG 410 [m² BGF]	–	**3,40**	–	< 0,1%
420	**Wärmeversorgungsanlagen**				
421	Wärmeerzeugungsanlagen [m² BGF]	12,00	**18,00**	23,00	0,8%
422	Wärmeverteilnetze [m² BGF]	12,00	**28,00**	44,00	1,3%
423	Raumheizflächen [m² BGF]	13,00	**21,00**	28,00	0,9%
429	Sonstiges zur KG 420 [m² BGF]	2,10	**2,20**	2,30	< 0,1%
430	**Raumlufttechnische Anlagen**				
431	Lüftungsanlagen [m² BGF]	0,90	**3,30**	5,70	0,2%
440	**Elektrische Anlagen**				
444	Niederspannungsinstallationsanlagen [m² BGF]	32,00	**89,00**	146,00	4,1%
445	Beleuchtungsanlagen [m² BGF]	25,00	**33,00**	41,00	1,5%
446	Blitzschutz- und Erdungsanlagen [m² BGF]	1,40	**1,70**	2,00	< 0,1%
450	**Kommunikations-, sicherheits- und informationstechnische Anlagen**				
451	Telekommunikationsanlagen [m² BGF]	–	**9,30**	–	0,2%
457	Datenübertragungsnetze [m² BGF]	–	**18,00**	–	0,4%
460	**Förderanlagen**				
470	**Nutzungsspezifische und verfahrenstechnische Anlagen**				
476	Weitere nutzungsspezifische Anlagen [m² BGF]	–	**9,40**	–	0,2%
480	**Gebäude- und Anlagenautomation**				
490	**Sonstige Maßnahmen für technische Anlagen**				

Kostengruppen		▷	€/Einheit	◁	KG an 300+400
310	**Baugrube / Erdbau**				
311	Herstellung [m3]	27,00	**53,00**	86,00	3,3%
320	**Gründung, Unterbau**				
321	Baugrundverbesserung [m2]	70,00	**171,00**	524,00	1,3%
322	Flachgründungen und Bodenplatten [m2]	142,00	**199,00**	327,00	14,2%
323	Tiefgründungen [m2]	–	**111,00**	–	1,0%
324	Gründungsbeläge [m2]	49,00	**89,00**	145,00	2,3%
325	Abdichtungen und Bekleidungen [m2]	19,00	**35,00**	48,00	2,8%
330	**Außenwände/Vertikale Baukonstruktionen, außen**				
331	Tragende Außenwände [m2]	174,00	**1.428,00**	7.659,00	5,5%
332	Nichttragende Außenwände [m2]	148,00	**159,00**	170,00	1,4%
333	Außenstützen [m]	167,00	**349,00**	529,00	4,5%
334	Außenwandöffnungen [m2]	380,00	**561,00**	827,00	6,4%
335	Außenwandbekleidungen, außen [m2]	92,00	**138,00**	177,00	8,2%
336	Außenwandbekleidungen, innen [m2]	10,00	**37,00**	54,00	0,4%
337	Elementierte Außenwandkonstruktionen [m2]	119,00	**196,00**	272,00	3,5%
339	Sonstiges zur KG 330 [m2]	3,50	**5,30**	7,00	0,1%
340	**Innenwände/Vertikale Baukonstruktionen, innen**				
341	Tragende Innenwände [m2]	93,00	**114,00**	147,00	0,7%
342	Nichttragende Innenwände [m2]	72,00	**115,00**	159,00	0,1%
343	Innenstützen [m]	265,00	**376,00**	505,00	1,1%
344	Innenwandöffnungen [m2]	745,00	**965,00**	1.330,00	1,1%
345	Innenwandbekleidungen [m2]	45,00	**52,00**	56,00	0,4%
346	Elementierte Innenwandkonstruktionen [m2]	235,00	**292,00**	385,00	1,0%
350	**Decken/Horizontale Baukonstruktionen**				
351	Deckenkonstruktionen [m2]	91,00	**163,00**	329,00	0,9%
359	Sonstiges zur KG 350 [m2]	38,00	**88,00**	187,00	0,2%
360	**Dächer**				
361	Dachkonstruktionen [m2]	68,00	**138,00**	205,00	10,0%
362	Dachöffnungen [m2]	517,00	**724,00**	1.134,00	1,0%
363	Dachbeläge [m2]	76,00	**115,00**	169,00	9,6%
364	Dachbekleidungen [m2]	11,00	**31,00**	70,00	1,1%
370	**Infrastrukturanlagen**				
380	**Baukonstruktive Einbauten**				
390	**Sonstige Maßnahmen für Baukonstruktionen**				
391	Baustelleneinrichtung [m2 BGF]	18,00	**39,00**	73,00	2,6%
392	Gerüste [m2 BGF]	13,00	**20,00**	26,00	1,5%
399	Sonstiges zur KG 390 [m2 BGF]	1,40	**35,00**	68,00	0,5%
	Sonstige Kostengruppen Bauwerk – Baukonstruktionen				
	312, 313, 326, 338, 353, 354, 355, 369, 386, 394, 395, 397, 398				0,6%

Kosten:
Stand 1. Quartal 2025
Bundesdurchschnitt
inkl. 19% MwSt.

▷ von
ø Mittel
◁ bis

© BKI Baukosteninformationszentrum; Erläuterungen zu den Tabellen siehe Seite 54

Kostengruppen		▷	€/Einheit	◁	KG an 300+400
410	**Abwasser-, Wasser-, Gasanlagen**				
411	Abwasseranlagen [m2 BGF]	2,80	**9,80**	14,00	0,6%
412	Wasseranlagen [m2 BGF]	4,50	**10,00**	26,00	0,4%
420	**Wärmeversorgungsanlagen**				
421	Wärmeerzeugungsanlagen [m2 BGF]	6,20	**19,00**	36,00	0,7%
422	Wärmeverteilnetze [m2 BGF]	16,00	**30,00**	70,00	1,1%
423	Raumheizflächen [m2 BGF]	11,00	**24,00**	40,00	0,9%
429	Sonstiges zur KG 420 [m2 BGF]	0,90	**3,80**	5,90	0,1%
430	**Raumlufttechnische Anlagen**				
431	Lüftungsanlagen [m2 BGF]	3,90	**75,00**	145,00	1,0%
434	Kälteanlagen [m2 BGF]	–	**36,00**	–	0,2%
440	**Elektrische Anlagen**				
443	Niederspannungsschaltanlagen [m2 BGF]	–	**18,00**	–	0,1%
444	Niederspannungsinstallationsanlagen [m2 BGF]	25,00	**48,00**	111,00	2,8%
445	Beleuchtungsanlagen [m2 BGF]	12,00	**18,00**	39,00	0,9%
446	Blitzschutz- und Erdungsanlagen [m2 BGF]	2,80	**9,00**	44,00	0,5%
450	**Kommunikations-, sicherheits- und informationstechnische Anlagen**				
456	Gefahrenmelde- und Alarmanlagen [m2 BGF]	16,00	**34,00**	69,00	0,8%
457	Datenübertragungsnetze [m2 BGF]	1,50	**5,60**	13,00	0,1%
460	**Förderanlagen**				
470	**Nutzungsspezifische und verfahrenstechnische Anlagen**				
474	Feuerlöschanlagen [m2 BGF]	0,70	**10,00**	20,00	0,1%
475	Prozesswärme-, kälte- und -luftanlagen [m2 BGF]	–	**172,00**	–	1,1%
480	**Gebäude- und Anlagenautomation**				
481	Automationseinrichtungen [m2 BGF]	–	**40,00**	–	0,3%
482	Schaltschränke, Automationsschwerpunkte [m2 BGF]	–	**19,00**	–	0,1%
490	**Sonstige Maßnahmen für technische Anlagen**				
	Sonstige Kostengruppen Bauwerk – Technische Anlagen				
	442, 452, 453, 465, 473, 485, 491, 494				0,3%

Lagergebäude, mit bis zu 25% Mischnutzung

Kosten:
Stand 1. Quartal 2025
Bundesdurchschnitt
inkl. 19% MwSt.

Kostengruppen		▷	€/Einheit	◁	KG an 300+400
310	**Baugrube / Erdbau**				
311	Herstellung [m³]	26,00	**37,00**	43,00	1,1%
320	**Gründung, Unterbau**				
321	Baugrundverbesserung [m²]	13,00	**19,00**	22,00	0,9%
322	Flachgründungen und Bodenplatten [m²]	142,00	**172,00**	230,00	11,4%
324	Gründungsbeläge [m²]	154,00	**173,00**	209,00	1,3%
325	Abdichtungen und Bekleidungen [m²]	13,00	**38,00**	50,00	3,2%
330	**Außenwände/Vertikale Baukonstruktionen, außen**				
331	Tragende Außenwände [m²]	211,00	**238,00**	290,00	6,1%
332	Nichttragende Außenwände [m²]		**381,00**	–	< 0,1%
333	Außenstützen [m]	–	**617,00**	–	0,4%
334	Außenwandöffnungen [m²]	734,00	**848,00**	1.062,00	8,5%
335	Außenwandbekleidungen, außen [m²]	103,00	**247,00**	391,00	2,6%
336	Außenwandbekleidungen, innen [m²]	17,00	**35,00**	52,00	0,6%
337	Elementierte Außenwandkonstruktionen [m²]	140,00	**141,00**	142,00	5,6%
338	Lichtschutz zur KG 330 [m²]	–	**1.521,00**	–	0,5%
339	Sonstiges zur KG 330 [m²]	10,00	**10,00**	11,00	0,6%
340	**Innenwände/Vertikale Baukonstruktionen, innen**				
341	Tragende Innenwände [m²]	137,00	**189,00**	221,00	2,5%
342	Nichttragende Innenwände [m²]	136,00	**195,00**	227,00	1,6%
343	Innenstützen [m]	502,00	**572,00**	641,00	2,5%
344	Innenwandöffnungen [m²]	915,00	**1.062,00**	1.312,00	1,7%
345	Innenwandbekleidungen [m²]	15,00	**33,00**	68,00	1,1%
346	Elementierte Innenwandkonstruktionen [m²]	–	**755,00**	–	0,1%
350	**Decken/Horizontale Baukonstruktionen**				
351	Deckenkonstruktionen [m²]	167,00	**230,00**	336,00	1,9%
353	Deckenbeläge [m²]	–	**195,00**	–	0,4%
354	Deckenbekleidungen [m²]	59,00	**108,00**	134,00	0,6%
359	Sonstiges zur KG 350 [m²]	42,00	**52,00**	61,00	0,3%
360	**Dächer**				
361	Dachkonstruktionen [m²]	134,00	**152,00**	183,00	11,1%
362	Dachöffnungen [m²]	335,00	**574,00**	1.033,00	2,0%
363	Dachbeläge [m²]	126,00	**147,00**	187,00	9,8%
364	Dachbekleidungen [m²]	9,10	**25,00**	42,00	0,3%
366	Lichtschutz zur KG 360 [m²]	–	**143,00**	–	< 0,1%
369	Sonstiges zur KG 360 [m²]	1,70	**5,80**	14,00	0,4%
370	**Infrastrukturanlagen**				
380	**Baukonstruktive Einbauten**				
381	Allgemeine Einbauten [m² BGF]	–	**30,00**	–	0,5%
382	Besondere Einbauten [m² BGF]	–	**8,60**	–	0,2%
386	Orientierungs- und Informationssysteme [m² BGF]	–	**15,00**	–	0,3%
387	Schutzeinbauten [m² BGF]	–	**2,70**	–	< 0,1%

▷ von
ø Mittel
◁ bis

© **BKI** Baukosteninformationszentrum; Erläuterungen zu den Tabellen siehe Seite 54

Kostengruppen		▷	€/Einheit	◁	KG an 300+400
390	**Sonstige Maßnahmen für Baukonstruktionen**				
391	Baustelleneinrichtung [m² BGF]	9,90	**11,00**	14,00	0,8%
392	Gerüste [m² BGF]	6,70	**20,00**	43,00	1,4%
399	Sonstiges zur KG 390 [m² BGF]	–	**2,70**	–	< 0,1%
	Sonstige Kostengruppen Bauwerk – Baukonstruktionen				
	312, 352, 394, 397				< 0,1%
410	**Abwasser-, Wasser-, Gasanlagen**				
411	Abwasseranlagen [m² BGF]	6,60	**12,00**	22,00	0,9%
412	Wasseranlagen [m² BGF]	12,00	**20,00**	37,00	1,3%
419	Sonstiges zur KG 410 [m² BGF]	1,00	**2,20**	3,50	< 0,1%
420	**Wärmeversorgungsanlagen**				
421	Wärmeerzeugungsanlagen [m² BGF]	6,70	**9,70**	13,00	0,4%
422	Wärmeverteilnetze [m² BGF]	11,00	**22,00**	33,00	0,8%
423	Raumheizflächen [m² BGF]	26,00	**37,00**	48,00	1,4%
429	Sonstiges zur KG 420 [m² BGF]	1,10	**1,30**	1,50	< 0,1%
430	**Raumlufttechnische Anlagen**				
431	Lüftungsanlagen [m² BGF]	–	**39,00**	–	0,7%
434	Kälteanlagen [m² BGF]	–	**28,00**	–	0,5%
440	**Elektrische Anlagen**				
442	Eigenstromversorgungsanlagen [m² BGF]	–	**7,40**	–	0,1%
444	Niederspannungsinstallationsanlagen [m² BGF]	27,00	**60,00**	80,00	3,9%
445	Beleuchtungsanlagen [m² BGF]	12,00	**31,00**	64,00	1,8%
446	Blitzschutz- und Erdungsanlagen [m² BGF]	2,10	**6,10**	8,10	0,4%
450	**Kommunikations-, sicherheits- und informationstechnische Anlagen**				
452	Such- und Signalanlagen [m² BGF]	1,70	**3,20**	4,70	0,1%
456	Gefahrenmelde- und Alarmanlagen [m² BGF]	3,40	**18,00**	34,00	0,7%
457	Datenübertragungsnetze [m² BGF]	17,00	**17,00**	18,00	0,7%
460	**Förderanlagen**				
466	Hydraulikanlagen [m² BGF]	–	**20,00**	–	0,4%
470	**Nutzungsspezifische und verfahrenstechnische Anlagen**				
474	Feuerlöschanlagen [m² BGF]	–	**13,00**	–	0,2%
476	Weitere nutzungsspezifische Anlagen [m² BGF]	–	**6,10**	–	0,1%
480	**Gebäude- und Anlagenautomation**				
481	Automationseinrichtungen [m² BGF]	–	**43,00**	–	0,8%
490	**Sonstige Maßnahmen für technische Anlagen**				
	Sonstige Kostengruppen Bauwerk – Technische Anlagen				
	451, 455				< 0,1%

Lagergebäude, mit mehr als 25% Mischnutzung

Kosten:
Stand 1. Quartal 2025
Bundesdurchschnitt
inkl. 19% MwSt.

Kostengruppen		▷	€/Einheit	◁	KG an 300+400
310	**Baugrube / Erdbau**				
311	Herstellung [m³]	11,00	**42,00**	73,00	0,4%
320	**Gründung, Unterbau**				
321	Baugrundverbesserung [m²]	63,00	**67,00**	71,00	1,3%
322	Flachgründungen und Bodenplatten [m²]	167,00	**190,00**	212,00	9,0%
324	Gründungsbeläge [m²]	41,00	**71,00**	102,00	2,3%
325	Abdichtungen und Bekleidungen [m²]	8,20	**11,00**	14,00	0,6%
330	**Außenwände/Vertikale Baukonstruktionen, außen**				
331	Tragende Außenwände [m²]	153,00	**233,00**	314,00	4,0%
333	Außenstützen [m]	297,00	**550,00**	804,00	2,3%
334	Außenwandöffnungen [m²]	360,00	**474,00**	587,00	10,1%
335	Außenwandbekleidungen, außen [m²]	–	**105,00**	–	1,9%
336	Außenwandbekleidungen, innen [m²]	–	**54,00**	–	0,8%
338	Lichtschutz zur KG 330 [m²]	–	**497,00**	–	0,4%
339	Sonstiges zur KG 330 [m²]	–	**4,40**	–	0,1%
340	**Innenwände/Vertikale Baukonstruktionen, innen**				
341	Tragende Innenwände [m²]	124,00	**140,00**	155,00	2,5%
342	Nichttragende Innenwände [m²]	154,00	**187,00**	219,00	0,9%
343	Innenstützen [m]	305,00	**673,00**	1.040,00	1,0%
344	Innenwandöffnungen [m²]	561,00	**872,00**	1.183,00	2,9%
345	Innenwandbekleidungen [m²]	65,00	**118,00**	171,00	2,1%
346	Elementierte Innenwandkonstruktionen [m²]	301,00	**433,00**	564,00	0,1%
349	Sonstiges zur KG 340 [m²]	–	**16,00**	–	0,1%
350	**Decken/Horizontale Baukonstruktionen**				
351	Deckenkonstruktionen [m²]	269,00	**324,00**	380,00	5,4%
353	Deckenbeläge [m²]	163,00	**170,00**	177,00	1,3%
354	Deckenbekleidungen [m²]	–	**89,00**	–	0,6%
359	Sonstiges zur KG 350 [m²]	–	**25,00**	–	0,2%
360	**Dächer**				
361	Dachkonstruktionen [m²]	58,00	**254,00**	450,00	14,5%
362	Dachöffnungen [m²]	1.589,00	**2.031,00**	2.473,00	6,0%
363	Dachbeläge [m²]	148,00	**154,00**	159,00	8,4%
364	Dachbekleidungen [m²]	–	**225,00**	–	< 0,1%
370	**Infrastrukturanlagen**				
380	**Baukonstruktive Einbauten**				
381	Allgemeine Einbauten [m² BGF]	–	**7,50**	–	0,3%
386	Orientierungs- und Informationssysteme [m² BGF]	–	**0,30**	–	< 0,1%
390	**Sonstige Maßnahmen für Baukonstruktionen**				
391	Baustelleneinrichtung [m² BGF]	19,00	**38,00**	56,00	2,5%
392	Gerüste [m² BGF]	–	**12,00**	–	0,4%
397	Zusätzliche Maßnahmen [m² BGF]	–	**2,40**	–	< 0,1%
399	Sonstiges zur KG 390 [m² BGF]	–	**1,70**	–	< 0,1%

▷ von
ø Mittel
◁ bis

© **BKI** Baukosteninformationszentrum; Erläuterungen zu den Tabellen siehe Seite 54

Kostengruppen		▷	€/Einheit	◁	KG an 300+400
410	**Abwasser-, Wasser-, Gasanlagen**				
411	Abwasseranlagen [m² BGF]	7,70	**17,00**	25,00	1,0%
412	Wasseranlagen [m² BGF]	18,00	**35,00**	52,00	2,3%
420	**Wärmeversorgungsanlagen**				
421	Wärmeerzeugungsanlagen [m² BGF]	15,00	**17,00**	20,00	1,1%
422	Wärmeverteilnetze [m² BGF]	13,00	**13,00**	14,00	0,9%
423	Raumheizflächen [m² BGF]	6,20	**19,00**	32,00	1,2%
429	Sonstiges zur KG 420 [m² BGF]	–	**1,20**	–	< 0,1%
430	**Raumlufttechnische Anlagen**				
431	Lüftungsanlagen [m² BGF]	–	**2,60**	–	< 0,1%
440	**Elektrische Anlagen**				
443	Niederspannungsschaltanlagen [m² BGF]	–	**9,40**	–	0,3%
444	Niederspannungsinstallationsanlagen [m² BGF]	38,00	**40,00**	42,00	2,6%
445	Beleuchtungsanlagen [m² BGF]	14,00	**30,00**	47,00	1,9%
446	Blitzschutz- und Erdungsanlagen [m² BGF]	1,60	**2,80**	4,00	0,2%
450	**Kommunikations-, sicherheits- und informationstechnische Anlagen**				
452	Such- und Signalanlagen [m² BGF]	–	**0,50**	–	< 0,1%
456	Gefahrenmelde- und Alarmanlagen [m² BGF]	–	**14,00**	–	0,5%
460	**Förderanlagen**				
470	**Nutzungsspezifische und verfahrenstechnische Anlagen**				
474	Feuerlöschanlagen [m² BGF]	–	**1,80**	–	< 0,1%
476	Weitere nutzungsspezifische Anlagen [m² BGF]	–	**145,00**	–	4,9%
480	**Gebäude- und Anlagenautomation**				
490	**Sonstige Maßnahmen für technische Anlagen**				

Einzel-, und Doppel-garagen

Kosten:
Stand 1. Quartal 2025
Bundesdurchschnitt
inkl. 19% MwSt.

Kostengruppen		▷	€/Einheit	◁	KG an 300+400
310	**Baugrube / Erdbau**				
311	Herstellung [m³]	–	**63,00**	–	0,3%
320	**Gründung, Unterbau**				
322	Flachgründungen und Bodenplatten [m²]	36,00	**105,00**	173,00	7,4%
325	Abdichtungen und Bekleidungen [m²]	–	**16,00**	–	0,2%
330	**Außenwände/Vertikale Baukonstruktionen, außen**				
332	Nichttragende Außenwände [m²]	–	**128,00**	–	4,3%
333	Außenstützen [m]	–	**55,00**	–	0,5%
334	Außenwandöffnungen [m²]	–	**569,00**	–	5,0%
340	**Innenwände/Vertikale Baukonstruktionen, innen**				
350	**Decken/Horizontale Baukonstruktionen**				
360	**Dächer**				
361	Dachkonstruktionen [m²]	–	**71,00**	–	3,0%
363	Dachbeläge [m²]	–	**76,00**	–	3,2%
370	**Infrastrukturanlagen**				
380	**Baukonstruktive Einbauten**				
390	**Sonstige Maßnahmen für Baukonstruktionen**				
399	Sonstiges zur KG 390 [m² BGF]	623,00	**844,00**	1.142,00	75,0%

▷ von
ø Mittel
◁ bis

© **BKI** Baukosteninformationszentrum; Erläuterungen zu den Tabellen siehe Seite 54

Kostengruppen		▷	€/Einheit	◁	KG an 300+400
410	**Abwasser-, Wasser-, Gasanlagen**				
420	**Wärmeversorgungsanlagen**				
430	**Raumlufttechnische Anlagen**				
440	**Elektrische Anlagen**				
444	Niederspannungsinstallationsanlagen [m² BGF]	–	**68,00**	–	1,1%
450	**Kommunikations-, sicherheits- und informationstechnische Anlagen**				
460	**Förderanlagen**				
470	**Nutzungsspezifische und verfahrenstechnische Anlagen**				
480	**Gebäude- und Anlagenautomation**				
490	**Sonstige Maßnahmen für technische Anlagen**				

Kosten:
Stand 1. Quartal 2025
Bundesdurchschnitt
inkl. 19% MwSt.

Kostengruppen		▷	€/Einheit	◁	KG an 300+400
310	**Baugrube / Erdbau**				
311	Herstellung [m³]	15,00	**34,00**	44,00	1,4%
320	**Gründung, Unterbau**				
321	Baugrundverbesserung [m²]	–	**80,00**	–	0,9%
322	Flachgründungen und Bodenplatten [m²]	119,00	**222,00**	369,00	14,5%
324	Gründungsbeläge [m²]	17,00	**106,00**	282,00	1,0%
325	Abdichtungen und Bekleidungen [m²]	18,00	**30,00**	68,00	2,3%
326	Dränagen [m²]	–	**2,80**	–	< 0,1%
330	**Außenwände/Vertikale Baukonstruktionen, außen**				
331	Tragende Außenwände [m²]	154,00	**211,00**	280,00	6,1%
332	Nichttragende Außenwände [m²]	–	**138,00**	–	2,9%
333	Außenstützen [m]	172,00	**250,00**	402,00	2,4%
334	Außenwandöffnungen [m²]	461,00	**572,00**	711,00	9,4%
335	Außenwandbekleidungen, außen [m²]	49,00	**96,00**	185,00	1,5%
336	Außenwandbekleidungen, innen [m²]	32,00	**59,00**	110,00	0,7%
337	Elementierte Außenwandkonstruktionen [m²]	208,00	**294,00**	381,00	4,8%
338	Lichtschutz zur KG 330 [m²]	–	**580,00**	–	0,2%
339	Sonstiges zur KG 330 [m²]	8,00	**15,00**	23,00	0,4%
340	**Innenwände/Vertikale Baukonstruktionen, innen**				
341	Tragende Innenwände [m²]	134,00	**167,00**	233,00	2,0%
342	Nichttragende Innenwände [m²]	–	**137,00**	–	0,3%
344	Innenwandöffnungen [m²]	–	**916,00**	–	0,4%
345	Innenwandbekleidungen [m²]	26,00	**58,00**	74,00	1,1%
346	Elementierte Innenwandkonstruktionen [m²]	–	**225,00**	–	< 0,1%
349	Sonstiges zur KG 340 [m²]	–	**2,30**	–	< 0,1%
350	**Decken/Horizontale Baukonstruktionen**				
351	Deckenkonstruktionen [m²]	237,00	**324,00**	412,00	1,0%
353	Deckenbeläge [m²]	48,00	**155,00**	263,00	0,4%
354	Deckenbekleidungen [m²]	22,00	**68,00**	115,00	< 0,1%
359	Sonstiges zur KG 350 [m²]	–	**48,00**	–	0,2%
360	**Dächer**				
361	Dachkonstruktionen [m²]	45,00	**105,00**	122,00	10,1%
363	Dachbeläge [m²]	84,00	**172,00**	282,00	11,1%
364	Dachbekleidungen [m²]	–	**316,00**	–	< 0,1%
365	Elementierte Dachkonstruktionen [m²]	108,00	**138,00**	168,00	4,2%
369	Sonstiges zur KG 360 [m²]	5,40	**61,00**	116,00	2,1%
370	**Infrastrukturanlagen**				
380	**Baukonstruktive Einbauten**				
389	Sonstiges zur KG 380 [m² BGF]	–	**3,00**	–	< 0,1%
390	**Sonstige Maßnahmen für Baukonstruktionen**				
391	Baustelleneinrichtung [m² BGF]	13,00	**35,00**	73,00	1,1%
392	Gerüste [m² BGF]	6,90	**10,00**	13,00	0,3%
397	Zusätzliche Maßnahmen [m² BGF]	–	**3,40**	–	< 0,1%

▷ von
ø Mittel
◁ bis

© **BKI** Baukosteninformationszentrum; Erläuterungen zu den Tabellen siehe Seite 54

Kostengruppen		▷	€/Einheit	◁	KG an 300+400
410	**Abwasser-, Wasser-, Gasanlagen**				
411	Abwasseranlagen [m² BGF]	9,10	**25,00**	57,00	2,0%
412	Wasseranlagen [m² BGF]	2,10	**24,00**	69,00	0,7%
420	**Wärmeversorgungsanlagen**				
421	Wärmeerzeugungsanlagen [m² BGF]	–	**95,00**	–	0,9%
422	Wärmeverteilnetze [m² BGF]	–	**44,00**	–	0,4%
423	Raumheizflächen [m² BGF]	0,10	**24,00**	49,00	0,5%
429	Sonstiges zur KG 420 [m² BGF]	–	**7,80**	–	< 0,1%
430	**Raumlufttechnische Anlagen**				
440	**Elektrische Anlagen**				
444	Niederspannungsinstallationsanlagen [m² BGF]	7,20	**21,00**	59,00	1,1%
445	Beleuchtungsanlagen [m² BGF]	2,30	**7,50**	22,00	0,4%
446	Blitzschutz- und Erdungsanlagen [m² BGF]	2,30	**4,90**	7,90	0,4%
450	**Kommunikations-, sicherheits- und informationstechnische Anlagen**				
451	Telekommunikationsanlagen [m² BGF]	0,30	**0,80**	1,30	< 0,1%
452	Such- und Signalanlagen [m² BGF]	–	**3,10**	–	< 0,1%
455	Audiovisuelle Medien- und Antennenanlagen [m² BGF]	–	**5,50**	–	< 0,1%
456	Gefahrenmelde- und Alarmanlagen [m² BGF]	–	**1,80**	–	< 0,1%
460	**Förderanlagen**				
469	Sonstiges zur KG 460 [m² BGF]	–	**825,00**	–	8,5%
470	**Nutzungsspezifische und verfahrenstechnische Anlagen**				
474	Feuerlöschanlagen [m² BGF]	–	**0,20**	–	< 0,1%
476	Weitere nutzungsspezifische Anlagen [m² BGF]	9,20	**36,00**	63,00	1,6%
480	**Gebäude- und Anlagenautomation**				
490	**Sonstige Maßnahmen für technische Anlagen**				

Kosten:
Stand 1. Quartal 2025
Bundesdurchschnitt
inkl. 19% MwSt.

▷ von
ø Mittel
◁ bis

Kostengruppen		▷	€/Einheit	◁	KG an 300+400
310	**Baugrube / Erdbau**				
311	Herstellung [m³]	53,00	**94,00**	115,00	2,8%
312	Umschließung [m²]	–	**97,00**	–	0,5%
313	Wasserhaltung [m³]	–	**–**	–	< 0,1%
320	**Gründung, Unterbau**				
321	Baugrundverbesserung [m²]	–	**21,00**	–	0,3%
322	Flachgründungen und Bodenplatten [m²]	140,00	**334,00**	447,00	8,5%
323	Tiefgründungen [m²]	–	**895,00**	–	5,5%
324	Gründungsbeläge [m²]	70,00	**93,00**	139,00	2,8%
325	Abdichtungen und Bekleidungen [m²]	21,00	**39,00**	68,00	0,4%
326	Dränagen [m²]	–	**1,00**	–	< 0,1%
330	**Außenwände/Vertikale Baukonstruktionen, außen**				
331	Tragende Außenwände [m²]	120,00	**296,00**	385,00	6,5%
332	Nichttragende Außenwände [m²]	–	**262,00**	–	< 0,1%
333	Außenstützen [m]	353,00	**529,00**	705,00	2,6%
334	Außenwandöffnungen [m²]	967,00	**1.101,00**	1.235,00	0,6%
335	Außenwandbekleidungen, außen [m²]	73,00	**283,00**	389,00	11,1%
336	Außenwandbekleidungen, innen [m²]	35,00	**145,00**	255,00	0,2%
339	Sonstiges zur KG 330 [m²]	–	**147,00**	–	0,3%
340	**Innenwände/Vertikale Baukonstruktionen, innen**				
341	Tragende Innenwände [m²]	323,00	**380,00**	438,00	0,6%
342	Nichttragende Innenwände [m²]	–	**306,00**	–	< 0,1%
343	Innenstützen [m]	–	**357,00**	–	0,6%
344	Innenwandöffnungen [m²]	–	**2.870,00**	–	0,5%
345	Innenwandbekleidungen [m²]	21,00	**70,00**	120,00	0,1%
346	Elementierte Innenwandkonstruktionen [m²]	–	**321,00**	–	< 0,1%
349	Sonstiges zur KG 340 [m²]	–	**183,00**	–	0,3%
350	**Decken/Horizontale Baukonstruktionen**				
351	Deckenkonstruktionen [m²]	315,00	**347,00**	399,00	17,8%
353	Deckenbeläge [m²]	98,00	**119,00**	160,00	4,8%
354	Deckenbekleidungen [m²]	9,80	**66,00**	123,00	0,3%
355	Elementierte Deckenkonstruktionen [m²]	985,00	**1.278,00**	1.570,00	0,2%
359	Sonstiges zur KG 350 [m²]	22,00	**24,00**	26,00	1,2%
360	**Dächer**				
361	Dachkonstruktionen [m²]	280,00	**325,00**	400,00	11,6%
362	Dachöffnungen [m²]	–	**2.030,00**	–	< 0,1%
363	Dachbeläge [m²]	111,00	**163,00**	193,00	4,5%
364	Dachbekleidungen [m²]	9,70	**372,00**	735,00	0,6%
369	Sonstiges zur KG 360 [m²]	5,20	**23,00**	60,00	1,0%
370	**Infrastrukturanlagen**				
380	**Baukonstruktive Einbauten**				
382	Besondere Einbauten [m² BGF]	–	**16,00**	–	0,8%
386	Orientierungs- und Informationssysteme [m² BGF]	2,20	**3,30**	4,40	0,2%

© **BKI** Baukosteninformationszentrum; Erläuterungen zu den Tabellen siehe Seite 54

Kostengruppen		▷	€/Einheit	◁	KG an 300+400
390	**Sonstige Maßnahmen für Baukonstruktionen**				
391	Baustelleneinrichtung [m² BGF]	10,00	**34,00**	79,00	3,1%
392	Gerüste [m² BGF]	1,40	**5,30**	13,00	0,5%
397	Zusätzliche Maßnahmen [m² BGF]	1,00	**1,20**	1,40	< 0,1%
398	Provisorische Baukonstruktionen [m² BGF]	–	**< 0,10**	–	< 0,1%
410	**Abwasser-, Wasser-, Gasanlagen**				
411	Abwasseranlagen [m² BGF]	2,60	**11,00**	15,00	1,1%
412	Wasseranlagen [m² BGF]	–	**6,10**	–	0,2%
419	Sonstiges zur KG 410 [m² BGF]	–	**0,50**	–	< 0,1%
420	**Wärmeversorgungsanlagen**				
423	Raumheizflächen [m² BGF]	–	**1,00**	–	< 0,1%
430	**Raumlufttechnische Anlagen**				
431	Lüftungsanlagen [m² BGF]	–	**4,10**	–	0,1%
440	**Elektrische Anlagen**				
442	Eigenstromversorgungsanlagen [m² BGF]	–	**1,90**	–	< 0,1%
444	Niederspannungsinstallationsanlagen [m² BGF]	6,90	**15,00**	32,00	1,5%
445	Beleuchtungsanlagen [m² BGF]	3,80	**24,00**	36,00	2,3%
446	Blitzschutz- und Erdungsanlagen [m² BGF]	1,20	**2,10**	2,50	0,2%
450	**Kommunikations-, sicherheits- und informationstechnische Anlagen**				
451	Telekommunikationsanlagen [m² BGF]	–	**< 0,10**	–	< 0,1%
452	Such- und Signalanlagen [m² BGF]	–	**< 0,10**	–	< 0,1%
456	Gefahrenmelde- und Alarmanlagen [m² BGF]	–	**25,00**	–	0,8%
457	Datenübertragungsnetze [m² BGF]	0,20	**0,40**	0,70	< 0,1%
458	Verkehrsbeeinflussungsanlagen [m² BGF]	16,00	**32,00**	47,00	1,9%
460	**Förderanlagen**				
461	Aufzugsanlagen [m² BGF]	–	**9,30**	–	0,3%
470	**Nutzungsspezifische und verfahrenstechnische Anlagen**				
474	Feuerlöschanlagen [m² BGF]	–	**4,40**	–	0,1%
480	**Gebäude- und Anlagenautomation**				
490	**Sonstige Maßnahmen für technische Anlagen**				
491	Baustelleneinrichtung [m² BGF]	–	**3,90**	–	0,1%
497	Zusätzliche Maßnahmen [m² BGF]	–	**0,20**	–	< 0,1%

Kosten:
Stand 1. Quartal 2025
Bundesdurchschnitt
inkl. 19% MwSt.

Kostengruppen		▷	€/Einheit	◁	KG an 300+400
310	**Baugrube / Erdbau**				
311	Herstellung [m³]	32,00	**168,00**	305,00	0,8%
312	Umschließung [m²]	–	**405,00**	–	0,8%
320	**Gründung, Unterbau**				
321	Baugrundverbesserung [m²]	–	**143,00**	–	0,9%
322	Flachgründungen und Bodenplatten [m²]	73,00	**101,00**	121,00	4,9%
324	Gründungsbeläge [m²]	124,00	**146,00**	167,00	3,7%
325	Abdichtungen und Bekleidungen [m²]	14,00	**31,00**	62,00	0,5%
330	**Außenwände/Vertikale Baukonstruktionen, außen**				
331	Tragende Außenwände [m²]	88,00	**244,00**	401,00	3,1%
332	Nichttragende Außenwände [m²]	–	**373,00**	–	0,5%
333	Außenstützen [m]	262,00	**800,00**	1.809,00	3,0%
334	Außenwandöffnungen [m²]	1.479,00	**3.289,00**	4.374,00	6,8%
335	Außenwandbekleidungen, außen [m²]	353,00	**474,00**	710,00	15,3%
336	Außenwandbekleidungen, innen [m²]	29,00	**71,00**	114,00	0,1%
337	Elementierte Außenwandkonstruktionen [m²]	–	**507,00**	–	0,3%
339	Sonstiges zur KG 330 [m²]	–	**25,00**	–	0,2%
340	**Innenwände/Vertikale Baukonstruktionen, innen**				
341	Tragende Innenwände [m²]	276,00	**307,00**	338,00	1,8%
342	Nichttragende Innenwände [m²]	143,00	**193,00**	244,00	0,3%
344	Innenwandöffnungen [m²]	456,00	**843,00**	1.230,00	0,2%
345	Innenwandbekleidungen [m²]	98,00	**100,00**	103,00	0,6%
346	Elementierte Innenwandkonstruktionen [m²]	461,00	**462,00**	463,00	1,1%
350	**Decken/Horizontale Baukonstruktionen**				
351	Deckenkonstruktionen [m²]	–	**551,00**	–	4,1%
352	Deckenöffnungen [m²]	–	**1.651,00**	–	0,3%
353	Deckenbeläge [m²]	–	**48,00**	–	0,3%
354	Deckenbekleidungen [m²]	–	**173,00**	–	0,5%
359	Sonstiges zur KG 350 [m²]	–	**38,00**	–	0,3%
360	**Dächer**				
361	Dachkonstruktionen [m²]	165,00	**323,00**	632,00	10,2%
362	Dachöffnungen [m²]	513,00	**1.051,00**	1.589,00	0,6%
363	Dachbeläge [m²]	169,00	**227,00**	338,00	8,5%
364	Dachbekleidungen [m²]	80,00	**457,00**	833,00	< 0,1%
369	Sonstiges zur KG 360 [m²]	4,80	**14,00**	23,00	0,3%
370	**Infrastrukturanlagen**				
380	**Baukonstruktive Einbauten**				
381	Allgemeine Einbauten [m² BGF]	13,00	**40,00**	89,00	1,6%
382	Besondere Einbauten [m² BGF]	133,00	**233,00**	333,00	9,7%
386	Orientierungs- und Informationssysteme [m² BGF]	–	**17,00**	–	0,2%

▷ von
ø Mittel
◁ bis

© **BKI** Baukosteninformationszentrum; Erläuterungen zu den Tabellen siehe Seite 54

Kostengruppen		▷	€/Einheit	◁	KG an 300+400
390	**Sonstige Maßnahmen für Baukonstruktionen**				
391	Baustelleneinrichtung [m² BGF]	15,00	**43,00**	92,00	2,7%
392	Gerüste [m² BGF]	14,00	**59,00**	145,00	2,4%
397	Zusätzliche Maßnahmen [m² BGF]	2,50	**5,50**	7,10	0,3%
398	Provisorische Baukonstruktionen [m² BGF]	–	**0,60**	–	< 0,1%
410	**Abwasser-, Wasser-, Gasanlagen**				
411	Abwasseranlagen [m² BGF]	3,40	**7,40**	11,00	0,3%
412	Wasseranlagen [m² BGF]	5,00	**9,10**	13,00	0,4%
419	Sonstiges zur KG 410 [m² BGF]	0,30	**2,40**	4,50	< 0,1%
420	**Wärmeversorgungsanlagen**				
421	Wärmeerzeugungsanlagen [m² BGF]	7,30	**13,00**	18,00	0,6%
422	Wärmeverteilnetze [m² BGF]	0,60	**6,90**	13,00	0,2%
423	Raumheizflächen [m² BGF]	1,50	**10,00**	19,00	0,3%
430	**Raumlufttechnische Anlagen**				
431	Lüftungsanlagen [m² BGF]	0,20	**30,00**	59,00	0,8%
440	**Elektrische Anlagen**				
444	Niederspannungsinstallationsanlagen [m² BGF]	30,00	**59,00**	104,00	2,7%
445	Beleuchtungsanlagen [m² BGF]	20,00	**126,00**	338,00	4,8%
446	Blitzschutz- und Erdungsanlagen [m² BGF]	2,30	**15,00**	39,00	0,5%
450	**Kommunikations-, sicherheits- und informationstechnische Anlagen**				
452	Such- und Signalanlagen [m² BGF]	–	**0,90**	–	< 0,1%
456	Gefahrenmelde- und Alarmanlagen [m² BGF]	3,60	**71,00**	139,00	1,7%
457	Datenübertragungsnetze [m² BGF]	1,50	**5,70**	9,80	0,2%
460	**Förderanlagen**				
470	**Nutzungsspezifische und verfahrenstechnische Anlagen**				
473	Medienversorgungsanlagen, Medizin- und labortechnische An-	–	**3,50**	–	< 0,1%
480	**Gebäude- und Anlagenautomation**				
490	**Sonstige Maßnahmen für technische Anlagen**				
491	Baustelleneinrichtung [m² BGF]	0,90	**1,10**	1,30	< 0,1%
492	Gerüste [m² BGF]	–	**0,30**	–	< 0,1%

Kosten:
Stand 1. Quartal 2025
Bundesdurchschnitt
inkl. 19% MwSt.

Kostengruppen		▷	€/Einheit	◁	KG an 300+400
310	**Baugrube / Erdbau**				
311	Herstellung [m³]	–	**88,00**	–	0,4%
320	**Gründung, Unterbau**				
322	Flachgründungen und Bodenplatten [m²]	58,00	**159,00**	495,00	10,3%
324	Gründungsbeläge [m²]	–	**119,00**	–	1,0%
330	**Außenwände/Vertikale Baukonstruktionen, außen**				
331	Tragende Außenwände [m²]	236,00	**281,00**	411,00	14,4%
333	Außenstützen [m]	107,00	**110,00**	114,00	0,3%
334	Außenwandöffnungen [m²]	378,00	**422,00**	510,00	3,9%
335	Außenwandbekleidungen, außen [m²]	161,00	**170,00**	185,00	4,6%
340	**Innenwände/Vertikale Baukonstruktionen, innen**				
342	Nichttragende Innenwände [m²]	–	**143,00**	–	0,2%
350	**Decken/Horizontale Baukonstruktionen**				
360	**Dächer**				
361	Dachkonstruktionen [m²]	124,00	**188,00**	245,00	9,9%
363	Dachbeläge [m²]	170,00	**254,00**	344,00	13,2%
364	Dachbekleidungen [m²]	113,00	**164,00**	215,00	1,1%
370	**Infrastrukturanlagen**				
380	**Baukonstruktive Einbauten**				
390	**Sonstige Maßnahmen für Baukonstruktionen**				
397	Zusätzliche Maßnahmen [m² BGF]	–	**8,70**	–	< 0,1%
399	Sonstiges zur KG 390 [m² BGF]	367,00	**598,00**	814,00	40,8%

▷ von
ø Mittel
◁ bis

© **BKI** Baukosteninformationszentrum; Erläuterungen zu den Tabellen siehe Seite 54

Kostengruppen	▷	€/Einheit	◁	KG an 300+400
410 Abwasser-, Wasser-, Gasanlagen				
420 Wärmeversorgungsanlagen				
430 Raumlufttechnische Anlagen				
440 Elektrische Anlagen				
450 Kommunikations-, sicherheits- und informationstechnische Anlagen				
460 Förderanlagen				
470 Nutzungsspezifische und verfahrenstechnische Anlagen				
480 Gebäude- und Anlagenautomation				
490 Sonstige Maßnahmen für technische Anlagen				

Kosten:
Stand 1. Quartal 2025
Bundesdurchschnitt
inkl. 19% MwSt.

Kostengruppen		▷	€/Einheit	◁	KG an 300+400
310	**Baugrube / Erdbau**				
311	Herstellung [m³]	32,00	**49,00**	66,00	9,7%
312	Umschließung [m²]	81,00	**439,00**	713,00	4,1%
313	Wasserhaltung [m³]	5,00	**11,00**	20,00	1,8%
320	**Gründung, Unterbau**				
321	Baugrundverbesserung [m²]	19,00	**20,00**	20,00	0,2%
322	Flachgründungen und Bodenplatten [m²]	247,00	**290,00**	312,00	19,0%
323	Tiefgründungen [m²]	–	**167,00**	–	1,4%
324	Gründungsbeläge [m²]	72,00	**103,00**	140,00	4,9%
325	Abdichtungen und Bekleidungen [m²]	19,00	**32,00**	65,00	2,0%
329	Sonstiges zur KG 320 [m²]	0,40	**4,00**	11,00	0,2%
330	**Außenwände/Vertikale Baukonstruktionen, außen**				
331	Tragende Außenwände [m²]	302,00	**379,00**	451,00	8,1%
332	Nichttragende Außenwände [m²]	–	**631,00**	–	< 0,1%
333	Außenstützen [m]	–	**544,00**	–	< 0,1%
334	Außenwandöffnungen [m²]	953,00	**1.765,00**	2.213,00	0,9%
335	Außenwandbekleidungen, außen [m²]	32,00	**73,00**	108,00	0,9%
336	Außenwandbekleidungen, innen [m²]	8,70	**66,00**	157,00	0,7%
339	Sonstiges zur KG 330 [m²]	14,00	**31,00**	62,00	0,7%
340	**Innenwände/Vertikale Baukonstruktionen, innen**				
341	Tragende Innenwände [m²]	150,00	**261,00**	312,00	4,1%
342	Nichttragende Innenwände [m²]	94,00	**108,00**	133,00	0,1%
343	Innenstützen [m]	253,00	**310,00**	413,00	0,7%
344	Innenwandöffnungen [m²]	1.019,00	**1.598,00**	2.696,00	1,7%
345	Innenwandbekleidungen [m²]	37,00	**63,00**	106,00	1,7%
346	Elementierte Innenwandkonstruktionen [m²]	56,00	**94,00**	207,00	0,3%
349	Sonstiges zur KG 340 [m²]	3,60	**4,40**	6,70	< 0,1%
350	**Decken/Horizontale Baukonstruktionen**				
351	Deckenkonstruktionen [m²]	189,00	**277,00**	375,00	9,9%
353	Deckenbeläge [m²]	360,00	**464,00**	497,00	0,5%
354	Deckenbekleidungen [m²]	65,00	**106,00**	158,00	2,1%
359	Sonstiges zur KG 350 [m²]	21,00	**28,00**	35,00	0,4%
360	**Dächer**				
361	Dachkonstruktionen [m²]	274,00	**307,00**	319,00	7,8%
363	Dachbeläge [m²]	73,00	**134,00**	198,00	3,3%
364	Dachbekleidungen [m²]	85,00	**93,00**	96,00	0,2%
369	Sonstiges zur KG 360 [m²]	–	**5,50**	–	< 0,1%
370	**Infrastrukturanlagen**				
380	**Baukonstruktive Einbauten**				
381	Allgemeine Einbauten [m² BGF]	1,10	**3,40**	5,70	< 0,1%
382	Besondere Einbauten [m² BGF]	3,10	**17,00**	44,00	0,6%
386	Orientierungs- und Informationssysteme [m² BGF]	–	**0,80**	–	< 0,1%

▷ von
ø Mittel
◁ bis

© **BKI** Baukosteninformationszentrum; Erläuterungen zu den Tabellen siehe Seite 54

Kostengruppen		▷	€/Einheit	◁	KG an 300+400
390	**Sonstige Maßnahmen für Baukonstruktionen**				
391	Baustelleneinrichtung [m² BGF]	31,00	**91,00**	131,00	6,0%
392	Gerüste [m² BGF]	–	**0,40**	–	< 0,1%
396	Materialentsorgung [m² BGF]	0,60	**0,80**	0,90	< 0,1%
397	Zusätzliche Maßnahmen [m² BGF]	3,40	**6,60**	20,00	0,4%
399	Sonstiges zur KG 390 [m² BGF]	–	**18,00**	–	0,2%
410	**Abwasser-, Wasser-, Gasanlagen**				
411	Abwasseranlagen [m² BGF]	12,00	**18,00**	30,00	1,1%
420	**Wärmeversorgungsanlagen**				
424	Verkehrsheizflächen [m² BGF]	10,00	**12,00**	16,00	0,5%
430	**Raumlufttechnische Anlagen**				
431	Lüftungsanlagen [m² BGF]	8,20	**14,00**	25,00	0,5%
440	**Elektrische Anlagen**				
442	Eigenstromversorgungsanlagen [m² BGF]	–	**3,70**	–	< 0,1%
444	Niederspannungsinstallationsanlagen [m² BGF]	17,00	**25,00**	59,00	1,5%
445	Beleuchtungsanlagen [m² BGF]	8,40	**12,00**	17,00	0,8%
446	Blitzschutz- und Erdungsanlagen [m² BGF]	8,90	**9,90**	12,00	0,6%
450	**Kommunikations-, sicherheits- und informationstechnische Anlagen**				
456	Gefahrenmelde- und Alarmanlagen [m² BGF]	0,40	**0,60**	1,00	< 0,1%
460	**Förderanlagen**				
470	**Nutzungsspezifische und verfahrenstechnische Anlagen**				
474	Feuerlöschanlagen [m² BGF]	0,10	**0,50**	0,90	< 0,1%
480	**Gebäude- und Anlagenautomation**				
490	**Sonstige Maßnahmen für technische Anlagen**				
491	Baustelleneinrichtung [m² BGF]	–	**0,10**	–	< 0,1%

Kosten:
Stand 1. Quartal 2025
Bundesdurchschnitt
inkl. 19% MwSt.

Kostengruppen		▷	€/Einheit	◁	KG an 300+400
310	**Baugrube / Erdbau**				
311	Herstellung [m³]	22,00	**42,00**	69,00	1,4%
320	**Gründung, Unterbau**				
321	Baugrundverbesserung [m²]	55,00	**64,00**	69,00	1,5%
322	Flachgründungen und Bodenplatten [m²]	78,00	**131,00**	199,00	4,4%
323	Tiefgründungen [m²]	69,00	**132,00**	194,00	0,8%
324	Gründungsbeläge [m²]	56,00	**150,00**	216,00	4,9%
325	Abdichtungen und Bekleidungen [m²]	23,00	**42,00**	57,00	1,5%
330	**Außenwände/Vertikale Baukonstruktionen, außen**				
331	Tragende Außenwände [m²]	152,00	**197,00**	233,00	4,9%
332	Nichttragende Außenwände [m²]	146,00	**242,00**	364,00	0,4%
334	Außenwandöffnungen [m²]	884,00	**990,00**	1.361,00	8,0%
335	Außenwandbekleidungen, außen [m²]	198,00	**234,00**	296,00	6,6%
336	Außenwandbekleidungen, innen [m²]	36,00	**49,00**	59,00	0,8%
339	Sonstiges zur KG 330 [m²]	5,00	**14,00**	21,00	0,4%
340	**Innenwände/Vertikale Baukonstruktionen, innen**				
341	Tragende Innenwände [m²]	120,00	**153,00**	188,00	2,5%
342	Nichttragende Innenwände [m²]	107,00	**135,00**	156,00	1,9%
343	Innenstützen [m]	154,00	**201,00**	252,00	0,2%
344	Innenwandöffnungen [m²]	801,00	**984,00**	1.194,00	3,9%
345	Innenwandbekleidungen [m²]	50,00	**55,00**	65,00	2,5%
346	Elementierte Innenwandkonstruktionen [m²]	277,00	**440,00**	504,00	0,7%
350	**Decken/Horizontale Baukonstruktionen**				
351	Deckenkonstruktionen [m²]	133,00	**220,00**	301,00	1,7%
353	Deckenbeläge [m²]	121,00	**140,00**	156,00	1,0%
354	Deckenbekleidungen [m²]	91,00	**105,00**	123,00	0,6%
359	Sonstiges zur KG 350 [m²]	18,00	**31,00**	55,00	0,2%
360	**Dächer**				
361	Dachkonstruktionen [m²]	125,00	**162,00**	225,00	5,7%
362	Dachöffnungen [m²]	1.077,00	**2.182,00**	2.869,00	1,3%
363	Dachbeläge [m²]	148,00	**175,00**	198,00	6,3%
364	Dachbekleidungen [m²]	26,00	**51,00**	95,00	0,9%
369	Sonstiges zur KG 360 [m²]	3,30	**8,20**	14,00	0,2%
370	**Infrastrukturanlagen**				
380	**Baukonstruktive Einbauten**				
381	Allgemeine Einbauten [m² BGF]	22,00	**38,00**	68,00	1,2%
390	**Sonstige Maßnahmen für Baukonstruktionen**				
391	Baustelleneinrichtung [m² BGF]	28,00	**48,00**	60,00	2,1%
392	Gerüste [m² BGF]	10,00	**24,00**	42,00	1,0%
397	Zusätzliche Maßnahmen [m² BGF]	5,40	**8,10**	10,00	0,3%
	Sonstige Kostengruppen Bauwerk – Baukonstruktionen				
	313, 326, 329, 333, 338, 349, 355, 382, 386, 395, 398, 399				1,1%

▷ von
ø Mittel
◁ bis

© **BKI** Baukosteninformationszentrum; Erläuterungen zu den Tabellen siehe Seite 54

Kostengruppen		▷	€/Einheit	◁	KG an 300+400
410	**Abwasser-, Wasser-, Gasanlagen**				
411	Abwasseranlagen [m² BGF]	41,00	**80,00**	133,00	3,3%
412	Wasseranlagen [m² BGF]	44,00	**58,00**	79,00	2,5%
419	Sonstiges zur KG 410 [m² BGF]	5,90	**9,10**	20,00	0,4%
420	**Wärmeversorgungsanlagen**				
421	Wärmeerzeugungsanlagen [m² BGF]	9,90	**31,00**	63,00	1,3%
422	Wärmeverteilnetze [m² BGF]	30,00	**47,00**	70,00	2,0%
423	Raumheizflächen [m² BGF]	32,00	**46,00**	63,00	1,9%
430	**Raumlufttechnische Anlagen**				
431	Lüftungsanlagen [m² BGF]	23,00	**43,00**	72,00	2,0%
440	**Elektrische Anlagen**				
442	Eigenstromversorgungsanlagen [m² BGF]	19,00	**37,00**	65,00	0,9%
444	Niederspannungsinstallationsanlagen [m² BGF]	82,00	**102,00**	174,00	4,4%
445	Beleuchtungsanlagen [m² BGF]	39,00	**58,00**	70,00	2,5%
446	Blitzschutz- und Erdungsanlagen [m² BGF]	5,50	**11,00**	19,00	0,5%
450	**Kommunikations-, sicherheits- und informationstechnische Anlagen**				
451	Telekommunikationsanlagen [m² BGF]	5,40	**12,00**	15,00	0,3%
452	Such- und Signalanlagen [m² BGF]	1,50	**6,80**	23,00	0,2%
454	Elektroakustische Anlagen [m² BGF]	10,00	**12,00**	14,00	0,2%
456	Gefahrenmelde- und Alarmanlagen [m² BGF]	8,60	**42,00**	80,00	1,4%
457	Datenübertragungsnetze [m² BGF]	8,50	**18,00**	47,00	0,8%
460	**Förderanlagen**				
461	Aufzugsanlagen [m² BGF]	–	**25,00**	–	0,2%
470	**Nutzungsspezifische und verfahrenstechnische Anlagen**				
473	Medienversorgungsanlagen, Medizin- und labortechnische An-	–	**26,00**	–	0,2%
474	Feuerlöschanlagen [m² BGF]	6,30	**18,00**	37,00	0,5%
475	Prozesswärme-, kälte- und -luftanlagen [m² BGF]	30,00	**43,00**	56,00	0,7%
476	Weitere nutzungsspezifische Anlagen [m² BGF]	11,00	**41,00**	97,00	1,4%
480	**Gebäude- und Anlagenautomation**				
481	Automationseinrichtungen [m² BGF]	8,10	**21,00**	35,00	0,4%
490	**Sonstige Maßnahmen für technische Anlagen**				
	Sonstige Kostengruppen Bauwerk – Technische Anlagen				
	429, 432, 434, 443, 453, 455, 482, 483, 485, 492, 494				1,0%

Kosten:
Stand 1.Quartal 2025
Bundesdurchschnitt
inkl. 19% MwSt.

Kostengruppen		▷	€/Einheit	◁	KG an 300+400
310	**Baugrube / Erdbau**				
311	Herstellung [m³]	17,00	**43,00**	52,00	2,6%
320	**Gründung, Unterbau**				
321	Baugrundverbesserung [m²]	16,00	**27,00**	45,00	0,9%
322	Flachgründungen und Bodenplatten [m²]	176,00	**259,00**	486,00	8,5%
323	Tiefgründungen [m²]	–	**307,00**	–	1,5%
324	Gründungsbeläge [m²]	96,00	**138,00**	246,00	1,4%
325	Abdichtungen und Bekleidungen [m²]	41,00	**52,00**	60,00	2,3%
330	**Außenwände/Vertikale Baukonstruktionen, außen**				
331	Tragende Außenwände [m²]	152,00	**200,00**	247,00	6,3%
332	Nichttragende Außenwände [m²]	149,00	**172,00**	194,00	0,1%
333	Außenstützen [m]	312,00	**555,00**	987,00	1,8%
334	Außenwandöffnungen [m²]	817,00	**1.238,00**	2.295,00	8,5%
335	Außenwandbekleidungen, außen [m²]	145,00	**249,00**	542,00	6,9%
336	Außenwandbekleidungen, innen [m²]	37,00	**63,00**	135,00	1,8%
337	Elementierte Außenwandkonstruktionen [m²]	–	**238,00**	–	1,1%
338	Lichtschutz zur KG 330 [m²]	284,00	**400,00**	627,00	0,4%
339	Sonstiges zur KG 330 [m²]	5,90	**6,20**	6,60	0,1%
340	**Innenwände/Vertikale Baukonstruktionen, innen**				
341	Tragende Innenwände [m²]	123,00	**147,00**	211,00	1,5%
342	Nichttragende Innenwände [m²]	83,00	**135,00**	289,00	1,0%
343	Innenstützen [m]	270,00	**436,00**	902,00	1,3%
344	Innenwandöffnungen [m²]	756,00	**1.009,00**	1.646,00	2,2%
345	Innenwandbekleidungen [m²]	35,00	**64,00**	98,00	1,6%
346	Elementierte Innenwandkonstruktionen [m²]	642,00	**658,00**	674,00	0,3%
350	**Decken/Horizontale Baukonstruktionen**				
351	Deckenkonstruktionen [m²]	163,00	**178,00**	218,00	2,6%
353	Deckenbeläge [m²]	37,00	**94,00**	129,00	0,9%
354	Deckenbekleidungen [m²]	6,70	**52,00**	81,00	0,3%
355	Elementierte Deckenkonstruktionen [m²]	–	**1.658,00**	–	< 0,1%
359	Sonstiges zur KG 350 [m²]	29,00	**70,00**	95,00	0,9%
360	**Dächer**				
361	Dachkonstruktionen [m²]	116,00	**179,00**	239,00	7,7%
362	Dachöffnungen [m²]	750,00	**6.968,00**	13.185,00	0,7%
363	Dachbeläge [m²]	90,00	**154,00**	323,00	5,5%
364	Dachbekleidungen [m²]	60,00	**65,00**	74,00	1,0%
369	Sonstiges zur KG 360 [m²]	2,50	**6,70**	14,00	0,1%
370	**Infrastrukturanlagen**				
380	**Baukonstruktive Einbauten**				
381	Allgemeine Einbauten [m² BGF]	–	**60,00**	–	0,6%
382	Besondere Einbauten [m² BGF]	29,00	**69,00**	109,00	1,5%

▷ von
ø Mittel
◁ bis

© **BKI** Baukosteninformationszentrum; Erläuterungen zu den Tabellen siehe Seite 54

Kostengruppen		▷	€/Einheit	◁	KG an 300+400
390	**Sonstige Maßnahmen für Baukonstruktionen**				
391	Baustelleneinrichtung [m² BGF]	30,00	**32,00**	38,00	1,8%
392	Gerüste [m² BGF]	19,00	**24,00**	40,00	1,3%
394	Abbruchmaßnahmen [m² BGF]	–	**60,00**	–	0,8%
397	Zusätzliche Maßnahmen [m² BGF]	1,40	**2,90**	5,30	0,1%
	Sonstige Kostengruppen Bauwerk – Baukonstruktionen				
	313, 326, 329, 349, 398, 399				< 0,1%
410	**Abwasser-, Wasser-, Gasanlagen**				
411	Abwasseranlagen [m² BGF]	12,00	**17,00**	25,00	0,7%
412	Wasseranlagen [m² BGF]	8,40	**16,00**	30,00	0,6%
420	**Wärmeversorgungsanlagen**				
421	Wärmeerzeugungsanlagen [m² BGF]	13,00	**15,00**	19,00	0,7%
422	Wärmeverteilnetze [m² BGF]	17,00	**20,00**	27,00	0,9%
423	Raumheizflächen [m² BGF]	7,20	**12,00**	20,00	0,6%
430	**Raumlufttechnische Anlagen**				
431	Lüftungsanlagen [m² BGF]	–	**39,00**	–	0,5%
434	Kälteanlagen [m² BGF]	–	**41,00**	–	0,8%
440	**Elektrische Anlagen**				
444	Niederspannungsinstallationsanlagen [m² BGF]	62,00	**78,00**	108,00	3,4%
445	Beleuchtungsanlagen [m² BGF]	19,00	**25,00**	28,00	1,1%
446	Blitzschutz- und Erdungsanlagen [m² BGF]	2,40	**6,20**	14,00	0,2%
450	**Kommunikations-, sicherheits- und informationstechnische Anlagen**				
451	Telekommunikationsanlagen [m² BGF]	1,40	**2,20**	3,00	< 0,1%
456	Gefahrenmelde- und Alarmanlagen [m² BGF]	11,00	**31,00**	51,00	1,1%
457	Datenübertragungsnetze [m² BGF]	4,70	**5,20**	6,20	0,2%
460	**Förderanlagen**				
470	**Nutzungsspezifische und verfahrenstechnische Anlagen**				
473	Medienversorgungsanlagen, Medizin- und labortechnische An-	–	**13,00**	–	0,2%
475	Prozesswärme-, kälte- und -luftanlagen [m² BGF]	–	**19,00**	–	0,2%
476	Weitere nutzungsspezifische Anlagen [m² BGF]	1,70	**157,00**	312,00	3,9%
480	**Gebäude- und Anlagenautomation**				
481	Automationseinrichtungen [m² BGF]	–	**6,20**	–	< 0,1%
482	Schaltschränke, Automationsschwerpunkte [m² BGF]	–	**9,50**	–	0,1%
483	Automationsmanagement [m² BGF]	–	**8,20**	–	0,1%
485	Datenübertragungsnetze [m² BGF]	–	**10,00**	–	0,1%
490	**Sonstige Maßnahmen für technische Anlagen**				
	Sonstige Kostengruppen Bauwerk – Technische Anlagen				
	419, 429, 432, 442, 452, 455, 491, 492, 494				0,2%

Kosten:
Stand 1. Quartal 2025
Bundesdurchschnitt
inkl. 19% MwSt.

Kostengruppen		▷	€/Einheit	◁	KG an 300+400
310	**Baugrube / Erdbau**				
311	Herstellung [m³]	31,00	**71,00**	170,00	1,5%
320	**Gründung, Unterbau**				
321	Baugrundverbesserung [m²]	11,00	**34,00**	47,00	0,3%
322	Flachgründungen und Bodenplatten [m²]	179,00	**351,00**	500,00	5,1%
323	Tiefgründungen [m²]	76,00	**438,00**	800,00	0,8%
324	Gründungsbeläge [m²]	161,00	**246,00**	386,00	3,6%
325	Abdichtungen und Bekleidungen [m²]	37,00	**74,00**	155,00	1,0%
330	**Außenwände/Vertikale Baukonstruktionen, außen**				
331	Tragende Außenwände [m²]	198,00	**250,00**	336,00	5,2%
332	Nichttragende Außenwände [m²]	191,00	**255,00**	436,00	0,5%
333	Außenstützen [m]	212,00	**291,00**	378,00	0,4%
334	Außenwandöffnungen [m²]	972,00	**1.577,00**	2.320,00	7,8%
335	Außenwandbekleidungen, außen [m²]	198,00	**439,00**	608,00	9,7%
336	Außenwandbekleidungen, innen [m²]	54,00	**81,00**	112,00	1,5%
337	Elementierte Außenwandkonstruktionen [m²]	1.086,00	**2.151,00**	3.217,00	0,4%
338	Lichtschutz zur KG 330 [m²]	127,00	**288,00**	368,00	0,9%
339	Sonstiges zur KG 330 [m²]	8,00	**15,00**	26,00	0,3%
340	**Innenwände/Vertikale Baukonstruktionen, innen**				
341	Tragende Innenwände [m²]	156,00	**187,00**	239,00	2,0%
342	Nichttragende Innenwände [m²]	108,00	**181,00**	262,00	1,2%
343	Innenstützen [m]	126,00	**205,00**	298,00	0,3%
344	Innenwandöffnungen [m²]	1.054,00	**1.580,00**	3.031,00	2,6%
345	Innenwandbekleidungen [m²]	73,00	**102,00**	155,00	2,0%
346	Elementierte Innenwandkonstruktionen [m²]	488,00	**678,00**	1.081,00	0,8%
350	**Decken/Horizontale Baukonstruktionen**				
351	Deckenkonstruktionen [m²]	188,00	**322,00**	507,00	4,7%
353	Deckenbeläge [m²]	77,00	**208,00**	308,00	1,4%
354	Deckenbekleidungen [m²]	32,00	**85,00**	161,00	0,7%
359	Sonstiges zur KG 350 [m²]	10,00	**32,00**	113,00	0,5%
360	**Dächer**				
361	Dachkonstruktionen [m²]	210,00	**275,00**	369,00	4,7%
362	Dachöffnungen [m²]	1.432,00	**3.510,00**	8.811,00	0,7%
363	Dachbeläge [m²]	244,00	**368,00**	750,00	5,3%
364	Dachbekleidungen [m²]	70,00	**168,00**	351,00	2,3%
366	Lichtschutz zur KG 360 [m²]	–	**669,00**	–	0,3%
369	Sonstiges zur KG 360 [m²]	6,40	**16,00**	37,00	0,3%
370	**Infrastrukturanlagen**				
380	**Baukonstruktive Einbauten**				
381	Allgemeine Einbauten [m² BGF]	49,00	**87,00**	127,00	1,3%
382	Besondere Einbauten [m² BGF]	218,00	**229,00**	240,00	1,8%

▷ von
ø Mittel
◁ bis

© **BKI** Baukosteninformationszentrum; Erläuterungen zu den Tabellen siehe Seite 54

Kostengruppen		▷	€/Einheit	◁	KG an 300+400
390	**Sonstige Maßnahmen für Baukonstruktionen**				
391	Baustelleneinrichtung [m² BGF]	55,00	**104,00**	143,00	3,1%
392	Gerüste [m² BGF]	26,00	**41,00**	75,00	1,2%
397	Zusätzliche Maßnahmen [m² BGF]	6,20	**14,00**	22,00	0,4%
	Sonstige Kostengruppen Bauwerk – Baukonstruktionen				
	312, 313, 326, 329, 349, 352, 355, 386, 387, 393, 394, 395, 396, 398, 399				0,6%
410	**Abwasser-, Wasser-, Gasanlagen**				
411	Abwasseranlagen [m² BGF]	26,00	**39,00**	66,00	1,2%
412	Wasseranlagen [m² BGF]	18,00	**39,00**	68,00	1,0%
420	**Wärmeversorgungsanlagen**				
421	Wärmeerzeugungsanlagen [m² BGF]	8,20	**27,00**	43,00	0,7%
422	Wärmeverteilnetze [m² BGF]	20,00	**31,00**	72,00	0,9%
423	Raumheizflächen [m² BGF]	15,00	**34,00**	54,00	0,9%
430	**Raumlufttechnische Anlagen**				
431	Lüftungsanlagen [m² BGF]	6,10	**32,00**	58,00	0,7%
433	Klimaanlagen [m² BGF]	65,00	**104,00**	143,00	0,9%
434	Kälteanlagen [m² BGF]	36,00	**42,00**	46,00	0,6%
440	**Elektrische Anlagen**				
444	Niederspannungsinstallationsanlagen [m² BGF]	77,00	**104,00**	146,00	2,9%
445	Beleuchtungsanlagen [m² BGF]	26,00	**72,00**	119,00	1,9%
446	Blitzschutz- und Erdungsanlagen [m² BGF]	7,60	**16,00**	26,00	0,5%
450	**Kommunikations-, sicherheits- und informationstechnische Anlagen**				
454	Elektroakustische Anlagen [m² BGF]	16,00	**61,00**	107,00	0,5%
456	Gefahrenmelde- und Alarmanlagen [m² BGF]	31,00	**44,00**	58,00	0,9%
457	Datenübertragungsnetze [m² BGF]	6,70	**13,00**	24,00	0,3%
460	**Förderanlagen**				
470	**Nutzungsspezifische und verfahrenstechnische Anlagen**				
471	Küchentechnische Anlagen [m² BGF]	–	**71,00**	–	0,3%
474	Feuerlöschanlagen [m² BGF]	3,40	**34,00**	158,00	0,8%
476	Weitere nutzungsspezifische Anlagen [m² BGF]	–	**113,00**	–	0,4%
480	**Gebäude- und Anlagenautomation**				
481	Automationseinrichtungen [m² BGF]	21,00	**29,00**	37,00	0,3%
484	Kabel, Leitungen und Verlegesysteme [m² BGF]	–	**33,00**	–	0,2%
490	**Sonstige Maßnahmen für technische Anlagen**				
	Sonstige Kostengruppen Bauwerk – Technische Anlagen				
	419, 429, 432, 441, 442, 443, 451, 452, 455, 461, 463, 482, 483, 491, 492, 494, 495, 496, 497				1,6%

Kosten:
Stand 1. Quartal 2025
Bundesdurchschnitt
inkl. 19% MwSt.

Kostengruppen		▷	€/Einheit	◁	KG an 300+400
310	**Baugrube / Erdbau**				
311	Herstellung [m³]	32,00	**38,00**	43,00	1,5%
313	Wasserhaltung [m³]	–	**4,50**	–	0,1%
320	**Gründung, Unterbau**				
322	Flachgründungen und Bodenplatten [m²]	112,00	**218,00**	325,00	2,3%
323	Tiefgründungen [m²]	–	**437,00**	–	4,6%
324	Gründungsbeläge [m²]	180,00	**196,00**	212,00	2,3%
325	Abdichtungen und Bekleidungen [m²]	9,90	**67,00**	125,00	0,5%
326	Dränagen [m²]	–	**16,00**	–	< 0,1%
329	Sonstiges zur KG 320 [m²]	–	**2,50**	–	< 0,1%
330	**Außenwände/Vertikale Baukonstruktionen, außen**				
331	Tragende Außenwände [m²]	378,00	**404,00**	430,00	2,2%
332	Nichttragende Außenwände [m²]	260,00	**301,00**	342,00	0,9%
333	Außenstützen [m]	216,00	**1.036,00**	1.857,00	0,8%
334	Außenwandöffnungen [m²]	1.051,00	**1.726,00**	2.401,00	11,9%
335	Außenwandbekleidungen, außen [m²]	226,00	**259,00**	292,00	3,2%
336	Außenwandbekleidungen, innen [m²]	23,00	**89,00**	155,00	1,0%
338	Lichtschutz zur KG 330 [m²]	230,00	**295,00**	361,00	0,4%
339	Sonstiges zur KG 330 [m²]	–	**14,00**	–	< 0,1%
340	**Innenwände/Vertikale Baukonstruktionen, innen**				
341	Tragende Innenwände [m²]	–	**464,00**	–	2,5%
342	Nichttragende Innenwände [m²]	230,00	**246,00**	261,00	2,7%
343	Innenstützen [m]	341,00	**1.124,00**	1.907,00	1,4%
344	Innenwandöffnungen [m²]	746,00	**1.694,00**	2.642,00	3,6%
345	Innenwandbekleidungen [m²]	81,00	**119,00**	157,00	4,2%
346	Elementierte Innenwandkonstruktionen [m²]	221,00	**482,00**	744,00	0,4%
349	Sonstiges zur KG 340 [m²]	–	**12,00**	–	0,1%
350	**Decken/Horizontale Baukonstruktionen**				
351	Deckenkonstruktionen [m²]	229,00	**383,00**	538,00	3,7%
353	Deckenbeläge [m²]	–	**279,00**	–	1,2%
354	Deckenbekleidungen [m²]	213,00	**223,00**	233,00	1,6%
359	Sonstiges zur KG 350 [m²]	–	**63,00**	–	0,4%
360	**Dächer**				
361	Dachkonstruktionen [m²]	568,00	**642,00**	715,00	8,5%
362	Dachöffnungen [m²]	–	**2.073,00**	–	< 0,1%
363	Dachbeläge [m²]	267,00	**323,00**	378,00	4,9%
364	Dachbekleidungen [m²]	206,00	**237,00**	268,00	1,6%
366	Lichtschutz zur KG 360 [m²]	–	**516,00**	–	< 0,1%
370	**Infrastrukturanlagen**				

▷ von
ø Mittel
◁ bis

© **BKI** Baukosteninformationszentrum; Erläuterungen zu den Tabellen siehe Seite 54

Kostengruppen	▷	€/Einheit	◁	KG an 300+400
380 Baukonstruktive Einbauten				
381 Allgemeine Einbauten [m² BGF]	41,00	**62,00**	83,00	1,3%
382 Besondere Einbauten [m² BGF]	–	**92,00**	–	0,8%
383 Landschaftsgestalterische Einbauten [m² BGF]	–	**11,00**	–	< 0,1%
386 Orientierungs- und Informationssysteme [m² BGF]	–	**19,00**	–	0,3%
390 Sonstige Maßnahmen für Baukonstruktionen				
391 Baustelleneinrichtung [m² BGF]	60,00	**75,00**	90,00	1,8%
392 Gerüste [m² BGF]	59,00	**65,00**	70,00	1,5%
397 Zusätzliche Maßnahmen [m² BGF]	–	**7,10**	–	< 0,1%
410 Abwasser-, Wasser-, Gasanlagen				
411 Abwasseranlagen [m² BGF]	57,00	**80,00**	103,00	2,0%
412 Wasseranlagen [m² BGF]	54,00	**85,00**	115,00	1,8%
413 Gasanlagen [m² BGF]	–	**11,00**	–	< 0,1%
419 Sonstiges zur KG 410 [m² BGF]	–	**8,10**	–	0,1%
420 Wärmeversorgungsanlagen				
421 Wärmeerzeugungsanlagen [m² BGF]	–	**7,70**	–	< 0,1%
422 Wärmeverteilnetze [m² BGF]	–	**83,00**	–	0,7%
423 Raumheizflächen [m² BGF]	–	**96,00**	–	0,9%
430 Raumlufttechnische Anlagen				
431 Lüftungsanlagen [m² BGF]	–	**381,00**	–	3,4%
440 Elektrische Anlagen				
442 Eigenstromversorgungsanlagen [m² BGF]	–	**6,20**	–	< 0,1%
444 Niederspannungsinstallationsanlagen [m² BGF]	111,00	**141,00**	170,00	3,1%
445 Beleuchtungsanlagen [m² BGF]	78,00	**86,00**	93,00	2,0%
446 Blitzschutz- und Erdungsanlagen [m² BGF]	2,30	**6,40**	10,00	0,2%
450 Kommunikations-, sicherheits- und informationstechnische Anlagen				
451 Telekommunikationsanlagen [m² BGF]	0,60	**3,80**	7,00	< 0,1%
452 Such- und Signalanlagen [m² BGF]	–	**1,30**	–	< 0,1%
454 Elektroakustische Anlagen [m² BGF]	–	**24,00**	–	0,2%
456 Gefahrenmelde- und Alarmanlagen [m² BGF]	–	**20,00**	–	0,2%
457 Datenübertragungsnetze [m² BGF]	5,50	**15,00**	24,00	0,3%
460 Förderanlagen				
461 Aufzugsanlagen [m² BGF]	–	**57,00**	–	0,5%
470 Nutzungsspezifische und verfahrenstechnische Anlagen				
474 Feuerlöschanlagen [m² BGF]	–	**46,00**	–	0,4%
476 Weitere nutzungsspezifische Anlagen [m² BGF]	–	**999,00**	–	9,0%
480 Gebäude- und Anlagenautomation				
490 Sonstige Maßnahmen für technische Anlagen				

Gemeindezentren, einfacher Standard

Kosten:
Stand 1. Quartal 2025
Bundesdurchschnitt
inkl. 19% MwSt.

▷ von
ø Mittel
◁ bis

Kostengruppen		▷	€/Einheit	◁	KG an 300+400
310	**Baugrube / Erdbau**				
311	Herstellung [m³]	36,00	**69,00**	119,00	3,4%
319	Sonstiges zur KG 310 [m³]	–	**1,30**	–	< 0,1%
320	**Gründung, Unterbau**				
321	Baugrundverbesserung [m²]	5,70	**12,00**	19,00	0,3%
322	Flachgründungen und Bodenplatten [m²]	113,00	**119,00**	122,00	4,2%
324	Gründungsbeläge [m²]	92,00	**150,00**	180,00	4,9%
325	Abdichtungen und Bekleidungen [m²]	11,00	**16,00**	26,00	0,6%
330	**Außenwände/Vertikale Baukonstruktionen, außen**				
331	Tragende Außenwände [m²]	191,00	**211,00**	247,00	7,0%
333	Außenstützen [m]	255,00	**363,00**	470,00	0,5%
334	Außenwandöffnungen [m²]	609,00	**681,00**	726,00	7,3%
335	Außenwandbekleidungen, außen [m²]	129,00	**200,00**	238,00	7,8%
336	Außenwandbekleidungen, innen [m²]	30,00	**48,00**	60,00	1,1%
338	Lichtschutz zur KG 330 [m²]	228,00	**314,00**	400,00	1,3%
339	Sonstiges zur KG 330 [m²]	–	**17,00**	–	0,3%
340	**Innenwände/Vertikale Baukonstruktionen, innen**				
341	Tragende Innenwände [m²]	116,00	**126,00**	131,00	1,8%
342	Nichttragende Innenwände [m²]	61,00	**87,00**	101,00	1,7%
343	Innenstützen [m]	207,00	**237,00**	268,00	< 0,1%
344	Innenwandöffnungen [m²]	740,00	**888,00**	1.133,00	3,6%
345	Innenwandbekleidungen [m²]	43,00	**69,00**	85,00	4,0%
346	Elementierte Innenwandkonstruktionen [m²]	397,00	**414,00**	431,00	1,8%
350	**Decken/Horizontale Baukonstruktionen**				
351	Deckenkonstruktionen [m²]	221,00	**288,00**	355,00	4,4%
352	Deckenöffnungen [m²]	–	**3.200,00**	–	< 0,1%
353	Deckenbeläge [m²]	132,00	**132,00**	133,00	1,9%
354	Deckenbekleidungen [m²]	9,70	**28,00**	47,00	< 0,1%
359	Sonstiges zur KG 350 [m²]	16,00	**80,00**	144,00	0,8%
360	**Dächer**				
361	Dachkonstruktionen [m²]	87,00	**174,00**	348,00	7,4%
362	Dachöffnungen [m²]	1.614,00	**1.675,00**	1.795,00	1,5%
363	Dachbeläge [m²]	123,00	**150,00**	198,00	6,3%
364	Dachbekleidungen [m²]	115,00	**131,00**	163,00	4,6%
366	Lichtschutz zur KG 360 [m²]	–	**323,00**	–	< 0,1%
369	Sonstiges zur KG 360 [m²]	6,60	**7,80**	9,00	0,2%
370	**Infrastrukturanlagen**				
380	**Baukonstruktive Einbauten**				
381	Allgemeine Einbauten [m² BGF]	28,00	**89,00**	209,00	4,3%
382	Besondere Einbauten [m² BGF]	14,00	**27,00**	41,00	1,1%

© **BKI** Baukosteninformationszentrum; Erläuterungen zu den Tabellen siehe Seite 54

Kostengruppen		▷	€/Einheit	◁	KG an 300+400
390	**Sonstige Maßnahmen für Baukonstruktionen**				
391	Baustelleneinrichtung [m² BGF]	16,00	**22,00**	25,00	1,1%
392	Gerüste [m² BGF]	4,10	**9,50**	18,00	0,5%
397	Zusätzliche Maßnahmen [m² BGF]	–	**3,70**	–	< 0,1%
399	Sonstiges zur KG 390 [m² BGF]	–	**9,40**	–	0,1%
410	**Abwasser-, Wasser-, Gasanlagen**				
411	Abwasseranlagen [m² BGF]	14,00	**18,00**	24,00	1,0%
412	Wasseranlagen [m² BGF]	32,00	**46,00**	73,00	2,3%
419	Sonstiges zur KG 410 [m² BGF]	0,50	**3,90**	7,30	0,1%
420	**Wärmeversorgungsanlagen**				
421	Wärmeerzeugungsanlagen [m² BGF]	17,00	**29,00**	47,00	1,5%
422	Wärmeverteilnetze [m² BGF]	4,60	**16,00**	22,00	0,8%
423	Raumheizflächen [m² BGF]	27,00	**34,00**	46,00	1,9%
429	Sonstiges zur KG 420 [m² BGF]	2,10	**7,30**	13,00	0,2%
430	**Raumlufttechnische Anlagen**				
431	Lüftungsanlagen [m² BGF]	1,50	**11,00**	20,00	0,3%
440	**Elektrische Anlagen**				
444	Niederspannungsinstallationsanlagen [m² BGF]	22,00	**30,00**	43,00	1,5%
445	Beleuchtungsanlagen [m² BGF]	21,00	**38,00**	73,00	1,9%
446	Blitzschutz- und Erdungsanlagen [m² BGF]	3,10	**5,10**	8,00	0,3%
450	**Kommunikations-, sicherheits- und informationstechnische Anlagen**				
451	Telekommunikationsanlagen [m² BGF]	0,50	**0,80**	1,00	< 0,1%
452	Such- und Signalanlagen [m² BGF]	0,60	**1,50**	2,30	< 0,1%
454	Elektroakustische Anlagen [m² BGF]	–	**2,50**	–	< 0,1%
455	Audiovisuelle Medien- und Antennenanlagen [m² BGF]	2,40	**2,60**	2,80	< 0,1%
457	Datenübertragungsnetze [m² BGF]	–	**2,90**	–	< 0,1%
460	**Förderanlagen**				
461	Aufzugsanlagen [m² BGF]	–	**16,00**	–	0,3%
470	**Nutzungsspezifische und verfahrenstechnische Anlagen**				
471	Küchentechnische Anlagen [m² BGF]	–	**52,00**	–	1,1%
474	Feuerlöschanlagen [m² BGF]	0,20	**0,70**	1,70	< 0,1%
480	**Gebäude- und Anlagenautomation**				
490	**Sonstige Maßnahmen für technische Anlagen**				

Gemeindezentren, mittlerer Standard

Kosten:
Stand 1. Quartal 2025
Bundesdurchschnitt
inkl. 19% MwSt.

Kostengruppen		▷	€/Einheit	◁	KG an 300+400
310	**Baugrube / Erdbau**				
311	Herstellung [m³]	51,00	**108,00**	196,00	2,2%
320	**Gründung, Unterbau**				
321	Baugrundverbesserung [m²]	4,70	**16,00**	27,00	0,1%
322	Flachgründungen und Bodenplatten [m²]	162,00	**199,00**	249,00	4,5%
324	Gründungsbeläge [m²]	137,00	**235,00**	371,00	4,4%
325	Abdichtungen und Bekleidungen [m²]	35,00	**76,00**	99,00	1,9%
326	Dränagen [m²]	12,00	**27,00**	41,00	0,2%
330	**Außenwände/Vertikale Baukonstruktionen, außen**				
331	Tragende Außenwände [m²]	211,00	**278,00**	378,00	5,6%
332	Nichttragende Außenwände [m²]	150,00	**243,00**	413,00	0,5%
333	Außenstützen [m]	73,00	**206,00**	263,00	0,3%
334	Außenwandöffnungen [m²]	991,00	**1.255,00**	1.651,00	8,1%
335	Außenwandbekleidungen, außen [m²]	168,00	**327,00**	456,00	8,6%
336	Außenwandbekleidungen, innen [m²]	57,00	**65,00**	69,00	1,2%
337	Elementierte Außenwandkonstruktionen [m²]	–	**1.170,00**	–	1,4%
338	Lichtschutz zur KG 330 [m²]	511,00	**669,00**	827,00	1,0%
339	Sonstiges zur KG 330 [m²]	3,30	**10,00**	22,00	0,2%
340	**Innenwände/Vertikale Baukonstruktionen, innen**				
341	Tragende Innenwände [m²]	148,00	**209,00**	245,00	2,2%
342	Nichttragende Innenwände [m²]	97,00	**144,00**	180,00	1,1%
344	Innenwandöffnungen [m²]	796,00	**1.131,00**	1.666,00	3,7%
345	Innenwandbekleidungen [m²]	62,00	**67,00**	72,00	2,1%
346	Elementierte Innenwandkonstruktionen [m²]	689,00	**746,00**	811,00	1,6%
350	**Decken/Horizontale Baukonstruktionen**				
351	Deckenkonstruktionen [m²]	76,00	**209,00**	273,00	2,6%
352	Deckenöffnungen [m²]	1.130,00	**2.662,00**	4.194,00	0,1%
353	Deckenbeläge [m²]	50,00	**155,00**	206,00	1,6%
354	Deckenbekleidungen [m²]	83,00	**137,00**	204,00	1,5%
355	Elementierte Deckenkonstruktionen [m²]	–	**3.740,00**	–	0,5%
359	Sonstiges zur KG 350 [m²]	41,00	**80,00**	157,00	0,5%
360	**Dächer**				
361	Dachkonstruktionen [m²]	151,00	**224,00**	440,00	5,4%
362	Dachöffnungen [m²]	2.190,00	**2.572,00**	3.288,00	0,3%
363	Dachbeläge [m²]	185,00	**243,00**	312,00	6,5%
364	Dachbekleidungen [m²]	112,00	**140,00**	160,00	2,9%
369	Sonstiges zur KG 360 [m²]	6,80	**8,40**	9,80	0,2%
370	**Infrastrukturanlagen**				
380	**Baukonstruktive Einbauten**				
381	Allgemeine Einbauten [m² BGF]	7,60	**29,00**	62,00	0,8%

▷ von
ø Mittel
◁ bis

© **BKI** Baukosteninformationszentrum; Erläuterungen zu den Tabellen siehe Seite 54

Kostengruppen		▷	€/Einheit	◁	KG an 300+400
390	**Sonstige Maßnahmen für Baukonstruktionen**				
391	Baustelleneinrichtung [m² BGF]	27,00	**84,00**	128,00	2,7%
392	Gerüste [m² BGF]	26,00	**47,00**	116,00	1,4%
395	Instandsetzungen [m² BGF]	1,10	**26,00**	52,00	0,2%
397	Zusätzliche Maßnahmen [m² BGF]	5,40	**15,00**	30,00	0,4%
	Sonstige Kostengruppen Bauwerk – Baukonstruktionen				
	313, 329, 343, 349, 366, 382, 386, 393, 394, 399				0,5%
410	**Abwasser-, Wasser-, Gasanlagen**				
411	Abwasseranlagen [m² BGF]	18,00	**38,00**	65,00	1,2%
412	Wasseranlagen [m² BGF]	39,00	**57,00**	68,00	2,0%
419	Sonstiges zur KG 410 [m² BGF]	7,60	**12,00**	16,00	0,3%
420	**Wärmeversorgungsanlagen**				
421	Wärmeerzeugungsanlagen [m² BGF]	35,00	**63,00**	107,00	2,3%
422	Wärmeverteilnetze [m² BGF]	26,00	**33,00**	44,00	1,2%
423	Raumheizflächen [m² BGF]	25,00	**48,00**	69,00	1,7%
430	**Raumlufttechnische Anlagen**				
431	Lüftungsanlagen [m² BGF]	75,00	**117,00**	140,00	2,0%
440	**Elektrische Anlagen**				
442	Eigenstromversorgungsanlagen [m² BGF]	–	**39,00**	–	0,3%
444	Niederspannungsinstallationsanlagen [m² BGF]	55,00	**92,00**	119,00	3,1%
445	Beleuchtungsanlagen [m² BGF]	63,00	**94,00**	193,00	3,0%
446	Blitzschutz- und Erdungsanlagen [m² BGF]	3,50	**10,00**	20,00	0,3%
450	**Kommunikations-, sicherheits- und informationstechnische Anlagen**				
452	Such- und Signalanlagen [m² BGF]	2,50	**7,20**	20,00	0,1%
454	Elektroakustische Anlagen [m² BGF]	3,80	**7,90**	12,00	0,1%
456	Gefahrenmelde- und Alarmanlagen [m² BGF]	3,00	**8,50**	19,00	0,2%
457	Datenübertragungsnetze [m² BGF]	3,30	**9,80**	20,00	0,2%
460	**Förderanlagen**				
461	Aufzugsanlagen [m² BGF]	72,00	**76,00**	80,00	1,4%
470	**Nutzungsspezifische und verfahrenstechnische Anlagen**				
471	Küchentechnische Anlagen [m² BGF]	–	**64,00**	–	0,6%
480	**Gebäude- und Anlagenautomation**				
481	Automationseinrichtungen [m² BGF]	–	**77,00**	–	0,3%
484	Kabel, Leitungen und Verlegesysteme [m² BGF]	–	**40,00**	–	0,2%
490	**Sonstige Maßnahmen für technische Anlagen**				
	Sonstige Kostengruppen Bauwerk – Technische Anlagen				
	429, 432, 451, 455, 474, 482, 492, 495				0,3%

Gemeindezentren, hoher Standard

Kosten:
Stand 1. Quartal 2025
Bundesdurchschnitt
inkl. 19% MwSt.

Kostengruppen		▷	€/Einheit	◁	KG an 300+400
310	**Baugrube / Erdbau**				
311	Herstellung [m³]	44,00	**95,00**	156,00	1,6%
312	Umschließung [m²]	–	**566,00**	–	0,4%
320	**Gründung, Unterbau**				
322	Flachgründungen und Bodenplatten [m²]	168,00	**226,00**	341,00	4,6%
324	Gründungsbeläge [m²]	163,00	**231,00**	292,00	4,7%
325	Abdichtungen und Bekleidungen [m²]	23,00	**45,00**	100,00	1,2%
330	**Außenwände/Vertikale Baukonstruktionen, außen**				
331	Tragende Außenwände [m²]	227,00	**348,00**	466,00	7,0%
333	Außenstützen [m]	116,00	**298,00**	794,00	0,3%
334	Außenwandöffnungen [m²]	1.117,00	**1.328,00**	1.539,00	9,4%
335	Außenwandbekleidungen, außen [m²]	150,00	**277,00**	403,00	5,7%
336	Außenwandbekleidungen, innen [m²]	67,00	**87,00**	144,00	1,0%
337	Elementierte Außenwandkonstruktionen [m²]	–	**1.199,00**	–	1,8%
338	Lichtschutz zur KG 330 [m²]	–	**174,00**	–	0,2%
339	Sonstiges zur KG 330 [m²]	27,00	**38,00**	57,00	0,8%
340	**Innenwände/Vertikale Baukonstruktionen, innen**				
341	Tragende Innenwände [m²]	127,00	**206,00**	434,00	2,5%
342	Nichttragende Innenwände [m²]	128,00	**269,00**	444,00	1,5%
343	Innenstützen [m]	62,00	**151,00**	265,00	0,8%
344	Innenwandöffnungen [m²]	985,00	**1.235,00**	1.498,00	2,6%
345	Innenwandbekleidungen [m²]	74,00	**85,00**	99,00	2,5%
346	Elementierte Innenwandkonstruktionen [m²]	621,00	**958,00**	1.366,00	2,3%
350	**Decken/Horizontale Baukonstruktionen**				
351	Deckenkonstruktionen [m²]	203,00	**251,00**	364,00	3,8%
353	Deckenbeläge [m²]	67,00	**159,00**	240,00	1,5%
354	Deckenbekleidungen [m²]	28,00	**87,00**	162,00	0,5%
355	Elementierte Deckenkonstruktionen [m²]	–	**1.044,00**	–	0,6%
359	Sonstiges zur KG 350 [m²]	31,00	**69,00**	141,00	0,8%
360	**Dächer**				
361	Dachkonstruktionen [m²]	149,00	**214,00**	406,00	5,3%
362	Dachöffnungen [m²]	–	**4.141,00**	–	0,6%
363	Dachbeläge [m²]	119,00	**218,00**	269,00	5,5%
364	Dachbekleidungen [m²]	69,00	**101,00**	133,00	2,7%
369	Sonstiges zur KG 360 [m²]	8,30	**13,00**	24,00	0,3%
370	**Infrastrukturanlagen**				
380	**Baukonstruktive Einbauten**				
381	Allgemeine Einbauten [m² BGF]	24,00	**86,00**	154,00	2,7%
382	Besondere Einbauten [m² BGF]	–	**88,00**	–	0,6%

▷ von
ø Mittel
◁ bis

© **BKI** Baukosteninformationszentrum; Erläuterungen zu den Tabellen siehe Seite 54

Kostengruppen		▷	€/Einheit	◁	KG an 300+400
390	**Sonstige Maßnahmen für Baukonstruktionen**				
391	Baustelleneinrichtung [m² BGF]	7,20	**30,00**	40,00	0,9%
392	Gerüste [m² BGF]	22,00	**37,00**	50,00	1,1%
393	Sicherungsmaßnahmen [m² BGF]	–	**12,00**	–	0,1%
397	Zusätzliche Maßnahmen [m² BGF]	2,60	**9,60**	13,00	0,2%
399	Sonstiges zur KG 390 [m² BGF]	10,00	**15,00**	20,00	0,2%
	Sonstige Kostengruppen Bauwerk – Baukonstruktionen				
	319, 321, 326, 332, 349, 366, 386, 394, 396, 398				0,3%
410	**Abwasser-, Wasser-, Gasanlagen**				
411	Abwasseranlagen [m² BGF]	28,00	**48,00**	69,00	1,5%
412	Wasseranlagen [m² BGF]	51,00	**80,00**	111,00	2,5%
420	**Wärmeversorgungsanlagen**				
421	Wärmeerzeugungsanlagen [m² BGF]	53,00	**70,00**	109,00	2,1%
422	Wärmeverteilnetze [m² BGF]	11,00	**27,00**	32,00	0,8%
423	Raumheizflächen [m² BGF]	44,00	**64,00**	84,00	2,0%
429	Sonstiges zur KG 420 [m² BGF]	–	**42,00**	–	0,4%
430	**Raumlufttechnische Anlagen**				
431	Lüftungsanlagen [m² BGF]	9,10	**25,00**	41,00	0,8%
440	**Elektrische Anlagen**				
442	Eigenstromversorgungsanlagen [m² BGF]	19,00	**44,00**	70,00	0,7%
444	Niederspannungsinstallationsanlagen [m² BGF]	72,00	**89,00**	131,00	2,8%
445	Beleuchtungsanlagen [m² BGF]	68,00	**107,00**	143,00	3,3%
446	Blitzschutz- und Erdungsanlagen [m² BGF]	4,20	**11,00**	17,00	0,3%
449	Sonstiges zur KG 440 [m² BGF]	–	**28,00**	–	0,2%
450	**Kommunikations-, sicherheits- und informationstechnische Anlagen**				
454	Elektroakustische Anlagen [m² BGF]	15,00	**41,00**	55,00	0,9%
456	Gefahrenmelde- und Alarmanlagen [m² BGF]	5,20	**7,10**	9,10	0,1%
460	**Förderanlagen**				
461	Aufzugsanlagen [m² BGF]	–	**150,00**	–	1,3%
470	**Nutzungsspezifische und verfahrenstechnische Anlagen**				
471	Küchentechnische Anlagen [m² BGF]	–	**82,00**	–	0,6%
476	Weitere nutzungsspezifische Anlagen [m² BGF]	–	**56,00**	–	0,4%
480	**Gebäude- und Anlagenautomation**				
481	Automationseinrichtungen [m² BGF]	–	**27,00**	–	0,2%
490	**Sonstige Maßnahmen für technische Anlagen**				
	Sonstige Kostengruppen Bauwerk – Technische Anlagen				
	413, 419, 451, 452, 455, 457, 474				0,4%

Gemeindezentren, Holzbauweise

Kosten:
Stand 1. Quartal 2025
Bundesdurchschnitt
inkl. 19% MwSt.

Kostengruppen		▷	€/Einheit	◁	KG an 300+400
310	**Baugrube / Erdbau**				
311	Herstellung [m³]	28,00	**59,00**	108,00	1,2%
320	**Gründung, Unterbau**				
321	Baugrundverbesserung [m²]	9,00	**15,00**	21,00	0,3%
322	Flachgründungen und Bodenplatten [m²]	163,00	**189,00**	204,00	5,1%
324	Gründungsbeläge [m²]	224,00	**244,00**	281,00	5,9%
325	Abdichtungen und Bekleidungen [m²]	16,00	**27,00**	34,00	0,7%
329	Sonstiges zur KG 320 [m²]	–	**12,00**	–	< 0,1%
330	**Außenwände/Vertikale Baukonstruktionen, außen**				
331	Tragende Außenwände [m²]	281,00	**304,00**	316,00	6,8%
332	Nichttragende Außenwände [m²]	–	**542,00**	–	0,7%
333	Außenstützen [m]	221,00	**369,00**	516,00	0,6%
334	Außenwandöffnungen [m²]	931,00	**1.064,00**	1.132,00	9,8%
335	Außenwandbekleidungen, außen [m²]	185,00	**238,00**	267,00	6,3%
336	Außenwandbekleidungen, innen [m²]	24,00	**94,00**	140,00	2,3%
338	Lichtschutz zur KG 330 [m²]	224,00	**875,00**	1.526,00	0,9%
339	Sonstiges zur KG 330 [m²]	–	**4,10**	–	< 0,1%
340	**Innenwände/Vertikale Baukonstruktionen, innen**				
341	Tragende Innenwände [m²]	222,00	**267,00**	290,00	2,2%
342	Nichttragende Innenwände [m²]	127,00	**153,00**	193,00	1,5%
343	Innenstützen [m]	–	**340,00**	–	0,3%
344	Innenwandöffnungen [m²]	812,00	**1.250,00**	1.918,00	4,6%
345	Innenwandbekleidungen [m²]	51,00	**58,00**	73,00	1,8%
346	Elementierte Innenwandkonstruktionen [m²]	278,00	**627,00**	843,00	0,9%
349	Sonstiges zur KG 340 [m²]	4,80	**8,20**	12,00	0,1%
350	**Decken/Horizontale Baukonstruktionen**				
351	Deckenkonstruktionen [m²]	337,00	**407,00**	520,00	1,7%
352	Deckenöffnungen [m²]	–	**4.001,00**	–	0,2%
353	Deckenbeläge [m²]	–	**313,00**	–	0,5%
354	Deckenbekleidungen [m²]	36,00	**93,00**	128,00	0,3%
359	Sonstiges zur KG 350 [m²]	–	**115,00**	–	0,3%
360	**Dächer**				
361	Dachkonstruktionen [m²]	148,00	**174,00**	223,00	6,4%
362	Dachöffnungen [m²]	–	**2.520,00**	–	0,3%
363	Dachbeläge [m²]	138,00	**165,00**	180,00	6,5%
364	Dachbekleidungen [m²]	146,00	**173,00**	225,00	5,7%
369	Sonstiges zur KG 360 [m²]	2,90	**4,00**	5,10	< 0,1%
370	**Infrastrukturanlagen**				
380	**Baukonstruktive Einbauten**				
381	Allgemeine Einbauten [m² BGF]	23,00	**45,00**	67,00	1,0%
382	Besondere Einbauten [m² BGF]	26,00	**68,00**	109,00	1,4%

▷ von
ø Mittel
◁ bis

© **BKI** Baukosteninformationszentrum; Erläuterungen zu den Tabellen siehe Seite 54

Kostengruppen	▷	€/Einheit	◁	KG an 300+400
390 Sonstige Maßnahmen für Baukonstruktionen				
391 Baustelleneinrichtung [m² BGF]	42,00	**67,00**	115,00	2,1%
392 Gerüste [m² BGF]	16,00	**22,00**	34,00	0,7%
395 Instandsetzungen [m² BGF]	–	**2,70**	–	< 0,1%
397 Zusätzliche Maßnahmen [m² BGF]	2,80	**8,40**	14,00	0,2%
399 Sonstiges zur KG 390 [m² BGF]	–	**22,00**	–	0,2%
410 Abwasser-, Wasser-, Gasanlagen				
411 Abwasseranlagen [m² BGF]	27,00	**34,00**	37,00	1,1%
412 Wasseranlagen [m² BGF]	53,00	**64,00**	83,00	2,1%
419 Sonstiges zur KG 410 [m² BGF]	7,00	**9,30**	12,00	0,2%
420 Wärmeversorgungsanlagen				
421 Wärmeerzeugungsanlagen [m² BGF]	41,00	**48,00**	59,00	1,5%
422 Wärmeverteilnetze [m² BGF]	11,00	**30,00**	40,00	1,0%
423 Raumheizflächen [m² BGF]	38,00	**54,00**	82,00	1,7%
429 Sonstiges zur KG 420 [m² BGF]	1,60	**3,60**	5,60	< 0,1%
430 Raumlufttechnische Anlagen				
431 Lüftungsanlagen [m² BGF]	8,30	**89,00**	170,00	2,0%
439 Sonstiges zur KG 430 [m² BGF]	–	**1,00**	–	< 0,1%
440 Elektrische Anlagen				
444 Niederspannungsinstallationsanlagen [m² BGF]	81,00	**130,00**	155,00	4,2%
445 Beleuchtungsanlagen [m² BGF]	119,00	**138,00**	169,00	4,5%
446 Blitzschutz- und Erdungsanlagen [m² BGF]	8,70	**11,00**	15,00	0,3%
450 Kommunikations-, sicherheits- und informationstechnische Anlagen				
451 Telekommunikationsanlagen [m² BGF]	–	**8,00**	–	< 0,1%
452 Such- und Signalanlagen [m² BGF]	2,30	**3,20**	4,20	< 0,1%
454 Elektroakustische Anlagen [m² BGF]	–	**2,60**	–	< 0,1%
455 Audiovisuelle Medien- und Antennenanlagen [m² BGF]	0,70	**1,30**	1,80	< 0,1%
456 Gefahrenmelde- und Alarmanlagen [m² BGF]	–	**7,30**	–	< 0,1%
457 Datenübertragungsnetze [m² BGF]	5,80	**14,00**	23,00	0,3%
460 Förderanlagen				
470 Nutzungsspezifische und verfahrenstechnische Anlagen				
474 Feuerlöschanlagen [m² BGF]	–	**0,90**	–	< 0,1%
476 Weitere nutzungsspezifische Anlagen [m² BGF]	–	**41,00**	–	0,4%
480 Gebäude- und Anlagenautomation				
481 Automationseinrichtungen [m² BGF]	–	**10,00**	–	0,1%
484 Kabel, Leitungen und Verlegesysteme [m² BGF]	–	**4,40**	–	< 0,1%
490 Sonstige Maßnahmen für technische Anlagen				
491 Baustelleneinrichtung [m² BGF]	–	**2,00**	–	< 0,1%

Kosten:
Stand 1. Quartal 2025
Bundesdurchschnitt
inkl. 19% MwSt.

Kostengruppen		▷	€/Einheit	◁	KG an 300+400
310	**Baugrube / Erdbau**				
311	Herstellung [m³]	71,00	**85,00**	98,00	5,2%
312	Umschließung [m²]	–	**85,00**	–	0,4%
320	**Gründung, Unterbau**				
321	Baugrundverbesserung [m²]	–	**108,00**	–	0,6%
322	Flachgründungen und Bodenplatten [m²]	230,00	**243,00**	255,00	3,0%
324	Gründungsbeläge [m²]	152,00	**199,00**	247,00	1,4%
325	Abdichtungen und Bekleidungen [m²]	39,00	**53,00**	66,00	0,6%
326	Dränagen [m²]	6,40	**13,00**	21,00	0,2%
329	Sonstiges zur KG 320 [m²]	–	**9,00**	–	< 0,1%
330	**Außenwände/Vertikale Baukonstruktionen, außen**				
331	Tragende Außenwände [m²]	185,00	**258,00**	332,00	6,0%
332	Nichttragende Außenwände [m²]	80,00	**233,00**	387,00	0,5%
333	Außenstützen [m]	297,00	**366,00**	435,00	1,1%
334	Außenwandöffnungen [m²]	1.199,00	**1.380,00**	1.561,00	7,9%
335	Außenwandbekleidungen, außen [m²]	145,00	**273,00**	401,00	6,8%
336	Außenwandbekleidungen, innen [m²]	67,00	**106,00**	144,00	1,9%
337	Elementierte Außenwandkonstruktionen [m²]	–	**830,00**	–	0,2%
338	Lichtschutz zur KG 330 [m²]	–	**719,00**	–	0,3%
339	Sonstiges zur KG 330 [m²]	3,80	**6,30**	8,90	0,2%
340	**Innenwände/Vertikale Baukonstruktionen, innen**				
341	Tragende Innenwände [m²]	135,00	**292,00**	450,00	3,0%
342	Nichttragende Innenwände [m²]	74,00	**126,00**	178,00	0,3%
344	Innenwandöffnungen [m²]	1.066,00	**1.112,00**	1.158,00	3,4%
345	Innenwandbekleidungen [m²]	27,00	**96,00**	165,00	1,0%
346	Elementierte Innenwandkonstruktionen [m²]	700,00	**758,00**	817,00	1,0%
350	**Decken/Horizontale Baukonstruktionen**				
351	Deckenkonstruktionen [m²]	157,00	**363,00**	570,00	2,9%
353	Deckenbeläge [m²]	258,00	**309,00**	361,00	2,3%
355	Elementierte Deckenkonstruktionen [m²]	–	**1.642,00**	–	0,1%
360	**Dächer**				
361	Dachkonstruktionen [m²]	131,00	**229,00**	326,00	4,4%
363	Dachbeläge [m²]	276,00	**292,00**	309,00	7,7%
364	Dachbekleidungen [m²]	61,00	**213,00**	365,00	1,9%
369	Sonstiges zur KG 360 [m²]	7,60	**14,00**	20,00	0,3%
370	**Infrastrukturanlagen**				
380	**Baukonstruktive Einbauten**				
381	Allgemeine Einbauten [m² BGF]	23,00	**25,00**	26,00	0,7%
382	Besondere Einbauten [m² BGF]	–	**5,90**	–	< 0,1%

▷ von
ø Mittel
◁ bis

© **BKI** Baukosteninformationszentrum; Erläuterungen zu den Tabellen siehe Seite 54

Kostengruppen		▷	€/Einheit	◁	KG an 300+400
390	**Sonstige Maßnahmen für Baukonstruktionen**				
391	Baustelleneinrichtung [m² BGF]	75,00	**124,00**	172,00	3,1%
392	Gerüste [m² BGF]	40,00	**40,00**	41,00	1,1%
397	Zusätzliche Maßnahmen [m² BGF]	–	**24,00**	–	0,2%
399	Sonstiges zur KG 390 [m² BGF]	–	**69,00**	–	0,7%
	Sonstige Kostengruppen Bauwerk – Baukonstruktionen				
	313, 343, 349, 354, 359, 396				< 0,1%
410	**Abwasser-, Wasser-, Gasanlagen**				
411	Abwasseranlagen [m² BGF]	27,00	**35,00**	43,00	0,9%
412	Wasseranlagen [m² BGF]	42,00	**45,00**	49,00	1,3%
420	**Wärmeversorgungsanlagen**				
421	Wärmeerzeugungsanlagen [m² BGF]	–	**50,00**	–	0,5%
422	Wärmeverteilnetze [m² BGF]	–	**60,00**	–	0,6%
423	Raumheizflächen [m² BGF]	–	**11,00**	–	0,1%
430	**Raumlufttechnische Anlagen**				
431	Lüftungsanlagen [m² BGF]	7,60	**72,00**	137,00	1,5%
434	Kälteanlagen [m² BGF]	–	**267,00**	–	4,8%
440	**Elektrische Anlagen**				
444	Niederspannungsinstallationsanlagen [m² BGF]	97,00	**106,00**	115,00	2,9%
445	Beleuchtungsanlagen [m² BGF]	15,00	**38,00**	62,00	0,9%
446	Blitzschutz- und Erdungsanlagen [m² BGF]	–	**14,00**	–	0,4%
450	**Kommunikations-, sicherheits- und informationstechnische Anlagen**				
452	Such- und Signalanlagen [m² BGF]	–	**11,00**	–	0,1%
456	Gefahrenmelde- und Alarmanlagen [m² BGF]	–	**25,00**	–	0,3%
457	Datenübertragungsnetze [m² BGF]	–	**8,20**	–	< 0,1%
460	**Förderanlagen**				
461	Aufzugsanlagen [m² BGF]	–	**47,00**	–	0,5%
465	Krananlagen [m² BGF]	–	**9,50**	–	< 0,1%
470	**Nutzungsspezifische und verfahrenstechnische Anlagen**				
476	Weitere nutzungsspezifische Anlagen [m² BGF]	–	**1.289,00**	–	13,1%
480	**Gebäude- und Anlagenautomation**				
481	Automationseinrichtungen [m² BGF]	–	**57,00**	–	0,6%
482	Schaltschränke, Automationsschwerpunkte [m² BGF]	–	**21,00**	–	0,2%
484	Kabel, Leitungen und Verlegesysteme [m² BGF]	–	**20,00**	–	0,2%
485	Datenübertragungsnetze [m² BGF]	–	**7,90**	–	< 0,1%
490	**Sonstige Maßnahmen für technische Anlagen**				
491	Baustelleneinrichtung [m² BGF]	–	**5,30**	–	< 0,1%
	Sonstige Kostengruppen Bauwerk – Technische Anlagen				
	419, 429, 454, 455, 474, 492				0,1%

Bauelemente Neubau nach Kostengruppen

Kostenkennwerte für die Kostengruppen der 3. Ebene DIN 276

311
Herstellung

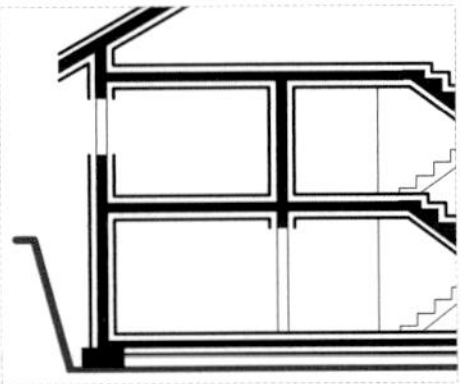

Kosten:
Stand 1. Quartal 2025
Bundesdurchschnitt
inkl. 19% MwSt.

Einheit: m³
Baugrubenrauminhalt / Erdbaurauminhalt

▷ von
ø Mittel
◁ bis

Gebäudeart	▷	€/Einheit	◁	KG an 300
1 Büro- und Verwaltungsgebäude				
Büro- und Verwaltungsgebäude, einfacher Standard	16,00	**37,00**	49,00	1,8%
Büro- und Verwaltungsgebäude, mittlerer Standard	35,00	**66,00**	140,00	2,1%
Büro- und Verwaltungsgebäude, hoher Standard	40,00	**77,00**	140,00	2,6%
Büro- und Verwaltungsgebäude, Holzbauweise	34,00	**65,00**	101,00	0,7%
2 Gebäude für Forschung und Lehre				
Instituts- und Laborgebäude	44,00	**48,00**	60,00	0,6%
3 Gebäude des Gesundheitswesens				
Medizinische Einrichtungen	32,00	**54,00**	91,00	1,9%
Pflegeheime	32,00	**57,00**	137,00	2,2%
Gebäude für Erholungszwecke	34,00	**55,00**	87,00	1,4%
4 Schulen und Kindergärten				
Allgemeinbildende Schulen	23,00	**50,00**	80,00	3,1%
Schulen, Holzbauweise	28,00	**92,00**	166,00	1,9%
Berufliche Schulen	25,00	**43,00**	57,00	1,8%
Förder- und Sonderschulen	17,00	**40,00**	76,00	1,2%
Weiterbildungseinrichtungen	30,00	**33,00**	35,00	2,2%
Kindergärten, nicht unterkellert, einfacher Standard	21,00	**39,00**	48,00	1,3%
Kindergärten, nicht unterkellert, mittlerer Standard	28,00	**41,00**	56,00	1,4%
Kindergärten, nicht unterkellert, hoher Standard	8,10	**39,00**	50,00	1,8%
Kindergärten, Holzbauweise, nicht unterkellert	34,00	**59,00**	109,00	1,9%
Kindergärten, unterkellert	21,00	**33,00**	46,00	2,6%
5 Sportbauten				
Sport- und Mehrzweckhallen	18,00	**53,00**	71,00	2,7%
Sporthallen (Einfeldhallen)	28,00	**38,00**	48,00	3,0%
Sporthallen (Dreifeldhallen)	28,00	**35,00**	45,00	2,4%
6 Wohngebäude				
Ein- und Zweifamilienhäuser				
Ein- und Zweifamilienhäuser, unterkellert, einfacher Standard	27,00	**38,00**	58,00	4,5%
Ein- und Zweifamilienhäuser, unterkellert, mittlerer Standard	32,00	**40,00**	49,00	4,1%
Ein- und Zweifamilienhäuser, unterkellert, hoher Standard	7,60	**31,00**	44,00	3,0%
Ein- und Zweifamilienhäuser, nicht unterkellert, einfacher Standard	28,00	**60,00**	92,00	1,5%
Ein- und Zweifamilienhäuser, nicht unterkellert, mittlerer Standard	23,00	**40,00**	51,00	1,3%
Ein- und Zweifamilienhäuser, nicht unterkellert, hoher Standard	41,00	**69,00**	103,00	2,2%
Ein- und Zweifamilienhäuser, Passivhausstandard, Massivbauweise	26,00	**46,00**	104,00	2,6%
Ein- und Zweifamilienhäuser, Passivhausstandard, Holzbauweise	37,00	**57,00**	93,00	2,1%
Ein- und Zweifamilienhäuser, Holzbauweise, unterkellert	24,00	**37,00**	55,00	2,7%
Ein- und Zweifamilienhäuser, Holzbauweise, nicht unterkellert	23,00	**54,00**	129,00	1,6%
Doppel- und Reihenend- / Reihenhäuser				
Doppel- und Reihenendhäuser, einfacher Standard	72,00	**79,00**	85,00	3,1%
Doppel- und Reihenendhäuser, mittlerer Standard	22,00	**43,00**	69,00	2,4%
Doppel- und Reihenendhäuser, hoher Standard	37,00	**59,00**	79,00	3,8%
Doppel- und Reihenendhäuser, Holzbauweise	34,00	**52,00**	105,00	1,3%
Reihenhäuser, einfacher Standard	54,00	**81,00**	108,00	1,5%
Reihenhäuser, mittlerer Standard	77,00	**90,00**	104,00	2,8%
Reihenhäuser, hoher Standard	38,00	**54,00**	90,00	2,9%
Mehrfamilienhäuser				
Mehrfamilienhäuser, mit bis zu 6 WE, einfacher Standard	7,80	**19,00**	30,00	1,7%
Mehrfamilienhäuser, mit bis zu 6 WE, mittlerer Standard	43,00	**68,00**	141,00	2,2%
Mehrfamilienhäuser, mit bis zu 6 WE, hoher Standard	27,00	**40,00**	60,00	2,6%

© **BKI** Baukosteninformationszentrum; Erläuterungen zu den Tabellen siehe Seite 56

Gebäudeart	▷	€/Einheit	◁	KG an 300
Mehrfamilienhäuser (Fortsetzung)				
Mehrfamilienhäuser, mit 6 bis 19 WE, einfacher Standard	36,00	**46,00**	52,00	2,6%
Mehrfamilienhäuser, mit 6 bis 19 WE, mittlerer Standard	29,00	**56,00**	90,00	4,2%
Mehrfamilienhäuser, mit 6 bis 19 WE, hoher Standard	40,00	**52,00**	72,00	3,8%
Mehrfamilienhäuser, mit 20 oder mehr WE, einfacher Standard	20,00	**27,00**	36,00	1,8%
Mehrfamilienhäuser, mit 20 oder mehr WE, mittlerer Standard	42,00	**72,00**	118,00	3,0%
Mehrfamilienhäuser, mit 20 oder mehr WE, hoher Standard	28,00	**36,00**	50,00	4,0%
Mehrfamilienhäuser, Passivhäuser	28,00	**35,00**	39,00	2,5%
Mehrfamilienhäuser, Holzbauweise	32,00	**53,00**	68,00	1,8%
Wohnhäuser, mit bis zu 15% Mischnutzung, einfacher Standard	43,00	**51,00**	68,00	2,6%
Wohnhäuser, mit bis zu 15% Mischnutzung, mittlerer Standard	14,00	**34,00**	44,00	1,3%
Wohnhäuser, mit bis zu 15% Mischnutzung, hoher Standard	–	**37,00**	–	1,0%
Wohnhäuser, mit mehr als 15% Mischnutzung	32,00	**44,00**	69,00	2,0%
Seniorenwohnungen und Beherbergungen				
Seniorenwohnungen, mittlerer Standard	32,00	**53,00**	90,00	2,1%
Seniorenwohnungen, hoher Standard	53,00	**102,00**	151,00	5,0%
Wohnheime und Internate	33,00	**50,00**	77,00	2,1%
Hotels	–	**90,00**	–	1,0%
7 Gewerbe-, Lager- und Garagen				
Gaststätten, Kantinen und Mensen	–	**74,00**	–	5,1%
Industrielle Produktionsgebäude, Massivbauweise	26,00	**36,00**	60,00	1,9%
Industrielle Produktionsgebäude, überwiegend Skelettbauweise	20,00	**57,00**	105,00	1,9%
Betriebs- und Werkstätten, eingeschossig	17,00	**23,00**	30,00	1,6%
Betriebs- und Werkstätten, mehrgeschossig, geringer Hallenanteil	40,00	**72,00**	224,00	2,8%
Betriebs- und Werkstätten, mehrgeschossig, hoher Hallenanteil	32,00	**53,00**	82,00	2,6%
Geschäftshäuser, mit Wohnungen	23,00	**27,00**	34,00	2,1%
Geschäftshäuser, ohne Wohnungen	42,00	**52,00**	61,00	3,8%
Verbrauchermärkte	38,00	**51,00**	65,00	1,0%
Autohäuser	13,00	**19,00**	26,00	5,7%
Lagergebäude, ohne Mischnutzung	27,00	**53,00**	86,00	3,6%
Lagergebäude, mit bis zu 25% Mischnutzung	26,00	**37,00**	43,00	1,3%
Lagergebäude, mit mehr als 25% Mischnutzung	11,00	**42,00**	73,00	0,5%
Garagen und Bereitschaftsdienste				
Einzel- und Doppelgaragen	–	**63,00**	–	0,3%
Mehrfachgaragen	15,00	**34,00**	44,00	2,0%
Hochgaragen	53,00	**94,00**	115,00	3,1%
Fahrradparkhäuser	32,00	**168,00**	305,00	0,9%
Carports	–	**88,00**	–	0,4%
Tiefgaragen	32,00	**49,00**	66,00	10,3%
Feuerwehrhäuser	22,00	**42,00**	69,00	2,0%
Öffentliche Bereitschaftsdienste	17,00	**43,00**	52,00	3,1%
8 Gebäude für kulturelle und religiöse Zwecke				
Bibliotheken, Museen und Ausstellungen	31,00	**71,00**	170,00	1,9%
Theater	32,00	**38,00**	43,00	2,0%
Gemeindezentren, einfacher Standard	36,00	**69,00**	119,00	4,1%
Gemeindezentren, mittlerer Standard	51,00	**108,00**	196,00	3,0%
Gemeindezentren, hoher Standard	44,00	**95,00**	156,00	2,1%
Gemeindezentren, Holzbauweise	28,00	**59,00**	108,00	1,4%
Friedhofsgebäude	71,00	**85,00**	98,00	8,2%

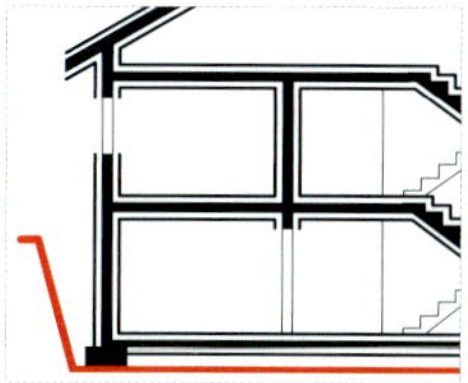

Einheit: m³
Baugrubenrauminhalt / Erdbaurauminhalt

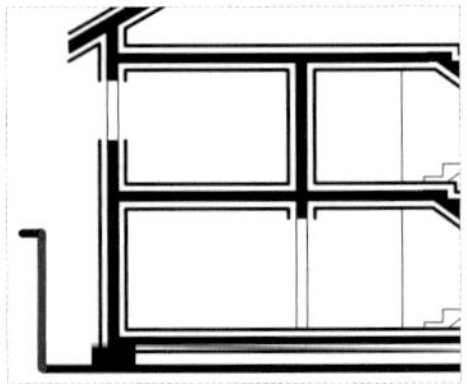

Kosten:
Stand 1. Quartal 2025
Bundesdurchschnitt
inkl. 19% MwSt.

Einheit: m²
Umschließungsfläche

▷ von
ø Mittel
◁ bis

Gebäudeart	▷	€/Einheit	◁	KG an 300
1 Büro- und Verwaltungsgebäude				
Büro- und Verwaltungsgebäude, einfacher Standard	–	**–**	–	–
Büro- und Verwaltungsgebäude, mittlerer Standard	89,00	**257,00**	590,00	0,5%
Büro- und Verwaltungsgebäude, hoher Standard	100,00	**336,00**	522,00	0,7%
Büro- und Verwaltungsgebäude, Holzbauweise	–	**–**	–	–
2 Gebäude für Forschung und Lehre				
Instituts- und Laborgebäude	–	**–**	–	–
3 Gebäude des Gesundheitswesens				
Medizinische Einrichtungen	–	**360,00**	–	0,8%
Pflegeheime	7,40	**48,00**	130,00	0,2%
Gebäude für Erholungszwecke	–	**–**	–	–
4 Schulen und Kindergärten				
Allgemeinbildende Schulen	4,90	**177,00**	349,00	0,1%
Schulen, Holzbauweise	–	**–**	–	–
Berufliche Schulen	2,00	**273,00**	545,00	0,1%
Förder- und Sonderschulen	–	**1,00**	–	< 0,1%
Weiterbildungseinrichtungen	7,30	**37,00**	66,00	0,1%
Kindergärten, nicht unterkellert, einfacher Standard	–	**–**	–	–
Kindergärten, nicht unterkellert, mittlerer Standard	–	**11,00**	–	< 0,1%
Kindergärten, nicht unterkellert, hoher Standard	–	**–**	–	–
Kindergärten, Holzbauweise, nicht unterkellert	–	**8,00**	–	< 0,1%
Kindergärten, unterkellert	5,20	**6,00**	6,70	< 0,1%
5 Sportbauten				
Sport- und Mehrzweckhallen	–	**3,70**	–	< 0,1%
Sporthallen (Einfeldhallen)	–	**–**	–	–
Sporthallen (Dreifeldhallen)	–	**82,00**	–	< 0,1%
6 Wohngebäude				
Ein- und Zweifamilienhäuser				
Ein- und Zweifamilienhäuser, unterkellert, einfacher Standard	–	**–**	–	–
Ein- und Zweifamilienhäuser, unterkellert, mittlerer Standard	–	**–**	–	–
Ein- und Zweifamilienhäuser, unterkellert, hoher Standard	–	**4,30**	–	< 0,1%
Ein- und Zweifamilienhäuser, nicht unterkellert, einfacher Standard	–	**–**	–	–
Ein- und Zweifamilienhäuser, nicht unterkellert, mittlerer Standard	–	**–**	–	–
Ein- und Zweifamilienhäuser, nicht unterkellert, hoher Standard	–	**–**	–	–
Ein- und Zweifamilienhäuser, Passivhausstandard, Massivbauweise	–	**240,00**	–	0,6%
Ein- und Zweifamilienhäuser, Passivhausstandard, Holzbauweise	–	**–**	–	–
Ein- und Zweifamilienhäuser, Holzbauweise, unterkellert	–	**3,80**	–	< 0,1%
Ein- und Zweifamilienhäuser, Holzbauweise, nicht unterkellert	–	**–**	–	–
Doppel- und Reihenend- / Reihenhäuser				
Doppel- und Reihenendhäuser, einfacher Standard	–	**4,70**	–	< 0,1%
Doppel- und Reihenendhäuser, mittlerer Standard	–	**9,10**	–	< 0,1%
Doppel- und Reihenendhäuser, hoher Standard	–	**6,40**	–	< 0,1%
Doppel- und Reihenendhäuser, Holzbauweise	–	**–**	–	–
Reihenhäuser, einfacher Standard	–	**–**	–	–
Reihenhäuser, mittlerer Standard	–	**–**	–	–
Reihenhäuser, hoher Standard	–	**–**	–	0,3%
Mehrfamilienhäuser				
Mehrfamilienhäuser, mit bis zu 6 WE, einfacher Standard	–	**–**	–	–
Mehrfamilienhäuser, mit bis zu 6 WE, mittlerer Standard	–	**4,30**	–	< 0,1%
Mehrfamilienhäuser, mit bis zu 6 WE, hoher Standard	3,40	**30,00**	56,00	< 0,1%

© **BKI** Baukosteninformationszentrum; Erläuterungen zu den Tabellen siehe Seite 56

Gebäudeart	▷	€/Einheit	◁	KG an 300
Mehrfamilienhäuser (Fortsetzung)				
Mehrfamilienhäuser, mit 6 bis 19 WE, einfacher Standard	–	**–**	–	–
Mehrfamilienhäuser, mit 6 bis 19 WE, mittlerer Standard	–	**2,50**	–	< 0,1%
Mehrfamilienhäuser, mit 6 bis 19 WE, hoher Standard	120,00	**289,00**	533,00	0,7%
Mehrfamilienhäuser, mit 20 oder mehr WE, einfacher Standard	123,00	**201,00**	279,00	1,9%
Mehrfamilienhäuser, mit 20 oder mehr WE, mittlerer Standard	–	**29,00**	–	< 0,1%
Mehrfamilienhäuser, mit 20 oder mehr WE, hoher Standard	4,60	**290,00**	575,00	0,5%
Mehrfamilienhäuser, Passivhäuser	–	**–**	–	–
Mehrfamilienhäuser, Holzbauweise	–	**306,00**	–	0,2%
Wohnhäuser, mit bis zu 15% Mischnutzung, einfacher Standard	–	**503,00**	–	0,4%
Wohnhäuser, mit bis zu 15% Mischnutzung, mittlerer Standard	–	**–**	–	–
Wohnhäuser, mit bis zu 15% Mischnutzung, hoher Standard	–	**863,00**	–	5,0%
Wohnhäuser, mit mehr als 15% Mischnutzung	–	**–**	–	–
Seniorenwohnungen und Beherbergungen				
Seniorenwohnungen, mittlerer Standard	2,20	**3,00**	3,80	< 0,1%
Seniorenwohnungen, hoher Standard	–	**–**	–	–
Wohnheime und Internate	3,80	**166,00**	329,00	< 0,1%
Hotels	–	**–**	–	–
7 Gewerbe-, Lager- und Garagen				
Gaststätten, Kantinen und Mensen	–	**–**	–	–
Industrielle Produktionsgebäude, Massivbauweise	–	**–**	–	–
Industrielle Produktionsgebäude, überwiegend Skelettbauweise	–	**3,10**	–	< 0,1%
Betriebs- und Werkstätten, eingeschossig	–	**–**	–	–
Betriebs- und Werkstätten, mehrgeschossig, geringer Hallenanteil	–	**512,00**	–	0,1%
Betriebs- und Werkstätten, mehrgeschossig, hoher Hallenanteil	–	**–**	–	–
Geschäftshäuser, mit Wohnungen	–	**864,00**	–	4,1%
Geschäftshäuser, ohne Wohnungen	–	**–**	–	–
Verbrauchermärkte	–	**–**	–	–
Autohäuser	–	**1.261,00**	–	18,1%
Lagergebäude, ohne Mischnutzung	–	**7,80**	–	< 0,1%
Lagergebäude, mit bis zu 25% Mischnutzung	–	**1,70**	–	< 0,1%
Lagergebäude, mit mehr als 25% Mischnutzung	–	**–**	–	–
Garagen und Bereitschaftsdienste				
Einzel- und Doppelgaragen	–	**–**	–	–
Mehrfachgaragen	–	**–**	–	–
Hochgaragen	–	**97,00**	–	0,6%
Fahrradparkhäuser	–	**405,00**	–	0,9%
Carports	–	**–**	–	–
Tiefgaragen	81,00	**439,00**	713,00	4,3%
Feuerwehrhäuser	–	**–**	–	–
Öffentliche Bereitschaftsdienste	–	**–**	–	–
8 Gebäude für kulturelle und religiöse Zwecke				
Bibliotheken, Museen und Ausstellungen	1,20	**17,00**	49,00	< 0,1%
Theater	–	**–**	–	–
Gemeindezentren, einfacher Standard	–	**–**	–	–
Gemeindezentren, mittlerer Standard	–	**–**	–	–
Gemeindezentren, hoher Standard	–	**566,00**	–	0,5%
Gemeindezentren, Holzbauweise	–	**–**	–	–
Friedhofsgebäude	–	**85,00**	–	0,7%

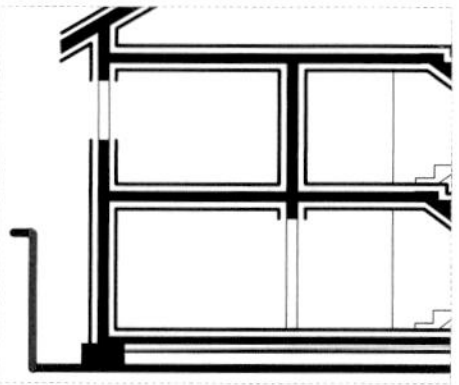

Einheit: m²
Umschließungsfläche

313
Wasserhaltung

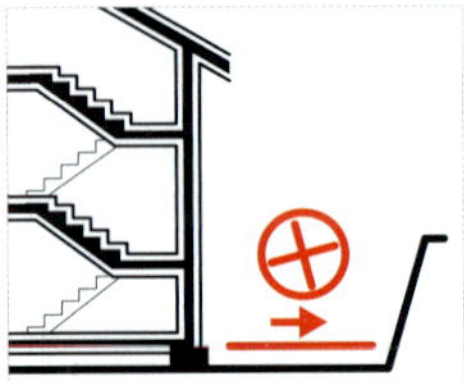

Kosten:
Stand 1. Quartal 2025
Bundesdurchschnitt
inkl. 19% MwSt.

Einheit: m³
Wasserhaltungsvolumen

▷ von
ø Mittel
◁ bis

Gebäudeart	▷	€/Einheit	◁	KG an 300
1 Büro- und Verwaltungsgebäude				
Büro- und Verwaltungsgebäude, einfacher Standard	–	**–**	–	–
Büro- und Verwaltungsgebäude, mittlerer Standard	2,50	**5,20**	8,90	< 0,1%
Büro- und Verwaltungsgebäude, hoher Standard	7,00	**31,00**	95,00	0,5%
Büro- und Verwaltungsgebäude, Holzbauweise	–	**4,80**	–	< 0,1%
2 Gebäude für Forschung und Lehre				
Instituts- und Laborgebäude	–	**111,00**	–	0,2%
3 Gebäude des Gesundheitswesens				
Medizinische Einrichtungen	–	**61,00**	–	0,4%
Pflegeheime	–	**16,00**	–	0,1%
Gebäude für Erholungszwecke	–	**–**	–	–
4 Schulen und Kindergärten				
Allgemeinbildende Schulen	0,50	**0,60**	0,70	< 0,1%
Schulen, Holzbauweise	–	**–**	–	< 0,1%
Berufliche Schulen	1,40	**4,50**	7,50	< 0,1%
Förder- und Sonderschulen	0,30	**0,70**	1,10	< 0,1%
Weiterbildungseinrichtungen	–	**–**	–	–
Kindergärten, nicht unterkellert, einfacher Standard	–	**–**	–	–
Kindergärten, nicht unterkellert, mittlerer Standard	–	**–**	–	–
Kindergärten, nicht unterkellert, hoher Standard	–	**–**	–	–
Kindergärten, Holzbauweise, nicht unterkellert	–	**–**	–	–
Kindergärten, unterkellert	–	**–**	–	–
5 Sportbauten				
Sport- und Mehrzweckhallen	–	**–**	–	–
Sporthallen (Einfeldhallen)	–	**–**	–	< 0,1%
Sporthallen (Dreifeldhallen)	–	**1,60**	–	< 0,1%
6 Wohngebäude				
Ein- und Zweifamilienhäuser				
Ein- und Zweifamilienhäuser, unterkellert, einfacher Standard	0,10	**2,40**	4,70	0,1%
Ein- und Zweifamilienhäuser, unterkellert, mittlerer Standard	6,80	**19,00**	41,00	0,4%
Ein- und Zweifamilienhäuser, unterkellert, hoher Standard	–	**–**	–	–
Ein- und Zweifamilienhäuser, nicht unterkellert, einfacher Standard	–	**–**	–	–
Ein- und Zweifamilienhäuser, nicht unterkellert, mittlerer Standard	–	**1,60**	–	< 0,1%
Ein- und Zweifamilienhäuser, nicht unterkellert, hoher Standard	–	**0,30**	–	< 0,1%
Ein- und Zweifamilienhäuser, Passivhausstandard, Massivbauweise	–	**31,00**	–	0,2%
Ein- und Zweifamilienhäuser, Passivhausstandard, Holzbauweise	–	**–**	–	–
Ein- und Zweifamilienhäuser, Holzbauweise, unterkellert	–	**4,60**	–	< 0,1%
Ein- und Zweifamilienhäuser, Holzbauweise, nicht unterkellert	–	**–**	–	–
Doppel- und Reihenend- / Reihenhäuser				
Doppel- und Reihenendhäuser, einfacher Standard	–	**–**	–	–
Doppel- und Reihenendhäuser, mittlerer Standard	–	**3,30**	–	< 0,1%
Doppel- und Reihenendhäuser, hoher Standard	–	**13,00**	–	0,2%
Doppel- und Reihenendhäuser, Holzbauweise	–	**–**	–	–
Reihenhäuser, einfacher Standard	–	**–**	–	–
Reihenhäuser, mittlerer Standard	–	**–**	–	–
Reihenhäuser, hoher Standard	–	**–**	–	–
Mehrfamilienhäuser				
Mehrfamilienhäuser, mit bis zu 6 WE, einfacher Standard	–	**–**	–	–
Mehrfamilienhäuser, mit bis zu 6 WE, mittlerer Standard	–	**4,60**	–	< 0,1%
Mehrfamilienhäuser, mit bis zu 6 WE, hoher Standard	–	**–**	–	–

© BKI Baukosteninformationszentrum; Erläuterungen zu den Tabellen siehe Seite 56

Einheit: m³
Wasserhaltungsvolumen

Gebäudeart	▷	€/Einheit	◁	KG an 300
Mehrfamilienhäuser (Fortsetzung)				
Mehrfamilienhäuser, mit 6 bis 19 WE, einfacher Standard	–	**9,80**	–	< 0,1%
Mehrfamilienhäuser, mit 6 bis 19 WE, mittlerer Standard	–	**–**	–	< 0,1%
Mehrfamilienhäuser, mit 6 bis 19 WE, hoher Standard	4,70	**8,90**	13,00	< 0,1%
Mehrfamilienhäuser, mit 20 oder mehr WE, einfacher Standard	–	**8,90**	–	0,3%
Mehrfamilienhäuser, mit 20 oder mehr WE, mittlerer Standard	1,30	**2,40**	4,20	< 0,1%
Mehrfamilienhäuser, mit 20 oder mehr WE, hoher Standard	1,30	**4,10**	6,90	0,2%
Mehrfamilienhäuser, Passivhäuser	2,40	**4,60**	9,00	0,2%
Mehrfamilienhäuser, Holzbauweise	–	**–**	–	–
Wohnhäuser, mit bis zu 15% Mischnutzung, einfacher Standard	–	**14,00**	–	0,2%
Wohnhäuser, mit bis zu 15% Mischnutzung, mittlerer Standard	–	**–**	–	–
Wohnhäuser, mit bis zu 15% Mischnutzung, hoher Standard	–	**15,00**	–	0,4%
Wohnhäuser, mit mehr als 15% Mischnutzung	–	**–**	–	–
Seniorenwohnungen und Beherbergungen				
Seniorenwohnungen, mittlerer Standard	–	**0,80**	–	< 0,1%
Seniorenwohnungen, hoher Standard	–	**–**	–	–
Wohnheime und Internate	2,10	**4,10**	6,10	0,1%
Hotels	–	**–**	–	–
7 Gewerbe-, Lager- und Garagen				
Gaststätten, Kantinen und Mensen	–	**–**	–	–
Industrielle Produktionsgebäude, Massivbauweise	–	**–**	–	–
Industrielle Produktionsgebäude, überwiegend Skelettbauweise	–	**4,50**	–	< 0,1%
Betriebs- und Werkstätten, eingeschossig	–	**–**	–	–
Betriebs- und Werkstätten, mehrgeschossig, geringer Hallenanteil	0,20	**0,40**	0,50	< 0,1%
Betriebs- und Werkstätten, mehrgeschossig, hoher Hallenanteil	3,80	**13,00**	22,00	0,2%
Geschäftshäuser, mit Wohnungen	–	**–**	–	–
Geschäftshäuser, ohne Wohnungen	–	**–**	–	–
Verbrauchermärkte	–	**–**	–	–
Autohäuser	–	**–**	–	–
Lagergebäude, ohne Mischnutzung	–	**1,40**	–	< 0,1%
Lagergebäude, mit bis zu 25% Mischnutzung	–	**–**	–	–
Lagergebäude, mit mehr als 25% Mischnutzung	–	**–**	–	–
Garagen und Bereitschaftsdienste				
Einzel- und Doppelgaragen	–	**–**	–	–
Mehrfachgaragen	–	**–**	–	–
Hochgaragen	–	**–**	–	< 0,1%
Fahrradparkhäuser	–	**–**	–	–
Carports	–	**–**	–	–
Tiefgaragen	5,00	**11,00**	20,00	1,9%
Feuerwehrhäuser	–	**0,30**	–	0,3%
Öffentliche Bereitschaftsdienste	–	**0,90**	–	< 0,1%
8 Gebäude für kulturelle und religiöse Zwecke				
Bibliotheken, Museen und Ausstellungen	–	**0,80**	–	< 0,1%
Theater	–	**4,50**	–	0,2%
Gemeindezentren, einfacher Standard	–	**–**	–	–
Gemeindezentren, mittlerer Standard	–	**–**	–	< 0,1%
Gemeindezentren, hoher Standard	–	**–**	–	–
Gemeindezentren, Holzbauweise	–	**–**	–	–
Friedhofsgebäude	–	**0,10**	–	< 0,1%

321 Baugrundverbesserung

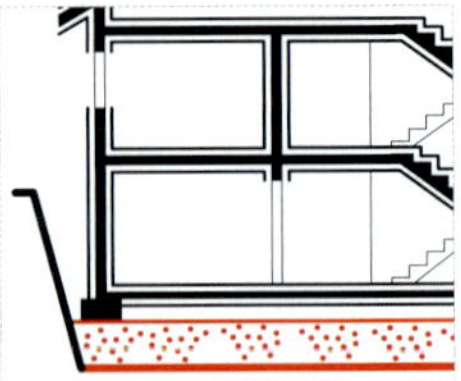

Kosten:
Stand 1.Quartal 2025
Bundesdurchschnitt
inkl. 19% MwSt.

Einheit: m²
Baugrundverbesserungsfläche

▷ von
ø Mittel
◁ bis

Gebäudeart	▷	€/Einheit	◁	KG an 300
1 Büro- und Verwaltungsgebäude				
Büro- und Verwaltungsgebäude, einfacher Standard	–	**23,00**	–	0,2%
Büro- und Verwaltungsgebäude, mittlerer Standard	11,00	**40,00**	143,00	0,3%
Büro- und Verwaltungsgebäude, hoher Standard	22,00	**32,00**	75,00	0,2%
Büro- und Verwaltungsgebäude, Holzbauweise	–	**24,00**	–	0,6%
2 Gebäude für Forschung und Lehre				
Instituts- und Laborgebäude	–	**49,00**	–	0,6%
3 Gebäude des Gesundheitswesens				
Medizinische Einrichtungen	7,40	**15,00**	29,00	0,5%
Pflegeheime	1,70	**23,00**	35,00	0,5%
Gebäude für Erholungszwecke	24,00	**38,00**	64,00	0,8%
4 Schulen und Kindergärten				
Allgemeinbildende Schulen	12,00	**26,00**	61,00	0,7%
Schulen, Holzbauweise	5,10	**11,00**	17,00	0,1%
Berufliche Schulen	–	**43,00**	–	0,7%
Förder- und Sonderschulen	13,00	**61,00**	86,00	0,9%
Weiterbildungseinrichtungen	–	**–**	–	–
Kindergärten, nicht unterkellert, einfacher Standard	20,00	**46,00**	73,00	1,8%
Kindergärten, nicht unterkellert, mittlerer Standard	–	**6,10**	–	< 0,1%
Kindergärten, nicht unterkellert, hoher Standard	32,00	**94,00**	127,00	3,1%
Kindergärten, Holzbauweise, nicht unterkellert	21,00	**126,00**	432,00	1,1%
Kindergärten, unterkellert	–	**38,00**	–	0,1%
5 Sportbauten				
Sport- und Mehrzweckhallen	–	**37,00**	–	0,4%
Sporthallen (Einfeldhallen)	11,00	**36,00**	52,00	1,5%
Sporthallen (Dreifeldhallen)	6,30	**35,00**	91,00	0,1%
6 Wohngebäude				
Ein- und Zweifamilienhäuser				
Ein- und Zweifamilienhäuser, unterkellert, einfacher Standard	–	**272,00**	–	< 0,1%
Ein- und Zweifamilienhäuser, unterkellert, mittlerer Standard	–	**–**	–	–
Ein- und Zweifamilienhäuser, unterkellert, hoher Standard	14,00	**16,00**	17,00	< 0,1%
Ein- und Zweifamilienhäuser, nicht unterkellert, einfacher Standard	–	**64,00**	–	1,7%
Ein- und Zweifamilienhäuser, nicht unterkellert, mittlerer Standard	42,00	**67,00**	115,00	0,5%
Ein- und Zweifamilienhäuser, nicht unterkellert, hoher Standard	35,00	**57,00**	101,00	0,5%
Ein- und Zweifamilienhäuser, Passivhausstandard, Massivbauweise	19,00	**49,00**	64,00	0,3%
Ein- und Zweifamilienhäuser, Passivhausstandard, Holzbauweise	27,00	**53,00**	69,00	0,3%
Ein- und Zweifamilienhäuser, Holzbauweise, unterkellert	–	**–**	–	–
Ein- und Zweifamilienhäuser, Holzbauweise, nicht unterkellert	30,00	**51,00**	91,00	0,7%
Doppel- und Reihenend- / Reihenhäuser				
Doppel- und Reihenendhäuser, einfacher Standard	–	**20,00**	–	0,2%
Doppel- und Reihenendhäuser, mittlerer Standard	–	**–**	–	–
Doppel- und Reihenendhäuser, hoher Standard	–	**–**	–	–
Doppel- und Reihenendhäuser, Holzbauweise	–	**20,00**	–	0,1%
Reihenhäuser, einfacher Standard	–	**–**	–	–
Reihenhäuser, mittlerer Standard	–	**–**	–	–
Reihenhäuser, hoher Standard	6,90	**22,00**	36,00	0,2%
Mehrfamilienhäuser				
Mehrfamilienhäuser, mit bis zu 6 WE, einfacher Standard	–	**–**	–	–
Mehrfamilienhäuser, mit bis zu 6 WE, mittlerer Standard	–	**–**	–	–
Mehrfamilienhäuser, mit bis zu 6 WE, hoher Standard	–	**105,00**	–	< 0,1%

© **BKI** Baukosteninformationszentrum; Erläuterungen zu den Tabellen siehe Seite 56

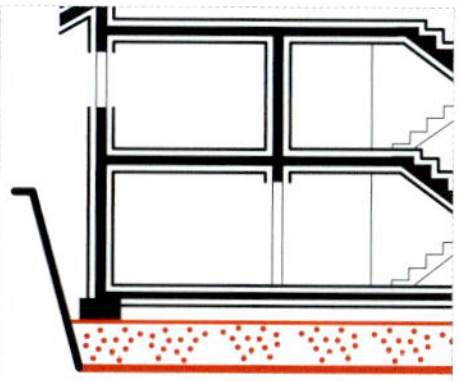

Einheit: m² Baugrundverbesserungsfläche

Gebäudeart	▷	€/Einheit	◁	KG an 300
Mehrfamilienhäuser (Fortsetzung)				
Mehrfamilienhäuser, mit 6 bis 19 WE, einfacher Standard	–	**–**	–	–
Mehrfamilienhäuser, mit 6 bis 19 WE, mittlerer Standard	–	**–**	–	–
Mehrfamilienhäuser, mit 6 bis 19 WE, hoher Standard	35,00	**70,00**	133,00	0,5%
Mehrfamilienhäuser, mit 20 oder mehr WE, einfacher Standard	–	**–**	–	–
Mehrfamilienhäuser, mit 20 oder mehr WE, mittlerer Standard	143,00	**181,00**	219,00	0,9%
Mehrfamilienhäuser, mit 20 oder mehr WE, hoher Standard	20,00	**21,00**	23,00	0,2%
Mehrfamilienhäuser, Passivhäuser	–	**29,00**	–	0,1%
Mehrfamilienhäuser, Holzbauweise	8,50	**26,00**	43,00	0,3%
Wohnhäuser, mit bis zu 15% Mischnutzung, einfacher Standard	–	**31,00**	–	0,2%
Wohnhäuser, mit bis zu 15% Mischnutzung, mittlerer Standard	–	**–**	–	–
Wohnhäuser, mit bis zu 15% Mischnutzung, hoher Standard	–	**66,00**	–	0,5%
Wohnhäuser, mit mehr als 15% Mischnutzung	–	**–**	–	–
Seniorenwohnungen und Beherbergungen				
Seniorenwohnungen, mittlerer Standard	5,50	**12,00**	22,00	0,2%
Seniorenwohnungen, hoher Standard	–	**68,00**	–	0,6%
Wohnheime und Internate	65,00	**97,00**	150,00	0,4%
Hotels	–	**–**	–	–
7 Gewerbe-, Lager- und Garagen				
Gaststätten, Kantinen und Mensen	–	**–**	–	–
Industrielle Produktionsgebäude, Massivbauweise	–	**18,00**	–	0,2%
Industrielle Produktionsgebäude, überwiegend Skelettbauweise	37,00	**82,00**	160,00	0,7%
Betriebs- und Werkstätten, eingeschossig	51,00	**64,00**	84,00	4,2%
Betriebs- und Werkstätten, mehrgeschossig, geringer Hallenanteil	–	**–**	–	< 0,1%
Betriebs- und Werkstätten, mehrgeschossig, hoher Hallenanteil	18,00	**37,00**	63,00	2,1%
Geschäftshäuser, mit Wohnungen	–	**10,00**	–	< 0,1%
Geschäftshäuser, ohne Wohnungen	–	**–**	–	–
Verbrauchermärkte	–	**25,00**	–	1,0%
Autohäuser	–	**95,00**	–	2,3%
Lagergebäude, ohne Mischnutzung	70,00	**171,00**	524,00	1,4%
Lagergebäude, mit bis zu 25% Mischnutzung	13,00	**19,00**	22,00	1,1%
Lagergebäude, mit mehr als 25% Mischnutzung	63,00	**67,00**	71,00	1,5%
Garagen und Bereitschaftsdienste				
Einzel- und Doppelgaragen	–	**–**	–	–
Mehrfachgaragen	–	**80,00**	–	1,5%
Hochgaragen	–	**21,00**	–	0,3%
Fahrradparkhäuser	–	**143,00**	–	1,0%
Carports	–	**–**	–	–
Tiefgaragen	19,00	**20,00**	20,00	0,2%
Feuerwehrhäuser	55,00	**64,00**	69,00	2,1%
Öffentliche Bereitschaftsdienste	16,00	**27,00**	45,00	1,1%
8 Gebäude für kulturelle und religiöse Zwecke				
Bibliotheken, Museen und Ausstellungen	11,00	**34,00**	47,00	0,3%
Theater	–	**–**	–	–
Gemeindezentren, einfacher Standard	5,70	**12,00**	19,00	0,3%
Gemeindezentren, mittlerer Standard	4,70	**16,00**	27,00	0,2%
Gemeindezentren, hoher Standard	–	**–**	–	< 0,1%
Gemeindezentren, Holzbauweise	9,00	**15,00**	21,00	0,4%
Friedhofsgebäude	–	**108,00**	–	1,1%

322 Flachgründungen und Bodenplatten

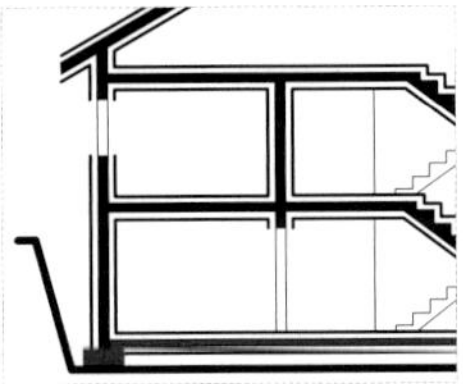

Kosten:
Stand 1. Quartal 2025
Bundesdurchschnitt
inkl. 19% MwSt.

Einheit: m²
Flachgründungsfläche

▷ von
ø Mittel
◁ bis

Gebäudeart	▷	€/Einheit	◁	KG an 300
1 Büro- und Verwaltungsgebäude				
Büro- und Verwaltungsgebäude, einfacher Standard	163,00	**236,00**	378,00	8,4%
Büro- und Verwaltungsgebäude, mittlerer Standard	193,00	**255,00**	337,00	4,8%
Büro- und Verwaltungsgebäude, hoher Standard	197,00	**276,00**	350,00	3,5%
Büro- und Verwaltungsgebäude, Holzbauweise	131,00	**220,00**	306,00	5,8%
2 Gebäude für Forschung und Lehre				
Instituts- und Laborgebäude	193,00	**228,00**	264,00	7,1%
3 Gebäude des Gesundheitswesens				
Medizinische Einrichtungen	192,00	**304,00**	524,00	5,3%
Pflegeheime	131,00	**234,00**	386,00	5,6%
Gebäude für Erholungszwecke	130,00	**179,00**	241,00	5,4%
4 Schulen und Kindergärten				
Allgemeinbildende Schulen	160,00	**235,00**	312,00	6,3%
Schulen, Holzbauweise	217,00	**259,00**	328,00	8,6%
Berufliche Schulen	133,00	**175,00**	252,00	6,3%
Förder- und Sonderschulen	168,00	**192,00**	230,00	4,1%
Weiterbildungseinrichtungen	109,00	**292,00**	401,00	6,0%
Kindergärten, nicht unterkellert, einfacher Standard	76,00	**140,00**	173,00	8,1%
Kindergärten, nicht unterkellert, mittlerer Standard	110,00	**158,00**	195,00	6,2%
Kindergärten, nicht unterkellert, hoher Standard	115,00	**127,00**	139,00	4,7%
Kindergärten, Holzbauweise, nicht unterkellert	119,00	**163,00**	257,00	6,4%
Kindergärten, unterkellert	159,00	**205,00**	249,00	5,6%
5 Sportbauten				
Sport- und Mehrzweckhallen	179,00	**216,00**	286,00	7,9%
Sporthallen (Einfeldhallen)	117,00	**159,00**	204,00	6,6%
Sporthallen (Dreifeldhallen)	128,00	**162,00**	212,00	5,5%
6 Wohngebäude				
Ein- und Zweifamilienhäuser				
Ein- und Zweifamilienhäuser, unterkellert, einfacher Standard	111,00	**121,00**	137,00	3,9%
Ein- und Zweifamilienhäuser, unterkellert, mittlerer Standard	134,00	**164,00**	197,00	3,7%
Ein- und Zweifamilienhäuser, unterkellert, hoher Standard	166,00	**214,00**	272,00	4,5%
Ein- und Zweifamilienhäuser, nicht unterkellert, einfacher Standard	210,00	**216,00**	222,00	7,9%
Ein- und Zweifamilienhäuser, nicht unterkellert, mittlerer Standard	146,00	**199,00**	246,00	6,3%
Ein- und Zweifamilienhäuser, nicht unterkellert, hoher Standard	171,00	**217,00**	253,00	5,5%
Ein- und Zweifamilienhäuser, Passivhausstandard, Massivbauweise	133,00	**170,00**	222,00	3,9%
Ein- und Zweifamilienhäuser, Passivhausstandard, Holzbauweise	151,00	**213,00**	368,00	4,9%
Ein- und Zweifamilienhäuser, Holzbauweise, unterkellert	150,00	**184,00**	285,00	4,4%
Ein- und Zweifamilienhäuser, Holzbauweise, nicht unterkellert	127,00	**167,00**	199,00	4,8%
Doppel- und Reihenend- / Reihenhäuser				
Doppel- und Reihenendhäuser, einfacher Standard	170,00	**214,00**	240,00	5,6%
Doppel- und Reihenendhäuser, mittlerer Standard	126,00	**162,00**	205,00	4,1%
Doppel- und Reihenendhäuser, hoher Standard	142,00	**173,00**	199,00	4,0%
Doppel- und Reihenendhäuser, Holzbauweise	137,00	**183,00**	305,00	4,7%
Reihenhäuser, einfacher Standard	139,00	**164,00**	188,00	6,0%
Reihenhäuser, mittlerer Standard	160,00	**314,00**	468,00	4,3%
Reihenhäuser, hoher Standard	190,00	**398,00**	1.014,00	3,2%
Mehrfamilienhäuser				
Mehrfamilienhäuser, mit bis zu 6 WE, einfacher Standard	135,00	**144,00**	152,00	4,5%
Mehrfamilienhäuser, mit bis zu 6 WE, mittlerer Standard	138,00	**192,00**	242,00	4,1%
Mehrfamilienhäuser, mit bis zu 6 WE, hoher Standard	186,00	**309,00**	740,00	4,9%

© **BKI** Baukosteninformationszentrum; Erläuterungen zu den Tabellen siehe Seite 56

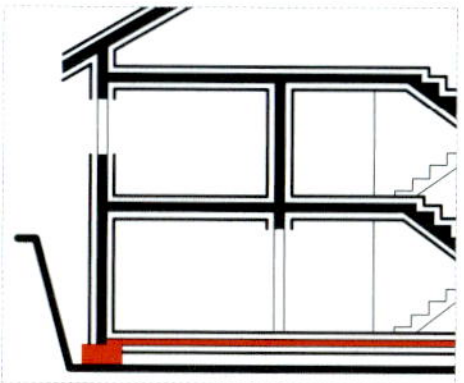

Einheit: m²
Flachgründungsfläche

Gebäudeart	▷	€/Einheit	◁	KG an 300
Mehrfamilienhäuser (Fortsetzung)				
Mehrfamilienhäuser, mit 6 bis 19 WE, einfacher Standard	172,00	**195,00**	211,00	4,8%
Mehrfamilienhäuser, mit 6 bis 19 WE, mittlerer Standard	178,00	**236,00**	351,00	5,2%
Mehrfamilienhäuser, mit 6 bis 19 WE, hoher Standard	168,00	**209,00**	270,00	5,1%
Mehrfamilienhäuser, mit 20 oder mehr WE, einfacher Standard	135,00	**182,00**	272,00	4,1%
Mehrfamilienhäuser, mit 20 oder mehr WE, mittlerer Standard	190,00	**258,00**	309,00	4,5%
Mehrfamilienhäuser, mit 20 oder mehr WE, hoher Standard	94,00	**244,00**	320,00	5,3%
Mehrfamilienhäuser, Passivhäuser	168,00	**200,00**	260,00	4,0%
Mehrfamilienhäuser, Holzbauweise	209,00	**277,00**	395,00	5,0%
Wohnhäuser, mit bis zu 15% Mischnutzung, einfacher Standard	206,00	**263,00**	294,00	3,5%
Wohnhäuser, mit bis zu 15% Mischnutzung, mittlerer Standard	106,00	**230,00**	292,00	6,9%
Wohnhäuser, mit bis zu 15% Mischnutzung, hoher Standard	–	**258,00**	–	1,9%
Wohnhäuser, mit mehr als 15% Mischnutzung	129,00	**190,00**	221,00	3,7%
Seniorenwohnungen und Beherbergungen				
Seniorenwohnungen, mittlerer Standard	106,00	**163,00**	202,00	3,4%
Seniorenwohnungen, hoher Standard	168,00	**211,00**	254,00	3,8%
Wohnheime und Internate	188,00	**219,00**	270,00	4,6%
Hotels	–	**411,00**	–	4,6%
7 Gewerbe-, Lager- und Garagen				
Gaststätten, Kantinen und Mensen	–	**192,00**	–	2,8%
Industrielle Produktionsgebäude, Massivbauweise	174,00	**245,00**	312,00	14,5%
Industrielle Produktionsgebäude, überwiegend Skelettbauweise	189,00	**280,00**	435,00	13,8%
Betriebs- und Werkstätten, eingeschossig	119,00	**155,00**	207,00	8,6%
Betriebs- und Werkstätten, mehrgeschossig, geringer Hallenanteil	162,00	**221,00**	300,00	7,5%
Betriebs- und Werkstätten, mehrgeschossig, hoher Hallenanteil	193,00	**246,00**	351,00	12,9%
Geschäftshäuser, mit Wohnungen	221,00	**364,00**	651,00	4,5%
Geschäftshäuser, ohne Wohnungen	125,00	**218,00**	311,00	3,8%
Verbrauchermärkte	132,00	**155,00**	178,00	12,1%
Autohäuser	215,00	**266,00**	317,00	9,6%
Lagergebäude, ohne Mischnutzung	142,00	**199,00**	327,00	16,1%
Lagergebäude, mit bis zu 25% Mischnutzung	142,00	**172,00**	230,00	13,4%
Lagergebäude, mit mehr als 25% Mischnutzung	167,00	**190,00**	212,00	10,9%
Garagen und Bereitschaftsdienste				
Einzel- und Doppelgaragen	36,00	**105,00**	173,00	7,5%
Mehrfachgaragen	119,00	**222,00**	369,00	18,6%
Hochgaragen	140,00	**334,00**	447,00	9,0%
Fahrradparkhäuser	73,00	**101,00**	121,00	5,5%
Carports	58,00	**159,00**	495,00	10,3%
Tiefgaragen	247,00	**290,00**	312,00	20,0%
Feuerwehrhäuser	78,00	**131,00**	199,00	6,2%
Öffentliche Bereitschaftsdienste	176,00	**259,00**	486,00	10,6%
8 Gebäude für kulturelle und religiöse Zwecke				
Bibliotheken, Museen und Ausstellungen	179,00	**351,00**	500,00	6,5%
Theater	112,00	**218,00**	325,00	3,2%
Gemeindezentren, einfacher Standard	113,00	**119,00**	122,00	4,9%
Gemeindezentren, mittlerer Standard	162,00	**199,00**	249,00	5,6%
Gemeindezentren, hoher Standard	168,00	**226,00**	341,00	5,9%
Gemeindezentren, Holzbauweise	163,00	**189,00**	204,00	6,4%
Friedhofsgebäude	230,00	**243,00**	255,00	4,3%

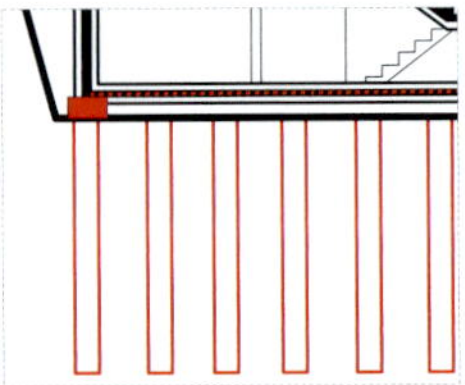

Kosten:
Stand 1. Quartal 2025
Bundesdurchschnitt
inkl. 19% MwSt.

Einheit: m² Tiefgründungsfläche

▷ von
ø Mittel
◁ bis

Gebäudeart	▷	€/Einheit	◁	KG an 300
1 Büro- und Verwaltungsgebäude				
Büro- und Verwaltungsgebäude, einfacher Standard	–	**–**	–	–
Büro- und Verwaltungsgebäude, mittlerer Standard	105,00	**369,00**	779,00	1,2%
Büro- und Verwaltungsgebäude, hoher Standard	315,00	**481,00**	639,00	0,8%
Büro- und Verwaltungsgebäude, Holzbauweise	98,00	**141,00**	184,00	1,6%
2 Gebäude für Forschung und Lehre				
Instituts- und Laborgebäude	–	**–**	–	–
3 Gebäude des Gesundheitswesens				
Medizinische Einrichtungen	–	**–**	–	–
Pflegeheime	–	**112,00**	–	0,5%
Gebäude für Erholungszwecke	–	**–**	–	–
4 Schulen und Kindergärten				
Allgemeinbildende Schulen	80,00	**129,00**	277,00	1,0%
Schulen, Holzbauweise	–	**132,00**	–	0,5%
Berufliche Schulen	–	**–**	–	–
Förder- und Sonderschulen	–	**479,00**	–	1,2%
Weiterbildungseinrichtungen	–	**633,00**	–	0,8%
Kindergärten, nicht unterkellert, einfacher Standard	–	**76,00**	–	1,4%
Kindergärten, nicht unterkellert, mittlerer Standard	–	**34,00**	–	0,2%
Kindergärten, nicht unterkellert, hoher Standard	–	**–**	–	–
Kindergärten, Holzbauweise, nicht unterkellert	–	**110,00**	–	0,4%
Kindergärten, unterkellert	–	**–**	–	–
5 Sportbauten				
Sport- und Mehrzweckhallen	–	**–**	–	–
Sporthallen (Einfeldhallen)	–	**–**	–	–
Sporthallen (Dreifeldhallen)	–	**737,00**	–	0,8%
6 Wohngebäude				
Ein- und Zweifamilienhäuser				
Ein- und Zweifamilienhäuser, unterkellert, einfacher Standard	–	**–**	–	–
Ein- und Zweifamilienhäuser, unterkellert, mittlerer Standard	–	**–**	–	–
Ein- und Zweifamilienhäuser, unterkellert, hoher Standard	–	**–**	–	< 0,1%
Ein- und Zweifamilienhäuser, nicht unterkellert, einfacher Standard	–	**–**	–	–
Ein- und Zweifamilienhäuser, nicht unterkellert, mittlerer Standard	–	**–**	–	–
Ein- und Zweifamilienhäuser, nicht unterkellert, hoher Standard	–	**–**	–	–
Ein- und Zweifamilienhäuser, Passivhausstandard, Massivbauweise	–	**–**	–	–
Ein- und Zweifamilienhäuser, Passivhausstandard, Holzbauweise	–	**–**	–	–
Ein- und Zweifamilienhäuser, Holzbauweise, unterkellert	–	**–**	–	–
Ein- und Zweifamilienhäuser, Holzbauweise, nicht unterkellert	–	**–**	–	–
Doppel- und Reihenend- / Reihenhäuser				
Doppel- und Reihenendhäuser, einfacher Standard	–	**–**	–	–
Doppel- und Reihenendhäuser, mittlerer Standard	–	**–**	–	–
Doppel- und Reihenendhäuser, hoher Standard	–	**–**	–	–
Doppel- und Reihenendhäuser, Holzbauweise	–	**–**	–	–
Reihenhäuser, einfacher Standard	–	**–**	–	–
Reihenhäuser, mittlerer Standard	–	**–**	–	–
Reihenhäuser, hoher Standard	–	**219,00**	–	1,2%
Mehrfamilienhäuser				
Mehrfamilienhäuser, mit bis zu 6 WE, einfacher Standard	–	**–**	–	–
Mehrfamilienhäuser, mit bis zu 6 WE, mittlerer Standard	–	**–**	–	–
Mehrfamilienhäuser, mit bis zu 6 WE, hoher Standard	–	**–**	–	–

© **BKI** Baukosteninformationszentrum; Erläuterungen zu den Tabellen siehe Seite 56

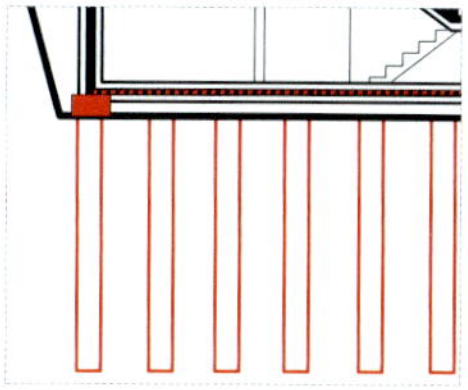

Einheit: m²
Tiefgründungsfläche

Gebäudeart	▷	€/Einheit	◁	KG an 300
Mehrfamilienhäuser (Fortsetzung)				
Mehrfamilienhäuser, mit 6 bis 19 WE, einfacher Standard	–	**300,00**	–	1,8%
Mehrfamilienhäuser, mit 6 bis 19 WE, mittlerer Standard	–	–	–	–
Mehrfamilienhäuser, mit 6 bis 19 WE, hoher Standard	–	**69,00**	–	0,3%
Mehrfamilienhäuser, mit 20 oder mehr WE, einfacher Standard	–	–	–	–
Mehrfamilienhäuser, mit 20 oder mehr WE, mittlerer Standard	–	–	–	–
Mehrfamilienhäuser, mit 20 oder mehr WE, hoher Standard	–	**163,00**	–	1,1%
Mehrfamilienhäuser, Passivhäuser	–	–	–	–
Mehrfamilienhäuser, Holzbauweise	–	**127,00**	–	0,2%
Wohnhäuser, mit bis zu 15% Mischnutzung, einfacher Standard	–	–	–	–
Wohnhäuser, mit bis zu 15% Mischnutzung, mittlerer Standard	–	–	–	–
Wohnhäuser, mit bis zu 15% Mischnutzung, hoher Standard	–	**670,00**	–	4,1%
Wohnhäuser, mit mehr als 15% Mischnutzung	–	–	–	–
Seniorenwohnungen und Beherbergungen				
Seniorenwohnungen, mittlerer Standard	–	–	–	–
Seniorenwohnungen, hoher Standard	–	–	–	–
Wohnheime und Internate	–	**331,00**	–	0,5%
Hotels	–	–	–	–
7 Gewerbe-, Lager- und Garagen				
Gaststätten, Kantinen und Mensen	–	–	–	–
Industrielle Produktionsgebäude, Massivbauweise	–	**196,00**	–	2,0%
Industrielle Produktionsgebäude, überwiegend Skelettbauweise	200,00	**345,00**	491,00	4,3%
Betriebs- und Werkstätten, eingeschossig	–	–	–	–
Betriebs- und Werkstätten, mehrgeschossig, geringer Hallenanteil	–	–	–	–
Betriebs- und Werkstätten, mehrgeschossig, hoher Hallenanteil	–	–	–	–
Geschäftshäuser, mit Wohnungen	–	–	–	–
Geschäftshäuser, ohne Wohnungen	–	–	–	–
Verbrauchermärkte	–	–	–	–
Autohäuser	–	–	–	–
Lagergebäude, ohne Mischnutzung	–	**111,00**	–	1,1%
Lagergebäude, mit bis zu 25% Mischnutzung	–	–	–	–
Lagergebäude, mit mehr als 25% Mischnutzung	–	–	–	–
Garagen und Bereitschaftsdienste				
Einzel- und Doppelgaragen	–	–	–	–
Mehrfachgaragen	–	–	–	–
Hochgaragen	–	**895,00**	–	6,5%
Fahrradparkhäuser	–	–	–	–
Carports	–	–	–	–
Tiefgaragen	–	**167,00**	–	1,4%
Feuerwehrhäuser	69,00	**132,00**	194,00	1,2%
Öffentliche Bereitschaftsdienste	–	**307,00**	–	1,7%
8 Gebäude für kulturelle und religiöse Zwecke				
Bibliotheken, Museen und Ausstellungen	76,00	**438,00**	800,00	1,3%
Theater	–	**437,00**	–	5,1%
Gemeindezentren, einfacher Standard	–	–	–	–
Gemeindezentren, mittlerer Standard	–	–	–	–
Gemeindezentren, hoher Standard	–	–	–	–
Gemeindezentren, Holzbauweise	–	–	–	–
Friedhofsgebäude	–	–	–	–

324 Gründungsbeläge

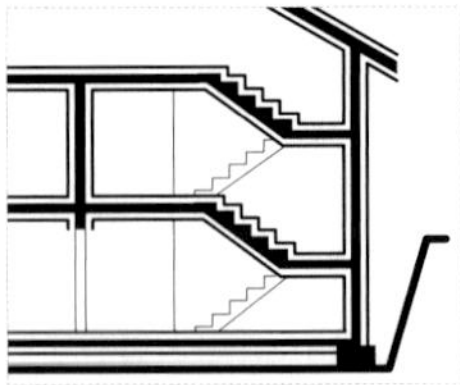

Kosten:
Stand 1. Quartal 2025
Bundesdurchschnitt
inkl. 19% MwSt.

Einheit: m²
Gründungsbelagsfläche

▷ von
ø Mittel
◁ bis

Gebäudeart	▷	€/Einheit	◁	KG an 300
1 Büro- und Verwaltungsgebäude				
Büro- und Verwaltungsgebäude, einfacher Standard	137,00	**167,00**	228,00	5,4%
Büro- und Verwaltungsgebäude, mittlerer Standard	107,00	**174,00**	240,00	3,4%
Büro- und Verwaltungsgebäude, hoher Standard	151,00	**242,00**	389,00	2,8%
Büro- und Verwaltungsgebäude, Holzbauweise	144,00	**181,00**	216,00	5,0%
2 Gebäude für Forschung und Lehre				
Instituts- und Laborgebäude	88,00	**158,00**	190,00	4,1%
3 Gebäude des Gesundheitswesens				
Medizinische Einrichtungen	125,00	**160,00**	228,00	3,0%
Pflegeheime	147,00	**176,00**	199,00	4,3%
Gebäude für Erholungszwecke	248,00	**310,00**	360,00	7,9%
4 Schulen und Kindergärten				
Allgemeinbildende Schulen	187,00	**215,00**	259,00	4,6%
Schulen, Holzbauweise	116,00	**191,00**	222,00	4,9%
Berufliche Schulen	109,00	**144,00**	193,00	5,5%
Förder- und Sonderschulen	161,00	**178,00**	210,00	3,2%
Weiterbildungseinrichtungen	87,00	**184,00**	238,00	2,6%
Kindergärten, nicht unterkellert, einfacher Standard	160,00	**166,00**	177,00	8,7%
Kindergärten, nicht unterkellert, mittlerer Standard	175,00	**220,00**	276,00	7,8%
Kindergärten, nicht unterkellert, hoher Standard	178,00	**190,00**	202,00	6,3%
Kindergärten, Holzbauweise, nicht unterkellert	150,00	**221,00**	542,00	6,8%
Kindergärten, unterkellert	177,00	**192,00**	208,00	4,6%
5 Sportbauten				
Sport- und Mehrzweckhallen	170,00	**222,00**	254,00	7,4%
Sporthallen (Einfeldhallen)	165,00	**197,00**	226,00	7,8%
Sporthallen (Dreifeldhallen)	168,00	**189,00**	228,00	6,0%
6 Wohngebäude				
Ein- und Zweifamilienhäuser				
Ein- und Zweifamilienhäuser, unterkellert, einfacher Standard	32,00	**85,00**	122,00	2,3%
Ein- und Zweifamilienhäuser, unterkellert, mittlerer Standard	93,00	**141,00**	182,00	2,1%
Ein- und Zweifamilienhäuser, unterkellert, hoher Standard	86,00	**187,00**	282,00	2,5%
Ein- und Zweifamilienhäuser, nicht unterkellert, einfacher Standard	174,00	**179,00**	184,00	4,8%
Ein- und Zweifamilienhäuser, nicht unterkellert, mittlerer Standard	142,00	**214,00**	271,00	5,5%
Ein- und Zweifamilienhäuser, nicht unterkellert, hoher Standard	178,00	**234,00**	302,00	4,6%
Ein- und Zweifamilienhäuser, Passivhausstandard, Massivbauweise	103,00	**186,00**	312,00	3,1%
Ein- und Zweifamilienhäuser, Passivhausstandard, Holzbauweise	107,00	**203,00**	325,00	4,2%
Ein- und Zweifamilienhäuser, Holzbauweise, unterkellert	87,00	**150,00**	265,00	1,7%
Ein- und Zweifamilienhäuser, Holzbauweise, nicht unterkellert	124,00	**220,00**	297,00	4,6%
Doppel- und Reihenend- / Reihenhäuser				
Doppel- und Reihenendhäuser, einfacher Standard	75,00	**96,00**	110,00	2,1%
Doppel- und Reihenendhäuser, mittlerer Standard	40,00	**118,00**	189,00	2,6%
Doppel- und Reihenendhäuser, hoher Standard	97,00	**155,00**	180,00	2,4%
Doppel- und Reihenendhäuser, Holzbauweise	179,00	**204,00**	267,00	3,9%
Reihenhäuser, einfacher Standard	88,00	**144,00**	200,00	4,6%
Reihenhäuser, mittlerer Standard	–	**180,00**	–	2,4%
Reihenhäuser, hoher Standard	179,00	**231,00**	315,00	2,9%
Mehrfamilienhäuser				
Mehrfamilienhäuser, mit bis zu 6 WE, einfacher Standard	48,00	**56,00**	65,00	1,0%
Mehrfamilienhäuser, mit bis zu 6 WE, mittlerer Standard	53,00	**130,00**	242,00	2,7%
Mehrfamilienhäuser, mit bis zu 6 WE, hoher Standard	74,00	**137,00**	208,00	1,4%

© **BKI** Baukosteninformationszentrum; Erläuterungen zu den Tabellen siehe Seite 56

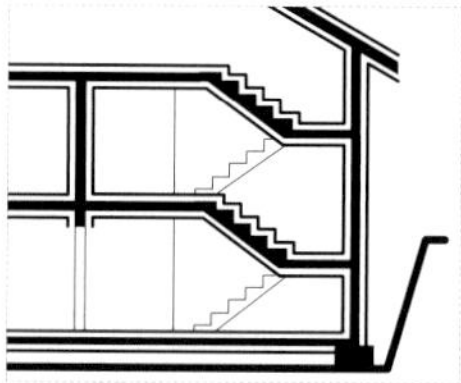

Einheit: m²
Gründungsbelagsfläche

Gebäudeart	▷	€/Einheit	◁	KG an 300
Mehrfamilienhäuser (Fortsetzung)				
Mehrfamilienhäuser, mit 6 bis 19 WE, einfacher Standard	39,00	**51,00**	58,00	0,5%
Mehrfamilienhäuser, mit 6 bis 19 WE, mittlerer Standard	66,00	**101,00**	184,00	1,6%
Mehrfamilienhäuser, mit 6 bis 19 WE, hoher Standard	47,00	**73,00**	101,00	0,6%
Mehrfamilienhäuser, mit 20 oder mehr WE, einfacher Standard	51,00	**69,00**	105,00	1,0%
Mehrfamilienhäuser, mit 20 oder mehr WE, mittlerer Standard	79,00	**152,00**	207,00	2,0%
Mehrfamilienhäuser, mit 20 oder mehr WE, hoher Standard	77,00	**88,00**	94,00	1,7%
Mehrfamilienhäuser, Passivhäuser	74,00	**148,00**	214,00	2,2%
Mehrfamilienhäuser, Holzbauweise	50,00	**100,00**	124,00	1,7%
Wohnhäuser, mit bis zu 15% Mischnutzung, einfacher Standard	57,00	**105,00**	187,00	1,1%
Wohnhäuser, mit bis zu 15% Mischnutzung, mittlerer Standard	173,00	**188,00**	213,00	5,5%
Wohnhäuser, mit bis zu 15% Mischnutzung, hoher Standard	–	**58,00**	–	0,4%
Wohnhäuser, mit mehr als 15% Mischnutzung	32,00	**103,00**	245,00	2,6%
Seniorenwohnungen und Beherbergungen				
Seniorenwohnungen, mittlerer Standard	90,00	**139,00**	177,00	2,1%
Seniorenwohnungen, hoher Standard	88,00	**102,00**	116,00	1,6%
Wohnheime und Internate	95,00	**172,00**	290,00	2,8%
Hotels	–	**96,00**	–	0,8%
7 Gewerbe-, Lager- und Garagen				
Gaststätten, Kantinen und Mensen	–	**136,00**	–	1,3%
Industrielle Produktionsgebäude, Massivbauweise	47,00	**86,00**	124,00	3,5%
Industrielle Produktionsgebäude, überwiegend Skelettbauweise	67,00	**100,00**	123,00	1,7%
Betriebs- und Werkstätten, eingeschossig	90,00	**136,00**	227,00	6,6%
Betriebs- und Werkstätten, mehrgeschossig, geringer Hallenanteil	80,00	**119,00**	166,00	3,8%
Betriebs- und Werkstätten, mehrgeschossig, hoher Hallenanteil	78,00	**122,00**	174,00	4,2%
Geschäftshäuser, mit Wohnungen	114,00	**122,00**	131,00	1,3%
Geschäftshäuser, ohne Wohnungen	103,00	**106,00**	109,00	1,7%
Verbrauchermärkte	146,00	**221,00**	296,00	9,9%
Autohäuser	53,00	**96,00**	138,00	3,8%
Lagergebäude, ohne Mischnutzung	49,00	**89,00**	145,00	2,7%
Lagergebäude, mit bis zu 25% Mischnutzung	154,00	**173,00**	209,00	1,6%
Lagergebäude, mit mehr als 25% Mischnutzung	41,00	**71,00**	102,00	2,7%
Garagen und Bereitschaftsdienste				
Einzel- und Doppelgaragen	–	**–**	–	–
Mehrfachgaragen	17,00	**106,00**	282,00	1,2%
Hochgaragen	70,00	**93,00**	139,00	3,0%
Fahrradparkhäuser	124,00	**146,00**	167,00	4,0%
Carports	–	**119,00**	–	1,0%
Tiefgaragen	72,00	**103,00**	140,00	5,2%
Feuerwehrhäuser	56,00	**150,00**	216,00	7,0%
Öffentliche Bereitschaftsdienste	96,00	**138,00**	246,00	1,9%
8 Gebäude für kulturelle und religiöse Zwecke				
Bibliotheken, Museen und Ausstellungen	161,00	**246,00**	386,00	4,6%
Theater	180,00	**196,00**	212,00	2,9%
Gemeindezentren, einfacher Standard	92,00	**150,00**	180,00	5,6%
Gemeindezentren, mittlerer Standard	137,00	**235,00**	371,00	5,5%
Gemeindezentren, hoher Standard	163,00	**231,00**	292,00	5,9%
Gemeindezentren, Holzbauweise	224,00	**244,00**	281,00	7,4%
Friedhofsgebäude	152,00	**199,00**	247,00	1,9%

325 Abdichtungen und Bekleidungen

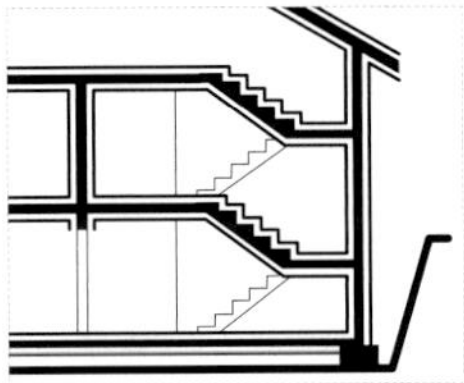

Kosten:
Stand 1. Quartal 2025
Bundesdurchschnitt
inkl. 19% MwSt.

Einheit: m²
Abdichtungs- und
Bekleidungsfläche

▷ von
ø Mittel
◁ bis

Gebäudeart	▷	€/Einheit	◁	KG an 300
1 Büro- und Verwaltungsgebäude				
Büro- und Verwaltungsgebäude, einfacher Standard	23,00	**27,00**	29,00	1,1%
Büro- und Verwaltungsgebäude, mittlerer Standard	30,00	**60,00**	116,00	1,0%
Büro- und Verwaltungsgebäude, hoher Standard	36,00	**78,00**	143,00	1,2%
Büro- und Verwaltungsgebäude, Holzbauweise	20,00	**48,00**	77,00	1,3%
2 Gebäude für Forschung und Lehre				
Instituts- und Laborgebäude	40,00	**65,00**	88,00	2,4%
3 Gebäude des Gesundheitswesens				
Medizinische Einrichtungen	20,00	**47,00**	62,00	0,9%
Pflegeheime	12,00	**52,00**	84,00	1,1%
Gebäude für Erholungszwecke	19,00	**44,00**	64,00	1,4%
4 Schulen und Kindergärten				
Allgemeinbildende Schulen	25,00	**62,00**	120,00	1,7%
Schulen, Holzbauweise	52,00	**76,00**	106,00	1,9%
Berufliche Schulen	35,00	**57,00**	93,00	2,5%
Förder- und Sonderschulen	26,00	**115,00**	208,00	1,5%
Weiterbildungseinrichtungen	75,00	**101,00**	152,00	2,3%
Kindergärten, nicht unterkellert, einfacher Standard	17,00	**33,00**	62,00	2,0%
Kindergärten, nicht unterkellert, mittlerer Standard	28,00	**54,00**	78,00	2,0%
Kindergärten, nicht unterkellert, hoher Standard	50,00	**62,00**	72,00	2,3%
Kindergärten, Holzbauweise, nicht unterkellert	41,00	**67,00**	88,00	2,1%
Kindergärten, unterkellert	47,00	**77,00**	114,00	2,5%
5 Sportbauten				
Sport- und Mehrzweckhallen	12,00	**20,00**	24,00	0,8%
Sporthallen (Einfeldhallen)	22,00	**34,00**	51,00	1,5%
Sporthallen (Dreifeldhallen)	8,20	**35,00**	54,00	1,2%
6 Wohngebäude				
Ein- und Zweifamilienhäuser				
Ein- und Zweifamilienhäuser, unterkellert, einfacher Standard	20,00	**36,00**	47,00	1,1%
Ein- und Zweifamilienhäuser, unterkellert, mittlerer Standard	28,00	**50,00**	79,00	1,2%
Ein- und Zweifamilienhäuser, unterkellert, hoher Standard	29,00	**55,00**	70,00	1,2%
Ein- und Zweifamilienhäuser, nicht unterkellert, einfacher Standard	16,00	**24,00**	32,00	0,8%
Ein- und Zweifamilienhäuser, nicht unterkellert, mittlerer Standard	24,00	**51,00**	82,00	1,8%
Ein- und Zweifamilienhäuser, nicht unterkellert, hoher Standard	28,00	**57,00**	107,00	1,4%
Ein- und Zweifamilienhäuser, Passivhausstandard, Massivbauweise	62,00	**116,00**	199,00	3,1%
Ein- und Zweifamilienhäuser, Passivhausstandard, Holzbauweise	27,00	**86,00**	154,00	2,0%
Ein- und Zweifamilienhäuser, Holzbauweise, unterkellert	30,00	**56,00**	92,00	1,5%
Ein- und Zweifamilienhäuser, Holzbauweise, nicht unterkellert	28,00	**73,00**	194,00	2,2%
Doppel- und Reihenend- / Reihenhäuser				
Doppel- und Reihenendhäuser, einfacher Standard	5,20	**12,00**	18,00	0,2%
Doppel- und Reihenendhäuser, mittlerer Standard	34,00	**68,00**	112,00	1,9%
Doppel- und Reihenendhäuser, hoher Standard	17,00	**37,00**	56,00	0,7%
Doppel- und Reihenendhäuser, Holzbauweise	30,00	**50,00**	72,00	1,6%
Reihenhäuser, einfacher Standard	–	**64,00**	–	1,2%
Reihenhäuser, mittlerer Standard	32,00	**48,00**	65,00	1,4%
Reihenhäuser, hoher Standard	15,00	**33,00**	80,00	0,6%
Mehrfamilienhäuser				
Mehrfamilienhäuser, mit bis zu 6 WE, einfacher Standard	17,00	**21,00**	26,00	0,7%
Mehrfamilienhäuser, mit bis zu 6 WE, mittlerer Standard	25,00	**46,00**	125,00	0,9%
Mehrfamilienhäuser, mit bis zu 6 WE, hoher Standard	31,00	**52,00**	70,00	1,0%

© BKI Baukosteninformationszentrum; Erläuterungen zu den Tabellen siehe Seite 56

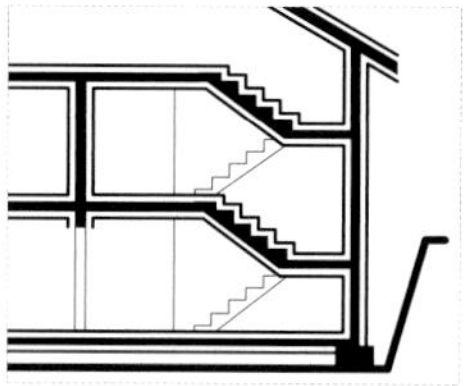

Einheit: m^2
Abdichtungs- und Bekleidungsfläche

Gebäudeart	▷	€/Einheit	◁	KG an 300
Mehrfamilienhäuser (Fortsetzung)				
Mehrfamilienhäuser, mit 6 bis 19 WE, einfacher Standard	18,00	**35,00**	68,00	0,9%
Mehrfamilienhäuser, mit 6 bis 19 WE, mittlerer Standard	16,00	**27,00**	42,00	0,7%
Mehrfamilienhäuser, mit 6 bis 19 WE, hoher Standard	19,00	**27,00**	53,00	0,7%
Mehrfamilienhäuser, mit 20 oder mehr WE, einfacher Standard	12,00	**24,00**	30,00	0,5%
Mehrfamilienhäuser, mit 20 oder mehr WE, mittlerer Standard	32,00	**64,00**	113,00	1,4%
Mehrfamilienhäuser, mit 20 oder mehr WE, hoher Standard	23,00	**52,00**	73,00	1,3%
Mehrfamilienhäuser, Passivhäuser	40,00	**67,00**	116,00	1,7%
Mehrfamilienhäuser, Holzbauweise	39,00	**65,00**	84,00	1,3%
Wohnhäuser, mit bis zu 15% Mischnutzung, einfacher Standard	12,00	**26,00**	33,00	0,3%
Wohnhäuser, mit bis zu 15% Mischnutzung, mittlerer Standard	2,70	**36,00**	55,00	1,1%
Wohnhäuser, mit bis zu 15% Mischnutzung, hoher Standard	–	**32,00**	–	0,2%
Wohnhäuser, mit mehr als 15% Mischnutzung	67,00	**71,00**	77,00	1,6%
Seniorenwohnungen und Beherbergungen				
Seniorenwohnungen, mittlerer Standard	13,00	**29,00**	83,00	0,7%
Seniorenwohnungen, hoher Standard	26,00	**37,00**	48,00	0,7%
Wohnheime und Internate	21,00	**37,00**	88,00	0,8%
Hotels	–	**42,00**	–	0,5%
7 Gewerbe-, Lager- und Garagen				
Gaststätten, Kantinen und Mensen	–	**91,00**	–	1,5%
Industrielle Produktionsgebäude, Massivbauweise	23,00	**27,00**	32,00	1,6%
Industrielle Produktionsgebäude, überwiegend Skelettbauweise	35,00	**48,00**	62,00	2,7%
Betriebs- und Werkstätten, eingeschossig	32,00	**47,00**	78,00	2,9%
Betriebs- und Werkstätten, mehrgeschossig, geringer Hallenanteil	37,00	**50,00**	87,00	1,9%
Betriebs- und Werkstätten, mehrgeschossig, hoher Hallenanteil	12,00	**27,00**	63,00	1,6%
Geschäftshäuser, mit Wohnungen	19,00	**26,00**	30,00	0,4%
Geschäftshäuser, ohne Wohnungen	37,00	**47,00**	57,00	1,1%
Verbrauchermärkte	27,00	**38,00**	49,00	3,0%
Autohäuser	51,00	**57,00**	63,00	2,5%
Lagergebäude, ohne Mischnutzung	19,00	**35,00**	48,00	3,2%
Lagergebäude, mit bis zu 25% Mischnutzung	13,00	**38,00**	50,00	3,6%
Lagergebäude, mit mehr als 25% Mischnutzung	8,20	**11,00**	14,00	0,7%
Garagen und Bereitschaftsdienste				
Einzel- und Doppelgaragen	–	**16,00**	–	0,2%
Mehrfachgaragen	18,00	**30,00**	68,00	2,6%
Hochgaragen	21,00	**39,00**	68,00	0,4%
Fahrradparkhäuser	14,00	**31,00**	62,00	0,5%
Carports	–	**–**	–	–
Tiefgaragen	19,00	**32,00**	65,00	2,1%
Feuerwehrhäuser	23,00	**42,00**	57,00	2,1%
Öffentliche Bereitschaftsdienste	41,00	**52,00**	60,00	3,0%
8 Gebäude für kulturelle und religiöse Zwecke				
Bibliotheken, Museen und Ausstellungen	37,00	**74,00**	155,00	1,4%
Theater	9,90	**67,00**	125,00	0,8%
Gemeindezentren, einfacher Standard	11,00	**16,00**	26,00	0,7%
Gemeindezentren, mittlerer Standard	35,00	**76,00**	99,00	2,4%
Gemeindezentren, hoher Standard	23,00	**45,00**	100,00	1,5%
Gemeindezentren, Holzbauweise	16,00	**27,00**	34,00	0,9%
Friedhofsgebäude	39,00	**53,00**	66,00	1,0%

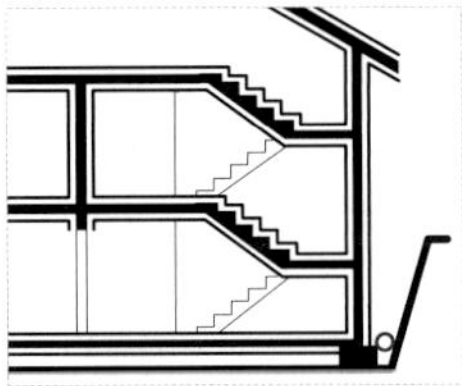

Kosten:
Stand 1. Quartal 2025
Bundesdurchschnitt
inkl. 19% MwSt.

Einheit: m² Gründungsfläche/ Unterbaufläche

▷ von
ø Mittel
◁ bis

Gebäudeart	▷	€/Einheit	◁	KG an 300
1 Büro- und Verwaltungsgebäude				
Büro- und Verwaltungsgebäude, einfacher Standard	–	**10,00**	–	0,2%
Büro- und Verwaltungsgebäude, mittlerer Standard	7,90	**15,00**	23,00	0,1%
Büro- und Verwaltungsgebäude, hoher Standard	11,00	**30,00**	46,00	0,1%
Büro- und Verwaltungsgebäude, Holzbauweise	–	**32,00**	–	0,2%
2 Gebäude für Forschung und Lehre				
Instituts- und Laborgebäude	–	**10,00**	–	< 0,1%
3 Gebäude des Gesundheitswesens				
Medizinische Einrichtungen	–	**3,00**	–	< 0,1%
Pflegeheime	7,90	**17,00**	27,00	0,2%
Gebäude für Erholungszwecke	2,90	**7,40**	9,80	0,1%
4 Schulen und Kindergärten				
Allgemeinbildende Schulen	8,60	**52,00**	182,00	0,5%
Schulen, Holzbauweise	–	**15,00**	–	< 0,1%
Berufliche Schulen	0,90	**2,10**	3,40	< 0,1%
Förder- und Sonderschulen	9,80	**21,00**	39,00	0,3%
Weiterbildungseinrichtungen	30,00	**47,00**	64,00	0,6%
Kindergärten, nicht unterkellert, einfacher Standard	–	**–**	–	–
Kindergärten, nicht unterkellert, mittlerer Standard	–	**6,10**	–	< 0,1%
Kindergärten, nicht unterkellert, hoher Standard	–	**12,00**	–	0,1%
Kindergärten, Holzbauweise, nicht unterkellert	10,00	**15,00**	26,00	0,1%
Kindergärten, unterkellert	–	**–**	–	–
5 Sportbauten				
Sport- und Mehrzweckhallen	5,30	**9,10**	13,00	0,2%
Sporthallen (Einfeldhallen)	10,00	**11,00**	13,00	0,2%
Sporthallen (Dreifeldhallen)	20,00	**30,00**	57,00	0,8%
6 Wohngebäude				
Ein- und Zweifamilienhäuser				
Ein- und Zweifamilienhäuser, unterkellert, einfacher Standard	16,00	**58,00**	100,00	1,1%
Ein- und Zweifamilienhäuser, unterkellert, mittlerer Standard	15,00	**24,00**	37,00	0,3%
Ein- und Zweifamilienhäuser, unterkellert, hoher Standard	13,00	**23,00**	47,00	0,3%
Ein- und Zweifamilienhäuser, nicht unterkellert, einfacher Standard	–	**–**	–	–
Ein- und Zweifamilienhäuser, nicht unterkellert, mittlerer Standard	5,10	**13,00**	22,00	< 0,1%
Ein- und Zweifamilienhäuser, nicht unterkellert, hoher Standard	15,00	**47,00**	78,00	0,2%
Ein- und Zweifamilienhäuser, Passivhausstandard, Massivbauweise	7,00	**16,00**	26,00	0,2%
Ein- und Zweifamilienhäuser, Passivhausstandard, Holzbauweise	14,00	**24,00**	33,00	0,3%
Ein- und Zweifamilienhäuser, Holzbauweise, unterkellert	8,90	**25,00**	50,00	0,3%
Ein- und Zweifamilienhäuser, Holzbauweise, nicht unterkellert	1,90	**24,00**	46,00	0,1%
Doppel- und Reihenend- / Reihenhäuser				
Doppel- und Reihenendhäuser, einfacher Standard	–	**13,00**	–	< 0,1%
Doppel- und Reihenendhäuser, mittlerer Standard	–	**–**	–	–
Doppel- und Reihenendhäuser, hoher Standard	11,00	**20,00**	29,00	0,2%
Doppel- und Reihenendhäuser, Holzbauweise	–	**14,00**	–	< 0,1%
Reihenhäuser, einfacher Standard	–	**–**	–	–
Reihenhäuser, mittlerer Standard	–	**–**	–	–
Reihenhäuser, hoher Standard	11,00	**12,00**	13,00	0,2%
Mehrfamilienhäuser				
Mehrfamilienhäuser, mit bis zu 6 WE, einfacher Standard	–	**–**	–	–
Mehrfamilienhäuser, mit bis zu 6 WE, mittlerer Standard	–	**27,00**	–	0,1%
Mehrfamilienhäuser, mit bis zu 6 WE, hoher Standard	–	**33,00**	–	< 0,1%

© **BKI** Baukosteninformationszentrum; Erläuterungen zu den Tabellen siehe Seite 56

Gebäudeart	▷	€/Einheit	◁	KG an 300
Mehrfamilienhäuser (Fortsetzung)				
Mehrfamilienhäuser, mit 6 bis 19 WE, einfacher Standard	11,00	**26,00**	49,00	0,5%
Mehrfamilienhäuser, mit 6 bis 19 WE, mittlerer Standard	1,60	**7,20**	17,00	0,1%
Mehrfamilienhäuser, mit 6 bis 19 WE, hoher Standard	6,90	**14,00**	35,00	0,2%
Mehrfamilienhäuser, mit 20 oder mehr WE, einfacher Standard	–	**18,00**	–	0,1%
Mehrfamilienhäuser, mit 20 oder mehr WE, mittlerer Standard	23,00	**31,00**	47,00	0,3%
Mehrfamilienhäuser, mit 20 oder mehr WE, hoher Standard	19,00	**21,00**	23,00	0,3%
Mehrfamilienhäuser, Passivhäuser	4,20	**21,00**	38,00	0,2%
Mehrfamilienhäuser, Holzbauweise	24,00	**41,00**	71,00	0,5%
Wohnhäuser, mit bis zu 15% Mischnutzung, einfacher Standard	14,00	**15,00**	15,00	0,1%
Wohnhäuser, mit bis zu 15% Mischnutzung, mittlerer Standard	–	**19,00**	–	0,1%
Wohnhäuser, mit bis zu 15% Mischnutzung, hoher Standard	–	**81,00**	–	0,5%
Wohnhäuser, mit mehr als 15% Mischnutzung	–	**16,00**	–	< 0,1%
Seniorenwohnungen und Beherbergungen				
Seniorenwohnungen, mittlerer Standard	–	**26,00**	–	< 0,1%
Seniorenwohnungen, hoher Standard	24,00	**28,00**	31,00	0,5%
Wohnheime und Internate	2,30	**6,00**	13,00	< 0,1%
Hotels	–	**–**	–	–
7 Gewerbe-, Lager- und Garagen				
Gaststätten, Kantinen und Mensen	–	**26,00**	–	0,4%
Industrielle Produktionsgebäude, Massivbauweise	–	**3,70**	–	< 0,1%
Industrielle Produktionsgebäude, überwiegend Skelettbauweise	5,90	**11,00**	16,00	0,2%
Betriebs- und Werkstätten, eingeschossig	–	**–**	–	–
Betriebs- und Werkstätten, mehrgeschossig, geringer Hallenanteil	2,40	**19,00**	29,00	0,2%
Betriebs- und Werkstätten, mehrgeschossig, hoher Hallenanteil	1,00	**4,40**	8,70	0,2%
Geschäftshäuser, mit Wohnungen	–	**6,50**	–	< 0,1%
Geschäftshäuser, ohne Wohnungen	–	**28,00**	–	0,2%
Verbrauchermärkte	–	**–**	–	–
Autohäuser	4,80	**9,80**	15,00	0,3%
Lagergebäude, ohne Mischnutzung	1,90	**3,00**	4,00	< 0,1%
Lagergebäude, mit bis zu 25% Mischnutzung	–	**–**	–	–
Lagergebäude, mit mehr als 25% Mischnutzung	–	**–**	–	–
Garagen und Bereitschaftsdienste				
Einzel- und Doppelgaragen	–	**–**	–	–
Mehrfachgaragen	–	**2,80**	–	< 0,1%
Hochgaragen	–	**1,00**	–	< 0,1%
Fahrradparkhäuser	–	**–**	–	–
Carports	–	**–**	–	–
Tiefgaragen	–	**–**	–	–
Feuerwehrhäuser	3,60	**3,90**	4,10	< 0,1%
Öffentliche Bereitschaftsdienste	–	**1,80**	–	< 0,1%
8 Gebäude für kulturelle und religiöse Zwecke				
Bibliotheken, Museen und Ausstellungen	1,00	**14,00**	27,00	< 0,1%
Theater	–	**16,00**	–	< 0,1%
Gemeindezentren, einfacher Standard	–	**–**	–	–
Gemeindezentren, mittlerer Standard	12,00	**27,00**	41,00	0,3%
Gemeindezentren, hoher Standard	–	**15,00**	–	0,1%
Gemeindezentren, Holzbauweise	–	**–**	–	–
Friedhofsgebäude	6,40	**13,00**	21,00	0,2%

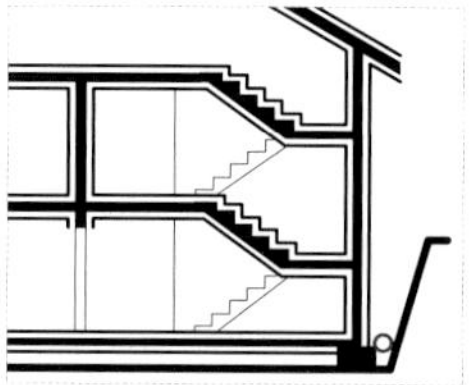

Einheit: m²
Gründungsfläche/
Unterbaufläche

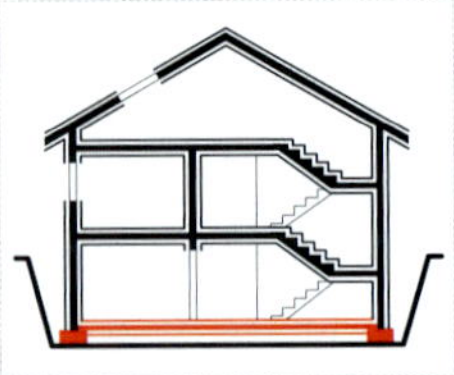

Kosten:
Stand 1. Quartal 2025
Bundesdurchschnitt
inkl. 19% MwSt.

Einheit: m²
Gründungsfläche/
Unterbaufläche

▷ von
ø Mittel
◁ bis

Gebäudeart	▷	€/Einheit	◁	KG an 300
1 Büro- und Verwaltungsgebäude				
Büro- und Verwaltungsgebäude, einfacher Standard	–	**12,00**	–	0,1%
Büro- und Verwaltungsgebäude, mittlerer Standard	–	**4,20**	–	< 0,1%
Büro- und Verwaltungsgebäude, hoher Standard	3,70	**3,90**	4,20	< 0,1%
Büro- und Verwaltungsgebäude, Holzbauweise	–	**8,40**	–	< 0,1%
2 Gebäude für Forschung und Lehre				
Instituts- und Laborgebäude	–	**6,10**	–	< 0,1%
3 Gebäude des Gesundheitswesens				
Medizinische Einrichtungen	–	**1,20**	–	< 0,1%
Pflegeheime	–	**–**	–	–
Gebäude für Erholungszwecke	–	**–**	–	–
4 Schulen und Kindergärten				
Allgemeinbildende Schulen	–	**–**	–	–
Schulen, Holzbauweise	–	**5,90**	–	< 0,1%
Berufliche Schulen	–	**–**	–	–
Förder- und Sonderschulen	–	**–**	–	–
Weiterbildungseinrichtungen	26,00	**33,00**	39,00	0,4%
Kindergärten, nicht unterkellert, einfacher Standard	–	**–**	–	–
Kindergärten, nicht unterkellert, mittlerer Standard	–	**–**	–	–
Kindergärten, nicht unterkellert, hoher Standard	–	**14,00**	–	0,1%
Kindergärten, Holzbauweise, nicht unterkellert	–	**2,20**	–	< 0,1%
Kindergärten, unterkellert	–	**–**	–	–
5 Sportbauten				
Sport- und Mehrzweckhallen	–	**6,20**	–	< 0,1%
Sporthallen (Einfeldhallen)	–	**–**	–	–
Sporthallen (Dreifeldhallen)	0,30	**4,10**	7,80	< 0,1%
6 Wohngebäude				
Ein- und Zweifamilienhäuser				
Ein- und Zweifamilienhäuser, unterkellert, einfacher Standard	–	**–**	–	–
Ein- und Zweifamilienhäuser, unterkellert, mittlerer Standard	–	**–**	–	–
Ein- und Zweifamilienhäuser, unterkellert, hoher Standard	–	**–**	–	–
Ein- und Zweifamilienhäuser, nicht unterkellert, einfacher Standard	–	**–**	–	–
Ein- und Zweifamilienhäuser, nicht unterkellert, mittlerer Standard	–	**28,00**	–	< 0,1%
Ein- und Zweifamilienhäuser, nicht unterkellert, hoher Standard	–	**–**	–	–
Ein- und Zweifamilienhäuser, Passivhausstandard, Massivbauweise	–	**–**	–	–
Ein- und Zweifamilienhäuser, Passivhausstandard, Holzbauweise	–	**–**	–	–
Ein- und Zweifamilienhäuser, Holzbauweise, unterkellert	–	**10,00**	–	< 0,1%
Ein- und Zweifamilienhäuser, Holzbauweise, nicht unterkellert	–	**–**	–	–
Doppel- und Reihenend- / Reihenhäuser				
Doppel- und Reihenendhäuser, einfacher Standard	–	**–**	–	–
Doppel- und Reihenendhäuser, mittlerer Standard	–	**–**	–	–
Doppel- und Reihenendhäuser, hoher Standard	–	**–**	–	–
Doppel- und Reihenendhäuser, Holzbauweise	–	**–**	–	–
Reihenhäuser, einfacher Standard	–	**–**	–	–
Reihenhäuser, mittlerer Standard	–	**–**	–	–
Reihenhäuser, hoher Standard	–	**–**	–	–
Mehrfamilienhäuser				
Mehrfamilienhäuser, mit bis zu 6 WE, einfacher Standard	–	**3,10**	–	< 0,1%
Mehrfamilienhäuser, mit bis zu 6 WE, mittlerer Standard	–	**–**	–	–
Mehrfamilienhäuser, mit bis zu 6 WE, hoher Standard	–	**–**	–	–

© **BKI** Baukosteninformationszentrum; Erläuterungen zu den Tabellen siehe Seite 56

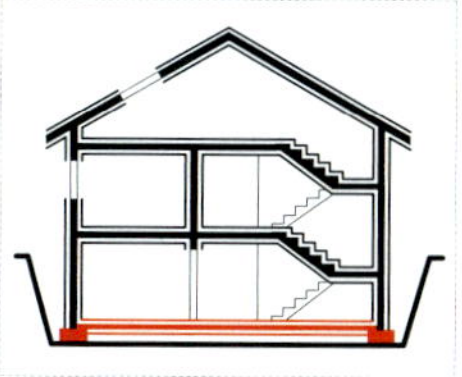

Einheit: m²
Gründungsfläche/
Unterbaufläche

Gebäudeart	▷	€/Einheit	◁	KG an 300
Mehrfamilienhäuser (Fortsetzung)				
Mehrfamilienhäuser, mit 6 bis 19 WE, einfacher Standard	–	**–**	–	–
Mehrfamilienhäuser, mit 6 bis 19 WE, mittlerer Standard	–	**–**	–	–
Mehrfamilienhäuser, mit 6 bis 19 WE, hoher Standard	–	**1,00**	–	< 0,1%
Mehrfamilienhäuser, mit 20 oder mehr WE, einfacher Standard	–	**–**	–	–
Mehrfamilienhäuser, mit 20 oder mehr WE, mittlerer Standard	–	**9,40**	–	< 0,1%
Mehrfamilienhäuser, mit 20 oder mehr WE, hoher Standard	–	**0,40**	–	< 0,1%
Mehrfamilienhäuser, Passivhäuser	–	**–**	–	–
Mehrfamilienhäuser, Holzbauweise	–	**–**	–	–
Wohnhäuser, mit bis zu 15% Mischnutzung, einfacher Standard	–	**–**	–	–
Wohnhäuser, mit bis zu 15% Mischnutzung, mittlerer Standard	–	**–**	–	–
Wohnhäuser, mit bis zu 15% Mischnutzung, hoher Standard	–	**–**	–	–
Wohnhäuser, mit mehr als 15% Mischnutzung	–	**–**	–	–
Seniorenwohnungen und Beherbergungen				
Seniorenwohnungen, mittlerer Standard	–	**–**	–	–
Seniorenwohnungen, hoher Standard	–	**–**	–	–
Wohnheime und Internate	–	**–**	–	–
Hotels	–	**–**	–	–
7 Gewerbe-, Lager- und Garagen				
Gaststätten, Kantinen und Mensen	–	**–**	–	–
Industrielle Produktionsgebäude, Massivbauweise	–	**–**	–	–
Industrielle Produktionsgebäude, überwiegend Skelettbauweise	–	**4,20**	–	< 0,1%
Betriebs- und Werkstätten, eingeschossig	–	**7,70**	–	0,1%
Betriebs- und Werkstätten, mehrgeschossig, geringer Hallenanteil	–	**0,80**	–	< 0,1%
Betriebs- und Werkstätten, mehrgeschossig, hoher Hallenanteil	–	**–**	–	–
Geschäftshäuser, mit Wohnungen	–	**–**	–	–
Geschäftshäuser, ohne Wohnungen	–	**–**	–	–
Verbrauchermärkte	–	**–**	–	–
Autohäuser	–	**–**	–	–
Lagergebäude, ohne Mischnutzung	–	**–**	–	–
Lagergebäude, mit bis zu 25% Mischnutzung	–	**–**	–	–
Lagergebäude, mit mehr als 25% Mischnutzung	–	**–**	–	–
Garagen und Bereitschaftsdienste				
Einzel- und Doppelgaragen	–	**–**	–	–
Mehrfachgaragen	–	**–**	–	–
Hochgaragen	–	**–**	–	–
Fahrradparkhäuser	–	**–**	–	–
Carports	–	**–**	–	–
Tiefgaragen	0,40	**4,00**	11,00	0,2%
Feuerwehrhäuser	1,80	**7,10**	12,00	0,1%
Öffentliche Bereitschaftsdienste	1,10	**4,20**	7,30	< 0,1%
8 Gebäude für kulturelle und religiöse Zwecke				
Bibliotheken, Museen und Ausstellungen	0,50	**1,30**	2,10	< 0,1%
Theater	–	**2,50**	–	< 0,1%
Gemeindezentren, einfacher Standard	–	**–**	–	–
Gemeindezentren, mittlerer Standard	–	**3,10**	–	< 0,1%
Gemeindezentren, hoher Standard	–	**–**	–	–
Gemeindezentren, Holzbauweise	–	**12,00**	–	0,1%
Friedhofsgebäude	–	**9,00**	–	< 0,1%

© **BKI** Baukosteninformationszentrum; Erläuterungen zu den Tabellen siehe Seite 56

Kostenstand: 1. Quartal 2025, Bundesdurchschnitt, **inkl. 19% MwSt.**

331 Tragende Außenwände

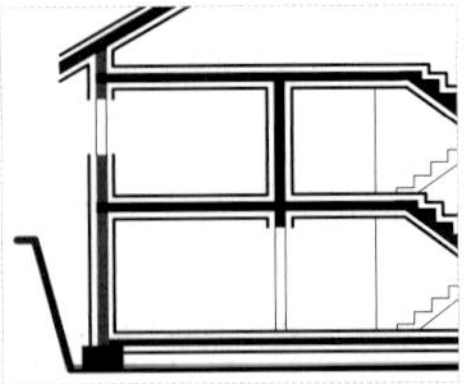

Kosten:
Stand 1. Quartal 2025
Bundesdurchschnitt
inkl. 19% MwSt.

Einheit: m² Außenwandfläche, tragend

Gebäudeart	▷	€/Einheit	◁	KG an 300
1 Büro- und Verwaltungsgebäude				
Büro- und Verwaltungsgebäude, einfacher Standard	170,00	**193,00**	238,00	8,4%
Büro- und Verwaltungsgebäude, mittlerer Standard	169,00	**286,00**	426,00	4,6%
Büro- und Verwaltungsgebäude, hoher Standard	212,00	**282,00**	419,00	4,9%
Büro- und Verwaltungsgebäude, Holzbauweise	205,00	**244,00**	346,00	8,1%
2 Gebäude für Forschung und Lehre				
Instituts- und Laborgebäude	79,00	**157,00**	231,00	5,3%
3 Gebäude des Gesundheitswesens				
Medizinische Einrichtungen	150,00	**211,00**	307,00	4,4%
Pflegeheime	184,00	**223,00**	257,00	4,8%
Gebäude für Erholungszwecke	197,00	**282,00**	361,00	12,1%
4 Schulen und Kindergärten				
Allgemeinbildende Schulen	261,00	**335,00**	554,00	3,4%
Schulen, Holzbauweise	210,00	**258,00**	325,00	5,7%
Berufliche Schulen	190,00	**298,00**	695,00	2,7%
Förder- und Sonderschulen	159,00	**260,00**	324,00	4,2%
Weiterbildungseinrichtungen	242,00	**314,00**	355,00	5,0%
Kindergärten, nicht unterkellert, einfacher Standard	160,00	**201,00**	230,00	6,1%
Kindergärten, nicht unterkellert, mittlerer Standard	163,00	**193,00**	230,00	5,9%
Kindergärten, nicht unterkellert, hoher Standard	146,00	**229,00**	333,00	4,8%
Kindergärten, Holzbauweise, nicht unterkellert	209,00	**256,00**	369,00	3,8%
Kindergärten, unterkellert	216,00	**240,00**	311,00	6,4%
5 Sportbauten				
Sport- und Mehrzweckhallen	236,00	**247,00**	264,00	5,8%
Sporthallen (Einfeldhallen)	202,00	**264,00**	412,00	7,8%
Sporthallen (Dreifeldhallen)	150,00	**254,00**	313,00	4,0%
6 Wohngebäude				
Ein- und Zweifamilienhäuser				
Ein- und Zweifamilienhäuser, unterkellert, einfacher Standard	183,00	**201,00**	228,00	14,2%
Ein- und Zweifamilienhäuser, unterkellert, mittlerer Standard	144,00	**195,00**	285,00	11,8%
Ein- und Zweifamilienhäuser, unterkellert, hoher Standard	176,00	**214,00**	262,00	10,3%
Ein- und Zweifamilienhäuser, nicht unterkellert, einfacher Standard	115,00	**146,00**	177,00	10,5%
Ein- und Zweifamilienhäuser, nicht unterkellert, mittlerer Standard	127,00	**182,00**	232,00	9,1%
Ein- und Zweifamilienhäuser, nicht unterkellert, hoher Standard	167,00	**209,00**	301,00	9,1%
Ein- und Zweifamilienhäuser, Passivhausstandard, Massivbauweise	147,00	**175,00**	202,00	9,8%
Ein- und Zweifamilienhäuser, Passivhausstandard, Holzbauweise	250,00	**299,00**	381,00	15,3%
Ein- und Zweifamilienhäuser, Holzbauweise, unterkellert	172,00	**230,00**	331,00	15,0%
Ein- und Zweifamilienhäuser, Holzbauweise, nicht unterkellert	202,00	**248,00**	297,00	11,3%
Doppel- und Reihenend- / Reihenhäuser				
Doppel- und Reihenendhäuser, einfacher Standard	104,00	**150,00**	177,00	11,3%
Doppel- und Reihenendhäuser, mittlerer Standard	114,00	**158,00**	191,00	10,9%
Doppel- und Reihenendhäuser, hoher Standard	153,00	**172,00**	185,00	12,7%
Doppel- und Reihenendhäuser, Holzbauweise	155,00	**214,00**	354,00	12,6%
Reihenhäuser, einfacher Standard	101,00	**124,00**	147,00	11,1%
Reihenhäuser, mittlerer Standard	106,00	**161,00**	215,00	15,6%
Reihenhäuser, hoher Standard	153,00	**181,00**	208,00	9,5%
Mehrfamilienhäuser				
Mehrfamilienhäuser, mit bis zu 6 WE, einfacher Standard	124,00	**160,00**	196,00	8,6%
Mehrfamilienhäuser, mit bis zu 6 WE, mittlerer Standard	158,00	**198,00**	225,00	8,9%
Mehrfamilienhäuser, mit bis zu 6 WE, hoher Standard	159,00	**172,00**	195,00	6,7%

▷ von
ø Mittel
◁ bis

© **BKI** Baukosteninformationszentrum; Erläuterungen zu den Tabellen siehe Seite 56

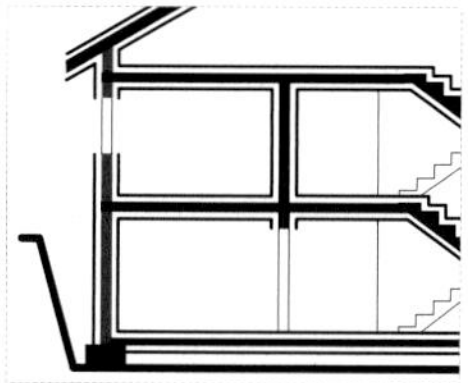

Einheit: m²
Außenwandfläche,
tragend

Gebäudeart	▷	€/Einheit	◁	KG an 300
Mehrfamilienhäuser (Fortsetzung)				
Mehrfamilienhäuser, mit 6 bis 19 WE, einfacher Standard	133,00	**185,00**	213,00	7,7%
Mehrfamilienhäuser, mit 6 bis 19 WE, mittlerer Standard	134,00	**190,00**	244,00	8,5%
Mehrfamilienhäuser, mit 6 bis 19 WE, hoher Standard	166,00	**194,00**	262,00	9,0%
Mehrfamilienhäuser, mit 20 oder mehr WE, einfacher Standard	117,00	**158,00**	238,00	6,6%
Mehrfamilienhäuser, mit 20 oder mehr WE, mittlerer Standard	141,00	**164,00**	245,00	5,8%
Mehrfamilienhäuser, mit 20 oder mehr WE, hoher Standard	142,00	**216,00**	323,00	8,8%
Mehrfamilienhäuser, Passivhäuser	137,00	**148,00**	173,00	7,4%
Mehrfamilienhäuser, Holzbauweise	184,00	**213,00**	238,00	8,3%
Wohnhäuser, mit bis zu 15% Mischnutzung, einfacher Standard	135,00	**182,00**	275,00	3,8%
Wohnhäuser, mit bis zu 15% Mischnutzung, mittlerer Standard	160,00	**192,00**	244,00	13,6%
Wohnhäuser, mit bis zu 15% Mischnutzung, hoher Standard	–	**371,00**	–	10,1%
Wohnhäuser, mit mehr als 15% Mischnutzung	175,00	**209,00**	274,00	6,8%
Seniorenwohnungen und Beherbergungen				
Seniorenwohnungen, mittlerer Standard	138,00	**147,00**	163,00	6,7%
Seniorenwohnungen, hoher Standard	142,00	**196,00**	251,00	7,3%
Wohnheime und Internate	174,00	**197,00**	234,00	5,6%
Hotels	–	**220,00**	–	7,9%
7 Gewerbe-, Lager- und Garagen				
Gaststätten, Kantinen und Mensen	–	**265,00**	–	4,1%
Industrielle Produktionsgebäude, Massivbauweise	191,00	**488,00**	1.368,00	7,0%
Industrielle Produktionsgebäude, überwiegend Skelettbauweise	183,00	**233,00**	264,00	8,4%
Betriebs- und Werkstätten, eingeschossig	77,00	**149,00**	221,00	2,8%
Betriebs- und Werkstätten, mehrgeschossig, geringer Hallenanteil	204,00	**267,00**	352,00	9,1%
Betriebs- und Werkstätten, mehrgeschossig, hoher Hallenanteil	142,00	**223,00**	345,00	7,1%
Geschäftshäuser, mit Wohnungen	177,00	**242,00**	346,00	7,2%
Geschäftshäuser, ohne Wohnungen	194,00	**200,00**	206,00	11,6%
Verbrauchermärkte	199,00	**243,00**	288,00	9,8%
Autohäuser	123,00	**227,00**	330,00	5,0%
Lagergebäude, ohne Mischnutzung	174,00	**1.428,00**	7.659,00	5,8%
Lagergebäude, mit bis zu 25% Mischnutzung	211,00	**238,00**	290,00	7,7%
Lagergebäude, mit mehr als 25% Mischnutzung	153,00	**233,00**	314,00	4,7%
Garagen und Bereitschaftsdienste				
Einzel- und Doppelgaragen	–	**–**	–	–
Mehrfachgaragen	154,00	**211,00**	280,00	8,2%
Hochgaragen	120,00	**296,00**	385,00	6,8%
Fahrradparkhäuser	88,00	**244,00**	401,00	3,5%
Carports	236,00	**281,00**	411,00	14,4%
Tiefgaragen	302,00	**379,00**	451,00	8,6%
Feuerwehrhäuser	152,00	**197,00**	233,00	7,0%
Öffentliche Bereitschaftsdienste	152,00	**200,00**	247,00	7,7%
8 Gebäude für kulturelle und religiöse Zwecke				
Bibliotheken, Museen und Ausstellungen	198,00	**250,00**	336,00	6,6%
Theater	378,00	**404,00**	430,00	3,1%
Gemeindezentren, einfacher Standard	191,00	**211,00**	247,00	8,1%
Gemeindezentren, mittlerer Standard	211,00	**278,00**	378,00	7,0%
Gemeindezentren, hoher Standard	227,00	**348,00**	466,00	8,8%
Gemeindezentren, Holzbauweise	281,00	**304,00**	316,00	8,4%
Friedhofsgebäude	185,00	**258,00**	332,00	8,3%

332 Nichttragende Außenwände

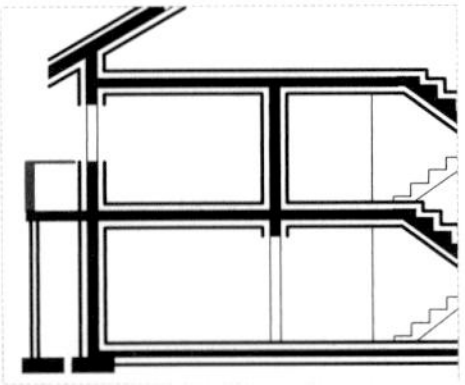

Kosten:
Stand 1. Quartal 2025
Bundesdurchschnitt
inkl. 19% MwSt.

Einheit: m² Außenwandfläche, nichttragend

▷ von
ø Mittel
◁ bis

Gebäudeart	▷	€/Einheit	◁	KG an 300
1 Büro- und Verwaltungsgebäude				
Büro- und Verwaltungsgebäude, einfacher Standard	–	**–**	–	–
Büro- und Verwaltungsgebäude, mittlerer Standard	183,00	**305,00**	425,00	0,7%
Büro- und Verwaltungsgebäude, hoher Standard	206,00	**292,00**	514,00	0,8%
Büro- und Verwaltungsgebäude, Holzbauweise	123,00	**180,00**	237,00	0,7%
2 Gebäude für Forschung und Lehre				
Instituts- und Laborgebäude	–	**243,00**	–	0,2%
3 Gebäude des Gesundheitswesens				
Medizinische Einrichtungen	274,00	**535,00**	796,00	0,3%
Pflegeheime	283,00	**598,00**	1.216,00	0,9%
Gebäude für Erholungszwecke	–	**163,00**	–	0,5%
4 Schulen und Kindergärten				
Allgemeinbildende Schulen	216,00	**258,00**	383,00	0,3%
Schulen, Holzbauweise	210,00	**253,00**	272,00	1,7%
Berufliche Schulen	173,00	**218,00**	305,00	1,5%
Förder- und Sonderschulen	130,00	**218,00**	306,00	0,1%
Weiterbildungseinrichtungen	–	**793,00**	–	< 0,1%
Kindergärten, nicht unterkellert, einfacher Standard	–	**191,00**	–	0,3%
Kindergärten, nicht unterkellert, mittlerer Standard	206,00	**293,00**	373,00	0,4%
Kindergärten, nicht unterkellert, hoher Standard	–	**167,00**	–	< 0,1%
Kindergärten, Holzbauweise, nicht unterkellert	131,00	**206,00**	320,00	0,3%
Kindergärten, unterkellert	–	**163,00**	–	0,3%
5 Sportbauten				
Sport- und Mehrzweckhallen	–	**–**	–	–
Sporthallen (Einfeldhallen)	155,00	**247,00**	338,00	0,2%
Sporthallen (Dreifeldhallen)	275,00	**400,00**	525,00	< 0,1%
6 Wohngebäude				
Ein- und Zweifamilienhäuser				
Ein- und Zweifamilienhäuser, unterkellert, einfacher Standard	91,00	**187,00**	284,00	0,2%
Ein- und Zweifamilienhäuser, unterkellert, mittlerer Standard	–	**171,00**	–	< 0,1%
Ein- und Zweifamilienhäuser, unterkellert, hoher Standard	116,00	**183,00**	313,00	0,3%
Ein- und Zweifamilienhäuser, nicht unterkellert, einfacher Standard	–	**–**	–	–
Ein- und Zweifamilienhäuser, nicht unterkellert, mittlerer Standard	182,00	**247,00**	311,00	0,4%
Ein- und Zweifamilienhäuser, nicht unterkellert, hoher Standard	160,00	**225,00**	402,00	0,3%
Ein- und Zweifamilienhäuser, Passivhausstandard, Massivbauweise	97,00	**173,00**	250,00	0,1%
Ein- und Zweifamilienhäuser, Passivhausstandard, Holzbauweise	–	**128,00**	–	< 0,1%
Ein- und Zweifamilienhäuser, Holzbauweise, unterkellert	–	**–**	–	–
Ein- und Zweifamilienhäuser, Holzbauweise, nicht unterkellert	194,00	**299,00**	403,00	0,3%
Doppel- und Reihenend- / Reihenhäuser				
Doppel- und Reihenendhäuser, einfacher Standard	–	**182,00**	–	0,1%
Doppel- und Reihenendhäuser, mittlerer Standard	–	**–**	–	–
Doppel- und Reihenendhäuser, hoher Standard	160,00	**315,00**	749,00	0,5%
Doppel- und Reihenendhäuser, Holzbauweise	–	**–**	–	–
Reihenhäuser, einfacher Standard	–	**182,00**	–	0,2%
Reihenhäuser, mittlerer Standard	–	**146,00**	–	0,2%
Reihenhäuser, hoher Standard	–	**–**	–	–
Mehrfamilienhäuser				
Mehrfamilienhäuser, mit bis zu 6 WE, einfacher Standard	–	**–**	–	–
Mehrfamilienhäuser, mit bis zu 6 WE, mittlerer Standard	–	**215,00**	–	0,5%
Mehrfamilienhäuser, mit bis zu 6 WE, hoher Standard	144,00	**291,00**	436,00	0,6%

© **BKI** Baukosteninformationszentrum; Erläuterungen zu den Tabellen siehe Seite 56

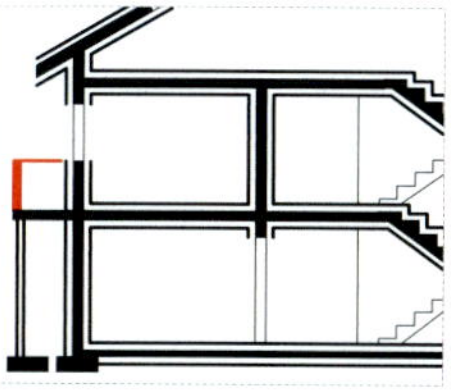

Einheit: m²
Außenwandfläche,
nichttragend

Gebäudeart	▷	€/Einheit	◁	KG an 300
Mehrfamilienhäuser (Fortsetzung)				
Mehrfamilienhäuser, mit 6 bis 19 WE, einfacher Standard	–	**–**	–	–
Mehrfamilienhäuser, mit 6 bis 19 WE, mittlerer Standard	225,00	**420,00**	1.103,00	0,3%
Mehrfamilienhäuser, mit 6 bis 19 WE, hoher Standard	–	**237,00**	–	0,2%
Mehrfamilienhäuser, mit 20 oder mehr WE, einfacher Standard	–	**132,00**	–	0,3%
Mehrfamilienhäuser, mit 20 oder mehr WE, mittlerer Standard	178,00	**260,00**	423,00	0,4%
Mehrfamilienhäuser, mit 20 oder mehr WE, hoher Standard	144,00	**261,00**	379,00	0,8%
Mehrfamilienhäuser, Passivhäuser	132,00	**322,00**	480,00	1,2%
Mehrfamilienhäuser, Holzbauweise	–	**285,00**	–	1,1%
Wohnhäuser, mit bis zu 15% Mischnutzung, einfacher Standard	325,00	**405,00**	563,00	4,0%
Wohnhäuser, mit bis zu 15% Mischnutzung, mittlerer Standard	–	**161,00**	–	0,2%
Wohnhäuser, mit bis zu 15% Mischnutzung, hoher Standard	–	**–**	–	–
Wohnhäuser, mit mehr als 15% Mischnutzung	192,00	**276,00**	359,00	1,3%
Seniorenwohnungen und Beherbergungen				
Seniorenwohnungen, mittlerer Standard	96,00	**161,00**	290,00	0,1%
Seniorenwohnungen, hoher Standard	–	**114,00**	–	0,1%
Wohnheime und Internate	152,00	**267,00**	486,00	1,1%
Hotels	–	**314,00**	–	0,3%
7 Gewerbe-, Lager- und Garagen				
Gaststätten, Kantinen und Mensen	–	**–**	–	–
Industrielle Produktionsgebäude, Massivbauweise	81,00	**111,00**	164,00	1,7%
Industrielle Produktionsgebäude, überwiegend Skelettbauweise	130,00	**194,00**	259,00	3,1%
Betriebs- und Werkstätten, eingeschossig	–	**166,00**	–	0,3%
Betriebs- und Werkstätten, mehrgeschossig, geringer Hallenanteil	203,00	**320,00**	387,00	0,7%
Betriebs- und Werkstätten, mehrgeschossig, hoher Hallenanteil	92,00	**239,00**	387,00	0,1%
Geschäftshäuser, mit Wohnungen	–	**–**	–	–
Geschäftshäuser, ohne Wohnungen	–	**–**	–	–
Verbrauchermärkte	–	**–**	–	–
Autohäuser	–	**226,00**	–	0,4%
Lagergebäude, ohne Mischnutzung	148,00	**159,00**	170,00	1,8%
Lagergebäude, mit bis zu 25% Mischnutzung	–	**381,00**	–	< 0,1%
Lagergebäude, mit mehr als 25% Mischnutzung	–	**–**	–	–
Garagen und Bereitschaftsdienste				
Einzel- und Doppelgaragen	–	**128,00**	–	4,3%
Mehrfachgaragen	–	**138,00**	–	3,0%
Hochgaragen	–	**262,00**	–	< 0,1%
Fahrradparkhäuser	–	**373,00**	–	0,5%
Carports	–	**–**	–	–
Tiefgaragen	–	**631,00**	–	< 0,1%
Feuerwehrhäuser	146,00	**242,00**	364,00	0,5%
Öffentliche Bereitschaftsdienste	149,00	**172,00**	194,00	0,2%
8 Gebäude für kulturelle und religiöse Zwecke				
Bibliotheken, Museen und Ausstellungen	191,00	**255,00**	436,00	0,7%
Theater	260,00	**301,00**	342,00	1,1%
Gemeindezentren, einfacher Standard	–	**–**	–	–
Gemeindezentren, mittlerer Standard	150,00	**243,00**	413,00	0,6%
Gemeindezentren, hoher Standard	–	**256,00**	–	< 0,1%
Gemeindezentren, Holzbauweise	–	**542,00**	–	0,9%
Friedhofsgebäude	80,00	**233,00**	387,00	0,7%

333
Außenstützen

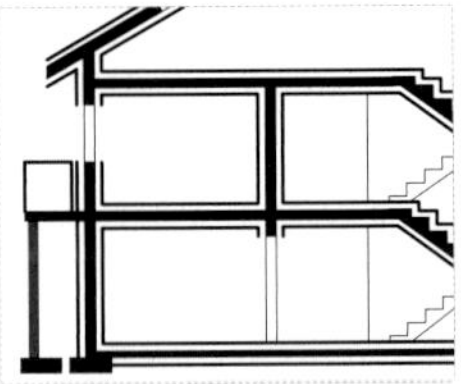

Kosten:
Stand 1. Quartal 2025
Bundesdurchschnitt
inkl. 19% MwSt.

Einheit: m
Außenstützenlänge

▷ von
ø Mittel
◁ bis

Gebäudeart	▷	€/Einheit	◁	KG an 300
1 Büro- und Verwaltungsgebäude				
Büro- und Verwaltungsgebäude, einfacher Standard	301,00	**362,00**	423,00	0,6%
Büro- und Verwaltungsgebäude, mittlerer Standard	199,00	**290,00**	409,00	0,5%
Büro- und Verwaltungsgebäude, hoher Standard	170,00	**208,00**	268,00	0,3%
Büro- und Verwaltungsgebäude, Holzbauweise	158,00	**257,00**	357,00	0,3%
2 Gebäude für Forschung und Lehre				
Instituts- und Laborgebäude	271,00	**300,00**	354,00	0,2%
3 Gebäude des Gesundheitswesens				
Medizinische Einrichtungen	245,00	**555,00**	1.150,00	0,3%
Pflegeheime	109,00	**162,00**	229,00	0,2%
Gebäude für Erholungszwecke	–	**246,00**	–	0,2%
4 Schulen und Kindergärten				
Allgemeinbildende Schulen	248,00	**353,00**	509,00	0,5%
Schulen, Holzbauweise	80,00	**196,00**	296,00	0,7%
Berufliche Schulen	187,00	**1.174,00**	5.100,00	0,8%
Förder- und Sonderschulen	176,00	**215,00**	255,00	0,4%
Weiterbildungseinrichtungen	192,00	**215,00**	262,00	0,7%
Kindergärten, nicht unterkellert, einfacher Standard	–	**190,00**	–	< 0,1%
Kindergärten, nicht unterkellert, mittlerer Standard	189,00	**236,00**	425,00	0,3%
Kindergärten, nicht unterkellert, hoher Standard	148,00	**237,00**	282,00	0,3%
Kindergärten, Holzbauweise, nicht unterkellert	100,00	**619,00**	2.301,00	0,1%
Kindergärten, unterkellert	88,00	**205,00**	323,00	0,3%
5 Sportbauten				
Sport- und Mehrzweckhallen	–	**478,00**	–	0,2%
Sporthallen (Einfeldhallen)	74,00	**258,00**	360,00	0,7%
Sporthallen (Dreifeldhallen)	257,00	**336,00**	422,00	0,8%
6 Wohngebäude				
Ein- und Zweifamilienhäuser				
Ein- und Zweifamilienhäuser, unterkellert, einfacher Standard	–	**124,00**	–	0,2%
Ein- und Zweifamilienhäuser, unterkellert, mittlerer Standard	24,00	**129,00**	180,00	0,1%
Ein- und Zweifamilienhäuser, unterkellert, hoher Standard	125,00	**188,00**	303,00	0,3%
Ein- und Zweifamilienhäuser, nicht unterkellert, einfacher Standard	–	**–**	–	–
Ein- und Zweifamilienhäuser, nicht unterkellert, mittlerer Standard	125,00	**201,00**	289,00	0,4%
Ein- und Zweifamilienhäuser, nicht unterkellert, hoher Standard	231,00	**407,00**	712,00	0,3%
Ein- und Zweifamilienhäuser, Passivhausstandard, Massivbauweise	159,00	**315,00**	797,00	0,2%
Ein- und Zweifamilienhäuser, Passivhausstandard, Holzbauweise	143,00	**196,00**	253,00	< 0,1%
Ein- und Zweifamilienhäuser, Holzbauweise, unterkellert	93,00	**168,00**	275,00	0,6%
Ein- und Zweifamilienhäuser, Holzbauweise, nicht unterkellert	75,00	**170,00**	311,00	< 0,1%
Doppel- und Reihenend- / Reihenhäuser				
Doppel- und Reihenendhäuser, einfacher Standard	–	**–**	–	–
Doppel- und Reihenendhäuser, mittlerer Standard	74,00	**358,00**	642,00	0,2%
Doppel- und Reihenendhäuser, hoher Standard	169,00	**175,00**	181,00	0,3%
Doppel- und Reihenendhäuser, Holzbauweise	107,00	**112,00**	117,00	0,2%
Reihenhäuser, einfacher Standard	–	**–**	–	–
Reihenhäuser, mittlerer Standard	–	**–**	–	–
Reihenhäuser, hoher Standard	–	**–**	–	–
Mehrfamilienhäuser				
Mehrfamilienhäuser, mit bis zu 6 WE, einfacher Standard	–	**207,00**	–	0,1%
Mehrfamilienhäuser, mit bis zu 6 WE, mittlerer Standard	–	**202,00**	–	< 0,1%
Mehrfamilienhäuser, mit bis zu 6 WE, hoher Standard	163,00	**231,00**	299,00	0,2%

© **BKI** Baukosteninformationszentrum; Erläuterungen zu den Tabellen siehe Seite 56

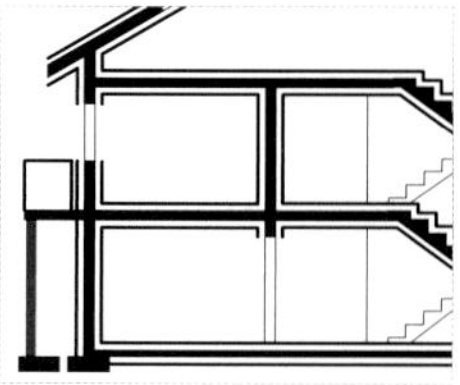

Einheit: m
Außenstützenlänge

Gebäudeart	▷	€/Einheit	◁	KG an 300
Mehrfamilienhäuser (Fortsetzung)				
Mehrfamilienhäuser, mit 6 bis 19 WE, einfacher Standard	–	**–**	–	–
Mehrfamilienhäuser, mit 6 bis 19 WE, mittlerer Standard	158,00	**219,00**	256,00	0,2%
Mehrfamilienhäuser, mit 6 bis 19 WE, hoher Standard	–	**557,00**	–	< 0,1%
Mehrfamilienhäuser, mit 20 oder mehr WE, einfacher Standard	183,00	**237,00**	321,00	0,2%
Mehrfamilienhäuser, mit 20 oder mehr WE, mittlerer Standard	109,00	**267,00**	427,00	0,8%
Mehrfamilienhäuser, mit 20 oder mehr WE, hoher Standard	210,00	**229,00**	247,00	0,2%
Mehrfamilienhäuser, Passivhäuser	142,00	**217,00**	305,00	0,5%
Mehrfamilienhäuser, Holzbauweise	154,00	**286,00**	364,00	0,2%
Wohnhäuser, mit bis zu 15% Mischnutzung, einfacher Standard	–	**228,00**	–	0,6%
Wohnhäuser, mit bis zu 15% Mischnutzung, mittlerer Standard	–	**161,00**	–	0,1%
Wohnhäuser, mit bis zu 15% Mischnutzung, hoher Standard	–	**345,00**	–	0,5%
Wohnhäuser, mit mehr als 15% Mischnutzung	–	**–**	–	–
Seniorenwohnungen und Beherbergungen				
Seniorenwohnungen, mittlerer Standard	162,00	**221,00**	254,00	0,3%
Seniorenwohnungen, hoher Standard	–	**155,00**	–	0,3%
Wohnheime und Internate	138,00	**224,00**	305,00	0,3%
Hotels	–	**261,00**	–	1,2%
7 Gewerbe-, Lager- und Garagen				
Gaststätten, Kantinen und Mensen	–	**810,00**	–	0,6%
Industrielle Produktionsgebäude, Massivbauweise	–	**581,00**	–	0,4%
Industrielle Produktionsgebäude, überwiegend Skelettbauweise	176,00	**343,00**	506,00	2,0%
Betriebs- und Werkstätten, eingeschossig	–	**310,00**	–	< 0,1%
Betriebs- und Werkstätten, mehrgeschossig, geringer Hallenanteil	268,00	**447,00**	676,00	1,2%
Betriebs- und Werkstätten, mehrgeschossig, hoher Hallenanteil	143,00	**319,00**	562,00	1,8%
Geschäftshäuser, mit Wohnungen	181,00	**212,00**	266,00	0,2%
Geschäftshäuser, ohne Wohnungen	–	**481,00**	–	0,4%
Verbrauchermärkte	–	**–**	–	–
Autohäuser	–	**201,00**	–	0,2%
Lagergebäude, ohne Mischnutzung	167,00	**349,00**	529,00	5,2%
Lagergebäude, mit bis zu 25% Mischnutzung	–	**617,00**	–	0,6%
Lagergebäude, mit mehr als 25% Mischnutzung	297,00	**550,00**	804,00	2,7%
Garagen und Bereitschaftsdienste				
Einzel- und Doppelgaragen	–	**55,00**	–	0,5%
Mehrfachgaragen	172,00	**250,00**	402,00	2,8%
Hochgaragen	353,00	**529,00**	705,00	2,9%
Fahrradparkhäuser	262,00	**800,00**	1.809,00	3,6%
Carports	107,00	**110,00**	114,00	0,3%
Tiefgaragen	–	**544,00**	–	< 0,1%
Feuerwehrhäuser	200,00	**233,00**	285,00	0,2%
Öffentliche Bereitschaftsdienste	312,00	**555,00**	987,00	2,5%
8 Gebäude für kulturelle und religiöse Zwecke				
Bibliotheken, Museen und Ausstellungen	212,00	**291,00**	378,00	0,5%
Theater	216,00	**1.036,00**	1.857,00	1,0%
Gemeindezentren, einfacher Standard	255,00	**363,00**	470,00	0,6%
Gemeindezentren, mittlerer Standard	73,00	**206,00**	263,00	0,4%
Gemeindezentren, hoher Standard	116,00	**298,00**	794,00	0,4%
Gemeindezentren, Holzbauweise	221,00	**369,00**	516,00	0,8%
Friedhofsgebäude	297,00	**366,00**	435,00	1,4%

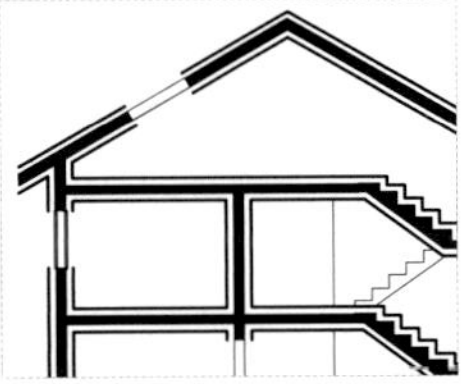

Kosten:
Stand 1.Quartal 2025
Bundesdurchschnitt
inkl. 19% MwSt.

Einheit: m2
Außenwandöffnungs-
fläche

▷ von
ø Mittel
◁ bis

Gebäudeart	▷	€/Einheit	◁	KG an 300
1 Büro- und Verwaltungsgebäude				
Büro- und Verwaltungsgebäude, einfacher Standard	419,00	**491,00**	621,00	7,3%
Büro- und Verwaltungsgebäude, mittlerer Standard	785,00	**1.123,00**	2.043,00	11,7%
Büro- und Verwaltungsgebäude, hoher Standard	880,00	**1.287,00**	1.756,00	12,7%
Büro- und Verwaltungsgebäude, Holzbauweise	713,00	**874,00**	990,00	8,7%
2 Gebäude für Forschung und Lehre				
Instituts- und Laborgebäude	1.121,00	**1.514,00**	2.668,00	13,5%
3 Gebäude des Gesundheitswesens				
Medizinische Einrichtungen	481,00	**762,00**	903,00	8,9%
Pflegeheime	705,00	**956,00**	1.247,00	7,6%
Gebäude für Erholungszwecke	1.193,00	**1.442,00**	2.288,00	12,0%
4 Schulen und Kindergärten				
Allgemeinbildende Schulen	825,00	**1.186,00**	1.829,00	15,2%
Schulen, Holzbauweise	1.073,00	**1.437,00**	2.997,00	9,3%
Berufliche Schulen	876,00	**1.152,00**	1.593,00	10,9%
Förder- und Sonderschulen	924,00	**3.268,00**	12.597,00	13,0%
Weiterbildungseinrichtungen	1.315,00	**1.375,00**	1.469,00	19,0%
Kindergärten, nicht unterkellert, einfacher Standard	704,00	**911,00**	1.015,00	8,9%
Kindergärten, nicht unterkellert, mittlerer Standard	879,00	**1.048,00**	1.605,00	11,0%
Kindergärten, nicht unterkellert, hoher Standard	840,00	**1.052,00**	1.264,00	11,0%
Kindergärten, Holzbauweise, nicht unterkellert	790,00	**1.003,00**	1.224,00	8,1%
Kindergärten, unterkellert	967,00	**1.045,00**	1.240,00	10,0%
5 Sportbauten				
Sport- und Mehrzweckhallen	902,00	**1.052,00**	1.129,00	18,5%
Sporthallen (Einfeldhallen)	879,00	**1.283,00**	1.709,00	5,9%
Sporthallen (Dreifeldhallen)	754,00	**917,00**	1.043,00	9,7%
6 Wohngebäude				
Ein- und Zweifamilienhäuser				
Ein- und Zweifamilienhäuser, unterkellert, einfacher Standard	741,00	**822,00**	944,00	7,3%
Ein- und Zweifamilienhäuser, unterkellert, mittlerer Standard	661,00	**791,00**	1.000,00	10,2%
Ein- und Zweifamilienhäuser, unterkellert, hoher Standard	843,00	**1.083,00**	1.306,00	13,8%
Ein- und Zweifamilienhäuser, nicht unterkellert, einfacher Standard	593,00	**682,00**	770,00	9,1%
Ein- und Zweifamilienhäuser, nicht unterkellert, mittlerer Standard	741,00	**886,00**	1.107,00	12,0%
Ein- und Zweifamilienhäuser, nicht unterkellert, hoher Standard	800,00	**1.014,00**	1.239,00	14,5%
Ein- und Zweifamilienhäuser, Passivhausstandard, Massivbauweise	825,00	**1.025,00**	1.205,00	12,8%
Ein- und Zweifamilienhäuser, Passivhausstandard, Holzbauweise	979,00	**1.106,00**	1.622,00	13,5%
Ein- und Zweifamilienhäuser, Holzbauweise, unterkellert	682,00	**787,00**	1.024,00	10,1%
Ein- und Zweifamilienhäuser, Holzbauweise, nicht unterkellert	673,00	**909,00**	1.141,00	11,3%
Doppel- und Reihenend- / Reihenhäuser				
Doppel- und Reihenendhäuser, einfacher Standard	479,00	**809,00**	974,00	11,9%
Doppel- und Reihenendhäuser, mittlerer Standard	688,00	**884,00**	1.110,00	8,8%
Doppel- und Reihenendhäuser, hoher Standard	652,00	**743,00**	993,00	8,7%
Doppel- und Reihenendhäuser, Holzbauweise	695,00	**858,00**	1.029,00	10,0%
Reihenhäuser, einfacher Standard	472,00	**647,00**	822,00	9,9%
Reihenhäuser, mittlerer Standard	643,00	**751,00**	859,00	9,9%
Reihenhäuser, hoher Standard	650,00	**874,00**	1.103,00	9,2%
Mehrfamilienhäuser				
Mehrfamilienhäuser, mit bis zu 6 WE, einfacher Standard	458,00	**526,00**	593,00	6,3%
Mehrfamilienhäuser, mit bis zu 6 WE, mittlerer Standard	510,00	**710,00**	813,00	8,8%
Mehrfamilienhäuser, mit bis zu 6 WE, hoher Standard	692,00	**854,00**	1.027,00	9,0%

© **BKI** Baukosteninformationszentrum; Erläuterungen zu den Tabellen siehe Seite 56

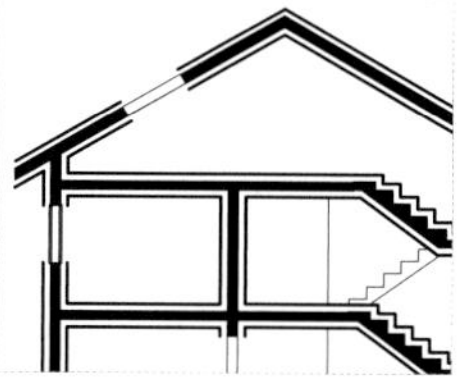

Einheit: m²
Außenwandöffnungsfläche

Gebäudeart	▷	€/Einheit	◁	KG an 300
Mehrfamilienhäuser (Fortsetzung)				
Mehrfamilienhäuser, mit 6 bis 19 WE, einfacher Standard	685,00	**867,00**	1.206,00	7,1%
Mehrfamilienhäuser, mit 6 bis 19 WE, mittlerer Standard	420,00	**569,00**	698,00	6,9%
Mehrfamilienhäuser, mit 6 bis 19 WE, hoher Standard	480,00	**661,00**	831,00	7,4%
Mehrfamilienhäuser, mit 20 oder mehr WE, einfacher Standard	388,00	**513,00**	729,00	6,9%
Mehrfamilienhäuser, mit 20 oder mehr WE, mittlerer Standard	659,00	**777,00**	854,00	7,8%
Mehrfamilienhäuser, mit 20 oder mehr WE, hoher Standard	563,00	**707,00**	965,00	6,8%
Mehrfamilienhäuser, Passivhäuser	714,00	**840,00**	1.063,00	10,1%
Mehrfamilienhäuser, Holzbauweise	697,00	**873,00**	1.131,00	9,1%
Wohnhäuser, mit bis zu 15% Mischnutzung, einfacher Standard	593,00	**797,00**	937,00	13,1%
Wohnhäuser, mit bis zu 15% Mischnutzung, mittlerer Standard	669,00	**717,00**	808,00	9,7%
Wohnhäuser, mit bis zu 15% Mischnutzung, hoher Standard	–	**1.144,00**	–	11,3%
Wohnhäuser, mit mehr als 15% Mischnutzung	735,00	**835,00**	1.034,00	17,3%
Seniorenwohnungen und Beherbergungen				
Seniorenwohnungen, mittlerer Standard	579,00	**643,00**	755,00	8,7%
Seniorenwohnungen, hoher Standard	465,00	**626,00**	787,00	7,7%
Wohnheime und Internate	699,00	**864,00**	1.099,00	11,2%
Hotels	–	**1.052,00**	–	10,8%
7 Gewerbe-, Lager- und Garagen				
Gaststätten, Kantinen und Mensen	–	**1.519,00**	–	11,3%
Industrielle Produktionsgebäude, Massivbauweise	565,00	**918,00**	1.071,00	11,9%
Industrielle Produktionsgebäude, überwiegend Skelettbauweise	617,00	**827,00**	1.087,00	6,6%
Betriebs- und Werkstätten, eingeschossig	968,00	**1.233,00**	1.674,00	13,9%
Betriebs- und Werkstätten, mehrgeschossig, geringer Hallenanteil	599,00	**857,00**	1.308,00	8,9%
Betriebs- und Werkstätten, mehrgeschossig, hoher Hallenanteil	623,00	**777,00**	1.199,00	8,8%
Geschäftshäuser, mit Wohnungen	848,00	**1.218,00**	1.453,00	14,7%
Geschäftshäuser, ohne Wohnungen	874,00	**1.083,00**	1.293,00	11,8%
Verbrauchermärkte	1.476,00	**1.710,00**	1.944,00	7,4%
Autohäuser	704,00	**821,00**	939,00	10,9%
Lagergebäude, ohne Mischnutzung	380,00	**561,00**	827,00	7,4%
Lagergebäude, mit bis zu 25% Mischnutzung	734,00	**848,00**	1.062,00	10,0%
Lagergebäude, mit mehr als 25% Mischnutzung	360,00	**474,00**	587,00	12,2%
Garagen und Bereitschaftsdienste				
Einzel- und Doppelgaragen	–	**569,00**	–	5,0%
Mehrfachgaragen	461,00	**572,00**	711,00	10,4%
Hochgaragen	967,00	**1.101,00**	1.235,00	0,7%
Fahrradparkhäuser	1.479,00	**3.289,00**	4.374,00	7,8%
Carports	378,00	**422,00**	510,00	3,9%
Tiefgaragen	953,00	**1.765,00**	2.213,00	1,0%
Feuerwehrhäuser	884,00	**990,00**	1.361,00	11,3%
Öffentliche Bereitschaftsdienste	817,00	**1.238,00**	2.295,00	10,9%
8 Gebäude für kulturelle und religiöse Zwecke				
Bibliotheken, Museen und Ausstellungen	972,00	**1.577,00**	2.320,00	9,9%
Theater	1.051,00	**1.726,00**	2.401,00	16,2%
Gemeindezentren, einfacher Standard	609,00	**681,00**	726,00	8,4%
Gemeindezentren, mittlerer Standard	991,00	**1.255,00**	1.651,00	10,3%
Gemeindezentren, hoher Standard	1.117,00	**1.328,00**	1.539,00	11,9%
Gemeindezentren, Holzbauweise	931,00	**1.064,00**	1.132,00	12,2%
Friedhofsgebäude	1.199,00	**1.380,00**	1.561,00	10,2%

335
Außenwandbekleidungen, außen

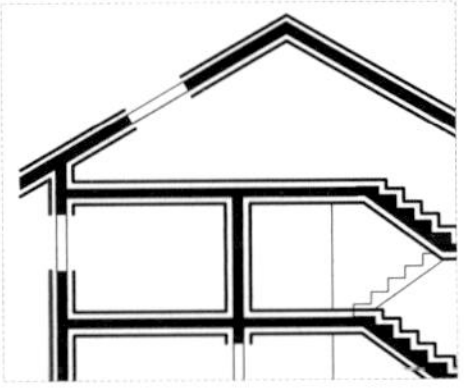

Kosten:
Stand 1. Quartal 2025
Bundesdurchschnitt
inkl. 19% MwSt.

Einheit: m²
Außenwandbekleidungsfläche, außen

Gebäudeart	▷	€/Einheit	◁	KG an 300
1 Büro- und Verwaltungsgebäude				
Büro- und Verwaltungsgebäude, einfacher Standard	102,00	**115,00**	122,00	5,2%
Büro- und Verwaltungsgebäude, mittlerer Standard	199,00	**318,00**	535,00	8,1%
Büro- und Verwaltungsgebäude, hoher Standard	259,00	**482,00**	1.105,00	8,8%
Büro- und Verwaltungsgebäude, Holzbauweise	153,00	**264,00**	542,00	6,9%
2 Gebäude für Forschung und Lehre				
Instituts- und Laborgebäude	318,00	**417,00**	458,00	13,7%
3 Gebäude des Gesundheitswesens				
Medizinische Einrichtungen	397,00	**411,00**	433,00	11,4%
Pflegeheime	207,00	**335,00**	504,00	7,2%
Gebäude für Erholungszwecke	173,00	**316,00**	589,00	12,4%
4 Schulen und Kindergärten				
Allgemeinbildende Schulen	177,00	**290,00**	413,00	4,5%
Schulen, Holzbauweise	211,00	**342,00**	587,00	10,5%
Berufliche Schulen	248,00	**310,00**	474,00	5,6%
Förder- und Sonderschulen	152,00	**286,00**	405,00	6,7%
Weiterbildungseinrichtungen	295,00	**367,00**	499,00	5,5%
Kindergärten, nicht unterkellert, einfacher Standard	145,00	**226,00**	268,00	7,4%
Kindergärten, nicht unterkellert, mittlerer Standard	197,00	**252,00**	314,00	9,4%
Kindergärten, nicht unterkellert, hoher Standard	162,00	**205,00**	249,00	5,1%
Kindergärten, Holzbauweise, nicht unterkellert	189,00	**257,00**	340,00	7,4%
Kindergärten, unterkellert	174,00	**252,00**	348,00	7,5%
5 Sportbauten				
Sport- und Mehrzweckhallen	100,00	**136,00**	207,00	3,7%
Sporthallen (Einfeldhallen)	175,00	**227,00**	269,00	9,1%
Sporthallen (Dreifeldhallen)	84,00	**156,00**	279,00	2,6%
6 Wohngebäude				
Ein- und Zweifamilienhäuser				
Ein- und Zweifamilienhäuser, unterkellert, einfacher Standard	55,00	**69,00**	77,00	5,4%
Ein- und Zweifamilienhäuser, unterkellert, mittlerer Standard	114,00	**173,00**	220,00	11,6%
Ein- und Zweifamilienhäuser, unterkellert, hoher Standard	129,00	**174,00**	237,00	9,3%
Ein- und Zweifamilienhäuser, nicht unterkellert, einfacher Standard	90,00	**152,00**	213,00	11,0%
Ein- und Zweifamilienhäuser, nicht unterkellert, mittlerer Standard	119,00	**177,00**	216,00	10,5%
Ein- und Zweifamilienhäuser, nicht unterkellert, hoher Standard	121,00	**163,00**	231,00	7,9%
Ein- und Zweifamilienhäuser, Passivhausstandard, Massivbauweise	151,00	**204,00**	261,00	12,4%
Ein- und Zweifamilienhäuser, Passivhausstandard, Holzbauweise	107,00	**161,00**	214,00	8,6%
Ein- und Zweifamilienhäuser, Holzbauweise, unterkellert	111,00	**164,00**	276,00	9,5%
Ein- und Zweifamilienhäuser, Holzbauweise, nicht unterkellert	108,00	**154,00**	240,00	8,6%
Doppel- und Reihenend- / Reihenhäuser				
Doppel- und Reihenendhäuser, einfacher Standard	84,00	**130,00**	159,00	10,1%
Doppel- und Reihenendhäuser, mittlerer Standard	108,00	**158,00**	295,00	10,8%
Doppel- und Reihenendhäuser, hoher Standard	116,00	**161,00**	195,00	11,0%
Doppel- und Reihenendhäuser, Holzbauweise	163,00	**262,00**	521,00	13,2%
Reihenhäuser, einfacher Standard	117,00	**145,00**	173,00	7,0%
Reihenhäuser, mittlerer Standard	72,00	**88,00**	104,00	7,7%
Reihenhäuser, hoher Standard	90,00	**137,00**	186,00	7,0%
Mehrfamilienhäuser				
Mehrfamilienhäuser, mit bis zu 6 WE, einfacher Standard	81,00	**103,00**	124,00	5,2%
Mehrfamilienhäuser, mit bis zu 6 WE, mittlerer Standard	116,00	**166,00**	241,00	8,1%
Mehrfamilienhäuser, mit bis zu 6 WE, hoher Standard	156,00	**226,00**	391,00	9,8%

▷ von
ø Mittel
◁ bis

© **BKI** Baukosteninformationszentrum; Erläuterungen zu den Tabellen siehe Seite 56

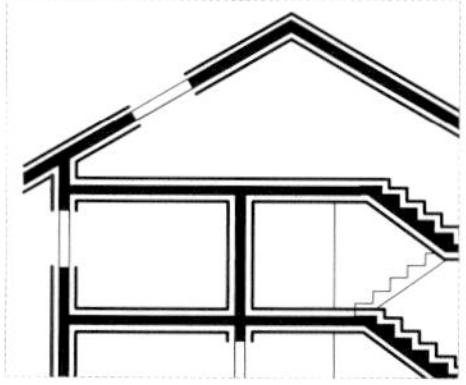

Einheit: m²
Außenwandbekleidungsfläche, außen

Gebäudeart	▷	€/Einheit	◁	KG an 300
Mehrfamilienhäuser (Fortsetzung)				
Mehrfamilienhäuser, mit 6 bis 19 WE, einfacher Standard	113,00	**195,00**	241,00	8,6%
Mehrfamilienhäuser, mit 6 bis 19 WE, mittlerer Standard	140,00	**175,00**	202,00	8,4%
Mehrfamilienhäuser, mit 6 bis 19 WE, hoher Standard	117,00	**209,00**	453,00	9,6%
Mehrfamilienhäuser, mit 20 oder mehr WE, einfacher Standard	115,00	**128,00**	154,00	6,4%
Mehrfamilienhäuser, mit 20 oder mehr WE, mittlerer Standard	156,00	**246,00**	399,00	8,9%
Mehrfamilienhäuser, mit 20 oder mehr WE, hoher Standard	166,00	**177,00**	198,00	8,7%
Mehrfamilienhäuser, Passivhäuser	115,00	**174,00**	209,00	9,8%
Mehrfamilienhäuser, Holzbauweise	157,00	**209,00**	279,00	8,6%
Wohnhäuser, mit bis zu 15% Mischnutzung, einfacher Standard	106,00	**140,00**	204,00	5,0%
Wohnhäuser, mit bis zu 15% Mischnutzung, mittlerer Standard	147,00	**199,00**	251,00	7,0%
Wohnhäuser, mit bis zu 15% Mischnutzung, hoher Standard	–	**350,00**	–	7,6%
Wohnhäuser, mit mehr als 15% Mischnutzung	132,00	**238,00**	291,00	8,7%
Seniorenwohnungen und Beherbergungen				
Seniorenwohnungen, mittlerer Standard	128,00	**141,00**	165,00	7,4%
Seniorenwohnungen, hoher Standard	124,00	**175,00**	227,00	6,9%
Wohnheime und Internate	147,00	**214,00**	340,00	6,7%
Hotels	–	**490,00**	–	19,2%
7 Gewerbe-, Lager- und Garagen				
Gaststätten, Kantinen und Mensen	–	**335,00**	–	5,9%
Industrielle Produktionsgebäude, Massivbauweise	72,00	**152,00**	219,00	6,5%
Industrielle Produktionsgebäude, überwiegend Skelettbauweise	61,00	**155,00**	330,00	5,3%
Betriebs- und Werkstätten, eingeschossig	206,00	**239,00**	272,00	3,9%
Betriebs- und Werkstätten, mehrgeschossig, geringer Hallenanteil	151,00	**234,00**	276,00	8,2%
Betriebs- und Werkstätten, mehrgeschossig, hoher Hallenanteil	122,00	**200,00**	601,00	5,7%
Geschäftshäuser, mit Wohnungen	192,00	**224,00**	240,00	6,4%
Geschäftshäuser, ohne Wohnungen	96,00	**119,00**	142,00	6,6%
Verbrauchermärkte	152,00	**250,00**	347,00	9,3%
Autohäuser	160,00	**219,00**	278,00	3,5%
Lagergebäude, ohne Mischnutzung	92,00	**138,00**	177,00	9,1%
Lagergebäude, mit bis zu 25% Mischnutzung	103,00	**247,00**	391,00	3,4%
Lagergebäude, mit mehr als 25% Mischnutzung	–	**105,00**	–	2,2%
Garagen und Bereitschaftsdienste				
Einzel- und Doppelgaragen	–	**–**	–	–
Mehrfachgaragen	49,00	**96,00**	185,00	1,8%
Hochgaragen	73,00	**283,00**	389,00	12,2%
Fahrradparkhäuser	353,00	**474,00**	710,00	17,6%
Carports	161,00	**170,00**	185,00	4,6%
Tiefgaragen	32,00	**73,00**	108,00	0,9%
Feuerwehrhäuser	198,00	**234,00**	296,00	9,2%
Öffentliche Bereitschaftsdienste	145,00	**249,00**	542,00	8,8%
8 Gebäude für kulturelle und religiöse Zwecke				
Bibliotheken, Museen und Ausstellungen	198,00	**439,00**	608,00	12,3%
Theater	226,00	**259,00**	292,00	4,3%
Gemeindezentren, einfacher Standard	129,00	**200,00**	238,00	8,9%
Gemeindezentren, mittlerer Standard	168,00	**327,00**	456,00	10,8%
Gemeindezentren, hoher Standard	150,00	**277,00**	403,00	7,2%
Gemeindezentren, Holzbauweise	185,00	**238,00**	267,00	7,7%
Friedhofsgebäude	145,00	**273,00**	401,00	9,8%

336 Außenwandbekleidungen, innen

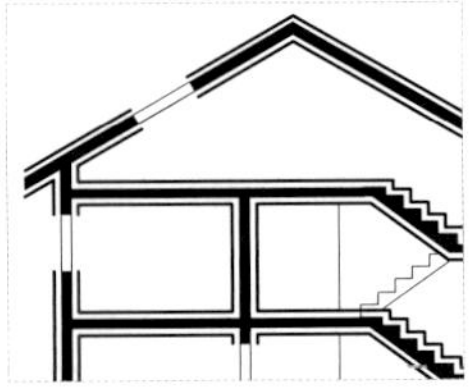

Kosten:
Stand 1. Quartal 2025
Bundesdurchschnitt
inkl. 19% MwSt.

Einheit: m²
Außenwandbekleidungsfläche, innen

▷ von
ø Mittel
◁ bis

Gebäudeart	▷	€/Einheit	◁	KG an 300
1 Büro- und Verwaltungsgebäude				
Büro- und Verwaltungsgebäude, einfacher Standard	18,00	**49,00**	65,00	1,8%
Büro- und Verwaltungsgebäude, mittlerer Standard	42,00	**74,00**	108,00	1,4%
Büro- und Verwaltungsgebäude, hoher Standard	48,00	**80,00**	135,00	1,2%
Büro- und Verwaltungsgebäude, Holzbauweise	46,00	**55,00**	66,00	1,5%
2 Gebäude für Forschung und Lehre				
Instituts- und Laborgebäude	25,00	**64,00**	80,00	1,1%
3 Gebäude des Gesundheitswesens				
Medizinische Einrichtungen	51,00	**58,00**	69,00	1,2%
Pflegeheime	49,00	**120,00**	232,00	1,1%
Gebäude für Erholungszwecke	90,00	**116,00**	138,00	2,4%
4 Schulen und Kindergärten				
Allgemeinbildende Schulen	36,00	**79,00**	169,00	0,9%
Schulen, Holzbauweise	34,00	**56,00**	83,00	1,4%
Berufliche Schulen	95,00	**163,00**	340,00	1,5%
Förder- und Sonderschulen	52,00	**62,00**	91,00	0,8%
Weiterbildungseinrichtungen	22,00	**57,00**	128,00	0,3%
Kindergärten, nicht unterkellert, einfacher Standard	69,00	**83,00**	91,00	2,3%
Kindergärten, nicht unterkellert, mittlerer Standard	48,00	**77,00**	123,00	1,6%
Kindergärten, nicht unterkellert, hoher Standard	42,00	**53,00**	64,00	1,1%
Kindergärten, Holzbauweise, nicht unterkellert	64,00	**97,00**	159,00	2,0%
Kindergärten, unterkellert	56,00	**68,00**	106,00	1,4%
5 Sportbauten				
Sport- und Mehrzweckhallen	10,00	**61,00**	96,00	1,5%
Sporthallen (Einfeldhallen)	81,00	**106,00**	126,00	3,2%
Sporthallen (Dreifeldhallen)	55,00	**120,00**	164,00	1,3%
6 Wohngebäude				
Ein- und Zweifamilienhäuser				
Ein- und Zweifamilienhäuser, unterkellert, einfacher Standard	28,00	**35,00**	40,00	2,6%
Ein- und Zweifamilienhäuser, unterkellert, mittlerer Standard	51,00	**70,00**	117,00	2,6%
Ein- und Zweifamilienhäuser, unterkellert, hoher Standard	43,00	**60,00**	87,00	2,4%
Ein- und Zweifamilienhäuser, nicht unterkellert, einfacher Standard	63,00	**67,00**	71,00	3,7%
Ein- und Zweifamilienhäuser, nicht unterkellert, mittlerer Standard	46,00	**67,00**	87,00	2,7%
Ein- und Zweifamilienhäuser, nicht unterkellert, hoher Standard	43,00	**54,00**	69,00	2,0%
Ein- und Zweifamilienhäuser, Passivhausstandard, Massivbauweise	53,00	**67,00**	79,00	3,0%
Ein- und Zweifamilienhäuser, Passivhausstandard, Holzbauweise	32,00	**60,00**	84,00	2,5%
Ein- und Zweifamilienhäuser, Holzbauweise, unterkellert	38,00	**57,00**	80,00	3,4%
Ein- und Zweifamilienhäuser, Holzbauweise, nicht unterkellert	34,00	**69,00**	109,00	2,2%
Doppel- und Reihenend- / Reihenhäuser				
Doppel- und Reihenendhäuser, einfacher Standard	6,10	**31,00**	43,00	1,9%
Doppel- und Reihenendhäuser, mittlerer Standard	31,00	**48,00**	62,00	2,8%
Doppel- und Reihenendhäuser, hoher Standard	42,00	**50,00**	56,00	3,2%
Doppel- und Reihenendhäuser, Holzbauweise	55,00	**74,00**	96,00	3,1%
Reihenhäuser, einfacher Standard	6,10	**65,00**	124,00	2,6%
Reihenhäuser, mittlerer Standard	45,00	**69,00**	94,00	3,9%
Reihenhäuser, hoher Standard	15,00	**57,00**	72,00	3,1%
Mehrfamilienhäuser				
Mehrfamilienhäuser, mit bis zu 6 WE, einfacher Standard	45,00	**54,00**	63,00	2,7%
Mehrfamilienhäuser, mit bis zu 6 WE, mittlerer Standard	36,00	**43,00**	50,00	1,8%
Mehrfamilienhäuser, mit bis zu 6 WE, hoher Standard	38,00	**48,00**	57,00	1,6%

© **BKI** Baukosteninformationszentrum; Erläuterungen zu den Tabellen siehe Seite 56

Gebäudeart	▷	€/Einheit	◁	KG an 300
Mehrfamilienhäuser (Fortsetzung)				
Mehrfamilienhäuser, mit 6 bis 19 WE, einfacher Standard	27,00	**39,00**	46,00	1,6%
Mehrfamilienhäuser, mit 6 bis 19 WE, mittlerer Standard	32,00	**43,00**	48,00	1,6%
Mehrfamilienhäuser, mit 6 bis 19 WE, hoher Standard	29,00	**41,00**	53,00	1,5%
Mehrfamilienhäuser, mit 20 oder mehr WE, einfacher Standard	22,00	**35,00**	41,00	1,5%
Mehrfamilienhäuser, mit 20 oder mehr WE, mittlerer Standard	33,00	**57,00**	73,00	1,8%
Mehrfamilienhäuser, mit 20 oder mehr WE, hoher Standard	39,00	**45,00**	48,00	2,1%
Mehrfamilienhäuser, Passivhäuser	44,00	**52,00**	88,00	2,0%
Mehrfamilienhäuser, Holzbauweise	48,00	**94,00**	130,00	3,0%
Wohnhäuser, mit bis zu 15% Mischnutzung, einfacher Standard	69,00	**131,00**	243,00	3,3%
Wohnhäuser, mit bis zu 15% Mischnutzung, mittlerer Standard	20,00	**55,00**	76,00	2,4%
Wohnhäuser, mit bis zu 15% Mischnutzung, hoher Standard	–	**65,00**	–	1,7%
Wohnhäuser, mit mehr als 15% Mischnutzung	55,00	**66,00**	82,00	1,8%
Seniorenwohnungen und Beherbergungen				
Seniorenwohnungen, mittlerer Standard	38,00	**44,00**	50,00	1,9%
Seniorenwohnungen, hoher Standard	37,00	**50,00**	62,00	1,8%
Wohnheime und Internate	40,00	**58,00**	84,00	1,4%
Hotels	–	**79,00**	–	2,5%
7 Gewerbe-, Lager- und Garagen				
Gaststätten, Kantinen und Mensen	–	**165,00**	–	1,7%
Industrielle Produktionsgebäude, Massivbauweise	14,00	**39,00**	99,00	1,1%
Industrielle Produktionsgebäude, überwiegend Skelettbauweise	18,00	**35,00**	88,00	0,5%
Betriebs- und Werkstätten, eingeschossig	12,00	**29,00**	46,00	0,5%
Betriebs- und Werkstätten, mehrgeschossig, geringer Hallenanteil	30,00	**64,00**	149,00	1,2%
Betriebs- und Werkstätten, mehrgeschossig, hoher Hallenanteil	35,00	**64,00**	89,00	1,7%
Geschäftshäuser, mit Wohnungen	64,00	**65,00**	67,00	2,1%
Geschäftshäuser, ohne Wohnungen	41,00	**42,00**	42,00	2,0%
Verbrauchermärkte	28,00	**57,00**	86,00	0,8%
Autohäuser	89,00	**96,00**	103,00	0,9%
Lagergebäude, ohne Mischnutzung	10,00	**37,00**	54,00	0,4%
Lagergebäude, mit bis zu 25% Mischnutzung	17,00	**35,00**	52,00	0,7%
Lagergebäude, mit mehr als 25% Mischnutzung	–	**54,00**	–	0,9%
Garagen und Bereitschaftsdienste				
Einzel- und Doppelgaragen	–	**–**	–	–
Mehrfachgaragen	32,00	**59,00**	110,00	0,7%
Hochgaragen	35,00	**145,00**	255,00	0,2%
Fahrradparkhäuser	29,00	**71,00**	114,00	0,1%
Carports	–	**–**	–	–
Tiefgaragen	8,70	**66,00**	157,00	0,8%
Feuerwehrhäuser	36,00	**49,00**	59,00	1,2%
Öffentliche Bereitschaftsdienste	37,00	**63,00**	135,00	2,2%
8 Gebäude für kulturelle und religiöse Zwecke				
Bibliotheken, Museen und Ausstellungen	54,00	**81,00**	112,00	1,9%
Theater	23,00	**89,00**	155,00	1,1%
Gemeindezentren, einfacher Standard	30,00	**48,00**	60,00	1,3%
Gemeindezentren, mittlerer Standard	57,00	**65,00**	69,00	1,5%
Gemeindezentren, hoher Standard	67,00	**87,00**	144,00	1,3%
Gemeindezentren, Holzbauweise	24,00	**94,00**	140,00	2,8%
Friedhofsgebäude	67,00	**106,00**	144,00	2,4%

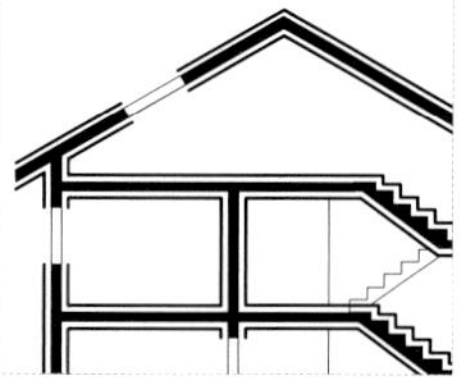

Einheit: m²
Außenwandbekleidungs-
fläche, innen

337 Elementierte Außenwandkonstruktionen

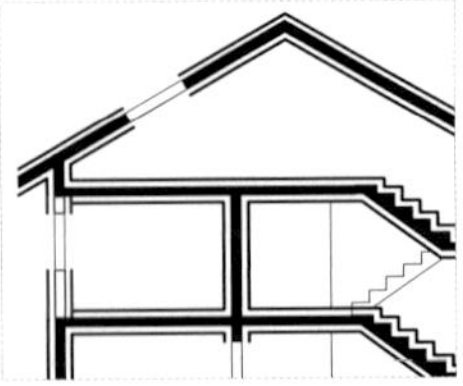

Kosten:
Stand 1. Quartal 2025
Bundesdurchschnitt
inkl. 19% MwSt.

Einheit: m²
Außenwandfläche, elementiert

▷ von
ø Mittel
◁ bis

Gebäudeart	▷	€/Einheit	◁	KG an 300
1 Büro- und Verwaltungsgebäude				
Büro- und Verwaltungsgebäude, einfacher Standard	–	**–**	–	–
Büro- und Verwaltungsgebäude, mittlerer Standard	778,00	**1.008,00**	1.451,00	2,8%
Büro- und Verwaltungsgebäude, hoher Standard	994,00	**1.070,00**	1.219,00	2,7%
Büro- und Verwaltungsgebäude, Holzbauweise	764,00	**943,00**	1.122,00	5,0%
2 Gebäude für Forschung und Lehre				
Instituts- und Laborgebäude	–	**184,00**	–	0,7%
3 Gebäude des Gesundheitswesens				
Medizinische Einrichtungen	–	**–**	–	–
Pflegeheime	118,00	**849,00**	1.579,00	2,7%
Gebäude für Erholungszwecke	–	**1.131,00**	–	1,6%
4 Schulen und Kindergärten				
Allgemeinbildende Schulen	391,00	**753,00**	1.115,00	2,6%
Schulen, Holzbauweise	825,00	**963,00**	1.056,00	2,3%
Berufliche Schulen	138,00	**518,00**	898,00	3,4%
Förder- und Sonderschulen	–	**–**	–	–
Weiterbildungseinrichtungen	–	**181,00**	–	0,2%
Kindergärten, nicht unterkellert, einfacher Standard	–	**–**	–	–
Kindergärten, nicht unterkellert, mittlerer Standard	–	**–**	–	–
Kindergärten, nicht unterkellert, hoher Standard	–	**1.172,00**	–	1,6%
Kindergärten, Holzbauweise, nicht unterkellert	244,00	**660,00**	1.491,00	3,0%
Kindergärten, unterkellert	–	**–**	–	–
5 Sportbauten				
Sport- und Mehrzweckhallen	–	**–**	–	–
Sporthallen (Einfeldhallen)	–	**785,00**	–	1,1%
Sporthallen (Dreifeldhallen)	–	**871,00**	–	0,3%
6 Wohngebäude				
Ein- und Zweifamilienhäuser				
Ein- und Zweifamilienhäuser, unterkellert, einfacher Standard	–	**–**	–	–
Ein- und Zweifamilienhäuser, unterkellert, mittlerer Standard	–	**–**	–	–
Ein- und Zweifamilienhäuser, unterkellert, hoher Standard	–	**–**	–	–
Ein- und Zweifamilienhäuser, nicht unterkellert, einfacher Standard	–	**–**	–	–
Ein- und Zweifamilienhäuser, nicht unterkellert, mittlerer Standard	–	**–**	–	–
Ein- und Zweifamilienhäuser, nicht unterkellert, hoher Standard	–	**–**	–	–
Ein- und Zweifamilienhäuser, Passivhausstandard, Massivbauweise	–	**397,00**	–	1,3%
Ein- und Zweifamilienhäuser, Passivhausstandard, Holzbauweise	–	**–**	–	–
Ein- und Zweifamilienhäuser, Holzbauweise, unterkellert	359,00	**430,00**	501,00	2,6%
Ein- und Zweifamilienhäuser, Holzbauweise, nicht unterkellert	246,00	**380,00**	514,00	4,7%
Doppel- und Reihenend- / Reihenhäuser				
Doppel- und Reihenendhäuser, einfacher Standard	–	**–**	–	–
Doppel- und Reihenendhäuser, mittlerer Standard	–	**–**	–	–
Doppel- und Reihenendhäuser, hoher Standard	–	**–**	–	–
Doppel- und Reihenendhäuser, Holzbauweise	–	**–**	–	–
Reihenhäuser, einfacher Standard	–	**–**	–	–
Reihenhäuser, mittlerer Standard	–	**292,00**	–	2,0%
Reihenhäuser, hoher Standard	–	**389,00**	–	3,0%
Mehrfamilienhäuser				
Mehrfamilienhäuser, mit bis zu 6 WE, einfacher Standard	–	**–**	–	–
Mehrfamilienhäuser, mit bis zu 6 WE, mittlerer Standard	–	**–**	–	–
Mehrfamilienhäuser, mit bis zu 6 WE, hoher Standard	–	**–**	–	–

© BKI Baukosteninformationszentrum; Erläuterungen zu den Tabellen siehe Seite 56

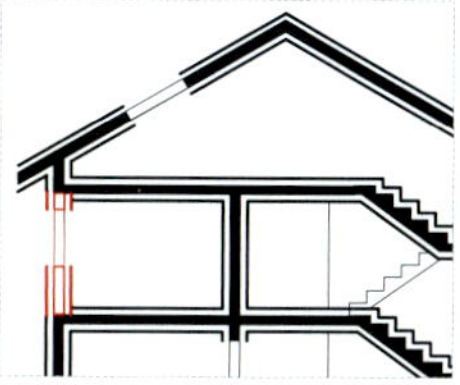

Einheit: m² Außenwandfläche, elementiert

Gebäudeart	▷	€/Einheit	◁	KG an 300
Mehrfamilienhäuser (Fortsetzung)				
Mehrfamilienhäuser, mit 6 bis 19 WE, einfacher Standard	–	**–**	–	–
Mehrfamilienhäuser, mit 6 bis 19 WE, mittlerer Standard	–	**739,00**	–	< 0,1%
Mehrfamilienhäuser, mit 6 bis 19 WE, hoher Standard	–	**–**	–	–
Mehrfamilienhäuser, mit 20 oder mehr WE, einfacher Standard	–	**1.178,00**	–	3,3%
Mehrfamilienhäuser, mit 20 oder mehr WE, mittlerer Standard	–	**–**	–	–
Mehrfamilienhäuser, mit 20 oder mehr WE, hoher Standard	–	**–**	–	–
Mehrfamilienhäuser, Passivhäuser	–	**–**	–	–
Mehrfamilienhäuser, Holzbauweise	–	**–**	–	–
Wohnhäuser, mit bis zu 15% Mischnutzung, einfacher Standard	–	**–**	–	–
Wohnhäuser, mit bis zu 15% Mischnutzung, mittlerer Standard	–	**–**	–	–
Wohnhäuser, mit bis zu 15% Mischnutzung, hoher Standard	–	**–**	–	–
Wohnhäuser, mit mehr als 15% Mischnutzung	–	**–**	–	–
Seniorenwohnungen und Beherbergungen				
Seniorenwohnungen, mittlerer Standard	–	**–**	–	–
Seniorenwohnungen, hoher Standard	–	**–**	–	–
Wohnheime und Internate	697,00	**881,00**	1.166,00	1,8%
Hotels	–	**–**	–	–
7 Gewerbe-, Lager- und Garagen				
Gaststätten, Kantinen und Mensen	–	**–**	–	–
Industrielle Produktionsgebäude, Massivbauweise	–	**–**	–	–
Industrielle Produktionsgebäude, überwiegend Skelettbauweise	150,00	**582,00**	1.015,00	1,0%
Betriebs- und Werkstätten, eingeschossig	217,00	**235,00**	254,00	5,0%
Betriebs- und Werkstätten, mehrgeschossig, geringer Hallenanteil	–	**–**	–	–
Betriebs- und Werkstätten, mehrgeschossig, hoher Hallenanteil	161,00	**176,00**	202,00	2,6%
Geschäftshäuser, mit Wohnungen	–	**–**	–	–
Geschäftshäuser, ohne Wohnungen	–	**–**	–	–
Verbrauchermärkte	–	**–**	–	–
Autohäuser	–	**163,00**	–	2,6%
Lagergebäude, ohne Mischnutzung	119,00	**196,00**	272,00	3,9%
Lagergebäude, mit bis zu 25% Mischnutzung	140,00	**141,00**	142,00	6,6%
Lagergebäude, mit mehr als 25% Mischnutzung	–	**–**	–	–
Garagen und Bereitschaftsdienste				
Einzel- und Doppelgaragen	–	**–**	–	–
Mehrfachgaragen	208,00	**294,00**	381,00	5,8%
Hochgaragen	–	**–**	–	–
Fahrradparkhäuser	–	**507,00**	–	0,3%
Carports	–	**–**	–	–
Tiefgaragen	–	**–**	–	–
Feuerwehrhäuser	–	**–**	–	–
Öffentliche Bereitschaftsdienste	–	**238,00**	–	1,7%
8 Gebäude für kulturelle und religiöse Zwecke				
Bibliotheken, Museen und Ausstellungen	1.086,00	**2.151,00**	3.217,00	0,5%
Theater	–	**–**	–	–
Gemeindezentren, einfacher Standard	–	**–**	–	–
Gemeindezentren, mittlerer Standard	–	**1.170,00**	–	1,7%
Gemeindezentren, hoher Standard	–	**1.199,00**	–	2,2%
Gemeindezentren, Holzbauweise	–	**–**	–	–
Friedhofsgebäude	–	**830,00**	–	0,3%

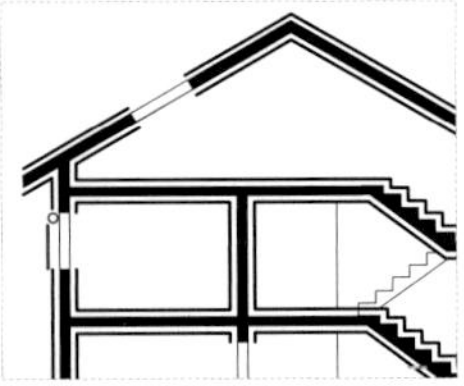

Kosten:
Stand 1. Quartal 2025
Bundesdurchschnitt
inkl. 19% MwSt.

Einheit: m²
Außenwand-Lichtschutz-
fläche

▷ von
ø Mittel
◁ bis

Gebäudeart	▷	€/Einheit	◁	KG an 300
1 Büro- und Verwaltungsgebäude				
Büro- und Verwaltungsgebäude, einfacher Standard	217,00	**343,00**	422,00	2,2%
Büro- und Verwaltungsgebäude, mittlerer Standard	201,00	**374,00**	781,00	2,7%
Büro- und Verwaltungsgebäude, hoher Standard	324,00	**520,00**	1.009,00	3,4%
Büro- und Verwaltungsgebäude, Holzbauweise	146,00	**196,00**	222,00	1,4%
2 Gebäude für Forschung und Lehre				
Instituts- und Laborgebäude	274,00	**393,00**	618,00	1,1%
3 Gebäude des Gesundheitswesens				
Medizinische Einrichtungen	187,00	**243,00**	299,00	0,8%
Pflegeheime	250,00	**337,00**	458,00	1,9%
Gebäude für Erholungszwecke	–	**–**	–	–
4 Schulen und Kindergärten				
Allgemeinbildende Schulen	273,00	**401,00**	633,00	1,8%
Schulen, Holzbauweise	123,00	**268,00**	453,00	1,0%
Berufliche Schulen	226,00	**319,00**	411,00	1,6%
Förder- und Sonderschulen	190,00	**265,00**	375,00	1,4%
Weiterbildungseinrichtungen	162,00	**199,00**	273,00	1,3%
Kindergärten, nicht unterkellert, einfacher Standard	245,00	**397,00**	494,00	1,7%
Kindergärten, nicht unterkellert, mittlerer Standard	230,00	**378,00**	768,00	1,8%
Kindergärten, nicht unterkellert, hoher Standard	418,00	**526,00**	739,00	1,8%
Kindergärten, Holzbauweise, nicht unterkellert	250,00	**340,00**	549,00	1,4%
Kindergärten, unterkellert	290,00	**333,00**	362,00	1,3%
5 Sportbauten				
Sport- und Mehrzweckhallen	–	**239,00**	–	0,4%
Sporthallen (Einfeldhallen)	–	**–**	–	–
Sporthallen (Dreifeldhallen)	197,00	**237,00**	312,00	1,0%
6 Wohngebäude				
Ein- und Zweifamilienhäuser				
Ein- und Zweifamilienhäuser, unterkellert, einfacher Standard	115,00	**387,00**	542,00	2,2%
Ein- und Zweifamilienhäuser, unterkellert, mittlerer Standard	296,00	**416,00**	816,00	2,0%
Ein- und Zweifamilienhäuser, unterkellert, hoher Standard	315,00	**480,00**	982,00	2,9%
Ein- und Zweifamilienhäuser, nicht unterkellert, einfacher Standard	459,00	**561,00**	663,00	3,2%
Ein- und Zweifamilienhäuser, nicht unterkellert, mittlerer Standard	132,00	**380,00**	596,00	1,2%
Ein- und Zweifamilienhäuser, nicht unterkellert, hoher Standard	317,00	**465,00**	610,00	1,2%
Ein- und Zweifamilienhäuser, Passivhausstandard, Massivbauweise	278,00	**462,00**	734,00	3,1%
Ein- und Zweifamilienhäuser, Passivhausstandard, Holzbauweise	217,00	**336,00**	548,00	3,0%
Ein- und Zweifamilienhäuser, Holzbauweise, unterkellert	197,00	**266,00**	371,00	1,6%
Ein- und Zweifamilienhäuser, Holzbauweise, nicht unterkellert	279,00	**456,00**	708,00	2,6%
Doppel- und Reihenend- / Reihenhäuser				
Doppel- und Reihenendhäuser, einfacher Standard	126,00	**311,00**	496,00	2,4%
Doppel- und Reihenendhäuser, mittlerer Standard	237,00	**477,00**	1.509,00	1,9%
Doppel- und Reihenendhäuser, hoher Standard	207,00	**275,00**	351,00	1,9%
Doppel- und Reihenendhäuser, Holzbauweise	227,00	**253,00**	298,00	1,5%
Reihenhäuser, einfacher Standard	–	**143,00**	–	1,1%
Reihenhäuser, mittlerer Standard	–	**213,00**	–	0,8%
Reihenhäuser, hoher Standard	184,00	**187,00**	190,00	0,9%
Mehrfamilienhäuser				
Mehrfamilienhäuser, mit bis zu 6 WE, einfacher Standard	–	**–**	–	–
Mehrfamilienhäuser, mit bis zu 6 WE, mittlerer Standard	233,00	**277,00**	320,00	1,5%
Mehrfamilienhäuser, mit bis zu 6 WE, hoher Standard	223,00	**333,00**	418,00	2,2%

© **BKI** Baukosteninformationszentrum; Erläuterungen zu den Tabellen siehe Seite 56

Gebäudeart	▷	€/Einheit	◁	KG an 300
Mehrfamilienhäuser (Fortsetzung)				
Mehrfamilienhäuser, mit 6 bis 19 WE, einfacher Standard	262,00	**350,00**	438,00	1,3%
Mehrfamilienhäuser, mit 6 bis 19 WE, mittlerer Standard	94,00	**159,00**	218,00	0,8%
Mehrfamilienhäuser, mit 6 bis 19 WE, hoher Standard	140,00	**288,00**	365,00	1,1%
Mehrfamilienhäuser, mit 20 oder mehr WE, einfacher Standard	107,00	**285,00**	407,00	1,7%
Mehrfamilienhäuser, mit 20 oder mehr WE, mittlerer Standard	306,00	**518,00**	924,00	0,8%
Mehrfamilienhäuser, mit 20 oder mehr WE, hoher Standard	431,00	**681,00**	829,00	2,8%
Mehrfamilienhäuser, Passivhäuser	256,00	**435,00**	802,00	2,8%
Mehrfamilienhäuser, Holzbauweise	228,00	**283,00**	407,00	1,1%
Wohnhäuser, mit bis zu 15% Mischnutzung, einfacher Standard	144,00	**191,00**	285,00	1,8%
Wohnhäuser, mit bis zu 15% Mischnutzung, mittlerer Standard	217,00	**259,00**	343,00	2,8%
Wohnhäuser, mit bis zu 15% Mischnutzung, hoher Standard	–	**409,00**	–	1,8%
Wohnhäuser, mit mehr als 15% Mischnutzung	–	**–**	–	–
Seniorenwohnungen und Beherbergungen				
Seniorenwohnungen, mittlerer Standard	209,00	**860,00**	1.191,00	4,5%
Seniorenwohnungen, hoher Standard	218,00	**453,00**	689,00	2,8%
Wohnheime und Internate	213,00	**380,00**	579,00	0,9%
Hotels	–	**–**	–	–
7 Gewerbe-, Lager- und Garagen				
Gaststätten, Kantinen und Mensen	–	**584,00**	–	0,7%
Industrielle Produktionsgebäude, Massivbauweise	267,00	**452,00**	730,00	1,0%
Industrielle Produktionsgebäude, überwiegend Skelettbauweise	398,00	**580,00**	1.103,00	1,7%
Betriebs- und Werkstätten, eingeschossig	219,00	**346,00**	474,00	1,2%
Betriebs- und Werkstätten, mehrgeschossig, geringer Hallenanteil	218,00	**331,00**	454,00	1,9%
Betriebs- und Werkstätten, mehrgeschossig, hoher Hallenanteil	270,00	**419,00**	579,00	1,4%
Geschäftshäuser, mit Wohnungen	175,00	**244,00**	313,00	1,0%
Geschäftshäuser, ohne Wohnungen	–	**794,00**	–	1,5%
Verbrauchermärkte	–	**119,00**	–	< 0,1%
Autohäuser	–	**1.585,00**	–	0,2%
Lagergebäude, ohne Mischnutzung	–	**403,00**	–	0,1%
Lagergebäude, mit bis zu 25% Mischnutzung	–	**1.521,00**	–	0,6%
Lagergebäude, mit mehr als 25% Mischnutzung	–	**497,00**	–	0,5%
Garagen und Bereitschaftsdienste				
Einzel- und Doppelgaragen	–	**–**	–	–
Mehrfachgaragen	–	**580,00**	–	0,3%
Hochgaragen	–	**–**	–	–
Fahrradparkhäuser	–	**–**	–	–
Carports	–	**–**	–	–
Tiefgaragen	–	**–**	–	–
Feuerwehrhäuser	136,00	**171,00**	206,00	0,1%
Öffentliche Bereitschaftsdienste	284,00	**400,00**	627,00	0,5%
8 Gebäude für kulturelle und religiöse Zwecke				
Bibliotheken, Museen und Ausstellungen	127,00	**288,00**	368,00	1,2%
Theater	230,00	**295,00**	361,00	0,6%
Gemeindezentren, einfacher Standard	228,00	**314,00**	400,00	1,5%
Gemeindezentren, mittlerer Standard	511,00	**669,00**	827,00	1,2%
Gemeindezentren, hoher Standard	–	**174,00**	–	0,2%
Gemeindezentren, Holzbauweise	224,00	**875,00**	1.526,00	1,1%
Friedhofsgebäude	–	**719,00**	–	0,5%

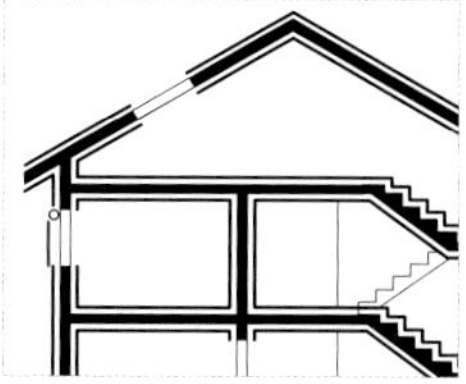

Einheit: m²
Außenwand-Lichtschutz-
fläche

339 Sonstiges zur KG 330

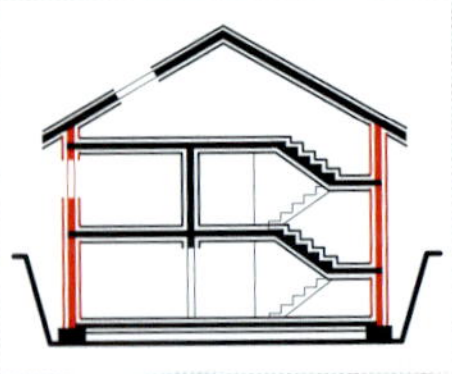

Kosten:
Stand 1. Quartal 2025
Bundesdurchschnitt
inkl. 19% MwSt.

Einheit: m²
Außenwandfläche/
Fläche der vertikalen
Baukonstruktionen

▷ von
ø Mittel
◁ bis

Gebäudeart	▷	€/Einheit	◁	KG an 300
1 Büro- und Verwaltungsgebäude				
Büro- und Verwaltungsgebäude, einfacher Standard	–	**1,50**	–	< 0,1%
Büro- und Verwaltungsgebäude, mittlerer Standard	4,30	**13,00**	65,00	0,2%
Büro- und Verwaltungsgebäude, hoher Standard	12,00	**27,00**	78,00	0,7%
Büro- und Verwaltungsgebäude, Holzbauweise	5,60	**6,40**	7,20	0,2%
2 Gebäude für Forschung und Lehre				
Instituts- und Laborgebäude	1,60	**8,20**	11,00	0,3%
3 Gebäude des Gesundheitswesens				
Medizinische Einrichtungen	10,00	**13,00**	15,00	0,3%
Pflegeheime	11,00	**14,00**	21,00	0,3%
Gebäude für Erholungszwecke	–	**6,00**	–	< 0,1%
4 Schulen und Kindergärten				
Allgemeinbildende Schulen	7,10	**23,00**	65,00	0,4%
Schulen, Holzbauweise	2,80	**23,00**	47,00	0,5%
Berufliche Schulen	–	**59,00**	–	0,2%
Förder- und Sonderschulen	0,70	**6,10**	17,00	0,1%
Weiterbildungseinrichtungen	3,80	**15,00**	38,00	0,4%
Kindergärten, nicht unterkellert, einfacher Standard	–	**29,00**	–	0,4%
Kindergärten, nicht unterkellert, mittlerer Standard	5,10	**28,00**	72,00	0,4%
Kindergärten, nicht unterkellert, hoher Standard	8,70	**8,90**	9,10	0,2%
Kindergärten, Holzbauweise, nicht unterkellert	7,40	**14,00**	25,00	0,2%
Kindergärten, unterkellert	8,50	**18,00**	47,00	0,7%
5 Sportbauten				
Sport- und Mehrzweckhallen	–	**–**	–	–
Sporthallen (Einfeldhallen)	5,40	**5,70**	6,10	0,1%
Sporthallen (Dreifeldhallen)	17,00	**38,00**	64,00	0,8%
6 Wohngebäude				
Ein- und Zweifamilienhäuser				
Ein- und Zweifamilienhäuser, unterkellert, einfacher Standard	2,30	**11,00**	16,00	0,9%
Ein- und Zweifamilienhäuser, unterkellert, mittlerer Standard	5,30	**16,00**	46,00	1,1%
Ein- und Zweifamilienhäuser, unterkellert, hoher Standard	9,00	**22,00**	43,00	1,2%
Ein- und Zweifamilienhäuser, nicht unterkellert, einfacher Standard	–	**3,00**	–	0,1%
Ein- und Zweifamilienhäuser, nicht unterkellert, mittlerer Standard	11,00	**28,00**	117,00	1,0%
Ein- und Zweifamilienhäuser, nicht unterkellert, hoher Standard	5,40	**10,00**	20,00	0,5%
Ein- und Zweifamilienhäuser, Passivhausstandard, Massivbauweise	4,30	**11,00**	21,00	0,5%
Ein- und Zweifamilienhäuser, Passivhausstandard, Holzbauweise	6,20	**14,00**	28,00	0,6%
Ein- und Zweifamilienhäuser, Holzbauweise, unterkellert	6,60	**17,00**	42,00	1,1%
Ein- und Zweifamilienhäuser, Holzbauweise, nicht unterkellert	4,00	**6,90**	13,00	0,2%
Doppel- und Reihenend- / Reihenhäuser				
Doppel- und Reihenendhäuser, einfacher Standard	–	**19,00**	–	0,4%
Doppel- und Reihenendhäuser, mittlerer Standard	3,30	**12,00**	16,00	0,8%
Doppel- und Reihenendhäuser, hoher Standard	13,00	**21,00**	29,00	1,4%
Doppel- und Reihenendhäuser, Holzbauweise	3,30	**6,30**	9,20	0,2%
Reihenhäuser, einfacher Standard	–	**11,00**	–	0,4%
Reihenhäuser, mittlerer Standard	6,80	**14,00**	21,00	1,6%
Reihenhäuser, hoher Standard	4,80	**24,00**	61,00	1,1%
Mehrfamilienhäuser				
Mehrfamilienhäuser, mit bis zu 6 WE, einfacher Standard	1,40	**2,80**	4,10	0,2%
Mehrfamilienhäuser, mit bis zu 6 WE, mittlerer Standard	7,80	**17,00**	51,00	1,1%
Mehrfamilienhäuser, mit bis zu 6 WE, hoher Standard	15,00	**25,00**	40,00	1,0%

© BKI Baukosteninformationszentrum; Erläuterungen zu den Tabellen siehe Seite 56

Gebäudeart	▷	€/Einheit	◁	KG an 300
Mehrfamilienhäuser (Fortsetzung)				
Mehrfamilienhäuser, mit 6 bis 19 WE, einfacher Standard	6,20	**12,00**	21,00	0,7%
Mehrfamilienhäuser, mit 6 bis 19 WE, mittlerer Standard	9,30	**21,00**	33,00	1,0%
Mehrfamilienhäuser, mit 6 bis 19 WE, hoher Standard	8,80	**12,00**	18,00	0,7%
Mehrfamilienhäuser, mit 20 oder mehr WE, einfacher Standard	32,00	**35,00**	39,00	1,2%
Mehrfamilienhäuser, mit 20 oder mehr WE, mittlerer Standard	6,50	**24,00**	43,00	0,7%
Mehrfamilienhäuser, mit 20 oder mehr WE, hoher Standard	3,90	**11,00**	15,00	0,6%
Mehrfamilienhäuser, Passivhäuser	4,10	**10,00**	21,00	0,6%
Mehrfamilienhäuser, Holzbauweise	6,60	**8,20**	12,00	0,4%
Wohnhäuser, mit bis zu 15% Mischnutzung, einfacher Standard	2,10	**5,70**	8,20	0,3%
Wohnhäuser, mit bis zu 15% Mischnutzung, mittlerer Standard	–	**20,00**	–	0,9%
Wohnhäuser, mit bis zu 15% Mischnutzung, hoher Standard	–	**31,00**	–	1,1%
Wohnhäuser, mit mehr als 15% Mischnutzung	–	**3,20**	–	< 0,1%
Seniorenwohnungen und Beherbergungen				
Seniorenwohnungen, mittlerer Standard	6,90	**12,00**	16,00	0,7%
Seniorenwohnungen, hoher Standard	–	**36,00**	–	0,7%
Wohnheime und Internate	9,00	**17,00**	39,00	0,7%
Hotels	–	**5,60**	–	0,3%
7 Gewerbe-, Lager- und Garagen				
Gaststätten, Kantinen und Mensen	–	**15,00**	–	0,3%
Industrielle Produktionsgebäude, Massivbauweise	–	**18,00**	–	0,3%
Industrielle Produktionsgebäude, überwiegend Skelettbauweise	4,30	**10,00**	30,00	0,5%
Betriebs- und Werkstätten, eingeschossig	5,00	**12,00**	19,00	0,4%
Betriebs- und Werkstätten, mehrgeschossig, geringer Hallenanteil	2,50	**4,30**	6,10	< 0,1%
Betriebs- und Werkstätten, mehrgeschossig, hoher Hallenanteil	1,00	**1,50**	2,30	< 0,1%
Geschäftshäuser, mit Wohnungen	1,90	**40,00**	77,00	1,0%
Geschäftshäuser, ohne Wohnungen	1,70	**7,70**	14,00	0,4%
Verbrauchermärkte	–	**18,00**	–	0,8%
Autohäuser	–	**1,30**	–	< 0,1%
Lagergebäude, ohne Mischnutzung	3,50	**5,30**	7,00	0,2%
Lagergebäude, mit bis zu 25% Mischnutzung	10,00	**10,00**	11,00	0,7%
Lagergebäude, mit mehr als 25% Mischnutzung	–	**4,40**	–	0,1%
Garagen und Bereitschaftsdienste				
Einzel- und Doppelgaragen	–	**–**	–	–
Mehrfachgaragen	8,00	**15,00**	23,00	0,5%
Hochgaragen	–	**147,00**	–	0,4%
Fahrradparkhäuser	–	**25,00**	–	0,3%
Carports	–	**–**	–	–
Tiefgaragen	14,00	**31,00**	62,00	0,7%
Feuerwehrhäuser	5,00	**14,00**	21,00	0,6%
Öffentliche Bereitschaftsdienste	5,90	**6,20**	6,60	0,2%
8 Gebäude für kulturelle und religiöse Zwecke				
Bibliotheken, Museen und Ausstellungen	8,00	**15,00**	26,00	0,4%
Theater	–	**14,00**	–	0,1%
Gemeindezentren, einfacher Standard	–	**17,00**	–	0,3%
Gemeindezentren, mittlerer Standard	3,30	**10,00**	22,00	0,3%
Gemeindezentren, hoher Standard	27,00	**38,00**	57,00	1,0%
Gemeindezentren, Holzbauweise	–	**4,10**	–	< 0,1%
Friedhofsgebäude	3,80	**6,30**	8,90	0,3%

Einheit: m²
Außenwandfläche/
Fläche der vertikalen
Baukonstruktionen

341 Tragende Innenwände

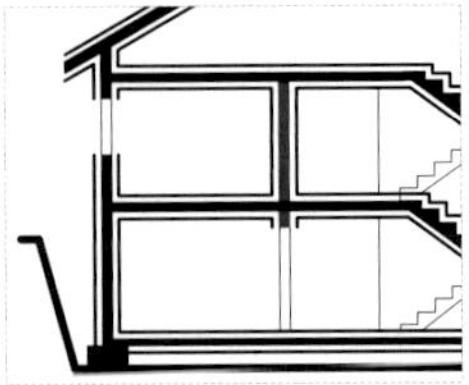

Kosten:
Stand 1. Quartal 2025
Bundesdurchschnitt
inkl. 19% MwSt.

Einheit: m²
Innenwandfläche,
tragend

▷ von
ø Mittel
◁ bis

Gebäudeart	▷	€/Einheit	◁	KG an 300
1 Büro- und Verwaltungsgebäude				
Büro- und Verwaltungsgebäude, einfacher Standard	134,00	**183,00**	232,00	2,9%
Büro- und Verwaltungsgebäude, mittlerer Standard	131,00	**249,00**	383,00	4,1%
Büro- und Verwaltungsgebäude, hoher Standard	201,00	**267,00**	439,00	2,5%
Büro- und Verwaltungsgebäude, Holzbauweise	104,00	**220,00**	354,00	4,0%
2 Gebäude für Forschung und Lehre				
Instituts- und Laborgebäude	165,00	**188,00**	218,00	1,9%
3 Gebäude des Gesundheitswesens				
Medizinische Einrichtungen	134,00	**151,00**	160,00	2,9%
Pflegeheime	177,00	**250,00**	486,00	4,3%
Gebäude für Erholungszwecke	166,00	**174,00**	190,00	2,2%
4 Schulen und Kindergärten				
Allgemeinbildende Schulen	213,00	**262,00**	384,00	3,9%
Schulen, Holzbauweise	198,00	**245,00**	314,00	4,3%
Berufliche Schulen	165,00	**248,00**	362,00	2,6%
Förder- und Sonderschulen	153,00	**255,00**	324,00	6,8%
Weiterbildungseinrichtungen	275,00	**323,00**	350,00	3,7%
Kindergärten, nicht unterkellert, einfacher Standard	128,00	**153,00**	190,00	5,9%
Kindergärten, nicht unterkellert, mittlerer Standard	128,00	**144,00**	170,00	4,9%
Kindergärten, nicht unterkellert, hoher Standard	123,00	**164,00**	271,00	4,6%
Kindergärten, Holzbauweise, nicht unterkellert	161,00	**206,00**	291,00	3,7%
Kindergärten, unterkellert	157,00	**200,00**	293,00	6,0%
5 Sportbauten				
Sport- und Mehrzweckhallen	114,00	**141,00**	190,00	1,5%
Sporthallen (Einfeldhallen)	128,00	**159,00**	187,00	2,8%
Sporthallen (Dreifeldhallen)	170,00	**191,00**	217,00	2,7%
6 Wohngebäude				
Ein- und Zweifamilienhäuser				
Ein- und Zweifamilienhäuser, unterkellert, einfacher Standard	108,00	**142,00**	159,00	2,9%
Ein- und Zweifamilienhäuser, unterkellert, mittlerer Standard	101,00	**128,00**	188,00	3,3%
Ein- und Zweifamilienhäuser, unterkellert, hoher Standard	125,00	**150,00**	203,00	2,3%
Ein- und Zweifamilienhäuser, nicht unterkellert, einfacher Standard	90,00	**93,00**	96,00	1,9%
Ein- und Zweifamilienhäuser, nicht unterkellert, mittlerer Standard	86,00	**114,00**	135,00	2,4%
Ein- und Zweifamilienhäuser, nicht unterkellert, hoher Standard	126,00	**150,00**	202,00	2,1%
Ein- und Zweifamilienhäuser, Passivhausstandard, Massivbauweise	110,00	**129,00**	167,00	2,1%
Ein- und Zweifamilienhäuser, Passivhausstandard, Holzbauweise	142,00	**185,00**	220,00	2,4%
Ein- und Zweifamilienhäuser, Holzbauweise, unterkellert	94,00	**133,00**	190,00	4,3%
Ein- und Zweifamilienhäuser, Holzbauweise, nicht unterkellert	160,00	**187,00**	240,00	1,9%
Doppel- und Reihenend- / Reihenhäuser				
Doppel- und Reihenendhäuser, einfacher Standard	96,00	**125,00**	182,00	4,4%
Doppel- und Reihenendhäuser, mittlerer Standard	103,00	**172,00**	227,00	2,6%
Doppel- und Reihenendhäuser, hoher Standard	131,00	**142,00**	169,00	0,9%
Doppel- und Reihenendhäuser, Holzbauweise	138,00	**195,00**	346,00	6,0%
Reihenhäuser, einfacher Standard	112,00	**147,00**	182,00	5,6%
Reihenhäuser, mittlerer Standard	–	**148,00**	–	1,3%
Reihenhäuser, hoher Standard	146,00	**211,00**	380,00	3,3%
Mehrfamilienhäuser				
Mehrfamilienhäuser, mit bis zu 6 WE, einfacher Standard	117,00	**135,00**	154,00	4,1%
Mehrfamilienhäuser, mit bis zu 6 WE, mittlerer Standard	106,00	**156,00**	224,00	2,5%
Mehrfamilienhäuser, mit bis zu 6 WE, hoher Standard	130,00	**173,00**	200,00	4,5%

© **BKI** Baukosteninformationszentrum; Erläuterungen zu den Tabellen siehe Seite 56

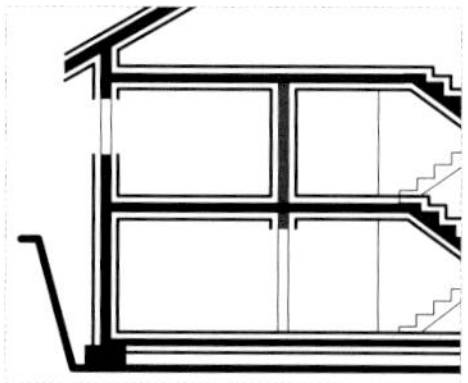

Gebäudeart	▷	€/Einheit	◁	KG an 300
Mehrfamilienhäuser (Fortsetzung)				
Mehrfamilienhäuser, mit 6 bis 19 WE, einfacher Standard	135,00	**149,00**	157,00	4,3%
Mehrfamilienhäuser, mit 6 bis 19 WE, mittlerer Standard	126,00	**149,00**	162,00	5,8%
Mehrfamilienhäuser, mit 6 bis 19 WE, hoher Standard	128,00	**183,00**	244,00	4,4%
Mehrfamilienhäuser, mit 20 oder mehr WE, einfacher Standard	95,00	**129,00**	147,00	4,7%
Mehrfamilienhäuser, mit 20 oder mehr WE, mittlerer Standard	119,00	**139,00**	156,00	3,9%
Mehrfamilienhäuser, mit 20 oder mehr WE, hoher Standard	122,00	**170,00**	265,00	4,6%
Mehrfamilienhäuser, Passivhäuser	110,00	**150,00**	190,00	3,8%
Mehrfamilienhäuser, Holzbauweise	133,00	**185,00**	231,00	3,9%
Wohnhäuser, mit bis zu 15% Mischnutzung, einfacher Standard	140,00	**166,00**	207,00	5,7%
Wohnhäuser, mit bis zu 15% Mischnutzung, mittlerer Standard	–	**154,00**	–	1,9%
Wohnhäuser, mit bis zu 15% Mischnutzung, hoher Standard	–	**199,00**	–	5,4%
Wohnhäuser, mit mehr als 15% Mischnutzung	137,00	**260,00**	462,00	4,9%
Seniorenwohnungen und Beherbergungen				
Seniorenwohnungen, mittlerer Standard	106,00	**131,00**	147,00	5,8%
Seniorenwohnungen, hoher Standard	147,00	**156,00**	165,00	3,6%
Wohnheime und Internate	131,00	**163,00**	191,00	4,1%
Hotels	–	**184,00**	–	2,8%
7 Gewerbe-, Lager- und Garagen				
Gaststätten, Kantinen und Mensen	–	**301,00**	–	5,0%
Industrielle Produktionsgebäude, Massivbauweise	112,00	**171,00**	342,00	1,9%
Industrielle Produktionsgebäude, überwiegend Skelettbauweise	165,00	**210,00**	267,00	2,6%
Betriebs- und Werkstätten, eingeschossig	163,00	**193,00**	222,00	2,8%
Betriebs- und Werkstätten, mehrgeschossig, geringer Hallenanteil	112,00	**180,00**	283,00	3,2%
Betriebs- und Werkstätten, mehrgeschossig, hoher Hallenanteil	87,00	**145,00**	236,00	3,0%
Geschäftshäuser, mit Wohnungen	153,00	**240,00**	407,00	3,7%
Geschäftshäuser, ohne Wohnungen	133,00	**194,00**	255,00	1,9%
Verbrauchermärkte	129,00	**149,00**	169,00	3,1%
Autohäuser	217,00	**247,00**	278,00	3,7%
Lagergebäude, ohne Mischnutzung	93,00	**114,00**	147,00	0,8%
Lagergebäude, mit bis zu 25% Mischnutzung	137,00	**189,00**	221,00	3,3%
Lagergebäude, mit mehr als 25% Mischnutzung	124,00	**140,00**	155,00	3,0%
Garagen und Bereitschaftsdienste				
Einzel- und Doppelgaragen	–	**–**	–	–
Mehrfachgaragen	134,00	**167,00**	233,00	2,4%
Hochgaragen	323,00	**380,00**	438,00	0,7%
Fahrradparkhäuser	276,00	**307,00**	338,00	2,0%
Carports	–	**–**	–	–
Tiefgaragen	150,00	**261,00**	312,00	4,4%
Feuerwehrhäuser	120,00	**153,00**	188,00	3,4%
Öffentliche Bereitschaftsdienste	123,00	**147,00**	211,00	2,1%
8 Gebäude für kulturelle und religiöse Zwecke				
Bibliotheken, Museen und Ausstellungen	156,00	**187,00**	239,00	2,7%
Theater	–	**464,00**	–	4,1%
Gemeindezentren, einfacher Standard	116,00	**126,00**	131,00	2,1%
Gemeindezentren, mittlerer Standard	148,00	**209,00**	245,00	2,8%
Gemeindezentren, hoher Standard	127,00	**206,00**	434,00	3,1%
Gemeindezentren, Holzbauweise	222,00	**267,00**	290,00	2,8%
Friedhofsgebäude	135,00	**292,00**	450,00	4,7%

Einheit: m²
Innenwandfläche,
tragend

342 Nichttragende Innenwände

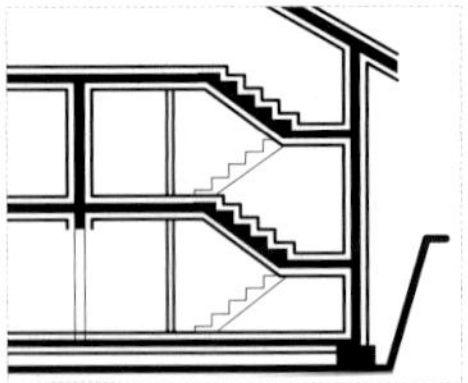

Kosten:
Stand 1. Quartal 2025
Bundesdurchschnitt
inkl. 19% MwSt.

Einheit: m²
Innenwandfläche,
nichttragend

▷ von
ø Mittel
◁ bis

Gebäudeart	▷	€/Einheit	◁	KG an 300
1 Büro- und Verwaltungsgebäude				
Büro- und Verwaltungsgebäude, einfacher Standard	98,00	**111,00**	136,00	4,5%
Büro- und Verwaltungsgebäude, mittlerer Standard	108,00	**125,00**	151,00	2,8%
Büro- und Verwaltungsgebäude, hoher Standard	112,00	**143,00**	186,00	1,8%
Büro- und Verwaltungsgebäude, Holzbauweise	95,00	**128,00**	150,00	1,6%
2 Gebäude für Forschung und Lehre				
Instituts- und Laborgebäude	101,00	**133,00**	211,00	2,9%
3 Gebäude des Gesundheitswesens				
Medizinische Einrichtungen	89,00	**124,00**	147,00	5,8%
Pflegeheime	84,00	**123,00**	149,00	5,6%
Gebäude für Erholungszwecke	137,00	**199,00**	400,00	3,6%
4 Schulen und Kindergärten				
Allgemeinbildende Schulen	135,00	**162,00**	231,00	1,6%
Schulen, Holzbauweise	117,00	**147,00**	176,00	2,5%
Berufliche Schulen	145,00	**219,00**	436,00	1,5%
Förder- und Sonderschulen	140,00	**154,00**	164,00	2,3%
Weiterbildungseinrichtungen	163,00	**247,00**	405,00	2,7%
Kindergärten, nicht unterkellert, einfacher Standard	68,00	**93,00**	119,00	0,7%
Kindergärten, nicht unterkellert, mittlerer Standard	96,00	**112,00**	145,00	1,4%
Kindergärten, nicht unterkellert, hoher Standard	86,00	**125,00**	159,00	1,0%
Kindergärten, Holzbauweise, nicht unterkellert	113,00	**149,00**	249,00	1,5%
Kindergärten, unterkellert	94,00	**158,00**	242,00	1,1%
5 Sportbauten				
Sport- und Mehrzweckhallen	95,00	**129,00**	192,00	0,8%
Sporthallen (Einfeldhallen)	100,00	**107,00**	124,00	0,9%
Sporthallen (Dreifeldhallen)	107,00	**121,00**	146,00	1,0%
6 Wohngebäude				
Ein- und Zweifamilienhäuser				
Ein- und Zweifamilienhäuser, unterkellert, einfacher Standard	72,00	**100,00**	118,00	2,8%
Ein- und Zweifamilienhäuser, unterkellert, mittlerer Standard	98,00	**137,00**	319,00	2,0%
Ein- und Zweifamilienhäuser, unterkellert, hoher Standard	100,00	**127,00**	176,00	2,3%
Ein- und Zweifamilienhäuser, nicht unterkellert, einfacher Standard	87,00	**112,00**	136,00	3,0%
Ein- und Zweifamilienhäuser, nicht unterkellert, mittlerer Standard	88,00	**113,00**	136,00	2,4%
Ein- und Zweifamilienhäuser, nicht unterkellert, hoher Standard	105,00	**134,00**	159,00	2,4%
Ein- und Zweifamilienhäuser, Passivhausstandard, Massivbauweise	82,00	**102,00**	127,00	2,2%
Ein- und Zweifamilienhäuser, Passivhausstandard, Holzbauweise	108,00	**156,00**	205,00	2,8%
Ein- und Zweifamilienhäuser, Holzbauweise, unterkellert	90,00	**114,00**	135,00	1,0%
Ein- und Zweifamilienhäuser, Holzbauweise, nicht unterkellert	62,00	**120,00**	196,00	3,2%
Doppel- und Reihenend- / Reihenhäuser				
Doppel- und Reihenendhäuser, einfacher Standard	101,00	**110,00**	115,00	3,1%
Doppel- und Reihenendhäuser, mittlerer Standard	79,00	**106,00**	122,00	3,4%
Doppel- und Reihenendhäuser, hoher Standard	93,00	**106,00**	122,00	3,4%
Doppel- und Reihenendhäuser, Holzbauweise	91,00	**126,00**	210,00	1,4%
Reihenhäuser, einfacher Standard	114,00	**121,00**	129,00	4,4%
Reihenhäuser, mittlerer Standard	84,00	**93,00**	103,00	4,3%
Reihenhäuser, hoher Standard	116,00	**133,00**	150,00	3,6%
Mehrfamilienhäuser				
Mehrfamilienhäuser, mit bis zu 6 WE, einfacher Standard	93,00	**110,00**	127,00	4,9%
Mehrfamilienhäuser, mit bis zu 6 WE, mittlerer Standard	110,00	**119,00**	132,00	4,5%
Mehrfamilienhäuser, mit bis zu 6 WE, hoher Standard	81,00	**101,00**	132,00	2,6%

© **BKI** Baukosteninformationszentrum; Erläuterungen zu den Tabellen siehe Seite 56

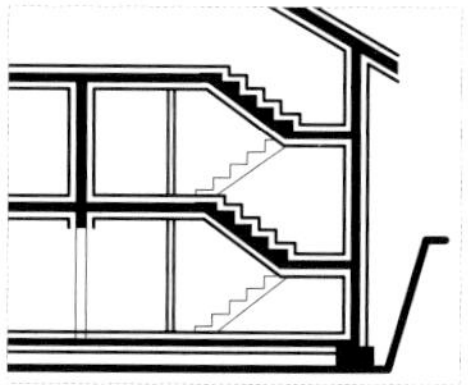

Gebäudeart	▷	€/Einheit	◁	KG an 300
Mehrfamilienhäuser (Fortsetzung)				
Mehrfamilienhäuser, mit 6 bis 19 WE, einfacher Standard	114,00	**118,00**	119,00	3,6%
Mehrfamilienhäuser, mit 6 bis 19 WE, mittlerer Standard	87,00	**99,00**	109,00	3,4%
Mehrfamilienhäuser, mit 6 bis 19 WE, hoher Standard	78,00	**93,00**	117,00	3,4%
Mehrfamilienhäuser, mit 20 oder mehr WE, einfacher Standard	82,00	**92,00**	110,00	3,7%
Mehrfamilienhäuser, mit 20 oder mehr WE, mittlerer Standard	87,00	**111,00**	155,00	3,9%
Mehrfamilienhäuser, mit 20 oder mehr WE, hoher Standard	110,00	**276,00**	607,00	3,8%
Mehrfamilienhäuser, Passivhäuser	88,00	**106,00**	124,00	2,9%
Mehrfamilienhäuser, Holzbauweise	90,00	**132,00**	192,00	3,9%
Wohnhäuser, mit bis zu 15% Mischnutzung, einfacher Standard	96,00	**119,00**	157,00	4,2%
Wohnhäuser, mit bis zu 15% Mischnutzung, mittlerer Standard	116,00	**134,00**	164,00	4,8%
Wohnhäuser, mit bis zu 15% Mischnutzung, hoher Standard	–	**163,00**	–	4,1%
Wohnhäuser, mit mehr als 15% Mischnutzung	88,00	**97,00**	102,00	3,8%
Seniorenwohnungen und Beherbergungen				
Seniorenwohnungen, mittlerer Standard	83,00	**98,00**	140,00	2,4%
Seniorenwohnungen, hoher Standard	109,00	**124,00**	139,00	3,8%
Wohnheime und Internate	108,00	**135,00**	203,00	3,1%
Hotels	–	**189,00**	–	1,4%
7 Gewerbe-, Lager- und Garagen				
Gaststätten, Kantinen und Mensen	–	**145,00**	–	1,6%
Industrielle Produktionsgebäude, Massivbauweise	94,00	**112,00**	160,00	2,1%
Industrielle Produktionsgebäude, überwiegend Skelettbauweise	116,00	**123,00**	151,00	1,5%
Betriebs- und Werkstätten, eingeschossig	108,00	**137,00**	192,00	3,3%
Betriebs- und Werkstätten, mehrgeschossig, geringer Hallenanteil	124,00	**160,00**	242,00	2,2%
Betriebs- und Werkstätten, mehrgeschossig, hoher Hallenanteil	104,00	**131,00**	149,00	1,2%
Geschäftshäuser, mit Wohnungen	95,00	**127,00**	146,00	3,3%
Geschäftshäuser, ohne Wohnungen	94,00	**104,00**	114,00	3,1%
Verbrauchermärkte	101,00	**107,00**	113,00	1,5%
Autohäuser	108,00	**127,00**	146,00	1,5%
Lagergebäude, ohne Mischnutzung	72,00	**115,00**	159,00	0,2%
Lagergebäude, mit bis zu 25% Mischnutzung	136,00	**195,00**	227,00	2,1%
Lagergebäude, mit mehr als 25% Mischnutzung	154,00	**187,00**	219,00	1,1%
Garagen und Bereitschaftsdienste				
Einzel- und Doppelgaragen	–	**–**	–	–
Mehrfachgaragen	–	**137,00**	–	0,3%
Hochgaragen	–	**306,00**	–	< 0,1%
Fahrradparkhäuser	143,00	**193,00**	244,00	0,3%
Carports	–	**143,00**	–	0,2%
Tiefgaragen	94,00	**108,00**	133,00	0,1%
Feuerwehrhäuser	107,00	**135,00**	156,00	2,7%
Öffentliche Bereitschaftsdienste	83,00	**135,00**	289,00	1,3%
8 Gebäude für kulturelle und religiöse Zwecke				
Bibliotheken, Museen und Ausstellungen	108,00	**181,00**	262,00	1,7%
Theater	230,00	**246,00**	261,00	3,3%
Gemeindezentren, einfacher Standard	61,00	**87,00**	101,00	1,9%
Gemeindezentren, mittlerer Standard	97,00	**144,00**	180,00	1,4%
Gemeindezentren, hoher Standard	128,00	**269,00**	444,00	2,0%
Gemeindezentren, Holzbauweise	127,00	**153,00**	193,00	2,0%
Friedhofsgebäude	74,00	**126,00**	178,00	0,4%

Einheit: m2
Innenwandfläche,
nichttragend

343
Innenstützen

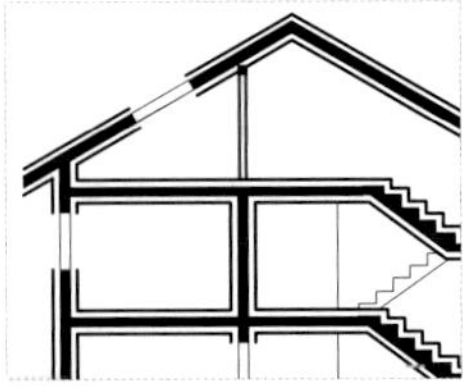

Kosten:
Stand 1. Quartal 2025
Bundesdurchschnitt
inkl. 19% MwSt.

Einheit: m
Innenstützenlänge

▷ von
ø Mittel
◁ bis

Gebäudeart	▷	€/Einheit	◁	KG an 300
1 Büro- und Verwaltungsgebäude				
Büro- und Verwaltungsgebäude, einfacher Standard	228,00	**255,00**	282,00	0,3%
Büro- und Verwaltungsgebäude, mittlerer Standard	163,00	**266,00**	380,00	0,4%
Büro- und Verwaltungsgebäude, hoher Standard	171,00	**274,00**	419,00	0,6%
Büro- und Verwaltungsgebäude, Holzbauweise	105,00	**165,00**	315,00	0,4%
2 Gebäude für Forschung und Lehre				
Instituts- und Laborgebäude	151,00	**279,00**	328,00	0,5%
3 Gebäude des Gesundheitswesens				
Medizinische Einrichtungen	144,00	**176,00**	240,00	0,6%
Pflegeheime	50,00	**151,00**	222,00	0,5%
Gebäude für Erholungszwecke	–	**376,00**	–	0,2%
4 Schulen und Kindergärten				
Allgemeinbildende Schulen	163,00	**254,00**	386,00	0,5%
Schulen, Holzbauweise	77,00	**186,00**	320,00	0,2%
Berufliche Schulen	119,00	**219,00**	314,00	0,5%
Förder- und Sonderschulen	219,00	**276,00**	383,00	0,3%
Weiterbildungseinrichtungen	220,00	**405,00**	505,00	1,1%
Kindergärten, nicht unterkellert, einfacher Standard	8,70	**116,00**	223,00	< 0,1%
Kindergärten, nicht unterkellert, mittlerer Standard	–	**284,00**	–	< 0,1%
Kindergärten, nicht unterkellert, hoher Standard	26,00	**115,00**	204,00	< 0,1%
Kindergärten, Holzbauweise, nicht unterkellert	31,00	**124,00**	218,00	< 0,1%
Kindergärten, unterkellert	–	**–**	–	–
5 Sportbauten				
Sport- und Mehrzweckhallen	148,00	**276,00**	404,00	0,2%
Sporthallen (Einfeldhallen)	101,00	**209,00**	409,00	0,4%
Sporthallen (Dreifeldhallen)	190,00	**348,00**	561,00	0,5%
6 Wohngebäude				
Ein- und Zweifamilienhäuser				
Ein- und Zweifamilienhäuser, unterkellert, einfacher Standard	–	**52,00**	–	< 0,1%
Ein- und Zweifamilienhäuser, unterkellert, mittlerer Standard	124,00	**155,00**	209,00	0,1%
Ein- und Zweifamilienhäuser, unterkellert, hoher Standard	164,00	**217,00**	245,00	0,2%
Ein- und Zweifamilienhäuser, nicht unterkellert, einfacher Standard	–	**–**	–	–
Ein- und Zweifamilienhäuser, nicht unterkellert, mittlerer Standard	189,00	**241,00**	338,00	0,1%
Ein- und Zweifamilienhäuser, nicht unterkellert, hoher Standard	143,00	**311,00**	509,00	0,1%
Ein- und Zweifamilienhäuser, Passivhausstandard, Massivbauweise	189,00	**231,00**	339,00	< 0,1%
Ein- und Zweifamilienhäuser, Passivhausstandard, Holzbauweise	145,00	**199,00**	319,00	< 0,1%
Ein- und Zweifamilienhäuser, Holzbauweise, unterkellert	27,00	**171,00**	315,00	< 0,1%
Ein- und Zweifamilienhäuser, Holzbauweise, nicht unterkellert	41,00	**50,00**	66,00	< 0,1%
Doppel- und Reihenend- / Reihenhäuser				
Doppel- und Reihenendhäuser, einfacher Standard	–	**128,00**	–	< 0,1%
Doppel- und Reihenendhäuser, mittlerer Standard	203,00	**240,00**	304,00	0,1%
Doppel- und Reihenendhäuser, hoher Standard	123,00	**195,00**	308,00	0,2%
Doppel- und Reihenendhäuser, Holzbauweise	–	**29,00**	–	< 0,1%
Reihenhäuser, einfacher Standard	–	**–**	–	–
Reihenhäuser, mittlerer Standard	–	**363,00**	–	0,1%
Reihenhäuser, hoher Standard	62,00	**104,00**	146,00	0,1%
Mehrfamilienhäuser				
Mehrfamilienhäuser, mit bis zu 6 WE, einfacher Standard	–	**118,00**	–	< 0,1%
Mehrfamilienhäuser, mit bis zu 6 WE, mittlerer Standard	217,00	**326,00**	622,00	0,4%
Mehrfamilienhäuser, mit bis zu 6 WE, hoher Standard	151,00	**202,00**	290,00	< 0,1%

© BKI Baukosteninformationszentrum; Erläuterungen zu den Tabellen siehe Seite 56

Gebäudeart	▷	€/Einheit	◁	KG an 300
Mehrfamilienhäuser (Fortsetzung)				
Mehrfamilienhäuser, mit 6 bis 19 WE, einfacher Standard	218,00	**318,00**	371,00	0,8%
Mehrfamilienhäuser, mit 6 bis 19 WE, mittlerer Standard	125,00	**224,00**	316,00	0,4%
Mehrfamilienhäuser, mit 6 bis 19 WE, hoher Standard	193,00	**275,00**	357,00	0,7%
Mehrfamilienhäuser, mit 20 oder mehr WE, einfacher Standard	–	**427,00**	–	0,2%
Mehrfamilienhäuser, mit 20 oder mehr WE, mittlerer Standard	147,00	**176,00**	207,00	0,1%
Mehrfamilienhäuser, mit 20 oder mehr WE, hoher Standard	183,00	**190,00**	197,00	0,2%
Mehrfamilienhäuser, Passivhäuser	146,00	**205,00**	317,00	0,2%
Mehrfamilienhäuser, Holzbauweise	60,00	**141,00**	270,00	0,2%
Wohnhäuser, mit bis zu 15% Mischnutzung, einfacher Standard	192,00	**271,00**	350,00	0,4%
Wohnhäuser, mit bis zu 15% Mischnutzung, mittlerer Standard	202,00	**210,00**	218,00	0,3%
Wohnhäuser, mit bis zu 15% Mischnutzung, hoher Standard	–	**279,00**	–	0,3%
Wohnhäuser, mit mehr als 15% Mischnutzung	–	**208,00**	–	< 0,1%
Seniorenwohnungen und Beherbergungen				
Seniorenwohnungen, mittlerer Standard	161,00	**216,00**	244,00	< 0,1%
Seniorenwohnungen, hoher Standard	123,00	**184,00**	246,00	0,6%
Wohnheime und Internate	236,00	**348,00**	717,00	0,5%
Hotels	–	**–**	–	–
7 Gewerbe-, Lager- und Garagen				
Gaststätten, Kantinen und Mensen	–	**841,00**	–	0,3%
Industrielle Produktionsgebäude, Massivbauweise	142,00	**214,00**	411,00	0,7%
Industrielle Produktionsgebäude, überwiegend Skelettbauweise	153,00	**405,00**	607,00	1,3%
Betriebs- und Werkstätten, eingeschossig	–	**406,00**	–	0,3%
Betriebs- und Werkstätten, mehrgeschossig, geringer Hallenanteil	199,00	**314,00**	445,00	0,7%
Betriebs- und Werkstätten, mehrgeschossig, hoher Hallenanteil	209,00	**364,00**	746,00	0,9%
Geschäftshäuser, mit Wohnungen	202,00	**311,00**	527,00	1,3%
Geschäftshäuser, ohne Wohnungen	278,00	**318,00**	358,00	0,6%
Verbrauchermärkte	142,00	**220,00**	298,00	0,3%
Autohäuser	148,00	**312,00**	476,00	0,7%
Lagergebäude, ohne Mischnutzung	265,00	**376,00**	505,00	1,3%
Lagergebäude, mit bis zu 25% Mischnutzung	502,00	**572,00**	641,00	3,1%
Lagergebäude, mit mehr als 25% Mischnutzung	305,00	**673,00**	1.040,00	1,3%
Garagen und Bereitschaftsdienste				
Einzel- und Doppelgaragen	–	**–**	–	–
Mehrfachgaragen	–	**–**	–	–
Hochgaragen	–	**357,00**	–	0,7%
Fahrradparkhäuser	–	**–**	–	–
Carports	–	**–**	–	–
Tiefgaragen	253,00	**310,00**	413,00	0,7%
Feuerwehrhäuser	154,00	**201,00**	252,00	0,3%
Öffentliche Bereitschaftsdienste	270,00	**436,00**	902,00	1,8%
8 Gebäude für kulturelle und religiöse Zwecke				
Bibliotheken, Museen und Ausstellungen	126,00	**205,00**	298,00	0,3%
Theater	341,00	**1.124,00**	1.907,00	1,7%
Gemeindezentren, einfacher Standard	207,00	**237,00**	268,00	< 0,1%
Gemeindezentren, mittlerer Standard	116,00	**153,00**	226,00	< 0,1%
Gemeindezentren, hoher Standard	62,00	**151,00**	265,00	1,0%
Gemeindezentren, Holzbauweise	–	**340,00**	–	0,3%
Friedhofsgebäude	–	**241,00**	–	< 0,1%

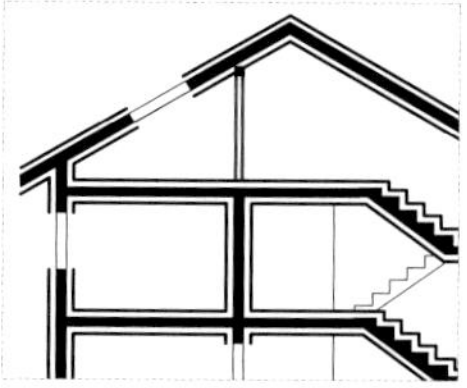

Einheit: m
Innenstützenlänge

344 Innenwandöffnungen

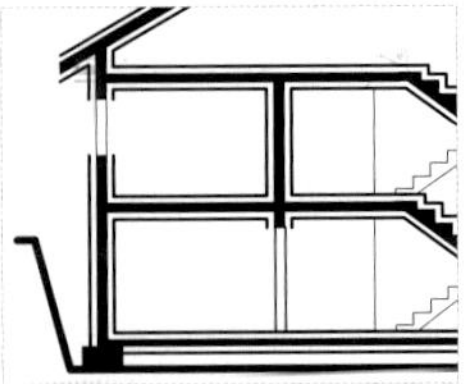

Kosten:
Stand 1. Quartal 2025
Bundesdurchschnitt
inkl. 19% MwSt.

Einheit: m²
Innenwandöffnungsfläche

▷ von
ø Mittel
◁ bis

Gebäudeart	▷	€/Einheit	◁	KG an 300
1 Büro- und Verwaltungsgebäude				
Büro- und Verwaltungsgebäude, einfacher Standard	667,00	**737,00**	852,00	5,8%
Büro- und Verwaltungsgebäude, mittlerer Standard	660,00	**974,00**	1.359,00	5,8%
Büro- und Verwaltungsgebäude, hoher Standard	1.146,00	**1.452,00**	1.730,00	5,5%
Büro- und Verwaltungsgebäude, Holzbauweise	653,00	**853,00**	1.398,00	3,3%
2 Gebäude für Forschung und Lehre				
Instituts- und Laborgebäude	1.122,00	**1.346,00**	1.469,00	7,1%
3 Gebäude des Gesundheitswesens				
Medizinische Einrichtungen	576,00	**1.101,00**	1.384,00	8,2%
Pflegeheime	738,00	**917,00**	1.258,00	7,6%
Gebäude für Erholungszwecke	575,00	**665,00**	769,00	1,1%
4 Schulen und Kindergärten				
Allgemeinbildende Schulen	1.312,00	**1.506,00**	1.815,00	5,3%
Schulen, Holzbauweise	941,00	**1.145,00**	1.520,00	4,0%
Berufliche Schulen	812,00	**1.066,00**	1.250,00	3,7%
Förder- und Sonderschulen	1.024,00	**1.148,00**	1.228,00	5,3%
Weiterbildungseinrichtungen	1.296,00	**1.781,00**	2.694,00	5,5%
Kindergärten, nicht unterkellert, einfacher Standard	645,00	**924,00**	1.064,00	4,8%
Kindergärten, nicht unterkellert, mittlerer Standard	737,00	**1.034,00**	1.597,00	5,1%
Kindergärten, nicht unterkellert, hoher Standard	779,00	**966,00**	1.142,00	4,0%
Kindergärten, Holzbauweise, nicht unterkellert	808,00	**1.103,00**	1.344,00	4,3%
Kindergärten, unterkellert	914,00	**1.112,00**	1.484,00	4,5%
5 Sportbauten				
Sport- und Mehrzweckhallen	190,00	**653,00**	899,00	2,2%
Sporthallen (Einfeldhallen)	888,00	**1.045,00**	1.172,00	4,2%
Sporthallen (Dreifeldhallen)	771,00	**1.466,00**	2.062,00	3,7%
6 Wohngebäude				
Ein- und Zweifamilienhäuser				
Ein- und Zweifamilienhäuser, unterkellert, einfacher Standard	309,00	**355,00**	422,00	2,9%
Ein- und Zweifamilienhäuser, unterkellert, mittlerer Standard	416,00	**529,00**	621,00	2,7%
Ein- und Zweifamilienhäuser, unterkellert, hoher Standard	548,00	**811,00**	1.142,00	3,5%
Ein- und Zweifamilienhäuser, nicht unterkellert, einfacher Standard	388,00	**450,00**	512,00	2,9%
Ein- und Zweifamilienhäuser, nicht unterkellert, mittlerer Standard	393,00	**583,00**	1.034,00	2,5%
Ein- und Zweifamilienhäuser, nicht unterkellert, hoher Standard	557,00	**752,00**	994,00	4,0%
Ein- und Zweifamilienhäuser, Passivhausstandard, Massivbauweise	379,00	**498,00**	644,00	2,5%
Ein- und Zweifamilienhäuser, Passivhausstandard, Holzbauweise	361,00	**562,00**	832,00	2,3%
Ein- und Zweifamilienhäuser, Holzbauweise, unterkellert	385,00	**556,00**	1.023,00	2,4%
Ein- und Zweifamilienhäuser, Holzbauweise, nicht unterkellert	391,00	**559,00**	954,00	2,2%
Doppel- und Reihenend- / Reihenhäuser				
Doppel- und Reihenendhäuser, einfacher Standard	266,00	**306,00**	378,00	2,1%
Doppel- und Reihenendhäuser, mittlerer Standard	287,00	**422,00**	516,00	3,0%
Doppel- und Reihenendhäuser, hoher Standard	266,00	**439,00**	560,00	2,5%
Doppel- und Reihenendhäuser, Holzbauweise	300,00	**465,00**	640,00	2,2%
Reihenhäuser, einfacher Standard	253,00	**554,00**	856,00	3,0%
Reihenhäuser, mittlerer Standard	300,00	**362,00**	424,00	2,1%
Reihenhäuser, hoher Standard	404,00	**544,00**	662,00	2,4%
Mehrfamilienhäuser				
Mehrfamilienhäuser, mit bis zu 6 WE, einfacher Standard	337,00	**527,00**	718,00	5,3%
Mehrfamilienhäuser, mit bis zu 6 WE, mittlerer Standard	492,00	**552,00**	585,00	3,4%
Mehrfamilienhäuser, mit bis zu 6 WE, hoher Standard	563,00	**864,00**	1.776,00	4,2%

© **BKI** Baukosteninformationszentrum; Erläuterungen zu den Tabellen siehe Seite 56

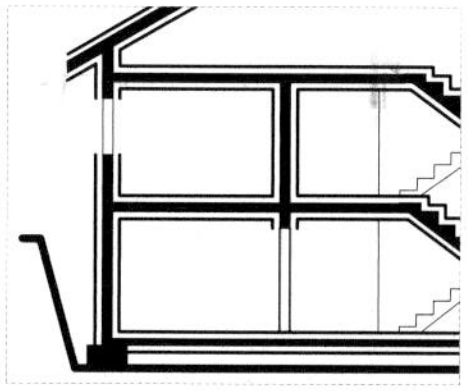

Einheit: m²
Innenwandöffnungsfläche

Gebäudeart	▷	€/Einheit	◁	KG an 300
Mehrfamilienhäuser (Fortsetzung)				
Mehrfamilienhäuser, mit 6 bis 19 WE, einfacher Standard	434,00	**492,00**	521,00	3,2%
Mehrfamilienhäuser, mit 6 bis 19 WE, mittlerer Standard	359,00	**414,00**	464,00	2,9%
Mehrfamilienhäuser, mit 6 bis 19 WE, hoher Standard	472,00	**638,00**	725,00	4,0%
Mehrfamilienhäuser, mit 20 oder mehr WE, einfacher Standard	319,00	**435,00**	493,00	4,5%
Mehrfamilienhäuser, mit 20 oder mehr WE, mittlerer Standard	453,00	**619,00**	710,00	4,5%
Mehrfamilienhäuser, mit 20 oder mehr WE, hoher Standard	509,00	**547,00**	615,00	3,2%
Mehrfamilienhäuser, Passivhäuser	335,00	**411,00**	581,00	2,2%
Mehrfamilienhäuser, Holzbauweise	541,00	**675,00**	877,00	3,6%
Wohnhäuser, mit bis zu 15% Mischnutzung, einfacher Standard	322,00	**424,00**	481,00	2,4%
Wohnhäuser, mit bis zu 15% Mischnutzung, mittlerer Standard	461,00	**675,00**	1.033,00	4,6%
Wohnhäuser, mit bis zu 15% Mischnutzung, hoher Standard	–	**749,00**	–	2,5%
Wohnhäuser, mit mehr als 15% Mischnutzung	500,00	**618,00**	699,00	3,8%
Seniorenwohnungen und Beherbergungen				
Seniorenwohnungen, mittlerer Standard	391,00	**502,00**	657,00	4,3%
Seniorenwohnungen, hoher Standard	618,00	**657,00**	695,00	4,4%
Wohnheime und Internate	574,00	**831,00**	1.091,00	5,2%
Hotels	–	**547,00**	–	1,0%
7 Gewerbe-, Lager- und Garagen				
Gaststätten, Kantinen und Mensen	–	**1.792,00**	–	5,4%
Industrielle Produktionsgebäude, Massivbauweise	676,00	**1.168,00**	1.735,00	4,3%
Industrielle Produktionsgebäude, überwiegend Skelettbauweise	811,00	**953,00**	1.121,00	4,0%
Betriebs- und Werkstätten, eingeschossig	601,00	**728,00**	811,00	2,5%
Betriebs- und Werkstätten, mehrgeschossig, geringer Hallenanteil	668,00	**857,00**	1.118,00	3,1%
Betriebs- und Werkstätten, mehrgeschossig, hoher Hallenanteil	355,00	**584,00**	848,00	1,9%
Geschäftshäuser, mit Wohnungen	749,00	**798,00**	870,00	3,7%
Geschäftshäuser, ohne Wohnungen	793,00	**815,00**	836,00	4,1%
Verbrauchermärkte	901,00	**951,00**	1.000,00	5,5%
Autohäuser	707,00	**739,00**	771,00	3,7%
Lagergebäude, ohne Mischnutzung	745,00	**965,00**	1.330,00	1,3%
Lagergebäude, mit bis zu 25% Mischnutzung	915,00	**1.062,00**	1.312,00	2,2%
Lagergebäude, mit mehr als 25% Mischnutzung	561,00	**872,00**	1.183,00	3,6%
Garagen und Bereitschaftsdienste				
Einzel- und Doppelgaragen	–	**–**	–	–
Mehrfachgaragen	–	**916,00**	–	0,5%
Hochgaragen	–	**2.870,00**	–	0,6%
Fahrradparkhäuser	456,00	**843,00**	1.230,00	0,3%
Carports	–	**–**	–	–
Tiefgaragen	1.019,00	**1.598,00**	2.696,00	1,8%
Feuerwehrhäuser	801,00	**984,00**	1.194,00	5,4%
Öffentliche Bereitschaftsdienste	756,00	**1.009,00**	1.646,00	2,9%
8 Gebäude für kulturelle und religiöse Zwecke				
Bibliotheken, Museen und Ausstellungen	1.054,00	**1.580,00**	3.031,00	3,5%
Theater	746,00	**1.694,00**	2.642,00	5,2%
Gemeindezentren, einfacher Standard	740,00	**888,00**	1.133,00	4,1%
Gemeindezentren, mittlerer Standard	796,00	**1.131,00**	1.666,00	4,7%
Gemeindezentren, hoher Standard	985,00	**1.235,00**	1.498,00	3,3%
Gemeindezentren, Holzbauweise	812,00	**1.250,00**	1.918,00	5,9%
Friedhofsgebäude	1.066,00	**1.112,00**	1.158,00	4,4%

345 Innenwandbekleidungen

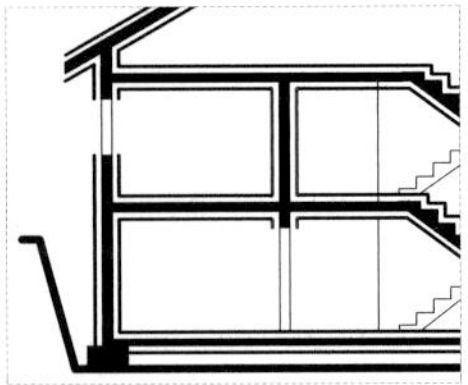

Kosten:
Stand 1. Quartal 2025
Bundesdurchschnitt
inkl. 19% MwSt.

Einheit: m²
Innenwandbekleidungsfläche

▷ von
ø Mittel
◁ bis

Gebäudeart	▷	€/Einheit	◁	KG an 300
1 Büro- und Verwaltungsgebäude				
Büro- und Verwaltungsgebäude, einfacher Standard	24,00	**36,00**	60,00	4,4%
Büro- und Verwaltungsgebäude, mittlerer Standard	35,00	**53,00**	73,00	3,5%
Büro- und Verwaltungsgebäude, hoher Standard	47,00	**67,00**	117,00	2,5%
Büro- und Verwaltungsgebäude, Holzbauweise	35,00	**49,00**	62,00	2,6%
2 Gebäude für Forschung und Lehre				
Instituts- und Laborgebäude	53,00	**74,00**	99,00	3,2%
3 Gebäude des Gesundheitswesens				
Medizinische Einrichtungen	37,00	**42,00**	44,00	4,5%
Pflegeheime	48,00	**64,00**	120,00	6,1%
Gebäude für Erholungszwecke	96,00	**111,00**	156,00	3,8%
4 Schulen und Kindergärten				
Allgemeinbildende Schulen	55,00	**88,00**	110,00	3,1%
Schulen, Holzbauweise	43,00	**56,00**	71,00	3,0%
Berufliche Schulen	55,00	**102,00**	132,00	3,0%
Förder- und Sonderschulen	39,00	**59,00**	90,00	3,2%
Weiterbildungseinrichtungen	38,00	**64,00**	113,00	1,6%
Kindergärten, nicht unterkellert, einfacher Standard	62,00	**81,00**	91,00	6,3%
Kindergärten, nicht unterkellert, mittlerer Standard	59,00	**93,00**	201,00	4,4%
Kindergärten, nicht unterkellert, hoher Standard	50,00	**56,00**	61,00	3,7%
Kindergärten, Holzbauweise, nicht unterkellert	38,00	**69,00**	110,00	3,6%
Kindergärten, unterkellert	45,00	**71,00**	97,00	4,3%
5 Sportbauten				
Sport- und Mehrzweckhallen	30,00	**93,00**	209,00	3,2%
Sporthallen (Einfeldhallen)	64,00	**90,00**	117,00	4,4%
Sporthallen (Dreifeldhallen)	101,00	**124,00**	158,00	3,7%
6 Wohngebäude				
Ein- und Zweifamilienhäuser				
Ein- und Zweifamilienhäuser, unterkellert, einfacher Standard	51,00	**59,00**	71,00	5,4%
Ein- und Zweifamilienhäuser, unterkellert, mittlerer Standard	55,00	**70,00**	114,00	3,9%
Ein- und Zweifamilienhäuser, unterkellert, hoher Standard	44,00	**64,00**	82,00	3,6%
Ein- und Zweifamilienhäuser, nicht unterkellert, einfacher Standard	58,00	**63,00**	68,00	4,1%
Ein- und Zweifamilienhäuser, nicht unterkellert, mittlerer Standard	38,00	**59,00**	76,00	4,5%
Ein- und Zweifamilienhäuser, nicht unterkellert, hoher Standard	37,00	**70,00**	120,00	3,6%
Ein- und Zweifamilienhäuser, Passivhausstandard, Massivbauweise	36,00	**61,00**	78,00	3,9%
Ein- und Zweifamilienhäuser, Passivhausstandard, Holzbauweise	36,00	**52,00**	71,00	2,7%
Ein- und Zweifamilienhäuser, Holzbauweise, unterkellert	37,00	**51,00**	87,00	3,7%
Ein- und Zweifamilienhäuser, Holzbauweise, nicht unterkellert	47,00	**77,00**	122,00	3,1%
Doppel- und Reihenend- / Reihenhäuser				
Doppel- und Reihenendhäuser, einfacher Standard	30,00	**36,00**	48,00	4,3%
Doppel- und Reihenendhäuser, mittlerer Standard	44,00	**65,00**	88,00	5,0%
Doppel- und Reihenendhäuser, hoher Standard	42,00	**60,00**	127,00	3,8%
Doppel- und Reihenendhäuser, Holzbauweise	15,00	**66,00**	86,00	3,9%
Reihenhäuser, einfacher Standard	28,00	**40,00**	53,00	4,6%
Reihenhäuser, mittlerer Standard	13,00	**18,00**	22,00	1,9%
Reihenhäuser, hoher Standard	17,00	**53,00**	67,00	3,4%
Mehrfamilienhäuser				
Mehrfamilienhäuser, mit bis zu 6 WE, einfacher Standard	33,00	**69,00**	106,00	9,1%
Mehrfamilienhäuser, mit bis zu 6 WE, mittlerer Standard	34,00	**46,00**	70,00	4,1%
Mehrfamilienhäuser, mit bis zu 6 WE, hoher Standard	46,00	**57,00**	69,00	4,5%

© **BKI** Baukosteninformationszentrum; Erläuterungen zu den Tabellen siehe Seite 56

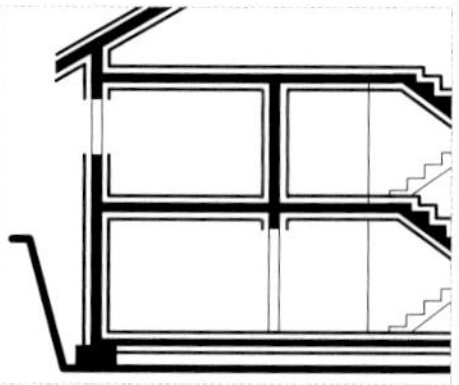

Einheit: m²
Innenwandbekleidungs-
fläche

Gebäudeart	▷	€/Einheit	◁	KG an 300
Mehrfamilienhäuser (Fortsetzung)				
Mehrfamilienhäuser, mit 6 bis 19 WE, einfacher Standard	32,00	**53,00**	93,00	4,6%
Mehrfamilienhäuser, mit 6 bis 19 WE, mittlerer Standard	32,00	**42,00**	51,00	5,3%
Mehrfamilienhäuser, mit 6 bis 19 WE, hoher Standard	42,00	**52,00**	77,00	4,8%
Mehrfamilienhäuser, mit 20 oder mehr WE, einfacher Standard	20,00	**32,00**	51,00	3,6%
Mehrfamilienhäuser, mit 20 oder mehr WE, mittlerer Standard	31,00	**38,00**	48,00	4,1%
Mehrfamilienhäuser, mit 20 oder mehr WE, hoher Standard	39,00	**45,00**	56,00	4,2%
Mehrfamilienhäuser, Passivhäuser	40,00	**50,00**	63,00	4,6%
Mehrfamilienhäuser, Holzbauweise	34,00	**50,00**	61,00	4,6%
Wohnhäuser, mit bis zu 15% Mischnutzung, einfacher Standard	16,00	**49,00**	67,00	4,6%
Wohnhäuser, mit bis zu 15% Mischnutzung, mittlerer Standard	22,00	**52,00**	72,00	4,6%
Wohnhäuser, mit bis zu 15% Mischnutzung, hoher Standard	–	**63,00**	–	4,2%
Wohnhäuser, mit mehr als 15% Mischnutzung	32,00	**46,00**	74,00	5,0%
Seniorenwohnungen und Beherbergungen				
Seniorenwohnungen, mittlerer Standard	37,00	**45,00**	60,00	5,6%
Seniorenwohnungen, hoher Standard	45,00	**47,00**	50,00	4,8%
Wohnheime und Internate	40,00	**56,00**	87,00	4,7%
Hotels	–	**82,00**	–	3,3%
7 Gewerbe-, Lager- und Garagen				
Gaststätten, Kantinen und Mensen	–	**150,00**	–	5,8%
Industrielle Produktionsgebäude, Massivbauweise	26,00	**53,00**	82,00	2,3%
Industrielle Produktionsgebäude, überwiegend Skelettbauweise	28,00	**36,00**	48,00	1,3%
Betriebs- und Werkstätten, eingeschossig	25,00	**30,00**	40,00	2,1%
Betriebs- und Werkstätten, mehrgeschossig, geringer Hallenanteil	36,00	**58,00**	75,00	2,2%
Betriebs- und Werkstätten, mehrgeschossig, hoher Hallenanteil	48,00	**66,00**	89,00	3,5%
Geschäftshäuser, mit Wohnungen	36,00	**43,00**	58,00	2,9%
Geschäftshäuser, ohne Wohnungen	59,00	**64,00**	70,00	4,5%
Verbrauchermärkte	40,00	**60,00**	79,00	3,8%
Autohäuser	25,00	**31,00**	38,00	1,7%
Lagergebäude, ohne Mischnutzung	45,00	**52,00**	56,00	0,5%
Lagergebäude, mit bis zu 25% Mischnutzung	15,00	**33,00**	68,00	1,3%
Lagergebäude, mit mehr als 25% Mischnutzung	65,00	**118,00**	171,00	2,5%
Garagen und Bereitschaftsdienste				
Einzel- und Doppelgaragen	–	**–**	–	–
Mehrfachgaragen	26,00	**58,00**	74,00	1,3%
Hochgaragen	21,00	**70,00**	120,00	0,1%
Fahrradparkhäuser	98,00	**100,00**	103,00	0,6%
Carports	–	**–**	–	–
Tiefgaragen	37,00	**63,00**	106,00	1,8%
Feuerwehrhäuser	50,00	**55,00**	65,00	3,5%
Öffentliche Bereitschaftsdienste	35,00	**64,00**	98,00	2,2%
8 Gebäude für kulturelle und religiöse Zwecke				
Bibliotheken, Museen und Ausstellungen	73,00	**102,00**	155,00	2,7%
Theater	81,00	**119,00**	157,00	5,3%
Gemeindezentren, einfacher Standard	43,00	**69,00**	85,00	4,6%
Gemeindezentren, mittlerer Standard	62,00	**67,00**	72,00	2,7%
Gemeindezentren, hoher Standard	74,00	**85,00**	99,00	3,2%
Gemeindezentren, Holzbauweise	51,00	**58,00**	73,00	2,3%
Friedhofsgebäude	27,00	**96,00**	165,00	1,5%

346 Elementierte Innenwandkonstruktionen

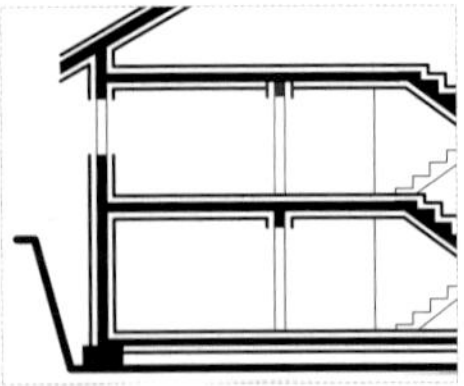

Kosten:
Stand 1.Quartal 2025
Bundesdurchschnitt
inkl. 19% MwSt.

Einheit: m²
Innenwandfläche,
elementiert

▷ von
ø Mittel
◁ bis

Gebäudeart	▷	€/Einheit	◁	KG an 300
1 Büro- und Verwaltungsgebäude				
Büro- und Verwaltungsgebäude, einfacher Standard	–	**795,00**	–	1,5%
Büro- und Verwaltungsgebäude, mittlerer Standard	269,00	**564,00**	924,00	1,2%
Büro- und Verwaltungsgebäude, hoher Standard	595,00	**1.055,00**	1.777,00	3,9%
Büro- und Verwaltungsgebäude, Holzbauweise	386,00	**466,00**	514,00	1,3%
2 Gebäude für Forschung und Lehre				
Instituts- und Laborgebäude	183,00	**640,00**	884,00	1,0%
3 Gebäude des Gesundheitswesens				
Medizinische Einrichtungen	2.179,00	**2.450,00**	2.720,00	0,4%
Pflegeheime	412,00	**584,00**	1.072,00	0,4%
Gebäude für Erholungszwecke	292,00	**497,00**	846,00	0,5%
4 Schulen und Kindergärten				
Allgemeinbildende Schulen	473,00	**855,00**	1.641,00	1,0%
Schulen, Holzbauweise	340,00	**572,00**	1.426,00	0,8%
Berufliche Schulen	284,00	**340,00**	417,00	1,8%
Förder- und Sonderschulen	356,00	**733,00**	1.024,00	0,7%
Weiterbildungseinrichtungen	870,00	**1.223,00**	1.450,00	1,4%
Kindergärten, nicht unterkellert, einfacher Standard	417,00	**556,00**	644,00	1,7%
Kindergärten, nicht unterkellert, mittlerer Standard	413,00	**647,00**	1.577,00	1,1%
Kindergärten, nicht unterkellert, hoher Standard	350,00	**794,00**	1.122,00	1,9%
Kindergärten, Holzbauweise, nicht unterkellert	288,00	**625,00**	1.121,00	2,1%
Kindergärten, unterkellert	280,00	**408,00**	496,00	0,3%
5 Sportbauten				
Sport- und Mehrzweckhallen	196,00	**254,00**	312,00	0,3%
Sporthallen (Einfeldhallen)	224,00	**348,00**	471,00	0,3%
Sporthallen (Dreifeldhallen)	198,00	**270,00**	324,00	1,1%
6 Wohngebäude				
Ein- und Zweifamilienhäuser				
Ein- und Zweifamilienhäuser, unterkellert, einfacher Standard	–	**–**	–	–
Ein- und Zweifamilienhäuser, unterkellert, mittlerer Standard	–	**–**	–	–
Ein- und Zweifamilienhäuser, unterkellert, hoher Standard	–	**–**	–	–
Ein- und Zweifamilienhäuser, nicht unterkellert, einfacher Standard	–	**–**	–	–
Ein- und Zweifamilienhäuser, nicht unterkellert, mittlerer Standard	490,00	**737,00**	985,00	0,3%
Ein- und Zweifamilienhäuser, nicht unterkellert, hoher Standard	–	**540,00**	–	< 0,1%
Ein- und Zweifamilienhäuser, Passivhausstandard, Massivbauweise	–	**1.421,00**	–	< 0,1%
Ein- und Zweifamilienhäuser, Passivhausstandard, Holzbauweise	–	**1.374,00**	–	< 0,1%
Ein- und Zweifamilienhäuser, Holzbauweise, unterkellert	728,00	**807,00**	886,00	0,3%
Ein- und Zweifamilienhäuser, Holzbauweise, nicht unterkellert	–	**533,00**	–	0,2%
Doppel- und Reihenend- / Reihenhäuser				
Doppel- und Reihenendhäuser, einfacher Standard	–	**–**	–	–
Doppel- und Reihenendhäuser, mittlerer Standard	–	**–**	–	–
Doppel- und Reihenendhäuser, hoher Standard	–	**–**	–	–
Doppel- und Reihenendhäuser, Holzbauweise	–	**–**	–	–
Reihenhäuser, einfacher Standard	–	**–**	–	–
Reihenhäuser, mittlerer Standard	–	**–**	–	–
Reihenhäuser, hoher Standard	–	**246,00**	–	0,3%
Mehrfamilienhäuser				
Mehrfamilienhäuser, mit bis zu 6 WE, einfacher Standard	–	**118,00**	–	0,2%
Mehrfamilienhäuser, mit bis zu 6 WE, mittlerer Standard	–	**–**	–	–
Mehrfamilienhäuser, mit bis zu 6 WE, hoher Standard	40,00	**60,00**	98,00	< 0,1%

© **BKI** Baukosteninformationszentrum; Erläuterungen zu den Tabellen siehe Seite 56

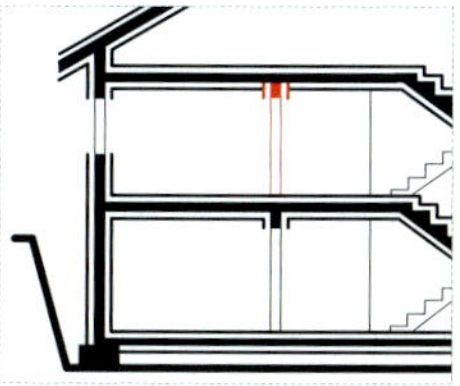

Einheit: m²
Innenwandfläche,
elementiert

Gebäudeart	▷	€/Einheit	◁	KG an 300
Mehrfamilienhäuser (Fortsetzung)				
Mehrfamilienhäuser, mit 6 bis 19 WE, einfacher Standard	88,00	**112,00**	136,00	0,4%
Mehrfamilienhäuser, mit 6 bis 19 WE, mittlerer Standard	38,00	**67,00**	91,00	0,1%
Mehrfamilienhäuser, mit 6 bis 19 WE, hoher Standard	95,00	**177,00**	308,00	0,1%
Mehrfamilienhäuser, mit 20 oder mehr WE, einfacher Standard	41,00	**51,00**	62,00	0,2%
Mehrfamilienhäuser, mit 20 oder mehr WE, mittlerer Standard	60,00	**78,00**	97,00	0,4%
Mehrfamilienhäuser, mit 20 oder mehr WE, hoher Standard	57,00	**66,00**	84,00	0,3%
Mehrfamilienhäuser, Passivhäuser	35,00	**46,00**	53,00	0,1%
Mehrfamilienhäuser, Holzbauweise	65,00	**93,00**	117,00	0,2%
Wohnhäuser, mit bis zu 15% Mischnutzung, einfacher Standard	54,00	**148,00**	242,00	0,2%
Wohnhäuser, mit bis zu 15% Mischnutzung, mittlerer Standard	–	**–**	–	–
Wohnhäuser, mit bis zu 15% Mischnutzung, hoher Standard	–	**–**	–	–
Wohnhäuser, mit mehr als 15% Mischnutzung	–	**605,00**	–	0,2%
Seniorenwohnungen und Beherbergungen				
Seniorenwohnungen, mittlerer Standard	48,00	**65,00**	74,00	0,3%
Seniorenwohnungen, hoher Standard	–	**70,00**	–	0,2%
Wohnheime und Internate	279,00	**549,00**	833,00	0,7%
Hotels	–	**–**	–	–
7 Gewerbe-, Lager- und Garagen				
Gaststätten, Kantinen und Mensen	–	**1.206,00**	–	1,2%
Industrielle Produktionsgebäude, Massivbauweise	272,00	**814,00**	1.356,00	0,3%
Industrielle Produktionsgebäude, überwiegend Skelettbauweise	366,00	**496,00**	826,00	0,5%
Betriebs- und Werkstätten, eingeschossig	329,00	**417,00**	505,00	0,8%
Betriebs- und Werkstätten, mehrgeschossig, geringer Hallenanteil	271,00	**359,00**	442,00	0,7%
Betriebs- und Werkstätten, mehrgeschossig, hoher Hallenanteil	467,00	**545,00**	623,00	< 0,1%
Geschäftshäuser, mit Wohnungen	–	**786,00**	–	0,2%
Geschäftshäuser, ohne Wohnungen	87,00	**563,00**	1.040,00	3,3%
Verbrauchermärkte	359,00	**395,00**	431,00	0,5%
Autohäuser	213,00	**398,00**	583,00	0,2%
Lagergebäude, ohne Mischnutzung	235,00	**292,00**	385,00	1,3%
Lagergebäude, mit bis zu 25% Mischnutzung	–	**755,00**	–	0,2%
Lagergebäude, mit mehr als 25% Mischnutzung	301,00	**433,00**	564,00	0,1%
Garagen und Bereitschaftsdienste				
Einzel- und Doppelgaragen	–	**–**	–	–
Mehrfachgaragen	–	**225,00**	–	< 0,1%
Hochgaragen	–	**321,00**	–	< 0,1%
Fahrradparkhäuser	461,00	**462,00**	463,00	1,2%
Carports	–	**–**	–	–
Tiefgaragen	56,00	**94,00**	207,00	0,4%
Feuerwehrhäuser	277,00	**440,00**	504,00	1,0%
Öffentliche Bereitschaftsdienste	642,00	**658,00**	674,00	0,5%
8 Gebäude für kulturelle und religiöse Zwecke				
Bibliotheken, Museen und Ausstellungen	488,00	**678,00**	1.081,00	1,0%
Theater	221,00	**482,00**	744,00	0,6%
Gemeindezentren, einfacher Standard	397,00	**414,00**	431,00	2,1%
Gemeindezentren, mittlerer Standard	689,00	**746,00**	811,00	2,1%
Gemeindezentren, hoher Standard	621,00	**958,00**	1.366,00	2,9%
Gemeindezentren, Holzbauweise	278,00	**627,00**	843,00	1,1%
Friedhofsgebäude	700,00	**758,00**	817,00	1,4%

349 Sonstiges zur KG 340

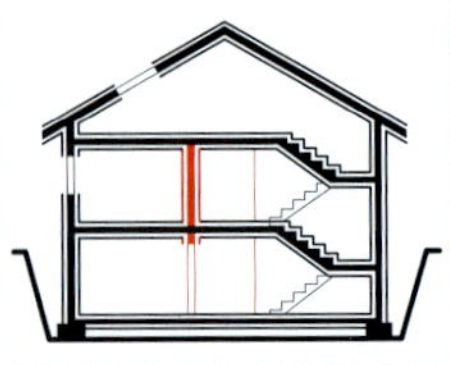

Kosten:
Stand 1. Quartal 2025
Bundesdurchschnitt
inkl. 19% MwSt.

Einheit: m²
Innenwandfläche/
Fläche der vertikalen
Baukonstruktionen

▷ von
ø Mittel
◁ bis

Gebäudeart	▷	€/Einheit	◁	KG an 300
1 Büro- und Verwaltungsgebäude				
Büro- und Verwaltungsgebäude, einfacher Standard	–	**–**	–	–
Büro- und Verwaltungsgebäude, mittlerer Standard	2,50	**4,50**	7,70	< 0,1%
Büro- und Verwaltungsgebäude, hoher Standard	1,80	**4,80**	11,00	< 0,1%
Büro- und Verwaltungsgebäude, Holzbauweise	2,40	**5,00**	7,50	< 0,1%
2 Gebäude für Forschung und Lehre				
Instituts- und Laborgebäude	–	**–**	–	–
3 Gebäude des Gesundheitswesens				
Medizinische Einrichtungen	0,70	**4,60**	8,50	0,2%
Pflegeheime	4,60	**7,00**	8,90	0,5%
Gebäude für Erholungszwecke	–	**–**	–	–
4 Schulen und Kindergärten				
Allgemeinbildende Schulen	0,90	**1,80**	2,30	< 0,1%
Schulen, Holzbauweise	6,60	**11,00**	16,00	0,2%
Berufliche Schulen	0,20	**2,50**	3,90	< 0,1%
Förder- und Sonderschulen	5,40	**9,10**	13,00	0,2%
Weiterbildungseinrichtungen	–	**1,20**	–	< 0,1%
Kindergärten, nicht unterkellert, einfacher Standard	–	**19,00**	–	0,3%
Kindergärten, nicht unterkellert, mittlerer Standard	0,50	**1,90**	2,60	< 0,1%
Kindergärten, nicht unterkellert, hoher Standard	–	**6,00**	–	< 0,1%
Kindergärten, Holzbauweise, nicht unterkellert	3,30	**3,40**	3,60	< 0,1%
Kindergärten, unterkellert	0,50	**2,50**	4,60	< 0,1%
5 Sportbauten				
Sport- und Mehrzweckhallen	19,00	**28,00**	36,00	0,4%
Sporthallen (Einfeldhallen)	1,40	**2,40**	4,00	< 0,1%
Sporthallen (Dreifeldhallen)	3,40	**8,30**	16,00	0,1%
6 Wohngebäude				
Ein- und Zweifamilienhäuser				
Ein- und Zweifamilienhäuser, unterkellert, einfacher Standard	–	**12,00**	–	0,2%
Ein- und Zweifamilienhäuser, unterkellert, mittlerer Standard	2,60	**10,00**	14,00	0,1%
Ein- und Zweifamilienhäuser, unterkellert, hoher Standard	5,20	**7,40**	12,00	< 0,1%
Ein- und Zweifamilienhäuser, nicht unterkellert, einfacher Standard	–	**–**	–	–
Ein- und Zweifamilienhäuser, nicht unterkellert, mittlerer Standard	3,80	**7,00**	9,00	< 0,1%
Ein- und Zweifamilienhäuser, nicht unterkellert, hoher Standard	4,50	**4,90**	5,20	< 0,1%
Ein- und Zweifamilienhäuser, Passivhausstandard, Massivbauweise	–	**6,90**	–	< 0,1%
Ein- und Zweifamilienhäuser, Passivhausstandard, Holzbauweise	–	**–**	–	–
Ein- und Zweifamilienhäuser, Holzbauweise, unterkellert	2,10	**4,30**	6,60	< 0,1%
Ein- und Zweifamilienhäuser, Holzbauweise, nicht unterkellert	–	**–**	–	–
Doppel- und Reihenend- / Reihenhäuser				
Doppel- und Reihenendhäuser, einfacher Standard	–	**8,30**	–	0,2%
Doppel- und Reihenendhäuser, mittlerer Standard	3,20	**4,80**	6,00	0,1%
Doppel- und Reihenendhäuser, hoher Standard	–	**4,40**	–	< 0,1%
Doppel- und Reihenendhäuser, Holzbauweise	–	**11,00**	–	0,2%
Reihenhäuser, einfacher Standard	–	**–**	–	–
Reihenhäuser, mittlerer Standard	–	**–**	–	–
Reihenhäuser, hoher Standard	–	**–**	–	–
Mehrfamilienhäuser				
Mehrfamilienhäuser, mit bis zu 6 WE, einfacher Standard	–	**–**	–	–
Mehrfamilienhäuser, mit bis zu 6 WE, mittlerer Standard	–	**5,70**	–	< 0,1%
Mehrfamilienhäuser, mit bis zu 6 WE, hoher Standard	–	**2,00**	–	< 0,1%

© BKI Baukosteninformationszentrum; Erläuterungen zu den Tabellen siehe Seite 56

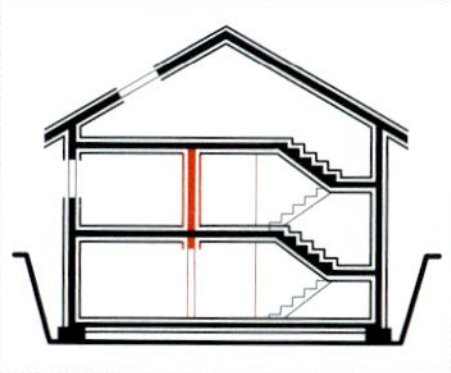

Gebäudeart	▷	€/Einheit	◁	KG an 300
Mehrfamilienhäuser (Fortsetzung)				
Mehrfamilienhäuser, mit 6 bis 19 WE, einfacher Standard	–	**1,20**	–	< 0,1%
Mehrfamilienhäuser, mit 6 bis 19 WE, mittlerer Standard	0,90	**2,50**	5,70	0,1%
Mehrfamilienhäuser, mit 6 bis 19 WE, hoher Standard	–	**2,10**	–	< 0,1%
Mehrfamilienhäuser, mit 20 oder mehr WE, einfacher Standard	–	**–**	–	–
Mehrfamilienhäuser, mit 20 oder mehr WE, mittlerer Standard	3,50	**3,50**	3,60	0,2%
Mehrfamilienhäuser, mit 20 oder mehr WE, hoher Standard	–	**2,70**	–	< 0,1%
Mehrfamilienhäuser, Passivhäuser	9,00	**13,00**	17,00	0,3%
Mehrfamilienhäuser, Holzbauweise	–	**3,00**	–	< 0,1%
Wohnhäuser, mit bis zu 15% Mischnutzung, einfacher Standard	–	**0,10**	–	< 0,1%
Wohnhäuser, mit bis zu 15% Mischnutzung, mittlerer Standard	–	**–**	–	–
Wohnhäuser, mit bis zu 15% Mischnutzung, hoher Standard	–	**1,80**	–	0,1%
Wohnhäuser, mit mehr als 15% Mischnutzung	–	**1,30**	–	< 0,1%
Seniorenwohnungen und Beherbergungen				
Seniorenwohnungen, mittlerer Standard	1,20	**2,30**	4,30	0,1%
Seniorenwohnungen, hoher Standard	0,20	**1,20**	2,20	< 0,1%
Wohnheime und Internate	1,10	**3,70**	6,30	< 0,1%
Hotels	–	**–**	–	–
7 Gewerbe-, Lager- und Garagen				
Gaststätten, Kantinen und Mensen	–	**4,80**	–	0,2%
Industrielle Produktionsgebäude, Massivbauweise	–	**–**	–	–
Industrielle Produktionsgebäude, überwiegend Skelettbauweise	0,70	**1,10**	1,40	< 0,1%
Betriebs- und Werkstätten, eingeschossig	–	**21,00**	–	0,4%
Betriebs- und Werkstätten, mehrgeschossig, geringer Hallenanteil	3,70	**6,90**	10,00	< 0,1%
Betriebs- und Werkstätten, mehrgeschossig, hoher Hallenanteil	–	**2,20**	–	< 0,1%
Geschäftshäuser, mit Wohnungen	–	**39,00**	–	0,4%
Geschäftshäuser, ohne Wohnungen	–	**41,00**	–	1,0%
Verbrauchermärkte	12,00	**13,00**	13,00	0,5%
Autohäuser	–	**–**	–	–
Lagergebäude, ohne Mischnutzung	–	**–**	–	–
Lagergebäude, mit bis zu 25% Mischnutzung	–	**–**	–	–
Lagergebäude, mit mehr als 25% Mischnutzung	–	**16,00**	–	0,2%
Garagen und Bereitschaftsdienste				
Einzel- und Doppelgaragen	–	**–**	–	–
Mehrfachgaragen	–	**2,30**	–	< 0,1%
Hochgaragen	–	**183,00**	–	0,4%
Fahrradparkhäuser	–	**–**	–	–
Carports	–	**–**	–	–
Tiefgaragen	3,60	**4,40**	6,70	0,1%
Feuerwehrhäuser	0,70	**1,50**	2,40	< 0,1%
Öffentliche Bereitschaftsdienste	–	**2,90**	–	< 0,1%
8 Gebäude für kulturelle und religiöse Zwecke				
Bibliotheken, Museen und Ausstellungen	4,20	**6,80**	9,40	< 0,1%
Theater	–	**12,00**	–	0,2%
Gemeindezentren, einfacher Standard	–	**–**	–	–
Gemeindezentren, mittlerer Standard	–	**7,00**	–	< 0,1%
Gemeindezentren, hoher Standard	–	**13,00**	–	0,1%
Gemeindezentren, Holzbauweise	4,80	**8,20**	12,00	0,2%
Friedhofsgebäude	–	**0,90**	–	< 0,1%

Einheit: m²
Innenwandfläche/
Fläche der vertikalen
Baukonstruktionen

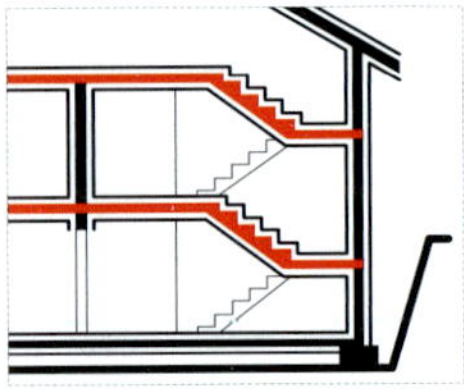

Kosten:
Stand 1. Quartal 2025
Bundesdurchschnitt
inkl. 19% MwSt.

Einheit: m²
Deckenkonstruktions-
fläche

▷ von
ø Mittel
◁ bis

Gebäudeart	▷	€/Einheit	◁	KG an 300
1 Büro- und Verwaltungsgebäude				
Büro- und Verwaltungsgebäude, einfacher Standard	135,00	**208,00**	280,00	6,4%
Büro- und Verwaltungsgebäude, mittlerer Standard	242,00	**293,00**	412,00	8,4%
Büro- und Verwaltungsgebäude, hoher Standard	218,00	**290,00**	440,00	7,2%
Büro- und Verwaltungsgebäude, Holzbauweise	220,00	**288,00**	420,00	7,1%
2 Gebäude für Forschung und Lehre				
Instituts- und Laborgebäude	221,00	**305,00**	391,00	5,4%
3 Gebäude des Gesundheitswesens				
Medizinische Einrichtungen	203,00	**229,00**	272,00	9,4%
Pflegeheime	174,00	**230,00**	384,00	7,0%
Gebäude für Erholungszwecke	–	**198,00**	–	0,5%
4 Schulen und Kindergärten				
Allgemeinbildende Schulen	224,00	**275,00**	322,00	6,3%
Schulen, Holzbauweise	237,00	**324,00**	504,00	5,1%
Berufliche Schulen	192,00	**272,00**	322,00	3,2%
Förder- und Sonderschulen	228,00	**274,00**	305,00	7,7%
Weiterbildungseinrichtungen	318,00	**390,00**	525,00	9,1%
Kindergärten, nicht unterkellert, einfacher Standard	–	**582,00**	–	1,0%
Kindergärten, nicht unterkellert, mittlerer Standard	146,00	**233,00**	269,00	2,7%
Kindergärten, nicht unterkellert, hoher Standard	244,00	**300,00**	460,00	2,5%
Kindergärten, Holzbauweise, nicht unterkellert	343,00	**606,00**	1.089,00	3,2%
Kindergärten, unterkellert	199,00	**289,00**	376,00	4,4%
5 Sportbauten				
Sport- und Mehrzweckhallen	185,00	**260,00**	335,00	2,0%
Sporthallen (Einfeldhallen)	104,00	**265,00**	370,00	1,5%
Sporthallen (Dreifeldhallen)	262,00	**296,00**	419,00	3,7%
6 Wohngebäude				
Ein- und Zweifamilienhäuser				
Ein- und Zweifamilienhäuser, unterkellert, einfacher Standard	178,00	**204,00**	255,00	10,2%
Ein- und Zweifamilienhäuser, unterkellert, mittlerer Standard	189,00	**232,00**	280,00	9,7%
Ein- und Zweifamilienhäuser, unterkellert, hoher Standard	218,00	**288,00**	406,00	9,2%
Ein- und Zweifamilienhäuser, nicht unterkellert, einfacher Standard	188,00	**203,00**	217,00	10,5%
Ein- und Zweifamilienhäuser, nicht unterkellert, mittlerer Standard	172,00	**232,00**	276,00	6,1%
Ein- und Zweifamilienhäuser, nicht unterkellert, hoher Standard	193,00	**272,00**	329,00	6,9%
Ein- und Zweifamilienhäuser, Passivhausstandard, Massivbauweise	190,00	**228,00**	317,00	7,8%
Ein- und Zweifamilienhäuser, Passivhausstandard, Holzbauweise	211,00	**267,00**	325,00	6,5%
Ein- und Zweifamilienhäuser, Holzbauweise, unterkellert	190,00	**246,00**	309,00	10,3%
Ein- und Zweifamilienhäuser, Holzbauweise, nicht unterkellert	168,00	**218,00**	306,00	5,6%
Doppel- und Reihenend- / Reihenhäuser				
Doppel- und Reihenendhäuser, einfacher Standard	178,00	**194,00**	202,00	13,9%
Doppel- und Reihenendhäuser, mittlerer Standard	182,00	**247,00**	325,00	10,3%
Doppel- und Reihenendhäuser, hoher Standard	196,00	**262,00**	307,00	10,5%
Doppel- und Reihenendhäuser, Holzbauweise	206,00	**275,00**	476,00	8,2%
Reihenhäuser, einfacher Standard	186,00	**193,00**	201,00	15,0%
Reihenhäuser, mittlerer Standard	202,00	**228,00**	253,00	13,2%
Reihenhäuser, hoher Standard	257,00	**310,00**	355,00	12,9%
Mehrfamilienhäuser				
Mehrfamilienhäuser, mit bis zu 6 WE, einfacher Standard	152,00	**224,00**	295,00	14,1%
Mehrfamilienhäuser, mit bis zu 6 WE, mittlerer Standard	212,00	**246,00**	359,00	12,0%
Mehrfamilienhäuser, mit bis zu 6 WE, hoher Standard	239,00	**290,00**	453,00	11,7%

© **BKI** Baukosteninformationszentrum; Erläuterungen zu den Tabellen siehe Seite 56

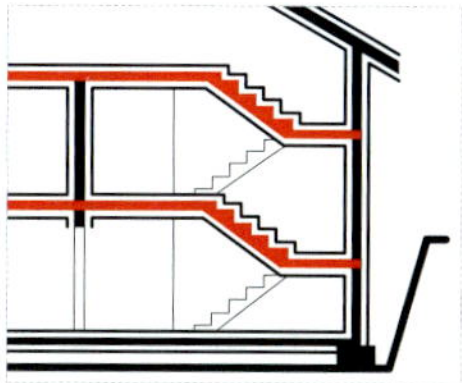

Gebäudeart	▷	€/Einheit	◁	KG an 300
Mehrfamilienhäuser (Fortsetzung)				
Mehrfamilienhäuser, mit 6 bis 19 WE, einfacher Standard	235,00	**247,00**	270,00	14,2%
Mehrfamilienhäuser, mit 6 bis 19 WE, mittlerer Standard	178,00	**219,00**	252,00	12,9%
Mehrfamilienhäuser, mit 6 bis 19 WE, hoher Standard	186,00	**226,00**	271,00	11,5%
Mehrfamilienhäuser, mit 20 oder mehr WE, einfacher Standard	185,00	**249,00**	366,00	16,7%
Mehrfamilienhäuser, mit 20 oder mehr WE, mittlerer Standard	202,00	**233,00**	273,00	13,0%
Mehrfamilienhäuser, mit 20 oder mehr WE, hoher Standard	199,00	**242,00**	328,00	10,9%
Mehrfamilienhäuser, Passivhäuser	188,00	**225,00**	274,00	10,7%
Mehrfamilienhäuser, Holzbauweise	225,00	**234,00**	263,00	10,5%
Wohnhäuser, mit bis zu 15% Mischnutzung, einfacher Standard	252,00	**276,00**	320,00	17,8%
Wohnhäuser, mit bis zu 15% Mischnutzung, mittlerer Standard	112,00	**160,00**	236,00	7,0%
Wohnhäuser, mit bis zu 15% Mischnutzung, hoher Standard	–	**271,00**	–	10,3%
Wohnhäuser, mit mehr als 15% Mischnutzung	173,00	**248,00**	397,00	9,1%
Seniorenwohnungen und Beherbergungen				
Seniorenwohnungen, mittlerer Standard	155,00	**188,00**	229,00	11,4%
Seniorenwohnungen, hoher Standard	186,00	**245,00**	304,00	14,1%
Wohnheime und Internate	213,00	**270,00**	339,00	9,7%
Hotels	–	**366,00**	–	11,7%
7 Gewerbe-, Lager- und Garagen				
Gaststätten, Kantinen und Mensen	–	**329,00**	–	9,0%
Industrielle Produktionsgebäude, Massivbauweise	210,00	**297,00**	391,00	6,0%
Industrielle Produktionsgebäude, überwiegend Skelettbauweise	212,00	**259,00**	407,00	4,3%
Betriebs- und Werkstätten, eingeschossig	–	**242,00**	–	2,1%
Betriebs- und Werkstätten, mehrgeschossig, geringer Hallenanteil	161,00	**214,00**	266,00	5,7%
Betriebs- und Werkstätten, mehrgeschossig, hoher Hallenanteil	132,00	**192,00**	410,00	2,6%
Geschäftshäuser, mit Wohnungen	241,00	**274,00**	297,00	15,7%
Geschäftshäuser, ohne Wohnungen	182,00	**199,00**	216,00	11,6%
Verbrauchermärkte	–	**–**	–	–
Autohäuser	136,00	**207,00**	278,00	2,3%
Lagergebäude, ohne Mischnutzung	91,00	**163,00**	329,00	1,1%
Lagergebäude, mit bis zu 25% Mischnutzung	167,00	**230,00**	336,00	2,4%
Lagergebäude, mit mehr als 25% Mischnutzung	269,00	**324,00**	380,00	6,6%
Garagen und Bereitschaftsdienste				
Einzel- und Doppelgaragen	–	**–**	–	–
Mehrfachgaragen	237,00	**324,00**	412,00	1,3%
Hochgaragen	315,00	**347,00**	399,00	19,6%
Fahrradparkhäuser	–	**551,00**	–	4,6%
Carports	–	**–**	–	–
Tiefgaragen	189,00	**277,00**	375,00	10,5%
Feuerwehrhäuser	133,00	**220,00**	301,00	2,5%
Öffentliche Bereitschaftsdienste	163,00	**178,00**	218,00	3,3%
8 Gebäude für kulturelle und religiöse Zwecke				
Bibliotheken, Museen und Ausstellungen	188,00	**322,00**	507,00	6,3%
Theater	229,00	**383,00**	538,00	5,8%
Gemeindezentren, einfacher Standard	221,00	**288,00**	355,00	5,1%
Gemeindezentren, mittlerer Standard	76,00	**209,00**	273,00	3,4%
Gemeindezentren, hoher Standard	203,00	**251,00**	364,00	4,7%
Gemeindezentren, Holzbauweise	337,00	**407,00**	520,00	2,2%
Friedhofsgebäude	157,00	**363,00**	570,00	4,4%

Einheit: m²
Deckenkonstruktionsfläche

352 Deckenöffnungen

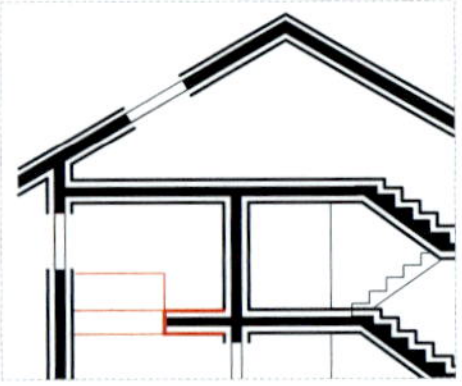

Kosten:
Stand 1. Quartal 2025
Bundesdurchschnitt
inkl. 19% MwSt.

Einheit: m²
Deckenöffnungsfläche

▷ von
ø Mittel
◁ bis

Gebäudeart	▷	€/Einheit	◁	KG an 300
1 Büro- und Verwaltungsgebäude				
Büro- und Verwaltungsgebäude, einfacher Standard	–	**–**	–	–
Büro- und Verwaltungsgebäude, mittlerer Standard	–	**–**	–	–
Büro- und Verwaltungsgebäude, hoher Standard	4.392,00	**7.326,00**	10.261,00	< 0,1%
Büro- und Verwaltungsgebäude, Holzbauweise	–	**–**	–	–
2 Gebäude für Forschung und Lehre				
Instituts- und Laborgebäude	–	**–**	–	–
3 Gebäude des Gesundheitswesens				
Medizinische Einrichtungen	–	**–**	–	–
Pflegeheime	–	**–**	–	–
Gebäude für Erholungszwecke	–	**–**	–	–
4 Schulen und Kindergärten				
Allgemeinbildende Schulen	–	**–**	–	–
Schulen, Holzbauweise	–	**3.761,00**	–	< 0,1%
Berufliche Schulen	–	**–**	–	–
Förder- und Sonderschulen	–	**–**	–	–
Weiterbildungseinrichtungen	–	**–**	–	–
Kindergärten, nicht unterkellert, einfacher Standard	–	**–**	–	–
Kindergärten, nicht unterkellert, mittlerer Standard	–	**–**	–	–
Kindergärten, nicht unterkellert, hoher Standard	990,00	**1.280,00**	1.569,00	0,2%
Kindergärten, Holzbauweise, nicht unterkellert	–	**–**	–	–
Kindergärten, unterkellert	–	**–**	–	–
5 Sportbauten				
Sport- und Mehrzweckhallen	–	**–**	–	–
Sporthallen (Einfeldhallen)	–	**–**	–	–
Sporthallen (Dreifeldhallen)	–	**–**	–	–
6 Wohngebäude				
Ein- und Zweifamilienhäuser				
Ein- und Zweifamilienhäuser, unterkellert, einfacher Standard	852,00	**1.001,00**	1.150,00	0,1%
Ein- und Zweifamilienhäuser, unterkellert, mittlerer Standard	–	**1.001,00**	–	< 0,1%
Ein- und Zweifamilienhäuser, unterkellert, hoher Standard	–	**–**	–	–
Ein- und Zweifamilienhäuser, nicht unterkellert, einfacher Standard	–	**1.189,00**	–	0,1%
Ein- und Zweifamilienhäuser, nicht unterkellert, mittlerer Standard	726,00	**991,00**	1.256,00	< 0,1%
Ein- und Zweifamilienhäuser, nicht unterkellert, hoher Standard	–	**–**	–	–
Ein- und Zweifamilienhäuser, Passivhausstandard, Massivbauweise	–	**1.662,00**	–	< 0,1%
Ein- und Zweifamilienhäuser, Passivhausstandard, Holzbauweise	–	**665,00**	–	< 0,1%
Ein- und Zweifamilienhäuser, Holzbauweise, unterkellert	–	**1.560,00**	–	< 0,1%
Ein- und Zweifamilienhäuser, Holzbauweise, nicht unterkellert	–	**–**	–	–
Doppel- und Reihenend- / Reihenhäuser				
Doppel- und Reihenendhäuser, einfacher Standard	–	**1.795,00**	–	0,1%
Doppel- und Reihenendhäuser, mittlerer Standard	972,00	**1.176,00**	1.380,00	0,1%
Doppel- und Reihenendhäuser, hoher Standard	–	**–**	–	–
Doppel- und Reihenendhäuser, Holzbauweise	–	**–**	–	–
Reihenhäuser, einfacher Standard	–	**1.252,00**	–	< 0,1%
Reihenhäuser, mittlerer Standard	–	**–**	–	–
Reihenhäuser, hoher Standard	–	**–**	–	–
Mehrfamilienhäuser				
Mehrfamilienhäuser, mit bis zu 6 WE, einfacher Standard	–	**2.179,00**	–	< 0,1%
Mehrfamilienhäuser, mit bis zu 6 WE, mittlerer Standard	–	**3.635,00**	–	0,1%
Mehrfamilienhäuser, mit bis zu 6 WE, hoher Standard	2.325,00	**2.364,00**	2.403,00	< 0,1%

© **BKI** Baukosteninformationszentrum; Erläuterungen zu den Tabellen siehe Seite 56

Gebäudeart	▷	€/Einheit	◁	KG an 300
Mehrfamilienhäuser (Fortsetzung)				
Mehrfamilienhäuser, mit 6 bis 19 WE, einfacher Standard	–	**–**	–	–
Mehrfamilienhäuser, mit 6 bis 19 WE, mittlerer Standard	–	**1.299,00**	–	< 0,1%
Mehrfamilienhäuser, mit 6 bis 19 WE, hoher Standard	–	**–**	–	–
Mehrfamilienhäuser, mit 20 oder mehr WE, einfacher Standard	–	**–**	–	–
Mehrfamilienhäuser, mit 20 oder mehr WE, mittlerer Standard	–	**–**	–	–
Mehrfamilienhäuser, mit 20 oder mehr WE, hoher Standard	–	**–**	–	–
Mehrfamilienhäuser, Passivhäuser	–	**–**	–	–
Mehrfamilienhäuser, Holzbauweise	–	**5.599,00**	–	< 0,1%
Wohnhäuser, mit bis zu 15% Mischnutzung, einfacher Standard	–	**–**	–	–
Wohnhäuser, mit bis zu 15% Mischnutzung, mittlerer Standard	–	**473,00**	–	< 0,1%
Wohnhäuser, mit bis zu 15% Mischnutzung, hoher Standard	–	**–**	–	–
Wohnhäuser, mit mehr als 15% Mischnutzung	–	**1.194,00**	–	< 0,1%
Seniorenwohnungen und Beherbergungen				
Seniorenwohnungen, mittlerer Standard	1.488,00	**1.588,00**	1.689,00	< 0,1%
Seniorenwohnungen, hoher Standard	–	**1.117,00**	–	< 0,1%
Wohnheime und Internate	–	**–**	–	–
Hotels	–	**–**	–	–
7 Gewerbe-, Lager- und Garagen				
Gaststätten, Kantinen und Mensen	–	**–**	–	–
Industrielle Produktionsgebäude, Massivbauweise	–	**–**	–	–
Industrielle Produktionsgebäude, überwiegend Skelettbauweise	–	**–**	–	–
Betriebs- und Werkstätten, eingeschossig	–	**–**	–	–
Betriebs- und Werkstätten, mehrgeschossig, geringer Hallenanteil	–	**–**	–	–
Betriebs- und Werkstätten, mehrgeschossig, hoher Hallenanteil	–	**–**	–	–
Geschäftshäuser, mit Wohnungen	–	**–**	–	–
Geschäftshäuser, ohne Wohnungen	–	**–**	–	–
Verbrauchermärkte	–	**–**	–	–
Autohäuser	–	**–**	–	–
Lagergebäude, ohne Mischnutzung	–	**–**	–	–
Lagergebäude, mit bis zu 25% Mischnutzung	–	**2.024,00**	–	< 0,1%
Lagergebäude, mit mehr als 25% Mischnutzung	–	**–**	–	–
Garagen und Bereitschaftsdienste				
Einzel- und Doppelgaragen	–	**–**	–	–
Mehrfachgaragen	–	**–**	–	–
Hochgaragen	–	**–**	–	–
Fahrradparkhäuser	–	**1.651,00**	–	0,3%
Carports	–	**–**	–	–
Tiefgaragen	–	**–**	–	–
Feuerwehrhäuser	–	**–**	–	–
Öffentliche Bereitschaftsdienste	–	**–**	–	–
8 Gebäude für kulturelle und religiöse Zwecke				
Bibliotheken, Museen und Ausstellungen	–	**1.506,00**	–	< 0,1%
Theater	–	**–**	–	–
Gemeindezentren, einfacher Standard	–	**3.200,00**	–	< 0,1%
Gemeindezentren, mittlerer Standard	1.130,00	**2.662,00**	4.194,00	0,2%
Gemeindezentren, hoher Standard	–	**–**	–	–
Gemeindezentren, Holzbauweise	–	**4.001,00**	–	0,2%
Friedhofsgebäude	–	**–**	–	–

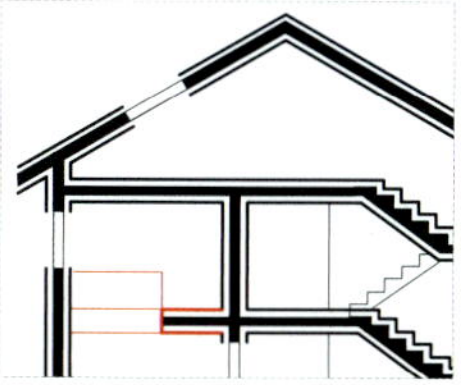

Einheit: m²
Deckenöffnungsfläche

353 Deckenbeläge

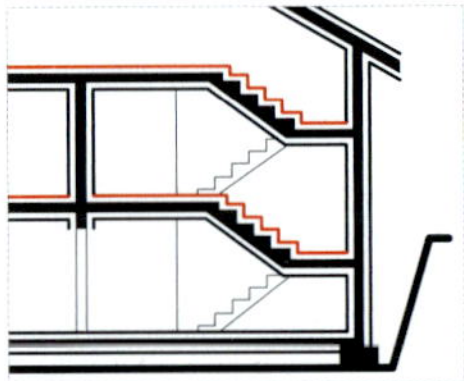

Kosten:
Stand 1. Quartal 2025
Bundesdurchschnitt
inkl. 19% MwSt.

Einheit: m²
Deckenbelagsfläche

▷ von
ø Mittel
◁ bis

Gebäudeart	▷	€/Einheit	◁	KG an 300
1 Büro- und Verwaltungsgebäude				
Büro- und Verwaltungsgebäude, einfacher Standard	148,00	**163,00**	178,00	4,4%
Büro- und Verwaltungsgebäude, mittlerer Standard	172,00	**196,00**	225,00	5,0%
Büro- und Verwaltungsgebäude, hoher Standard	185,00	**235,00**	291,00	5,4%
Büro- und Verwaltungsgebäude, Holzbauweise	100,00	**154,00**	190,00	3,4%
2 Gebäude für Forschung und Lehre				
Instituts- und Laborgebäude	63,00	**158,00**	194,00	2,9%
3 Gebäude des Gesundheitswesens				
Medizinische Einrichtungen	131,00	**177,00**	254,00	5,4%
Pflegeheime	113,00	**163,00**	212,00	4,4%
Gebäude für Erholungszwecke	–	**168,00**	–	0,3%
4 Schulen und Kindergärten				
Allgemeinbildende Schulen	150,00	**161,00**	175,00	3,0%
Schulen, Holzbauweise	162,00	**167,00**	175,00	2,2%
Berufliche Schulen	220,00	**236,00**	252,00	2,6%
Förder- und Sonderschulen	130,00	**164,00**	216,00	4,1%
Weiterbildungseinrichtungen	170,00	**208,00**	227,00	4,1%
Kindergärten, nicht unterkellert, einfacher Standard	–	**175,00**	–	0,2%
Kindergärten, nicht unterkellert, mittlerer Standard	83,00	**134,00**	180,00	1,5%
Kindergärten, nicht unterkellert, hoher Standard	60,00	**108,00**	149,00	0,8%
Kindergärten, Holzbauweise, nicht unterkellert	186,00	**245,00**	350,00	1,3%
Kindergärten, unterkellert	124,00	**150,00**	185,00	2,0%
5 Sportbauten				
Sport- und Mehrzweckhallen	163,00	**349,00**	534,00	2,2%
Sporthallen (Einfeldhallen)	153,00	**197,00**	240,00	0,7%
Sporthallen (Dreifeldhallen)	189,00	**228,00**	257,00	2,1%
6 Wohngebäude				
Ein- und Zweifamilienhäuser				
Ein- und Zweifamilienhäuser, unterkellert, einfacher Standard	170,00	**200,00**	217,00	8,4%
Ein- und Zweifamilienhäuser, unterkellert, mittlerer Standard	174,00	**208,00**	285,00	6,8%
Ein- und Zweifamilienhäuser, unterkellert, hoher Standard	183,00	**260,00**	341,00	6,9%
Ein- und Zweifamilienhäuser, nicht unterkellert, einfacher Standard	135,00	**154,00**	174,00	5,5%
Ein- und Zweifamilienhäuser, nicht unterkellert, mittlerer Standard	153,00	**200,00**	267,00	4,0%
Ein- und Zweifamilienhäuser, nicht unterkellert, hoher Standard	189,00	**254,00**	311,00	4,9%
Ein- und Zweifamilienhäuser, Passivhausstandard, Massivbauweise	156,00	**186,00**	215,00	5,1%
Ein- und Zweifamilienhäuser, Passivhausstandard, Holzbauweise	176,00	**205,00**	253,00	4,3%
Ein- und Zweifamilienhäuser, Holzbauweise, unterkellert	104,00	**157,00**	269,00	4,9%
Ein- und Zweifamilienhäuser, Holzbauweise, nicht unterkellert	103,00	**185,00**	253,00	3,2%
Doppel- und Reihenend- / Reihenhäuser				
Doppel- und Reihenendhäuser, einfacher Standard	106,00	**147,00**	168,00	7,2%
Doppel- und Reihenendhäuser, mittlerer Standard	145,00	**171,00**	224,00	5,8%
Doppel- und Reihenendhäuser, hoher Standard	164,00	**201,00**	224,00	6,6%
Doppel- und Reihenendhäuser, Holzbauweise	144,00	**189,00**	288,00	5,4%
Reihenhäuser, einfacher Standard	70,00	**147,00**	224,00	5,5%
Reihenhäuser, mittlerer Standard	124,00	**130,00**	135,00	6,3%
Reihenhäuser, hoher Standard	193,00	**242,00**	299,00	8,8%
Mehrfamilienhäuser				
Mehrfamilienhäuser, mit bis zu 6 WE, einfacher Standard	82,00	**132,00**	182,00	6,9%
Mehrfamilienhäuser, mit bis zu 6 WE, mittlerer Standard	165,00	**194,00**	235,00	6,8%
Mehrfamilienhäuser, mit bis zu 6 WE, hoher Standard	192,00	**238,00**	272,00	8,4%

© **BKI** Baukosteninformationszentrum; Erläuterungen zu den Tabellen siehe Seite 56

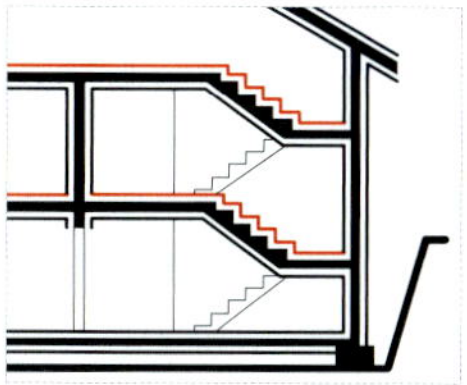

Einheit: m² Deckenbelagsfläche

Gebäudeart	▷	€/Einheit	◁	KG an 300
Mehrfamilienhäuser (Fortsetzung)				
Mehrfamilienhäuser, mit 6 bis 19 WE, einfacher Standard	141,00	**170,00**	185,00	8,6%
Mehrfamilienhäuser, mit 6 bis 19 WE, mittlerer Standard	130,00	**152,00**	169,00	7,6%
Mehrfamilienhäuser, mit 6 bis 19 WE, hoher Standard	139,00	**162,00**	185,00	6,4%
Mehrfamilienhäuser, mit 20 oder mehr WE, einfacher Standard	100,00	**104,00**	111,00	5,8%
Mehrfamilienhäuser, mit 20 oder mehr WE, mittlerer Standard	139,00	**155,00**	211,00	7,0%
Mehrfamilienhäuser, mit 20 oder mehr WE, hoher Standard	170,00	**188,00**	215,00	7,6%
Mehrfamilienhäuser, Passivhäuser	154,00	**205,00**	268,00	7,6%
Mehrfamilienhäuser, Holzbauweise	173,00	**234,00**	278,00	8,4%
Wohnhäuser, mit bis zu 15% Mischnutzung, einfacher Standard	64,00	**100,00**	169,00	5,0%
Wohnhäuser, mit bis zu 15% Mischnutzung, mittlerer Standard	32,00	**134,00**	186,00	4,8%
Wohnhäuser, mit bis zu 15% Mischnutzung, hoher Standard	–	**192,00**	–	6,1%
Wohnhäuser, mit mehr als 15% Mischnutzung	71,00	**156,00**	292,00	5,7%
Seniorenwohnungen und Beherbergungen				
Seniorenwohnungen, mittlerer Standard	106,00	**155,00**	188,00	7,6%
Seniorenwohnungen, hoher Standard	113,00	**131,00**	149,00	6,8%
Wohnheime und Internate	125,00	**192,00**	254,00	5,7%
Hotels	–	**326,00**	–	9,0%
7 Gewerbe-, Lager- und Garagen				
Gaststätten, Kantinen und Mensen	–	**277,00**	–	6,8%
Industrielle Produktionsgebäude, Massivbauweise	102,00	**139,00**	152,00	3,0%
Industrielle Produktionsgebäude, überwiegend Skelettbauweise	129,00	**160,00**	201,00	1,9%
Betriebs- und Werkstätten, eingeschossig	–	**150,00**	–	1,3%
Betriebs- und Werkstätten, mehrgeschossig, geringer Hallenanteil	105,00	**150,00**	282,00	3,3%
Betriebs- und Werkstätten, mehrgeschossig, hoher Hallenanteil	81,00	**127,00**	168,00	1,4%
Geschäftshäuser, mit Wohnungen	126,00	**165,00**	227,00	6,8%
Geschäftshäuser, ohne Wohnungen	181,00	**199,00**	218,00	9,7%
Verbrauchermärkte	–	**–**	–	–
Autohäuser	89,00	**138,00**	187,00	1,5%
Lagergebäude, ohne Mischnutzung	50,00	**71,00**	97,00	0,1%
Lagergebäude, mit bis zu 25% Mischnutzung	–	**195,00**	–	0,6%
Lagergebäude, mit mehr als 25% Mischnutzung	163,00	**170,00**	177,00	1,5%
Garagen und Bereitschaftsdienste				
Einzel- und Doppelgaragen	–	**–**	–	–
Mehrfachgaragen	48,00	**155,00**	263,00	0,6%
Hochgaragen	98,00	**119,00**	160,00	5,2%
Fahrradparkhäuser	–	**48,00**	–	0,3%
Carports	–	**–**	–	–
Tiefgaragen	360,00	**464,00**	497,00	0,5%
Feuerwehrhäuser	121,00	**140,00**	156,00	1,4%
Öffentliche Bereitschaftsdienste	37,00	**94,00**	129,00	1,2%
8 Gebäude für kulturelle und religiöse Zwecke				
Bibliotheken, Museen und Ausstellungen	77,00	**208,00**	308,00	1,8%
Theater	–	**279,00**	–	2,0%
Gemeindezentren, einfacher Standard	132,00	**132,00**	133,00	2,2%
Gemeindezentren, mittlerer Standard	50,00	**155,00**	206,00	2,1%
Gemeindezentren, hoher Standard	67,00	**159,00**	240,00	1,9%
Gemeindezentren, Holzbauweise	–	**313,00**	–	0,7%
Friedhofsgebäude	258,00	**309,00**	361,00	3,0%

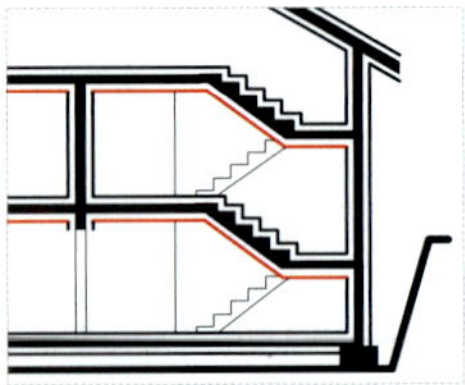

Kosten:
Stand 1. Quartal 2025
Bundesdurchschnitt
inkl. 19% MwSt.

Einheit: m2
Deckenbekleidungsfläche

▷ von
ø Mittel
◁ bis

Gebäudeart	▷	€/Einheit	◁	KG an 300
1 Büro- und Verwaltungsgebäude				
Büro- und Verwaltungsgebäude, einfacher Standard	16,00	**24,00**	32,00	0,7%
Büro- und Verwaltungsgebäude, mittlerer Standard	69,00	**96,00**	149,00	2,0%
Büro- und Verwaltungsgebäude, hoher Standard	76,00	**114,00**	210,00	2,2%
Büro- und Verwaltungsgebäude, Holzbauweise	71,00	**87,00**	96,00	1,7%
2 Gebäude für Forschung und Lehre				
Instituts- und Laborgebäude	115,00	**255,00**	673,00	1,8%
3 Gebäude des Gesundheitswesens				
Medizinische Einrichtungen	61,00	**107,00**	129,00	3,3%
Pflegeheime	54,00	**106,00**	133,00	3,0%
Gebäude für Erholungszwecke	–	**10,00**	–	< 0,1%
4 Schulen und Kindergärten				
Allgemeinbildende Schulen	110,00	**139,00**	160,00	2,4%
Schulen, Holzbauweise	118,00	**143,00**	167,00	1,6%
Berufliche Schulen	219,00	**236,00**	253,00	2,0%
Förder- und Sonderschulen	141,00	**172,00**	226,00	4,0%
Weiterbildungseinrichtungen	47,00	**67,00**	95,00	1,1%
Kindergärten, nicht unterkellert, einfacher Standard	–	**–**	–	–
Kindergärten, nicht unterkellert, mittlerer Standard	71,00	**87,00**	103,00	0,9%
Kindergärten, nicht unterkellert, hoher Standard	80,00	**125,00**	247,00	1,1%
Kindergärten, Holzbauweise, nicht unterkellert	113,00	**170,00**	237,00	0,7%
Kindergärten, unterkellert	42,00	**144,00**	246,00	1,2%
5 Sportbauten				
Sport- und Mehrzweckhallen	111,00	**127,00**	143,00	0,8%
Sporthallen (Einfeldhallen)	37,00	**60,00**	94,00	0,2%
Sporthallen (Dreifeldhallen)	71,00	**97,00**	191,00	0,9%
6 Wohngebäude				
Ein- und Zweifamilienhäuser				
Ein- und Zweifamilienhäuser, unterkellert, einfacher Standard	14,00	**26,00**	44,00	1,1%
Ein- und Zweifamilienhäuser, unterkellert, mittlerer Standard	24,00	**41,00**	75,00	1,0%
Ein- und Zweifamilienhäuser, unterkellert, hoher Standard	28,00	**65,00**	112,00	1,6%
Ein- und Zweifamilienhäuser, nicht unterkellert, einfacher Standard	35,00	**45,00**	56,00	2,0%
Ein- und Zweifamilienhäuser, nicht unterkellert, mittlerer Standard	18,00	**41,00**	59,00	0,9%
Ein- und Zweifamilienhäuser, nicht unterkellert, hoher Standard	27,00	**57,00**	117,00	0,9%
Ein- und Zweifamilienhäuser, Passivhausstandard, Massivbauweise	25,00	**41,00**	68,00	1,1%
Ein- und Zweifamilienhäuser, Passivhausstandard, Holzbauweise	26,00	**67,00**	109,00	1,1%
Ein- und Zweifamilienhäuser, Holzbauweise, unterkellert	39,00	**58,00**	122,00	0,9%
Ein- und Zweifamilienhäuser, Holzbauweise, nicht unterkellert	37,00	**83,00**	152,00	1,2%
Doppel- und Reihenend- / Reihenhäuser				
Doppel- und Reihenendhäuser, einfacher Standard	6,10	**26,00**	39,00	1,1%
Doppel- und Reihenendhäuser, mittlerer Standard	26,00	**38,00**	54,00	1,2%
Doppel- und Reihenendhäuser, hoher Standard	30,00	**38,00**	47,00	1,2%
Doppel- und Reihenendhäuser, Holzbauweise	9,40	**26,00**	43,00	0,2%
Reihenhäuser, einfacher Standard	6,10	**35,00**	63,00	2,7%
Reihenhäuser, mittlerer Standard	12,00	**14,00**	17,00	0,5%
Reihenhäuser, hoher Standard	24,00	**38,00**	77,00	1,3%
Mehrfamilienhäuser				
Mehrfamilienhäuser, mit bis zu 6 WE, einfacher Standard	20,00	**26,00**	33,00	1,2%
Mehrfamilienhäuser, mit bis zu 6 WE, mittlerer Standard	38,00	**56,00**	100,00	1,9%
Mehrfamilienhäuser, mit bis zu 6 WE, hoher Standard	35,00	**40,00**	48,00	1,4%

© **BKI** Baukosteninformationszentrum; Erläuterungen zu den Tabellen siehe Seite 56

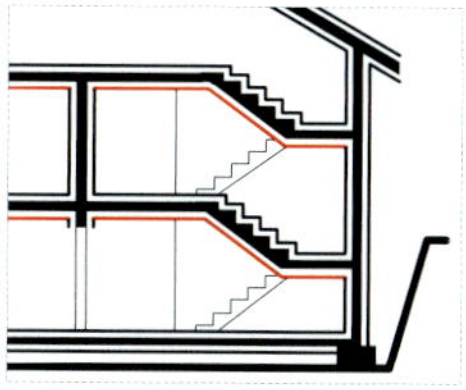

Einheit: m²
Deckenbekleidungsfläche

Gebäudeart	▷	€/Einheit	◁	KG an 300
Mehrfamilienhäuser (Fortsetzung)				
Mehrfamilienhäuser, mit 6 bis 19 WE, einfacher Standard	19,00	**26,00**	40,00	1,3%
Mehrfamilienhäuser, mit 6 bis 19 WE, mittlerer Standard	20,00	**37,00**	57,00	1,9%
Mehrfamilienhäuser, mit 6 bis 19 WE, hoher Standard	31,00	**41,00**	55,00	1,5%
Mehrfamilienhäuser, mit 20 oder mehr WE, einfacher Standard	17,00	**33,00**	44,00	1,7%
Mehrfamilienhäuser, mit 20 oder mehr WE, mittlerer Standard	20,00	**38,00**	102,00	0,9%
Mehrfamilienhäuser, mit 20 oder mehr WE, hoher Standard	24,00	**35,00**	57,00	1,3%
Mehrfamilienhäuser, Passivhäuser	42,00	**49,00**	56,00	1,9%
Mehrfamilienhäuser, Holzbauweise	47,00	**92,00**	155,00	2,1%
Wohnhäuser, mit bis zu 15% Mischnutzung, einfacher Standard	29,00	**34,00**	43,00	1,5%
Wohnhäuser, mit bis zu 15% Mischnutzung, mittlerer Standard	22,00	**39,00**	66,00	1,8%
Wohnhäuser, mit bis zu 15% Mischnutzung, hoher Standard	–	**59,00**	–	2,0%
Wohnhäuser, mit mehr als 15% Mischnutzung	8,80	**30,00**	51,00	0,6%
Seniorenwohnungen und Beherbergungen				
Seniorenwohnungen, mittlerer Standard	18,00	**24,00**	27,00	1,4%
Seniorenwohnungen, hoher Standard	23,00	**34,00**	44,00	1,7%
Wohnheime und Internate	33,00	**71,00**	178,00	1,7%
Hotels	–	**32,00**	–	0,8%
7 Gewerbe-, Lager- und Garagen				
Gaststätten, Kantinen und Mensen	–	**106,00**	–	2,7%
Industrielle Produktionsgebäude, Massivbauweise	7,50	**60,00**	81,00	0,8%
Industrielle Produktionsgebäude, überwiegend Skelettbauweise	8,90	**66,00**	106,00	0,6%
Betriebs- und Werkstätten, eingeschossig	–	**39,00**	–	0,3%
Betriebs- und Werkstätten, mehrgeschossig, geringer Hallenanteil	37,00	**90,00**	168,00	1,3%
Betriebs- und Werkstätten, mehrgeschossig, hoher Hallenanteil	43,00	**95,00**	128,00	0,8%
Geschäftshäuser, mit Wohnungen	67,00	**77,00**	96,00	3,0%
Geschäftshäuser, ohne Wohnungen	37,00	**45,00**	52,00	2,1%
Verbrauchermärkte	–	**–**	–	–
Autohäuser	92,00	**115,00**	139,00	0,4%
Lagergebäude, ohne Mischnutzung	13,00	**14,00**	15,00	< 0,1%
Lagergebäude, mit bis zu 25% Mischnutzung	59,00	**108,00**	134,00	0,8%
Lagergebäude, mit mehr als 25% Mischnutzung	–	**89,00**	–	0,7%
Garagen und Bereitschaftsdienste				
Einzel- und Doppelgaragen	–	**–**	–	–
Mehrfachgaragen	22,00	**68,00**	115,00	0,1%
Hochgaragen	9,80	**66,00**	123,00	0,3%
Fahrradparkhäuser	–	**173,00**	–	0,6%
Carports	–	**–**	–	–
Tiefgaragen	65,00	**106,00**	158,00	2,2%
Feuerwehrhäuser	91,00	**105,00**	123,00	0,8%
Öffentliche Bereitschaftsdienste	6,70	**52,00**	81,00	0,4%
8 Gebäude für kulturelle und religiöse Zwecke				
Bibliotheken, Museen und Ausstellungen	32,00	**85,00**	161,00	1,0%
Theater	213,00	**223,00**	233,00	2,3%
Gemeindezentren, einfacher Standard	9,70	**28,00**	47,00	0,1%
Gemeindezentren, mittlerer Standard	83,00	**137,00**	204,00	1,9%
Gemeindezentren, hoher Standard	28,00	**87,00**	162,00	0,6%
Gemeindezentren, Holzbauweise	36,00	**93,00**	128,00	0,4%
Friedhofsgebäude	–	**7,10**	–	< 0,1%

355 Elementierte Decken-konstruktionen

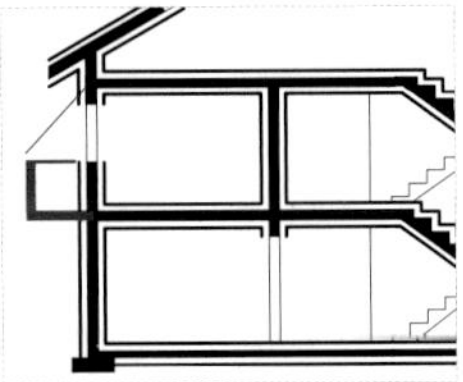

Kosten:
Stand 1. Quartal 2025
Bundesdurchschnitt
inkl. 19% MwSt.

Einheit: m² Deckenfläche, elementiert

▷ von
ø Mittel
◁ bis

Gebäudeart	▷	€/Einheit	◁	KG an 300
1 Büro- und Verwaltungsgebäude				
Büro- und Verwaltungsgebäude, einfacher Standard	–	**–**	–	–
Büro- und Verwaltungsgebäude, mittlerer Standard	2.129,00	**3.927,00**	5.725,00	< 0,1%
Büro- und Verwaltungsgebäude, hoher Standard	–	**804,00**	–	< 0,1%
Büro- und Verwaltungsgebäude, Holzbauweise	–	**–**	–	–
2 Gebäude für Forschung und Lehre				
Instituts- und Laborgebäude	1.345,00	**4.742,00**	11.448,00	1,1%
3 Gebäude des Gesundheitswesens				
Medizinische Einrichtungen	–	**–**	–	–
Pflegeheime	–	**1.645,00**	–	0,3%
Gebäude für Erholungszwecke	–	**1.858,00**	–	0,8%
4 Schulen und Kindergärten				
Allgemeinbildende Schulen	–	**–**	–	–
Schulen, Holzbauweise	–	**2.155,00**	–	0,4%
Berufliche Schulen	–	**830,00**	–	< 0,1%
Förder- und Sonderschulen	–	**4.269,00**	–	0,1%
Weiterbildungseinrichtungen	–	**–**	–	–
Kindergärten, nicht unterkellert, einfacher Standard	–	**–**	–	–
Kindergärten, nicht unterkellert, mittlerer Standard	–	**–**	–	–
Kindergärten, nicht unterkellert, hoher Standard	–	**3.139,00**	–	0,3%
Kindergärten, Holzbauweise, nicht unterkellert	847,00	**2.012,00**	3.176,00	0,2%
Kindergärten, unterkellert	–	**2.505,00**	–	0,2%
5 Sportbauten				
Sport- und Mehrzweckhallen	–	**295,00**	–	0,1%
Sporthallen (Einfeldhallen)	–	**–**	–	–
Sporthallen (Dreifeldhallen)	–	**–**	–	–
6 Wohngebäude				
Ein- und Zweifamilienhäuser				
Ein- und Zweifamilienhäuser, unterkellert, einfacher Standard	–	**1.071,00**	–	0,7%
Ein- und Zweifamilienhäuser, unterkellert, mittlerer Standard	–	**1.950,00**	–	0,2%
Ein- und Zweifamilienhäuser, unterkellert, hoher Standard	–	**–**	–	–
Ein- und Zweifamilienhäuser, nicht unterkellert, einfacher Standard	–	**–**	–	–
Ein- und Zweifamilienhäuser, nicht unterkellert, mittlerer Standard	–	**–**	–	–
Ein- und Zweifamilienhäuser, nicht unterkellert, hoher Standard	–	**5.600,00**	–	0,4%
Ein- und Zweifamilienhäuser, Passivhausstandard, Massivbauweise	–	**1.158,00**	–	0,4%
Ein- und Zweifamilienhäuser, Passivhausstandard, Holzbauweise	1.200,00	**2.435,00**	7.814,00	1,1%
Ein- und Zweifamilienhäuser, Holzbauweise, unterkellert	–	**1.237,00**	–	< 0,1%
Ein- und Zweifamilienhäuser, Holzbauweise, nicht unterkellert	1.393,00	**1.445,00**	1.496,00	0,4%
Doppel- und Reihenend- / Reihenhäuser				
Doppel- und Reihenendhäuser, einfacher Standard	–	**884,00**	–	1,2%
Doppel- und Reihenendhäuser, mittlerer Standard	–	**7.218,00**	–	0,8%
Doppel- und Reihenendhäuser, hoher Standard	–	**1.160,00**	–	0,4%
Doppel- und Reihenendhäuser, Holzbauweise	–	**–**	–	–
Reihenhäuser, einfacher Standard	–	**–**	–	–
Reihenhäuser, mittlerer Standard	–	**787,00**	–	0,3%
Reihenhäuser, hoher Standard	–	**464,00**	–	0,3%
Mehrfamilienhäuser				
Mehrfamilienhäuser, mit bis zu 6 WE, einfacher Standard	–	**1.786,00**	–	2,8%
Mehrfamilienhäuser, mit bis zu 6 WE, mittlerer Standard	1.473,00	**2.214,00**	2.954,00	0,7%
Mehrfamilienhäuser, mit bis zu 6 WE, hoher Standard	–	**–**	–	–

© **BKI** Baukosteninformationszentrum; Erläuterungen zu den Tabellen siehe Seite 56

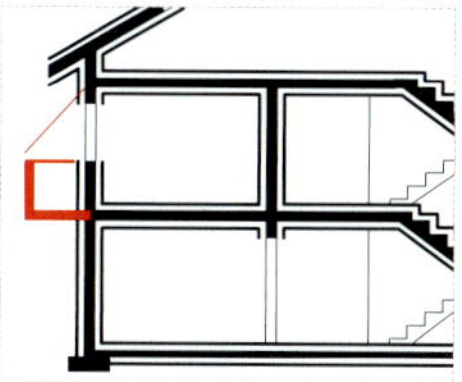

Einheit: m²
Deckenfläche,
elementiert

Gebäudeart	▷	€/Einheit	◁	KG an 300
Mehrfamilienhäuser (Fortsetzung)				
Mehrfamilienhäuser, mit 6 bis 19 WE, einfacher Standard	–	**4.078,00**	–	0,6%
Mehrfamilienhäuser, mit 6 bis 19 WE, mittlerer Standard	1.773,00	**1.778,00**	1.783,00	0,7%
Mehrfamilienhäuser, mit 6 bis 19 WE, hoher Standard	–	**1.325,00**	–	0,2%
Mehrfamilienhäuser, mit 20 oder mehr WE, einfacher Standard	–	**3.203,00**	–	0,4%
Mehrfamilienhäuser, mit 20 oder mehr WE, mittlerer Standard	–	**–**	–	–
Mehrfamilienhäuser, mit 20 oder mehr WE, hoher Standard	–	**2.135,00**	–	0,2%
Mehrfamilienhäuser, Passivhäuser	–	**2.001,00**	–	0,3%
Mehrfamilienhäuser, Holzbauweise	931,00	**1.657,00**	2.382,00	0,7%
Wohnhäuser, mit bis zu 15% Mischnutzung, einfacher Standard	–	**–**	–	–
Wohnhäuser, mit bis zu 15% Mischnutzung, mittlerer Standard	–	**–**	–	–
Wohnhäuser, mit bis zu 15% Mischnutzung, hoher Standard	–	**–**	–	–
Wohnhäuser, mit mehr als 15% Mischnutzung	–	**853,00**	–	2,0%
Seniorenwohnungen und Beherbergungen				
Seniorenwohnungen, mittlerer Standard	–	**1.506,00**	–	0,4%
Seniorenwohnungen, hoher Standard	–	**–**	–	–
Wohnheime und Internate	2.588,00	**2.691,00**	2.795,00	< 0,1%
Hotels	–	**–**	–	–
7 Gewerbe-, Lager- und Garagen				
Gaststätten, Kantinen und Mensen	–	**–**	–	–
Industrielle Produktionsgebäude, Massivbauweise	–	**–**	–	–
Industrielle Produktionsgebäude, überwiegend Skelettbauweise	1.190,00	**1.409,00**	1.629,00	< 0,1%
Betriebs- und Werkstätten, eingeschossig	–	**–**	–	–
Betriebs- und Werkstätten, mehrgeschossig, geringer Hallenanteil	1.754,00	**1.941,00**	2.298,00	0,3%
Betriebs- und Werkstätten, mehrgeschossig, hoher Hallenanteil	1.820,00	**1.948,00**	2.076,00	0,8%
Geschäftshäuser, mit Wohnungen	918,00	**1.967,00**	3.017,00	0,1%
Geschäftshäuser, ohne Wohnungen	–	**–**	–	–
Verbrauchermärkte	–	**–**	–	–
Autohäuser	–	**–**	–	–
Lagergebäude, ohne Mischnutzung	–	**1.023,00**	–	0,1%
Lagergebäude, mit bis zu 25% Mischnutzung	–	**–**	–	–
Lagergebäude, mit mehr als 25% Mischnutzung	–	**–**	–	–
Garagen und Bereitschaftsdienste				
Einzel- und Doppelgaragen	–	**–**	–	–
Mehrfachgaragen	–	**–**	–	–
Hochgaragen	985,00	**1.278,00**	1.570,00	0,3%
Fahrradparkhäuser	–	**–**	–	–
Carports	–	**–**	–	–
Tiefgaragen	–	**–**	–	–
Feuerwehrhäuser	937,00	**1.889,00**	2.842,00	0,3%
Öffentliche Bereitschaftsdienste	–	**1.658,00**	–	0,1%
8 Gebäude für kulturelle und religiöse Zwecke				
Bibliotheken, Museen und Ausstellungen	1.125,00	**2.326,00**	3.527,00	< 0,1%
Theater	–	**–**	–	–
Gemeindezentren, einfacher Standard	–	**–**	–	–
Gemeindezentren, mittlerer Standard	–	**3.740,00**	–	0,6%
Gemeindezentren, hoher Standard	–	**1.044,00**	–	0,7%
Gemeindezentren, Holzbauweise	–	**–**	–	–
Friedhofsgebäude	–	**1.642,00**	–	0,2%

359 Sonstiges zur KG 350

Kosten:
Stand 1. Quartal 2025
Bundesdurchschnitt
inkl. 19% MwSt.

Einheit: m²
Deckenfläche/
Fläche der horizontalen
Baukonstruktionen

▷ von
ø Mittel
◁ bis

Gebäudeart	▷	€/Einheit	◁	KG an 300
1 Büro- und Verwaltungsgebäude				
Büro- und Verwaltungsgebäude, einfacher Standard	9,60	**27,00**	45,00	0,8%
Büro- und Verwaltungsgebäude, mittlerer Standard	25,00	**56,00**	163,00	1,3%
Büro- und Verwaltungsgebäude, hoher Standard	17,00	**43,00**	70,00	1,1%
Büro- und Verwaltungsgebäude, Holzbauweise	25,00	**41,00**	58,00	0,6%
2 Gebäude für Forschung und Lehre				
Instituts- und Laborgebäude	49,00	**83,00**	169,00	1,2%
3 Gebäude des Gesundheitswesens				
Medizinische Einrichtungen	14,00	**18,00**	20,00	0,7%
Pflegeheime	7,20	**14,00**	18,00	0,5%
Gebäude für Erholungszwecke	–	**56,00**	–	0,2%
4 Schulen und Kindergärten				
Allgemeinbildende Schulen	37,00	**52,00**	75,00	1,1%
Schulen, Holzbauweise	10,00	**36,00**	52,00	0,4%
Berufliche Schulen	33,00	**37,00**	41,00	0,5%
Förder- und Sonderschulen	32,00	**63,00**	150,00	1,6%
Weiterbildungseinrichtungen	23,00	**95,00**	235,00	2,1%
Kindergärten, nicht unterkellert, einfacher Standard	–	**239,00**	–	0,3%
Kindergärten, nicht unterkellert, mittlerer Standard	28,00	**72,00**	137,00	0,8%
Kindergärten, nicht unterkellert, hoher Standard	42,00	**100,00**	236,00	0,7%
Kindergärten, Holzbauweise, nicht unterkellert	12,00	**62,00**	108,00	0,3%
Kindergärten, unterkellert	55,00	**133,00**	288,00	0,9%
5 Sportbauten				
Sport- und Mehrzweckhallen	22,00	**34,00**	46,00	0,2%
Sporthallen (Einfeldhallen)	103,00	**183,00**	262,00	0,7%
Sporthallen (Dreifeldhallen)	92,00	**106,00**	127,00	1,2%
6 Wohngebäude				
Ein- und Zweifamilienhäuser				
Ein- und Zweifamilienhäuser, unterkellert, einfacher Standard	–	**16,00**	–	0,3%
Ein- und Zweifamilienhäuser, unterkellert, mittlerer Standard	13,00	**37,00**	79,00	1,0%
Ein- und Zweifamilienhäuser, unterkellert, hoher Standard	32,00	**68,00**	213,00	1,2%
Ein- und Zweifamilienhäuser, nicht unterkellert, einfacher Standard	–	**10,00**	–	0,3%
Ein- und Zweifamilienhäuser, nicht unterkellert, mittlerer Standard	30,00	**49,00**	100,00	0,6%
Ein- und Zweifamilienhäuser, nicht unterkellert, hoher Standard	14,00	**34,00**	57,00	0,7%
Ein- und Zweifamilienhäuser, Passivhausstandard, Massivbauweise	15,00	**34,00**	41,00	0,4%
Ein- und Zweifamilienhäuser, Passivhausstandard, Holzbauweise	13,00	**21,00**	38,00	0,3%
Ein- und Zweifamilienhäuser, Holzbauweise, unterkellert	9,30	**24,00**	48,00	0,4%
Ein- und Zweifamilienhäuser, Holzbauweise, nicht unterkellert	6,50	**12,00**	19,00	0,2%
Doppel- und Reihenend- / Reihenhäuser				
Doppel- und Reihenendhäuser, einfacher Standard	9,00	**9,70**	10,00	0,5%
Doppel- und Reihenendhäuser, mittlerer Standard	22,00	**46,00**	92,00	1,8%
Doppel- und Reihenendhäuser, hoher Standard	27,00	**57,00**	74,00	1,8%
Doppel- und Reihenendhäuser, Holzbauweise	6,20	**35,00**	53,00	1,1%
Reihenhäuser, einfacher Standard	5,60	**8,00**	10,00	0,6%
Reihenhäuser, mittlerer Standard	9,40	**12,00**	15,00	0,8%
Reihenhäuser, hoher Standard	11,00	**29,00**	41,00	1,0%
Mehrfamilienhäuser				
Mehrfamilienhäuser, mit bis zu 6 WE, einfacher Standard	11,00	**21,00**	30,00	1,3%
Mehrfamilienhäuser, mit bis zu 6 WE, mittlerer Standard	11,00	**42,00**	62,00	2,3%
Mehrfamilienhäuser, mit bis zu 6 WE, hoher Standard	27,00	**42,00**	55,00	1,4%

© BKI Baukosteninformationszentrum; Erläuterungen zu den Tabellen siehe Seite 56

Gebäudeart	▷	€/Einheit	◁	KG an 300
Mehrfamilienhäuser (Fortsetzung)				
Mehrfamilienhäuser, mit 6 bis 19 WE, einfacher Standard	26,00	**47,00**	57,00	2,6%
Mehrfamilienhäuser, mit 6 bis 19 WE, mittlerer Standard	30,00	**43,00**	60,00	2,4%
Mehrfamilienhäuser, mit 6 bis 19 WE, hoher Standard	25,00	**35,00**	51,00	1,8%
Mehrfamilienhäuser, mit 20 oder mehr WE, einfacher Standard	58,00	**71,00**	96,00	4,8%
Mehrfamilienhäuser, mit 20 oder mehr WE, mittlerer Standard	33,00	**38,00**	52,00	1,6%
Mehrfamilienhäuser, mit 20 oder mehr WE, hoher Standard	0,50	**48,00**	73,00	2,4%
Mehrfamilienhäuser, Passivhäuser	34,00	**54,00**	89,00	2,3%
Mehrfamilienhäuser, Holzbauweise	32,00	**52,00**	82,00	2,6%
Wohnhäuser, mit bis zu 15% Mischnutzung, einfacher Standard	48,00	**51,00**	53,00	3,3%
Wohnhäuser, mit bis zu 15% Mischnutzung, mittlerer Standard	–	**29,00**	–	0,5%
Wohnhäuser, mit bis zu 15% Mischnutzung, hoher Standard	–	**42,00**	–	1,5%
Wohnhäuser, mit mehr als 15% Mischnutzung	13,00	**25,00**	32,00	1,0%
Seniorenwohnungen und Beherbergungen				
Seniorenwohnungen, mittlerer Standard	26,00	**29,00**	40,00	1,8%
Seniorenwohnungen, hoher Standard	–	**55,00**	–	3,3%
Wohnheime und Internate	18,00	**42,00**	85,00	1,7%
Hotels	–	**99,00**	–	3,2%
7 Gewerbe-, Lager- und Garagen				
Gaststätten, Kantinen und Mensen	–	**63,00**	–	1,7%
Industrielle Produktionsgebäude, Massivbauweise	36,00	**84,00**	145,00	1,5%
Industrielle Produktionsgebäude, überwiegend Skelettbauweise	21,00	**27,00**	41,00	0,5%
Betriebs- und Werkstätten, eingeschossig	–	**–**	–	–
Betriebs- und Werkstätten, mehrgeschossig, geringer Hallenanteil	8,20	**35,00**	66,00	0,8%
Betriebs- und Werkstätten, mehrgeschossig, hoher Hallenanteil	34,00	**79,00**	167,00	0,3%
Geschäftshäuser, mit Wohnungen	20,00	**24,00**	26,00	1,3%
Geschäftshäuser, ohne Wohnungen	–	**60,00**	–	1,6%
Verbrauchermärkte	–	**–**	–	–
Autohäuser	63,00	**85,00**	108,00	1,0%
Lagergebäude, ohne Mischnutzung	38,00	**88,00**	187,00	0,2%
Lagergebäude, mit bis zu 25% Mischnutzung	42,00	**52,00**	61,00	0,4%
Lagergebäude, mit mehr als 25% Mischnutzung	–	**25,00**	–	0,3%
Garagen und Bereitschaftsdienste				
Einzel- und Doppelgaragen	–	**–**	–	–
Mehrfachgaragen	–	**48,00**	–	0,2%
Hochgaragen	22,00	**24,00**	26,00	1,3%
Fahrradparkhäuser	–	**38,00**	–	0,3%
Carports	–	**–**	–	–
Tiefgaragen	21,00	**28,00**	35,00	0,4%
Feuerwehrhäuser	18,00	**31,00**	55,00	0,3%
Öffentliche Bereitschaftsdienste	29,00	**70,00**	95,00	1,1%
8 Gebäude für kulturelle und religiöse Zwecke				
Bibliotheken, Museen und Ausstellungen	10,00	**32,00**	113,00	0,7%
Theater	–	**63,00**	–	0,6%
Gemeindezentren, einfacher Standard	16,00	**80,00**	144,00	0,9%
Gemeindezentren, mittlerer Standard	41,00	**80,00**	157,00	0,6%
Gemeindezentren, hoher Standard	31,00	**69,00**	141,00	1,0%
Gemeindezentren, Holzbauweise	–	**115,00**	–	0,4%
Friedhofsgebäude	–	**13,00**	–	< 0,1%

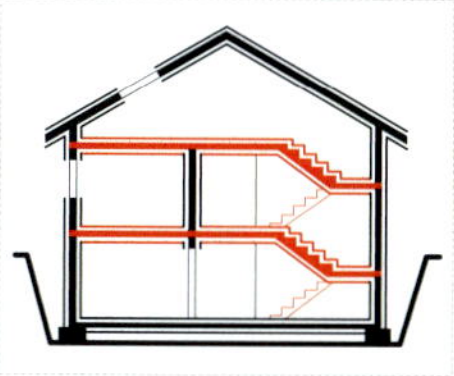

Einheit: m²
Deckenfläche/
Fläche der horizontalen
Baukonstruktionen

Kosten:
Stand 1. Quartal 2025
Bundesdurchschnitt
inkl. 19% MwSt.

Einheit: m²
Dachkonstruktionsfläche

▷ von
ø Mittel
◁ bis

Gebäudeart	▷	€/Einheit	◁	KG an 300
1 Büro- und Verwaltungsgebäude				
Büro- und Verwaltungsgebäude, einfacher Standard	106,00	**151,00**	232,00	6,3%
Büro- und Verwaltungsgebäude, mittlerer Standard	187,00	**235,00**	346,00	4,4%
Büro- und Verwaltungsgebäude, hoher Standard	174,00	**268,00**	362,00	4,0%
Büro- und Verwaltungsgebäude, Holzbauweise	172,00	**260,00**	383,00	7,2%
2 Gebäude für Forschung und Lehre				
Instituts- und Laborgebäude	137,00	**155,00**	199,00	4,8%
3 Gebäude des Gesundheitswesens				
Medizinische Einrichtungen	104,00	**149,00**	220,00	2,8%
Pflegeheime	100,00	**155,00**	193,00	4,2%
Gebäude für Erholungszwecke	124,00	**174,00**	249,00	6,5%
4 Schulen und Kindergärten				
Allgemeinbildende Schulen	161,00	**221,00**	281,00	6,4%
Schulen, Holzbauweise	198,00	**274,00**	393,00	8,4%
Berufliche Schulen	130,00	**196,00**	284,00	9,2%
Förder- und Sonderschulen	157,00	**212,00**	297,00	5,1%
Weiterbildungseinrichtungen	190,00	**282,00**	448,00	7,1%
Kindergärten, nicht unterkellert, einfacher Standard	95,00	**116,00**	152,00	7,1%
Kindergärten, nicht unterkellert, mittlerer Standard	123,00	**187,00**	235,00	8,5%
Kindergärten, nicht unterkellert, hoher Standard	164,00	**192,00**	215,00	8,6%
Kindergärten, Holzbauweise, nicht unterkellert	159,00	**226,00**	310,00	6,2%
Kindergärten, unterkellert	136,00	**208,00**	297,00	5,9%
5 Sportbauten				
Sport- und Mehrzweckhallen	213,00	**325,00**	530,00	13,7%
Sporthallen (Einfeldhallen)	198,00	**273,00**	445,00	13,8%
Sporthallen (Dreifeldhallen)	181,00	**241,00**	328,00	10,1%
6 Wohngebäude				
Ein- und Zweifamilienhäuser				
Ein- und Zweifamilienhäuser, unterkellert, einfacher Standard	88,00	**97,00**	113,00	4,6%
Ein- und Zweifamilienhäuser, unterkellert, mittlerer Standard	95,00	**138,00**	220,00	3,9%
Ein- und Zweifamilienhäuser, unterkellert, hoher Standard	96,00	**157,00**	249,00	3,4%
Ein- und Zweifamilienhäuser, nicht unterkellert, einfacher Standard	53,00	**71,00**	88,00	3,5%
Ein- und Zweifamilienhäuser, nicht unterkellert, mittlerer Standard	99,00	**137,00**	169,00	5,4%
Ein- und Zweifamilienhäuser, nicht unterkellert, hoher Standard	149,00	**198,00**	260,00	5,5%
Ein- und Zweifamilienhäuser, Passivhausstandard, Massivbauweise	113,00	**172,00**	244,00	4,4%
Ein- und Zweifamilienhäuser, Passivhausstandard, Holzbauweise	183,00	**232,00**	285,00	6,5%
Ein- und Zweifamilienhäuser, Holzbauweise, unterkellert	111,00	**171,00**	248,00	4,8%
Ein- und Zweifamilienhäuser, Holzbauweise, nicht unterkellert	86,00	**166,00**	217,00	5,9%
Doppel- und Reihenend- / Reihenhäuser				
Doppel- und Reihenendhäuser, einfacher Standard	87,00	**137,00**	162,00	4,2%
Doppel- und Reihenendhäuser, mittlerer Standard	91,00	**139,00**	169,00	4,8%
Doppel- und Reihenendhäuser, hoher Standard	132,00	**180,00**	253,00	4,6%
Doppel- und Reihenendhäuser, Holzbauweise	109,00	**205,00**	325,00	6,0%
Reihenhäuser, einfacher Standard	49,00	**107,00**	166,00	4,7%
Reihenhäuser, mittlerer Standard	92,00	**122,00**	153,00	3,9%
Reihenhäuser, hoher Standard	121,00	**215,00**	306,00	4,8%
Mehrfamilienhäuser				
Mehrfamilienhäuser, mit bis zu 6 WE, einfacher Standard	85,00	**130,00**	175,00	5,9%
Mehrfamilienhäuser, mit bis zu 6 WE, mittlerer Standard	102,00	**143,00**	172,00	4,1%
Mehrfamilienhäuser, mit bis zu 6 WE, hoher Standard	170,00	**210,00**	287,00	4,2%

© **BKI** Baukosteninformationszentrum; Erläuterungen zu den Tabellen siehe Seite 56

Einheit: m²
Dachkonstruktionsfläche

Gebäudeart	▷	€/Einheit	◁	KG an 300
Mehrfamilienhäuser (Fortsetzung)				
Mehrfamilienhäuser, mit 6 bis 19 WE, einfacher Standard	123,00	**154,00**	172,00	4,4%
Mehrfamilienhäuser, mit 6 bis 19 WE, mittlerer Standard	118,00	**151,00**	182,00	4,4%
Mehrfamilienhäuser, mit 6 bis 19 WE, hoher Standard	166,00	**191,00**	241,00	5,0%
Mehrfamilienhäuser, mit 20 oder mehr WE, einfacher Standard	166,00	**249,00**	304,00	5,6%
Mehrfamilienhäuser, mit 20 oder mehr WE, mittlerer Standard	138,00	**185,00**	262,00	3,7%
Mehrfamilienhäuser, mit 20 oder mehr WE, hoher Standard	128,00	**173,00**	218,00	2,6%
Mehrfamilienhäuser, Passivhäuser	178,00	**197,00**	258,00	4,4%
Mehrfamilienhäuser, Holzbauweise	91,00	**156,00**	194,00	3,6%
Wohnhäuser, mit bis zu 15% Mischnutzung, einfacher Standard	234,00	**251,00**	262,00	3,2%
Wohnhäuser, mit bis zu 15% Mischnutzung, mittlerer Standard	37,00	**128,00**	218,00	2,2%
Wohnhäuser, mit bis zu 15% Mischnutzung, hoher Standard	–	**242,00**	–	1,4%
Wohnhäuser, mit mehr als 15% Mischnutzung	162,00	**227,00**	349,00	4,7%
Seniorenwohnungen und Beherbergungen				
Seniorenwohnungen, mittlerer Standard	93,00	**148,00**	230,00	3,6%
Seniorenwohnungen, hoher Standard	128,00	**175,00**	221,00	4,2%
Wohnheime und Internate	119,00	**184,00**	255,00	3,8%
Hotels	–	**265,00**	–	2,9%
7 Gewerbe-, Lager- und Garagen				
Gaststätten, Kantinen und Mensen	–	**323,00**	–	5,5%
Industrielle Produktionsgebäude, Massivbauweise	149,00	**166,00**	189,00	8,9%
Industrielle Produktionsgebäude, überwiegend Skelettbauweise	164,00	**215,00**	299,00	11,1%
Betriebs- und Werkstätten, eingeschossig	95,00	**205,00**	271,00	12,0%
Betriebs- und Werkstätten, mehrgeschossig, geringer Hallenanteil	150,00	**215,00**	306,00	8,6%
Betriebs- und Werkstätten, mehrgeschossig, hoher Hallenanteil	126,00	**158,00**	213,00	12,5%
Geschäftshäuser, mit Wohnungen	127,00	**179,00**	206,00	3,6%
Geschäftshäuser, ohne Wohnungen	90,00	**136,00**	182,00	2,8%
Verbrauchermärkte	130,00	**137,00**	144,00	12,8%
Autohäuser	115,00	**144,00**	173,00	6,2%
Lagergebäude, ohne Mischnutzung	68,00	**138,00**	205,00	11,9%
Lagergebäude, mit bis zu 25% Mischnutzung	134,00	**152,00**	183,00	13,1%
Lagergebäude, mit mehr als 25% Mischnutzung	58,00	**254,00**	450,00	18,3%
Garagen und Bereitschaftsdienste				
Einzel- und Doppelgaragen	–	**71,00**	–	3,0%
Mehrfachgaragen	45,00	**105,00**	122,00	11,7%
Hochgaragen	280,00	**325,00**	400,00	12,6%
Fahrradparkhäuser	165,00	**323,00**	632,00	12,4%
Carports	124,00	**188,00**	245,00	9,9%
Tiefgaragen	274,00	**307,00**	319,00	8,1%
Feuerwehrhäuser	125,00	**162,00**	225,00	8,1%
Öffentliche Bereitschaftsdienste	116,00	**179,00**	239,00	9,9%
8 Gebäude für kulturelle und religiöse Zwecke				
Bibliotheken, Museen und Ausstellungen	210,00	**275,00**	369,00	5,9%
Theater	568,00	**642,00**	715,00	10,9%
Gemeindezentren, einfacher Standard	87,00	**174,00**	348,00	8,4%
Gemeindezentren, mittlerer Standard	151,00	**224,00**	440,00	6,8%
Gemeindezentren, hoher Standard	149,00	**214,00**	406,00	6,8%
Gemeindezentren, Holzbauweise	148,00	**174,00**	223,00	8,0%
Friedhofsgebäude	131,00	**229,00**	326,00	6,3%

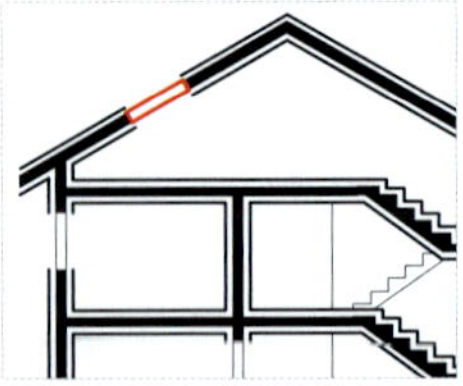

Kosten:
Stand 1. Quartal 2025
Bundesdurchschnitt
inkl. 19% MwSt.

Einheit: m²
Dachöffnungsfläche

▷ von
ø Mittel
◁ bis

Gebäudeart	▷	€/Einheit	◁	KG an 300
1 Büro- und Verwaltungsgebäude				
Büro- und Verwaltungsgebäude, einfacher Standard	–	**1.636,00**	–	3,4%
Büro- und Verwaltungsgebäude, mittlerer Standard	1.959,00	**3.308,00**	7.557,00	0,7%
Büro- und Verwaltungsgebäude, hoher Standard	2.367,00	**3.305,00**	5.134,00	0,5%
Büro- und Verwaltungsgebäude, Holzbauweise	2.950,00	**4.541,00**	7.720,00	0,7%
2 Gebäude für Forschung und Lehre				
Instituts- und Laborgebäude	1.472,00	**2.355,00**	4.048,00	0,7%
3 Gebäude des Gesundheitswesens				
Medizinische Einrichtungen	7.200,00	**13.418,00**	24.398,00	0,3%
Pflegeheime	1.144,00	**2.643,00**	4.874,00	0,2%
Gebäude für Erholungszwecke	–	**–**	–	–
4 Schulen und Kindergärten				
Allgemeinbildende Schulen	2.613,00	**3.482,00**	5.162,00	1,2%
Schulen, Holzbauweise	1.464,00	**3.572,00**	7.651,00	0,2%
Berufliche Schulen	903,00	**1.690,00**	3.120,00	2,6%
Förder- und Sonderschulen	2.029,00	**2.996,00**	6.309,00	0,9%
Weiterbildungseinrichtungen	996,00	**1.978,00**	2.555,00	< 0,1%
Kindergärten, nicht unterkellert, einfacher Standard	–	**1.250,00**	–	0,1%
Kindergärten, nicht unterkellert, mittlerer Standard	1.604,00	**2.283,00**	3.025,00	1,1%
Kindergärten, nicht unterkellert, hoher Standard	2.180,00	**3.075,00**	3.760,00	2,0%
Kindergärten, Holzbauweise, nicht unterkellert	1.176,00	**1.886,00**	2.846,00	0,6%
Kindergärten, unterkellert	1.067,00	**5.955,00**	8.535,00	0,4%
5 Sportbauten				
Sport- und Mehrzweckhallen	697,00	**2.830,00**	4.963,00	1,3%
Sporthallen (Einfeldhallen)	606,00	**1.606,00**	2.135,00	1,1%
Sporthallen (Dreifeldhallen)	661,00	**984,00**	1.569,00	4,2%
6 Wohngebäude				
Ein- und Zweifamilienhäuser				
Ein- und Zweifamilienhäuser, unterkellert, einfacher Standard	872,00	**1.476,00**	1.844,00	1,3%
Ein- und Zweifamilienhäuser, unterkellert, mittlerer Standard	1.142,00	**1.763,00**	2.749,00	1,3%
Ein- und Zweifamilienhäuser, unterkellert, hoher Standard	1.247,00	**1.890,00**	3.019,00	0,6%
Ein- und Zweifamilienhäuser, nicht unterkellert, einfacher Standard	–	**1.162,00**	–	< 0,1%
Ein- und Zweifamilienhäuser, nicht unterkellert, mittlerer Standard	1.258,00	**2.082,00**	3.256,00	0,7%
Ein- und Zweifamilienhäuser, nicht unterkellert, hoher Standard	947,00	**1.728,00**	2.364,00	1,0%
Ein- und Zweifamilienhäuser, Passivhausstandard, Massivbauweise	2.086,00	**2.290,00**	2.493,00	0,2%
Ein- und Zweifamilienhäuser, Passivhausstandard, Holzbauweise	2.004,00	**3.174,00**	4.344,00	0,4%
Ein- und Zweifamilienhäuser, Holzbauweise, unterkellert	1.185,00	**2.031,00**	2.879,00	0,7%
Ein- und Zweifamilienhäuser, Holzbauweise, nicht unterkellert	1.595,00	**2.421,00**	3.606,00	1,8%
Doppel- und Reihenend- / Reihenhäuser				
Doppel- und Reihenendhäuser, einfacher Standard	–	**–**	–	–
Doppel- und Reihenendhäuser, mittlerer Standard	615,00	**1.352,00**	1.695,00	1,2%
Doppel- und Reihenendhäuser, hoher Standard	1.187,00	**1.979,00**	2.386,00	0,9%
Doppel- und Reihenendhäuser, Holzbauweise	612,00	**1.644,00**	3.447,00	0,9%
Reihenhäuser, einfacher Standard	–	**841,00**	–	< 0,1%
Reihenhäuser, mittlerer Standard	–	**751,00**	–	0,3%
Reihenhäuser, hoher Standard	1.331,00	**1.753,00**	2.481,00	1,2%
Mehrfamilienhäuser				
Mehrfamilienhäuser, mit bis zu 6 WE, einfacher Standard	853,00	**938,00**	1.023,00	1,3%
Mehrfamilienhäuser, mit bis zu 6 WE, mittlerer Standard	1.261,00	**1.970,00**	2.975,00	1,0%
Mehrfamilienhäuser, mit bis zu 6 WE, hoher Standard	1.075,00	**2.385,00**	3.118,00	0,5%

© BKI Baukosteninformationszentrum; Erläuterungen zu den Tabellen siehe Seite 56

Gebäudeart	▷	€/Einheit	◁	KG an 300
Mehrfamilienhäuser (Fortsetzung)				
Mehrfamilienhäuser, mit 6 bis 19 WE, einfacher Standard	929,00	**1.214,00**	1.500,00	1,0%
Mehrfamilienhäuser, mit 6 bis 19 WE, mittlerer Standard	1.723,00	**4.423,00**	9.886,00	0,6%
Mehrfamilienhäuser, mit 6 bis 19 WE, hoher Standard	447,00	**1.321,00**	2.041,00	0,6%
Mehrfamilienhäuser, mit 20 oder mehr WE, einfacher Standard	2.722,00	**3.192,00**	3.662,00	< 0,1%
Mehrfamilienhäuser, mit 20 oder mehr WE, mittlerer Standard	1.146,00	**2.328,00**	3.128,00	0,5%
Mehrfamilienhäuser, mit 20 oder mehr WE, hoher Standard	1.251,00	**1.346,00**	1.440,00	0,3%
Mehrfamilienhäuser, Passivhäuser	2.717,00	**4.215,00**	5.713,00	< 0,1%
Mehrfamilienhäuser, Holzbauweise	989,00	**3.152,00**	4.019,00	0,6%
Wohnhäuser, mit bis zu 15% Mischnutzung, einfacher Standard	1.119,00	**1.528,00**	1.937,00	0,2%
Wohnhäuser, mit bis zu 15% Mischnutzung, mittlerer Standard	–	**6.125,00**	–	0,2%
Wohnhäuser, mit bis zu 15% Mischnutzung, hoher Standard	–	**2.044,00**	–	1,0%
Wohnhäuser, mit mehr als 15% Mischnutzung	1.170,00	**1.966,00**	2.387,00	2,4%
Seniorenwohnungen und Beherbergungen				
Seniorenwohnungen, mittlerer Standard	1.053,00	**1.173,00**	1.299,00	0,6%
Seniorenwohnungen, hoher Standard	1.043,00	**1.704,00**	2.366,00	0,3%
Wohnheime und Internate	1.867,00	**3.574,00**	7.913,00	0,6%
Hotels	–	**–**	–	–
7 Gewerbe-, Lager- und Garagen				
Gaststätten, Kantinen und Mensen	–	**4.757,00**	–	2,3%
Industrielle Produktionsgebäude, Massivbauweise	162,00	**519,00**	853,00	1,5%
Industrielle Produktionsgebäude, überwiegend Skelettbauweise	672,00	**1.035,00**	1.556,00	1,5%
Betriebs- und Werkstätten, eingeschossig	603,00	**1.298,00**	1.993,00	2,3%
Betriebs- und Werkstätten, mehrgeschossig, geringer Hallenanteil	1.002,00	**2.491,00**	4.672,00	1,0%
Betriebs- und Werkstätten, mehrgeschossig, hoher Hallenanteil	420,00	**684,00**	1.195,00	1,7%
Geschäftshäuser, mit Wohnungen	761,00	**1.224,00**	1.687,00	0,7%
Geschäftshäuser, ohne Wohnungen	–	**2.216,00**	–	0,1%
Verbrauchermärkte	–	**2.140,00**	–	< 0,1%
Autohäuser	1.877,00	**2.288,00**	2.699,00	1,0%
Lagergebäude, ohne Mischnutzung	517,00	**724,00**	1.134,00	1,4%
Lagergebäude, mit bis zu 25% Mischnutzung	335,00	**574,00**	1.033,00	2,4%
Lagergebäude, mit mehr als 25% Mischnutzung	1.589,00	**2.031,00**	2.473,00	6,9%
Garagen und Bereitschaftsdienste				
Einzel- und Doppelgaragen	–	**–**	–	–
Mehrfachgaragen	–	**–**	–	–
Hochgaragen	–	**2.030,00**	–	< 0,1%
Fahrradparkhäuser	513,00	**1.051,00**	1.589,00	0,7%
Carports	–	**–**	–	–
Tiefgaragen	–	**–**	–	–
Feuerwehrhäuser	1.077,00	**2.182,00**	2.869,00	1,8%
Öffentliche Bereitschaftsdienste	750,00	**6.968,00**	13.185,00	1,0%
8 Gebäude für kulturelle und religiöse Zwecke				
Bibliotheken, Museen und Ausstellungen	1.432,00	**3.510,00**	8.811,00	0,9%
Theater	–	**2.073,00**	–	< 0,1%
Gemeindezentren, einfacher Standard	1.614,00	**1.675,00**	1.795,00	1,7%
Gemeindezentren, mittlerer Standard	2.190,00	**2.572,00**	3.288,00	0,4%
Gemeindezentren, hoher Standard	–	**4.141,00**	–	0,8%
Gemeindezentren, Holzbauweise	–	**2.520,00**	–	0,4%
Friedhofsgebäude	–	**–**	–	–

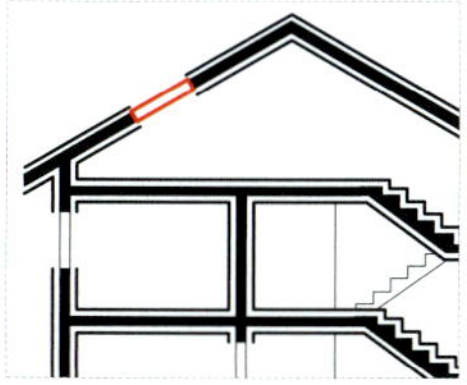

Einheit: m²
Dachöffnungsfläche

Kosten:
Stand 1. Quartal 2025
Bundesdurchschnitt
inkl. 19% MwSt.

Einheit: m²
Dachbelagsfläche

▷ von
ø Mittel
◁ bis

Gebäudeart	▷	€/Einheit	◁	KG an 300
1 Büro- und Verwaltungsgebäude				
Büro- und Verwaltungsgebäude, einfacher Standard	124,00	**210,00**	368,00	7,5%
Büro- und Verwaltungsgebäude, mittlerer Standard	214,00	**298,00**	435,00	5,6%
Büro- und Verwaltungsgebäude, hoher Standard	220,00	**380,00**	621,00	5,0%
Büro- und Verwaltungsgebäude, Holzbauweise	226,00	**257,00**	332,00	8,3%
2 Gebäude für Forschung und Lehre				
Instituts- und Laborgebäude	197,00	**232,00**	268,00	6,9%
3 Gebäude des Gesundheitswesens				
Medizinische Einrichtungen	149,00	**278,00**	346,00	5,7%
Pflegeheime	139,00	**204,00**	305,00	5,7%
Gebäude für Erholungszwecke	231,00	**341,00**	416,00	13,8%
4 Schulen und Kindergärten				
Allgemeinbildende Schulen	211,00	**236,00**	282,00	6,7%
Schulen, Holzbauweise	163,00	**233,00**	522,00	7,5%
Berufliche Schulen	183,00	**257,00**	479,00	10,2%
Förder- und Sonderschulen	194,00	**226,00**	267,00	5,8%
Weiterbildungseinrichtungen	231,00	**249,00**	261,00	5,6%
Kindergärten, nicht unterkellert, einfacher Standard	129,00	**162,00**	226,00	10,1%
Kindergärten, nicht unterkellert, mittlerer Standard	163,00	**187,00**	197,00	8,5%
Kindergärten, nicht unterkellert, hoher Standard	159,00	**211,00**	349,00	9,4%
Kindergärten, Holzbauweise, nicht unterkellert	150,00	**224,00**	282,00	8,3%
Kindergärten, unterkellert	186,00	**329,00**	468,00	9,2%
5 Sportbauten				
Sport- und Mehrzweckhallen	172,00	**320,00**	615,00	12,3%
Sporthallen (Einfeldhallen)	158,00	**193,00**	206,00	9,7%
Sporthallen (Dreifeldhallen)	149,00	**193,00**	249,00	8,7%
6 Wohngebäude				
Ein- und Zweifamilienhäuser				
Ein- und Zweifamilienhäuser, unterkellert, einfacher Standard	132,00	**176,00**	240,00	8,4%
Ein- und Zweifamilienhäuser, unterkellert, mittlerer Standard	162,00	**193,00**	221,00	5,5%
Ein- und Zweifamilienhäuser, unterkellert, hoher Standard	175,00	**273,00**	388,00	6,0%
Ein- und Zweifamilienhäuser, nicht unterkellert, einfacher Standard	122,00	**141,00**	159,00	6,7%
Ein- und Zweifamilienhäuser, nicht unterkellert, mittlerer Standard	150,00	**234,00**	334,00	9,2%
Ein- und Zweifamilienhäuser, nicht unterkellert, hoher Standard	209,00	**297,00**	405,00	8,3%
Ein- und Zweifamilienhäuser, Passivhausstandard, Massivbauweise	163,00	**221,00**	290,00	6,4%
Ein- und Zweifamilienhäuser, Passivhausstandard, Holzbauweise	163,00	**208,00**	284,00	5,9%
Ein- und Zweifamilienhäuser, Holzbauweise, unterkellert	119,00	**185,00**	261,00	5,4%
Ein- und Zweifamilienhäuser, Holzbauweise, nicht unterkellert	141,00	**249,00**	414,00	8,7%
Doppel- und Reihenend- / Reihenhäuser				
Doppel- und Reihenendhäuser, einfacher Standard	169,00	**180,00**	200,00	5,6%
Doppel- und Reihenendhäuser, mittlerer Standard	121,00	**136,00**	172,00	5,2%
Doppel- und Reihenendhäuser, hoher Standard	210,00	**237,00**	282,00	6,5%
Doppel- und Reihenendhäuser, Holzbauweise	135,00	**220,00**	427,00	6,7%
Reihenhäuser, einfacher Standard	113,00	**131,00**	149,00	5,9%
Reihenhäuser, mittlerer Standard	173,00	**195,00**	216,00	6,4%
Reihenhäuser, hoher Standard	149,00	**219,00**	393,00	5,2%
Mehrfamilienhäuser				
Mehrfamilienhäuser, mit bis zu 6 WE, einfacher Standard	114,00	**152,00**	189,00	6,8%
Mehrfamilienhäuser, mit bis zu 6 WE, mittlerer Standard	183,00	**252,00**	335,00	7,1%
Mehrfamilienhäuser, mit bis zu 6 WE, hoher Standard	292,00	**421,00**	658,00	8,0%

© **BKI** Baukosteninformationszentrum; Erläuterungen zu den Tabellen siehe Seite 56

Einheit: m²
Dachbelagsfläche

Gebäudeart	▷	€/Einheit	◁	KG an 300
Mehrfamilienhäuser (Fortsetzung)				
Mehrfamilienhäuser, mit 6 bis 19 WE, einfacher Standard	152,00	**209,00**	304,00	5,0%
Mehrfamilienhäuser, mit 6 bis 19 WE, mittlerer Standard	149,00	**195,00**	260,00	5,4%
Mehrfamilienhäuser, mit 6 bis 19 WE, hoher Standard	214,00	**255,00**	295,00	6,2%
Mehrfamilienhäuser, mit 20 oder mehr WE, einfacher Standard	150,00	**178,00**	194,00	4,3%
Mehrfamilienhäuser, mit 20 oder mehr WE, mittlerer Standard	192,00	**273,00**	399,00	5,2%
Mehrfamilienhäuser, mit 20 oder mehr WE, hoher Standard	179,00	**299,00**	418,00	4,2%
Mehrfamilienhäuser, Passivhäuser	231,00	**291,00**	395,00	6,6%
Mehrfamilienhäuser, Holzbauweise	137,00	**242,00**	384,00	4,8%
Wohnhäuser, mit bis zu 15% Mischnutzung, einfacher Standard	267,00	**290,00**	324,00	3,7%
Wohnhäuser, mit bis zu 15% Mischnutzung, mittlerer Standard	109,00	**282,00**	456,00	5,1%
Wohnhäuser, mit bis zu 15% Mischnutzung, hoher Standard	–	**502,00**	–	3,0%
Wohnhäuser, mit mehr als 15% Mischnutzung	118,00	**248,00**	331,00	4,3%
Seniorenwohnungen und Beherbergungen				
Seniorenwohnungen, mittlerer Standard	163,00	**244,00**	368,00	6,0%
Seniorenwohnungen, hoher Standard	253,00	**254,00**	256,00	6,5%
Wohnheime und Internate	164,00	**299,00**	373,00	6,4%
Hotels	–	**625,00**	–	7,1%
7 Gewerbe-, Lager- und Garagen				
Gaststätten, Kantinen und Mensen	–	**220,00**	–	4,1%
Industrielle Produktionsgebäude, Massivbauweise	80,00	**158,00**	189,00	8,1%
Industrielle Produktionsgebäude, überwiegend Skelettbauweise	126,00	**162,00**	234,00	8,0%
Betriebs- und Werkstätten, eingeschossig	174,00	**244,00**	314,00	7,3%
Betriebs- und Werkstätten, mehrgeschossig, geringer Hallenanteil	133,00	**216,00**	361,00	7,8%
Betriebs- und Werkstätten, mehrgeschossig, hoher Hallenanteil	97,00	**149,00**	190,00	10,8%
Geschäftshäuser, mit Wohnungen	125,00	**200,00**	249,00	3,7%
Geschäftshäuser, ohne Wohnungen	225,00	**260,00**	294,00	5,6%
Verbrauchermärkte	103,00	**110,00**	118,00	10,4%
Autohäuser	159,00	**178,00**	196,00	7,1%
Lagergebäude, ohne Mischnutzung	76,00	**115,00**	169,00	11,0%
Lagergebäude, mit bis zu 25% Mischnutzung	126,00	**147,00**	187,00	11,6%
Lagergebäude, mit mehr als 25% Mischnutzung	148,00	**154,00**	159,00	10,1%
Garagen und Bereitschaftsdienste				
Einzel- und Doppelgaragen	–	**76,00**	–	3,2%
Mehrfachgaragen	84,00	**172,00**	282,00	12,6%
Hochgaragen	111,00	**163,00**	193,00	4,8%
Fahrradparkhäuser	169,00	**227,00**	338,00	10,0%
Carports	170,00	**254,00**	344,00	13,2%
Tiefgaragen	73,00	**134,00**	198,00	3,5%
Feuerwehrhäuser	148,00	**175,00**	198,00	8,9%
Öffentliche Bereitschaftsdienste	90,00	**154,00**	323,00	7,0%
8 Gebäude für kulturelle und religiöse Zwecke				
Bibliotheken, Museen und Ausstellungen	244,00	**368,00**	750,00	6,7%
Theater	267,00	**323,00**	378,00	6,0%
Gemeindezentren, einfacher Standard	123,00	**150,00**	198,00	7,3%
Gemeindezentren, mittlerer Standard	185,00	**243,00**	312,00	8,1%
Gemeindezentren, hoher Standard	119,00	**218,00**	269,00	7,1%
Gemeindezentren, Holzbauweise	138,00	**165,00**	180,00	8,0%
Friedhofsgebäude	276,00	**292,00**	309,00	10,2%

Kosten:
Stand 1. Quartal 2025
Bundesdurchschnitt
inkl. 19% MwSt.

Einheit: m²
Dachbekleidungsfläche

▷ von
ø Mittel
◁ bis

Gebäudeart	▷	€/Einheit	◁	KG an 300
1 Büro- und Verwaltungsgebäude				
Büro- und Verwaltungsgebäude, einfacher Standard	96,00	**116,00**	144,00	4,2%
Büro- und Verwaltungsgebäude, mittlerer Standard	30,00	**76,00**	155,00	1,1%
Büro- und Verwaltungsgebäude, hoher Standard	104,00	**149,00**	231,00	1,6%
Büro- und Verwaltungsgebäude, Holzbauweise	12,00	**87,00**	119,00	2,9%
2 Gebäude für Forschung und Lehre				
Instituts- und Laborgebäude	30,00	**65,00**	91,00	1,4%
3 Gebäude des Gesundheitswesens				
Medizinische Einrichtungen	102,00	**114,00**	138,00	2,0%
Pflegeheime	45,00	**89,00**	149,00	2,9%
Gebäude für Erholungszwecke	116,00	**136,00**	192,00	3,1%
4 Schulen und Kindergärten				
Allgemeinbildende Schulen	68,00	**114,00**	145,00	2,6%
Schulen, Holzbauweise	33,00	**103,00**	151,00	2,5%
Berufliche Schulen	59,00	**179,00**	270,00	3,7%
Förder- und Sonderschulen	101,00	**161,00**	220,00	3,4%
Weiterbildungseinrichtungen	36,00	**72,00**	130,00	0,6%
Kindergärten, nicht unterkellert, einfacher Standard	80,00	**104,00**	116,00	5,9%
Kindergärten, nicht unterkellert, mittlerer Standard	93,00	**118,00**	155,00	4,3%
Kindergärten, nicht unterkellert, hoher Standard	124,00	**169,00**	213,00	6,5%
Kindergärten, Holzbauweise, nicht unterkellert	41,00	**132,00**	173,00	3,2%
Kindergärten, unterkellert	131,00	**143,00**	175,00	3,9%
5 Sportbauten				
Sport- und Mehrzweckhallen	8,50	**80,00**	115,00	4,2%
Sporthallen (Einfeldhallen)	36,00	**74,00**	104,00	3,0%
Sporthallen (Dreifeldhallen)	107,00	**212,00**	318,00	2,7%
6 Wohngebäude				
Ein- und Zweifamilienhäuser				
Ein- und Zweifamilienhäuser, unterkellert, einfacher Standard	41,00	**72,00**	131,00	2,7%
Ein- und Zweifamilienhäuser, unterkellert, mittlerer Standard	81,00	**118,00**	169,00	2,2%
Ein- und Zweifamilienhäuser, unterkellert, hoher Standard	54,00	**116,00**	191,00	2,0%
Ein- und Zweifamilienhäuser, nicht unterkellert, einfacher Standard	–	**69,00**	–	0,4%
Ein- und Zweifamilienhäuser, nicht unterkellert, mittlerer Standard	37,00	**86,00**	126,00	2,9%
Ein- und Zweifamilienhäuser, nicht unterkellert, hoher Standard	19,00	**75,00**	120,00	2,0%
Ein- und Zweifamilienhäuser, Passivhausstandard, Massivbauweise	66,00	**113,00**	203,00	2,3%
Ein- und Zweifamilienhäuser, Passivhausstandard, Holzbauweise	58,00	**93,00**	171,00	1,6%
Ein- und Zweifamilienhäuser, Holzbauweise, unterkellert	36,00	**88,00**	146,00	2,2%
Ein- und Zweifamilienhäuser, Holzbauweise, nicht unterkellert	35,00	**77,00**	126,00	1,6%
Doppel- und Reihenend- / Reihenhäuser				
Doppel- und Reihenendhäuser, einfacher Standard	–	**96,00**	–	0,7%
Doppel- und Reihenendhäuser, mittlerer Standard	49,00	**82,00**	101,00	2,3%
Doppel- und Reihenendhäuser, hoher Standard	44,00	**65,00**	95,00	1,6%
Doppel- und Reihenendhäuser, Holzbauweise	39,00	**66,00**	81,00	1,2%
Reihenhäuser, einfacher Standard	–	**163,00**	–	0,1%
Reihenhäuser, mittlerer Standard	85,00	**97,00**	109,00	2,4%
Reihenhäuser, hoher Standard	38,00	**115,00**	197,00	2,5%
Mehrfamilienhäuser				
Mehrfamilienhäuser, mit bis zu 6 WE, einfacher Standard	–	**146,00**	–	1,7%
Mehrfamilienhäuser, mit bis zu 6 WE, mittlerer Standard	72,00	**85,00**	129,00	2,1%
Mehrfamilienhäuser, mit bis zu 6 WE, hoher Standard	32,00	**71,00**	134,00	1,2%

© BKI Baukosteninformationszentrum; Erläuterungen zu den Tabellen siehe Seite 56

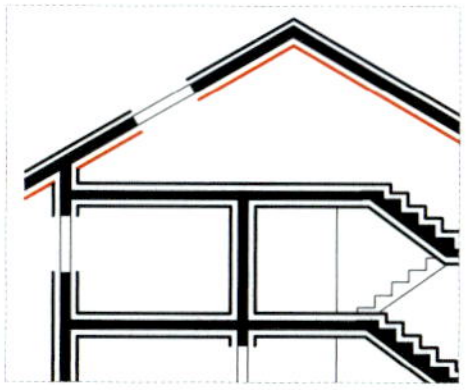

Einheit: m²
Dachbekleidungsfläche

Gebäudeart	▷	€/Einheit	◁	KG an 300
Mehrfamilienhäuser (Fortsetzung)				
Mehrfamilienhäuser, mit 6 bis 19 WE, einfacher Standard	45,00	**95,00**	122,00	1,8%
Mehrfamilienhäuser, mit 6 bis 19 WE, mittlerer Standard	40,00	**79,00**	192,00	1,9%
Mehrfamilienhäuser, mit 6 bis 19 WE, hoher Standard	25,00	**45,00**	86,00	0,9%
Mehrfamilienhäuser, mit 20 oder mehr WE, einfacher Standard	13,00	**25,00**	47,00	0,3%
Mehrfamilienhäuser, mit 20 oder mehr WE, mittlerer Standard	28,00	**61,00**	94,00	1,0%
Mehrfamilienhäuser, mit 20 oder mehr WE, hoher Standard	34,00	**36,00**	38,00	0,3%
Mehrfamilienhäuser, Passivhäuser	30,00	**52,00**	91,00	1,0%
Mehrfamilienhäuser, Holzbauweise	70,00	**114,00**	178,00	1,9%
Wohnhäuser, mit bis zu 15% Mischnutzung, einfacher Standard	22,00	**34,00**	41,00	0,4%
Wohnhäuser, mit bis zu 15% Mischnutzung, mittlerer Standard	–	**71,00**	–	0,2%
Wohnhäuser, mit bis zu 15% Mischnutzung, hoher Standard	–	**102,00**	–	0,5%
Wohnhäuser, mit mehr als 15% Mischnutzung	66,00	**71,00**	77,00	1,0%
Seniorenwohnungen und Beherbergungen				
Seniorenwohnungen, mittlerer Standard	17,00	**39,00**	55,00	0,8%
Seniorenwohnungen, hoher Standard	39,00	**68,00**	98,00	1,4%
Wohnheime und Internate	29,00	**68,00**	134,00	1,3%
Hotels	–	**59,00**	–	0,5%
7 Gewerbe-, Lager- und Garagen				
Gaststätten, Kantinen und Mensen	–	**329,00**	–	6,3%
Industrielle Produktionsgebäude, Massivbauweise	32,00	**56,00**	102,00	0,4%
Industrielle Produktionsgebäude, überwiegend Skelettbauweise	8,70	**86,00**	138,00	0,8%
Betriebs- und Werkstätten, eingeschossig	8,80	**74,00**	118,00	1,3%
Betriebs- und Werkstätten, mehrgeschossig, geringer Hallenanteil	76,00	**163,00**	329,00	1,9%
Betriebs- und Werkstätten, mehrgeschossig, hoher Hallenanteil	36,00	**69,00**	108,00	1,4%
Geschäftshäuser, mit Wohnungen	23,00	**46,00**	85,00	0,8%
Geschäftshäuser, ohne Wohnungen	41,00	**52,00**	63,00	0,7%
Verbrauchermärkte	48,00	**51,00**	54,00	3,5%
Autohäuser	–	**18,00**	–	0,5%
Lagergebäude, ohne Mischnutzung	11,00	**31,00**	70,00	1,1%
Lagergebäude, mit bis zu 25% Mischnutzung	9,10	**25,00**	42,00	0,4%
Lagergebäude, mit mehr als 25% Mischnutzung	–	**225,00**	–	< 0,1%
Garagen und Bereitschaftsdienste				
Einzel- und Doppelgaragen	–	**–**	–	–
Mehrfachgaragen	–	**316,00**	–	< 0,1%
Hochgaragen	9,70	**372,00**	735,00	0,7%
Fahrradparkhäuser	80,00	**457,00**	833,00	< 0,1%
Carports	113,00	**164,00**	215,00	1,1%
Tiefgaragen	85,00	**93,00**	96,00	0,2%
Feuerwehrhäuser	26,00	**51,00**	95,00	1,3%
Öffentliche Bereitschaftsdienste	60,00	**65,00**	74,00	1,1%
8 Gebäude für kulturelle und religiöse Zwecke				
Bibliotheken, Museen und Ausstellungen	70,00	**168,00**	351,00	3,0%
Theater	206,00	**237,00**	268,00	2,2%
Gemeindezentren, einfacher Standard	115,00	**131,00**	163,00	5,4%
Gemeindezentren, mittlerer Standard	112,00	**140,00**	160,00	3,6%
Gemeindezentren, hoher Standard	69,00	**101,00**	133,00	3,4%
Gemeindezentren, Holzbauweise	146,00	**173,00**	225,00	7,2%
Friedhofsgebäude	61,00	**213,00**	365,00	2,8%

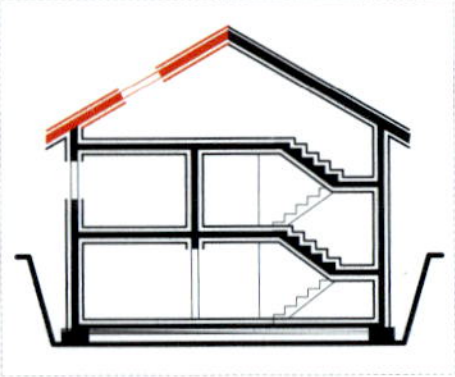

Kosten:
Stand 1. Quartal 2025
Bundesdurchschnitt
inkl. 19% MwSt.

Einheit: m² Dachfläche, elementiert

▷ von
ø Mittel
◁ bis

Gebäudeart	▷	€/Einheit	◁	KG an 300
1 Büro- und Verwaltungsgebäude				
Büro- und Verwaltungsgebäude, einfacher Standard	–	**–**	–	–
Büro- und Verwaltungsgebäude, mittlerer Standard	–	**–**	–	–
Büro- und Verwaltungsgebäude, hoher Standard	–	**–**	–	–
Büro- und Verwaltungsgebäude, Holzbauweise	–	**–**	–	–
2 Gebäude für Forschung und Lehre				
Instituts- und Laborgebäude	–	**–**	–	–
3 Gebäude des Gesundheitswesens				
Medizinische Einrichtungen	–	**–**	–	–
Pflegeheime	–	**–**	–	–
Gebäude für Erholungszwecke	–	**–**	–	–
4 Schulen und Kindergärten				
Allgemeinbildende Schulen	–	**–**	–	–
Schulen, Holzbauweise	–	**–**	–	–
Berufliche Schulen	–	**–**	–	–
Förder- und Sonderschulen	–	**–**	–	–
Weiterbildungseinrichtungen	–	**–**	–	–
Kindergärten, nicht unterkellert, einfacher Standard	–	**–**	–	–
Kindergärten, nicht unterkellert, mittlerer Standard	–	**–**	–	–
Kindergärten, nicht unterkellert, hoher Standard	–	**–**	–	–
Kindergärten, Holzbauweise, nicht unterkellert	198,00	**202,00**	207,00	1,9%
Kindergärten, unterkellert	–	**–**	–	–
5 Sportbauten				
Sport- und Mehrzweckhallen	–	**–**	–	–
Sporthallen (Einfeldhallen)	–	**–**	–	–
Sporthallen (Dreifeldhallen)	–	**–**	–	–
6 Wohngebäude				
Ein- und Zweifamilienhäuser				
Ein- und Zweifamilienhäuser, unterkellert, einfacher Standard	–	**–**	–	–
Ein- und Zweifamilienhäuser, unterkellert, mittlerer Standard	–	**–**	–	–
Ein- und Zweifamilienhäuser, unterkellert, hoher Standard	–	**–**	–	–
Ein- und Zweifamilienhäuser, nicht unterkellert, einfacher Standard	–	**–**	–	–
Ein- und Zweifamilienhäuser, nicht unterkellert, mittlerer Standard	–	**–**	–	–
Ein- und Zweifamilienhäuser, nicht unterkellert, hoher Standard	–	**–**	–	–
Ein- und Zweifamilienhäuser, Passivhausstandard, Massivbauweise	–	**258,00**	–	0,4%
Ein- und Zweifamilienhäuser, Passivhausstandard, Holzbauweise	–	**–**	–	–
Ein- und Zweifamilienhäuser, Holzbauweise, unterkellert	–	**–**	–	–
Ein- und Zweifamilienhäuser, Holzbauweise, nicht unterkellert	–	**206,00**	–	0,6%
Doppel- und Reihenend- / Reihenhäuser				
Doppel- und Reihenendhäuser, einfacher Standard	–	**–**	–	–
Doppel- und Reihenendhäuser, mittlerer Standard	–	**–**	–	–
Doppel- und Reihenendhäuser, hoher Standard	–	**–**	–	–
Doppel- und Reihenendhäuser, Holzbauweise	–	**–**	–	–
Reihenhäuser, einfacher Standard	–	**–**	–	–
Reihenhäuser, mittlerer Standard	–	**–**	–	–
Reihenhäuser, hoher Standard	–	**–**	–	–
Mehrfamilienhäuser				
Mehrfamilienhäuser, mit bis zu 6 WE, einfacher Standard	–	**–**	–	–
Mehrfamilienhäuser, mit bis zu 6 WE, mittlerer Standard	–	**–**	–	–
Mehrfamilienhäuser, mit bis zu 6 WE, hoher Standard	–	**–**	–	–

© **BKI** Baukosteninformationszentrum; Erläuterungen zu den Tabellen siehe Seite 56

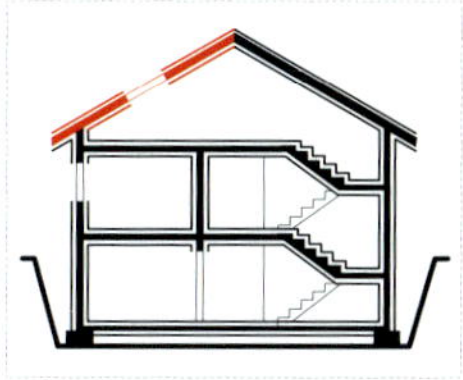

Einheit: m² Dachfläche, elementiert

Gebäudeart	▷	€/Einheit	◁	KG an 300
Mehrfamilienhäuser (Fortsetzung)				
Mehrfamilienhäuser, mit 6 bis 19 WE, einfacher Standard	–	**–**	–	–
Mehrfamilienhäuser, mit 6 bis 19 WE, mittlerer Standard	–	**–**	–	–
Mehrfamilienhäuser, mit 6 bis 19 WE, hoher Standard	–	**–**	–	–
Mehrfamilienhäuser, mit 20 oder mehr WE, einfacher Standard	–	**–**	–	–
Mehrfamilienhäuser, mit 20 oder mehr WE, mittlerer Standard	–	**–**	–	–
Mehrfamilienhäuser, mit 20 oder mehr WE, hoher Standard	–	**–**	–	–
Mehrfamilienhäuser, Passivhäuser	–	**–**	–	–
Mehrfamilienhäuser, Holzbauweise	–	**–**	–	–
Wohnhäuser, mit bis zu 15% Mischnutzung, einfacher Standard	–	**–**	–	–
Wohnhäuser, mit bis zu 15% Mischnutzung, mittlerer Standard	–	**–**	–	–
Wohnhäuser, mit bis zu 15% Mischnutzung, hoher Standard	–	**–**	–	–
Wohnhäuser, mit mehr als 15% Mischnutzung	–	**–**	–	–
Seniorenwohnungen und Beherbergungen				
Seniorenwohnungen, mittlerer Standard	–	**–**	–	
Seniorenwohnungen, hoher Standard	–	**–**	–	–
Wohnheime und Internate	–	**–**	–	–
Hotels	–	**–**	–	–
7 Gewerbe-, Lager- und Garagen				
Gaststätten, Kantinen und Mensen	–	**–**	–	–
Industrielle Produktionsgebäude, Massivbauweise	–	**–**	–	–
Industrielle Produktionsgebäude, überwiegend Skelettbauweise	–	**–**	–	–
Betriebs- und Werkstätten, eingeschossig	–	**125,00**	–	3,0%
Betriebs- und Werkstätten, mehrgeschossig, geringer Hallenanteil	–	**–**	–	–
Betriebs- und Werkstätten, mehrgeschossig, hoher Hallenanteil	–	**–**	–	–
Geschäftshäuser, mit Wohnungen	–	**–**	–	–
Geschäftshäuser, ohne Wohnungen	–	**–**	–	–
Verbrauchermärkte	–	**–**	–	–
Autohäuser	–	**–**	–	–
Lagergebäude, ohne Mischnutzung	–	**–**	–	–
Lagergebäude, mit bis zu 25% Mischnutzung	–	**–**	–	–
Lagergebäude, mit mehr als 25% Mischnutzung	–	**–**	–	–
Garagen und Bereitschaftsdienste				
Einzel- und Doppelgaragen	–	**–**	–	–
Mehrfachgaragen	108,00	**138,00**	168,00	5,0%
Hochgaragen	–	**–**	–	–
Fahrradparkhäuser	–	**–**	–	–
Carports	–	**–**	–	–
Tiefgaragen	–	**–**	–	–
Feuerwehrhäuser	–	**–**	–	–
Öffentliche Bereitschaftsdienste	–	**–**	–	–
8 Gebäude für kulturelle und religiöse Zwecke				
Bibliotheken, Museen und Ausstellungen	–	**–**	–	–
Theater	–	**–**	–	–
Gemeindezentren, einfacher Standard	–	**–**	–	–
Gemeindezentren, mittlerer Standard	–	**–**	–	–
Gemeindezentren, hoher Standard	–	**–**	–	–
Gemeindezentren, Holzbauweise	–	**–**	–	–
Friedhofsgebäude	–	**–**	–	–

© **BKI** Baukosteninformationszentrum; Erläuterungen zu den Tabellen siehe Seite 56

Kostenstand: 1. Quartal 2025, Bundesdurchschnitt, **inkl. 19% MwSt.**

366 Lichtschutz zur KG 360

Kosten:
Stand 1. Quartal 2025
Bundesdurchschnitt
inkl. 19% MwSt.

Einheit: m²
Dachlichtschutzfläche

▷ von
ø Mittel
◁ bis

Gebäudeart	▷	€/Einheit	◁	KG an 300
1 Büro- und Verwaltungsgebäude				
Büro- und Verwaltungsgebäude, einfacher Standard	–	**–**	–	–
Büro- und Verwaltungsgebäude, mittlerer Standard	–	**–**	–	–
Büro- und Verwaltungsgebäude, hoher Standard	306,00	**760,00**	1.052,00	0,2%
Büro- und Verwaltungsgebäude, Holzbauweise	–	**–**	–	–
2 Gebäude für Forschung und Lehre				
Instituts- und Laborgebäude	–	**–**	–	–
3 Gebäude des Gesundheitswesens				
Medizinische Einrichtungen	–	**–**	–	–
Pflegeheime	–	**–**	–	–
Gebäude für Erholungszwecke	–	**–**	–	–
4 Schulen und Kindergärten				
Allgemeinbildende Schulen	–	**926,00**	–	< 0,1%
Schulen, Holzbauweise	–	**3.132,00**	–	< 0,1%
Berufliche Schulen	99,00	**457,00**	815,00	0,2%
Förder- und Sonderschulen	–	**–**	–	–
Weiterbildungseinrichtungen	–	**–**	–	–
Kindergärten, nicht unterkellert, einfacher Standard	–	**–**	–	–
Kindergärten, nicht unterkellert, mittlerer Standard	736,00	**1.018,00**	1.567,00	0,1%
Kindergärten, nicht unterkellert, hoher Standard	–	**434,00**	–	0,2%
Kindergärten, Holzbauweise, nicht unterkellert	–	**430,00**	–	< 0,1%
Kindergärten, unterkellert	–	**–**	–	–
5 Sportbauten				
Sport- und Mehrzweckhallen	–	**–**	–	–
Sporthallen (Einfeldhallen)	–	**–**	–	–
Sporthallen (Dreifeldhallen)	–	**–**	–	–
6 Wohngebäude				
Ein- und Zweifamilienhäuser				
Ein- und Zweifamilienhäuser, unterkellert, einfacher Standard	–	**–**	–	–
Ein- und Zweifamilienhäuser, unterkellert, mittlerer Standard	774,00	**926,00**	1.078,00	< 0,1%
Ein- und Zweifamilienhäuser, unterkellert, hoher Standard	–	**1.603,00**	–	< 0,1%
Ein- und Zweifamilienhäuser, nicht unterkellert, einfacher Standard	–	**–**	–	–
Ein- und Zweifamilienhäuser, nicht unterkellert, mittlerer Standard	–	**3.982,00**	–	< 0,1%
Ein- und Zweifamilienhäuser, nicht unterkellert, hoher Standard	–	**449,00**	–	< 0,1%
Ein- und Zweifamilienhäuser, Passivhausstandard, Massivbauweise	–	**–**	–	–
Ein- und Zweifamilienhäuser, Passivhausstandard, Holzbauweise	292,00	**663,00**	850,00	0,1%
Ein- und Zweifamilienhäuser, Holzbauweise, unterkellert	–	**–**	–	–
Ein- und Zweifamilienhäuser, Holzbauweise, nicht unterkellert	–	**242,00**	–	< 0,1%
Doppel- und Reihenend- / Reihenhäuser				
Doppel- und Reihenendhäuser, einfacher Standard	–	**–**	–	–
Doppel- und Reihenendhäuser, mittlerer Standard	–	**–**	–	–
Doppel- und Reihenendhäuser, hoher Standard	–	**–**	–	–
Doppel- und Reihenendhäuser, Holzbauweise	–	**–**	–	–
Reihenhäuser, einfacher Standard	–	**–**	–	–
Reihenhäuser, mittlerer Standard	–	**–**	–	–
Reihenhäuser, hoher Standard	–	**–**	–	–
Mehrfamilienhäuser				
Mehrfamilienhäuser, mit bis zu 6 WE, einfacher Standard	–	**–**	–	–
Mehrfamilienhäuser, mit bis zu 6 WE, mittlerer Standard	–	**–**	–	–
Mehrfamilienhäuser, mit bis zu 6 WE, hoher Standard	421,00	**730,00**	1.039,00	0,2%

© BKI Baukosteninformationszentrum; Erläuterungen zu den Tabellen siehe Seite 56

Gebäudeart	▷	€/Einheit	◁	KG an 300
Mehrfamilienhäuser (Fortsetzung)				
Mehrfamilienhäuser, mit 6 bis 19 WE, einfacher Standard	–	**–**	–	–
Mehrfamilienhäuser, mit 6 bis 19 WE, mittlerer Standard	–	**–**	–	–
Mehrfamilienhäuser, mit 6 bis 19 WE, hoher Standard	–	**–**	–	–
Mehrfamilienhäuser, mit 20 oder mehr WE, einfacher Standard	–	**–**	–	–
Mehrfamilienhäuser, mit 20 oder mehr WE, mittlerer Standard	–	**951,00**	–	0,1%
Mehrfamilienhäuser, mit 20 oder mehr WE, hoher Standard	–	**809,00**	–	< 0,1%
Mehrfamilienhäuser, Passivhäuser	–	**–**	–	–
Mehrfamilienhäuser, Holzbauweise	–	**–**	–	–
Wohnhäuser, mit bis zu 15% Mischnutzung, einfacher Standard	–	**–**	–	–
Wohnhäuser, mit bis zu 15% Mischnutzung, mittlerer Standard	–	**–**	–	–
Wohnhäuser, mit bis zu 15% Mischnutzung, hoher Standard	–	**–**	–	–
Wohnhäuser, mit mehr als 15% Mischnutzung	–	**–**	–	–
Seniorenwohnungen und Beherbergungen				
Seniorenwohnungen, mittlerer Standard	–	**86,00**	–	< 0,1%
Seniorenwohnungen, hoher Standard	–	**157,00**	–	< 0,1%
Wohnheime und Internate	–	**–**	–	–
Hotels	–	**–**	–	–
7 Gewerbe-, Lager- und Garagen				
Gaststätten, Kantinen und Mensen	–	**–**	–	–
Industrielle Produktionsgebäude, Massivbauweise	–	**–**	–	–
Industrielle Produktionsgebäude, überwiegend Skelettbauweise	–	**–**	–	–
Betriebs- und Werkstätten, eingeschossig	–	**–**	–	–
Betriebs- und Werkstätten, mehrgeschossig, geringer Hallenanteil	–	**–**	–	–
Betriebs- und Werkstätten, mehrgeschossig, hoher Hallenanteil	–	**659,00**	–	0,1%
Geschäftshäuser, mit Wohnungen	–	**–**	–	–
Geschäftshäuser, ohne Wohnungen	–	**–**	–	–
Verbrauchermärkte	–	**–**	–	–
Autohäuser	–	**–**	–	–
Lagergebäude, ohne Mischnutzung	–	**–**	–	–
Lagergebäude, mit bis zu 25% Mischnutzung	–	**143,00**	–	< 0,1%
Lagergebäude, mit mehr als 25% Mischnutzung	–	**–**	–	–
Garagen und Bereitschaftsdienste				
Einzel- und Doppelgaragen	–	**–**	–	–
Mehrfachgaragen	–	**–**	–	–
Hochgaragen	–	**–**	–	–
Fahrradparkhäuser	–	**–**	–	–
Carports	–	**–**	–	–
Tiefgaragen	–	**–**	–	–
Feuerwehrhäuser	–	**–**	–	–
Öffentliche Bereitschaftsdienste	–	**–**	–	–
8 Gebäude für kulturelle und religiöse Zwecke				
Bibliotheken, Museen und Ausstellungen	–	**669,00**	–	0,4%
Theater	–	**516,00**	–	0,1%
Gemeindezentren, einfacher Standard	–	**323,00**	–	< 0,1%
Gemeindezentren, mittlerer Standard	–	**1.165,00**	–	< 0,1%
Gemeindezentren, hoher Standard	–	**664,00**	–	0,1%
Gemeindezentren, Holzbauweise	–	**–**	–	–
Friedhofsgebäude	–	**–**	–	–

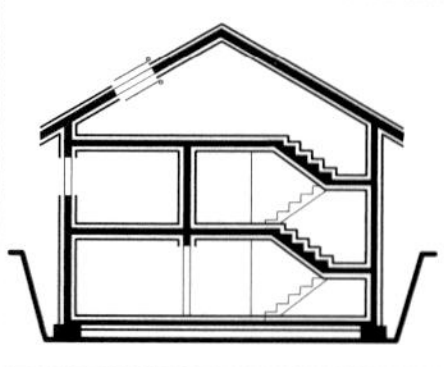

Einheit: m²
Dachlichtschutzfläche

Kosten:
Stand 1. Quartal 2025
Bundesdurchschnitt
inkl. 19% MwSt.

Einheit: m²
Dachfläche

▷ von
ø Mittel
◁ bis

Gebäudeart	▷	€/Einheit	◁	KG an 300
1 Büro- und Verwaltungsgebäude				
Büro- und Verwaltungsgebäude, einfacher Standard	–	**0,80**	–	< 0,1%
Büro- und Verwaltungsgebäude, mittlerer Standard	9,40	**37,00**	73,00	0,4%
Büro- und Verwaltungsgebäude, hoher Standard	11,00	**39,00**	92,00	0,4%
Büro- und Verwaltungsgebäude, Holzbauweise	–	**33,00**	–	< 0,1%
2 Gebäude für Forschung und Lehre				
Instituts- und Laborgebäude	14,00	**14,00**	15,00	0,2%
3 Gebäude des Gesundheitswesens				
Medizinische Einrichtungen	7,30	**24,00**	33,00	0,5%
Pflegeheime	3,60	**31,00**	70,00	0,7%
Gebäude für Erholungszwecke	4,20	**6,00**	7,70	0,1%
4 Schulen und Kindergärten				
Allgemeinbildende Schulen	4,00	**16,00**	28,00	0,3%
Schulen, Holzbauweise	4,40	**11,00**	19,00	0,2%
Berufliche Schulen	5,90	**15,00**	26,00	0,4%
Förder- und Sonderschulen	6,00	**11,00**	14,00	0,3%
Weiterbildungseinrichtungen	2,30	**15,00**	27,00	0,2%
Kindergärten, nicht unterkellert, einfacher Standard	5,30	**7,20**	9,20	0,3%
Kindergärten, nicht unterkellert, mittlerer Standard	6,20	**7,60**	10,00	0,1%
Kindergärten, nicht unterkellert, hoher Standard	13,00	**26,00**	30,00	1,2%
Kindergärten, Holzbauweise, nicht unterkellert	5,20	**12,00**	22,00	0,4%
Kindergärten, unterkellert	9,10	**15,00**	27,00	0,3%
5 Sportbauten				
Sport- und Mehrzweckhallen	–	**1,70**	–	< 0,1%
Sporthallen (Einfeldhallen)	–	**10,00**	–	0,1%
Sporthallen (Dreifeldhallen)	1,50	**3,80**	6,10	0,2%
6 Wohngebäude				
Ein- und Zweifamilienhäuser				
Ein- und Zweifamilienhäuser, unterkellert, einfacher Standard	–	**15,00**	–	0,2%
Ein- und Zweifamilienhäuser, unterkellert, mittlerer Standard	3,70	**29,00**	62,00	0,3%
Ein- und Zweifamilienhäuser, unterkellert, hoher Standard	11,00	**19,00**	29,00	0,2%
Ein- und Zweifamilienhäuser, nicht unterkellert, einfacher Standard	–	**–**	–	–
Ein- und Zweifamilienhäuser, nicht unterkellert, mittlerer Standard	9,30	**17,00**	25,00	0,1%
Ein- und Zweifamilienhäuser, nicht unterkellert, hoher Standard	19,00	**31,00**	66,00	0,3%
Ein- und Zweifamilienhäuser, Passivhausstandard, Massivbauweise	3,90	**5,50**	7,00	< 0,1%
Ein- und Zweifamilienhäuser, Passivhausstandard, Holzbauweise	4,60	**7,50**	9,00	< 0,1%
Ein- und Zweifamilienhäuser, Holzbauweise, unterkellert	2,20	**6,50**	11,00	< 0,1%
Ein- und Zweifamilienhäuser, Holzbauweise, nicht unterkellert	1,00	**3,50**	6,10	< 0,1%
Doppel- und Reihenend- / Reihenhäuser				
Doppel- und Reihenendhäuser, einfacher Standard	–	**–**	–	–
Doppel- und Reihenendhäuser, mittlerer Standard	7,50	**9,10**	11,00	0,1%
Doppel- und Reihenendhäuser, hoher Standard	6,80	**24,00**	56,00	0,4%
Doppel- und Reihenendhäuser, Holzbauweise	–	**–**	–	–
Reihenhäuser, einfacher Standard	–	**2,90**	–	< 0,1%
Reihenhäuser, mittlerer Standard	2,10	**12,00**	22,00	0,3%
Reihenhäuser, hoher Standard	4,60	**20,00**	63,00	0,4%
Mehrfamilienhäuser				
Mehrfamilienhäuser, mit bis zu 6 WE, einfacher Standard	–	**7,90**	–	0,2%
Mehrfamilienhäuser, mit bis zu 6 WE, mittlerer Standard	6,20	**12,00**	20,00	0,2%
Mehrfamilienhäuser, mit bis zu 6 WE, hoher Standard	9,80	**45,00**	103,00	0,6%

© **BKI** Baukosteninformationszentrum; Erläuterungen zu den Tabellen siehe Seite 56

Einheit: m² Dachfläche

Gebäudeart	▷	€/Einheit	◁	KG an 300
Mehrfamilienhäuser (Fortsetzung)				
Mehrfamilienhäuser, mit 6 bis 19 WE, einfacher Standard	4,90	**26,00**	37,00	0,7%
Mehrfamilienhäuser, mit 6 bis 19 WE, mittlerer Standard	4,00	**12,00**	24,00	0,3%
Mehrfamilienhäuser, mit 6 bis 19 WE, hoher Standard	8,20	**34,00**	70,00	0,9%
Mehrfamilienhäuser, mit 20 oder mehr WE, einfacher Standard	4,20	**22,00**	56,00	0,3%
Mehrfamilienhäuser, mit 20 oder mehr WE, mittlerer Standard	6,40	**20,00**	43,00	0,4%
Mehrfamilienhäuser, mit 20 oder mehr WE, hoher Standard	–	**3,30**	–	< 0,1%
Mehrfamilienhäuser, Passivhäuser	5,80	**20,00**	46,00	0,4%
Mehrfamilienhäuser, Holzbauweise	87,00	**87,00**	88,00	0,5%
Wohnhäuser, mit bis zu 15% Mischnutzung, einfacher Standard	2,90	**63,00**	94,00	0,8%
Wohnhäuser, mit bis zu 15% Mischnutzung, mittlerer Standard	–	**24,00**	–	0,1%
Wohnhäuser, mit bis zu 15% Mischnutzung, hoher Standard	–	**408,00**	–	2,2%
Wohnhäuser, mit mehr als 15% Mischnutzung	1,00	**6,60**	12,00	< 0,1%
Seniorenwohnungen und Beherbergungen				
Seniorenwohnungen, mittlerer Standard	6,20	**21,00**	80,00	0,5%
Seniorenwohnungen, hoher Standard	1,80	**4,30**	6,90	< 0,1%
Wohnheime und Internate	13,00	**37,00**	106,00	0,6%
Hotels	–	**95,00**	–	1,0%
7 Gewerbe-, Lager- und Garagen				
Gaststätten, Kantinen und Mensen	–	**–**	–	–
Industrielle Produktionsgebäude, Massivbauweise	–	**9,60**	–	0,1%
Industrielle Produktionsgebäude, überwiegend Skelettbauweise	2,50	**7,90**	17,00	0,2%
Betriebs- und Werkstätten, eingeschossig	0,60	**3,10**	5,60	< 0,1%
Betriebs- und Werkstätten, mehrgeschossig, geringer Hallenanteil	14,00	**32,00**	84,00	0,6%
Betriebs- und Werkstätten, mehrgeschossig, hoher Hallenanteil	2,00	**5,10**	10,00	0,2%
Geschäftshäuser, mit Wohnungen	12,00	**17,00**	27,00	0,3%
Geschäftshäuser, ohne Wohnungen	6,30	**6,80**	7,30	0,1%
Verbrauchermärkte	3,60	**4,40**	5,20	0,4%
Autohäuser	–	**–**	–	–
Lagergebäude, ohne Mischnutzung	1,70	**2,60**	3,40	< 0,1%
Lagergebäude, mit bis zu 25% Mischnutzung	1,70	**5,80**	14,00	0,4%
Lagergebäude, mit mehr als 25% Mischnutzung	–	**–**	–	–
Garagen und Bereitschaftsdienste				
Einzel- und Doppelgaragen	–	**–**	–	–
Mehrfachgaragen	5,40	**61,00**	116,00	2,1%
Hochgaragen	5,20	**23,00**	60,00	1,0%
Fahrradparkhäuser	4,80	**14,00**	23,00	0,3%
Carports	–	**–**	–	–
Tiefgaragen	–	**5,50**	–	< 0,1%
Feuerwehrhäuser	3,30	**8,20**	14,00	0,3%
Öffentliche Bereitschaftsdienste	2,50	**6,70**	14,00	0,2%
8 Gebäude für kulturelle und religiöse Zwecke				
Bibliotheken, Museen und Ausstellungen	6,40	**16,00**	37,00	0,4%
Theater	–	**–**	–	–
Gemeindezentren, einfacher Standard	6,60	**7,80**	9,00	0,2%
Gemeindezentren, mittlerer Standard	6,80	**8,40**	9,80	0,2%
Gemeindezentren, hoher Standard	8,30	**13,00**	24,00	0,4%
Gemeindezentren, Holzbauweise	2,90	**4,00**	5,10	0,1%
Friedhofsgebäude	7,60	**14,00**	20,00	0,4%

Lebensdauern
Grobelementarten
Stahlbau
Gebäudearten
Bauelemente
Kostengruppen
Elementarten

Kosten:
Stand 1. Quartal 2025
Bundesdurchschnitt
inkl. 19% MwSt.

Einheit: m²
Brutto-Grundfläche (BGF)

▷ von
ø Mittel
◁ bis

Gebäudeart	▷	€/Einheit	◁	KG an 300
1 Büro- und Verwaltungsgebäude				
Büro- und Verwaltungsgebäude, einfacher Standard	0,80	**3,90**	10,00	0,3%
Büro- und Verwaltungsgebäude, mittlerer Standard	12,00	**37,00**	74,00	1,1%
Büro- und Verwaltungsgebäude, hoher Standard	10,00	**41,00**	156,00	1,0%
Büro- und Verwaltungsgebäude, Holzbauweise	29,00	**38,00**	46,00	1,2%
2 Gebäude für Forschung und Lehre				
Instituts- und Laborgebäude	–	**14,00**	–	0,1%
3 Gebäude des Gesundheitswesens				
Medizinische Einrichtungen	28,00	**42,00**	56,00	1,5%
Pflegeheime	3,10	**19,00**	76,00	0,8%
Gebäude für Erholungszwecke	–	**165,00**	–	1,0%
4 Schulen und Kindergärten				
Allgemeinbildende Schulen	4,40	**16,00**	44,00	0,6%
Schulen, Holzbauweise	5,90	**15,00**	24,00	0,3%
Berufliche Schulen	–	**1,80**	–	< 0,1%
Förder- und Sonderschulen	25,00	**59,00**	163,00	2,8%
Weiterbildungseinrichtungen	54,00	**56,00**	58,00	1,7%
Kindergärten, nicht unterkellert, einfacher Standard	50,00	**52,00**	54,00	2,0%
Kindergärten, nicht unterkellert, mittlerer Standard	19,00	**80,00**	154,00	1,9%
Kindergärten, nicht unterkellert, hoher Standard	52,00	**89,00**	108,00	3,3%
Kindergärten, Holzbauweise, nicht unterkellert	76,00	**102,00**	132,00	3,8%
Kindergärten, unterkellert	58,00	**138,00**	215,00	6,3%
5 Sportbauten				
Sport- und Mehrzweckhallen	–	**32,00**	–	0,5%
Sporthallen (Einfeldhallen)	–	**–**	–	–
Sporthallen (Dreifeldhallen)	14,00	**24,00**	47,00	0,9%
6 Wohngebäude				
Ein- und Zweifamilienhäuser				
Ein- und Zweifamilienhäuser, unterkellert, einfacher Standard	–	**–**	–	–
Ein- und Zweifamilienhäuser, unterkellert, mittlerer Standard	8,40	**20,00**	63,00	0,4%
Ein- und Zweifamilienhäuser, unterkellert, hoher Standard	20,00	**57,00**	154,00	1,4%
Ein- und Zweifamilienhäuser, nicht unterkellert, einfacher Standard	–	**–**	–	–
Ein- und Zweifamilienhäuser, nicht unterkellert, mittlerer Standard	55,00	**66,00**	86,00	1,0%
Ein- und Zweifamilienhäuser, nicht unterkellert, hoher Standard	24,00	**52,00**	104,00	1,9%
Ein- und Zweifamilienhäuser, Passivhausstandard, Massivbauweise	7,60	**12,00**	17,00	0,1%
Ein- und Zweifamilienhäuser, Passivhausstandard, Holzbauweise	16,00	**69,00**	106,00	1,3%
Ein- und Zweifamilienhäuser, Holzbauweise, unterkellert	–	**95,00**	–	0,3%
Ein- und Zweifamilienhäuser, Holzbauweise, nicht unterkellert	21,00	**24,00**	27,00	0,3%
Doppel- und Reihenend- / Reihenhäuser				
Doppel- und Reihenendhäuser, einfacher Standard	–	**–**	–	–
Doppel- und Reihenendhäuser, mittlerer Standard	–	**83,00**	–	1,1%
Doppel- und Reihenendhäuser, hoher Standard	10,00	**24,00**	38,00	0,5%
Doppel- und Reihenendhäuser, Holzbauweise	–	**–**	–	–
Reihenhäuser, einfacher Standard	–	**1,30**	–	< 0,1%
Reihenhäuser, mittlerer Standard	–	**–**	–	–
Reihenhäuser, hoher Standard	–	**–**	–	–
Mehrfamilienhäuser				
Mehrfamilienhäuser, mit bis zu 6 WE, einfacher Standard	–	**2,60**	–	0,1%
Mehrfamilienhäuser, mit bis zu 6 WE, mittlerer Standard	1,80	**2,70**	3,70	< 0,1%
Mehrfamilienhäuser, mit bis zu 6 WE, hoher Standard	0,10	**17,00**	34,00	0,3%

© **BKI** Baukosteninformationszentrum; Erläuterungen zu den Tabellen siehe Seite 56

Gebäudeart	▷	€/Einheit	◁	KG an 300
Mehrfamilienhäuser (Fortsetzung)				
Mehrfamilienhäuser, mit 6 bis 19 WE, einfacher Standard	–	**37,00**	–	0,9%
Mehrfamilienhäuser, mit 6 bis 19 WE, mittlerer Standard	4,50	**15,00**	62,00	0,8%
Mehrfamilienhäuser, mit 6 bis 19 WE, hoher Standard	4,60	**13,00**	39,00	0,7%
Mehrfamilienhäuser, mit 20 oder mehr WE, einfacher Standard	1,70	**5,50**	9,40	0,3%
Mehrfamilienhäuser, mit 20 oder mehr WE, mittlerer Standard	2,50	**13,00**	45,00	0,8%
Mehrfamilienhäuser, mit 20 oder mehr WE, hoher Standard	7,20	**17,00**	26,00	0,7%
Mehrfamilienhäuser, Passivhäuser	5,00	**14,00**	30,00	0,4%
Mehrfamilienhäuser, Holzbauweise	4,90	**27,00**	50,00	0,7%
Wohnhäuser, mit bis zu 15% Mischnutzung, einfacher Standard	2,90	**19,00**	36,00	1,1%
Wohnhäuser, mit bis zu 15% Mischnutzung, mittlerer Standard	15,00	**24,00**	32,00	1,2%
Wohnhäuser, mit bis zu 15% Mischnutzung, hoher Standard	–	**–**	–	–
Wohnhäuser, mit mehr als 15% Mischnutzung	4,60	**12,00**	19,00	0,7%
Seniorenwohnungen und Beherbergungen				
Seniorenwohnungen, mittlerer Standard	6,80	**40,00**	73,00	1,2%
Seniorenwohnungen, hoher Standard	–	**7,30**	–	0,2%
Wohnheime und Internate	12,00	**49,00**	87,00	2,1%
Hotels	–	**–**	–	–
7 Gewerbe-, Lager- und Garagen				
Gaststätten, Kantinen und Mensen	–	**1,20**	–	< 0,1%
Industrielle Produktionsgebäude, Massivbauweise	12,00	**32,00**	52,00	1,1%
Industrielle Produktionsgebäude, überwiegend Skelettbauweise	–	**–**	–	–
Betriebs- und Werkstätten, eingeschossig	–	**8,20**	–	0,2%
Betriebs- und Werkstätten, mehrgeschossig, geringer Hallenanteil	9,80	**69,00**	186,00	1,9%
Betriebs- und Werkstätten, mehrgeschossig, hoher Hallenanteil	–	**9,40**	–	0,2%
Geschäftshäuser, mit Wohnungen	–	**6,80**	–	0,2%
Geschäftshäuser, ohne Wohnungen	–	**2,00**	–	< 0,1%
Verbrauchermärkte	–	**1,50**	–	< 0,1%
Autohäuser	–	**–**	–	–
Lagergebäude, ohne Mischnutzung	–	**–**	–	–
Lagergebäude, mit bis zu 25% Mischnutzung	–	**30,00**	–	0,7%
Lagergebäude, mit mehr als 25% Mischnutzung	–	**7,50**	–	0,3%
Garagen und Bereitschaftsdienste				
Einzel- und Doppelgaragen	–	**–**	–	–
Mehrfachgaragen	–	**–**	–	–
Hochgaragen	–	**–**	–	–
Fahrradparkhäuser	13,00	**40,00**	89,00	1,9%
Carports	–	**–**	–	–
Tiefgaragen	1,10	**3,40**	5,70	< 0,1%
Feuerwehrhäuser	22,00	**38,00**	68,00	1,7%
Öffentliche Bereitschaftsdienste	–	**60,00**	–	0,8%
8 Gebäude für kulturelle und religiöse Zwecke				
Bibliotheken, Museen und Ausstellungen	49,00	**87,00**	127,00	1,7%
Theater	41,00	**62,00**	83,00	1,9%
Gemeindezentren, einfacher Standard	28,00	**89,00**	209,00	5,1%
Gemeindezentren, mittlerer Standard	7,60	**29,00**	62,00	1,0%
Gemeindezentren, hoher Standard	24,00	**86,00**	154,00	3,5%
Gemeindezentren, Holzbauweise	23,00	**45,00**	67,00	1,3%
Friedhofsgebäude	23,00	**25,00**	26,00	1,0%

Einheit: m²
Brutto-Grundfläche (BGF)

383
Landschafts-gestalterische Einbauten

Kosten:
Stand 1. Quartal 2025
Bundesdurchschnitt
inkl. 19% MwSt.

Einheit: m²
Brutto-Grundfläche (BGF)

▷ von
ø Mittel
◁ bis

Gebäudeart	▷	€/Einheit	◁	KG an 300
1 Büro- und Verwaltungsgebäude				
Büro- und Verwaltungsgebäude, einfacher Standard	–	**–**	–	–
Büro- und Verwaltungsgebäude, mittlerer Standard	–	**5,00**	–	< 0,1%
Büro- und Verwaltungsgebäude, hoher Standard	–	**–**	–	–
Büro- und Verwaltungsgebäude, Holzbauweise	–	**–**	–	–
2 Gebäude für Forschung und Lehre				
Instituts- und Laborgebäude	–	**–**	–	–
3 Gebäude des Gesundheitswesens				
Medizinische Einrichtungen	–	**–**	–	–
Pflegeheime	–	**–**	–	–
Gebäude für Erholungszwecke	–	**–**	–	–
4 Schulen und Kindergärten				
Allgemeinbildende Schulen	–	**–**	–	–
Schulen, Holzbauweise	–	**–**	–	–
Berufliche Schulen	–	**–**	–	–
Förder- und Sonderschulen	–	**–**	–	–
Weiterbildungseinrichtungen	–	**12,00**	–	0,1%
Kindergärten, nicht unterkellert, einfacher Standard	–	**–**	–	–
Kindergärten, nicht unterkellert, mittlerer Standard	–	**–**	–	–
Kindergärten, nicht unterkellert, hoher Standard	–	**–**	–	–
Kindergärten, Holzbauweise, nicht unterkellert	–	**–**	–	–
Kindergärten, unterkellert	–	**–**	–	–
5 Sportbauten				
Sport- und Mehrzweckhallen	–	**–**	–	–
Sporthallen (Einfeldhallen)	–	**–**	–	–
Sporthallen (Dreifeldhallen)	–	**–**	–	–
6 Wohngebäude				
Ein- und Zweifamilienhäuser				
Ein- und Zweifamilienhäuser, unterkellert, einfacher Standard	–	**–**	–	–
Ein- und Zweifamilienhäuser, unterkellert, mittlerer Standard	–	**–**	–	–
Ein- und Zweifamilienhäuser, unterkellert, hoher Standard	–	**–**	–	–
Ein- und Zweifamilienhäuser, nicht unterkellert, einfacher Standard	–	**–**	–	–
Ein- und Zweifamilienhäuser, nicht unterkellert, mittlerer Standard	–	**–**	–	–
Ein- und Zweifamilienhäuser, nicht unterkellert, hoher Standard	–	**–**	–	–
Ein- und Zweifamilienhäuser, Passivhausstandard, Massivbauweise	–	**–**	–	–
Ein- und Zweifamilienhäuser, Passivhausstandard, Holzbauweise	–	**–**	–	–
Ein- und Zweifamilienhäuser, Holzbauweise, unterkellert	–	**–**	–	–
Ein- und Zweifamilienhäuser, Holzbauweise, nicht unterkellert	–	**–**	–	–
Doppel- und Reihenend- / Reihenhäuser				
Doppel- und Reihenendhäuser, einfacher Standard	–	**–**	–	–
Doppel- und Reihenendhäuser, mittlerer Standard	–	**–**	–	–
Doppel- und Reihenendhäuser, hoher Standard	–	**–**	–	–
Doppel- und Reihenendhäuser, Holzbauweise	–	**–**	–	–
Reihenhäuser, einfacher Standard	–	**–**	–	–
Reihenhäuser, mittlerer Standard	–	**–**	–	–
Reihenhäuser, hoher Standard	–	**–**	–	–
Mehrfamilienhäuser				
Mehrfamilienhäuser, mit bis zu 6 WE, einfacher Standard	–	**–**	–	–
Mehrfamilienhäuser, mit bis zu 6 WE, mittlerer Standard	–	**–**	–	–
Mehrfamilienhäuser, mit bis zu 6 WE, hoher Standard	–	**–**	–	–

© **BKI** Baukosteninformationszentrum; Erläuterungen zu den Tabellen siehe Seite 56

Gebäudeart	▷	€/Einheit	◁	KG an 300
Mehrfamilienhäuser (Fortsetzung)				
Mehrfamilienhäuser, mit 6 bis 19 WE, einfacher Standard	–	–	–	–
Mehrfamilienhäuser, mit 6 bis 19 WE, mittlerer Standard	–	–	–	–
Mehrfamilienhäuser, mit 6 bis 19 WE, hoher Standard	–	–	–	–
Mehrfamilienhäuser, mit 20 oder mehr WE, einfacher Standard	–	–	–	–
Mehrfamilienhäuser, mit 20 oder mehr WE, mittlerer Standard	–	–	–	–
Mehrfamilienhäuser, mit 20 oder mehr WE, hoher Standard	–	–	–	–
Mehrfamilienhäuser, Passivhäuser	–	–	–	–
Mehrfamilienhäuser, Holzbauweise	–	–	–	–
Wohnhäuser, mit bis zu 15% Mischnutzung, einfacher Standard	–	–	–	–
Wohnhäuser, mit bis zu 15% Mischnutzung, mittlerer Standard	–	–	–	–
Wohnhäuser, mit bis zu 15% Mischnutzung, hoher Standard	–	–	–	–
Wohnhäuser, mit mehr als 15% Mischnutzung	–	–	–	–
Seniorenwohnungen und Beherbergungen				
Seniorenwohnungen, mittlerer Standard	–	–	–	–
Seniorenwohnungen, hoher Standard	–	–	–	–
Wohnheime und Internate	–	**0,60**	–	< 0,1%
Hotels	–	–	–	–
7 Gewerbe-, Lager- und Garagen				
Gaststätten, Kantinen und Mensen	–	–	–	–
Industrielle Produktionsgebäude, Massivbauweise	–	–	–	–
Industrielle Produktionsgebäude, überwiegend Skelettbauweise	–	–	–	–
Betriebs- und Werkstätten, eingeschossig	–	–	–	–
Betriebs- und Werkstätten, mehrgeschossig, geringer Hallenanteil	–	–	–	–
Betriebs- und Werkstätten, mehrgeschossig, hoher Hallenanteil	–	–	–	–
Geschäftshäuser, mit Wohnungen	–	–	–	–
Geschäftshäuser, ohne Wohnungen	–	–	–	–
Verbrauchermärkte	–	–	–	–
Autohäuser	–	–	–	–
Lagergebäude, ohne Mischnutzung	–	–	–	–
Lagergebäude, mit bis zu 25% Mischnutzung	–	–	–	–
Lagergebäude, mit mehr als 25% Mischnutzung	–	–	–	–
Garagen und Bereitschaftsdienste				
Einzel- und Doppelgaragen	–	–	–	–
Mehrfachgaragen	–	–	–	–
Hochgaragen	–	–	–	–
Fahrradparkhäuser	–	–	–	–
Carports	–	–	–	–
Tiefgaragen	–	–	–	–
Feuerwehrhäuser	–	–	–	–
Öffentliche Bereitschaftsdienste	–	–	–	–
8 Gebäude für kulturelle und religiöse Zwecke				
Bibliotheken, Museen und Ausstellungen	–	–	–	–
Theater	–	**11,00**	–	0,2%
Gemeindezentren, einfacher Standard	–	–	–	–
Gemeindezentren, mittlerer Standard	–	–	–	–
Gemeindezentren, hoher Standard	–	–	–	–
Gemeindezentren, Holzbauweise	–	–	–	–
Friedhofsgebäude	–	–	–	–

Einheit: m²
Brutto-Grundfläche (BGF)

Kosten:
Stand 1. Quartal 2025
Bundesdurchschnitt
inkl. 19% MwSt.

Einheit: m²
Brutto-Grundfläche (BGF)

▷ von
ø Mittel
◁ bis

Gebäudeart	▷	€/Einheit	◁	KG an 300
1 Büro- und Verwaltungsgebäude				
Büro- und Verwaltungsgebäude, einfacher Standard	–	**–**	–	–
Büro- und Verwaltungsgebäude, mittlerer Standard	2,40	**5,60**	10,00	< 0,1%
Büro- und Verwaltungsgebäude, hoher Standard	1,60	**2,10**	2,60	< 0,1%
Büro- und Verwaltungsgebäude, Holzbauweise	–	**7,90**	–	< 0,1%
2 Gebäude für Forschung und Lehre				
Instituts- und Laborgebäude	–	**–**	–	–
3 Gebäude des Gesundheitswesens				
Medizinische Einrichtungen	–	**–**	–	–
Pflegeheime	–	**–**	–	–
Gebäude für Erholungszwecke	0,60	**1,20**	1,90	< 0,1%
4 Schulen und Kindergärten				
Allgemeinbildende Schulen	4,90	**6,30**	7,80	< 0,1%
Schulen, Holzbauweise	0,60	**1,40**	3,00	< 0,1%
Berufliche Schulen	0,30	**1,70**	2,60	< 0,1%
Förder- und Sonderschulen	–	**–**	–	–
Weiterbildungseinrichtungen	–	**–**	–	–
Kindergärten, nicht unterkellert, einfacher Standard	–	**–**	–	–
Kindergärten, nicht unterkellert, mittlerer Standard	0,50	**1,60**	2,20	< 0,1%
Kindergärten, nicht unterkellert, hoher Standard	0,20	**2,20**	4,20	< 0,1%
Kindergärten, Holzbauweise, nicht unterkellert	0,90	**2,10**	6,60	< 0,1%
Kindergärten, unterkellert	4,10	**9,80**	15,00	0,2%
5 Sportbauten				
Sport- und Mehrzweckhallen	–	**–**	–	–
Sporthallen (Einfeldhallen)	–	**0,30**	–	< 0,1%
Sporthallen (Dreifeldhallen)	–	**3,60**	–	< 0,1%
6 Wohngebäude				
Ein- und Zweifamilienhäuser				
Ein- und Zweifamilienhäuser, unterkellert, einfacher Standard	–	**–**	–	–
Ein- und Zweifamilienhäuser, unterkellert, mittlerer Standard	–	**–**	–	–
Ein- und Zweifamilienhäuser, unterkellert, hoher Standard	–	**–**	–	–
Ein- und Zweifamilienhäuser, nicht unterkellert, einfacher Standard	–	**–**	–	–
Ein- und Zweifamilienhäuser, nicht unterkellert, mittlerer Standard	–	**–**	–	–
Ein- und Zweifamilienhäuser, nicht unterkellert, hoher Standard	–	**4,50**	–	< 0,1%
Ein- und Zweifamilienhäuser, Passivhausstandard, Massivbauweise	–	**–**	–	–
Ein- und Zweifamilienhäuser, Passivhausstandard, Holzbauweise	–	**–**	–	–
Ein- und Zweifamilienhäuser, Holzbauweise, unterkellert	–	**–**	–	–
Ein- und Zweifamilienhäuser, Holzbauweise, nicht unterkellert	–	**–**	–	–
Doppel- und Reihenend- / Reihenhäuser				
Doppel- und Reihenendhäuser, einfacher Standard	–	**–**	–	–
Doppel- und Reihenendhäuser, mittlerer Standard	–	**–**	–	–
Doppel- und Reihenendhäuser, hoher Standard	–	**–**	–	–
Doppel- und Reihenendhäuser, Holzbauweise	–	**–**	–	–
Reihenhäuser, einfacher Standard	–	**–**	–	–
Reihenhäuser, mittlerer Standard	–	**–**	–	–
Reihenhäuser, hoher Standard	–	**–**	–	–
Mehrfamilienhäuser				
Mehrfamilienhäuser, mit bis zu 6 WE, einfacher Standard	–	**–**	–	–
Mehrfamilienhäuser, mit bis zu 6 WE, mittlerer Standard	–	**–**	–	–
Mehrfamilienhäuser, mit bis zu 6 WE, hoher Standard	–	**–**	–	–

© BKI Baukosteninformationszentrum; Erläuterungen zu den Tabellen siehe Seite 56

Einheit: m²
Brutto-Grundfläche (BGF)

Gebäudeart	▷	€/Einheit	◁	KG an 300
Mehrfamilienhäuser (Fortsetzung)				
Mehrfamilienhäuser, mit 6 bis 19 WE, einfacher Standard	–	**–**	–	–
Mehrfamilienhäuser, mit 6 bis 19 WE, mittlerer Standard	–	**< 0,10**	–	< 0,1%
Mehrfamilienhäuser, mit 6 bis 19 WE, hoher Standard	–	**–**	–	–
Mehrfamilienhäuser, mit 20 oder mehr WE, einfacher Standard	–	**–**	–	–
Mehrfamilienhäuser, mit 20 oder mehr WE, mittlerer Standard	0,20	**0,50**	0,80	< 0,1%
Mehrfamilienhäuser, mit 20 oder mehr WE, hoher Standard	–	**–**	–	–
Mehrfamilienhäuser, Passivhäuser	–	**–**	–	–
Mehrfamilienhäuser, Holzbauweise	–	**0,10**	–	< 0,1%
Wohnhäuser, mit bis zu 15% Mischnutzung, einfacher Standard	–	**–**	–	–
Wohnhäuser, mit bis zu 15% Mischnutzung, mittlerer Standard	–	**–**	–	–
Wohnhäuser, mit bis zu 15% Mischnutzung, hoher Standard	–	**–**	–	–
Wohnhäuser, mit mehr als 15% Mischnutzung	–	**–**	–	–
Seniorenwohnungen und Beherbergungen				
Seniorenwohnungen, mittlerer Standard	–	**1,30**	–	< 0,1%
Seniorenwohnungen, hoher Standard	–	**–**	–	–
Wohnheime und Internate	0,50	**1,10**	1,70	< 0,1%
Hotels	–	**–**	–	–
7 Gewerbe-, Lager- und Garagen				
Gaststätten, Kantinen und Mensen	–	**5,90**	–	0,2%
Industrielle Produktionsgebäude, Massivbauweise	–	**0,20**	–	< 0,1%
Industrielle Produktionsgebäude, überwiegend Skelettbauweise	–	**3,00**	–	< 0,1%
Betriebs- und Werkstätten, eingeschossig	–	**–**	–	–
Betriebs- und Werkstätten, mehrgeschossig, geringer Hallenanteil	–	**8,10**	–	< 0,1%
Betriebs- und Werkstätten, mehrgeschossig, hoher Hallenanteil	–	**0,10**	–	< 0,1%
Geschäftshäuser, mit Wohnungen	–	**–**	–	–
Geschäftshäuser, ohne Wohnungen	–	**–**	–	–
Verbrauchermärkte	–	**–**	–	–
Autohäuser	–	**4,80**	–	0,1%
Lagergebäude, ohne Mischnutzung	–	**1,60**	–	< 0,1%
Lagergebäude, mit bis zu 25% Mischnutzung	–	**15,00**	–	0,4%
Lagergebäude, mit mehr als 25% Mischnutzung	–	**0,30**	–	< 0,1%
Garagen und Bereitschaftsdienste				
Einzel- und Doppelgaragen	–	**–**	–	–
Mehrfachgaragen	–	**–**	–	–
Hochgaragen	2,20	**3,30**	4,40	0,3%
Fahrradparkhäuser	–	**17,00**	–	0,2%
Carports	–	**–**	–	–
Tiefgaragen	–	**0,80**	–	< 0,1%
Feuerwehrhäuser	–	**4,30**	–	< 0,1%
Öffentliche Bereitschaftsdienste	–	**–**	–	–
8 Gebäude für kulturelle und religiöse Zwecke				
Bibliotheken, Museen und Ausstellungen	1,20	**11,00**	31,00	0,2%
Theater	–	**19,00**	–	0,3%
Gemeindezentren, einfacher Standard	–	**–**	–	–
Gemeindezentren, mittlerer Standard	–	**12,00**	–	< 0,1%
Gemeindezentren, hoher Standard	–	**0,40**	–	< 0,1%
Gemeindezentren, Holzbauweise	–	**–**	–	–
Friedhofsgebäude	–	**–**	–	–

389 Sonstiges zur KG 380

Kosten:
Stand 1. Quartal 2025
Bundesdurchschnitt
inkl. 19% MwSt.

Einheit: m²
Brutto-Grundfläche (BGF)

▷ von
ø Mittel
◁ bis

Gebäudeart	▷	€/Einheit	◁	KG an 300
1 Büro- und Verwaltungsgebäude				
Büro- und Verwaltungsgebäude, einfacher Standard	–	**–**	–	–
Büro- und Verwaltungsgebäude, mittlerer Standard	2,40	**3,30**	4,10	< 0,1%
Büro- und Verwaltungsgebäude, hoher Standard	–	**–**	–	–
Büro- und Verwaltungsgebäude, Holzbauweise	–	**–**	–	–
2 Gebäude für Forschung und Lehre				
Instituts- und Laborgebäude	–	**–**	–	–
3 Gebäude des Gesundheitswesens				
Medizinische Einrichtungen	–	**4,90**	–	< 0,1%
Pflegeheime	–	**–**	–	–
Gebäude für Erholungszwecke	–	**–**	–	–
4 Schulen und Kindergärten				
Allgemeinbildende Schulen	–	**0,50**	–	< 0,1%
Schulen, Holzbauweise	–	**–**	–	–
Berufliche Schulen	–	**–**	–	–
Förder- und Sonderschulen	–	**–**	–	–
Weiterbildungseinrichtungen	–	**–**	–	–
Kindergärten, nicht unterkellert, einfacher Standard	–	**12,00**	–	0,3%
Kindergärten, nicht unterkellert, mittlerer Standard	–	**–**	–	–
Kindergärten, nicht unterkellert, hoher Standard	–	**–**	–	–
Kindergärten, Holzbauweise, nicht unterkellert	0,40	**0,80**	1,20	< 0,1%
Kindergärten, unterkellert	–	**–**	–	–
5 Sportbauten				
Sport- und Mehrzweckhallen	–	**–**	–	–
Sporthallen (Einfeldhallen)	–	**–**	–	–
Sporthallen (Dreifeldhallen)	–	**–**	–	–
6 Wohngebäude				
Ein- und Zweifamilienhäuser				
Ein- und Zweifamilienhäuser, unterkellert, einfacher Standard	–	**–**	–	–
Ein- und Zweifamilienhäuser, unterkellert, mittlerer Standard	–	**4,30**	–	< 0,1%
Ein- und Zweifamilienhäuser, unterkellert, hoher Standard	7,50	**8,70**	9,90	< 0,1%
Ein- und Zweifamilienhäuser, nicht unterkellert, einfacher Standard	–	**–**	–	–
Ein- und Zweifamilienhäuser, nicht unterkellert, mittlerer Standard	–	**–**	–	–
Ein- und Zweifamilienhäuser, nicht unterkellert, hoher Standard	–	**–**	–	–
Ein- und Zweifamilienhäuser, Passivhausstandard, Massivbauweise	–	**–**	–	–
Ein- und Zweifamilienhäuser, Passivhausstandard, Holzbauweise	–	**–**	–	–
Ein- und Zweifamilienhäuser, Holzbauweise, unterkellert	–	**2,30**	–	< 0,1%
Ein- und Zweifamilienhäuser, Holzbauweise, nicht unterkellert	–	**–**	–	–
Doppel- und Reihenend- / Reihenhäuser				
Doppel- und Reihenendhäuser, einfacher Standard	–	**–**	–	–
Doppel- und Reihenendhäuser, mittlerer Standard	–	**–**	–	–
Doppel- und Reihenendhäuser, hoher Standard	–	**–**	–	–
Doppel- und Reihenendhäuser, Holzbauweise	–	**–**	–	–
Reihenhäuser, einfacher Standard	–	**–**	–	–
Reihenhäuser, mittlerer Standard	–	**–**	–	–
Reihenhäuser, hoher Standard	–	**–**	–	–
Mehrfamilienhäuser				
Mehrfamilienhäuser, mit bis zu 6 WE, einfacher Standard	–	**–**	–	–
Mehrfamilienhäuser, mit bis zu 6 WE, mittlerer Standard	–	**–**	–	–
Mehrfamilienhäuser, mit bis zu 6 WE, hoher Standard	–	**–**	–	–

© **BKI** Baukosteninformationszentrum; Erläuterungen zu den Tabellen siehe Seite 56

Gebäudeart	▷	€/Einheit	◁	KG an 300
Mehrfamilienhäuser (Fortsetzung)				
Mehrfamilienhäuser, mit 6 bis 19 WE, einfacher Standard	–	**–**	–	–
Mehrfamilienhäuser, mit 6 bis 19 WE, mittlerer Standard	–	**–**	–	–
Mehrfamilienhäuser, mit 6 bis 19 WE, hoher Standard	–	**–**	–	–
Mehrfamilienhäuser, mit 20 oder mehr WE, einfacher Standard	–	**–**	–	–
Mehrfamilienhäuser, mit 20 oder mehr WE, mittlerer Standard	–	**1,20**	–	< 0,1%
Mehrfamilienhäuser, mit 20 oder mehr WE, hoher Standard	–	**–**	–	–
Mehrfamilienhäuser, Passivhäuser	–	**–**	–	–
Mehrfamilienhäuser, Holzbauweise	0,40	**1,70**	2,90	< 0,1%
Wohnhäuser, mit bis zu 15% Mischnutzung, einfacher Standard	–	**0,60**	–	< 0,1%
Wohnhäuser, mit bis zu 15% Mischnutzung, mittlerer Standard	–	**–**	–	–
Wohnhäuser, mit bis zu 15% Mischnutzung, hoher Standard	–	**–**	–	–
Wohnhäuser, mit mehr als 15% Mischnutzung	–	**–**	–	–
Seniorenwohnungen und Beherbergungen				
Seniorenwohnungen, mittlerer Standard	–	**3,70**	–	< 0,1%
Seniorenwohnungen, hoher Standard	–	**4,70**	–	0,2%
Wohnheime und Internate	–	**–**	–	–
Hotels	–	**14,00**	–	0,7%
7 Gewerbe-, Lager- und Garagen				
Gaststätten, Kantinen und Mensen	–	**–**	–	–
Industrielle Produktionsgebäude, Massivbauweise	–	**0,30**	–	< 0,1%
Industrielle Produktionsgebäude, überwiegend Skelettbauweise	–	**–**	–	–
Betriebs- und Werkstätten, eingeschossig	–	**–**	–	–
Betriebs- und Werkstätten, mehrgeschossig, geringer Hallenanteil	–	**–**	–	–
Betriebs- und Werkstätten, mehrgeschossig, hoher Hallenanteil	–	**–**	–	–
Geschäftshäuser, mit Wohnungen	–	**–**	–	–
Geschäftshäuser, ohne Wohnungen	–	**–**	–	–
Verbrauchermärkte	–	**–**	–	–
Autohäuser	–	**–**	–	–
Lagergebäude, ohne Mischnutzung	–	**–**	–	–
Lagergebäude, mit bis zu 25% Mischnutzung	–	**–**	–	–
Lagergebäude, mit mehr als 25% Mischnutzung	–	**–**	–	–
Garagen und Bereitschaftsdienste				
Einzel- und Doppelgaragen	–	**–**	–	–
Mehrfachgaragen	–	**3,00**	–	< 0,1%
Hochgaragen	–	**–**	–	–
Fahrradparkhäuser	–	**–**	–	–
Carports	–	**–**	–	–
Tiefgaragen	–	**–**	–	–
Feuerwehrhäuser	–	**–**	–	–
Öffentliche Bereitschaftsdienste	–	**–**	–	–
8 Gebäude für kulturelle und religiöse Zwecke				
Bibliotheken, Museen und Ausstellungen	–	**–**	–	–
Theater	–	**–**	–	–
Gemeindezentren, einfacher Standard	–	**–**	–	–
Gemeindezentren, mittlerer Standard	–	**–**	–	–
Gemeindezentren, hoher Standard	–	**–**	–	–
Gemeindezentren, Holzbauweise	–	**–**	–	–
Friedhofsgebäude	–	**–**	–	–

Einheit: m²
Brutto-Grundfläche (BGF)

Kosten:
Stand 1. Quartal 2025
Bundesdurchschnitt
inkl. 19% MwSt.

Einheit: m2
Brutto-Grundfläche (BGF)

Gebäudeart	▷	€/Einheit	◁	KG an 300
1 Büro- und Verwaltungsgebäude				
Büro- und Verwaltungsgebäude, einfacher Standard	27,00	**37,00**	56,00	2,5%
Büro- und Verwaltungsgebäude, mittlerer Standard	29,00	**59,00**	92,00	2,9%
Büro- und Verwaltungsgebäude, hoher Standard	47,00	**100,00**	170,00	3,8%
Büro- und Verwaltungsgebäude, Holzbauweise	34,00	**51,00**	101,00	2,7%
2 Gebäude für Forschung und Lehre				
Instituts- und Laborgebäude	35,00	**55,00**	72,00	2,8%
3 Gebäude des Gesundheitswesens				
Medizinische Einrichtungen	37,00	**47,00**	69,00	2,8%
Pflegeheime	16,00	**43,00**	147,00	2,1%
Gebäude für Erholungszwecke	24,00	**51,00**	157,00	1,8%
4 Schulen und Kindergärten				
Allgemeinbildende Schulen	36,00	**71,00**	107,00	3,3%
Schulen, Holzbauweise	29,00	**53,00**	100,00	2,5%
Berufliche Schulen	15,00	**64,00**	139,00	3,5%
Förder- und Sonderschulen	45,00	**65,00**	95,00	3,2%
Weiterbildungseinrichtungen	14,00	**58,00**	81,00	2,7%
Kindergärten, nicht unterkellert, einfacher Standard	7,10	**22,00**	49,00	1,2%
Kindergärten, nicht unterkellert, mittlerer Standard	28,00	**46,00**	66,00	2,0%
Kindergärten, nicht unterkellert, hoher Standard	22,00	**40,00**	55,00	1,9%
Kindergärten, Holzbauweise, nicht unterkellert	34,00	**56,00**	83,00	2,3%
Kindergärten, unterkellert	50,00	**74,00**	97,00	3,4%
5 Sportbauten				
Sport- und Mehrzweckhallen	10,00	**38,00**	87,00	1,8%
Sporthallen (Einfeldhallen)	38,00	**67,00**	153,00	3,3%
Sporthallen (Dreifeldhallen)	47,00	**90,00**	147,00	4,1%
6 Wohngebäude				
Ein- und Zweifamilienhäuser				
Ein- und Zweifamilienhäuser, unterkellert, einfacher Standard	11,00	**19,00**	27,00	1,0%
Ein- und Zweifamilienhäuser, unterkellert, mittlerer Standard	18,00	**37,00**	65,00	2,4%
Ein- und Zweifamilienhäuser, unterkellert, hoher Standard	19,00	**37,00**	70,00	1,9%
Ein- und Zweifamilienhäuser, nicht unterkellert, einfacher Standard	21,00	**32,00**	44,00	3,0%
Ein- und Zweifamilienhäuser, nicht unterkellert, mittlerer Standard	14,00	**37,00**	108,00	2,0%
Ein- und Zweifamilienhäuser, nicht unterkellert, hoher Standard	11,00	**27,00**	40,00	1,5%
Ein- und Zweifamilienhäuser, Passivhausstandard, Massivbauweise	13,00	**29,00**	57,00	1,8%
Ein- und Zweifamilienhäuser, Passivhausstandard, Holzbauweise	24,00	**32,00**	44,00	1,7%
Ein- und Zweifamilienhäuser, Holzbauweise, unterkellert	18,00	**25,00**	41,00	1,6%
Ein- und Zweifamilienhäuser, Holzbauweise, nicht unterkellert	14,00	**39,00**	72,00	2,2%
Doppel- und Reihenend- / Reihenhäuser				
Doppel- und Reihenendhäuser, einfacher Standard	3,00	**13,00**	19,00	1,2%
Doppel- und Reihenendhäuser, mittlerer Standard	7,30	**18,00**	33,00	1,2%
Doppel- und Reihenendhäuser, hoher Standard	12,00	**27,00**	46,00	1,9%
Doppel- und Reihenendhäuser, Holzbauweise	26,00	**45,00**	60,00	2,7%
Reihenhäuser, einfacher Standard	3,00	**3,90**	4,80	0,4%
Reihenhäuser, mittlerer Standard	13,00	**25,00**	37,00	2,3%
Reihenhäuser, hoher Standard	32,00	**34,00**	39,00	2,2%
Mehrfamilienhäuser				
Mehrfamilienhäuser, mit bis zu 6 WE, einfacher Standard	13,00	**13,00**	14,00	1,4%
Mehrfamilienhäuser, mit bis zu 6 WE, mittlerer Standard	8,20	**17,00**	47,00	1,3%
Mehrfamilienhäuser, mit bis zu 6 WE, hoher Standard	25,00	**41,00**	65,00	2,6%

▷ von
ø Mittel
◁ bis

© **BKI** Baukosteninformationszentrum; Erläuterungen zu den Tabellen siehe Seite 56

Gebäudeart	▷	€/Einheit	◁	KG an 300
Mehrfamilienhäuser (Fortsetzung)				
Mehrfamilienhäuser, mit 6 bis 19 WE, einfacher Standard	8,90	**34,00**	79,00	2,5%
Mehrfamilienhäuser, mit 6 bis 19 WE, mittlerer Standard	13,00	**20,00**	43,00	1,7%
Mehrfamilienhäuser, mit 6 bis 19 WE, hoher Standard	17,00	**32,00**	67,00	2,5%
Mehrfamilienhäuser, mit 20 oder mehr WE, einfacher Standard	9,60	**26,00**	36,00	2,4%
Mehrfamilienhäuser, mit 20 oder mehr WE, mittlerer Standard	18,00	**44,00**	63,00	3,3%
Mehrfamilienhäuser, mit 20 oder mehr WE, hoher Standard	13,00	**39,00**	90,00	2,8%
Mehrfamilienhäuser, Passivhäuser	18,00	**30,00**	54,00	2,3%
Mehrfamilienhäuser, Holzbauweise	17,00	**37,00**	71,00	2,3%
Wohnhäuser, mit bis zu 15% Mischnutzung, einfacher Standard	23,00	**43,00**	83,00	3,6%
Wohnhäuser, mit bis zu 15% Mischnutzung, mittlerer Standard	21,00	**25,00**	29,00	1,3%
Wohnhäuser, mit bis zu 15% Mischnutzung, hoher Standard	–	**98,00**	–	4,7%
Wohnhäuser, mit mehr als 15% Mischnutzung	17,00	**33,00**	62,00	2,0%
Seniorenwohnungen und Beherbergungen				
Seniorenwohnungen, mittlerer Standard	15,00	**41,00**	80,00	3,3%
Seniorenwohnungen, hoher Standard	15,00	**19,00**	23,00	1,5%
Wohnheime und Internate	22,00	**59,00**	284,00	3,6%
Hotels	–	**47,00**	–	2,3%
7 Gewerbe-, Lager- und Garagen				
Gaststätten, Kantinen und Mensen	–	**65,00**	–	2,6%
Industrielle Produktionsgebäude, Massivbauweise	23,00	**29,00**	35,00	2,2%
Industrielle Produktionsgebäude, überwiegend Skelettbauweise	19,00	**57,00**	95,00	3,4%
Betriebs- und Werkstätten, eingeschossig	36,00	**65,00**	80,00	4,1%
Betriebs- und Werkstätten, mehrgeschossig, geringer Hallenanteil	32,00	**86,00**	251,00	5,0%
Betriebs- und Werkstätten, mehrgeschossig, hoher Hallenanteil	7,40	**24,00**	45,00	1,5%
Geschäftshäuser, mit Wohnungen	18,00	**30,00**	53,00	2,1%
Geschäftshäuser, ohne Wohnungen	7,50	**9,40**	11,00	0,7%
Verbrauchermärkte	7,00	**10,00**	14,00	0,8%
Autohäuser	14,00	**21,00**	27,00	1,0%
Lagergebäude, ohne Mischnutzung	18,00	**39,00**	73,00	3,0%
Lagergebäude, mit bis zu 25% Mischnutzung	9,90	**11,00**	14,00	1,0%
Lagergebäude, mit mehr als 25% Mischnutzung	19,00	**38,00**	56,00	3,1%
Garagen und Bereitschaftsdienste				
Einzel- und Doppelgaragen	–	**–**	–	–
Mehrfachgaragen	13,00	**35,00**	73,00	1,8%
Hochgaragen	10,00	**34,00**	79,00	3,6%
Fahrradparkhäuser	15,00	**43,00**	92,00	2,9%
Carports	–	**–**	–	–
Tiefgaragen	31,00	**91,00**	131,00	6,3%
Feuerwehrhäuser	28,00	**48,00**	60,00	2,9%
Öffentliche Bereitschaftsdienste	30,00	**32,00**	38,00	2,3%
8 Gebäude für kulturelle und religiöse Zwecke				
Bibliotheken, Museen und Ausstellungen	55,00	**104,00**	143,00	4,1%
Theater	60,00	**75,00**	90,00	2,4%
Gemeindezentren, einfacher Standard	16,00	**22,00**	25,00	1,3%
Gemeindezentren, mittlerer Standard	27,00	**84,00**	128,00	3,5%
Gemeindezentren, hoher Standard	7,20	**30,00**	40,00	1,1%
Gemeindezentren, Holzbauweise	42,00	**67,00**	115,00	2,6%
Friedhofsgebäude	75,00	**124,00**	172,00	4,6%

Einheit: m²
Brutto-Grundfläche (BGF)

Kosten:
Stand 1. Quartal 2025
Bundesdurchschnitt
inkl. 19% MwSt.

Einheit: m²
Brutto-Grundfläche (BGF)

▷ von
ø Mittel
◁ bis

Gebäudeart	▷	€/Einheit	◁	KG an 300
1 Büro- und Verwaltungsgebäude				
Büro- und Verwaltungsgebäude, einfacher Standard	8,40	**12,00**	15,00	0,9%
Büro- und Verwaltungsgebäude, mittlerer Standard	17,00	**28,00**	41,00	1,5%
Büro- und Verwaltungsgebäude, hoher Standard	17,00	**30,00**	54,00	1,2%
Büro- und Verwaltungsgebäude, Holzbauweise	14,00	**29,00**	36,00	1,5%
2 Gebäude für Forschung und Lehre				
Instituts- und Laborgebäude	17,00	**33,00**	81,00	1,7%
3 Gebäude des Gesundheitswesens				
Medizinische Einrichtungen	22,00	**24,00**	28,00	1,5%
Pflegeheime	9,60	**22,00**	37,00	1,2%
Gebäude für Erholungszwecke	39,00	**51,00**	83,00	1,7%
4 Schulen und Kindergärten				
Allgemeinbildende Schulen	14,00	**32,00**	46,00	1,5%
Schulen, Holzbauweise	20,00	**34,00**	59,00	1,4%
Berufliche Schulen	10,00	**24,00**	45,00	1,1%
Förder- und Sonderschulen	17,00	**42,00**	64,00	1,9%
Weiterbildungseinrichtungen	2,90	**39,00**	62,00	1,5%
Kindergärten, nicht unterkellert, einfacher Standard	8,80	**16,00**	20,00	1,0%
Kindergärten, nicht unterkellert, mittlerer Standard	8,40	**22,00**	34,00	1,1%
Kindergärten, nicht unterkellert, hoher Standard	14,00	**27,00**	34,00	1,0%
Kindergärten, Holzbauweise, nicht unterkellert	18,00	**27,00**	44,00	0,9%
Kindergärten, unterkellert	20,00	**26,00**	40,00	1,1%
5 Sportbauten				
Sport- und Mehrzweckhallen	41,00	**47,00**	53,00	1,5%
Sporthallen (Einfeldhallen)	34,00	**51,00**	69,00	2,4%
Sporthallen (Dreifeldhallen)	14,00	**43,00**	67,00	2,0%
6 Wohngebäude				
Ein- und Zweifamilienhäuser				
Ein- und Zweifamilienhäuser, unterkellert, einfacher Standard	7,70	**10,00**	15,00	0,9%
Ein- und Zweifamilienhäuser, unterkellert, mittlerer Standard	13,00	**21,00**	33,00	1,4%
Ein- und Zweifamilienhäuser, unterkellert, hoher Standard	11,00	**19,00**	32,00	1,0%
Ein- und Zweifamilienhäuser, nicht unterkellert, einfacher Standard	–	**20,00**	–	1,9%
Ein- und Zweifamilienhäuser, nicht unterkellert, mittlerer Standard	20,00	**32,00**	73,00	1,8%
Ein- und Zweifamilienhäuser, nicht unterkellert, hoher Standard	17,00	**25,00**	53,00	1,3%
Ein- und Zweifamilienhäuser, Passivhausstandard, Massivbauweise	13,00	**20,00**	29,00	1,2%
Ein- und Zweifamilienhäuser, Passivhausstandard, Holzbauweise	14,00	**20,00**	33,00	1,0%
Ein- und Zweifamilienhäuser, Holzbauweise, unterkellert	16,00	**29,00**	98,00	1,5%
Ein- und Zweifamilienhäuser, Holzbauweise, nicht unterkellert	13,00	**21,00**	29,00	1,2%
Doppel- und Reihenend- / Reihenhäuser				
Doppel- und Reihenendhäuser, einfacher Standard	–	**16,00**	–	0,5%
Doppel- und Reihenendhäuser, mittlerer Standard	16,00	**23,00**	28,00	1,6%
Doppel- und Reihenendhäuser, hoher Standard	5,10	**10,00**	15,00	0,5%
Doppel- und Reihenendhäuser, Holzbauweise	16,00	**28,00**	57,00	1,5%
Reihenhäuser, einfacher Standard	7,40	**9,20**	11,00	1,0%
Reihenhäuser, mittlerer Standard	9,60	**9,90**	10,00	0,9%
Reihenhäuser, hoher Standard	15,00	**18,00**	24,00	0,8%
Mehrfamilienhäuser				
Mehrfamilienhäuser, mit bis zu 6 WE, einfacher Standard	3,80	**7,00**	10,00	0,8%
Mehrfamilienhäuser, mit bis zu 6 WE, mittlerer Standard	11,00	**16,00**	24,00	1,2%
Mehrfamilienhäuser, mit bis zu 6 WE, hoher Standard	9,50	**19,00**	29,00	1,2%

© **BKI** Baukosteninformationszentrum; Erläuterungen zu den Tabellen siehe Seite 56

Gebäudeart	▷	€/Einheit	◁	KG an 300
Mehrfamilienhäuser (Fortsetzung)				
Mehrfamilienhäuser, mit 6 bis 19 WE, einfacher Standard	5,80	**15,00**	23,00	0,7%
Mehrfamilienhäuser, mit 6 bis 19 WE, mittlerer Standard	11,00	**18,00**	23,00	1,1%
Mehrfamilienhäuser, mit 6 bis 19 WE, hoher Standard	7,90	**14,00**	21,00	1,1%
Mehrfamilienhäuser, mit 20 oder mehr WE, einfacher Standard	0,70	**13,00**	20,00	1,3%
Mehrfamilienhäuser, mit 20 oder mehr WE, mittlerer Standard	8,90	**20,00**	37,00	1,5%
Mehrfamilienhäuser, mit 20 oder mehr WE, hoher Standard	9,50	**15,00**	19,00	1,0%
Mehrfamilienhäuser, Passivhäuser	13,00	**21,00**	30,00	1,6%
Mehrfamilienhäuser, Holzbauweise	9,50	**18,00**	25,00	1,2%
Wohnhäuser, mit bis zu 15% Mischnutzung, einfacher Standard	11,00	**15,00**	20,00	1,2%
Wohnhäuser, mit bis zu 15% Mischnutzung, mittlerer Standard	–	**12,00**	–	0,3%
Wohnhäuser, mit bis zu 15% Mischnutzung, hoher Standard	–	**30,00**	–	1,5%
Wohnhäuser, mit mehr als 15% Mischnutzung	15,00	**24,00**	38,00	1,6%
Seniorenwohnungen und Beherbergungen				
Seniorenwohnungen, mittlerer Standard	6,70	**14,00**	21,00	1,1%
Seniorenwohnungen, hoher Standard	16,00	**21,00**	26,00	1,6%
Wohnheime und Internate	11,00	**20,00**	30,00	1,1%
Hotels	–	**48,00**	–	2,4%
7 Gewerbe-, Lager- und Garagen				
Gaststätten, Kantinen und Mensen	–	**24,00**	–	1,0%
Industrielle Produktionsgebäude, Massivbauweise	8,50	**11,00**	14,00	0,9%
Industrielle Produktionsgebäude, überwiegend Skelettbauweise	4,60	**9,80**	32,00	0,7%
Betriebs- und Werkstätten, eingeschossig	4,00	**15,00**	36,00	0,8%
Betriebs- und Werkstätten, mehrgeschossig, geringer Hallenanteil	4,20	**13,00**	20,00	0,8%
Betriebs- und Werkstätten, mehrgeschossig, hoher Hallenanteil	12,00	**17,00**	21,00	1,5%
Geschäftshäuser, mit Wohnungen	11,00	**13,00**	14,00	0,9%
Geschäftshäuser, ohne Wohnungen	14,00	**15,00**	17,00	1,1%
Verbrauchermärkte	11,00	**18,00**	24,00	1,4%
Autohäuser	16,00	**18,00**	21,00	0,9%
Lagergebäude, ohne Mischnutzung	13,00	**20,00**	26,00	1,8%
Lagergebäude, mit bis zu 25% Mischnutzung	6,70	**20,00**	43,00	1,6%
Lagergebäude, mit mehr als 25% Mischnutzung	–	**12,00**	–	0,4%
Garagen und Bereitschaftsdienste				
Einzel- und Doppelgaragen	–	**–**	–	–
Mehrfachgaragen	6,90	**10,00**	13,00	0,4%
Hochgaragen	1,40	**5,30**	13,00	0,6%
Fahrradparkhäuser	14,00	**59,00**	145,00	2,7%
Carports	–	**–**	–	–
Tiefgaragen	–	**0,40**	–	< 0,1%
Feuerwehrhäuser	10,00	**24,00**	42,00	1,4%
Öffentliche Bereitschaftsdienste	19,00	**24,00**	40,00	1,7%
8 Gebäude für kulturelle und religiöse Zwecke				
Bibliotheken, Museen und Ausstellungen	26,00	**41,00**	75,00	1,6%
Theater	59,00	**65,00**	70,00	2,0%
Gemeindezentren, einfacher Standard	4,10	**9,50**	18,00	0,6%
Gemeindezentren, mittlerer Standard	26,00	**47,00**	116,00	1,8%
Gemeindezentren, hoher Standard	22,00	**37,00**	50,00	1,4%
Gemeindezentren, Holzbauweise	16,00	**22,00**	34,00	0,9%
Friedhofsgebäude	40,00	**40,00**	41,00	1,6%

Einheit: m²
Brutto-Grundfläche (BGF)

© **BKI** Baukosteninformationszentrum; Erläuterungen zu den Tabellen siehe Seite 56 Kostenstand: 1. Quartal 2025, Bundesdurchschnitt, **inkl. 19% MwSt.**

Kosten:
Stand 1. Quartal 2025
Bundesdurchschnitt
inkl. 19% MwSt.

Einheit: m²
Brutto-Grundfläche (BGF)

▷ von
ø Mittel
◁ bis

Gebäudeart	▷	€/Einheit	◁	KG an 300
1 Büro- und Verwaltungsgebäude				
Büro- und Verwaltungsgebäude, einfacher Standard	–	**–**	–	–
Büro- und Verwaltungsgebäude, mittlerer Standard	–	**5,40**	–	< 0,1%
Büro- und Verwaltungsgebäude, hoher Standard	–	**–**	–	–
Büro- und Verwaltungsgebäude, Holzbauweise	–	**–**	–	–
2 Gebäude für Forschung und Lehre				
Instituts- und Laborgebäude	–	**6,80**	–	< 0,1%
3 Gebäude des Gesundheitswesens				
Medizinische Einrichtungen	–	**–**	–	–
Pflegeheime	–	**–**	–	–
Gebäude für Erholungszwecke	–	**–**	–	–
4 Schulen und Kindergärten				
Allgemeinbildende Schulen	–	**–**	–	–
Schulen, Holzbauweise	–	**8,30**	–	< 0,1%
Berufliche Schulen	–	**–**	–	–
Förder- und Sonderschulen	–	**4,40**	–	< 0,1%
Weiterbildungseinrichtungen	–	**–**	–	–
Kindergärten, nicht unterkellert, einfacher Standard	–	**–**	–	–
Kindergärten, nicht unterkellert, mittlerer Standard	–	**–**	–	–
Kindergärten, nicht unterkellert, hoher Standard	–	**–**	–	–
Kindergärten, Holzbauweise, nicht unterkellert	–	**–**	–	–
Kindergärten, unterkellert	–	**–**	–	–
5 Sportbauten				
Sport- und Mehrzweckhallen	–	**–**	–	–
Sporthallen (Einfeldhallen)	–	**–**	–	–
Sporthallen (Dreifeldhallen)	–	**–**	–	–
6 Wohngebäude				
Ein- und Zweifamilienhäuser				
Ein- und Zweifamilienhäuser, unterkellert, einfacher Standard	–	**–**	–	–
Ein- und Zweifamilienhäuser, unterkellert, mittlerer Standard	–	**–**	–	–
Ein- und Zweifamilienhäuser, unterkellert, hoher Standard	3,20	**11,00**	19,00	0,1%
Ein- und Zweifamilienhäuser, nicht unterkellert, einfacher Standard	–	**–**	–	–
Ein- und Zweifamilienhäuser, nicht unterkellert, mittlerer Standard	–	**–**	–	–
Ein- und Zweifamilienhäuser, nicht unterkellert, hoher Standard	–	**–**	–	–
Ein- und Zweifamilienhäuser, Passivhausstandard, Massivbauweise	–	**–**	–	–
Ein- und Zweifamilienhäuser, Passivhausstandard, Holzbauweise	–	**–**	–	–
Ein- und Zweifamilienhäuser, Holzbauweise, unterkellert	–	**44,00**	–	0,2%
Ein- und Zweifamilienhäuser, Holzbauweise, nicht unterkellert	–	**–**	–	–
Doppel- und Reihenend- / Reihenhäuser				
Doppel- und Reihenendhäuser, einfacher Standard	–	**–**	–	–
Doppel- und Reihenendhäuser, mittlerer Standard	–	**50,00**	–	0,4%
Doppel- und Reihenendhäuser, hoher Standard	–	**3,10**	–	< 0,1%
Doppel- und Reihenendhäuser, Holzbauweise	–	**–**	–	–
Reihenhäuser, einfacher Standard	–	**–**	–	–
Reihenhäuser, mittlerer Standard	–	**–**	–	–
Reihenhäuser, hoher Standard	–	**–**	–	–
Mehrfamilienhäuser				
Mehrfamilienhäuser, mit bis zu 6 WE, einfacher Standard	–	**–**	–	–
Mehrfamilienhäuser, mit bis zu 6 WE, mittlerer Standard	–	**–**	–	–
Mehrfamilienhäuser, mit bis zu 6 WE, hoher Standard	–	**–**	–	–

© **BKI** Baukosteninformationszentrum; Erläuterungen zu den Tabellen siehe Seite 56

Gebäudeart	▷	€/Einheit	◁	KG an 300
Mehrfamilienhäuser (Fortsetzung)				
Mehrfamilienhäuser, mit 6 bis 19 WE, einfacher Standard	–	**–**	–	–
Mehrfamilienhäuser, mit 6 bis 19 WE, mittlerer Standard	0,30	**0,50**	0,70	< 0,1%
Mehrfamilienhäuser, mit 6 bis 19 WE, hoher Standard	6,10	**19,00**	26,00	0,8%
Mehrfamilienhäuser, mit 20 oder mehr WE, einfacher Standard	–	**–**	–	–
Mehrfamilienhäuser, mit 20 oder mehr WE, mittlerer Standard	–	**–**	–	–
Mehrfamilienhäuser, mit 20 oder mehr WE, hoher Standard	–	**–**	–	–
Mehrfamilienhäuser, Passivhäuser	–	**5,70**	–	< 0,1%
Mehrfamilienhäuser, Holzbauweise	–	**–**	–	–
Wohnhäuser, mit bis zu 15% Mischnutzung, einfacher Standard	–	**–**	–	–
Wohnhäuser, mit bis zu 15% Mischnutzung, mittlerer Standard	–	**–**	–	–
Wohnhäuser, mit bis zu 15% Mischnutzung, hoher Standard	–	**–**	–	–
Wohnhäuser, mit mehr als 15% Mischnutzung	–	**–**	–	–
Seniorenwohnungen und Beherbergungen				
Seniorenwohnungen, mittlerer Standard	–	**–**	–	–
Seniorenwohnungen, hoher Standard	–	**–**	–	–
Wohnheime und Internate	–	**45,00**	–	0,3%
Hotels	–	**–**	–	–
7 Gewerbe-, Lager- und Garagen				
Gaststätten, Kantinen und Mensen	–	**–**	–	–
Industrielle Produktionsgebäude, Massivbauweise	–	**–**	–	–
Industrielle Produktionsgebäude, überwiegend Skelettbauweise	–	**–**	–	–
Betriebs- und Werkstätten, eingeschossig	–	**–**	–	–
Betriebs- und Werkstätten, mehrgeschossig, geringer Hallenanteil	4,00	**7,50**	11,00	0,1%
Betriebs- und Werkstätten, mehrgeschossig, hoher Hallenanteil	–	**–**	–	–
Geschäftshäuser, mit Wohnungen	–	**–**	–	–
Geschäftshäuser, ohne Wohnungen	–	**–**	–	–
Verbrauchermärkte	–	**–**	–	–
Autohäuser	–	**–**	–	–
Lagergebäude, ohne Mischnutzung	–	**–**	–	–
Lagergebäude, mit bis zu 25% Mischnutzung	–	**–**	–	–
Lagergebäude, mit mehr als 25% Mischnutzung	–	**–**	–	–
Garagen und Bereitschaftsdienste				
Einzel- und Doppelgaragen	–	**–**	–	–
Mehrfachgaragen	–	**–**	–	–
Hochgaragen	–	**–**	–	–
Fahrradparkhäuser	–	**–**	–	–
Carports	–	**–**	–	–
Tiefgaragen	–	**–**	–	–
Feuerwehrhäuser	–	**–**	–	–
Öffentliche Bereitschaftsdienste	–	**–**	–	–
8 Gebäude für kulturelle und religiöse Zwecke				
Bibliotheken, Museen und Ausstellungen	–	**3,60**	–	< 0,1%
Theater	–	**–**	–	–
Gemeindezentren, einfacher Standard	–	**–**	–	–
Gemeindezentren, mittlerer Standard	–	**11,00**	–	< 0,1%
Gemeindezentren, hoher Standard	–	**12,00**	–	0,1%
Gemeindezentren, Holzbauweise	–	**–**	–	–
Friedhofsgebäude	–	**–**	–	–

Einheit: m²
Brutto-Grundfläche (BGF)

Kosten:
Stand 1. Quartal 2025
Bundesdurchschnitt
inkl. 19% MwSt.

Einheit: m²
Brutto-Grundfläche (BGF)

▷ von
ø Mittel
◁ bis

Gebäudeart	▷	€/Einheit	◁	KG an 300
1 Büro- und Verwaltungsgebäude				
Büro- und Verwaltungsgebäude, einfacher Standard	–	**–**	–	–
Büro- und Verwaltungsgebäude, mittlerer Standard	0,80	**9,70**	28,00	< 0,1%
Büro- und Verwaltungsgebäude, hoher Standard	0,70	**2,60**	4,50	< 0,1%
Büro- und Verwaltungsgebäude, Holzbauweise	–	**2,50**	–	< 0,1%
2 Gebäude für Forschung und Lehre				
Instituts- und Laborgebäude	–	**0,20**	–	< 0,1%
3 Gebäude des Gesundheitswesens				
Medizinische Einrichtungen	–	**1,00**	–	< 0,1%
Pflegeheime	–	**–**	–	–
Gebäude für Erholungszwecke	–	**23,00**	–	0,1%
4 Schulen und Kindergärten				
Allgemeinbildende Schulen	–	**4,60**	–	< 0,1%
Schulen, Holzbauweise	–	**5,50**	–	< 0,1%
Berufliche Schulen	–	**0,40**	–	< 0,1%
Förder- und Sonderschulen	–	**18,00**	–	0,1%
Weiterbildungseinrichtungen	–	**0,40**	–	< 0,1%
Kindergärten, nicht unterkellert, einfacher Standard	–	**9,80**	–	0,2%
Kindergärten, nicht unterkellert, mittlerer Standard	–	**3,00**	–	< 0,1%
Kindergärten, nicht unterkellert, hoher Standard	–	**–**	–	–
Kindergärten, Holzbauweise, nicht unterkellert	–	**–**	–	–
Kindergärten, unterkellert	–	**3,80**	–	< 0,1%
5 Sportbauten				
Sport- und Mehrzweckhallen	–	**–**	–	–
Sporthallen (Einfeldhallen)	–	**–**	–	–
Sporthallen (Dreifeldhallen)	–	**–**	–	–
6 Wohngebäude				
Ein- und Zweifamilienhäuser				
Ein- und Zweifamilienhäuser, unterkellert, einfacher Standard	–	**–**	–	–
Ein- und Zweifamilienhäuser, unterkellert, mittlerer Standard	–	**–**	–	–
Ein- und Zweifamilienhäuser, unterkellert, hoher Standard	5,40	**6,80**	8,10	< 0,1%
Ein- und Zweifamilienhäuser, nicht unterkellert, einfacher Standard	–	**–**	–	–
Ein- und Zweifamilienhäuser, nicht unterkellert, mittlerer Standard	–	**1,50**	–	< 0,1%
Ein- und Zweifamilienhäuser, nicht unterkellert, hoher Standard	–	**4,30**	–	< 0,1%
Ein- und Zweifamilienhäuser, Passivhausstandard, Massivbauweise	–	**–**	–	–
Ein- und Zweifamilienhäuser, Passivhausstandard, Holzbauweise	–	**58,00**	–	0,3%
Ein- und Zweifamilienhäuser, Holzbauweise, unterkellert	–	**–**	–	–
Ein- und Zweifamilienhäuser, Holzbauweise, nicht unterkellert	–	**68,00**	–	0,5%
Doppel- und Reihenend- / Reihenhäuser				
Doppel- und Reihenendhäuser, einfacher Standard	–	**–**	–	–
Doppel- und Reihenendhäuser, mittlerer Standard	–	**–**	–	–
Doppel- und Reihenendhäuser, hoher Standard	2,50	**4,50**	6,40	0,1%
Doppel- und Reihenendhäuser, Holzbauweise	–	**–**	–	–
Reihenhäuser, einfacher Standard	–	**2,30**	–	0,1%
Reihenhäuser, mittlerer Standard	–	**–**	–	–
Reihenhäuser, hoher Standard	–	**–**	–	–
Mehrfamilienhäuser				
Mehrfamilienhäuser, mit bis zu 6 WE, einfacher Standard	–	**0,50**	–	< 0,1%
Mehrfamilienhäuser, mit bis zu 6 WE, mittlerer Standard	–	**23,00**	–	0,3%
Mehrfamilienhäuser, mit bis zu 6 WE, hoher Standard	–	**12,00**	–	< 0,1%

© **BKI** Baukosteninformationszentrum; Erläuterungen zu den Tabellen siehe Seite 56

Gebäudeart	▷	€/Einheit	◁	KG an 300
Mehrfamilienhäuser (Fortsetzung)				
Mehrfamilienhäuser, mit 6 bis 19 WE, einfacher Standard	–	**3,60**	–	< 0,1%
Mehrfamilienhäuser, mit 6 bis 19 WE, mittlerer Standard	–	**–**	–	–
Mehrfamilienhäuser, mit 6 bis 19 WE, hoher Standard	4,90	**6,40**	7,90	0,2%
Mehrfamilienhäuser, mit 20 oder mehr WE, einfacher Standard	–	**3,80**	–	0,1%
Mehrfamilienhäuser, mit 20 oder mehr WE, mittlerer Standard	–	**0,10**	–	< 0,1%
Mehrfamilienhäuser, mit 20 oder mehr WE, hoher Standard	–	**–**	–	–
Mehrfamilienhäuser, Passivhäuser	–	**8,10**	–	0,1%
Mehrfamilienhäuser, Holzbauweise	–	**–**	–	–
Wohnhäuser, mit bis zu 15% Mischnutzung, einfacher Standard	–	**–**	–	–
Wohnhäuser, mit bis zu 15% Mischnutzung, mittlerer Standard	–	**–**	–	–
Wohnhäuser, mit bis zu 15% Mischnutzung, hoher Standard	–	**0,60**	–	< 0,1%
Wohnhäuser, mit mehr als 15% Mischnutzung	–	**–**	–	–
Seniorenwohnungen und Beherbergungen				
Seniorenwohnungen, mittlerer Standard	–	**–**	–	–
Seniorenwohnungen, hoher Standard	–	**–**	–	–
Wohnheime und Internate	2,30	**13,00**	44,00	0,4%
Hotels	–	**–**	–	–
7 Gewerbe-, Lager- und Garagen				
Gaststätten, Kantinen und Mensen	–	**–**	–	–
Industrielle Produktionsgebäude, Massivbauweise	–	**–**	–	–
Industrielle Produktionsgebäude, überwiegend Skelettbauweise	–	**8,20**	–	0,2%
Betriebs- und Werkstätten, eingeschossig	–	**–**	–	–
Betriebs- und Werkstätten, mehrgeschossig, geringer Hallenanteil	–	**0,60**	–	< 0,1%
Betriebs- und Werkstätten, mehrgeschossig, hoher Hallenanteil	–	**0,90**	–	< 0,1%
Geschäftshäuser, mit Wohnungen	–	**–**	–	–
Geschäftshäuser, ohne Wohnungen	–	**–**	–	–
Verbrauchermärkte	–	**–**	–	–
Autohäuser	–	**–**	–	–
Lagergebäude, ohne Mischnutzung	5,50	**5,70**	5,90	0,1%
Lagergebäude, mit bis zu 25% Mischnutzung	–	**0,60**	–	< 0,1%
Lagergebäude, mit mehr als 25% Mischnutzung	–	**–**	–	–
Garagen und Bereitschaftsdienste				
Einzel- und Doppelgaragen	–	**–**	–	–
Mehrfachgaragen	–	**–**	–	–
Hochgaragen	–	**–**	–	–
Fahrradparkhäuser	–	**–**	–	–
Carports	–	**–**	–	–
Tiefgaragen	–	**–**	–	–
Feuerwehrhäuser	–	**–**	–	–
Öffentliche Bereitschaftsdienste	–	**60,00**	–	0,9%
8 Gebäude für kulturelle und religiöse Zwecke				
Bibliotheken, Museen und Ausstellungen	–	**12,00**	–	0,1%
Theater	–	**–**	–	–
Gemeindezentren, einfacher Standard	–	**–**	–	–
Gemeindezentren, mittlerer Standard	–	**2,90**	–	< 0,1%
Gemeindezentren, hoher Standard	–	**0,30**	–	< 0,1%
Gemeindezentren, Holzbauweise	–	**–**	–	–
Friedhofsgebäude	–	**–**	–	–

Einheit: m²
Brutto-Grundfläche (BGF)

Kosten:
Stand 1. Quartal 2025
Bundesdurchschnitt
inkl. 19% MwSt.

Einheit: m²
Brutto-Grundfläche (BGF)

▷ von
ø Mittel
◁ bis

Gebäudeart	▷	€/Einheit	◁	KG an 300
1 Büro- und Verwaltungsgebäude				
Büro- und Verwaltungsgebäude, einfacher Standard	–	**–**	–	–
Büro- und Verwaltungsgebäude, mittlerer Standard	4,90	**12,00**	22,00	< 0,1%
Büro- und Verwaltungsgebäude, hoher Standard	1,10	**2,00**	4,50	< 0,1%
Büro- und Verwaltungsgebäude, Holzbauweise	–	**–**	–	–
2 Gebäude für Forschung und Lehre				
Instituts- und Laborgebäude	–	**–**	–	–
3 Gebäude des Gesundheitswesens				
Medizinische Einrichtungen	–	**21,00**	–	0,3%
Pflegeheime	–	**–**	–	–
Gebäude für Erholungszwecke	–	**–**	–	–
4 Schulen und Kindergärten				
Allgemeinbildende Schulen	2,50	**3,20**	4,00	< 0,1%
Schulen, Holzbauweise	–	**–**	–	–
Berufliche Schulen	–	**2,50**	–	< 0,1%
Förder- und Sonderschulen	–	**43,00**	–	0,3%
Weiterbildungseinrichtungen	–	**2,00**	–	< 0,1%
Kindergärten, nicht unterkellert, einfacher Standard	–	**–**	–	–
Kindergärten, nicht unterkellert, mittlerer Standard	0,50	**0,60**	0,70	< 0,1%
Kindergärten, nicht unterkellert, hoher Standard	–	**1,90**	–	< 0,1%
Kindergärten, Holzbauweise, nicht unterkellert	–	**5,60**	–	< 0,1%
Kindergärten, unterkellert	2,30	**6,70**	11,00	0,1%
5 Sportbauten				
Sport- und Mehrzweckhallen	–	**19,00**	–	0,3%
Sporthallen (Einfeldhallen)	–	**0,50**	–	< 0,1%
Sporthallen (Dreifeldhallen)	–	**–**	–	–
6 Wohngebäude				
Ein- und Zweifamilienhäuser				
Ein- und Zweifamilienhäuser, unterkellert, einfacher Standard	–	**–**	–	–
Ein- und Zweifamilienhäuser, unterkellert, mittlerer Standard	–	**–**	–	–
Ein- und Zweifamilienhäuser, unterkellert, hoher Standard	–	**26,00**	–	< 0,1%
Ein- und Zweifamilienhäuser, nicht unterkellert, einfacher Standard	–	**–**	–	–
Ein- und Zweifamilienhäuser, nicht unterkellert, mittlerer Standard	–	**–**	–	–
Ein- und Zweifamilienhäuser, nicht unterkellert, hoher Standard	–	**110,00**	–	0,6%
Ein- und Zweifamilienhäuser, Passivhausstandard, Massivbauweise	–	**–**	–	–
Ein- und Zweifamilienhäuser, Passivhausstandard, Holzbauweise	–	**–**	–	–
Ein- und Zweifamilienhäuser, Holzbauweise, unterkellert	–	**–**	–	–
Ein- und Zweifamilienhäuser, Holzbauweise, nicht unterkellert	–	**–**	–	–
Doppel- und Reihenend- / Reihenhäuser				
Doppel- und Reihenendhäuser, einfacher Standard	–	**1,40**	–	< 0,1%
Doppel- und Reihenendhäuser, mittlerer Standard	–	**–**	–	–
Doppel- und Reihenendhäuser, hoher Standard	–	**–**	–	–
Doppel- und Reihenendhäuser, Holzbauweise	–	**–**	–	–
Reihenhäuser, einfacher Standard	–	**–**	–	–
Reihenhäuser, mittlerer Standard	–	**–**	–	–
Reihenhäuser, hoher Standard	–	**–**	–	–
Mehrfamilienhäuser				
Mehrfamilienhäuser, mit bis zu 6 WE, einfacher Standard	–	**–**	–	–
Mehrfamilienhäuser, mit bis zu 6 WE, mittlerer Standard	–	**–**	–	–
Mehrfamilienhäuser, mit bis zu 6 WE, hoher Standard	–	**–**	–	–

© **BKI** Baukosteninformationszentrum; Erläuterungen zu den Tabellen siehe Seite 56

Einheit: m²
Brutto-Grundfläche (BGF)

Gebäudeart	▷	€/Einheit	◁	KG an 300
Mehrfamilienhäuser (Fortsetzung)				
Mehrfamilienhäuser, mit 6 bis 19 WE, einfacher Standard	–	**1,30**	–	< 0,1%
Mehrfamilienhäuser, mit 6 bis 19 WE, mittlerer Standard	–	**–**	–	–
Mehrfamilienhäuser, mit 6 bis 19 WE, hoher Standard	–	**–**	–	–
Mehrfamilienhäuser, mit 20 oder mehr WE, einfacher Standard	–	**0,10**	–	< 0,1%
Mehrfamilienhäuser, mit 20 oder mehr WE, mittlerer Standard	–	**1,20**	–	< 0,1%
Mehrfamilienhäuser, mit 20 oder mehr WE, hoher Standard	–	**1,50**	–	< 0,1%
Mehrfamilienhäuser, Passivhäuser	–	**3,30**	–	< 0,1%
Mehrfamilienhäuser, Holzbauweise	–	**8,00**	–	< 0,1%
Wohnhäuser, mit bis zu 15% Mischnutzung, einfacher Standard	–	**0,20**	–	< 0,1%
Wohnhäuser, mit bis zu 15% Mischnutzung, mittlerer Standard	–	**–**	–	–
Wohnhäuser, mit bis zu 15% Mischnutzung, hoher Standard	–	**–**	–	–
Wohnhäuser, mit mehr als 15% Mischnutzung	–	**–**	–	–
Seniorenwohnungen und Beherbergungen				
Seniorenwohnungen, mittlerer Standard	–	**12,00**	–	0,2%
Seniorenwohnungen, hoher Standard	–	**–**	–	–
Wohnheime und Internate	–	**0,40**	–	< 0,1%
Hotels	–	**12,00**	–	0,6%
7 Gewerbe-, Lager- und Garagen				
Gaststätten, Kantinen und Mensen	–	**–**	–	–
Industrielle Produktionsgebäude, Massivbauweise	–	**–**	–	–
Industrielle Produktionsgebäude, überwiegend Skelettbauweise	0,20	**0,50**	1,00	< 0,1%
Betriebs- und Werkstätten, eingeschossig	–	**–**	–	–
Betriebs- und Werkstätten, mehrgeschossig, geringer Hallenanteil	–	**–**	–	–
Betriebs- und Werkstätten, mehrgeschossig, hoher Hallenanteil	–	**0,20**	–	< 0,1%
Geschäftshäuser, mit Wohnungen	–	**–**	–	–
Geschäftshäuser, ohne Wohnungen	–	**–**	–	–
Verbrauchermärkte	–	**–**	–	–
Autohäuser	–	**–**	–	–
Lagergebäude, ohne Mischnutzung	–	**1,50**	–	< 0,1%
Lagergebäude, mit bis zu 25% Mischnutzung	–	**–**	–	–
Lagergebäude, mit mehr als 25% Mischnutzung	–	**–**	–	–
Garagen und Bereitschaftsdienste				
Einzel- und Doppelgaragen	–	**–**	–	–
Mehrfachgaragen	–	**–**	–	–
Hochgaragen	–	**–**	–	–
Fahrradparkhäuser	–	**–**	–	–
Carports	–	**–**	–	–
Tiefgaragen	–	**–**	–	–
Feuerwehrhäuser	–	**1,50**	–	< 0,1%
Öffentliche Bereitschaftsdienste	–	**–**	–	–
8 Gebäude für kulturelle und religiöse Zwecke				
Bibliotheken, Museen und Ausstellungen	–	**1,90**	–	< 0,1%
Theater	–	**–**	–	–
Gemeindezentren, einfacher Standard	–	**–**	–	–
Gemeindezentren, mittlerer Standard	1,10	**26,00**	52,00	0,3%
Gemeindezentren, hoher Standard	–	**–**	–	–
Gemeindezentren, Holzbauweise	–	**2,70**	–	< 0,1%
Friedhofsgebäude	–	**–**	–	–

396 Materialentsorgung

Kosten:
Stand 1. Quartal 2025
Bundesdurchschnitt
inkl. 19% MwSt.

Einheit: m²
Brutto-Grundfläche (BGF)

▷ von
ø Mittel
◁ bis

Gebäudeart	▷	€/Einheit	◁	KG an 300
1 Büro- und Verwaltungsgebäude				
Büro- und Verwaltungsgebäude, einfacher Standard	–	**–**	–	–
Büro- und Verwaltungsgebäude, mittlerer Standard	0,70	**2,70**	6,30	< 0,1%
Büro- und Verwaltungsgebäude, hoher Standard	1,90	**5,00**	13,00	< 0,1%
Büro- und Verwaltungsgebäude, Holzbauweise	–	**0,70**	–	< 0,1%
2 Gebäude für Forschung und Lehre				
Instituts- und Laborgebäude	–	**–**	–	–
3 Gebäude des Gesundheitswesens				
Medizinische Einrichtungen	–	**5,40**	–	0,1%
Pflegeheime	–	**1,60**	–	< 0,1%
Gebäude für Erholungszwecke	–	**11,00**	–	< 0,1%
4 Schulen und Kindergärten				
Allgemeinbildende Schulen	0,60	**2,10**	3,60	< 0,1%
Schulen, Holzbauweise	–	**–**	–	–
Berufliche Schulen	–	**1,90**	–	< 0,1%
Förder- und Sonderschulen	0,10	**1,40**	2,70	< 0,1%
Weiterbildungseinrichtungen	–	**–**	–	–
Kindergärten, nicht unterkellert, einfacher Standard	–	**1,70**	–	< 0,1%
Kindergärten, nicht unterkellert, mittlerer Standard	–	**0,90**	–	< 0,1%
Kindergärten, nicht unterkellert, hoher Standard	–	**–**	–	–
Kindergärten, Holzbauweise, nicht unterkellert	–	**0,90**	–	< 0,1%
Kindergärten, unterkellert	–	**4,80**	–	< 0,1%
5 Sportbauten				
Sport- und Mehrzweckhallen	–	**–**	–	–
Sporthallen (Einfeldhallen)	–	**–**	–	–
Sporthallen (Dreifeldhallen)	–	**5,50**	–	< 0,1%
6 Wohngebäude				
Ein- und Zweifamilienhäuser				
Ein- und Zweifamilienhäuser, unterkellert, einfacher Standard	–	**–**	–	–
Ein- und Zweifamilienhäuser, unterkellert, mittlerer Standard	–	**0,20**	–	< 0,1%
Ein- und Zweifamilienhäuser, unterkellert, hoher Standard	–	**–**	–	–
Ein- und Zweifamilienhäuser, nicht unterkellert, einfacher Standard	–	**–**	–	–
Ein- und Zweifamilienhäuser, nicht unterkellert, mittlerer Standard	–	**0,60**	–	< 0,1%
Ein- und Zweifamilienhäuser, nicht unterkellert, hoher Standard	–	**–**	–	–
Ein- und Zweifamilienhäuser, Passivhausstandard, Massivbauweise	–	**–**	–	–
Ein- und Zweifamilienhäuser, Passivhausstandard, Holzbauweise	–	**–**	–	–
Ein- und Zweifamilienhäuser, Holzbauweise, unterkellert	–	**3,00**	–	< 0,1%
Ein- und Zweifamilienhäuser, Holzbauweise, nicht unterkellert	–	**–**	–	–
Doppel- und Reihenend- / Reihenhäuser				
Doppel- und Reihenendhäuser, einfacher Standard	–	**–**	–	–
Doppel- und Reihenendhäuser, mittlerer Standard	–	**–**	–	–
Doppel- und Reihenendhäuser, hoher Standard	–	**1,10**	–	< 0,1%
Doppel- und Reihenendhäuser, Holzbauweise	–	**–**	–	–
Reihenhäuser, einfacher Standard	–	**< 0,10**	–	< 0,1%
Reihenhäuser, mittlerer Standard	–	**–**	–	–
Reihenhäuser, hoher Standard	–	**–**	–	–
Mehrfamilienhäuser				
Mehrfamilienhäuser, mit bis zu 6 WE, einfacher Standard	–	**–**	–	–
Mehrfamilienhäuser, mit bis zu 6 WE, mittlerer Standard	–	**–**	–	–
Mehrfamilienhäuser, mit bis zu 6 WE, hoher Standard	1,20	**1,60**	2,00	< 0,1%

© **BKI** Baukosteninformationszentrum; Erläuterungen zu den Tabellen siehe Seite 56

Gebäudeart	▷	€/Einheit	◁	KG an 300
Mehrfamilienhäuser (Fortsetzung)				
Mehrfamilienhäuser, mit 6 bis 19 WE, einfacher Standard	–	**–**	–	–
Mehrfamilienhäuser, mit 6 bis 19 WE, mittlerer Standard	0,20	**0,60**	1,00	< 0,1%
Mehrfamilienhäuser, mit 6 bis 19 WE, hoher Standard	0,30	**1,30**	2,30	< 0,1%
Mehrfamilienhäuser, mit 20 oder mehr WE, einfacher Standard	–	**0,20**	–	< 0,1%
Mehrfamilienhäuser, mit 20 oder mehr WE, mittlerer Standard	0,60	**1,00**	1,40	< 0,1%
Mehrfamilienhäuser, mit 20 oder mehr WE, hoher Standard	–	**–**	–	–
Mehrfamilienhäuser, Passivhäuser	–	**3,40**	–	< 0,1%
Mehrfamilienhäuser, Holzbauweise	–	**–**	–	–
Wohnhäuser, mit bis zu 15% Mischnutzung, einfacher Standard	–	**–**	–	–
Wohnhäuser, mit bis zu 15% Mischnutzung, mittlerer Standard	–	**–**	–	–
Wohnhäuser, mit bis zu 15% Mischnutzung, hoher Standard	–	**–**	–	–
Wohnhäuser, mit mehr als 15% Mischnutzung	–	**–**	–	–
Seniorenwohnungen und Beherbergungen				
Seniorenwohnungen, mittlerer Standard	–	**–**	–	–
Seniorenwohnungen, hoher Standard	–	**–**	–	–
Wohnheime und Internate	0,60	**4,20**	6,10	< 0,1%
Hotels	–	**–**	–	–
7 Gewerbe-, Lager- und Garagen				
Gaststätten, Kantinen und Mensen	–	**12,00**	–	0,5%
Industrielle Produktionsgebäude, Massivbauweise	–	**< 0,10**	–	< 0,1%
Industrielle Produktionsgebäude, überwiegend Skelettbauweise	–	**0,90**	–	< 0,1%
Betriebs- und Werkstätten, eingeschossig	–	**–**	–	–
Betriebs- und Werkstätten, mehrgeschossig, geringer Hallenanteil	–	**0,60**	–	< 0,1%
Betriebs- und Werkstätten, mehrgeschossig, hoher Hallenanteil	–	**< 0,10**	–	< 0,1%
Geschäftshäuser, mit Wohnungen	–	**1,20**	–	< 0,1%
Geschäftshäuser, ohne Wohnungen	–	**–**	–	–
Verbrauchermärkte	–	**–**	–	–
Autohäuser	–	**–**	–	–
Lagergebäude, ohne Mischnutzung	–	**–**	–	–
Lagergebäude, mit bis zu 25% Mischnutzung	–	**–**	–	–
Lagergebäude, mit mehr als 25% Mischnutzung	–	**–**	–	–
Garagen und Bereitschaftsdienste				
Einzel- und Doppelgaragen	–	**–**	–	–
Mehrfachgaragen	–	**–**	–	–
Hochgaragen	–	**–**	–	–
Fahrradparkhäuser	–	**–**	–	–
Carports	–	**–**	–	–
Tiefgaragen	0,60	**0,80**	0,90	< 0,1%
Feuerwehrhäuser	–	**–**	–	–
Öffentliche Bereitschaftsdienste	–	**–**	–	–
8 Gebäude für kulturelle und religiöse Zwecke				
Bibliotheken, Museen und Ausstellungen	0,70	**0,90**	1,10	< 0,1%
Theater	–	**–**	–	–
Gemeindezentren, einfacher Standard	–	**–**	–	–
Gemeindezentren, mittlerer Standard	–	**–**	–	–
Gemeindezentren, hoher Standard	–	**1,60**	–	< 0,1%
Gemeindezentren, Holzbauweise	–	**–**	–	–
Friedhofsgebäude	–	**0,80**	–	< 0,1%

Einheit: m²
Brutto-Grundfläche (BGF)

397 Zusätzliche Maßnahmen

Kosten:
Stand 1. Quartal 2025
Bundesdurchschnitt
inkl. 19% MwSt.

Einheit: m²
Brutto-Grundfläche (BGF)

▷ von
ø Mittel
◁ bis

Gebäudeart	▷	€/Einheit	◁	KG an 300
1 Büro- und Verwaltungsgebäude				
Büro- und Verwaltungsgebäude, einfacher Standard	–	**4,90**	–	0,1%
Büro- und Verwaltungsgebäude, mittlerer Standard	5,30	**19,00**	34,00	0,8%
Büro- und Verwaltungsgebäude, hoher Standard	19,00	**44,00**	117,00	1,4%
Büro- und Verwaltungsgebäude, Holzbauweise	4,90	**13,00**	32,00	0,7%
2 Gebäude für Forschung und Lehre				
Instituts- und Laborgebäude	7,00	**13,00**	20,00	0,6%
3 Gebäude des Gesundheitswesens				
Medizinische Einrichtungen	5,90	**15,00**	28,00	0,8%
Pflegeheime	5,50	**15,00**	42,00	0,6%
Gebäude für Erholungszwecke	6,10	**13,00**	25,00	0,2%
4 Schulen und Kindergärten				
Allgemeinbildende Schulen	14,00	**22,00**	38,00	0,9%
Schulen, Holzbauweise	6,60	**12,00**	19,00	0,7%
Berufliche Schulen	12,00	**21,00**	46,00	0,8%
Förder- und Sonderschulen	2,70	**8,50**	12,00	0,4%
Weiterbildungseinrichtungen	3,90	**7,50**	11,00	0,2%
Kindergärten, nicht unterkellert, einfacher Standard	0,40	**3,90**	7,30	0,1%
Kindergärten, nicht unterkellert, mittlerer Standard	11,00	**23,00**	35,00	0,6%
Kindergärten, nicht unterkellert, hoher Standard	2,00	**6,00**	14,00	0,2%
Kindergärten, Holzbauweise, nicht unterkellert	7,80	**16,00**	38,00	0,6%
Kindergärten, unterkellert	8,00	**13,00**	18,00	0,6%
5 Sportbauten				
Sport- und Mehrzweckhallen	2,70	**5,00**	8,20	0,2%
Sporthallen (Einfeldhallen)	0,30	**4,90**	9,50	0,1%
Sporthallen (Dreifeldhallen)	12,00	**36,00**	132,00	1,6%
6 Wohngebäude				
Ein- und Zweifamilienhäuser				
Ein- und Zweifamilienhäuser, unterkellert, einfacher Standard	–	**–**	–	–
Ein- und Zweifamilienhäuser, unterkellert, mittlerer Standard	2,80	**9,00**	25,00	0,2%
Ein- und Zweifamilienhäuser, unterkellert, hoher Standard	1,70	**7,00**	20,00	0,2%
Ein- und Zweifamilienhäuser, nicht unterkellert, einfacher Standard	–	**–**	–	–
Ein- und Zweifamilienhäuser, nicht unterkellert, mittlerer Standard	1,80	**4,80**	7,30	0,2%
Ein- und Zweifamilienhäuser, nicht unterkellert, hoher Standard	1,90	**5,80**	8,30	< 0,1%
Ein- und Zweifamilienhäuser, Passivhausstandard, Massivbauweise	2,70	**5,50**	8,50	0,2%
Ein- und Zweifamilienhäuser, Passivhausstandard, Holzbauweise	2,00	**3,20**	3,90	< 0,1%
Ein- und Zweifamilienhäuser, Holzbauweise, unterkellert	1,50	**3,50**	7,40	< 0,1%
Ein- und Zweifamilienhäuser, Holzbauweise, nicht unterkellert	–	**9,90**	–	< 0,1%
Doppel- und Reihenend- / Reihenhäuser				
Doppel- und Reihenendhäuser, einfacher Standard	2,60	**3,80**	5,10	0,3%
Doppel- und Reihenendhäuser, mittlerer Standard	4,40	**8,00**	17,00	0,3%
Doppel- und Reihenendhäuser, hoher Standard	0,20	**6,80**	10,00	0,3%
Doppel- und Reihenendhäuser, Holzbauweise	–	**2,50**	–	< 0,1%
Reihenhäuser, einfacher Standard	–	**3,30**	–	0,2%
Reihenhäuser, mittlerer Standard	–	**–**	–	–
Reihenhäuser, hoher Standard	7,10	**9,20**	11,00	0,3%
Mehrfamilienhäuser				
Mehrfamilienhäuser, mit bis zu 6 WE, einfacher Standard	1,10	**6,20**	11,00	0,7%
Mehrfamilienhäuser, mit bis zu 6 WE, mittlerer Standard	2,30	**4,00**	7,20	0,2%
Mehrfamilienhäuser, mit bis zu 6 WE, hoher Standard	1,50	**5,30**	8,70	0,3%

© **BKI** Baukosteninformationszentrum; Erläuterungen zu den Tabellen siehe Seite 56

Gebäudeart	▷	€/Einheit	◁	KG an 300
Mehrfamilienhäuser (Fortsetzung)				
Mehrfamilienhäuser, mit 6 bis 19 WE, einfacher Standard	1,30	**7,20**	13,00	0,4%
Mehrfamilienhäuser, mit 6 bis 19 WE, mittlerer Standard	3,90	**9,50**	17,00	0,5%
Mehrfamilienhäuser, mit 6 bis 19 WE, hoher Standard	1,40	**4,50**	6,40	0,3%
Mehrfamilienhäuser, mit 20 oder mehr WE, einfacher Standard	3,60	**9,10**	20,00	0,9%
Mehrfamilienhäuser, mit 20 oder mehr WE, mittlerer Standard	5,20	**8,70**	19,00	0,7%
Mehrfamilienhäuser, mit 20 oder mehr WE, hoher Standard	4,40	**8,20**	12,00	0,4%
Mehrfamilienhäuser, Passivhäuser	1,60	**8,50**	17,00	0,6%
Mehrfamilienhäuser, Holzbauweise	4,50	**10,00**	17,00	0,6%
Wohnhäuser, mit bis zu 15% Mischnutzung, einfacher Standard	0,50	**5,20**	7,60	0,5%
Wohnhäuser, mit bis zu 15% Mischnutzung, mittlerer Standard	–	**12,00**	–	0,3%
Wohnhäuser, mit bis zu 15% Mischnutzung, hoher Standard	–	**13,00**	–	0,6%
Wohnhäuser, mit mehr als 15% Mischnutzung	0,30	**5,80**	11,00	0,3%
Seniorenwohnungen und Beherbergungen				
Seniorenwohnungen, mittlerer Standard	2,50	**7,90**	15,00	0,6%
Seniorenwohnungen, hoher Standard	3,20	**7,20**	11,00	0,5%
Wohnheime und Internate	6,00	**14,00**	24,00	0,7%
Hotels	–	**1,20**	–	< 0,1%
7 Gewerbe-, Lager- und Garagen				
Gaststätten, Kantinen und Mensen	–	**10,00**	–	0,4%
Industrielle Produktionsgebäude, Massivbauweise	2,70	**3,50**	4,20	0,3%
Industrielle Produktionsgebäude, überwiegend Skelettbauweise	2,30	**6,20**	13,00	0,5%
Betriebs- und Werkstätten, eingeschossig	4,00	**4,40**	4,90	0,2%
Betriebs- und Werkstätten, mehrgeschossig, geringer Hallenanteil	5,80	**8,10**	11,00	0,4%
Betriebs- und Werkstätten, mehrgeschossig, hoher Hallenanteil	1,40	**3,80**	7,90	0,2%
Geschäftshäuser, mit Wohnungen	–	**1,40**	–	< 0,1%
Geschäftshäuser, ohne Wohnungen	3,90	**5,60**	7,40	0,4%
Verbrauchermärkte	–	**1,10**	–	< 0,1%
Autohäuser	–	**9,40**	–	0,3%
Lagergebäude, ohne Mischnutzung	0,20	**0,70**	1,20	< 0,1%
Lagergebäude, mit bis zu 25% Mischnutzung	–	**0,40**	–	< 0,1%
Lagergebäude, mit mehr als 25% Mischnutzung	–	**2,40**	–	0,1%
Garagen und Bereitschaftsdienste				
Einzel- und Doppelgaragen	–	**–**	–	–
Mehrfachgaragen	–	**3,40**	–	< 0,1%
Hochgaragen	1,00	**1,20**	1,40	0,1%
Fahrradparkhäuser	2,50	**5,50**	7,10	0,3%
Carports	–	**8,70**	–	< 0,1%
Tiefgaragen	3,40	**6,60**	20,00	0,5%
Feuerwehrhäuser	5,40	**8,10**	10,00	0,4%
Öffentliche Bereitschaftsdienste	1,40	**2,90**	5,30	0,1%
8 Gebäude für kulturelle und religiöse Zwecke				
Bibliotheken, Museen und Ausstellungen	6,20	**14,00**	22,00	0,5%
Theater	–	**7,10**	–	0,1%
Gemeindezentren, einfacher Standard	–	**3,70**	–	< 0,1%
Gemeindezentren, mittlerer Standard	5,40	**15,00**	30,00	0,6%
Gemeindezentren, hoher Standard	2,60	**9,60**	13,00	0,3%
Gemeindezentren, Holzbauweise	2,80	**8,40**	14,00	0,2%
Friedhofsgebäude	–	**24,00**	–	0,4%

Einheit: m²
Brutto-Grundfläche (BGF)

Kosten:
Stand 1. Quartal 2025
Bundesdurchschnitt
inkl. 19% MwSt.

Einheit: m²
Brutto-Grundfläche (BGF)

Gebäudeart	▷	€/Einheit	◁	KG an 300
1 Büro- und Verwaltungsgebäude				
Büro- und Verwaltungsgebäude, einfacher Standard	–	**–**	–	–
Büro- und Verwaltungsgebäude, mittlerer Standard	0,50	**3,70**	10,00	< 0,1%
Büro- und Verwaltungsgebäude, hoher Standard	0,80	**4,60**	10,00	< 0,1%
Büro- und Verwaltungsgebäude, Holzbauweise	–	**1,10**	–	< 0,1%
2 Gebäude für Forschung und Lehre				
Instituts- und Laborgebäude	–	**–**	–	–
3 Gebäude des Gesundheitswesens				
Medizinische Einrichtungen	0,60	**1,50**	2,30	< 0,1%
Pflegeheime	0,20	**0,40**	0,50	< 0,1%
Gebäude für Erholungszwecke	–	**–**	–	–
4 Schulen und Kindergärten				
Allgemeinbildende Schulen	0,50	**1,10**	1,60	< 0,1%
Schulen, Holzbauweise	–	**0,40**	–	< 0,1%
Berufliche Schulen	–	**–**	–	–
Förder- und Sonderschulen	0,30	**1,10**	2,60	< 0,1%
Weiterbildungseinrichtungen	–	**0,80**	–	< 0,1%
Kindergärten, nicht unterkellert, einfacher Standard	–	**–**	–	–
Kindergärten, nicht unterkellert, mittlerer Standard	0,30	**0,40**	0,50	< 0,1%
Kindergärten, nicht unterkellert, hoher Standard	–	**0,40**	–	< 0,1%
Kindergärten, Holzbauweise, nicht unterkellert	0,20	**0,80**	1,00	< 0,1%
Kindergärten, unterkellert	–	**–**	–	–
5 Sportbauten				
Sport- und Mehrzweckhallen	–	**–**	–	–
Sporthallen (Einfeldhallen)	–	**1,20**	–	< 0,1%
Sporthallen (Dreifeldhallen)	–	**–**	–	–
6 Wohngebäude				
Ein- und Zweifamilienhäuser				
Ein- und Zweifamilienhäuser, unterkellert, einfacher Standard	–	**–**	–	–
Ein- und Zweifamilienhäuser, unterkellert, mittlerer Standard	–	**–**	–	–
Ein- und Zweifamilienhäuser, unterkellert, hoher Standard	–	**1,00**	–	< 0,1%
Ein- und Zweifamilienhäuser, nicht unterkellert, einfacher Standard	–	**–**	–	–
Ein- und Zweifamilienhäuser, nicht unterkellert, mittlerer Standard	–	**1,90**	–	< 0,1%
Ein- und Zweifamilienhäuser, nicht unterkellert, hoher Standard	–	**–**	–	–
Ein- und Zweifamilienhäuser, Passivhausstandard, Massivbauweise	–	**–**	–	–
Ein- und Zweifamilienhäuser, Passivhausstandard, Holzbauweise	–	**–**	–	–
Ein- und Zweifamilienhäuser, Holzbauweise, unterkellert	–	**–**	–	–
Ein- und Zweifamilienhäuser, Holzbauweise, nicht unterkellert	–	**–**	–	–
Doppel- und Reihenend- / Reihenhäuser				
Doppel- und Reihenendhäuser, einfacher Standard	–	**–**	–	–
Doppel- und Reihenendhäuser, mittlerer Standard	–	**< 0,10**	–	< 0,1%
Doppel- und Reihenendhäuser, hoher Standard	–	**0,60**	–	< 0,1%
Doppel- und Reihenendhäuser, Holzbauweise	–	**–**	–	–
Reihenhäuser, einfacher Standard	–	**–**	–	–
Reihenhäuser, mittlerer Standard	–	**–**	–	–
Reihenhäuser, hoher Standard	–	**–**	–	–
Mehrfamilienhäuser				
Mehrfamilienhäuser, mit bis zu 6 WE, einfacher Standard	–	**–**	–	–
Mehrfamilienhäuser, mit bis zu 6 WE, mittlerer Standard	–	**–**	–	–
Mehrfamilienhäuser, mit bis zu 6 WE, hoher Standard	1,00	**2,20**	3,40	< 0,1%

▷ von
ø Mittel
◁ bis

© **BKI** Baukosteninformationszentrum; Erläuterungen zu den Tabellen siehe Seite 56

Einheit: m²
Brutto-Grundfläche (BGF)

Gebäudeart	▷	€/Einheit	◁	KG an 300
Mehrfamilienhäuser (Fortsetzung)				
Mehrfamilienhäuser, mit 6 bis 19 WE, einfacher Standard	–	**–**	–	–
Mehrfamilienhäuser, mit 6 bis 19 WE, mittlerer Standard	0,20	**1,50**	2,90	< 0,1%
Mehrfamilienhäuser, mit 6 bis 19 WE, hoher Standard	–	**–**	–	–
Mehrfamilienhäuser, mit 20 oder mehr WE, einfacher Standard	–	**0,20**	–	< 0,1%
Mehrfamilienhäuser, mit 20 oder mehr WE, mittlerer Standard	0,50	**2,40**	6,10	0,1%
Mehrfamilienhäuser, mit 20 oder mehr WE, hoher Standard	–	**1,00**	–	< 0,1%
Mehrfamilienhäuser, Passivhäuser	–	**0,70**	–	< 0,1%
Mehrfamilienhäuser, Holzbauweise	–	**< 0,10**	–	< 0,1%
Wohnhäuser, mit bis zu 15% Mischnutzung, einfacher Standard	–	**–**	–	–
Wohnhäuser, mit bis zu 15% Mischnutzung, mittlerer Standard	–	**–**	–	–
Wohnhäuser, mit bis zu 15% Mischnutzung, hoher Standard	–	**–**	–	–
Wohnhäuser, mit mehr als 15% Mischnutzung	–	**–**	–	–
Seniorenwohnungen und Beherbergungen				
Seniorenwohnungen, mittlerer Standard	–	**–**	–	–
Seniorenwohnungen, hoher Standard	–	**–**	–	–
Wohnheime und Internate	–	**0,40**	–	< 0,1%
Hotels	–	**–**	–	–
7 Gewerbe-, Lager- und Garagen				
Gaststätten, Kantinen und Mensen	–	**–**	–	–
Industrielle Produktionsgebäude, Massivbauweise	–	**–**	–	–
Industrielle Produktionsgebäude, überwiegend Skelettbauweise	–	**1,70**	–	< 0,1%
Betriebs- und Werkstätten, eingeschossig	–	**–**	–	–
Betriebs- und Werkstätten, mehrgeschossig, geringer Hallenanteil	0,60	**1,80**	3,10	< 0,1%
Betriebs- und Werkstätten, mehrgeschossig, hoher Hallenanteil	–	**–**	–	–
Geschäftshäuser, mit Wohnungen	–	**–**	–	–
Geschäftshäuser, ohne Wohnungen	–	**–**	–	–
Verbrauchermärkte	–	**–**	–	–
Autohäuser	–	**–**	–	–
Lagergebäude, ohne Mischnutzung	–	**5,10**	–	< 0,1%
Lagergebäude, mit bis zu 25% Mischnutzung	–	**–**	–	–
Lagergebäude, mit mehr als 25% Mischnutzung	–	**–**	–	–
Garagen und Bereitschaftsdienste				
Einzel- und Doppelgaragen	–	**–**	–	–
Mehrfachgaragen	–	**–**	–	–
Hochgaragen	–	**< 0,10**	–	< 0,1%
Fahrradparkhäuser	–	**0,60**	–	< 0,1%
Carports	–	**–**	–	–
Tiefgaragen	–	**–**	–	–
Feuerwehrhäuser	–	**0,50**	–	< 0,1%
Öffentliche Bereitschaftsdienste	–	**0,20**	–	< 0,1%
8 Gebäude für kulturelle und religiöse Zwecke				
Bibliotheken, Museen und Ausstellungen	0,70	**7,00**	15,00	0,2%
Theater	–	**–**	–	–
Gemeindezentren, einfacher Standard	–	**–**	–	–
Gemeindezentren, mittlerer Standard	–	**–**	–	–
Gemeindezentren, hoher Standard	–	**0,20**	–	< 0,1%
Gemeindezentren, Holzbauweise	–	**–**	–	–
Friedhofsgebäude	–	**–**	–	–

Kosten:
Stand 1. Quartal 2025
Bundesdurchschnitt
inkl. 19% MwSt.

Einheit: m²
Brutto-Grundfläche (BGF)

▷ von
ø Mittel
◁ bis

Gebäudeart	▷	€/Einheit	◁	KG an 300
1 Büro- und Verwaltungsgebäude				
Büro- und Verwaltungsgebäude, einfacher Standard	–	**–**	–	–
Büro- und Verwaltungsgebäude, mittlerer Standard	3,00	**4,80**	10,00	< 0,1%
Büro- und Verwaltungsgebäude, hoher Standard	–	**3,30**	–	< 0,1%
Büro- und Verwaltungsgebäude, Holzbauweise	–	**–**	–	–
2 Gebäude für Forschung und Lehre				
Instituts- und Laborgebäude	6,40	**11,00**	15,00	0,2%
3 Gebäude des Gesundheitswesens				
Medizinische Einrichtungen	–	**–**	–	–
Pflegeheime	2,80	**3,30**	3,90	< 0,1%
Gebäude für Erholungszwecke	–	**–**	–	–
4 Schulen und Kindergärten				
Allgemeinbildende Schulen	1,90	**13,00**	25,00	0,2%
Schulen, Holzbauweise	–	**0,30**	–	< 0,1%
Berufliche Schulen	2,20	**3,00**	3,90	< 0,1%
Förder- und Sonderschulen	–	**4,20**	–	< 0,1%
Weiterbildungseinrichtungen	–	**4,50**	–	< 0,1%
Kindergärten, nicht unterkellert, einfacher Standard	–	**–**	–	–
Kindergärten, nicht unterkellert, mittlerer Standard	4,70	**7,60**	13,00	0,2%
Kindergärten, nicht unterkellert, hoher Standard	–	**–**	–	–
Kindergärten, Holzbauweise, nicht unterkellert	0,20	**4,20**	6,20	< 0,1%
Kindergärten, unterkellert	–	**–**	–	–
5 Sportbauten				
Sport- und Mehrzweckhallen	2,10	**2,70**	3,30	< 0,1%
Sporthallen (Einfeldhallen)	–	**–**	–	–
Sporthallen (Dreifeldhallen)	2,10	**2,50**	3,00	< 0,1%
6 Wohngebäude				
Ein- und Zweifamilienhäuser				
Ein- und Zweifamilienhäuser, unterkellert, einfacher Standard	–	**–**	–	–
Ein- und Zweifamilienhäuser, unterkellert, mittlerer Standard	–	**–**	–	–
Ein- und Zweifamilienhäuser, unterkellert, hoher Standard	–	**–**	–	–
Ein- und Zweifamilienhäuser, nicht unterkellert, einfacher Standard	–	**–**	–	–
Ein- und Zweifamilienhäuser, nicht unterkellert, mittlerer Standard	–	**15,00**	–	0,1%
Ein- und Zweifamilienhäuser, nicht unterkellert, hoher Standard	–	**186,00**	–	1,0%
Ein- und Zweifamilienhäuser, Passivhausstandard, Massivbauweise	–	**–**	–	–
Ein- und Zweifamilienhäuser, Passivhausstandard, Holzbauweise	–	**–**	–	–
Ein- und Zweifamilienhäuser, Holzbauweise, unterkellert	–	**–**	–	–
Ein- und Zweifamilienhäuser, Holzbauweise, nicht unterkellert	–	**–**	–	–
Doppel- und Reihenend- / Reihenhäuser				
Doppel- und Reihenendhäuser, einfacher Standard	–	**–**	–	–
Doppel- und Reihenendhäuser, mittlerer Standard	–	**16,00**	–	0,2%
Doppel- und Reihenendhäuser, hoher Standard	–	**–**	–	–
Doppel- und Reihenendhäuser, Holzbauweise	–	**–**	–	–
Reihenhäuser, einfacher Standard	–	**–**	–	–
Reihenhäuser, mittlerer Standard	–	**–**	–	–
Reihenhäuser, hoher Standard	–	**–**	–	–
Mehrfamilienhäuser				
Mehrfamilienhäuser, mit bis zu 6 WE, einfacher Standard	–	**–**	–	–
Mehrfamilienhäuser, mit bis zu 6 WE, mittlerer Standard	–	**168,00**	–	3,0%
Mehrfamilienhäuser, mit bis zu 6 WE, hoher Standard	6,40	**26,00**	95,00	0,9%

© **BKI** Baukosteninformationszentrum; Erläuterungen zu den Tabellen siehe Seite 56

Gebäudeart	▷	€/Einheit	◁	KG an 300
Mehrfamilienhäuser (Fortsetzung)				
Mehrfamilienhäuser, mit 6 bis 19 WE, einfacher Standard	–	**3,90**	–	0,1%
Mehrfamilienhäuser, mit 6 bis 19 WE, mittlerer Standard	–	**–**	–	–
Mehrfamilienhäuser, mit 6 bis 19 WE, hoher Standard	–	**21,00**	–	0,3%
Mehrfamilienhäuser, mit 20 oder mehr WE, einfacher Standard	–	**–**	–	–
Mehrfamilienhäuser, mit 20 oder mehr WE, mittlerer Standard	2,10	**67,00**	132,00	3,9%
Mehrfamilienhäuser, mit 20 oder mehr WE, hoher Standard	–	**–**	–	–
Mehrfamilienhäuser, Passivhäuser	1,90	**2,30**	2,70	< 0,1%
Mehrfamilienhäuser, Holzbauweise	–	**–**	–	–
Wohnhäuser, mit bis zu 15% Mischnutzung, einfacher Standard	–	**–**	–	–
Wohnhäuser, mit bis zu 15% Mischnutzung, mittlerer Standard	–	**58,00**	–	1,5%
Wohnhäuser, mit bis zu 15% Mischnutzung, hoher Standard	–	**–**	–	–
Wohnhäuser, mit mehr als 15% Mischnutzung	–	**1,30**	–	< 0,1%
Seniorenwohnungen und Beherbergungen				
Seniorenwohnungen, mittlerer Standard	0,80	**58,00**	115,00	1,9%
Seniorenwohnungen, hoher Standard	–	**–**	–	–
Wohnheime und Internate	–	**71,00**	–	0,5%
Hotels	–	**4,70**	–	0,2%
7 Gewerbe-, Lager- und Garagen				
Gaststätten, Kantinen und Mensen	–	**47,00**	–	1,9%
Industrielle Produktionsgebäude, Massivbauweise	–	**3,10**	–	< 0,1%
Industrielle Produktionsgebäude, überwiegend Skelettbauweise	8,00	**16,00**	25,00	0,4%
Betriebs- und Werkstätten, eingeschossig	–	**0,80**	–	< 0,1%
Betriebs- und Werkstätten, mehrgeschossig, geringer Hallenanteil	13,00	**22,00**	32,00	0,3%
Betriebs- und Werkstätten, mehrgeschossig, hoher Hallenanteil	8,40	**11,00**	14,00	0,2%
Geschäftshäuser, mit Wohnungen	–	**–**	–	–
Geschäftshäuser, ohne Wohnungen	–	**–**	–	–
Verbrauchermärkte	–	**2,40**	–	< 0,1%
Autohäuser	–	**–**	–	–
Lagergebäude, ohne Mischnutzung	1,40	**35,00**	68,00	0,5%
Lagergebäude, mit bis zu 25% Mischnutzung	–	**2,70**	–	< 0,1%
Lagergebäude, mit mehr als 25% Mischnutzung	–	**1,70**	–	< 0,1%
Garagen und Bereitschaftsdienste				
Einzel- und Doppelgaragen	623,00	**844,00**	1.142,00	75,9%
Mehrfachgaragen	–	**–**	–	–
Hochgaragen	–	**–**	–	–
Fahrradparkhäuser	–	**–**	–	–
Carports	367,00	**598,00**	814,00	40,8%
Tiefgaragen	–	**18,00**	–	0,2%
Feuerwehrhäuser	–	**6,50**	–	< 0,1%
Öffentliche Bereitschaftsdienste	–	**1,10**	–	< 0,1%
8 Gebäude für kulturelle und religiöse Zwecke				
Bibliotheken, Museen und Ausstellungen	1,50	**3,10**	4,70	< 0,1%
Theater	–	**–**	–	–
Gemeindezentren, einfacher Standard	–	**9,40**	–	0,2%
Gemeindezentren, mittlerer Standard	3,90	**8,50**	13,00	0,1%
Gemeindezentren, hoher Standard	10,00	**15,00**	20,00	0,3%
Gemeindezentren, Holzbauweise	–	**22,00**	–	0,3%
Friedhofsgebäude	–	**69,00**	–	1,2%

Einheit: m²
Brutto-Grundfläche (BGF)

Kosten:
Stand 1. Quartal 2025
Bundesdurchschnitt
inkl. 19% MwSt.

Einheit: m²
Brutto-Grundfläche (BGF)

Gebäudeart	▷	€/Einheit	◁	KG an 400
1 Büro- und Verwaltungsgebäude				
Büro- und Verwaltungsgebäude, einfacher Standard	7,50	**19,00**	43,00	7,0%
Büro- und Verwaltungsgebäude, mittlerer Standard	17,00	**32,00**	49,00	5,1%
Büro- und Verwaltungsgebäude, hoher Standard	21,00	**32,00**	50,00	3,8%
Büro- und Verwaltungsgebäude, Holzbauweise	13,00	**30,00**	47,00	5,2%
2 Gebäude für Forschung und Lehre				
Instituts- und Laborgebäude	29,00	**49,00**	100,00	2,9%
3 Gebäude des Gesundheitswesens				
Medizinische Einrichtungen	43,00	**49,00**	59,00	6,9%
Pflegeheime	46,00	**57,00**	74,00	6,4%
Gebäude für Erholungszwecke	33,00	**87,00**	162,00	17,1%
4 Schulen und Kindergärten				
Allgemeinbildende Schulen	23,00	**35,00**	51,00	4,9%
Schulen, Holzbauweise	12,00	**29,00**	48,00	5,5%
Berufliche Schulen	33,00	**50,00**	113,00	6,0%
Förder- und Sonderschulen	19,00	**32,00**	56,00	5,5%
Weiterbildungseinrichtungen	52,00	**68,00**	84,00	6,2%
Kindergärten, nicht unterkellert, einfacher Standard	28,00	**38,00**	57,00	8,6%
Kindergärten, nicht unterkellert, mittlerer Standard	17,00	**32,00**	53,00	6,3%
Kindergärten, nicht unterkellert, hoher Standard	15,00	**24,00**	51,00	4,4%
Kindergärten, Holzbauweise, nicht unterkellert	21,00	**38,00**	59,00	6,2%
Kindergärten, unterkellert	30,00	**39,00**	42,00	8,1%
5 Sportbauten				
Sport- und Mehrzweckhallen	35,00	**44,00**	56,00	9,8%
Sporthallen (Einfeldhallen)	12,00	**24,00**	35,00	4,8%
Sporthallen (Dreifeldhallen)	19,00	**45,00**	57,00	6,4%
6 Wohngebäude				
Ein- und Zweifamilienhäuser				
Ein- und Zweifamilienhäuser, unterkellert, einfacher Standard	12,00	**24,00**	43,00	10,7%
Ein- und Zweifamilienhäuser, unterkellert, mittlerer Standard	16,00	**27,00**	42,00	7,3%
Ein- und Zweifamilienhäuser, unterkellert, hoher Standard	26,00	**35,00**	48,00	7,7%
Ein- und Zweifamilienhäuser, nicht unterkellert, einfacher Standard	11,00	**20,00**	30,00	8,4%
Ein- und Zweifamilienhäuser, nicht unterkellert, mittlerer Standard	22,00	**35,00**	59,00	8,5%
Ein- und Zweifamilienhäuser, nicht unterkellert, hoher Standard	16,00	**33,00**	46,00	7,7%
Ein- und Zweifamilienhäuser, Passivhausstandard, Massivbauweise	17,00	**30,00**	50,00	7,0%
Ein- und Zweifamilienhäuser, Passivhausstandard, Holzbauweise	21,00	**35,00**	56,00	6,9%
Ein- und Zweifamilienhäuser, Holzbauweise, unterkellert	17,00	**30,00**	45,00	8,5%
Ein- und Zweifamilienhäuser, Holzbauweise, nicht unterkellert	12,00	**28,00**	61,00	7,3%
Doppel- und Reihenend- / Reihenhäuser				
Doppel- und Reihenendhäuser, einfacher Standard	20,00	**27,00**	31,00	10,6%
Doppel- und Reihenendhäuser, mittlerer Standard	22,00	**37,00**	75,00	10,1%
Doppel- und Reihenendhäuser, hoher Standard	23,00	**39,00**	99,00	9,3%
Doppel- und Reihenendhäuser, Holzbauweise	19,00	**28,00**	39,00	7,9%
Reihenhäuser, einfacher Standard	13,00	**28,00**	44,00	10,2%
Reihenhäuser, mittlerer Standard	30,00	**32,00**	34,00	11,0%
Reihenhäuser, hoher Standard	33,00	**43,00**	52,00	10,2%
Mehrfamilienhäuser				
Mehrfamilienhäuser, mit bis zu 6 WE, einfacher Standard	23,00	**30,00**	36,00	15,6%
Mehrfamilienhäuser, mit bis zu 6 WE, mittlerer Standard	16,00	**26,00**	43,00	8,4%
Mehrfamilienhäuser, mit bis zu 6 WE, hoher Standard	26,00	**32,00**	42,00	8,6%

▷ von
ø Mittel
◁ bis

© **BKI** Baukosteninformationszentrum; Erläuterungen zu den Tabellen siehe Seite 56

Gebäudeart	▷	€/Einheit	◁	KG an 400
Mehrfamilienhäuser (Fortsetzung)				
Mehrfamilienhäuser, mit 6 bis 19 WE, einfacher Standard	19,00	**29,00**	34,00	11,2%
Mehrfamilienhäuser, mit 6 bis 19 WE, mittlerer Standard	12,00	**22,00**	30,00	8,1%
Mehrfamilienhäuser, mit 6 bis 19 WE, hoher Standard	24,00	**30,00**	38,00	10,5%
Mehrfamilienhäuser, mit 20 oder mehr WE, einfacher Standard	19,00	**25,00**	31,00	6,2%
Mehrfamilienhäuser, mit 20 oder mehr WE, mittlerer Standard	20,00	**28,00**	40,00	7,5%
Mehrfamilienhäuser, mit 20 oder mehr WE, hoher Standard	30,00	**35,00**	45,00	9,1%
Mehrfamilienhäuser, Passivhäuser	18,00	**31,00**	45,00	8,5%
Mehrfamilienhäuser, Holzbauweise	13,00	**22,00**	35,00	6,0%
Wohnhäuser, mit bis zu 15% Mischnutzung, einfacher Standard	32,00	**38,00**	42,00	12,4%
Wohnhäuser, mit bis zu 15% Mischnutzung, mittlerer Standard	7,20	**26,00**	37,00	8,5%
Wohnhäuser, mit bis zu 15% Mischnutzung, hoher Standard	–	**29,00**	–	8,5%
Wohnhäuser, mit mehr als 15% Mischnutzung	39,00	**50,00**	60,00	8,2%
Seniorenwohnungen und Beherbergungen				
Seniorenwohnungen, mittlerer Standard	27,00	**39,00**	56,00	9,4%
Seniorenwohnungen, hoher Standard	22,00	**33,00**	44,00	7,0%
Wohnheime und Internate	21,00	**39,00**	55,00	7,7%
Hotels	–	**9,80**	–	3,2%
7 Gewerbe-, Lager- und Garagen				
Gaststätten, Kantinen und Mensen	–	**108,00**	–	9,3%
Industrielle Produktionsgebäude, Massivbauweise	20,00	**23,00**	33,00	5,1%
Industrielle Produktionsgebäude, überwiegend Skelettbauweise	16,00	**22,00**	27,00	4,0%
Betriebs- und Werkstätten, eingeschossig	15,00	**27,00**	46,00	3,8%
Betriebs- und Werkstätten, mehrgeschossig, geringer Hallenanteil	8,60	**25,00**	60,00	7,0%
Betriebs- und Werkstätten, mehrgeschossig, hoher Hallenanteil	11,00	**31,00**	53,00	8,6%
Geschäftshäuser, mit Wohnungen	21,00	**23,00**	25,00	6,0%
Geschäftshäuser, ohne Wohnungen	21,00	**35,00**	49,00	10,3%
Verbrauchermärkte	21,00	**27,00**	33,00	5,3%
Autohäuser	7,60	**32,00**	57,00	10,0%
Lagergebäude, ohne Mischnutzung	2,80	**9,80**	14,00	15,2%
Lagergebäude, mit bis zu 25% Mischnutzung	6,60	**12,00**	22,00	5,3%
Lagergebäude, mit mehr als 25% Mischnutzung	7,70	**17,00**	25,00	7,5%
Garagen und Bereitschaftsdienste				
Einzel- und Doppelgaragen	–	**–**	–	–
Mehrfachgaragen	9,10	**25,00**	57,00	31,0%
Hochgaragen	2,60	**11,00**	15,00	14,7%
Fahrradparkhäuser	3,40	**7,40**	11,00	3,6%
Carports	–	**–**	–	–
Tiefgaragen	12,00	**18,00**	30,00	23,8%
Feuerwehrhäuser	41,00	**80,00**	133,00	11,3%
Öffentliche Bereitschaftsdienste	12,00	**17,00**	25,00	3,6%
8 Gebäude für kulturelle und religiöse Zwecke				
Bibliotheken, Museen und Ausstellungen	26,00	**39,00**	66,00	5,7%
Theater	57,00	**80,00**	103,00	14,9%
Gemeindezentren, einfacher Standard	14,00	**18,00**	24,00	7,0%
Gemeindezentren, mittlerer Standard	18,00	**38,00**	65,00	5,6%
Gemeindezentren, hoher Standard	28,00	**48,00**	69,00	6,9%
Gemeindezentren, Holzbauweise	27,00	**34,00**	37,00	5,8%
Friedhofsgebäude	27,00	**35,00**	43,00	3,9%

Einheit: m²
Brutto-Grundfläche (BGF)

412 Wasseranlagen

Kosten:
Stand 1.Quartal 2025
Bundesdurchschnitt
inkl. 19% MwSt.

Einheit: m²
Brutto-Grundfläche (BGF)

▷ von
ø Mittel
◁ bis

Gebäudeart	▷	€/Einheit	◁	KG an 400
1 Büro- und Verwaltungsgebäude				
Büro- und Verwaltungsgebäude, einfacher Standard	15,00	**26,00**	32,00	10,9%
Büro- und Verwaltungsgebäude, mittlerer Standard	28,00	**36,00**	72,00	5,6%
Büro- und Verwaltungsgebäude, hoher Standard	35,00	**53,00**	73,00	6,9%
Büro- und Verwaltungsgebäude, Holzbauweise	27,00	**33,00**	38,00	6,2%
2 Gebäude für Forschung und Lehre				
Instituts- und Laborgebäude	35,00	**65,00**	153,00	3,9%
3 Gebäude des Gesundheitswesens				
Medizinische Einrichtungen	57,00	**65,00**	77,00	9,0%
Pflegeheime	68,00	**109,00**	137,00	12,1%
Gebäude für Erholungszwecke	177,00	**266,00**	322,00	13,1%
4 Schulen und Kindergärten				
Allgemeinbildende Schulen	31,00	**42,00**	51,00	7,8%
Schulen, Holzbauweise	40,00	**60,00**	98,00	10,6%
Berufliche Schulen	36,00	**65,00**	166,00	7,4%
Förder- und Sonderschulen	39,00	**54,00**	103,00	8,6%
Weiterbildungseinrichtungen	32,00	**32,00**	33,00	3,1%
Kindergärten, nicht unterkellert, einfacher Standard	60,00	**69,00**	87,00	16,4%
Kindergärten, nicht unterkellert, mittlerer Standard	54,00	**85,00**	108,00	16,4%
Kindergärten, nicht unterkellert, hoher Standard	59,00	**68,00**	91,00	13,6%
Kindergärten, Holzbauweise, nicht unterkellert	56,00	**75,00**	90,00	13,5%
Kindergärten, unterkellert	50,00	**73,00**	104,00	13,8%
5 Sportbauten				
Sport- und Mehrzweckhallen	58,00	**69,00**	90,00	16,7%
Sporthallen (Einfeldhallen)	67,00	**80,00**	109,00	16,5%
Sporthallen (Dreifeldhallen)	57,00	**70,00**	87,00	10,1%
6 Wohngebäude				
Ein- und Zweifamilienhäuser				
Ein- und Zweifamilienhäuser, unterkellert, einfacher Standard	43,00	**48,00**	52,00	23,4%
Ein- und Zweifamilienhäuser, unterkellert, mittlerer Standard	48,00	**67,00**	108,00	16,6%
Ein- und Zweifamilienhäuser, unterkellert, hoher Standard	48,00	**75,00**	99,00	16,6%
Ein- und Zweifamilienhäuser, nicht unterkellert, einfacher Standard	42,00	**53,00**	65,00	23,4%
Ein- und Zweifamilienhäuser, nicht unterkellert, mittlerer Standard	65,00	**79,00**	111,00	20,1%
Ein- und Zweifamilienhäuser, nicht unterkellert, hoher Standard	41,00	**74,00**	87,00	16,9%
Ein- und Zweifamilienhäuser, Passivhausstandard, Massivbauweise	57,00	**84,00**	125,00	19,3%
Ein- und Zweifamilienhäuser, Passivhausstandard, Holzbauweise	70,00	**105,00**	157,00	20,8%
Ein- und Zweifamilienhäuser, Holzbauweise, unterkellert	52,00	**78,00**	137,00	21,3%
Ein- und Zweifamilienhäuser, Holzbauweise, nicht unterkellert	41,00	**63,00**	100,00	16,3%
Doppel- und Reihenend- / Reihenhäuser				
Doppel- und Reihenendhäuser, einfacher Standard	47,00	**57,00**	73,00	22,1%
Doppel- und Reihenendhäuser, mittlerer Standard	38,00	**60,00**	77,00	16,6%
Doppel- und Reihenendhäuser, hoher Standard	73,00	**92,00**	150,00	21,5%
Doppel- und Reihenendhäuser, Holzbauweise	53,00	**74,00**	121,00	19,1%
Reihenhäuser, einfacher Standard	48,00	**58,00**	68,00	23,2%
Reihenhäuser, mittlerer Standard	44,00	**54,00**	64,00	17,9%
Reihenhäuser, hoher Standard	80,00	**97,00**	104,00	22,8%
Mehrfamilienhäuser				
Mehrfamilienhäuser, mit bis zu 6 WE, einfacher Standard	39,00	**48,00**	58,00	25,6%
Mehrfamilienhäuser, mit bis zu 6 WE, mittlerer Standard	43,00	**81,00**	115,00	27,3%
Mehrfamilienhäuser, mit bis zu 6 WE, hoher Standard	54,00	**71,00**	91,00	17,9%

© **BKI** Baukosteninformationszentrum; Erläuterungen zu den Tabellen siehe Seite 56

Gebäudeart	▷	€/Einheit	◁	KG an 400
Mehrfamilienhäuser (Fortsetzung)				
Mehrfamilienhäuser, mit 6 bis 19 WE, einfacher Standard	58,00	**68,00**	88,00	26,2%
Mehrfamilienhäuser, mit 6 bis 19 WE, mittlerer Standard	33,00	**50,00**	64,00	19,4%
Mehrfamilienhäuser, mit 6 bis 19 WE, hoher Standard	47,00	**61,00**	68,00	21,3%
Mehrfamilienhäuser, mit 20 oder mehr WE, einfacher Standard	36,00	**49,00**	61,00	12,1%
Mehrfamilienhäuser, mit 20 oder mehr WE, mittlerer Standard	43,00	**56,00**	76,00	15,3%
Mehrfamilienhäuser, mit 20 oder mehr WE, hoher Standard	48,00	**89,00**	117,00	22,7%
Mehrfamilienhäuser, Passivhäuser	50,00	**59,00**	75,00	18,1%
Mehrfamilienhäuser, Holzbauweise	44,00	**65,00**	95,00	18,0%
Wohnhäuser, mit bis zu 15% Mischnutzung, einfacher Standard	64,00	**70,00**	79,00	22,6%
Wohnhäuser, mit bis zu 15% Mischnutzung, mittlerer Standard	24,00	**61,00**	85,00	20,9%
Wohnhäuser, mit bis zu 15% Mischnutzung, hoher Standard	–	**78,00**	–	23,0%
Wohnhäuser, mit mehr als 15% Mischnutzung	57,00	**84,00**	111,00	13,4%
Seniorenwohnungen und Beherbergungen				
Seniorenwohnungen, mittlerer Standard	42,00	**56,00**	68,00	13,9%
Seniorenwohnungen, hoher Standard	67,00	**95,00**	124,00	20,1%
Wohnheime und Internate	54,00	**84,00**	137,00	16,5%
Hotels	–	**109,00**	–	35,0%
7 Gewerbe-, Lager- und Garagen				
Gaststätten, Kantinen und Mensen	–	**105,00**	–	9,0%
Industrielle Produktionsgebäude, Massivbauweise	34,00	**46,00**	52,00	9,9%
Industrielle Produktionsgebäude, überwiegend Skelettbauweise	15,00	**31,00**	59,00	3,3%
Betriebs- und Werkstätten, eingeschossig	36,00	**54,00**	83,00	10,9%
Betriebs- und Werkstätten, mehrgeschossig, geringer Hallenanteil	24,00	**36,00**	84,00	6,3%
Betriebs- und Werkstätten, mehrgeschossig, hoher Hallenanteil	24,00	**42,00**	79,00	10,3%
Geschäftshäuser, mit Wohnungen	15,00	**29,00**	37,00	8,0%
Geschäftshäuser, ohne Wohnungen	42,00	**49,00**	55,00	15,2%
Verbrauchermärkte	34,00	**47,00**	61,00	9,1%
Autohäuser	9,10	**22,00**	34,00	7,9%
Lagergebäude, ohne Mischnutzung	4,50	**10,00**	26,00	2,1%
Lagergebäude, mit bis zu 25% Mischnutzung	12,00	**20,00**	37,00	7,8%
Lagergebäude, mit mehr als 25% Mischnutzung	18,00	**35,00**	52,00	12,6%
Garagen und Bereitschaftsdienste				
Einzel- und Doppelgaragen	–	**–**	–	–
Mehrfachgaragen	2,10	**24,00**	69,00	3,7%
Hochgaragen	–	**6,10**	–	1,1%
Fahrradparkhäuser	5,00	**9,10**	13,00	4,7%
Carports	–	**–**	–	–
Tiefgaragen	–	**–**	–	–
Feuerwehrhäuser	44,00	**58,00**	79,00	8,7%
Öffentliche Bereitschaftsdienste	8,40	**16,00**	30,00	3,2%
8 Gebäude für kulturelle und religiöse Zwecke				
Bibliotheken, Museen und Ausstellungen	18,00	**39,00**	68,00	6,2%
Theater	54,00	**85,00**	115,00	9,7%
Gemeindezentren, einfacher Standard	32,00	**46,00**	73,00	17,2%
Gemeindezentren, mittlerer Standard	39,00	**57,00**	68,00	10,0%
Gemeindezentren, hoher Standard	51,00	**80,00**	111,00	11,6%
Gemeindezentren, Holzbauweise	53,00	**64,00**	83,00	10,6%
Friedhofsgebäude	42,00	**45,00**	49,00	6,2%

Einheit: m²
Brutto-Grundfläche (BGF)

Kosten:
Stand 1. Quartal 2025
Bundesdurchschnitt
inkl. 19% MwSt.

Einheit: m²
Brutto-Grundfläche (BGF)

▷ von
ø Mittel
◁ bis

Gebäudeart	▷	€/Einheit	◁	KG an 400
1 Büro- und Verwaltungsgebäude				
Büro- und Verwaltungsgebäude, einfacher Standard	–	**–**	–	–
Büro- und Verwaltungsgebäude, mittlerer Standard	–	**–**	–	–
Büro- und Verwaltungsgebäude, hoher Standard	1,00	**1,20**	1,40	< 0,1%
Büro- und Verwaltungsgebäude, Holzbauweise	–	**–**	–	–
2 Gebäude für Forschung und Lehre				
Instituts- und Laborgebäude	–	**–**	–	–
3 Gebäude des Gesundheitswesens				
Medizinische Einrichtungen	–	**–**	–	–
Pflegeheime	–	**–**	–	–
Gebäude für Erholungszwecke	5,00	**14,00**	23,00	0,5%
4 Schulen und Kindergärten				
Allgemeinbildende Schulen	–	**6,90**	–	0,1%
Schulen, Holzbauweise	–	**5,20**	–	< 0,1%
Berufliche Schulen	–	**1,30**	–	< 0,1%
Förder- und Sonderschulen	–	**0,50**	–	< 0,1%
Weiterbildungseinrichtungen	–	**3,20**	–	0,1%
Kindergärten, nicht unterkellert, einfacher Standard	–	**–**	–	–
Kindergärten, nicht unterkellert, mittlerer Standard	–	**6,20**	–	0,2%
Kindergärten, nicht unterkellert, hoher Standard	–	**–**	–	–
Kindergärten, Holzbauweise, nicht unterkellert	–	**–**	–	–
Kindergärten, unterkellert	–	**–**	–	–
5 Sportbauten				
Sport- und Mehrzweckhallen	–	**–**	–	–
Sporthallen (Einfeldhallen)	–	**–**	–	–
Sporthallen (Dreifeldhallen)	–	**1,00**	–	< 0,1%
6 Wohngebäude				
Ein- und Zweifamilienhäuser				
Ein- und Zweifamilienhäuser, unterkellert, einfacher Standard	–	**–**	–	–
Ein- und Zweifamilienhäuser, unterkellert, mittlerer Standard	–	**–**	–	–
Ein- und Zweifamilienhäuser, unterkellert, hoher Standard	–	**3,50**	–	< 0,1%
Ein- und Zweifamilienhäuser, nicht unterkellert, einfacher Standard	–	**–**	–	–
Ein- und Zweifamilienhäuser, nicht unterkellert, mittlerer Standard	–	**–**	–	–
Ein- und Zweifamilienhäuser, nicht unterkellert, hoher Standard	–	**–**	–	–
Ein- und Zweifamilienhäuser, Passivhausstandard, Massivbauweise	–	**8,30**	–	0,1%
Ein- und Zweifamilienhäuser, Passivhausstandard, Holzbauweise	–	**–**	–	–
Ein- und Zweifamilienhäuser, Holzbauweise, unterkellert	–	**2,50**	–	< 0,1%
Ein- und Zweifamilienhäuser, Holzbauweise, nicht unterkellert	–	**2,20**	–	0,1%
Doppel- und Reihenend- / Reihenhäuser				
Doppel- und Reihenendhäuser, einfacher Standard	–	**–**	–	–
Doppel- und Reihenendhäuser, mittlerer Standard	–	**–**	–	–
Doppel- und Reihenendhäuser, hoher Standard	–	**–**	–	–
Doppel- und Reihenendhäuser, Holzbauweise	–	**1,60**	–	0,1%
Reihenhäuser, einfacher Standard	–	**–**	–	–
Reihenhäuser, mittlerer Standard	–	**–**	–	–
Reihenhäuser, hoher Standard	–	**–**	–	–
Mehrfamilienhäuser				
Mehrfamilienhäuser, mit bis zu 6 WE, einfacher Standard	–	**–**	–	–
Mehrfamilienhäuser, mit bis zu 6 WE, mittlerer Standard	–	**–**	–	–
Mehrfamilienhäuser, mit bis zu 6 WE, hoher Standard	–	**2,50**	–	< 0,1%

© **BKI** Baukosteninformationszentrum; Erläuterungen zu den Tabellen siehe Seite 56

Einheit: m²
Brutto-Grundfläche (BGF)

Gebäudeart	▷	€/Einheit	◁	KG an 400
Mehrfamilienhäuser (Fortsetzung)				
Mehrfamilienhäuser, mit 6 bis 19 WE, einfacher Standard	–	**–**	–	–
Mehrfamilienhäuser, mit 6 bis 19 WE, mittlerer Standard	–	**–**	–	–
Mehrfamilienhäuser, mit 6 bis 19 WE, hoher Standard	–	**–**	–	–
Mehrfamilienhäuser, mit 20 oder mehr WE, einfacher Standard	–	**–**	–	–
Mehrfamilienhäuser, mit 20 oder mehr WE, mittlerer Standard	–	**–**	–	–
Mehrfamilienhäuser, mit 20 oder mehr WE, hoher Standard	–	**–**	–	–
Mehrfamilienhäuser, Passivhäuser	–	**2,40**	–	0,1%
Mehrfamilienhäuser, Holzbauweise	–	**–**	–	–
Wohnhäuser, mit bis zu 15% Mischnutzung, einfacher Standard	–	**–**	–	–
Wohnhäuser, mit bis zu 15% Mischnutzung, mittlerer Standard	–	**–**	–	–
Wohnhäuser, mit bis zu 15% Mischnutzung, hoher Standard	–	**–**	–	–
Wohnhäuser, mit mehr als 15% Mischnutzung	–	**–**	–	–
Seniorenwohnungen und Beherbergungen				
Seniorenwohnungen, mittlerer Standard	–	**–**	–	–
Seniorenwohnungen, hoher Standard	–	**–**	–	–
Wohnheime und Internate	–	**5,20**	–	0,1%
Hotels	–	**0,90**	–	0,3%
7 Gewerbe-, Lager- und Garagen				
Gaststätten, Kantinen und Mensen	–	**0,60**	–	< 0,1%
Industrielle Produktionsgebäude, Massivbauweise	–	**–**	–	–
Industrielle Produktionsgebäude, überwiegend Skelettbauweise	–	**1,50**	–	< 0,1%
Betriebs- und Werkstätten, eingeschossig	–	**–**	–	–
Betriebs- und Werkstätten, mehrgeschossig, geringer Hallenanteil	–	**2,40**	–	< 0,1%
Betriebs- und Werkstätten, mehrgeschossig, hoher Hallenanteil	–	**11,00**	–	0,2%
Geschäftshäuser, mit Wohnungen	–	**–**	–	–
Geschäftshäuser, ohne Wohnungen	–	**–**	–	–
Verbrauchermärkte	–	**–**	–	–
Autohäuser	–	**–**	–	–
Lagergebäude, ohne Mischnutzung	–	**–**	–	–
Lagergebäude, mit bis zu 25% Mischnutzung	–	**–**	–	–
Lagergebäude, mit mehr als 25% Mischnutzung	–	**–**	–	–
Garagen und Bereitschaftsdienste				
Einzel- und Doppelgaragen	–	**–**	–	–
Mehrfachgaragen	–	**–**	–	–
Hochgaragen	–	**–**	–	–
Fahrradparkhäuser	–	**–**	–	–
Carports	–	**–**	–	–
Tiefgaragen	–	**–**	–	–
Feuerwehrhäuser	–	**–**	–	–
Öffentliche Bereitschaftsdienste	–	**–**	–	–
8 Gebäude für kulturelle und religiöse Zwecke				
Bibliotheken, Museen und Ausstellungen	–	**–**	–	–
Theater	–	**11,00**	–	0,2%
Gemeindezentren, einfacher Standard	–	**–**	–	–
Gemeindezentren, mittlerer Standard	–	**–**	–	–
Gemeindezentren, hoher Standard	–	**3,40**	–	0,1%
Gemeindezentren, Holzbauweise	–	**–**	–	–
Friedhofsgebäude	–	**–**	–	–

Gebäudeart	▷	€/Einheit	◁	KG an 400
1 Büro- und Verwaltungsgebäude				
Büro- und Verwaltungsgebäude, einfacher Standard	–	**7,50**	–	0,8%
Büro- und Verwaltungsgebäude, mittlerer Standard	3,30	**5,20**	8,30	0,8%
Büro- und Verwaltungsgebäude, hoher Standard	2,90	**4,20**	7,00	0,5%
Büro- und Verwaltungsgebäude, Holzbauweise	2,30	**4,30**	9,70	1,0%
2 Gebäude für Forschung und Lehre				
Instituts- und Laborgebäude	2,60	**5,90**	12,00	0,3%
3 Gebäude des Gesundheitswesens				
Medizinische Einrichtungen	–	**5,80**	–	0,3%
Pflegeheime	21,00	**85,00**	168,00	7,5%
Gebäude für Erholungszwecke	15,00	**20,00**	23,00	1,1%
4 Schulen und Kindergärten				
Allgemeinbildende Schulen	3,30	**4,20**	5,90	0,3%
Schulen, Holzbauweise	4,10	**12,00**	17,00	2,1%
Berufliche Schulen	2,30	**4,20**	6,10	0,3%
Förder- und Sonderschulen	3,40	**4,50**	5,60	0,4%
Weiterbildungseinrichtungen	–	**12,00**	–	0,4%
Kindergärten, nicht unterkellert, einfacher Standard	4,80	**6,90**	8,90	1,0%
Kindergärten, nicht unterkellert, mittlerer Standard	7,10	**11,00**	14,00	1,5%
Kindergärten, nicht unterkellert, hoher Standard	4,40	**6,10**	7,80	0,5%
Kindergärten, Holzbauweise, nicht unterkellert	8,10	**11,00**	15,00	2,1%
Kindergärten, unterkellert	4,90	**6,40**	8,80	0,8%
5 Sportbauten				
Sport- und Mehrzweckhallen	–	**–**	–	–
Sporthallen (Einfeldhallen)	7,20	**14,00**	20,00	1,2%
Sporthallen (Dreifeldhallen)	–	**10,00**	–	0,3%
6 Wohngebäude				
Ein- und Zweifamilienhäuser				
Ein- und Zweifamilienhäuser, unterkellert, einfacher Standard	–	**1,60**	–	0,2%
Ein- und Zweifamilienhäuser, unterkellert, mittlerer Standard	2,70	**5,80**	18,00	1,1%
Ein- und Zweifamilienhäuser, unterkellert, hoher Standard	2,60	**5,10**	13,00	0,6%
Ein- und Zweifamilienhäuser, nicht unterkellert, einfacher Standard	–	**3,70**	–	0,7%
Ein- und Zweifamilienhäuser, nicht unterkellert, mittlerer Standard	4,90	**9,10**	33,00	1,3%
Ein- und Zweifamilienhäuser, nicht unterkellert, hoher Standard	0,90	**2,00**	2,50	0,3%
Ein- und Zweifamilienhäuser, Passivhausstandard, Massivbauweise	6,20	**11,00**	13,00	1,1%
Ein- und Zweifamilienhäuser, Passivhausstandard, Holzbauweise	5,00	**8,50**	16,00	0,8%
Ein- und Zweifamilienhäuser, Holzbauweise, unterkellert	3,90	**6,60**	8,60	0,7%
Ein- und Zweifamilienhäuser, Holzbauweise, nicht unterkellert	3,20	**4,90**	6,60	1,0%
Doppel- und Reihenend- / Reihenhäuser				
Doppel- und Reihenendhäuser, einfacher Standard	4,10	**7,90**	12,00	1,9%
Doppel- und Reihenendhäuser, mittlerer Standard	2,90	**6,20**	10,00	0,9%
Doppel- und Reihenendhäuser, hoher Standard	–	**7,20**	–	0,4%
Doppel- und Reihenendhäuser, Holzbauweise	5,00	**16,00**	27,00	1,7%
Reihenhäuser, einfacher Standard	–	**–**	–	–
Reihenhäuser, mittlerer Standard	–	**4,80**	–	1,0%
Reihenhäuser, hoher Standard	–	**6,60**	–	0,4%
Mehrfamilienhäuser				
Mehrfamilienhäuser, mit bis zu 6 WE, einfacher Standard	–	**–**	–	–
Mehrfamilienhäuser, mit bis zu 6 WE, mittlerer Standard	1,90	**2,80**	3,60	0,4%
Mehrfamilienhäuser, mit bis zu 6 WE, hoher Standard	3,90	**6,10**	8,50	0,9%

Kosten:
Stand 1. Quartal 2025
Bundesdurchschnitt
inkl. 19% MwSt.

Einheit: m²
Brutto-Grundfläche (BGF)

▷ von
ø Mittel
◁ bis

© BKI Baukosteninformationszentrum; Erläuterungen zu den Tabellen siehe Seite 56

Gebäudeart	▷	€/Einheit	◁	KG an 400
Mehrfamilienhäuser (Fortsetzung)				
Mehrfamilienhäuser, mit 6 bis 19 WE, einfacher Standard	–	**4,70**	–	0,5%
Mehrfamilienhäuser, mit 6 bis 19 WE, mittlerer Standard	7,10	**10,00**	23,00	2,3%
Mehrfamilienhäuser, mit 6 bis 19 WE, hoher Standard	3,70	**8,00**	9,80	1,9%
Mehrfamilienhäuser, mit 20 oder mehr WE, einfacher Standard	2,40	**36,00**	70,00	7,4%
Mehrfamilienhäuser, mit 20 oder mehr WE, mittlerer Standard	2,80	**7,30**	13,00	1,9%
Mehrfamilienhäuser, mit 20 oder mehr WE, hoher Standard	3,00	**5,80**	7,40	1,5%
Mehrfamilienhäuser, Passivhäuser	2,30	**7,00**	14,00	1,5%
Mehrfamilienhäuser, Holzbauweise	6,80	**10,00**	20,00	1,9%
Wohnhäuser, mit bis zu 15% Mischnutzung, einfacher Standard	–	**–**	–	–
Wohnhäuser, mit bis zu 15% Mischnutzung, mittlerer Standard	–	**16,00**	–	1,3%
Wohnhäuser, mit bis zu 15% Mischnutzung, hoher Standard	–	**–**	–	–
Wohnhäuser, mit mehr als 15% Mischnutzung	–	**–**	–	–
Seniorenwohnungen und Beherbergungen				
Seniorenwohnungen, mittlerer Standard	10,00	**43,00**	140,00	7,0%
Seniorenwohnungen, hoher Standard	–	**–**	–	–
Wohnheime und Internate	6,00	**12,00**	23,00	1,7%
Hotels	–	**13,00**	–	4,2%
7 Gewerbe-, Lager- und Garagen				
Gaststätten, Kantinen und Mensen	–	**–**	–	–
Industrielle Produktionsgebäude, Massivbauweise	–	**–**	–	–
Industrielle Produktionsgebäude, überwiegend Skelettbauweise	0,90	**2,10**	2,90	0,3%
Betriebs- und Werkstätten, eingeschossig	–	**–**	–	–
Betriebs- und Werkstätten, mehrgeschossig, geringer Hallenanteil	1,80	**3,50**	6,20	0,6%
Betriebs- und Werkstätten, mehrgeschossig, hoher Hallenanteil	1,70	**3,90**	8,20	0,2%
Geschäftshäuser, mit Wohnungen	–	**2,30**	–	0,2%
Geschäftshäuser, ohne Wohnungen	1,20	**2,50**	3,90	0,9%
Verbrauchermärkte	–	**2,50**	–	0,2%
Autohäuser	–	**3,40**	–	1,4%
Lagergebäude, ohne Mischnutzung	–	**–**	–	–
Lagergebäude, mit bis zu 25% Mischnutzung	1,00	**2,20**	3,50	0,4%
Lagergebäude, mit mehr als 25% Mischnutzung	–	**–**	–	–
Garagen und Bereitschaftsdienste				
Einzel- und Doppelgaragen	–	**–**	–	–
Mehrfachgaragen	–	**–**	–	–
Hochgaragen	–	**0,50**	–	< 0,1%
Fahrradparkhäuser	0,30	**2,40**	4,50	0,8%
Carports	–	**–**	–	–
Tiefgaragen	–	**–**	–	–
Feuerwehrhäuser	5,90	**9,10**	20,00	1,3%
Öffentliche Bereitschaftsdienste	–	**2,40**	–	< 0,1%
8 Gebäude für kulturelle und religiöse Zwecke				
Bibliotheken, Museen und Ausstellungen	3,00	**5,30**	8,90	0,7%
Theater	–	**8,10**	–	1,1%
Gemeindezentren, einfacher Standard	0,50	**3,90**	7,30	1,4%
Gemeindezentren, mittlerer Standard	7,60	**12,00**	16,00	1,9%
Gemeindezentren, hoher Standard	–	**7,30**	–	0,3%
Gemeindezentren, Holzbauweise	7,00	**9,30**	12,00	1,1%
Friedhofsgebäude	–	**0,60**	–	< 0,1%

Einheit: m²
Brutto-Grundfläche (BGF)

421 Wärmeerzeugungsanlagen

Kosten:
Stand 1. Quartal 2025
Bundesdurchschnitt
inkl. 19% MwSt.

Einheit: m²
Brutto-Grundfläche (BGF)

▷ von
ø Mittel
◁ bis

Gebäudeart	▷	€/Einheit	◁	KG an 400
1 Büro- und Verwaltungsgebäude				
Büro- und Verwaltungsgebäude, einfacher Standard	11,00	**22,00**	28,00	10,5%
Büro- und Verwaltungsgebäude, mittlerer Standard	15,00	**32,00**	64,00	4,7%
Büro- und Verwaltungsgebäude, hoher Standard	18,00	**54,00**	81,00	7,1%
Büro- und Verwaltungsgebäude, Holzbauweise	15,00	**39,00**	54,00	4,9%
2 Gebäude für Forschung und Lehre				
Instituts- und Laborgebäude	15,00	**87,00**	230,00	3,2%
3 Gebäude des Gesundheitswesens				
Medizinische Einrichtungen	13,00	**22,00**	38,00	2,8%
Pflegeheime	12,00	**28,00**	55,00	3,2%
Gebäude für Erholungszwecke	110,00	**137,00**	179,00	6,6%
4 Schulen und Kindergärten				
Allgemeinbildende Schulen	12,00	**37,00**	105,00	5,8%
Schulen, Holzbauweise	7,40	**20,00**	41,00	3,5%
Berufliche Schulen	10,00	**23,00**	36,00	1,5%
Förder- und Sonderschulen	14,00	**46,00**	101,00	7,7%
Weiterbildungseinrichtungen	7,70	**16,00**	25,00	1,8%
Kindergärten, nicht unterkellert, einfacher Standard	19,00	**27,00**	38,00	6,1%
Kindergärten, nicht unterkellert, mittlerer Standard	28,00	**62,00**	137,00	11,4%
Kindergärten, nicht unterkellert, hoher Standard	8,10	**27,00**	40,00	4,5%
Kindergärten, Holzbauweise, nicht unterkellert	24,00	**54,00**	101,00	9,0%
Kindergärten, unterkellert	18,00	**35,00**	78,00	6,3%
5 Sportbauten				
Sport- und Mehrzweckhallen	11,00	**34,00**	48,00	6,2%
Sporthallen (Einfeldhallen)	14,00	**26,00**	57,00	4,8%
Sporthallen (Dreifeldhallen)	16,00	**50,00**	84,00	3,2%
6 Wohngebäude				
Ein- und Zweifamilienhäuser				
Ein- und Zweifamilienhäuser, unterkellert, einfacher Standard	35,00	**38,00**	44,00	18,8%
Ein- und Zweifamilienhäuser, unterkellert, mittlerer Standard	40,00	**87,00**	122,00	20,5%
Ein- und Zweifamilienhäuser, unterkellert, hoher Standard	53,00	**98,00**	148,00	20,9%
Ein- und Zweifamilienhäuser, nicht unterkellert, einfacher Standard	25,00	**47,00**	69,00	19,3%
Ein- und Zweifamilienhäuser, nicht unterkellert, mittlerer Standard	48,00	**81,00**	135,00	19,6%
Ein- und Zweifamilienhäuser, nicht unterkellert, hoher Standard	68,00	**125,00**	212,00	27,2%
Ein- und Zweifamilienhäuser, Passivhausstandard, Massivbauweise	38,00	**90,00**	127,00	20,0%
Ein- und Zweifamilienhäuser, Passivhausstandard, Holzbauweise	63,00	**120,00**	169,00	15,0%
Ein- und Zweifamilienhäuser, Holzbauweise, unterkellert	45,00	**69,00**	105,00	15,5%
Ein- und Zweifamilienhäuser, Holzbauweise, nicht unterkellert	54,00	**93,00**	151,00	20,1%
Doppel- und Reihenend- / Reihenhäuser				
Doppel- und Reihenendhäuser, einfacher Standard	48,00	**74,00**	126,00	27,2%
Doppel- und Reihenendhäuser, mittlerer Standard	32,00	**65,00**	98,00	17,5%
Doppel- und Reihenendhäuser, hoher Standard	40,00	**50,00**	56,00	7,5%
Doppel- und Reihenendhäuser, Holzbauweise	70,00	**99,00**	128,00	25,7%
Reihenhäuser, einfacher Standard	44,00	**57,00**	70,00	21,4%
Reihenhäuser, mittlerer Standard	48,00	**56,00**	64,00	18,6%
Reihenhäuser, hoher Standard	54,00	**77,00**	102,00	17,7%
Mehrfamilienhäuser				
Mehrfamilienhäuser, mit bis zu 6 WE, einfacher Standard	8,80	**12,00**	14,00	6,5%
Mehrfamilienhäuser, mit bis zu 6 WE, mittlerer Standard	21,00	**28,00**	34,00	7,3%
Mehrfamilienhäuser, mit bis zu 6 WE, hoher Standard	26,00	**44,00**	62,00	10,7%

© **BKI** Baukosteninformationszentrum; Erläuterungen zu den Tabellen siehe Seite 56

Gebäudeart	▷	€/Einheit	◁	KG an 400
Mehrfamilienhäuser (Fortsetzung)				
Mehrfamilienhäuser, mit 6 bis 19 WE, einfacher Standard	6,10	**18,00**	41,00	7,3%
Mehrfamilienhäuser, mit 6 bis 19 WE, mittlerer Standard	16,00	**43,00**	86,00	11,5%
Mehrfamilienhäuser, mit 6 bis 19 WE, hoher Standard	9,60	**14,00**	18,00	4,9%
Mehrfamilienhäuser, mit 20 oder mehr WE, einfacher Standard	7,80	**13,00**	18,00	3,3%
Mehrfamilienhäuser, mit 20 oder mehr WE, mittlerer Standard	11,00	**36,00**	56,00	9,5%
Mehrfamilienhäuser, mit 20 oder mehr WE, hoher Standard	7,30	**14,00**	21,00	2,3%
Mehrfamilienhäuser, Passivhäuser	18,00	**49,00**	124,00	12,1%
Mehrfamilienhäuser, Holzbauweise	12,00	**38,00**	82,00	9,9%
Wohnhäuser, mit bis zu 15% Mischnutzung, einfacher Standard	21,00	**48,00**	95,00	14,9%
Wohnhäuser, mit bis zu 15% Mischnutzung, mittlerer Standard	35,00	**44,00**	57,00	19,4%
Wohnhäuser, mit bis zu 15% Mischnutzung, hoher Standard	–	**4,40**	–	1,3%
Wohnhäuser, mit mehr als 15% Mischnutzung	–	**17,00**	–	1,8%
Seniorenwohnungen und Beherbergungen				
Seniorenwohnungen, mittlerer Standard	5,50	**20,00**	40,00	5,0%
Seniorenwohnungen, hoher Standard	56,00	**62,00**	68,00	13,4%
Wohnheime und Internate	19,00	**52,00**	87,00	10,2%
Hotels	–	**61,00**	–	19,6%
7 Gewerbe-, Lager- und Garagen				
Gaststätten, Kantinen und Mensen	–	**49,00**	–	4,2%
Industrielle Produktionsgebäude, Massivbauweise	16,00	**35,00**	48,00	7,3%
Industrielle Produktionsgebäude, überwiegend Skelettbauweise	7,20	**16,00**	38,00	2,1%
Betriebs- und Werkstätten, eingeschossig	14,00	**44,00**	74,00	4,1%
Betriebs- und Werkstätten, mehrgeschossig, geringer Hallenanteil	13,00	**36,00**	96,00	5,6%
Betriebs- und Werkstätten, mehrgeschossig, hoher Hallenanteil	13,00	**45,00**	73,00	11,7%
Geschäftshäuser, mit Wohnungen	18,00	**32,00**	42,00	9,3%
Geschäftshäuser, ohne Wohnungen	11,00	**17,00**	23,00	5,1%
Verbrauchermärkte	–	**31,00**	–	2,5%
Autohäuser	12,00	**18,00**	23,00	7,9%
Lagergebäude, ohne Mischnutzung	6,20	**19,00**	36,00	4,2%
Lagergebäude, mit bis zu 25% Mischnutzung	6,70	**9,70**	13,00	2,7%
Lagergebäude, mit mehr als 25% Mischnutzung	15,00	**17,00**	20,00	7,2%
Garagen und Bereitschaftsdienste				
Einzel- und Doppelgaragen	–	**–**	–	–
Mehrfachgaragen	–	**95,00**	–	4,3%
Hochgaragen	–	**–**	–	–
Fahrradparkhäuser	7,30	**13,00**	18,00	6,7%
Carports	–	**–**	–	–
Tiefgaragen	–	**–**	–	–
Feuerwehrhäuser	9,90	**31,00**	63,00	4,1%
Öffentliche Bereitschaftsdienste	13,00	**15,00**	19,00	4,0%
8 Gebäude für kulturelle und religiöse Zwecke				
Bibliotheken, Museen und Ausstellungen	8,20	**27,00**	43,00	4,1%
Theater	–	**7,70**	–	0,2%
Gemeindezentren, einfacher Standard	17,00	**29,00**	47,00	11,4%
Gemeindezentren, mittlerer Standard	35,00	**63,00**	107,00	10,4%
Gemeindezentren, hoher Standard	53,00	**70,00**	109,00	10,1%
Gemeindezentren, Holzbauweise	41,00	**48,00**	59,00	8,0%
Friedhofsgebäude	–	**50,00**	–	1,2%

Einheit: m²
Brutto-Grundfläche (BGF)

Kosten:
Stand 1. Quartal 2025
Bundesdurchschnitt
inkl. 19% MwSt.

Einheit: m2
Brutto-Grundfläche (BGF)

Gebäudeart	▷	€/Einheit	◁	KG an 400
1 Büro- und Verwaltungsgebäude				
Büro- und Verwaltungsgebäude, einfacher Standard	8,30	**10,00**	14,00	4,3%
Büro- und Verwaltungsgebäude, mittlerer Standard	31,00	**53,00**	90,00	7,5%
Büro- und Verwaltungsgebäude, hoher Standard	48,00	**77,00**	126,00	8,7%
Büro- und Verwaltungsgebäude, Holzbauweise	25,00	**45,00**	58,00	6,1%
2 Gebäude für Forschung und Lehre				
Instituts- und Laborgebäude	29,00	**90,00**	153,00	5,4%
3 Gebäude des Gesundheitswesens				
Medizinische Einrichtungen	18,00	**23,00**	26,00	3,4%
Pflegeheime	34,00	**40,00**	60,00	4,4%
Gebäude für Erholungszwecke	59,00	**88,00**	141,00	4,5%
4 Schulen und Kindergärten				
Allgemeinbildende Schulen	24,00	**39,00**	55,00	8,8%
Schulen, Holzbauweise	22,00	**28,00**	44,00	4,7%
Berufliche Schulen	17,00	**40,00**	77,00	3,2%
Förder- und Sonderschulen	21,00	**40,00**	65,00	6,4%
Weiterbildungseinrichtungen	16,00	**30,00**	44,00	3,2%
Kindergärten, nicht unterkellert, einfacher Standard	25,00	**28,00**	33,00	6,5%
Kindergärten, nicht unterkellert, mittlerer Standard	15,00	**23,00**	32,00	2,5%
Kindergärten, nicht unterkellert, hoher Standard	15,00	**38,00**	47,00	7,2%
Kindergärten, Holzbauweise, nicht unterkellert	22,00	**33,00**	61,00	5,5%
Kindergärten, unterkellert	25,00	**31,00**	38,00	6,6%
5 Sportbauten				
Sport- und Mehrzweckhallen	7,60	**32,00**	45,00	5,4%
Sporthallen (Einfeldhallen)	21,00	**48,00**	70,00	9,6%
Sporthallen (Dreifeldhallen)	31,00	**37,00**	42,00	2,4%
6 Wohngebäude				
Ein- und Zweifamilienhäuser				
Ein- und Zweifamilienhäuser, unterkellert, einfacher Standard	9,20	**13,00**	21,00	6,4%
Ein- und Zweifamilienhäuser, unterkellert, mittlerer Standard	11,00	**16,00**	25,00	3,8%
Ein- und Zweifamilienhäuser, unterkellert, hoher Standard	12,00	**24,00**	38,00	4,9%
Ein- und Zweifamilienhäuser, nicht unterkellert, einfacher Standard	16,00	**20,00**	23,00	9,4%
Ein- und Zweifamilienhäuser, nicht unterkellert, mittlerer Standard	10,00	**15,00**	23,00	2,8%
Ein- und Zweifamilienhäuser, nicht unterkellert, hoher Standard	11,00	**19,00**	30,00	3,7%
Ein- und Zweifamilienhäuser, Passivhausstandard, Massivbauweise	8,60	**14,00**	24,00	2,1%
Ein- und Zweifamilienhäuser, Passivhausstandard, Holzbauweise	7,20	**10,00**	16,00	1,7%
Ein- und Zweifamilienhäuser, Holzbauweise, unterkellert	8,60	**16,00**	23,00	4,0%
Ein- und Zweifamilienhäuser, Holzbauweise, nicht unterkellert	6,90	**12,00**	16,00	2,5%
Doppel- und Reihenend- / Reihenhäuser				
Doppel- und Reihenendhäuser, einfacher Standard	15,00	**17,00**	18,00	6,7%
Doppel- und Reihenendhäuser, mittlerer Standard	24,00	**34,00**	80,00	7,5%
Doppel- und Reihenendhäuser, hoher Standard	10,00	**20,00**	26,00	2,9%
Doppel- und Reihenendhäuser, Holzbauweise	18,00	**21,00**	22,00	4,3%
Reihenhäuser, einfacher Standard	18,00	**21,00**	24,00	7,9%
Reihenhäuser, mittlerer Standard	4,50	**18,00**	32,00	5,4%
Reihenhäuser, hoher Standard	22,00	**33,00**	60,00	7,4%
Mehrfamilienhäuser				
Mehrfamilienhäuser, mit bis zu 6 WE, einfacher Standard	17,00	**29,00**	41,00	14,7%
Mehrfamilienhäuser, mit bis zu 6 WE, mittlerer Standard	12,00	**23,00**	31,00	8,0%
Mehrfamilienhäuser, mit bis zu 6 WE, hoher Standard	17,00	**27,00**	49,00	7,0%

▷ von
ø Mittel
◁ bis

© **BKI** Baukosteninformationszentrum; Erläuterungen zu den Tabellen siehe Seite 56

Gebäudeart	▷	€/Einheit	◁	KG an 400
Mehrfamilienhäuser (Fortsetzung)				
Mehrfamilienhäuser, mit 6 bis 19 WE, einfacher Standard	24,00	**28,00**	37,00	10,6%
Mehrfamilienhäuser, mit 6 bis 19 WE, mittlerer Standard	11,00	**20,00**	29,00	5,8%
Mehrfamilienhäuser, mit 6 bis 19 WE, hoher Standard	15,00	**22,00**	25,00	7,6%
Mehrfamilienhäuser, mit 20 oder mehr WE, einfacher Standard	16,00	**17,00**	18,00	4,0%
Mehrfamilienhäuser, mit 20 oder mehr WE, mittlerer Standard	16,00	**27,00**	37,00	7,8%
Mehrfamilienhäuser, mit 20 oder mehr WE, hoher Standard	13,00	**20,00**	33,00	5,3%
Mehrfamilienhäuser, Passivhäuser	11,00	**17,00**	26,00	3,5%
Mehrfamilienhäuser, Holzbauweise	26,00	**31,00**	46,00	9,5%
Wohnhäuser, mit bis zu 15% Mischnutzung, einfacher Standard	–	**20,00**	–	2,3%
Wohnhäuser, mit bis zu 15% Mischnutzung, mittlerer Standard	8,60	**18,00**	34,00	5,6%
Wohnhäuser, mit bis zu 15% Mischnutzung, hoher Standard	–	**45,00**	–	13,4%
Wohnhäuser, mit mehr als 15% Mischnutzung	–	**36,00**	–	3,9%
Seniorenwohnungen und Beherbergungen				
Seniorenwohnungen, mittlerer Standard	20,00	**34,00**	49,00	8,3%
Seniorenwohnungen, hoher Standard	36,00	**54,00**	72,00	12,1%
Wohnheime und Internate	18,00	**28,00**	41,00	6,0%
Hotels	–	**7,30**	–	2,3%
7 Gewerbe-, Lager- und Garagen				
Gaststätten, Kantinen und Mensen	–	**70,00**	–	6,0%
Industrielle Produktionsgebäude, Massivbauweise	21,00	**25,00**	37,00	5,7%
Industrielle Produktionsgebäude, überwiegend Skelettbauweise	21,00	**32,00**	47,00	3,6%
Betriebs- und Werkstätten, eingeschossig	68,00	**70,00**	71,00	5,9%
Betriebs- und Werkstätten, mehrgeschossig, geringer Hallenanteil	13,00	**25,00**	43,00	4,2%
Betriebs- und Werkstätten, mehrgeschossig, hoher Hallenanteil	14,00	**46,00**	98,00	5,6%
Geschäftshäuser, mit Wohnungen	18,00	**21,00**	22,00	5,6%
Geschäftshäuser, ohne Wohnungen	31,00	**38,00**	44,00	12,3%
Verbrauchermärkte	–	**112,00**	–	8,8%
Autohäuser	12,00	**28,00**	44,00	10,4%
Lagergebäude, ohne Mischnutzung	16,00	**30,00**	70,00	6,9%
Lagergebäude, mit bis zu 25% Mischnutzung	11,00	**22,00**	33,00	4,0%
Lagergebäude, mit mehr als 25% Mischnutzung	13,00	**13,00**	14,00	5,4%
Garagen und Bereitschaftsdienste				
Einzel- und Doppelgaragen	–	**–**	–	–
Mehrfachgaragen	–	**44,00**	–	2,0%
Hochgaragen	–	**–**	–	–
Fahrradparkhäuser	0,60	**6,90**	13,00	2,2%
Carports	–	**–**	–	–
Tiefgaragen	–	**–**	–	–
Feuerwehrhäuser	30,00	**47,00**	70,00	6,9%
Öffentliche Bereitschaftsdienste	17,00	**20,00**	27,00	4,8%
8 Gebäude für kulturelle und religiöse Zwecke				
Bibliotheken, Museen und Ausstellungen	20,00	**31,00**	72,00	4,0%
Theater	–	**83,00**	–	1,9%
Gemeindezentren, einfacher Standard	4,60	**16,00**	22,00	6,7%
Gemeindezentren, mittlerer Standard	26,00	**33,00**	44,00	5,9%
Gemeindezentren, hoher Standard	11,00	**27,00**	32,00	3,9%
Gemeindezentren, Holzbauweise	11,00	**30,00**	40,00	4,6%
Friedhofsgebäude	–	**60,00**	–	1,5%

Einheit: m²
Brutto-Grundfläche (BGF)

Kosten:
Stand 1. Quartal 2025
Bundesdurchschnitt
inkl. 19% MwSt.

Einheit: m²
Brutto-Grundfläche (BGF)

▷ von
ø Mittel
◁ bis

Gebäudeart	▷	€/Einheit	◁	KG an 400
1 Büro- und Verwaltungsgebäude				
Büro- und Verwaltungsgebäude, einfacher Standard	26,00	**38,00**	55,00	18,2%
Büro- und Verwaltungsgebäude, mittlerer Standard	31,00	**53,00**	88,00	8,0%
Büro- und Verwaltungsgebäude, hoher Standard	23,00	**56,00**	91,00	6,6%
Büro- und Verwaltungsgebäude, Holzbauweise	5,70	**46,00**	70,00	8,1%
2 Gebäude für Forschung und Lehre				
Instituts- und Laborgebäude	25,00	**33,00**	52,00	2,2%
3 Gebäude des Gesundheitswesens				
Medizinische Einrichtungen	13,00	**17,00**	24,00	2,6%
Pflegeheime	21,00	**25,00**	41,00	2,8%
Gebäude für Erholungszwecke	46,00	**60,00**	86,00	3,3%
4 Schulen und Kindergärten				
Allgemeinbildende Schulen	17,00	**31,00**	64,00	5,6%
Schulen, Holzbauweise	24,00	**39,00**	51,00	7,3%
Berufliche Schulen	12,00	**24,00**	47,00	2,1%
Förder- und Sonderschulen	33,00	**53,00**	82,00	8,6%
Weiterbildungseinrichtungen	21,00	**33,00**	46,00	3,5%
Kindergärten, nicht unterkellert, einfacher Standard	30,00	**38,00**	55,00	9,9%
Kindergärten, nicht unterkellert, mittlerer Standard	24,00	**30,00**	32,00	3,9%
Kindergärten, nicht unterkellert, hoher Standard	14,00	**40,00**	68,00	8,0%
Kindergärten, Holzbauweise, nicht unterkellert	25,00	**36,00**	55,00	6,3%
Kindergärten, unterkellert	28,00	**41,00**	51,00	8,7%
5 Sportbauten				
Sport- und Mehrzweckhallen	16,00	**33,00**	66,00	6,2%
Sporthallen (Einfeldhallen)	27,00	**55,00**	78,00	11,9%
Sporthallen (Dreifeldhallen)	49,00	**53,00**	58,00	3,4%
6 Wohngebäude				
Ein- und Zweifamilienhäuser				
Ein- und Zweifamilienhäuser, unterkellert, einfacher Standard	16,00	**24,00**	28,00	11,2%
Ein- und Zweifamilienhäuser, unterkellert, mittlerer Standard	34,00	**43,00**	54,00	11,4%
Ein- und Zweifamilienhäuser, unterkellert, hoher Standard	33,00	**47,00**	61,00	10,8%
Ein- und Zweifamilienhäuser, nicht unterkellert, einfacher Standard	13,00	**16,00**	18,00	7,5%
Ein- und Zweifamilienhäuser, nicht unterkellert, mittlerer Standard	27,00	**46,00**	81,00	11,9%
Ein- und Zweifamilienhäuser, nicht unterkellert, hoher Standard	45,00	**62,00**	99,00	14,6%
Ein- und Zweifamilienhäuser, Passivhausstandard, Massivbauweise	21,00	**32,00**	40,00	6,8%
Ein- und Zweifamilienhäuser, Passivhausstandard, Holzbauweise	19,00	**33,00**	61,00	5,1%
Ein- und Zweifamilienhäuser, Holzbauweise, unterkellert	26,00	**41,00**	60,00	8,4%
Ein- und Zweifamilienhäuser, Holzbauweise, nicht unterkellert	28,00	**45,00**	79,00	13,0%
Doppel- und Reihenend- / Reihenhäuser				
Doppel- und Reihenendhäuser, einfacher Standard	23,00	**25,00**	26,00	9,7%
Doppel- und Reihenendhäuser, mittlerer Standard	17,00	**33,00**	57,00	9,1%
Doppel- und Reihenendhäuser, hoher Standard	46,00	**49,00**	50,00	7,2%
Doppel- und Reihenendhäuser, Holzbauweise	29,00	**38,00**	61,00	9,7%
Reihenhäuser, einfacher Standard	23,00	**30,00**	37,00	11,4%
Reihenhäuser, mittlerer Standard	42,00	**43,00**	43,00	14,6%
Reihenhäuser, hoher Standard	26,00	**32,00**	46,00	7,3%
Mehrfamilienhäuser				
Mehrfamilienhäuser, mit bis zu 6 WE, einfacher Standard	17,00	**22,00**	27,00	11,7%
Mehrfamilienhäuser, mit bis zu 6 WE, mittlerer Standard	23,00	**42,00**	69,00	13,8%
Mehrfamilienhäuser, mit bis zu 6 WE, hoher Standard	29,00	**43,00**	65,00	10,8%

© **BKI** Baukosteninformationszentrum; Erläuterungen zu den Tabellen siehe Seite 56

Einheit: m²
Brutto-Grundfläche (BGF)

Gebäudeart	▷	€/Einheit	◁	KG an 400
Mehrfamilienhäuser (Fortsetzung)				
Mehrfamilienhäuser, mit 6 bis 19 WE, einfacher Standard	15,00	**23,00**	27,00	8,9%
Mehrfamilienhäuser, mit 6 bis 19 WE, mittlerer Standard	14,00	**24,00**	47,00	7,9%
Mehrfamilienhäuser, mit 6 bis 19 WE, hoher Standard	17,00	**32,00**	49,00	10,7%
Mehrfamilienhäuser, mit 20 oder mehr WE, einfacher Standard	13,00	**14,00**	15,00	3,2%
Mehrfamilienhäuser, mit 20 oder mehr WE, mittlerer Standard	19,00	**31,00**	49,00	8,4%
Mehrfamilienhäuser, mit 20 oder mehr WE, hoher Standard	36,00	**63,00**	114,00	15,5%
Mehrfamilienhäuser, Passivhäuser	15,00	**26,00**	38,00	7,3%
Mehrfamilienhäuser, Holzbauweise	23,00	**38,00**	77,00	7,8%
Wohnhäuser, mit bis zu 15% Mischnutzung, einfacher Standard	20,00	**36,00**	45,00	12,1%
Wohnhäuser, mit bis zu 15% Mischnutzung, mittlerer Standard	18,00	**26,00**	40,00	10,0%
Wohnhäuser, mit bis zu 15% Mischnutzung, hoher Standard	–	**33,00**	–	9,8%
Wohnhäuser, mit mehr als 15% Mischnutzung	–	**44,00**	–	4,8%
Seniorenwohnungen und Beherbergungen				
Seniorenwohnungen, mittlerer Standard	20,00	**25,00**	32,00	6,3%
Seniorenwohnungen, hoher Standard	30,00	**37,00**	43,00	8,1%
Wohnheime und Internate	29,00	**40,00**	53,00	9,2%
Hotels	–	**25,00**	–	8,0%
7 Gewerbe-, Lager- und Garagen				
Gaststätten, Kantinen und Mensen	–	**35,00**	–	3,0%
Industrielle Produktionsgebäude, Massivbauweise	15,00	**31,00**	54,00	7,7%
Industrielle Produktionsgebäude, überwiegend Skelettbauweise	19,00	**32,00**	45,00	3,5%
Betriebs- und Werkstätten, eingeschossig	19,00	**38,00**	58,00	3,5%
Betriebs- und Werkstätten, mehrgeschossig, geringer Hallenanteil	20,00	**37,00**	58,00	8,4%
Betriebs- und Werkstätten, mehrgeschossig, hoher Hallenanteil	22,00	**33,00**	43,00	11,2%
Geschäftshäuser, mit Wohnungen	5,40	**18,00**	25,00	5,1%
Geschäftshäuser, ohne Wohnungen	30,00	**38,00**	46,00	11,6%
Verbrauchermärkte	–	**36,00**	–	2,8%
Autohäuser	13,00	**21,00**	28,00	8,9%
Lagergebäude, ohne Mischnutzung	11,00	**24,00**	40,00	6,3%
Lagergebäude, mit bis zu 25% Mischnutzung	26,00	**37,00**	48,00	7,7%
Lagergebäude, mit mehr als 25% Mischnutzung	6,20	**19,00**	32,00	8,9%
Garagen und Bereitschaftsdienste				
Einzel- und Doppelgaragen	–	**–**	–	–
Mehrfachgaragen	0,10	**24,00**	49,00	2,2%
Hochgaragen	–	**1,00**	–	0,2%
Fahrradparkhäuser	1,50	**10,00**	19,00	3,6%
Carports	–	**–**	–	–
Tiefgaragen	–	**–**	–	–
Feuerwehrhäuser	32,00	**46,00**	63,00	6,7%
Öffentliche Bereitschaftsdienste	7,20	**12,00**	20,00	2,9%
8 Gebäude für kulturelle und religiöse Zwecke				
Bibliotheken, Museen und Ausstellungen	15,00	**34,00**	54,00	5,9%
Theater	–	**96,00**	–	2,2%
Gemeindezentren, einfacher Standard	27,00	**34,00**	46,00	13,6%
Gemeindezentren, mittlerer Standard	25,00	**48,00**	69,00	8,0%
Gemeindezentren, hoher Standard	44,00	**64,00**	84,00	9,7%
Gemeindezentren, Holzbauweise	38,00	**54,00**	82,00	8,7%
Friedhofsgebäude	–	**11,00**	–	0,3%

429 Sonstiges zur KG 420

Kosten:
Stand 1. Quartal 2025
Bundesdurchschnitt
inkl. 19% MwSt.

Einheit: m²
Brutto-Grundfläche (BGF)

▷ von
ø Mittel
◁ bis

Gebäudeart	▷	€/Einheit	◁	KG an 400
1 Büro- und Verwaltungsgebäude				
Büro- und Verwaltungsgebäude, einfacher Standard	4,00	**4,80**	5,50	1,5%
Büro- und Verwaltungsgebäude, mittlerer Standard	3,90	**16,00**	64,00	0,8%
Büro- und Verwaltungsgebäude, hoher Standard	6,20	**13,00**	32,00	0,7%
Büro- und Verwaltungsgebäude, Holzbauweise	–	**0,40**	–	< 0,1%
2 Gebäude für Forschung und Lehre				
Instituts- und Laborgebäude	1,40	**15,00**	42,00	0,5%
3 Gebäude des Gesundheitswesens				
Medizinische Einrichtungen	1,20	**1,90**	2,70	0,2%
Pflegeheime	1,10	**1,80**	2,50	< 0,1%
Gebäude für Erholungszwecke	14,00	**55,00**	134,00	25,9%
4 Schulen und Kindergärten				
Allgemeinbildende Schulen	–	**2,60**	–	< 0,1%
Schulen, Holzbauweise	–	**–**	–	–
Berufliche Schulen	1,40	**1,80**	2,20	0,1%
Förder- und Sonderschulen	–	**6,80**	–	0,2%
Weiterbildungseinrichtungen	0,80	**0,90**	1,00	< 0,1%
Kindergärten, nicht unterkellert, einfacher Standard	–	**7,40**	–	0,6%
Kindergärten, nicht unterkellert, mittlerer Standard	–	**3,80**	–	0,1%
Kindergärten, nicht unterkellert, hoher Standard	–	**18,00**	–	1,0%
Kindergärten, Holzbauweise, nicht unterkellert	0,80	**2,10**	4,60	0,1%
Kindergärten, unterkellert	2,70	**5,30**	9,00	0,9%
5 Sportbauten				
Sport- und Mehrzweckhallen	–	**16,00**	–	0,8%
Sporthallen (Einfeldhallen)	–	**1,30**	–	< 0,1%
Sporthallen (Dreifeldhallen)	1,00	**4,90**	8,80	0,3%
6 Wohngebäude				
Ein- und Zweifamilienhäuser				
Ein- und Zweifamilienhäuser, unterkellert, einfacher Standard	18,00	**20,00**	21,00	6,8%
Ein- und Zweifamilienhäuser, unterkellert, mittlerer Standard	13,00	**27,00**	50,00	4,2%
Ein- und Zweifamilienhäuser, unterkellert, hoher Standard	11,00	**25,00**	61,00	5,4%
Ein- und Zweifamilienhäuser, nicht unterkellert, einfacher Standard	–	**22,00**	–	6,3%
Ein- und Zweifamilienhäuser, nicht unterkellert, mittlerer Standard	7,80	**28,00**	65,00	4,5%
Ein- und Zweifamilienhäuser, nicht unterkellert, hoher Standard	19,00	**31,00**	48,00	7,0%
Ein- und Zweifamilienhäuser, Passivhausstandard, Massivbauweise	–	**14,00**	–	0,3%
Ein- und Zweifamilienhäuser, Passivhausstandard, Holzbauweise	16,00	**28,00**	54,00	2,4%
Ein- und Zweifamilienhäuser, Holzbauweise, unterkellert	10,00	**17,00**	28,00	2,1%
Ein- und Zweifamilienhäuser, Holzbauweise, nicht unterkellert	9,10	**20,00**	26,00	3,9%
Doppel- und Reihenend- / Reihenhäuser				
Doppel- und Reihenendhäuser, einfacher Standard	–	**4,20**	–	0,6%
Doppel- und Reihenendhäuser, mittlerer Standard	6,60	**15,00**	31,00	2,8%
Doppel- und Reihenendhäuser, hoher Standard	27,00	**41,00**	68,00	5,9%
Doppel- und Reihenendhäuser, Holzbauweise	11,00	**22,00**	33,00	3,1%
Reihenhäuser, einfacher Standard	–	**4,20**	–	0,9%
Reihenhäuser, mittlerer Standard	5,90	**7,50**	9,20	2,5%
Reihenhäuser, hoher Standard	6,00	**37,00**	68,00	3,6%
Mehrfamilienhäuser				
Mehrfamilienhäuser, mit bis zu 6 WE, einfacher Standard	3,60	**6,70**	9,80	3,9%
Mehrfamilienhäuser, mit bis zu 6 WE, mittlerer Standard	4,60	**8,70**	19,00	2,6%
Mehrfamilienhäuser, mit bis zu 6 WE, hoher Standard	4,10	**7,40**	11,00	1,3%

© **BKI** Baukosteninformationszentrum; Erläuterungen zu den Tabellen siehe Seite 56

Einheit: m²
Brutto-Grundfläche (BGF)

Gebäudeart	▷	€/Einheit	◁	KG an 400
Mehrfamilienhäuser (Fortsetzung)				
Mehrfamilienhäuser, mit 6 bis 19 WE, einfacher Standard	1,60	**11,00**	30,00	4,4%
Mehrfamilienhäuser, mit 6 bis 19 WE, mittlerer Standard	1,40	**4,10**	6,80	0,3%
Mehrfamilienhäuser, mit 6 bis 19 WE, hoher Standard	–	**5,70**	–	0,3%
Mehrfamilienhäuser, mit 20 oder mehr WE, einfacher Standard	2,30	**2,60**	2,80	0,6%
Mehrfamilienhäuser, mit 20 oder mehr WE, mittlerer Standard	1,90	**3,40**	4,80	0,3%
Mehrfamilienhäuser, mit 20 oder mehr WE, hoher Standard	–	**0,60**	–	< 0,1%
Mehrfamilienhäuser, Passivhäuser	0,90	**2,00**	3,80	0,2%
Mehrfamilienhäuser, Holzbauweise	3,60	**4,30**	5,10	0,8%
Wohnhäuser, mit bis zu 15% Mischnutzung, einfacher Standard	1,40	**2,30**	3,30	0,6%
Wohnhäuser, mit bis zu 15% Mischnutzung, mittlerer Standard	–	**4,10**	–	0,3%
Wohnhäuser, mit bis zu 15% Mischnutzung, hoher Standard	–	**4,60**	–	1,4%
Wohnhäuser, mit mehr als 15% Mischnutzung	–	**–**	–	–
Seniorenwohnungen und Beherbergungen				
Seniorenwohnungen, mittlerer Standard	0,20	**0,60**	1,10	< 0,1%
Seniorenwohnungen, hoher Standard	6,80	**7,80**	8,70	1,7%
Wohnheime und Internate	–	**16,00**	–	0,3%
Hotels	–	**3,70**	–	1,2%
7 Gewerbe-, Lager- und Garagen				
Gaststätten, Kantinen und Mensen	–	**4,90**	–	0,4%
Industrielle Produktionsgebäude, Massivbauweise	0,90	**4,50**	8,00	0,5%
Industrielle Produktionsgebäude, überwiegend Skelettbauweise	0,40	**1,20**	1,60	0,1%
Betriebs- und Werkstätten, eingeschossig	0,70	**1,90**	3,00	0,2%
Betriebs- und Werkstätten, mehrgeschossig, geringer Hallenanteil	1,60	**2,50**	4,30	0,4%
Betriebs- und Werkstätten, mehrgeschossig, hoher Hallenanteil	1,80	**7,90**	12,00	1,2%
Geschäftshäuser, mit Wohnungen	–	**1,60**	–	0,1%
Geschäftshäuser, ohne Wohnungen	4,70	**10,00**	16,00	3,6%
Verbrauchermärkte	–	**6,90**	–	0,5%
Autohäuser	2,10	**2,20**	2,30	1,2%
Lagergebäude, ohne Mischnutzung	0,90	**3,80**	5,90	0,7%
Lagergebäude, mit bis zu 25% Mischnutzung	1,10	**1,30**	1,50	0,3%
Lagergebäude, mit mehr als 25% Mischnutzung	–	**1,20**	–	0,2%
Garagen und Bereitschaftsdienste				
Einzel- und Doppelgaragen	–	**–**	–	–
Mehrfachgaragen	–	**7,80**	–	0,4%
Hochgaragen	–	**–**	–	–
Fahrradparkhäuser	–	**–**	–	–
Carports	–	**–**	–	–
Tiefgaragen	–	**–**	–	–
Feuerwehrhäuser	1,50	**4,30**	9,70	0,3%
Öffentliche Bereitschaftsdienste	–	**1,60**	–	< 0,1%
8 Gebäude für kulturelle und religiöse Zwecke				
Bibliotheken, Museen und Ausstellungen	6,70	**8,90**	11,00	0,6%
Theater	–	**–**	–	–
Gemeindezentren, einfacher Standard	2,10	**7,30**	13,00	1,5%
Gemeindezentren, mittlerer Standard	–	**4,00**	–	0,2%
Gemeindezentren, hoher Standard	–	**42,00**	–	1,4%
Gemeindezentren, Holzbauweise	1,60	**3,60**	5,60	0,3%
Friedhofsgebäude	–	**3,90**	–	< 0,1%

Kosten:
Stand 1.Quartal 2025
Bundesdurchschnitt
inkl. 19% MwSt.

Einheit: m²
Brutto-Grundfläche (BGF)

▷ von
ø Mittel
◁ bis

Gebäudeart	▷	€/Einheit	◁	KG an 400
1 Büro- und Verwaltungsgebäude				
Büro- und Verwaltungsgebäude, einfacher Standard	1,90	**2,00**	2,10	0,5%
Büro- und Verwaltungsgebäude, mittlerer Standard	16,00	**74,00**	163,00	7,9%
Büro- und Verwaltungsgebäude, hoher Standard	22,00	**86,00**	161,00	7,1%
Büro- und Verwaltungsgebäude, Holzbauweise	5,70	**68,00**	141,00	13,0%
2 Gebäude für Forschung und Lehre				
Instituts- und Laborgebäude	151,00	**302,00**	389,00	20,3%
3 Gebäude des Gesundheitswesens				
Medizinische Einrichtungen	–	**12,00**	–	0,7%
Pflegeheime	60,00	**121,00**	170,00	11,0%
Gebäude für Erholungszwecke	20,00	**73,00**	169,00	3,3%
4 Schulen und Kindergärten				
Allgemeinbildende Schulen	23,00	**93,00**	182,00	11,8%
Schulen, Holzbauweise	11,00	**77,00**	152,00	10,3%
Berufliche Schulen	51,00	**71,00**	90,00	4,8%
Förder- und Sonderschulen	16,00	**25,00**	38,00	4,3%
Weiterbildungseinrichtungen	75,00	**96,00**	117,00	9,6%
Kindergärten, nicht unterkellert, einfacher Standard	14,00	**49,00**	69,00	10,5%
Kindergärten, nicht unterkellert, mittlerer Standard	17,00	**86,00**	204,00	8,8%
Kindergärten, nicht unterkellert, hoher Standard	24,00	**82,00**	131,00	16,2%
Kindergärten, Holzbauweise, nicht unterkellert	34,00	**79,00**	137,00	8,8%
Kindergärten, unterkellert	4,70	**77,00**	149,00	13,1%
5 Sportbauten				
Sport- und Mehrzweckhallen	15,00	**82,00**	115,00	13,4%
Sporthallen (Einfeldhallen)	10,00	**46,00**	85,00	7,9%
Sporthallen (Dreifeldhallen)	27,00	**59,00**	91,00	4,2%
6 Wohngebäude				
Ein- und Zweifamilienhäuser				
Ein- und Zweifamilienhäuser, unterkellert, einfacher Standard	–	**–**	–	–
Ein- und Zweifamilienhäuser, unterkellert, mittlerer Standard	2,20	**36,00**	48,00	3,6%
Ein- und Zweifamilienhäuser, unterkellert, hoher Standard	2,20	**33,00**	56,00	3,8%
Ein- und Zweifamilienhäuser, nicht unterkellert, einfacher Standard	–	**34,00**	–	6,0%
Ein- und Zweifamilienhäuser, nicht unterkellert, mittlerer Standard	4,70	**33,00**	59,00	4,4%
Ein- und Zweifamilienhäuser, nicht unterkellert, hoher Standard	2,40	**16,00**	29,00	0,6%
Ein- und Zweifamilienhäuser, Passivhausstandard, Massivbauweise	53,00	**100,00**	170,00	18,8%
Ein- und Zweifamilienhäuser, Passivhausstandard, Holzbauweise	78,00	**128,00**	206,00	23,9%
Ein- und Zweifamilienhäuser, Holzbauweise, unterkellert	24,00	**43,00**	71,00	6,1%
Ein- und Zweifamilienhäuser, Holzbauweise, nicht unterkellert	37,00	**47,00**	61,00	9,9%
Doppel- und Reihenend- / Reihenhäuser				
Doppel- und Reihenendhäuser, einfacher Standard	–	**–**	–	–
Doppel- und Reihenendhäuser, mittlerer Standard	14,00	**46,00**	58,00	12,2%
Doppel- und Reihenendhäuser, hoher Standard	4,90	**21,00**	41,00	4,4%
Doppel- und Reihenendhäuser, Holzbauweise	14,00	**22,00**	37,00	4,5%
Reihenhäuser, einfacher Standard	–	**6,90**	–	1,5%
Reihenhäuser, mittlerer Standard	6,50	**39,00**	71,00	11,2%
Reihenhäuser, hoher Standard	48,00	**63,00**	76,00	15,2%
Mehrfamilienhäuser				
Mehrfamilienhäuser, mit bis zu 6 WE, einfacher Standard	–	**1,90**	–	0,4%
Mehrfamilienhäuser, mit bis zu 6 WE, mittlerer Standard	5,60	**15,00**	44,00	3,7%
Mehrfamilienhäuser, mit bis zu 6 WE, hoher Standard	6,00	**27,00**	58,00	5,9%

© **BKI** Baukosteninformationszentrum; Erläuterungen zu den Tabellen siehe Seite 56

Einheit: m²
Brutto-Grundfläche (BGF)

Gebäudeart	▷	€/Einheit	◁	KG an 400
Mehrfamilienhäuser (Fortsetzung)				
Mehrfamilienhäuser, mit 6 bis 19 WE, einfacher Standard	5,10	**21,00**	37,00	4,9%
Mehrfamilienhäuser, mit 6 bis 19 WE, mittlerer Standard	8,10	**29,00**	73,00	9,4%
Mehrfamilienhäuser, mit 6 bis 19 WE, hoher Standard	7,70	**14,00**	28,00	4,7%
Mehrfamilienhäuser, mit 20 oder mehr WE, einfacher Standard	7,40	**7,50**	7,60	1,8%
Mehrfamilienhäuser, mit 20 oder mehr WE, mittlerer Standard	7,70	**21,00**	46,00	5,2%
Mehrfamilienhäuser, mit 20 oder mehr WE, hoher Standard	21,00	**43,00**	87,00	12,1%
Mehrfamilienhäuser, Passivhäuser	42,00	**72,00**	98,00	20,1%
Mehrfamilienhäuser, Holzbauweise	11,00	**42,00**	92,00	9,2%
Wohnhäuser, mit bis zu 15% Mischnutzung, einfacher Standard	0,90	**5,20**	14,00	1,8%
Wohnhäuser, mit bis zu 15% Mischnutzung, mittlerer Standard	22,00	**29,00**	37,00	5,5%
Wohnhäuser, mit bis zu 15% Mischnutzung, hoher Standard	–	**27,00**	–	7,9%
Wohnhäuser, mit mehr als 15% Mischnutzung	–	**5,70**	–	0,6%
Seniorenwohnungen und Beherbergungen				
Seniorenwohnungen, mittlerer Standard	12,00	**14,00**	16,00	3,4%
Seniorenwohnungen, hoher Standard	–	**4,60**	–	0,4%
Wohnheime und Internate	15,00	**52,00**	102,00	7,8%
Hotels	–	**–**	–	–
7 Gewerbe-, Lager- und Garagen				
Gaststätten, Kantinen und Mensen	–	**303,00**	–	26,1%
Industrielle Produktionsgebäude, Massivbauweise	15,00	**23,00**	31,00	1,7%
Industrielle Produktionsgebäude, überwiegend Skelettbauweise	7,20	**24,00**	38,00	3,1%
Betriebs- und Werkstätten, eingeschossig	–	**191,00**	–	7,0%
Betriebs- und Werkstätten, mehrgeschossig, geringer Hallenanteil	8,40	**41,00**	173,00	5,6%
Betriebs- und Werkstätten, mehrgeschossig, hoher Hallenanteil	2,80	**44,00**	84,00	3,3%
Geschäftshäuser, mit Wohnungen	3,20	**11,00**	28,00	2,4%
Geschäftshäuser, ohne Wohnungen	3,70	**4,20**	4,70	1,4%
Verbrauchermärkte	–	**106,00**	–	8,4%
Autohäuser	0,90	**3,30**	5,70	1,0%
Lagergebäude, ohne Mischnutzung	3,90	**75,00**	145,00	2,7%
Lagergebäude, mit bis zu 25% Mischnutzung	–	**39,00**	–	2,5%
Lagergebäude, mit mehr als 25% Mischnutzung	–	**2,60**	–	0,6%
Garagen und Bereitschaftsdienste				
Einzel- und Doppelgaragen	–	**–**	–	–
Mehrfachgaragen	–	**–**	–	–
Hochgaragen	–	**4,10**	–	0,8%
Fahrradparkhäuser	0,20	**30,00**	59,00	8,4%
Carports	–	**–**	–	–
Tiefgaragen	8,20	**14,00**	25,00	8,5%
Feuerwehrhäuser	23,00	**43,00**	72,00	7,5%
Öffentliche Bereitschaftsdienste	–	**39,00**	–	1,5%
8 Gebäude für kulturelle und religiöse Zwecke				
Bibliotheken, Museen und Ausstellungen	6,10	**32,00**	58,00	2,8%
Theater	–	**381,00**	–	8,7%
Gemeindezentren, einfacher Standard	1,50	**11,00**	20,00	2,2%
Gemeindezentren, mittlerer Standard	75,00	**117,00**	140,00	8,8%
Gemeindezentren, hoher Standard	9,10	**25,00**	41,00	3,8%
Gemeindezentren, Holzbauweise	8,30	**89,00**	170,00	8,2%
Friedhofsgebäude	7,60	**72,00**	137,00	4,2%

432
Teilklimaanlagen

Kosten:
Stand 1. Quartal 2025
Bundesdurchschnitt
inkl. 19% MwSt.

Einheit: m²
Brutto-Grundfläche (BGF)

▷ von
ø Mittel
◁ bis

Gebäudeart	▷	€/Einheit	◁	KG an 400
1 Büro- und Verwaltungsgebäude				
Büro- und Verwaltungsgebäude, einfacher Standard	–	**–**	–	–
Büro- und Verwaltungsgebäude, mittlerer Standard	4,60	**17,00**	26,00	0,6%
Büro- und Verwaltungsgebäude, hoher Standard	34,00	**68,00**	108,00	2,2%
Büro- und Verwaltungsgebäude, Holzbauweise	–	**135,00**	–	3,3%
2 Gebäude für Forschung und Lehre				
Instituts- und Laborgebäude	–	**–**	–	–
3 Gebäude des Gesundheitswesens				
Medizinische Einrichtungen	1,10	**108,00**	162,00	13,5%
Pflegeheime	1,40	**58,00**	114,00	2,1%
Gebäude für Erholungszwecke	–	**–**	–	–
4 Schulen und Kindergärten				
Allgemeinbildende Schulen	–	**5,30**	–	< 0,1%
Schulen, Holzbauweise	–	**–**	–	–
Berufliche Schulen	–	**–**	–	–
Förder- und Sonderschulen	–	**1,70**	–	< 0,1%
Weiterbildungseinrichtungen	–	**–**	–	–
Kindergärten, nicht unterkellert, einfacher Standard	–	**–**	–	–
Kindergärten, nicht unterkellert, mittlerer Standard	–	**–**	–	–
Kindergärten, nicht unterkellert, hoher Standard	–	**–**	–	–
Kindergärten, Holzbauweise, nicht unterkellert	–	**–**	–	–
Kindergärten, unterkellert	–	**–**	–	–
5 Sportbauten				
Sport- und Mehrzweckhallen	–	**–**	–	–
Sporthallen (Einfeldhallen)	–	**–**	–	–
Sporthallen (Dreifeldhallen)	–	**126,00**	–	4,2%
6 Wohngebäude				
Ein- und Zweifamilienhäuser				
Ein- und Zweifamilienhäuser, unterkellert, einfacher Standard	–	**–**	–	–
Ein- und Zweifamilienhäuser, unterkellert, mittlerer Standard	–	**–**	–	–
Ein- und Zweifamilienhäuser, unterkellert, hoher Standard	–	**–**	–	–
Ein- und Zweifamilienhäuser, nicht unterkellert, einfacher Standard	–	**–**	–	–
Ein- und Zweifamilienhäuser, nicht unterkellert, mittlerer Standard	–	**–**	–	–
Ein- und Zweifamilienhäuser, nicht unterkellert, hoher Standard	–	**–**	–	–
Ein- und Zweifamilienhäuser, Passivhausstandard, Massivbauweise	–	**–**	–	–
Ein- und Zweifamilienhäuser, Passivhausstandard, Holzbauweise	–	**–**	–	–
Ein- und Zweifamilienhäuser, Holzbauweise, unterkellert	–	**–**	–	–
Ein- und Zweifamilienhäuser, Holzbauweise, nicht unterkellert	–	**–**	–	–
Doppel- und Reihenend- / Reihenhäuser				
Doppel- und Reihenendhäuser, einfacher Standard	–	**–**	–	–
Doppel- und Reihenendhäuser, mittlerer Standard	–	**–**	–	–
Doppel- und Reihenendhäuser, hoher Standard	–	**–**	–	–
Doppel- und Reihenendhäuser, Holzbauweise	–	**–**	–	–
Reihenhäuser, einfacher Standard	–	**–**	–	–
Reihenhäuser, mittlerer Standard	–	**–**	–	–
Reihenhäuser, hoher Standard	–	**–**	–	–
Mehrfamilienhäuser				
Mehrfamilienhäuser, mit bis zu 6 WE, einfacher Standard	–	**–**	–	–
Mehrfamilienhäuser, mit bis zu 6 WE, mittlerer Standard	–	**–**	–	–
Mehrfamilienhäuser, mit bis zu 6 WE, hoher Standard	–	**–**	–	–

© **BKI** Baukosteninformationszentrum; Erläuterungen zu den Tabellen siehe Seite 56

Gebäudeart	▷	€/Einheit	◁	KG an 400
Mehrfamilienhäuser (Fortsetzung)				
Mehrfamilienhäuser, mit 6 bis 19 WE, einfacher Standard	–	**3,80**	–	0,4%
Mehrfamilienhäuser, mit 6 bis 19 WE, mittlerer Standard	–	**–**	–	–
Mehrfamilienhäuser, mit 6 bis 19 WE, hoher Standard	–	**–**	–	–
Mehrfamilienhäuser, mit 20 oder mehr WE, einfacher Standard	–	**–**	–	–
Mehrfamilienhäuser, mit 20 oder mehr WE, mittlerer Standard	–	**–**	–	–
Mehrfamilienhäuser, mit 20 oder mehr WE, hoher Standard	–	**–**	–	–
Mehrfamilienhäuser, Passivhäuser	–	**–**	–	–
Mehrfamilienhäuser, Holzbauweise	–	**–**	–	–
Wohnhäuser, mit bis zu 15% Mischnutzung, einfacher Standard	–	**–**	–	–
Wohnhäuser, mit bis zu 15% Mischnutzung, mittlerer Standard	–	**–**	–	–
Wohnhäuser, mit bis zu 15% Mischnutzung, hoher Standard	–	**–**	–	–
Wohnhäuser, mit mehr als 15% Mischnutzung	–	**–**	–	–
Seniorenwohnungen und Beherbergungen				
Seniorenwohnungen, mittlerer Standard	–	**–**	–	–
Seniorenwohnungen, hoher Standard	–	**–**	–	–
Wohnheime und Internate	–	**–**	–	–
Hotels	–	**–**	–	–
7 Gewerbe-, Lager- und Garagen				
Gaststätten, Kantinen und Mensen	–	**–**	–	–
Industrielle Produktionsgebäude, Massivbauweise	–	**64,00**	–	4,5%
Industrielle Produktionsgebäude, überwiegend Skelettbauweise	40,00	**73,00**	106,00	2,5%
Betriebs- und Werkstätten, eingeschossig	–	**–**	–	–
Betriebs- und Werkstätten, mehrgeschossig, geringer Hallenanteil	4,80	**137,00**	403,00	3,9%
Betriebs- und Werkstätten, mehrgeschossig, hoher Hallenanteil	–	**–**	–	–
Geschäftshäuser, mit Wohnungen	–	**83,00**	–	5,2%
Geschäftshäuser, ohne Wohnungen	–	**–**	–	–
Verbrauchermärkte	–	**–**	–	–
Autohäuser	–	**–**	–	–
Lagergebäude, ohne Mischnutzung	–	**–**	–	–
Lagergebäude, mit bis zu 25% Mischnutzung	–	**–**	–	–
Lagergebäude, mit mehr als 25% Mischnutzung	–	**–**	–	–
Garagen und Bereitschaftsdienste				
Einzel- und Doppelgaragen	–	**–**	–	–
Mehrfachgaragen	–	**–**	–	–
Hochgaragen	–	**–**	–	–
Fahrradparkhäuser	–	**–**	–	–
Carports	–	**–**	–	–
Tiefgaragen	–	**–**	–	–
Feuerwehrhäuser	–	**5,00**	–	0,2%
Öffentliche Bereitschaftsdienste	–	**2,50**	–	< 0,1%
8 Gebäude für kulturelle und religiöse Zwecke				
Bibliotheken, Museen und Ausstellungen	–	**25,00**	–	0,5%
Theater	–	**–**	–	–
Gemeindezentren, einfacher Standard	–	**–**	–	–
Gemeindezentren, mittlerer Standard	–	**13,00**	–	0,4%
Gemeindezentren, hoher Standard	–	**–**	–	–
Gemeindezentren, Holzbauweise	–	**–**	–	–
Friedhofsgebäude	–	**–**	–	–

Einheit: m²
Brutto-Grundfläche (BGF)

Kosten:
Stand 1. Quartal 2025
Bundesdurchschnitt
inkl. 19% MwSt.

Einheit: m²
Brutto-Grundfläche (BGF)

▷ von
ø Mittel
◁ bis

Gebäudeart	▷	€/Einheit	◁	KG an 400
1 Büro- und Verwaltungsgebäude				
Büro- und Verwaltungsgebäude, einfacher Standard	–	**–**	–	–
Büro- und Verwaltungsgebäude, mittlerer Standard	11,00	**59,00**	119,00	1,7%
Büro- und Verwaltungsgebäude, hoher Standard	54,00	**109,00**	170,00	4,1%
Büro- und Verwaltungsgebäude, Holzbauweise	–	**–**	–	–
2 Gebäude für Forschung und Lehre				
Instituts- und Laborgebäude	–	**548,00**	–	5,7%
3 Gebäude des Gesundheitswesens				
Medizinische Einrichtungen	–	**–**	–	–
Pflegeheime	–	**–**	–	–
Gebäude für Erholungszwecke	–	**–**	–	–
4 Schulen und Kindergärten				
Allgemeinbildende Schulen	–	**–**	–	–
Schulen, Holzbauweise	–	**–**	–	–
Berufliche Schulen	–	**–**	–	–
Förder- und Sonderschulen	–	**–**	–	–
Weiterbildungseinrichtungen	–	**–**	–	–
Kindergärten, nicht unterkellert, einfacher Standard	–	**–**	–	–
Kindergärten, nicht unterkellert, mittlerer Standard	–	**–**	–	–
Kindergärten, nicht unterkellert, hoher Standard	–	**–**	–	–
Kindergärten, Holzbauweise, nicht unterkellert	–	**–**	–	–
Kindergärten, unterkellert	–	**–**	–	–
5 Sportbauten				
Sport- und Mehrzweckhallen	–	**–**	–	–
Sporthallen (Einfeldhallen)	–	**–**	–	–
Sporthallen (Dreifeldhallen)	–	**–**	–	–
6 Wohngebäude				
Ein- und Zweifamilienhäuser				
Ein- und Zweifamilienhäuser, unterkellert, einfacher Standard	–	**–**	–	–
Ein- und Zweifamilienhäuser, unterkellert, mittlerer Standard	–	**–**	–	–
Ein- und Zweifamilienhäuser, unterkellert, hoher Standard	–	**102,00**	–	1,2%
Ein- und Zweifamilienhäuser, nicht unterkellert, einfacher Standard	–	**–**	–	–
Ein- und Zweifamilienhäuser, nicht unterkellert, mittlerer Standard	–	**–**	–	–
Ein- und Zweifamilienhäuser, nicht unterkellert, hoher Standard	–	**–**	–	–
Ein- und Zweifamilienhäuser, Passivhausstandard, Massivbauweise	–	**–**	–	–
Ein- und Zweifamilienhäuser, Passivhausstandard, Holzbauweise	–	**–**	–	–
Ein- und Zweifamilienhäuser, Holzbauweise, unterkellert	–	**–**	–	–
Ein- und Zweifamilienhäuser, Holzbauweise, nicht unterkellert	–	**–**	–	–
Doppel- und Reihenend- / Reihenhäuser				
Doppel- und Reihenendhäuser, einfacher Standard	–	**–**	–	–
Doppel- und Reihenendhäuser, mittlerer Standard	–	**–**	–	–
Doppel- und Reihenendhäuser, hoher Standard	–	**–**	–	–
Doppel- und Reihenendhäuser, Holzbauweise	–	**–**	–	–
Reihenhäuser, einfacher Standard	–	**14,00**	–	2,3%
Reihenhäuser, mittlerer Standard	–	**–**	–	–
Reihenhäuser, hoher Standard	–	**–**	–	–
Mehrfamilienhäuser				
Mehrfamilienhäuser, mit bis zu 6 WE, einfacher Standard	–	**–**	–	–
Mehrfamilienhäuser, mit bis zu 6 WE, mittlerer Standard	–	**–**	–	–
Mehrfamilienhäuser, mit bis zu 6 WE, hoher Standard	–	**–**	–	–

© **BKI** Baukosteninformationszentrum; Erläuterungen zu den Tabellen siehe Seite 56

Einheit: m²
Brutto-Grundfläche (BGF)

Gebäudeart	▷	€/Einheit	◁	KG an 400
Mehrfamilienhäuser (Fortsetzung)				
Mehrfamilienhäuser, mit 6 bis 19 WE, einfacher Standard	–	**–**	–	–
Mehrfamilienhäuser, mit 6 bis 19 WE, mittlerer Standard	–	**–**	–	–
Mehrfamilienhäuser, mit 6 bis 19 WE, hoher Standard	–	**–**	–	–
Mehrfamilienhäuser, mit 20 oder mehr WE, einfacher Standard	–	**–**	–	–
Mehrfamilienhäuser, mit 20 oder mehr WE, mittlerer Standard	–	**–**	–	–
Mehrfamilienhäuser, mit 20 oder mehr WE, hoher Standard	–	**–**	–	–
Mehrfamilienhäuser, Passivhäuser	–	**–**	–	–
Mehrfamilienhäuser, Holzbauweise	–	**–**	–	–
Wohnhäuser, mit bis zu 15% Mischnutzung, einfacher Standard	–	**–**	–	–
Wohnhäuser, mit bis zu 15% Mischnutzung, mittlerer Standard	–	**–**	–	–
Wohnhäuser, mit bis zu 15% Mischnutzung, hoher Standard	–	**–**	–	–
Wohnhäuser, mit mehr als 15% Mischnutzung	–	**–**	–	–
Seniorenwohnungen und Beherbergungen				
Seniorenwohnungen, mittlerer Standard	–	**–**	–	–
Seniorenwohnungen, hoher Standard	–	**–**	–	–
Wohnheime und Internate	–	**2,90**	–	< 0,1%
Hotels	–	**–**	–	–
7 Gewerbe-, Lager- und Garagen				
Gaststätten, Kantinen und Mensen	–	**–**	–	–
Industrielle Produktionsgebäude, Massivbauweise	–	**–**	–	–
Industrielle Produktionsgebäude, überwiegend Skelettbauweise	13,00	**79,00**	210,00	4,0%
Betriebs- und Werkstätten, eingeschossig	–	**–**	–	–
Betriebs- und Werkstätten, mehrgeschossig, geringer Hallenanteil	–	**289,00**	–	6,1%
Betriebs- und Werkstätten, mehrgeschossig, hoher Hallenanteil	–	**4,10**	–	< 0,1%
Geschäftshäuser, mit Wohnungen	–	**–**	–	–
Geschäftshäuser, ohne Wohnungen	–	**–**	–	–
Verbrauchermärkte	–	**–**	–	–
Autohäuser	–	**–**	–	–
Lagergebäude, ohne Mischnutzung	–	**–**	–	–
Lagergebäude, mit bis zu 25% Mischnutzung	–	**–**	–	–
Lagergebäude, mit mehr als 25% Mischnutzung	–	**–**	–	–
Garagen und Bereitschaftsdienste				
Einzel- und Doppelgaragen	–	**–**	–	–
Mehrfachgaragen	–	**–**	–	–
Hochgaragen	–	**–**	–	–
Fahrradparkhäuser	–	**–**	–	–
Carports	–	**–**	–	–
Tiefgaragen	–	**–**	–	–
Feuerwehrhäuser	–	**–**	–	–
Öffentliche Bereitschaftsdienste	–	**–**	–	–
8 Gebäude für kulturelle und religiöse Zwecke				
Bibliotheken, Museen und Ausstellungen	65,00	**104,00**	143,00	3,4%
Theater	–	**–**	–	–
Gemeindezentren, einfacher Standard	–	**–**	–	–
Gemeindezentren, mittlerer Standard	–	**–**	–	–
Gemeindezentren, hoher Standard	–	**–**	–	–
Gemeindezentren, Holzbauweise	–	**–**	–	–
Friedhofsgebäude	–	**–**	–	–

Kosten:
Stand 1. Quartal 2025
Bundesdurchschnitt
inkl. 19% MwSt.

Einheit: m²
Brutto-Grundfläche (BGF)

▷ von
ø Mittel
◁ bis

Gebäudeart	▷	€/Einheit	◁	KG an 400
1 Büro- und Verwaltungsgebäude				
Büro- und Verwaltungsgebäude, einfacher Standard	–	**–**	–	–
Büro- und Verwaltungsgebäude, mittlerer Standard	26,00	**61,00**	148,00	1,7%
Büro- und Verwaltungsgebäude, hoher Standard	33,00	**72,00**	102,00	2,1%
Büro- und Verwaltungsgebäude, Holzbauweise	–	**36,00**	–	0,9%
2 Gebäude für Forschung und Lehre				
Instituts- und Laborgebäude	192,00	**347,00**	651,00	13,3%
3 Gebäude des Gesundheitswesens				
Medizinische Einrichtungen	–	**65,00**	–	2,0%
Pflegeheime	–	**20,00**	–	0,5%
Gebäude für Erholungszwecke	–	**57,00**	–	0,6%
4 Schulen und Kindergärten				
Allgemeinbildende Schulen	–	**–**	–	–
Schulen, Holzbauweise	–	**1,70**	–	< 0,1%
Berufliche Schulen	–	**–**	–	–
Förder- und Sonderschulen	–	**–**	–	–
Weiterbildungseinrichtungen	–	**–**	–	–
Kindergärten, nicht unterkellert, einfacher Standard	–	**–**	–	–
Kindergärten, nicht unterkellert, mittlerer Standard	–	**–**	–	–
Kindergärten, nicht unterkellert, hoher Standard	–	**–**	–	–
Kindergärten, Holzbauweise, nicht unterkellert	–	**–**	–	–
Kindergärten, unterkellert	–	**–**	–	–
5 Sportbauten				
Sport- und Mehrzweckhallen	–	**–**	–	–
Sporthallen (Einfeldhallen)	–	**–**	–	–
Sporthallen (Dreifeldhallen)	–	**–**	–	–
6 Wohngebäude				
Ein- und Zweifamilienhäuser				
Ein- und Zweifamilienhäuser, unterkellert, einfacher Standard	–	**–**	–	–
Ein- und Zweifamilienhäuser, unterkellert, mittlerer Standard	–	**–**	–	–
Ein- und Zweifamilienhäuser, unterkellert, hoher Standard	–	**–**	–	–
Ein- und Zweifamilienhäuser, nicht unterkellert, einfacher Standard	–	**–**	–	–
Ein- und Zweifamilienhäuser, nicht unterkellert, mittlerer Standard	–	**–**	–	–
Ein- und Zweifamilienhäuser, nicht unterkellert, hoher Standard	–	**–**	–	–
Ein- und Zweifamilienhäuser, Passivhausstandard, Massivbauweise	–	**56,00**	–	1,1%
Ein- und Zweifamilienhäuser, Passivhausstandard, Holzbauweise	–	**–**	–	–
Ein- und Zweifamilienhäuser, Holzbauweise, unterkellert	–	**–**	–	–
Ein- und Zweifamilienhäuser, Holzbauweise, nicht unterkellert	–	**–**	–	–
Doppel- und Reihenend- / Reihenhäuser				
Doppel- und Reihenendhäuser, einfacher Standard	–	**–**	–	–
Doppel- und Reihenendhäuser, mittlerer Standard	–	**–**	–	–
Doppel- und Reihenendhäuser, hoher Standard	–	**–**	–	–
Doppel- und Reihenendhäuser, Holzbauweise	–	**–**	–	–
Reihenhäuser, einfacher Standard	–	**–**	–	–
Reihenhäuser, mittlerer Standard	–	**–**	–	–
Reihenhäuser, hoher Standard	–	**–**	–	–
Mehrfamilienhäuser				
Mehrfamilienhäuser, mit bis zu 6 WE, einfacher Standard	–	**–**	–	–
Mehrfamilienhäuser, mit bis zu 6 WE, mittlerer Standard	–	**–**	–	–
Mehrfamilienhäuser, mit bis zu 6 WE, hoher Standard	–	**–**	–	–

© **BKI** Baukosteninformationszentrum; Erläuterungen zu den Tabellen siehe Seite 56

Gebäudeart	▷	€/Einheit	◁	KG an 400
Mehrfamilienhäuser (Fortsetzung)				
Mehrfamilienhäuser, mit 6 bis 19 WE, einfacher Standard	–	**–**	–	–
Mehrfamilienhäuser, mit 6 bis 19 WE, mittlerer Standard	–	**–**	–	–
Mehrfamilienhäuser, mit 6 bis 19 WE, hoher Standard	–	**–**	–	–
Mehrfamilienhäuser, mit 20 oder mehr WE, einfacher Standard	–	**–**	–	–
Mehrfamilienhäuser, mit 20 oder mehr WE, mittlerer Standard	–	**12,00**	–	0,7%
Mehrfamilienhäuser, mit 20 oder mehr WE, hoher Standard	–	**–**	–	–
Mehrfamilienhäuser, Passivhäuser	–	**–**	–	–
Mehrfamilienhäuser, Holzbauweise	–	**–**	–	–
Wohnhäuser, mit bis zu 15% Mischnutzung, einfacher Standard	–	**–**	–	–
Wohnhäuser, mit bis zu 15% Mischnutzung, mittlerer Standard	–	**–**	–	–
Wohnhäuser, mit bis zu 15% Mischnutzung, hoher Standard	–	**–**	–	–
Wohnhäuser, mit mehr als 15% Mischnutzung	–	**–**	–	–
Seniorenwohnungen und Beherbergungen				
Seniorenwohnungen, mittlerer Standard	–	**–**	–	–
Seniorenwohnungen, hoher Standard	–	**–**	–	–
Wohnheime und Internate	–	**–**	–	–
Hotels	–	**–**	–	–
7 Gewerbe-, Lager- und Garagen				
Gaststätten, Kantinen und Mensen	–	**–**	–	–
Industrielle Produktionsgebäude, Massivbauweise	–	**–**	–	–
Industrielle Produktionsgebäude, überwiegend Skelettbauweise	108,00	**170,00**	279,00	7,8%
Betriebs- und Werkstätten, eingeschossig	–	**73,00**	–	2,7%
Betriebs- und Werkstätten, mehrgeschossig, geringer Hallenanteil	–	**141,00**	–	1,2%
Betriebs- und Werkstätten, mehrgeschossig, hoher Hallenanteil	–	**–**	–	–
Geschäftshäuser, mit Wohnungen	–	**33,00**	–	2,1%
Geschäftshäuser, ohne Wohnungen	–	**0,40**	–	< 0,1%
Verbrauchermärkte	–	**–**	–	–
Autohäuser	–	**–**	–	–
Lagergebäude, ohne Mischnutzung	–	**36,00**	–	0,5%
Lagergebäude, mit bis zu 25% Mischnutzung	–	**28,00**	–	1,8%
Lagergebäude, mit mehr als 25% Mischnutzung	–	**–**	–	–
Garagen und Bereitschaftsdienste				
Einzel- und Doppelgaragen	–	**–**	–	–
Mehrfachgaragen	–	**–**	–	–
Hochgaragen	–	**–**	–	–
Fahrradparkhäuser	–	**–**	–	–
Carports	–	**–**	–	–
Tiefgaragen	–	**–**	–	–
Feuerwehrhäuser	–	**18,00**	–	0,4%
Öffentliche Bereitschaftsdienste	–	**41,00**	–	3,9%
8 Gebäude für kulturelle und religiöse Zwecke				
Bibliotheken, Museen und Ausstellungen	36,00	**42,00**	46,00	2,3%
Theater	–	**–**	–	–
Gemeindezentren, einfacher Standard	–	**–**	–	–
Gemeindezentren, mittlerer Standard	–	**–**	–	–
Gemeindezentren, hoher Standard	–	**–**	–	–
Gemeindezentren, Holzbauweise	–	**–**	–	–
Friedhofsgebäude	–	**267,00**	–	28,0%

Einheit: m²
Brutto-Grundfläche (BGF)

442 Eigenstromversorgungsanlagen

Kosten:
Stand 1. Quartal 2025
Bundesdurchschnitt
inkl. 19% MwSt.

Einheit: m²
Brutto-Grundfläche (BGF)

▷ von
ø Mittel
◁ bis

Gebäudeart	▷	€/Einheit	◁	KG an 400
1 Büro- und Verwaltungsgebäude				
Büro- und Verwaltungsgebäude, einfacher Standard	–	**–**	–	–
Büro- und Verwaltungsgebäude, mittlerer Standard	9,70	**53,00**	186,00	3,1%
Büro- und Verwaltungsgebäude, hoher Standard	18,00	**49,00**	118,00	3,4%
Büro- und Verwaltungsgebäude, Holzbauweise	56,00	**91,00**	160,00	11,6%
2 Gebäude für Forschung und Lehre				
Instituts- und Laborgebäude	–	**8,10**	–	0,2%
3 Gebäude des Gesundheitswesens				
Medizinische Einrichtungen	19,00	**32,00**	44,00	3,0%
Pflegeheime	4,90	**9,60**	14,00	0,8%
Gebäude für Erholungszwecke	–	**–**	–	–
4 Schulen und Kindergärten				
Allgemeinbildende Schulen	7,30	**15,00**	53,00	2,0%
Schulen, Holzbauweise	15,00	**25,00**	35,00	1,0%
Berufliche Schulen	–	**9,10**	–	0,3%
Förder- und Sonderschulen	8,50	**23,00**	61,00	3,4%
Weiterbildungseinrichtungen	–	**9,60**	–	0,4%
Kindergärten, nicht unterkellert, einfacher Standard	–	**–**	–	–
Kindergärten, nicht unterkellert, mittlerer Standard	6,20	**9,20**	12,00	0,5%
Kindergärten, nicht unterkellert, hoher Standard	–	**–**	–	–
Kindergärten, Holzbauweise, nicht unterkellert	24,00	**42,00**	52,00	1,4%
Kindergärten, unterkellert	–	**–**	–	–
5 Sportbauten				
Sport- und Mehrzweckhallen	15,00	**24,00**	34,00	2,3%
Sporthallen (Einfeldhallen)	12,00	**14,00**	17,00	1,5%
Sporthallen (Dreifeldhallen)	6,60	**17,00**	26,00	1,0%
6 Wohngebäude				
Ein- und Zweifamilienhäuser				
Ein- und Zweifamilienhäuser, unterkellert, einfacher Standard	–	**–**	–	–
Ein- und Zweifamilienhäuser, unterkellert, mittlerer Standard	71,00	**101,00**	119,00	4,6%
Ein- und Zweifamilienhäuser, unterkellert, hoher Standard	–	**–**	–	–
Ein- und Zweifamilienhäuser, nicht unterkellert, einfacher Standard	–	**–**	–	–
Ein- und Zweifamilienhäuser, nicht unterkellert, mittlerer Standard	–	**62,00**	–	0,7%
Ein- und Zweifamilienhäuser, nicht unterkellert, hoher Standard	–	**–**	–	–
Ein- und Zweifamilienhäuser, Passivhausstandard, Massivbauweise	74,00	**176,00**	279,00	4,9%
Ein- und Zweifamilienhäuser, Passivhausstandard, Holzbauweise	59,00	**125,00**	159,00	4,5%
Ein- und Zweifamilienhäuser, Holzbauweise, unterkellert	–	**–**	–	–
Ein- und Zweifamilienhäuser, Holzbauweise, nicht unterkellert	–	**156,00**	–	3,2%
Doppel- und Reihenend- / Reihenhäuser				
Doppel- und Reihenendhäuser, einfacher Standard	–	**–**	–	–
Doppel- und Reihenendhäuser, mittlerer Standard	–	**–**	–	–
Doppel- und Reihenendhäuser, hoher Standard	–	**–**	–	–
Doppel- und Reihenendhäuser, Holzbauweise	–	**85,00**	–	5,4%
Reihenhäuser, einfacher Standard	–	**–**	–	–
Reihenhäuser, mittlerer Standard	–	**–**	–	–
Reihenhäuser, hoher Standard	–	**–**	–	–
Mehrfamilienhäuser				
Mehrfamilienhäuser, mit bis zu 6 WE, einfacher Standard	–	**–**	–	–
Mehrfamilienhäuser, mit bis zu 6 WE, mittlerer Standard	–	**103,00**	–	6,2%
Mehrfamilienhäuser, mit bis zu 6 WE, hoher Standard	–	**–**	–	–

© **BKI** Baukosteninformationszentrum; Erläuterungen zu den Tabellen siehe Seite 56

Gebäudeart	▷	€/Einheit	◁	KG an 400
Mehrfamilienhäuser (Fortsetzung)				
Mehrfamilienhäuser, mit 6 bis 19 WE, einfacher Standard	–	**–**	–	–
Mehrfamilienhäuser, mit 6 bis 19 WE, mittlerer Standard	–	**–**	–	–
Mehrfamilienhäuser, mit 6 bis 19 WE, hoher Standard	–	**–**	–	–
Mehrfamilienhäuser, mit 20 oder mehr WE, einfacher Standard	–	**–**	–	–
Mehrfamilienhäuser, mit 20 oder mehr WE, mittlerer Standard	–	**4,70**	–	0,3%
Mehrfamilienhäuser, mit 20 oder mehr WE, hoher Standard	–	**–**	–	–
Mehrfamilienhäuser, Passivhäuser	–	**–**	–	–
Mehrfamilienhäuser, Holzbauweise	37,00	**66,00**	119,00	7,8%
Wohnhäuser, mit bis zu 15% Mischnutzung, einfacher Standard	–	**–**	–	–
Wohnhäuser, mit bis zu 15% Mischnutzung, mittlerer Standard	–	**32,00**	–	2,7%
Wohnhäuser, mit bis zu 15% Mischnutzung, hoher Standard	–	**–**	–	–
Wohnhäuser, mit mehr als 15% Mischnutzung	–	**–**	–	–
Seniorenwohnungen und Beherbergungen				
Seniorenwohnungen, mittlerer Standard	–	**3,20**	–	0,2%
Seniorenwohnungen, hoher Standard	–	**3,00**	–	0,4%
Wohnheime und Internate	–	**42,00**	–	1,6%
Hotels	–	**–**	–	–
7 Gewerbe-, Lager- und Garagen				
Gaststätten, Kantinen und Mensen	–	**–**	–	–
Industrielle Produktionsgebäude, Massivbauweise	7,60	**19,00**	30,00	2,2%
Industrielle Produktionsgebäude, überwiegend Skelettbauweise	4,80	**14,00**	32,00	0,8%
Betriebs- und Werkstätten, eingeschossig	–	**2,20**	–	< 0,1%
Betriebs- und Werkstätten, mehrgeschossig, geringer Hallenanteil	1,90	**2,90**	4,00	< 0,1%
Betriebs- und Werkstätten, mehrgeschossig, hoher Hallenanteil	–	**1,10**	–	< 0,1%
Geschäftshäuser, mit Wohnungen	–	**23,00**	–	1,4%
Geschäftshäuser, ohne Wohnungen	–	**–**	–	–
Verbrauchermärkte	–	**–**	–	–
Autohäuser	–	**–**	–	–
Lagergebäude, ohne Mischnutzung	–	**4,70**	–	< 0,1%
Lagergebäude, mit bis zu 25% Mischnutzung	–	**7,40**	–	0,5%
Lagergebäude, mit mehr als 25% Mischnutzung	–	**–**	–	–
Garagen und Bereitschaftsdienste				
Einzel- und Doppelgaragen	–	**–**	–	–
Mehrfachgaragen	–	**–**	–	–
Hochgaragen	–	**1,90**	–	0,4%
Fahrradparkhäuser	–	**–**	–	–
Carports	–	**–**	–	–
Tiefgaragen	–	**3,70**	–	0,4%
Feuerwehrhäuser	19,00	**37,00**	65,00	2,9%
Öffentliche Bereitschaftsdienste	–	**3,60**	–	0,1%
8 Gebäude für kulturelle und religiöse Zwecke				
Bibliotheken, Museen und Ausstellungen	4,00	**9,80**	20,00	0,5%
Theater	–	**6,20**	–	0,8%
Gemeindezentren, einfacher Standard	–	**–**	–	–
Gemeindezentren, mittlerer Standard	–	**39,00**	–	1,1%
Gemeindezentren, hoher Standard	19,00	**44,00**	70,00	3,5%
Gemeindezentren, Holzbauweise	–	**–**	–	–
Friedhofsgebäude	–	**–**	–	–

Einheit: m²
Brutto-Grundfläche (BGF)

Kosten:
Stand 1.Quartal 2025
Bundesdurchschnitt
inkl. 19% MwSt.

Einheit: m²
Brutto-Grundfläche (BGF)

▷ von
ø Mittel
◁ bis

Gebäudeart	▷	€/Einheit	◁	KG an 400
1 Büro- und Verwaltungsgebäude				
Büro- und Verwaltungsgebäude, einfacher Standard	–	**–**	–	–
Büro- und Verwaltungsgebäude, mittlerer Standard	9,30	**18,00**	33,00	1,0%
Büro- und Verwaltungsgebäude, hoher Standard	15,00	**23,00**	31,00	0,8%
Büro- und Verwaltungsgebäude, Holzbauweise	–	**5,30**	–	0,1%
2 Gebäude für Forschung und Lehre				
Instituts- und Laborgebäude	22,00	**91,00**	161,00	3,0%
3 Gebäude des Gesundheitswesens				
Medizinische Einrichtungen	–	**–**	–	–
Pflegeheime	6,80	**11,00**	13,00	0,7%
Gebäude für Erholungszwecke	–	**–**	–	–
4 Schulen und Kindergärten				
Allgemeinbildende Schulen	24,00	**27,00**	31,00	1,3%
Schulen, Holzbauweise	7,40	**21,00**	35,00	0,7%
Berufliche Schulen	–	**21,00**	–	0,6%
Förder- und Sonderschulen	–	**19,00**	–	0,8%
Weiterbildungseinrichtungen	–	**29,00**	–	1,0%
Kindergärten, nicht unterkellert, einfacher Standard	–	**–**	–	–
Kindergärten, nicht unterkellert, mittlerer Standard	–	**13,00**	–	0,5%
Kindergärten, nicht unterkellert, hoher Standard	–	**10,00**	–	0,6%
Kindergärten, Holzbauweise, nicht unterkellert	–	**–**	–	–
Kindergärten, unterkellert	–	**–**	–	–
5 Sportbauten				
Sport- und Mehrzweckhallen	–	**14,00**	–	0,7%
Sporthallen (Einfeldhallen)	–	**–**	–	–
Sporthallen (Dreifeldhallen)	–	**5,50**	–	0,2%
6 Wohngebäude				
Ein- und Zweifamilienhäuser				
Ein- und Zweifamilienhäuser, unterkellert, einfacher Standard	–	**–**	–	–
Ein- und Zweifamilienhäuser, unterkellert, mittlerer Standard	–	**–**	–	–
Ein- und Zweifamilienhäuser, unterkellert, hoher Standard	–	**–**	–	–
Ein- und Zweifamilienhäuser, nicht unterkellert, einfacher Standard	–	**–**	–	–
Ein- und Zweifamilienhäuser, nicht unterkellert, mittlerer Standard	–	**–**	–	–
Ein- und Zweifamilienhäuser, nicht unterkellert, hoher Standard	–	**–**	–	–
Ein- und Zweifamilienhäuser, Passivhausstandard, Massivbauweise	–	**–**	–	–
Ein- und Zweifamilienhäuser, Passivhausstandard, Holzbauweise	–	**–**	–	–
Ein- und Zweifamilienhäuser, Holzbauweise, unterkellert	–	**–**	–	–
Ein- und Zweifamilienhäuser, Holzbauweise, nicht unterkellert	–	**–**	–	–
Doppel- und Reihenend- / Reihenhäuser				
Doppel- und Reihenendhäuser, einfacher Standard	–	**–**	–	–
Doppel- und Reihenendhäuser, mittlerer Standard	–	**–**	–	–
Doppel- und Reihenendhäuser, hoher Standard	–	**–**	–	–
Doppel- und Reihenendhäuser, Holzbauweise	–	**–**	–	–
Reihenhäuser, einfacher Standard	–	**19,00**	–	3,1%
Reihenhäuser, mittlerer Standard	–	**–**	–	–
Reihenhäuser, hoher Standard	–	**–**	–	–
Mehrfamilienhäuser				
Mehrfamilienhäuser, mit bis zu 6 WE, einfacher Standard	2,90	**6,30**	9,70	3,2%
Mehrfamilienhäuser, mit bis zu 6 WE, mittlerer Standard	–	**–**	–	–
Mehrfamilienhäuser, mit bis zu 6 WE, hoher Standard	–	**8,20**	–	0,2%

© **BKI** Baukosteninformationszentrum; Erläuterungen zu den Tabellen siehe Seite 56

Gebäudeart	▷	€/Einheit	◁	KG an 400
Mehrfamilienhäuser (Fortsetzung)				
Mehrfamilienhäuser, mit 6 bis 19 WE, einfacher Standard	–	**4,80**	–	0,5%
Mehrfamilienhäuser, mit 6 bis 19 WE, mittlerer Standard	–	**18,00**	–	0,5%
Mehrfamilienhäuser, mit 6 bis 19 WE, hoher Standard	–	**–**	–	–
Mehrfamilienhäuser, mit 20 oder mehr WE, einfacher Standard	–	**–**	–	–
Mehrfamilienhäuser, mit 20 oder mehr WE, mittlerer Standard	7,20	**8,10**	9,00	0,9%
Mehrfamilienhäuser, mit 20 oder mehr WE, hoher Standard	–	**–**	–	–
Mehrfamilienhäuser, Passivhäuser	–	**–**	–	–
Mehrfamilienhäuser, Holzbauweise	–	**–**	–	–
Wohnhäuser, mit bis zu 15% Mischnutzung, einfacher Standard	–	**–**	–	–
Wohnhäuser, mit bis zu 15% Mischnutzung, mittlerer Standard	–	**–**	–	–
Wohnhäuser, mit bis zu 15% Mischnutzung, hoher Standard	–	**3,00**	–	0,9%
Wohnhäuser, mit mehr als 15% Mischnutzung	–	**–**	–	–
Seniorenwohnungen und Beherbergungen				
Seniorenwohnungen, mittlerer Standard	–	**5,70**	–	0,2%
Seniorenwohnungen, hoher Standard	–	**–**	–	–
Wohnheime und Internate	–	**–**	–	–
Hotels	–	**–**	–	–
7 Gewerbe-, Lager- und Garagen				
Gaststätten, Kantinen und Mensen	–	**44,00**	–	3,8%
Industrielle Produktionsgebäude, Massivbauweise	8,90	**37,00**	51,00	4,5%
Industrielle Produktionsgebäude, überwiegend Skelettbauweise	6,20	**16,00**	33,00	1,7%
Betriebs- und Werkstätten, eingeschossig	–	**33,00**	–	1,2%
Betriebs- und Werkstätten, mehrgeschossig, geringer Hallenanteil	4,00	**30,00**	44,00	2,9%
Betriebs- und Werkstätten, mehrgeschossig, hoher Hallenanteil	13,00	**25,00**	38,00	3,3%
Geschäftshäuser, mit Wohnungen	–	**1,90**	–	0,1%
Geschäftshäuser, ohne Wohnungen	–	**–**	–	–
Verbrauchermärkte	–	**5,10**	–	0,4%
Autohäuser	–	**–**	–	–
Lagergebäude, ohne Mischnutzung	–	**18,00**	–	0,3%
Lagergebäude, mit bis zu 25% Mischnutzung	–	**–**	–	–
Lagergebäude, mit mehr als 25% Mischnutzung	–	**9,40**	–	1,5%
Garagen und Bereitschaftsdienste				
Einzel- und Doppelgaragen	–	**–**	–	–
Mehrfachgaragen	–	**–**	–	–
Hochgaragen	–	**–**	–	–
Fahrradparkhäuser	–	**–**	–	–
Carports	–	**–**	–	–
Tiefgaragen	–	**–**	–	–
Feuerwehrhäuser	–	**21,00**	–	0,5%
Öffentliche Bereitschaftsdienste	–	**–**	–	–
8 Gebäude für kulturelle und religiöse Zwecke				
Bibliotheken, Museen und Ausstellungen	6,60	**14,00**	22,00	0,4%
Theater	–	**–**	–	–
Gemeindezentren, einfacher Standard	–	**–**	–	–
Gemeindezentren, mittlerer Standard	–	**–**	–	–
Gemeindezentren, hoher Standard	–	**–**	–	–
Gemeindezentren, Holzbauweise	–	**–**	–	–
Friedhofsgebäude	–	**–**	–	–

Einheit: m²
Brutto-Grundfläche (BGF)

444 Niederspannungsinstallationsanlagen

Kosten:
Stand 1. Quartal 2025
Bundesdurchschnitt
inkl. 19% MwSt.

Einheit: m²
Brutto-Grundfläche (BGF)

Gebäudeart	▷	€/Einheit	◁	KG an 400
1 Büro- und Verwaltungsgebäude				
Büro- und Verwaltungsgebäude, einfacher Standard	28,00	**46,00**	57,00	19,9%
Büro- und Verwaltungsgebäude, mittlerer Standard	85,00	**119,00**	175,00	18,8%
Büro- und Verwaltungsgebäude, hoher Standard	94,00	**125,00**	191,00	14,1%
Büro- und Verwaltungsgebäude, Holzbauweise	58,00	**105,00**	150,00	18,7%
2 Gebäude für Forschung und Lehre				
Instituts- und Laborgebäude	48,00	**107,00**	158,00	8,2%
3 Gebäude des Gesundheitswesens				
Medizinische Einrichtungen	97,00	**140,00**	222,00	18,1%
Pflegeheime	69,00	**104,00**	125,00	11,5%
Gebäude für Erholungszwecke	103,00	**149,00**	217,00	8,2%
4 Schulen und Kindergärten				
Allgemeinbildende Schulen	61,00	**92,00**	121,00	16,6%
Schulen, Holzbauweise	66,00	**98,00**	134,00	16,7%
Berufliche Schulen	97,00	**151,00**	197,00	17,4%
Förder- und Sonderschulen	92,00	**141,00**	306,00	22,3%
Weiterbildungseinrichtungen	91,00	**176,00**	345,00	20,0%
Kindergärten, nicht unterkellert, einfacher Standard	51,00	**68,00**	93,00	15,5%
Kindergärten, nicht unterkellert, mittlerer Standard	65,00	**92,00**	156,00	17,5%
Kindergärten, nicht unterkellert, hoher Standard	41,00	**66,00**	93,00	12,4%
Kindergärten, Holzbauweise, nicht unterkellert	61,00	**100,00**	145,00	16,3%
Kindergärten, unterkellert	48,00	**108,00**	169,00	18,3%
5 Sportbauten				
Sport- und Mehrzweckhallen	46,00	**119,00**	262,00	22,2%
Sporthallen (Einfeldhallen)	35,00	**59,00**	87,00	12,1%
Sporthallen (Dreifeldhallen)	50,00	**55,00**	65,00	6,3%
6 Wohngebäude				
Ein- und Zweifamilienhäuser				
Ein- und Zweifamilienhäuser, unterkellert, einfacher Standard	28,00	**37,00**	55,00	17,5%
Ein- und Zweifamilienhäuser, unterkellert, mittlerer Standard	40,00	**64,00**	94,00	16,1%
Ein- und Zweifamilienhäuser, unterkellert, hoher Standard	45,00	**83,00**	140,00	16,9%
Ein- und Zweifamilienhäuser, nicht unterkellert, einfacher Standard	–	**30,00**	–	13,7%
Ein- und Zweifamilienhäuser, nicht unterkellert, mittlerer Standard	49,00	**77,00**	121,00	18,6%
Ein- und Zweifamilienhäuser, nicht unterkellert, hoher Standard	42,00	**65,00**	93,00	15,3%
Ein- und Zweifamilienhäuser, Passivhausstandard, Massivbauweise	44,00	**52,00**	64,00	11,9%
Ein- und Zweifamilienhäuser, Passivhausstandard, Holzbauweise	56,00	**74,00**	105,00	14,6%
Ein- und Zweifamilienhäuser, Holzbauweise, unterkellert	43,00	**65,00**	116,00	17,6%
Ein- und Zweifamilienhäuser, Holzbauweise, nicht unterkellert	36,00	**55,00**	80,00	14,6%
Doppel- und Reihenend- / Reihenhäuser				
Doppel- und Reihenendhäuser, einfacher Standard	42,00	**43,00**	44,00	16,7%
Doppel- und Reihenendhäuser, mittlerer Standard	51,00	**60,00**	87,00	16,3%
Doppel- und Reihenendhäuser, hoher Standard	56,00	**74,00**	131,00	17,4%
Doppel- und Reihenendhäuser, Holzbauweise	32,00	**47,00**	63,00	12,0%
Reihenhäuser, einfacher Standard	29,00	**39,00**	48,00	15,5%
Reihenhäuser, mittlerer Standard	36,00	**42,00**	48,00	13,9%
Reihenhäuser, hoher Standard	32,00	**45,00**	62,00	10,7%
Mehrfamilienhäuser				
Mehrfamilienhäuser, mit bis zu 6 WE, einfacher Standard	26,00	**29,00**	32,00	15,6%
Mehrfamilienhäuser, mit bis zu 6 WE, mittlerer Standard	34,00	**51,00**	62,00	16,5%
Mehrfamilienhäuser, mit bis zu 6 WE, hoher Standard	62,00	**76,00**	98,00	19,5%

▷ von
ø Mittel
◁ bis

© BKI Baukosteninformationszentrum; Erläuterungen zu den Tabellen siehe Seite 56

Einheit: m²
Brutto-Grundfläche (BGF)

Gebäudeart	▷	€/Einheit	◁	KG an 400
Mehrfamilienhäuser (Fortsetzung)				
Mehrfamilienhäuser, mit 6 bis 19 WE, einfacher Standard	36,00	**45,00**	62,00	16,9%
Mehrfamilienhäuser, mit 6 bis 19 WE, mittlerer Standard	36,00	**56,00**	68,00	20,8%
Mehrfamilienhäuser, mit 6 bis 19 WE, hoher Standard	33,00	**42,00**	50,00	14,5%
Mehrfamilienhäuser, mit 20 oder mehr WE, einfacher Standard	45,00	**54,00**	63,00	13,4%
Mehrfamilienhäuser, mit 20 oder mehr WE, mittlerer Standard	58,00	**80,00**	155,00	20,8%
Mehrfamilienhäuser, mit 20 oder mehr WE, hoher Standard	43,00	**58,00**	65,00	14,9%
Mehrfamilienhäuser, Passivhäuser	49,00	**65,00**	88,00	18,7%
Mehrfamilienhäuser, Holzbauweise	50,00	**78,00**	98,00	20,9%
Wohnhäuser, mit bis zu 15% Mischnutzung, einfacher Standard	49,00	**52,00**	56,00	16,9%
Wohnhäuser, mit bis zu 15% Mischnutzung, mittlerer Standard	25,00	**42,00**	52,00	15,6%
Wohnhäuser, mit bis zu 15% Mischnutzung, hoher Standard	–	**57,00**	–	16,7%
Wohnhäuser, mit mehr als 15% Mischnutzung	83,00	**127,00**	171,00	20,1%
Seniorenwohnungen und Beherbergungen				
Seniorenwohnungen, mittlerer Standard	59,00	**72,00**	81,00	17,9%
Seniorenwohnungen, hoher Standard	66,00	**76,00**	85,00	16,7%
Wohnheime und Internate	65,00	**84,00**	118,00	18,0%
Hotels	–	**51,00**	–	16,5%
7 Gewerbe-, Lager- und Garagen				
Gaststätten, Kantinen und Mensen	–	**50,00**	–	4,3%
Industrielle Produktionsgebäude, Massivbauweise	57,00	**95,00**	130,00	18,1%
Industrielle Produktionsgebäude, überwiegend Skelettbauweise	69,00	**148,00**	228,00	21,7%
Betriebs- und Werkstätten, eingeschossig	131,00	**133,00**	137,00	23,7%
Betriebs- und Werkstätten, mehrgeschossig, geringer Hallenanteil	31,00	**72,00**	126,00	15,5%
Betriebs- und Werkstätten, mehrgeschossig, hoher Hallenanteil	38,00	**85,00**	130,00	23,0%
Geschäftshäuser, mit Wohnungen	36,00	**78,00**	103,00	22,7%
Geschäftshäuser, ohne Wohnungen	53,00	**60,00**	67,00	19,4%
Verbrauchermärkte	117,00	**119,00**	122,00	24,6%
Autohäuser	32,00	**89,00**	146,00	30,8%
Lagergebäude, ohne Mischnutzung	25,00	**48,00**	111,00	24,0%
Lagergebäude, mit bis zu 25% Mischnutzung	27,00	**60,00**	80,00	24,6%
Lagergebäude, mit mehr als 25% Mischnutzung	38,00	**40,00**	42,00	16,3%
Garagen und Bereitschaftsdienste				
Einzel- und Doppelgaragen	–	**68,00**	–	100,0%
Mehrfachgaragen	7,20	**21,00**	59,00	13,4%
Hochgaragen	6,90	**15,00**	32,00	22,0%
Fahrradparkhäuser	30,00	**59,00**	104,00	23,7%
Carports	–	**–**	–	–
Tiefgaragen	17,00	**25,00**	59,00	29,2%
Feuerwehrhäuser	82,00	**102,00**	174,00	15,1%
Öffentliche Bereitschaftsdienste	62,00	**78,00**	108,00	21,6%
8 Gebäude für kulturelle und religiöse Zwecke				
Bibliotheken, Museen und Ausstellungen	77,00	**104,00**	146,00	16,6%
Theater	111,00	**141,00**	170,00	18,6%
Gemeindezentren, einfacher Standard	22,00	**30,00**	43,00	11,8%
Gemeindezentren, mittlerer Standard	55,00	**92,00**	119,00	15,3%
Gemeindezentren, hoher Standard	72,00	**89,00**	131,00	13,1%
Gemeindezentren, Holzbauweise	81,00	**130,00**	155,00	20,9%
Friedhofsgebäude	97,00	**106,00**	115,00	13,0%

Kosten:
Stand 1. Quartal 2025
Bundesdurchschnitt
inkl. 19% MwSt.

Einheit: m²
Brutto-Grundfläche (BGF)

▷ von
ø Mittel
◁ bis

Gebäudeart	▷	€/Einheit	◁	KG an 400
1 Büro- und Verwaltungsgebäude				
Büro- und Verwaltungsgebäude, einfacher Standard	3,60	**29,00**	42,00	11,4%
Büro- und Verwaltungsgebäude, mittlerer Standard	31,00	**59,00**	77,00	9,3%
Büro- und Verwaltungsgebäude, hoher Standard	49,00	**96,00**	145,00	10,0%
Büro- und Verwaltungsgebäude, Holzbauweise	26,00	**48,00**	91,00	5,4%
2 Gebäude für Forschung und Lehre				
Instituts- und Laborgebäude	43,00	**60,00**	93,00	4,2%
3 Gebäude des Gesundheitswesens				
Medizinische Einrichtungen	78,00	**96,00**	126,00	14,1%
Pflegeheime	65,00	**76,00**	93,00	8,5%
Gebäude für Erholungszwecke	71,00	**102,00**	162,00	4,7%
4 Schulen und Kindergärten				
Allgemeinbildende Schulen	37,00	**56,00**	73,00	10,6%
Schulen, Holzbauweise	48,00	**83,00**	161,00	14,1%
Berufliche Schulen	47,00	**66,00**	85,00	6,9%
Förder- und Sonderschulen	36,00	**59,00**	90,00	9,7%
Weiterbildungseinrichtungen	30,00	**71,00**	92,00	8,0%
Kindergärten, nicht unterkellert, einfacher Standard	55,00	**65,00**	85,00	15,4%
Kindergärten, nicht unterkellert, mittlerer Standard	36,00	**74,00**	170,00	10,2%
Kindergärten, nicht unterkellert, hoher Standard	36,00	**72,00**	102,00	14,8%
Kindergärten, Holzbauweise, nicht unterkellert	28,00	**60,00**	78,00	9,9%
Kindergärten, unterkellert	49,00	**66,00**	106,00	12,3%
5 Sportbauten				
Sport- und Mehrzweckhallen	23,00	**56,00**	113,00	9,5%
Sporthallen (Einfeldhallen)	63,00	**97,00**	191,00	20,5%
Sporthallen (Dreifeldhallen)	52,00	**58,00**	72,00	6,6%
6 Wohngebäude				
Ein- und Zweifamilienhäuser				
Ein- und Zweifamilienhäuser, unterkellert, einfacher Standard	0,10	**0,80**	1,40	0,2%
Ein- und Zweifamilienhäuser, unterkellert, mittlerer Standard	2,40	**4,40**	15,00	0,7%
Ein- und Zweifamilienhäuser, unterkellert, hoher Standard	6,00	**19,00**	48,00	2,9%
Ein- und Zweifamilienhäuser, nicht unterkellert, einfacher Standard	–	**4,70**	–	0,8%
Ein- und Zweifamilienhäuser, nicht unterkellert, mittlerer Standard	5,50	**17,00**	41,00	2,4%
Ein- und Zweifamilienhäuser, nicht unterkellert, hoher Standard	1,90	**6,50**	20,00	1,1%
Ein- und Zweifamilienhäuser, Passivhausstandard, Massivbauweise	1,90	**5,80**	10,00	0,5%
Ein- und Zweifamilienhäuser, Passivhausstandard, Holzbauweise	3,10	**11,00**	18,00	1,0%
Ein- und Zweifamilienhäuser, Holzbauweise, unterkellert	2,20	**5,90**	16,00	0,5%
Ein- und Zweifamilienhäuser, Holzbauweise, nicht unterkellert	4,20	**14,00**	21,00	2,1%
Doppel- und Reihenend- / Reihenhäuser				
Doppel- und Reihenendhäuser, einfacher Standard	0,20	**1,10**	2,10	0,3%
Doppel- und Reihenendhäuser, mittlerer Standard	5,10	**12,00**	26,00	1,4%
Doppel- und Reihenendhäuser, hoher Standard	5,80	**17,00**	49,00	3,2%
Doppel- und Reihenendhäuser, Holzbauweise	14,00	**16,00**	17,00	1,9%
Reihenhäuser, einfacher Standard	–	**1,10**	–	0,2%
Reihenhäuser, mittlerer Standard	–	**0,60**	–	0,1%
Reihenhäuser, hoher Standard	5,10	**8,20**	14,00	1,5%
Mehrfamilienhäuser				
Mehrfamilienhäuser, mit bis zu 6 WE, einfacher Standard	–	**3,30**	–	1,0%
Mehrfamilienhäuser, mit bis zu 6 WE, mittlerer Standard	2,40	**4,40**	7,40	1,4%
Mehrfamilienhäuser, mit bis zu 6 WE, hoher Standard	6,90	**12,00**	23,00	2,6%

© BKI Baukosteninformationszentrum; Erläuterungen zu den Tabellen siehe Seite 56

Gebäudeart	▷	€/Einheit	◁	KG an 400
Mehrfamilienhäuser (Fortsetzung)				
Mehrfamilienhäuser, mit 6 bis 19 WE, einfacher Standard	3,30	**9,40**	19,00	3,4%
Mehrfamilienhäuser, mit 6 bis 19 WE, mittlerer Standard	1,80	**4,70**	8,70	1,5%
Mehrfamilienhäuser, mit 6 bis 19 WE, hoher Standard	2,30	**4,90**	8,70	1,4%
Mehrfamilienhäuser, mit 20 oder mehr WE, einfacher Standard	9,10	**12,00**	14,00	2,9%
Mehrfamilienhäuser, mit 20 oder mehr WE, mittlerer Standard	8,50	**15,00**	24,00	4,5%
Mehrfamilienhäuser, mit 20 oder mehr WE, hoher Standard	0,90	**5,10**	7,80	1,4%
Mehrfamilienhäuser, Passivhäuser	3,30	**5,30**	5,90	0,9%
Mehrfamilienhäuser, Holzbauweise	1,50	**5,70**	8,50	1,5%
Wohnhäuser, mit bis zu 15% Mischnutzung, einfacher Standard	1,60	**5,30**	13,00	1,8%
Wohnhäuser, mit bis zu 15% Mischnutzung, mittlerer Standard	0,60	**3,80**	10,00	1,1%
Wohnhäuser, mit bis zu 15% Mischnutzung, hoher Standard	–	**12,00**	–	3,4%
Wohnhäuser, mit mehr als 15% Mischnutzung	–	**10,00**	–	1,1%
Seniorenwohnungen und Beherbergungen				
Seniorenwohnungen, mittlerer Standard	13,00	**17,00**	23,00	4,1%
Seniorenwohnungen, hoher Standard	2,60	**4,70**	6,70	1,1%
Wohnheime und Internate	12,00	**30,00**	89,00	5,4%
Hotels	–	**16,00**	–	5,1%
7 Gewerbe-, Lager- und Garagen				
Gaststätten, Kantinen und Mensen	–	**97,00**	–	8,3%
Industrielle Produktionsgebäude, Massivbauweise	30,00	**39,00**	50,00	9,0%
Industrielle Produktionsgebäude, überwiegend Skelettbauweise	19,00	**37,00**	58,00	5,2%
Betriebs- und Werkstätten, eingeschossig	21,00	**42,00**	62,00	3,8%
Betriebs- und Werkstätten, mehrgeschossig, geringer Hallenanteil	17,00	**44,00**	71,00	6,5%
Betriebs- und Werkstätten, mehrgeschossig, hoher Hallenanteil	12,00	**34,00**	58,00	7,2%
Geschäftshäuser, mit Wohnungen	22,00	**33,00**	54,00	9,1%
Geschäftshäuser, ohne Wohnungen	4,70	**5,00**	5,20	1,6%
Verbrauchermärkte	11,00	**25,00**	38,00	4,4%
Autohäuser	25,00	**33,00**	41,00	15,2%
Lagergebäude, ohne Mischnutzung	12,00	**18,00**	39,00	6,9%
Lagergebäude, mit bis zu 25% Mischnutzung	12,00	**31,00**	64,00	9,9%
Lagergebäude, mit mehr als 25% Mischnutzung	14,00	**30,00**	47,00	13,7%
Garagen und Bereitschaftsdienste				
Einzel- und Doppelgaragen	–	**–**	–	–
Mehrfachgaragen	2,30	**7,50**	22,00	5,3%
Hochgaragen	3,80	**24,00**	36,00	29,9%
Fahrradparkhäuser	20,00	**126,00**	338,00	29,8%
Carports	–	**–**	–	–
Tiefgaragen	8,40	**12,00**	17,00	15,6%
Feuerwehrhäuser	39,00	**58,00**	70,00	8,6%
Öffentliche Bereitschaftsdienste	19,00	**25,00**	28,00	6,1%
8 Gebäude für kulturelle und religiöse Zwecke				
Bibliotheken, Museen und Ausstellungen	26,00	**72,00**	119,00	9,2%
Theater	78,00	**86,00**	93,00	12,5%
Gemeindezentren, einfacher Standard	21,00	**38,00**	73,00	13,5%
Gemeindezentren, mittlerer Standard	63,00	**94,00**	193,00	15,9%
Gemeindezentren, hoher Standard	68,00	**107,00**	143,00	15,8%
Gemeindezentren, Holzbauweise	119,00	**138,00**	169,00	22,7%
Friedhofsgebäude	15,00	**38,00**	62,00	3,1%

Einheit: m²
Brutto-Grundfläche (BGF)

Kosten:
Stand 1. Quartal 2025
Bundesdurchschnitt
inkl. 19% MwSt.

Einheit: m²
Brutto-Grundfläche (BGF)

▷ von
ø Mittel
◁ bis

Gebäudeart	▷	€/Einheit	◁	KG an 400
1 Büro- und Verwaltungsgebäude				
Büro- und Verwaltungsgebäude, einfacher Standard	2,00	**4,30**	5,70	2,0%
Büro- und Verwaltungsgebäude, mittlerer Standard	3,90	**7,50**	12,00	1,2%
Büro- und Verwaltungsgebäude, hoher Standard	5,90	**9,40**	19,00	1,0%
Büro- und Verwaltungsgebäude, Holzbauweise	3,30	**6,50**	8,10	1,3%
2 Gebäude für Forschung und Lehre				
Instituts- und Laborgebäude	3,90	**10,00**	16,00	0,8%
3 Gebäude des Gesundheitswesens				
Medizinische Einrichtungen	7,40	**11,00**	13,00	1,6%
Pflegeheime	5,10	**12,00**	36,00	1,2%
Gebäude für Erholungszwecke	8,70	**19,00**	58,00	4,5%
4 Schulen und Kindergärten				
Allgemeinbildende Schulen	2,90	**5,00**	7,50	1,0%
Schulen, Holzbauweise	11,00	**17,00**	26,00	3,3%
Berufliche Schulen	6,70	**25,00**	35,00	2,5%
Förder- und Sonderschulen	3,80	**7,10**	13,00	1,3%
Weiterbildungseinrichtungen	1,70	**5,80**	7,80	0,8%
Kindergärten, nicht unterkellert, einfacher Standard	10,00	**19,00**	34,00	4,4%
Kindergärten, nicht unterkellert, mittlerer Standard	9,20	**16,00**	45,00	2,7%
Kindergärten, nicht unterkellert, hoher Standard	4,80	**9,70**	14,00	1,8%
Kindergärten, Holzbauweise, nicht unterkellert	10,00	**18,00**	25,00	3,3%
Kindergärten, unterkellert	3,60	**11,00**	17,00	1,8%
5 Sportbauten				
Sport- und Mehrzweckhallen	5,70	**9,40**	16,00	1,9%
Sporthallen (Einfeldhallen)	9,20	**15,00**	21,00	3,1%
Sporthallen (Dreifeldhallen)	3,60	**5,50**	9,00	0,6%
6 Wohngebäude				
Ein- und Zweifamilienhäuser				
Ein- und Zweifamilienhäuser, unterkellert, einfacher Standard	1,10	**2,10**	4,20	1,0%
Ein- und Zweifamilienhäuser, unterkellert, mittlerer Standard	2,00	**4,20**	9,50	1,1%
Ein- und Zweifamilienhäuser, unterkellert, hoher Standard	2,50	**5,50**	10,00	1,2%
Ein- und Zweifamilienhäuser, nicht unterkellert, einfacher Standard	1,70	**2,60**	3,40	1,1%
Ein- und Zweifamilienhäuser, nicht unterkellert, mittlerer Standard	2,20	**5,70**	12,00	1,3%
Ein- und Zweifamilienhäuser, nicht unterkellert, hoher Standard	1,70	**6,20**	14,00	1,6%
Ein- und Zweifamilienhäuser, Passivhausstandard, Massivbauweise	2,00	**4,40**	9,40	1,0%
Ein- und Zweifamilienhäuser, Passivhausstandard, Holzbauweise	1,80	**3,40**	7,80	0,5%
Ein- und Zweifamilienhäuser, Holzbauweise, unterkellert	2,70	**5,80**	16,00	1,5%
Ein- und Zweifamilienhäuser, Holzbauweise, nicht unterkellert	2,50	**4,90**	14,00	1,5%
Doppel- und Reihenend- / Reihenhäuser				
Doppel- und Reihenendhäuser, einfacher Standard	1,10	**2,80**	4,40	0,7%
Doppel- und Reihenendhäuser, mittlerer Standard	3,30	**4,10**	6,50	1,1%
Doppel- und Reihenendhäuser, hoher Standard	3,00	**5,30**	7,50	1,0%
Doppel- und Reihenendhäuser, Holzbauweise	3,80	**7,50**	12,00	2,0%
Reihenhäuser, einfacher Standard	–	**1,30**	–	0,2%
Reihenhäuser, mittlerer Standard	–	**2,40**	–	0,5%
Reihenhäuser, hoher Standard	1,20	**2,30**	3,50	0,5%
Mehrfamilienhäuser				
Mehrfamilienhäuser, mit bis zu 6 WE, einfacher Standard	0,40	**0,80**	1,20	0,5%
Mehrfamilienhäuser, mit bis zu 6 WE, mittlerer Standard	1,70	**2,70**	4,10	0,9%
Mehrfamilienhäuser, mit bis zu 6 WE, hoher Standard	2,10	**4,60**	7,70	1,1%

© BKI Baukosteninformationszentrum; Erläuterungen zu den Tabellen siehe Seite 56

Gebäudeart	▷	€/Einheit	◁	KG an 400
Mehrfamilienhäuser (Fortsetzung)				
Mehrfamilienhäuser, mit 6 bis 19 WE, einfacher Standard	1,60	**2,20**	3,30	0,8%
Mehrfamilienhäuser, mit 6 bis 19 WE, mittlerer Standard	0,60	**1,40**	2,70	0,6%
Mehrfamilienhäuser, mit 6 bis 19 WE, hoher Standard	1,20	**1,60**	2,10	0,6%
Mehrfamilienhäuser, mit 20 oder mehr WE, einfacher Standard	2,30	**2,50**	2,70	0,6%
Mehrfamilienhäuser, mit 20 oder mehr WE, mittlerer Standard	2,30	**4,40**	8,40	1,3%
Mehrfamilienhäuser, mit 20 oder mehr WE, hoher Standard	3,70	**5,00**	7,10	1,3%
Mehrfamilienhäuser, Passivhäuser	1,90	**2,80**	6,20	0,9%
Mehrfamilienhäuser, Holzbauweise	3,20	**3,90**	5,00	1,2%
Wohnhäuser, mit bis zu 15% Mischnutzung, einfacher Standard	2,80	**2,80**	2,90	0,9%
Wohnhäuser, mit bis zu 15% Mischnutzung, mittlerer Standard	2,00	**3,00**	4,60	1,1%
Wohnhäuser, mit bis zu 15% Mischnutzung, hoher Standard	–	**2,30**	–	0,7%
Wohnhäuser, mit mehr als 15% Mischnutzung	3,40	**4,40**	5,30	0,7%
Seniorenwohnungen und Beherbergungen				
Seniorenwohnungen, mittlerer Standard	3,80	**6,20**	11,00	1,6%
Seniorenwohnungen, hoher Standard	5,70	**6,60**	7,50	1,4%
Wohnheime und Internate	3,00	**8,40**	30,00	1,5%
Hotels	–	**3,80**	–	1,2%
7 Gewerbe-, Lager- und Garagen				
Gaststätten, Kantinen und Mensen	–	**6,50**	–	0,6%
Industrielle Produktionsgebäude, Massivbauweise	3,80	**6,20**	13,00	1,4%
Industrielle Produktionsgebäude, überwiegend Skelettbauweise	2,50	**9,10**	12,00	1,8%
Betriebs- und Werkstätten, eingeschossig	2,40	**9,10**	22,00	1,3%
Betriebs- und Werkstätten, mehrgeschossig, geringer Hallenanteil	3,00	**9,40**	19,00	2,5%
Betriebs- und Werkstätten, mehrgeschossig, hoher Hallenanteil	2,50	**5,20**	10,00	1,3%
Geschäftshäuser, mit Wohnungen	0,80	**2,10**	2,80	0,5%
Geschäftshäuser, ohne Wohnungen	2,40	**3,70**	4,90	1,2%
Verbrauchermärkte	4,10	**6,20**	8,30	1,4%
Autohäuser	1,40	**1,70**	2,00	0,8%
Lagergebäude, ohne Mischnutzung	2,80	**9,00**	44,00	11,8%
Lagergebäude, mit bis zu 25% Mischnutzung	2,10	**6,10**	8,10	2,6%
Lagergebäude, mit mehr als 25% Mischnutzung	1,60	**2,80**	4,00	1,0%
Garagen und Bereitschaftsdienste				
Einzel- und Doppelgaragen	–	**–**	–	–
Mehrfachgaragen	2,30	**4,90**	7,90	5,4%
Hochgaragen	1,20	**2,10**	2,50	7,0%
Fahrradparkhäuser	2,30	**15,00**	39,00	3,2%
Carports	–	**–**	–	–
Tiefgaragen	8,90	**9,90**	12,00	13,1%
Feuerwehrhäuser	5,50	**11,00**	19,00	1,7%
Öffentliche Bereitschaftsdienste	2,40	**6,20**	14,00	1,0%
8 Gebäude für kulturelle und religiöse Zwecke				
Bibliotheken, Museen und Ausstellungen	7,60	**16,00**	26,00	2,7%
Theater	2,30	**6,40**	10,00	1,4%
Gemeindezentren, einfacher Standard	3,10	**5,10**	8,00	2,4%
Gemeindezentren, mittlerer Standard	3,50	**10,00**	20,00	1,5%
Gemeindezentren, hoher Standard	4,20	**11,00**	17,00	1,6%
Gemeindezentren, Holzbauweise	8,70	**11,00**	15,00	1,9%
Friedhofsgebäude	–	**14,00**	–	1,8%

Einheit: m²
Brutto-Grundfläche (BGF)

451 Telekommunikationsanlagen

Kosten:
Stand 1. Quartal 2025
Bundesdurchschnitt
inkl. 19% MwSt.

Einheit: m²
Brutto-Grundfläche (BGF)

▷ von
ø Mittel
◁ bis

Gebäudeart	▷	€/Einheit	◁	KG an 400
1 Büro- und Verwaltungsgebäude				
Büro- und Verwaltungsgebäude, einfacher Standard	–	**–**	–	–
Büro- und Verwaltungsgebäude, mittlerer Standard	4,80	**11,00**	32,00	0,6%
Büro- und Verwaltungsgebäude, hoher Standard	11,00	**22,00**	39,00	0,6%
Büro- und Verwaltungsgebäude, Holzbauweise	–	**2,10**	–	0,1%
2 Gebäude für Forschung und Lehre				
Instituts- und Laborgebäude	–	**3,80**	–	< 0,1%
3 Gebäude des Gesundheitswesens				
Medizinische Einrichtungen	0,70	**4,40**	8,10	0,3%
Pflegeheime	0,30	**4,50**	8,60	0,3%
Gebäude für Erholungszwecke	2,10	**6,50**	11,00	0,2%
4 Schulen und Kindergärten				
Allgemeinbildende Schulen	–	**3,60**	–	0,1%
Schulen, Holzbauweise	5,60	**8,60**	10,00	0,6%
Berufliche Schulen	6,80	**9,90**	13,00	0,7%
Förder- und Sonderschulen	3,10	**8,10**	27,00	1,5%
Weiterbildungseinrichtungen	2,80	**8,30**	14,00	0,7%
Kindergärten, nicht unterkellert, einfacher Standard	–	**2,80**	–	0,2%
Kindergärten, nicht unterkellert, mittlerer Standard	1,30	**7,70**	20,00	0,6%
Kindergärten, nicht unterkellert, hoher Standard	1,60	**2,80**	4,00	0,3%
Kindergärten, Holzbauweise, nicht unterkellert	2,00	**4,60**	7,00	0,2%
Kindergärten, unterkellert	4,20	**6,00**	7,70	0,5%
5 Sportbauten				
Sport- und Mehrzweckhallen	–	**0,80**	–	< 0,1%
Sporthallen (Einfeldhallen)	–	**0,20**	–	< 0,1%
Sporthallen (Dreifeldhallen)	0,10	**0,20**	0,30	< 0,1%
6 Wohngebäude				
Ein- und Zweifamilienhäuser				
Ein- und Zweifamilienhäuser, unterkellert, einfacher Standard	0,90	**1,60**	3,10	0,8%
Ein- und Zweifamilienhäuser, unterkellert, mittlerer Standard	0,90	**2,00**	4,30	0,2%
Ein- und Zweifamilienhäuser, unterkellert, hoher Standard	< 0,10	**2,50**	5,00	< 0,1%
Ein- und Zweifamilienhäuser, nicht unterkellert, einfacher Standard	–	**0,40**	–	0,1%
Ein- und Zweifamilienhäuser, nicht unterkellert, mittlerer Standard	0,60	**1,50**	2,90	0,2%
Ein- und Zweifamilienhäuser, nicht unterkellert, hoher Standard	2,70	**5,10**	7,50	0,3%
Ein- und Zweifamilienhäuser, Passivhausstandard, Massivbauweise	1,20	**2,30**	4,10	0,3%
Ein- und Zweifamilienhäuser, Passivhausstandard, Holzbauweise	1,70	**3,00**	4,40	0,4%
Ein- und Zweifamilienhäuser, Holzbauweise, unterkellert	1,00	**2,30**	4,10	0,5%
Ein- und Zweifamilienhäuser, Holzbauweise, nicht unterkellert	–	**5,50**	–	0,2%
Doppel- und Reihenend- / Reihenhäuser				
Doppel- und Reihenendhäuser, einfacher Standard	–	**–**	–	–
Doppel- und Reihenendhäuser, mittlerer Standard	0,70	**1,00**	1,50	0,2%
Doppel- und Reihenendhäuser, hoher Standard	1,70	**2,60**	3,40	0,2%
Doppel- und Reihenendhäuser, Holzbauweise	0,60	**1,10**	2,40	0,3%
Reihenhäuser, einfacher Standard	–	**–**	–	–
Reihenhäuser, mittlerer Standard	–	**1,80**	–	0,4%
Reihenhäuser, hoher Standard	–	**2,50**	–	0,2%
Mehrfamilienhäuser				
Mehrfamilienhäuser, mit bis zu 6 WE, einfacher Standard	–	**–**	–	–
Mehrfamilienhäuser, mit bis zu 6 WE, mittlerer Standard	0,50	**0,70**	1,00	0,1%
Mehrfamilienhäuser, mit bis zu 6 WE, hoher Standard	0,70	**1,90**	2,70	0,4%

© BKI Baukosteninformationszentrum; Erläuterungen zu den Tabellen siehe Seite 56

Gebäudeart	▷	€/Einheit	◁	KG an 400
Mehrfamilienhäuser (Fortsetzung)				
Mehrfamilienhäuser, mit 6 bis 19 WE, einfacher Standard	0,90	**1,00**	1,00	0,3%
Mehrfamilienhäuser, mit 6 bis 19 WE, mittlerer Standard	0,50	**2,50**	3,50	0,3%
Mehrfamilienhäuser, mit 6 bis 19 WE, hoher Standard	1,60	**2,90**	3,60	0,8%
Mehrfamilienhäuser, mit 20 oder mehr WE, einfacher Standard	–	**3,30**	–	0,3%
Mehrfamilienhäuser, mit 20 oder mehr WE, mittlerer Standard	2,50	**5,20**	7,90	0,5%
Mehrfamilienhäuser, mit 20 oder mehr WE, hoher Standard	1,40	**1,70**	2,10	0,4%
Mehrfamilienhäuser, Passivhäuser	1,20	**1,90**	2,70	0,5%
Mehrfamilienhäuser, Holzbauweise	0,80	**1,20**	1,70	0,3%
Wohnhäuser, mit bis zu 15% Mischnutzung, einfacher Standard	–	**–**	–	–
Wohnhäuser, mit bis zu 15% Mischnutzung, mittlerer Standard	1,80	**2,00**	2,20	0,7%
Wohnhäuser, mit bis zu 15% Mischnutzung, hoher Standard	–	**0,20**	–	< 0,1%
Wohnhäuser, mit mehr als 15% Mischnutzung	–	**3,70**	–	0,4%
Seniorenwohnungen und Beherbergungen				
Seniorenwohnungen, mittlerer Standard	2,30	**4,20**	6,20	0,8%
Seniorenwohnungen, hoher Standard	–	**–**	–	–
Wohnheime und Internate	1,10	**1,80**	2,70	0,3%
Hotels	–	**–**	–	–
7 Gewerbe-, Lager- und Garagen				
Gaststätten, Kantinen und Mensen	–	**6,90**	–	0,6%
Industrielle Produktionsgebäude, Massivbauweise	1,90	**2,90**	5,00	0,5%
Industrielle Produktionsgebäude, überwiegend Skelettbauweise	–	**1,40**	–	< 0,1%
Betriebs- und Werkstätten, eingeschossig	2,90	**5,10**	7,30	0,4%
Betriebs- und Werkstätten, mehrgeschossig, geringer Hallenanteil	2,20	**2,90**	4,50	0,3%
Betriebs- und Werkstätten, mehrgeschossig, hoher Hallenanteil	1,50	**4,10**	10,00	0,4%
Geschäftshäuser, mit Wohnungen	1,20	**2,00**	2,80	0,3%
Geschäftshäuser, ohne Wohnungen	1,50	**2,00**	2,50	0,7%
Verbrauchermärkte	–	**1,00**	–	< 0,1%
Autohäuser	–	**9,30**	–	1,1%
Lagergebäude, ohne Mischnutzung	–	**–**	–	–
Lagergebäude, mit bis zu 25% Mischnutzung	–	**0,50**	–	< 0,1%
Lagergebäude, mit mehr als 25% Mischnutzung	–	**–**	–	–
Garagen und Bereitschaftsdienste				
Einzel- und Doppelgaragen	–	**–**	–	–
Mehrfachgaragen	0,30	**0,80**	1,30	0,1%
Hochgaragen	–	**< 0,10**	–	< 0,1%
Fahrradparkhäuser	–	**–**	–	–
Carports	–	**–**	–	–
Tiefgaragen	–	**–**	–	–
Feuerwehrhäuser	5,40	**12,00**	15,00	1,0%
Öffentliche Bereitschaftsdienste	1,40	**2,20**	3,00	0,2%
8 Gebäude für kulturelle und religiöse Zwecke				
Bibliotheken, Museen und Ausstellungen	1,40	**8,70**	16,00	0,5%
Theater	0,60	**3,80**	7,00	0,2%
Gemeindezentren, einfacher Standard	0,50	**0,80**	1,00	0,2%
Gemeindezentren, mittlerer Standard	0,90	**2,10**	4,70	0,2%
Gemeindezentren, hoher Standard	0,20	**5,60**	11,00	0,4%
Gemeindezentren, Holzbauweise	–	**8,00**	–	0,4%
Friedhofsgebäude	–	**–**	–	–

Einheit: m²
Brutto-Grundfläche (BGF)

452 Such- und Signalanlagen

Kosten:
Stand 1. Quartal 2025
Bundesdurchschnitt
inkl. 19% MwSt.

Einheit: m²
Brutto-Grundfläche (BGF)

▷ von
ø Mittel
◁ bis

Gebäudeart	▷	€/Einheit	◁	KG an 400
1 Büro- und Verwaltungsgebäude				
Büro- und Verwaltungsgebäude, einfacher Standard	0,90	**3,50**	8,60	1,5%
Büro- und Verwaltungsgebäude, mittlerer Standard	1,80	**4,50**	11,00	0,6%
Büro- und Verwaltungsgebäude, hoher Standard	1,20	**5,40**	10,00	0,6%
Büro- und Verwaltungsgebäude, Holzbauweise	1,00	**2,90**	4,90	0,4%
2 Gebäude für Forschung und Lehre				
Instituts- und Laborgebäude	2,50	**6,50**	14,00	0,3%
3 Gebäude des Gesundheitswesens				
Medizinische Einrichtungen	5,20	**16,00**	37,00	2,4%
Pflegeheime	26,00	**30,00**	38,00	3,5%
Gebäude für Erholungszwecke	1,70	**1,90**	2,00	< 0,1%
4 Schulen und Kindergärten				
Allgemeinbildende Schulen	0,50	**0,60**	0,70	< 0,1%
Schulen, Holzbauweise	2,10	**3,80**	10,00	0,5%
Berufliche Schulen	0,40	**0,90**	1,30	< 0,1%
Förder- und Sonderschulen	1,30	**2,10**	4,10	0,3%
Weiterbildungseinrichtungen	–	**3,20**	–	0,1%
Kindergärten, nicht unterkellert, einfacher Standard	1,50	**3,80**	8,10	0,9%
Kindergärten, nicht unterkellert, mittlerer Standard	1,60	**2,70**	3,70	0,4%
Kindergärten, nicht unterkellert, hoher Standard	1,40	**2,40**	4,20	0,3%
Kindergärten, Holzbauweise, nicht unterkellert	2,80	**4,70**	8,40	0,6%
Kindergärten, unterkellert	2,10	**4,70**	11,00	0,7%
5 Sportbauten				
Sport- und Mehrzweckhallen	–	**0,90**	–	< 0,1%
Sporthallen (Einfeldhallen)	1,10	**2,00**	2,90	0,2%
Sporthallen (Dreifeldhallen)	–	**0,60**	–	< 0,1%
6 Wohngebäude				
Ein- und Zweifamilienhäuser				
Ein- und Zweifamilienhäuser, unterkellert, einfacher Standard	1,30	**2,00**	3,20	1,0%
Ein- und Zweifamilienhäuser, unterkellert, mittlerer Standard	1,20	**3,10**	5,90	0,8%
Ein- und Zweifamilienhäuser, unterkellert, hoher Standard	2,80	**6,30**	16,00	1,2%
Ein- und Zweifamilienhäuser, nicht unterkellert, einfacher Standard	1,40	**1,70**	1,90	0,7%
Ein- und Zweifamilienhäuser, nicht unterkellert, mittlerer Standard	1,10	**2,50**	3,90	0,5%
Ein- und Zweifamilienhäuser, nicht unterkellert, hoher Standard	1,20	**3,00**	6,00	0,7%
Ein- und Zweifamilienhäuser, Passivhausstandard, Massivbauweise	1,90	**4,00**	8,40	0,8%
Ein- und Zweifamilienhäuser, Passivhausstandard, Holzbauweise	3,00	**5,20**	9,70	0,8%
Ein- und Zweifamilienhäuser, Holzbauweise, unterkellert	1,30	**3,00**	4,50	0,8%
Ein- und Zweifamilienhäuser, Holzbauweise, nicht unterkellert	2,40	**3,90**	6,30	0,6%
Doppel- und Reihenend- / Reihenhäuser				
Doppel- und Reihenendhäuser, einfacher Standard	1,50	**5,40**	9,30	1,4%
Doppel- und Reihenendhäuser, mittlerer Standard	2,10	**4,20**	6,80	1,2%
Doppel- und Reihenendhäuser, hoher Standard	3,60	**4,00**	4,70	1,0%
Doppel- und Reihenendhäuser, Holzbauweise	1,70	**2,90**	4,00	0,8%
Reihenhäuser, einfacher Standard	–	**1,60**	–	0,3%
Reihenhäuser, mittlerer Standard	–	**1,30**	–	0,3%
Reihenhäuser, hoher Standard	3,90	**4,40**	5,40	0,8%
Mehrfamilienhäuser				
Mehrfamilienhäuser, mit bis zu 6 WE, einfacher Standard	–	**2,40**	–	0,8%
Mehrfamilienhäuser, mit bis zu 6 WE, mittlerer Standard	1,80	**3,60**	4,60	1,2%
Mehrfamilienhäuser, mit bis zu 6 WE, hoher Standard	2,80	**7,80**	12,00	1,8%

© BKI Baukosteninformationszentrum; Erläuterungen zu den Tabellen siehe Seite 56

Gebäudeart	▷	€/Einheit	◁	KG an 400
Mehrfamilienhäuser (Fortsetzung)				
Mehrfamilienhäuser, mit 6 bis 19 WE, einfacher Standard	2,20	**2,60**	3,50	1,0%
Mehrfamilienhäuser, mit 6 bis 19 WE, mittlerer Standard	1,70	**2,20**	3,90	0,5%
Mehrfamilienhäuser, mit 6 bis 19 WE, hoher Standard	3,00	**5,50**	7,20	1,6%
Mehrfamilienhäuser, mit 20 oder mehr WE, einfacher Standard	1,90	**2,40**	3,00	0,6%
Mehrfamilienhäuser, mit 20 oder mehr WE, mittlerer Standard	3,70	**7,90**	22,00	2,3%
Mehrfamilienhäuser, mit 20 oder mehr WE, hoher Standard	2,20	**3,30**	5,60	0,8%
Mehrfamilienhäuser, Passivhäuser	2,70	**3,80**	5,10	1,2%
Mehrfamilienhäuser, Holzbauweise	1,10	**2,80**	4,30	0,8%
Wohnhäuser, mit bis zu 15% Mischnutzung, einfacher Standard	–	**0,90**	–	0,1%
Wohnhäuser, mit bis zu 15% Mischnutzung, mittlerer Standard	1,30	**2,50**	3,70	0,4%
Wohnhäuser, mit bis zu 15% Mischnutzung, hoher Standard	–	**2,60**	–	0,8%
Wohnhäuser, mit mehr als 15% Mischnutzung	2,40	**2,50**	2,60	0,4%
Seniorenwohnungen und Beherbergungen				
Seniorenwohnungen, mittlerer Standard	4,00	**12,00**	26,00	2,9%
Seniorenwohnungen, hoher Standard	5,40	**11,00**	16,00	2,2%
Wohnheime und Internate	2,00	**3,30**	5,20	0,7%
Hotels	–	**–**	–	–
7 Gewerbe-, Lager- und Garagen				
Gaststätten, Kantinen und Mensen	–	**–**	–	–
Industrielle Produktionsgebäude, Massivbauweise	–	**6,40**	–	0,5%
Industrielle Produktionsgebäude, überwiegend Skelettbauweise	1,20	**3,60**	8,40	0,2%
Betriebs- und Werkstätten, eingeschossig	–	**2,40**	–	< 0,1%
Betriebs- und Werkstätten, mehrgeschossig, geringer Hallenanteil	1,50	**2,70**	4,30	0,5%
Betriebs- und Werkstätten, mehrgeschossig, hoher Hallenanteil	0,70	**1,80**	6,00	0,4%
Geschäftshäuser, mit Wohnungen	0,30	**6,00**	12,00	1,0%
Geschäftshäuser, ohne Wohnungen	2,50	**2,60**	2,70	0,8%
Verbrauchermärkte	–	**2,40**	–	0,2%
Autohäuser	–	**–**	–	–
Lagergebäude, ohne Mischnutzung	2,10	**2,80**	3,50	0,4%
Lagergebäude, mit bis zu 25% Mischnutzung	1,70	**3,20**	4,70	0,6%
Lagergebäude, mit mehr als 25% Mischnutzung	–	**0,50**	–	< 0,1%
Garagen und Bereitschaftsdienste				
Einzel- und Doppelgaragen	–	**–**	–	–
Mehrfachgaragen	–	**3,10**	–	0,1%
Hochgaragen	–	**< 0,10**	–	< 0,1%
Fahrradparkhäuser	–	**0,90**	–	0,1%
Carports	–	**–**	–	–
Tiefgaragen	–	**–**	–	–
Feuerwehrhäuser	1,50	**6,80**	23,00	0,8%
Öffentliche Bereitschaftsdienste	0,80	**1,10**	1,40	0,2%
8 Gebäude für kulturelle und religiöse Zwecke				
Bibliotheken, Museen und Ausstellungen	0,90	**2,00**	2,50	0,1%
Theater	–	**1,30**	–	0,2%
Gemeindezentren, einfacher Standard	0,60	**1,50**	2,30	0,4%
Gemeindezentren, mittlerer Standard	2,50	**7,20**	20,00	0,7%
Gemeindezentren, hoher Standard	1,40	**1,80**	2,10	0,2%
Gemeindezentren, Holzbauweise	2,30	**3,20**	4,20	0,4%
Friedhofsgebäude	–	**11,00**	–	0,3%

Einheit: m²
Brutto-Grundfläche (BGF)

453 Zeitdienstanlagen

Kosten:
Stand 1. Quartal 2025
Bundesdurchschnitt
inkl. 19% MwSt.

Einheit: m²
Brutto-Grundfläche (BGF)

▷ von
ø Mittel
◁ bis

Gebäudeart	▷	€/Einheit	◁	KG an 400
1 Büro- und Verwaltungsgebäude				
Büro- und Verwaltungsgebäude, einfacher Standard	–	**–**	–	–
Büro- und Verwaltungsgebäude, mittlerer Standard	–	**23,00**	–	0,2%
Büro- und Verwaltungsgebäude, hoher Standard	–	**–**	–	–
Büro- und Verwaltungsgebäude, Holzbauweise	–	**3,10**	–	< 0,1%
2 Gebäude für Forschung und Lehre				
Instituts- und Laborgebäude	–	**2,60**	–	< 0,1%
3 Gebäude des Gesundheitswesens				
Medizinische Einrichtungen	–	**–**	–	–
Pflegeheime	–	**–**	–	–
Gebäude für Erholungszwecke	–	**–**	–	–
4 Schulen und Kindergärten				
Allgemeinbildende Schulen	0,50	**1,30**	3,30	0,1%
Schulen, Holzbauweise	–	**0,60**	–	< 0,1%
Berufliche Schulen	–	**3,40**	–	0,1%
Förder- und Sonderschulen	1,10	**1,90**	2,70	0,2%
Weiterbildungseinrichtungen	–	**–**	–	–
Kindergärten, nicht unterkellert, einfacher Standard	–	**–**	–	–
Kindergärten, nicht unterkellert, mittlerer Standard	–	**–**	–	–
Kindergärten, nicht unterkellert, hoher Standard	–	**–**	–	–
Kindergärten, Holzbauweise, nicht unterkellert	–	**1,10**	–	< 0,1%
Kindergärten, unterkellert	–	**0,60**	–	< 0,1%
5 Sportbauten				
Sport- und Mehrzweckhallen	–	**0,40**	–	< 0,1%
Sporthallen (Einfeldhallen)	–	**–**	–	–
Sporthallen (Dreifeldhallen)	0,40	**1,20**	2,00	0,1%
6 Wohngebäude				
Ein- und Zweifamilienhäuser				
Ein- und Zweifamilienhäuser, unterkellert, einfacher Standard	–	**–**	–	–
Ein- und Zweifamilienhäuser, unterkellert, mittlerer Standard	–	**–**	–	–
Ein- und Zweifamilienhäuser, unterkellert, hoher Standard	–	**–**	–	–
Ein- und Zweifamilienhäuser, nicht unterkellert, einfacher Standard	–	**–**	–	–
Ein- und Zweifamilienhäuser, nicht unterkellert, mittlerer Standard	–	**–**	–	–
Ein- und Zweifamilienhäuser, nicht unterkellert, hoher Standard	–	**–**	–	–
Ein- und Zweifamilienhäuser, Passivhausstandard, Massivbauweise	–	**–**	–	–
Ein- und Zweifamilienhäuser, Passivhausstandard, Holzbauweise	–	**–**	–	–
Ein- und Zweifamilienhäuser, Holzbauweise, unterkellert	–	**–**	–	–
Ein- und Zweifamilienhäuser, Holzbauweise, nicht unterkellert	–	**–**	–	–
Doppel- und Reihenend- / Reihenhäuser				
Doppel- und Reihenendhäuser, einfacher Standard	–	**–**	–	–
Doppel- und Reihenendhäuser, mittlerer Standard	–	**–**	–	–
Doppel- und Reihenendhäuser, hoher Standard	–	**–**	–	–
Doppel- und Reihenendhäuser, Holzbauweise	–	**–**	–	–
Reihenhäuser, einfacher Standard	–	**–**	–	–
Reihenhäuser, mittlerer Standard	–	**–**	–	–
Reihenhäuser, hoher Standard	–	**–**	–	–
Mehrfamilienhäuser				
Mehrfamilienhäuser, mit bis zu 6 WE, einfacher Standard	–	**–**	–	–
Mehrfamilienhäuser, mit bis zu 6 WE, mittlerer Standard	–	**–**	–	–
Mehrfamilienhäuser, mit bis zu 6 WE, hoher Standard	–	**–**	–	–

© **BKI** Baukosteninformationszentrum; Erläuterungen zu den Tabellen siehe Seite 56

Einheit: m²
Brutto-Grundfläche (BGF)

Gebäudeart	▷	€/Einheit	◁	KG an 400
Mehrfamilienhäuser (Fortsetzung)				
Mehrfamilienhäuser, mit 6 bis 19 WE, einfacher Standard	–	–	–	–
Mehrfamilienhäuser, mit 6 bis 19 WE, mittlerer Standard	–	–	–	–
Mehrfamilienhäuser, mit 6 bis 19 WE, hoher Standard	–	–	–	–
Mehrfamilienhäuser, mit 20 oder mehr WE, einfacher Standard	–	–	–	–
Mehrfamilienhäuser, mit 20 oder mehr WE, mittlerer Standard	–	–	–	–
Mehrfamilienhäuser, mit 20 oder mehr WE, hoher Standard	–	–	–	–
Mehrfamilienhäuser, Passivhäuser	–	–	–	–
Mehrfamilienhäuser, Holzbauweise	–	–	–	–
Wohnhäuser, mit bis zu 15% Mischnutzung, einfacher Standard	–	–	–	–
Wohnhäuser, mit bis zu 15% Mischnutzung, mittlerer Standard	–	–	–	–
Wohnhäuser, mit bis zu 15% Mischnutzung, hoher Standard	–	–	–	–
Wohnhäuser, mit mehr als 15% Mischnutzung	–	–	–	–
Seniorenwohnungen und Beherbergungen				
Seniorenwohnungen, mittlerer Standard	–	–	–	–
Seniorenwohnungen, hoher Standard	–	–	–	–
Wohnheime und Internate	–	–	–	–
Hotels	–	–	–	–
7 Gewerbe-, Lager- und Garagen				
Gaststätten, Kantinen und Mensen	–	–	–	–
Industrielle Produktionsgebäude, Massivbauweise	–	–	–	–
Industrielle Produktionsgebäude, überwiegend Skelettbauweise	–	–	–	–
Betriebs- und Werkstätten, eingeschossig	–	–	–	–
Betriebs- und Werkstätten, mehrgeschossig, geringer Hallenanteil	–	–	–	–
Betriebs- und Werkstätten, mehrgeschossig, hoher Hallenanteil	–	–	–	–
Geschäftshäuser, mit Wohnungen	–	–	–	–
Geschäftshäuser, ohne Wohnungen	–	–	–	–
Verbrauchermärkte	–	–	–	–
Autohäuser	–	–	–	–
Lagergebäude, ohne Mischnutzung	–	**0,60**	–	< 0,1%
Lagergebäude, mit bis zu 25% Mischnutzung	–	–	–	–
Lagergebäude, mit mehr als 25% Mischnutzung	–	–	–	–
Garagen und Bereitschaftsdienste				
Einzel- und Doppelgaragen	–	–	–	–
Mehrfachgaragen	–	–	–	–
Hochgaragen	–	–	–	–
Fahrradparkhäuser	–	–	–	–
Carports	–	–	–	–
Tiefgaragen	–	–	–	–
Feuerwehrhäuser	–	**3,80**	–	0,1%
Öffentliche Bereitschaftsdienste	–	–	–	–
8 Gebäude für kulturelle und religiöse Zwecke				
Bibliotheken, Museen und Ausstellungen	–	–	–	–
Theater	–	–	–	–
Gemeindezentren, einfacher Standard	–	–	–	–
Gemeindezentren, mittlerer Standard	–	–	–	–
Gemeindezentren, hoher Standard	–	–	–	–
Gemeindezentren, Holzbauweise	–	–	–	–
Friedhofsgebäude	–	–	–	–

454 Elektroakustische Anlagen

Kosten:
Stand 1. Quartal 2025
Bundesdurchschnitt
inkl. 19% MwSt.

Einheit: m²
Brutto-Grundfläche (BGF)

▷ von
ø Mittel
◁ bis

Gebäudeart	▷	€/Einheit	◁	KG an 400
1 Büro- und Verwaltungsgebäude				
Büro- und Verwaltungsgebäude, einfacher Standard	–	**–**	–	–
Büro- und Verwaltungsgebäude, mittlerer Standard	0,20	**1,00**	1,80	< 0,1%
Büro- und Verwaltungsgebäude, hoher Standard	–	**–**	–	–
Büro- und Verwaltungsgebäude, Holzbauweise	–	**2,20**	–	< 0,1%
2 Gebäude für Forschung und Lehre				
Instituts- und Laborgebäude	–	**–**	–	–
3 Gebäude des Gesundheitswesens				
Medizinische Einrichtungen	0,20	**5,00**	7,70	0,6%
Pflegeheime	3,30	**9,60**	16,00	0,4%
Gebäude für Erholungszwecke	–	**–**	–	–
4 Schulen und Kindergärten				
Allgemeinbildende Schulen	2,70	**8,40**	12,00	1,1%
Schulen, Holzbauweise	1,70	**3,50**	5,40	0,2%
Berufliche Schulen	10,00	**14,00**	17,00	0,7%
Förder- und Sonderschulen	3,70	**8,70**	19,00	1,0%
Weiterbildungseinrichtungen	–	**–**	–	–
Kindergärten, nicht unterkellert, einfacher Standard	–	**–**	–	–
Kindergärten, nicht unterkellert, mittlerer Standard	–	**21,00**	–	0,8%
Kindergärten, nicht unterkellert, hoher Standard	–	**2,00**	–	< 0,1%
Kindergärten, Holzbauweise, nicht unterkellert	–	**13,00**	–	0,1%
Kindergärten, unterkellert	–	**–**	–	–
5 Sportbauten				
Sport- und Mehrzweckhallen	4,40	**6,30**	8,20	0,6%
Sporthallen (Einfeldhallen)	1,00	**5,40**	9,70	0,5%
Sporthallen (Dreifeldhallen)	13,00	**16,00**	21,00	1,8%
6 Wohngebäude				
Ein- und Zweifamilienhäuser				
Ein- und Zweifamilienhäuser, unterkellert, einfacher Standard	–	**–**	–	–
Ein- und Zweifamilienhäuser, unterkellert, mittlerer Standard	1,70	**2,50**	4,10	0,1%
Ein- und Zweifamilienhäuser, unterkellert, hoher Standard	1,30	**3,50**	16,00	0,3%
Ein- und Zweifamilienhäuser, nicht unterkellert, einfacher Standard	–	**–**	–	–
Ein- und Zweifamilienhäuser, nicht unterkellert, mittlerer Standard	1,00	**1,20**	1,40	< 0,1%
Ein- und Zweifamilienhäuser, nicht unterkellert, hoher Standard	0,50	**1,00**	2,00	< 0,1%
Ein- und Zweifamilienhäuser, Passivhausstandard, Massivbauweise	–	**–**	–	–
Ein- und Zweifamilienhäuser, Passivhausstandard, Holzbauweise	–	**–**	–	–
Ein- und Zweifamilienhäuser, Holzbauweise, unterkellert	–	**5,30**	–	< 0,1%
Ein- und Zweifamilienhäuser, Holzbauweise, nicht unterkellert	0,90	**1,80**	3,30	0,1%
Doppel- und Reihenend- / Reihenhäuser				
Doppel- und Reihenendhäuser, einfacher Standard	–	**–**	–	–
Doppel- und Reihenendhäuser, mittlerer Standard	–	**–**	–	–
Doppel- und Reihenendhäuser, hoher Standard	–	**0,30**	–	< 0,1%
Doppel- und Reihenendhäuser, Holzbauweise	–	**1,40**	–	0,1%
Reihenhäuser, einfacher Standard	–	**–**	–	–
Reihenhäuser, mittlerer Standard	–	**–**	–	–
Reihenhäuser, hoher Standard	–	**0,90**	–	< 0,1%
Mehrfamilienhäuser				
Mehrfamilienhäuser, mit bis zu 6 WE, einfacher Standard	–	**–**	–	–
Mehrfamilienhäuser, mit bis zu 6 WE, mittlerer Standard	–	**0,60**	–	< 0,1%
Mehrfamilienhäuser, mit bis zu 6 WE, hoher Standard	0,90	**2,40**	3,90	0,1%

© **BKI** Baukosteninformationszentrum; Erläuterungen zu den Tabellen siehe Seite 56

Einheit: m²
Brutto-Grundfläche (BGF)

Gebäudeart	▷	€/Einheit	◁	KG an 400
Mehrfamilienhäuser (Fortsetzung)				
Mehrfamilienhäuser, mit 6 bis 19 WE, einfacher Standard	–	**–**	–	–
Mehrfamilienhäuser, mit 6 bis 19 WE, mittlerer Standard	–	**–**	–	–
Mehrfamilienhäuser, mit 6 bis 19 WE, hoher Standard	–	**1,20**	–	< 0,1%
Mehrfamilienhäuser, mit 20 oder mehr WE, einfacher Standard	–	**–**	–	–
Mehrfamilienhäuser, mit 20 oder mehr WE, mittlerer Standard	–	**–**	–	–
Mehrfamilienhäuser, mit 20 oder mehr WE, hoher Standard	–	**–**	–	–
Mehrfamilienhäuser, Passivhäuser	–	**0,10**	–	< 0,1%
Mehrfamilienhäuser, Holzbauweise	–	**0,90**	–	< 0,1%
Wohnhäuser, mit bis zu 15% Mischnutzung, einfacher Standard	–	**1,40**	–	0,2%
Wohnhäuser, mit bis zu 15% Mischnutzung, mittlerer Standard	–	**1,00**	–	0,2%
Wohnhäuser, mit bis zu 15% Mischnutzung, hoher Standard	–	**–**	–	–
Wohnhäuser, mit mehr als 15% Mischnutzung	–	**–**	–	–
Seniorenwohnungen und Beherbergungen				
Seniorenwohnungen, mittlerer Standard	–	**–**	–	–
Seniorenwohnungen, hoher Standard	–	**–**	–	–
Wohnheime und Internate	3,10	**9,00**	15,00	0,3%
Hotels	–	**–**	–	–
7 Gewerbe-, Lager- und Garagen				
Gaststätten, Kantinen und Mensen	–	**18,00**	–	1,5%
Industrielle Produktionsgebäude, Massivbauweise	–	**–**	–	–
Industrielle Produktionsgebäude, überwiegend Skelettbauweise	–	**–**	–	–
Betriebs- und Werkstätten, eingeschossig	–	**–**	–	–
Betriebs- und Werkstätten, mehrgeschossig, geringer Hallenanteil	–	**–**	–	–
Betriebs- und Werkstätten, mehrgeschossig, hoher Hallenanteil	–	**0,30**	–	< 0,1%
Geschäftshäuser, mit Wohnungen	–	**–**	–	–
Geschäftshäuser, ohne Wohnungen	–	**–**	–	–
Verbrauchermärkte	–	**1,60**	–	0,1%
Autohäuser	–	**–**	–	–
Lagergebäude, ohne Mischnutzung	–	**–**	–	–
Lagergebäude, mit bis zu 25% Mischnutzung	–	**–**	–	–
Lagergebäude, mit mehr als 25% Mischnutzung	–	**–**	–	–
Garagen und Bereitschaftsdienste				
Einzel- und Doppelgaragen	–	**–**	–	–
Mehrfachgaragen	–	**–**	–	–
Hochgaragen	–	**–**	–	–
Fahrradparkhäuser	–	**–**	–	–
Carports	–	**–**	–	–
Tiefgaragen	–	**–**	–	–
Feuerwehrhäuser	10,00	**12,00**	14,00	0,7%
Öffentliche Bereitschaftsdienste	–	**–**	–	–
8 Gebäude für kulturelle und religiöse Zwecke				
Bibliotheken, Museen und Ausstellungen	16,00	**61,00**	107,00	2,1%
Theater	–	**24,00**	–	0,6%
Gemeindezentren, einfacher Standard	–	**2,50**	–	0,2%
Gemeindezentren, mittlerer Standard	3,80	**7,90**	12,00	0,4%
Gemeindezentren, hoher Standard	15,00	**41,00**	55,00	4,6%
Gemeindezentren, Holzbauweise	–	**2,60**	–	0,1%
Friedhofsgebäude	–	**1,70**	–	< 0,1%

455 Audiovisuelle Medien- und Antennenanlagen

Kosten:
Stand 1. Quartal 2025
Bundesdurchschnitt
inkl. 19% MwSt.

Einheit: m²
Brutto-Grundfläche (BGF)

▷ von
ø Mittel
◁ bis

Gebäudeart	▷	€/Einheit	◁	KG an 400
1 Büro- und Verwaltungsgebäude				
Büro- und Verwaltungsgebäude, einfacher Standard	–	**6,60**	–	1,0%
Büro- und Verwaltungsgebäude, mittlerer Standard	0,40	**1,50**	6,80	< 0,1%
Büro- und Verwaltungsgebäude, hoher Standard	1,50	**4,50**	21,00	0,2%
Büro- und Verwaltungsgebäude, Holzbauweise	–	**1,80**	–	< 0,1%
2 Gebäude für Forschung und Lehre				
Instituts- und Laborgebäude	–	**–**	–	–
3 Gebäude des Gesundheitswesens				
Medizinische Einrichtungen	0,20	**1,70**	2,50	0,2%
Pflegeheime	3,50	**4,80**	5,70	0,6%
Gebäude für Erholungszwecke	–	**0,40**	–	< 0,1%
4 Schulen und Kindergärten				
Allgemeinbildende Schulen	–	**0,60**	–	< 0,1%
Schulen, Holzbauweise	–	**2,00**	–	< 0,1%
Berufliche Schulen	–	**3,20**	–	< 0,1%
Förder- und Sonderschulen	0,70	**1,00**	1,60	< 0,1%
Weiterbildungseinrichtungen	–	**2,90**	–	0,1%
Kindergärten, nicht unterkellert, einfacher Standard	–	**–**	–	–
Kindergärten, nicht unterkellert, mittlerer Standard	0,40	**0,60**	0,80	< 0,1%
Kindergärten, nicht unterkellert, hoher Standard	1,30	**3,30**	5,30	0,4%
Kindergärten, Holzbauweise, nicht unterkellert	0,40	**2,80**	5,20	0,1%
Kindergärten, unterkellert	–	**0,70**	–	< 0,1%
5 Sportbauten				
Sport- und Mehrzweckhallen	1,10	**1,30**	1,60	0,1%
Sporthallen (Einfeldhallen)	–	**–**	–	–
Sporthallen (Dreifeldhallen)	–	**1,70**	–	< 0,1%
6 Wohngebäude				
Ein- und Zweifamilienhäuser				
Ein- und Zweifamilienhäuser, unterkellert, einfacher Standard	1,70	**4,40**	8,90	2,0%
Ein- und Zweifamilienhäuser, unterkellert, mittlerer Standard	3,90	**5,70**	7,70	1,2%
Ein- und Zweifamilienhäuser, unterkellert, hoher Standard	4,50	**6,30**	8,60	1,0%
Ein- und Zweifamilienhäuser, nicht unterkellert, einfacher Standard	0,60	**3,90**	7,20	1,4%
Ein- und Zweifamilienhäuser, nicht unterkellert, mittlerer Standard	3,20	**7,50**	16,00	1,3%
Ein- und Zweifamilienhäuser, nicht unterkellert, hoher Standard	1,40	**4,10**	9,20	0,8%
Ein- und Zweifamilienhäuser, Passivhausstandard, Massivbauweise	1,80	**4,30**	7,40	0,9%
Ein- und Zweifamilienhäuser, Passivhausstandard, Holzbauweise	3,30	**6,70**	11,00	0,8%
Ein- und Zweifamilienhäuser, Holzbauweise, unterkellert	1,80	**3,90**	7,00	0,9%
Ein- und Zweifamilienhäuser, Holzbauweise, nicht unterkellert	1,40	**4,80**	8,70	1,0%
Doppel- und Reihenend- / Reihenhäuser				
Doppel- und Reihenendhäuser, einfacher Standard	2,00	**4,60**	7,10	1,2%
Doppel- und Reihenendhäuser, mittlerer Standard	1,30	**5,60**	9,00	1,6%
Doppel- und Reihenendhäuser, hoher Standard	1,50	**4,00**	6,80	0,8%
Doppel- und Reihenendhäuser, Holzbauweise	1,60	**4,90**	9,10	1,2%
Reihenhäuser, einfacher Standard	–	**1,70**	–	0,3%
Reihenhäuser, mittlerer Standard	–	**12,00**	–	2,5%
Reihenhäuser, hoher Standard	1,90	**3,00**	5,20	0,5%
Mehrfamilienhäuser				
Mehrfamilienhäuser, mit bis zu 6 WE, einfacher Standard	–	**1,00**	–	0,3%
Mehrfamilienhäuser, mit bis zu 6 WE, mittlerer Standard	1,80	**4,30**	6,60	1,5%
Mehrfamilienhäuser, mit bis zu 6 WE, hoher Standard	3,00	**4,00**	5,20	1,0%

© **BKI** Baukosteninformationszentrum; Erläuterungen zu den Tabellen siehe Seite 56

Gebäudeart	▷	€/Einheit	◁	KG an 400
Mehrfamilienhäuser (Fortsetzung)				
Mehrfamilienhäuser, mit 6 bis 19 WE, einfacher Standard	2,40	**4,90**	10,00	1,8%
Mehrfamilienhäuser, mit 6 bis 19 WE, mittlerer Standard	2,60	**4,10**	7,30	1,0%
Mehrfamilienhäuser, mit 6 bis 19 WE, hoher Standard	2,80	**4,10**	5,10	1,2%
Mehrfamilienhäuser, mit 20 oder mehr WE, einfacher Standard	1,80	**1,90**	2,10	0,5%
Mehrfamilienhäuser, mit 20 oder mehr WE, mittlerer Standard	3,30	**8,00**	20,00	1,9%
Mehrfamilienhäuser, mit 20 oder mehr WE, hoher Standard	3,50	**7,60**	15,00	1,8%
Mehrfamilienhäuser, Passivhäuser	2,00	**6,00**	9,90	1,8%
Mehrfamilienhäuser, Holzbauweise	2,60	**4,00**	4,90	1,1%
Wohnhäuser, mit bis zu 15% Mischnutzung, einfacher Standard	2,50	**3,80**	4,60	1,2%
Wohnhäuser, mit bis zu 15% Mischnutzung, mittlerer Standard	2,80	**8,50**	18,00	2,5%
Wohnhäuser, mit bis zu 15% Mischnutzung, hoher Standard	–	**1,90**	–	0,6%
Wohnhäuser, mit mehr als 15% Mischnutzung	–	**4,60**	–	0,5%
Seniorenwohnungen und Beherbergungen				
Seniorenwohnungen, mittlerer Standard	2,10	**4,10**	8,00	1,0%
Seniorenwohnungen, hoher Standard	3,70	**3,80**	3,80	0,8%
Wohnheime und Internate	0,90	**2,60**	3,60	0,4%
Hotels	–	**4,30**	–	1,4%
7 Gewerbe-, Lager- und Garagen				
Gaststätten, Kantinen und Mensen	–	**4,20**	–	0,4%
Industrielle Produktionsgebäude, Massivbauweise	–	**2,40**	–	< 0,1%
Industrielle Produktionsgebäude, überwiegend Skelettbauweise	–	**–**	–	–
Betriebs- und Werkstätten, eingeschossig	–	**–**	–	–
Betriebs- und Werkstätten, mehrgeschossig, geringer Hallenanteil	0,70	**0,90**	1,10	0,1%
Betriebs- und Werkstätten, mehrgeschossig, hoher Hallenanteil	–	**7,10**	–	0,4%
Geschäftshäuser, mit Wohnungen	0,20	**0,90**	1,60	0,2%
Geschäftshäuser, ohne Wohnungen	–	**2,40**	–	0,3%
Verbrauchermärkte	–	**–**	–	–
Autohäuser	–	**–**	–	–
Lagergebäude, ohne Mischnutzung	–	**–**	–	–
Lagergebäude, mit bis zu 25% Mischnutzung	–	**0,80**	–	0,1%
Lagergebäude, mit mehr als 25% Mischnutzung	–	**–**	–	–
Garagen und Bereitschaftsdienste				
Einzel- und Doppelgaragen	–	**–**	–	–
Mehrfachgaragen	–	**5,50**	–	0,2%
Hochgaragen	–	**–**	–	–
Fahrradparkhäuser	–	**–**	–	–
Carports	–	**–**	–	–
Tiefgaragen	–	**–**	–	–
Feuerwehrhäuser	2,50	**3,90**	8,70	0,6%
Öffentliche Bereitschaftsdienste	–	**2,00**	–	0,2%
8 Gebäude für kulturelle und religiöse Zwecke				
Bibliotheken, Museen und Ausstellungen	–	**1,60**	–	< 0,1%
Theater	–	**–**	–	–
Gemeindezentren, einfacher Standard	2,40	**2,60**	2,80	0,6%
Gemeindezentren, mittlerer Standard	–	**0,80**	–	< 0,1%
Gemeindezentren, hoher Standard	–	**4,00**	–	0,2%
Gemeindezentren, Holzbauweise	0,70	**1,30**	1,80	0,1%
Friedhofsgebäude	–	**1,50**	–	< 0,1%

Einheit: m²
Brutto-Grundfläche (BGF)

456 Gefahrenmelde- und Alarmanlagen

Kosten:
Stand 1. Quartal 2025
Bundesdurchschnitt
inkl. 19% MwSt.

Einheit: m²
Brutto-Grundfläche (BGF)

▷ von
ø Mittel
◁ bis

Gebäudeart	▷	€/Einheit	◁	KG an 400
1 Büro- und Verwaltungsgebäude				
Büro- und Verwaltungsgebäude, einfacher Standard	–	**–**	–	–
Büro- und Verwaltungsgebäude, mittlerer Standard	7,90	**22,00**	41,00	3,0%
Büro- und Verwaltungsgebäude, hoher Standard	22,00	**46,00**	89,00	4,2%
Büro- und Verwaltungsgebäude, Holzbauweise	–	**82,00**	–	2,0%
2 Gebäude für Forschung und Lehre				
Instituts- und Laborgebäude	7,20	**34,00**	60,00	2,3%
3 Gebäude des Gesundheitswesens				
Medizinische Einrichtungen	15,00	**28,00**	49,00	3,5%
Pflegeheime	24,00	**44,00**	57,00	4,6%
Gebäude für Erholungszwecke	22,00	**66,00**	110,00	1,7%
4 Schulen und Kindergärten				
Allgemeinbildende Schulen	4,50	**14,00**	25,00	1,8%
Schulen, Holzbauweise	18,00	**37,00**	65,00	4,8%
Berufliche Schulen	18,00	**31,00**	64,00	3,5%
Förder- und Sonderschulen	4,30	**15,00**	21,00	2,7%
Weiterbildungseinrichtungen	< 0,10	**12,00**	24,00	0,9%
Kindergärten, nicht unterkellert, einfacher Standard	7,20	**11,00**	19,00	2,4%
Kindergärten, nicht unterkellert, mittlerer Standard	10,00	**23,00**	43,00	3,2%
Kindergärten, nicht unterkellert, hoher Standard	12,00	**19,00**	22,00	2,7%
Kindergärten, Holzbauweise, nicht unterkellert	13,00	**24,00**	41,00	3,3%
Kindergärten, unterkellert	3,50	**10,00**	17,00	1,8%
5 Sportbauten				
Sport- und Mehrzweckhallen	–	**25,00**	–	1,1%
Sporthallen (Einfeldhallen)	9,20	**16,00**	23,00	3,6%
Sporthallen (Dreifeldhallen)	9,00	**27,00**	45,00	1,8%
6 Wohngebäude				
Ein- und Zweifamilienhäuser				
Ein- und Zweifamilienhäuser, unterkellert, einfacher Standard	–	**–**	–	–
Ein- und Zweifamilienhäuser, unterkellert, mittlerer Standard	1,60	**2,60**	6,10	0,2%
Ein- und Zweifamilienhäuser, unterkellert, hoher Standard	3,60	**7,80**	15,00	0,6%
Ein- und Zweifamilienhäuser, nicht unterkellert, einfacher Standard	–	**–**	–	–
Ein- und Zweifamilienhäuser, nicht unterkellert, mittlerer Standard	1,60	**2,50**	3,00	0,1%
Ein- und Zweifamilienhäuser, nicht unterkellert, hoher Standard	2,60	**6,70**	26,00	0,8%
Ein- und Zweifamilienhäuser, Passivhausstandard, Massivbauweise	0,80	**7,80**	13,00	0,4%
Ein- und Zweifamilienhäuser, Passivhausstandard, Holzbauweise	1,10	**2,30**	6,30	0,2%
Ein- und Zweifamilienhäuser, Holzbauweise, unterkellert	–	**–**	–	–
Ein- und Zweifamilienhäuser, Holzbauweise, nicht unterkellert	1,30	**1,50**	2,10	0,2%
Doppel- und Reihenend- / Reihenhäuser				
Doppel- und Reihenendhäuser, einfacher Standard	–	**1,80**	–	0,2%
Doppel- und Reihenendhäuser, mittlerer Standard	–	**3,30**	–	0,1%
Doppel- und Reihenendhäuser, hoher Standard	–	**0,70**	–	< 0,1%
Doppel- und Reihenendhäuser, Holzbauweise	–	**–**	–	–
Reihenhäuser, einfacher Standard	–	**7,30**	–	1,2%
Reihenhäuser, mittlerer Standard	–	**–**	–	–
Reihenhäuser, hoher Standard	–	**1,70**	–	0,1%
Mehrfamilienhäuser				
Mehrfamilienhäuser, mit bis zu 6 WE, einfacher Standard	–	**–**	–	–
Mehrfamilienhäuser, mit bis zu 6 WE, mittlerer Standard	0,80	**2,10**	3,40	0,3%
Mehrfamilienhäuser, mit bis zu 6 WE, hoher Standard	1,10	**2,20**	5,50	0,2%

© BKI Baukosteninformationszentrum; Erläuterungen zu den Tabellen siehe Seite 56

Gebäudeart	▷	€/Einheit	◁	KG an 400
Mehrfamilienhäuser (Fortsetzung)				
Mehrfamilienhäuser, mit 6 bis 19 WE, einfacher Standard	–	**1,40**	–	0,2%
Mehrfamilienhäuser, mit 6 bis 19 WE, mittlerer Standard	0,90	**1,30**	2,30	0,2%
Mehrfamilienhäuser, mit 6 bis 19 WE, hoher Standard	2,30	**6,60**	14,00	1,3%
Mehrfamilienhäuser, mit 20 oder mehr WE, einfacher Standard	1,00	**1,00**	1,10	0,3%
Mehrfamilienhäuser, mit 20 oder mehr WE, mittlerer Standard	3,00	**5,10**	11,00	1,3%
Mehrfamilienhäuser, mit 20 oder mehr WE, hoher Standard	–	**2,90**	–	0,3%
Mehrfamilienhäuser, Passivhäuser	–	**0,30**	–	< 0,1%
Mehrfamilienhäuser, Holzbauweise	1,80	**2,20**	2,90	0,4%
Wohnhäuser, mit bis zu 15% Mischnutzung, einfacher Standard	–	**–**	–	–
Wohnhäuser, mit bis zu 15% Mischnutzung, mittlerer Standard	–	**2,10**	–	0,2%
Wohnhäuser, mit bis zu 15% Mischnutzung, hoher Standard	–	**–**	–	–
Wohnhäuser, mit mehr als 15% Mischnutzung	–	**18,00**	–	1,1%
Seniorenwohnungen und Beherbergungen				
Seniorenwohnungen, mittlerer Standard	3,50	**4,30**	5,80	1,1%
Seniorenwohnungen, hoher Standard	–	**1,50**	–	0,2%
Wohnheime und Internate	8,10	**15,00**	21,00	2,9%
Hotels	–	**–**	–	–
7 Gewerbe-, Lager- und Garagen				
Gaststätten, Kantinen und Mensen	–	**17,00**	–	1,5%
Industrielle Produktionsgebäude, Massivbauweise	–	**24,00**	–	0,5%
Industrielle Produktionsgebäude, überwiegend Skelettbauweise	4,10	**26,00**	57,00	2,0%
Betriebs- und Werkstätten, eingeschossig	43,00	**83,00**	123,00	7,5%
Betriebs- und Werkstätten, mehrgeschossig, geringer Hallenanteil	6,50	**15,00**	23,00	1,2%
Betriebs- und Werkstätten, mehrgeschossig, hoher Hallenanteil	–	**28,00**	–	0,5%
Geschäftshäuser, mit Wohnungen	–	**12,00**	–	0,8%
Geschäftshäuser, ohne Wohnungen	–	**13,00**	–	2,4%
Verbrauchermärkte	–	**8,70**	–	0,7%
Autohäuser	–	**–**	–	–
Lagergebäude, ohne Mischnutzung	16,00	**34,00**	69,00	4,6%
Lagergebäude, mit bis zu 25% Mischnutzung	3,40	**18,00**	34,00	2,7%
Lagergebäude, mit mehr als 25% Mischnutzung	–	**14,00**	–	2,1%
Garagen und Bereitschaftsdienste				
Einzel- und Doppelgaragen	–	**–**	–	–
Mehrfachgaragen	–	**1,80**	–	< 0,1%
Hochgaragen	–	**25,00**	–	4,6%
Fahrradparkhäuser	3,60	**71,00**	139,00	9,6%
Carports	–	**–**	–	–
Tiefgaragen	0,40	**0,60**	1,00	0,4%
Feuerwehrhäuser	8,60	**42,00**	80,00	5,0%
Öffentliche Bereitschaftsdienste	11,00	**31,00**	51,00	5,2%
8 Gebäude für kulturelle und religiöse Zwecke				
Bibliotheken, Museen und Ausstellungen	31,00	**44,00**	58,00	3,8%
Theater	–	**20,00**	–	0,5%
Gemeindezentren, einfacher Standard	–	**–**	–	–
Gemeindezentren, mittlerer Standard	3,00	**8,50**	19,00	0,9%
Gemeindezentren, hoher Standard	5,20	**7,10**	9,10	0,5%
Gemeindezentren, Holzbauweise	–	**7,30**	–	0,4%
Friedhofsgebäude	–	**25,00**	–	0,6%

Einheit: m²
Brutto-Grundfläche (BGF)

457 Datenübertragungsnetze

Kosten:
Stand 1. Quartal 2025
Bundesdurchschnitt
inkl. 19% MwSt.

Einheit: m²
Brutto-Grundfläche (BGF)

▷ von
ø Mittel
◁ bis

Gebäudeart	▷	€/Einheit	◁	KG an 400
1 Büro- und Verwaltungsgebäude				
Büro- und Verwaltungsgebäude, einfacher Standard	13,00	**14,00**	14,00	3,5%
Büro- und Verwaltungsgebäude, mittlerer Standard	32,00	**40,00**	51,00	6,7%
Büro- und Verwaltungsgebäude, hoher Standard	20,00	**48,00**	109,00	4,2%
Büro- und Verwaltungsgebäude, Holzbauweise	12,00	**21,00**	30,00	3,5%
2 Gebäude für Forschung und Lehre				
Instituts- und Laborgebäude	29,00	**47,00**	94,00	2,8%
3 Gebäude des Gesundheitswesens				
Medizinische Einrichtungen	17,00	**28,00**	33,00	3,8%
Pflegeheime	7,30	**20,00**	27,00	2,1%
Gebäude für Erholungszwecke	3,00	**5,20**	9,00	0,3%
4 Schulen und Kindergärten				
Allgemeinbildende Schulen	8,10	**19,00**	29,00	2,6%
Schulen, Holzbauweise	11,00	**15,00**	22,00	2,7%
Berufliche Schulen	4,70	**21,00**	53,00	1,2%
Förder- und Sonderschulen	6,80	**15,00**	18,00	2,2%
Weiterbildungseinrichtungen	–	**21,00**	–	1,3%
Kindergärten, nicht unterkellert, einfacher Standard	4,40	**12,00**	19,00	1,7%
Kindergärten, nicht unterkellert, mittlerer Standard	6,00	**9,60**	14,00	1,3%
Kindergärten, nicht unterkellert, hoher Standard	2,40	**3,90**	5,50	0,4%
Kindergärten, Holzbauweise, nicht unterkellert	4,20	**9,70**	19,00	1,2%
Kindergärten, unterkellert	1,90	**5,20**	7,80	0,9%
5 Sportbauten				
Sport- und Mehrzweckhallen	–	**28,00**	–	1,2%
Sporthallen (Einfeldhallen)	0,60	**2,90**	7,50	0,6%
Sporthallen (Dreifeldhallen)	–	**3,60**	–	0,1%
6 Wohngebäude				
Ein- und Zweifamilienhäuser				
Ein- und Zweifamilienhäuser, unterkellert, einfacher Standard	–	**–**	–	–
Ein- und Zweifamilienhäuser, unterkellert, mittlerer Standard	3,30	**6,70**	10,00	1,1%
Ein- und Zweifamilienhäuser, unterkellert, hoher Standard	5,20	**9,40**	18,00	1,7%
Ein- und Zweifamilienhäuser, nicht unterkellert, einfacher Standard	–	**5,40**	–	1,0%
Ein- und Zweifamilienhäuser, nicht unterkellert, mittlerer Standard	4,90	**9,00**	15,00	1,7%
Ein- und Zweifamilienhäuser, nicht unterkellert, hoher Standard	4,10	**6,10**	11,00	1,1%
Ein- und Zweifamilienhäuser, Passivhausstandard, Massivbauweise	1,90	**5,10**	8,30	0,8%
Ein- und Zweifamilienhäuser, Passivhausstandard, Holzbauweise	3,50	**6,80**	13,00	0,5%
Ein- und Zweifamilienhäuser, Holzbauweise, unterkellert	0,60	**2,40**	5,10	0,3%
Ein- und Zweifamilienhäuser, Holzbauweise, nicht unterkellert	3,70	**7,40**	16,00	1,2%
Doppel- und Reihenend- / Reihenhäuser				
Doppel- und Reihenendhäuser, einfacher Standard	2,80	**3,00**	3,30	0,7%
Doppel- und Reihenendhäuser, mittlerer Standard	3,80	**6,50**	16,00	1,2%
Doppel- und Reihenendhäuser, hoher Standard	–	**5,50**	–	0,3%
Doppel- und Reihenendhäuser, Holzbauweise	–	**4,00**	–	0,2%
Reihenhäuser, einfacher Standard	–	**–**	–	–
Reihenhäuser, mittlerer Standard	–	**0,40**	–	< 0,1%
Reihenhäuser, hoher Standard	5,40	**9,30**	13,00	1,2%
Mehrfamilienhäuser				
Mehrfamilienhäuser, mit bis zu 6 WE, einfacher Standard	–	**–**	–	–
Mehrfamilienhäuser, mit bis zu 6 WE, mittlerer Standard	1,20	**1,70**	2,70	0,3%
Mehrfamilienhäuser, mit bis zu 6 WE, hoher Standard	0,90	**4,40**	10,00	0,9%

© **BKI** Baukosteninformationszentrum; Erläuterungen zu den Tabellen siehe Seite 56

Einheit: m² Brutto-Grundfläche (BGF)

Gebäudeart	▷	€/Einheit	◁	KG an 400
Mehrfamilienhäuser (Fortsetzung)				
Mehrfamilienhäuser, mit 6 bis 19 WE, einfacher Standard	–	**2,30**	–	0,3%
Mehrfamilienhäuser, mit 6 bis 19 WE, mittlerer Standard	2,10	**4,20**	5,50	0,8%
Mehrfamilienhäuser, mit 6 bis 19 WE, hoher Standard	–	**2,50**	–	0,1%
Mehrfamilienhäuser, mit 20 oder mehr WE, einfacher Standard	–	**3,20**	–	0,4%
Mehrfamilienhäuser, mit 20 oder mehr WE, mittlerer Standard	4,40	**9,90**	13,00	1,7%
Mehrfamilienhäuser, mit 20 oder mehr WE, hoher Standard	–	**5,50**	–	0,4%
Mehrfamilienhäuser, Passivhäuser	2,40	**4,80**	11,00	0,7%
Mehrfamilienhäuser, Holzbauweise	3,90	**7,80**	13,00	1,4%
Wohnhäuser, mit bis zu 15% Mischnutzung, einfacher Standard	4,70	**5,50**	6,20	1,2%
Wohnhäuser, mit bis zu 15% Mischnutzung, mittlerer Standard	1,60	**2,40**	3,20	0,4%
Wohnhäuser, mit bis zu 15% Mischnutzung, hoher Standard	–	**–**	–	–
Wohnhäuser, mit mehr als 15% Mischnutzung	–	**–**	–	–
Seniorenwohnungen und Beherbergungen				
Seniorenwohnungen, mittlerer Standard	1,20	**3,10**	6,30	0,5%
Seniorenwohnungen, hoher Standard	3,00	**6,40**	9,70	1,3%
Wohnheime und Internate	4,60	**13,00**	22,00	1,1%
Hotels	–	**4,90**	–	1,6%
7 Gewerbe-, Lager- und Garagen				
Gaststätten, Kantinen und Mensen	–	**–**	–	–
Industrielle Produktionsgebäude, Massivbauweise	–	**5,00**	–	0,3%
Industrielle Produktionsgebäude, überwiegend Skelettbauweise	9,50	**22,00**	51,00	3,0%
Betriebs- und Werkstätten, eingeschossig	–	**18,00**	–	0,7%
Betriebs- und Werkstätten, mehrgeschossig, geringer Hallenanteil	8,00	**13,00**	17,00	1,6%
Betriebs- und Werkstätten, mehrgeschossig, hoher Hallenanteil	5,20	**9,70**	15,00	1,1%
Geschäftshäuser, mit Wohnungen	–	**17,00**	–	1,5%
Geschäftshäuser, ohne Wohnungen	–	**–**	–	–
Verbrauchermärkte	–	**0,60**	–	< 0,1%
Autohäuser	–	**18,00**	–	2,2%
Lagergebäude, ohne Mischnutzung	1,50	**5,60**	13,00	0,8%
Lagergebäude, mit bis zu 25% Mischnutzung	17,00	**17,00**	18,00	4,3%
Lagergebäude, mit mehr als 25% Mischnutzung	–	**–**	–	–
Garagen und Bereitschaftsdienste				
Einzel- und Doppelgaragen	–	**–**	–	–
Mehrfachgaragen	–	**–**	–	–
Hochgaragen	0,20	**0,40**	0,70	0,6%
Fahrradparkhäuser	1,50	**5,70**	9,80	2,3%
Carports	–	**–**	–	–
Tiefgaragen	–	**–**	–	–
Feuerwehrhäuser	8,50	**18,00**	47,00	2,5%
Öffentliche Bereitschaftsdienste	4,70	**5,20**	6,20	1,4%
8 Gebäude für kulturelle und religiöse Zwecke				
Bibliotheken, Museen und Ausstellungen	6,70	**13,00**	24,00	1,6%
Theater	5,50	**15,00**	24,00	1,3%
Gemeindezentren, einfacher Standard	–	**2,90**	–	0,4%
Gemeindezentren, mittlerer Standard	3,30	**9,80**	20,00	0,8%
Gemeindezentren, hoher Standard	2,60	**3,80**	5,90	0,4%
Gemeindezentren, Holzbauweise	5,80	**14,00**	23,00	1,6%
Friedhofsgebäude	–	**8,20**	–	0,2%

Gebäudeart	▷	€/Einheit	◁	KG an 400
1 Büro- und Verwaltungsgebäude				
Büro- und Verwaltungsgebäude, einfacher Standard	–	**63,00**	–	6,5%
Büro- und Verwaltungsgebäude, mittlerer Standard	29,00	**43,00**	83,00	3,1%
Büro- und Verwaltungsgebäude, hoher Standard	22,00	**45,00**	70,00	2,9%
Büro- und Verwaltungsgebäude, Holzbauweise	–	**20,00**	–	0,5%
2 Gebäude für Forschung und Lehre				
Instituts- und Laborgebäude	–	**26,00**	–	0,5%
3 Gebäude des Gesundheitswesens				
Medizinische Einrichtungen	27,00	**45,00**	55,00	6,3%
Pflegeheime	43,00	**52,00**	61,00	4,3%
Gebäude für Erholungszwecke	–	**–**	–	–
4 Schulen und Kindergärten				
Allgemeinbildende Schulen	17,00	**27,00**	34,00	3,9%
Schulen, Holzbauweise	29,00	**41,00**	47,00	2,7%
Berufliche Schulen	22,00	**59,00**	129,00	3,3%
Förder- und Sonderschulen	20,00	**42,00**	58,00	7,2%
Weiterbildungseinrichtungen	24,00	**48,00**	91,00	5,2%
Kindergärten, nicht unterkellert, einfacher Standard	–	**–**	–	–
Kindergärten, nicht unterkellert, mittlerer Standard	–	**52,00**	–	1,4%
Kindergärten, nicht unterkellert, hoher Standard	–	**51,00**	–	2,0%
Kindergärten, Holzbauweise, nicht unterkellert	31,00	**43,00**	55,00	1,1%
Kindergärten, unterkellert	–	**62,00**	–	2,2%
5 Sportbauten				
Sport- und Mehrzweckhallen	–	**–**	–	–
Sporthallen (Einfeldhallen)	–	**–**	–	–
Sporthallen (Dreifeldhallen)	–	**17,00**	–	0,6%
6 Wohngebäude				
Ein- und Zweifamilienhäuser				
Ein- und Zweifamilienhäuser, unterkellert, einfacher Standard	–	**–**	–	–
Ein- und Zweifamilienhäuser, unterkellert, mittlerer Standard	–	**–**	–	–
Ein- und Zweifamilienhäuser, unterkellert, hoher Standard	–	**–**	–	–
Ein- und Zweifamilienhäuser, nicht unterkellert, einfacher Standard	–	**–**	–	–
Ein- und Zweifamilienhäuser, nicht unterkellert, mittlerer Standard	–	**–**	–	–
Ein- und Zweifamilienhäuser, nicht unterkellert, hoher Standard	–	**–**	–	–
Ein- und Zweifamilienhäuser, Passivhausstandard, Massivbauweise	–	**–**	–	–
Ein- und Zweifamilienhäuser, Passivhausstandard, Holzbauweise	–	**–**	–	–
Ein- und Zweifamilienhäuser, Holzbauweise, unterkellert	–	**–**	–	–
Ein- und Zweifamilienhäuser, Holzbauweise, nicht unterkellert	–	**–**	–	–
Doppel- und Reihenend- / Reihenhäuser				
Doppel- und Reihenendhäuser, einfacher Standard	–	**–**	–	–
Doppel- und Reihenendhäuser, mittlerer Standard	–	**–**	–	–
Doppel- und Reihenendhäuser, hoher Standard	–	**–**	–	–
Doppel- und Reihenendhäuser, Holzbauweise	–	**–**	–	–
Reihenhäuser, einfacher Standard	–	**–**	–	–
Reihenhäuser, mittlerer Standard	–	**–**	–	–
Reihenhäuser, hoher Standard	–	**–**	–	–
Mehrfamilienhäuser				
Mehrfamilienhäuser, mit bis zu 6 WE, einfacher Standard	–	**–**	–	–
Mehrfamilienhäuser, mit bis zu 6 WE, mittlerer Standard	–	**–**	–	–
Mehrfamilienhäuser, mit bis zu 6 WE, hoher Standard	57,00	**62,00**	69,00	9,1%

Kosten:
Stand 1. Quartal 2025
Bundesdurchschnitt
inkl. 19% MwSt.

Einheit: m²
Brutto-Grundfläche (BGF)

▷ von
ø Mittel
◁ bis

© BKI Baukosteninformationszentrum; Erläuterungen zu den Tabellen siehe Seite 56

Gebäudeart	▷	€/Einheit	◁	KG an 400
Mehrfamilienhäuser (Fortsetzung)				
Mehrfamilienhäuser, mit 6 bis 19 WE, einfacher Standard	–	**–**	–	–
Mehrfamilienhäuser, mit 6 bis 19 WE, mittlerer Standard	27,00	**30,00**	41,00	5,1%
Mehrfamilienhäuser, mit 6 bis 19 WE, hoher Standard	29,00	**45,00**	53,00	15,8%
Mehrfamilienhäuser, mit 20 oder mehr WE, einfacher Standard	–	**86,00**	–	8,6%
Mehrfamilienhäuser, mit 20 oder mehr WE, mittlerer Standard	24,00	**31,00**	47,00	7,4%
Mehrfamilienhäuser, mit 20 oder mehr WE, hoher Standard	26,00	**58,00**	90,00	10,0%
Mehrfamilienhäuser, Passivhäuser	20,00	**36,00**	53,00	3,7%
Mehrfamilienhäuser, Holzbauweise	–	**43,00**	–	1,4%
Wohnhäuser, mit bis zu 15% Mischnutzung, einfacher Standard	24,00	**34,00**	42,00	11,1%
Wohnhäuser, mit bis zu 15% Mischnutzung, mittlerer Standard	–	**43,00**	–	3,5%
Wohnhäuser, mit bis zu 15% Mischnutzung, hoher Standard	–	**39,00**	–	11,6%
Wohnhäuser, mit mehr als 15% Mischnutzung	–	**–**	–	–
Seniorenwohnungen und Beherbergungen				
Seniorenwohnungen, mittlerer Standard	31,00	**63,00**	112,00	16,2%
Seniorenwohnungen, hoher Standard	32,00	**62,00**	93,00	12,9%
Wohnheime und Internate	17,00	**32,00**	46,00	4,0%
Hotels	–	**–**	–	–
7 Gewerbe-, Lager- und Garagen				
Gaststätten, Kantinen und Mensen	–	**70,00**	–	6,0%
Industrielle Produktionsgebäude, Massivbauweise	4,00	**22,00**	41,00	2,3%
Industrielle Produktionsgebäude, überwiegend Skelettbauweise	19,00	**24,00**	29,00	0,9%
Betriebs- und Werkstätten, eingeschossig	–	**14,00**	–	0,5%
Betriebs- und Werkstätten, mehrgeschossig, geringer Hallenanteil	13,00	**20,00**	23,00	11,7%
Betriebs- und Werkstätten, mehrgeschossig, hoher Hallenanteil	–	**5,50**	–	< 0,1%
Geschäftshäuser, mit Wohnungen	37,00	**40,00**	44,00	5,9%
Geschäftshäuser, ohne Wohnungen	–	**101,00**	–	13,2%
Verbrauchermärkte	–	**–**	–	–
Autohäuser	–	**–**	–	–
Lagergebäude, ohne Mischnutzung	–	**–**	–	–
Lagergebäude, mit bis zu 25% Mischnutzung	–	**–**	–	–
Lagergebäude, mit mehr als 25% Mischnutzung	–	**–**	–	–
Garagen und Bereitschaftsdienste				
Einzel- und Doppelgaragen	–	**–**	–	–
Mehrfachgaragen	–	**–**	–	–
Hochgaragen	–	**9,30**	–	1,7%
Fahrradparkhäuser	–	**–**	–	–
Carports	–	**–**	–	–
Tiefgaragen	–	**–**	–	–
Feuerwehrhäuser	–	**25,00**	–	0,8%
Öffentliche Bereitschaftsdienste	–	**–**	–	–
8 Gebäude für kulturelle und religiöse Zwecke				
Bibliotheken, Museen und Ausstellungen	–	**31,00**	–	0,6%
Theater	–	**57,00**	–	1,3%
Gemeindezentren, einfacher Standard	–	**16,00**	–	2,1%
Gemeindezentren, mittlerer Standard	72,00	**76,00**	80,00	7,0%
Gemeindezentren, hoher Standard	–	**150,00**	–	5,1%
Gemeindezentren, Holzbauweise	–	**–**	–	–
Friedhofsgebäude	–	**47,00**	–	1,1%

Einheit: m²
Brutto-Grundfläche (BGF)

Gebäudeart	▷	€/Einheit	◁	KG an 400
1 Büro- und Verwaltungsgebäude				
Büro- und Verwaltungsgebäude, einfacher Standard	–	**–**	–	–
Büro- und Verwaltungsgebäude, mittlerer Standard	3,00	**12,00**	30,00	0,3%
Büro- und Verwaltungsgebäude, hoher Standard	–	**2,10**	–	< 0,1%
Büro- und Verwaltungsgebäude, Holzbauweise	–	**–**	–	–
2 Gebäude für Forschung und Lehre				
Instituts- und Laborgebäude	–	**–**	–	–
3 Gebäude des Gesundheitswesens				
Medizinische Einrichtungen	–	**3,50**	–	0,1%
Pflegeheime	52,00	**85,00**	168,00	7,4%
Gebäude für Erholungszwecke	–	**362,00**	–	3,9%
4 Schulen und Kindergärten				
Allgemeinbildende Schulen	14,00	**78,00**	144,00	5,2%
Schulen, Holzbauweise	–	**12,00**	–	0,2%
Berufliche Schulen	–	**149,00**	–	2,4%
Förder- und Sonderschulen	8,30	**12,00**	16,00	1,0%
Weiterbildungseinrichtungen	7,00	**111,00**	215,00	8,3%
Kindergärten, nicht unterkellert, einfacher Standard	–	**–**	–	–
Kindergärten, nicht unterkellert, mittlerer Standard	–	**83,00**	–	2,0%
Kindergärten, nicht unterkellert, hoher Standard	32,00	**38,00**	42,00	5,4%
Kindergärten, Holzbauweise, nicht unterkellert	–	**55,00**	–	0,5%
Kindergärten, unterkellert	–	**–**	–	–
5 Sportbauten				
Sport- und Mehrzweckhallen	–	**1,30**	–	< 0,1%
Sporthallen (Einfeldhallen)	–	**–**	–	–
Sporthallen (Dreifeldhallen)	–	**–**	–	–
6 Wohngebäude				
Ein- und Zweifamilienhäuser				
Ein- und Zweifamilienhäuser, unterkellert, einfacher Standard	–	**–**	–	–
Ein- und Zweifamilienhäuser, unterkellert, mittlerer Standard	–	**–**	–	–
Ein- und Zweifamilienhäuser, unterkellert, hoher Standard	–	**–**	–	–
Ein- und Zweifamilienhäuser, nicht unterkellert, einfacher Standard	–	**–**	–	–
Ein- und Zweifamilienhäuser, nicht unterkellert, mittlerer Standard	–	**–**	–	–
Ein- und Zweifamilienhäuser, nicht unterkellert, hoher Standard	–	**–**	–	–
Ein- und Zweifamilienhäuser, Passivhausstandard, Massivbauweise	–	**–**	–	–
Ein- und Zweifamilienhäuser, Passivhausstandard, Holzbauweise	–	**–**	–	–
Ein- und Zweifamilienhäuser, Holzbauweise, unterkellert	–	**–**	–	–
Ein- und Zweifamilienhäuser, Holzbauweise, nicht unterkellert	–	**–**	–	–
Doppel- und Reihenend- / Reihenhäuser				
Doppel- und Reihenendhäuser, einfacher Standard	–	**–**	–	–
Doppel- und Reihenendhäuser, mittlerer Standard	–	**–**	–	–
Doppel- und Reihenendhäuser, hoher Standard	–	**–**	–	–
Doppel- und Reihenendhäuser, Holzbauweise	–	**–**	–	–
Reihenhäuser, einfacher Standard	–	**–**	–	–
Reihenhäuser, mittlerer Standard	–	**–**	–	–
Reihenhäuser, hoher Standard	–	**–**	–	–
Mehrfamilienhäuser				
Mehrfamilienhäuser, mit bis zu 6 WE, einfacher Standard	–	**–**	–	–
Mehrfamilienhäuser, mit bis zu 6 WE, mittlerer Standard	–	**–**	–	–
Mehrfamilienhäuser, mit bis zu 6 WE, hoher Standard	–	**–**	–	–

Kosten:
Stand 1. Quartal 2025
Bundesdurchschnitt
inkl. 19% MwSt.

Einheit: m²
Brutto-Grundfläche (BGF)

▷ von
ø Mittel
◁ bis

© **BKI** Baukosteninformationszentrum; Erläuterungen zu den Tabellen siehe Seite 56

Einheit: m²
Brutto-Grundfläche (BGF)

Gebäudeart	▷	€/Einheit	◁	KG an 400
Mehrfamilienhäuser (Fortsetzung)				
Mehrfamilienhäuser, mit 6 bis 19 WE, einfacher Standard	–	**–**	–	–
Mehrfamilienhäuser, mit 6 bis 19 WE, mittlerer Standard	–	**–**	–	–
Mehrfamilienhäuser, mit 6 bis 19 WE, hoher Standard	–	**–**	–	–
Mehrfamilienhäuser, mit 20 oder mehr WE, einfacher Standard	–	**–**	–	–
Mehrfamilienhäuser, mit 20 oder mehr WE, mittlerer Standard	–	**–**	–	–
Mehrfamilienhäuser, mit 20 oder mehr WE, hoher Standard	–	**–**	–	–
Mehrfamilienhäuser, Passivhäuser	–	**–**	–	–
Mehrfamilienhäuser, Holzbauweise	–	**–**	–	–
Wohnhäuser, mit bis zu 15% Mischnutzung, einfacher Standard	–	**–**	–	–
Wohnhäuser, mit bis zu 15% Mischnutzung, mittlerer Standard	–	**–**	–	–
Wohnhäuser, mit bis zu 15% Mischnutzung, hoher Standard	–	**–**	–	–
Wohnhäuser, mit mehr als 15% Mischnutzung	–	**208,00**	–	10,2%
Seniorenwohnungen und Beherbergungen				
Seniorenwohnungen, mittlerer Standard	–	**–**	–	–
Seniorenwohnungen, hoher Standard	–	**–**	–	–
Wohnheime und Internate	–	**43,00**	–	0,9%
Hotels	–	**–**	–	–
7 Gewerbe-, Lager- und Garagen				
Gaststätten, Kantinen und Mensen	–	**97,00**	–	8,4%
Industrielle Produktionsgebäude, Massivbauweise	–	**1,60**	–	< 0,1%
Industrielle Produktionsgebäude, überwiegend Skelettbauweise	–	**–**	–	–
Betriebs- und Werkstätten, eingeschossig	–	**–**	–	–
Betriebs- und Werkstätten, mehrgeschossig, geringer Hallenanteil	–	**485,00**	–	4,2%
Betriebs- und Werkstätten, mehrgeschossig, hoher Hallenanteil	–	**–**	–	–
Geschäftshäuser, mit Wohnungen	–	**–**	–	–
Geschäftshäuser, ohne Wohnungen	–	**–**	–	–
Verbrauchermärkte	–	**–**	–	–
Autohäuser	–	**–**	–	–
Lagergebäude, ohne Mischnutzung	–	**–**	–	–
Lagergebäude, mit bis zu 25% Mischnutzung	–	**–**	–	–
Lagergebäude, mit mehr als 25% Mischnutzung	–	**–**	–	–
Garagen und Bereitschaftsdienste				
Einzel- und Doppelgaragen	–	**–**	–	–
Mehrfachgaragen	–	**–**	–	–
Hochgaragen	–	**–**	–	–
Fahrradparkhäuser	–	**–**	–	–
Carports	–	**–**	–	–
Tiefgaragen	–	**–**	–	–
Feuerwehrhäuser	–	**–**	–	–
Öffentliche Bereitschaftsdienste	–	**–**	–	–
8 Gebäude für kulturelle und religiöse Zwecke				
Bibliotheken, Museen und Ausstellungen	–	**71,00**	–	0,9%
Theater	–	**–**	–	–
Gemeindezentren, einfacher Standard	–	**52,00**	–	7,0%
Gemeindezentren, mittlerer Standard	–	**64,00**	–	1,8%
Gemeindezentren, hoher Standard	–	**82,00**	–	2,7%
Gemeindezentren, Holzbauweise	–	**–**	–	–
Friedhofsgebäude	–	**–**	–	–

473 Medienversorgungsanlagen, Medizin- und labortechnische Anlagen

Kosten:
Stand 1. Quartal 2025
Bundesdurchschnitt
inkl. 19% MwSt.

Einheit: m²
Brutto-Grundfläche (BGF)

▷ von
ø Mittel
◁ bis

Gebäudeart	▷	€/Einheit	◁	KG an 400
1 Büro- und Verwaltungsgebäude				
Büro- und Verwaltungsgebäude, einfacher Standard	–	**–**	–	–
Büro- und Verwaltungsgebäude, mittlerer Standard	–	**0,60**	–	< 0,1%
Büro- und Verwaltungsgebäude, hoher Standard	–	**–**	–	–
Büro- und Verwaltungsgebäude, Holzbauweise	–	**–**	–	–
2 Gebäude für Forschung und Lehre				
Instituts- und Laborgebäude	138,00	**244,00**	441,00	12,5%
3 Gebäude des Gesundheitswesens				
Medizinische Einrichtungen	–	**48,00**	–	1,5%
Pflegeheime	–	**29,00**	–	0,7%
Gebäude für Erholungszwecke	–	**–**	–	–
4 Schulen und Kindergärten				
Allgemeinbildende Schulen	24,00	**43,00**	62,00	2,1%
Schulen, Holzbauweise	–	**–**	–	–
Berufliche Schulen	–	**–**	–	–
Förder- und Sonderschulen	–	**–**	–	–
Weiterbildungseinrichtungen	–	**17,00**	–	1,0%
Kindergärten, nicht unterkellert, einfacher Standard	–	**–**	–	–
Kindergärten, nicht unterkellert, mittlerer Standard	–	**–**	–	–
Kindergärten, nicht unterkellert, hoher Standard	–	**–**	–	–
Kindergärten, Holzbauweise, nicht unterkellert	–	**–**	–	–
Kindergärten, unterkellert	–	**–**	–	–
5 Sportbauten				
Sport- und Mehrzweckhallen	–	**–**	–	–
Sporthallen (Einfeldhallen)	–	**–**	–	–
Sporthallen (Dreifeldhallen)	–	**–**	–	–
6 Wohngebäude				
Ein- und Zweifamilienhäuser				
Ein- und Zweifamilienhäuser, unterkellert, einfacher Standard	–	**–**	–	–
Ein- und Zweifamilienhäuser, unterkellert, mittlerer Standard	–	**–**	–	–
Ein- und Zweifamilienhäuser, unterkellert, hoher Standard	–	**–**	–	–
Ein- und Zweifamilienhäuser, nicht unterkellert, einfacher Standard	–	**–**	–	–
Ein- und Zweifamilienhäuser, nicht unterkellert, mittlerer Standard	–	**–**	–	–
Ein- und Zweifamilienhäuser, nicht unterkellert, hoher Standard	–	**–**	–	–
Ein- und Zweifamilienhäuser, Passivhausstandard, Massivbauweise	–	**–**	–	–
Ein- und Zweifamilienhäuser, Passivhausstandard, Holzbauweise	–	**–**	–	–
Ein- und Zweifamilienhäuser, Holzbauweise, unterkellert	–	**–**	–	–
Ein- und Zweifamilienhäuser, Holzbauweise, nicht unterkellert	–	**–**	–	–
Doppel- und Reihenend- / Reihenhäuser				
Doppel- und Reihenendhäuser, einfacher Standard	–	**–**	–	–
Doppel- und Reihenendhäuser, mittlerer Standard	–	**–**	–	–
Doppel- und Reihenendhäuser, hoher Standard	–	**–**	–	–
Doppel- und Reihenendhäuser, Holzbauweise	–	**–**	–	–
Reihenhäuser, einfacher Standard	–	**–**	–	–
Reihenhäuser, mittlerer Standard	–	**–**	–	–
Reihenhäuser, hoher Standard	–	**–**	–	–
Mehrfamilienhäuser				
Mehrfamilienhäuser, mit bis zu 6 WE, einfacher Standard	–	**–**	–	–
Mehrfamilienhäuser, mit bis zu 6 WE, mittlerer Standard	–	**–**	–	–
Mehrfamilienhäuser, mit bis zu 6 WE, hoher Standard	–	**–**	–	–

© **BKI** Baukosteninformationszentrum; Erläuterungen zu den Tabellen siehe Seite 56

Einheit: m²
Brutto-Grundfläche (BGF)

Gebäudeart	▷	€/Einheit	◁	KG an 400
Mehrfamilienhäuser (Fortsetzung)				
Mehrfamilienhäuser, mit 6 bis 19 WE, einfacher Standard	–	**–**	–	–
Mehrfamilienhäuser, mit 6 bis 19 WE, mittlerer Standard	–	**–**	–	–
Mehrfamilienhäuser, mit 6 bis 19 WE, hoher Standard	–	**–**	–	–
Mehrfamilienhäuser, mit 20 oder mehr WE, einfacher Standard	–	**–**	–	–
Mehrfamilienhäuser, mit 20 oder mehr WE, mittlerer Standard	–	**–**	–	–
Mehrfamilienhäuser, mit 20 oder mehr WE, hoher Standard	–	**–**	–	–
Mehrfamilienhäuser, Passivhäuser	–	**–**	–	–
Mehrfamilienhäuser, Holzbauweise	–	**–**	–	–
Wohnhäuser, mit bis zu 15% Mischnutzung, einfacher Standard	–	**–**	–	–
Wohnhäuser, mit bis zu 15% Mischnutzung, mittlerer Standard	–	**–**	–	–
Wohnhäuser, mit bis zu 15% Mischnutzung, hoher Standard	–	**–**	–	–
Wohnhäuser, mit mehr als 15% Mischnutzung	–	**–**	–	–
Seniorenwohnungen und Beherbergungen				
Seniorenwohnungen, mittlerer Standard	–	**–**	–	–
Seniorenwohnungen, hoher Standard	–	**–**	–	–
Wohnheime und Internate	–	**81,00**	–	1,6%
Hotels	–	**–**	–	–
7 Gewerbe-, Lager- und Garagen				
Gaststätten, Kantinen und Mensen	–	**–**	–	–
Industrielle Produktionsgebäude, Massivbauweise	8,90	**11,00**	13,00	1,4%
Industrielle Produktionsgebäude, überwiegend Skelettbauweise	12,00	**45,00**	67,00	3,0%
Betriebs- und Werkstätten, eingeschossig	–	**23,00**	–	0,8%
Betriebs- und Werkstätten, mehrgeschossig, geringer Hallenanteil	–	**–**	–	–
Betriebs- und Werkstätten, mehrgeschossig, hoher Hallenanteil	4,30	**13,00**	31,00	0,9%
Geschäftshäuser, mit Wohnungen	–	**–**	–	–
Geschäftshäuser, ohne Wohnungen	–	**–**	–	–
Verbrauchermärkte	–	**–**	–	–
Autohäuser	–	**–**	–	–
Lagergebäude, ohne Mischnutzung	–	**15,00**	–	0,2%
Lagergebäude, mit bis zu 25% Mischnutzung	–	**–**	–	–
Lagergebäude, mit mehr als 25% Mischnutzung	–	**–**	–	–
Garagen und Bereitschaftsdienste				
Einzel- und Doppelgaragen	–	**–**	–	–
Mehrfachgaragen	–	**–**	–	–
Hochgaragen	–	**–**	–	–
Fahrradparkhäuser	–	**3,50**	–	0,5%
Carports	–	**–**	–	–
Tiefgaragen	–	**–**	–	–
Feuerwehrhäuser	–	**26,00**	–	0,6%
Öffentliche Bereitschaftsdienste	–	**13,00**	–	0,5%
8 Gebäude für kulturelle und religiöse Zwecke				
Bibliotheken, Museen und Ausstellungen	–	**–**	–	–
Theater	–	**–**	–	–
Gemeindezentren, einfacher Standard	–	**–**	–	–
Gemeindezentren, mittlerer Standard	–	**–**	–	–
Gemeindezentren, hoher Standard	–	**–**	–	–
Gemeindezentren, Holzbauweise	–	**–**	–	–
Friedhofsgebäude	–	**–**	–	–

Kosten:
Stand 1.Quartal 2025
Bundesdurchschnitt
inkl. 19% MwSt.

Einheit: m2
Brutto-Grundfläche (BGF)

▷ von
ø Mittel
◁ bis

Gebäudeart	▷	€/Einheit	◁	KG an 400
1 Büro- und Verwaltungsgebäude				
Büro- und Verwaltungsgebäude, einfacher Standard	–	**5,40**	–	0,6%
Büro- und Verwaltungsgebäude, mittlerer Standard	4,00	**18,00**	67,00	0,6%
Büro- und Verwaltungsgebäude, hoher Standard	1,80	**3,40**	6,50	0,1%
Büro- und Verwaltungsgebäude, Holzbauweise	–	**0,60**	–	< 0,1%
2 Gebäude für Forschung und Lehre				
Instituts- und Laborgebäude	0,70	**2,20**	3,70	< 0,1%
3 Gebäude des Gesundheitswesens				
Medizinische Einrichtungen	–	**4,90**	–	0,2%
Pflegeheime	0,30	**0,70**	1,20	< 0,1%
Gebäude für Erholungszwecke	–	**–**	–	–
4 Schulen und Kindergärten				
Allgemeinbildende Schulen	0,80	**1,10**	1,40	< 0,1%
Schulen, Holzbauweise	1,30	**3,20**	7,00	0,2%
Berufliche Schulen	1,60	**1,90**	2,40	0,1%
Förder- und Sonderschulen	0,60	**1,20**	2,90	0,2%
Weiterbildungseinrichtungen	1,10	**1,40**	1,80	0,1%
Kindergärten, nicht unterkellert, einfacher Standard	–	**–**	–	–
Kindergärten, nicht unterkellert, mittlerer Standard	1,00	**2,10**	3,40	0,2%
Kindergärten, nicht unterkellert, hoher Standard	–	**0,40**	–	< 0,1%
Kindergärten, Holzbauweise, nicht unterkellert	0,50	**0,70**	0,90	< 0,1%
Kindergärten, unterkellert	1,20	**1,40**	1,50	0,3%
5 Sportbauten				
Sport- und Mehrzweckhallen	–	**0,60**	–	< 0,1%
Sporthallen (Einfeldhallen)	–	**–**	–	–
Sporthallen (Dreifeldhallen)	0,30	**0,90**	1,20	< 0,1%
6 Wohngebäude				
Ein- und Zweifamilienhäuser				
Ein- und Zweifamilienhäuser, unterkellert, einfacher Standard	–	**–**	–	–
Ein- und Zweifamilienhäuser, unterkellert, mittlerer Standard	–	**–**	–	–
Ein- und Zweifamilienhäuser, unterkellert, hoher Standard	–	**–**	–	–
Ein- und Zweifamilienhäuser, nicht unterkellert, einfacher Standard	–	**–**	–	–
Ein- und Zweifamilienhäuser, nicht unterkellert, mittlerer Standard	–	**–**	–	–
Ein- und Zweifamilienhäuser, nicht unterkellert, hoher Standard	–	**–**	–	–
Ein- und Zweifamilienhäuser, Passivhausstandard, Massivbauweise	–	**–**	–	–
Ein- und Zweifamilienhäuser, Passivhausstandard, Holzbauweise	–	**–**	–	–
Ein- und Zweifamilienhäuser, Holzbauweise, unterkellert	–	**–**	–	–
Ein- und Zweifamilienhäuser, Holzbauweise, nicht unterkellert	–	**–**	–	–
Doppel- und Reihenend- / Reihenhäuser				
Doppel- und Reihenendhäuser, einfacher Standard	–	**–**	–	–
Doppel- und Reihenendhäuser, mittlerer Standard	–	**–**	–	–
Doppel- und Reihenendhäuser, hoher Standard	–	**–**	–	–
Doppel- und Reihenendhäuser, Holzbauweise	–	**–**	–	–
Reihenhäuser, einfacher Standard	–	**–**	–	–
Reihenhäuser, mittlerer Standard	–	**–**	–	–
Reihenhäuser, hoher Standard	–	**–**	–	–
Mehrfamilienhäuser				
Mehrfamilienhäuser, mit bis zu 6 WE, einfacher Standard	–	**0,30**	–	< 0,1%
Mehrfamilienhäuser, mit bis zu 6 WE, mittlerer Standard	–	**–**	–	–
Mehrfamilienhäuser, mit bis zu 6 WE, hoher Standard	–	**–**		

© BKI Baukosteninformationszentrum; Erläuterungen zu den Tabellen siehe Seite 56

Gebäudeart	▷	€/Einheit	◁	KG an 400
Mehrfamilienhäuser (Fortsetzung)				
Mehrfamilienhäuser, mit 6 bis 19 WE, einfacher Standard	–	**–**	–	–
Mehrfamilienhäuser, mit 6 bis 19 WE, mittlerer Standard	–	**–**	–	–
Mehrfamilienhäuser, mit 6 bis 19 WE, hoher Standard	–	**0,50**	–	< 0,1%
Mehrfamilienhäuser, mit 20 oder mehr WE, einfacher Standard	–	**3,10**	–	0,3%
Mehrfamilienhäuser, mit 20 oder mehr WE, mittlerer Standard	–	**1,60**	–	< 0,1%
Mehrfamilienhäuser, mit 20 oder mehr WE, hoher Standard	–	**–**	–	–
Mehrfamilienhäuser, Passivhäuser	–	**–**	–	–
Mehrfamilienhäuser, Holzbauweise	–	**0,90**	–	< 0,1%
Wohnhäuser, mit bis zu 15% Mischnutzung, einfacher Standard	–	**0,20**	–	< 0,1%
Wohnhäuser, mit bis zu 15% Mischnutzung, mittlerer Standard	–	**–**	–	–
Wohnhäuser, mit bis zu 15% Mischnutzung, hoher Standard	–	**–**	–	–
Wohnhäuser, mit mehr als 15% Mischnutzung	–	**–**	–	–
Seniorenwohnungen und Beherbergungen				
Seniorenwohnungen, mittlerer Standard	0,50	**1,00**	2,40	0,2%
Seniorenwohnungen, hoher Standard	0,30	**0,90**	1,50	0,2%
Wohnheime und Internate	0,50	**0,90**	1,30	< 0,1%
Hotels	–	**–**	–	–
7 Gewerbe-, Lager- und Garagen				
Gaststätten, Kantinen und Mensen	–	**1,20**	–	0,1%
Industrielle Produktionsgebäude, Massivbauweise	1,10	**45,00**	90,00	1,8%
Industrielle Produktionsgebäude, überwiegend Skelettbauweise	0,30	**0,90**	1,80	< 0,1%
Betriebs- und Werkstätten, eingeschossig	–	**9,00**	–	0,3%
Betriebs- und Werkstätten, mehrgeschossig, geringer Hallenanteil	–	**1,90**	–	0,1%
Betriebs- und Werkstätten, mehrgeschossig, hoher Hallenanteil	–	**18,00**	–	0,3%
Geschäftshäuser, mit Wohnungen	1,00	**33,00**	64,00	4,1%
Geschäftshäuser, ohne Wohnungen	–	**–**	–	–
Verbrauchermärkte	–	**–**	–	–
Autohäuser	–	**–**	–	–
Lagergebäude, ohne Mischnutzung	0,70	**10,00**	20,00	0,4%
Lagergebäude, mit bis zu 25% Mischnutzung	–	**13,00**	–	0,8%
Lagergebäude, mit mehr als 25% Mischnutzung	–	**1,80**	–	0,3%
Garagen und Bereitschaftsdienste				
Einzel- und Doppelgaragen	–	**–**	–	–
Mehrfachgaragen	–	**0,20**	–	< 0,1%
Hochgaragen	–	**4,40**	–	0,8%
Fahrradparkhäuser	–	**–**	–	–
Carports	–	**–**	–	–
Tiefgaragen	0,10	**0,50**	0,90	0,1%
Feuerwehrhäuser	6,30	**18,00**	37,00	1,8%
Öffentliche Bereitschaftsdienste	–	**–**	–	–
8 Gebäude für kulturelle und religiöse Zwecke				
Bibliotheken, Museen und Ausstellungen	3,40	**34,00**	158,00	3,5%
Theater	–	**46,00**	–	1,1%
Gemeindezentren, einfacher Standard	0,20	**0,70**	1,70	0,4%
Gemeindezentren, mittlerer Standard	–	**1,00**	–	< 0,1%
Gemeindezentren, hoher Standard	1,40	**2,10**	2,80	0,1%
Gemeindezentren, Holzbauweise	–	**0,90**	–	< 0,1%
Friedhofsgebäude	–	**0,20**	–	< 0,1%

Einheit: m²
Brutto-Grundfläche (BGF)

475 Prozesswärme-, kälte- und -luftanlagen

Kosten:
Stand 1. Quartal 2025
Bundesdurchschnitt
inkl. 19% MwSt.

Einheit: m²
Brutto-Grundfläche (BGF)

▷ von
ø Mittel
◁ bis

Gebäudeart	▷	€/Einheit	◁	KG an 400
1 Büro- und Verwaltungsgebäude				
Büro- und Verwaltungsgebäude, einfacher Standard	–	–	–	–
Büro- und Verwaltungsgebäude, mittlerer Standard	–	–	–	–
Büro- und Verwaltungsgebäude, hoher Standard	–	–	–	–
Büro- und Verwaltungsgebäude, Holzbauweise	–	–	–	–
2 Gebäude für Forschung und Lehre				
Instituts- und Laborgebäude	–	**94,00**	–	1,0%
3 Gebäude des Gesundheitswesens				
Medizinische Einrichtungen	–	–	–	–
Pflegeheime	–	–	–	–
Gebäude für Erholungszwecke	–	–	–	–
4 Schulen und Kindergärten				
Allgemeinbildende Schulen	–	–	–	–
Schulen, Holzbauweise	–	–	–	–
Berufliche Schulen	–	**267,00**	–	6,3%
Förder- und Sonderschulen	–	–	–	–
Weiterbildungseinrichtungen	–	–	–	–
Kindergärten, nicht unterkellert, einfacher Standard	–	–	–	–
Kindergärten, nicht unterkellert, mittlerer Standard	–	–	–	–
Kindergärten, nicht unterkellert, hoher Standard	–	–	–	–
Kindergärten, Holzbauweise, nicht unterkellert	–	–	–	–
Kindergärten, unterkellert	–	–	–	–
5 Sportbauten				
Sport- und Mehrzweckhallen	–	–	–	–
Sporthallen (Einfeldhallen)	–	–	–	–
Sporthallen (Dreifeldhallen)	–	–	–	–
6 Wohngebäude				
Ein- und Zweifamilienhäuser				
Ein- und Zweifamilienhäuser, unterkellert, einfacher Standard	–	–	–	–
Ein- und Zweifamilienhäuser, unterkellert, mittlerer Standard	–	–	–	–
Ein- und Zweifamilienhäuser, unterkellert, hoher Standard	–	–	–	–
Ein- und Zweifamilienhäuser, nicht unterkellert, einfacher Standard	–	–	–	–
Ein- und Zweifamilienhäuser, nicht unterkellert, mittlerer Standard	–	–	–	–
Ein- und Zweifamilienhäuser, nicht unterkellert, hoher Standard	–	–	–	–
Ein- und Zweifamilienhäuser, Passivhausstandard, Massivbauweise	–	–	–	–
Ein- und Zweifamilienhäuser, Passivhausstandard, Holzbauweise	–	–	–	–
Ein- und Zweifamilienhäuser, Holzbauweise, unterkellert	–	–	–	–
Ein- und Zweifamilienhäuser, Holzbauweise, nicht unterkellert	–	–	–	–
Doppel- und Reihenend- / Reihenhäuser				
Doppel- und Reihenendhäuser, einfacher Standard	–	–	–	–
Doppel- und Reihenendhäuser, mittlerer Standard	–	–	–	–
Doppel- und Reihenendhäuser, hoher Standard	–	–	–	–
Doppel- und Reihenendhäuser, Holzbauweise	–	–	–	–
Reihenhäuser, einfacher Standard	–	–	–	–
Reihenhäuser, mittlerer Standard	–	–	–	–
Reihenhäuser, hoher Standard	–	–	–	–
Mehrfamilienhäuser				
Mehrfamilienhäuser, mit bis zu 6 WE, einfacher Standard	–	–	–	–
Mehrfamilienhäuser, mit bis zu 6 WE, mittlerer Standard	–	–	–	–
Mehrfamilienhäuser, mit bis zu 6 WE, hoher Standard	–	–	–	–

© **BKI** Baukosteninformationszentrum; Erläuterungen zu den Tabellen siehe Seite 56

Gebäudeart	▷	€/Einheit	◁	KG an 400
Mehrfamilienhäuser (Fortsetzung)				
Mehrfamilienhäuser, mit 6 bis 19 WE, einfacher Standard	–	–	–	–
Mehrfamilienhäuser, mit 6 bis 19 WE, mittlerer Standard	–	–	–	–
Mehrfamilienhäuser, mit 6 bis 19 WE, hoher Standard	–	–	–	–
Mehrfamilienhäuser, mit 20 oder mehr WE, einfacher Standard	–	–	–	–
Mehrfamilienhäuser, mit 20 oder mehr WE, mittlerer Standard	–	–	–	–
Mehrfamilienhäuser, mit 20 oder mehr WE, hoher Standard	–	–	–	–
Mehrfamilienhäuser, Passivhäuser	–	–	–	–
Mehrfamilienhäuser, Holzbauweise	–	–	–	–
Wohnhäuser, mit bis zu 15% Mischnutzung, einfacher Standard	–	–	–	–
Wohnhäuser, mit bis zu 15% Mischnutzung, mittlerer Standard	–	–	–	–
Wohnhäuser, mit bis zu 15% Mischnutzung, hoher Standard	–	–	–	–
Wohnhäuser, mit mehr als 15% Mischnutzung	–	–	–	–
Seniorenwohnungen und Beherbergungen				
Seniorenwohnungen, mittlerer Standard	–	–	–	–
Seniorenwohnungen, hoher Standard	–	–	–	–
Wohnheime und Internate	–	–	–	–
Hotels	–	–	–	–
7 Gewerbe-, Lager- und Garagen				
Gaststätten, Kantinen und Mensen	–	**49,00**	–	4,2%
Industrielle Produktionsgebäude, Massivbauweise	–	–	–	–
Industrielle Produktionsgebäude, überwiegend Skelettbauweise	–	**21,00**	–	0,4%
Betriebs- und Werkstätten, eingeschossig	–	–	–	–
Betriebs- und Werkstätten, mehrgeschossig, geringer Hallenanteil	–	**15,00**	–	0,4%
Betriebs- und Werkstätten, mehrgeschossig, hoher Hallenanteil	–	–	–	–
Geschäftshäuser, mit Wohnungen	–	–	–	–
Geschäftshäuser, ohne Wohnungen	–	–	–	–
Verbrauchermärkte	–	**68,00**	–	5,4%
Autohäuser	–	–	–	–
Lagergebäude, ohne Mischnutzung	–	**172,00**	–	2,6%
Lagergebäude, mit bis zu 25% Mischnutzung	–	–	–	–
Lagergebäude, mit mehr als 25% Mischnutzung	–	–	–	–
Garagen und Bereitschaftsdienste				
Einzel- und Doppelgaragen	–	–	–	–
Mehrfachgaragen	–	–	–	–
Hochgaragen	–	–	–	–
Fahrradparkhäuser	–	–	–	–
Carports	–	–	–	–
Tiefgaragen	–	–	–	–
Feuerwehrhäuser	30,00	**43,00**	56,00	2,5%
Öffentliche Bereitschaftsdienste	–	**19,00**	–	0,7%
8 Gebäude für kulturelle und religiöse Zwecke				
Bibliotheken, Museen und Ausstellungen	–	–	–	–
Theater	–	–	–	–
Gemeindezentren, einfacher Standard	–	–	–	–
Gemeindezentren, mittlerer Standard	–	–	–	–
Gemeindezentren, hoher Standard	–	–	–	–
Gemeindezentren, Holzbauweise	–	–	–	–
Friedhofsgebäude	–	–	–	–

Einheit: m²
Brutto-Grundfläche (BGF)

Kosten:
Stand 1. Quartal 2025
Bundesdurchschnitt
inkl. 19% MwSt.

Einheit: m²
Brutto-Grundfläche (BGF)

Gebäudeart	▷	€/Einheit	◁	KG an 400
1 Büro- und Verwaltungsgebäude				
Büro- und Verwaltungsgebäude, einfacher Standard	–	**–**	–	–
Büro- und Verwaltungsgebäude, mittlerer Standard	0,20	**8,10**	16,00	0,3%
Büro- und Verwaltungsgebäude, hoher Standard	–	**53,00**	–	0,5%
Büro- und Verwaltungsgebäude, Holzbauweise	–	**–**	–	–
2 Gebäude für Forschung und Lehre				
Instituts- und Laborgebäude	–	**–**	–	–
3 Gebäude des Gesundheitswesens				
Medizinische Einrichtungen	–	**–**	–	–
Pflegeheime	–	**–**	–	–
Gebäude für Erholungszwecke	–	**–**	–	–
4 Schulen und Kindergärten				
Allgemeinbildende Schulen	–	**1,70**	–	< 0,1%
Schulen, Holzbauweise	–	**59,00**	–	1,0%
Berufliche Schulen	0,60	**11,00**	16,00	0,9%
Förder- und Sonderschulen	–	**–**	–	–
Weiterbildungseinrichtungen	–	**0,30**	–	< 0,1%
Kindergärten, nicht unterkellert, einfacher Standard	–	**–**	–	–
Kindergärten, nicht unterkellert, mittlerer Standard	–	**–**	–	–
Kindergärten, nicht unterkellert, hoher Standard	–	**–**	–	–
Kindergärten, Holzbauweise, nicht unterkellert	–	**–**	–	–
Kindergärten, unterkellert	–	**–**	–	–
5 Sportbauten				
Sport- und Mehrzweckhallen	–	**–**	–	–
Sporthallen (Einfeldhallen)	–	**–**	–	–
Sporthallen (Dreifeldhallen)	–	**4,40**	–	0,2%
6 Wohngebäude				
Ein- und Zweifamilienhäuser				
Ein- und Zweifamilienhäuser, unterkellert, einfacher Standard	–	**–**	–	–
Ein- und Zweifamilienhäuser, unterkellert, mittlerer Standard	–	**–**	–	–
Ein- und Zweifamilienhäuser, unterkellert, hoher Standard	–	**–**	–	–
Ein- und Zweifamilienhäuser, nicht unterkellert, einfacher Standard	–	**–**	–	–
Ein- und Zweifamilienhäuser, nicht unterkellert, mittlerer Standard	–	**–**	–	–
Ein- und Zweifamilienhäuser, nicht unterkellert, hoher Standard	–	**–**	–	–
Ein- und Zweifamilienhäuser, Passivhausstandard, Massivbauweise	–	**–**	–	–
Ein- und Zweifamilienhäuser, Passivhausstandard, Holzbauweise	–	**11,00**	–	0,2%
Ein- und Zweifamilienhäuser, Holzbauweise, unterkellert	–	**9,80**	–	0,2%
Ein- und Zweifamilienhäuser, Holzbauweise, nicht unterkellert	–	**12,00**	–	0,3%
Doppel- und Reihenend- / Reihenhäuser				
Doppel- und Reihenendhäuser, einfacher Standard	–	**–**	–	–
Doppel- und Reihenendhäuser, mittlerer Standard	–	**–**	–	–
Doppel- und Reihenendhäuser, hoher Standard	–	**–**	–	–
Doppel- und Reihenendhäuser, Holzbauweise	–	**–**	–	–
Reihenhäuser, einfacher Standard	–	**–**	–	–
Reihenhäuser, mittlerer Standard	–	**–**	–	–
Reihenhäuser, hoher Standard	–	**–**	–	–
Mehrfamilienhäuser				
Mehrfamilienhäuser, mit bis zu 6 WE, einfacher Standard	–	**–**	–	–
Mehrfamilienhäuser, mit bis zu 6 WE, mittlerer Standard	–	**–**	–	–
Mehrfamilienhäuser, mit bis zu 6 WE, hoher Standard	–	**–**	–	–

▷ von
ø Mittel
◁ bis

© **BKI** Baukosteninformationszentrum; Erläuterungen zu den Tabellen siehe Seite 56

Gebäudeart	▷	€/Einheit	◁	KG an 400
Mehrfamilienhäuser (Fortsetzung)				
Mehrfamilienhäuser, mit 6 bis 19 WE, einfacher Standard	–	**–**	–	–
Mehrfamilienhäuser, mit 6 bis 19 WE, mittlerer Standard	–	**–**	–	–
Mehrfamilienhäuser, mit 6 bis 19 WE, hoher Standard	–	**–**	–	–
Mehrfamilienhäuser, mit 20 oder mehr WE, einfacher Standard	–	**–**	–	–
Mehrfamilienhäuser, mit 20 oder mehr WE, mittlerer Standard	–	**–**	–	–
Mehrfamilienhäuser, mit 20 oder mehr WE, hoher Standard	–	**–**	–	–
Mehrfamilienhäuser, Passivhäuser	–	**–**	–	–
Mehrfamilienhäuser, Holzbauweise	–	**–**	–	–
Wohnhäuser, mit bis zu 15% Mischnutzung, einfacher Standard	–	**–**	–	–
Wohnhäuser, mit bis zu 15% Mischnutzung, mittlerer Standard	–	**–**	–	–
Wohnhäuser, mit bis zu 15% Mischnutzung, hoher Standard	–	**–**	–	–
Wohnhäuser, mit mehr als 15% Mischnutzung	–	**61,00**	–	3,0%
Seniorenwohnungen und Beherbergungen				
Seniorenwohnungen, mittlerer Standard	–	**–**	–	–
Seniorenwohnungen, hoher Standard	–	**–**	–	–
Wohnheime und Internate	–	**< 0,10**	–	< 0,1%
Hotels	–	**–**	–	–
7 Gewerbe-, Lager- und Garagen				
Gaststätten, Kantinen und Mensen	–	**–**	–	–
Industrielle Produktionsgebäude, Massivbauweise	–	**750,00**	–	14,8%
Industrielle Produktionsgebäude, überwiegend Skelettbauweise	35,00	**92,00**	194,00	13,7%
Betriebs- und Werkstätten, eingeschossig	–	**–**	–	–
Betriebs- und Werkstätten, mehrgeschossig, geringer Hallenanteil	11,00	**33,00**	55,00	1,8%
Betriebs- und Werkstätten, mehrgeschossig, hoher Hallenanteil	–	**7,00**	–	0,1%
Geschäftshäuser, mit Wohnungen	–	**–**	–	–
Geschäftshäuser, ohne Wohnungen	–	**–**	–	–
Verbrauchermärkte	–	**–**	–	–
Autohäuser	–	**9,40**	–	1,1%
Lagergebäude, ohne Mischnutzung	–	**–**	–	–
Lagergebäude, mit bis zu 25% Mischnutzung	–	**6,10**	–	0,4%
Lagergebäude, mit mehr als 25% Mischnutzung	–	**145,00**	–	22,6%
Garagen und Bereitschaftsdienste				
Einzel- und Doppelgaragen	–	**–**	–	–
Mehrfachgaragen	9,20	**36,00**	63,00	12,1%
Hochgaragen	–	**–**	–	–
Fahrradparkhäuser	–	**–**	–	–
Carports	–	**–**	–	–
Tiefgaragen	–	**–**	–	–
Feuerwehrhäuser	11,00	**41,00**	97,00	4,8%
Öffentliche Bereitschaftsdienste	1,70	**157,00**	312,00	12,1%
8 Gebäude für kulturelle und religiöse Zwecke				
Bibliotheken, Museen und Ausstellungen	–	**113,00**	–	1,5%
Theater	–	**999,00**	–	22,8%
Gemeindezentren, einfacher Standard	–	**–**	–	–
Gemeindezentren, mittlerer Standard	–	**–**	–	–
Gemeindezentren, hoher Standard	–	**56,00**	–	1,8%
Gemeindezentren, Holzbauweise	–	**41,00**	–	3,1%
Friedhofsgebäude	–	**1.289,00**	–	31,5%

Einheit: m²
Brutto-Grundfläche (BGF)

Kosten:
Stand 1. Quartal 2025
Bundesdurchschnitt
inkl. 19% MwSt.

Einheit: m²
Brutto-Grundfläche (BGF)

▷ von
ø Mittel
◁ bis

Gebäudeart	▷	€/Einheit	◁	KG an 400
1 Büro- und Verwaltungsgebäude				
Büro- und Verwaltungsgebäude, einfacher Standard	–	**–**	–	–
Büro- und Verwaltungsgebäude, mittlerer Standard	24,00	**40,00**	74,00	2,5%
Büro- und Verwaltungsgebäude, hoher Standard	25,00	**55,00**	117,00	3,9%
Büro- und Verwaltungsgebäude, Holzbauweise	43,00	**58,00**	74,00	3,9%
2 Gebäude für Forschung und Lehre				
Instituts- und Laborgebäude	9,90	**96,00**	182,00	2,8%
3 Gebäude des Gesundheitswesens				
Medizinische Einrichtungen	15,00	**19,00**	23,00	1,5%
Pflegeheime	1,30	**6,40**	9,30	0,4%
Gebäude für Erholungszwecke	–	**–**	–	–
4 Schulen und Kindergärten				
Allgemeinbildende Schulen	18,00	**35,00**	47,00	2,5%
Schulen, Holzbauweise	11,00	**41,00**	55,00	2,8%
Berufliche Schulen	57,00	**94,00**	131,00	4,6%
Förder- und Sonderschulen	8,70	**23,00**	41,00	3,1%
Weiterbildungseinrichtungen	18,00	**76,00**	134,00	6,0%
Kindergärten, nicht unterkellert, einfacher Standard	–	**–**	–	–
Kindergärten, nicht unterkellert, mittlerer Standard	12,00	**33,00**	53,00	1,2%
Kindergärten, nicht unterkellert, hoher Standard	–	**6,30**	–	0,2%
Kindergärten, Holzbauweise, nicht unterkellert	14,00	**30,00**	51,00	1,3%
Kindergärten, unterkellert	–	**12,00**	–	0,6%
5 Sportbauten				
Sport- und Mehrzweckhallen	–	**24,00**	–	1,1%
Sporthallen (Einfeldhallen)	–	**22,00**	–	0,7%
Sporthallen (Dreifeldhallen)	17,00	**18,00**	19,00	1,2%
6 Wohngebäude				
Ein- und Zweifamilienhäuser				
Ein- und Zweifamilienhäuser, unterkellert, einfacher Standard	–	**–**	–	–
Ein- und Zweifamilienhäuser, unterkellert, mittlerer Standard	22,00	**37,00**	52,00	1,1%
Ein- und Zweifamilienhäuser, unterkellert, hoher Standard	53,00	**54,00**	55,00	2,1%
Ein- und Zweifamilienhäuser, nicht unterkellert, einfacher Standard	–	**–**	–	–
Ein- und Zweifamilienhäuser, nicht unterkellert, mittlerer Standard	–	**–**	–	–
Ein- und Zweifamilienhäuser, nicht unterkellert, hoher Standard	–	**–**	–	–
Ein- und Zweifamilienhäuser, Passivhausstandard, Massivbauweise	9,90	**35,00**	47,00	1,8%
Ein- und Zweifamilienhäuser, Passivhausstandard, Holzbauweise	–	**–**	–	–
Ein- und Zweifamilienhäuser, Holzbauweise, unterkellert	–	**–**	–	–
Ein- und Zweifamilienhäuser, Holzbauweise, nicht unterkellert	–	**21,00**	–	1,0%
Doppel- und Reihenend- / Reihenhäuser				
Doppel- und Reihenendhäuser, einfacher Standard	–	**–**	–	–
Doppel- und Reihenendhäuser, mittlerer Standard	–	**–**	–	–
Doppel- und Reihenendhäuser, hoher Standard	–	**–**	–	–
Doppel- und Reihenendhäuser, Holzbauweise	–	**–**	–	–
Reihenhäuser, einfacher Standard	–	**–**	–	–
Reihenhäuser, mittlerer Standard	–	**–**	–	–
Reihenhäuser, hoher Standard	–	**–**	–	–
Mehrfamilienhäuser				
Mehrfamilienhäuser, mit bis zu 6 WE, einfacher Standard	–	**–**	–	–
Mehrfamilienhäuser, mit bis zu 6 WE, mittlerer Standard	–	**–**	–	–
Mehrfamilienhäuser, mit bis zu 6 WE, hoher Standard	–	**–**	–	–

© **BKI** Baukosteninformationszentrum; Erläuterungen zu den Tabellen siehe Seite 56

Gebäudeart	▷	€/Einheit	◁	KG an 400
Mehrfamilienhäuser (Fortsetzung)				
Mehrfamilienhäuser, mit 6 bis 19 WE, einfacher Standard	–	**–**	–	–
Mehrfamilienhäuser, mit 6 bis 19 WE, mittlerer Standard	–	**–**	–	–
Mehrfamilienhäuser, mit 6 bis 19 WE, hoher Standard	–	**–**	–	–
Mehrfamilienhäuser, mit 20 oder mehr WE, einfacher Standard	–	**–**	–	–
Mehrfamilienhäuser, mit 20 oder mehr WE, mittlerer Standard	–	**–**	–	–
Mehrfamilienhäuser, mit 20 oder mehr WE, hoher Standard	–	**–**	–	–
Mehrfamilienhäuser, Passivhäuser	–	**–**	–	–
Mehrfamilienhäuser, Holzbauweise	–	**–**	–	–
Wohnhäuser, mit bis zu 15% Mischnutzung, einfacher Standard	–	**–**	–	–
Wohnhäuser, mit bis zu 15% Mischnutzung, mittlerer Standard	–	**–**	–	–
Wohnhäuser, mit bis zu 15% Mischnutzung, hoher Standard	–	**–**	–	–
Wohnhäuser, mit mehr als 15% Mischnutzung	–	**–**	–	–
Seniorenwohnungen und Beherbergungen				
Seniorenwohnungen, mittlerer Standard	–	**–**	–	–
Seniorenwohnungen, hoher Standard	–	**–**	–	–
Wohnheime und Internate	8,80	**11,00**	12,00	1,0%
Hotels	–	**–**	–	–
7 Gewerbe-, Lager- und Garagen				
Gaststätten, Kantinen und Mensen	–	**–**	–	–
Industrielle Produktionsgebäude, Massivbauweise	–	**–**	–	–
Industrielle Produktionsgebäude, überwiegend Skelettbauweise	19,00	**35,00**	51,00	2,6%
Betriebs- und Werkstätten, eingeschossig	–	**97,00**	–	3,6%
Betriebs- und Werkstätten, mehrgeschossig, geringer Hallenanteil	–	**32,00**	–	0,3%
Betriebs- und Werkstätten, mehrgeschossig, hoher Hallenanteil	–	**27,00**	–	0,5%
Geschäftshäuser, mit Wohnungen	–	**–**	–	–
Geschäftshäuser, ohne Wohnungen	–	**–**	–	–
Verbrauchermärkte	–	**–**	–	–
Autohäuser	–	**–**	–	–
Lagergebäude, ohne Mischnutzung	–	**40,00**	–	0,6%
Lagergebäude, mit bis zu 25% Mischnutzung	–	**43,00**	–	2,8%
Lagergebäude, mit mehr als 25% Mischnutzung	–	**–**	–	–
Garagen und Bereitschaftsdienste				
Einzel- und Doppelgaragen	–	**–**	–	–
Mehrfachgaragen	–	**–**	–	–
Hochgaragen	–	**–**	–	–
Fahrradparkhäuser	–	**–**	–	–
Carports	–	**–**	–	–
Tiefgaragen	–	**–**	–	–
Feuerwehrhäuser	8,10	**21,00**	35,00	1,3%
Öffentliche Bereitschaftsdienste	–	**6,20**	–	0,2%
8 Gebäude für kulturelle und religiöse Zwecke				
Bibliotheken, Museen und Ausstellungen	21,00	**29,00**	37,00	1,2%
Theater	–	**–**	–	–
Gemeindezentren, einfacher Standard	–	**–**	–	–
Gemeindezentren, mittlerer Standard	–	**77,00**	–	1,5%
Gemeindezentren, hoher Standard	–	**27,00**	–	0,9%
Gemeindezentren, Holzbauweise	–	**10,00**	–	0,5%
Friedhofsgebäude	–	**57,00**	–	1,4%

Einheit: m²
Brutto-Grundfläche (BGF)

482 Schaltschränke, Automations-schwerpunkte

Kosten:
Stand 1. Quartal 2025
Bundesdurchschnitt
inkl. 19% MwSt.

Einheit: m²
Brutto-Grundfläche (BGF)

▷ von
ø Mittel
◁ bis

Gebäudeart	▷	€/Einheit	◁	KG an 400
1 Büro- und Verwaltungsgebäude				
Büro- und Verwaltungsgebäude, einfacher Standard	–	**–**	–	–
Büro- und Verwaltungsgebäude, mittlerer Standard	6,60	**12,00**	21,00	0,8%
Büro- und Verwaltungsgebäude, hoher Standard	9,80	**18,00**	32,00	1,0%
Büro- und Verwaltungsgebäude, Holzbauweise	–	**13,00**	–	0,3%
2 Gebäude für Forschung und Lehre				
Instituts- und Laborgebäude	10,00	**19,00**	27,00	1,0%
3 Gebäude des Gesundheitswesens				
Medizinische Einrichtungen	–	**–**	–	–
Pflegeheime	–	**1,80**	–	< 0,1%
Gebäude für Erholungszwecke	–	**–**	–	–
4 Schulen und Kindergärten				
Allgemeinbildende Schulen	12,00	**14,00**	15,00	0,7%
Schulen, Holzbauweise	18,00	**24,00**	29,00	1,1%
Berufliche Schulen	–	**–**	–	–
Förder- und Sonderschulen	8,90	**13,00**	17,00	1,0%
Weiterbildungseinrichtungen	–	**19,00**	–	1,1%
Kindergärten, nicht unterkellert, einfacher Standard	–	**–**	–	–
Kindergärten, nicht unterkellert, mittlerer Standard	–	**24,00**	–	0,4%
Kindergärten, nicht unterkellert, hoher Standard	–	**16,00**	–	0,6%
Kindergärten, Holzbauweise, nicht unterkellert	4,90	**12,00**	19,00	0,3%
Kindergärten, unterkellert	–	**28,00**	–	1,4%
5 Sportbauten				
Sport- und Mehrzweckhallen	–	**11,00**	–	0,5%
Sporthallen (Einfeldhallen)	–	**–**	–	–
Sporthallen (Dreifeldhallen)	5,20	**6,80**	8,40	0,4%
6 Wohngebäude				
Ein- und Zweifamilienhäuser				
Ein- und Zweifamilienhäuser, unterkellert, einfacher Standard	–	**–**	–	–
Ein- und Zweifamilienhäuser, unterkellert, mittlerer Standard	–	**–**	–	–
Ein- und Zweifamilienhäuser, unterkellert, hoher Standard	–	**–**	–	–
Ein- und Zweifamilienhäuser, nicht unterkellert, einfacher Standard	–	**–**	–	–
Ein- und Zweifamilienhäuser, nicht unterkellert, mittlerer Standard	–	**–**	–	–
Ein- und Zweifamilienhäuser, nicht unterkellert, hoher Standard	–	**–**	–	–
Ein- und Zweifamilienhäuser, Passivhausstandard, Massivbauweise	–	**–**	–	–
Ein- und Zweifamilienhäuser, Passivhausstandard, Holzbauweise	–	**–**	–	–
Ein- und Zweifamilienhäuser, Holzbauweise, unterkellert	–	**–**	–	–
Ein- und Zweifamilienhäuser, Holzbauweise, nicht unterkellert	–	**–**	–	–
Doppel- und Reihenend- / Reihenhäuser				
Doppel- und Reihenendhäuser, einfacher Standard	–	**–**	–	–
Doppel- und Reihenendhäuser, mittlerer Standard	–	**–**	–	–
Doppel- und Reihenendhäuser, hoher Standard	–	**–**	–	–
Doppel- und Reihenendhäuser, Holzbauweise	–	**–**	–	–
Reihenhäuser, einfacher Standard	–	**–**	–	–
Reihenhäuser, mittlerer Standard	–	**–**	–	–
Reihenhäuser, hoher Standard	–	**–**	–	–
Mehrfamilienhäuser				
Mehrfamilienhäuser, mit bis zu 6 WE, einfacher Standard	–	**–**	–	–
Mehrfamilienhäuser, mit bis zu 6 WE, mittlerer Standard	–	**–**	–	–
Mehrfamilienhäuser, mit bis zu 6 WE, hoher Standard	–	**–**	–	–

© **BKI** Baukosteninformationszentrum; Erläuterungen zu den Tabellen siehe Seite 56

Gebäudeart	▷	€/Einheit	◁	KG an 400
Mehrfamilienhäuser (Fortsetzung)				
Mehrfamilienhäuser, mit 6 bis 19 WE, einfacher Standard	–	**–**	–	–
Mehrfamilienhäuser, mit 6 bis 19 WE, mittlerer Standard	–	**–**	–	–
Mehrfamilienhäuser, mit 6 bis 19 WE, hoher Standard	–	**–**	–	–
Mehrfamilienhäuser, mit 20 oder mehr WE, einfacher Standard	–	**–**	–	–
Mehrfamilienhäuser, mit 20 oder mehr WE, mittlerer Standard	–	**–**	–	–
Mehrfamilienhäuser, mit 20 oder mehr WE, hoher Standard	–	**–**	–	–
Mehrfamilienhäuser, Passivhäuser	–	**–**	–	–
Mehrfamilienhäuser, Holzbauweise	–	**–**	–	–
Wohnhäuser, mit bis zu 15% Mischnutzung, einfacher Standard	–	**–**	–	–
Wohnhäuser, mit bis zu 15% Mischnutzung, mittlerer Standard	–	**–**	–	–
Wohnhäuser, mit bis zu 15% Mischnutzung, hoher Standard	–	**–**	–	–
Wohnhäuser, mit mehr als 15% Mischnutzung	–	**–**	–	–
Seniorenwohnungen und Beherbergungen				
Seniorenwohnungen, mittlerer Standard	–	**–**	–	–
Seniorenwohnungen, hoher Standard	–	**–**	–	–
Wohnheime und Internate	1,80	**4,50**	5,90	0,4%
Hotels	–	**–**	–	–
7 Gewerbe-, Lager- und Garagen				
Gaststätten, Kantinen und Mensen	–	**–**	–	–
Industrielle Produktionsgebäude, Massivbauweise	–	**–**	–	–
Industrielle Produktionsgebäude, überwiegend Skelettbauweise	11,00	**15,00**	22,00	0,7%
Betriebs- und Werkstätten, eingeschossig	–	**–**	–	–
Betriebs- und Werkstätten, mehrgeschossig, geringer Hallenanteil	–	**11,00**	–	< 0,1%
Betriebs- und Werkstätten, mehrgeschossig, hoher Hallenanteil	–	**2,10**	–	< 0,1%
Geschäftshäuser, mit Wohnungen	–	**–**	–	–
Geschäftshäuser, ohne Wohnungen	–	**–**	–	–
Verbrauchermärkte	–	**–**	–	–
Autohäuser	–	**–**	–	–
Lagergebäude, ohne Mischnutzung	–	**19,00**	–	0,3%
Lagergebäude, mit bis zu 25% Mischnutzung	–	**–**	–	–
Lagergebäude, mit mehr als 25% Mischnutzung	–	**–**	–	–
Garagen und Bereitschaftsdienste				
Einzel- und Doppelgaragen	–	**–**	–	–
Mehrfachgaragen	–	**–**	–	–
Hochgaragen	–	**–**	–	–
Fahrradparkhäuser	–	**–**	–	–
Carports	–	**–**	–	–
Tiefgaragen	–	**–**	–	–
Feuerwehrhäuser	–	**5,60**	–	0,2%
Öffentliche Bereitschaftsdienste	–	**9,50**	–	0,4%
8 Gebäude für kulturelle und religiöse Zwecke				
Bibliotheken, Museen und Ausstellungen	9,70	**11,00**	13,00	0,4%
Theater	–	**–**	–	–
Gemeindezentren, einfacher Standard	–	**–**	–	–
Gemeindezentren, mittlerer Standard	–	**23,00**	–	0,5%
Gemeindezentren, hoher Standard	–	**–**	–	–
Gemeindezentren, Holzbauweise	–	**–**	–	–
Friedhofsgebäude	–	**21,00**	–	0,5%

Einheit: m²
Brutto-Grundfläche (BGF)

Kosten:
Stand 1. Quartal 2025
Bundesdurchschnitt
inkl. 19% MwSt.

Einheit: m²
Brutto-Grundfläche (BGF)

▷ von
ø Mittel
◁ bis

Gebäudeart	▷	€/Einheit	◁	KG an 400
1 Büro- und Verwaltungsgebäude				
Büro- und Verwaltungsgebäude, einfacher Standard	–	**–**	–	–
Büro- und Verwaltungsgebäude, mittlerer Standard	6,80	**14,00**	31,00	0,5%
Büro- und Verwaltungsgebäude, hoher Standard	7,20	**8,00**	8,80	0,1%
Büro- und Verwaltungsgebäude, Holzbauweise	–	**–**	–	–
2 Gebäude für Forschung und Lehre				
Instituts- und Laborgebäude	–	**16,00**	–	0,3%
3 Gebäude des Gesundheitswesens				
Medizinische Einrichtungen	–	**–**	–	–
Pflegeheime	–	**–**	–	–
Gebäude für Erholungszwecke	–	**–**	–	–
4 Schulen und Kindergärten				
Allgemeinbildende Schulen	3,70	**6,00**	9,40	0,3%
Schulen, Holzbauweise	9,90	**25,00**	40,00	1,0%
Berufliche Schulen	–	**–**	–	–
Förder- und Sonderschulen	–	**–**	–	–
Weiterbildungseinrichtungen	–	**–**	–	–
Kindergärten, nicht unterkellert, einfacher Standard	–	**–**	–	–
Kindergärten, nicht unterkellert, mittlerer Standard	–	**19,00**	–	0,3%
Kindergärten, nicht unterkellert, hoher Standard	–	**17,00**	–	0,7%
Kindergärten, Holzbauweise, nicht unterkellert	–	**9,10**	–	< 0,1%
Kindergärten, unterkellert	–	**–**	–	–
5 Sportbauten				
Sport- und Mehrzweckhallen	–	**–**	–	–
Sporthallen (Einfeldhallen)	–	**–**	–	–
Sporthallen (Dreifeldhallen)	–	**7,50**	–	0,2%
6 Wohngebäude				
Ein- und Zweifamilienhäuser				
Ein- und Zweifamilienhäuser, unterkellert, einfacher Standard	–	**–**	–	–
Ein- und Zweifamilienhäuser, unterkellert, mittlerer Standard	–	**–**	–	–
Ein- und Zweifamilienhäuser, unterkellert, hoher Standard	–	**11,00**	–	0,1%
Ein- und Zweifamilienhäuser, nicht unterkellert, einfacher Standard	–	**–**	–	–
Ein- und Zweifamilienhäuser, nicht unterkellert, mittlerer Standard	–	**–**	–	–
Ein- und Zweifamilienhäuser, nicht unterkellert, hoher Standard	–	**–**	–	–
Ein- und Zweifamilienhäuser, Passivhausstandard, Massivbauweise	–	**–**	–	–
Ein- und Zweifamilienhäuser, Passivhausstandard, Holzbauweise	–	**–**	–	–
Ein- und Zweifamilienhäuser, Holzbauweise, unterkellert	–	**–**	–	–
Ein- und Zweifamilienhäuser, Holzbauweise, nicht unterkellert	–	**–**	–	–
Doppel- und Reihenend- / Reihenhäuser				
Doppel- und Reihenendhäuser, einfacher Standard	–	**–**	–	–
Doppel- und Reihenendhäuser, mittlerer Standard	–	**–**	–	–
Doppel- und Reihenendhäuser, hoher Standard	–	**–**	–	–
Doppel- und Reihenendhäuser, Holzbauweise	–	**–**	–	–
Reihenhäuser, einfacher Standard	–	**–**	–	–
Reihenhäuser, mittlerer Standard	–	**–**	–	–
Reihenhäuser, hoher Standard	–	**–**	–	–
Mehrfamilienhäuser				
Mehrfamilienhäuser, mit bis zu 6 WE, einfacher Standard	–	**–**	–	–
Mehrfamilienhäuser, mit bis zu 6 WE, mittlerer Standard	–	**–**	–	–
Mehrfamilienhäuser, mit bis zu 6 WE, hoher Standard	–	**–**	–	–

© **BKI** Baukosteninformationszentrum; Erläuterungen zu den Tabellen siehe Seite 56

Gebäudeart	▷	€/Einheit	◁	KG an 400
Mehrfamilienhäuser (Fortsetzung)				
Mehrfamilienhäuser, mit 6 bis 19 WE, einfacher Standard	–	**–**	–	–
Mehrfamilienhäuser, mit 6 bis 19 WE, mittlerer Standard	–	**–**	–	–
Mehrfamilienhäuser, mit 6 bis 19 WE, hoher Standard	–	**–**	–	–
Mehrfamilienhäuser, mit 20 oder mehr WE, einfacher Standard	–	**–**	–	–
Mehrfamilienhäuser, mit 20 oder mehr WE, mittlerer Standard	–	**–**	–	–
Mehrfamilienhäuser, mit 20 oder mehr WE, hoher Standard	–	**–**	–	–
Mehrfamilienhäuser, Passivhäuser	–	**–**	–	–
Mehrfamilienhäuser, Holzbauweise	–	**–**	–	–
Wohnhäuser, mit bis zu 15% Mischnutzung, einfacher Standard	–	**–**	–	–
Wohnhäuser, mit bis zu 15% Mischnutzung, mittlerer Standard	–	**–**	–	–
Wohnhäuser, mit bis zu 15% Mischnutzung, hoher Standard	–	**–**	–	–
Wohnhäuser, mit mehr als 15% Mischnutzung	–	**–**	–	–
Seniorenwohnungen und Beherbergungen				
Seniorenwohnungen, mittlerer Standard	–	**–**	–	–
Seniorenwohnungen, hoher Standard	–	**–**	–	–
Wohnheime und Internate	–	**–**	–	–
Hotels	–	**–**	–	–
7 Gewerbe-, Lager- und Garagen				
Gaststätten, Kantinen und Mensen	–	**–**	–	–
Industrielle Produktionsgebäude, Massivbauweise	–	**–**	–	–
Industrielle Produktionsgebäude, überwiegend Skelettbauweise	8,70	**9,70**	11,00	0,3%
Betriebs- und Werkstätten, eingeschossig	–	**–**	–	–
Betriebs- und Werkstätten, mehrgeschossig, geringer Hallenanteil	8,30	**24,00**	39,00	0,9%
Betriebs- und Werkstätten, mehrgeschossig, hoher Hallenanteil	–	**–**	–	–
Geschäftshäuser, mit Wohnungen	–	**–**	–	–
Geschäftshäuser, ohne Wohnungen	–	**–**	–	–
Verbrauchermärkte	–	**–**	–	–
Autohäuser	–	**–**	–	–
Lagergebäude, ohne Mischnutzung	–	**–**	–	–
Lagergebäude, mit bis zu 25% Mischnutzung	–	**–**	–	–
Lagergebäude, mit mehr als 25% Mischnutzung	–	**–**	–	–
Garagen und Bereitschaftsdienste				
Einzel- und Doppelgaragen	–	**–**	–	–
Mehrfachgaragen	–	**–**	–	–
Hochgaragen	–	**–**	–	–
Fahrradparkhäuser	–	**–**	–	–
Carports	–	**–**	–	–
Tiefgaragen	–	**–**	–	–
Feuerwehrhäuser	–	**14,00**	–	0,4%
Öffentliche Bereitschaftsdienste	–	**8,20**	–	0,3%
8 Gebäude für kulturelle und religiöse Zwecke				
Bibliotheken, Museen und Ausstellungen	–	**4,40**	–	0,1%
Theater	–	**–**	–	–
Gemeindezentren, einfacher Standard	–	**–**	–	–
Gemeindezentren, mittlerer Standard	–	**–**	–	–
Gemeindezentren, hoher Standard	–	**–**	–	–
Gemeindezentren, Holzbauweise	–	**–**	–	–
Friedhofsgebäude	–	**–**	–	–

Einheit: m²
Brutto-Grundfläche (BGF)

Gebäudeart	▷	€/Einheit	◁	KG an 400
1 Büro- und Verwaltungsgebäude				
Büro- und Verwaltungsgebäude, einfacher Standard	–	**–**	–	–
Büro- und Verwaltungsgebäude, mittlerer Standard	1,90	**3,60**	6,40	0,2%
Büro- und Verwaltungsgebäude, hoher Standard	2,80	**8,60**	22,00	0,4%
Büro- und Verwaltungsgebäude, Holzbauweise	–	**23,00**	–	0,6%
2 Gebäude für Forschung und Lehre				
Instituts- und Laborgebäude	–	**–**	–	–
3 Gebäude des Gesundheitswesens				
Medizinische Einrichtungen	–	**18,00**	–	0,6%
Pflegeheime	–	**–**	–	–
Gebäude für Erholungszwecke	–	**–**	–	–
4 Schulen und Kindergärten				
Allgemeinbildende Schulen	–	**3,40**	–	< 0,1%
Schulen, Holzbauweise	–	**3,00**	–	< 0,1%
Berufliche Schulen	–	**–**	–	–
Förder- und Sonderschulen	–	**2,70**	–	< 0,1%
Weiterbildungseinrichtungen	–	**9,10**	–	0,3%
Kindergärten, nicht unterkellert, einfacher Standard	–	**–**	–	–
Kindergärten, nicht unterkellert, mittlerer Standard	0,70	**3,20**	5,60	0,1%
Kindergärten, nicht unterkellert, hoher Standard	–	**13,00**	–	0,5%
Kindergärten, Holzbauweise, nicht unterkellert	–	**3,00**	–	< 0,1%
Kindergärten, unterkellert	–	**–**	–	–
5 Sportbauten				
Sport- und Mehrzweckhallen	–	**–**	–	–
Sporthallen (Einfeldhallen)	–	**0,70**	–	< 0,1%
Sporthallen (Dreifeldhallen)	0,80	**4,00**	7,10	0,3%
6 Wohngebäude				
Ein- und Zweifamilienhäuser				
Ein- und Zweifamilienhäuser, unterkellert, einfacher Standard	–	**–**	–	–
Ein- und Zweifamilienhäuser, unterkellert, mittlerer Standard	–	**–**	–	–
Ein- und Zweifamilienhäuser, unterkellert, hoher Standard	–	**–**	–	–
Ein- und Zweifamilienhäuser, nicht unterkellert, einfacher Standard	–	**–**	–	–
Ein- und Zweifamilienhäuser, nicht unterkellert, mittlerer Standard	–	**–**	–	–
Ein- und Zweifamilienhäuser, nicht unterkellert, hoher Standard	–	**–**	–	–
Ein- und Zweifamilienhäuser, Passivhausstandard, Massivbauweise	–	**7,70**	–	0,1%
Ein- und Zweifamilienhäuser, Passivhausstandard, Holzbauweise	–	**–**	–	–
Ein- und Zweifamilienhäuser, Holzbauweise, unterkellert	–	**–**	–	–
Ein- und Zweifamilienhäuser, Holzbauweise, nicht unterkellert	–	**–**	–	–
Doppel- und Reihenend- / Reihenhäuser				
Doppel- und Reihenendhäuser, einfacher Standard	–	**–**	–	–
Doppel- und Reihenendhäuser, mittlerer Standard	–	**–**	–	–
Doppel- und Reihenendhäuser, hoher Standard	–	**–**	–	–
Doppel- und Reihenendhäuser, Holzbauweise	–	**–**	–	–
Reihenhäuser, einfacher Standard	–	**–**	–	–
Reihenhäuser, mittlerer Standard	–	**–**	–	–
Reihenhäuser, hoher Standard	–	**–**	–	–
Mehrfamilienhäuser				
Mehrfamilienhäuser, mit bis zu 6 WE, einfacher Standard	–	**–**	–	–
Mehrfamilienhäuser, mit bis zu 6 WE, mittlerer Standard	–	**–**	–	–
Mehrfamilienhäuser, mit bis zu 6 WE, hoher Standard	–	**–**	–	–

Kosten:
Stand 1. Quartal 2025
Bundesdurchschnitt
inkl. 19% MwSt.

Einheit: m²
Brutto-Grundfläche (BGF)

▷ von
ø Mittel
◁ bis

© BKI Baukosteninformationszentrum; Erläuterungen zu den Tabellen siehe Seite 56

Einheit: m² Brutto-Grundfläche (BGF)

Gebäudeart	▷	€/Einheit	◁	KG an 400
Mehrfamilienhäuser (Fortsetzung)				
Mehrfamilienhäuser, mit 6 bis 19 WE, einfacher Standard	–	**–**	–	–
Mehrfamilienhäuser, mit 6 bis 19 WE, mittlerer Standard	–	**–**	–	–
Mehrfamilienhäuser, mit 6 bis 19 WE, hoher Standard	–	**–**	–	–
Mehrfamilienhäuser, mit 20 oder mehr WE, einfacher Standard	–	**–**	–	–
Mehrfamilienhäuser, mit 20 oder mehr WE, mittlerer Standard	–	**–**	–	–
Mehrfamilienhäuser, mit 20 oder mehr WE, hoher Standard	–	**–**	–	–
Mehrfamilienhäuser, Passivhäuser	–	**–**	–	–
Mehrfamilienhäuser, Holzbauweise	–	**–**	–	–
Wohnhäuser, mit bis zu 15% Mischnutzung, einfacher Standard	–	**–**	–	–
Wohnhäuser, mit bis zu 15% Mischnutzung, mittlerer Standard	–	**–**	–	–
Wohnhäuser, mit bis zu 15% Mischnutzung, hoher Standard	–	**–**	–	–
Wohnhäuser, mit mehr als 15% Mischnutzung	–	**–**	–	–
Seniorenwohnungen und Beherbergungen				
Seniorenwohnungen, mittlerer Standard	–	**–**	–	–
Seniorenwohnungen, hoher Standard	–	**–**	–	–
Wohnheime und Internate	–	**2,70**	–	< 0,1%
Hotels	–	**–**	–	–
7 Gewerbe-, Lager- und Garagen				
Gaststätten, Kantinen und Mensen	–	**–**	–	–
Industrielle Produktionsgebäude, Massivbauweise	–	**–**	–	–
Industrielle Produktionsgebäude, überwiegend Skelettbauweise	–	**3,80**	–	< 0,1%
Betriebs- und Werkstätten, eingeschossig	–	**–**	–	–
Betriebs- und Werkstätten, mehrgeschossig, geringer Hallenanteil	–	**–**	–	–
Betriebs- und Werkstätten, mehrgeschossig, hoher Hallenanteil	–	**–**	–	–
Geschäftshäuser, mit Wohnungen	–	**–**	–	–
Geschäftshäuser, ohne Wohnungen	–	**–**	–	–
Verbrauchermärkte	–	**–**	–	–
Autohäuser	–	**–**	–	–
Lagergebäude, ohne Mischnutzung	–	**–**	–	–
Lagergebäude, mit bis zu 25% Mischnutzung	–	**–**	–	–
Lagergebäude, mit mehr als 25% Mischnutzung	–	**–**	–	–
Garagen und Bereitschaftsdienste				
Einzel- und Doppelgaragen	–	**–**	–	–
Mehrfachgaragen	–	**–**	–	–
Hochgaragen	–	**–**	–	–
Fahrradparkhäuser	–	**–**	–	–
Carports	–	**–**	–	–
Tiefgaragen	–	**–**	–	–
Feuerwehrhäuser	–	**–**	–	–
Öffentliche Bereitschaftsdienste	–	**–**	–	–
8 Gebäude für kulturelle und religiöse Zwecke				
Bibliotheken, Museen und Ausstellungen	–	**33,00**	–	0,8%
Theater	–	**–**	–	–
Gemeindezentren, einfacher Standard	–	**–**	–	–
Gemeindezentren, mittlerer Standard	–	**40,00**	–	0,8%
Gemeindezentren, hoher Standard	–	**–**	–	–
Gemeindezentren, Holzbauweise	–	**4,40**	–	0,2%
Friedhofsgebäude	–	**20,00**	–	0,5%

Kosten:
Stand 1. Quartal 2025
Bundesdurchschnitt
inkl. 19% MwSt.

Einheit: m²
Brutto-Grundfläche (BGF)

▷ von
ø Mittel
◁ bis

Gebäudeart	▷	€/Einheit	◁	KG an 400
1 Büro- und Verwaltungsgebäude				
Büro- und Verwaltungsgebäude, einfacher Standard	–	**–**	–	–
Büro- und Verwaltungsgebäude, mittlerer Standard	3,70	**13,00**	29,00	0,7%
Büro- und Verwaltungsgebäude, hoher Standard	3,00	**9,10**	24,00	0,6%
Büro- und Verwaltungsgebäude, Holzbauweise	–	**2,00**	–	< 0,1%
2 Gebäude für Forschung und Lehre				
Instituts- und Laborgebäude	–	**25,00**	–	0,5%
3 Gebäude des Gesundheitswesens				
Medizinische Einrichtungen	–	**1,90**	–	< 0,1%
Pflegeheime	–	**–**	–	–
Gebäude für Erholungszwecke	–	**–**	–	–
4 Schulen und Kindergärten				
Allgemeinbildende Schulen	0,60	**7,00**	13,00	0,5%
Schulen, Holzbauweise	–	**31,00**	–	0,5%
Berufliche Schulen	–	**–**	–	–
Förder- und Sonderschulen	–	**1,40**	–	< 0,1%
Weiterbildungseinrichtungen	–	**–**	–	–
Kindergärten, nicht unterkellert, einfacher Standard	–	**–**	–	–
Kindergärten, nicht unterkellert, mittlerer Standard	–	**–**	–	–
Kindergärten, nicht unterkellert, hoher Standard	–	**–**	–	–
Kindergärten, Holzbauweise, nicht unterkellert	–	**1,20**	–	< 0,1%
Kindergärten, unterkellert	–	**9,30**	–	0,5%
5 Sportbauten				
Sport- und Mehrzweckhallen	–	**–**	–	–
Sporthallen (Einfeldhallen)	–	**–**	–	–
Sporthallen (Dreifeldhallen)	–	**–**	–	–
6 Wohngebäude				
Ein- und Zweifamilienhäuser				
Ein- und Zweifamilienhäuser, unterkellert, einfacher Standard	–	**–**	–	–
Ein- und Zweifamilienhäuser, unterkellert, mittlerer Standard	–	**1,20**	–	< 0,1%
Ein- und Zweifamilienhäuser, unterkellert, hoher Standard	1,50	**2,40**	3,30	< 0,1%
Ein- und Zweifamilienhäuser, nicht unterkellert, einfacher Standard	–	**–**	–	–
Ein- und Zweifamilienhäuser, nicht unterkellert, mittlerer Standard	–	**–**	–	–
Ein- und Zweifamilienhäuser, nicht unterkellert, hoher Standard	–	**–**	–	–
Ein- und Zweifamilienhäuser, Passivhausstandard, Massivbauweise	–	**5,00**	–	< 0,1%
Ein- und Zweifamilienhäuser, Passivhausstandard, Holzbauweise	–	**–**	–	–
Ein- und Zweifamilienhäuser, Holzbauweise, unterkellert	–	**–**	–	–
Ein- und Zweifamilienhäuser, Holzbauweise, nicht unterkellert	–	**–**	–	–
Doppel- und Reihenend- / Reihenhäuser				
Doppel- und Reihenendhäuser, einfacher Standard	–	**–**	–	–
Doppel- und Reihenendhäuser, mittlerer Standard	–	**–**	–	–
Doppel- und Reihenendhäuser, hoher Standard	–	**–**	–	–
Doppel- und Reihenendhäuser, Holzbauweise	–	**–**	–	–
Reihenhäuser, einfacher Standard	–	**–**	–	–
Reihenhäuser, mittlerer Standard	–	**–**	–	–
Reihenhäuser, hoher Standard	–	**–**	–	–
Mehrfamilienhäuser				
Mehrfamilienhäuser, mit bis zu 6 WE, einfacher Standard	–	**–**	–	–
Mehrfamilienhäuser, mit bis zu 6 WE, mittlerer Standard	–	**–**	–	–
Mehrfamilienhäuser, mit bis zu 6 WE, hoher Standard	–	**–**	–	–

© **BKI** Baukosteninformationszentrum; Erläuterungen zu den Tabellen siehe Seite 56

Gebäudeart	▷	€/Einheit	◁	KG an 400
Mehrfamilienhäuser (Fortsetzung)				
Mehrfamilienhäuser, mit 6 bis 19 WE, einfacher Standard	–	–	–	–
Mehrfamilienhäuser, mit 6 bis 19 WE, mittlerer Standard	–	–	–	–
Mehrfamilienhäuser, mit 6 bis 19 WE, hoher Standard	–	–	–	–
Mehrfamilienhäuser, mit 20 oder mehr WE, einfacher Standard	–	–	–	–
Mehrfamilienhäuser, mit 20 oder mehr WE, mittlerer Standard	–	–	–	–
Mehrfamilienhäuser, mit 20 oder mehr WE, hoher Standard	–	–	–	–
Mehrfamilienhäuser, Passivhäuser	–	–	–	–
Mehrfamilienhäuser, Holzbauweise	–	–	–	–
Wohnhäuser, mit bis zu 15% Mischnutzung, einfacher Standard	–	–	–	–
Wohnhäuser, mit bis zu 15% Mischnutzung, mittlerer Standard	–	–	–	–
Wohnhäuser, mit bis zu 15% Mischnutzung, hoher Standard	–	–	–	–
Wohnhäuser, mit mehr als 15% Mischnutzung	–	–	–	–
Seniorenwohnungen und Beherbergungen				
Seniorenwohnungen, mittlerer Standard	–	–	–	–
Seniorenwohnungen, hoher Standard	–	–	–	–
Wohnheime und Internate	–	**9,60**	–	0,1%
Hotels	–	–	–	–
7 Gewerbe-, Lager- und Garagen				
Gaststätten, Kantinen und Mensen	–	–	–	–
Industrielle Produktionsgebäude, Massivbauweise	–	–	–	–
Industrielle Produktionsgebäude, überwiegend Skelettbauweise	6,10	**7,90**	11,00	0,4%
Betriebs- und Werkstätten, eingeschossig	–	–	–	–
Betriebs- und Werkstätten, mehrgeschossig, geringer Hallenanteil	–	**4,10**	–	< 0,1%
Betriebs- und Werkstätten, mehrgeschossig, hoher Hallenanteil	–	–	–	–
Geschäftshäuser, mit Wohnungen	–	–	–	–
Geschäftshäuser, ohne Wohnungen	–	–	–	–
Verbrauchermärkte	–	–	–	–
Autohäuser	–	–	–	–
Lagergebäude, ohne Mischnutzung	–	**6,50**	–	< 0,1%
Lagergebäude, mit bis zu 25% Mischnutzung	–	–	–	–
Lagergebäude, mit mehr als 25% Mischnutzung	–	–	–	–
Garagen und Bereitschaftsdienste				
Einzel- und Doppelgaragen	–	–	–	–
Mehrfachgaragen	–	–	–	–
Hochgaragen	–	–	–	–
Fahrradparkhäuser	–	–	–	–
Carports	–	–	–	–
Tiefgaragen	–	–	–	–
Feuerwehrhäuser	1,00	**1,30**	1,70	< 0,1%
Öffentliche Bereitschaftsdienste	–	**10,00**	–	0,4%
8 Gebäude für kulturelle und religiöse Zwecke				
Bibliotheken, Museen und Ausstellungen	–	–	–	–
Theater	–	–	–	–
Gemeindezentren, einfacher Standard	–	–	–	–
Gemeindezentren, mittlerer Standard	–	–	–	–
Gemeindezentren, hoher Standard	–	–	–	–
Gemeindezentren, Holzbauweise	–	–	–	–
Friedhofsgebäude	–	**7,90**	–	0,2%

Einheit: m²
Brutto-Grundfläche (BGF)

491 Baustelleneinrichtung

Kosten:
Stand 1. Quartal 2025
Bundesdurchschnitt
inkl. 19% MwSt.

Einheit: m²
Brutto-Grundfläche (BGF)

▷ von
ø Mittel
◁ bis

Gebäudeart	▷	€/Einheit	◁	KG an 400
1 Büro- und Verwaltungsgebäude				
Büro- und Verwaltungsgebäude, einfacher Standard	–	**–**	–	–
Büro- und Verwaltungsgebäude, mittlerer Standard	1,30	**2,30**	3,80	< 0,1%
Büro- und Verwaltungsgebäude, hoher Standard	0,80	**4,40**	15,00	0,2%
Büro- und Verwaltungsgebäude, Holzbauweise	–	**2,50**	–	< 0,1%
2 Gebäude für Forschung und Lehre				
Instituts- und Laborgebäude	0,50	**2,40**	4,30	< 0,1%
3 Gebäude des Gesundheitswesens				
Medizinische Einrichtungen	–	**4,40**	–	0,3%
Pflegeheime	–	**1,60**	–	< 0,1%
Gebäude für Erholungszwecke	–	**9,20**	–	< 0,1%
4 Schulen und Kindergärten				
Allgemeinbildende Schulen	1,00	**1,50**	2,00	< 0,1%
Schulen, Holzbauweise	1,60	**2,40**	3,30	0,2%
Berufliche Schulen	–	**–**	–	–
Förder- und Sonderschulen	0,30	**2,50**	4,70	0,2%
Weiterbildungseinrichtungen	–	**–**	–	–
Kindergärten, nicht unterkellert, einfacher Standard	–	**–**	–	–
Kindergärten, nicht unterkellert, mittlerer Standard	–	**3,10**	–	0,1%
Kindergärten, nicht unterkellert, hoher Standard	–	**–**	–	–
Kindergärten, Holzbauweise, nicht unterkellert	2,20	**2,70**	3,10	< 0,1%
Kindergärten, unterkellert	–	**0,70**	–	< 0,1%
5 Sportbauten				
Sport- und Mehrzweckhallen	–	**–**	–	–
Sporthallen (Einfeldhallen)	0,80	**3,10**	5,30	0,2%
Sporthallen (Dreifeldhallen)	–	**–**	–	–
6 Wohngebäude				
Ein- und Zweifamilienhäuser				
Ein- und Zweifamilienhäuser, unterkellert, einfacher Standard	–	**–**	–	–
Ein- und Zweifamilienhäuser, unterkellert, mittlerer Standard	–	**–**	–	–
Ein- und Zweifamilienhäuser, unterkellert, hoher Standard	–	**3,50**	–	< 0,1%
Ein- und Zweifamilienhäuser, nicht unterkellert, einfacher Standard	–	**–**	–	–
Ein- und Zweifamilienhäuser, nicht unterkellert, mittlerer Standard	1,00	**2,10**	3,20	< 0,1%
Ein- und Zweifamilienhäuser, nicht unterkellert, hoher Standard	–	**7,60**	–	0,1%
Ein- und Zweifamilienhäuser, Passivhausstandard, Massivbauweise	–	**–**	–	–
Ein- und Zweifamilienhäuser, Passivhausstandard, Holzbauweise	–	**–**	–	–
Ein- und Zweifamilienhäuser, Holzbauweise, unterkellert	–	**–**	–	–
Ein- und Zweifamilienhäuser, Holzbauweise, nicht unterkellert	–	**–**	–	–
Doppel- und Reihenend- / Reihenhäuser				
Doppel- und Reihenendhäuser, einfacher Standard	–	**1,10**	–	0,2%
Doppel- und Reihenendhäuser, mittlerer Standard	–	**–**	–	–
Doppel- und Reihenendhäuser, hoher Standard	–	**–**	–	–
Doppel- und Reihenendhäuser, Holzbauweise	–	**–**	–	–
Reihenhäuser, einfacher Standard	–	**1,10**	–	0,2%
Reihenhäuser, mittlerer Standard	–	**–**	–	–
Reihenhäuser, hoher Standard	–	**–**	–	–
Mehrfamilienhäuser				
Mehrfamilienhäuser, mit bis zu 6 WE, einfacher Standard	–	**–**	–	–
Mehrfamilienhäuser, mit bis zu 6 WE, mittlerer Standard	–	**–**	–	–
Mehrfamilienhäuser, mit bis zu 6 WE, hoher Standard	–	**–**	–	–

© BKI Baukosteninformationszentrum; Erläuterungen zu den Tabellen siehe Seite 56

Gebäudeart	▷	€/Einheit	◁	KG an 400
Mehrfamilienhäuser (Fortsetzung)				
Mehrfamilienhäuser, mit 6 bis 19 WE, einfacher Standard	–	**2,30**	–	0,3%
Mehrfamilienhäuser, mit 6 bis 19 WE, mittlerer Standard	–	**–**	–	–
Mehrfamilienhäuser, mit 6 bis 19 WE, hoher Standard	–	**0,70**	–	< 0,1%
Mehrfamilienhäuser, mit 20 oder mehr WE, einfacher Standard	–	**0,20**	–	< 0,1%
Mehrfamilienhäuser, mit 20 oder mehr WE, mittlerer Standard	0,20	**3,40**	6,70	0,3%
Mehrfamilienhäuser, mit 20 oder mehr WE, hoher Standard	–	**0,10**	–	< 0,1%
Mehrfamilienhäuser, Passivhäuser	–	**–**	–	–
Mehrfamilienhäuser, Holzbauweise	–	**–**	–	–
Wohnhäuser, mit bis zu 15% Mischnutzung, einfacher Standard	–	**–**	–	–
Wohnhäuser, mit bis zu 15% Mischnutzung, mittlerer Standard	–	**–**	–	–
Wohnhäuser, mit bis zu 15% Mischnutzung, hoher Standard	–	**–**	–	–
Wohnhäuser, mit mehr als 15% Mischnutzung	–	**–**	–	–
Seniorenwohnungen und Beherbergungen				
Seniorenwohnungen, mittlerer Standard	–	**–**	–	–
Seniorenwohnungen, hoher Standard	–	**–**	–	–
Wohnheime und Internate	–	**3,10**	–	< 0,1%
Hotels	–	**0,40**	–	0,1%
7 Gewerbe-, Lager- und Garagen				
Gaststätten, Kantinen und Mensen	–	**1,20**	–	0,1%
Industrielle Produktionsgebäude, Massivbauweise	–	**–**	–	–
Industrielle Produktionsgebäude, überwiegend Skelettbauweise	1,20	**3,10**	6,10	0,2%
Betriebs- und Werkstätten, eingeschossig	–	**–**	–	–
Betriebs- und Werkstätten, mehrgeschossig, geringer Hallenanteil	0,40	**2,60**	4,80	< 0,1%
Betriebs- und Werkstätten, mehrgeschossig, hoher Hallenanteil	0,40	**0,80**	1,30	< 0,1%
Geschäftshäuser, mit Wohnungen	–	**–**	–	–
Geschäftshäuser, ohne Wohnungen	–	**–**	–	–
Verbrauchermärkte	–	**–**	–	–
Autohäuser	–	**–**	–	–
Lagergebäude, ohne Mischnutzung	–	**0,30**	–	< 0,1%
Lagergebäude, mit bis zu 25% Mischnutzung	–	**–**	–	–
Lagergebäude, mit mehr als 25% Mischnutzung	–	**–**	–	–
Garagen und Bereitschaftsdienste				
Einzel- und Doppelgaragen	–	**–**	–	–
Mehrfachgaragen	–	**–**	–	–
Hochgaragen	–	**3,90**	–	0,7%
Fahrradparkhäuser	0,90	**1,10**	1,30	0,7%
Carports	–	**–**	–	–
Tiefgaragen	–	**0,10**	–	< 0,1%
Feuerwehrhäuser	–	**–**	–	–
Öffentliche Bereitschaftsdienste	–	**0,30**	–	< 0,1%
8 Gebäude für kulturelle und religiöse Zwecke				
Bibliotheken, Museen und Ausstellungen	3,60	**9,10**	20,00	0,6%
Theater	–	**–**	–	–
Gemeindezentren, einfacher Standard	–	**–**	–	–
Gemeindezentren, mittlerer Standard	–	**–**	–	–
Gemeindezentren, hoher Standard	–	**–**	–	–
Gemeindezentren, Holzbauweise	–	**2,00**	–	0,1%
Friedhofsgebäude	–	**5,30**	–	0,1%

Einheit: m²
Brutto-Grundfläche (BGF)

Kosten:
Stand 1. Quartal 2025
Bundesdurchschnitt
inkl. 19% MwSt.

Einheit: m²
Brutto-Grundfläche (BGF)

▷ von
ø Mittel
◁ bis

Gebäudeart	▷	€/Einheit	◁	KG an 400
1 Büro- und Verwaltungsgebäude				
Büro- und Verwaltungsgebäude, einfacher Standard	–	–	–	–
Büro- und Verwaltungsgebäude, mittlerer Standard	0,10	**0,60**	0,80	< 0,1%
Büro- und Verwaltungsgebäude, hoher Standard	0,30	**1,60**	2,90	< 0,1%
Büro- und Verwaltungsgebäude, Holzbauweise	–	**2,50**	–	< 0,1%
2 Gebäude für Forschung und Lehre				
Instituts- und Laborgebäude	–	–	–	–
3 Gebäude des Gesundheitswesens				
Medizinische Einrichtungen	–	**1,00**	–	< 0,1%
Pflegeheime	–	–	–	–
Gebäude für Erholungszwecke	–	**1,60**	–	< 0,1%
4 Schulen und Kindergärten				
Allgemeinbildende Schulen	0,50	**0,60**	0,70	< 0,1%
Schulen, Holzbauweise	–	–	–	–
Berufliche Schulen	–	–	–	–
Förder- und Sonderschulen	–	**0,20**	–	< 0,1%
Weiterbildungseinrichtungen	< 0,10	**0,40**	0,70	< 0,1%
Kindergärten, nicht unterkellert, einfacher Standard	–	–	–	–
Kindergärten, nicht unterkellert, mittlerer Standard	0,40	**0,90**	1,40	< 0,1%
Kindergärten, nicht unterkellert, hoher Standard	–	**1,00**	–	< 0,1%
Kindergärten, Holzbauweise, nicht unterkellert	1,60	**1,70**	1,70	< 0,1%
Kindergärten, unterkellert	–	**2,70**	–	< 0,1%
5 Sportbauten				
Sport- und Mehrzweckhallen	–	–	–	–
Sporthallen (Einfeldhallen)	–	**5,10**	–	0,2%
Sporthallen (Dreifeldhallen)	–	–	–	–
6 Wohngebäude				
Ein- und Zweifamilienhäuser				
Ein- und Zweifamilienhäuser, unterkellert, einfacher Standard	–	–	–	–
Ein- und Zweifamilienhäuser, unterkellert, mittlerer Standard	–	–	–	–
Ein- und Zweifamilienhäuser, unterkellert, hoher Standard	–	–	–	–
Ein- und Zweifamilienhäuser, nicht unterkellert, einfacher Standard	–	–	–	–
Ein- und Zweifamilienhäuser, nicht unterkellert, mittlerer Standard	–	–	–	–
Ein- und Zweifamilienhäuser, nicht unterkellert, hoher Standard	–	–	–	–
Ein- und Zweifamilienhäuser, Passivhausstandard, Massivbauweise	–	–	–	–
Ein- und Zweifamilienhäuser, Passivhausstandard, Holzbauweise	–	–	–	–
Ein- und Zweifamilienhäuser, Holzbauweise, unterkellert	–	–	–	–
Ein- und Zweifamilienhäuser, Holzbauweise, nicht unterkellert	–	–	–	–
Doppel- und Reihenend- / Reihenhäuser				
Doppel- und Reihenendhäuser, einfacher Standard	–	–	–	–
Doppel- und Reihenendhäuser, mittlerer Standard	–	–	–	–
Doppel- und Reihenendhäuser, hoher Standard	–	–	–	–
Doppel- und Reihenendhäuser, Holzbauweise	–	–	–	–
Reihenhäuser, einfacher Standard	–	–	–	–
Reihenhäuser, mittlerer Standard	–	–	–	–
Reihenhäuser, hoher Standard	–	–	–	–
Mehrfamilienhäuser				
Mehrfamilienhäuser, mit bis zu 6 WE, einfacher Standard	–	–	–	–
Mehrfamilienhäuser, mit bis zu 6 WE, mittlerer Standard	–	–	–	–
Mehrfamilienhäuser, mit bis zu 6 WE, hoher Standard	–	–	–	–

© **BKI** Baukosteninformationszentrum; Erläuterungen zu den Tabellen siehe Seite 56

Gebäudeart	▷	€/Einheit	◁	KG an 400
Mehrfamilienhäuser (Fortsetzung)				
Mehrfamilienhäuser, mit 6 bis 19 WE, einfacher Standard	–	–	–	–
Mehrfamilienhäuser, mit 6 bis 19 WE, mittlerer Standard	–	–	–	–
Mehrfamilienhäuser, mit 6 bis 19 WE, hoher Standard	–	–	–	–
Mehrfamilienhäuser, mit 20 oder mehr WE, einfacher Standard	–	–	–	–
Mehrfamilienhäuser, mit 20 oder mehr WE, mittlerer Standard	–	**0,50**	–	< 0,1%
Mehrfamilienhäuser, mit 20 oder mehr WE, hoher Standard	–	–	–	–
Mehrfamilienhäuser, Passivhäuser	–	–	–	–
Mehrfamilienhäuser, Holzbauweise	–	–	–	–
Wohnhäuser, mit bis zu 15% Mischnutzung, einfacher Standard	–	–	–	–
Wohnhäuser, mit bis zu 15% Mischnutzung, mittlerer Standard	–	–	–	–
Wohnhäuser, mit bis zu 15% Mischnutzung, hoher Standard	–	–	–	–
Wohnhäuser, mit mehr als 15% Mischnutzung	–	–	–	–
Seniorenwohnungen und Beherbergungen				
Seniorenwohnungen, mittlerer Standard	–	–	–	–
Seniorenwohnungen, hoher Standard	–	–	–	–
Wohnheime und Internate	–	–	–	–
Hotels	–	–	–	–
7 Gewerbe-, Lager- und Garagen				
Gaststätten, Kantinen und Mensen	–	–	–	–
Industrielle Produktionsgebäude, Massivbauweise	–	–	–	–
Industrielle Produktionsgebäude, überwiegend Skelettbauweise	2,30	**3,20**	4,20	0,1%
Betriebs- und Werkstätten, eingeschossig	–	–	–	–
Betriebs- und Werkstätten, mehrgeschossig, geringer Hallenanteil	–	**1,50**	–	< 0,1%
Betriebs- und Werkstätten, mehrgeschossig, hoher Hallenanteil	–	–	–	–
Geschäftshäuser, mit Wohnungen	–	–	–	–
Geschäftshäuser, ohne Wohnungen	–	–	–	–
Verbrauchermärkte	–	–	–	–
Autohäuser	–	–	–	–
Lagergebäude, ohne Mischnutzung	–	–	–	–
Lagergebäude, mit bis zu 25% Mischnutzung	–	–	–	–
Lagergebäude, mit mehr als 25% Mischnutzung	–	–	–	–
Garagen und Bereitschaftsdienste				
Einzel- und Doppelgaragen	–	–	–	–
Mehrfachgaragen	–	–	–	–
Hochgaragen	–	–	–	–
Fahrradparkhäuser	–	**0,30**	–	0,2%
Carports	–	–	–	–
Tiefgaragen	–	–	–	–
Feuerwehrhäuser	0,80	**3,50**	8,70	0,4%
Öffentliche Bereitschaftsdienste	–	**1,10**	–	< 0,1%
8 Gebäude für kulturelle und religiöse Zwecke				
Bibliotheken, Museen und Ausstellungen	1,20	**7,50**	11,00	0,5%
Theater	–	–	–	–
Gemeindezentren, einfacher Standard	–	–	–	–
Gemeindezentren, mittlerer Standard	–	**6,30**	–	0,1%
Gemeindezentren, hoher Standard	–	–	–	–
Gemeindezentren, Holzbauweise	–	–	–	–
Friedhofsgebäude	–	**2,30**	–	< 0,1%

Einheit: m²
Brutto-Grundfläche (BGF)

Kosten:
Stand 1. Quartal 2025
Bundesdurchschnitt
inkl. 19% MwSt.

Einheit: m²
Brutto-Grundfläche (BGF)

▷ von
ø Mittel
◁ bis

Gebäudeart	▷	€/Einheit	◁	KG an 400
1 Büro- und Verwaltungsgebäude				
Büro- und Verwaltungsgebäude, einfacher Standard	–	**–**	–	–
Büro- und Verwaltungsgebäude, mittlerer Standard	–	**2,00**	–	< 0,1%
Büro- und Verwaltungsgebäude, hoher Standard	–	**–**	–	–
Büro- und Verwaltungsgebäude, Holzbauweise	–	**–**	–	–
2 Gebäude für Forschung und Lehre				
Instituts- und Laborgebäude	–	**–**	–	–
3 Gebäude des Gesundheitswesens				
Medizinische Einrichtungen	–	**–**	–	–
Pflegeheime	–	**2,70**	–	< 0,1%
Gebäude für Erholungszwecke	–	**–**	–	–
4 Schulen und Kindergärten				
Allgemeinbildende Schulen	–	**32,00**	–	1,4%
Schulen, Holzbauweise	–	**0,70**	–	< 0,1%
Berufliche Schulen	–	**1,40**	–	< 0,1%
Förder- und Sonderschulen	–	**1,10**	–	< 0,1%
Weiterbildungseinrichtungen	–	**–**	–	–
Kindergärten, nicht unterkellert, einfacher Standard	–	**–**	–	–
Kindergärten, nicht unterkellert, mittlerer Standard	–	**–**	–	–
Kindergärten, nicht unterkellert, hoher Standard	–	**1,90**	–	< 0,1%
Kindergärten, Holzbauweise, nicht unterkellert	–	**–**	–	–
Kindergärten, unterkellert	–	**–**	–	–
5 Sportbauten				
Sport- und Mehrzweckhallen	–	**0,70**	–	< 0,1%
Sporthallen (Einfeldhallen)	–	**–**	–	–
Sporthallen (Dreifeldhallen)	–	**0,60**	–	< 0,1%
6 Wohngebäude				
Ein- und Zweifamilienhäuser				
Ein- und Zweifamilienhäuser, unterkellert, einfacher Standard	–	**–**	–	–
Ein- und Zweifamilienhäuser, unterkellert, mittlerer Standard	–	**–**	–	–
Ein- und Zweifamilienhäuser, unterkellert, hoher Standard	–	**–**	–	–
Ein- und Zweifamilienhäuser, nicht unterkellert, einfacher Standard	–	**–**	–	–
Ein- und Zweifamilienhäuser, nicht unterkellert, mittlerer Standard	–	**–**	–	–
Ein- und Zweifamilienhäuser, nicht unterkellert, hoher Standard	–	**–**	–	–
Ein- und Zweifamilienhäuser, Passivhausstandard, Massivbauweise	–	**–**	–	–
Ein- und Zweifamilienhäuser, Passivhausstandard, Holzbauweise	–	**–**	–	–
Ein- und Zweifamilienhäuser, Holzbauweise, unterkellert	–	**–**	–	–
Ein- und Zweifamilienhäuser, Holzbauweise, nicht unterkellert	–	**–**	–	–
Doppel- und Reihenend- / Reihenhäuser				
Doppel- und Reihenendhäuser, einfacher Standard	–	**–**	–	–
Doppel- und Reihenendhäuser, mittlerer Standard	–	**–**	–	–
Doppel- und Reihenendhäuser, hoher Standard	–	**–**	–	–
Doppel- und Reihenendhäuser, Holzbauweise	–	**–**	–	–
Reihenhäuser, einfacher Standard	–	**–**	–	–
Reihenhäuser, mittlerer Standard	–	**–**	–	–
Reihenhäuser, hoher Standard	–	**–**	–	–
Mehrfamilienhäuser				
Mehrfamilienhäuser, mit bis zu 6 WE, einfacher Standard	–	**–**	–	–
Mehrfamilienhäuser, mit bis zu 6 WE, mittlerer Standard	–	**–**	–	–
Mehrfamilienhäuser, mit bis zu 6 WE, hoher Standard	–	**–**	–	–

© **BKI** Baukosteninformationszentrum; Erläuterungen zu den Tabellen siehe Seite 56

Gebäudeart	▷	€/Einheit	◁	KG an 400
Mehrfamilienhäuser (Fortsetzung)				
Mehrfamilienhäuser, mit 6 bis 19 WE, einfacher Standard	–	**0,20**	–	< 0,1%
Mehrfamilienhäuser, mit 6 bis 19 WE, mittlerer Standard	–	**–**	–	–
Mehrfamilienhäuser, mit 6 bis 19 WE, hoher Standard	–	**–**	–	–
Mehrfamilienhäuser, mit 20 oder mehr WE, einfacher Standard	–	**–**	–	–
Mehrfamilienhäuser, mit 20 oder mehr WE, mittlerer Standard	–	**–**	–	–
Mehrfamilienhäuser, mit 20 oder mehr WE, hoher Standard	–	**–**	–	–
Mehrfamilienhäuser, Passivhäuser	–	**–**	–	–
Mehrfamilienhäuser, Holzbauweise	–	**–**	–	–
Wohnhäuser, mit bis zu 15% Mischnutzung, einfacher Standard	–	**–**	–	–
Wohnhäuser, mit bis zu 15% Mischnutzung, mittlerer Standard	–	**–**	–	–
Wohnhäuser, mit bis zu 15% Mischnutzung, hoher Standard	–	**–**	–	–
Wohnhäuser, mit mehr als 15% Mischnutzung	–	**–**	–	–
Seniorenwohnungen und Beherbergungen				
Seniorenwohnungen, mittlerer Standard	–	**–**	–	–
Seniorenwohnungen, hoher Standard	–	**–**	–	–
Wohnheime und Internate	–	**10,00**	–	0,3%
Hotels	–	**–**	–	–
7 Gewerbe-, Lager- und Garagen				
Gaststätten, Kantinen und Mensen	–	**–**	–	–
Industrielle Produktionsgebäude, Massivbauweise	–	**–**	–	–
Industrielle Produktionsgebäude, überwiegend Skelettbauweise	–	**–**	–	–
Betriebs- und Werkstätten, eingeschossig	–	**–**	–	–
Betriebs- und Werkstätten, mehrgeschossig, geringer Hallenanteil	–	**–**	–	–
Betriebs- und Werkstätten, mehrgeschossig, hoher Hallenanteil	–	**–**	–	–
Geschäftshäuser, mit Wohnungen	–	**–**	–	–
Geschäftshäuser, ohne Wohnungen	–	**–**	–	–
Verbrauchermärkte	–	**–**	–	–
Autohäuser	–	**–**	–	–
Lagergebäude, ohne Mischnutzung	–	**2,90**	–	< 0,1%
Lagergebäude, mit bis zu 25% Mischnutzung	–	**–**	–	–
Lagergebäude, mit mehr als 25% Mischnutzung	–	**–**	–	–
Garagen und Bereitschaftsdienste				
Einzel- und Doppelgaragen	–	**–**	–	–
Mehrfachgaragen	–	**–**	–	–
Hochgaragen	–	**–**	–	–
Fahrradparkhäuser	–	**–**	–	–
Carports	–	**–**	–	–
Tiefgaragen	–	**–**	–	–
Feuerwehrhäuser	–	**0,60**	–	< 0,1%
Öffentliche Bereitschaftsdienste	–	**< 0,10**	–	< 0,1%
8 Gebäude für kulturelle und religiöse Zwecke				
Bibliotheken, Museen und Ausstellungen	–	**0,20**	–	< 0,1%
Theater	–	**–**	–	–
Gemeindezentren, einfacher Standard	–	**–**	–	–
Gemeindezentren, mittlerer Standard	–	**–**	–	–
Gemeindezentren, hoher Standard	–	**–**	–	–
Gemeindezentren, Holzbauweise	–	**–**	–	–
Friedhofsgebäude	–	**–**	–	–

Einheit: m²
Brutto-Grundfläche (BGF)

Kosten:
Stand 1. Quartal 2025
Bundesdurchschnitt
inkl. 19% MwSt.

Einheit: m²
Brutto-Grundfläche (BGF)

▷ von
ø Mittel
◁ bis

Gebäudeart	▷	€/Einheit	◁	KG an 400
1 Büro- und Verwaltungsgebäude				
Büro- und Verwaltungsgebäude, einfacher Standard	–	**–**	–	–
Büro- und Verwaltungsgebäude, mittlerer Standard	0,50	**7,80**	23,00	0,1%
Büro- und Verwaltungsgebäude, hoher Standard	–	**–**	–	–
Büro- und Verwaltungsgebäude, Holzbauweise	–	**–**	–	–
2 Gebäude für Forschung und Lehre				
Instituts- und Laborgebäude	–	**–**	–	–
3 Gebäude des Gesundheitswesens				
Medizinische Einrichtungen	–	**2,80**	–	< 0,1%
Pflegeheime	–	**–**	–	–
Gebäude für Erholungszwecke	–	**–**	–	–
4 Schulen und Kindergärten				
Allgemeinbildende Schulen	–	**0,50**	–	< 0,1%
Schulen, Holzbauweise	–	**0,60**	–	< 0,1%
Berufliche Schulen	–	**–**	–	–
Förder- und Sonderschulen	–	**–**	–	–
Weiterbildungseinrichtungen	–	**–**	–	–
Kindergärten, nicht unterkellert, einfacher Standard	–	**–**	–	–
Kindergärten, nicht unterkellert, mittlerer Standard	–	**6,90**	–	0,2%
Kindergärten, nicht unterkellert, hoher Standard	–	**1,30**	–	< 0,1%
Kindergärten, Holzbauweise, nicht unterkellert	–	**–**	–	–
Kindergärten, unterkellert	1,40	**4,70**	7,90	0,4%
5 Sportbauten				
Sport- und Mehrzweckhallen	–	**–**	–	–
Sporthallen (Einfeldhallen)	–	**–**	–	–
Sporthallen (Dreifeldhallen)	–	**–**	–	–
6 Wohngebäude				
Ein- und Zweifamilienhäuser				
Ein- und Zweifamilienhäuser, unterkellert, einfacher Standard	–	**–**	–	–
Ein- und Zweifamilienhäuser, unterkellert, mittlerer Standard	–	**–**	–	–
Ein- und Zweifamilienhäuser, unterkellert, hoher Standard	–	**–**	–	–
Ein- und Zweifamilienhäuser, nicht unterkellert, einfacher Standard	–	**–**	–	–
Ein- und Zweifamilienhäuser, nicht unterkellert, mittlerer Standard	–	**–**	–	–
Ein- und Zweifamilienhäuser, nicht unterkellert, hoher Standard	–	**–**	–	–
Ein- und Zweifamilienhäuser, Passivhausstandard, Massivbauweise	–	**–**	–	–
Ein- und Zweifamilienhäuser, Passivhausstandard, Holzbauweise	–	**–**	–	–
Ein- und Zweifamilienhäuser, Holzbauweise, unterkellert	–	**13,00**	–	0,2%
Ein- und Zweifamilienhäuser, Holzbauweise, nicht unterkellert	–	**–**	–	–
Doppel- und Reihenend- / Reihenhäuser				
Doppel- und Reihenendhäuser, einfacher Standard	–	**–**	–	–
Doppel- und Reihenendhäuser, mittlerer Standard	–	**–**	–	–
Doppel- und Reihenendhäuser, hoher Standard	–	**–**	–	–
Doppel- und Reihenendhäuser, Holzbauweise	–	**–**	–	–
Reihenhäuser, einfacher Standard	–	**–**	–	–
Reihenhäuser, mittlerer Standard	–	**–**	–	–
Reihenhäuser, hoher Standard	–	**–**	–	–
Mehrfamilienhäuser				
Mehrfamilienhäuser, mit bis zu 6 WE, einfacher Standard	–	**–**	–	–
Mehrfamilienhäuser, mit bis zu 6 WE, mittlerer Standard	–	**–**	–	–
Mehrfamilienhäuser, mit bis zu 6 WE, hoher Standard	–	**–**	–	–

© **BKI** Baukosteninformationszentrum; Erläuterungen zu den Tabellen siehe Seite 56

Gebäudeart	▷	€/Einheit	◁	KG an 400
Mehrfamilienhäuser (Fortsetzung)				
Mehrfamilienhäuser, mit 6 bis 19 WE, einfacher Standard	–	**–**	–	–
Mehrfamilienhäuser, mit 6 bis 19 WE, mittlerer Standard	–	**–**	–	–
Mehrfamilienhäuser, mit 6 bis 19 WE, hoher Standard	–	**–**	–	–
Mehrfamilienhäuser, mit 20 oder mehr WE, einfacher Standard	–	**–**	–	–
Mehrfamilienhäuser, mit 20 oder mehr WE, mittlerer Standard	–	**1,70**	–	< 0,1%
Mehrfamilienhäuser, mit 20 oder mehr WE, hoher Standard	–	**0,40**	–	< 0,1%
Mehrfamilienhäuser, Passivhäuser	–	**–**	–	–
Mehrfamilienhäuser, Holzbauweise	–	**1,60**	–	< 0,1%
Wohnhäuser, mit bis zu 15% Mischnutzung, einfacher Standard	–	**–**	–	–
Wohnhäuser, mit bis zu 15% Mischnutzung, mittlerer Standard	–	**–**	–	–
Wohnhäuser, mit bis zu 15% Mischnutzung, hoher Standard	–	**–**	–	–
Wohnhäuser, mit mehr als 15% Mischnutzung	–	**–**	–	–
Seniorenwohnungen und Beherbergungen				
Seniorenwohnungen, mittlerer Standard	–	**–**	–	–
Seniorenwohnungen, hoher Standard	–	**–**	–	–
Wohnheime und Internate	–	**–**	–	–
Hotels	–	**0,50**	–	0,2%
7 Gewerbe-, Lager- und Garagen				
Gaststätten, Kantinen und Mensen	–	**–**	–	–
Industrielle Produktionsgebäude, Massivbauweise	–	**–**	–	–
Industrielle Produktionsgebäude, überwiegend Skelettbauweise	–	**–**	–	–
Betriebs- und Werkstätten, eingeschossig	–	**–**	–	–
Betriebs- und Werkstätten, mehrgeschossig, geringer Hallenanteil	–	**–**	–	–
Betriebs- und Werkstätten, mehrgeschossig, hoher Hallenanteil	–	**–**	–	–
Geschäftshäuser, mit Wohnungen	–	**–**	–	–
Geschäftshäuser, ohne Wohnungen	–	**–**	–	–
Verbrauchermärkte	–	**–**	–	–
Autohäuser	–	**–**	–	–
Lagergebäude, ohne Mischnutzung	–	**–**	–	–
Lagergebäude, mit bis zu 25% Mischnutzung	–	**–**	–	–
Lagergebäude, mit mehr als 25% Mischnutzung	–	**–**	–	–
Garagen und Bereitschaftsdienste				
Einzel- und Doppelgaragen	–	**–**	–	–
Mehrfachgaragen	–	**–**	–	–
Hochgaragen	–	**–**	–	–
Fahrradparkhäuser	–	**–**	–	–
Carports	–	**–**	–	–
Tiefgaragen	–	**–**	–	–
Feuerwehrhäuser	–	**–**	–	–
Öffentliche Bereitschaftsdienste	–	**–**	–	–
8 Gebäude für kulturelle und religiöse Zwecke				
Bibliotheken, Museen und Ausstellungen	–	**31,00**	–	0,9%
Theater	–	**–**	–	–
Gemeindezentren, einfacher Standard	–	**–**	–	–
Gemeindezentren, mittlerer Standard	–	**1,60**	–	< 0,1%
Gemeindezentren, hoher Standard	–	**–**	–	–
Gemeindezentren, Holzbauweise	–	**–**	–	–
Friedhofsgebäude	–	**–**	–	–

Einheit: m²
Brutto-Grundfläche (BGF)

Kosten:
Stand 1. Quartal 2025
Bundesdurchschnitt
inkl. 19% MwSt.

Einheit: m²
Brutto-Grundfläche (BGF)

▷ von
ø Mittel
◁ bis

Gebäudeart	▷	€/Einheit	◁	KG an 400
1 Büro- und Verwaltungsgebäude				
Büro- und Verwaltungsgebäude, einfacher Standard	–	**–**	–	–
Büro- und Verwaltungsgebäude, mittlerer Standard	–	**0,60**	–	< 0,1%
Büro- und Verwaltungsgebäude, hoher Standard	3,40	**4,50**	5,60	< 0,1%
Büro- und Verwaltungsgebäude, Holzbauweise	–	**0,20**	–	< 0,1%
2 Gebäude für Forschung und Lehre				
Instituts- und Laborgebäude	–	**–**	–	–
3 Gebäude des Gesundheitswesens				
Medizinische Einrichtungen	–	**–**	–	–
Pflegeheime	0,60	**1,20**	1,90	< 0,1%
Gebäude für Erholungszwecke	–	**–**	–	–
4 Schulen und Kindergärten				
Allgemeinbildende Schulen	–	**4,00**	–	< 0,1%
Schulen, Holzbauweise	–	**–**	–	–
Berufliche Schulen	–	**–**	–	–
Förder- und Sonderschulen	–	**2,00**	–	< 0,1%
Weiterbildungseinrichtungen	–	**–**	–	–
Kindergärten, nicht unterkellert, einfacher Standard	–	**–**	–	–
Kindergärten, nicht unterkellert, mittlerer Standard	0,70	**4,10**	6,10	0,4%
Kindergärten, nicht unterkellert, hoher Standard	–	**–**	–	–
Kindergärten, Holzbauweise, nicht unterkellert	1,00	**2,90**	4,90	< 0,1%
Kindergärten, unterkellert	–	**0,30**	–	< 0,1%
5 Sportbauten				
Sport- und Mehrzweckhallen	–	**–**	–	–
Sporthallen (Einfeldhallen)	–	**–**	–	–
Sporthallen (Dreifeldhallen)	–	**–**	–	–
6 Wohngebäude				
Ein- und Zweifamilienhäuser				
Ein- und Zweifamilienhäuser, unterkellert, einfacher Standard	–	**–**	–	–
Ein- und Zweifamilienhäuser, unterkellert, mittlerer Standard	–	**–**	–	–
Ein- und Zweifamilienhäuser, unterkellert, hoher Standard	–	**–**	–	–
Ein- und Zweifamilienhäuser, nicht unterkellert, einfacher Standard	–	**–**	–	–
Ein- und Zweifamilienhäuser, nicht unterkellert, mittlerer Standard	–	**–**	–	–
Ein- und Zweifamilienhäuser, nicht unterkellert, hoher Standard	–	**–**	–	–
Ein- und Zweifamilienhäuser, Passivhausstandard, Massivbauweise	–	**–**	–	–
Ein- und Zweifamilienhäuser, Passivhausstandard, Holzbauweise	–	**–**	–	–
Ein- und Zweifamilienhäuser, Holzbauweise, unterkellert	–	**–**	–	–
Ein- und Zweifamilienhäuser, Holzbauweise, nicht unterkellert	–	**–**	–	–
Doppel- und Reihenend- / Reihenhäuser				
Doppel- und Reihenendhäuser, einfacher Standard	–	**–**	–	–
Doppel- und Reihenendhäuser, mittlerer Standard	–	**–**	–	–
Doppel- und Reihenendhäuser, hoher Standard	–	**–**	–	–
Doppel- und Reihenendhäuser, Holzbauweise	–	**–**	–	–
Reihenhäuser, einfacher Standard	–	**–**	–	–
Reihenhäuser, mittlerer Standard	–	**–**	–	–
Reihenhäuser, hoher Standard	–	**–**	–	–
Mehrfamilienhäuser				
Mehrfamilienhäuser, mit bis zu 6 WE, einfacher Standard	–	**–**	–	–
Mehrfamilienhäuser, mit bis zu 6 WE, mittlerer Standard	–	**–**	–	–
Mehrfamilienhäuser, mit bis zu 6 WE, hoher Standard	–	**0,70**	–	< 0,1%

© **BKI** Baukosteninformationszentrum; Erläuterungen zu den Tabellen siehe Seite 56

Gebäudeart	▷	€/Einheit	◁	KG an 400
Mehrfamilienhäuser (Fortsetzung)				
Mehrfamilienhäuser, mit 6 bis 19 WE, einfacher Standard	–	–	–	–
Mehrfamilienhäuser, mit 6 bis 19 WE, mittlerer Standard	–	–	–	–
Mehrfamilienhäuser, mit 6 bis 19 WE, hoher Standard	–	–	–	–
Mehrfamilienhäuser, mit 20 oder mehr WE, einfacher Standard	–	–	–	–
Mehrfamilienhäuser, mit 20 oder mehr WE, mittlerer Standard	–	**0,20**	–	< 0,1%
Mehrfamilienhäuser, mit 20 oder mehr WE, hoher Standard	–	–	–	–
Mehrfamilienhäuser, Passivhäuser	–	–	–	–
Mehrfamilienhäuser, Holzbauweise	–	–	–	–
Wohnhäuser, mit bis zu 15% Mischnutzung, einfacher Standard	–	–	–	–
Wohnhäuser, mit bis zu 15% Mischnutzung, mittlerer Standard	–	–	–	–
Wohnhäuser, mit bis zu 15% Mischnutzung, hoher Standard	–	–	–	–
Wohnhäuser, mit mehr als 15% Mischnutzung	–	–	–	–
Seniorenwohnungen und Beherbergungen				
Seniorenwohnungen, mittlerer Standard	–	–	–	–
Seniorenwohnungen, hoher Standard	–	–	–	–
Wohnheime und Internate	–	–	–	–
Hotels	–	**0,60**	–	0,2%
7 Gewerbe-, Lager- und Garagen				
Gaststätten, Kantinen und Mensen	–	**18,00**	–	1,6%
Industrielle Produktionsgebäude, Massivbauweise	–	–	–	–
Industrielle Produktionsgebäude, überwiegend Skelettbauweise	–	**16,00**	–	0,2%
Betriebs- und Werkstätten, eingeschossig	–	–	–	–
Betriebs- und Werkstätten, mehrgeschossig, geringer Hallenanteil	–	**0,60**	–	< 0,1%
Betriebs- und Werkstätten, mehrgeschossig, hoher Hallenanteil	–	**3,20**	–	< 0,1%
Geschäftshäuser, mit Wohnungen	–	–	–	–
Geschäftshäuser, ohne Wohnungen	–	–	–	–
Verbrauchermärkte	–	–	–	–
Autohäuser	–	–	–	–
Lagergebäude, ohne Mischnutzung	–	–	–	–
Lagergebäude, mit bis zu 25% Mischnutzung	–	–	–	–
Lagergebäude, mit mehr als 25% Mischnutzung	–	–	–	–
Garagen und Bereitschaftsdienste				
Einzel- und Doppelgaragen	–	–	–	–
Mehrfachgaragen	–	–	–	–
Hochgaragen	–	**0,20**	–	< 0,1%
Fahrradparkhäuser	–	–	–	–
Carports	–	–	–	–
Tiefgaragen	–	–	–	–
Feuerwehrhäuser	–	–	–	–
Öffentliche Bereitschaftsdienste	–	–	–	–
8 Gebäude für kulturelle und religiöse Zwecke				
Bibliotheken, Museen und Ausstellungen	–	**2,20**	–	< 0,1%
Theater	–	–	–	–
Gemeindezentren, einfacher Standard	–	–	–	–
Gemeindezentren, mittlerer Standard	–	–	–	–
Gemeindezentren, hoher Standard	–	–	–	–
Gemeindezentren, Holzbauweise	–	–	–	–
Friedhofsgebäude	–	–	–	–

Einheit: m²
Brutto-Grundfläche (BGF)

Kosten:
Stand 1. Quartal 2025
Bundesdurchschnitt
inkl. 19% MwSt.

Einheit: m²
Brutto-Grundfläche (BGF)

▷ von
ø Mittel
◁ bis

Gebäudeart	▷	€/Einheit	◁	KG an 400
1 Büro- und Verwaltungsgebäude				
Büro- und Verwaltungsgebäude, einfacher Standard	–	**–**	–	–
Büro- und Verwaltungsgebäude, mittlerer Standard	1,70	**1,80**	1,90	< 0,1%
Büro- und Verwaltungsgebäude, hoher Standard	0,60	**0,90**	1,10	< 0,1%
Büro- und Verwaltungsgebäude, Holzbauweise	–	**–**	–	–
2 Gebäude für Forschung und Lehre				
Instituts- und Laborgebäude	–	**–**	–	–
3 Gebäude des Gesundheitswesens				
Medizinische Einrichtungen	–	**–**	–	–
Pflegeheime	–	**1,10**	–	< 0,1%
Gebäude für Erholungszwecke	–	**–**	–	–
4 Schulen und Kindergärten				
Allgemeinbildende Schulen	–	**–**	–	–
Schulen, Holzbauweise	–	**1,30**	–	< 0,1%
Berufliche Schulen	–	**–**	–	–
Förder- und Sonderschulen	–	**–**	–	–
Weiterbildungseinrichtungen	–	**–**	–	–
Kindergärten, nicht unterkellert, einfacher Standard	–	**–**	–	–
Kindergärten, nicht unterkellert, mittlerer Standard	–	**–**	–	–
Kindergärten, nicht unterkellert, hoher Standard	–	**–**	–	–
Kindergärten, Holzbauweise, nicht unterkellert	–	**0,40**	–	< 0,1%
Kindergärten, unterkellert	–	**–**	–	–
5 Sportbauten				
Sport- und Mehrzweckhallen	–	**–**	–	–
Sporthallen (Einfeldhallen)	–	**–**	–	–
Sporthallen (Dreifeldhallen)	–	**–**	–	–
6 Wohngebäude				
Ein- und Zweifamilienhäuser				
Ein- und Zweifamilienhäuser, unterkellert, einfacher Standard	–	**–**	–	–
Ein- und Zweifamilienhäuser, unterkellert, mittlerer Standard	–	**–**	–	–
Ein- und Zweifamilienhäuser, unterkellert, hoher Standard	–	**–**	–	–
Ein- und Zweifamilienhäuser, nicht unterkellert, einfacher Standard	–	**–**	–	–
Ein- und Zweifamilienhäuser, nicht unterkellert, mittlerer Standard	–	**–**	–	–
Ein- und Zweifamilienhäuser, nicht unterkellert, hoher Standard	–	**–**	–	–
Ein- und Zweifamilienhäuser, Passivhausstandard, Massivbauweise	–	**–**	–	–
Ein- und Zweifamilienhäuser, Passivhausstandard, Holzbauweise	–	**–**	–	–
Ein- und Zweifamilienhäuser, Holzbauweise, unterkellert	–	**–**	–	–
Ein- und Zweifamilienhäuser, Holzbauweise, nicht unterkellert	–	**–**	–	–
Doppel- und Reihenend- / Reihenhäuser				
Doppel- und Reihenendhäuser, einfacher Standard	–	**–**	–	–
Doppel- und Reihenendhäuser, mittlerer Standard	–	**–**	–	–
Doppel- und Reihenendhäuser, hoher Standard	–	**–**	–	–
Doppel- und Reihenendhäuser, Holzbauweise	–	**–**	–	–
Reihenhäuser, einfacher Standard	–	**–**	–	–
Reihenhäuser, mittlerer Standard	–	**–**	–	–
Reihenhäuser, hoher Standard	–	**–**	–	
Mehrfamilienhäuser				
Mehrfamilienhäuser, mit bis zu 6 WE, einfacher Standard	–	**–**	–	–
Mehrfamilienhäuser, mit bis zu 6 WE, mittlerer Standard	–	**–**	–	–
Mehrfamilienhäuser, mit bis zu 6 WE, hoher Standard	–	**–**	–	–

© **BKI** Baukosteninformationszentrum; Erläuterungen zu den Tabellen siehe Seite 56

Gebäudeart	▷	€/Einheit	◁	KG an 400
Mehrfamilienhäuser (Fortsetzung)				
Mehrfamilienhäuser, mit 6 bis 19 WE, einfacher Standard	–	**–**	–	–
Mehrfamilienhäuser, mit 6 bis 19 WE, mittlerer Standard	–	**–**	–	–
Mehrfamilienhäuser, mit 6 bis 19 WE, hoher Standard	–	**–**	–	–
Mehrfamilienhäuser, mit 20 oder mehr WE, einfacher Standard	–	**–**	–	–
Mehrfamilienhäuser, mit 20 oder mehr WE, mittlerer Standard	0,30	**0,50**	0,70	< 0,1%
Mehrfamilienhäuser, mit 20 oder mehr WE, hoher Standard	–	**–**	–	–
Mehrfamilienhäuser, Passivhäuser	–	**–**	–	–
Mehrfamilienhäuser, Holzbauweise	–	**–**	–	–
Wohnhäuser, mit bis zu 15% Mischnutzung, einfacher Standard	–	**–**	–	–
Wohnhäuser, mit bis zu 15% Mischnutzung, mittlerer Standard	–	**–**	–	–
Wohnhäuser, mit bis zu 15% Mischnutzung, hoher Standard	–	**–**	–	–
Wohnhäuser, mit mehr als 15% Mischnutzung	–	**–**	–	–
Seniorenwohnungen und Beherbergungen				
Seniorenwohnungen, mittlerer Standard	–	**–**	–	–
Seniorenwohnungen, hoher Standard	–	**–**	–	–
Wohnheime und Internate	1,40	**1,70**	2,10	< 0,1%
Hotels	–	**–**	–	–
7 Gewerbe-, Lager- und Garagen				
Gaststätten, Kantinen und Mensen	–	**–**	–	–
Industrielle Produktionsgebäude, Massivbauweise	–	**–**	–	–
Industrielle Produktionsgebäude, überwiegend Skelettbauweise	–	**–**	–	–
Betriebs- und Werkstätten, eingeschossig	–	**–**	–	–
Betriebs- und Werkstätten, mehrgeschossig, geringer Hallenanteil	–	**–**	–	–
Betriebs- und Werkstätten, mehrgeschossig, hoher Hallenanteil	–	**–**	–	–
Geschäftshäuser, mit Wohnungen	–	**–**	–	–
Geschäftshäuser, ohne Wohnungen	–	**–**	–	–
Verbrauchermärkte	–	**–**	–	–
Autohäuser	–	**–**	–	–
Lagergebäude, ohne Mischnutzung	–	**–**	–	–
Lagergebäude, mit bis zu 25% Mischnutzung	–	**–**	–	–
Lagergebäude, mit mehr als 25% Mischnutzung	–	**–**	–	–
Garagen und Bereitschaftsdienste				
Einzel- und Doppelgaragen	–	**–**	–	–
Mehrfachgaragen	–	**–**	–	–
Hochgaragen	–	**–**	–	–
Fahrradparkhäuser	–	**–**	–	–
Carports	–	**–**	–	–
Tiefgaragen	–	**–**	–	–
Feuerwehrhäuser	–	**–**	–	–
Öffentliche Bereitschaftsdienste	–	**–**	–	–
8 Gebäude für kulturelle und religiöse Zwecke				
Bibliotheken, Museen und Ausstellungen	–	**–**	–	–
Theater	–	**–**	–	–
Gemeindezentren, einfacher Standard	–	**–**	–	–
Gemeindezentren, mittlerer Standard	–	**–**	–	–
Gemeindezentren, hoher Standard	–	**–**	–	–
Gemeindezentren, Holzbauweise	–	**–**	–	–
Friedhofsgebäude	–	**–**	–	–

Einheit: m²
Brutto-Grundfläche (BGF)

Elementarten Neubau

Kostenkennwerte für von BKI gebildete Untergliederung der 3. Ebene DIN 276

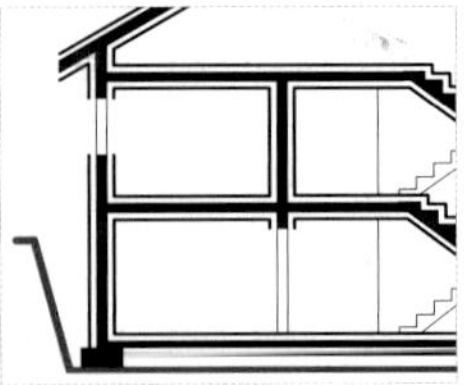

Kosten:
Stand 1. Quartal 2025
Bundesdurchschnitt
inkl. 19% MwSt.

KG.OZ		▷	€/Einheit	◁	LB an EA
311.10	**Oberbodenabtrag**				
01	**BG Oberboden abschieben, 20cm, lagern** Einheit: m² Abtragsfläche	5,80	**6,50**	8,00	
	002 Erdarbeiten				100,0%
02	**BG Oberboden abschieben, 30cm, lagern** Einheit: m² Abtragsfläche	8,10	**9,40**	10,00	
	002 Erdarbeiten				100,0%
03	**BG Oberboden abschieben, über 30cm, lagern** Einheit: m² Abtragsfläche	8,50	**10,00**	12,00	
	002 Erdarbeiten				100,0%
04	**BG Oberboden abschieben, lagern, andecken, 30cm** Einheit: m² Abtragsfläche	12,00	**14,00**	16,00	
	002 Erdarbeiten				67,7%
	003 Landschaftsbauarbeiten				32,3%
05	**BG Oberboden abschieben, 30cm, abfahren** Einheit: m² Abtragsfläche	8,60	**9,20**	10,00	
	002 Erdarbeiten				100,0%
06	**BG Oberboden abschieben, abfahren, liefern, andecken, 30cm** Einheit: m² Abtragsfläche	22,00	**24,00**	26,00	
	002 Erdarbeiten				38,6%
	003 Landschaftsbauarbeiten				61,4%
311.20	**Aushub normal lösbar**				
01	**BG Fundament ausheben, lagern** Einheit: m³ Aushub	43,00	**46,00**	52,00	
	002 Erdarbeiten				100,0%
02	**BG Fundament ausheben, lagern, hinterfüllen** Einheit: m³ Aushub	77,00	**82,00**	93,00	
	002 Erdarbeiten				100,0%
03	**BG Fundament ausheben, lagern, 80% abfahren** Einheit: m³ Aushub	49,00	**52,00**	57,00	
	002 Erdarbeiten				100,0%
04	**BG Fundament ausheben, entsorgen** Einheit: m³ Aushub	50,00	**53,00**	58,00	
	002 Erdarbeiten				100,0%
05	**BG Fundament ausheben, entsorgen, liefern, 100% hinterfüllen** Einheit: m³ Aushub	84,00	**93,00**	105,00	
	002 Erdarbeiten				100,0%
06	**BG Fundament ausheben, entsorgen, liefern, 20% hinterfüllen** Einheit: m³ Aushub	57,00	**61,00**	67,00	
	002 Erdarbeiten				100,0%

▷ von
ø Mittel
◁ bis

© **BKI** Baukosteninformationszentrum; Erläuterungen zu den Tabellen siehe Seite 58

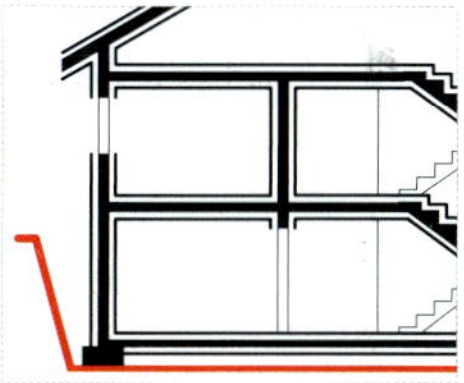

KG.OZ		▷	€/Einheit	◁	LB an EA
311.20	**Aushub normal lösbar**				
07	**BG Baugrube ausheben, lagern**	21,00	**23,00**	25,00	
	Einheit: m³ Aushub				
	002 Erdarbeiten				100,0%
08	**BG Baugrube ausheben, lagern, hinterfüllen**	41,00	**46,00**	54,00	
	Einheit: m³ Aushub				
	002 Erdarbeiten				100,0%
09	**BG Baugrube ausheben, lagern, 80% abfahren**	33,00	**38,00**	41,00	
	Einheit: m³ Aushub				
	002 Erdarbeiten				100,0%
10	**BG Baugrube ausheben, entsorgen**	37,00	**42,00**	45,00	
	Einheit: m³ Aushub				
	002 Erdarbeiten				100,0%
11	**BG Baugrube ausheben, entsorgen, liefern, 100% hinterfüllen**	82,00	**90,00**	97,00	
	Einheit: m³ Aushub				
	002 Erdarbeiten				100,0%
12	**BG Baugrube ausheben, entsorgen, liefern, 20% hinterfüllen**	46,00	**52,00**	56,00	
	Einheit: m³ Aushub				
	002 Erdarbeiten				100,0%
311.30	**Aushub Fels**				
01	**BG Baugrube, Fels, ausheben, entsorgen**	88,00	**93,00**	103,00	
	Einheit: m³ Aushub				
	002 Erdarbeiten				100,0%
02	**BG Baugrube, Fels, ausheben, Liefermaterial, hinterfüllen**	109,00	**123,00**	139,00	
	Einheit: m³ Aushub				
	002 Erdarbeiten				100,0%
311.40	**Auf-/hinterfüllen, Lager-/Liefermaterial**				
01	**BG Hinterfüllung, Fundamente**	34,00	**36,00**	41,00	
	Einheit: m³ Auffüllvolumen				
	002 Erdarbeiten				100,0%
02	**BG Hinterfüllung, Fundamente, Liefermaterial**	34,00	**40,00**	46,00	
	Einheit: m³ Auffüllvolumen				
	002 Erdarbeiten				100,0%
03	**BG Hinterfüllung, Arbeitsräume**	20,00	**23,00**	29,00	
	Einheit: m³ Auffüllvolumen				
	002 Erdarbeiten				100,0%
04	**BG Hinterfüllung, Arbeitsräume, Liefermaterial**	45,00	**48,00**	51,00	
	Einheit: m³ Auffüllvolumen				
	002 Erdarbeiten				100,0%
05	**BG Hinterfüllung, Rohrgräben**	51,00	**55,00**	63,00	
	Einheit: m³ Auffüllvolumen				
	002 Erdarbeiten				100,0%

KG.OZ		▷	€/Einheit	◁	LB an EA
311.40	**Auf-/hinterfüllen, Lager-/Liefermaterial**				
06	**BG Hinterfüllung, Rohrgraben, Liefermaterial**	65,00	**71,00**	75,00	
	Einheit: m³ Auffüllvolumen				
	002 Erdarbeiten				100,0%

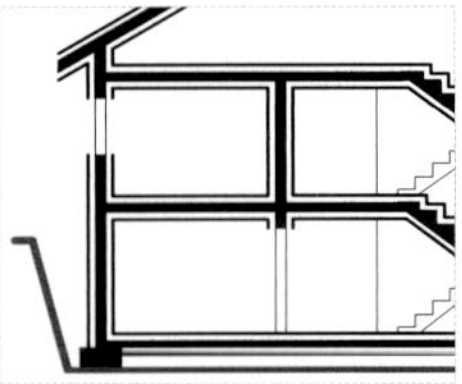

Kosten:
Stand 1. Quartal 2025
Bundesdurchschnitt
inkl. 19% MwSt.

▷ von
ø Mittel
◁ bis

© **BKI** Baukosteninformationszentrum; Erläuterungen zu den Tabellen siehe Seite 58

KG.OZ		▷	€/Einheit	◁	LB an EA
312.10	**Spundwände**				
01	**BG Verbau, Spundwand**	445,00	**511,00**	603,00	
	Einheit: m² Verbaufläche				
	006 Spezialtiefbauarbeiten				100,0%
312.30	**Trägerbohlwände**				
01	**BG Verbau, Trägerbohlwand**	486,00	**572,00**	656,00	
	Einheit: m² Verbaufläche				
	006 Spezialtiefbauarbeiten				100,0%

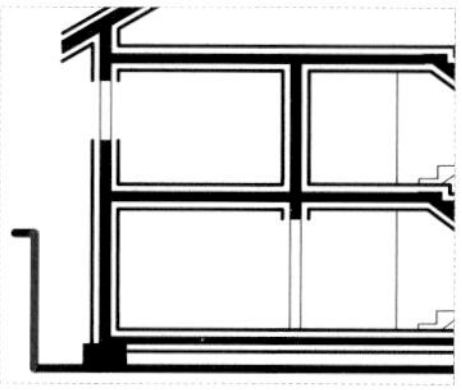

313
Wasserhaltung

Kosten:
Stand 1. Quartal 2025
Bundesdurchschnitt
inkl. 19% MwSt.

KG.OZ		▷	€/Einheit	◁	LB an EA
313.10	**Leitungen für Wasserhaltung**				
01	**BG Wasserhaltung, Leitungen**	20,00	**23,00**	28,00	
	Einheit: m Leitungslänge				
	008 Wasserhaltungsarbeiten				100,0%
313.20	**Schächte für Wasserhaltung**				
01	**BG Wasserhaltung, Pumpensumpf, 1,00m**	977,00	**1.110,00**	1.398,00	
	Einheit: St Anzahl				
	009 Entwässerungskanalarbeiten				8,9%
	010 Drän- und Versickerarbeiten				91,1%
313.30	**Geräte für Wasserhaltung**				
01	**BG Wasserhaltung, Pumpe**	514,00	**654,00**	839,00	
	Einheit: St Anzahl				
	008 Wasserhaltungsarbeiten				100,0%
02	**BG Wasserhaltung, Absetzbecken, mit Messvorrichtung**	2.835,00	**3.651,00**	4.228,00	
	Einheit: St Anzahl				
	008 Wasserhaltungsarbeiten				100,0%

▷ von
ø Mittel
◁ bis

© **BKI** Baukosteninformationszentrum; Erläuterungen zu den Tabellen siehe Seite 58

KG.OZ		▷	€/Einheit	◁	LB an EA
321.20	**Bodenauffüllung**				
01	**GR Bodenauffüllung, Körnungsstoff**	70,00	**81,00**	92,00	
	Einheit: m³ Auffüllvolumen				
	002 Erdarbeiten				100,0%

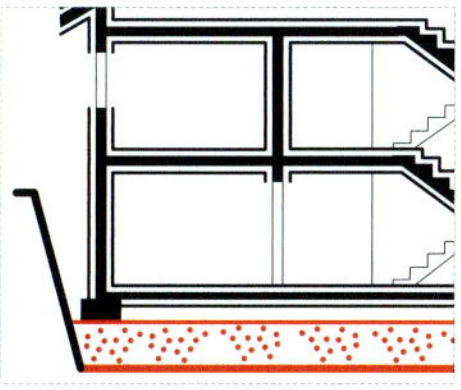

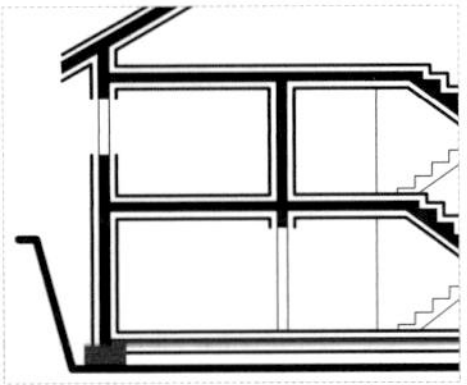

Kosten:
Stand 1. Quartal 2025
Bundesdurchschnitt
inkl. 19% MwSt.

▷ von
ø Mittel
◁ bis

KG.OZ		▷	€/Einheit	◁	LB an EA
322.10	**Fundamente Beton**				
01	**GR Einzelfundament C30/37, 20x20x50cm, 100kg/m³**	31,00	**35,00**	41,00	
	Einheit: St Einzelfundament				
	013 Betonarbeiten				100,0%
02	**GR Einzelfundament C30/37, 20x20x50cm, 150kg/m³**	33,00	**37,00**	44,00	
	Einheit: St Einzelfundament				
	013 Betonarbeiten				100,0%
03	**GR Einzelfundament C30/37, 20x20x100cm, 75kg/m³**	59,00	**67,00**	79,00	
	Einheit: St Einzelfundament				
	013 Betonarbeiten				100,0%
04	**GR Einzelfundament C30/37, 20x20x100cm, 100kg/m³**	62,00	**70,00**	82,00	
	Einheit: St Einzelfundament				
	013 Betonarbeiten				100,0%
05	**GR Einzelfundament C30/37, 30x30x50cm, 100kg/m³**	55,00	**61,00**	72,00	
	Einheit: St Einzelfundament				
	013 Betonarbeiten				100,0%
06	**GR Einzelfundament C30/37, 30x30x50cm, 150kg/m³**	59,00	**67,00**	78,00	
	Einheit: St Einzelfundament				
	013 Betonarbeiten				100,0%
07	**GR Einzelfundament C30/37, 30x30x100cm, 75kg/m³**	102,00	**115,00**	136,00	
	Einheit: St Einzelfundament				
	013 Betonarbeiten				100,0%
08	**GR Einzelfundament C30/37, 50x50x50cm, 150kg/m³**	129,00	**144,00**	168,00	
	Einheit: St Einzelfundament				
	013 Betonarbeiten				100,0%
09	**GR Einzelfundament C30/37, 50x50x100cm, 75kg/m³**	213,00	**237,00**	278,00	
	Einheit: St Einzelfundament				
	013 Betonarbeiten				100,0%
10	**GR Einzelfundament C30/37, 100x100x50cm, 150kg/m³**	408,00	**452,00**	521,00	
	Einheit: St Einzelfundament				
	013 Betonarbeiten				100,0%
11	**GR Einzelfundament C30/37, 100x100x100cm, 75kg/m³**	638,00	**705,00**	815,00	
	Einheit: St Einzelfundament				
	013 Betonarbeiten				100,0%
12	**GR Einzelfundament C30/37, 100x100x100cm, 100kg/m³**	697,00	**771,00**	891,00	
	Einheit: St Einzelfundament				
	013 Betonarbeiten				100,0%
13	**GR Streifenfundament C30/37, 30x50cm, 100kg/m³**	126,00	**140,00**	163,00	
	Einheit: m Streifenfundament				
	013 Betonarbeiten				100,0%
14	**GR Streifenfundament C30/37, 30x50cm, 150kg/m³**	145,00	**161,00**	187,00	
	Einheit: m Streifenfundament				
	013 Betonarbeiten				100,0%

© **BKI** Baukosteninformationszentrum; Erläuterungen zu den Tabellen siehe Seite 58

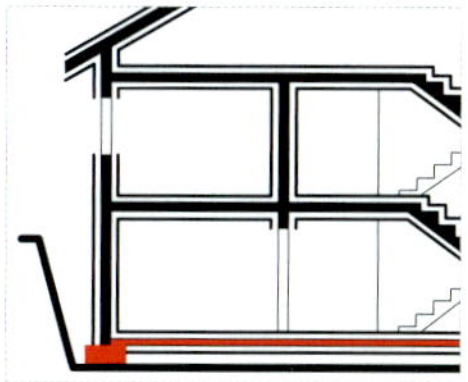

KG.OZ		▷	€/Einheit	◁	LB an EA
322.10	**Fundamente Beton**				
15	**GR Streifenfundament C30/37, 30x100cm, 75kg/m^3**	235,00	**261,00**	305,00	
	Einheit: m Streifenfundament				
	013 Betonarbeiten				100,0%
16	**GR Streifenfundament C30/37, 30x100cm, 100kg/m^3**	251,00	**280,00**	326,00	
	Einheit: m Streifenfundament				
	013 Betonarbeiten				100,0%
17	**GR Streifenfundament C30/37, 50x50cm, 100kg/m^3**	174,00	**193,00**	223,00	
	Einheit: m Streifenfundament				
	013 Betonarbeiten				100,0%
18	**GR Streifenfundament C30/37, 50x50cm, 150kg/m^3**	205,00	**227,00**	262,00	
	Einheit: m Streifenfundament				
	013 Betonarbeiten				100,0%
19	**GR Streifenfundament C30/37, 50x100cm, 75kg/m^3**	320,00	**354,00**	409,00	
	Einheit: m Streifenfundament				
	013 Betonarbeiten				100,0%
20	**GR Streifenfundament C30/37, 50x100cm, 100kg/m^3**	349,00	**386,00**	445,00	
	Einheit: m Streifenfundament				
	013 Betonarbeiten				100,0%
21	**GR Streifenfundament C30/37, 30x100cm, 75kg/m^3, gedämmt, einseitig**	275,00	**310,00**	357,00	
	Einheit: m Streifenfundament				
	013 Betonarbeiten				100,0%
22	**GR Streifenfundament C30/37, 30x100cm, 100kg/m^3, gedämmt, einseitig**	292,00	**328,00**	378,00	
	Einheit: m Streifenfundament				
	013 Betonarbeiten				100,0%
23	**GR Streifenfundament C30/37, 50x100cm, 75kg/m^3, gedämmt, einseitig**	360,00	**402,00**	461,00	
	Einheit: m Streifenfundament				
	013 Betonarbeiten				100,0%
24	**GR Streifenfundament C30/37, 50x100cm, 100kg/m^3, gedämmt, einseitig**	389,00	**434,00**	498,00	
	Einheit: m Streifenfundament				
	013 Betonarbeiten				100,0%
25	**GR Einzelfundament, C30/35, Bewehrung 40kg/m^3, T 50cm, Schalung 8m^2/m^3**	766,00	**854,00**	1.002,00	
	Einheit: m^3 Fundamentvolumen				
	013 Betonarbeiten				100,0%
26	**GR Einzelfundament, C30/35, Bewehrung 100kg/m^3, T 50cm, Schalung 8m^2/m^3**	908,00	**1.013,00**	1.184,00	
	Einheit: m^3 Fundamentvolumen				
	013 Betonarbeiten				100,0%

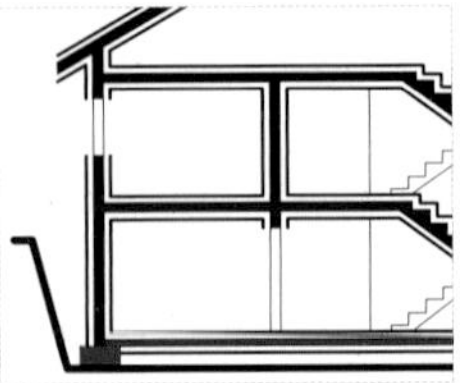

Kosten:
Stand 1. Quartal 2025
Bundesdurchschnitt
inkl. 19% MwSt.

▷ von
ø Mittel
◁ bis

KG.OZ		▷	€/Einheit	◁	LB an EA
322.10	**Fundamente Beton**				
27	**GR Einzelfundament, C30/35, Bewehrung 150kg/m³, T 50cm, Schalung 8m²/m³** Einheit: m³ Fundamentvolumen	1.027,00	**1.146,00**	1.335,00	
	013 Betonarbeiten				100,0%
28	**GR Einzelfundament, C30/35, Bewehrung 30kg/m³, T 100cm, Schalung 4m²/m³** Einheit: m³ Fundamentvolumen	531,00	**585,00**	679,00	
	013 Betonarbeiten				100,0%
29	**GR Einzelfundament, C30/35, Bewehrung 80kg/m³, T 100cm, Schalung 4m²/m³** Einheit: m³ Fundamentvolumen	650,00	**718,00**	830,00	
	013 Betonarbeiten				100,0%
30	**GR Einzelfundament, C30/35, Bewehrung 120kg/m³, T 100cm, Schalung 4m²/m³** Einheit: m³ Fundamentvolumen	745,00	**824,00**	951,00	
	013 Betonarbeiten				100,0%
31	**GR Streifenfundament, C30/35, Bewehrung 40kg/m³, T 50cm, Schalung 4m²/m³** Einheit: m³ Fundamentvolumen	555,00	**612,00**	709,00	
	013 Betonarbeiten				100,0%
32	**GR Streifenfundament, C30/35, Bewehrung 100kg/m³, T 50cm, Schalung 4m²/m³** Einheit: m³ Fundamentvolumen	697,00	**771,00**	891,00	
	013 Betonarbeiten				100,0%
33	**GR Streifenfundament, C30/35, Bewehrung 150kg/m³, T 50cm, Schalung 4m²/m³** Einheit: m³ Fundamentvolumen	816,00	**904,00**	1.042,00	
	013 Betonarbeiten				100,0%
34	**GR Streifenfundament, C30/35, Bewehrung 30kg/m³, T 100cm, Schalung 2m²/m³** Einheit: m³ Fundamentvolumen	426,00	**464,00**	532,00	
	013 Betonarbeiten				100,0%
35	**GR Streifenfundament, C30/35, Bewehrung 80kg/m³, T 100cm, Schalung 2m²/m³** Einheit: m³ Fundamentvolumen	544,00	**597,00**	684,00	
	013 Betonarbeiten				100,0%
36	**GR Streifenfundament, C30/35, Bewehrung 120kg/m³, T 100cm, Schalung 2m²/m³** Einheit: m³ Fundamentvolumen	639,00	**703,00**	805,00	
	013 Betonarbeiten				100,0%

© **BKI** Baukosteninformationszentrum; Erläuterungen zu den Tabellen siehe Seite 58

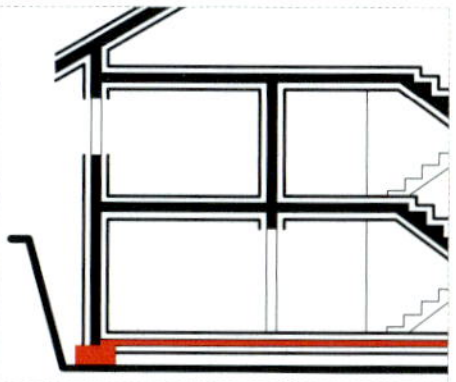

KG.OZ		▷	€/Einheit	◁	LB an EA
322.40	**Fundament- und Bodenplatten**				
01	**GR Bodenplatte, Stahlbeton, C25/30, 20cm, Bewehrung 80kg/m³** Einheit: m² Plattenfläche	95,00	**106,00**	118,00	
	013 Betonarbeiten				100,0%
02	**GR Bodenplatte, Stahlbeton, C25/30, 20cm, Bewehrung 100kg/m³** Einheit: m² Plattenfläche	104,00	**115,00**	128,00	
	013 Betonarbeiten				100,0%
03	**GR Bodenplatte, Stahlbeton, C25/30, 25cm, Bewehrung 80kg/m³** Einheit: m² Plattenfläche	120,00	**132,00**	146,00	
	013 Betonarbeiten				100,0%
04	**GR Bodenplatte, Stahlbeton, C25/30, 25cm, Bewehrung 100kg/m³** Einheit: m² Plattenfläche	131,00	**145,00**	161,00	
	013 Betonarbeiten				100,0%
05	**GR Bodenplatte, Stahlbeton, C25/30, 30cm, Bewehrung 80kg/m³** Einheit: m² Plattenfläche	141,00	**156,00**	172,00	
	013 Betonarbeiten				100,0%
06	**GR Bodenplatte, Stahlbeton, C25/30, 30cm, Bewehrung 100kg/m³** Einheit: m² Plattenfläche	155,00	**172,00**	190,00	
	013 Betonarbeiten				100,0%
07	**GR Fundamentplatte, Stahlbeton, C25/30, 20cm, Bewehrung 120kg/m³** Einheit: m² Plattenfläche	114,00	**127,00**	141,00	
	013 Betonarbeiten				100,0%
08	**GR Fundamentplatte, Stahlbeton, C25/30, 25cm, Bewehrung 120kg/m³** Einheit: m² Plattenfläche	143,00	**158,00**	175,00	
	013 Betonarbeiten				100,0%
09	**GR Fundamentplatte, Stahlbeton, C25/30, 30cm, Bewehrung 120kg/m³** Einheit: m² Plattenfläche	169,00	**187,00**	206,00	
	013 Betonarbeiten				100,0%
10	**GR Fundamentplatte, Stahlbeton, C30/37, WU, 25cm, Bewehrung 140kg/m³** Einheit: m² Plattenfläche	183,00	**205,00**	225,00	
	013 Betonarbeiten				100,0%
11	**GR Fundamentplatte, Stahlbeton, C30/37, WU, 30cm, Bewehrung 140kg/m³** Einheit: m² Plattenfläche	212,00	**238,00**	261,00	
	013 Betonarbeiten				100,0%

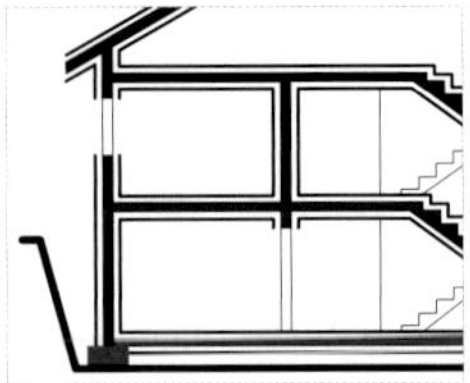

Kosten:
Stand 1. Quartal 2025
Bundesdurchschnitt
inkl. 19% MwSt.

KG.OZ		▷	€/Einheit	◁	LB an EA
322.40	**Fundament- und Bodenplatten**				
12	**GR Fundamentplatte, Stahlbeton, C30/37, WU, 35cm, Bewehrung 140kg/m³** Einheit: m² Plattenfläche	242,00	**270,00**	297,00	
	013 Betonarbeiten				100,0%
13	**GR Fundamentplatte, Stahlbeton, C30/37, WU, 40cm, Bewehrung 140kg/m³** Einheit: m² Plattenfläche	279,00	**309,00**	351,00	
	013 Betonarbeiten				100,0%

▷ von
ø Mittel
◁ bis

© BKI Baukosteninformationszentrum; Erläuterungen zu den Tabellen siehe Seite 58

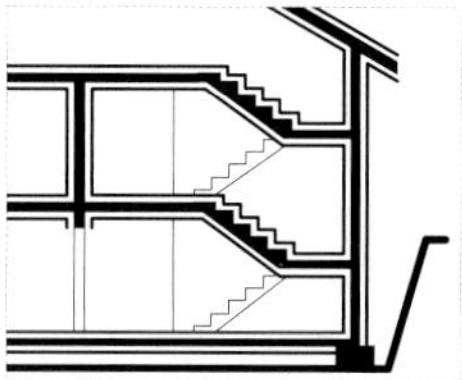

KG.OZ		▷	€/Einheit	◁	LB an EA
324.10	**Beschichtung**				
01	**GR Bodenbeschichtung, Beton, Acryl**	23,00	**25,00**	29,00	
	Einheit: m² Beschichtungsfläche				
	034 Maler- und Lackierarbeiten - Beschichtungen				100,0%
02	**GR Bodenbeschichtung, Beton, Epoxid**	30,00	**34,00**	47,00	
	Einheit: m² Beschichtungsfläche				
	034 Maler- und Lackierarbeiten - Beschichtungen				100,0%
03	**GR Bodenbeschichtung, Beton, ölbeständig**	27,00	**34,00**	48,00	
	Einheit: m² Beschichtungsfläche				
	034 Maler- und Lackierarbeiten - Beschichtungen				100,0%
324.20	**Estrich**				
01	**GR Verbundestrich, CT F4, 45mm**	39,00	**43,00**	47,00	
	Einheit: m² Belagfläche				
	025 Estricharbeiten				100,0%
02	**GR Estrich, Abdichtung, CT F4, 45mm**	60,00	**65,00**	73,00	
	Einheit: m² Belagfläche				
	025 Estricharbeiten				100,0%
03	**GR Estrich, Abdichtung, CT F4, 45mm, TSD**	69,00	**76,00**	87,00	
	Einheit: m² Belagfläche				
	025 Estricharbeiten				100,0%
04	**GR Estrich, Abdichtung, CT F4, 55mm, faserbewehrt, TSD**	83,00	**95,00**	113,00	
	Einheit: m² Belagfläche				
	025 Estricharbeiten				100,0%
05	**GR Estrich, Abdichtung, CT F4, 45mm, EPS 60, TSD**	82,00	**91,00**	105,00	
	Einheit: m² Belagfläche				
	025 Estricharbeiten				100,0%
06	**GR Estrich, Abdichtung, CT F4, 45mm, EPS 80, TSD**	83,00	**92,00**	108,00	
	Einheit: m² Belagfläche				
	025 Estricharbeiten				100,0%
07	**GR Estrich, Abdichtung, CT F4, 45mm, EPS 100, TSD**	87,00	**95,00**	110,00	
	Einheit: m² Belagfläche				
	025 Estricharbeiten				100,0%
08	**GR Estrich, Abdichtung, CT F4, 70mm, EPS 200, TSD**	121,00	**128,00**	147,00	
	Einheit: m² Belagfläche				
	025 Estricharbeiten				100,0%
09	**GR Estrich, Abdichtung, CT F4, 70mm, WF 200, TSD**	128,00	**145,00**	173,00	
	Einheit: m² Belagfläche				
	025 Estricharbeiten				100,0%
10	**GR Heizestrich, CT F4, 65mm, Abdichtung, EPS 60, TSD**	95,00	**106,00**	121,00	
	Einheit: m² Belagfläche				
	025 Estricharbeiten				81,6%
	041 Wärmeversorgungsanlagen - Leitungen, Armaturen, Heizflächen				18,4%

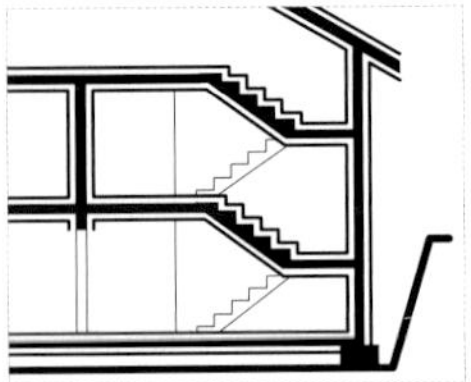

Kosten:
Stand 1. Quartal 2025
Bundesdurchschnitt
inkl. 19% MwSt.

▷ von
ø Mittel
◁ bis

KG.OZ		▷	€/Einheit	◁	LB an EA
324.20	**Estrich**				
11	**GR Heizestrich, CT F4, 65mm, Abdichtung, EPS 200, TSD**	127,00	**137,00**	157,00	
	Einheit: m² Belagfläche				
	025 Estricharbeiten				85,8%
	041 Wärmeversorgungsanlagen - Leitungen, Armaturen, Heizflächen				14,2%
12	**GR Heizestrich, CT F4, 65mm, Abdichtung, WF 200, TSD**	135,00	**154,00**	183,00	
	Einheit: m² Belagfläche				
	025 Estricharbeiten				87,3%
	041 Wärmeversorgungsanlagen - Leitungen, Armaturen, Heizflächen				12,7%
13	**GR Heizestrich, CAF F4, 65mm, Abdichtung, EPS 60, TSD**	97,00	**108,00**	123,00	
	Einheit: m² Belagfläche				
	025 Estricharbeiten				82,0%
	041 Wärmeversorgungsanlagen - Leitungen, Armaturen, Heizflächen				18,0%
14	**GR Heizestrich, Trockenestrich, Abdichtung, TSD**	96,00	**107,00**	124,00	
	Einheit: m² Belagfläche				
	025 Estricharbeiten				36,4%
	039 Trockenbauarbeiten				49,8%
	041 Wärmeversorgungsanlagen - Leitungen, Armaturen, Heizflächen				13,8%
15	**GR Heizestrich, Trockenestrich, Abdichtung, EPS 60, TSD**	109,00	**122,00**	141,00	
	Einheit: m² Belagfläche				
	025 Estricharbeiten				44,2%
	039 Trockenbauarbeiten				43,7%
	041 Wärmeversorgungsanlagen - Leitungen, Armaturen, Heizflächen				12,1%
324.30	**Fliesen und Platten**				
01	**GR Bodenfliesen, 20x20cm, Sockelfliesen**	122,00	**136,00**	153,00	
	Einheit: m² Belagfläche				
	024 Fliesen- und Plattenarbeiten				100,0%
02	**GR Bodenfliesen, 30x30cm, Sockelfliesen**	117,00	**129,00**	146,00	
	Einheit: m² Belagfläche				
	024 Fliesen- und Plattenarbeiten				100,0%
03	**GR Bodenfliesen, 40x40cm, Sockelfliesen**	111,00	**121,00**	139,00	
	Einheit: m² Belagfläche				
	024 Fliesen- und Plattenarbeiten				100,0%
324.40	**Naturstein**				
01	**GR Natursteinbelag, Granit, Natursteinsockel**	314,00	**346,00**	379,00	
	Einheit: m² Belagfläche				
	014 Natur-, Betonwerksteinarbeiten				99,5%
02	**GR Natursteinbelag, Marmor, Natursteinsockel**	228,00	**247,00**	288,00	
	Einheit: m² Belagfläche				
	014 Natur-, Betonwerksteinarbeiten				99,3%
03	**GR Natursteinbelag, Kalksandstein, Natursteinsockel**	232,00	**262,00**	291,00	
	Einheit: m² Belagfläche				
	014 Natur-, Betonwerksteinarbeiten				99,4%

© BKI Baukosteninformationszentrum; Erläuterungen zu den Tabellen siehe Seite 58

KG.OZ		▷	€/Einheit	◁	LB an EA
324.60	**Textil**				
01	**GR Textilbelag, Nadelvlies, Sockelleiste**	63,00	**68,00**	81,00	
	Einheit: m² Belagfläche				
	036 Bodenbelagarbeiten				100,0%
02	**GR Textilbelag, Kugelgarn, Sockelleiste**	80,00	**87,00**	114,00	
	Einheit: m² Belagfläche				
	036 Bodenbelagarbeiten				100,0%
03	**GR Textilbelag, Naturhaar-Polyamid, Sockelleiste**	86,00	**91,00**	101,00	
	Einheit: m² Belagfläche				
	036 Bodenbelagarbeiten				100,0%
04	**GR Textilbelag, Tufting, Sockelleiste**	122,00	**130,00**	146,00	
	Einheit: m² Belagfläche				
	036 Bodenbelagarbeiten				100,0%
05	**GR Textilbelag, Kunstfaser gewebt, Sockelleiste**	75,00	**80,00**	88,00	
	Einheit: m² Belagfläche				
	036 Bodenbelagarbeiten				100,0%
06	**GR Textilbelag, Naturfaser, Sockelleiste**	113,00	**119,00**	130,00	
	Einheit: m² Belagfläche				
	036 Bodenbelagarbeiten				100,0%
324.70	**Holz**				
01	**GR Fertigparkett, Eiche, beschichtet, Sockelleiste**	153,00	**169,00**	195,00	
	Einheit: m² Belagfläche				
	028 Parkett-, Holzpflasterarbeiten				100,0%
02	**GR Fertigparkett, Buche, beschichtet, Sockelleiste**	138,00	**151,00**	174,00	
	Einheit: m² Belagfläche				
	028 Parkett-, Holzpflasterarbeiten				100,0%
03	**GR Stabparkett, Eiche, geschliffen/behandelt, Sockelleiste**	186,00	**205,00**	224,00	
	Einheit: m² Belagfläche				
	028 Parkett-, Holzpflasterarbeiten				100,0%
04	**GR Stabparkett, Buche, geschliffen/behandelt, Sockelleiste**	194,00	**207,00**	230,00	
	Einheit: m² Belagfläche				
	028 Parkett-, Holzpflasterarbeiten				100,0%
05	**GR Mosaikparkett, Eiche, geschliffen/behandelt, Sockelleiste**	127,00	**143,00**	159,00	
	Einheit: m² Belagfläche				
	028 Parkett-, Holzpflasterarbeiten				100,0%
06	**GR Mosaikparkett, Buche, geschliffen/behandelt, Sockelleiste**	148,00	**164,00**	190,00	
	Einheit: m² Belagfläche				
	028 Parkett-, Holzpflasterarbeiten				100,0%

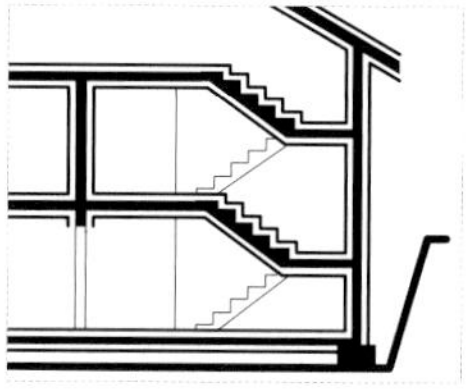

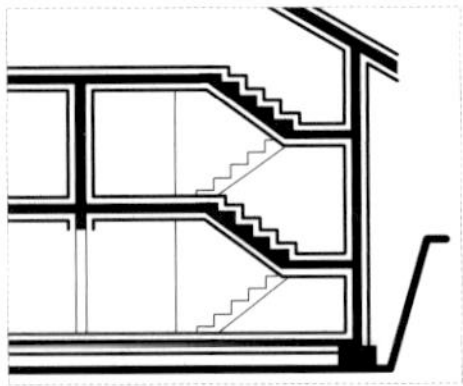

Kosten:
Stand 1. Quartal 2025
Bundesdurchschnitt
inkl. 19% MwSt.

KG.OZ		▷	€/Einheit	◁	LB an EA
324.70	**Holz**				
07	**GR Lamparkett, Eiche, geschliffen/behandelt, Sockelleiste** Einheit: m² Belagfläche	175,00	**227,00**	256,00	
	028 Parkett-, Holzpflasterarbeiten				100,0%
324.80	**Hartbeläge**				
01	**GR Naturkorkparkett, Sockelleiste** Einheit: m² Belagfläche	85,00	**96,00**	110,00	
	036 Bodenbelagarbeiten				100,0%
02	**GR Linoleumbelag, 2,5mm, Sockelleiste** Einheit: m² Belagfläche	67,00	**75,00**	94,00	
	036 Bodenbelagarbeiten				100,0%
03	**GR PVC-Belag, 3,0mm, Sockelleiste** Einheit: m² Belagfläche	72,00	**81,00**	94,00	
	036 Bodenbelagarbeiten				100,0%
04	**GR Kautschukbelag, 2,0mm, Sockelleiste** Einheit: m² Belagfläche	99,00	**110,00**	125,00	
	036 Bodenbelagarbeiten				100,0%
05	**GR Laminatbelag, 7,2mm, Sockelleiste** Einheit: m² Belagfläche	78,00	**89,00**	106,00	
	036 Bodenbelagarbeiten				100,0%

▷ von
ø Mittel
◁ bis

© BKI Baukosteninformationszentrum; Erläuterungen zu den Tabellen siehe Seite 58

KG.OZ		▷	€/Einheit	◁	LB an EA
325.10	**Abdichtungen, Dämmschichten**				
01	**GR Wärmedämmung, CG-Schotter 160, Trennlage**	39,00	**43,00**	53,00	
	Einheit: m² Schichtfläche				
	002 Erdarbeiten				5,9%
	013 Betonarbeiten				94,1%
02	**GR Wärmedämmung, CG-Schotter 240, Trennlage**	52,00	**57,00**	69,00	
	Einheit: m² Schichtfläche				
	002 Erdarbeiten				4,4%
	013 Betonarbeiten				95,6%
03	**GR Wärmedämmung, CG-Schotter 300, Trennlage**	62,00	**68,00**	82,00	
	Einheit: m² Schichtfläche				
	002 Erdarbeiten				3,7%
	013 Betonarbeiten				96,3%
04	**GR Wärmedämmung, CG 100, Sandbettung, Trennlage**	161,00	**180,00**	198,00	
	Einheit: m² Schichtfläche				
	002 Erdarbeiten				1,4%
	013 Betonarbeiten				98,6%
05	**GR Wärmedämmung, CG 140, Sandbettung, Trennlage**	232,00	**247,00**	272,00	
	Einheit: m² Schichtfläche				
	002 Erdarbeiten				1,0%
	013 Betonarbeiten				99,0%
06	**GR Wärmedämmung, CG 200, Sandbettung, Trennlage**	282,00	**301,00**	330,00	
	Einheit: m² Schichtfläche				
	002 Erdarbeiten				0,8%
	013 Betonarbeiten				99,2%
07	**GR Wärmedämmung, XPS 120, Trennlage**	54,00	**62,00**	74,00	
	Einheit: m² Schichtfläche				
	002 Erdarbeiten				4,1%
	013 Betonarbeiten				95,9%
08	**GR Wärmedämmung, XPS 160, Trennlage**	64,00	**77,00**	86,00	
	Einheit: m² Schichtfläche				
	002 Erdarbeiten				3,2%
	013 Betonarbeiten				96,8%
09	**GR Wärmedämmung, XPS 200, Trennlage**	79,00	**95,00**	102,00	
	Einheit: m² Schichtfläche				
	002 Erdarbeiten				2,6%
	013 Betonarbeiten				97,4%
10	**GR Wärmedämmung, XPS 240, Trennlage**	94,00	**108,00**	112,00	
	Einheit: m² Schichtfläche				
	002 Erdarbeiten				2,3%
	013 Betonarbeiten				97,7%
11	**GR Wärmedämmung, XPS 300, Trennlage**	132,00	**147,00**	167,00	
	Einheit: m² Schichtfläche				
	002 Erdarbeiten				1,7%
	013 Betonarbeiten				98,3%

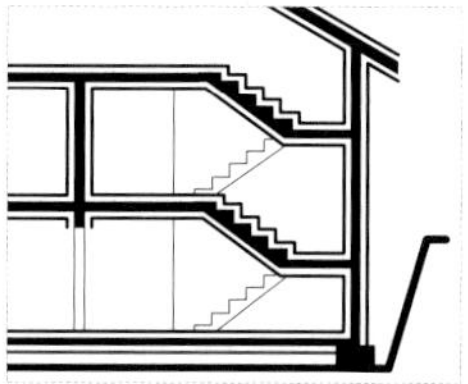

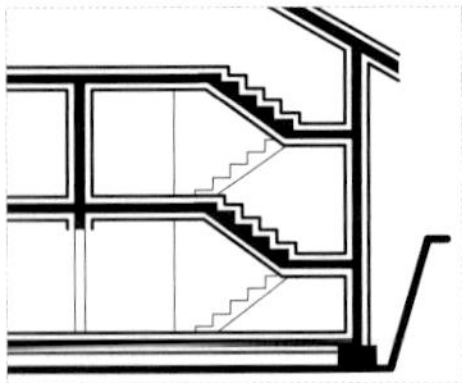

Kosten:
Stand 1. Quartal 2025
Bundesdurchschnitt
inkl. 19% MwSt.

▷ von
ø Mittel
◁ bis

KG.OZ		▷	€/Einheit	◁	LB an EA
325.20	**Filterschicht**				
01	**GR Unterbau, Tragschicht, kapillarbrechend, Kies, 20cm, Trennlage** Einheit: m² Schichtfläche	18,00	**22,00**	25,00	
	002 Erdarbeiten				100,0%
02	**GR Unterbau, Tragschicht, kapillarbrechend, Kies, 25cm, Trennlage** Einheit: m² Schichtfläche	21,00	**25,00**	29,00	
	002 Erdarbeiten				100,0%
03	**GR Unterbau, Tragschicht, kapillarbrechend, Kies, 30cm, Trennlage** Einheit: m² Schichtfläche	25,00	**28,00**	33,00	
	002 Erdarbeiten				100,0%
04	**GR Unterbau, Tragschicht, kapillarbrechend, Kies, Sauberkeitsschicht, Trennlage, XPS 100** Einheit: m² Schichtfläche	78,00	**90,00**	100,00	
	002 Erdarbeiten				23,9%
	013 Betonarbeiten				28,0%
	018 Abdichtungsarbeiten				48,1%
05	**GR Unterbau, Tragschicht, kapillarbrechend, Kies, Sauberkeitsschicht, Trennlage, XPS 150** Einheit: m² Schichtfläche	91,00	**101,00**	108,00	
	002 Erdarbeiten				21,3%
	013 Betonarbeiten				25,0%
	018 Abdichtungsarbeiten				53,6%
06	**GR Unterbau, Tragschicht, kapillarbrechend, Kies, Sauberkeitsschicht, Trennlage, XPS 240** Einheit: m² Schichtfläche	124,00	**133,00**	141,00	
	002 Erdarbeiten				16,2%
	013 Betonarbeiten				19,0%
	018 Abdichtungsarbeiten				64,8%
07	**GR Unterbau, Tragschicht, kapillarbrechend, Kies, Sauberkeitsschicht, Trennlage, XPS 300** Einheit: m² Schichtfläche	141,00	**152,00**	161,00	
	002 Erdarbeiten				12,5%
	013 Betonarbeiten				16,6%
	018 Abdichtungsarbeiten				71,0%
325.30	**Sauberkeitsschichten**				
01	**GR Unterbau, Sauberkeitsschicht, Beton, Trennlage** Einheit: m² Schichtfläche	26,00	**31,00**	35,00	
	002 Erdarbeiten				18,6%
	013 Betonarbeiten				81,4%
02	**GR Unterbau, Sauberkeitsschicht, Sand, Trennlage** Einheit: m² Schichtfläche	17,00	**19,00**	26,00	
	002 Erdarbeiten				30,5%
	013 Betonarbeiten				69,5%

© **BKI** Baukosteninformationszentrum; Erläuterungen zu den Tabellen siehe Seite 58

KG.OZ	▷	€/Einheit	◁	LB an EA
325.30 Sauberkeitsschichten				
03 **GR Unterbau, gedämmt, CG 100, Sauberkeitsschicht, Sandbett, Trennlage** Einheit: m² Schichtfläche	161,00	**180,00**	199,00	
002 Erdarbeiten				3,2%
013 Betonarbeiten				96,8%
04 **GR Unterbau, gedämmt, CG 140, Sauberkeitsschicht, Sandbett, Trennlage** Einheit: m² Schichtfläche	232,00	**247,00**	273,00	
002 Erdarbeiten				2,3%
013 Betonarbeiten				97,7%
05 **GR Unterbau, gedämmt, CG 200, Sauberkeitsschicht, Sandbett, Trennlage** Einheit: m² Schichtfläche	282,00	**302,00**	332,00	
002 Erdarbeiten				1,9%
013 Betonarbeiten				98,1%
06 **GR Unterbau, gedämmt, XPS 100, Sauberkeitsschicht, Trennlage** Einheit: m² Schichtfläche	64,00	**74,00**	83,00	
002 Erdarbeiten				7,8%
013 Betonarbeiten				34,0%
018 Abdichtungsarbeiten				58,3%
07 **GR Unterbau, gedämmt, XPS 150, Sauberkeitsschicht, Trennlage** Einheit: m² Schichtfläche	78,00	**85,00**	92,00	
002 Erdarbeiten				6,8%
013 Betonarbeiten				29,7%
018 Abdichtungsarbeiten				63,5%
08 **GR Unterbau, gedämmt, XPS 240, Sauberkeitsschicht, Trennlage** Einheit: m² Schichtfläche	111,00	**117,00**	124,00	
002 Erdarbeiten				4,9%
013 Betonarbeiten				21,6%
018 Abdichtungsarbeiten				73,5%
325.60 Abdichtungen, Dämmschichten, vertikal				
01 **GR Wärmedämmung vertikal, XPS 100, Abdichtung, Schickerschicht** Einheit: m² Schichtfläche	112,00	**120,00**	134,00	
018 Abdichtungsarbeiten				100,0%
02 **GR Wärmedämmung vertikal, XPS 120, Abdichtung, Schickerschicht** Einheit: m² Schichtfläche	115,00	**122,00**	136,00	
018 Abdichtungsarbeiten				100,0%

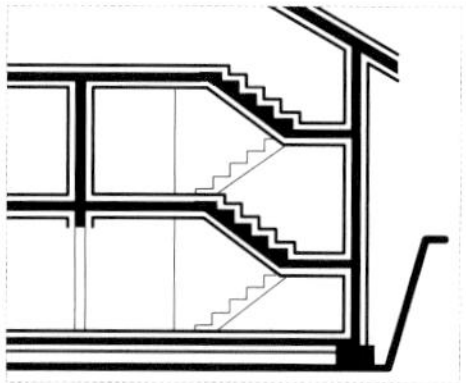

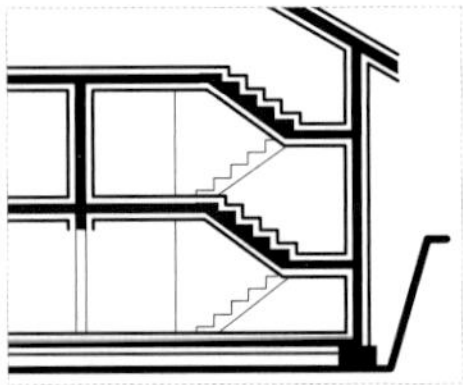

Kosten:
Stand 1. Quartal 2025
Bundesdurchschnitt
inkl. 19% MwSt.

KG.OZ		▷	€/Einheit	◁	LB an EA
325.60	**Abdichtungen, Dämmschichten, vertikal**				
03	**GR Wärmedämmung vertikal, XPS 160, Abdichtung, Schickerschicht** Einheit: m² Schichtfläche	120,00	**131,00**	149,00	
	018 Abdichtungsarbeiten				100,0%
04	**GR Wärmedämmung vertikal, CG 120, Abdichtung, Schickerschicht** Einheit: m² Schichtfläche	187,00	**198,00**	224,00	
	018 Abdichtungsarbeiten				100,0%
05	**GR Wärmedämmung vertikal, CG 160, Abdichtung, Schickerschicht** Einheit: m² Schichtfläche	205,00	**216,00**	246,00	
	018 Abdichtungsarbeiten				100,0%
06	**GR Wärmedämmung vertikal, CG 200, Abdichtung, Schickerschicht** Einheit: m² Schichtfläche	227,00	**243,00**	274,00	
	018 Abdichtungsarbeiten				100,0%

▷ von
ø Mittel
◁ bis

© **BKI** Baukosteninformationszentrum; Erläuterungen zu den Tabellen siehe Seite 58

KG.OZ		▷	€/Einheit	◁	LB an EA
326.20	**Dränageschächte**				
01	**GR Spülschacht, DN315, Schachtverlängerung, Deckel** Einheit: St Schacht	622,00	**697,00**	782,00	
	010 Drän- und Versickerarbeiten				100,0%
326.30	**Dränfilter**				
01	**GR Sickerschicht vertikal, EPS-Platten/Vlies** Einheit: m² Schichtfläche	27,00	**32,00**	42,00	
	018 Abdichtungsarbeiten				100,0%
02	**GR Sickerschicht vertikal, Sickersteine** Einheit: m² Schichtfläche	40,00	**46,00**	51,00	
	018 Abdichtungsarbeiten				100,0%
03	**GR Dränschicht vertikal, Kiessand, 50cm** Einheit: m² Schichtfläche	51,00	**59,00**	68,00	
	010 Drän- und Versickerarbeiten				100,0%
04	**GR Sicker-/Filterschicht vertikal, Kies/Kiessand, 20/10cm** Einheit: m² Schichtfläche	21,00	**23,00**	24,00	
	010 Drän- und Versickerarbeiten				100,0%

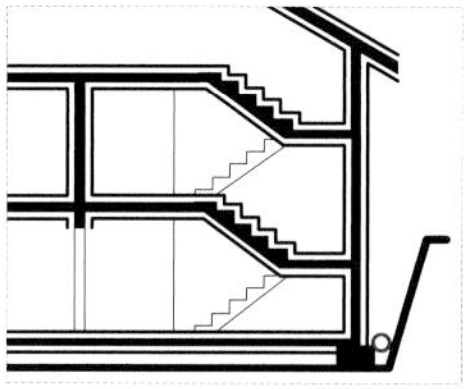

331
Tragende
Außenwände

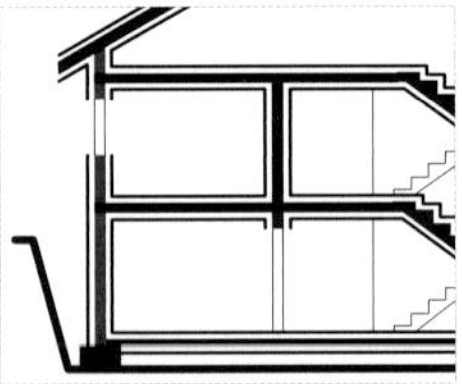

Kosten:
Stand 1. Quartal 2025
Bundesdurchschnitt
inkl. 19% MwSt.

▷ von
ø Mittel
◁ bis

KG.OZ		▷	€/Einheit	◁	LB an EA
331.10	**Mauerwerkswand**				
01	**AW Mauerwerk, Beton-Hohlblocksteinen 36,5cm** Einheit: m² Wandfläche	159,00	**187,00**	235,00	
	012 Mauerarbeiten				100,0%
02	**AW Mauerwerk, Porenbeton-Plansteine, 30cm** Einheit: m² Wandfläche	161,00	**166,00**	176,00	
	012 Mauerarbeiten				100,0%
03	**AW Mauerwerk, Porenbeton-Plansteine, 36,5cm** Einheit: m² Wandfläche	180,00	**190,00**	210,00	
	012 Mauerarbeiten				100,0%
04	**AW Mauerwerk, Hochlochziegeln, 36,5cm** Einheit: m² Wandfläche	202,00	**218,00**	238,00	
	012 Mauerarbeiten				100,0%
05	**AW Mauerwerk, Hochlochziegeln gefüllt, 36,5cm** Einheit: m² Wandfläche	214,00	**228,00**	246,00	
	012 Mauerarbeiten				100,0%
06	**AW Mauerwerk, Kalksandsteine, 17,5cm** Einheit: m² Wandfläche	106,00	**117,00**	130,00	
	012 Mauerarbeiten				100,0%
07	**AW Mauerwerk, Kalksandsteine, 24cm** Einheit: m² Wandfläche	135,00	**150,00**	165,00	
	012 Mauerarbeiten				100,0%
331.20	**Betonwand**				
01	**AW KG, Stahlbeton, 20cm, Bewehrung 100kg/m³, Schalung rau** Einheit: m² Wandfläche	210,00	**228,00**	250,00	
	013 Betonarbeiten				100,0%
02	**AW KG, Stahlbeton, 20cm, Bewehrung 100kg/m³, Sichtbetonschalung** Einheit: m² Wandfläche	261,00	**282,00**	305,00	
	013 Betonarbeiten				100,0%
03	**AW KG, Stahlbeton, 25cm, Bewehrung 100kg/m³, Schalung rau** Einheit: m² Wandfläche	233,00	**253,00**	278,00	
	013 Betonarbeiten				100,0%
04	**AW KG, Stahlbeton, 25cm, Bewehrung 100kg/m³, Sichtbetonschalung** Einheit: m² Wandfläche	284,00	**308,00**	333,00	
	013 Betonarbeiten				100,0%
05	**AW KG, Stahlbeton, WU, 20cm, Bewehrung 100kg/m³, Schalung glatt** Einheit: m² Wandfläche	214,00	**238,00**	274,00	
	013 Betonarbeiten				100,0%

© **BKI** Baukosteninformationszentrum; Erläuterungen zu den Tabellen siehe Seite 58

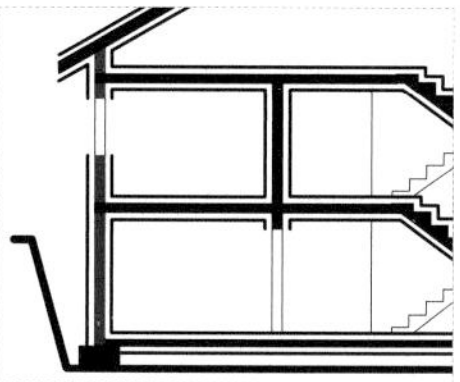

KG.OZ		▷	€/Einheit	◁	LB an EA
331.20	**Betonwand**				
06	**AW KG, Stahlbeton, WU, 20cm, Bewehrung 120kg/m³, Schalung glatt** Einheit: m² Wandfläche	223,00	**248,00**	285,00	
	013 Betonarbeiten				100,0%
07	**AW KG, Stahlbeton, WU, 25cm, Bewehrung 100kg/m³, Schalung glatt** Einheit: m² Wandfläche	238,00	**264,00**	303,00	
	013 Betonarbeiten				100,0%
08	**AW KG, Stahlbeton, WU, 25cm, Bewehrung 120kg/m³, Schalung rau** Einheit: m² Wandfläche	255,00	**276,00**	305,00	
	013 Betonarbeiten				100,0%
09	**AW KG, Stahlbeton, WU, 25cm, Bewehrung 120kg/m³, Schalung glatt** Einheit: m² Wandfläche	254,00	**283,00**	322,00	
	013 Betonarbeiten				100,0%
10	**AW KG, Stahlbeton, WU, 30cm, Bewehrung 120kg/m³, Schalung rau** Einheit: m² Wandfläche	283,00	**307,00**	339,00	
	013 Betonarbeiten				100,0%
11	**AW KG, Stahlbeton, WU, 30cm, Bewehrung 120kg/m³, Schalung glatt** Einheit: m² Wandfläche	295,00	**328,00**	372,00	
	013 Betonarbeiten				100,0%
12	**AW Stahlbeton, 20cm, Bewehrung 60kg/m³, Schalung glatt** Einheit: m² Wandfläche	196,00	**220,00**	253,00	
	013 Betonarbeiten				100,0%
13	**AW Stahlbeton, 20cm, Bewehrung 80kg/m³, Schalung glatt** Einheit: m² Wandfläche	205,00	**231,00**	265,00	
	013 Betonarbeiten				100,0%
14	**AW Stahlbeton, 20cm, Bewehrung 100kg/m³, Schalung glatt** Einheit: m² Wandfläche	214,00	**241,00**	276,00	
	013 Betonarbeiten				100,0%
15	**AW Stahlbeton, 25cm, Bewehrung 60kg/m³, Schalung glatt** Einheit: m² Wandfläche	218,00	**246,00**	282,00	
	013 Betonarbeiten				100,0%
16	**AW Stahlbeton, 25cm, Bewehrung 80kg/m³, Schalung glatt** Einheit: m² Wandfläche	225,00	**253,00**	290,00	
	013 Betonarbeiten				100,0%

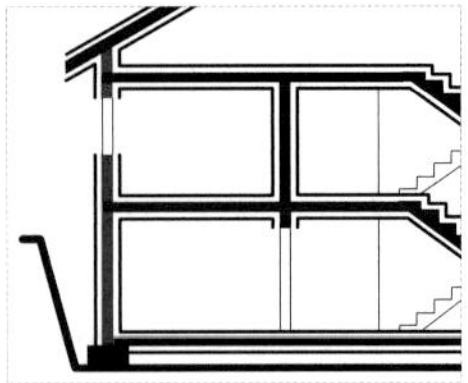

Kosten:
Stand 1. Quartal 2025
Bundesdurchschnitt
inkl. 19% MwSt.

▷ von
ø Mittel
◁ bis

KG.OZ		▷	€/Einheit	◁	LB an EA
331.20	**Betonwand**				
17	**AW Stahlbeton, 25cm, Bewehrung 100kg/m³, Schalung glatt** Einheit: m² Wandfläche	237,00	**266,00**	304,00	
	013 Betonarbeiten				100,0%
18	**AW Stahlbeton, 25cm, Bewehrung 120kg/m³, Schalung glatt** Einheit: m² Wandfläche	249,00	**279,00**	319,00	
	013 Betonarbeiten				100,0%
331.30	**Holzwand**				
01	**AW Massivholz, Brettstapelholz, bis 12cm** Einheit: m² Wandfläche	173,00	**187,00**	207,00	
	016 Zimmer- und Holzbauarbeiten				100,0%
02	**AW Massivholz, Brettstapelholz, bis 16cm** Einheit: m² Wandfläche	244,00	**263,00**	291,00	
	016 Zimmer- und Holzbauarbeiten				100,0%
03	**AW Massivholz, Brettstapelholz, bis 20cm** Einheit: m² Wandfläche	316,00	**340,00**	376,00	
	016 Zimmer- und Holzbauarbeiten				100,0%
04	**AW Massivholz, Brettstapelholz, bis 16cm , OSB** Einheit: m² Wandfläche	275,00	**298,00**	328,00	
	016 Zimmer- und Holzbauarbeiten				100,0%
05	**AW Massivholz, Brettsperrholz, bis 12cm** Einheit: m² Wandfläche	212,00	**219,00**	229,00	
	016 Zimmer- und Holzbauarbeiten				100,0%
06	**AW Massivholz, Brettsperrholz, bis 16cm** Einheit: m² Wandfläche	250,00	**270,00**	299,00	
	016 Zimmer- und Holzbauarbeiten				100,0%
07	**AW Massivholz, Brettsperrholz, bis 16cm, OSB** Einheit: m² Wandfläche	281,00	**304,00**	335,00	
	016 Zimmer- und Holzbauarbeiten				100,0%
08	**AW Holzrahmen, MW 160, OSB-Platten, WF-Bekleidung** Einheit: m² Wandfläche	209,00	**220,00**	233,00	
	016 Zimmer- und Holzbauarbeiten				100,0%
09	**AW Holzrahmen, MW 200, OSB-Platten, WF-Bekleidung** Einheit: m² Wandfläche	220,00	**230,00**	253,00	
	016 Zimmer- und Holzbauarbeiten				100,0%
10	**AW Holzrahmen, MW 240, OSB-Platten, WF-Bekleidung** Einheit: m² Wandfläche	239,00	**256,00**	287,00	
	016 Zimmer- und Holzbauarbeiten				100,0%
11	**AW Holzrahmen, Zellulose 160, OSB-Platten, WF-Bekleidung** Einheit: m² Wandfläche	209,00	**220,00**	233,00	
	016 Zimmer- und Holzbauarbeiten				100,0%

© **BKI** Baukosteninformationszentrum; Erläuterungen zu den Tabellen siehe Seite 58

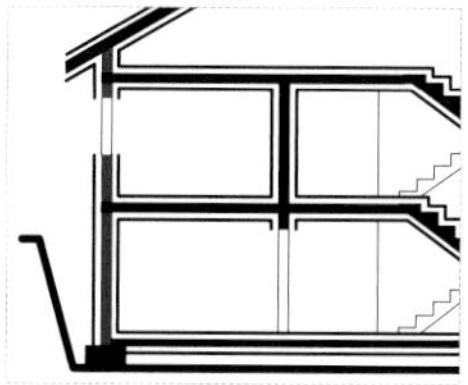

331.30 Holzwand

KG.OZ		▷	€/Einheit	◁	LB an EA
12	**AW Holzrahmen, Zellulose 200, OSB-Platten, WF-Bekleidung** Einheit: m² Wandfläche	220,00	**230,00**	253,00	
	016 Zimmer- und Holzbauarbeiten				100,0%
13	**AW Holzrahmen, Zellulose 240, OSB-Platten, WF-Bekleidung** Einheit: m² Wandfläche	239,00	**256,00**	287,00	
	016 Zimmer- und Holzbauarbeiten				100,0%
14	**AW Holzrahmen, WF 160, OSB-Platten, WF-Bekleidung** Einheit: m² Wandfläche	211,00	**241,00**	271,00	
	016 Zimmer- und Holzbauarbeiten				100,0%
15	**AW Holzrahmen, WF 200, OSB-Platten, WF-Bekleidung** Einheit: m² Wandfläche	221,00	**253,00**	284,00	
	016 Zimmer- und Holzbauarbeiten				100,0%
16	**AW Holzständer, KVH, MW 200, OSB/MDF** Einheit: m² Wandfläche	185,00	**207,00**	233,00	
	016 Zimmer- und Holzbauarbeiten				100,0%
17	**AW Holztafeln, MW 160, OSB-Platten, Gipsplatten** Einheit: m² Wandfläche	185,00	**218,00**	275,00	
	016 Zimmer- und Holzbauarbeiten				100,0%
18	**AW Holztafeln, MW 200, OSB-Platten, Gipsplatten** Einheit: m² Wandfläche	198,00	**234,00**	295,00	
	016 Zimmer- und Holzbauarbeiten				100,0%
19	**AW Holztafeln, WF 160, OSB-Platten, Gipsplatten** Einheit: m² Wandfläche	189,00	**223,00**	281,00	
	016 Zimmer- und Holzbauarbeiten				100,0%
20	**AW Holztafeln, WF 200, OSB-Platten, Gipsplatten** Einheit: m² Wandfläche	203,00	**240,00**	302,00	
	016 Zimmer- und Holzbauarbeiten				100,0%
21	**AW Holztafeln, Zellulose 160, OSB-Platten, Gipsplatten** Einheit: m² Wandfläche	175,00	**207,00**	261,00	
	016 Zimmer- und Holzbauarbeiten				100,0%
22	**AW Holztafeln, MW 160, OSB-Platten, Gipsplatten, Installationsebene** Einheit: m² Wandfläche	241,00	**283,00**	341,00	
	016 Zimmer- und Holzbauarbeiten				100,0%
23	**AW Holztafeln, MW 200, OSB-Platten, Gipsplatten, Installationsebene** Einheit: m² Wandfläche	254,00	**299,00**	361,00	
	016 Zimmer- und Holzbauarbeiten				100,0%
24	**AW Holztafeln, WF 160, OSB-Platten, Gipsplatten, Installationsebene** Einheit: m² Wandfläche	245,00	**288,00**	347,00	
	016 Zimmer- und Holzbauarbeiten				100,0%

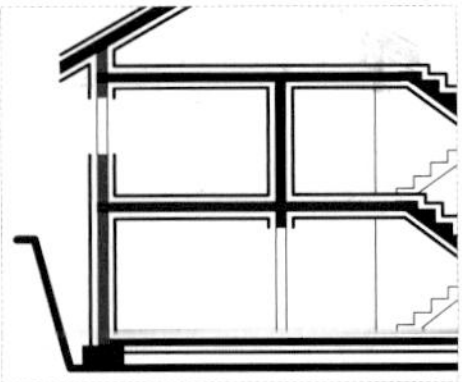

Kosten:
Stand 1. Quartal 2025
Bundesdurchschnitt
inkl. 19% MwSt.

▷ von
ø Mittel
◁ bis

KG.OZ		▷	€/Einheit	◁	LB an EA
331.30	**Holzwand**				
25	**AW Holztafeln, WF 200, OSB-Platten, Gipsplatten, Installationsebene**	259,00	**305,00**	368,00	
	Einheit: m² Wandfläche				
	016 Zimmer- und Holzbauarbeiten				100,0%
26	**AW Holztafeln, Zellulose 160, OSB-Platten, Gipsplatten, Installationsebene**	231,00	**272,00**	327,00	
	Einheit: m² Wandfläche				
	016 Zimmer- und Holzbauarbeiten				100,0%
27	**AW Holztafeln, Zellulose 200, OSB-Platten, Gipsplatten, Installationsebene**	245,00	**288,00**	347,00	
	Einheit: m² Wandfläche				
	016 Zimmer- und Holzbauarbeiten				100,0%
331.90	**Sonstige tragende Außenwände**				
01	**AW Ringanker, U-Schale, 17,5cm**	61,00	**70,00**	78,00	
	Einheit: m Ringankerlänge				
	012 Mauerarbeiten				89,2%
	013 Betonarbeiten				10,8%
02	**AW Ringanker, U-Schale, 24cm**	70,00	**74,00**	83,00	
	Einheit: m Ringankerlänge				
	012 Mauerarbeiten				88,9%
	013 Betonarbeiten				11,1%
03	**AW Ringanker, U-Schale, 30cm**	77,00	**81,00**	95,00	
	Einheit: m Ringankerlänge				
	012 Mauerarbeiten				88,1%
	013 Betonarbeiten				11,9%
04	**AW Ringanker, U-Schale, 36,5cm**	82,00	**88,00**	103,00	
	Einheit: m Ringankerlänge				
	012 Mauerarbeiten				87,5%
	013 Betonarbeiten				12,5%
05	**AW Ringanker, U-Schale, 30cm, MW 60mm**	103,00	**107,00**	125,00	
	Einheit: m Ringankerlänge				
	012 Mauerarbeiten				91,0%
	013 Betonarbeiten				9,0%
06	**AW Ringanker, U-Schale, 36,5cm, MW 60mm**	107,00	**114,00**	133,00	
	Einheit: m Ringankerlänge				
	012 Mauerarbeiten				90,4%
	013 Betonarbeiten				9,6%

© BKI Baukosteninformationszentrum; Erläuterungen zu den Tabellen siehe Seite 58

KG.OZ		▷	€/Einheit	◁	LB an EA
332.10	**Mauerwerkswand**				
01	**AW Ausmauerung, Sparren, HLz 11,5cm, Trennlage**	57,00	**64,00**	76,00	
	Einheit: m Wandfläche				
	012 Mauerarbeiten				100,0%
332.30	**Holzwand**				
01	**AW Attika, Holztafel, 12m, Abdeckung**	194,00	**234,00**	286,00	
	Einheit: m² Wandfläche				
	016 Zimmer- und Holzbauarbeiten				72,2%
	022 Klempnerarbeiten				27,8%

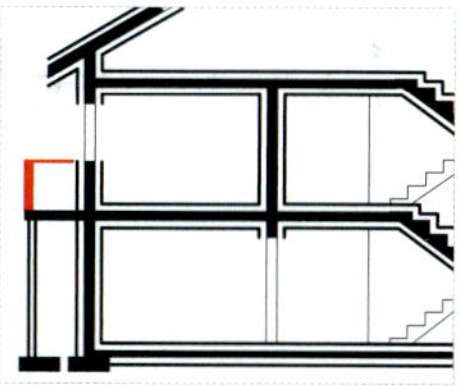

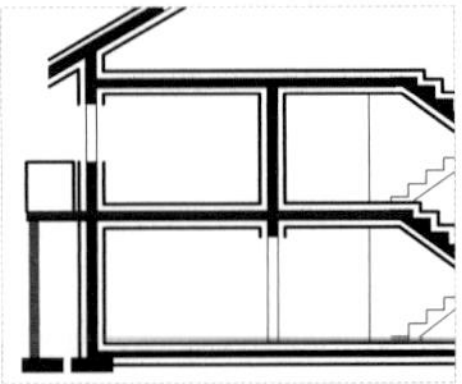

Kosten:
Stand 1.Quartal 2025
Bundesdurchschnitt
inkl. 19% MwSt.

▷ von
ø Mittel
◁ bis

KG.OZ		▷	€/Einheit	◁	LB an EA
333.20	**Betonstütze**				
01	**AW Stütze, C25/30, rund, 30cm, Sichtbetonschalung, Bewehrung 100kg/m³** Einheit: m Stützenlänge	195,00	**221,00**	247,00	
	013 Betonarbeiten				100,0%
02	**AW Stütze, C25/30, rund, 30cm, Sichtbetonschalung, Bewehrung 200kg/m³** Einheit: m Stützenlänge	212,00	**240,00**	268,00	
	013 Betonarbeiten				100,0%
03	**AW Stütze, C25/30, rund, 30cm, Sichtbetonschalung, Bewehrung 300kg/m³** Einheit: m Stützenlänge	228,00	**258,00**	289,00	
	013 Betonarbeiten				100,0%
04	**AW Stütze, C25/30, eckig, 30x30cm, Sichtbetonschalung, Bewehrung 100kg/m³** Einheit: m Stützenlänge	186,00	**208,00**	238,00	
	013 Betonarbeiten				100,0%
05	**AW Stütze, C25/30, eckig, 30x30cm, Sichtbetonschalung, Bewehrung 200kg/m³** Einheit: m Stützenlänge	207,00	**231,00**	265,00	
	013 Betonarbeiten				100,0%
06	**AW Stütze, C25/30, eckig, 30x30cm, Sichtbetonschalung, Bewehrung 300kg/m³** Einheit: m Stützenlänge	229,00	**255,00**	293,00	
	013 Betonarbeiten				100,0%
07	**AW Stütze, C25/30, eckig, 40x40cm, Sichtbetonschalung, Bewehrung 100kg/m³** Einheit: m Stützenlänge	269,00	**301,00**	344,00	
	013 Betonarbeiten				100,0%
08	**AW Stütze, C25/30, eckig, 40x40cm, Sichtbetonschalung, Bewehrung 200kg/m³** Einheit: m Stützenlänge	307,00	**343,00**	392,00	
	013 Betonarbeiten				100,0%
09	**AW Stütze, C25/30, eckig, 40x40cm, Sichtbetonschalung, Bewehrung 300kg/m³** Einheit: m Stützenlänge	345,00	**386,00**	441,00	
	013 Betonarbeiten				100,0%
333.30	**Holzstütze**				
01	**AW Stütze, BSH, eckig 20x20cm, lasiert** Einheit: m Stützenlänge	219,00	**247,00**	324,00	
	016 Zimmer- und Holzbauarbeiten				30,5%
	017 Stahlbauarbeiten				58,7%
	034 Maler- und Lackierarbeiten - Beschichtungen				10,8%

© **BKI** Baukosteninformationszentrum; Erläuterungen zu den Tabellen siehe Seite 58

KG.OZ		▷	€/Einheit	◁	LB an EA
333.40	**Metallstütze**				
01	**AW Stütze, Stahl, rund, 114,3mm, beschichtet** Einheit: m Stützenlänge	212,00	**248,00**	331,00	
	017 Stahlbauarbeiten				100,0%

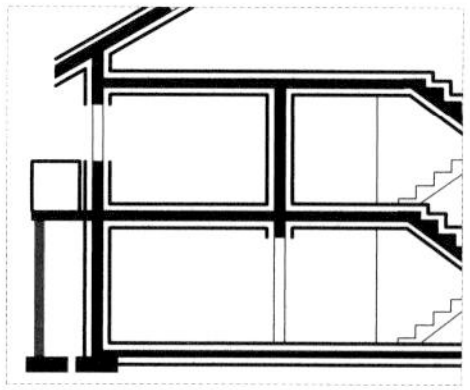

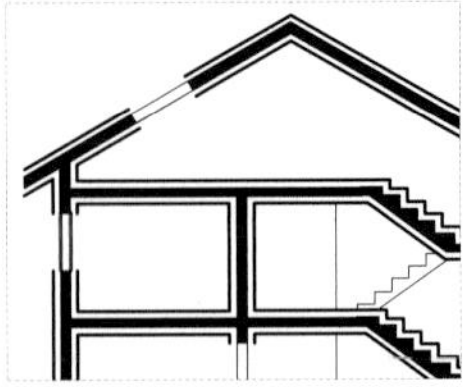

Kosten:
Stand 1. Quartal 2025
Bundesdurchschnitt
inkl. 19% MwSt.

▷ von
ø Mittel
◁ bis

KG.OZ	▷	€/Einheit	◁	LB an EA
334.10 Türen				
01 **AW Eingangstür, Holz, einflüglig** Einheit: St Öffnung	3.971,00	**4.459,00**	5.116,00	
026 Fenster, Außentüren				100,0%
02 **AW Eingangstür, Holz, einflüglig, mit Seitenteil** Einheit: St Öffnung	5.216,00	**5.959,00**	6.841,00	
026 Fenster, Außentüren				100,0%
03 **AW Eingangstür, Holz, einflüglig, Passivhaus** Einheit: St Öffnung	5.088,00	**5.565,00**	5.979,00	
026 Fenster, Außentüren				100,0%
04 **AW Eingangstür, Kunststoff, einflüglig** Einheit: St Öffnung	3.009,00	**4.353,00**	5.388,00	
026 Fenster, Außentüren				100,0%
05 **AW Eingangstür, Kunststoff, mit Seitenteil** Einheit: St Öffnung	4.285,00	**5.846,00**	7.350,00	
026 Fenster, Außentüren				100,0%
06 **AW Eingangstür, Metall, einflüglig** Einheit: St Öffnung	3.059,00	**3.808,00**	4.549,00	
026 Fenster, Außentüren				100,0%
07 **AW Eingangstür, Aluminium/Glas, einflüglig** Einheit: St Öffnung	4.695,00	**5.469,00**	7.105,00	
026 Fenster, Außentüren				100,0%
08 **AW Eingangstür, Holz, einflüglig** Einheit: m² Türfläche	1.569,00	**1.761,00**	2.021,00	
026 Fenster, Außentüren				100,0%
09 **AW Eingangstür, Holz, einflüglig, mit Seitenteil** Einheit: m² Türfläche	1.434,00	**1.639,00**	1.881,00	
026 Fenster, Außentüren				100,0%
10 **AW Eingangstür, Holz, einflüglig, Passivhaus** Einheit: m² Türfläche	2.010,00	**2.198,00**	2.362,00	
026 Fenster, Außentüren				100,0%
11 **AW Eingangstür, Kunststoff, einflüglig** Einheit: m² Türfläche	1.188,00	**1.719,00**	2.128,00	
026 Fenster, Außentüren				100,0%
12 **AW Eingangstür, Kunststoff, mit Seitenteil** Einheit: m² Türfläche	1.179,00	**1.608,00**	2.021,00	
026 Fenster, Außentüren				100,0%
13 **AW Eingangstür, Metall, einflüglig** Einheit: m² Türfläche	1.208,00	**1.504,00**	1.797,00	
026 Fenster, Außentüren				100,0%
14 **AW Eingangstür, Aluminium/Glas, einflüglig** Einheit: m² Türfläche	1.855,00	**2.160,00**	2.806,00	
026 Fenster, Außentüren				100,0%

© **BKI** Baukosteninformationszentrum; Erläuterungen zu den Tabellen siehe Seite 58

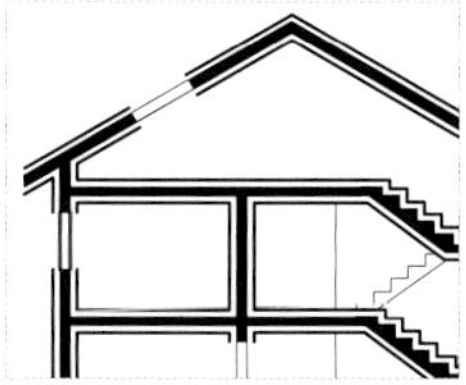

KG.OZ		▷	€/Einheit	◁	LB an EA
334.20	**Fenstertüren**				
01	**AW Fenstertür, Holz, einflüglig, Fensterbank**	1.218,00	**1.388,00**	1.643,00	
	Einheit: St Öffnung				
	026 Fenster, Außentüren				91,1%
02	**AW Fenstertür, Holz, zweiflüglig, Fensterbank**	2.443,00	**2.690,00**	2.941,00	
	Einheit: St Öffnung				
	026 Fenster, Außentüren				92,4%
03	**AW Fenstertür, Holz-Alu, einflüglig, Fensterbank**	2.212,00	**2.470,00**	2.782,00	
	Einheit: St Öffnung				
	026 Fenster, Außentüren				95,0%
04	**AW Fenstertür, Holz-Alu, zweiflüglig, Fensterbank**	3.360,00	**3.874,00**	4.744,00	
	Einheit: St Öffnung				
	026 Fenster, Außentüren				94,8%
05	**AW Fenstertür, Kunststoff, einflüglig, Fensterbank**	1.003,00	**1.318,00**	1.665,00	
	Einheit: St Öffnung				
	026 Fenster, Außentüren				90,6%
06	**AW Fenstertür, Kunststoff, zweiflüglig, Fensterbank**	2.215,00	**2.335,00**	2.663,00	
	Einheit: St Öffnung				
	026 Fenster, Außentüren				91,3%
07	**AW Fenstertür, Kunststoff, einflüglig, Fensterbank, Passivhaus**	1.246,00	**1.633,00**	2.041,00	
	Einheit: St Öffnung				
	026 Fenster, Außentüren				92,4%
08	**AW Fenstertür, Holz, einflüglig, Fensterbank**	481,00	**548,00**	649,00	
	Einheit: m² Türfläche				
	026 Fenster, Außentüren				91,1%
09	**AW Fenstertür, Holz, zweiflüglig, Fensterbank**	589,00	**648,00**	709,00	
	Einheit: m² Türfläche				
	026 Fenster, Außentüren				92,4%
10	**AW Fenstertür, Kunststoff, einflüglig, Fensterbank**	396,00	**521,00**	658,00	
	Einheit: m² Türfläche				
	026 Fenster, Außentüren				90,6%
11	**AW Fenstertür, Kunststoff, zweiflüglig, Fensterbank**	534,00	**563,00**	642,00	
	Einheit: m² Türfläche				
	026 Fenster, Außentüren				91,3%
12	**AW Fenstertür, Kunststoff, einflüglig, Fensterbank, Passivhaus**	492,00	**645,00**	806,00	
	Einheit: m² Türfläche				
	026 Fenster, Außentüren				92,4%
13	**AW Fenstertür, Holz-Alu, einflüglig, Fensterbank**	874,00	**976,00**	1.099,00	
	Einheit: m² Türfläche				
	026 Fenster, Außentüren				95,0%

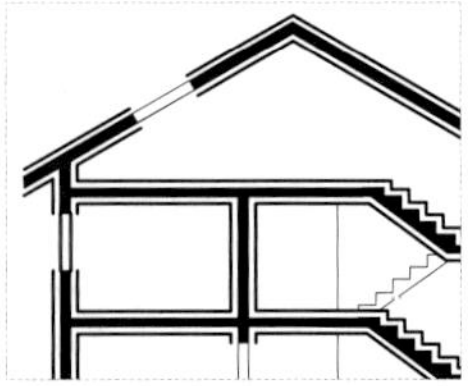

Kosten:
Stand 1. Quartal 2025
Bundesdurchschnitt
inkl. 19% MwSt.

▷ von
ø Mittel
◁ bis

KG.OZ		▷	€/Einheit	◁	LB an EA
334.20	**Fenstertüren**				
14	**AW Fenstertür, Holz-Alu, zweiflüglig, Fensterbank**	810,00	**934,00**	1.143,00	
	Einheit: m² Türfläche				
	026 Fenster, Außentüren				94,8%
334.30	**Sondertüren und -fenster**				
01	**AW Kellerfenster, einflüglig, bis 0,60m², Fensterbank, innen**	478,00	**542,00**	597,00	
	Einheit: St Öffnung				
	013 Betonarbeiten				84,8%
	014 Natur-, Betonwerksteinarbeiten				15,2%
02	**AW Kellerfenster, einflüglig, Fensterbank, innen**	507,00	**587,00**	637,00	
	Einheit: m² Fensterfläche				
	013 Betonarbeiten				86,3%
	014 Natur-, Betonwerksteinarbeiten				13,7%
334.50	**Tore**				
01	**AW Garagentor, Holzbekleidung, beschichtet**	3.748,00	**4.784,00**	6.504,00	
	Einheit: St Öffnung				
	031 Metallbauarbeiten				99,2%
	034 Maler- und Lackierarbeiten - Beschichtungen				0,8%
02	**AW Garagentor, Holzbekleidung, beschichtet**	594,00	**751,00**	1.014,00	
	Einheit: m² Torfläche				
	031 Metallbauarbeiten				94,8%
	034 Maler- und Lackierarbeiten - Beschichtungen				5,2%
334.60	**Fenster**				
01	**AW Fenster, Holz, einflüglig, bis 0,70m², Fensterbank, innen/außen**	786,00	**845,00**	1.008,00	
	Einheit: St Öffnung				
	014 Natur-, Betonwerksteinarbeiten				13,1%
	026 Fenster, Außentüren				75,4%
02	**AW Fenster, Holz, einflüglig, bis 1,00m², Fensterbank, innen/außen, Passivhaus**	1.375,00	**1.489,00**	1.644,00	
	Einheit: St Öffnung				
	014 Natur-, Betonwerksteinarbeiten				7,5%
	026 Fenster, Außentüren				86,1%
03	**AW Fenster, Holz, einflüglig, bis 1,70m², Fensterbank, innen/außen**	1.121,00	**1.221,00**	1.359,00	
	Einheit: St Öffnung				
	014 Natur-, Betonwerksteinarbeiten				9,1%
	026 Fenster, Außentüren				83,0%
04	**AW Fenster, Holz, zweiflüglig, bis 2,50m², Fensterbank, innen/außen**	2.241,00	**2.517,00**	2.946,00	
	Einheit: St Öffnung				
	014 Natur-, Betonwerksteinarbeiten				5,4%
	026 Fenster, Außentüren				89,9%

© **BKI** Baukosteninformationszentrum; Erläuterungen zu den Tabellen siehe Seite 58

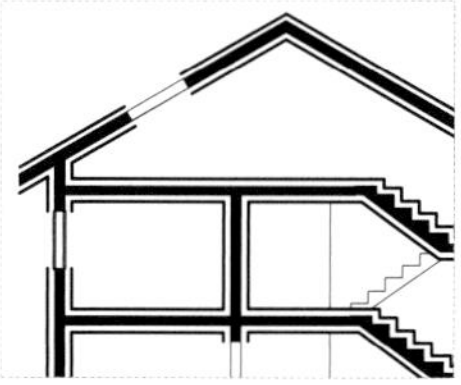

KG.OZ		▷	€/Einheit	◁	LB an EA
334.60	**Fenster**				
05	**AW Fenster, Holz, mehrteilig, über 2,50m², Fensterbank, innen/außen, Passivhaus**	3.109,00	**3.584,00**	4.078,00	
	Einheit: St Öffnung				
	014 Natur-, Betonwerksteinarbeiten				3,8%
	026 Fenster, Außentüren				92,9%
06	**AW Fenster, Kunststoff, einflüglig, bis 0,70m², Fensterbank, innen/außen**	679,00	**754,00**	883,00	
	Einheit: St Öffnung				
	014 Natur-, Betonwerksteinarbeiten				14,7%
	026 Fenster, Außentüren				72,5%
07	**AW Fenster, Kunststoff, einflüglig, bis 1,70m², Fensterbank, innen/außen**	813,00	**913,00**	1.056,00	
	Einheit: St Öffnung				
	014 Natur-, Betonwerksteinarbeiten				12,2%
	026 Fenster, Außentüren				77,3%
08	**AW Fenster, Kunststoff, einflüglig, bis 2,50m², Fensterbank, innen/außen**	2.084,00	**2.154,00**	2.417,00	
	Einheit: St Öffnung				
	014 Natur-, Betonwerksteinarbeiten				6,3%
	026 Fenster, Außentüren				88,2%
09	**AW Fenster, Holz-Alu, einflüglig, bis 0,70m², Fensterbank, innen/außen**	1.069,00	**1.178,00**	1.335,00	
	Einheit: St Öffnung				
	014 Natur-, Betonwerksteinarbeiten				9,4%
	026 Fenster, Außentüren				82,4%
10	**AW Fenster, Holz-Alu, einflüglig, bis 1,70m², Fensterbank, innen/außen**	1.424,00	**1.542,00**	1.718,00	
	Einheit: St Öffnung				
	014 Natur-, Betonwerksteinarbeiten				7,2%
	026 Fenster, Außentüren				86,5%
11	**AW Fenster, Holz-Alu, einflüglig, bis 1,70m², Fensterbank, innen/außen, Passivhaus**	1.556,00	**1.827,00**	2.344,00	
	Einheit: St Öffnung				
	014 Natur-, Betonwerksteinarbeiten				6,1%
	026 Fenster, Außentüren				88,6%
12	**AW Fenster, Holz, einflüglig, bis 0,70m², Fensterbank, innen/außen**	971,00	**1.043,00**	1.245,00	
	Einheit: m² Fensterfläche				
	014 Natur-, Betonwerksteinarbeiten				13,1%
	026 Fenster, Außentüren				75,4%
13	**AW Fenster, Holz, einflüglig, bis 1,00m², Fensterbank, innen/außen, Passivhaus**	1.375,00	**1.489,00**	1.644,00	
	Einheit: m² Fensterfläche				
	014 Natur-, Betonwerksteinarbeiten				7,5%
	026 Fenster, Außentüren				86,1%

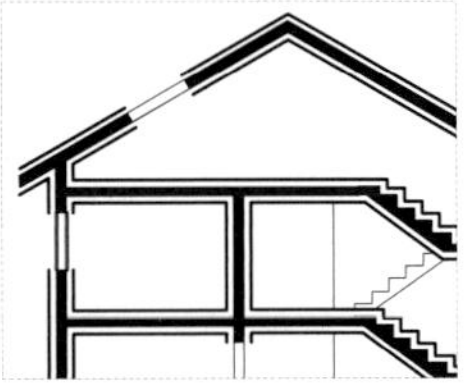

Kosten:
Stand 1.Quartal 2025
Bundesdurchschnitt
inkl. 19% MwSt.

KG.OZ		▷	€/Einheit	◁	LB an EA
334.60	**Fenster**				
14	**AW Fenster, Holz, einflüglig, bis 1,70m², Fensterbank, innen/außen** Einheit: m² Fensterfläche	551,00	**599,00**	667,00	
	014 Natur-, Betonwerksteinarbeiten				9,1%
	026 Fenster, Außentüren				83,0%
15	**AW Fenster, Holz, zweiflüglig, bis 2,50m², Fensterbank, innen/außen** Einheit: m² Fensterfläche	899,00	**1.009,00**	1.181,00	
	014 Natur-, Betonwerksteinarbeiten				5,4%
	026 Fenster, Außentüren				89,9%
16	**AW Fenster, Holz, mehrteilig, über 2,50m², Fensterbank, innen/außen, Passivhaus** Einheit: m² Fensterfläche	1.247,00	**1.437,00**	1.635,00	
	014 Natur-, Betonwerksteinarbeiten				3,8%
	026 Fenster, Außentüren				92,9%
17	**AW Fenster, Kunststoff, einflüglig, bis 0,70m², Fensterbank, innen/außen** Einheit: m² Fensterfläche	839,00	**932,00**	1.091,00	
	014 Natur-, Betonwerksteinarbeiten				14,7%
	026 Fenster, Außentüren				72,5%
18	**AW Fenster, Kunststoff, einflüglig, bis 1,70m², Fensterbank, innen/außen** Einheit: m² Fensterfläche	399,00	**448,00**	518,00	
	014 Natur-, Betonwerksteinarbeiten				12,2%
	026 Fenster, Außentüren				77,3%
19	**AW Fenster, Kunststoff, zweiflüglig, bis 2,50m², Fensterbank, innen/außen** Einheit: m² Fensterfläche	836,00	**864,00**	969,00	
	014 Natur-, Betonwerksteinarbeiten				6,3%
	026 Fenster, Außentüren				88,2%
20	**AW Fenster, Holz-Alu, einflüglig, bis 0,70m², Fensterbank, innen/außen** Einheit: m² Fensterfläche	1.320,00	**1.455,00**	1.648,00	
	014 Natur-, Betonwerksteinarbeiten				9,4%
	026 Fenster, Außentüren				82,4%
21	**AW Fenster, Holz-Alu, einflüglig, bis 1,70m², Fensterbank, innen/außen** Einheit: m² Fensterfläche	699,00	**757,00**	843,00	
	014 Natur-, Betonwerksteinarbeiten				7,2%
	026 Fenster, Außentüren				86,5%
22	**AW Fenster, Holz-Alu, einflüglig, bis 1,70m², Fensterbank, innen/außen, Passivhaus** Einheit: m² Fensterfläche	764,00	**897,00**	1.151,00	
	014 Natur-, Betonwerksteinarbeiten				6,1%
	026 Fenster, Außentüren				88,6%

▷ von
ø Mittel
◁ bis

© **BKI** Baukosteninformationszentrum; Erläuterungen zu den Tabellen siehe Seite 58

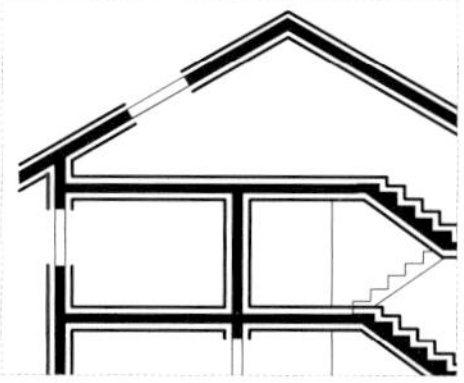

KG.OZ		▷	€/Einheit	◁	LB an EA
335.10	**Unterkonstruktion**				
01	**AW Sockelabdichtung, MDS, Sockelprofil**	59,00	**63,00**	72,00	
	Einheit: m² Sockelfläche				
	018 Abdichtungsarbeiten				66,4%
	023 Putz- und Stuckarbeiten, Wärmedämmsysteme				33,6%
02	**AW Abdichtung Bodenfeuchte, MDS**	50,00	**53,00**	61,00	
	Einheit: m² Abdichtungsfläche				
	018 Abdichtungsarbeiten				100,0%
03	**AW Abdichtung Bodenfeuchte, PMBC**	57,00	**61,00**	70,00	
	Einheit: m² Abdichtungsfläche				
	018 Abdichtungsarbeiten				100,0%
04	**AW Wärmedämmung, XPS 100, Noppenbahn**	74,00	**80,00**	91,00	
	Einheit: m² Bekleidungsfläche				
	018 Abdichtungsarbeiten				100,0%
05	**AW Wärmedämmung, XPS 120, Noppenbahn**	77,00	**83,00**	93,00	
	Einheit: m² Bekleidungsfläche				
	018 Abdichtungsarbeiten				100,0%
06	**AW Wärmedämmung, XPS 160, Noppenbahn**	81,00	**92,00**	106,00	
	Einheit: m² Bekleidungsfläche				
	018 Abdichtungsarbeiten				100,0%
07	**AW Wärmedämmung, CG 120, Noppenbahn**	149,00	**158,00**	181,00	
	Einheit: m² Bekleidungsfläche				
	018 Abdichtungsarbeiten				100,0%
08	**AW Wärmedämmung, CG 140, Noppenbahn**	183,00	**196,00**	222,00	
	Einheit: m² Bekleidungsfläche				
	018 Abdichtungsarbeiten				100,0%
09	**AW Wärmedämmung, CG 160, Noppenbahn**	166,00	**176,00**	203,00	
	Einheit: m² Bekleidungsfläche				
	018 Abdichtungsarbeiten				100,0%
10	**AW Abdichtung Bodenfeuchte, PMBC, XPS 100, Noppenbahn**	122,00	**131,00**	148,00	
	Einheit: m² Abdichtungsfläche				
	018 Abdichtungsarbeiten				100,0%
11	**AW Abdichtung Bodenfeuchte, PMBC, XPS 120, Noppenbahn**	124,00	**133,00**	150,00	
	Einheit: m² Abdichtungsfläche				
	018 Abdichtungsarbeiten				100,0%
12	**AW Abdichtung Bodenfeuchte, PMBC, XPS 160, Noppenbahn**	129,00	**142,00**	162,00	
	Einheit: m² Abdichtungsfläche				
	018 Abdichtungsarbeiten				100,0%
13	**AW Abdichtung Bodenfeuchte, PMBC, XPS 240, Noppenbahn**	138,00	**156,00**	188,00	
	Einheit: m² Abdichtungsfläche				
	018 Abdichtungsarbeiten				100,0%

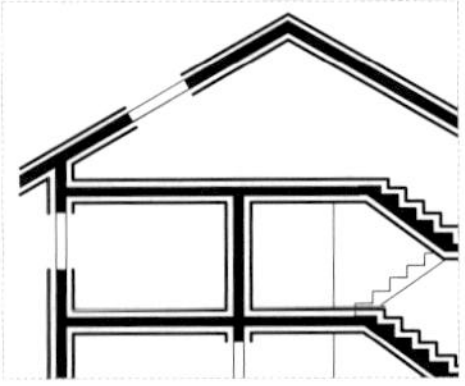

Kosten:
Stand 1. Quartal 2025
Bundesdurchschnitt
inkl. 19% MwSt.

▷ von
ø Mittel
◁ bis

KG.OZ	▷	€/Einheit	◁	LB an EA
335.10 Unterkonstruktion				
14 **AW Abdichtung Bodenfeuchte, PMBC, CG 120, Noppenbahn**	197,00	**209,00**	238,00	
Einheit: m² Abdichtungsfläche				
018 Abdichtungsarbeiten				100,0%
15 **AW Abdichtung Bodenfeuchte, PMBC, CG140, Noppenbahn**	231,00	**246,00**	278,00	
Einheit: m² Abdichtungsfläche				
018 Abdichtungsarbeiten				100,0%
16 **AW Abdichtung Bodenfeuchte, PMBC, CG160, Noppenbahn**	214,00	**226,00**	259,00	
Einheit: m² Abdichtungsfläche				
018 Abdichtungsarbeiten				100,0%
17 **AW Abdichtung Bodenfeuchte, PMBC, CG 200, Noppenbahn**	237,00	**254,00**	287,00	
Einheit: m² Abdichtungsfläche				
018 Abdichtungsarbeiten				100,0%
18 **AW Abdichtung nicht drückendes Wasser, PMBC, Noppenbahn**	60,00	**67,00**	77,00	
Einheit: m² Abdichtungsfläche				
018 Abdichtungsarbeiten				100,0%
19 **AW Abdichtung nicht drückendes Wasser, KSP-Bahnen**	63,00	**71,00**	82,00	
Einheit: m² Abdichtungsfläche				
018 Abdichtungsarbeiten				100,0%
20 **AW Abdichtung nicht drückendes Wasser, PMBC, XPS 100, Noppenbahn**	113,00	**122,00**	137,00	
Einheit: m² Abdichtungsfläche				
018 Abdichtungsarbeiten				100,0%
21 **AW Abdichtung nicht drückendes Wasser, PMBC, XPS 120, Noppenbahn**	60,00	**67,00**	77,00	
Einheit: m² Abdichtungsfläche				
018 Abdichtungsarbeiten				100,0%
22 **AW Abdichtung nicht drückendes Wasser, PMBC, XPS 160, Noppenbahn**	120,00	**133,00**	151,00	
Einheit: m² Abdichtungsfläche				
018 Abdichtungsarbeiten				100,0%
23 **AW Abdichtung nicht drückendes Wasser, KSP, XPS 160, Noppenbahn**	123,00	**137,00**	157,00	
Einheit: m² Abdichtungsfläche				
018 Abdichtungsarbeiten				100,0%
24 **AW Abdichtung nicht drückendes Wasser, PMBC, CG 120, Noppenbahn**	188,00	**200,00**	227,00	
Einheit: m² Abdichtungsfläche				
018 Abdichtungsarbeiten				100,0%

© BKI Baukosteninformationszentrum; Erläuterungen zu den Tabellen siehe Seite 58

KG.OZ		▷	€/Einheit	◁	LB an EA
335.10	**Unterkonstruktion**				
25	**AW Abdichtung nicht drückendes Wasser, PMBC, CG 140, Noppenbahn** Einheit: m² Abdichtungsfläche	222,00	**237,00**	268,00	
	018 Abdichtungsarbeiten				100,0%
26	**AW Abdichtung nicht drückendes Wasser, PMBC, CG 160, Noppenbahn** Einheit: m² Abdichtungsfläche	205,00	**217,00**	248,00	
	018 Abdichtungsarbeiten				100,0%
27	**AW Abdichtung gegen drückendes Wasser, Bitumenbahnen, zweilagig, XPS 100, Noppenbahn** Einheit: m² Abdichtungsfläche	132,00	**141,00**	160,00	
	018 Abdichtungsarbeiten				100,0%
28	**AW Abdichtung gegen drückendes Wasser, Bitumenbahnen, zweilagig, XPS 120, Noppenbahn** Einheit: m² Abdichtungsfläche	134,00	**144,00**	162,00	
	018 Abdichtungsarbeiten				100,0%
29	**AW Abdichtung gegen drückendes Wasser, Bitumenbahnen, zweilagig, XPS 160, Noppenbahn** Einheit: m² Abdichtungsfläche	139,00	**153,00**	174,00	
	018 Abdichtungsarbeiten				100,0%
30	**AW Abdichtung gegen drückendes Wasser, Bitumenbahnen, zweilagig, Sickersteine, Vlies** Einheit: m² Abdichtungsfläche	107,00	**117,00**	134,00	
	018 Abdichtungsarbeiten				100,0%
31	**AW Abdichtung gegen drückendes Wasser, Bitumenbahnen, dreilagig, Sickersteine, Vlies** Einheit: m² Abdichtungsfläche	137,00	**149,00**	170,00	
	018 Abdichtungsarbeiten				100,0%
335.20	**Oberflächenbehandlung**				
01	**AW Beschichtung, min. Untergrund, Silikatfarbe** Einheit: m² Beschichtungsfläche	19,00	**22,00**	26,00	
	034 Maler- und Lackierarbeiten - Beschichtungen				94,3%
02	**AW Beschichtung, mineralischer Untergrund, Dispersion** Einheit: m² Beschichtungsfläche	17,00	**20,00**	23,00	
	034 Maler- und Lackierarbeiten - Beschichtungen				93,6%
03	**AW Beschichtung, mineralischer Untergrund, Silikonharzfarbe** Einheit: m² Beschichtungsfläche	24,00	**29,00**	34,00	
	034 Maler- und Lackierarbeiten - Beschichtungen				95,6%
04	**AW Beschichtung, metallischer Untergrund** Einheit: m² Beschichtungsfläche	38,00	**52,00**	64,00	
	034 Maler- und Lackierarbeiten - Beschichtungen				97,6%

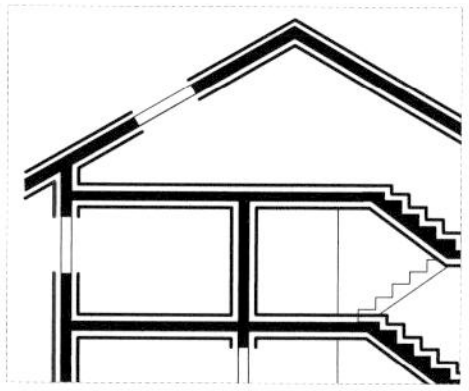

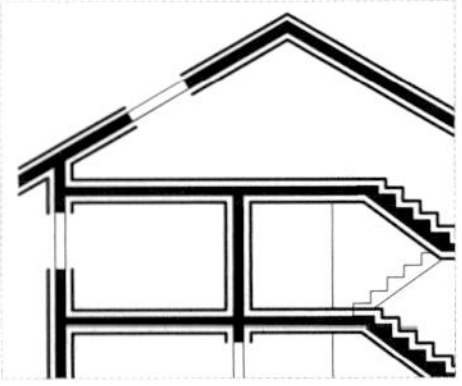

Kosten:
Stand 1.Quartal 2025
Bundesdurchschnitt
inkl. 19% MwSt.

▷ von
ø Mittel
◁ bis

KG.OZ		▷	€/Einheit	◁	LB an EA
335.20	**Oberflächenbehandlung**				
05	**AW Beschichtung, Holzflächen**	32,00	**39,00**	47,00	
	Einheit: m² Beschichtungsfläche				
	034 Maler- und Lackierarbeiten - Beschichtungen				96,7%
335.30	**Putz**				
01	**AW Sockelausbildung, Abdichtung, Putz, Beschichtung**	119,00	**133,00**	148,00	
	Einheit: m² Sockelfläche				
	018 Abdichtungsarbeiten				31,6%
	023 Putz- und Stuckarbeiten, Wärmedämmsysteme				55,9%
	034 Maler- und Lackierarbeiten - Beschichtungen				12,5%
02	**AW Sockelausbildung, Abdichtung, Dämmung, Putz, Beschichtung**	183,00	**204,00**	231,00	
	Einheit: m² Sockelfläche				
	018 Abdichtungsarbeiten				20,6%
	023 Putz- und Stuckarbeiten, Wärmedämmsysteme				79,4%
03	**AW Putz, Beschichtung, Silikatfarbe**	71,00	**81,00**	87,00	
	Einheit: m² Bekleidungsfläche				
	023 Putz- und Stuckarbeiten, Wärmedämmsysteme				75,8%
	034 Maler- und Lackierarbeiten - Beschichtungen				24,2%
04	**AW Putz, Beschichtung, Dispersionsfarbe**	69,00	**78,00**	84,00	
	Einheit: m² Bekleidungsfläche				
	023 Putz- und Stuckarbeiten, Wärmedämmsysteme				78,3%
	034 Maler- und Lackierarbeiten - Beschichtungen				21,7%
05	**AW Putz, Beschichtung, Silikonharzfarbe**	76,00	**88,00**	95,00	
	Einheit: m² Bekleidungsfläche				
	023 Putz- und Stuckarbeiten, Wärmedämmsysteme				70,0%
	034 Maler- und Lackierarbeiten - Beschichtungen				30,0%
06	**AW WDVS, WF 60, mineralischer Oberputz, Dispersions-silikatfarbe**	136,00	**146,00**	157,00	
	Einheit: m² Bekleidungsfläche				
	016 Zimmer- und Holzbauarbeiten				42,2%
	023 Putz- und Stuckarbeiten, Wärmedämmsysteme				48,5%
	034 Maler- und Lackierarbeiten - Beschichtungen				0,3%
07	**AW WDVS, WF 100, mineralischer Oberputz, Dispersions-silikatfarbe**	150,00	**172,00**	203,00	
	Einheit: m² Bekleidungsfläche				
	016 Zimmer- und Holzbauarbeiten				50,7%
	023 Putz- und Stuckarbeiten, Wärmedämmsysteme				41,3%
	034 Maler- und Lackierarbeiten - Beschichtungen				0,3%
08	**AW WDVS, WF 160, mineralischer Oberputz, Dispersions-silikatfarbe**	164,00	**183,00**	211,00	
	Einheit: m² Bekleidungsfläche				
	016 Zimmer- und Holzbauarbeiten				53,7%
	023 Putz- und Stuckarbeiten, Wärmedämmsysteme				38,8%
	034 Maler- und Lackierarbeiten - Beschichtungen				0,3%

© **BKI** Baukosteninformationszentrum; Erläuterungen zu den Tabellen siehe Seite 58

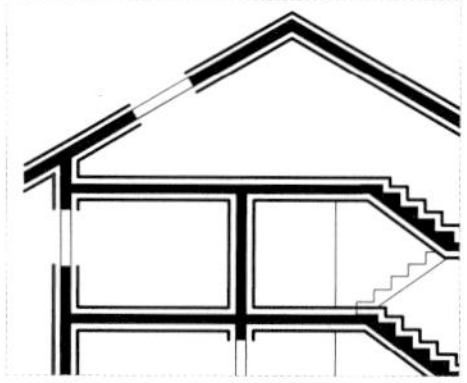

KG.OZ		▷	€/Einheit	◁	LB an EA
335.30	**Putz**				
09	**AW WDVS, WF 200, mineralischer Oberputz, Dispersionssilikatfarbe** Einheit: m² Bekleidungsfläche	164,00	**187,00**	223,00	
	016 Zimmer- und Holzbauarbeiten				54,8%
	023 Putz- und Stuckarbeiten, Wärmedämmsysteme				37,9%
	034 Maler- und Lackierarbeiten - Beschichtungen				0,3%
10	**AW WDVS, MW 160, mineralischer Oberputz, Dispersionssilikatfarbe** Einheit: m² Bekleidungsfläche	169,00	**183,00**	197,00	
	023 Putz- und Stuckarbeiten, Wärmedämmsysteme				92,5%
	034 Maler- und Lackierarbeiten - Beschichtungen				0,3%
11	**AW WDVS, MW 180, mineralischer Oberputz, Dispersionssilikatfarbe** Einheit: m² Bekleidungsfläche	172,00	**187,00**	201,00	
	023 Putz- und Stuckarbeiten, Wärmedämmsysteme				92,7%
	034 Maler- und Lackierarbeiten - Beschichtungen				0,3%
12	**AW WDVS, MW 200, mineralischer Oberputz, Dispersionssilikatfarbe** Einheit: m² Bekleidungsfläche	181,00	**197,00**	211,00	
	023 Putz- und Stuckarbeiten, Wärmedämmsysteme				93,0%
	034 Maler- und Lackierarbeiten - Beschichtungen				0,3%
13	**AW WDVS, MW 220, mineralischer Oberputz, Dispersionssilikatfarbe** Einheit: m² Bekleidungsfläche	188,00	**203,00**	219,00	
	023 Putz- und Stuckarbeiten, Wärmedämmsysteme				93,3%
	034 Maler- und Lackierarbeiten - Beschichtungen				0,3%
14	**AW WDVS, PS 140, mineralischer Oberputz, Dispersionssilikatfarbe** Einheit: m² Bekleidungsfläche	132,00	**153,00**	168,00	
	023 Putz- und Stuckarbeiten, Wärmedämmsysteme				91,1%
	034 Maler- und Lackierarbeiten - Beschichtungen				0,3%
15	**AW WDVS, PS 180, mineralischer Oberputz, Dispersionssilikatfarbe** Einheit: m² Bekleidungsfläche	159,00	**173,00**	186,00	
	023 Putz- und Stuckarbeiten, Wärmedämmsysteme				92,1%
	034 Maler- und Lackierarbeiten - Beschichtungen				0,3%
16	**AW WDVS, PS 200, mineralischer Oberputz, Dispersionssilikatfarbe** Einheit: m² Bekleidungsfläche	164,00	**174,00**	194,00	
	023 Putz- und Stuckarbeiten, Wärmedämmsysteme				92,1%
	034 Maler- und Lackierarbeiten - Beschichtungen				0,3%
17	**AW WDVS, PS 240, mineralischer Oberputz, Dispersionssilikatfarbe** Einheit: m² Bekleidungsfläche	169,00	**184,00**	198,00	
	023 Putz- und Stuckarbeiten, Wärmedämmsysteme				92,6%
	034 Maler- und Lackierarbeiten - Beschichtungen				0,3%

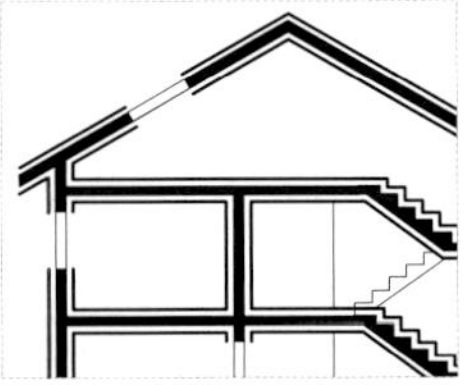

Kosten:
Stand 1.Quartal 2025
Bundesdurchschnitt
inkl. 19% MwSt.

KG.OZ		▷	€/Einheit	◁	LB an EA
335.30	**Putz**				
18	**AW WDVS, PS 300, mineralischer Oberputz, Dispersions-silikatfarbe**	200,00	**215,00**	234,00	
	Einheit: m² Bekleidungsfläche				
	023 Putz- und Stuckarbeiten, Wärmedämmsysteme				93,6%
	034 Maler- und Lackierarbeiten - Beschichtungen				0,2%
335.40	**Bekleidung auf Unterkonstruktion**				
01	**AW Bekleidung, Holzschindel, Holz-UK**	278,00	**327,00**	355,00	
	Einheit: m² Bekleidungsfläche				
	038 Vorgehängte hinterlüftete Fassaden				100,0%
02	**AW Bekleidung, Holzschindel, Holz-UK, MW 160**	315,00	**371,00**	408,00	
	Einheit: m² Bekleidungsfläche				
	038 Vorgehängte hinterlüftete Fassaden				100,0%
03	**AW Bekleidung, Holz, Boden-Deckelschalung, Holz-UK**	250,00	**271,00**	297,00	
	Einheit: m² Bekleidungsfläche				
	038 Vorgehängte hinterlüftete Fassaden				100,0%
04	**AW Bekleidung, Holz, Boden-Deckelschalung, Holz-UK, MW 160**	299,00	**329,00**	366,00	
	Einheit: m² Bekleidungsfläche				
	038 Vorgehängte hinterlüftete Fassaden				100,0%
05	**AW Bekleidung, Holz, Stülpschalung, Holz-UK**	219,00	**235,00**	267,00	
	Einheit: m² Bekleidungsfläche				
	038 Vorgehängte hinterlüftete Fassaden				100,0%
06	**AW Bekleidung, Holz, Stülpschalung, Holz-UK, MW 160**	268,00	**293,00**	336,00	
	Einheit: m² Bekleidungsfläche				
	038 Vorgehängte hinterlüftete Fassaden				100,0%
07	**AW Bekleidung, Holz, Fasenbretter, Holz-UK**	223,00	**243,00**	271,00	
	Einheit: m² Bekleidungsfläche				
	016 Zimmer- und Holzbauarbeiten				54,2%
	038 Vorgehängte hinterlüftete Fassaden				45,8%
08	**AW Bekleidung, Holz, Fasenbretter, Holz-UK, MW 160**	272,00	**301,00**	340,00	
	Einheit: m² Bekleidungsfläche				
	016 Zimmer- und Holzbauarbeiten				43,7%
	038 Vorgehängte hinterlüftete Fassaden				56,3%
09	**AW Bekleidung, Holz, Rhombus, Holz-UK**	211,00	**228,00**	250,00	
	Einheit: m² Bekleidungsfläche				
	016 Zimmer- und Holzbauarbeiten				51,3%
	038 Vorgehängte hinterlüftete Fassaden				48,7%
10	**AW Bekleidung, Holz, Rhombus, Holz-UK, MW 160**	260,00	**286,00**	319,00	
	Einheit: m² Bekleidungsfläche				
	016 Zimmer- und Holzbauarbeiten				40,9%
	038 Vorgehängte hinterlüftete Fassaden				59,1%
11	**AW Bekleidung, VHF-FZ-Tafeln, Stülpdeckung, Holz-UK**	296,00	**315,00**	336,00	
	Einheit: m² Bekleidungsfläche				
	038 Vorgehängte hinterlüftete Fassaden				100,0%

▷ von
ø Mittel
◁ bis

© **BKI** Baukosteninformationszentrum; Erläuterungen zu den Tabellen siehe Seite 58

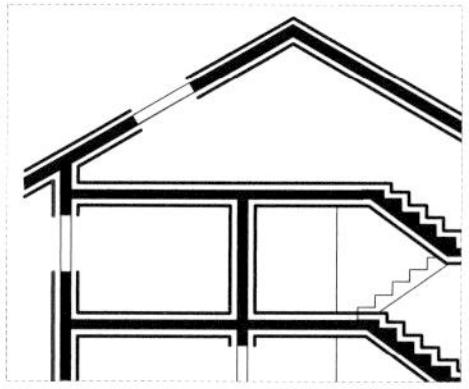

KG.OZ		▷	€/Einheit	◁	LB an EA
335.40	**Bekleidung auf Unterkonstruktion**				
12	**AW Bekleidung, VHF-FZ-Tafeln als Stülpdeckung, Holz-UK, MW 160**	345,00	**373,00**	405,00	
	Einheit: m² Bekleidungsfläche				
	038 Vorgehängte hinterlüftete Fassaden				100,0%
13	**AW Bekleidung, VHF-FZ-Tafeln, Holz-UK**	309,00	**329,00**	355,00	
	Einheit: m² Bekleidungsfläche				
	038 Vorgehängte hinterlüftete Fassaden				100,0%
14	**AW Bekleidung, VHF-FZ-Tafeln, Holz-UK, MW 160**	358,00	**387,00**	424,00	
	Einheit: m² Bekleidungsfläche				
	038 Vorgehängte hinterlüftete Fassaden				100,0%
15	**AW Bekleidung, VHF-FZ-Tafeln, Metall-UK**	347,00	**374,00**	422,00	
	Einheit: m² Bekleidungsfläche				
	038 Vorgehängte hinterlüftete Fassaden				100,0%
16	**AW Bekleidung, VHF-FZ-Tafeln, Metall-UK, MW 160**	378,00	**410,00**	468,00	
	Einheit: m² Bekleidungsfläche				
	038 Vorgehängte hinterlüftete Fassaden				100,0%
17	**AW Bekleidung, VHF-HLP-Platten, Metall-UK**	373,00	**402,00**	444,00	
	Einheit: m² Bekleidungsfläche				
	038 Vorgehängte hinterlüftete Fassaden				100,0%
18	**AW Bekleidung, VHF-HLP-Platten, Metall-UK, MW 160**	405,00	**438,00**	490,00	
	Einheit: m² Bekleidungsfläche				
	038 Vorgehängte hinterlüftete Fassaden				100,0%
19	**AW Bekleidung, VHF-Harzkompositplatten, Metall-UK**	422,00	**474,00**	549,00	
	Einheit: m² Bekleidungsfläche				
	038 Vorgehängte hinterlüftete Fassaden				100,0%
20	**AW Bekleidung, VHF-Harzkompositplatten, Metall-UK, MW 160**	453,00	**510,00**	595,00	
	Einheit: m² Bekleidungsfläche				
	038 Vorgehängte hinterlüftete Fassaden				100,0%
21	**AW Bekleidung, Wellblech, Metall-UK**	231,00	**253,00**	292,00	
	Einheit: m² Bekleidungsfläche				
	038 Vorgehängte hinterlüftete Fassaden				100,0%
22	**AW Bekleidung, Wellblech, Metall-UK, MW 160**	262,00	**289,00**	338,00	
	Einheit: m² Bekleidungsfläche				
	038 Vorgehängte hinterlüftete Fassaden				100,0%
335.50	**Verblendung**				
01	**AW Verblendmauerwerk, Betonsteine 90mm, Dämmung 120mm**	385,00	**418,00**	440,00	
	Einheit: m² Bekleidungsfläche				
	012 Mauerarbeiten				100,0%

335
Außenwand-bekleidungen, außen

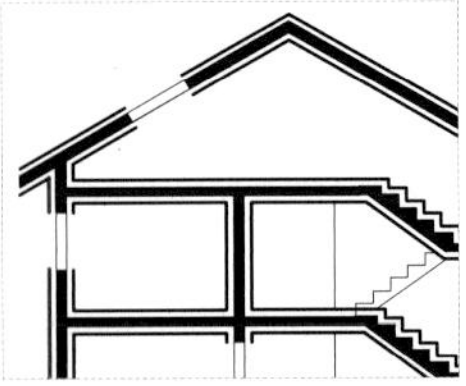

Kosten:
Stand 1. Quartal 2025
Bundesdurchschnitt
inkl. 19% MwSt.

KG.OZ		▷	**€/Einheit**	◁	LB an EA
335.50	**Verblendung**				
02	**AW Verblendmauerwerk, Klinkerziegel 11,5cm, Dämmung 120mm** Einheit: m² Bekleidungsfläche	307,00	**346,00**	380,00	
	012 Mauerarbeiten				100,0%
03	**AW Verblendmauerwerk, Kalksandstein, 11,5cm, Dämmung 120mm** Einheit: m² Bekleidungsfläche	342,00	**366,00**	402,00	
	012 Mauerarbeiten				100,0%

▷ von
ø Mittel
◁ bis

© **BKI** Baukosteninformationszentrum; Erläuterungen zu den Tabellen siehe Seite 58

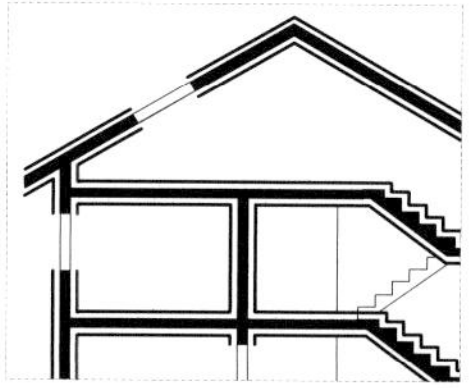

KG.OZ		▷	€/Einheit	◁	LB an EA
336.20	**Oberflächenbehandlung**				
01	**AW innen, Beschichtung, Dispersion wb, auf Beton**	8,10	**9,50**	12,00	
	Einheit: m² Beschichtungsfläche				
	034 Maler- und Lackierarbeiten - Beschichtungen				100,0%
02	**AW innen, Beschichtung, Dispersion sb, auf Beton**	8,00	**9,30**	12,00	
	Einheit: m² Beschichtungsfläche				
	034 Maler- und Lackierarbeiten - Beschichtungen				100,0%
03	**AW innen, Beschichtung, Dispersion wb, auf Putz**	7,80	**9,20**	12,00	
	Einheit: m² Beschichtungsfläche				
	034 Maler- und Lackierarbeiten - Beschichtungen				100,0%
04	**AW innen, Beschichtung, Dispersion sb, auf Putz**	8,10	**9,50**	12,00	
	Einheit: m² Beschichtungsfläche				
	034 Maler- und Lackierarbeiten - Beschichtungen				100,0%
05	**AW innen, Beschichtung, Silikat, auf Putz**	10,00	**12,00**	15,00	
	Einheit: m² Beschichtungsfläche				
	034 Maler- und Lackierarbeiten - Beschichtungen				100,0%
06	**AW innen, Beschichtung, Lasur, Holz**	20,00	**22,00**	26,00	
	Einheit: m² Beschichtungsfläche				
	034 Maler- und Lackierarbeiten - Beschichtungen				100,0%
336.30	**Putz**				
01	**AW innen, Putz, Zement, einlagig, abgezogen**	16,00	**20,00**	25,00	
	Einheit: m² Bekleidungsfläche				
	023 Putz- und Stuckarbeiten, Wärmedämmsysteme				100,0%
02	**AW innen, Putz, Gips, einlagig**	25,00	**29,00**	31,00	
	Einheit: m² Bekleidungsfläche				
	023 Putz- und Stuckarbeiten, Wärmedämmsysteme				100,0%
03	**AW innen, Putz, Kalkgips, einlagig**	26,00	**27,00**	30,00	
	Einheit: m² Bekleidungsfläche				
	023 Putz- und Stuckarbeiten, Wärmedämmsysteme				100,0%
04	**AW innen, Putz, Lehm, einlagig, gerieben**	41,00	**43,00**	46,00	
	Einheit: m² Bekleidungsfläche				
	023 Putz- und Stuckarbeiten, Wärmedämmsysteme				100,0%
05	**AW innen, Putz, Lehm, zweilagig, gerieben**	70,00	**73,00**	77,00	
	Einheit: m² Bekleidungsfläche				
	023 Putz- und Stuckarbeiten, Wärmedämmsysteme				100,0%
06	**AW innen, Putz, Kalkgips, einlagig, Dispersion**	36,00	**38,00**	44,00	
	Einheit: m² Bekleidungsfläche				
	023 Putz- und Stuckarbeiten, Wärmedämmsysteme				70,2%
	034 Maler- und Lackierarbeiten - Beschichtungen				29,8%
07	**AW innen, Putz, Gips, einlagig, Dispersion**	35,00	**40,00**	45,00	
	Einheit: m² Bekleidungsfläche				
	023 Putz- und Stuckarbeiten, Wärmedämmsysteme				71,6%
	034 Maler- und Lackierarbeiten - Beschichtungen				28,4%

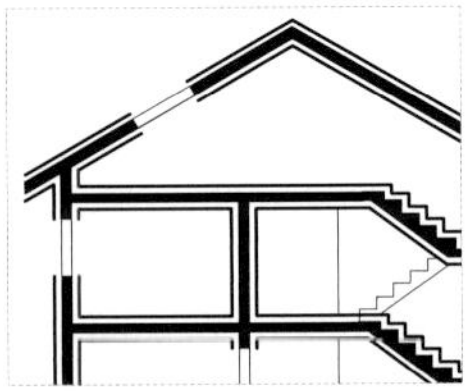

Kosten:
Stand 1. Quartal 2025
Bundesdurchschnitt
inkl. 19% MwSt.

▷ von
ø Mittel
◁ bis

KG.OZ		▷	€/Einheit	◁	LB an EA
336.30	**Putz**				
08	**AW innen, Bekleidung, Fliesen 30x30cm**	114,00	**118,00**	126,00	
	Einheit: m² Bekleidungsfläche				
	024 Fliesen- und Plattenarbeiten				100,0%
09	**AW innen, Bekleidung, Fliesen 15x15cm, Putz**	117,00	**132,00**	150,00	
	Einheit: m² Bekleidungsfläche				
	023 Putz- und Stuckarbeiten, Wärmedämmsysteme				15,1%
	024 Fliesen- und Plattenarbeiten				84,0%
	034 Maler- und Lackierarbeiten - Beschichtungen				0,8%
10	**AW innen, Bekleidung, Fliesen 30x30cm, Putz**	131,00	**145,00**	164,00	
	Einheit: m² Bekleidungsfläche				
	023 Putz- und Stuckarbeiten, Wärmedämmsysteme				13,7%
	024 Fliesen- und Plattenarbeiten				85,5%
	034 Maler- und Lackierarbeiten - Beschichtungen				0,8%
11	**AW innen, Bekleidung, Fliesen 15x15cm, Abdichtung, Putz**	141,00	**159,00**	182,00	
	Einheit: m² Bekleidungsfläche				
	023 Putz- und Stuckarbeiten, Wärmedämmsysteme				12,5%
	024 Fliesen- und Plattenarbeiten				86,8%
	034 Maler- und Lackierarbeiten - Beschichtungen				0,7%
12	**AW innen, Bekleidung, Fliesen 30x30cm, Abdichtung, Putz**	155,00	**172,00**	196,00	
	Einheit: m² Bekleidungsfläche				
	023 Putz- und Stuckarbeiten, Wärmedämmsysteme				11,6%
	024 Fliesen- und Plattenarbeiten				87,8%
	034 Maler- und Lackierarbeiten - Beschichtungen				0,6%
13	**AW innen, Trockenputz, GK 12,5mm**	88,00	**103,00**	127,00	
	Einheit: m² Bekleidungsfläche				
	016 Zimmer- und Holzbauarbeiten				11,1%
	039 Trockenbauarbeiten				88,9%
14	**AW innen, Trockenputz, Gipsverbundplatten 12,5mm**	111,00	**126,00**	152,00	
	Einheit: m² Bekleidungsfläche				
	016 Zimmer- und Holzbauarbeiten				9,1%
	039 Trockenbauarbeiten				90,9%
336.40	**Bekleidung auf Unterkonstruktion**				
01	**AW innen, Bekleidung, OSB, 15mm**	60,00	**70,00**	79,00	
	Einheit: m² Bekleidungsfläche				
	016 Zimmer- und Holzbauarbeiten				100,0%
02	**AW innen, Bekleidung, OSB, 22mm, Feuchtebereich**	70,00	**81,00**	93,00	
	Einheit: m² Bekleidungsfläche				
	016 Zimmer- und Holzbauarbeiten				100,0%
03	**AW innen, Bekleidung, Sperrholz, 22mm**	89,00	**106,00**	119,00	
	Einheit: m² Bekleidungsfläche				
	016 Zimmer- und Holzbauarbeiten				100,0%

© BKI Baukosteninformationszentrum; Erläuterungen zu den Tabellen siehe Seite 58

KG.OZ	▷	€/Einheit	◁	LB an EA
336.40 Bekleidung auf Unterkonstruktion				
04 **AW innen, Bekleidung, Gipsplatten**	49,00	**53,00**	63,00	
Einheit: m² Wandfläche				
016 Zimmer- und Holzbauarbeiten				3,5%
039 Trockenbauarbeiten				96,5%
05 **AW innen, Bekleidung, Gipsplatten, zweilagig**	82,00	**88,00**	99,00	
Einheit: m² Wandfläche				
016 Zimmer- und Holzbauarbeiten				2,1%
039 Trockenbauarbeiten				97,9%
06 **AW innen, Bekleidung, Lehmplatten**	51,00	**61,00**	80,00	
Einheit: m² Wandfläche				
016 Zimmer- und Holzbauarbeiten				80,1%
039 Trockenbauarbeiten				19,9%
07 **AW innen, Bekleidung, Lehmplatten, zweilagig**	90,00	**107,00**	139,00	
Einheit: m² Wandfläche				
016 Zimmer- und Holzbauarbeiten				88,8%
039 Trockenbauarbeiten				11,2%
08 **AW innen, Bekleidung, Lehmplatten, Lehmputz**	88,00	**100,00**	120,00	
Einheit: m² Wandfläche				
016 Zimmer- und Holzbauarbeiten				48,7%
023 Putz- und Stuckarbeiten, Wärmedämmsysteme				39,3%
039 Trockenbauarbeiten				12,1%
09 **AW innen, Bekleidung, Lehmplatten, zweilagig, Lehmputz**	127,00	**146,00**	180,00	
Einheit: m² Wandfläche				
016 Zimmer- und Holzbauarbeiten				65,0%
023 Putz- und Stuckarbeiten, Wärmedämmsysteme				26,8%
039 Trockenbauarbeiten				8,2%
336.50 Vorsatzschale, Verblendung				
01 **AW Vorsatzschale innen, Gipsplatten, Metall-UK, Dämmung**	94,00	**102,00**	129,00	
Einheit: m² Wandfläche				
016 Zimmer- und Holzbauarbeiten				1,8%
039 Trockenbauarbeiten				98,2%
02 **AW Vorsatzschale innen, Gipsplatten, Holzlattung, Dämmung**	70,00	**77,00**	96,00	
Einheit: m² Wandfläche				
016 Zimmer- und Holzbauarbeiten				2,4%
039 Trockenbauarbeiten				97,6%
03 **AW Vorsatzschale innen, Gipsplatten, zweilagig, Holzlattung, Dämmung**	102,00	**112,00**	132,00	
Einheit: m² Wandfläche				
016 Zimmer- und Holzbauarbeiten				1,7%
039 Trockenbauarbeiten				98,3%

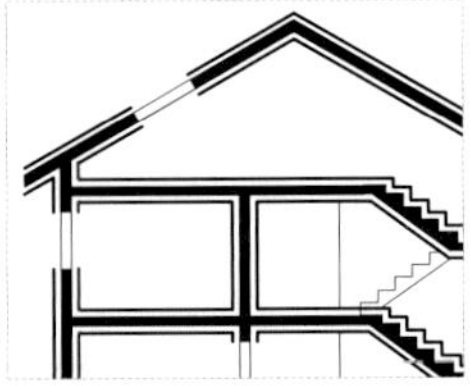

Kosten:
Stand 1. Quartal 2025
Bundesdurchschnitt
inkl. 19% MwSt.

KG.OZ		▷	€/Einheit	◁	LB an EA
336.50	**Vorsatzschale, Verblendung**				
04	**AW Vorsatzschale innen, Lehmplatten, Holzlattung, WF**	75,00	**88,00**	119,00	
	Einheit: m² Wandfläche				
	016 Zimmer- und Holzbauarbeiten				55,0%
	039 Trockenbauarbeiten				45,0%
05	**AW Vorsatzschale innen, Lehmplatten, zweilagig, Holzlattung, WF**	114,00	**135,00**	178,00	
	Einheit: m² Wandfläche				
	016 Zimmer- und Holzbauarbeiten				70,6%
	039 Trockenbauarbeiten				29,4%
336.60	**Tapeten**				
01	**AW innen, Tapete, Raufaser, fein, beschichtet**	22,00	**25,00**	31,00	
	Einheit: m² Bekleidungsfläche				
	034 Maler- und Lackierarbeiten - Beschichtungen				4,5%
	037 Tapezierarbeiten				95,5%
02	**AW innen, Tapete, Glasfaser, fein, beschichtet**	35,00	**40,00**	44,00	
	Einheit: m² Bekleidungsfläche				
	034 Maler- und Lackierarbeiten - Beschichtungen				2,8%
	037 Tapezierarbeiten				97,2%
03	**AW innen, Tapete, Raufaser, grob, beschichtet**	22,00	**25,00**	32,00	
	Einheit: m² Bekleidungsfläche				
	034 Maler- und Lackierarbeiten - Beschichtungen				4,4%
	037 Tapezierarbeiten				95,6%
04	**AW innen, Tapete, Glasfaser, grob, beschichtet**	36,00	**41,00**	47,00	
	Einheit: m² Bekleidungsfläche				
	034 Maler- und Lackierarbeiten - Beschichtungen				2,7%
	037 Tapezierarbeiten				97,3%

▷ von
ø Mittel
◁ bis

© BKI Baukosteninformationszentrum; Erläuterungen zu den Tabellen siehe Seite 58

KG.OZ		▷	€/Einheit	◁	LB an EA
338.10	**Läden**				
01	**AW Kunststoffrollladen, manuell betrieben** Einheit: m² Schutzfläche	481,00	**541,00**	623,00	
	030 Rollladenarbeiten				100,0%
02	**AW Kunststoffrollladen, elektrisch betrieben** Einheit: m² Schutzfläche	757,00	**830,00**	966,00	
	030 Rollladenarbeiten				100,0%
338.20	**Jalousien**				
01	**AW Jalousien, Elektroantrieb** Einheit: m² Schutzfläche	574,00	**628,00**	730,00	
	030 Rollladenarbeiten				100,0%

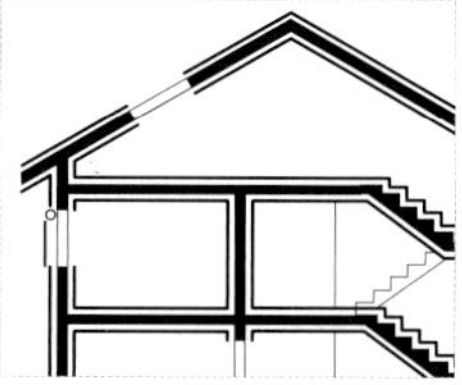

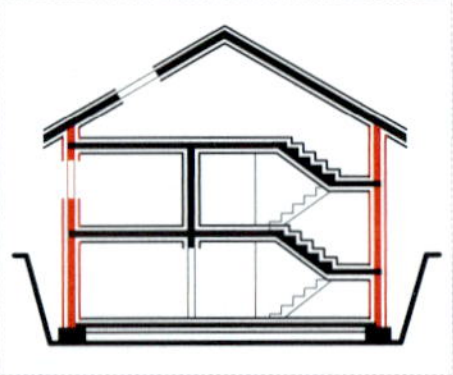

Kosten:
Stand 1. Quartal 2025
Bundesdurchschnitt
inkl. 19% MwSt.

KG.OZ		▷	€/Einheit	◁	LB an EA
339.10	**Schächte**				
01	**AW Kellerlichtschacht, Kunststoff, Gitterrost**	356,00	**417,00**	505,00	
	Einheit: St Schacht				
	013 Betonarbeiten				100,0%
02	**AW Kellerlichtschacht, Betonfertigteil, Gitterrost**	1.081,00	**1.362,00**	1.697,00	
	Einheit: St Schacht				
	013 Betonarbeiten				87,0%
	031 Metallbauarbeiten				13,0%
339.20	**Umwehrungen/Handläufe**				
01	**AW Brüstungsgeländer, Metall, nichtrostend**	716,00	**807,00**	908,00	
	Einheit: m Geländerlänge				
	031 Metallbauarbeiten				98,1%
	034 Maler- und Lackierarbeiten - Beschichtungen				1,9%
02	**AW Geländer, Metall, Flachstahl, beschichtet**	558,00	**634,00**	722,00	
	Einheit: m Geländerlänge				
	031 Metallbauarbeiten				97,6%
	034 Maler- und Lackierarbeiten - Beschichtungen				2,4%
03	**AW Handlauf, Metall, Wandbefestigung, beschichtet**	174,00	**198,00**	231,00	
	Einheit: m Handlauflänge				
	031 Metallbauarbeiten				92,2%
	034 Maler- und Lackierarbeiten - Beschichtungen				7,8%
04	**AW Brüstungsgeländer, VSG-Glas/Edelstahl**	1.697,00	**1.882,00**	1.887,00	
	Einheit: m Geländerlänge				
	031 Metallbauarbeiten				99,2%
	034 Maler- und Lackierarbeiten - Beschichtungen				0,8%

▷ von
ø Mittel
◁ bis

© **BKI** Baukosteninformationszentrum; Erläuterungen zu den Tabellen siehe Seite 58

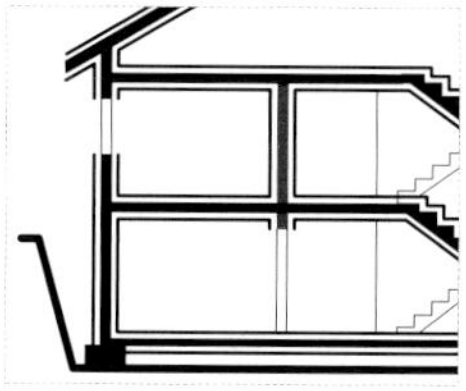

KG.OZ		▷	€/Einheit	◁	LB an EA
341.10	**Mauerwerkswand**				
01	**IW Mauerwerk, Betonsteine, 24cm**	126,00	**128,00**	136,00	
	Einheit: m² Wandfläche				
	012 Mauerarbeiten				100,0%
02	**IW Mauerwerk, Porenbeton-Plansteine, 24cm**	132,00	**140,00**	147,00	
	Einheit: m² Wandfläche				
	012 Mauerarbeiten				100,0%
03	**IW Mauerwerk, Mauerziegel, 24cm**	124,00	**131,00**	138,00	
	Einheit: m² Wandfläche				
	012 Mauerarbeiten				100,0%
04	**IW Mauerwerk, Planziegel, 24cm**	125,00	**133,00**	150,00	
	Einheit: m² Wandfläche				
	012 Mauerarbeiten				100,0%
05	**IW Mauerwerk, Kalksandsteine, 17,5cm**	109,00	**115,00**	128,00	
	Einheit: m² Wandfläche				
	012 Mauerarbeiten				100,0%
06	**IW Mauerwerk, Kalksand-Plansteine, 17,5cm**	105,00	**114,00**	127,00	
	Einheit: m² Wandfläche				
	012 Mauerarbeiten				100,0%
07	**IW Mauerwerk, Kalksand-Plansteine, 20cm**	103,00	**122,00**	151,00	
	Einheit: m² Wandfläche				
	012 Mauerarbeiten				100,0%
08	**IW Mauerwerk, Kalksand-Plansteine, 24cm**	117,00	**132,00**	141,00	
	Einheit: m² Wandfläche				
	012 Mauerarbeiten				100,0%
341.20	**Betonwand**				
01	**IW Stahlbeton, C25/30, 20cm, Bewehrung 80kg/m³, Schalung glatt**	219,00	**250,00**	295,00	
	Einheit: m² Wandfläche				
	013 Betonarbeiten				100,0%
02	**IW Stahlbeton, C25/30, 25cm, Bewehrung 80kg/m³, Schalung glatt**	237,00	**271,00**	320,00	
	Einheit: m² Wandfläche				
	013 Betonarbeiten				100,0%
03	**IW Stahlbeton, C25/30, 30cm, Bewehrung 80kg/m³, Schalung glatt**	253,00	**289,00**	343,00	
	Einheit: m² Wandfläche				
	013 Betonarbeiten				100,0%
04	**IW Stahlbeton, C25/30, 20cm, Bewehrung 100kg/m³, Schalung glatt**	228,00	**260,00**	306,00	
	Einheit: m² Wandfläche				
	013 Betonarbeiten				100,0%

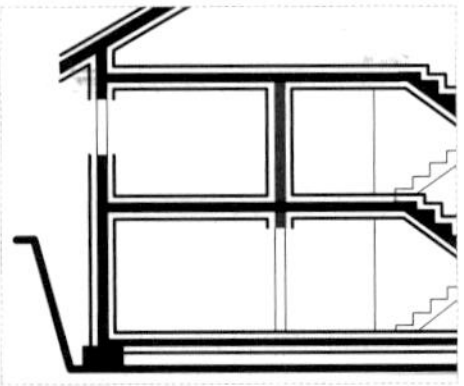

Kosten:
Stand 1. Quartal 2025
Bundesdurchschnitt
inkl. 19% MwSt.

▷ von
ø Mittel
◁ bis

KG.OZ		▷	€/Einheit	◁	LB an EA
341.20	**Betonwand**				
05	**IW Stahlbeton, C25/30, 25cm, Bewehrung 100kg/m³, Schalung glatt**	249,00	**284,00**	334,00	
	Einheit: m² Wandfläche				
	013 Betonarbeiten				100,0%
06	**IW Stahlbeton, C25/30, 30cm, Bewehrung 100kg/m³, Schalung glatt**	267,00	**304,00**	360,00	
	Einheit: m² Wandfläche				
	013 Betonarbeiten				100,0%
07	**IW Stahlbeton, C25/30, 20cm, Bewehrung 120kg/m³, Schalung rau**	239,00	**264,00**	301,00	
	Einheit: m² Wandfläche				
	013 Betonarbeiten				100,0%
08	**IW Stahlbeton, C25/30, 25cm, Bewehrung 120kg/m³, Schalung rau**	262,00	**290,00**	331,00	
	Einheit: m² Wandfläche				
	013 Betonarbeiten				100,0%
341.30	**Holzwand**				
01	**IW Massivholz, Brettsperrholz, bis 10cm**	152,00	**161,00**	173,00	
	Einheit: m² Wandfläche				
	016 Zimmer- und Holzbauarbeiten				100,0%
02	**IW Massivholz, Brettsperrholz, bis 12cm**	170,00	**181,00**	205,00	
	Einheit: m² Wandfläche				
	016 Zimmer- und Holzbauarbeiten				100,0%
03	**IW Massivholz, Brettsperrholz, bis 20cm**	193,00	**253,00**	316,00	
	Einheit: m² Wandfläche				
	016 Zimmer- und Holzbauarbeiten				100,0%
04	**IW Holzrahmen, 12cm, gedämmt, Bekleidungen**	170,00	**185,00**	207,00	
	Einheit: m² Wandfläche				
	016 Zimmer- und Holzbauarbeiten				75,7%
	039 Trockenbauarbeiten				24,3%
05	**IW Holzrahmen, 16cm, gedämmt, Bekleidungen**	187,00	**204,00**	228,00	
	Einheit: m² Wandfläche				
	016 Zimmer- und Holzbauarbeiten				77,9%
	039 Trockenbauarbeiten				22,1%
06	**IW Holzrahmen, 20cm, gedämmt, Bekleidungen**	204,00	**223,00**	250,00	
	Einheit: m² Wandfläche				
	016 Zimmer- und Holzbauarbeiten				79,8%
	039 Trockenbauarbeiten				20,2%
07	**IW Holztafel, MW120, Beplankung, OSB-Platten, Gipsplatten**	157,00	**186,00**	236,00	
	Einheit: m² Wandfläche				
	016 Zimmer- und Holzbauarbeiten				92,7%
	039 Trockenbauarbeiten				7,3%

© **BKI** Baukosteninformationszentrum; Erläuterungen zu den Tabellen siehe Seite 58

KG.OZ		▷	€/Einheit	◁	LB an EA
341.30	**Holzwand**				
08	**IW Holztafel, WF120, Beplankung, OSB-Platten, Gipsplatten** Einheit: m² Wandfläche	161,00	**192,00**	243,00	
	016 Zimmer- und Holzbauarbeiten				94,8%
	039 Trockenbauarbeiten				5,2%
09	**IW Holztafel, Zellulose 120, Beplankung, OSB-Platten, Gipsplatten** Einheit: m² Wandfläche	150,00	**178,00**	225,00	
	016 Zimmer- und Holzbauarbeiten				94,5%
	039 Trockenbauarbeiten				5,5%

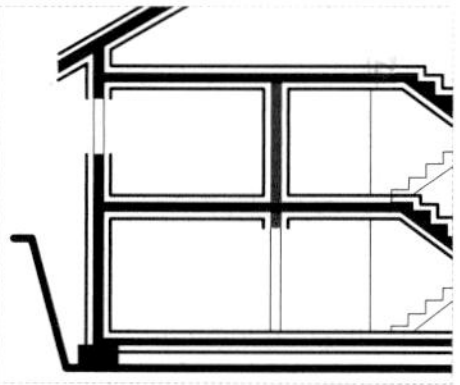

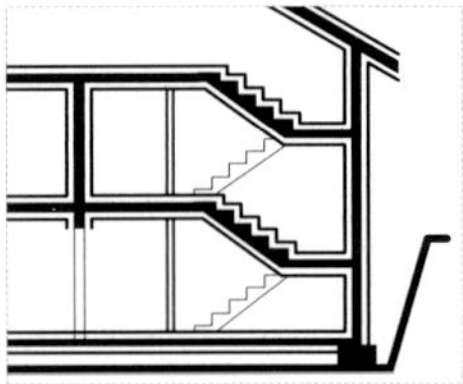

Kosten:
Stand 1. Quartal 2025
Bundesdurchschnitt
inkl. 19% MwSt.

KG.OZ		▷	€/Einheit	◁	LB an EA
342.10	**Mauerwerkswand**				
01	**IW Mauerwerk, Porenbeton, Plansteine 11,5cm** Einheit: m² Wandfläche	95,00	**100,00**	111,00	
	012 Mauerarbeiten				100,0%
02	**IW Mauerwerk, Porenbeton, Planstein 17,5cm** Einheit: m² Wandfläche	106,00	**115,00**	125,00	
	012 Mauerarbeiten				100,0%
03	**IW Mauerwerk, Planziegel, 11,5cm** Einheit: m² Wandfläche	90,00	**97,00**	105,00	
	012 Mauerarbeiten				100,0%
04	**IW Mauerwerk, Planziegel, 17,5cm** Einheit: m² Wandfläche	112,00	**118,00**	135,00	
	012 Mauerarbeiten				100,0%
05	**IW Mauerwerk, Kalksandsteine, 11,5cm** Einheit: m² Wandfläche	97,00	**104,00**	115,00	
	012 Mauerarbeiten				100,0%
06	**IW Mauerwerk, Gipswandbauplatten, 6cm** Einheit: m² Wandfläche	84,00	**90,00**	100,00	
	012 Mauerarbeiten				100,0%
07	**IW Mauerwerk, Gipswandbauplatten, 8cm** Einheit: m² Wandfläche	90,00	**98,00**	102,00	
	012 Mauerarbeiten				100,0%
08	**IW Mauerwerk, Gipswandbauplatten, 10cm** Einheit: m² Wandfläche	95,00	**102,00**	110,00	
	012 Mauerarbeiten				100,0%
09	**IW Mauerwerk, Porenbetonplatten, 5cm** Einheit: m² Wandfläche	78,00	**93,00**	99,00	
	012 Mauerarbeiten				100,0%
10	**IW Mauerwerk, Porenbetonplatten, 7,5cm** Einheit: m² Wandfläche	94,00	**106,00**	118,00	
	012 Mauerarbeiten				100,0%
11	**IW Mauerwerk, Porenbetonplatten, 10cm** Einheit: m² Wandfläche	104,00	**109,00**	131,00	
	012 Mauerarbeiten				100,0%
342.20	**Betonwand**				
01	**IW Stahlbeton, C25/30, 10cm, Bewehrung 60kg/m³, Schalung glatt** Einheit: m² Wandfläche	165,00	**187,00**	216,00	
	013 Betonarbeiten				100,0%
02	**IW Stahlbeton, C25/30, 15cm, Bewehrung 60kg/m³, Schalung glatt** Einheit: m² Wandfläche	183,00	**207,00**	238,00	
	013 Betonarbeiten				100,0%

▷ von
ø Mittel
◁ bis

© **BKI** Baukosteninformationszentrum; Erläuterungen zu den Tabellen siehe Seite 58

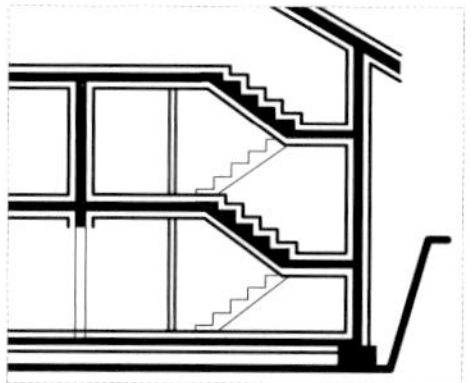

KG.OZ		▷	€/Einheit	◁	LB an EA
342.20	**Betonwand**				
03	**IW Stahlbeton, C25/30, 10cm, Bewehrung 80kg/m³, Schalung glatt** Einheit: m² Wandfläche	170,00	**192,00**	222,00	
	013 Betonarbeiten				100,0%
04	**IW Stahlbeton, C25/30, 15cm, Bewehrung 80kg/m³, Schalung glatt** Einheit: m² Wandfläche	190,00	**215,00**	246,00	
	013 Betonarbeiten				100,0%
342.30	**Holzwand**				
01	**IW Massivholz, Brettsperrholz, bis 8cm** Einheit: m² Wandfläche	125,00	**139,00**	154,00	
	016 Zimmer- und Holzbauarbeiten				100,0%
02	**IW Holzständer, Bekleidung, GK, MW 120** Einheit: m² Wandfläche	171,00	**185,00**	206,00	
	016 Zimmer- und Holzbauarbeiten				50,7%
	039 Trockenbauarbeiten				49,3%
03	**IW Holzrahmen, Bekleidungen, MW 100** Einheit: m² Wandfläche	144,00	**149,00**	159,00	
	016 Zimmer- und Holzbauarbeiten				64,8%
	039 Trockenbauarbeiten				35,2%
04	**IW Holzrahmen, Bekleidungen, WF 100** Einheit: m² Wandfläche	158,00	**163,00**	172,00	
	016 Zimmer- und Holzbauarbeiten				67,9%
	039 Trockenbauarbeiten				32,1%
05	**IW Holzrahmen, Bekleidungen, Zellulose 100** Einheit: m² Wandfläche	138,00	**151,00**	170,00	
	016 Zimmer- und Holzbauarbeiten				65,3%
	039 Trockenbauarbeiten				34,7%
06	**IW Holztafel, Beplankung, Gipsplatten, MW 100** Einheit: m² Wandfläche	145,00	**172,00**	218,00	
	016 Zimmer- und Holzbauarbeiten				92,2%
	039 Trockenbauarbeiten				7,8%
07	**IW Holztafel, Beplankung, Lehmplatten, WF 100** Einheit: m² Wandfläche	168,00	**200,00**	253,00	
	016 Zimmer- und Holzbauarbeiten				93,2%
	039 Trockenbauarbeiten				6,8%
08	**IW Holztafel, Beplankung, Gipsplatten, Zellulose 100** Einheit: m² Wandfläche	139,00	**166,00**	210,00	
	016 Zimmer- und Holzbauarbeiten				91,8%
	039 Trockenbauarbeiten				8,2%
09	**IW Holztafel, Beplankung, Gipsplatten, MW 160** Einheit: m² Wandfläche	157,00	**186,00**	236,00	
	016 Zimmer- und Holzbauarbeiten				92,7%
	039 Trockenbauarbeiten				7,3%

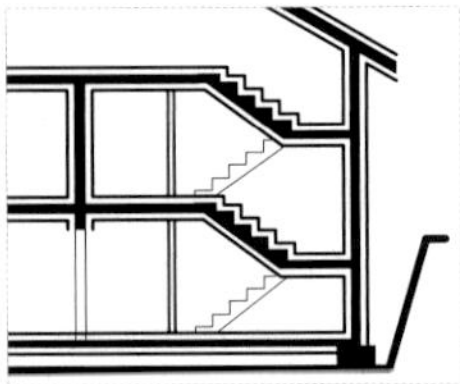

Kosten:
Stand 1. Quartal 2025
Bundesdurchschnitt
inkl. 19% MwSt.

▷ von
ø Mittel
◁ bis

KG.OZ		▷	€/Einheit	◁	LB an EA
342.30	**Holzwand**				
10	**IW Holztafel, Beplankung, Gipsplatten, WF 160**	196,00	**234,00**	296,00	
	Einheit: m² Wandfläche				
	016 Zimmer- und Holzbauarbeiten				94,2%
	039 Trockenbauarbeiten				5,8%
11	**IW Holztafel, Beplankung, Gipsplatten, Zellulose 160**	185,00	**220,00**	278,00	
	Einheit: m² Wandfläche				
	016 Zimmer- und Holzbauarbeiten				93,9%
	039 Trockenbauarbeiten				6,1%
342.50	**Holzständerwand**				
01	**IW Montagewand, Holz, 85mm, Gipsplatten, MW 40**	95,00	**110,00**	127,00	
	Einheit: m² Wandfläche				
	039 Trockenbauarbeiten				100,0%
02	**IW Montagewand, Holz, 100mm, Gipsplatten doppellagig, MW 40**	130,00	**137,00**	150,00	
	Einheit: m² Wandfläche				
	039 Trockenbauarbeiten				100,0%
03	**IW Montagewand, Holz, 100mm, Gipsfaserplatten doppellagig, MW 50**	111,00	**124,00**	144,00	
	Einheit: m² Wandfläche				
	039 Trockenbauarbeiten				100,0%
342.60	**Metallständerwand**				
01	**IW Montagewand, Metall, 100mm, Gipsplatten, MW40**	103,00	**112,00**	125,00	
	Einheit: m² Wandfläche				
	039 Trockenbauarbeiten				100,0%
02	**IW Montagewand, Metall, 100mm, Zementplatten, MW50**	132,00	**150,00**	185,00	
	Einheit: m² Wandfläche				
	039 Trockenbauarbeiten				100,0%
03	**IW Montagewand, Metall, 100mm, Gipsplatten, doppellagig, MW40**	110,00	**130,00**	149,00	
	Einheit: m² Wandfläche				
	039 Trockenbauarbeiten				100,0%
04	**IW Montagewand, Metall, 125mm, Gipsplatten, doppellagig, MW60**	111,00	**122,00**	141,00	
	Einheit: m² Wandfläche				
	039 Trockenbauarbeiten				100,0%
05	**IW Montagewand, Metall, 150mm, Gipsplatten, doppellagig, MW40**	121,00	**130,00**	149,00	
	Einheit: m² Wandfläche				
	039 Trockenbauarbeiten				100,0%
06	**IW Montagewand, Metall, 125mm, Zementplatten, doppellagig, MW50**	178,00	**194,00**	226,00	
	Einheit: m² Wandfläche				
	039 Trockenbauarbeiten				100,0%

© BKI Baukosteninformationszentrum; Erläuterungen zu den Tabellen siehe Seite 58

KG.OZ	▷	€/Einheit	◁	LB an EA
343.20 Betonstütze				
01 **IW Stütze, C25/30, rund, 30cm, Sichtbetonschalung, Bewehrung 100kg/m³** Einheit: m Stützenlänge	195,00	**221,00**	247,00	
013 Betonarbeiten				100,0%
02 **IW Stütze, C25/30, rund, 30cm, Sichtbetonschalung, Bewehrung 200kg/m³** Einheit: m Stützenlänge	212,00	**240,00**	268,00	
013 Betonarbeiten				100,0%
03 **IW Stütze, C25/30, rund, 30cm, Sichtbetonschalung, Bewehrung 300kg/m³** Einheit: m Stützenlänge	228,00	**258,00**	289,00	
013 Betonarbeiten				100,0%
04 **IW Stütze, C25/30, eckig 20x20cm, Sichtbetonschalung, Bewehrung 100kg/m³** Einheit: m Stützenlänge	129,00	**144,00**	164,00	
013 Betonarbeiten				100,0%
05 **IW Stütze, C25/30, eckig 20x20cm, Sichtbetonschalung, Bewehrung 200kg/m³** Einheit: m Stützenlänge	138,00	**154,00**	176,00	
013 Betonarbeiten				100,0%
06 **IW Stütze, C25/30, eckig 20x20cm, Sichtbetonschalung, Bewehrung 300kg/m³** Einheit: m Stützenlänge	148,00	**165,00**	188,00	
013 Betonarbeiten				100,0%
07 **IW Stütze, C25/30, eckig 30x30cm, Sichtbetonschalung, Bewehrung 100kg/m³** Einheit: m Stützenlänge	186,00	**208,00**	238,00	
013 Betonarbeiten				100,0%
08 **IW Stütze, C25/30, eckig 30x30cm, Sichtbetonschalung, Bewehrung 200kg/m³** Einheit: m Stützenlänge	207,00	**231,00**	265,00	
013 Betonarbeiten				100,0%
09 **IW Stütze, C25/30, eckig 30x30cm, Sichtbetonschalung, Bewehrung 300kg/m³** Einheit: m Stützenlänge	229,00	**255,00**	293,00	
013 Betonarbeiten				100,0%
10 **IW Stütze, C25/30, eckig 40x40cm, Sichtbetonschalung, Bewehrung 100kg/m³** Einheit: m Stützenlänge	269,00	**301,00**	344,00	
013 Betonarbeiten				100,0%
11 **IW Stütze, C25/30, eckig 40x40cm, Sichtbetonschalung, Bewehrung 200kg/m³** Einheit: m Stützenlänge	307,00	**343,00**	392,00	
013 Betonarbeiten				100,0%

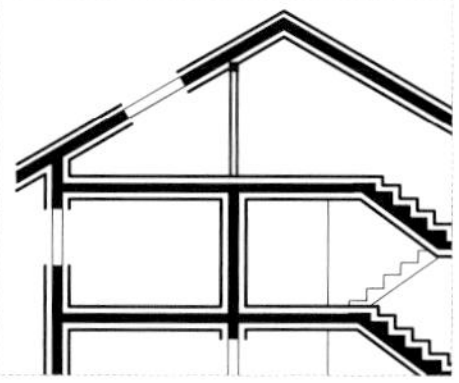

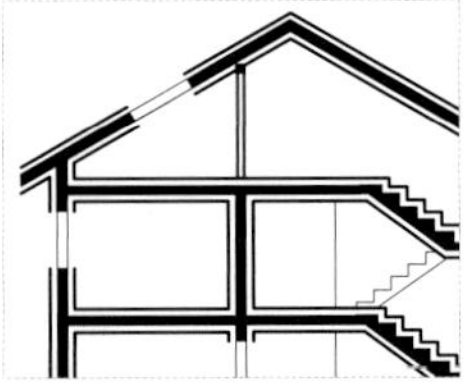

Kosten:
Stand 1. Quartal 2025
Bundesdurchschnitt
inkl. 19% MwSt.

KG.OZ		▷	€/Einheit	◁	LB an EA
343.20	**Betonstütze**				
12	**IW Stütze, C25/30, eckig 40x40cm, Sichtbetonschalung, Bewehrung 300kg/m³**	345,00	**386,00**	441,00	
	Einheit: m Stützenlänge				
	013 Betonarbeiten				100,0%
343.30	**Holzstütze**				
01	**IW Stütze, BSH, eckig 20x20cm**	196,00	**221,00**	293,00	
	Einheit: m Stützenlänge				
	016 Zimmer- und Holzbauarbeiten				34,2%
	017 Stahlbauarbeiten				65,8%
343.40	**Metallstütze**				
01	**IW, Stütze, Stahl, rund, 114,3mm, beschichtet**	224,00	**261,00**	350,00	
	Einheit: m Stützenlänge				
	017 Stahlbauarbeiten				95,3%
	034 Maler- und Lackierarbeiten - Beschichtungen				4,7%

▷ von
ø Mittel
◁ bis

© **BKI** Baukosteninformationszentrum; Erläuterungen zu den Tabellen siehe Seite 58

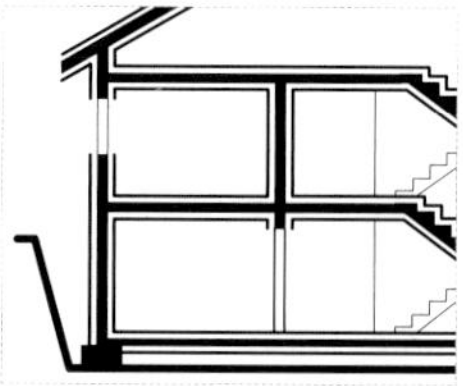

KG.OZ		▷	€/Einheit	◁	LB an EA
344.10	**Türen**				
01	**IW Ganzglastür, Umfassungszarge, 1.000x2.125mm**	1.617,00	**1.932,00**	2.196,00	
	Einheit: St Öffnung				
	027 Tischlerarbeiten				5,7%
	031 Metallbauarbeiten				27,8%
	032 Verglasungsarbeiten				66,5%
02	**IW Türelement, Röhrenspan, einflüglig, Eckzarge, 750x2.000mm**	604,00	**845,00**	983,00	
	Einheit: St Öffnung				
	027 Tischlerarbeiten				100,0%
03	**IW Türelement, Röhrenspan, einflüglig, Eckzarge, 1.000x2.000mm**	726,00	**987,00**	1.063,00	
	Einheit: St Öffnung				
	027 Tischlerarbeiten				100,0%
04	**IW Türelement, Röhrenspan, einflüglig, Umfassungszarge, 750x2.000mm**	597,00	**858,00**	963,00	
	Einheit: St Öffnung				
	027 Tischlerarbeiten				100,0%
05	**IW Türelement, Röhrenspan, einflüglig, Umfassungszarge, 1.000x2.000mm**	892,00	**1.173,00**	1.258,00	
	Einheit: St Öffnung				
	027 Tischlerarbeiten				100,0%
06	**IW Türelement, Röhrenspan, einflüglig, Umfassungszarge, 1.125x2.000mm**	701,00	**962,00**	1.046,00	
	Einheit: St Öffnung				
	027 Tischlerarbeiten				100,0%
07	**IW Türelement, Vollspan, einflüglig, Eckzarge, 750x2.000mm**	763,00	**845,00**	956,00	
	Einheit: St Öffnung				
	027 Tischlerarbeiten				100,0%
08	**IW Türelement, Vollspan, einflüglig, Eckzarge, 1.000x2.000mm**	904,00	**1.079,00**	1.348,00	
	Einheit: St Öffnung				
	027 Tischlerarbeiten				100,0%
09	**IW Türelement, Vollspan, einflüglig, Umfassungszarge, 750x2.000mm**	846,00	**958,00**	1.057,00	
	Einheit: St Öffnung				
	027 Tischlerarbeiten				100,0%
10	**IW Türelement, Vollspan, einflüglig, Umfassungszarge, 1.000x2.000mm**	1.070,00	**1.265,00**	1.543,00	
	Einheit: St Öffnung				
	027 Tischlerarbeiten				100,0%
11	**IW Ganzglastür, Umfassungszarge, 1.000x2.125mm**	715,00	**858,00**	971,00	
	Einheit: m^2 Türfläche				
	031 Metallbauarbeiten				29,5%
	032 Verglasungsarbeiten				70,5%

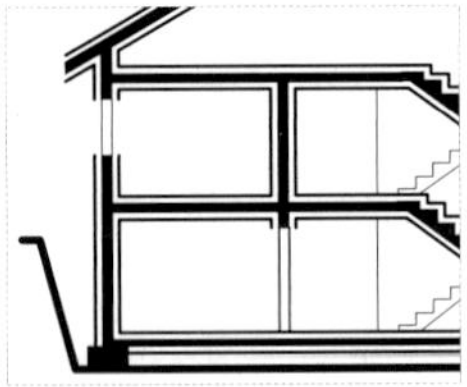

Kosten:
Stand 1.Quartal 2025
Bundesdurchschnitt
inkl. 19% MwSt.

▷ von
ø Mittel
◁ bis

KG.OZ	▷	€/Einheit	◁	LB an EA
344.10 Türen				
12 **IW Türelement, Röhrenspan, einflüglig, Eckzarge, 750x2.000mm** Einheit: m² Türfläche	403,00	**564,00**	655,00	
027 Tischlerarbeiten				100,0%
13 **IW Türelement, Röhrenspan, einflüglig, Eckzarge, 1.000x2.000mm** Einheit: m² Türfläche	363,00	**493,00**	531,00	
027 Tischlerarbeiten				100,0%
14 **IW Türelement, Röhrenspan, einflüglig, Umfassungszarge, 750x2.000mm** Einheit: m² Türfläche	399,00	**572,00**	643,00	
027 Tischlerarbeiten				100,0%
15 **IW Türelement, Röhrenspan, einflüglig, Umfassungszarge, 1.000x2.000mm** Einheit: m² Türfläche	446,00	**586,00**	629,00	
027 Tischlerarbeiten				100,0%
16 **IW Türelement, Röhrenspan, einflüglig, Umfassungszarge, 1.125x2.000mm** Einheit: m² Türfläche	314,00	**431,00**	468,00	
027 Tischlerarbeiten				100,0%
17 **IW Türelement, Vollspan, einflüglig, Eckzarge, 750x2.000mm** Einheit: m² Türfläche	509,00	**564,00**	638,00	
027 Tischlerarbeiten				100,0%
18 **IW Türelement, Vollspan, einflüglig, Eckzarge, 1.000x2.000mm** Einheit: m² Türfläche	452,00	**540,00**	674,00	
027 Tischlerarbeiten				100,0%
19 **IW Türelement, Vollspan, einflüglig, Umfassungszarge, 750x2.000mm** Einheit: m² Türfläche	564,00	**639,00**	705,00	
027 Tischlerarbeiten				100,0%
20 **IW Türelement, Vollspan, einflüglig, Umfassungszarge, 1.000x2.000mm** Einheit: m² Türfläche	535,00	**633,00**	772,00	
027 Tischlerarbeiten				100,0%
344.30 Brandschutztüren, -tore				
01 **IW Türelement, Metall, einflüglig, 875x2.125mm, EI2 30-C, Umfassungszarge** Einheit: St Öffnung	1.494,00	**1.676,00**	2.095,00	
027 Tischlerarbeiten				6,8%
031 Metallbauarbeiten				93,2%

© **BKI** Baukosteninformationszentrum; Erläuterungen zu den Tabellen siehe Seite 58

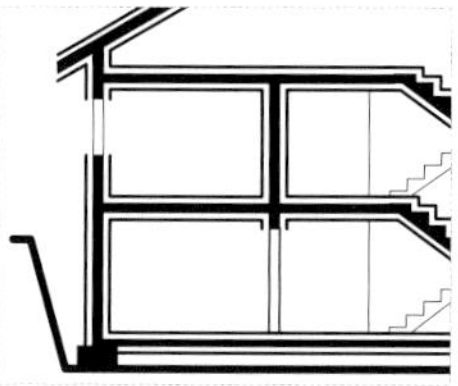

KG.OZ		▷	€/Einheit	◁	LB an EA
344.30	**Brandschutztüren, -tore**				
02	**IW Türelement, Metall, einflüglig, 875x2.125mm, EI2 90-C, Umfassungszarge** Einheit: St Türfläche	2.276,00	**2.694,00**	3.132,00	
	027 Tischlerarbeiten				4,2%
	031 Metallbauarbeiten				95,8%
03	**IW Türelement, Metall, einflüglig, 1.000x2.125mm, EI2 30-C, Umfassungszarge** Einheit: St Öffnung	1.699,00	**1.872,00**	2.195,00	
	027 Tischlerarbeiten				6,2%
	031 Metallbauarbeiten				93,8%
04	**IW Türelement, Metall, einflüglig, 1.000x2.125mm, EI2 90-C, Umfassungszarge** Einheit: St Türfläche	3.198,00	**4.180,00**	4.764,00	
	027 Tischlerarbeiten				2,8%
	031 Metallbauarbeiten				97,2%
05	**IW Türelement, Metall, einflüglig, 1.150x2.125mm, EI2 30-C, Umfassungszarge** Einheit: St Öffnung	1.823,00	**2.198,00**	2.624,00	
	027 Tischlerarbeiten				5,4%
	031 Metallbauarbeiten				94,6%
06	**IW Türelement, Metall, einflüglig, 1.250x2.125mm, EI2 30-C, Umfassungszarge** Einheit: St Öffnung	2.521,00	**2.741,00**	3.516,00	
	027 Tischlerarbeiten				4,5%
	031 Metallbauarbeiten				95,5%
07	**IW Türelement, Metall, einflüglig, 875x2.125mm, EI2 30-C, Umfassungszarge** Einheit: m² Türfläche	804,00	**902,00**	1.127,00	
	027 Tischlerarbeiten				6,8%
	031 Metallbauarbeiten				93,2%
08	**IW Türelement, Metall, einflüglig, 875x2.125mm, EI2 90-C, Umfassungszarge** Einheit: m² Türfläche	1.225,00	**1.449,00**	1.685,00	
	027 Tischlerarbeiten				4,2%
	031 Metallbauarbeiten				95,8%
09	**IW Türelement, Metall, einflüglig, 1.000x2.125mm, EI2 30-C, Umfassungszarge** Einheit: m² Türfläche	800,00	**882,00**	1.034,00	
	027 Tischlerarbeiten				6,2%
	031 Metallbauarbeiten				93,8%
10	**IW Türelement, Metall, einflüglig, 1.000x2.125mm, EI2 90-C, Umfassungszarge** Einheit: m² Türfläche	1.506,00	**1.969,00**	2.244,00	
	027 Tischlerarbeiten				2,8%
	031 Metallbauarbeiten				97,2%

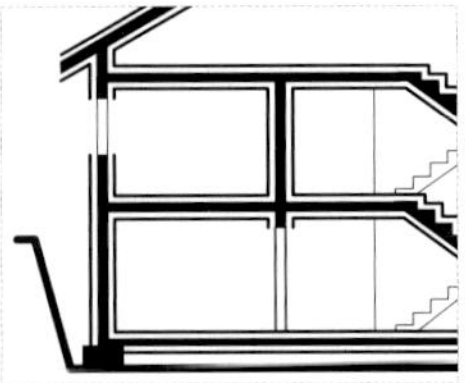

Kosten:
Stand 1. Quartal 2025
Bundesdurchschnitt
inkl. 19% MwSt.

KG.OZ		▷	€/Einheit	◁	LB an EA
344.30	**Brandschutztüren, -tore**				
11	**IW Türelement, Metall, einflüglig, 1.250x2.125mm, EI2 30-C, Umfassungszarge** Einheit: m² Türfläche	1.054,00	**1.146,00**	1.470,00	
	027 Tischlerarbeiten				4,5%
	031 Metallbauarbeiten				95,5%

▷ von
ø Mittel
◁ bis

© **BKI** Baukosteninformationszentrum; Erläuterungen zu den Tabellen siehe Seite 58

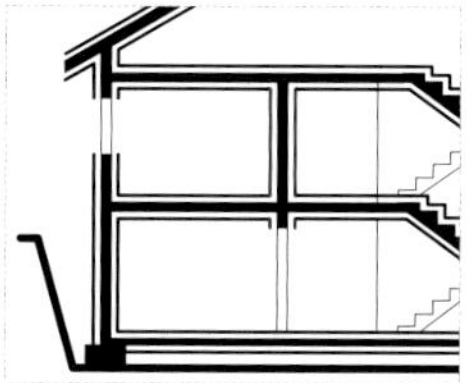

KG.OZ		▷	€/Einheit	◁	LB an EA
345.20	**Oberflächenbehandlung**				
01	**IW Beschichtung, Dispersion sb, auf Beton**	7,90	**9,10**	11,00	
	Einheit: m² Beschichtungsfläche				
	034 Maler- und Lackierarbeiten - Beschichtungen				100,0%
02	**IW Beschichtung, Dispersion wb, auf Putz**	7,70	**9,00**	11,00	
	Einheit: m² Beschichtungsfläche				
	034 Maler- und Lackierarbeiten - Beschichtungen				100,0%
03	**IW Beschichtung, Dispersion sb, auf Putz**	8,00	**9,30**	11,00	
	Einheit: m² Beschichtungsfläche				
	034 Maler- und Lackierarbeiten - Beschichtungen				100,0%
04	**IW Beschichtung, Silikatfarbe, auf Putz**	10,00	**12,00**	15,00	
	Einheit: m² Beschichtungsfläche				
	034 Maler- und Lackierarbeiten - Beschichtungen				100,0%
05	**IW Beschichtung, Lasur, Holz**	20,00	**22,00**	26,00	
	Einheit: m² Beschichtungsfläche				
	034 Maler- und Lackierarbeiten - Beschichtungen				100,0%
345.30	**Putz**				
01	**IW Putz, Zement, einlagig, Q2**	11,00	**12,00**	14,00	
	Einheit: m² Bekleidungsfläche				
	023 Putz- und Stuckarbeiten, Wärmedämmsysteme				100,0%
02	**IW Putz, Gips, einlagig, Q2**	33,00	**37,00**	40,00	
	Einheit: m² Bekleidungsfläche				
	023 Putz- und Stuckarbeiten, Wärmedämmsysteme				100,0%
03	**IW Putz, Kalkgips, einlagig, Q2**	32,00	**36,00**	40,00	
	Einheit: m² Bekleidungsfläche				
	023 Putz- und Stuckarbeiten, Wärmedämmsysteme				100,0%
04	**IW Putz, Lehm, einlagig, gerieben**	44,00	**47,00**	50,00	
	Einheit: m² Bekleidungsfläche				
	023 Putz- und Stuckarbeiten, Wärmedämmsysteme				100,0%
05	**IW Putz, Lehm, zweilagig, gerieben**	74,00	**77,00**	82,00	
	Einheit: m² Bekleidungsfläche				
	023 Putz- und Stuckarbeiten, Wärmedämmsysteme				100,0%
06	**IW Putz, Gips, einlagig, Q2, beschichtet**	42,00	**47,00**	53,00	
	Einheit: m² Bekleidungsfläche				
	023 Putz- und Stuckarbeiten, Wärmedämmsysteme				80,1%
	034 Maler- und Lackierarbeiten - Beschichtungen				19,9%
07	**IW Putz, Kalkgips, einlagig, Q2, beschichtet**	41,00	**46,00**	51,00	
	Einheit: m² Bekleidungsfläche				
	023 Putz- und Stuckarbeiten, Wärmedämmsysteme				79,8%
	034 Maler- und Lackierarbeiten - Beschichtungen				20,2%
08	**IW Bekleidung, Fliesen 15x15cm**	105,00	**117,00**	130,00	
	Einheit: m² Bekleidungsfläche				
	024 Fliesen- und Plattenarbeiten				100,0%

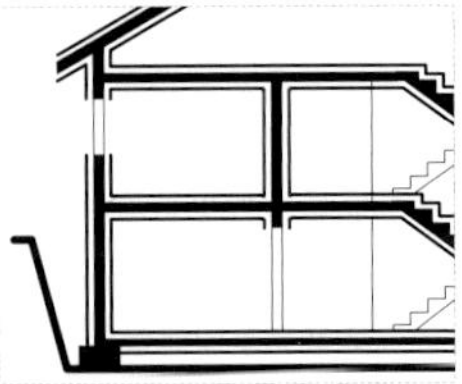

Kosten:
Stand 1.Quartal 2025
Bundesdurchschnitt
inkl. 19% MwSt.

▷ von
ø Mittel
◁ bis

KG.OZ		▷	€/Einheit	◁	LB an EA
345.30	**Putz**				
09	**IW Bekleidung, Fliesen 20x20cm**	91,00	**98,00**	112,00	
	Einheit: m² Bekleidungsfläche				
	024 Fliesen- und Plattenarbeiten				100,0%
10	**IW Bekleidung, Fliesen 30x30cm**	114,00	**118,00**	126,00	
	Einheit: m² Bekleidungsfläche				
	024 Fliesen- und Plattenarbeiten				100,0%
11	**IW Bekleidung, Fliesen 15x15cm, Abdichtung**	129,00	**144,00**	162,00	
	Einheit: m² Bekleidungsfläche				
	024 Fliesen- und Plattenarbeiten				100,0%
12	**IW Bekleidung, Fliesen 20x20cm, Abdichtung**	114,00	**125,00**	144,00	
	Einheit: m² Bekleidungsfläche				
	024 Fliesen- und Plattenarbeiten				100,0%
13	**IW Bekleidung, Fliesen 30x30cm, Abdichtung**	138,00	**145,00**	158,00	
	Einheit: m² Bekleidungsfläche				
	024 Fliesen- und Plattenarbeiten				100,0%
345.40	**Bekleidung auf Unterkonstruktion**				
01	**IW Trockenputz, GK 12,5mm**	56,00	**64,00**	78,00	
	Einheit: m² Bekleidungsfläche				
	039 Trockenbauarbeiten				100,0%
02	**IW Trockenputz, Gipsverbundplatten 12,5mm**	78,00	**87,00**	104,00	
	Einheit: m² Bekleidungsfläche				
	039 Trockenbauarbeiten				100,0%
03	**IW Bekleidung, OSB, 15mm**	40,00	**45,00**	50,00	
	Einheit: m² Bekleidungsfläche				
	016 Zimmer- und Holzbauarbeiten				100,0%
04	**IW Bekleidung, OSB, 22mm, Feuchtebereich**	58,00	**66,00**	76,00	
	Einheit: m² Bekleidungsfläche				
	016 Zimmer- und Holzbauarbeiten				100,0%
05	**IW Bekleidung, Sperrholz, 20mm**	75,00	**88,00**	99,00	
	Einheit: m² Bekleidungsfläche				
	016 Zimmer- und Holzbauarbeiten				100,0%
06	**IW Trockenputz, GK 12,5mm, beschichtet**	78,00	**89,00**	112,00	
	Einheit: m² Bekleidungsfläche				
	023 Putz- und Stuckarbeiten, Wärmedämmsysteme				7,4%
	034 Maler- und Lackierarbeiten - Beschichtungen				10,6%
	039 Trockenbauarbeiten				82,0%
07	**IW Bekleidung, Gipsplatten, beschichtet**	63,00	**69,00**	83,00	
	Einheit: m² Wandfläche				
	016 Zimmer- und Holzbauarbeiten				2,7%
	023 Putz- und Stuckarbeiten, Wärmedämmsysteme				9,5%
	034 Maler- und Lackierarbeiten - Beschichtungen				13,7%
	039 Trockenbauarbeiten				74,1%

© BKI Baukosteninformationszentrum; Erläuterungen zu den Tabellen siehe Seite 58

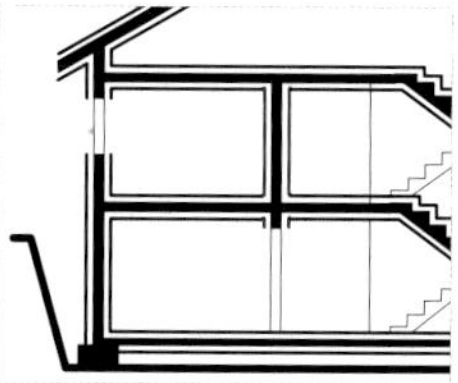

KG.OZ		▷	€/Einheit	◁	LB an EA
345.40	**Bekleidung auf Unterkonstruktion**				
08	**IW Bekleidung, Gipsplatten, doppelt, beschichtet**	96,00	**104,00**	119,00	
	Einheit: m² Wandfläche				
	016 Zimmer- und Holzbauarbeiten				1,8%
	023 Putz- und Stuckarbeiten, Wärmedämmsysteme				6,3%
	034 Maler- und Lackierarbeiten - Beschichtungen				9,0%
	039 Trockenbauarbeiten				82,9%
09	**IW Bekleidung, Lehmplatten**	51,00	**61,00**	80,00	
	Einheit: m² Wandfläche				
	016 Zimmer- und Holzbauarbeiten				80,1%
	039 Trockenbauarbeiten				19,9%
10	**IW Bekleidung, Lehmplatten, doppelt**	90,00	**107,00**	139,00	
	Einheit: m² Wandfläche				
	016 Zimmer- und Holzbauarbeiten				88,8%
	039 Trockenbauarbeiten				11,2%
11	**IW Bekleidung, Lehmplatten, Lehmputz**	88,00	**100,00**	120,00	
	Einheit: m² Wandfläche				
	016 Zimmer- und Holzbauarbeiten				48,7%
	023 Putz- und Stuckarbeiten, Wärmedämmsysteme				39,3%
	039 Trockenbauarbeiten				12,1%
345.60	**Tapeten**				
01	**IW Tapete, Raufaser, fein, beschichtet**	22,00	**25,00**	31,00	
	Einheit: m² Bekleidungsfläche				
	034 Maler- und Lackierarbeiten - Beschichtungen				4,5%
	037 Tapezierarbeiten				95,5%
02	**IW Tapete, Raufaser, grob, beschichtet**	22,00	**25,00**	32,00	
	Einheit: m² Bekleidungsfläche				
	034 Maler- und Lackierarbeiten - Beschichtungen				4,4%
	037 Tapezierarbeiten				95,6%
03	**IW Tapete, Glasfaser, fein, beschichtet**	35,00	**40,00**	44,00	
	Einheit: m² Bekleidungsfläche				
	034 Maler- und Lackierarbeiten - Beschichtungen				2,8%
	037 Tapezierarbeiten				97,2%
04	**IW Tapete, Glasfaser, grob, beschichtet**	36,00	**41,00**	47,00	
	Einheit: m² Bekleidungsfläche				
	034 Maler- und Lackierarbeiten - Beschichtungen				2,7%
	037 Tapezierarbeiten				97,3%

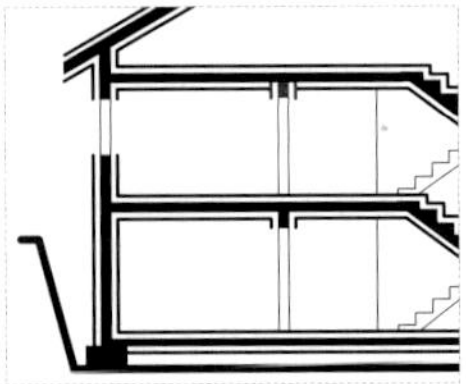

Kosten:
Stand 1. Quartal 2025
Bundesdurchschnitt
inkl. 19% MwSt.

▷ von
ø Mittel
◁ bis

KG.OZ		▷	€/Einheit	◁	LB an EA
346.60	**Lattenverschläge**				
01	**IW Montagewände, Kellertrennwand, Holz**	67,00	**81,00**	92,00	
	Einheit: m² Wandfläche				
	016 Zimmer- und Holzbauarbeiten				96,3%
	029 Beschlagarbeiten				3,7%
02	**IW Montagewand, Kellertrennwand, Metalllamellen**	68,00	**76,00**	87,00	
	Einheit: m² Wandfläche				
	029 Beschlagarbeiten				3,9%
	031 Metallbauarbeiten				96,1%

© BKI Baukosteninformationszentrum; Erläuterungen zu den Tabellen siehe Seite 58

KG.OZ	▷	€/Einheit	◁	LB an EA
349.20 Umwehrungen/Handläufe				
01 **IW Brüstung, Metall, Flachstahl, beschichtet**	583,00	**663,00**	756,00	
Einheit: m Brüstungslänge				
031 Metallbauarbeiten				93,2%
034 Maler- und Lackierarbeiten - Beschichtungen				6,8%
02 **IW Brüstung, Metall, Lochblech, beschichtet**	487,00	**541,00**	599,00	
Einheit: m Brüstungslänge				
031 Metallbauarbeiten				91,6%
034 Maler- und Lackierarbeiten - Beschichtungen				8,4%
03 **IW Geländer, Metall, Flachstahl, beschichtet**	583,00	**663,00**	756,00	
Einheit: m Geländerlänge				
031 Metallbauarbeiten				93,2%
034 Maler- und Lackierarbeiten - Beschichtungen				6,8%
04 **IW Geländer, Metall, Lochblech, beschichtet**	487,00	**541,00**	599,00	
Einheit: m Geländerlänge				
031 Metallbauarbeiten				91,6%
034 Maler- und Lackierarbeiten - Beschichtungen				8,4%
05 **IW Handlauf, Metall, beschichtet**	177,00	**202,00**	242,00	
Einheit: m Handlauflänge				
031 Metallbauarbeiten				83,4%
034 Maler- und Lackierarbeiten - Beschichtungen				16,6%
06 **IW Handlauf, Holz, beschichtet**	184,00	**218,00**	254,00	
Einheit: m Handlauflänge				
031 Metallbauarbeiten				90,5%
034 Maler- und Lackierarbeiten - Beschichtungen				9,5%

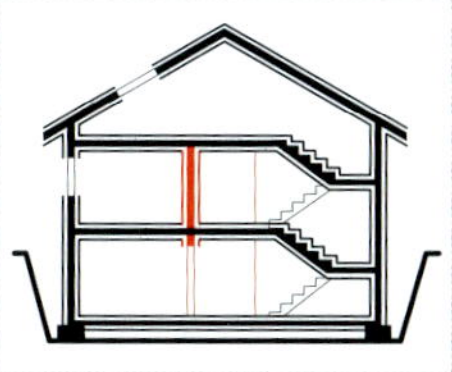

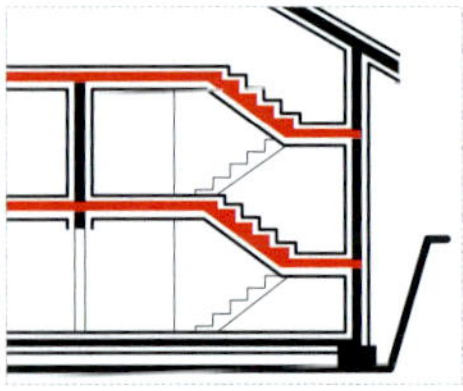

Kosten:
Stand 1. Quartal 2025
Bundesdurchschnitt
inkl. 19% MwSt.

▷ von
ø Mittel
◁ bis

KG.OZ		▷	€/Einheit	◁	LB an EA
351.10	**Stahlbeton, Ortbeton**				
01	**DE Unterzug C25/30, glatte Schalung, 30x30cm, Bewehrung 150kg/m3** Einheit: m Unterzuglänge	152,00	**171,00**	195,00	
	013 Betonarbeiten				100,0%
02	**DE Unterzug C25/30, glatte Schalung, 40x40cm, Bewehrung 150kg/m3** Einheit: m Unterzuglänge	225,00	**252,00**	289,00	
	013 Betonarbeiten				100,0%
03	**DE Unterzug C25/30, glatte Schalung, 30x30cm, Bewehrung 200kg/m3** Einheit: m Unterzuglänge	162,00	**181,00**	207,00	
	013 Betonarbeiten				100,0%
04	**DE Unterzug C25/30, glatte Schalung, 40x40cm, Bewehrung 200kg/m3** Einheit: m Unterzuglänge	244,00	**274,00**	313,00	
	013 Betonarbeiten				100,0%
05	**DE Stahlbeton, Ortbeton, C25/30, 20cm, Bewehrung 80kg/m3** Einheit: m2 Deckenfläche	157,00	**173,00**	200,00	
	013 Betonarbeiten				100,0%
06	**DE Stahlbeton, Ortbeton, C25/30, 20cm, Bewehrung 100kg/m3** Einheit: m2 Deckenfläche	166,00	**183,00**	212,00	
	013 Betonarbeiten				100,0%
07	**DE Stahlbeton, Ortbeton, C25/30, 20cm, Bewehrung 130kg/m3** Einheit: m2 Deckenfläche	180,00	**199,00**	229,00	
	013 Betonarbeiten				100,0%
08	**DE Stahlbeton, Ortbeton, C25/30, 25cm, Bewehrung 80kg/m3** Einheit: m2 Deckenfläche	177,00	**194,00**	223,00	
	013 Betonarbeiten				100,0%
09	**DE Stahlbeton, Ortbeton, C25/30, 25cm, Bewehrung 100kg/m3** Einheit: m2 Deckenfläche	189,00	**207,00**	238,00	
	013 Betonarbeiten				100,0%
10	**DE Stahlbeton, Ortbeton, C25/30, 25cm, Bewehrung 120kg/m3** Einheit: m2 Deckenfläche	200,00	**220,00**	253,00	
	013 Betonarbeiten				100,0%
11	**DE Stahlbeton, Ortbeton, C25/30, 30cm, Bewehrung 120kg/m3** Einheit: m2 Deckenfläche	225,00	**247,00**	282,00	
	013 Betonarbeiten				100,0%

© **BKI** Baukosteninformationszentrum; Erläuterungen zu den Tabellen siehe Seite 58

KG.OZ		▷	€/Einheit	◁	LB an EA
351.10	**Stahlbeton, Ortbeton**				
12	**DE Balkon, Stahlbeton, Ortbeton, C25/30, 20cm, Bewehrung 80kg/m³** Einheit: m² Deckenfläche	453,00	**515,00**	614,00	
	013 Betonarbeiten				100,0%
351.20	**Stahlbeton, Fertigteil**				
01	**DE Stahlbeton, Fertigteil, Aufbeton, 20cm, Bewehrung 80kg/m³** Einheit: m² Deckenfläche	150,00	**166,00**	189,00	
	013 Betonarbeiten				100,0%
02	**DE Stahlbeton, Fertigteil, Aufbeton, 20cm, Bewehrung 100kg/m³** Einheit: m² Deckenfläche	157,00	**173,00**	197,00	
	013 Betonarbeiten				100,0%
03	**DE Stahlbeton, Fertigteil, Aufbeton, 22cm, Bewehrung 100kg/m³** Einheit: m² Deckenfläche	166,00	**181,00**	207,00	
	013 Betonarbeiten				100,0%
04	**DE Stahlbeton, Fertigteil, Aufbeton, 20cm, Bewehrung 120kg/m³** Einheit: m² Deckenfläche	166,00	**184,00**	209,00	
	013 Betonarbeiten				100,0%
05	**DE Stahlbeton, Fertigteil, Aufbeton, 25cm, Bewehrung 120kg/m³** Einheit: m² Deckenfläche	226,00	**249,00**	289,00	
	013 Betonarbeiten				100,0%
06	**DE Balkon, Stahlbeton, Fertigteil, bis 24cm, bewehrt** Einheit: m² Deckenfläche	381,00	**453,00**	503,00	
	013 Betonarbeiten				100,0%
351.40	**Holzkonstruktionen, Holzträgerkonstruktionen**				
01	**DE Unterzug, Brettschichtholz, 12x20cm** Einheit: m Balkenlänge	44,00	**49,00**	56,00	
	016 Zimmer- und Holzbauarbeiten				100,0%
02	**DE Unterzug, Nadelholz, 12x20cm** Einheit: m Balkenlänge	40,00	**43,00**	49,00	
	016 Zimmer- und Holzbauarbeiten				100,0%
03	**DE Holzbalken, Schnittholz, 240mm, OSB-Belag, Dämmung, Deckenbekleidung, Gipsplatten** Einheit: m² Deckenfläche	188,00	**208,00**	236,00	
	016 Zimmer- und Holzbauarbeiten				67,2%
	039 Trockenbauarbeiten				32,8%
04	**DE Holzbalken, Schnittholz, 240mm, OSB-Belag, Schüttung, Deckenbekleidung, Dreischichtplatte** Einheit: m² Deckenfläche	215,00	**236,00**	266,00	
	016 Zimmer- und Holzbauarbeiten				100,0%

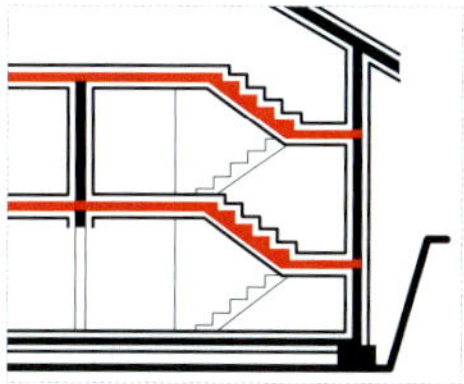

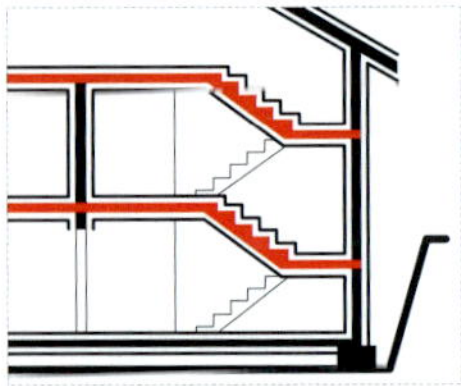

Kosten:
Stand 1. Quartal 2025
Bundesdurchschnitt
inkl. 19% MwSt.

▷ von
ø Mittel
◁ bis

KG.OZ		▷	€/Einheit	◁	LB an EA
351.40	**Holzkonstruktionen, Holzträgerkonstruktionen**				
05	**DE Holzbalken, Brettschichtholz 240mm, OSB-Belag, Dämmung, Deckenbekleidung, Gipsplatten**	202,00	**222,00**	248,00	
	Einheit: m² Deckenfläche				
	016 Zimmer- und Holzbauarbeiten				69,3%
	039 Trockenbauarbeiten				30,7%
06	**DE Holz, Brettstapel, 140mm, gehobelt, Schüttung, Rieselschutz**	189,00	**206,00**	220,00	
	Einheit: m² Deckenfläche				
	016 Zimmer- und Holzbauarbeiten				100,0%
07	**DE Holz, Brettstapel, 160mm, gehobelt, Schüttung, Rieselschutz**	212,00	**244,00**	252,00	
	Einheit: m² Deckenfläche				
	016 Zimmer- und Holzbauarbeiten				100,0%
08	**DE Holz, Brettstapel, 200mm, gehobelt, Schüttung, Rieselschutz**	244,00	**264,00**	279,00	
	Einheit: m² Deckenfläche				
	016 Zimmer- und Holzbauarbeiten				100,0%
09	**DE Holz, Brettstapel, 240mm, gehobelt, Schüttung, Rieselschutz**	291,00	**305,00**	321,00	
	Einheit: m² Deckenfläche				
	016 Zimmer- und Holzbauarbeiten				100,0%
10	**DE Holz, Brettsperrholz, 120mm, gehobelt**	170,00	**186,00**	196,00	
	Einheit: m² Deckenfläche				
	016 Zimmer- und Holzbauarbeiten				100,0%
11	**DE Holz, Brettsperrholz, 120mm, gehobelt, Aufbeton, 18cm**	217,00	**235,00**	247,00	
	Einheit: m² Deckenfläche				
	013 Betonarbeiten				20,6%
	016 Zimmer- und Holzbauarbeiten				79,4%
12	**DE Holz, Brettsperrholz, 120mm, gehobelt, Splitt-Schüttung**	194,00	**220,00**	233,00	
	Einheit: m² Deckenfläche				
	016 Zimmer- und Holzbauarbeiten				100,0%
13	**DE Holz, Brettsperrholz, 160mm, gehobelt**	193,00	**206,00**	212,00	
	Einheit: m² Deckenfläche				
	016 Zimmer- und Holzbauarbeiten				100,0%
14	**DE Holz, Brettsperrholz, 160mm, gehobelt, Splitt-Schüttung**	218,00	**239,00**	249,00	
	Einheit: m² Deckenfläche				
	016 Zimmer- und Holzbauarbeiten				100,0%
15	**DE Holz, Brettsperrholz, 240mm, gehobelt**	299,00	**319,00**	334,00	
	Einheit: m² Deckenfläche				
	016 Zimmer- und Holzbauarbeiten				100,0%
16	**DE Holz, Brettsperrholz, 240mm, gehobelt, Splitt-Schüttung**	299,00	**319,00**	334,00	
	Einheit: m² Deckenfläche				
	016 Zimmer- und Holzbauarbeiten				100,0%

© **BKI** Baukosteninformationszentrum; Erläuterungen zu den Tabellen siehe Seite 58

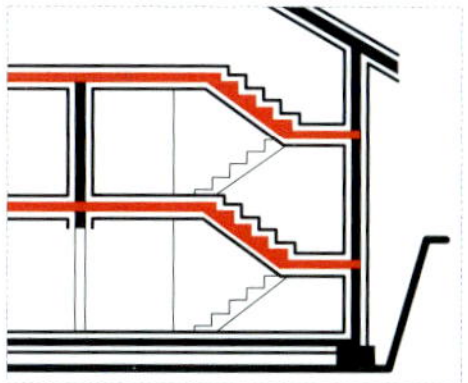

KG.OZ		▷	€/Einheit	◁	LB an EA
351.50	**Treppen, Beton**				
01	**DE Treppe, Ortbeton, gerade, einläufig, 18cm, 1,00m**	3.291,00	**3.475,00**	3.743,00	
	Einheit: St Treppe				
	013 Betonarbeiten				100,0%
02	**DE Treppe, Ortbeton, Sichtbeton, gerade, einläufig, 18cm, 1,00m**	3.560,00	**4.082,00**	4.922,00	
	Einheit: St Treppe				
	013 Betonarbeiten				100,0%
03	**DE Treppenpodest, Stahlbeton, Ortbeton, 20cm, 1,00x1,00m**	196,00	**216,00**	309,00	
	Einheit: St Podest				
	013 Betonarbeiten				100,0%
04	**DE Treppe, Ortbeton, gerade, einläufig, 18cm, 1,00m**	584,00	**617,00**	679,00	
	Einheit: m² Treppengrundfläche				
	013 Betonarbeiten				100,0%
05	**DE Treppenpodest, Stahlbeton, Ortbeton, 20cm, 1,00/1,00m**	196,00	**216,00**	247,00	
	Einheit: m² Podestfläche				
	013 Betonarbeiten				100,0%
351.60	**Treppen, Beton-Fertigteil**				
01	**DE Treppe, Betonfertigteil, einläufig, 1,00m**	4.067,00	**4.497,00**	4.738,00	
	Einheit: St Treppe				
	013 Betonarbeiten				100,0%
02	**DE Treppe, Betonfertigteil, einläufig, 1,00m**	1.190,00	**1.317,00**	1.396,00	
	Einheit: m² Treppengrundfläche				
	013 Betonarbeiten				100,0%
351.70	**Treppen, Metallkonstruktionen**				
01	**DE Treppe, Stahl, gerade, 1,00m, Trittstufen**	5.390,00	**6.876,00**	8.592,00	
	Einheit: St Treppe				
	031 Metallbauarbeiten				100,0%
02	**DE Treppe, Stahl, gewendelt, 1,00m, Trittstufen**	6.845,00	**7.400,00**	7.856,00	
	Einheit: St Treppe				
	031 Metallbauarbeiten				100,0%
03	**DE Treppe, Stahl, gerade, 1,00m, Trittstufen**	1.552,00	**1.980,00**	2.474,00	
	Einheit: m² Treppengrundfläche				
	031 Metallbauarbeiten				100,0%
04	**DE Treppe, Stahl, gewendelt, 1,00m, Trittstufen**	1.971,00	**2.131,00**	2.263,00	
	Einheit: m² Treppengrundfläche				
	031 Metallbauarbeiten				100,0%
351.80	**Treppen, Holzkonstruktionen**				
01	**DE Treppe, Holz, Wangentreppe, gerade, gestemmt**	6.947,00	**7.340,00**	7.578,00	
	Einheit: St Treppe				
	016 Zimmer- und Holzbauarbeiten				100,0%

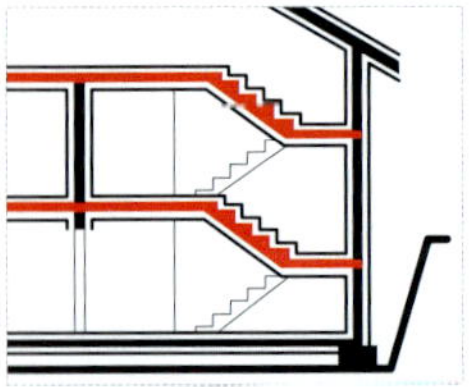

Kosten:
Stand 1. Quartal 2025
Bundesdurchschnitt
inkl. 19% MwSt.

KG.OZ		▷	€/Einheit	◁	LB an EA
351.80	**Treppen, Holzkonstruktionen**				
02	**DE Treppe, Holz, Wangentreppe, halbgewendelt, gestemmt** Einheit: St Treppe	10.325,00	**10.639,00**	11.022,00	
	016 Zimmer- und Holzbauarbeiten				100,0%
03	**DE Treppe, Holz, Wangentreppe, gerade, gestemmt, Trittstufen** Einheit: m² Treppengrundfläche	2.001,00	**2.114,00**	2.182,00	
	016 Zimmer- und Holzbauarbeiten				100,0%
04	**DE Treppe, Holz, Wangentreppe, gerade, aufgesattelt, Tritt-/Setzstufen** Einheit: m² Treppengrundfläche	3.375,00	**3.817,00**	4.063,00	
	016 Zimmer- und Holzbauarbeiten				100,0%
05	**DE Treppe, Holz, Wangentreppe, halbgewendelt, gestemmt, Trittstufen** Einheit: m² Treppengrundfläche	2.974,00	**3.064,00**	3.174,00	
	016 Zimmer- und Holzbauarbeiten				100,0%

▷ von
ø Mittel
◁ bis

© **BKI** Baukosteninformationszentrum; Erläuterungen zu den Tabellen siehe Seite 58

KG.OZ		▷	€/Einheit	◁	LB an EA
352.10	**Deckenöffnungen**				
01	**DE Bodentreppe, Deckel**	1.005,00	**1.116,00**	1.447,00	
	Einheit: St Treppe				
	027 Tischlerarbeiten				100,0%
02	**DE Bodentreppe, Deckel, EI30**	2.139,00	**2.851,00**	3.694,00	
	Einheit: St Treppe				
	027 Tischlerarbeiten				100,0%
03	**DE Bodentreppe, Deckel**	1.637,00	**1.820,00**	2.359,00	
	Einheit: m2 Öffnungsfläche				
	027 Tischlerarbeiten				98,1%
	039 Trockenbauarbeiten				1,9%
04	**DE Bodentreppe, Deckel, EI30**	2.159,00	**2.874,00**	3.722,00	
	Einheit: m2 Öffnungsfläche				
	027 Tischlerarbeiten				99,2%
	039 Trockenbauarbeiten				0,8%

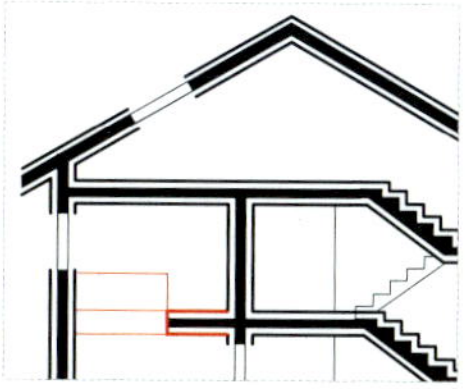

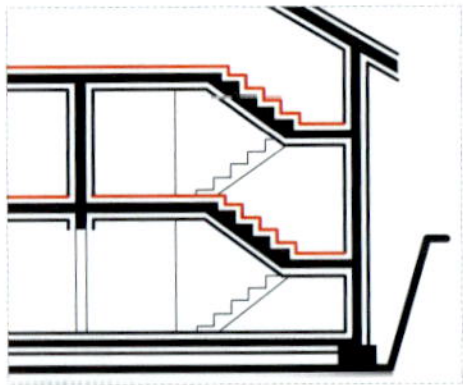

Kosten:
Stand 1. Quartal 2025
Bundesdurchschnitt
inkl. 19% MwSt.

KG.OZ		▷	€/Einheit	◁	LB an EA
353.10	**Beschichtung**				
01	**DE Bodenbeschichtung, Beton, Acryl**	23,00	**25,00**	29,00	
	Einheit: m² Beschichtungsfläche				
	034 Maler- und Lackierarbeiten - Beschichtungen				100,0%
02	**DE Bodenbeschichtung, Beton, Epoxid**	30,00	**34,00**	47,00	
	Einheit: m² Beschichtungsfläche				
	034 Maler- und Lackierarbeiten - Beschichtungen				100,0%
03	**DE Bodenbeschichtung, Beton, ölbeständig**	27,00	**34,00**	48,00	
	Einheit: m² Beschichtungsfläche				
	034 Maler- und Lackierarbeiten - Beschichtungen				100,0%
04	**DE Bodenbeschichtung, Beton, PU**	39,00	**46,00**	61,00	
	Einheit: m² Beschichtungsfläche				
	025 Estricharbeiten				95,2%
	034 Maler- und Lackierarbeiten - Beschichtungen				4,8%
353.20	**Estrich**				
01	**DE Estrich CT S45, TSD WF**	53,00	**59,00**	71,00	
	Einheit: m² Belagfläche				
	025 Estricharbeiten				100,0%
02	**DE Estrich CT S45, EPS 60, TSD MW**	53,00	**58,00**	68,00	
	Einheit: m² Belagfläche				
	025 Estricharbeiten				100,0%
03	**DE Estrich CT S70, TSD MW**	53,00	**57,00**	65,00	
	Einheit: m² Belagfläche				
	025 Estricharbeiten				100,0%
04	**DE Estrich CT S70, TSD WF**	61,00	**68,00**	80,00	
	Einheit: m² Belagfläche				
	025 Estricharbeiten				100,0%
05	**DE Estrich CT S70, EPS 60, TSD MW**	62,00	**67,00**	77,00	
	Einheit: m² Belagfläche				
	025 Estricharbeiten				100,0%
06	**DE Estrich CT S70, EPS 100, TSD MW**	67,00	**71,00**	83,00	
	Einheit: m² Belagfläche				
	025 Estricharbeiten				100,0%
07	**DE Estrich CT S70, Gitterbewehrung, EPS 60, TSD MW**	68,00	**73,00**	85,00	
	Einheit: m² Belagfläche				
	025 Estricharbeiten				100,0%
08	**DE Estrich CAF S50, TSD**	41,00	**45,00**	54,00	
	Einheit: m² Belagfläche				
	025 Estricharbeiten				100,0%
09	**DE Estrich CAF S50, EPS 60, TSD**	55,00	**60,00**	71,00	
	Einheit: m² Belagfläche				
	025 Estricharbeiten				100,0%

▷ von
ø Mittel
◁ bis

© BKI Baukosteninformationszentrum; Erläuterungen zu den Tabellen siehe Seite 58

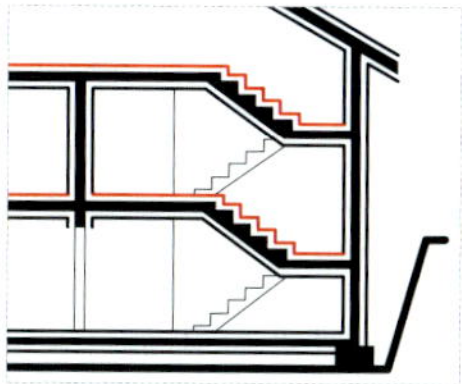

KG.OZ		▷	€/Einheit	◁	LB an EA
353.20	**Estrich**				
10	**DE Heizestrich CT S 45, EPS 60, TSD**	76,00	**84,00**	99,00	
	Einheit: m² Belagfläche				
	025 Estricharbeiten				76,9%
	041 Wärmeversorgungsanlagen - Leitungen, Armaturen, Heizflächen				23,1%
11	**DE Heizestrich CAF S 45, EPS 60, TSD**	78,00	**86,00**	100,00	
	Einheit: m² Belagfläche				
	025 Estricharbeiten				77,5%
	041 Wärmeversorgungsanlagen - Leitungen, Armaturen, Heizflächen				22,5%
12	**DE Trockenestrich, Spanplatte 25mm, TSD MW**	75,00	**81,00**	96,00	
	Einheit: m² Belagfläche				
	025 Estricharbeiten				27,7%
	039 Trockenbauarbeiten				72,3%
13	**DE Trockenestrich, GF 18mm, TSD**	63,00	**70,00**	85,00	
	Einheit: m² Belagfläche				
	025 Estricharbeiten				24,4%
	039 Trockenbauarbeiten				75,6%
14	**DE Trockenestrich, GF 18mm, EPS 60, TSD**	77,00	**86,00**	102,00	
	Einheit: m² Belagfläche				
	025 Estricharbeiten				37,7%
	039 Trockenbauarbeiten				62,3%
15	**DE Trockenestrich, GF 25mm, WF 30 Schüttung**	108,00	**123,00**	146,00	
	Einheit: m² Belagfläche				
	016 Zimmer- und Holzbauarbeiten				5,5%
	025 Estricharbeiten				27,0%
	039 Trockenbauarbeiten				67,5%
16	**DE Trockenestrich, GF 50mm, TSD MW**	119,00	**131,00**	153,00	
	Einheit: m² Belagfläche				
	025 Estricharbeiten				17,2%
	039 Trockenbauarbeiten				82,8%
17	**DE Heizestrich, Trockenestrich, EPS Systemträger, TSD**	77,00	**85,00**	101,00	
	Einheit: m² Belagfläche				
	025 Estricharbeiten				20,2%
	039 Trockenbauarbeiten				62,5%
	041 Wärmeversorgungsanlagen - Leitungen, Armaturen, Heizflächen				17,3%
353.30	**Fliesen und Platten**				
01	**DE Bodenfliesen, Sockelfliesen, 20x20cm, Verbund-abdichtung**	145,00	**164,00**	185,00	
	Einheit: m² Belagfläche				
	024 Fliesen- und Plattenarbeiten				100,0%
02	**DE Bodenfliesen, Sockelfliesen, 30x30cm, Verbund-abdichtung**	141,00	**157,00**	178,00	
	Einheit: m² Belagfläche				
	024 Fliesen- und Plattenarbeiten				100,0%

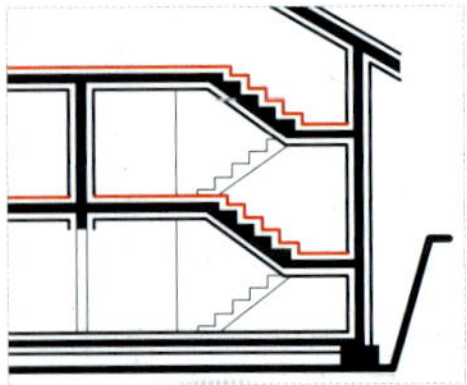

Kosten:
Stand 1. Quartal 2025
Bundesdurchschnitt
inkl. 19% MwSt.

▷ von
ø Mittel
◁ bis

KG.OZ		▷	€/Einheit	◁	LB an EA
353.30	**Fliesen und Platten**				
03	**DE Bodenfliesen, Sockelfliesen, 30x60cm, Verbund-abdichtung**	122,00	**132,00**	154,00	
	Einheit: m² Belagfläche				
	024 Fliesen- und Plattenarbeiten				100,0%
04	**DE Bodenfliesen, Sockelfliesen, 20x20cm**	125,00	**140,00**	157,00	
	Einheit: m² Belagfläche				
	024 Fliesen- und Plattenarbeiten				100,0%
05	**DE Bodenfliesen, Sockelfliesen, 30x30cm**	121,00	**133,00**	150,00	
	Einheit: m² Belagfläche				
	024 Fliesen- und Plattenarbeiten				100,0%
06	**DE Bodenfliesen, Sockelfliesen, 30x60cm**	122,00	**132,00**	154,00	
	Einheit: m² Belagfläche				
	024 Fliesen- und Plattenarbeiten				100,0%
07	**DE Bodenfliesen, Treppen**	113,00	**122,00**	142,00	
	Einheit: m² Belagfläche				
	024 Fliesen- und Plattenarbeiten				100,0%
353.40	**Naturstein**				
01	**DE Natursteinbelag, Granit, Sockelfliesen**	315,00	**348,00**	380,00	
	Einheit: m² Belagfläche				
	014 Natur-, Betonwerksteinarbeiten				99,5%
02	**DE Natursteinbelag, Marmor, Sockelfliesen**	229,00	**249,00**	290,00	
	Einheit: m² Belagfläche				
	014 Natur-, Betonwerksteinarbeiten				99,2%
03	**DE Natursteinbelag, Kalksandstein, Sockelfliesen**	233,00	**263,00**	292,00	
	Einheit: m² Belagfläche				
	014 Natur-, Betonwerksteinarbeiten				99,3%
353.60	**Textil**				
01	**DE Textilbelag, Nadelvlies, Sockelleiste**	62,00	**67,00**	80,00	
	Einheit: m² Belagfläche				
	036 Bodenbelagarbeiten				100,0%
02	**DE Textilbelag, Kugelgarn, Sockelleiste**	80,00	**87,00**	114,00	
	Einheit: m² Belagfläche				
	036 Bodenbelagarbeiten				100,0%
03	**DE Textilbelag, Naturhaar-Polyamid, Sockelleiste**	86,00	**91,00**	101,00	
	Einheit: m² Belagfläche				
	036 Bodenbelagarbeiten				100,0%
04	**DE Textilbelag, Tufting, Sockelleiste**	84,00	**90,00**	101,00	
	Einheit: m² Belagfläche				
	036 Bodenbelagarbeiten				100,0%
05	**DE Textilbelag, Kunstfaser gewebt, Sockelleiste**	75,00	**80,00**	88,00	
	Einheit: m² Belagfläche				
	036 Bodenbelagarbeiten				100,0%

© **BKI** Baukosteninformationszentrum; Erläuterungen zu den Tabellen siehe Seite 58

KG.OZ		▷	€/Einheit	◁	LB an EA
353.60	**Textil**				
06	**DE Textilbelag, Naturfaser, Sockelleiste**	113,00	**119,00**	130,00	
	Einheit: m² Belagfläche				
	036 Bodenbelagarbeiten				100,0%
353.70	**Holz**				
01	**DE Fertigparkett, Eiche, beschichtet, Sockelleiste**	153,00	**169,00**	195,00	
	Einheit: m² Belagfläche				
	028 Parkett-, Holzpflasterarbeiten				100,0%
02	**DE Fertigparkett, Buche, beschichtet, Sockelleiste**	138,00	**151,00**	174,00	
	Einheit: m² Belagfläche				
	028 Parkett-, Holzpflasterarbeiten				100,0%
03	**DE Stabparkett, Eiche, geschliffen, behandelt, Sockelleiste**	186,00	**205,00**	224,00	
	Einheit: m² Belagfläche				
	028 Parkett-, Holzpflasterarbeiten				100,0%
04	**DE Stabparkett, Buche, geschliffen/behandelt, Sockelleiste**	194,00	**207,00**	230,00	
	Einheit: m² Belagfläche				
	028 Parkett-, Holzpflasterarbeiten				100,0%
05	**DE Mosaikparkett, Eiche, geschliffen, behandelt, Sockelleiste**	126,00	**143,00**	159,00	
	Einheit: m² Belagfläche				
	028 Parkett-, Holzpflasterarbeiten				100,0%
06	**DE Mosaikparkett, Buche, geschliffen, behandelt, Sockelleiste**	148,00	**164,00**	190,00	
	Einheit: m² Belagfläche				
	028 Parkett-, Holzpflasterarbeiten				100,0%
07	**DE Lamparkett, Eiche, geschliffen, behandelt, Sockelleiste**	175,00	**227,00**	256,00	
	Einheit: m² Belagfläche				
	028 Parkett-, Holzpflasterarbeiten				100,0%
353.80	**Hartbeläge**				
01	**DE Naturkorkparkett, 12mm, Sockelleiste**	85,00	**96,00**	110,00	
	Einheit: m² Belagfläche				
	036 Bodenbelagarbeiten				100,0%
02	**DE Laminat, 8,3mm, Sockelleiste**	77,00	**80,00**	91,00	
	Einheit: m² Belagfläche				
	036 Bodenbelagarbeiten				100,0%
03	**DE Linoleumbelag, 2,5mm, Sockelleiste**	67,00	**75,00**	94,00	
	Einheit: m² Belagfläche				
	036 Bodenbelagarbeiten				100,0%
04	**DE PVC-Belag, 3,0mm, Sockelleiste**	72,00	**81,00**	94,00	
	Einheit: m² Belagfläche				
	036 Bodenbelagarbeiten				100,0%

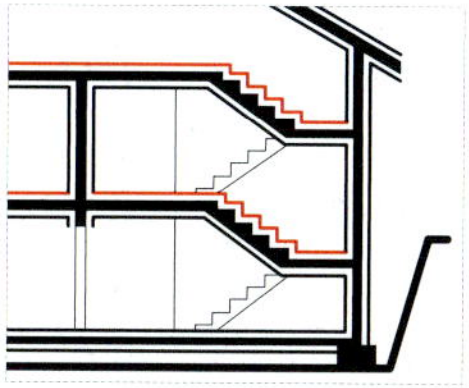

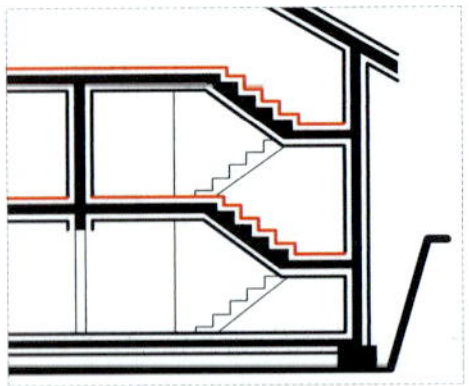

Kosten:
Stand 1.Quartal 2025
Bundesdurchschnitt
inkl. 19% MwSt.

KG.OZ		▷	€/Einheit	◁	LB an EA
353.80	**Hartbeläge**				
05	**DE Kautschukbelag, 2,0mm, Sockelleiste** Einheit: m² Belagfläche	99,00	**110,00**	125,00	
	036 Bodenbelagarbeiten				100,0%

▷ von
ø Mittel
◁ bis

© **BKI** Baukosteninformationszentrum; Erläuterungen zu den Tabellen siehe Seite 58

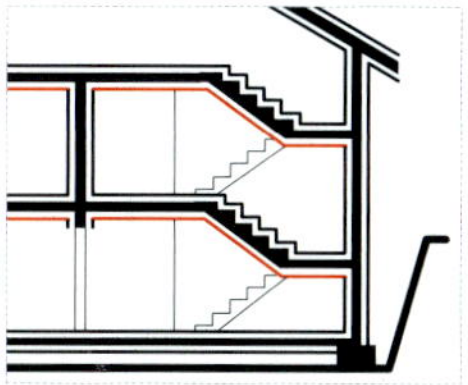

KG.OZ		▷	€/Einheit	◁	LB an EA
354.20	**Oberflächenbehandlung**				
01	**DE Beschichtung, Dispersion, auf Beton, wb**	7,00	**7,90**	9,50	
	Einheit: m² Beschichtungsfläche				
	034 Maler- und Lackierarbeiten - Beschichtungen				100,0%
02	**DE Beschichtung, Dispersion, auf Beton, sb**	6,80	**7,70**	9,30	
	Einheit: m² Beschichtungsfläche				
	034 Maler- und Lackierarbeiten - Beschichtungen				100,0%
03	**DE Beschichtung, Dispersion, auf Putz, wb**	6,60	**7,60**	9,50	
	Einheit: m² Beschichtungsfläche				
	034 Maler- und Lackierarbeiten - Beschichtungen				100,0%
04	**DE Beschichtung, Dispersion, auf Putz, sb**	6,90	**7,90**	9,50	
	Einheit: m² Beschichtungsfläche				
	034 Maler- und Lackierarbeiten - Beschichtungen				100,0%
05	**DE Beschichtung, Silikatfarbe, auf Putz**	8,90	**10,00**	13,00	
	Einheit: m² Beschichtungsfläche				
	034 Maler- und Lackierarbeiten - Beschichtungen				100,0%
06	**DE Beschichtung, Lasur, Holz**	20,00	**22,00**	26,00	
	Einheit: m² Beschichtungsfläche				
	034 Maler- und Lackierarbeiten - Beschichtungen				100,0%
354.30	**Putz**				
01	**DE Putz, Lehm, einlagig, gefilzt, Q2**	37,00	**39,00**	41,00	
	Einheit: m² Bekleidungsfläche				
	023 Putz- und Stuckarbeiten, Wärmedämmsysteme				100,0%
02	**DE Putz, Kalkgips, einlagig, gefilzt, Q2**	30,00	**33,00**	39,00	
	Einheit: m² Bekleidungsfläche				
	023 Putz- und Stuckarbeiten, Wärmedämmsysteme				100,0%
03	**DE Putz, Kalkgips, einlagig, geglättet, Q3**	34,00	**38,00**	46,00	
	Einheit: m² Bekleidungsfläche				
	023 Putz- und Stuckarbeiten, Wärmedämmsysteme				100,0%
04	**DE Putz, Gips, einlagig, gefilzt, Q2**	29,00	**33,00**	36,00	
	Einheit: m² Bekleidungsfläche				
	023 Putz- und Stuckarbeiten, Wärmedämmsysteme				100,0%
05	**DE Putz, Gips, einlagig, geglättet, Q3**	32,00	**36,00**	41,00	
	Einheit: m² Bekleidungsfläche				
	023 Putz- und Stuckarbeiten, Wärmedämmsysteme				100,0%
06	**DE Putz, Gips, einlagig, gefilzt, Q2,Treppenhaus**	31,00	**38,00**	50,00	
	Einheit: m² Bekleidungsfläche				
	023 Putz- und Stuckarbeiten, Wärmedämmsysteme				100,0%
354.40	**Bekleidung auf Unterkonstruktion**				
01	**DE Bekleidung, 3-Schichtholzplatte**	151,00	**159,00**	177,00	
	Einheit: m² Bekleidungsfläche				
	016 Zimmer- und Holzbauarbeiten				99,2%
	039 Trockenbauarbeiten				0,8%

354 Deckenbekleidungen

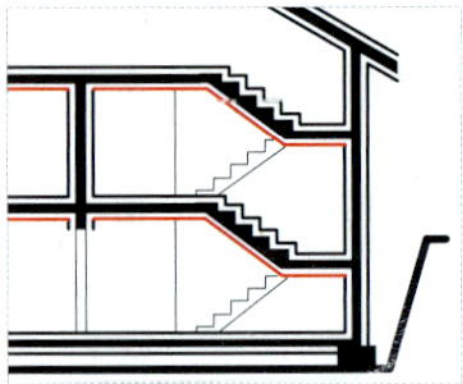

Kosten:
Stand 1. Quartal 2025
Bundesdurchschnitt
inkl. 19% MwSt.

▷ von
ø Mittel
◁ bis

KG.OZ		▷	€/Einheit	◁	LB an EA
354.40	**Bekleidung auf Unterkonstruktion**				
02	**DE Bekleidung, 3-Schichtholzplatte, Dämmung**	151,00	**159,00**	177,00	
	Einheit: m² Bekleidungsfläche				
	016 Zimmer- und Holzbauarbeiten				99,2%
	039 Trockenbauarbeiten				0,8%
03	**DE Bekleidung, Lehmplatten, Lehmputz**	77,00	**87,00**	102,00	
	Einheit: m² Bekleidungsfläche				
	016 Zimmer- und Holzbauarbeiten				53,5%
	023 Putz- und Stuckarbeiten, Wärmedämmsysteme				44,9%
	039 Trockenbauarbeiten				1,5%
04	**DE Bekleidung, Lehmplatten, Lehmputz, mit Dämmung**	91,00	**102,00**	123,00	
	Einheit: m² Bekleidungsfläche				
	016 Zimmer- und Holzbauarbeiten				45,5%
	023 Putz- und Stuckarbeiten, Wärmedämmsysteme				38,2%
	039 Trockenbauarbeiten				16,3%
05	**DE Bekleidung, Lehmplatten, doppellagig, mit Dämmung**	93,00	**110,00**	142,00	
	Einheit: m² Bekleidungsfläche				
	016 Zimmer- und Holzbauarbeiten				84,8%
	039 Trockenbauarbeiten				15,2%
06	**DE Bekleidung, Gipsplatten, einlagig, Federschiene, Randanschluss**	95,00	**100,00**	115,00	
	Einheit: m² Bekleidungsfläche				
	039 Trockenbauarbeiten				100,0%
354.80	**Abgehängte Bekleidung**				
01	**DE Bekleidung, Gipsplatten, abgehängt, einlagig, Randanschluss**	94,00	**103,00**	119,00	
	Einheit: m² Bekleidungsfläche				
	039 Trockenbauarbeiten				100,0%
02	**DE Bekleidung, Gipsplatten, abgehängt, zweilagig, Randanschluss**	124,00	**136,00**	162,00	
	Einheit: m² Bekleidungsfläche				
	039 Trockenbauarbeiten				100,0%
03	**DE Bekleidung, Gipsplatten, abgehängt, zweilagig, Randanschluss, EI90**	172,00	**216,00**	281,00	
	Einheit: m² Bekleidungsfläche				
	039 Trockenbauarbeiten				100,0%
04	**DE Bekleidung, Gipsplatten, abgehängt, einlagig, Dämmung, Randanschluss**	108,00	**119,00**	139,00	
	Einheit: m² Bekleidungsfläche				
	039 Trockenbauarbeiten				100,0%
05	**DE Bekleidung, Gipsplatten, abgehängt, zweilagig, Dämmung, Randanschluss**	138,00	**152,00**	183,00	
	Einheit: m² Bekleidungsfläche				
	039 Trockenbauarbeiten				100,0%

© **BKI** Baukosteninformationszentrum; Erläuterungen zu den Tabellen siehe Seite 58

KG.OZ		▷	€/Einheit	◁	LB an EA
354.80	**Abgehängte Bekleidung**				
06	**DE Bekleidung, Gipsplatten, abgehängt, Dämmung, zweilagig, Randanschluss, EI90** Einheit: m² Bekleidungsfläche	186,00	**232,00**	301,00	
	039 Trockenbauarbeiten				100,0%
07	**DE Bekleidung, Zementplatten, abgehängt, einlagig, Randanschluss** Einheit: m² Bekleidungsfläche	159,00	**175,00**	196,00	
	039 Trockenbauarbeiten				100,0%

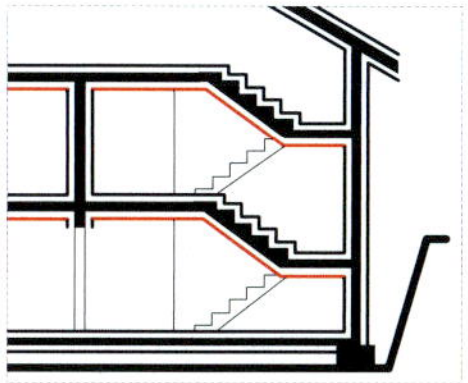

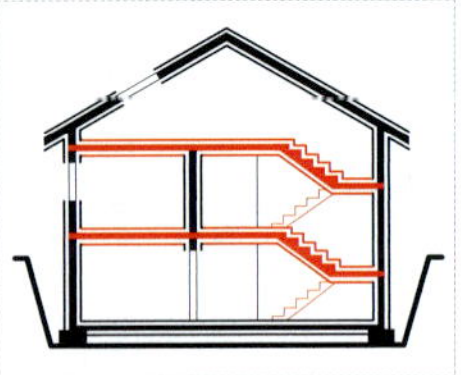

Kosten:
Stand 1. Quartal 2025
Bundesdurchschnitt
inkl. 19% MwSt.

KG.OZ		▷	€/Einheit	◁	LB an EA
359.20	**Umwehrungen/Handläufe**				
01	**DE Brüstung, Metall, Flachstahl, beschichtet**	583,00	**663,00**	756,00	
	Einheit: m Brüstungslänge				
	031 Metallbauarbeiten				93,2%
	034 Maler- und Lackierarbeiten - Beschichtungen				6,8%
02	**DE Brüstung, Metall, Lochblech, beschichtet**	487,00	**541,00**	599,00	
	Einheit: m Brüstungslänge				
	031 Metallbauarbeiten				91,6%
	034 Maler- und Lackierarbeiten - Beschichtungen				8,4%
03	**DE Geländer, Metall, Flachstahl, beschichtet**	583,00	**663,00**	756,00	
	Einheit: m Geländerlänge				
	031 Metallbauarbeiten				93,2%
	034 Maler- und Lackierarbeiten - Beschichtungen				6,8%
04	**DE Geländer, Metall, Lochblech, beschichtet**	487,00	**541,00**	599,00	
	Einheit: m Geländerlänge				
	031 Metallbauarbeiten				91,6%
	034 Maler- und Lackierarbeiten - Beschichtungen				8,4%
05	**DE Geländer, Holz, Stäbe, beschichtet**	512,00	**564,00**	663,00	
	Einheit: m Geländerlänge				
	027 Tischlerarbeiten				100,0%

▷ von
ø Mittel
◁ bis

© **BKI** Baukosteninformationszentrum; Erläuterungen zu den Tabellen siehe Seite 58

KG.OZ	▷	€/Einheit	◁	LB an EA
361.10 Stahlbeton, Ortbeton				
01 **DA Unterzug, C25/30, 30x30cm, Bewehrung 150kg/m³**	152,00	**171,00**	195,00	
Einheit: m Unterzuglänge				
013 Betonarbeiten				100,0%
02 **DA Unterzug, C25/30, 40x40cm, Bewehrung 150kg/m³**	225,00	**252,00**	289,00	
Einheit: m Unterzuglänge				
013 Betonarbeiten				100,0%
03 **DA Unterzug, C25/30, 30x30cm, Bewehrung 200kg/m³**	162,00	**181,00**	207,00	
Einheit: m Unterzuglänge				
013 Betonarbeiten				100,0%
04 **DA Unterzug, C25/30, 40x40cm, Bewehrung 200kg/m³**	244,00	**274,00**	313,00	
Einheit: m Unterzuglänge				
013 Betonarbeiten				100,0%
05 **DA flach, Stahlbetondecke, C25/30, 20cm, Bewehrung 80kg/m³**	149,00	**162,00**	187,00	
Einheit: m² Dachfläche				
013 Betonarbeiten				100,0%
06 **DA flach, Stahlbetondecke, C25/30, 20cm, Bewehrung 100kg/m³**	158,00	**173,00**	198,00	
Einheit: m² Dachfläche				
013 Betonarbeiten				100,0%
07 **DA flach, Stahlbetondecke, C25/30, 25cm, Bewehrung 80kg/m³**	168,00	**184,00**	210,00	
Einheit: m² Dachfläche				
013 Betonarbeiten				100,0%
08 **DA flach, Stahlbetondecke, C25/30, 25cm, Bewehrung 100kg/m³**	180,00	**197,00**	225,00	
Einheit: m² Dachfläche				
013 Betonarbeiten				100,0%
09 **DA flach, Stahlbetondecke, C25/30, 25cm, Bewehrung 120kg/m³**	198,00	**217,00**	247,00	
Einheit: m² Dachfläche				
013 Betonarbeiten				100,0%
10 **DA flach, Stahlbetondecke, C25/30, 30cm, Bewehrung 120kg/m³**	222,00	**243,00**	276,00	
Einheit: m² Dachfläche				
013 Betonarbeiten				100,0%
361.20 Stahlbeton, Fertigteil				
01 **DA Stahlbeton, Fertigteil, Aufbeton, 20cm, Bewehrung 80kg/m³**	158,00	**173,00**	195,00	
Einheit: m² Dachfläche				
013 Betonarbeiten				100,0%

Kosten:
Stand 1. Quartal 2025
Bundesdurchschnitt
inkl. 19% MwSt.

▷ von
ø Mittel
◁ bis

KG.OZ		▷	€/Einheit	◁	LB an EA
361.20	**Stahlbeton, Fertigteil**				
02	**DA Stahlbeton, Fertigteil, Aufbeton, 20cm, Bewehrung 100kg/m³**	167,00	**183,00**	206,00	
	Einheit: m² Dachfläche				
	013 Betonarbeiten				100,0%
03	**DA Stahlbeton, Fertigteil, Aufbeton, 20cm, Bewehrung 120kg/m³**	177,00	**194,00**	218,00	
	Einheit: m² Dachfläche				
	013 Betonarbeiten				100,0%
04	**DA Stahlbeton, Fertigteil, Aufbeton, 25cm, Bewehrung 80kg/m³**	196,00	**214,00**	247,00	
	Einheit: m² Dachfläche				
	013 Betonarbeiten				100,0%
05	**DA Stahlbeton, Fertigteil, Aufbeton, 25cm, Bewehrung 100kg/m³**	206,00	**225,00**	259,00	
	Einheit: m² Dachfläche				
	013 Betonarbeiten				100,0%
06	**DA Stahlbeton, Fertigteil, Aufbeton, 25cm, Bewehrung 120kg/m³**	215,00	**235,00**	270,00	
	Einheit: m² Dachfläche				
	013 Betonarbeiten				100,0%
361.40	**Holzkonstruktionen, Holzträgerkonstruktionen**				
01	**DA Unterzug, Nadelholz, 12/24cm**	46,00	**48,00**	54,00	
	Einheit: m Balkenlänge				
	013 Betonarbeiten				2,4%
	016 Zimmer- und Holzbauarbeiten				97,6%
02	**DA Unterzug, Brettschichtholz, 12/24cm**	54,00	**60,00**	69,00	
	Einheit: m Balkenlänge				
	013 Betonarbeiten				2,0%
	016 Zimmer- und Holzbauarbeiten				98,0%
03	**DA Überzug, Nadelholz, 16/24cm**	58,00	**61,00**	69,00	
	Einheit: m Balkenlänge				
	013 Betonarbeiten				1,9%
	016 Zimmer- und Holzbauarbeiten				98,1%
04	**DA Überzug, Brettschichtholz, 16/24cm**	65,00	**72,00**	82,00	
	Einheit: m Balkenlänge				
	013 Betonarbeiten				1,6%
	016 Zimmer- und Holzbauarbeiten				98,4%
05	**DA flach, Holz, Brettstapel, 140mm, gehobelt**	155,00	**162,00**	172,00	
	Einheit: m² Dachfläche				
	016 Zimmer- und Holzbauarbeiten				99,8%
	021 Dachabdichtungsarbeiten				0,2%

© **BKI** Baukosteninformationszentrum; Erläuterungen zu den Tabellen siehe Seite 58

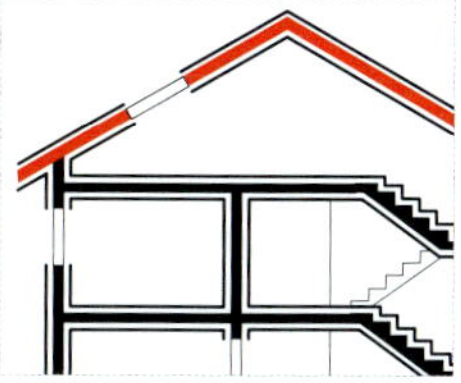

KG.OZ		▷	€/Einheit	◁	LB an EA
361.40	**Holzkonstruktionen, Holzträgerkonstruktionen**				
06	**DA flach, Holz, Brettstapel, 160mm, gehobelt**	179,00	**201,00**	204,00	
	Einheit: m² Dachfläche				
	016 Zimmer- und Holzbauarbeiten				99,9%
	021 Dachabdichtungsarbeiten				0,1%
07	**DA flach, Holz, Brettstapel, 240mm, gehobelt**	258,00	**261,00**	273,00	
	Einheit: m² Dachfläche				
	016 Zimmer- und Holzbauarbeiten				99,9%
	021 Dachabdichtungsarbeiten				0,1%
08	**DA flach, Holz, Brettsperrholz, 160mm, gehobelt**	187,00	**199,00**	205,00	
	Einheit: m² Dachfläche				
	016 Zimmer- und Holzbauarbeiten				99,9%
	021 Dachabdichtungsarbeiten				0,1%
09	**DA flach, Holz, Brettsperrholz, 240mm, gehobelt**	269,00	**278,00**	290,00	
	Einheit: m² Dachfläche				
	016 Zimmer- und Holzbauarbeiten				99,9%
	021 Dachabdichtungsarbeiten				< 0,1%
361.60	**Steildach, Holz**				
01	**DA geneigt, Holz, Nadelholz**	76,00	**83,00**	99,00	
	Einheit: m² Dachfläche				
	016 Zimmer- und Holzbauarbeiten				100,0%
02	**DA geneigt, Holz, Balkenschichtholz**	90,00	**96,00**	111,00	
	Einheit: m² Dachfläche				
	016 Zimmer- und Holzbauarbeiten				100,0%
03	**DA geneigt, Holz, Nadelholz, Dachschalung**	110,00	**121,00**	139,00	
	Einheit: m² Dachfläche				
	016 Zimmer- und Holzbauarbeiten				100,0%
04	**DA geneigt, Holz, Balkenschichtholz, WF 220**	131,00	**139,00**	156,00	
	Einheit: m² Dachfläche				
	016 Zimmer- und Holzbauarbeiten				100,0%
05	**DA geneigt, Holz, Nadelholz, MW 220**	111,00	**121,00**	140,00	
	Einheit: m² Dachfläche				
	016 Zimmer- und Holzbauarbeiten				100,0%
06	**DA geneigt, Holz, Nadelholz, WF 220**	116,00	**126,00**	144,00	
	Einheit: m² Dachfläche				
	016 Zimmer- und Holzbauarbeiten				100,0%
07	**DA geneigt, Holz, Nadelholz, MW 220, Dachschalung**	143,00	**156,00**	178,00	
	Einheit: m² Dachfläche				
	016 Zimmer- und Holzbauarbeiten				100,0%
08	**DA geneigt, Holz, Nadelholz, WF 220, Dachschalung**	150,00	**164,00**	185,00	
	Einheit: m² Dachfläche				
	016 Zimmer- und Holzbauarbeiten				100,0%

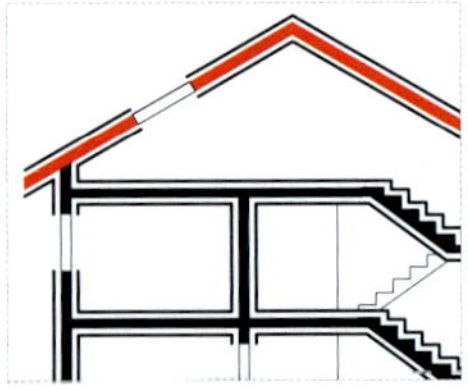

Kosten:
Stand 1. Quartal 2025
Bundesdurchschnitt
inkl. 19% MwSt.

KG.OZ		▷	€/Einheit	◁	LB an EA
361.60	**Steildach, Holz**				
09	**DA geneigt, Brettsperrholz, 120, gehobelt** Einheit: m² Dachfläche	164,00	**180,00**	189,00	
	016 Zimmer- und Holzbauarbeiten				99,8%
	021 Dachabdichtungsarbeiten				0,2%

▷ von
ø Mittel
◁ bis

© **BKI** Baukosteninformationszentrum; Erläuterungen zu den Tabellen siehe Seite 58

KG.OZ		▷	€/Einheit	◁	LB an EA
362.10	**Dachflächenfenster**				
01	**DA Fenster, Holz, bis 1,00m²**	1.701,00	**1.936,00**	2.169,00	
	Einheit: St Öffnung				
	016 Zimmer- und Holzbauarbeiten				79,4%
	022 Klempnerarbeiten				20,6%
02	**DA Fenster, Kunststoff, bis 1,85m²**	2.166,00	**2.270,00**	2.472,00	
	Einheit: St Öffnung				
	016 Zimmer- und Holzbauarbeiten				71,5%
	020 Dachdeckungsarbeiten				11,0%
	022 Klempnerarbeiten				17,6%
03	**DA Fenster, Holz, bis 1,85m²**	2.042,00	**2.140,00**	2.666,00	
	Einheit: St Öffnung				
	016 Zimmer- und Holzbauarbeiten				81,4%
	022 Klempnerarbeiten				18,6%
04	**DA Fenster, Holz, bis 1,00m², Sonnenschutz**	1.948,00	**2.185,00**	2.449,00	
	Einheit: St Öffnung				
	016 Zimmer- und Holzbauarbeiten				70,3%
	020 Dachdeckungsarbeiten				11,4%
	022 Klempnerarbeiten				18,2%
05	**DA Fenster, Holz, bis 1,85m², Sonnenschutz**	2.289,00	**2.389,00**	2.946,00	
	Einheit: St Öffnung				
	016 Zimmer- und Holzbauarbeiten				72,9%
	020 Dachdeckungsarbeiten				10,4%
	022 Klempnerarbeiten				16,7%
06	**DA Fenster, Holz, bis 1,00m²**	1.701,00	**1.936,00**	2.169,00	
	Einheit: m² Öffnungsfläche				
	016 Zimmer- und Holzbauarbeiten				79,4%
	022 Klempnerarbeiten				20,6%
07	**DA Fenster, Holz, bis 1,85m²**	1.267,00	**1.339,00**	1.672,00	
	Einheit: m² Öffnungsfläche				
	016 Zimmer- und Holzbauarbeiten				70,2%
	022 Klempnerarbeiten				29,8%
08	**DA Fenster, Holz, bis 1,00m², Sonnenschutz**	1.948,00	**2.185,00**	2.449,00	
	Einheit: m² Öffnungsfläche				
	016 Zimmer- und Holzbauarbeiten				70,3%
	020 Dachdeckungsarbeiten				11,4%
	022 Klempnerarbeiten				18,2%
09	**DA Fenster, Holz, bis 1,85m², Sonnenschutz**	1.515,00	**1.588,00**	1.952,00	
	Einheit: m² Öffnungsfläche				
	016 Zimmer- und Holzbauarbeiten				59,2%
	020 Dachdeckungsarbeiten				15,7%
	022 Klempnerarbeiten				25,1%

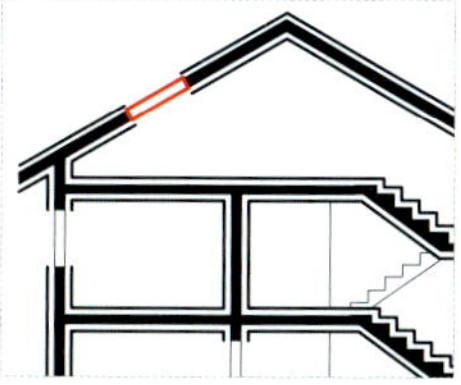

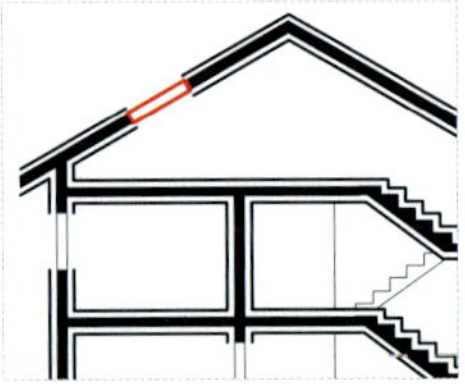

Kosten:
Stand 1. Quartal 2025
Bundesdurchschnitt
inkl. 19% MwSt.

KG.OZ		▷	€/Einheit	◁	LB an EA
362.10	**Dachflächenfenster**				
10	**DA Fenster, Kunststoff, bis 1,85m²**	1.449,00	**1.524,00**	1.696,00	
	Einheit: m² Öffnungsfläche				
	016 Zimmer- und Holzbauarbeiten				57,5%
	020 Dachdeckungsarbeiten				16,4%
	022 Klempnerarbeiten				26,2%
362.20	**Lichtkuppeln**				
01	**DA Lichtkuppel, Metallrahmen/Acryl, rund**	2.420,00	**2.934,00**	3.467,00	
	Einheit: St Öffnung				
	021 Dachabdichtungsarbeiten				100,0%
02	**DA Lichtkuppel, Metallrahmen/Acryl, eckig**	3.218,00	**3.624,00**	4.704,00	
	Einheit: St Öffnung				
	021 Dachabdichtungsarbeiten				100,0%
03	**DA Lichtkuppel, Metallrahmen/Acryl, rund**	2.697,00	**2.989,00**	3.566,00	
	Einheit: m² Öffnungsfläche				
	021 Dachabdichtungsarbeiten				100,0%
04	**DA Lichtkuppel, Metallrahmen/Acryl, eckig**	2.235,00	**2.517,00**	3.267,00	
	Einheit: m² Öffnungsfläche				
	021 Dachabdichtungsarbeiten				100,0%

▷ von
ø Mittel
◁ bis

© **BKI** Baukosteninformationszentrum; Erläuterungen zu den Tabellen siehe Seite 58

KG.OZ		▷	€/Einheit	◁	LB an EA
363.10	**Abdichtung**				
01	**DA flach, Abdichtung, Kunststoffbahn, einlagig**	50,00	**56,00**	69,00	
	Einheit: m² Belagfläche				
	021 Dachabdichtungsarbeiten				100,0%
02	**DA flach, Abdichtung, PYE, zweilagig, Schweißbahn**	49,00	**54,00**	60,00	
	Einheit: m² Belagfläche				
	021 Dachabdichtungsarbeiten				100,0%
03	**DA flach, Abdichtung, PYE, zweilagig, Wurzelschutz**	55,00	**62,00**	70,00	
	Einheit: m² Belagfläche				
	021 Dachabdichtungsarbeiten				100,0%
363.20	**Abdichtung, Wärmedämmung**				
01	**DA flach, Abdichtung, Kunststoffbahn, EPDM, einlagig, MW 240mm**	110,00	**125,00**	151,00	
	Einheit: m² Belagfläche				
	021 Dachabdichtungsarbeiten				100,0%
02	**DA flach, Abdichtung, Kunststoffbahn, EPDM, einlagig, WF 240mm**	179,00	**210,00**	265,00	
	Einheit: m² Belagfläche				
	021 Dachabdichtungsarbeiten				100,0%
03	**DA flach, Abdichtung, Kunststoffbahn, EPDM, einlagig, EPS 240mm**	107,00	**125,00**	145,00	
	Einheit: m² Belagfläche				
	021 Dachabdichtungsarbeiten				100,0%
04	**DA flach, Abdichtung, Kunststoffbahn, PVC,einlagig, MW 240mm**	112,00	**129,00**	157,00	
	Einheit: m² Belagfläche				
	021 Dachabdichtungsarbeiten				100,0%
05	**DA flach, Kies, PYE, zweilagig, EPS 240mm**	161,00	**186,00**	214,00	
	Einheit: m² Belagfläche				
	021 Dachabdichtungsarbeiten				100,0%
06	**DA flach, Kies, PYE, zweilagig, XPS 240mm**	195,00	**212,00**	239,00	
	Einheit: m² Belagfläche				
	018 Abdichtungsarbeiten				40,5%
	021 Dachabdichtungsarbeiten				59,5%
07	**DA flach, Kies, PYE, 2-lagig, MW 240mm**	171,00	**195,00**	233,00	
	Einheit: m² Belagfläche				
	021 Dachabdichtungsarbeiten				100,0%
08	**DA flach, Kies, PYE, zweilagig, WF 240mm**	232,00	**271,00**	334,00	
	Einheit: m² Belagfläche				
	021 Dachabdichtungsarbeiten				100,0%
09	**DA flach, Begrünung, extensiv, PYE, zweilagig, EPS 240mm**	206,00	**235,00**	262,00	
	Einheit: m² Belagfläche				
	003 Landschaftsbauarbeiten				26,1%
	021 Dachabdichtungsarbeiten				73,9%

Kosten:
Stand 1. Quartal 2025
Bundesdurchschnitt
inkl. 19% MwSt.

▷ von
ø Mittel
◁ bis

KG.OZ		▷	€/Einheit	◁	LB an EA
363.20	**Abdichtung, Wärmedämmung**				
10	**DA flach, Begrünung, extensiv, PYE, zweilagig, XPS 240mm**	243,00	**265,00**	292,00	
	Einheit: m² Belagfläche				
	003 Landschaftsbauarbeiten				23,1%
	018 Abdichtungsarbeiten				32,4%
	021 Dachabdichtungsarbeiten				44,4%
11	**DA flach, Begrünung, extensiv, PYE, zweilagig, PUR 180mm**	230,00	**259,00**	294,00	
	Einheit: m² Belagfläche				
	003 Landschaftsbauarbeiten				23,7%
	021 Dachabdichtungsarbeiten				76,3%
12	**DA flach, Begrünung, extensiv, PYE, zweilagig, MW 240mm**	216,00	**244,00**	280,00	
	Einheit: m² Belagfläche				
	003 Landschaftsbauarbeiten				25,1%
	021 Dachabdichtungsarbeiten				74,9%
13	**DA flach, Begrünung, extensiv, PYE, zweilagig, WF 240mm**	278,00	**321,00**	382,00	
	Einheit: m² Belagfläche				
	003 Landschaftsbauarbeiten				19,1%
	021 Dachabdichtungsarbeiten				80,9%
14	**DA flach, Plattenbelag, PYE, zweilagig, EPS 240mm**	256,00	**290,00**	333,00	
	Einheit: m² Belagfläche				
	003 Landschaftsbauarbeiten				1,0%
	021 Dachabdichtungsarbeiten				99,0%
363.30	**Dachsteine**				
01	**DA geneigt, Betondachsteine, Unterdeckbahn**	118,00	**130,00**	151,00	
	Einheit: m² Belagfläche				
	020 Dachdeckungsarbeiten				84,9%
	022 Klempnerarbeiten				15,1%
02	**DA geneigt, Flachdachziegel, Unterdeckbahn**	124,00	**136,00**	159,00	
	Einheit: m² Belagfläche				
	020 Dachdeckungsarbeiten				85,6%
	022 Klempnerarbeiten				14,4%
03	**DA geneigt, Tonfalzziegel, Unterdeckbahn**	129,00	**140,00**	162,00	
	Einheit: m² Belagfläche				
	020 Dachdeckungsarbeiten				86,0%
	022 Klempnerarbeiten				14,0%
04	**DA geneigt, Biberschwanzziegel, Unterdeckbahn**	146,00	**160,00**	182,00	
	Einheit: m² Belagfläche				
	020 Dachdeckungsarbeiten				87,8%
	022 Klempnerarbeiten				12,2%

© BKI Baukosteninformationszentrum; Erläuterungen zu den Tabellen siehe Seite 58

KG.OZ		▷	€/Einheit	◁	LB an EA
363.30	**Dachsteine**				
05	**DA geneigt, Betondachsteine, Dachschalung, Unterdachbahn** Einheit: m² Belagfläche	154,00	**170,00**	198,00	
	020 Dachdeckungsarbeiten				88,5%
	022 Klempnerarbeiten				11,5%
06	**DA geneigt, Tonfalzziegel, Dachschalung, Unterdeckbahn** Einheit: m² Belagfläche	164,00	**181,00**	208,00	
	020 Dachdeckungsarbeiten				89,8%
	022 Klempnerarbeiten				10,2%
07	**DA geneigt, Biberschwanzziegel, Dachschalung, Unterdachbahn** Einheit: m² Belagfläche	182,00	**201,00**	229,00	
	020 Dachdeckungsarbeiten				90,2%
	022 Klempnerarbeiten				9,8%
08	**DA geneigt, Betondachsteine, Unterdeckung WF 35mm** Einheit: m² Belagfläche	148,00	**159,00**	181,00	
	020 Dachdeckungsarbeiten				87,7%
	022 Klempnerarbeiten				12,3%
09	**DA geneigt, Flachdachziegel, Unterdeckung WF 35mm** Einheit: m² Belagfläche	154,00	**166,00**	189,00	
	020 Dachdeckungsarbeiten				88,2%
	022 Klempnerarbeiten				11,8%
10	**DA geneigt, Tonfalzziegel, Unterdeckung WF 35mm** Einheit: m² Belagfläche	159,00	**170,00**	191,00	
	020 Dachdeckungsarbeiten				88,4%
	022 Klempnerarbeiten				11,6%
11	**DA geneigt, Biberschwanzziegel, Unterdeckung WF 35mm** Einheit: m² Belagfläche	176,00	**190,00**	212,00	
	020 Dachdeckungsarbeiten				89,7%
	022 Klempnerarbeiten				10,3%
363.40	**Schindeln**				
01	**DA geneigt, Faserzementplatten, Doppeldeckung, Schalung, Trennlage** Einheit: m² Belagfläche	220,00	**251,00**	297,00	
	020 Dachdeckungsarbeiten				76,3%
	022 Klempnerarbeiten				23,7%
02	**DA geneigt, Faserzementplatten, Deutsche Deckung, Schalung, Trennlage** Einheit: m² Belagfläche	241,00	**273,00**	326,00	
	020 Dachdeckungsarbeiten				78,3%
	022 Klempnerarbeiten				21,7%

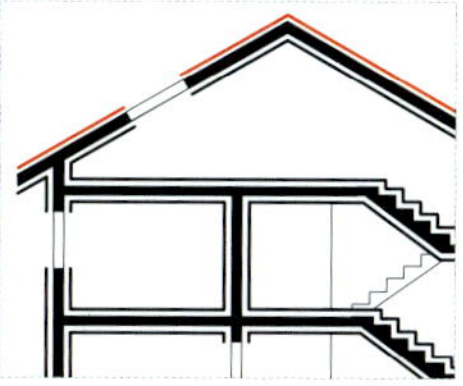

Kosten:
Stand 1. Quartal 2025
Bundesdurchschnitt
inkl. 19% MwSt.

KG.OZ		▷	€/Einheit	◁	LB an EA
363.50	**Metall**				
01	**DA geneigt, Kupfer, Doppelstehfalz, Schalung, Trennlage**	287,00	**321,00**	351,00	
	Einheit: m² Belagfläche				
	020 Dachdeckungsarbeiten				16,2%
	022 Klempnerarbeiten				83,8%
02	**DA geneigt, Titanzink, Doppelstehfalz, Schalung, Trennlage**	239,00	**270,00**	311,00	
	Einheit: m² Belagfläche				
	020 Dachdeckungsarbeiten				19,3%
	022 Klempnerarbeiten				80,7%
363.70	**Dachentwässerung horizontal**				
01	**DA Hängerinne, Kupfer, halbrund**	100,00	**110,00**	119,00	
	Einheit: m Rinnenlänge				
	022 Klempnerarbeiten				100,0%
02	**DA Hängerinne, Alu, halbrund**	90,00	**97,00**	108,00	
	Einheit: m Rinnenlänge				
	022 Klempnerarbeiten				100,0%
03	**DA Hängerinne, Titanzink, rund**	88,00	**96,00**	113,00	
	Einheit: m Rinnenlänge				
	022 Klempnerarbeiten				100,0%
04	**DA Hängerinne, Titanzink, kastenförmig**	88,00	**95,00**	109,00	
	Einheit: m Rinnenlänge				
	022 Klempnerarbeiten				100,0%
363.80	**Dachentwässerung vertikal**				
01	**DA Fallrohr, DN100, Kupfer, Standrohr**	103,00	**108,00**	123,00	
	Einheit: m Fallrohrlänge				
	022 Klempnerarbeiten				100,0%
02	**DA Fallrohr, DN100, Aluminium, Standrohr**	94,00	**102,00**	122,00	
	Einheit: m Fallrohrlänge				
	022 Klempnerarbeiten				100,0%
03	**DA Fallrohr, DN100, Titanzink, Standrohr**	72,00	**79,00**	90,00	
	Einheit: m Fallrohrlänge				
	022 Klempnerarbeiten				100,0%

▷ von
ø Mittel
◁ bis

© **BKI** Baukosteninformationszentrum; Erläuterungen zu den Tabellen siehe Seite 58

KG.OZ		▷	€/Einheit	◁	LB an EA
364.20	**Oberflächenbehandlung**				
01	**DA Beschichtung, Kalkfarbe**	15,00	**16,00**	20,00	
	Einheit: m² Beschichtungsfläche				
	034 Maler- und Lackierarbeiten - Beschichtungen				100,0%
02	**DA Beschichtung, Dispersion, wb, auf Beton**	9,10	**11,00**	13,00	
	Einheit: m² Beschichtungsfläche				
	034 Maler- und Lackierarbeiten - Beschichtungen				100,0%
03	**DA Beschichtung, Dispersion, sb, auf Putz, glatt**	9,10	**11,00**	13,00	
	Einheit: m² Beschichtungsfläche				
	034 Maler- und Lackierarbeiten - Beschichtungen				100,0%
04	**DA Beschichtung, Dispersion, wb, auf Putz, rau**	11,00	**13,00**	16,00	
	Einheit: m² Beschichtungsfläche				
	034 Maler- und Lackierarbeiten - Beschichtungen				100,0%
05	**DA Beschichtung, Silikatfarbe, auf Gipsplatten**	13,00	**16,00**	20,00	
	Einheit: m² Beschichtungsfläche				
	034 Maler- und Lackierarbeiten - Beschichtungen				100,0%
06	**DA Beschichtung, Silikatfarbe, auf Putz**	11,00	**13,00**	17,00	
	Einheit: m² Beschichtungsfläche				
	034 Maler- und Lackierarbeiten - Beschichtungen				100,0%
07	**DA Beschichtung, Lasur, Holz**	20,00	**22,00**	26,00	
	Einheit: m² Beschichtungsfläche				
	034 Maler- und Lackierarbeiten - Beschichtungen				100,0%
364.30	**Putz**				
01	**DA Putz, Kalkgips, einlagig, gefilzt, Q2**	25,00	**27,00**	30,00	
	Einheit: m² Bekleidungsfläche				
	023 Putz- und Stuckarbeiten, Wärmedämmsysteme				100,0%
02	**DA Putz, Kalkgips, einlagig, geglättet, Q3**	29,00	**32,00**	37,00	
	Einheit: m² Bekleidungsfläche				
	023 Putz- und Stuckarbeiten, Wärmedämmsysteme				100,0%
03	**DA Putz, Gips, einlagig, gefilzt, Q2**	24,00	**27,00**	27,00	
	Einheit: m² Bekleidungsfläche				
	023 Putz- und Stuckarbeiten, Wärmedämmsysteme				100,0%
04	**DA Putz, Gips, einlagig, geglättet, Q3**	26,00	**30,00**	32,00	
	Einheit: m² Bekleidungsfläche				
	023 Putz- und Stuckarbeiten, Wärmedämmsysteme				100,0%
05	**DA, Putz, Laibung, bis 25cm**	26,00	**32,00**	39,00	
	Einheit: m² Bekleidungsfläche				
	023 Putz- und Stuckarbeiten, Wärmedämmsysteme				100,0%
364.40	**Bekleidung auf Unterkonstruktion**				
01	**DA Bekleidung, Gipsplatten, einlagig, Federschiene**	97,00	**102,00**	117,00	
	Einheit: m² Bekleidungsfläche				
	039 Trockenbauarbeiten				100,0%

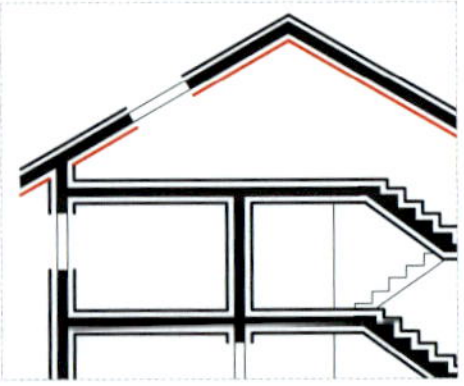

Kosten:
Stand 1. Quartal 2025
Bundesdurchschnitt
inkl. 19% MwSt.

▷ von
ø Mittel
◁ bis

KG.OZ		▷	€/Einheit	◁	LB an EA
364.40	**Bekleidung auf Unterkonstruktion**				
02	**DA Bekleidung, geneigt, Gipsplatten 12,5mm, einlagig, UK Holz** Einheit: m² Bekleidungsfläche	79,00	**89,00**	112,00	
	039 Trockenbauarbeiten				100,0%
03	**DA Bekleidung, geneigt, Gipsplatten 12,5mm, zweilagig, UK Holz** Einheit: m² Bekleidungsfläche	93,00	**107,00**	132,00	
	039 Trockenbauarbeiten				100,0%
04	**DA Bekleidung, geneigt, Gipsplatten 12,5mm, einlagig, Dämmung** Einheit: m² Bekleidungsfläche	108,00	**123,00**	152,00	
	039 Trockenbauarbeiten				100,0%
364.60	**Tapeten**				
01	**DA Tapete, Raufaser, fein, beschichtet** Einheit: m² Bekleidungsfläche	22,00	**25,00**	30,00	
	037 Tapezierarbeiten				88,9%
02	**DA Tapete, Glasfaser, fein, beschichtet** Einheit: m² Bekleidungsfläche	38,00	**44,00**	49,00	
	037 Tapezierarbeiten				93,6%
03	**DA Tapete, Raufaser, grob, beschichtet** Einheit: m² Bekleidungsfläche	22,00	**25,00**	30,00	
	037 Tapezierarbeiten				88,9%
04	**DA Tapete, Glasfaser, grob, beschichtet** Einheit: m² Bekleidungsfläche	37,00	**43,00**	49,00	
	037 Tapezierarbeiten				93,5%
364.80	**Abgehängte Bekleidung**				
01	**DA Bekleidung, Gipsplatten, abgehängt, einlagig, Randanschluss** Einheit: m² Bekleidungsfläche	94,00	**103,00**	119,00	
	039 Trockenbauarbeiten				100,0%
02	**DA Bekleidung, Gipsplatten, abgehängt, zweilagig, Randanschluss** Einheit: m² Bekleidungsfläche	124,00	**136,00**	162,00	
	039 Trockenbauarbeiten				100,0%
03	**DA Bekleidung, Gipsplatten, abgehängt, zweilagig, Randanschluss, F/EI90** Einheit: m² Bekleidungsfläche	172,00	**216,00**	281,00	
	039 Trockenbauarbeiten				100,0%
04	**DA Bekleidung, Gipsplatten, abgehängt, einlagig, Dämmung, Randanschluss** Einheit: m² Bekleidungsfläche	108,00	**119,00**	139,00	
	039 Trockenbauarbeiten				100,0%

© BKI Baukosteninformationszentrum; Erläuterungen zu den Tabellen siehe Seite 58

KG.OZ		▷	€/Einheit	◁	LB an EA
364.80	**Abgehängte Bekleidung**				
05	**DA Bekleidung, Gipsplatten, abgehängt, zweilagig, Dämmung, Randanschluss** Einheit: m² Bekleidungsfläche	138,00	**152,00**	183,00	
	039 Trockenbauarbeiten				100,0%
06	**DA Bekleidung, Gipsplatten, abgehängt, Dämmung, zweilagig, Randanschluss, EI90** Einheit: m² Bekleidungsfläche	186,00	**232,00**	301,00	
	039 Trockenbauarbeiten				100,0%
07	**DA Bekleidung, Zementplatten, abgehängt, einlagig, Randanschluss** Einheit: m² Bekleidungsfläche	159,00	**175,00**	196,00	
	039 Trockenbauarbeiten				100,0%

KG.OZ		▷	€/Einheit	◁	LB an EA
392.10	**Standgerüste**				
01	**Gerüst, Fassaden, LK3, W06, 20 Wochen** Einheit: m² Gerüstfläche	16,00	**17,00**	20,00	
	001 Gerüstarbeiten				100,0%
02	**Gerüst, Fassaden, LK3, W06, 50 Wochen** Einheit: m² Gerüstfläche	26,00	**28,00**	32,00	
	001 Gerüstarbeiten				100,0%
03	**Gerüst, Fassaden, LK4, W09, 16 Wochen** Einheit: m² Gerüstfläche	19,00	**21,00**	24,00	
	001 Gerüstarbeiten				100,0%
04	**Gerüst, Fassaden, LK4, W09, 50 Wochen** Einheit: m² Gerüstfläche	29,00	**32,00**	37,00	
	001 Gerüstarbeiten				100,0%
05	**Dachfanggerüst, Erweiterung, 20 Wochen** Einheit: m Gerüstfläche	22,00	**26,00**	31,00	
	001 Gerüstarbeiten				100,0%
06	**Dachfanggerüst, Erweiterung, 50 Wochen** Einheit: m Gerüstfläche	36,00	**43,00**	52,00	
	001 Gerüstarbeiten				100,0%

Kosten:
Stand 1. Quartal 2025
Bundesdurchschnitt
inkl. 19% MwSt.

▷ von
ø Mittel
◁ bis

© **BKI** Baukosteninformationszentrum; Erläuterungen zu den Tabellen siehe Seite 58

KG.OZ	▷	€/Einheit	◁	LB an EA
411.10 Abwasserleitungen/Abläufe				
01 **Abwasser, PP-Rohrleitungen, Formteile, DN/OD75, gedämmt**	68,00	**75,00**	87,00	
Einheit: m Abwasserleitung				
044 Abwasseranlagen - Leitungen, Abläufe, Armaturen				78,0%
047 Dämm- und Brandschutzarbeiten an technischen Anlagen				22,0%
02 **Abwasser, PP-Rohrleitungen, Formteile, DN/OD75, gedämmt, Brandschutzabschottung**	106,00	**117,00**	138,00	
Einheit: m Abwasserleitung				
044 Abwasseranlagen - Leitungen, Abläufe, Armaturen				50,4%
047 Dämm- und Brandschutzarbeiten an technischen Anlagen				49,6%
03 **Abwasser, PP-Rohrleitungen, Formteile, DN/OD90, gedämmt**	88,00	**100,00**	115,00	
Einheit: m Abwasserleitung				
044 Abwasseranlagen - Leitungen, Abläufe, Armaturen				83,5%
047 Dämm- und Brandschutzarbeiten an technischen Anlagen				16,5%
04 **Abwasser, PP-Rohrleitungen, Formteile, DN/OD90, gedämmt, Brandschutzabschottung**	126,00	**141,00**	166,00	
Einheit: m Abwasserleitung				
044 Abwasseranlagen - Leitungen, Abläufe, Armaturen				59,1%
047 Dämm- und Brandschutzarbeiten an technischen Anlagen				40,9%
05 **Abwasser, PP-Rohrleitungen, Formteile, DN/OD110, gedämmt**	112,00	**127,00**	147,00	
Einheit: m Abwasserleitung				
044 Abwasseranlagen - Leitungen, Abläufe, Armaturen				86,9%
047 Dämm- und Brandschutzarbeiten an technischen Anlagen				13,1%
06 **Abwasser, PP-Rohrleitungen, Formteile, DN/OD110, gedämmt, Brandschutzabschottung**	151,00	**168,00**	198,00	
Einheit: m Abwasserleitung				
044 Abwasseranlagen - Leitungen, Abläufe, Armaturen				65,6%
047 Dämm- und Brandschutzarbeiten an technischen Anlagen				34,4%
07 **Abwasser, HT-Rohrleitungen, Formteile, DN/OD75, gedämmt**	59,00	**63,00**	81,00	
Einheit: m Abwasserleitung				
044 Abwasseranlagen - Leitungen, Abläufe, Armaturen				73,7%
047 Dämm- und Brandschutzarbeiten an technischen Anlagen				26,3%
08 **Abwasser, HT-Rohrleitungen, Formteile, DN/OD75, gedämmt, Brandschutzabschottung**	97,00	**104,00**	132,00	
Einheit: m Abwasserleitung				
044 Abwasseranlagen - Leitungen, Abläufe, Armaturen				44,5%
047 Dämm- und Brandschutzarbeiten an technischen Anlagen				55,5%
09 **Abwasser, HT-Rohrleitungen, Formteile, DN/OD110, gedämmt**	69,00	**74,00**	90,00	
Einheit: m Abwasserleitung				
044 Abwasseranlagen - Leitungen, Abläufe, Armaturen				77,7%
047 Dämm- und Brandschutzarbeiten an technischen Anlagen				22,3%

© **BKI** Baukosteninformationszentrum; Erläuterungen zu den Tabellen siehe Seite 58

Kosten:
Stand 1. Quartal 2025
Bundesdurchschnitt
inkl. 19% MwSt.

KG.OZ		▷	€/Einheit	◁	LB an EA
411.10	**Abwasserleitungen/Abläufe**				
10	**Abwasser, HT-Rohrleitungen, Formteile, DN/OD110, gedämmt, Brandschutzabschottung** Einheit: m Abwasserleitung	108,00	**116,00**	140,00	
	044 Abwasseranlagen - Leitungen, Abläufe, Armaturen				50,0%
	047 Dämm- und Brandschutzarbeiten an technischen Anlagen				50,0%
11	**Abwasser, Guss-Rohrleitungen, Formteile, DN80, gedämmt** Einheit: m Abwasserleitung	107,00	**116,00**	125,00	
	044 Abwasseranlagen - Leitungen, Abläufe, Armaturen				85,7%
	047 Dämm- und Brandschutzarbeiten an technischen Anlagen				14,3%
12	**Abwasser, Guss-Rohrleitungen, Formteile, DN80, gedämmt, Brandschutzabschottung** Einheit: m Abwasserleitung	146,00	**157,00**	176,00	
	044 Abwasseranlagen - Leitungen, Abläufe, Armaturen				63,2%
	047 Dämm- und Brandschutzarbeiten an technischen Anlagen				36,8%
13	**Bodenablauf, Anschlussleitung, Guss, DN/OD110** Einheit: St Ablauf	899,00	**927,00**	964,00	
	044 Abwasseranlagen - Leitungen, Abläufe, Armaturen				100,0%
14	**Duschablauf, Anschlussleitung, PP-Rohrleitung, bis DN/OD110** Einheit: St Ablauf	801,00	**898,00**	1.069,00	
	044 Abwasseranlagen - Leitungen, Abläufe, Armaturen				100,0%
15	**Duschrinne, Edelstahl, PP-Anschlussleitung** Einheit: St Ablauf	738,00	**803,00**	936,00	
	044 Abwasseranlagen - Leitungen, Abläufe, Armaturen				100,0%
16	**Flachdachentwässerung, innenliegend, Freispiegel, HT, DN/OD75** Einheit: St Entwässerung	832,00	**908,00**	1.120,00	
	021 Dachabdichtungsarbeiten				23,4%
	044 Abwasseranlagen - Leitungen, Abläufe, Armaturen				54,7%
	047 Dämm- und Brandschutzarbeiten an technischen Anlagen				21,9%
17	**Flachdachentwässerung, innenliegend, Freispiegel, HT, DN/OD110** Einheit: St Entwässerung	938,00	**991,00**	1.096,00	
	044 Abwasseranlagen - Leitungen, Abläufe, Armaturen				79,9%
	047 Dämm- und Brandschutzarbeiten an technischen Anlagen				20,1%
18	**Flachdachentwässerung, innenliegend, Freispiegel, PP, DN/OD75** Einheit: St Entwässerung	845,00	**948,00**	1.097,00	
	021 Dachabdichtungsarbeiten				22,4%
	044 Abwasseranlagen - Leitungen, Abläufe, Armaturen				56,6%
	047 Dämm- und Brandschutzarbeiten an technischen Anlagen				21,0%

▷ von
ø Mittel
◁ bis

© **BKI** Baukosteninformationszentrum; Erläuterungen zu den Tabellen siehe Seite 58

KG.OZ		▷	€/Einheit	◁	LB an EA
411.10	**Abwasserleitungen/Abläufe**				
19	**Flachdachentwässerung, innenliegend, Freispiegel, PP, DN/OD110**	1.123,00	**1.246,00**	1.421,00	
	Einheit: St Entwässerung				
	044 Abwasseranlagen - Leitungen, Abläufe, Armaturen				84,0%
	047 Dämm- und Brandschutzarbeiten an technischen Anlagen				16,0%
20	**Rohrbelüfter, HT-Leitung, DN/OD75, Formstücke, gedämmt**	536,00	**591,00**	711,00	
	Einheit: St Belüfter				
	044 Abwasseranlagen - Leitungen, Abläufe, Armaturen				83,2%
	047 Dämm- und Brandschutzarbeiten an technischen Anlagen				16,8%
21	**Rohrbelüfter, HT-Leitung, DN/OD110, Formstücke, gedämmt**	640,00	**705,00**	928,00	
	Einheit: St Belüfter				
	044 Abwasseranlagen - Leitungen, Abläufe, Armaturen				85,9%
	047 Dämm- und Brandschutzarbeiten an technischen Anlagen				14,1%
22	**Rohrbelüfter, PE-Leitung, DN/OD75, Formstücke, gedämmt**	553,00	**633,00**	698,00	
	Einheit: St Belüfter				
	044 Abwasseranlagen - Leitungen, Abläufe, Armaturen				84,3%
	047 Dämm- und Brandschutzarbeiten an technischen Anlagen				15,7%
23	**Rohrbelüfter, PE-Leitung, DN/OD110, Formstücke, gedämmt**	757,00	**860,00**	1.215,00	
	Einheit: St Belüfter				
	044 Abwasseranlagen - Leitungen, Abläufe, Armaturen				88,4%
	047 Dämm- und Brandschutzarbeiten an technischen Anlagen				11,6%
24	**Rohrbelüfter, Gussleitung, DN/OD110, Formstücke, gedämmt**	973,00	**1.089,00**	1.168,00	
	Einheit: St Belüfter				
	044 Abwasseranlagen - Leitungen, Abläufe, Armaturen				90,9%
	047 Dämm- und Brandschutzarbeiten an technischen Anlagen				9,1%
411.50	**Hebeanlagen**				
01	**Abwasserhebeanlage**	4.518,00	**5.178,00**	6.135,00	
	Einheit: St Abwasserhebeanlage				
	044 Abwasseranlagen - Leitungen, Abläufe, Armaturen				100,0%

KG.OZ		▷	€/Einheit	◁	LB an EA
412.20	**Wasseraufbereitungsanlagen**				
01	**Hauseinführung, Rohrleitung, Hauswasserstation, Druckminderer, Filter**	999,00	**1.154,00**	1.251,00	
	Einheit: St Hauswasserstation				
	042 Gas- und Wasseranlagen - Leitungen, Armaturen				100,0%
412.30	**Druckerhöhungsanlagen**				
01	**Druckerhöhungsanlage**	19.437,00	**26.596,00**	30.783,00	
	Einheit: St Druckerhöhungsanlage				
	046 Gas-, Wasser- und Entwässerungsanlagen - Betriebseinrichtungen				100,0%
412.40	**Wasserleitungen/Verteiler**				
01	**Trinkwasserleitung, Metallverbundrohr, DN15**	20,00	**22,00**	26,00	
	Einheit: m Wasserleitung				
	042 Gas- und Wasseranlagen - Leitungen, Armaturen				100,0%
02	**Trinkwasserleitung, Metallverbundrohr, DN20**	24,00	**28,00**	32,00	
	Einheit: m Wasserleitung				
	042 Gas- und Wasseranlagen - Leitungen, Armaturen				100,0%
03	**Trinkwasserleitung, Kupferrohr, DN12**	28,00	**32,00**	34,00	
	Einheit: m Wasserleitung				
	042 Gas- und Wasseranlagen - Leitungen, Armaturen				100,0%
04	**Trinkwasserleitung, Kupferrohr, DN20**	32,00	**35,00**	43,00	
	Einheit: m Wasserleitung				
	042 Gas- und Wasseranlagen - Leitungen, Armaturen				100,0%
05	**Trinkwasserleitung, Edelstahlrohr, DN12**	24,00	**28,00**	31,00	
	Einheit: m Wasserleitung				
	042 Gas- und Wasseranlagen - Leitungen, Armaturen				100,0%
06	**Trinkwasserleitung, Edelstahlrohr, DN20**	35,00	**35,00**	41,00	
	Einheit: m Wasserleitung				
	042 Gas- und Wasseranlagen - Leitungen, Armaturen				100,0%
07	**Trinkwasserleitung, Kupferrohr, DN12, Dämmung**	53,00	**61,00**	63,00	
	Einheit: m Wasserleitung				
	042 Gas- und Wasseranlagen - Leitungen, Armaturen				52,3%
	047 Dämm- und Brandschutzarbeiten an technischen Anlagen				47,7%
08	**Trinkwasserleitung, Kupferrohr, DN20, Dämmung**	57,00	**64,00**	72,00	
	Einheit: m Wasserleitung				
	042 Gas- und Wasseranlagen - Leitungen, Armaturen				54,5%
	047 Dämm- und Brandschutzarbeiten an technischen Anlagen				45,5%
09	**Trinkwasserleitung, Edelstahlrohr, DN12, Dämmung**	49,00	**57,00**	60,00	
	Einheit: m Wasserleitung				
	042 Gas- und Wasseranlagen - Leitungen, Armaturen				49,1%
	047 Dämm- und Brandschutzarbeiten an technischen Anlagen				50,9%
10	**Trinkwasserleitung, Edelstahlrohr, DN20, Dämmung**	59,00	**64,00**	70,00	
	Einheit: m Wasserleitung				
	042 Gas- und Wasseranlagen - Leitungen, Armaturen				54,8%
	047 Dämm- und Brandschutzarbeiten an technischen Anlagen				45,2%

Kosten:
Stand 1. Quartal 2025
Bundesdurchschnitt
inkl. 19% MwSt.

▷ von
ø Mittel
◁ bis

© **BKI** Baukosteninformationszentrum; Erläuterungen zu den Tabellen siehe Seite 58

KG.OZ		▷	€/Einheit	◁	LB an EA
412.40	**Wasserleitungen/Verteiler**				
11	**Trinkwasserleitung, Metallverbundrohr, DN15, Dämmung**	44,00	**51,00**	55,00	
	Einheit: m Wasserleitung				
	042 Gas- und Wasseranlagen - Leitungen, Armaturen				43,4%
	047 Dämm- und Brandschutzarbeiten an technischen Anlagen				56,6%
12	**Trinkwasserleitung, Metallverbundrohr, DN20, Dämmung**	55,00	**60,00**	71,00	
	Einheit: m Wasserleitung				
	042 Gas- und Wasseranlagen - Leitungen, Armaturen				46,2%
	047 Dämm- und Brandschutzarbeiten an technischen Anlagen				53,8%
13	**Umwälzpumpe, Nassläufer, bis 2,5m³/h, Wärmedämmschale**	751,00	**774,00**	832,00	
	Einheit: St Pumpe				
	040 Wärmeversorgungsanlagen - Betriebseinrichtungen				100,0%
14	**Umwälzpumpe, Nassläufer, bis 5,0m³/h, Wärmedämmschale**	928,00	**970,00**	991,00	
	Einheit: St Pumpe				
	040 Wärmeversorgungsanlagen - Betriebseinrichtungen				100,0%
15	**Umwälzpumpe, Nassläufer, über 5,0m³/h, Wärmedämmschale**	1.475,00	**1.559,00**	1.865,00	
	Einheit: St Pumpe				
	040 Wärmeversorgungsanlagen - Betriebseinrichtungen				100,0%
412.50	**Dezentrale Wassererwärmer**				
01	**Wohnungsstation, dezentral, Trinkwarmwasserbereitung, Durchflussprinzip, bis 15l/min, Anschluss**	5.011,00	**5.564,00**	6.404,00	
	Einheit: St Durchlauferhitzer				
	040 Wärmeversorgungsanlagen - Betriebseinrichtungen				98,8%
	042 Gas- und Wasseranlagen - Leitungen, Armaturen				0,6%
	047 Dämm- und Brandschutzarbeiten an technischen Anlagen				0,6%
02	**Wohnungsstation, dezentral, Trinkwarmwasserbereitung, Durchflussprinzip, bis 30l/min, Anschluss**	5.617,00	**6.237,00**	7.178,00	
	Einheit: St Durchlauferhitzer				
	040 Wärmeversorgungsanlagen - Betriebseinrichtungen				98,9%
	042 Gas- und Wasseranlagen - Leitungen, Armaturen				0,6%
	047 Dämm- und Brandschutzarbeiten an technischen Anlagen				0,5%
412.60	**Sanitärobjekte**				
01	**Ausgussbecken, Stahl, Armatur, Siphon, Eckventile**	550,00	**673,00**	909,00	
	Einheit: St Ausgussbecken				
	042 Gas- und Wasseranlagen - Leitungen, Armaturen				12,3%
	045 Gas-, Wasser- und Entwässerungsanlagen - Ausstattung, Elemente, Fertigbäder				87,7%
02	**Ausgussbecken, Stahl, Installationselement, Armatur, Siphon, Eckventile**	689,00	**856,00**	1.126,00	
	Einheit: St Ausgussbecken				
	042 Gas- und Wasseranlagen - Leitungen, Armaturen				9,7%
	045 Gas-, Wasser- und Entwässerungsanlagen - Ausstattung, Elemente, Fertigbäder				90,3%

KG.OZ		▷	€/Einheit	◁	LB an EA
412.60	**Sanitärobjekte**				
03	**Waschtisch, 550/450mm, Armatur, Siphon, Eckventile** Einheit: St Waschbecken	704,00	**816,00**	1.006,00	
	042 Gas- und Wasseranlagen - Leitungen, Armaturen				10,1%
	045 Gas-, Wasser- und Entwässerungsanlagen - Ausstattung, Elemente, Fertigbäder				89,9%
04	**Handwaschbecken, barrierefrei, Armatur berührungslos, Siphon, Eckventile** Einheit: St Waschbecken	1.267,00	**1.540,00**	2.065,00	
	042 Gas- und Wasseranlagen - Leitungen, Armaturen				5,4%
	045 Gas-, Wasser- und Entwässerungsanlagen - Ausstattung, Elemente, Fertigbäder				94,6%
05	**Handwaschbecken, barrierefrei, Installationselement, Armatur berührungslos, Siphon, Eckventile** Einheit: St Waschbecken	1.405,00	**1.724,00**	2.282,00	
	042 Gas- und Wasseranlagen - Leitungen, Armaturen				4,8%
	045 Gas-, Wasser- und Entwässerungsanlagen - Ausstattung, Elemente, Fertigbäder				95,2%
06	**Handwaschbecken, barrierefrei, Installationselement, Stützgriffen, Armatur berührungslos, Siphon** Einheit: St Waschbecken	2.988,00	**3.536,00**	4.383,00	
	042 Gas- und Wasseranlagen - Leitungen, Armaturen				2,3%
	045 Gas-, Wasser- und Entwässerungsanlagen - Ausstattung, Elemente, Fertigbäder				97,7%
07	**Bidet, wandhängend, Armatur, Siphon, Eckventile** Einheit: St Bidet	1.016,00	**1.259,00**	1.555,00	
	042 Gas- und Wasseranlagen - Leitungen, Armaturen				6,6%
	045 Gas-, Wasser- und Entwässerungsanlagen - Ausstattung, Elemente, Fertigbäder				93,4%
08	**Bidet, wandhängend, Installationselement, Armatur, Siphon, Eckventile** Einheit: St Bidet	1.381,00	**1.666,00**	1.996,00	
	042 Gas- und Wasseranlagen - Leitungen, Armaturen				5,0%
	045 Gas-, Wasser- und Entwässerungsanlagen - Ausstattung, Elemente, Fertigbäder				95,0%
09	**Urinal, wandhängend, Betätigungsplatte, Siphon** Einheit: St Urinal	398,00	**454,00**	493,00	
	045 Gas-, Wasser- und Entwässerungsanlagen - Ausstattung, Elemente, Fertigbäder				100,0%
10	**Urinal, wandhängend, Betätigungsplatte, Urinalsteuerung, Siphon** Einheit: St Urinal	768,00	**917,00**	1.132,00	
	045 Gas-, Wasser- und Entwässerungsanlagen - Ausstattung, Elemente, Fertigbäder				100,0%
11	**Urinal, wandhängend, Installationselement, Betätigungsplatte, Siphon** Einheit: St Urinal	743,00	**824,00**	916,00	
	045 Gas-, Wasser- und Entwässerungsanlagen - Ausstattung, Elemente, Fertigbäder				100,0%
12	**Urinal, wandhängend, Installationselement, Betätigungsplatte, Urinalsteuerung, Siphon** Einheit: St Urinal	1.114,00	**1.288,00**	1.555,00	
	045 Gas-, Wasser- und Entwässerungsanlagen - Ausstattung, Elemente, Fertigbäder				100,0%

Kosten:
Stand 1. Quartal 2025
Bundesdurchschnitt
inkl. 19% MwSt.

▷ von
ø Mittel
◁ bis

© **BKI** Baukosteninformationszentrum; Erläuterungen zu den Tabellen siehe Seite 58

KG.OZ		▷	€/Einheit	◁	LB an EA
412.60	**Sanitärobjekte**				
13	**WC, wandhängend, WC-Sitz, Betätigungsplatte** Einheit: St WC-Becken	685,00	**713,00**	885,00	
	045 Gas-, Wasser- und Entwässerungsanlagen - Ausstattung, Elemente, Fertigbäder				100,0%
14	**WC, wandhängend, WC-Sitz, Betätigung berührungslos** Einheit: St WC-Becken	1.314,00	**1.475,00**	1.761,00	
	045 Gas-, Wasser- und Entwässerungsanlagen - Ausstattung, Elemente, Fertigbäder				100,0%
15	**WC, wandhängend, Spülkasten, WC-Sitz, Betätigungsplatte** Einheit: St WC-Becken	869,00	**930,00**	1.097,00	
	045 Gas-, Wasser- und Entwässerungsanlagen - Ausstattung, Elemente, Fertigbäder				100,0%
16	**WC, wandhängend, Installationselement, Spülkasten, WC-Sitz, Betätigungsplatte** Einheit: St WC-Becken	1.235,00	**1.337,00**	1.538,00	
	045 Gas-, Wasser- und Entwässerungsanlagen - Ausstattung, Elemente, Fertigbäder				100,0%
17	**WC, barrierefrei, wandhängend, WC-Sitz, Betätigungsplatte** Einheit: St WC-Becken	946,00	**1.048,00**	1.225,00	
	045 Gas-, Wasser- und Entwässerungsanlagen - Ausstattung, Elemente, Fertigbäder				100,0%
18	**WC, barrierefrei, wandhängend, WC-Sitz, Betätigung berührungslos** Einheit: St WC-Becken	1.574,00	**1.810,00**	2.101,00	
	045 Gas-, Wasser- und Entwässerungsanlagen - Ausstattung, Elemente, Fertigbäder				100,0%
19	**WC, barrierefrei, wandhängend, Spülkasten, WC-Sitz, Betätigungsplatte** Einheit: St WC-Becken	1.130,00	**1.265,00**	1.437,00	
	045 Gas-, Wasser- und Entwässerungsanlagen - Ausstattung, Elemente, Fertigbäder				100,0%
20	**WC, barrierefrei, wandhängend, Installationselement, Spülkasten, WC-Sitz, Betätigungsplatte** Einheit: St WC-Becken	1.311,00	**1.454,00**	1.666,00	
	045 Gas-, Wasser- und Entwässerungsanlagen - Ausstattung, Elemente, Fertigbäder				100,0%
21	**WC, barrierefrei, wandhängend, Installationselement, Spülkasten, WC-Sitz, Betätigung berührungslos** Einheit: St WC-Becken	2.236,00	**2.554,00**	2.937,00	
	045 Gas-, Wasser- und Entwässerungsanlagen - Ausstattung, Elemente, Fertigbäder				100,0%
22	**WC, barrierefrei, Installationselement, Hygienespülung, Stützgriffe, Notruf, berührungslos** Einheit: St WC-Becken	9.925,00	**11.695,00**	13.928,00	
	045 Gas-, Wasser- und Entwässerungsanlagen - Ausstattung, Elemente, Fertigbäder				91,0%
	063 Gefahrenmeldeanlagen				9,0%
23	**WC-Garnitur, Bürste, Papierhalter** Einheit: St WC-Garniturset	128,00	**179,00**	200,00	
	045 Gas-, Wasser- und Entwässerungsanlagen - Ausstattung, Elemente, Fertigbäder				100,0%

Kosten:
Stand 1.Quartal 2025
Bundesdurchschnitt
inkl. 19% MwSt.

▷ von
ø Mittel
◁ bis

KG.OZ		▷	€/Einheit	◁	LB an EA
412.60	**Sanitärobjekte**				
24	**Duschwanne, 80x80cm, mit Einhebel-Wandarmatur, Ablauf und Brausegarnitur** Einheit: St Duschwanne	1.032,00	**1.188,00**	1.356,00	
	045 Gas-, Wasser- und Entwässerungsanlagen - Ausstattung, Elemente, Fertigbäder				100,0%
25	**Duschwanne, 80x80cm, mit Thermostat-Wandarmatur, Ablauf und Brausegarnitur** Einheit: St Duschwanne	1.030,00	**1.219,00**	1.574,00	
	045 Gas-, Wasser- und Entwässerungsanlagen - Ausstattung, Elemente, Fertigbäder				100,0%
26	**Duschwanne, 100x100cm, mit Einhebel-Wandarmatur, Ablauf und Brausegarnitur** Einheit: St Duschwanne	1.195,00	**1.404,00**	1.611,00	
	045 Gas-, Wasser- und Entwässerungsanlagen - Ausstattung, Elemente, Fertigbäder				100,0%
27	**Duschwanne, 100x100cm, mit Thermostat-Wandarmatur, Ablauf und Brausegarnitur** Einheit: St Duschwanne	1.194,00	**1.434,00**	1.830,00	
	045 Gas-, Wasser- und Entwässerungsanlagen - Ausstattung, Elemente, Fertigbäder				100,0%
28	**Duschwanne 100x100cm, mit Einhebel-Wandarmatur, Duschabtrennung, Ablauf und Brausegarnitur** Einheit: St Duschwanne	2.408,00	**2.682,00**	2.948,00	
	045 Gas-, Wasser- und Entwässerungsanlagen - Ausstattung, Elemente, Fertigbäder				100,0%
29	**Duschwanne, 100x100cm, mit Thermostat-Wandarmatur, Duschabtrennung, Ablauf und Brausegarnitur** Einheit: St Duschwanne	2.407,00	**2.712,00**	3.167,00	
	045 Gas-, Wasser- und Entwässerungsanlagen - Ausstattung, Elemente, Fertigbäder				100,0%
30	**Badewanne, 170x80cm, Einhebel-Wandarmatur, Ablauf und Brausegarnitur** Einheit: St Badewanne	1.136,00	**1.319,00**	1.696,00	
	045 Gas-, Wasser- und Entwässerungsanlagen - Ausstattung, Elemente, Fertigbäder				100,0%
31	**Badewanne, 170x80cm, Thermostat-Wandarmatur, Ablauf und Brausegarnitur** Einheit: St Badewanne	1.485,00	**1.713,00**	2.160,00	
	045 Gas-, Wasser- und Entwässerungsanlagen - Ausstattung, Elemente, Fertigbäder				100,0%
32	**Badewanne, 170x80cm, mit Türeinstieg, Einhebel-Wandarmatur, Ablauf und Brausegarnitur** Einheit: St Badewanne	7.122,00	**8.424,00**	11.035,00	
	045 Gas-, Wasser- und Entwässerungsanlagen - Ausstattung, Elemente, Fertigbäder				100,0%
33	**Badewannen-Duschkombi, 170x80cm, Türeinstieg, Duschwand, Thermostat-Wandarmatur, Ablauf** Einheit: St Badewanne	9.902,00	**12.347,00**	15.176,00	
	045 Gas-, Wasser- und Entwässerungsanlagen - Ausstattung, Elemente, Fertigbäder				100,0%
34	**Waschtischgarnitur, Seifen und Papierspender** Einheit: St Garnitur	230,00	**273,00**	383,00	
	045 Gas-, Wasser- und Entwässerungsanlagen - Ausstattung, Elemente, Fertigbäder				100,0%

© **BKI** Baukosteninformationszentrum; Erläuterungen zu den Tabellen siehe Seite 58

KG.OZ		▷	€/Einheit	◁	LB an EA
412.70	**Wasserspeicher**				
01	**Regenwassernutzungsanlage** Einheit: St Regenwassernutzungsanlage	6.519,00	**7.340,00**	8.076,00	
	046 Gas-, Wasser- und Entwässerungsanlagen - Betriebseinrichtungen				100,0%

Kosten:
Stand 1. Quartal 2025
Bundesdurchschnitt
inkl. 19% MwSt.

▷ von
ø Mittel
◁ bis

KG.OZ		▷	€/Einheit	◁	LB an EA
421.30	**Heizkesselanlagen**				
01	**Gas-Brennwerttherme, 15-25kW, mit Pufferspeicher, Ausdehnungsgefäß** Einheit: St Anlage	11.824,00	**13.552,00**	15.106,00	
	040 Wärmeversorgungsanlagen - Betriebseinrichtungen				100,0%
02	**Gas-Brennwerttherme, 15-25kW, mit Pufferspeicher, Ausdehnungsgefäß, Neutralisationsanlage** Einheit: St Anlage	12.466,00	**14.271,00**	16.046,00	
	040 Wärmeversorgungsanlagen - Betriebseinrichtungen				100,0%
03	**Gas-Brennwertkessel, bis 25kW, mit Pufferspeicher, Ausdehnungsgefäß** Einheit: St Anlage	11.612,00	**12.816,00**	14.576,00	
	040 Wärmeversorgungsanlagen - Betriebseinrichtungen				100,0%
04	**Gas-Brennwertkessel, bis 25kW, mit Pufferspeicher, Ausdehnungsgefäß, Neutralisationsanlage** Einheit: St Anlage	12.253,00	**13.536,00**	15.515,00	
	040 Wärmeversorgungsanlagen - Betriebseinrichtungen				100,0%
05	**Gas-Brennwertkessel, 50-70kW, mit Pufferspeicher, Ausdehnungsgefäß, Neutralisationsanlage** Einheit: St Anlage	15.952,00	**18.225,00**	22.303,00	
	040 Wärmeversorgungsanlagen - Betriebseinrichtungen				100,0%
06	**Öl-Brennwerttherme, 15-25kW, mit Pufferspeicher, Ausdehnungsgefäß** Einheit: St Anlage	13.264,00	**15.373,00**	18.597,00	
	040 Wärmeversorgungsanlagen - Betriebseinrichtungen				100,0%
07	**Öl-Brennwertkessel, bis 25kW, mit Pufferspeicher, Ausdehnungsgefäß** Einheit: St Anlage	14.920,00	**16.326,00**	18.531,00	
	040 Wärmeversorgungsanlagen - Betriebseinrichtungen				100,0%
08	**Öl-Brennwerttherme, 15-25kW, mit Pufferspeicher, Ausdehnungsgefäß, Neutralisationsanlage** Einheit: St Anlage	13.905,00	**16.092,00**	19.536,00	
	040 Wärmeversorgungsanlagen - Betriebseinrichtungen				100,0%
09	**Öl-Brennwertkessel, bis 25kW, mit Pufferspeicher, Ausdehnungsgefäß, Neutralisationsanlage** Einheit: St Anlage	15.561,00	**17.045,00**	19.471,00	
	040 Wärmeversorgungsanlagen - Betriebseinrichtungen				100,0%
10	**Öl-Brennwertkessel, 25-50kW, mit Pufferspeicher, Ausdehnungsgefäß, Neutralisationsanlage** Einheit: St Anlage	17.060,00	**18.674,00**	21.263,00	
	040 Wärmeversorgungsanlagen - Betriebseinrichtungen				100,0%
11	**Öl-Brennwertkessel, 50-70kW, mit Pufferspeicher, Ausdehnungsgefäß, Neutralisationsanlage** Einheit: St Anlage	21.098,00	**24.554,00**	29.691,00	
	040 Wärmeversorgungsanlagen - Betriebseinrichtungen				100,0%

© **BKI** Baukosteninformationszentrum; Erläuterungen zu den Tabellen siehe Seite 58

KG.OZ	▷	€/Einheit	◁	LB an EA
421.30 Heizkesselanlagen				
12 **Holz/Pellet-Heizkessel, bis 25kW, Fördersystem, Ausdehnungsgefäß, mit Pufferspeicher**	25.238,00	**26.792,00**	30.574,00	
Einheit: St Anlage				
040 Wärmeversorgungsanlagen - Betriebseinrichtungen				100,0%
13 **Holz/Pellet-Heizkessel, 25-50kW, Fördersystem, Ausdehnungsgefäß, mit Pufferspeicher**	25.328,00	**29.205,00**	36.241,00	
Einheit: St Anlage				
040 Wärmeversorgungsanlagen - Betriebseinrichtungen				100,0%
421.40 Wärmepumpenanlagen				
01 **Wärmepumpe, bis 15kW, Luft-Wasser, mit Speicher**	23.303,00	**25.165,00**	29.021,00	
Einheit: St Anlage				
040 Wärmeversorgungsanlagen - Betriebseinrichtungen				100,0%
02 **Wärmepumpe, 15-25kW, Luft-Wasser, mit Speicher**	35.592,00	**37.976,00**	40.778,00	
Einheit: St Anlage				
040 Wärmeversorgungsanlagen - Betriebseinrichtungen				100,0%
03 **Wärmepumpe, bis 15kW, Wasser-Wasser, Brunnen, mit Speicher**	45.184,00	**50.047,00**	57.546,00	
Einheit: St Anlage				
040 Wärmeversorgungsanlagen - Betriebseinrichtungen				100,0%
04 **Wärmepumpe, 25-35kW, Wasser-Wasser, mit Speicher, Brunnen**	54.279,00	**63.990,00**	76.599,00	
Einheit: St Anlage				
040 Wärmeversorgungsanlagen - Betriebseinrichtungen				100,0%
05 **Wärmepumpe, bis 15kW, Sole-Wasser, mit Speicher**	22.758,00	**24.668,00**	29.516,00	
Einheit: St Anlage				
040 Wärmeversorgungsanlagen - Betriebseinrichtungen				100,0%
06 **Wärmepumpe, bis 25-35kW, Sole-Wasser, mit Speicher**	38.628,00	**40.628,00**	44.741,00	
Einheit: St Anlage				
040 Wärmeversorgungsanlagen - Betriebseinrichtungen				100,0%
421.50 Solaranlagen				
01 **Solaranlage, thermisch, bis 10m², mit Speicher**	13.007,00	**15.381,00**	17.224,00	
Einheit: St Anlage				
040 Wärmeversorgungsanlagen - Betriebseinrichtungen				100,0%
02 **Solaranlage, thermisch, bis 20m², mit Speicher**	20.192,00	**21.985,00**	24.228,00	
Einheit: St Anlage				
040 Wärmeversorgungsanlagen - Betriebseinrichtungen				100,0%

Kosten:
Stand 1. Quartal 2025
Bundesdurchschnitt
inkl. 19% MwSt.

KG.OZ		▷	€/Einheit	◁	LB an EA
422.10	**Verteilungen**				
01	**Heizungsverteiler, Umwälzpumpe 2,5m³/h, Absperrklappe**	5.658,00	**5.865,00**	7.099,00	
	Einheit: St Umwälzpumpe				
	040 Wärmeversorgungsanlagen - Betriebseinrichtungen				100,0%
02	**Heizungsverteiler, Umwälzpumpe 5m³/h, Absperrklappe**	6.418,00	**6.774,00**	8.161,00	
	Einheit: St Umwälzpumpe				
	040 Wärmeversorgungsanlagen - Betriebseinrichtungen				100,0%
03	**Heizungsverteiler, 5 Heizkreise, Umwälzpumpe 5m³/h, Absperrklappe**	9.046,00	**9.806,00**	11.459,00	
	Einheit: St Umwälzpumpe				
	040 Wärmeversorgungsanlagen - Betriebseinrichtungen				100,0%
04	**Heizungsverteiler, 5 Heizkreise, Fußbodenheizung, Verteilerschrank, Unterputz**	1.031,00	**1.150,00**	1.236,00	
	Einheit: St Umwälzpumpe				
	041 Wärmeversorgungsanlagen - Leitungen, Armaturen, Heizflächen				100,0%
422.20	**Rohrleitungen**				
01	**Heizleitung, Kupferrohre DN15, Dämmung**	43,00	**50,00**	58,00	
	Einheit: m Leitung Rohrdämmung				
	041 Wärmeversorgungsanlagen - Leitungen, Armaturen, Heizflächen				51,2%
	047 Dämm- und Brandschutzarbeiten an technischen Anlagen				48,8%
02	**Heizleitung, Kupferrohre DN20, Dämmung**	59,00	**63,00**	73,00	
	Einheit: m Leitung Rohrdämmung				
	041 Wärmeversorgungsanlagen - Leitungen, Armaturen, Heizflächen				49,0%
	047 Dämm- und Brandschutzarbeiten an technischen Anlagen				51,0%
03	**Heizleitung, Kupferrohre DN25, Dämmung**	72,00	**76,00**	89,00	
	Einheit: m Leitung Rohrdämmung				
	041 Wärmeversorgungsanlagen - Leitungen, Armaturen, Heizflächen				50,2%
	047 Dämm- und Brandschutzarbeiten an technischen Anlagen				49,8%

▷ von
ø Mittel
◁ bis

© BKI Baukosteninformationszentrum; Erläuterungen zu den Tabellen siehe Seite 58

KG.OZ		▷	€/Einheit	◁	LB an EA
423.10	**Heizkörper**				
01	**Heizkörper, 500/700mm, Thermostatventil**	297,00	**328,00**	368,00	
	Einheit: St Heizkörperfläche				
	041 Wärmeversorgungsanlagen - Leitungen, Armaturen, Heizflächen				100,0%
02	**Heizkörper, 500 bis 1.400mm, Thermostatventil**	481,00	**528,00**	592,00	
	Einheit: St Heizkörperfläche				
	041 Wärmeversorgungsanlagen - Leitungen, Armaturen, Heizflächen				100,0%
03	**Heizkörper, 500 bis 2.100mm, Thermostatventil**	675,00	**738,00**	828,00	
	Einheit: St Heizkörperfläche				
	041 Wärmeversorgungsanlagen - Leitungen, Armaturen, Heizflächen				100,0%
04	**Heizkörper, 600/700mm, Thermostatventil**	327,00	**360,00**	405,00	
	Einheit: St Heizkörperfläche				
	041 Wärmeversorgungsanlagen - Leitungen, Armaturen, Heizflächen				100,0%
05	**Heizkörper, 600 bis 1.400mm, Thermostatventil**	556,00	**610,00**	684,00	
	Einheit: St Heizkörperfläche				
	041 Wärmeversorgungsanlagen - Leitungen, Armaturen, Heizflächen				100,0%
06	**Heizkörper, 600 bis 2.100mm, Thermostatventil**	691,00	**757,00**	848,00	
	Einheit: St Heizkörperfläche				
	041 Wärmeversorgungsanlagen - Leitungen, Armaturen, Heizflächen				100,0%
07	**Heizkörper, 900/700mm, Thermostatventil**	413,00	**454,00**	510,00	
	Einheit: St Heizkörperfläche				
	041 Wärmeversorgungsanlagen - Leitungen, Armaturen, Heizflächen				100,0%
08	**Heizkörper, 900 bis 1.400mm, Thermostatventil**	772,00	**844,00**	947,00	
	Einheit: St Heizkörperfläche				
	041 Wärmeversorgungsanlagen - Leitungen, Armaturen, Heizflächen				100,0%
09	**Heizkörper, 900 bis 2.100mm, Thermostatventil**	885,00	**967,00**	1.084,00	
	Einheit: St Heizkörperfläche				
	041 Wärmeversorgungsanlagen - Leitungen, Armaturen, Heizflächen				100,0%
423.20	**Flächenheizsysteme**				
01	**Fußbodenheizung Typ A, PE-Rohr, 100mm, Systemträger, EPS 30**	50,00	**53,00**	59,00	
	Einheit: m² Bodenfläche				
	041 Wärmeversorgungsanlagen - Leitungen, Armaturen, Heizflächen				100,0%
02	**Fußbodenheizung Typ A, PE-Rohr, 100mm, Systemträger, EPS 50**	54,00	**58,00**	66,00	
	Einheit: m² Bodenfläche				
	041 Wärmeversorgungsanlagen - Leitungen, Armaturen, Heizflächen				100,0%

KG.OZ		▷	€/Einheit	◁	LB an EA
429.10	**Schornsteinanlagen**				
01	**IW Schornstein, Formsteine, einzügig, 12,0m**	485,00	**545,00**	653,00	
	Einheit: m Schornstein				
	012 Mauerarbeiten				100,0%
02	**IW Schornstein, Formsteine, zweizügig, 12,0m**	653,00	**696,00**	790,00	
	Einheit: m Schornstein				
	012 Mauerarbeiten				100,0%
03	**Schornsteinanlage**	8.476,00	**9.896,00**	12.848,00	
	Einheit: St Anlage				
	040 Wärmeversorgungsanlagen - Betriebseinrichtungen				100,0%

Kosten:
Stand 1. Quartal 2025
Bundesdurchschnitt
inkl. 19% MwSt.

▷ von
ø Mittel
◁ bis

© **BKI** Baukosteninformationszentrum; Erläuterungen zu den Tabellen siehe Seite 58

KG.OZ		▷	€/Einheit	◁	LB an EA
431.20	**Abluftanlagen**				
01	**Lüftungsgerät, Abluft, bis 100m³/h, mit Luftleitungsanschluss** Einheit: St Lüftungsgerät	415,00	**430,00**	464,00	
	075 Raumlufttechnische Anlagen				100,0%
431.30	**Wärmerückgewinnungsanlagen**				
01	**Lüftungsgerät, dezentral, WRG, bis 100m³/h, mit Außenwanddurchlass** Einheit: St Anlage	3.172,00	**3.599,00**	4.132,00	
	075 Raumlufttechnische Anlagen				100,0%
02	**Lüftungsgerät, dezentral, WRG, bis 200m³/h, mit Luftleitungsanschluss, Schalldämpfer** Einheit: St Anlage	6.811,00	**7.647,00**	8.728,00	
	075 Raumlufttechnische Anlagen				100,0%

442 Eigenstromversorgungsanlagen

Kosten:
Stand 1. Quartal 2025
Bundesdurchschnitt
inkl. 19% MwSt.

KG.OZ		▷	€/Einheit	◁	LB an EA
442.40	**Photovoltaikanlagen**				
01	**Photovoltaikanlage 2kWp**	7.901,00	**9.381,00**	12.225,00	
	Einheit: St Anlage				
	020 Dachdeckungsarbeiten				19,9%
	053 Niederspannungsanlagen - Kabel / Leitungen, Verlegesysteme, Installationsgeräte				80,1%
02	**Photovoltaikanlage 10kWp**	24.655,00	**29.330,00**	37.508,00	
	Einheit: St Anlage				
	020 Dachdeckungsarbeiten				5,3%
	053 Niederspannungsanlagen - Kabel / Leitungen, Verlegesysteme, Installationsgeräte				94,7%
03	**Photovoltaikanlage 10kWp, Batteriespeicher bis 10kWp**	36.254,00	**41.891,00**	51.171,00	
	Einheit: St Anlage				
	020 Dachdeckungsarbeiten				3,7%
	053 Niederspannungsanlagen - Kabel / Leitungen, Verlegesysteme, Installationsgeräte				96,3%
04	**Photovoltaikanlage 10kWp, Batteriespeicher bis 10kWp, mit E-Heizeinsatz**	36.755,00	**42.444,00**	51.768,00	
	Einheit: St Anlage				
	020 Dachdeckungsarbeiten				3,7%
	040 Wärmeversorgungsanlagen - Betriebseinrichtungen				1,3%
	053 Niederspannungsanlagen - Kabel / Leitungen, Verlegesysteme, Installationsgeräte				95,0%

▷ von
ø Mittel
◁ bis

KG.OZ		▷	€/Einheit	◁	LB an EA
444.10	**Kabel und Leitungen**				
01	**Installationsleitung, NYM-J, Installationsrohr** Einheit: m Elektroleitung	7,00	**8,40**	11,00	
	053 Niederspannungsanlagen - Kabel / Leitungen, Verlegesysteme, Installationsgeräte				100,0%
444.20	**Unterverteiler**				
01	**Installationskleinverteiler, uP, 356x348mm** Einheit: St Verteiler	258,00	**291,00**	334,00	
	054 Niederspannungsanlagen - Verteilersysteme und Einbaugeräte				100,0%
444.40	**Installationsgeräte**				
01	**Schutzkontaktsteckdose, Mantelleitung, Installationsrohr 2,0m** Einheit: St Installationsgerät	50,00	**56,00**	66,00	
	053 Niederspannungsanlagen - Kabel / Leitungen, Verlegesysteme, Installationsgeräte				100,0%
02	**Tastschalter, Mantelleitung, Installationsrohr 2,0m** Einheit: St Installationsgerät	53,00	**62,00**	72,00	
	053 Niederspannungsanlagen - Kabel / Leitungen, Verlegesysteme, Installationsgeräte				100,0%

KG.OZ		▷	€/Einheit	◁	LB an EA
445.10	**Ortsfeste Leuchten, Allgemeinbeleuchtung**				
01	**Anbauleuchte, LED, Feuchtraum, Mantelleitung, Installationsrohr 2,0m** Einheit: St Leuchte	192,00	**215,00**	239,00	
	053 Niederspannungsanlagen - Kabel / Leitungen, Verlegesysteme, Installationsgeräte				7,9%
	058 Leuchten und Lampen				92,1%
02	**Einbaudownlight, LED 9W, Mantelleitung, Installationsrohr 2,0m** Einheit: St Leuchte	82,00	**95,00**	106,00	
	053 Niederspannungsanlagen - Kabel / Leitungen, Verlegesysteme, Installationsgeräte				17,7%
	058 Leuchten und Lampen				82,3%
03	**Wannenleuchte, 1x58W, Mantelleitung, Installationsrohr 2,0m** Einheit: St Leuchte	193,00	**226,00**	289,00	
	053 Niederspannungsanlagen - Kabel / Leitungen, Verlegesysteme, Installationsgeräte				7,5%
	058 Leuchten und Lampen				92,5%
04	**Pendelleuchte, LED 47W, bis 598mm, Mantelleitung, Installationsrohr 2,0m** Einheit: St Leuchte	359,00	**384,00**	513,00	
	053 Niederspannungsanlagen - Kabel / Leitungen, Verlegesysteme, Installationsgeräte				4,4%
	058 Leuchten und Lampen				95,6%

Kosten:
Stand 1.Quartal 2025
Bundesdurchschnitt
inkl. 19% MwSt.

▷ von
ø Mittel
◁ bis

© **BKI** Baukosteninformationszentrum; Erläuterungen zu den Tabellen siehe Seite 58

KG.OZ		▷	€/Einheit	◁	LB an EA
456.10	**Brandmeldeanlagen**				
01	**Brandmeldezentrale bis 4 Ringe-/Linien**	3.440,00	**4.057,00**	4.867,00	
	Einheit: St Brandmeldezentrale				
	063 Gefahrenmeldeanlagen				100,0%
02	**Brandmeldezentrale ab 5 Ringe-/Linien**	9.866,00	**10.937,00**	12.550,00	
	Einheit: St Brandmeldezentrale				
	063 Gefahrenmeldeanlagen				100,0%

461 Aufzugsanlagen

KG.OZ		▷	€/Einheit	◁	LB an EA
461.10	**Personenaufzüge**				
01	**Personenaufzug, bis 320kg** Einheit: St Aufzugsanlage	57.803,00	**60.591,00**	64.838,00	
	069 Aufzüge				100,0%
02	**Personenaufzug, barrierefrei, bis 630kg** Einheit: St Aufzugsanlage	71.321,00	**76.112,00**	82.440,00	
	069 Aufzüge				100,0%
03	**Personenaufzug, barrierefrei, bis 1.275kg** Einheit: St Aufzugsanlage	98.241,00	**113.529,00**	131.956,00	
	069 Aufzüge				100,0%
461.30	**Kleingüteraufzüge**				
01	**Kleingüteraufzug, bis 300kg** Einheit: St Aufzugsanlage	15.923,00	**18.107,00**	20.268,00	
	069 Aufzüge				100,0%

Kosten:
Stand 1. Quartal 2025
Bundesdurchschnitt
inkl. 19% MwSt.

▷ von
ø Mittel
◁ bis

© **BKI** Baukosteninformationszentrum; Erläuterungen zu den Tabellen siehe Seite 58

KG.OZ	▷	€/Einheit	◁	LB an EA
511.10 Oberbodenabtrag				
01 **Oberboden abtragen, bis 30cm, seitlich lagern**	22,00	**25,00**	28,00	
Einheit: m³ Aushub				
003 Landschaftsbauarbeiten				100,0%
02 **Oberboden abtragen, bis 30cm, entsorgen**	29,00	**31,00**	34,00	
Einheit: m³ Aushub				
002 Erdarbeiten				100,0%
03 **Oberbodenabtrag, lagern, andecken, 30cm**	36,00	**40,00**	46,00	
Einheit: m³ Aushub				
003 Landschaftsbauarbeiten				100,0%
04 **Oberboden abtragen, abfahren, liefern, andecken, 30cm**	74,00	**80,00**	86,00	
Einheit: m³ Aushub				
002 Erdarbeiten				38,6%
003 Landschaftsbauarbeiten				61,4%
511.30 Bodenabtrag				
01 **Fundament ausheben bis 1,25m, lagern**	43,00	**45,00**	50,00	
Einheit: m³ Aushub				
003 Landschaftsbauarbeiten				100,0%
02 **Fundament ausheben bis 1,25m entsorgen**	54,00	**63,00**	70,00	
Einheit: m³ Aushub				
003 Landschaftsbauarbeiten				100,0%
03 **Baugrube ausheben, bis 1,75m lagern, Sohle verdichten**	15,00	**17,00**	18,00	
Einheit: m³ Aushub				
002 Erdarbeiten				95,1%
003 Landschaftsbauarbeiten				4,9%
04 **Kabelgraben ausheben, seitlich lagern**	32,00	**35,00**	40,00	
Einheit: m³ Aushub				
002 Erdarbeiten				100,0%
05 **Kabelgraben ausheben, lagern, überschüssiger Boden abfahren**	42,00	**47,00**	53,00	
Einheit: m³ Aushub				
002 Erdarbeiten				74,5%
003 Landschaftsbauarbeiten				25,5%
06 **Bodenmaterial aufnehmen, entsorgen, bis 25cm**	28,00	**30,00**	35,00	
Einheit: m³ Aushub				
003 Landschaftsbauarbeiten				100,0%
511.40 Bodenmaterial liefern				
01 **Bodenauftrag, Liefermaterial**	47,00	**50,00**	64,00	
Einheit: m³ Auffüllvolumen				
002 Erdarbeiten				100,0%

KG.OZ		▷	€/Einheit	◁	LB an EA
511.70	**Herstellung**				
01	**Fundament ausheben, lagern, hinterfüllen**	77,00	**82,00**	91,00	
	Einheit: m³ Aushub				
	002 Erdarbeiten				44,5%
	003 Landschaftsbauarbeiten				55,5%
02	**Baugrube ausheben, lagern, hinterfüllen**	34,00	**40,00**	46,00	
	Einheit: m³ Aushub				
	002 Erdarbeiten				100,0%
03	**Hinterfüllung, Fundamente, Liefermaterial**	34,00	**40,00**	46,00	
	Einheit: m³ Auffüllvolumen				
	002 Erdarbeiten				100,0%
04	**Hinterfüllung, Rohrgraben, Liefermaterial**	65,00	**71,00**	75,00	
	Einheit: m³ Auffüllvolumen				
	002 Erdarbeiten				100,0%
05	**Hinterfüllung, Fundamente**	34,00	**36,00**	41,00	
	Einheit: m³ Auffüllvolumen				
	002 Erdarbeiten				100,0%
06	**Hinterfüllung, Rohrgräben**	51,00	**55,00**	63,00	
	Einheit: m³ Auffüllvolumen				
	002 Erdarbeiten				100,0%

Kosten:
Stand 1. Quartal 2025
Bundesdurchschnitt
inkl. 19% MwSt.

▷ von
ø Mittel
◁ bis

© **BKI** Baukosteninformationszentrum; Erläuterungen zu den Tabellen siehe Seite 58

KG.OZ		▷	€/Einheit	◁	LB an EA
512.10	**Verbau**				
01	**Spundwand**	418,00	**478,00**	565,00	
	Einheit: m² Verbaufläche				
	006 Spezialtiefbauarbeiten				100,0%

KG.OZ		▷	€/Einheit	◁	LB an EA
513.10	**Leitungen für Wasserhaltung**				
01	**Wasserhaltungen, Leitungen, DN100**	20,00	**23,00**	28,00	
	Einheit: m Leitungslänge				
	008 Wasserhaltungsarbeiten				100,0%
513.20	**Schächte für Wasserhaltung**				
01	**Wasserhaltung, Pumpensumpf, 1,00m**	1.856,00	**2.115,00**	2.673,00	
	Einheit: St Anzahl				
	009 Entwässerungskanalarbeiten				4,3%
	010 Drän- und Versickerarbeiten				95,7%
513.30	**Geräte für Wasserhaltung**				
01	**Wasserhaltung, Pumpe**	836,00	**1.033,00**	1.305,00	
	Einheit: St Anzahl				
	008 Wasserhaltungsarbeiten				100,0%
02	**Wasserhaltung, Absetzbecken, mit Messvorrichtung**	2.835,00	**3.651,00**	4.228,00	
	Einheit: St Anzahl				
	008 Wasserhaltungsarbeiten				100,0%
513.40	**Wasserhaltung, vorhalten**				
01	**BG Wasserhaltung, Pumpe betreiben**	23,00	**26,00**	28,00	
	Einheit: h Stunden				
	008 Wasserhaltungsarbeiten				100,0%

Kosten:
Stand 1. Quartal 2025
Bundesdurchschnitt
inkl. 19% MwSt.

▷ von
ø Mittel
◁ bis

© **BKI** Baukosteninformationszentrum; Erläuterungen zu den Tabellen siehe Seite 58

KG.OZ		▷	€/Einheit	◁	LB an EA
521.10	**Bodenaustausch**				
01	**Bodenaustausch, Liefermaterial, Kiessand**	109,00	**121,00**	143,00	
	Einheit: m^3 Auffüllvolumen				
	002 Erdarbeiten				100,0%
521.20	**Bodenauffüllung**				
01	**Bodenauffüllung, grobkörniger Boden**	47,00	**52,00**	56,00	
	Einheit: m^3 Auffüllvolumen				
	003 Landschaftsbauarbeiten				84,9%
	080 Straßen, Wege, Plätze				15,1%
521.30	**Bodenverdichtung**				
01	**Untergrundverdichtung, Fundamente**	7,30	**7,90**	8,90	
	Einheit: m^2 Verdichtete Fläche				
	080 Straßen, Wege, Plätze				100,0%
02	**Untergrundverdichtung, Wegefläche**	6,90	**7,50**	8,70	
	Einheit: m^2 Verdichtete Fläche				
	080 Straßen, Wege, Plätze				100,0%
03	**Untergrundverdichtung, Baugrube**	7,80	**8,60**	10,00	
	Einheit: m^2 Verdichtete Fläche				
	003 Landschaftsbauarbeiten				31,5%
	080 Straßen, Wege, Plätze				68,5%

522 Gründungen und Bodenplatten

Kosten:
Stand 1. Quartal 2025
Bundesdurchschnitt
inkl. 19% MwSt.

KG.OZ		▷	€/Einheit	◁	LB an EA
522.10	**Fundamente Beton**				
01	**Einzelfundament, C30/37, Stahlbeton, T 50cm, Schalung**	507,00	**559,00**	648,00	
	Einheit: m³ Fundamentvolumen				
	013 Betonarbeiten				100,0%
02	**Einzelfundament, C30/37, Stahlbeton, T 100cm, Schalung**	531,00	**585,00**	679,00	
	Einheit: m³ Fundamentvolumen				
	013 Betonarbeiten				100,0%
03	**Streifenfundament, C30/37, Stahlbeton, T 50cm, Schalung**	507,00	**559,00**	648,00	
	Einheit: m³ Fundamentvolumen				
	013 Betonarbeiten				100,0%
04	**Streifenfundament, C30/37, Stahlbeton, T 100cm, Schalung**	426,00	**464,00**	532,00	
	Einheit: m³ Fundamentvolumen				
	013 Betonarbeiten				100,0%
05	**Einzelfundament C30/37, unbewehrt, T 50cm, Schalung**	354,00	**384,00**	441,00	
	Einheit: m³ Fundamentvolumen				
	013 Betonarbeiten				100,0%
06	**Einzelfundament C12/15, unbewehrt, T 50cm, Schalung**	461,00	**521,00**	651,00	
	Einheit: m³ Fundamentvolumen				
	013 Betonarbeiten				100,0%
07	**Einzelfundament C20/25, unbewehrt, T 50cm, Schalung**	460,00	**506,00**	588,00	
	Einheit: m³ Fundamentvolumen				
	013 Betonarbeiten				100,0%
08	**Einzelfundament C20/25, Stahlbeton, T 50cm, ohne Schalung**	249,00	**263,00**	295,00	
	Einheit: m³ Fundamentvolumen				
	013 Betonarbeiten				100,0%
522.40	**Fundamentplatten und Bodenplatten**				
01	**Fundamentplatte, Stahlbeton, C25/30, 20cm**	89,00	**99,00**	109,00	
	Einheit: m² Plattenfläche				
	013 Betonarbeiten				100,0%
02	**Fundamentplatte, Stahlbeton, C25/30, 25cm**	114,00	**126,00**	137,00	
	Einheit: m² Plattenfläche				
	013 Betonarbeiten				100,0%
03	**Fundamentplatte, Stahlbeton, C25/30, 30cm**	135,00	**149,00**	163,00	
	Einheit: m² Plattenfläche				
	013 Betonarbeiten				100,0%

▷ von
ø Mittel
◁ bis

© **BKI** Baukosteninformationszentrum; Erläuterungen zu den Tabellen siehe Seite 58

KG.OZ		▷	€/Einheit	◁	LB an EA
524.20	**Filterschicht**				
01	**Filterschicht, Kies, 20cm, Trennlage**	18,00	**22,00**	25,00	
	Einheit: m² Schichtfläche				
	002 Erdarbeiten				100,0%
02	**Filterschicht, Kies, 25cm, Trennlage**	21,00	**25,00**	29,00	
	Einheit: m² Schichtfläche				
	002 Erdarbeiten				100,0%
03	**Filterschicht, Kies, 30cm, Trennlage**	25,00	**28,00**	33,00	
	Einheit: m² Schichtfläche				
	002 Erdarbeiten				100,0%
04	**Filterschicht, RC-Material, 20cm, Trennlage**	14,00	**18,00**	23,00	
	Einheit: m² Schichtfläche				
	002 Erdarbeiten				32,9%
	013 Betonarbeiten				67,1%
05	**Filterschicht, RC-Material, 25cm, Trennlage**	16,00	**21,00**	27,00	
	Einheit: m² Schichtfläche				
	002 Erdarbeiten				28,1%
	013 Betonarbeiten				71,9%
06	**Filterschicht, RC-Material, 30cm, Trennlage**	18,00	**24,00**	31,00	
	Einheit: m² Schichtfläche				
	002 Erdarbeiten				24,6%
	013 Betonarbeiten				75,4%
524.30	**Sauberkeitsschicht**				
01	**Sauberkeitsschicht Beton C8/10, bis 10cm**	23,00	**28,00**	30,00	
	Einheit: m² Schichtfläche				
	002 Erdarbeiten				9,0%
	013 Betonarbeiten				91,0%
02	**Sauberkeitsschicht Beton C12/15, bis 10cm**	28,00	**32,00**	39,00	
	Einheit: m² Schichtfläche				
	002 Erdarbeiten				7,9%
	013 Betonarbeiten				92,1%
03	**Sauberkeitsschicht Sand, bis 10cm**	17,00	**19,00**	26,00	
	Einheit: m² Schichtfläche				
	002 Erdarbeiten				30,5%
	013 Betonarbeiten				69,5%

KG.OZ		▷	€/Einheit	◁	LB an EA
525.10	**Dränageleitungen**				
01	**Dränage, PVC-Rohre, DN100, Sickerpackung, Filtervlies, GK1**	101,00	**115,00**	133,00	
	Einheit: m Leitungslänge				
	010 Drän- und Versickerarbeiten				100,0%
02	**Spritzschutz, Kiesstreifen, Filtervlies, Randstein**	59,00	**63,00**	68,00	
	Einheit: m Kiesstreifen				
	010 Drän- und Versickerarbeiten				32,6%
	080 Straßen, Wege, Plätze				67,4%
525.20	**Dränageschächte**				
01	**Spülschacht, DN313, Schachtverlängerung, Schachtdeckel**	605,00	**677,00**	761,00	
	Einheit: St Schacht				
	010 Drän- und Versickerarbeiten				100,0%
02	**Sickerschacht, Beton, DN1.000, B125, Schachtdeckel**	1.134,00	**1.296,00**	1.625,00	
	Einheit: St Schacht				
	010 Drän- und Versickerarbeiten				100,0%
03	**Dränkontrollschacht, Kunststoff, DN400, Schachtabdeckung Guss**	786,00	**829,00**	860,00	
	Einheit: St Schacht				
	003 Landschaftsbauarbeiten				100,0%

Kosten:
Stand 1. Quartal 2025
Bundesdurchschnitt
inkl. 19% MwSt.

▷ von
ø Mittel
◁ bis

© **BKI** Baukosteninformationszentrum; Erläuterungen zu den Tabellen siehe Seite 58

KG.OZ		▷	€/Einheit	◁	LB an EA
531.20	**Feinplanum**				
01	**Wegefläche Feinplanum herstellen, inkl. Aushub**	16,00	**17,00**	19,00	
	Einheit: m² Wegefläche				
	002 Erdarbeiten				83,4%
	080 Straßen, Wege, Plätze				16,6%
531.30	**Tragschicht**				
01	**Wegfläche, Schottertragschicht auf Frostschutzschicht, 35cm, inkl. Aushub**	55,00	**59,00**	63,00	
	Einheit: m² Wegefläche				
	002 Erdarbeiten				16,5%
	080 Straßen, Wege, Plätze				83,5%
02	**Wegfläche, Kiestragschicht auf Frostschutzschicht, 35cm, inkl. Aushub**	55,00	**60,00**	64,00	
	Einheit: m² Wegefläche				
	002 Erdarbeiten				16,2%
	080 Straßen, Wege, Plätze				83,8%
03	**Wegfläche, RCL-Schottertragschicht auf Frostschutzschicht 35cm, inkl. Aushub**	53,00	**56,00**	60,00	
	Einheit: m² Wegefläche				
	002 Erdarbeiten				4,1%
	080 Straßen, Wege, Plätze				95,9%
04	**Wegfläche, Asphalttragschicht auf Frostschutzschicht, 30cm, inkl. Aushub**	71,00	**75,00**	78,00	
	Einheit: m² Wegefläche				
	002 Erdarbeiten				2,9%
	080 Straßen, Wege, Plätze				97,1%
05	**Wegfläche, Schottertragschicht auf Frostschutzschicht, 35cm**	41,00	**44,00**	46,00	
	Einheit: m² Wegefläche				
	080 Straßen, Wege, Plätze				100,0%
06	**Wegfläche, Kiestragschicht auf Frostschutzschicht, 35cm**	41,00	**45,00**	47,00	
	Einheit: m² Wegefläche				
	080 Straßen, Wege, Plätze				100,0%
07	**Wegfläche, RCL-Schottertragschicht auf Frostschutzschicht, 35cm**	37,00	**39,00**	41,00	
	Einheit: m² Wegefläche				
	080 Straßen, Wege, Plätze				100,0%
08	**Wegfläche, Asphalttragschicht auf Frostschutzschicht, 30cm**	58,00	**61,00**	63,00	
	Einheit: m² Wegefläche				
	080 Straßen, Wege, Plätze				100,0%

KG.OZ		▷	€/Einheit	◁	LB an EA
531.40	**Deckschicht Asphalt**				
01	**Wegfläche, Asphaltdeckschicht auf Tragschicht und Frostschutzschicht , 40cm, inkl. Aushub** Einheit: m² Straßenfläche	134,00	**144,00**	156,00	
	002 Erdarbeiten				8,7%
	080 Straßen, Wege, Plätze				91,3%
531.50	**Deckschicht Pflaster**				
01	**Wegbefestigung, Granit 8x8cm auf Tragschicht und Frostschutzschicht, 30cm, inkl Aushub** Einheit: m² Wegefläche	195,00	**211,00**	225,00	
	002 Erdarbeiten				6,9%
	080 Straßen, Wege, Plätze				93,1%
02	**Wegbefestigung, Granit 11x11cm auf Tragschicht und Frostschutzschicht, 30cm, inkl Aushub** Einheit: m² Wegefläche	242,00	**268,00**	286,00	
	002 Erdarbeiten				5,4%
	080 Straßen, Wege, Plätze				94,6%
03	**Wegbefestigung, Pflasterklinker auf Tragschicht und Frostschutzschicht, 30cm, inkl Aushub** Einheit: m² Wegefläche	184,00	**208,00**	221,00	
	002 Erdarbeiten				7,0%
	080 Straßen, Wege, Plätze				93,0%
04	**Wegbefestigung, sickerfähig. Betonpflaster, auf Tragschicht und Frostschutzschicht, 30cm, inkl Aushub** Einheit: m² Wegefläche	124,00	**133,00**	147,00	
	002 Erdarbeiten				10,9%
	080 Straßen, Wege, Plätze				89,1%
05	**Wegbefestigung, Verbundsteinpflaster auf Tragschicht und Frostschutzschicht, 30cm, inkl. Aushub** Einheit: m² Wegefläche	109,00	**117,00**	129,00	
	002 Erdarbeiten				12,4%
	080 Straßen, Wege, Plätze				87,6%
531.60	**Deckschicht Beton**				
01	**Wegbefestigung, Betonplatten, auf Tragschicht und Frostschutzschicht, 30cm, inkl. Aushub** Einheit: m² Wegefläche	117,00	**125,00**	134,00	
	002 Erdarbeiten				11,6%
	080 Straßen, Wege, Plätze				88,4%
02	**Wegbefestigung, Betonplatten, auf Tragschicht und Frostschutzschicht, 30cm, inkl. Aushub** Einheit: m² Wegefläche	141,00	**153,00**	168,00	
	002 Erdarbeiten				9,5%
	080 Straßen, Wege, Plätze				90,5%

Kosten:
Stand 1. Quartal 2025
Bundesdurchschnitt
inkl. 19% MwSt.

▷ von
ø Mittel
◁ bis

© **BKI** Baukosteninformationszentrum; Erläuterungen zu den Tabellen siehe Seite 58

KG.OZ	▷	€/Einheit	◁	LB an EA
531.60 Deckschicht Beton				
03 **Wegbefestigung, Betonplatten mit Sickerfuge, auf Tragschicht und Frostschutzschicht, 30cm, inkl. Aushub**	118,00	**127,00**	140,00	
Einheit: m² Wegefläche				
002 Erdarbeiten				11,4%
080 Straßen, Wege, Plätze				88,6%
04 **Wegbefestigung wasserdurchlässig, Betonrasengittersteine, auf Tragschicht und Frostschutzschicht, 30cm, inkl. Aushub**	110,00	**118,00**	128,00	
Einheit: m² Wegefläche				
002 Erdarbeiten				12,2%
080 Straßen, Wege, Plätze				87,8%
531.70 Deckschicht Plattenbelag				
01 **Wegbefestigung wasserdurchlässig, Rasengitterplatten RCL-Kunststoff, auf Tragschicht und Frostschutzschicht, 30cm, inkl. Aushub**	104,00	**111,00**	121,00	
Einheit: m² Wegefläche				
002 Erdarbeiten				13,1%
080 Straßen, Wege, Plätze				86,9%
02 **Wegbefestigung, Granitstein auf Tragschichtung und Frostschutzschicht, 30cm, inkl. Aushub**	195,00	**206,00**	222,00	
Einheit: m² Wegefläche				
002 Erdarbeiten				7,0%
080 Straßen, Wege, Plätze				93,0%
03 **Wegbefestigung Sandsteinplatten, auf Tragschichtung und Frostschutzschicht, 30 cm, inkl Aushub**	265,00	**285,00**	303,00	
Einheit: m² Wegefläche				
002 Erdarbeiten				5,1%
080 Straßen, Wege, Plätze				94,9%
531.80 Wegebegrenzungen				
01 **Randeinfassung, Betonbordstein, HB 150/250**	45,00	**50,00**	53,00	
Einheit: m Begrenzung				
080 Straßen, Wege, Plätze				100,0%
02 **Randeinfassung Bordstein, Naturwerkstein, HB 150/250**	63,00	**67,00**	74,00	
Einheit: m Begrenzung				
080 Straßen, Wege, Plätze				100,0%
03 **Randeinfassung, Betonsteinplatten einzeilig**	33,00	**37,00**	43,00	
Einheit: m Begrenzung				
080 Straßen, Wege, Plätze				100,0%
04 **Randeinfassung, Granitsteinpflaster einzeilig**	49,00	**52,00**	58,00	
Einheit: m Begrenzung				
080 Straßen, Wege, Plätze				100,0%

KG.OZ		▷	€/Einheit	◁	LB an EA
531.90	**Sonstige Wege**				
01	**Wegebefestigung, wassergebundene Wegedecke** Einheit: m² Wegefläche	81,00	**89,00**	101,00	
	002 Erdarbeiten				16,3%
	080 Straßen, Wege, Plätze				83,7%

Kosten:
Stand 1. Quartal 2025
Bundesdurchschnitt
inkl. 19% MwSt.

▷ von
ø Mittel
◁ bis

© **BKI** Baukosteninformationszentrum; Erläuterungen zu den Tabellen siehe Seite 58

KG.OZ		▷	€/Einheit	◁	LB an EA
532.20	**Feinplanum**				
01	**Straßenfläche Feinplanum herstellen, inkl. Aushub**	16,00	**17,00**	19,00	
	Einheit: m² Straßenfläche				
	002 Erdarbeiten				100,0%
532.30	**Tragschicht**				
01	**Straßenfläche, Schottertragschicht auf Frostschutzschicht, 40cm, inkl. Aushub**	57,00	**61,00**	65,00	
	Einheit: m² Straßenfläche				
	002 Erdarbeiten				22,0%
	080 Straßen, Wege, Plätze				78,0%
02	**Straßenfläche, Kiestragschicht auf Frostschutzschicht, 40cm, inkl. Aushub**	57,00	**62,00**	65,00	
	Einheit: m² Straßenfläche				
	002 Erdarbeiten				4,9%
	080 Straßen, Wege, Plätze				95,1%
03	**Straßenfläche, RCL-Schottertragschicht auf Frostschutzschicht 40cm, inkl. Aushub**	52,00	**56,00**	60,00	
	Einheit: m² Straßenfläche				
	002 Erdarbeiten				23,5%
	080 Straßen, Wege, Plätze				76,5%
04	**Straßenfläche, Asphalttragschicht auf Frostschutzschicht, 40cm**	74,00	**79,00**	82,00	
	Einheit: m² Straßenfläche				
	002 Erdarbeiten				4,6%
	080 Straßen, Wege, Plätze				95,4%
05	**Straßenfläche, Schottertragschicht auf Frostschutzschicht, 40cm**	41,00	**44,00**	46,00	
	Einheit: m² Straßenfläche				
	080 Straßen, Wege, Plätze				100,0%
06	**Straßenfläche, Kiestragschicht auf Frostschutzschicht, 40cm**	41,00	**45,00**	47,00	
	Einheit: m² Straßenfläche				
	080 Straßen, Wege, Plätze				100,0%
07	**Straßenfläche, RCL-Schottertragschicht auf Frostschutzschicht, 40cm**	37,00	**39,00**	41,00	
	Einheit: m² Straßenfläche				
	080 Straßen, Wege, Plätze				100,0%
08	**Straßenfläche, Asphalttragschicht auf Frostschutzschicht, 40cm**	36,00	**38,00**	39,00	
	Einheit: m² Straßenfläche				
	080 Straßen, Wege, Plätze				100,0%

KG.OZ		▷	€/Einheit	◁	LB an EA
532.40	**Deckschicht Asphalt**				
01	**Straßenfläche, Asphaltdeckschicht auf Tragschicht und Frostschutzschicht , 40cm, inkl. Aushub** Einheit: m² Straßenfläche	122,00	**131,00**	141,00	
	002 Erdarbeiten				8,4%
	080 Straßen, Wege, Plätze				91,6%
532.50	**Deckschicht Pflaster**				
01	**Straßenbefestigung, Granit 11x11cm auf Tragschicht und Frostschutzschicht, 30cm, inkl Aushub** Einheit: m² Straßenfläche	247,00	**272,00**	291,00	
	002 Erdarbeiten				5,3%
	080 Straßen, Wege, Plätze				94,7%
02	**Straßenbefestigung, sickerfähig. Betonpflaster, auf Tragschicht und Frostschutzschicht, 40cm, inkl Aushub** Einheit: m² Wegefläche	128,00	**136,00**	151,00	
	002 Erdarbeiten				10,6%
	080 Straßen, Wege, Plätze				89,4%
532.80	**Straßenbegrenzungen**				
01	**Randeinfassung Betonbordstein, HB 150x250mm** Einheit: m Begrenzung	45,00	**50,00**	53,00	
	080 Straßen, Wege, Plätze				100,0%
02	**Randeinfassung Bordstein, Naturwerkstein** Einheit: m Begrenzung	64,00	**69,00**	76,00	
	080 Straßen, Wege, Plätze				100,0%

Kosten:
Stand 1.Quartal 2025
Bundesdurchschnitt
inkl. 19% MwSt.

▷ von
ø Mittel
◁ bis

© **BKI** Baukosteninformationszentrum; Erläuterungen zu den Tabellen siehe Seite 58

KG.OZ		▷	€/Einheit	◁	LB an EA
533.20	**Feinplanum**				
01	**Feinplanum herstellen, inkl. Aushub**	12,00	**14,00**	15,00	
	Einheit: m² Befestigte Fläche				
	002 Erdarbeiten				100,0%
533.30	**Tragschicht**				
01	**Schottertragschicht auf Frostschutzschicht, 35cm, inkl. Aushub**	35,00	**38,00**	40,00	
	Einheit: m² Befestigte Fläche				
	002 Erdarbeiten				34,9%
	080 Straßen, Wege, Plätze				65,1%
02	**Kiestragschicht auf Frostschutzschicht, 35cm, inkl. Aushub**	35,00	**39,00**	41,00	
	Einheit: m² Befestigte Fläche				
	002 Erdarbeiten				34,1%
	080 Straßen, Wege, Plätze				65,9%
03	**RCL-Schottertragschicht auf Frostschutzschicht, 35cm**	31,00	**33,00**	36,00	
	Einheit: m² Befestigte Fläche				
	002 Erdarbeiten				34,1%
	080 Straßen, Wege, Plätze				65,9%
533.50	**Deckschicht Pflaster**				
01	**Deckschicht, Betonpflaster, auf Tragschicht und Frostschutzschicht, 30cm, inkl Aushub**	125,00	**135,00**	145,00	
	Einheit: m² Befestigte Fläche				
	002 Erdarbeiten				26,9%
	080 Straßen, Wege, Plätze				73,1%
533.60	**Deckschicht Beton**				
01	**Betonsteinplatten auf Tragschicht und Frostschutzschicht, 30cm, inkl Aushub**	91,00	**98,00**	107,00	
	Einheit: m² Befestigte Fläche				
	002 Erdarbeiten				11,1%
	080 Straßen, Wege, Plätze				88,9%
02	**Betonpflaster sickerfähig auf Tragschicht und Frostschutzschicht, 30cm, inkl Aushub**	77,00	**83,00**	93,00	
	Einheit: m² Befestigte Fläche				
	002 Erdarbeiten				13,1%
	080 Straßen, Wege, Plätze				86,9%
03	**Deckschicht, Betonsteinplatten auf Tragschicht und Frostschutzschicht, 30cm, inkl Aushub**	130,00	**138,00**	160,00	
	Einheit: m² Befestigte Fläche				
	002 Erdarbeiten				0,8%
	080 Straßen, Wege, Plätze				99,2%

KG.OZ		▷	€/Einheit	◁	LB an EA
533.70	**Deckschicht Plattenbelag**				
01	**Terrassenbelag, Travertin 60x60cm, inkl. Unterbau**	209,00	**226,00**	239,00	
	Einheit: m² Befestigte Fläche				
	002 Erdarbeiten				4,8%
	080 Straßen, Wege, Plätze				95,2%
02	**Terrassenbelag, Sandstein 60x60cm, inkl. Unterbau**	227,00	**244,00**	258,00	
	Einheit: m² Befestigte Fläche				
	002 Erdarbeiten				4,5%
	080 Straßen, Wege, Plätze				95,5%

Kosten:
Stand 1. Quartal 2025
Bundesdurchschnitt
inkl. 19% MwSt.

▷ von
ø Mittel
◁ bis

© **BKI** Baukosteninformationszentrum; Erläuterungen zu den Tabellen siehe Seite 58

KG.OZ		▷	€/Einheit	◁	LB an EA
534.20	**Feinplanum**				
01	**Stellplatzfläche Feinplanum herstellen, inkl. Aushub** Einheit: m² Stellplatzfläche	13,00	**14,00**	15,00	
	002 Erdarbeiten				100,0%
534.30	**Tragschicht**				
01	**Stellplatzfläche, Schottertragschicht auf Frostschutzschicht, 40cm, inkl. Aushub** Einheit: m² Stellplatzfläche	57,00	**61,00**	65,00	
	002 Erdarbeiten				22,0%
	080 Straßen, Wege, Plätze				78,0%
02	**Stellplatzfläche, Kiestragschicht auf Frostschutzschicht, 40cm, inkl. Aushub** Einheit: m² Stellplatzfläche	57,00	**62,00**	65,00	
	002 Erdarbeiten				4,9%
	080 Straßen, Wege, Plätze				95,1%
03	**Stellplatzfläche, RCL-Schottertragschicht auf Frostschutzschicht 40cm, inkl. Aushub** Einheit: m² Stellplatzfläche	52,00	**56,00**	60,00	
	002 Erdarbeiten				23,5%
	080 Straßen, Wege, Plätze				76,5%
04	**Stellplatzfläche, Asphalttragschicht auf Frostschutzschicht, 40cm** Einheit: m² Stellplatzfläche	69,00	**74,00**	77,00	
	002 Erdarbeiten				4,7%
	080 Straßen, Wege, Plätze				95,3%
05	**Stellplätzfläche, Schottertragschicht auf Frostschutzschicht, 40cm** Einheit: m² Stellplatzfläche	19,00	**21,00**	22,00	
	080 Straßen, Wege, Plätze				100,0%
06	**Stellplatzfläche, Kiestragschicht auf Frostschutzschicht, 40cm** Einheit: m² Stellplatzfläche	20,00	**22,00**	22,00	
	080 Straßen, Wege, Plätze				100,0%
07	**Stellplatzfläche, RCL-Schottertragschicht herstellen** Einheit: m² Stellplatzfläche	15,00	**16,00**	17,00	
	080 Straßen, Wege, Plätze				100,0%
08	**Stellplatzfläche, Asphalttragschicht herstellen** Einheit: m² Stellplatzfläche	36,00	**38,00**	39,00	
	080 Straßen, Wege, Plätze				100,0%
534.40	**Deckschicht Asphalt**				
01	**Stellplatzfläche, Asphaltbeton, Dicke 3,5cm, inkl. Unterbau** Einheit: m² Straßenfläche	122,00	**131,00**	141,00	
	002 Erdarbeiten				8,4%
	080 Straßen, Wege, Plätze				91,6%

KG.OZ		▷	€/Einheit	◁	LB an EA
534.60	**Deckschicht Beton**				
01	**Stellplatzfläche Betonsteinpflaster, versickerungsfähig, Unterbau inkl. Randeinfassung** Einheit: m² Stellplatzfläche	104,00	**111,00**	124,00	
	002 Erdarbeiten				9,1%
	080 Straßen, Wege, Plätze				90,9%
02	**Stellplatzfläche Rasenfugenstein 20x20, Unterbau** Einheit: m² Stellplatzfläche	84,00	**90,00**	100,00	
	002 Erdarbeiten				11,2%
	080 Straßen, Wege, Plätze				88,8%
03	**Stellplatzfläche Rasengittersteine inkl. Verfüllung zur Begrünung, Unterbau** Einheit: m² Stellplatzfläche	82,00	**89,00**	98,00	
	002 Erdarbeiten				11,3%
	080 Straßen, Wege, Plätze				88,7%
534.70	**Deckschicht Plattenbelag**				
01	**Stellplatzfläche, Rasengitterplatten Beton, Unterbau, inkl. Verfüllung zur Begrünung** Einheit: m² Stellplatzfläche	88,00	**95,00**	106,00	
	002 Erdarbeiten				10,6%
	080 Straßen, Wege, Plätze				89,4%
02	**Stellplatzfläche, Rasenplatte, Kunststoff-RCL, 50x40cm** Einheit: m² Stellplatzfläche	96,00	**105,00**	115,00	
	002 Erdarbeiten				8,9%
	080 Straßen, Wege, Plätze				91,1%
534.80	**Stellplatzbegrenzungen**				
01	**Randeinfassung Betonbordstein, HB 150x250** Einheit: m Begrenzung	48,00	**53,00**	56,00	
	080 Straßen, Wege, Plätze				100,0%
02	**Randeinfassung Bordsteine, Naturwerkstein** Einheit: m Begrenzung	67,00	**72,00**	79,00	
	080 Straßen, Wege, Plätze				100,0%

Kosten:
Stand 1. Quartal 2025
Bundesdurchschnitt
inkl. 19% MwSt.

▷ von
ø Mittel
◁ bis

© **BKI** Baukosteninformationszentrum; Erläuterungen zu den Tabellen siehe Seite 58

KG.OZ		▷	€/Einheit	◁	LB an EA
536.60	**Deckschicht Kunststoff**				
01	**Fallschutzbelag herstellen, Gummigranulatplatten, Unterbau** Einheit: m² Fallschutzfläche	161,00	**174,00**	195,00	
	002 Erdarbeiten				10,2%
	003 Landschaftsbauarbeiten				77,7%
	080 Straßen, Wege, Plätze				12,0%
536.90	**Sonstige Spielplätze**				
01	**Sandkasten herstellen, Sandfüllung, Pflastereinfassung** Einheit: m² Sandfläche	92,00	**99,00**	124,00	
	003 Landschaftsbauarbeiten				100,0%

KG.OZ		▷	€/Einheit	◁	LB an EA
541.10	**Zäune**				
01	**Maschendrahtzaun, H 1,00m**	65,00	**73,00**	87,00	
	Einheit: m Zaunlänge				
	003 Landschaftsbauarbeiten				79,2%
	013 Betonarbeiten				20,8%
02	**Stabgitterzaun, H 1,20m**	102,00	**116,00**	130,00	
	Einheit: m Zaunlänge				
	003 Landschaftsbauarbeiten				88,5%
	013 Betonarbeiten				11,5%
03	**Staketenzaun, H 1,00m**	126,00	**137,00**	163,00	
	Einheit: m Zaunlänge				
	003 Landschaftsbauarbeiten				88,9%
	013 Betonarbeiten				11,1%
04	**Senkrechtzaun, H 1,00m**	276,00	**287,00**	316,00	
	Einheit: m Zaunlänge				
	003 Landschaftsbauarbeiten				95,1%
	013 Betonarbeiten				4,9%
05	**Maschendrahtzaun, H 1,00m, Tür**	69,00	**77,00**	91,00	
	Einheit: m Zaunlänge				
	003 Landschaftsbauarbeiten				80,3%
	013 Betonarbeiten				19,7%
06	**Senkrechtzaun, H 1,00m, Tür**	297,00	**312,00**	344,00	
	Einheit: m Zaunlänge				
	003 Landschaftsbauarbeiten				95,5%
	013 Betonarbeiten				4,5%
07	**Stabgitterzaun, H 1,20m, Tür**	118,00	**132,00**	147,00	
	Einheit: m Zaunlänge				
	003 Landschaftsbauarbeiten				88,5%
	013 Betonarbeiten				11,5%
08	**Maschendrahtzaun, H 2,00m, Tor**	151,00	**158,00**	201,00	
	Einheit: m Zaunlänge				
	003 Landschaftsbauarbeiten				36,4%
	013 Betonarbeiten				63,6%
09	**Ballfangzaun Gittermatten, H 4,00m**	504,00	**518,00**	564,00	
	Einheit: m Zaunlänge				
	003 Landschaftsbauarbeiten				86,5%
	013 Betonarbeiten				13,5%
541.20	**Mauern**				
01	**Natursteinmauerwerk als Quadermauerwerk, Betonfundament**	477,00	**556,00**	695,00	
	Einheit: m Mauerlänge				
	003 Landschaftsbauarbeiten				2,7%
	013 Betonarbeiten				30,9%
	080 Straßen, Wege, Plätze				66,4%

Kosten:
Stand 1. Quartal 2025
Bundesdurchschnitt
inkl. 19% MwSt.

▷ von
ø Mittel
◁ bis

© **BKI** Baukosteninformationszentrum; Erläuterungen zu den Tabellen siehe Seite 58

KG.OZ		▷	€/Einheit	◁	LB an EA
541.20	**Mauern**				
02	**Gabionenwand, 50x50x50cm, Schotterfundament**	205,00	**218,00**	245,00	
	Einheit: m Mauerlänge				
	002 Erdarbeiten				16,7%
	080 Straßen, Wege, Plätze				83,3%
03	**Gabionenwand, 100x50x50cm, Schotterfundament**	263,00	**282,00**	320,00	
	Einheit: m Mauerlänge				
	002 Erdarbeiten				12,9%
	080 Straßen, Wege, Plätze				87,1%
04	**Gabionenwand, 200x200x50cm, Schotterfundament**	577,00	**620,00**	679,00	
	Einheit: m Mauerlänge				
	002 Erdarbeiten				5,9%
	080 Straßen, Wege, Plätze				94,1%
05	**Winkelstützmauer, Stahlbeton, H 80cm**	455,00	**499,00**	596,00	
	Einheit: m Mauerlänge				
	002 Erdarbeiten				4,4%
	003 Landschaftsbauarbeiten				12,5%
	013 Betonarbeiten				36,7%
	080 Straßen, Wege, Plätze				46,4%
06	**Winkelstützmauer, Stahlbeton, H 105cm**	539,00	**579,00**	669,00	
	Einheit: m Mauerlänge				
	002 Erdarbeiten				3,8%
	003 Landschaftsbauarbeiten				10,7%
	013 Betonarbeiten				31,6%
	080 Straßen, Wege, Plätze				53,9%
07	**Winkelstützmauer, Stahlbeton, H 130cm**	649,00	**704,00**	808,00	
	Einheit: m Mauerlänge				
	002 Erdarbeiten				3,1%
	003 Landschaftsbauarbeiten				8,8%
	013 Betonarbeiten				26,0%
	080 Straßen, Wege, Plätze				62,1%
541.40	**Absperrungen**				
01	**Absperrpfosten, Beton, 40x40cm, H 100cm**	532,00	**555,00**	580,00	
	Einheit: St Poller				
	003 Landschaftsbauarbeiten				100,0%
02	**Absperrpfosten, Metall, herausnehmbar, H bis 100cm**	522,00	**571,00**	630,00	
	Einheit: St Poller				
	003 Landschaftsbauarbeiten				100,0%
03	**Absperrpfosten, Naturstein, 30x35x35cm**	615,00	**654,00**	727,00	
	Einheit: m Poller				
	003 Landschaftsbauarbeiten				100,0%

KG.OZ		▷	€/Einheit	◁	LB an EA
542.20	**Sichtschutzwände**				
01	**Sichtschutzzaun, Holz, H 2,00m** Einheit: m Zaunlänge	571,00	**603,00**	684,00	
	003 Landschaftsbauarbeiten				42,4%
	013 Betonarbeiten				57,6%

Kosten:
Stand 1.Quartal 2025
Bundesdurchschnitt
inkl. 19% MwSt.

▷ von
ø Mittel
◁ bis

© **BKI** Baukosteninformationszentrum; Erläuterungen zu den Tabellen siehe Seite 58

KG.OZ		▷	€/Einheit	◁	LB an EA
543.10	**Stahlbetonwände**				
01	**Stahlbetonwand, 20cm, Bewehrung, Schalung glatt**	200,00	**226,00**	260,00	
	Einheit: m² Wandfläche				
	013 Betonarbeiten				100,0%
02	**Stahlbetonwand, 20cm, Bewehrung, Schalung rau**	192,00	**207,00**	227,00	
	Einheit: m² Wandfläche				
	013 Betonarbeiten				100,0%
543.20	**Mauerwerkswände**				
01	**Mauerwerk, Porenbeton-Plansteine, 30cm**	162,00	**167,00**	177,00	
	Einheit: m² Wandfläche				
	012 Mauerarbeiten				100,0%
02	**Mauerwerk, Kalksandsteine, 17,5cm**	107,00	**118,00**	131,00	
	Einheit: m² Wandfläche				
	012 Mauerarbeiten				100,0%
543.40	**Fertigteilwände**				
01	**Fertigteil Stahlbetonwand, 25cm, Bewehrung**	223,00	**244,00**	275,00	
	Einheit: m² Wandfläche				
	013 Betonarbeiten				100,0%

KG.OZ		▷	€/Einheit	◁	LB an EA
544.20	**Treppen**				
01	**Treppe, Blockstufen Betonwerkstein, in Betonbett setzen**	302,00	**349,00**	373,00	
	Einheit: St Treppenfläche				
	003 Landschaftsbauarbeiten				32,7%
	080 Straßen, Wege, Plätze				67,3%
02	**Treppe, Blockstufen Naturwerkstein, in Betonbett setzen**	355,00	**377,00**	397,00	
	Einheit: St Treppenfläche				
	003 Landschaftsbauarbeiten				30,2%
	080 Straßen, Wege, Plätze				69,8%
03	**Treppe, Winkelstufe, Betonfertigteil 17x18x100cm**	147,00	**156,00**	163,00	
	Einheit: St Treppenfläche				
	003 Landschaftsbauarbeiten				32,1%
	080 Straßen, Wege, Plätze				67,9%

Kosten:
Stand 1. Quartal 2025
Bundesdurchschnitt
inkl. 19% MwSt.

▷ von
ø Mittel
◁ bis

© **BKI** Baukosteninformationszentrum; Erläuterungen zu den Tabellen siehe Seite 58

KG.OZ		▷	€/Einheit	◁	LB an EA
551.10	**Abwasserleitungen/Abläufe**				
01	**Abwasserkanal, Steinzeug DN100, T 1,50 m**	141,00	**153,00**	169,00	
	Einheit: m Abwasserleitung				
	003 Landschaftsbauarbeiten				73,8%
	009 Entwässerungskanalarbeiten				26,2%
02	**Abwasserkanal, Steinzeug DN150, T 1,50m**	158,00	**180,00**	200,00	
	Einheit: m Abwasserleitung				
	003 Landschaftsbauarbeiten				29,8%
	009 Entwässerungskanalarbeiten				70,2%
03	**Abwasserkanal, PVC-U, DN/ID100, T 1,50m**	108,00	**120,00**	134,00	
	Einheit: m Abwasserleitung				
	003 Landschaftsbauarbeiten				80,1%
	009 Entwässerungskanalarbeiten				19,9%
04	**Abwasserkanal, PVC-U, DN/ID150, T 1,50m**	126,00	**139,00**	156,00	
	Einheit: m Abwasserleitung				
	003 Landschaftsbauarbeiten				81,2%
	009 Entwässerungskanalarbeiten				18,8%
05	**Abwasserkanal, duktilem Gusseisen, DN100, T 1,50m**	163,00	**177,00**	201,00	
	Einheit: m Abwasserleitung				
	003 Landschaftsbauarbeiten				30,2%
	009 Entwässerungskanalarbeiten				69,8%
06	**Abwasserkanal, PP, DN/OD100, T 1,50m, inkl Rohrgraben-aushub**	105,00	**118,00**	142,00	
	Einheit: m Abwasserleitung				
	003 Landschaftsbauarbeiten				45,5%
	009 Entwässerungskanalarbeiten				54,5%
07	**Kontrollschacht, Beton, DN1000, T bis 3,50m, D400, inkl. Aushub, Verbau**	2.736,00	**3.197,00**	3.688,00	
	Einheit: St Schacht				
	009 Entwässerungskanalarbeiten				100,0%
08	**Kontrollschacht PP, h 2,50m, Abdeckung C250, inkl. Aushub, Verbau**	1.502,00	**1.820,00**	2.197,00	
	Einheit: St Schacht				
	009 Entwässerungskanalarbeiten				100,0%
09	**Straßenablauf, Polymerbeton, B125**	515,00	**579,00**	609,00	
	Einheit: St Straßenablauf				
	009 Entwässerungskanalarbeiten				100,0%
10	**Hofablauf, Beton, A15, Betonbett setzen**	419,00	**454,00**	477,00	
	Einheit: St Hofablauf				
	009 Entwässerungskanalarbeiten				100,0%
11	**Entwässerungsrinne, Beton, B125, Aushub, Fundament**	237,00	**285,00**	298,00	
	Einheit: St Entwässerungsrinne				
	009 Entwässerungskanalarbeiten				100,0%

KG.OZ		▷	€/Einheit	◁	LB an EA
551.10	**Abwasserleitungen/Abläufe**				
12	**Entwässerungsrinne Beton, D400, Gussabdeckung, Sinkkasten** Einheit: St Entwässerungsrinne	401,00	**438,00**	460,00	
	003 Landschaftsbauarbeiten				100,0%
13	**Schachtabdeckung, B125, DN800. Schmutzfangkorb** Einheit: St Schacht	467,00	**482,00**	546,00	
	009 Entwässerungskanalarbeiten				100,0%
14	**Schachtabdeckung, C250, DN800, Guss, Schmutzfangkorb** Einheit: St Schacht	540,00	**634,00**	696,00	
	009 Entwässerungskanalarbeiten				100,0%
15	**Kanalreinigung mit Prüfung** Einheit: m Kanallänge	14,00	**16,00**	19,00	
	009 Entwässerungskanalarbeiten				100,0%

Kosten:
Stand 1. Quartal 2025
Bundesdurchschnitt
inkl. 19% MwSt.

▷ von
ø Mittel
◁ bis

© **BKI** Baukosteninformationszentrum; Erläuterungen zu den Tabellen siehe Seite 58

KG.OZ		▷	€/Einheit	◁	LB an EA
561.20	**Fahrradständer**				
01	**Fahrradständer, Stahlrohrkonstruktion, Fundamente** Einheit: St Fahrradständer	954,00	**1.019,00**	1.159,00	
	003 Landschaftsbauarbeiten				75,0%
	013 Betonarbeiten				25,0%
561.50	**Abfallbehälter**				
01	**Abfallbehälter, Stahl, Fundament** Einheit: St Abfallbehälter	1.189,00	**1.361,00**	1.529,00	
	003 Landschaftsbauarbeiten				81,3%
	013 Betonarbeiten				18,7%
561.90	**Sonstige Allgemeine Einbauten**				
01	**Sitzquader, Naturstein, Fundament** Einheit: St Sitzquader	809,00	**922,00**	1.046,00	
	003 Landschaftsbauarbeiten				0,8%
	013 Betonarbeiten				13,5%
	014 Natur-, Betonwerksteinarbeiten				85,7%

KG.OZ		▷	€/Einheit	◁	LB an EA
562.20	**Spielgeräte**				
01	**Doppelschaukel, Aushub, Fundamente**	5.160,00	**5.657,00**	5.959,00	
	Einheit: St Spielgerät				
	003 Landschaftsbauarbeiten				95,5%
	013 Betonarbeiten				4,5%
02	**Klettergerüst, Aushub, Fundamente**	11.778,00	**13.548,00**	15.567,00	
	Einheit: St Spielgerät				
	003 Landschaftsbauarbeiten				92,5%
	013 Betonarbeiten				7,5%
03	**Federwipptier, Aushub, Fundament**	2.726,00	**2.927,00**	3.533,00	
	Einheit: St Spielgerät				
	003 Landschaftsbauarbeiten				65,2%
	013 Betonarbeiten				34,8%

Kosten:
Stand 1. Quartal 2025
Bundesdurchschnitt
inkl. 19% MwSt.

▷ von
ø Mittel
◁ bis

© **BKI** Baukosteninformationszentrum; Erläuterungen zu den Tabellen siehe Seite 58

KG.OZ		▷	€/Einheit	◁	LB an EA
563.10	**Schilder**				
01	**Hinweisschild, Aluminium, Einzelfundamente** Einheit: St Schild	550,00	**602,00**	715,00	
	003 Landschaftsbauarbeiten				57,7%
	013 Betonarbeiten				42,3%

571 Vegetationstechnische Bodenbearbeitung

Kosten:
Stand 1. Quartal 2025
Bundesdurchschnitt
inkl. 19% MwSt.

KG.OZ		▷	€/Einheit	◁	LB an EA
571.10	**Oberbodenarbeiten**				
01	**Pflanzgrube herstellen, 20x20x20cm, Sohle lockern** Einheit: St Pflanzgrube	7,10	**7,30**	8,80	
	003 Landschaftsbauarbeiten				100,0%
02	**Pflanzgrube herstellen, 100x100x80cm, Sohle lockern, Baumsubstrat** Einheit: St Pflanzgrube	84,00	**95,00**	105,00	
	003 Landschaftsbauarbeiten				100,0%
03	**Pflanzgrube herstellen 200x200x100cm, Sohle lockern, Baumsubstrat** Einheit: St Pflanzgrube	139,00	**147,00**	162,00	
	003 Landschaftsbauarbeiten				100,0%
04	**Pflanzgraben herstellen, Hecke, 50x50x50cm, Sohle lockern** Einheit: m Grabenlänge	14,00	**16,00**	17,00	
	003 Landschaftsbauarbeiten				100,0%
571.30	**Bodenlockerung**				
01	**Vegetationsflächen fräsen, Komposterde aufbringen** Einheit: m² Vegetationsfläche	4,40	**5,00**	6,10	
	003 Landschaftsbauarbeiten				100,0%
02	**Vegetationsflächen aufreisen, Komposterde aufbringen** Einheit: m² Vegetationsfläche	4,30	**4,90**	5,90	
	003 Landschaftsbauarbeiten				100,0%
03	**Vegetationsflächen Tiefenlockerung, Komposterde aufbringen** Einheit: m² Vegetationsfläche	3,90	**4,40**	5,20	
	003 Landschaftsbauarbeiten				100,0%
571.50	**Bodenverbesserung**				
01	**Pflanzfläche mulchen, Rindenmulch** Einheit: m² Pflanzfläche	7,40	**7,90**	8,50	
	003 Landschaftsbauarbeiten				100,0%

▷ von
ø Mittel
◁ bis

© **BKI** Baukosteninformationszentrum; Erläuterungen zu den Tabellen siehe Seite 58

KG.OZ		▷	€/Einheit	◁	LB an EA
573.10	**Feinplanum für Pflanzflächen**				
01	**Feinplanum Pflanzfläche herstellen, fräsen, Grunddüngung**	4,20	**4,80**	5,90	
	Einheit: m² Pflanzfläche				
	003 Landschaftsbauarbeiten				100,0%
02	**Feinplanum Pflanzfläche herstellen, fräsen, Vorratsdüngung**	3,70	**4,40**	5,50	
	Einheit: m² Pflanzfläche				
	003 Landschaftsbauarbeiten				100,0%
573.20	**Bäume**				
01	**Hochstamm pflanzen, StU 12-16cm, Pflanzgrube herstellen, Fertigstellungspflege, wässern**	407,00	**454,00**	570,00	
	Einheit: St Baum/				
	003 Landschaftsbauarbeiten				100,0%
02	**Großgehölz pflanzen, Pflanzgrube herstellen, Bewässerungseinrichtung, Fertigstellungspflege, wässern**	745,00	**835,00**	983,00	
	Einheit: St Baum/				
	003 Landschaftsbauarbeiten				100,0%
03	**Obstgehölz pflanzen, StU 16-18cm, Pflanzgrube herstellen, Fertigstellungspflege, wässern**	826,00	**903,00**	949,00	
	Einheit: St Baum/				
	003 Landschaftsbauarbeiten				31,3%
	004 Landschaftsbauarbeiten - Pflanzen				68,7%
04	**Winterlinde-Tilia Cordata, StU 25cm, Pflanzgrube herstellen, Fertigstellungspflege, wässern**	988,00	**1.081,00**	1.183,00	
	Einheit: St Baum/				
	003 Landschaftsbauarbeiten				44,7%
	004 Landschaftsbauarbeiten - Pflanzen				55,3%
573.30	**Sträucher**				
01	**Strauch pflanzen, H bis 80cm, Fertigstellungspflege, wässern**	143,00	**153,00**	174,00	
	Einheit: St Strauch				
	003 Landschaftsbauarbeiten				100,0%
02	**Strauch pflanzen, H bis 150cm, Fertigstellungspflege, wässern**	183,00	**198,00**	214,00	
	Einheit: St Strauch				
	003 Landschaftsbauarbeiten				100,0%
03	**Hecke pflanzen, H bis 90cm, Pflanzgraben herstellen, Fertigstellungspflege, wässern**	55,00	**61,00**	70,00	
	Einheit: m Hecke				
	003 Landschaftsbauarbeiten				100,0%
573.40	**Stauden**				
01	**Stauden pflanzen, 4-5 St/m², Pflanzgrube herstellen, Fertigstellungspflege, wässern**	45,00	**47,00**	56,00	
	Einheit: m² Pflanzfläche				
	003 Landschaftsbauarbeiten				100,0%

KG.OZ		▷	€/Einheit	◁	LB an EA
573.40	**Stauden**				
02	**Bodendecker pflanzen 6 St/m², Pflanzgrube, Fertigstellungspflege, wässern** Einheit: m² Pflanzfläche	62,00	**65,00**	77,00	
	003 Landschaftsbauarbeiten				100,0%
573.50	**Blumenzwiebeln**				
01	**Blumenzwiebeln pflanzen, 8-10 St/m², Fertigstellungspflege, wässern** Einheit: m² Pflanzfläche	13,00	**14,00**	16,00	
	003 Landschaftsbauarbeiten				100,0%
573.80	**Fertigstellungspflege**				
01	**Fertigstellungspflege Baum** Einheit: St Fertigstellungspflege	45,00	**63,00**	77,00	
	003 Landschaftsbauarbeiten				100,0%
02	**Fertigstellungspflege Strauch** Einheit: St Fertigstellungspflege	90,00	**96,00**	100,00	
	003 Landschaftsbauarbeiten				100,0%
03	**Fertigstellungspflege Hecken** Einheit: m Fertigstellungspflege	12,00	**13,00**	14,00	
	003 Landschaftsbauarbeiten				100,0%
04	**Fertigstellungspflege Stauden, Bodendecker** Einheit: m² Fertigstellungspflege	1,80	**1,90**	2,40	
	003 Landschaftsbauarbeiten				100,0%

Kosten:
Stand 1. Quartal 2025
Bundesdurchschnitt
inkl. 19% MwSt.

▷ von
ø Mittel
◁ bis

© **BKI** Baukosteninformationszentrum; Erläuterungen zu den Tabellen siehe Seite 58

KG.OZ		▷	€/Einheit	◁	LB an EA
574.10	**Feinplanum für Rasenflächen**				
01	**Feinplanum Rasenfläche herstellen**	3,30	**3,80**	4,60	
	Einheit: m² Rasenfläche				
	003 Landschaftsbauarbeiten				100,0%
574.30	**Wohn- und Gebrauchsrasen**				
01	**Spielrasen herstellen Fertigstellungspflege**	8,10	**9,50**	12,00	
	Einheit: m² Rasenfläche				
	003 Landschaftsbauarbeiten				100,0%
574.70	**Rollrasen**				
01	**Fertigrasen herstellen, Fertigstellungspflege**	22,00	**25,00**	30,00	
	Einheit: m² Rasenfläche				
	003 Landschaftsbauarbeiten				100,0%
574.80	**Fertigstellungspflege**				
01	**Fertigstellungspflege Rasen**	3,30	**3,90**	4,90	
	Einheit: m² Rasenfläche				
	003 Landschaftsbauarbeiten				100,0%

591 Baustelleneinrichtung

KG.OZ		▷	€/Einheit	◁	LB an EA
591.10	**Baustelleneinrichtung**				
01	**Bauzaun Stahlrohrrahmen, Tor**	14,00	**16,00**	20,00	
	Einheit: m Zaunlänge				
	000 Baustelleneinrichtungen, Verkehrssicherungs- und Sicherheitseinrichtungen				100,0%
591.20	**Baustelleneinrichtung, Einzeleinrichtungen**				
01	**WC-Kabine**	151,00	**169,00**	190,00	
	Einheit: St WC-Kabine				
	000 Baustelleneinrichtungen, Verkehrssicherungs- und Sicherheitseinrichtungen				100,0%

Kosten:
Stand 1. Quartal 2025
Bundesdurchschnitt
inkl. 19% MwSt.

▷ von
ø Mittel
◁ bis

© **BKI** Baukosteninformationszentrum; Erläuterungen zu den Tabellen siehe Seite 58

Anhang

Regionalfaktoren

Regionalfaktoren Deutschland

Diese Faktoren geben Aufschluss darüber, inwieweit die Baukosten in einer bestimmten Region Deutschlands teurer oder günstiger liegen als im Bundesdurchschnitt. Sie können dazu verwendet werden, die BKI Baukosten an das besondere Baupreisniveau einer Region anzupassen.
Hinweis: Alle Angaben wurden durch Untersuchungen des BKI weitgehend verifiziert. Dennoch können Abweichungen zu den angegebenen Werten entstehen. In Grenznähe zu einem Land-/Stadtkreis mit anderen Baupreisfaktoren sollte dessen Baupreisniveau mit berücksichtigt werden, da die Übergänge zwischen den Land-/Stadtkreisen fließend sind. Die Besonderheiten des Einzelfalls können ebenfalls zu Abweichungen führen.
Für die größeren Inseln Deutschlands wurden separate Regionalfaktoren ermittelt. Dazu wurde der zugehörige Landkreis in Festland und Inseln unterteilt. Alle Inseln eines Landkreises erhalten durch dieses Verfahren den gleichen Regionalfaktor. Der Regionalfaktor des Festlandes erhält keine Inseln mehr und ist daher gegenüber früheren Ausgaben verringert.

Land- / Stadtkreis / Insel	Bundeskorrekturfaktor
Aachen, Städteregion	0,935
Ahrweiler	0,985
Aichach-Friedberg	1,085
Alb-Donau-Kreis	1,040
Altenburger Land	0,881
Altenkirchen (Westerwald)	1,009
Altmarkkreis Salzwedel	0,855
Altötting	1,009
Alzey-Worms	0,942
Amberg, Stadt	1,075
Amberg-Sulzbach	1,023
Ammerland	0,823
Amrum, Insel	1,278
Anhalt-Bitterfeld	0,833
Ansbach	1,080
Ansbach, Stadt	1,108
Aschaffenburg	1,103
Aschaffenburg, Stadt	1,047
Augsburg	1,049
Augsburg, Stadt	1,239
Aurich, Festlandanteil	0,732
Aurich, Inselanteil	1,201
Bad Dürkheim	1,005
Bad Kissingen	1,064
Bad Kreuznach	0,972
Bad Tölz-Wolfratshausen	1,225
Baden-Baden, Stadtkreis	1,039
Baltrum, Insel	1,201
Bamberg	1,078
Bamberg, Stadt	1,170
Barnim	0,859
Bautzen	0,889
Bayreuth	1,080
Bayreuth, Stadt	1,011
Berchtesgadener Land	1,100
Bergstraße	1,002
Berlin, Stadt	1,128
Bernkastel-Wittlich	1,070
Biberach	1,052
Bielefeld, Stadt	0,836
Birkenfeld	1,053
Bochum, Stadt	0,894
Bodenseekreis	0,969
Bonn, Stadt	0,918
Borken	0,918
Borkum, Insel	1,099
Bottrop, Stadt	0,826
Brandenburg an der Havel, Stadt	1,022
Braunschweig, Stadt	0,697
Breisgau-Hochschwarzwald	1,088
Bremen, Stadt	0,937
Bremerhaven, Stadt	0,914
Burgenlandkreis	0,894
Böblingen	1,127
Börde	0,867
Calw	1,030
Celle	0,876
Cham	0,872
Chemnitz, Stadt	0,850
Cloppenburg	0,759
Coburg	1,027
Coburg, Stadt	1,098
Cochem-Zell	1,035
Coesfeld	0,921
Cottbus, Stadt	0,971
Cuxhaven	0,773
Dachau	1,227
Dahme-Spreewald	0,930
Darmstadt, Stadt	1,025
Darmstadt-Dieburg	0,979
Deggendorf	1,004

Delmenhorst, Stadt	0,797
Dessau-Roßlau, Stadt	0,854
Diepholz	0,798
Dillingen a.d.Donau	1,058
Dingolfing-Landau	0,972
Dithmarschen	1,063
Donau-Ries	1,031
Donnersbergkreis	0,957
Dortmund, Stadt	0,770
Dresden, Stadt	0,940
Duisburg, Stadt	0,953
Düren	0,955
Düsseldorf, Stadt	0,940
Ebersberg	1,309
Eichsfeld	0,931
Eichstätt	1,056
Eifelkreis Bitburg-Prüm	1,002
Elbe-Elster	0,899
Emden, Stadt	0,670
Emmendingen	1,117
Emsland	0,819
Ennepe-Ruhr-Kreis	0,884
Enzkreis	1,044
Erding	1,132
Erfurt, Stadt	0,902
Erlangen, Stadt	1,137
Erlangen-Höchstadt	1,022
Erzgebirgskreis	0,912
Essen, Stadt	0,871
Esslingen	0,989
Euskirchen	0,889
Fehmarn, Insel	1,171
Flensburg, Stadt	0,797
Forchheim	1,124
Frankenthal (Pfalz), Stadt	0,881
Frankfurt (Oder), Stadt	0,907
Frankfurt am Main, Stadt	0,981
Freiburg im Breisgau, Stadtkreis	1,166
Freising	1,054
Freudenstadt	1,017
Freyung-Grafenau	1,018
Friesland, Festlandanteil	0,810
Friesland, Inselanteil	1,408
Fulda	1,017
Föhr, Insel	1,278
Fürstenfeldbruck	1,218
Fürth	1,045
Fürth, Stadt	1,053
Garmisch-Partenkirchen	1,212
Gelsenkirchen, Stadt	0,854
Gera, Stadt	0,938
Germersheim	1,021
Gießen	0,964
Gifhorn	0,834
Goslar	0,796
Gotha	0,880
Grafschaft Bentheim	0,817
Greiz	0,922
Groß-Gerau	1,015
Göppingen	1,009
Görlitz	0,893
Göttingen	0,902
Günzburg	1,042
Gütersloh	0,905
Hagen, Stadt	0,864
Halle (Saale), Stadt	0,729
Hamburg, Freie und Hansestadt	1,112
Hameln-Pyrmont	0,819
Hamm, Stadt	0,893
Hannover, Region	0,900
Harburg	0,951
Harz	0,816
Havelland	1,006
Haßberge	1,095
Heidekreis	0,881
Heidelberg, Stadtkreis	1,092
Heidenheim	1,001
Heilbronn	0,990
Heilbronn, Stadtkreis	0,990
Heinsberg	0,953
Helgoland, Insel	1,409
Helmstedt	0,854
Herford	0,863
Herne, Stadt	0,951
Hersfeld-Rotenburg	1,001
Herzogtum Lauenburg	0,952
Hiddensee, Insel	1,121
Hildburghausen	0,863
Hildesheim	0,820
Hochsauerlandkreis	0,922
Hochtaunuskreis	1,025
Hof	1,074
Hof, Stadt	1,101
Hohenlohekreis	1,030
Holzminden	0,782
Höxter	0,902
Ilm-Kreis	0,893
Ingolstadt, Stadt	1,109
Jena, Stadt	1,046
Jerichower Land	0,862
Juist, Insel	1,201

© BKI Baukosteninformationszentrum

Kaiserslautern 0,933
Kaiserslautern, Stadt 0,973
Karlsruhe 0,961
Karlsruhe, Stadtkreis 1,102
Kassel 1,033
Kassel, Stadt 0,946
Kaufbeuren 1,114
Kelheim 1,019
Kempten (Allgäu) 1,112
Kiel, Stadt 1,161
Kitzingen 1,027
Kleve 0,914
Koblenz, Stadt 0,875
Konstanz 1,052
Krefeld, Stadt 0,841
Kronach 1,146
Kulmbach 1,096
Kusel 0,933
Kyffhäuserkreis 0,860
Köln, Stadt 0,917

Lahn-Dill-Kreis 1,023
Landau in der Pfalz, Stadt 0,984
Landsberg am Lech 1,108
Landshut 0,995
Landshut, Stadt 1,075
Langeoog, Insel 1,073
Leer, Festlandanteil 0,744
Leer, Inselanteil 1,099
Leipzig 0,978
Leipzig, Stadt 0,820
Leverkusen, Stadt 0,848
Lichtenfels 1,053
Limburg-Weilburg 0,961
Lindau (Bodensee) 1,090
Lippe 0,886
Ludwigsburg 1,088
Ludwigshafen am Rhein, Stadt 1,053
Ludwigslust-Parchim 0,925
Lörrach 1,022
Lübeck, Hansestadt 0,934
Lüchow-Dannenberg 0,867
Lüneburg 0,893

Magdeburg, Stadt 0,884
Main-Kinzig-Kreis 0,996
Main-Spessart 1,074
Main-Tauber-Kreis 1,015
Main-Taunus-Kreis 0,984
Mainz, Stadt 0,986
Mainz-Bingen 1,006
Mannheim, Stadtkreis 1,073
Mansfeld-Südharz 0,898
Marburg-Biedenkopf 0,985
Mayen-Koblenz 0,989
Mecklenburgische Seenplatte 0,915
Meißen 0,913
Memmingen 1,044
Merzig-Wadern 0,943
Mettmann 0,902
Miesbach 1,271
Miltenberg 1,128
Minden-Lübbecke 0,826
Mittelsachsen 0,925
Märkisch-Oderland 0,908
Märkischer Kreis 0,906
Mönchengladbach, Stadt 0,913
Mühldorf a.Inn 1,025
Mülheim an der Ruhr, Stadt 0,879
München 1,347
München, Stadt 1,502
Münster, Stadt 0,896

Neckar-Odenwald-Kreis 1,039
Neu-Ulm 1,083
Neuburg-Schrobenhausen 1,052
Neumarkt i.d.OPf. 0,961
Neumünster, Stadt 0,877
Neunkirchen 0,950
Neustadt a.d.Aisch-Bad Windsheim 1,088
Neustadt a.d.Waldnaab 1,026
Neustadt an der Weinstraße, Stadt 0,967
Neuwied 0,917
Nienburg (Weser) 0,777
Norderney, Insel 1,201
Nordfriesland, Festlandanteil 1,105
Nordfriesland, Inselanteil 1,278
Nordhausen 0,851
Nordsachsen 0,902
Nordwest-Mecklenburg, Inselanteil 1,219
Nordwestmecklenburg, Festlandanteil 0,964
Northeim 0,887
Nürnberg, Stadt 1,066
Nürnberger Land 1,120

Oberallgäu 1,070
Oberbergischer Kreis 0,869
Oberhausen, Stadt 0,871
Oberhavel 0,992
Oberspreewald-Lausitz 0,932
Odenwaldkreis 0,973
Oder-Spree 0,942
Offenbach 0,972
Offenbach am Main, Stadt 0,962
Oldenburg 0,849
Oldenburg (Oldb), Stadt 0,823
Olpe 0,986
Ortenaukreis 0,987

© **BKI** Baukosteninformationszentrum

Osnabrück ... 0,855
Osnabrück, Stadt ... 0,799
Ostalbkreis ... 1,049
Ostallgäu ... 1,059
Osterholz ... 0,870
Ostholstein, Festlandanteil ... 0,919
Ostholstein, Inselanteil ... 1,171
Ostprignitz-Ruppin ... 0,917

Paderborn ... 0,910
Passau ... 0,948
Passau, Stadt ... 1,051
Peine ... 0,806
Pellworm, Insel ... 1,278
Pfaffenhofen a.d.Ilm ... 1,054
Pforzheim, Stadtkreis ... 1,008
Pinneberg, Festlandanteil ... 0,975
Pinneberg, Inselanteil ... 1,409
Pirmasens, Stadt ... 0,993
Plön ... 0,966
Poel, Insel ... 1,219
Potsdam, Stadt ... 1,063
Potsdam-Mittelmark ... 0,948
Prignitz ... 0,818

Rastatt ... 0,998
Ravensburg ... 1,004
Recklinghausen ... 0,854
Regen ... 0,937
Regensburg ... 1,005
Regensburg, Stadt ... 1,094
Rems-Murr-Kreis ... 1,048
Remscheid, Stadt ... 0,885
Rendsburg-Eckernförde ... 0,966
Reutlingen ... 1,018
Rhein-Erft-Kreis ... 0,905
Rhein-Hunsrück-Kreis ... 1,018
Rhein-Kreis Neuss ... 0,885
Rhein-Lahn-Kreis ... 1,048
Rhein-Neckar-Kreis ... 1,041
Rhein-Pfalz-Kreis ... 0,996
Rhein-Sieg-Kreis ... 0,970
Rheingau-Taunus-Kreis ... 1,050
Rheinisch-Bergischer Kreis ... 0,920
Rhön-Grabfeld ... 1,107
Rosenheim ... 1,229
Rosenheim, Stadt ... 1,199
Rostock ... 0,946
Rostock, Stadt ... 0,964
Rotenburg (Wümme) ... 0,763
Roth ... 1,116
Rottal-Inn ... 0,990
Rottweil ... 0,962
Rügen, Insel ... 1,121

Saale-Holzland-Kreis ... 0,872
Saale-Orla-Kreis ... 0,840
Saalekreis ... 0,866
Saalfeld-Rudolstadt ... 0,945
Saarbrücken, Regionalverband ... 0,951
Saarlouis ... 0,963
Saarpfalz-Kreis ... 0,976
Salzgitter, Stadt ... 0,809
Salzlandkreis ... 0,806
Schaumburg ... 0,781
Schleswig-Flensburg ... 0,882
Schmalkalden-Meiningen ... 0,983
Schwabach, Stadt ... 1,075
Schwalm-Eder-Kreis ... 0,984
Schwandorf ... 0,979
Schwarzwald-Baar-Kreis ... 0,936
Schweinfurt ... 1,119
Schweinfurt, Stadt ... 1,041
Schwerin, Stadt ... 1,100
Schwäbisch Hall ... 0,958
Segeberg ... 0,935
Siegen-Wittgenstein ... 0,932
Sigmaringen ... 1,012
Soest ... 0,873
Solingen, Stadt ... 0,889
Sonneberg ... 0,888
Speyer, Stadt ... 1,078
Spiekeroog, Insel ... 1,073
Spree-Neiße ... 0,735
St. Wendel ... 0,984
Stade ... 0,827
Starnberg ... 1,302
Steinburg ... 0,959
Steinfurt ... 0,879
Stendal ... 0,698
Stormarn ... 0,952
Straubing, Stadt ... 1,272
Straubing-Bogen ... 1,015
Stuttgart, Stadtkreis ... 1,108
Suhl, Stadt ... 0,826
Sylt, Insel ... 1,278
Sächsische Schweiz-Osterzgebirge ... 0,992
Sömmerda ... 0,912
Südliche Weinstraße ... 1,002
Südwestpfalz ... 0,999

Teltow-Fläming ... 0,936
Tirschenreuth ... 1,081
Traunstein ... 1,126
Trier, Stadt ... 1,101
Trier-Saarburg ... 1,106
Tuttlingen ... 1,018
Tübingen ... 1,064

Uckermark	0,922
Uelzen	0,844
Ulm, Stadtkreis	1,086
Unna	0,901
Unstrut-Hainich-Kreis	0,833
Unterallgäu	1,022
Usedom, Insel	1,061
Vechta	0,850
Verden	0,809
Viersen	0,930
Vogelsbergkreis	0,982
Vogtlandkreis	0,906
Vorpommern-Greifswald, Festlandanteil	0,999
Vorpommern-Greifswald, Inselanteil	1,061
Vorpommern-Rügen, Festlandanteil	0,932
Vorpommern-Rügen, Inselanteil	1,121
Vulkaneifel	0,974
Waldeck-Frankenberg	0,980
Waldshut	1,035
Wangerooge, Insel	1,408
Warendorf	0,898
Wartburgkreis	0,888
Weiden i.d.OPf., Stadt	1,052
Weilheim-Schongau	1,144
Weimar, Stadt	1,182
Weimarer Land	0,904
Weißenburg-Gunzenhausen	1,060
Werra-Meißner-Kreis	0,997
Wesel	0,938
Wesermarsch	0,830
Westerwaldkreis	1,010
Wetteraukreis	0,989
Wiesbaden, Stadt	0,968
Wilhelmshaven, Stadt	0,843
Wittenberg	0,773
Wittmund, Festlandanteil	0,763
Wittmund, Inselanteil	1,073
Wolfenbüttel	0,864
Wolfsburg, Stadt	0,851
Worms, Stadt	0,992
Wunsiedel i.Fichtelgebirge	1,077
Wuppertal, Stadt	0,847
Würzburg	1,127
Würzburg, Stadt	1,172
Zingst, Insel	1,121
Zollernalbkreis	1,013
Zweibrücken, Stadt	0,994
Zwickau	0,936

Regionalfaktoren Österreich

Bundesland	Korrekturfaktor
Burgenland	1,115
Kärnten	1,103
Niederösterreich	1,028
Oberösterreich	1,104
Salzburg	1,104
Steiermark	1,097
Tirol	1,019
Vorarlberg	1,069
Wien	1,095

Regionalfaktoren für den Europa-Raum

Land	Korrekturfaktor
Albanien	0,324
Belgien	0,640
Bosnien und Herzegowina	0,303
Bulgarien	0,415
Dänemark	0,848
Deutschland	1,000
Estland	0,511
Finnland	0,884
Frankreich	0,754
Griechenland	0,473
Irland	0,687
Island	0,833
Italien	0,571
Kroatien	0,341
Lettland	0,528
Litauen	0,476
Luxemburg	0,836
Malta	0,563
Mazedonien	0,336
Montenegro	0,370
Niederlande	0,810
Norwegen	0,889
Österreich	1,101
Polen	0,448
Portugal	0,458
Rumänien	0,367
Schweden	0,988
Schweiz	1,078
Serbien	0,383
Slowakei	0,497
Slowenien	0,452
Spanien	0,526
Tschechien	0,508
Türkei	0,320
Ungarn	0,442
Zypern	0,480